합격Easy 대기환경기사 필기

2026

- ✓ 최신 23개년(2000~2022) 기출 완벽 분석: 중복 소거한 서술형·계산형 핵심 문제 제공
- ✓ 대기환경기사 최신 법규 및 출제기준 반영, '실기 CHECK' 문제로 실기 시험까지 완벽 대비
- ✓ 2026년 개편된 출제기준 CBT 최종 모의고사 3회분 특별 수록
- ✓ 계산문제 풀이 시간을 단축하는 합격 비법 공식 정리집 제공

신은상 · 홍천상 공저

 CBT 최종 모의고사 기출문제 해설
동영상 강의 무료 제공

 온라인 CBT 과년도 기출문제
무료 제공

 저자가 직접 답변하는
학습지원센터 운영

 학습지원센터
https://cafe.naver.com/sandangi
네이버 카페 산단기

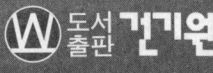 도서출판 건기원

대기환경기사 필기 합격을 위한 Easy 가이드

STEP 1 | 합격이지 대기환경기사 필기 교재 인증

① QR 코드로 [도서인증 | 대기환경] 빠른 이동
② [글쓰기] 클릭
③ 양식에 맞춰 글 작성

STEP 2 | 합격이지 대기환경기사 필기 무료 강의

① QR 코드로 [대기기사 필기(해설 강의)] 빠른 이동
② 합격이지 대기환경기사 필기의 **무료 강의**로 모두 다함께 학습!

STEP 3 | CBT 온라인 모의고사 쿠폰 사용법

① 미디어몬에서 가입한 이메일 주소로 쿠폰 전달
② 쿠폰 확인 후 **CBT 온라인 실전 모의고사 무료 구매**
※ CBT 온라인 실전 모의고사 이용 시 **로그인 및 PC 사용 권장**

STEP 4 | 합격이지 저자의 즉문즉답

① QR 코드로 [대기(Q&A)] 빠른 이동
② 학습지원센터에서 저자가 답변하는 즉문즉답
③ 저자가 참여하는 오픈 카카오톡으로 정보 공유 및 실시간 답변
※ 카카오톡에 '합격이지 대기환경' 검색

미디어몬
CBT 온라인 실전 모의고사 응시방법

인터넷 주소창에 https://mediamon.co.kr/을 입력하여 미디어몬 홈페이지에 접속

① 홈페이지 우측 상단에 있는 [회원가입] 또는 [로그인]을 클릭하여 네이버 로그인

② 우측 상단에 있는 [온라인모의고사]를 클릭

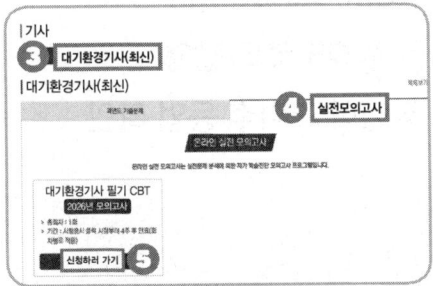

③ [기사] – [대기환경기사(최신)] 선택 후

④ [실전모의고사] 탭 클릭

⑤ 대기환경기사 필기 CBT
[2026년 모의고사] – [신청하러 가기] 클릭

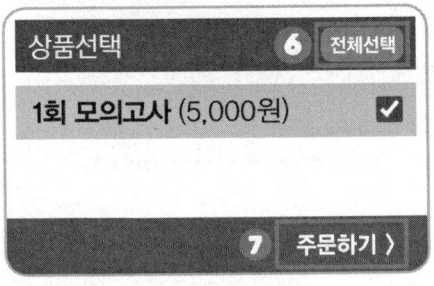

⑥ [전체선택] 클릭

⑦ [주문하기] 클릭

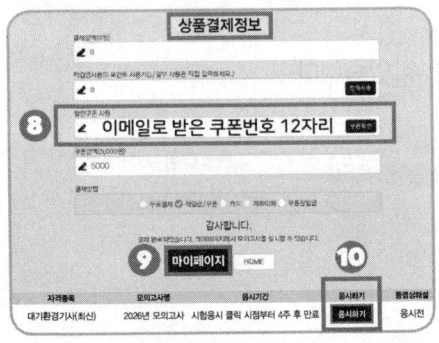

⑧ [상품결제정보] 창의 할인쿠폰 사용 목록에서
[이메일로 받은 쿠폰번호 12자리] 입력 후
→ [쿠폰확인] 클릭 → [사용 가능한 쿠폰입니다]
안내 확인 후 [결제] 클릭

⑨ [마이페이지] 클릭

⑩ 원하는 회차에 [응시하기] 클릭

합격Easy
대기환경기사 필기

🔒 교재 인증[등업] 방법

01 산단기 학습지원센터 카페에 가입
(https://cafe.naver.com/sandangi)
02 아래 공란에 닉네임 기입 후 **QR 코드 촬영**
03 글 양식에 맞춰 게시글 작성하고 이후 등업 확인

카페 닉네임

카페 닉네임을 꼭 기입해 주세요.

- 중고도서 지운 흔적 등 중복기입(인증) 불가
- 볼펜, 네임펜 등 지워지지 않는 펜으로 크게 기입

📌 주의 사항

✅ 교재 인증 시 글 양식에 맞춰야 등업이 가능하니 꼭 글 양식에 맞춰 작성해 주세요.
✅ 카페 내 공지사항은 반드시 필독해 주세요!
✅ 카페 닉네임 변경 시 등급 변경에 대한 불이익을 받을 수 있습니다.
✅ 등업은 교재인증 게시판에 작성 순서대로 진행합니다.

머리말

본 수험서를 발간하면서 집필진은 지난 2000년부터 2022년 3회차 이전까지의 필기 기출문제를 정리하고 편집하는 데 심혈을 기울였습니다. 2023년 이전에 산업인력공단에서 실시하였던 전 종목 기사의 필기시험은 종이 시험지가 주어지고 문제의 답안을 OMR카드에 마킹하는 방식의 PBT(Paper Based Test)를 치러 오다가 2022년 3차 시험부터 컴퓨터 모니터로 제시되는 문제를 풀고 답안 역시 컴퓨터를 이용하여 제출하는 CBT(Computer Based Test)로 변경되었습니다. 기존 문제집에서는 최신의 "OOOO년도 기출문제"를 반드시 기재하고 풀이 방법을 제시했던 반면, 현재의 CBT 방식에서는 여러 날 출제되는 문제가 서로 다르고 또한 시험문제가 비공개로 진행되기 때문에 기출문제의 연도 제시가 되지 않아 "몇 년도 기출문제"라는 의미가 퇴색되었습니다. 따라서 본 수험서에서는 다음과 같은 방식을 채택하여 정리하였습니다.

1 2000년부터 한국인력공단에서 CBT를 도입하기 전인 2023년 이전까지의 문제에 대하여 중복되거나 숫자만 변경하여 반복 출제되었던 문제를 삭제하였고, 기후에너지환경부에서 고시한 화학물질명을 바탕으로 기존에 출제되었던 문제를 수정하였습니다. 하지만 법규 관련 문제는 「대기환경보전법」에 나타낸 그대로의 화학물질명을 제시했음을 밝힙니다. 또한 과거 25년간의 문제를 정리하면 수험생에게 많은 도움이 되리라는 확신이 있었기 때문에 필기 문제집을 발간하게 되었습니다.

2 기존의 과목별 문제 출제는 서술형과 계산형이 혼합되어 있으므로 수험생의 입장에서 학습할 경우 서술형을 학습하다가 갑자기 계산형을 접하게 되어 체계적인 정리와 공식 적용에 어려움을 느끼는 점을 고려하여 본 문제집에서는 서술형과 계산형 문제를 분리하여 게재함으로써 과목별 출제기준에 따른 학습을 쉽게 하였습니다.

3 필기 시험문제라 할지라도 해당 문제의 보기항만 없애면 바로 실기문제화 될 수 있는 문제들이 많이 있음을 파악하여 필기 문제이지만 실기 문제화될 수 있는 문제에 '실기 CHECK' 표시를 첨가하여 학습의 편의성을 도모하였고 수험생들의 이해를 돕고자 하였습니다.

4 2026년도부터 대기환경기사의 과목 수가 기존의 5과목에서 4과목으로 변경되었고, 문제당 시험시간도 줄어들게 되었습니다. 이를 바탕으로 본 수험서는 '대기환경관리, 연소공학, 대기오염방지기술, 대기오염공정시험기준'의 4과목을 바탕으로 기출문제를 엄선하고 정리하였습니다. 끝으로 수험생 여러분들의 합격을 진심으로 기원하며 본 수험서를 집필하였음을 밝힙니다.

집필진 씀

이 책의 구성

🌱 2006년도부터의 대기환경기사 변동사항

시험 구분	변경 전(2025년 12월 31일까지)	변경 후(2026년 1월 1일부터)
필기시험 과목	대기오염개론 연소공학 대기오염방지기술 대기오염공정시험기준 대기환경 관계 법규	→ 대기환경관리 → 연소공학 → 대기오염방지기술 → 대기오염공정시험기준
실기시험 과목	대기오염방지실무	→ 대기오염관리 실무

1 대기환경관리

서술형과 계산형으로 나누어 정리하였고, 특히 미기상학 분야에서 출제되는 대기의 확산 및 오염예측 관련 계산 문제의 정답 및 해설에 심혈을 기울여 정리하였습니다. 2026년도부터 이 과목에 다음에 제시된 대기 관계 법규가 포함되어 출제됩니다.

1) 대기환경보전법[시행 2024. 7. 24.]
2) 시행령[시행 2024. 9. 1.]
3) 시행규칙[시행 2024. 7. 24.]
4) 환경정책기본법[시행 2024. 1. 1.]

2 연소공학

연소공학 과목은 연소계산을 중심으로 한 계산 문제의 풀이과정이 실기 문제화될 수 있는 경향이 많으므로 이론산소량, 이론공기량, 공기비, 연소가스 분석 및 오염물질 농도산출과 더불어 발열량과 연소온도 계산을 중점적으로 알기 쉽게 풀이해 놓았습니다.

3 대기오염방지기술

실기 과목의 핵심으로 이 과목에서 실기 문제가 60% 이상이 출제되어 필기와 실기를 동시에 준비할 수 있도록 정답 및 해설을 자세하고 알기 쉽게 풀이해 놓았습니다. 집진장치와 유해가스처리를 중심으로 각 집진장치의 원리와 효율계산, 유해가스별 처리 반응식을 문제별로 제시하여 필기시험은 물론 실기도 대비하도록 하였습니다.

4 대기오염공정시험기준

대기오염공정시험기준(기후에너지환경부 고시)은 2019~2020년 사이 많은 부분이 대폭적으로 개정이 이루어졌습니다. 첫 번째 개정 내용은 오래되거나 현재 사용하지 않는 오염물질별 시험방법의 폐지와 함께 새로운 시험방법의 적용이 많이 이루어졌다는 점입니다. 두 번째는 화학물질명이 미국식 발음표기로 변경되었다는 점입니다. 환경분야의 시험기준에 '국립환경과학원고시'로 12종류가 있는데 서로 간의 화학물질명은 통일되지 못한 단점이 있어 수험생들이 혼란에 빠지기도 하지만 그중에서도 '대기오염공정시험기준[시행 2024. 6. 20.]'이 제일 발 빠르게 개정되었습니다. 하지만 이 가운데서도 대기배출물질과 대기환경물질의 시험방법 간의 화학물질명이 통일되지 못한 점은 아쉬움이 남지만 본 수험서에 정리한 문제들은 가장 최근의 고시를 적용하여 수험생들의 혼란이 최소화되게 하였다는 점을 말씀드립니다. [국립환경과학원고시 제2024-34호, 2024. 6. 20, 일부개정]

PART I 대기환경관리

서술형
- CHAPTER 1. 대기오염의 특성 및 현황 ······ 12
- CHAPTER 2. 실내공기오염 ······ 40
- CHAPTER 3. 2차오염 ······ 46
- CHAPTER 4. 대기오염의 영향 및 대책 ······ 55
- CHAPTER 5. 기후변화 대응 ······ 75
- CHAPTER 6. 대기의 확산 및 오염예측 ······ 89
- CHAPTER 7. 대기 관계 법규 ······ 127

계산형
- CHAPTER 1. 대기오염의 특성 및 현황 ······ 229
- CHAPTER 2. 대기의 확산 및 오염예측 ······ 239

PART II 연소공학

서술형
- CHAPTER 1. 연소이론 ······ 254
- CHAPTER 2. 연소설비 ······ 278

계산형
- CHAPTER 1. 연소이론 ······ 305
- CHAPTER 2. 연소계산 ······ 311

PART III 대기오염방지기술

서술형
- CHAPTER 1. 입자 및 집진의 기초 ······ 354
- CHAPTER 2. 집진기술 ······ 361
- CHAPTER 3. 유체역학 ······ 390
- CHAPTER 4. 유해가스 및 처리 ······ 393
- CHAPTER 5. 환기 및 통풍 ······ 423

계산형
- CHAPTER 1. 입자 및 집진의 기초 ······ 437
- CHAPTER 2. 집진기술 ······ 444
- CHAPTER 3. 유체역학 ······ 462
- CHAPTER 4. 유해가스 및 처리 ······ 466
- CHAPTER 5. 환기 및 통풍 ······ 477

PART IV 대기오염공정시험기준

서술형
- CHAPTER 1. 일반분석 ········· 486
- CHAPTER 2. 시료채취 ········· 533
- CHAPTER 3. 측정방법 ········· 538

계산형
- CHAPTER 1. 대기오염공정시험기준 총괄 ········· 582

부록 1 계산문제 공식 정리집
- CHAPTER 1. 대기환경관리 ········· 600
- CHAPTER 2. 연소공학 ········· 608
- CHAPTER 3. 대기오염방지기술 ········· 616
- CHAPTER 4. 대기오염공정시험기준 ········· 629

부록 2 CBT 최종 모의고사
- 제1회 CBT 최종 모의고사 ········· 656
- 제2회 CBT 최종 모의고사 ········· 674
- 제3회 CBT 최종 모의고사 ········· 692

부록 3 CBT 최종 모의고사 해설&정답
- 제1회 CBT 최종 모의고사 해설&정답 ········· 710
- 제2회 CBT 최종 모의고사 해설&정답 ········· 727
- 제3회 CBT 최종 모의고사 해설&정답 ········· 743

대기환경기사

Engineer Air Pollution Environmental

PART I 대기환경관리

- CHAPTER 1. 대기오염의 특성 및 현황
- CHAPTER 2. 실내공기오염
- 서술형 CHAPTER 3. 2차오염
- CHAPTER 4. 대기오염의 영향 및 대책
- CHAPTER 5. 기후변화 대응
- CHAPTER 6. 대기의 확산 및 오염예측
- CHAPTER 7. 대기 관계 법규

- 계산형 CHAPTER 1. 대기오염의 특성 및 현황
- CHAPTER 2. 대기의 확산 및 오염예측

서술형 빈출문제

대기오염의 특성 및 현황

001 입자상물질 중 훈연(fume)에 해당하는 입자 크기의 범위로 옳은 것은?

① 1μm 이하
② 10μm 이하
③ 100μm 이하
④ 1,000μm 이하

해설 훈연(fume)은 금속산화물과 같이 가스상물질이 승화, 증류 및 화학작용 과정에서 응축될 때 생성되는 고체 입자로 입자의 크기는 0.03~0.3μm 정도이다.

002 입자상 오염물질 중 훈연(fume)에 관한 설명으로 옳지 않은 것은?

① 활발한 브라운 운동을 한다.
② 20~50μm 정도의 크기가 대부분이다.
③ 아연과 납산화물의 훈연은 고온에서 휘발된 금속의 산화와 응축과정에서 생성된다.
④ 금속산화물과 같이 가스상물질이 승화, 증류 및 화학반응 과정에서 응축될 때 주로 생성되는 고체 입자이다.

해설 훈연(fume)은 고체 입자로 입자의 크기는 1μm 이하이며, 입경은 0.03~0.3μm 정도이다.

003 1~2μm 이하의 미세입자는 세정(rainout) 효과가 적은데, 그 이유로 옳은 것은?

① 응축 효과가 크기 때문에
② 휘산 효과가 크기 때문에
③ 브라운 운동을 하기 때문에
④ 부정형의 입자가 많기 때문에

해설 브라운 운동(Brownian motion)은 액체나 기체 속에서 미세입자들이 불규칙하게 운동하는 현상으로 이 입자에 대한 세정 효과는 떨어진다.

004 입자상물질을 설명한 것으로 옳은 것은?

① 연무(mist)는 시정거리가 1km 이하로 안개보다 불투명하다.
② 훈연(fume)은 입경이 1μm 이상이며, 브라운 운동으로 상호 응집이 쉽지 않다.
③ 박무(haze)는 습도가 70% 이하로 시야를 방해하는 물질이며, 크기는 1μm보다 작다.
④ 안개(fog)는 습도가 70% 이상으로 증기의 응축 또는 화학반응에 의해 생성되는 액체 입자이다.

해설
① 연무(mist)는 시정거리가 1km 이상으로 안개보다 다소 투명하다.
② 훈연(fume)은 입경이 1μm 이하이며, 브라운 운동으로 상호 응축이 쉽다.
④ 안개(fog)는 습도가 70% 이상으로 물이나 얼음이 분산된 물리적 반응에 의해 생성되는 액체 입자이며, 시정거리는 1km 이하이다.

005 입자상 오염물질에 대한 설명으로 옳지 않은 것은?

① 훈연은 금속산화물과 같이 가스상물질이 승화, 증류 및 화학적 반응과정에서 응축될 때 주로 생성되는 고체 입자이다.

정답 001 ① 002 ② 003 ③ 004 ③ 005 ④

② PM-10은 공기역학적 직경을 기준으로 10μm 이하의 입자상물질을 말하며, 호흡성 먼지양의 척도를 나타낸다고 할 수 있다.

③ 조대입자(coarse particle)는 바람에 날린 토양 및 해염을 비롯하여 기계적 분쇄과정을 거쳐 주로 생성되는데, 자연적 발생원에 의한 것이 대부분이다.

④ 입자상물질의 크기를 결정할 때 사용되는 마틴 직경(Martin diameter)은 입자상물질의 그림자를 4개의 등면적으로 나눈 선의 길이를 직경으로 결정하며, 관찰 방향에 상관없이 항상 동일한 값을 나타낸다.

해설 입자상물질의 크기를 결정할 때 사용되는 마틴 직경(Martin diameter)은 2개의 등면적으로 각 입자를 2등분할 때 그 선의 길이를 나타내며(입자 직경이 과소평가의 가능성이 있음), 관찰 방향에 따라 그 값이 달라질 수 있다.

006 먼지입자의 크기에 관한 설명으로 옳지 않은 것은?

① 공기역학적 직경은 먼지의 호흡기 침착, 공기정화기의 성능조사 등 입자의 특성파악에 주로 이용된다.

② 스토크스 직경은 알고자 하는 입자상물질과 같은 밀도 및 침강속도를 갖는 입자상물질의 직경을 말한다.

③ 공기 중 먼지입자의 밀도가 $1g/cm^3$보다 크고, 구형에 가까운 입자의 공기역학적 직경은 실제 직경보다 항상 크다.

④ 공기역학적 직경이 대상 입자상물질의 밀도를 고려한 데 반해, 스토크스 직경은 단위밀도($1g/cm^3$)를 갖는 구형 입자로 가정하는 것이 두 개념의 차이점이다.

해설 스토크스 직경이 대상 입자상물질의 밀도를 고려한 데 반해, 공기역학적 직경은 단위밀도($1g/cm^3$)를 갖는 구형 입자로 가정하는 것이 두 개념의 차이점이다.

007 먼지입자의 크기에 관한 설명으로 옳지 않은 것은?

① 역학적 등가직경은 Stokes 직경과 공기역학적 직경으로 세분된다.

② 공기역학적 직경을 알면 입자의 밀도, 광학적 크기, 형상계수 등의 물리적 변수가 중요시된다.

③ 공기역학적 직경은 본래의 먼지와 침강속도가 동일하며, $1g/cm^3$인 구형 입자의 직경으로 정의된다.

④ 공기역학적 직경은 먼지의 여과집진 과정, 호흡기 침착, 공기정화기의 성능조사 등 입자의 특성파악에 주로 이용된다.

해설 공기역학적 직경은 본래의 입자와 침강속도가 동일하며, 밀도가 $1g/m^3$인 구형 입자의 직경으로 정의된다. 입자의 밀도, 광학적 크기, 형상계수 등의 물리적 변수가 중요시되는 것은 스토크스 직경이다.

008 측정하고자 하는 입자상물질과 동일한 침강속도를 가지며 밀도가 $1g/cm^3$인 구형 입자의 직경을 무엇이라고 하는가?

① Cut diameter
② Stokes diameter
③ Feret diameter
④ Aerodynamic diameter

해설 공기역학적 직경(Aerodynamic diameter)은 공기 중에서 운동하고 있는 입자의 크기를 단위밀도를 갖는 구형입자의 크기로 나타낸 것을 말한다.

009 공기역학적 직경(Aerodynamic diameter)에 관한 설명으로 옳은 것은?

① 대상 먼지와 밀도 및 침강속도가 동일한 선형 입자의 직경
② 대상 먼지와 밀도 및 침강속도가 동일한 구형 입자의 직경
③ 대상 먼지와 침강속도가 동일하며 밀도가 $1g/cm^3$인 구형 입자의 직경
④ 대상 먼지와 침강속도가 동일하며 밀도가 $1kg/cm^3$인 구형 입자의 직경

해설 공기역학적 직경(Aerodynamic diameter)은 대상 먼지와 침강속도가 동일하며 밀도가 $1g/cm^3$인 구형 입자의 직경이다.

010 비구형입자의 크기를 역학적으로 산출하는 방법 중의 하나로 본래의 입자와 밀도 및 침강속도가 동일하다고 가정한 구형 입자의 직경은?

① 종말 직경
② 종단 직경
③ 스토크스 직경
④ 공기역학적 직경

해설 Stokes 직경은 본래의 입자와 밀도 및 침강속도가 동일한 구형 입자의 직경으로 정의된다.

011 입자상물질의 크기 중 '마틴 직경(Martin diameter)'이란?

① 입자상물질의 그림자를 2개의 등면적으로 나눈 선의 길이를 직경으로 하는 것
② 입자상물질의 끝과 끝을 연결한 선 중 가장 긴 선을 직경으로 하는 것
③ 입경분포에서 개수가 가장 많은 입자를 직경으로 하는 것
④ 대수분포에서 중앙입경을 직경으로 하는 것

해설 마틴 직경(Martin diameter)은 2개의 등면적으로 각 입자를 2등분할 때 그 선의 길이를 나타내며(입자 직경이 과소평가 가능성이 있음), 관찰 방향에 따라 그 값이 달라질 수 있다.

012 다음은 입경(직경)에 대한 설명이다. ( ) 안에 알맞은 것은?

( )은 입자상물질의 끝과 끝을 연결한 선 중 가장 긴 선을 직경으로 하는 것을 말한다.

① 페렛 직경(Feret diameter)
② 마틴 직경(Martin diameter)
③ 스토크스 직경Stokes diameter
④ 공기역학적 직경(Aerodynamic diameter)

해설 입자상물질의 끝과 끝을 연결한 선 중 가장 긴 선을 직경으로 하는 것을 페렛 직경(Feret diameter)이라고 한다. 이 직경은 입자의 직경을 과대평가할 가능성이 있다.

013 안개(fog)에 관한 설명으로 옳지 않은 것은?

① 시정 수평거리가 보통 1km 미만이다.
② 대기오염물질과 수분이 반응하여 산성을 띤 산성 안개도 있다.
③ 습도는 100% 또는 여기에 가까운 경우로 눈에 보이는 입자상물질이다.
④ 분산질이 기체이고, 직경이 $1\mu m$ 이상인 입자를 말하며, 브라운 운동에 의해 이동한다.

해설 분산질이 물이나 얼음의 아주 작은 물방울이 공기 중에 떠 있는 직경이 $1\mu m$ 이상인 입자로 시정거리는 1km 이하, 습도는 70% 이상이다.

014 대기의 성분, 조성 및 그에 따른 영향에 관한 설명으로 옳지 않은 것은?

① 대기 중의 이산화질소, 암모니아 성분의 농도는 쉽게 변화한다.
② 대기 구성성분 중 농도가 가장 안정된 성분은 산소, 질소, 이산화탄소, 아르곤이다.
③ 대기 중에서 질소, 산소를 제외하고 가장 큰 부피를 차지하고 있는 물질은 아르곤이다.

④ 대기 중 오존의 농도는 0.1~0.4ppm 정도로 지역별 오염도에 따라 일변화가 매우 크다.

해설 대기 중 오존의 농도는 0.1ppm 이하로 지역별 오염도에 따라 여름철 햇빛이 강한 경우 농도가 높아진다.

015 대기 중의 CO_2에 관한 설명으로 옳지 않은 것은?

① 현재의 대기 중의 이산화탄소의 농도 증가는 주로 인위적인 방출에 의한 것이다.
② 대기 중에 배출된 이산화탄소의 약 50% 이상은 해수에 흡수되고 그 과정과 흡수능력은 널리 알려져 있다.
③ 대기 중의 이산화탄소는 해양이나 식물에 흡수되어 대기 중에서 제거되며 추정 체류시간은 2~4년으로 알려져 있다.
④ 대기 중의 이산화탄소 농도는 여름에 감소하고 겨울에 증가하며 북반구에서 상대적으로 이산화탄소의 농도가 높다.

해설 대기 중에 배출된 이산화탄소의 약 50% 이상은 대기 중에 축적되고 나머지는 해수(30%)와 지상생물(20%)에 의해 흡수되는 것으로 추정되고 있다.

016 최근 대기오염물질의 장거리 이동에 대한 많은 보고가 나오고 있어 대기오염물질의 제어는 한 지역의 문제가 아니라 전 지구적인 감시와 조절이 절실히 요구되고 있다. 특히 매년 증가하고 있어 많은 문제를 안고 있는 CO_2의 순환과정을 설명한 것으로 옳지 않은 것은?

① 지구의 북반구 대기 중의 CO_2 농도가 남반구보다 높다.
② 대기 중의 CO_2 농도는 여름에 감소하고 겨울에 증가한다.
③ 대기 중의 자연농도는 350ppm 정도이며 체류시간은 대체로 2년 이하로 짧다.
④ 대기 중의 CO_2는 바다에 흡수되는 양이 식물에 의한 흡수량보다는 많다.

해설 대기 중의 CO_2 농도는 식물의 생육이 활발한 여름에는 동화작용으로 인해 식물체에 고정되는 양이 호흡과 분해로 배출되는 양보다 많은 반면, 겨울에는 식물의 생육활동이 정체되어 동화작용으로 고정되는 양이 호흡이나 분해로 배출되는 양보다 적다. 따라서 계절적으로 이산화탄소의 농도가 여름에 감소하고, 겨울에 증가하는 양상을 보이며, 대기 중 체류시간은 7~10년이다.

017 지표 부근의 대기 조성성분의 부피농도(%)와 성분별 체류시간이 옳게 짝지어진 것은?

① H_2: 0.55%, 0.5년
② O_2: 20.94%, 6,000년
③ N_2: 78.09%, 7~10년
④ CO_2: 0.035ppm, 주로 축적

해설
① H_2: 0.55ppm, 4~7년
③ N_2: 78.09%, 4×10^8년
④ CO_2: 0.035%, 7~10년

018 대기 내에서의 오염물질의 일반적인 체류시간 순서로 옳은 것은?

① CO_2 > N_2O > CO > SO_2
② N_2O > CO_2 > CO > SO_2
③ CO_2 > SO_2 > N_2O > CO
④ N_2O > SO_2 > CO_2 > CO

해설
N_2O(0.33ppm, 5~50년) > CO_2(0.035%, 7~10년) > CO(0.06~0.2ppm, 0.5년) > SO_2(0.1ppm 이하, 1~4일)

019 대기오염물질 중에서 대기 중의 체류시간이 긴 순서대로 나열된 것은?

① $N_2 > CH_4 > CO > SO_2$
② $CO > N_2 > SO_2 > CH_4$
③ $NO_2 > SO_2 > CO > CH_4$
④ $SO_2 > NO_2 > CH_4 > CO$

해설

N_2(78.09%, 4×10^8년) > CH_4(1.5ppm, 2.6~8년) > CO(0.06~0.2ppm, 0.5년) > NO_2(0.1ppm 이하 2~5일) > SO_2(0.1ppm 이하, 1~4일)

020 지표 부근 대기의 일반적인 체류시간의 순서로 옳은 것은?

① $O_2 > N_2O > CH_4 > CO$
② $O_2 > CH_4 > CO > N_2O$
③ $CO > O_2 > N_2O > CH_4$
④ $CO > CH_4 > O_2 > N_2O$

해설

O_2(20.94%, 6,000년) > N_2O(0.33ppm, 5~50년) > CH_4(1.5ppm, 2.6~8년) > CO(0.06~0.2ppm, 0.5년)

021 대기오염물질의 체류시간이 긴 순서대로 옳게 나열된 것은? (단, 긴 시간 > 짧은 시간)

① $N_2 > CO_2 > H_2 > CO$
② $CO_2 > N_2 > H_2 > CO$
③ $CO_2 > H_2 > N_2 > CO$
④ $N_2 > CO > CO_2 > H_2$

해설

N_2(78.09%, 4×10^8년) > CO_2(0.035%, 7~10년) > H_2(0.55%, 4~7년) > CO(0.06~0.2ppm, 0.5년)

022 지표 부근 대기 중에서 성분함량이 가장 낮은 것은?

① Ar   ② He
③ Xe   ④ Kr

해설 불활성기체(inert gas)

Ar(아르곤): 0.93%, Ne(네온): 18.1ppm, He(헬륨): 5.2ppm, Kr(크립톤): 1.1ppm, Xe(제논): 0.08ppm

023 용융된 물질이 휘발해서 형성된 기체가 응축할 때 생기는 고체 입자로서 상호 응결하며 때로는 충돌 결합하는 것으로 옳은 것은?

① 훈연(fume)   ② 매연(smoke)
③ 연무(mist)   ④ 검댕(soot)

해설 훈연(fume)은 0.03~0.3μm의 크기로 활발한 브라운 운동을 하며, 금속산화물과 같이 가스상물질이 승화, 증류 및 화학반응 과정에서 응축될 때 주로 생성되는 고체 입자로 아연과 납산화물의 훈연은 고온에서 휘발된 금속의 산화와 응축과정에서 생성된다.

024 대기오염물질 중에 물에 가장 잘 녹는 것은?

① HCl   ② CO_2
③ SO_2 ④ HCHO

해설 가스상물질의 용해도가 큰 순서

HCl > HF > NH_3 > SO_2 > Cl_2 > CO

025 대기오염물질 중 비중이 가장 큰 것은?

① SO_2 ② CS_2
③ NO   ④ HCHO

해설 대기오염물질의 비중은 공기에 대한 무게이기 때문에 비중이 가장 큰 것은 분자량이 제일 큰 것과 같다.

CS_2(M.W.=76), SO_2(M.W.=64), NO(M.W.=30), HCHO(M.W.=30)

서술형 빈출문제

026 비중이 가장 적은 기체는? (단, 동일한 조건에서)

① NH_3 ② NO
③ H_2S ④ SO_2

해설 비중이 가장 적은 것은 분자량이 제일 적은 것이다. NH_3(M.W.=17), NO(M.W.=30), H_2S(M.W.=34), SO_2(M.W.=64)

027 상온에서 녹황색이고 강한 자극성 냄새를 내는 기체로서 공기보다 무겁고 표백작용이 강한 오염물질은?

① 염소 ② 아황산가스
③ 이산화질소 ④ 폼알데하이드

해설 염소(Cl_2)는 상온에서 황록색이며 강한 자극성 냄새를 가진 기체로 비중이 2.49인 오염물질이다.

028 주로 연소 시 배출되는 무색의 기체로 물에 매우 난용성이며, 혈액 중의 헤모글로빈과 결합력이 강해 산소 운반능력을 감소시키는 물질은?

① HC ② NO
③ PAN ④ R-CHO

해설 일산화질소(nitric oxide)는 질소와 산소로 이루어진 화합물로 분자식은 NO이다. 상온에서 무색의 기체로 존재하고, 물에 매우 난용성이며, 혈액 중의 헤모글로빈과 결합력이 강해 산소 운반능력을 감소시키기도 하지만, 주변의 근육세포에 작용하여 근육을 이완시키는 효소를 활성화시켜 혈관을 확장시키는 효과가 있다.

029 대기오염물질 중 공기에 대한 비중이 1.6 정도이며, 질식성이 있고, 적갈색을 나타내며, 자극성을 가진 가스는?

① NO ② SO_2
③ Cl_2 ④ NO_2

해설 이산화질소(NO_2)는 비중이 1.6 정도로 적갈색의 반응성이 큰 기체로서 대기 중에서 일산화질소의 산화에 의해서 발생하며, 대기 중에서 휘발성유기화합물과 반응하여 오존을 생성하는 전구물질(precursor)의 역할을 한다. 일산화질소(NO)보다 인체에 더욱 큰 피해를 주는 것으로 알려져 있다. 고농도에 노출되면 눈, 코 등 점막에서의 만성기관지염, 폐렴, 폐출혈, 폐수종의 발병으로까지 발전할 수 있는 것으로 보고되고 있다.

030 도시 대기오염물질 중 태양빛을 흡수하는 기체 중의 하나로서 파장 420nm 이하의 가시광선에 의해 광분해 되는 물질로 대기 중 체류시간이 약 2~5일 정도인 것은?

① SO_2 ② NO_2
③ CO_2 ④ $RCHO$

해설 빛을 흡수하는 과정에서 NO_2는 400nm를 경계로 이보다 짧은 파장에서 광분해를 일으킨다.
$NO_2 \xrightarrow{h\nu} NO + O$

031 섬유강도 저하, 염료변색의 원인이 되는 대기오염물질로 옳지 않은 것은?

① NO_2 ② O_3
③ HF ④ SO_2

해설 섬유강도 저하, 염료변색의 원인이 되는 대기오염물질은 주로 질소산화물(NO_x), 아황산가스(SO_2), 황화수소(H_2S), 폼알데하이드(HCHO), 오존(O_3) 등이 있다.

032 대기오염물질 중 상온에서 무색투명하며, 일반적으로 불쾌한 자극성 냄새를 내는 액체이며, 햇빛에 파괴될 정도로 불안정하지만, 부식성은 비교적 약하고, 끓는점은 약 47℃ 정도, 인화점은 -30℃ 정도인 것은?

① HCl ② Cl_2
③ SO_2 ④ CS_2

정답 026 ① 027 ① 028 ② 029 ④ 030 ② 031 ③ 032 ④

해설 이황화탄소(CS_2)는 상온에서는 굴절률이 큰 무색의 액체 상태로 존재한다. 비중이 2.64, 녹는점은 -111℃, 끓는점은 46.3℃, 인화점이 상압에서 -30℃로 매우 낮다. 다량의 이황화탄소 증기에 노출될 경우 두통, 어지러움, 구역질, 구토 등을 일으킬 수 있으며 목숨에 지장을 줄 수도 있다. 장시간, 또는 반복된 이황화탄소 증기에 대한 노출은 중추신경계와 말초신경계에 문제를 일으킬 수 있으며, 1980년대 레이온 제조공장이었던 원진레이온에서 근로자들이 이황화탄소에 중독된 사건은 이후 노동환경 운동에 큰 영향을 끼쳤다.

033 상온에서 무색이며, 자극성 냄새를 가진 기체로서 비중이 약 1.03(공기=1)인 오염물질은?

① 아황산가스 ② 폼알데하이드
③ 이산화탄소 ④ 염소

해설 폼알데하이드(HCHO)는 자극성이 강한 냄새를 가진 기체상의 화학물질로 비중이 1.03, 녹는점이 -92℃, 끓는점은 -21℃이다. 새집증후군의 원인물질 중 하나로서 아토피성 피부염의 원인물질이다. 메탄올을 잘못 마셨을 때, 실명을 일으키거나 심하면 사망에 이를 수도 있다.

034 대기 중에 존재하는 가스상 오염물질 중 염화수소와 염소에 관한 설명으로 옳지 않은 것은?

① 염소는 강한 산화력을 이용하여 살균제, 표백제로 쓰인다.
② 염소는 상온에서 적갈색을 띠는 액체로 휘발성과 부식성이 강하다.
③ 염화수소가 대기 중에 노출될 경우 백색의 연무를 형성하기도 한다.
④ 염화수소는 무색으로서 자극성 냄새가 있으며 상온에서 기체이다. 전지, 약품, 비료 등에 사용된다.

해설 염소(Cl_2)는 표준 상태에서 이원자 분자 형태로 존재하는 황록색 기체로, 불쾌한 냄새가 있고, 공기보다 2.5배 무겁다.

035 각 대기오염물질의 특성에 관한 설명으로 옳지 않은 것은?

① 플루오린화수소는 수용액과 에테르 등의 유기용매에 매우 잘 녹으며, 무수플루오린화수소는 약산성의 물질이다.
② 염소는 암모니아에 비해서 훨씬 수용성이 약하므로 후두부에 부종만을 일으키기보다는 호흡기계 전체에 영향을 미친다.
③ 브로민화합물은 부식성이 강하며, 상기도에 대하여 급성 흡입 효과를 지니고, 고농도에서는 일정 기간 지나면 폐부종을 유발하기도 한다.
④ 포스겐 자체는 자극성이 경미하지만 수중에서 재빨리 염산으로 분해되어 거의 급성 전구증상이 없이 치사량을 흡입할 수 있으므로 매우 위험하다.

해설 플루오린화수소(HF)는 무색의 유독성 기체 또는 액체로 형석(CaF_2)에 황산(H_2SO_4)을 가한 다음, 가열해서 제조한다. 플루오린화수소의 수용액은 약산에 해당하고, 물에 녹지 않으며, 자가 이온화로 인해 황산 정도조차도 가볍게 뛰어넘는 산이 되어버린다. 묽은 플루오린화수소산은 약산으로 분류되지만, 매우 부식성이 높고, 유리와 반응하여 유리를 녹일 수 있는 물질이다.

036 다음은 대기 중의 CO_2 농도변화 경향에 대한 설명이다. ( ) 안에 알맞은 것은?

> 지난 30여 년간 미국의 하와이에서 측정한 대기 중 CO_2의 농도변화 경향을 살펴보면 일반적으로 봄~여름철에는 (㉠)하고, 겨울철에는 (㉡)하는 계절의 편차를 보인다. 이는 봄~여름철의 경우 식물이 (㉢)작용으로 인해 CO_2를 (㉣)하기 때문인 것으로 해석된다.

① ㉠ 감소, ㉡ 증가, ㉢ 광합성, ㉣ 흡수
② ㉠ 증가, ㉡ 감소, ㉢ 광합성, ㉣ 방출
③ ㉠ 감소, ㉡ 증가, ㉢ 호흡, ㉣ 흡수
④ ㉠ 증가, ㉡ 감소, ㉢ 호흡, ㉣ 방출

정답 033 ② 034 ② 035 ① 036 ①

[해설] 대기 중의 CO_2 농도변화 경향은 지난 30여 년간 미국의 하와이에서 측정한 대기 중 CO_2의 농도변화 경향을 살펴보면 일반적으로 봄~여름철에는 감소하고, 겨울철에는 증가하는 계절의 편차를 보인다. 이는 봄~여름철의 경우 식물이 광합성작용으로 인해 CO_2를 흡수하는 양이 호흡과 분해로 방출되는 양보다 많기 때문인 것으로 해석된다.

037 잠재적인 대기오염물질로 취급되고 있는 물질인 이산화탄소에 관한 설명으로 옳지 않은 것은?

① 지구 북반구의 이산화탄소의 농도가 상대적으로 높다.
② 대기 중에 배출하는 이산화탄소의 약 5%가 해수에 흡수된다.
③ 지구온실효과에 대한 추정기여도는 CO_2가 50% 정도로 가장 높다.
④ 대기 중의 이산화탄소 농도는 북반구의 경우 계절적으로 보통 겨울에 증가한다.

[해설] 대기 중의 CO_2는 식물의 정화작용으로 약 20%, 해양의 정화작용으로 약 30%가 제거되며 약 50%는 대기 중에 축적되어 온실효과를 일으킨다. 해양은 대기로 배출된 이산화탄소의 30% 가량을 흡수하여 대기 중 이산화탄소 농도를 감소시키는 역할을 하여, 해양의 pH와 탄산염이온(CO_3^{2-})이 감소하는 해양 산성화 현상을 겪고 있다고 한다.

038 대기오염물질의 특성에 대한 설명 중 옳은 것은?

① 염화수소는 플라스틱공업, PVC소각, 소다공업 등이 관련 배출업종이다.
② 탄소의 순환에서 탄소(CO_2로서)의 가장 큰 저장고 역할을 하는 부분은 대기이다.
③ 플루오린은 주로 자연상태에서 존재하며, 주 관련 배출업종으로는 황산 제조공정, 연소공정 등이다.
④ 질소산화물은 연소 전 연료의 성분으로부터 발생하는 Fuel NO_X와 저온 연소과정에서 공기 중의 질소와 산소가 반응하여 생기는 Thermal NO_X 등이 있다.

[해설]
② 탄소의 순환에서 탄소(CO_2로서)의 가장 큰 저장고 역할을 하는 곳은 암석권이다.
③ 플루오린은 자연상태에서는 존재하지 않고 인위적인 활동에 의해 환경에 존재하는 주요 오염물질로 인산비료, 알루미늄 등의 제조공정에서 발생한다.
④ 질소산화물은 질소 성분이 포함된 연료를 연소하여 발생하는 Fuel NO_X와 고온 연소과정에서 연소 공기 중의 질소와 산소가 반응하여 생기는 Thermal NO_X 등이 있다.

039 오염된 대기에서의 SO_2의 산화에 관한 설명으로 옳지 않은 것은?

① 파라핀계 탄화수소는 NO_X와 SO_2가 존재하여도 에어로솔을 거의 형성시키지 않는다.
② 모든 SO_2의 광화학은 일반적으로 전자적으로 여기된 상태의 SO_2의 분자반응들만 포함한다.
③ 낮은 농도의 올레핀계 탄화수소도 NO가 존재하면 SO_2를 광산화시키는 데 상당히 효과적일 수 있다.
④ 연소과정에서 배출되는 SO_2의 광분해는 상당히 효과적인데, 그 이유는 저공에 도달하는 것보다 더 긴 파장이 요구되기 때문이다.

[해설] 연소과정에서 배출되는 SO_2의 광분해는 대류권에서 거의 이루어지지 않으며, 접촉산화 및 광산화에 의해서 파장 300~400nm 사이의 자외선을 흡수하여 분해반응이 일어난다.

040 대기 중에 존재하는 황산화물에 관한 설명으로 옳지 않은 것은?

① 연료 중의 황분 함량은 석탄이 가장 높다.
② 인위적 발생원에서 화석연료 중의 황화합물은 연소 시 대부분 SO_2가 된다.
③ 황분은 비점이 낮아 원유 정제 시 대부분 증발하여 점도가 높은 벙커C유에 잔존하게 된다.
④ 전 세계의 황화합물 배출량 중 인위적 발생량이 50%를 차지하여 나머지 50%가 자연적 발생원에서 배출된다.

해설 황분은 비점이 높아(444.6℃), 원유 정제 시 증발하지 않고 유류에 함유되어 있게 된다.

041 다음은 황화합물에 관한 설명이다. ( ) 안에 가장 알맞은 것은?

> 전 지구적 규모로 볼 때, 해양을 통한 자연적 발생원 중 가장 많은 양의 황화합물이 ( ) 형태로 배출되고 있다.

① H_2S　　② CS_2
③ OCS　　④ DMS[$(CH_3)_2S$]

해설 전 지구적 규모로 볼 때, 해양을 통한 자연적 발생원 중 가장 많은 양의 황화합물이 산화도가 낮고, 휘발성이 강한 중메틸황(DMS, methyl sulfide, $(CH_3)_2S$) 형태로 배출되고 있다.

042 다음은 황화합물에 관한 설명이다. ( ) 안에 가장 적합한 물질은?

> ( )은(는) 대류권에서 매우 안정하므로 거의 화학적으로 반응을 하지 않고 서서히 성층권으로 유입되어 광분해반응에 종속된다. 반응성이 적어 청정 대류권에서 가장 높은 농도를 나타내는 황화합물(수백 ppt 정도)로 간주되며, 거의 일정한 수준의 농도를 유지한다.

① 황화수소(H_2S)
② 이산화황(SO_2)
③ MSA(CH_3SO_3H)
④ 카르보닐황(OCS)

해설 카르보닐황(carbonyl sulfide, OCS)는 대류권에서 매우 안정적이기 때문에 화학적인 반응을 하지 않고 성층권으로 유입되면서 광분해반응에 종속된다. 반응성이 적어 청정 대류권에서 가장 높은 농도(황화합물로 500ppt)를 나타내는 황화합물이다.

043 황화합물에 대한 설명으로 옳지 않은 것은?

① 황화합물은 산화 상태가 클수록 증기압이 커지고, 용해성은 감소한다.
② 가스 상태의 SO_2는 대기압 하에서 환원제 및 산화제로 모두 작용할 수 있다.
③ 해양을 통해 자연적 발생원 중 가장 많은 양의 황화합물이 DMS 형태로 배출되고 있으며, 일부는 H_2S, OCS, CS_2 형태로 배출되고 있다.
④ 대기 중으로 유입된 SO_2는 물에 잘 녹고 반응성도 크므로 입자상물질의 표면이나 물방울에 흡착된 후 비균질 반응에 의해 대부분 황산염으로 산화되어 제거된다.

해설 황화합물은 산화 상태가 클수록 증기압이 낮아지고, 용해성은 증가한다.

044 황산화물(SO_X)에 관한 설명으로 옳지 않은 것은?

① 일반적으로 대류권에서 광분해 되지 않는다.
② 대기 중의 SO_2는 수분과 반응하여 SO_3로 산화된다.
③ 황 함유 광석이나 황 함유 화석연료의 연소에 의해 발생한다.
④ SO_2는 금속에 대한 부식성이 강하며 표백제로 사용되기도 한다.

해설 대기 중의 SO_2는 파장 300~400nm 사이의 자외선을 흡수하여 여기상태의 아황산가스 분자($SO_2 \cdot$)를 생성하고, 산소공존 하에서 SO_3로 산화된다.

045 황화합물에 관한 설명으로 옳지 않은 것은?

① CS_2 증기는 증발하기 쉬우며, 공기보다 약 2.6배 더 무겁다.
② SO_2는 280~290nm에서 강한 흡수를 보이지만 대류권에서는 거의 광분해 되지 않는다.

정답 041 ④　042 ④　043 ①　044 ②　045 ③

③ 대기 중 SO_2는 약 90% 정도가 황산염으로 전환되며, 평균체류시간은 약 20일 정도이다.
④ SO_2는 물에 대한 용해도가 높아 구름의 액적, 빗방울, 지표수 등에 쉽게 녹아 H_2SO_3를 생성한다.

해설 대기 중 SO_2는 약 30% 정도가 황산염으로 전환되며, 평균 체류시간은 약 1~4일 정도이다.

046 질소산화물에 관한 설명으로 옳지 않은 것은?

① 아산화질소(N_2O)는 성층권의 오존을 분해하는 물질로 알려져 있다.
② 아산화질소(N_2O)는 대류권에서 태양에너지에 대하여 매우 안정적이다.
③ 연료 NO_X는 연료 중 질소화합물 연소에 의해 발생되고, 연료 중 질소화합물은 일반적으로 석탄에 많으며, 중유, 경유 순으로 적어진다.
④ 전 세계의 질소화합물 배출량 중 인위적인 배출량은 자연적 배출량의 약 70% 정도를 차지하고 있으며, 그 비율은 점차 증가하는 추세이다.

해설 전 세계의 질소화합물 배출량 중 자연적인 배출량은 인위적인 배출량의 약 7~15배 정도를 차지하고 있으며, 그 비율은 점차 증가하는 추세이다.

047 질소산화물(NO_X)에 관한 설명으로 옳지 않은 것은?

① 연소과정 중 고온에서는 90% 이상이 NO로 발생한다.
② NO_2는 적갈색, 자극성 기체로 독성이 NO보다 약 5배 정도나 더 크다.
③ 인체 혈액 중 NO 독성은 오존보다 10~15배 강하고, 폐렴, 폐수종을 일으키며, 대기 중 체류시간은 2~100년 정도이다.

④ N_2O는 대류권에서는 온실가스로 성층권에서는 오존층 파괴물질로서 보통 대기 중에 약 0.5ppm 정도 존재한다.

해설 NO는 그 자체로는 독성이 약하지만 혈액 중 헤모글로빈과의 결합력이 CO보다 수백 배 강하여 산소운반 능력을 감소시키며, 대기 중 체류시간은 2~5일 정도이다.

048 질소산화물(NO_X)에 관한 내용으로 옳지 않은 것은?

① NO_2는 적갈색의 자극성 기체로 NO보다 독성이 강하다.
② NO는 혈액 중 헤모글로빈과의 결합력이 CO보다 강하다.
③ 질소산화물은 Fuel NO_X와 Thermal NO_X로 구분될 수 있다.
④ N_2O는 무색, 무취의 기체로 대기 중에서 반응성이 매우 크다.

해설 N_2O는 무색, 약간의 감미로운 냄새를 가진 일명 스마일 기체(안전한 마취약제)로 대기 중에서 반응성이 적다. 대류권에서는 온실가스, 성층권에서는 오존층 파괴물질이며, 대기 중 체류시간은 약 120년 정도이다.

049 질소산화물(NO_X)에 대한 설명으로 옳지 않은 것은?

① 연소과정 중 고온에서는 90% 이상이 NO로 발생한다.
② NO 독성은 그 자체만으로도 오존보다 10~15배 강하여 폐렴, 폐수종을 일으킨다.
③ NO_2는 적갈색, 자극성 기체로 독성이 NO보다 약 5배 정도나 더 크다.
④ NO_X는 혈액 중 헤모글로빈과 결합하여 일산화탄소보다 친화력이 수백 배 더 강하다.

해설 NO 독성은 그 자체만으로는 독성이 약하다.

정답 046 ④ 047 ③ 048 ④ 049 ②

050 질소산화물(NO_x)에 관한 설명으로 옳지 않은 것은?

① 연소과정에서 처음 발생되는 NO_x는 주로 NO이다.
② NO_x의 인위적 배출량 중 거의 대부분이 연소과정에서 발생된다.
③ 연소 시 연료 중 질소의 NO_x 변환율은 대체로 약 2~5% 범위이다.
④ NO_x는 그 자체도 인체에 해롭지만 광화학스모그의 원인물질로도 중요한 역할을 한다.

해설 연소 시 연료 중 질소의 NO_x 변환율은 대체로 약 20~50% 범위이다.

051 질소산화물에 대한 설명으로 옳지 않은 것은?

① 대기에서 NO, NO_2의 체류시간은 대략 10~30일 범위이다.
② 인위적인 질소산화물의 주 배출원은 자동차와 연료의 연소과정이다.
③ 자연적인 NO_x 방출량은 인위적인 NO_x 방출량의 7~15배 정도이다.
④ 대기에서 질소는 NO_x cycle에서 지면으로의 침전과 질산염으로의 산화가 일어난다.

해설 대기에서 NO, NO_2의 체류시간은 대략 2~5일 범위이다.

052 질소화합물에 관한 설명으로 옳지 않은 것은?

① 연료 중의 질소화합물은 일반적으로 천연가스보다 석탄에 많다.
② 대기 중에서의 추정 체류시간은 NO와 NO_2가 약 2~5일, N_2O가 약 20~100년 정도이다.
③ N_2O는 대류권에서는 온실가스로 알려져 있으며 성층권에서는 오존층 파괴물질로 알려져 있다.
④ 전 세계 질소화합물의 배출량 중 인위적인 추정 배출량은 약 70~80% 정도로, 연간 총 배출량은 주로 배출원별로는 난방, 연료별로는 석탄 사용이 제일 큰 비중을 차지한다.

해설 전 세계 질소화합물의 배출량 중 인위적인 추정 배출량은 약 6~15% 정도로, 연간 총 배출량은 주로 배출원별로는 자동차와 난방이, 연료별로는 석탄 사용이 제일 큰 비중을 차지한다.

053 질소산화물(NO_x)에 대한 설명으로 옳지 않은 것은?

① 연소과정에서 처음 발생되는 NO_x는 주로 NO_2이다.
② NO_x의 인위적 배출량 중 거의 대부분이 난방 연료의 연소과정에서 발생된다.
③ NO_x는 그 자체도 인체에 해롭지만 광화학 스모그의 원인물질이기도 하다.
④ 연소 시 연료 중 질소의 NO_x 변환율은 연료의 종류와 연소방법에 따라 차이가 있으나 대체로 약 20~50% 범위이다.

해설 연소과정에서 처음 발생되는 질소산화물은 일산화질소(NO)이다.

054 질소산화물에 관한 설명으로 옳지 않은 것은?

① 성층권에서는 N_2O가 오존과 반응하여 NO를 생성한다.
② 연소실 온도가 낮을 때가 높을 때보다 많은 NO_x가 배출된다.
③ 대기 중에서의 체류시간은 NO와 NO_2가 2~5일 정도로 추정된다.
④ N_2O는 대류권에서는 온실가스로 알려져 있으며 성층권에서는 오존층 파괴물질로 알려져 있다.

정답 050 ③ 051 ① 052 ④ 053 ① 054 ②

해설 연소실 온도가 낮을 때보다 높을 때 많은 NO_x가 배출된다.

055 질소산화물(NO_x)에 관한 설명으로 옳지 않은 것은?

① NO와 NO_2에 비해 N_2O가 장기간 대기 중에 체류한다.
② N_2O는 성층권에서는 오존을 분해하는 물질로 알려져 있다.
③ N_2O는 대류권에서는 태양에너지에 대하여 매우 불안정하다.
④ NO_2는 해안지역에서는 해염입자와 반응하여 질산염을 생성하며 대기 중에서 제거된다.

해설 N_2O는 대류권에서는 태양에너지에 대하여 매우 안정적이어서 온실가스로 작용한다.

056 질소산화물(NO_x)에 의한 피해 및 영향으로 옳지 않은 것은?

① NO_2는 습도가 높은 경우 질산이 되어 금속을 부식시키며 산성비의 원인이 된다.
② NO_2는 가시광선을 흡수하므로 0.25ppm 정도의 농도에서 가시거리를 상당히 감소시킨다.
③ 인체에 미치는 영향 분석 시 동물을 사용한 연구결과에 의하면 NO_2는 주로 위장 장애현상을 초래한다.
④ NO_2의 광화학적 분해작용으로 대기 중의 O_3 농도가 증가하고 HC가 존재하는 경우에는 somg를 생성시킨다.

해설 인체에 미치는 영향 분석 시 동물을 사용한 연구결과에 의하면 NO_2는 주로 호흡기 세포를 파괴하여 호흡기질환에 대한 면역성을 감소시키는 악영향을 끼친다.

057 질소산화물에 대한 설명으로 옳은 것은?

① 자연적인 NO_x 방출량은 인위적인 NO_x 방출량보다 많다.
② 연소열에 의해서 생성되는 NO_x는 고온 NO_x와 저온 NO_x로 나뉜다.
③ 질소산화물은 적외선의 작용에 의해서 탄화수소와 반응하여 광화학 스모그를 발생시키는 원인이 된다.
④ 질소산화물 그 자체는 독성이 없으나 대기 중에서 탄화수소와 반응하여 오존을 발생시켜 이것이 독성을 나타낸다.

해설
② 연소열에 의해서 생성되는 NO_x는 Thermal NO_x와 Fuel NO_x로 나뉜다.
③ 질소산화물은 자외선의 작용에 의해서 탄화수소와 반응하여 광화학 스모그를 발생시키는 원인이 된다.
④ 질소산화물 중 NO 자체는 독성이 없으나, NO_2는 호흡기 세포를 파괴하여 호흡기질환에 대한 면역성을 감소시키는 악영향을 끼치고, 대기 중에서 자외선의 존재 하에 광화학 반응을 일으켜 오존을 발생시킨다.

058 질소산화물에 관한 설명으로 옳지 않은 것은?

① 대기 중의 체류시간은 NO_2가 N_2O에 비하여 짧다.
② 연소 시 발생되는 질소산화물은 90% 이상이 NO로 발생한다.
③ NO와 N_2O는 미생물 작용에 의하여 토양과 해양에서 배출된다.
④ N_2O는 대류권에서 태양에너지에 대하여 매우 불안정하며 온실가스로 주목되고 있다.

해설 N_2O는 대류권에서 태양에너지에 대하여 매우 안정하여 온실가스로 주목되고 있다.

059 NOx 중 이산화질소에 관한 설명으로 옳지 않은 것은?

① 약 1ppm 이상 존재할 경우 육안으로 감지할 수 있다.
② 적갈색의 자극성을 가진 기체이며 NO보다 6배의 독성이 강하다.
③ 수용성이나 NO보다는 용해도가 낮으며 일명 '웃음기체'라고도 한다.
④ 연소과정에서 직접 배출되기도 하나 그 양은 NOx 중 약 5% 이하이다.

해설 이산화질소는 난용성으로 NO보다는 용해도가 낮으며 NO보다 독성이 5~7배가 강하다. 웃음기체는 N_2O이다.

060 NOx 중 이산화질소에 관한 설명으로 옳지 않은 것은?

① 분자량 46, 비중은 1.59 정도이다.
② 적갈색의 자극성을 가진 기체이며, NO보다 5~7배 정도 독성이 강하다.
③ 수용성이지만 NO보다는 수중 용해도가 낮으며, 일명 웃음기체라고도 한다.
④ 부식성이 강하고, 산화력이 크며, 생리적인 독성과 자극성을 유발할 수도 있다.

해설 웃음기체는 이산화질소(N_2O)이다.

061 질소산화물(NOx)에 관한 설명으로 옳지 않은 것은?

① NO의 혈중 헤모글로빈과의 결합력은 CO보다 더 강하다.
② 혈중 헤모글로빈과 결합하여 메트헤모글로빈을 형성함으로써 산소전달을 방해한다.
③ 연소 시에 주로 배출되며 탄화수소와 함께 태양광선에 의한 광화학 스모그를 생성한다.
④ 직접적으로 눈에 대한 자극성이 강한 오염물질로 기관지염, 폐기종 및 폐렴 등을 일으키며 천식까지 진행된다.

해설 질소산화물 중 NO_2는 호흡기 세포를 파괴하여 호흡기질환에 대한 면역성을 감소시키는 악영향을 끼친다. 직접적으로 눈에 대한 자극성이 강한 오염물질로 기관지염, 폐기종 및 폐렴 등을 일으키며 천식까지 진행되는 대기오염물질은 오존(O_3)이다.

062 질소산화물에 관한 설명으로 옳지 않은 것은?

① NO는 주로 교통량이 많은 이른 아침에 하루 중 최고치를 나타낸다.
② NO_2의 대기 중 체류시간은 2~5일이며, N_2O는 10~20일 정도로 추정되고 있다.
③ N_2O는 대류권에서는 온실가스로 알려져 있으며, 성층권에서는 오존을 분해하는 물질로 알려져 있다.
④ 전 세계 질소화합물 중 인위적인 질소화합물 배출량은 자연적 배출량의 10% 정도인 것으로 추정되고 있다.

해설 NO_2의 대기 중 체류시간은 2~5일이며, N_2O는 약 20~100년 정도로 추정되고 있다.

063 질소산화물(NOx)의 특성으로 옳지 않은 것은?

① NO_2의 농도가 약 $5\mu g/m^3$가 되면 인체에는 수주 내에 만성피해 현상이 나타난다.
② NOx는 혈중 헤모글로빈과 결합하여 메트헤모글로빈을 형성함으로써 산소전달을 방해한다.
③ NO는 혈중 헤모글로빈과의 결합력이 CO보다 수백 배 더 강하고, NO_2는 NO보다 독성이 5배 정도 강하다.
④ NO_2의 급성피해는 자극성 가스로서 눈과 코를 강하게 자극하고, 기관지염, 폐기종, 폐렴 등을 일으킨다.

해설 NO_2의 농도가 약 0.5ppm이 되면 인체에는 수주 내에 만성 피해 현상이 나타난다. 농도가 5μg/m³이면 2.7ppb에 해당한다.

$$5 \times \frac{24.45}{46} = 2.7 ppb$$

실기 Check ✓

064 Thermal NO_X에 관한 내용으로 옳지 않은 것은? (단, 평형 상태 기준)

① 연소온도가 증가함에 따라 NO 생성량이 감소한다.
② 연소 시 발생하는 질소산화물의 대부분은 NO와 NO_2이다.
③ 산소와 질소가 결합하여 NO가 생성되는 반응은 흡열반응이다.
④ 발생원 근처에서는 NO/NO_2의 비가 크지만 발생원으로부터 멀어지면서 그 비가 감소한다.

해설 연소온도가 증가함에 따라 NO 생성량이 증가한다.

참고 Thermal NO_X
연소공기 중 산소가 질소분자를 산화시켜 발생하는 질소산화물로 연소온도가 약 1,300℃ 이상으로 높을 때나 산소농도가 높을 때, 가스 체류시간이 길 때 발생한다.

065 대기오염물질 중 서울을 비롯한 대도시 지역의 2010~2024년 동안 오염농도가 다른 오염물질에 비해 크게 감소하지 않은 것은?

① 납(Pb) ② 일산화탄소(CO)
③ 아황산가스(SO_2) ④ 이산화질소(NO_2)

해설 기후에너지환경부 자료에 의하면 대기오염물질 중 서울을 비롯한 대도시 지역의 2010~2024년 동안 오염농도가 다른 오염물질에 비해 크게 감소하지 않은 오염물질은 이산화질소이다.

066 CO(일산화탄소)에 관한 설명으로 옳지 않은 것은?

① 대기 중에서 이산화탄소로 산화되기 어렵다.
② 가연 성분의 불완전 연소 시나 자동차에서 많이 발생된다.

③ 수용성이므로 대기 중 농도는 강우에 의한 영향을 크게 받는다.
④ 대기 중에서 평균 체류시간은 발생량과 대기 중 평균 농도로부터 1~3개월로 추정되고 있다.

해설 일산화탄소는 난용성으로 다른 물질과 유해한 화학반응이나 흡착현상은 일어나지 않는다.

067 일산화탄소에 관한 설명으로 옳지 않은 것은?

① 대기 중 비에 의한 영향을 거의 받지 않는다.
② 다른 물질에의 흡착현상은 거의 나타나지 않는다.
③ 일산화탄소는 토양박테리아의 활동에 의해 이산화탄소로 산화되어 대기 중에서 제거된다.
④ 남위 50도 부근에서 최대농도를 나타내며, 대기 중 배경농도는 0.05ppm 정도이고, 남반구는 0.1~0.2ppm, 북반구는 0.01~0.03ppm 정도이다.

해설 일산화탄소는 북위 50도 부근에서 최대농도를 나타내며, 대기 중 배경농도는 0.035ppm 정도인 대기오염물질은 오존(O_3)이다.

068 일산화탄소에 관한 설명으로 옳지 않은 것은?

① 대류권 및 성층권에서의 광화학 반응에 의하여 대기 중에서 제거된다.
② 토양 박테리아의 활동에 의하여 이산화탄소로 산화되어 대기 중에서 제거된다.
③ 물에 잘 녹아 강우의 영향을 크게 받으며, 다른 물질에 강하게 흡착하는 특징을 가진다.
④ 발생량과 대기 중의 평균농도로부터 대기 중 평균 체류시간이 약 1~3개월 정도일 것이라 추정되고 있다.

해설 일산화탄소는 난용성으로 다른 물질과 유해한 화학반응이나 흡착현상은 일어나지 않는다.

정답 064 ① 065 ④ 066 ③ 067 ④ 068 ③

069 일산화탄소에 대한 설명으로 옳지 않은 것은?

① 다른 물질에의 흡착현상은 거의 나타나지 않는다.
② 물에 난용성이므로 수용성 가스와는 달리 비에 의한 영향을 거의 받지 않는다.
③ 지구 위도별 분포로 보면 적도 부근에서 최대치를 보이고, 북위 50도 부근에서 최소치를 나타낸다.
④ 자연적 발생원에는 화산폭발, 테르펜류의 산화, 클로로필의 분해, 산불 및 해수 중 미생물의 작용 등이 있다.

해설 일산화탄소는 지구 위도별 분포로 보면 적도 부근에서 최소치를 보이고, 북위 50도 부근에서 최대치를 나타낸다.

070 일산화탄소의 영향에 관한 설명으로 옳지 않은 것은?

① 혈중 헤모글로빈과의 친화력이 $Hb-O_2$보다 10배 정도 강하다.
② 감수성은 개인에 따라 차이가 있지만 적혈구 수 및 혈색소량에 이상이 있는 사람은 감수성이 높다.
③ 만성적인 영향으로는 성장장애, 만성 호흡기 질환(폐렴, 기관지염, 발작성 천식 등), 심장비대 등이 있다.
④ 인체 내 혈액 중 Hb와 결합한 Hb-CO의 포화율이 보통 1% 미만에서는 인체에 미치는 영향이 거의 없다고 알려져 있다.

해설 혈중 헤모글로빈과의 친화력이 $Hb-O_2$보다 250~300배 정도 강하여 산소운반능력을 저하시킨다.

071 일산화탄소에 관한 설명으로 옳지 않은 것은?

① 인위적 주요 배출원은 각종 교통수단의 엔진연료의 연소 등이다.
② 수용성이기 때문에 강우에 의한 영향이 크며 다른 물질에 흡착되어 제거되기도 한다.
③ 자연적 발생원에는 화산폭발, 테르펜류의 산화, 클로로필의 분해, 산불 및 해수 중의 미생물 작용 등이 있다.
④ 토양 박테리아에 의하여 대기 중에서 제거되거나 대류권 및 성층권에서 일어나는 광화학 반응에 의하여 제거되기도 한다.

해설 일산화탄소는 난용성으로 다른 물질과 유해한 화학반응이나 흡착현상은 일어나지 않는다.

072 CO에 관한 설명으로 옳지 않은 것은?

① 지구의 위도별 CO 농도는 남위 50도 부근에서 최대치를 보인다.
② CO의 자연적 발생원에는 화산폭발, 테르펜의 산화, 클로로필의 분해 등이 있다.
③ CO는 다른 물질에 대한 흡착현상을 거의 나타내지 않으며, 유해한 화학반응 또한 거의 일으키지 않는다.
④ 도시 대기 중의 CO 농도가 높은 것은 연소 등에 의해 배출량은 많은 반면, 토양면적 등의 감소에 따라 제거능력이 감소하기 때문이다.

해설 지구의 위도별 CO 농도는 북위 50도 부근에서 최대치를 보인다.

정답 069 ③ 070 ① 071 ② 072 ①

서술형 빈출문제

073 가스상 오염물질인 CO에 관한 설명으로 옳지 않은 것은?

① 물에 난용성이기 때문에 수용성 가스와는 달리 비에 의한 영향을 거의 받지 않는다.
② 지구의 위도별로 일산화탄소의 분포는 공업이 발달한 북위 50도 부근에서 최대치를 보인다.
③ 대기 중에서 이산화탄소로 산화되기 어려우며 다른 물질에의 흡착현상도 거의 나타나지 않는다.
④ 대기 중에서 일산화탄소의 평균 체류시간은 발생량과 대기 중 평균 농도로부터 1~3년으로 추정되고 있다.

해설 대기 중에서 일산화탄소의 평균 체류시간은 발생량과 대기 중 평균 농도로부터 1~3개월로 추정되고 있다.

074 일산화탄소 발생원 중 지구상 연간 가장 많은 양을 발생시키는 인공원은?

① 자동차   ② 석탄연소
③ 공업   ④ 소각 또는 화재

해설 일산화탄소 발생원 중 지구상 연간 가장 많은 양을 발생시키는 인공원은 자동차로 약 70%를 차지하며, 이외에도 연료의 불완전 연소로 발생한다.

075 일산화탄소와 관련된 설명으로 옳지 않은 것은?

① 탄소 및 유기물의 불완전 연소에 의해서 발생한다.
② 인체에 대한 독성은 농도와 흡입시간과 관계가 있다.
③ 일산화탄소에 노출될 때, 인체에 아주 강한 영향을 받는 장기는 심장이다.
④ 일산화탄소의 비중은 공기의 약 1.4배에 해당하여 일반적으로 낮은 곳에 체류한다.

해설 일산화탄소는 무색, 무미, 무취의 질식성 기체로 비중은 공기와 거의 비슷한 약 0.96에 해당하여 공기와 같이 존재한다.

076 대기오염물질에 대한 설명으로 옳지 않은 것은?

① 염화수소(HCl)는 물에 대한 용해도가 커서 헨리법칙이 잘 적용된다.
② 일산화탄소(CO)는 불완전 연소에 의해 발생하며, 물에 대한 용해도가 적다.
③ 플루오린(F_2)은 상온에서 무색의 극히 자극성이 강한 기체로 화학적으로 활성이 크다.
④ 아황산가스(SO_2)는 주로 화석연료의 연소에서 발생하며, 물에 대한 용해도가 비교적 큰 편이다.

해설 염화수소(HCl)는 물에 대한 용해도가 커서 헨리법칙이 잘 적용되지 않는다.

077 현재 도시 대기 중 대략적인 이산화탄소(CO_2)의 농도는?

① 약 100ppm   ② 약 400ppm
③ 약 700ppm   ④ 약 1,000ppm

해설 현재 도시 대기 중 이산화탄소(CO_2)의 농도는 350~420ppm 정도이며 지속적으로 증가되고 있다.

078 대표적인 대기오염물질인 CO_2에 관한 설명으로 옳지 않은 것은?

① 대기 중의 CO_2 농도는 약 410ppm 정도이다.
② 대기 중의 CO_2 농도는 북반구가 남반구보다 높다.
③ 대기 중의 CO_2 농도는 여름에 감소하고 겨울에 증가한다.
④ 대기 중의 CO_2는 바다에 많은 양이 흡수되나 식물에게 흡수되는 양보다는 적다.

해설 대기 중의 CO_2는 식물의 정화작용으로 약 20%, 해양의 정화작용으로 약 30%가 제거되며, 약 50%는 대기 중에 축적되어 온실효과를 일으킨다.

정답 073 ④ 074 ① 075 ④ 076 ① 077 ② 078 ④

079 여러 가지 대기오염물질의 특성에 대한 설명 중 옳은 것은?

① 염화수소는 플라스틱공업, PVC소각, 소다공업 등이 관련 배출업종이다.
② 탄소의 순환에서 CO_2로서 탄소의 가장 큰 저장고 역할을 하는 부분은 대기이다.
③ 플루오린(Fluorine)은 주로 자연상태에서 존재하며, 주 관련 배출업종으로는 황산제조공정, 연소공정 등이다.
④ 질소산화물은 연소 전 연료의 성분으로부터 발생하는 Fuel NO_X와 저온연소에서 공기 중의 질소와 수소가 반응하여 생기는 Thermal NO_X 등이 있다.

해설
② 탄소의 순환에서 CO_2로서 탄소의 가장 큰 저장고 역할을 하는 부분은 암석권이다.
③ 플루오린(Fluorine)은 주로 인위적인 상태에서 존재하며, 주 관련 배출업종으로는 알루미늄 제조공정, 유리, 인산비료공업, 요업공정 등이다.
④ 질소산화물은 연료 중의 탄화수소가 공기 중 질소와 반응하여 생성되는 Fuel NO_X와 고온 연소에서 공기 중의 질소와 산소가 반응하여 생기는 Thermal NO_X 등이 있다.

참고 배출가스 중 질소산화물(NO_X)의 종류
㉠ Thermal NO_X: 연소공기 중 산소가 질소분자를 산화시켜 발생(조건: 1,300℃의 고온, 높은 산소농도, 연소장치에서의 긴 가스 체류시간)
㉡ Fuel NO_X: 연료 중의 탄화수소(HC)가 공기 중 질소와 반응하여 생성(조건: 연료 중 높은 질소 성분과 산소 농도)
㉢ Prompt NO_X: 연료 중에 포함된 질소가 연소과정에서 산화되어 발생(실제 연소과정에서는 발생량이 매우 낮아 고려되지 않고 있음.)

080 대기오염물질 중 '탄화수소'에 관한 설명으로 옳지 않은 것은?

① 대기환경 중에서 탄화수소는 기체, 액체 또는 고체로 존재한다.
② 포화탄화수소는 이중결합 또는 삼중결합을 갖고 있으며 반응성이 높다.
③ 지구 규모의 탄화수소 발생량으로 볼 때 인위적 발생량은 전체의 1% 정도이다.
④ 탄화수소류 중에서 이중결합을 가진 올레핀화합물은 방향족 탄화수소보다 대기 중에서의 반응성이 크다.

해설 불포화탄화수소는 이중결합 또는 삼중결합을 갖고 있으며 반응성이 높아 광화학 반응이 활발하다.

참고
• 포화탄화수소: C–C 단일결합(파라핀계 탄화수소, C_nH_{2n+2})
• 불포화탄화수소: C=C 이중결합(올레핀계 탄화수소, C_nH_{2n}) 또는 C≡C 삼중결합

081 다환방향족 탄화수소(PAH)에 관한 설명으로 옳지 않은 것은?

① 고농도의 PAH는 지방분을 포함하는 모든 신체조직에 유입되어 간, 신장 등에 축적된다.
② 고리 형태를 갖고 있는 방향족 탄화수소로서 미량으로도 암 및 돌연변이를 쉽게 일으킬 수도 있다.
③ 석탄, 기름, 쓰레기 또는 각종 유기물질의 불완전 연소가 일어나는 동안에 형성된 화학물질 그룹을 말한다.
④ 대부분 물에 쉽게 용해되므로 강우 정도에 따른 영향이 크며 쉽게 휘발되지 않아 토양오염의 원인이 된다.

해설 대부분 물에 대한 낮은 용해도를 보이지만, 유기용매에는 높은 용해도를 나타낸다.

082 다환방향족 탄화수소(PAH, Polycyclic Aromatic Hydrocarbons)에 관한 설명으로 옳지 않은 것은?

① 대부분 공기역학적 직경이 2.5μm 미만인 입자상물질이다.
② 대부분 PAH는 물에 잘 용해되며, 산성비의 주요 원인물질로 작용한다.
③ 고리형태를 갖고 있는 방향족 탄화수소로서 미량으로도 암 및 돌연변이를 일으킬 수 있다.
④ 석탄, 기름, 가스, 쓰레기, 각종 유기물질의 불완전 연소가 일어나는 동안에 형성된 화학물질 그룹이다.

해설 대부분 PAH는 물에 잘 용해되지 않는다.

참고 탄화수소의 종류

종류	구조식	형태
파라핀계 탄화수소	C_nH_{2n+2} (접미어로 -ane가 붙음) (CH_4: 메테인, C_2H_6: 에테인, C_3H_8: 프로페인, …)	직렬쇄상 (사슬모양)
올레핀계 탄화수소	C_nH_{2n} (접미어로 -ene가 붙음) (C_2H_4: 에틸렌, C_3H_6: 프로필렌, …)	불포화, 직렬쇄상
나프텐계 탄화수소	C_nH_{2n} (단, n ≥ 3) (접두어로 Cyclo-가 붙음) (C_5H_{10}: 사이클로펜테인, C_6H_{12}: 사이클로헥세인, …)	포화, 환상
방향족계 탄화수소	C_nH_{2n-6} (단, n ≥ 6) (C_6H_6: 벤젠, $C_7H_8(C_6H_5CH_3)$: 톨루엔, …)	환상
아세틸렌계 탄화수소	C_nH_{2n-2} (접미어로 -yne가 붙음) (C_2H_2: 아세틸렌, C_3H_4: 프로파인, …)	삼중결합 직렬쇄상 (사슬모양)

083 대기오염물질 중 하이드록시기를 포함하고 있는 물질은?

① 페놀
② 벤젠
③ 메틸메르캅탄
④ 니켈테트라카르보닐

해설 하이드록시기(hydroxy group)는 유기화학에 있어 구조식이 '-OH'로 표시되는 1가의 작용기이다. 수산기(水酸基)라고도 한다.
페놀(C_6H_5OH)
② 벤젠(C_6H_6), ③ 메틸메르캅탄(CH_3SH), ④ 니켈테트라카르보닐($Ni(CO)_4$)

084 석면의 구성성분으로 옳지 않은 것은?

① K   ② Na
③ Fe ④ Si

해설 석면을 이루는 원소는 규소(Si), 마그네슘(Mg), 철(Fe), 소듐(Na), 포타슘(Ca), 산소(O), 수소(H) 등이다.

085 석면이 가지고 있는 일반적인 특성으로 옳지 않은 것은?

① 절연성
② 내화성 및 단열성
③ 흡습성 및 저인장성
④ 화학적 불활성

해설 석면은 직경이 0.02~0.03μm, 길이가 5μm 이상 정도로 유연성과 열에 대한 저항력이 매우 강하고, 절연성, 화학적 불활성과 약산성을 띠고 있어 건축자재에서 자동차, 가정용품에 이르기까지 다양한 분야에서 이용되었지만 발암물질로 확인되면서 우리나라에서도 2009년 1월 1일부로 석면의 생산 및 사용이 전면 금지되었다.

086 안료, 색소, 의약품 제조공업에 이용되며 색소침착, 손·발바닥의 각화, 피부암 등을 일으키는 물질로 옳은 것은?

① 납   ② 크로뮴
③ 비소 ④ 니켈

해설 비소(砒素, Arsenic)는 화학 원소로 기호는 As이고 원자번호는 33이다. 독성으로 유명한 준금속 원소로 농약·제초제·살충제·의약품 등의 재료이며, 여러 합금에도 사용되지만 인체에는 색소침착, 손·발바닥의 각화, 피부암 등을 일으키는 물질이다.

087 대기 중에 부유하는 중금속에 관한 설명으로 옳지 않은 것은?

① 크로뮴은 피혁공업, 염색공업, 시멘트제조업 등에서 발생되며 호흡기 또는 피부를 통하여 체내로 유입된다.
② 수은은 증기 또는 먼지의 형태로 대기 중에 배출되고, 미량으로도 인체에 영향을 미치며, 널리 알려진 것은 미나마타병이다.
③ 카드뮴은 주로 산화카드뮴이나 황산카드뮴으로 존재하고 아연정련, 카드뮴축전지, 전기도금, 살충제 제조공장 등에서 발생한다.
④ 납은 주로 대기 중에 미세입자로 존재하고 골수의 신경기능장해로 파킨슨병을 유발하며, 방부제나 형광등 제조공장에서 대부분이 발생된다.

해설 납(lead)은 원소기호 Pb, 원자번호 82번을 사용하는 금속이다. 조혈기계(빈혈), 신경계, 신장계, 소화기계, 심혈관계 등에 다양한 농도 범위에서 인체 영향을 미치고 축전지, 형광등, 유리 등의 제조공장 등에서 발생된다. 파킨슨병을 유발하는 금속원소는 망가니즈(Mn)이다.

088 다음 설명하는 오염물질로 옳은 것은?

- 이 화학물질은 부드러운 청회색의 금속으로 고밀도와 내식성이 강한 것이 특징이다.
- 소화기로 섭취된 이 물질은 입자의 크기에 따라 다르지만 약 10% 정도만이 소장에서 흡수되고, 나머지는 대변으로 배출된다. 세포 내에서 이 물질은 SH기와 결합하여 헴(heme) 합성에 관여하는 효소를 포함한 여러 세포의 효소작용을 방해한다.
- 만성중독 시에는 혈중 프로토포르피린이 현저하게 저하한다.

① 납 ② 수은
③ 크로뮴 ④ 알루미늄

해설 납은 청회색을 띠고 있으며, 부식이 잘 되지 않고, 연질의 변형 가능한 금속으로 납중독이 확인되면 납 노출을 중단하는 것이 가장 중요하다. 치료제로는 발(British anti-Lewisite, BAL), 칼슘다이소듐이디티에이(Calcium Disodium Versenate, CaNa$_2$EDTA), 페니실라민(Penicillamine) 등이 사용되고 있다.

089 인체에 다음과 같은 피해를 유발하는 오염물질은?

헤모글로빈의 기본 요소인 포르피린 고리의 형성을 방해함으로써 인체 내 헤모글로빈의 형성을 억제하여 빈혈이 발생할 수 있다.

① 납 ② 바나듐
③ 망가니즈 ④ 다이옥신

해설 납은 무기납(inorganic lead)과 유기납(organic lead)으로 분류되며, 무기납은 주로 중추 및 말초신경계, 조혈계, 신장, 간 및 생식계에 영향을 미치며, 유기납은 주로 중추신경계에 영향을 미친다. 혈액으로 유입된 납은 헤모글로빈 합성을 저해하여 빈혈을 유발하고, 고혈압이나 신장 기능 부전 등의 순환계 장해를 일으킨다.

090 세포 내에서 SH기와 결합하여 헴(heme) 합성에 관여하는 효소를 포함한 여러 세포의 효소작용을 방해하며, 적혈구 내의 전해질이 감소되어 적혈구 생존기간이 짧아지고, 심한 경우 용혈성 빈혈이 나타나기도 하는 대기오염물질은?

① 납 ② 수은
③ 카드뮴 ④ 크로뮴

해설 납은 어린이들이 어른들보다 흡수율이 더 높고(약 5~7.5배 정도), 적혈구와 친화성이 커서 95% 이상 적혈구와 결합하여 혈류를 따라 인체 각 기관으로 분포한다. 또한 세포 내에서 SH기와 결합하여 헴(heme) 합성에 관여하는 효소를 포함한 여러 세포의 효소작용을 방해하기도 한다.

091 납(Pb)의 인체 중독 및 특성에 관한 설명으로 옳지 않은 것은?

① 만성 납중독 현상은 혈액 증상, 신경 증상, 위장관 증상 등으로 나눌 수 있다.
② 납에 의한 중독증상은 일반적으로 Hunter-Russell 증후군으로 일컬어지고 있다.
③ 특징적인 5대 만성중독증상으로는 연창백, 코프로포르피린뇨, 호기성 점적혈구, 심근마비 등을 들 수 있다.
④ 세포 내에서 납은 SH기와 반응하여 헴(Heme) 합성에 관여하는 효소를 포함한 여러 세포의 효소작용을 방해한다.

해설 헌터-러셀 증후군(Hunter-Russell syndrome)은 메틸수은에 의한 특징적 중독증상으로 근육에는 이상이 없으나 복잡한 운동 기능을 수행하지 못하는 운동 실조, 평면 시야가 중심 부분으로 쏠려서 장애를 일으키는 구심성 시야 협착, 손발의 운동 장애 따위의 증상이 나타난다.

092 다음은 대기오염물질에 관한 설명이다. ( ) 안에 공통으로 들어갈 가장 알맞은 것은?

( )은(는) 단단하면서 부서지기 쉬운 회색금속으로 여러 형태의 산화화합물로 존재하며, 그 독성은 원자 상태에 따라 달라진다. ( )은(는) 생체에 필수적인 금속으로서 결핍 시 인슐린의 저하로 인한 것과 같은 탄수화물의 대사 장애를 일으킨다. 저농도에서는 염증과 궤양을 일으키기도 한다.

① Co ② Cr
③ As ④ V

해설 크로뮴(Cr)은 단단하면서 부서지기 쉬운 회색 금속으로 여러 형태의 산화화합물로 존재하며, 생체에 필수적인 금속이다. 주로 피혁공업, 염색공업, 시멘트 제조업에서 발생한다.

093 다음 설명하는 오염물질로 옳은 것은?

아연광석의 채광이나 제련과정에서 부산물로 생성되며, 내식성이 강하다. 주로 호흡기나 소화기를 통해 인체에 흡수되고, 만성폭로 시 가장 흔한 증상은 단백뇨이고, 신장과 간장에 축적되며 그 배설은 느리게 진행된다.

① Mn ② Hg
③ Cd ④ Pb

해설 카드뮴(Cd)은 산화카드뮴이나 황산카드뮴으로 존재하며 이타이 이타이병의 원인물질로 주로 아연정련업, 도금공업, 안료공업 등에서 발생한다.

094 다음 설명하는 오염물질에 해당하는 것은?

급성 또는 만성중독으로 용혈을 일으켜 빈혈, 고빌리루빈혈증 등이 생긴다. 급성중독일 경우 치료방법으로 활성탄과 하제를 투여하고, 구토를 유발시킨다. 빠른 치료에는 강력한 정맥 수액제와 혈압상승제를 사용한다.

① 비소 ② 망가니즈
③ 수은 ④ 크로뮴

해설 비소(As)의 대표적인 3대 증상은 복통, 황달, 빈뇨이다. 또한 혈관 내 용혈을 일으키며, 두통, 오심, 흉부 압박감을 호소하기도 한다. 주로 화학공업, 유리공업, 과수원의 과일껍질 분무작업 시 발생된다.

095 대표적인 인체의 국소증상으로 손·발바닥에 나타나는 각화증, 각막궤양, 비중격천공, Mee's line, 탈모 등을 일으키는 물질은?

① Be ② Hg
③ V   ④ As

해설 비소(As)의 만성독성으로 피부과다 색소침착, 탈색증, 다한증, 각화증, 탈모 및 손톱의 흰 가로줄 무늬가 생기는 Mee's line이 발생한다.

096 다음은 어떤 오염물질에 관한 설명인가?

> 이 물질은 위장관에서 다른 원소들의 흡수에 영향을 미칠 수 있는데, 플루오린의 흡수를 억제하고, 칼슘과 철화합물의 흡수를 감소시키며, 소장에서 인과 결합하여 인 결핍과 골연화증을 유발한다.

① 니켈 ② 자일렌
③ 알루미늄 ④ 플루오린화수소

해설 알루미늄(Al)은 플루오린의 흡수를 억제하고, 칼슘과 철화합물의 흡수를 감소시키며, 소장에서 인과 결합하여 인 결핍과 골연화증을 유발하며, 알츠하이머병의 원인이 되기도 한다. 실제로 다량 섭취 시 치매가 가속화되거나 악화되는 것으로 보고되어 있다.

097 다음과 같은 증상 및 징후를 나타내는 오염물질로 옳은 것은?

> 급성폭로 시 심한 호흡기 자극을 일으켜 기침, 흉통, 호흡곤란 등을 유발하며, 심한 경우 폐부종을 동반한 화학성 폐렴이 생기기도 한다. 만성폭로 시 오심과 소화불량과 같은 위장관 증상도 호소하고, 숨을 쉴 때 또는 땀을 많이 흘릴 때 마늘 냄새가 나며, 작업환경에서 만성적인 폭로시 결막염을 일으키는 데 이를 "Rose eye"라고 부른다.

① 베릴륨(Be) ② 탈륨(Tl)
③ 셀레늄(Se) ④ 알루미늄(Al)

해설 셀레늄 독성의 증상은 주로 메스꺼움, 구토, 설사를 포함한 위장 장애이며 다른 증상으로는 탈모, 이상 손발톱, 발진, 피로 및 신경 손상이다. 호흡할 때 마늘 냄새가 날 수 있다.

098 다음 설명하는 대기오염물질로 옳은 것은?

> • 이 물질의 직업성 폭로는 철강제조에서 아주 많으며, 알루미늄, 마그네슘, 구리와의 합금 제조에서도 흔한 편이다.
> • 이 물질의 흄에 급성노출되면 열, 오한, 호흡곤란 등의 증상을 특징으로 하는 금속열을 일으키거나 자연히 치유된다.
> • 만성폭로가 되면 파킨슨증후군과 거의 비슷한 증후군으로 진전되며 말이 느려지고 단조로워진다.

① 비소 ② 수은
③ 망가니즈 ④ 납

해설 망가니즈(Mn)의 과다노출 시 폐나 뇌에 손상을 주며, 호흡기에서는 기관지염이나 폐렴을 유발할 수 있고, 중추신경계에서는 파킨슨증후군과 같은 만성적인 이상 증상을 유발할 수 있다.

099 다음 설명에 해당하는 특정대기유해물질은?

> 회백색이며 높은 장력을 가진 가벼운 금속이다. 합금을 하면 전기전도도 및 열전도도가 커지고 마모와 부식에 강해진다. 인체에 대한 영향으로는 직업성 폐질환이 우려되고, 발암성이 크고, 폐, 뼈, 간, 비장에 침착되므로 노출에 주의해야 한다.

① V ② As
③ Be ④ Zn

해설 베릴륨이 사람의 몸에 흡입에 의해 흡수되면 반감기는 약 2주 정도가 된다. 베릴륨은 노출에 의해 베릴륨 폐질환 또는 만성 베릴륨질환으로 알려진 심각한 폐질환을 일으키는 매우 독성이 높은 물질이다. 또한 베릴륨 노출이 원인이 되는 암으로, 폐암이 보고되고 있다.

100 대기오염물질이 금속구조물에 미치는 영향에 관한 설명으로 옳지 않은 것은?

① 아연은 SO_2와 수증기가 공존할 때 표면에 피막을 형성해서 보호막 역할을 한다.
② 알루미늄은 산화되어 Al_2O_3를 표면에 형성하여 대기오염을 방지하는 보호막 역할을 한다.
③ 니켈은 촉매 역할을 하고, 대기 중 SO_3를 SO_2로 환원시키며, 황산 박층을 만든 후 아황산 니켈이 된다.
④ 철은 대기오염물질의 농도, 습도와 온도가 높을수록 부식속도는 빠르지만 일정한 시간이 흐르면 보호막이 생김으로써 부식속도는 떨어진다.

해설 니켈은 촉매 역할을 하고, 대기 중 SO_2를 SO_3로 산화시키며, 황산 박층을 만든 후 아황산 니켈이 된다.

101 다음 여러 가지 대기오염물질에 관한 설명으로 옳지 않은 것은?

① 오존(O_3)은 타이어나 고무절연제 등 고무제품에 균열을 일으키기도 한다.
② 이황화탄소(CS_2)는 인견사를 생산하는 데 사용되고 만성중독 시 중추신경계장애, 불임 등을 유발한다.
③ 포스젠($COCl_2$)은 화학 반응성, 인화성, 폭발성 및 부식성이 강한 청록색의 기체이다.
④ 시안화수소(HCN)는 무색 투명한 액체로 복숭아 씨 냄새 비슷한 자극취를 내며, 비중은 약 0.7 정도이다.

해설 화학 반응성, 인화성, 폭발성 및 부식성이 강한 청록색의 기체인 것은 염소가스이다. 포스젠(phosgene)은 화학식 $COCl_2$의 질식성 유독가스로 염화카르보닐이라고도 부른다. 중요한 유기화학 공업 원료로서 합성수지·고무·합성섬유(폴리우레탄)·도료·의약·용제 등의 원료로 사용되며 흡입 시 폐 속으로 들어가 염산과 물을 만들어낸다. 흡입자는 호흡곤란이 일어나며 몇 시간 후에 사망한다.

102 휘발성유기화합물에 대한 설명으로 옳지 않은 것은?

① 자연적인 휘발성유기화합물은 대류권의 오존 생성 및 지구온난화 등과도 관련이 있다.
② 인위적 배출량 중 페인트, 잉크, 용제 등의 사용에 의한 배출량도 많은 부분을 차지하고 있다.
③ 전 지구적으로 볼 때, 인위적인 NMHC(Non Methane HydroCarbon)가 자연에서 발생되는 생물학적 NMHC보다 10배 이상 많다.
④ 일반적 의미의 휘발성유기화합물은 NMHC, 할로젠족탄화수소화합물, 알코올, 알데하이드, 케톤 같은 산소결합 탄화수소화합물들을 내포한다.

해설 전 지구적으로 볼 때, 자연적인 생물학적 비메테인계 탄화수소(NMHC, Non Methane HydroCarbon)가 인위적으로 발생되는 NMHC보다 7배 이상 많다.

103 다음은 어떤 물질에 관한 설명인가?

- 무색에 투명하며 향긋한 냄새를 지닌 휘발성 액체로 비점은 80℃ 정도이다.
- 체내 흡수는 대부분 호흡기를 통하여 이루어진다.
- 인체 내로 흡수된 이 물질은 지방이 풍부한 피하조직과 골수에서 고농도로 오랫동안 잔존 가능하여 혈중 농도보다 20배나 더 높은 농도를 유지하기도 한다.

① Benzene ② Toluene
③ Carbon Disulfide ④ Phenol

해설 벤젠(C_6H_6)은 무색에 투명하고 휘발성과 인화성이 강한 방향성 액체로 대부분 호흡기를 통해 인체로 흡수되며, 지방이 풍부한 피하조직과 골수에서 고농도로 축적되어 만성장해로 조혈장해를 유발한다. 급성 노출 시 급성 골수성백혈병을 유발하기도 한다.

104 '벤젠'에 관한 설명으로 옳지 않은 것은?

① 만성장해로서 조혈장해를 유발시킨다.
② 체내 흡수는 대부분 호흡기를 통하여 이루어진다.
③ 체내에서 마뇨산으로 대사하여 소변으로 배설된다.
④ 체내에 흡수된 벤젠은 지방이 풍부한 피하조직과 골수에서 고농도로 축적되어 오래 잔존할 수 있다.

해설 체내에서 마뇨산으로 대사하여 소변으로 배설되는 물질은 톨루엔($C_6H_5CH_3$)이다.

105 벤젠에 관한 설명으로 옳지 않은 것은?

① 체내에서 마뇨산(Huppuric acid)으로 대사하여 소변으로 배설된다.
② 비점은 약 80℃ 정도이고, 체내 흡수는 대부분 호흡기를 통하여 이루어진다.
③ 체내에 흡수된 벤젠은 지방이 풍부한 피하조직과 골수에서 고농도로 축적되어 오래 잔존할 수 있다.
④ 벤젠 폭로에 의해 발생되는 백혈병은 주로 급성 골수성백혈병(AML, Acute Myeloblastic Leukemia)이다.

해설 톨루엔($C_6H_5CH_3$)은 체내에서 마뇨산으로 대사하여 소변으로 배설되는 물질이다.

106 다음은 탄화수소류에 관한 설명이다. ( ) 안에 가장 들어갈 적합한 물질은?

탄화수소류 중에서 이중결합을 가진 올레핀계 화합물은 포화 탄화수소나 방향족 탄화수소보다 대기 중에서 반응성이 크다. 방향족 탄화수소는 대기 중에서 고체로 존재하고, 특히 ( )은 대표적인 발암물질이며, 환경호르몬으로 알려져 있다. 이 물질은 연소과정에서 생성되며, 숯불에 구운 쇠고기와 같이 가열로 검게 탄 식품, 담배연기, 자동차 배출가스, 석탄타르 등에 포함되어 있다.

① 나프탈렌　　② 벤조파이렌
③ 안트라센　　④ 톨루엔

해설 대표적인 발암물질인 벤조파이렌(Benzo[a]pyrene, $C_{20}H_{12}$)은 다환방향족 탄화수소 그룹에 속하는 황색의 결정성 고체이며, 300~600℃ 사이 온도에서 불완전 연소 생성되는 물질로서 벤젠, 톨루엔, 자일렌 및 에테르에 용해된다. 보통은 안정적이지만 빛과 공기 중에 분해되며 유기용매 안의 B(a)P 용액은 공기와 빛에서 어두워지고 천천히 산화된다. 오염원은 매우 다양하며 주로 콜타르, 자동차배출가스(특히 디젤엔진), 담배연기, 숯불구이 식품, 목재 연소 시에 발생한다.

107 다음에서 설명하는 오염물질로 옳은 것은?

- 분자량은 98.9이고, 비등점이 약 8℃인 독특한 풀냄새가 나는 무색(시판용품은 담황녹색임) 기체(액화가스)이다.
- 수분이 존재하면 가수분해되어 염산을 생성하여 금속을 부식시킨다.

① 페놀　　② 자일렌
③ 포스젠　　④ T.N.T

해설 포스젠(phosgene)은 화학식 $COCl_2$(M.W.=99) 가지는 질식성 유독가스로 염화카르보닐이라고도 부른다. 흡입 시 폐 속으로 들어가 염산과 물을 만들어낸다. 흡입자는 호흡곤란이 일어나며 몇 시간 후에 사망한다.

정답 104 ③　105 ①　106 ②　107 ③

서술형 빈출문제

108 다이옥신에 대한 설명으로 옳지 않은 것은?
① 증기압과 물에 대한 용해도가 낮다.
② 벤젠 등에 용해되는 지용성으로 토양 등에 흡수된다.
③ 고온에서 완전분해 후에도 저온에서 재생성이 가능하다.
④ 다이옥신류는 VOC류와 POC류로 대별되며 이성질체가 매우 다양하다.

해설 내분비계 교란물질인 다이옥신은 크게 PCDD, PCDF로 대별되며 이성질체가 매우 다양하고 연소과정에서 연소온도가 250~300℃일 때 다이옥신 생성은 최대가 된다. 인체에 미치는 영향은 선천성기형, 발암성, 면역독성 등이 있다.

109 다이옥신에 관한 설명으로 옳지 않은 것은?
① 벤젠에 용해되는 지용성으로 토양에 흡수된다.
② 다이옥신류는 크게 PCDD와 TCDD로 대별된다.
③ 고온에서 완전 연소 후에도 저온에서 재생성이 가능하다.
④ 증기압과 수용성이 낮으며 비점이 높아 열적 안정성이 좋다.

해설 다이옥신은 크게 PCDD, PCDF로 대별된다.

110 다이옥신에 관한 설명으로 옳지 않은 것은?
① PCB의 부분 산화 또는 불완전 연소에 의하여 생성된다.
② 유해 폐기물을 소각할 때가, 도시폐기물 소각 때 보다 수천 배의 다이옥신이 배출된다.
③ 2, 3, 7, 8 – TCDD는 가장 유해한 다이옥신으로 표준상태에서 증기압이 매우 낮은 고형 화합물이다.
④ 다이옥신이 고온에서 완전 연소될 때, 완전 분해된다고 하더라도, 연소 후 연소가스의 배출 시 저온에서 재생성이 가능하다.

해설 도시폐기물을 소각할 때가, 유해폐기물을 소각할 때보다 수천 배의 다이옥신이 배출된다.

111 다이옥신(Dioxin)에 관한 설명으로 옳지 않은 것은?
① 다이옥신류는 크게 PCDD, PCDF로 대별된다.
② 표준상태에서 증기압이 매우 낮은 고형 화합물이다.
③ 수용성은 낮으나 벤젠에 용해되며 토양 등에 흡수된다.
④ 소각로에서 1,000℃ 정도의 고온에서 Fly ash 표면에 염소공여체와 반응하여 배출된다.

해설 소각로에서 250~300℃의 저온에서 Fly ash 표면에 염소공여체와 반응하여 배출된다.

112 다이옥신에 관한 설명으로 옳지 않은 것은?
① 증기압과 수용성은 낮으나, 벤젠에는 용해되는 지용성으로 토양에 흡수될 수 있다.
② 다이옥신은 산소 원자가 2개인 PCDD와 산소 원자가 1개인 PCDF를 통칭하는 용어이다.
③ 다이옥신은 전구물질의 연소뿐만 아니라, 유기화합물과 염소화합물이 고온에서 연소하여서도 생성된다.
④ 독성이 가장 강한 것으로 알려진 2,3,7,9 – PCDD의 독성잠재력을 1로 보고, 다른 이성질체에 대해서는 상대적인 독성등가인자를 사용하여 주로 표시한다.

해설 독성이 가장 강한 것으로 알려진 2, 3, 7, 8 – TCDD의 독성잠재력을 1로 보고, 다른 이성질체에 대해서는 상대적인 독성등가인자를 사용하여 주로 표시한다.

정답 108 ④ 109 ② 110 ② 111 ④ 112 ④

113 다이옥신에 관한 설명으로 옳지 않은 것은?

① PCB의 부분 산화 또는 불완전 연소에 의하여 발생한다.
② 살충제, 제초제 등의 농업 및 산업 화학물질의 부산물에서 발생한다.
③ 2개의 산소 교량으로 2개의 벤젠고리가 연결된, 일련의 유기염화물이다.
④ 고온에서 완전 연소시켜 제거되고 재생성의 위험은 없으나 처리비용이 과다하다.

해설 다이옥신이 고온에서 완전 연소될 때, 완전 분해된다고 하더라도, 연소 후 연소가스의 배출 시 300~400℃에서 재생성이 가능하다.

114 다이옥신에 관한 설명으로 옳지 않은 것은?

① 벤젠에 용해되는 지용성으로서 열적 안정성이 좋다.
② PCDF계는 75개, PCDD계는 135개의 동족체가 존재한다.
③ 유기성 고체물질로서 용출실험에 의해서도 거의 추출되지 않는 특징을 가지고 있다.
④ 가장 유해한 다이옥신은 2, 3, 7, 8 – tetrachloro dibenzo– p–dioxin으로 알려져 있다.

해설 PCDF계는 135개, PCDD계는 75개의 동족체가 존재한다.

115 다이옥신에 관한 내용으로 옳지 않은 것은?

① 증기압이 높고 물에 잘 녹는다.
② 250~340nm의 자외선 영역에서 광분해 될 수 있다.
③ 2개의 벤젠고리와 산소, 2개 이상의 염소가 결합된 화합물이다.
④ 완전 분해되더라도 연소가스 배출 시 저온에서 재생될 수 있다.

해설 다이옥신은 증기압이 낮고, 물에 잘 녹지 않으며, 벤젠에 용해되는 지용성 화합물이다.

116 염소 또는 염화수소 배출 관련 업종으로 옳지 않은 것은?

① 활성탄 제조업
② 비스코스 섬유공업
③ 플라스틱 공업
④ 화학 공업

해설 염소 또는 염화수소 배출 관련 업종은 소다공업, 활성탄 제조업, 플라스틱 공업이며, 비스코스 섬유공업은 이황화탄소(CS_2)의 배출업종이다.

117 폼알데하이드(HCHO)의 주된 발생업종으로 옳지 않은 것은?

① 금속정련공장
② 합성수지공장
③ 포르말린 제조공장
④ 피혁공장

해설 폼알데하이드(HCHO)의 주된 발생업종은 피혁, 합성수지, 포르말린 제조업 등이다.

118 플루오린화수소(HF)의 가장 주된 배출원은?

① 농약
② 석유정제업
③ 코크스 연소로
④ 알루미늄 제련용 전해로

해설 플루오린화수소(HF)의 가장 주된 배출원은 빙정석(cryolite, Na_3AlF_6)으로부터 알루미늄을 추출할 때이다.

정답 113 ④ 114 ② 115 ① 116 ② 117 ① 118 ④

119 플루오르화합물의 주요 배출원으로 옳은 것은?

① 인산비료 제조공업
② 도장공업
③ 석유정제 처리업
④ 활성탄 제조업

해설 대기 중 플루오르화합물의 주요 배출원은 인산비료 · 알루미늄 · 플라스틱 · 중금속 제조공업 등이다.

120 주요 배출오염물질과 관련 업종을 나타낸 것이다. ( ) 안에 가장 알맞은 것은?

- (㉠): 소다공업, 화학공업, 농약 제조
- (㉡): 내연기관 배출가스, 폭약 · 비료 · 필름 제조

① ㉠ NH_3, ㉡ HF
② ㉠ NH_3, ㉡ NO_X
③ ㉠ Cl_2, ㉡ HF
④ ㉠ Cl_2, ㉡ NO_X

해설 염소가스 배출 관련 업종은 소다공업, 활성탄 제조업, 농약 제조업이고, 질소산화물 배출업종은 자동차 배출가스, 비료, 폭약 및 필름 제조업이다.

121 대기오염물질로서의 크로뮴 발생 가능성이 가장 적은 업종은?

① 피혁공업
② 염색공업
③ 시멘트공업
④ 인조 섬유

해설 크로뮴(Cr) 발생은 합금제조, 피혁, 안료, 염색, 시멘트 공업 등에서 배출된다.

122 제조공정에서 발생하는 대기오염물질로 옳지 않은 것은?

① 석유정제 - HCl
② 화학비료 - NH_3
③ 제철공업 - HCN
④ 가스공업 - H_2S

해설 석유정제 - SO_2, VOCs 등

123 주요 배출오염물질과 그 발생원과의 연결로 옳지 않은 것은?

① C_6H_6 - 세탁용제
② HF - 도장공업, 석유정제
③ Br_2 - 염료, 의약품 및 농약 제조
④ HCl - 소다공업, 활성탄 제조, 금속제련

해설 도장공업, 석유정제는 벤젠이다.
폼알데하이드(HCHO) - 포르말린 제조

124 생산공정에서 황화수소가 발생할 가능성이 가장 적은 업종은?

① 펄프 공업
② 석유화학공업
③ 암모니아 공업
④ 화학비료 제조공업

해설 황화수소(H_2S)가 발생할 가능성이 있는 업종: 가스, 펄프공업, 암모니아 제조, 석유정제, 석탄건류

125 대기오염물질과 관련되는 배출업소로 옳은 것은?

① 벤젠 - 페인트 제조
② 염소 - 시멘트 제조
③ 이황화탄소 - 구리정련
④ 사이안화수소 - 유리공업

정답 119 ① 120 ④ 121 ④ 122 ① 123 ② 124 ④ 125 ①

해설
② 염소 – 소다공업, 농약 제조, 화학공업
③ 이황화탄소 – 비스코스 섬유 제조업
④ 사이안화수소 – 청산 제조, 화학공업, 제철공업, 가스공업

126 페놀(C_6H_5OH) 배출 관련 업종으로 옳지 않은 것은?

① 타르공업
② 화학공업
③ 석유정제공업
④ 도장공업

해설 페놀(C_6H_5OH) 배출 관련 업종: 도장, 타르, 화학, 합성수지 제조업

127 대기오염물질과 관련되는 업종으로 옳지 않은 것은?

① 질소산화물 – 내연기관, 폭약, 필름 제조업, 비료 등
② 비소 – 화학공업, 유리공업, 과수원의 농약분무작업 등
③ 사이안화수소 – 피혁공장, 합성수지공장, 포르말린 제조업 등
④ 크로뮴 – 화학비료공업, 염색공업, 시멘트 제조업, 도금업, 피혁 제조업 등

해설 사이안화수소 – 청산 제조, 화학공업, 제철공업, 가스공업 등

128 주요 오염물질 배출 관련 업종과의 연결로 옳지 않은 것은?

① 염화수소 – 플라스틱공장
② 납 – 인쇄, 도가니 제조공장
③ 암모니아 – 시멘트 제조공장
④ 아황산가스 – 제련소, 펄프 제조공장

해설 암모니아(NH_3) – 화학비료, 냉동공장

129 대기오염물질과 그 발생원의 연결로 옳지 않은 것은?

① 페놀 – 타르공업, 도장공업
② 암모니아 – 소다공업, 인쇄공장, 농약제조
③ 아황산가스 – 용광로, 제련소, 석탄화력발전소
④ 사이안화수소 – 청산제조업, 가스 공업, 제철공업

해설 암모니아 – 비료공장, 냉동시설, 표백공업, 색소 제조업, 나일론 제조업

130 대기오염물질의 배출원이 되는 제조공정과 그 발생오염물질과의 연결로 옳지 않은 것은?

① 석유정제, 건축 재료 – 벤젠
② 유리 제조, 가스공업 – 염소가스
③ 화학비료, 냉동공장 – 암모니아가스
④ 석유정제, 석탄건류 – 황화수소가스

해설 소다공업, 농약 제조, 화학공업 – 염소가스

131 대기오염물질과 관련되는 주요 배출업종을 연결한 것으로 옳은 것은?

① 벤젠 – 도장공업
② 염소 – 주유소
③ 사이안화수소 – 유리공업
④ 이황화탄소 – 구리정련

해설 벤젠 – 도장공업, 세탁용제, 석유정제업, 살충제 제조업

132 납 배출 관련 업종으로 옳지 않은 것은?

① 페인트
② 소다공업
③ 인쇄
④ 크레용

해설 납 배출 관련 업종: 건전기 및 축전지, 인쇄, 페인트, 고무가공업

133 대기오염물질과 주요 배출 관련 업종의 연결로 옳지 않은 것은?
① 납 – 건전기 및 축전지, 인쇄, 페인트
② 구리 – 제련소, 도금공장, 농약제조
③ 페놀 – 타르공업, 화학공업, 도장공업
④ 비소 – 석유정제, 석탄건류, 가스공업

해설 비소 – 안료, 화학, 농약, 의약품, 유리, 피혁공업 등

134 대기오염물질의 주요 배출 관련 특성에 관한 설명으로 옳은 것은?
① 염화수소는 플라스틱공업, 소다공업 등에서 주로 배출된다.
② 디젤차량에서는 탄화수소, 일산화탄소, 납이 주로 배출된다.
③ 탄소의 순환에서 가장 큰 저장고 역할을 하는 부분은 대기이다.
④ 플루오르는 자연상태에서 단분자로 존재하며 활성탄 제조공정, 연소공정 등에서 주로 배출된다.

해설
② 디젤차량에서는 탄화수소, 일산화탄소, 질소산화물이 주로 배출된다.
③ 탄소의 순환에서 가장 큰 저장고 역할을 하는 부분은 암석권이다.
④ 플루오르는 인위적으로 발생하며 알루미늄·유리·인산 제조업 등에서 주로 배출된다.

정답 133 ④ 134 ①

서술형 빈출문제

실내공기오염

001 실내공기오염에 관한 설명 중 옳지 않은 것은?

① 폼알데하이드는 자극취가 있는 적갈색의 기체이며, 물에 잘 녹고, 15% 수용액은 포르말린이라고 한다.
② 대부분의 유기용제는 마취작용을 가지고 있고, 독성은 톨루엔 > 자일렌 > 에틸벤젠 순으로 독성이 강하다.
③ 유기용제의 인체에 대한 영향을 고려해 보면 벤젠은 혈액에 대한 독성작용이, 에틸벤젠은 신경계에 대한 독성작용이 강하다.
④ 빌딩증후군이란 밀폐된 공간 내 유해한 환경에 노출되었을 때에 눈자극, 두통, 피로감, 후두염 등과 같은 증상이 일어나는 것을 말한다.

해설 폼알데하이드는 자극취가 있는 무색 기체이며, 물, 에테르, 알코올에 잘 녹고 40% 수용액은 포르말린이라고 한다.

002 실내공기오염에 대한 설명으로 옳지 않은 것은?

① 석면은 건축물의 열 차단재 등에 쓰이고, 인체에 폐암, 악성중피종 등을 일으킨다.
② 건축자재에 의한 대표적인 실내공기오염물질은 석면, 폼알데하이드, 휘발성유기화합물, SO_2 등이 있다.
③ 실내 부유분진 중에는 세균, 곰팡이, 곤충, 가루진드기 등이 포함되어 있어서 인체에 큰 영향을 미칠 수 있다.
④ 빌딩증후군이란 빌딩 내 유해한 환경에 노출되었을 때에 눈자극, 두통, 피로감, 소화기장애 등과 같은 장기간에 걸쳐서 진행되는 만성적 증상이 나타나는 것을 의미한다.

해설 건축자재에 의한 대표적인 실내오염물질은 실내마감에 사용되는 벽지, 바닥재, 페인트, 접착제 등에서 방출되는 폼알데하이드, 톨루엔 및 자일렌 등 휘발성유기화합물이며, 이들 물질은 눈 및 호흡기에 자극을 유발하는 것으로 알려져 있다.

003 환기를 위한 실내공기오염의 지표가 되는 물질로 옳은 것은?

① SO_2
② NO_2
③ CO
④ CO_2

해설 실내공기오염의 지표가 되는 물질은 이산화탄소로 지하역사, 지하도 상가 등 다중이용시설 실내공기 중 이산화탄소 유지기준은 1,000ppm 이하이다.

004 실내공기오염물질 중에서 건축자재에서 발생하는 오염물질끼리 짝지어진 것은?

① 라돈 – 암모니아
② 라돈 – 폼알데하이드
③ 폼알데하이드 – 암모니아
④ 암모니아 – 휘발성유기화합물

해설 실내공기오염물질 중에서 건축자재에서 발생하는 오염물질은 라돈, 폼알데하이드, 톨루엔 및 자일렌 등 휘발성유기화합물 등이다.

005 일반 실내공기오염(indoor air pollution)물질로 옳지 않은 것은?

① 라돈(radon)
② 곰팡이(mold)
③ 염화바이닐(vinyl chloride)
④ 폼알데하이드(formaldehyde)

해설
- 실내공기질 유지기준에 나타낸 오염물질
  미세먼지(PM-10, PM-2.5), 이산화탄소, 폼알데하이드, 총부유세균, 일산화탄소(6종)
- 실내공기질 권고기준에 나타낸 오염물질
  이산화질소, 라돈, 총휘발성유기화합물, 곰팡이(4종)

006 실내공기오염에 관한 설명으로 옳지 않은 것은?

① CO가 NO에 비해 혈중 헤모글로빈과의 결합력이 낮다.
② 라돈은 화학적으로는 거의 반응을 일으키지 않고 흙 속에서 방사선 붕괴를 일으킨다.
③ 공기 중 세균의 위해성은 실내공기오염의 지표 관점에서 볼 때 자체 병원성보다 오히려 세균수가 문제시된다.
④ CO_2는 정상 공기 중에서 약 0.3~0.4% 정도 존재하며, 10% 이상에서는 보통 두통 및 어지럼증을 느끼기 시작한다.

해설 CO_2는 무독성 기체이나 높은 농도의 이산화탄소는 산소의 비중을 낮게 되어 호흡곤란, 어지럼증, 피로 등의 중독증상을 일으킬 수 있다. 정상 공기 중에서 약 0.03~0.04% 정도 존재하며, 0.2% 이상에서는 보통 두통 및 어지럼증을 느끼기 시작한다.

007 실내공기에 영향을 미치는 오염물질에 관한 설명 중 옳지 않은 것은?

① 우라늄과 라듐은 Rn-222의 발생원에 해당된다.
② 석면의 발암성은 청석면 > 갈석면 > 백석면 순이다.
③ Rn-222의 반감기는 3.8일이며, 그 낭핵종도 같은 종류의 알파선을 방출하지만 화학적으로는 거의 불활성이다.
④ 석면은 자연계에 존재하는 유화화(油和化)된 규산염 광물의 총칭이고, 미국에서 가장 일반적인 것으로는 아크티놀라이트(백석면)가 있다.

해설 석면은 자연계에 존재하는 섬유화된 규산염 광물의 총칭이고, 미국에서 가장 일반적인 것으로는 크리소타일(백석면, 온석면)이 있다.

008 실내공기오염물질에 관한 설명 중 옳지 않은 것은?

① 벤젠은 무색의 휘발성 액체이며, 끓는점은 약 80℃ 정도이고, 인화성이 강하다.
② 톨루엔의 끓는점은 약 111℃ 정도이고, 휘발성이 강하며, 증기는 폭발성이 있다.
③ 라돈은 황갈색의 기체로 화학적으로 거의 반응을 일으키지 않는 인위적인 불활성물질이다.
④ 석면은 얇고 긴 섬유의 형태로서 규소, 수소, 마그네슘, 철, 산소 등의 원소를 함유하며, 기본구조는 산화규소의 형태를 취한다.

해설 라돈은 무색, 무취의 기체로 화학적으로 거의 반응을 일으키지 않는 자연 방사성물질로 불활성물질이다.

정답 005 ③ 006 ④ 007 ④ 008 ③

009 실내공기오염물질 중 석면의 위험성이 점점 커지고 있다. 다음 설명하는 석면의 분류에 해당하는 것은?

> 백석면이라고 하는, 석면의 형태 중 가장 먼저 마주치는 광물로서, 일반적으로 미국에서 발견되는 석면 중 95% 정도에 해당한다. 이 광물은 매우 유용하게 쓰였지만, 현재는 이 광물을 이용한 모든 제품은 생산이 금지되어 있다. 섬유상의 층상 규산염광물이며, 이 광물의 이상적인 구조는 $Mg_3(Si_2O_5)(OH)_4$이다. 광택은 비단광택이고, 경도는 2.5이다.

① Chrysotile ② Antigorite
③ Lizardite   ④ Orthoantigorite

해설 백석면(chrysotile)의 특징
- 제일 많은 용도로 사용된 섬유이다.
- 세계 석면 사용량의 93% 이상을 차지했던 석면으로, 유연하고 강도가 강하며 색은 담녹색 또는 백색이다.
- 강도는 500kg/mm² 이상도 있어 철강의 항장력보다 크다.
- 꼬인 물결 모양의 섬유 다발로 그 끝은 분산형태이다.
- 종횡비는 전형적으로 10:1 이상이고, 내화성·불연성이며, 400℃에서 탈수분해가 일어나 800℃에서 결정수를 잃고 강도와 보온성을 상실한다.

실기 Check ✓

010 실내오염물질인 '라돈'에 관한 설명으로 옳지 않은 것은?

① 공기보다 1.5배 무겁기 때문에 지표 가까이에 많이 존재한다.
② 노출되면 주로 호흡기 계통의 질환과 폐암이 발생할 수 있다.
③ 반감기는 3.8일로 라듐이 핵분열할 때 생성되는 물질이며, 무색·무취이다.
④ 자연 방사성물질 중의 하나로서 사람이 흡입하기 쉬운 기체상물질이다.

해설 공기보다 8배 무겁기 때문에 지하공간에서 많이 존재한다.

011 실내공기오염물질 중 '라돈'에 관한 설명으로 옳지 않은 것은?

① 화학적으로 거의 반응을 일으키지 않는다.
② 무색, 무취의 기체이며 액화 시 푸른색을 띤다.
③ 일반적으로 인체에 폐암을 유발시키는 것으로 알려져 있다.
④ 라듐의 핵분열 시 생성되는 물질이며 반감기는 3.8일간이다.

해설 라돈은 무색·무취의 기체로 화학적으로 거의 반응을 일으키지 않는 자연 방사성물질이며, 불활성물질이다.

012 실내공기오염물질인 '라돈'에 관한 설명으로 옳지 않은 것은?

① 일반적으로 인체에 미치는 영향으로 폐암을 유발한다.
② 자연계에 널리 존재하며, 주로 건축자재를 통해 인체에 영향을 미친다.
③ 흙 속에서 방사선 붕괴를 일으키며, 화학적으로는 거의 반응을 일으키지 않는다.
④ 라돈은 무색·무취의 기체로 액화되면 갈색을 띠며, 반감기는 5.8일간이고, 라듐의 핵분열 시 생성되는 물질이다.

해설 라돈은 무색·무취의 기체로 액화되어도 색깔을 띠지 않으며, 반감기는 3.82일간이고, 라듐의 핵분열 시 생성되는 물질이다.

013 '라돈'에 관한 설명으로 옳지 않은 것은?

① 상온에서 기체로 존재하며, 공기보다 8배 정도 무겁다.
② 주기율표 3족에 속하며, 화학적으로 반응성이 크다.
③ 무색·무취이며, 액화되어도 색을 띠지 않는다.
④ 폐암을 유발하는 물질로 알려져 있다.

해설 주기율표 8족에 속하며, 화학적으로 불활성기체이다.

014 '라돈'에 관한 설명으로 옳지 않은 것은?
① 공기보다 무거워 지표에 가깝게 존재한다.
② 자극취가 있는 무색의 기체로서 γ선을 방출한다.
③ 라돈 붕괴에 의해 생성된 낭핵종이 α선을 방출하여 폐암을 발생시키는 것으로 알려져 있다.
④ 주로 건축자재를 통하여 인체에 영향을 미치고 있으며, 화학적으로 거의 반응을 일으키지 않는다.

해설 무색, 무취의 기체로서 α선, γ선을 방출한다.

015 실내공기오염물질인 '라돈'에 관한 설명으로 옳지 않은 것은?
① 반감기는 3.8일로 라듐이 핵분열할 때 생성되는 물질이다.
② 무색, 무취의 기체로 액화되어도 색을 띠지 않는 물질이다.
③ 자연계에 널리 존재하며, 주로 건축자재를 통하여 인체에 영향을 미치고 있다.
④ 주기율표에서 원자번호가 56번으로 화학적으로 활성이 큰 물질이며, 흙 속에서 방사선 붕괴를 일으킨다.

해설 라돈(radon, Rn)은 방사선을 내는 원자번호 86번의 원소이다. 색, 냄새, 맛이 없는 기체로 공기보다 약 8배 무겁다. 라돈은 지각을 구성하는 암석이나 토양 중에 천연적으로 존재하는 우라늄(^{238}U)과 토륨(^{232}Th)의 방사성 붕괴에 의해서 만들어진 라듐(^{226}Ra)이 붕괴했을 때에 생성된다.

016 다음은 주요 실내공기오염물질에 관한 설명이다. ( ) 안에 가장 적합한 것은?

( )의 주요 발생원은 흙, 바위, 물, 지하수, 화강암, 콘크리트 등이며 인체에 대한 주요 영향은 폐암을 들 수 있다.

① 석면 ② 라돈
③ 폼알데하이드 ④ 휘발성유기화합물

해설 라돈의 발생원은 자연적인 흙, 바위, 물, 지하수, 화강암, 콘크리트 등이며 인체에 대한 주요 영향은 폐암을 들 수 있다.

017 '라돈'에 관한 설명으로 옳지 않은 것은?
① 지구상에서 발견된 약 70여 가지의 자연 방사능물질이다.
② 무색, 무취의 기체로 액화되어도 색을 띠지 않는 물질이다.
③ 일반적으로 인체의 조혈기능 및 중추신경계통에 영향을 미치는 것으로 알려져 있다.
④ 주로 건축자재를 통하여 인체에 영향을 미치고 있으며, 화학적으로 거의 반응을 일으키지 않는다.

해설 라돈은 일반적으로 인체의 호흡기계의 폐에 영향(폐암)을 미치는 것으로 알려져 있다.

018 냄새물질의 특성에 관한 설명으로 옳지 않은 것은?
① 실온에서 대다수는 액상이나 기체나 고체로 존재하는 경우도 있다.
② 화학물질이 냄새물질로 되기 위해서는 친유성기와 친수성기의 양기를 가져야 한다.
③ 분자 내 수산기의 수가 1개일 때 가장 약하고, 락톤 및 케톤화합물은 환상이 크게 되면 냄새가 약해진다.
④ 분자량이 큰 물질은 냄새강도가 분자량에 반비례해서 단계적으로 약해지는 경향이 있으나 특정한 물질은 냄새가 거의 없다.

해설 냄새물질은 분자 내 수산기의 수가 1개일 때 가장 강하고, 락톤 및 케톤화합물은 환상이 크게 되면 냄새가 강해진다.

정답 014 ② 015 ④ 016 ② 017 ③ 018 ③

참고 냄새물질의 종류 및 발생원

화합물	냄새 특징	원인물질	발생원
황화합물	양배추 썩는 냄새	메틸메르캅탄(CH_3SH) 황화메틸($(CH_3)_2S$)	석유정제, 가스제조 등
	계란 썩는 냄새	황화수소(H_2S)	석유정제, 약품제조 등
질소산화물	분뇨 냄새	암모니아(NH_3) 에틸아민($CH_3CH_2NH_2$)	수산가공, 축산업, 약품제조 등
	생선 썩는 냄새	메틸아민(CH_3NH_2)	
알데하이드류	자극적인 냄새, 시큼하고 타는 냄새	아세트알데하이드(CH_3CHO) 아크롤레인(CH_2CHCHO)	석유화학, 약품제조 등
탄화수소류	자극적인 시너 냄새	아세트산에틸($CH_3COOC_2H_5$)	용제, 약품제조 등
	휘발유 냄새	톨루엔($C_6H_5CH_3$) 자일렌($C_6H_4(CH_3)_2$) 스타이렌($C_6H_5CHCH_2$)	도료의 용제
지방산류	자극적인 신 냄새	프로피온산(CH_3CH_2COOH)	농약, 의약품 제조 등
할로젠원소	자극적인 냄새	염소가스(Cl_2) 플루오린 가스(F_2)	농약 제조

019 냄새물질에 대한 설명으로 옳지 않은 것은?

① 분자 내에 황 및 질소가 있으면 냄새가 강하다.
② 에스테르 화합물은 구성하는 산이나 알코올류보다 방향이 우세하다.
③ 분자 내 수산기의 수는 1개일 때 가장 강하고 수가 증가하면 약해져서 무취에 이른다.
④ 골격이 되는 탄소(C) 수는 고분자일수록 관능기 특유의 냄새가 강하고, 25~30에서 향기가 강하다.

해설 골격이 되는 탄소(C) 수는 저분자일수록 관능기 특유의 냄새가 강하고, 8~13에서 향기가 강하다.

020 냄새물질에 관한 일반적인 설명으로 옳지 않은 것은?

① 분자량이 적을수록 냄새가 강하다.
② 분자 내에 황 또는 질소가 있으면 냄새가 강하다.
③ 불포화도(이중결합 및 삼중결합의 수)가 높을수록 냄새가 강하다.
④ 분자 내 수산기의 수가 1개일 때 냄새가 가장 약하고, 수산기의 수가 증가할수록 냄새가 강해진다.

해설 분자 내 수산기의 수가 1개일 때 냄새가 가장 강하고, 수산기의 수가 증가할수록 무취에 이른다.

021 냄새물질의 특성에 관한 설명으로 옳지 않은 것은?

① 락톤 및 케톤화합물은 환상이 크게 되면 냄새가 강해진다.
② 냄새물질이 비교적 저분자인 것은 휘발성이 높은 것을 의미한다.
③ 분자 내의 수산기는 15~16일 때 냄새물질의 강도가 가장 강하다.
④ 냄새물질은 산화·환원반응, 중합·분해반응, 에스테르화·가수분해반응이 잘 일어난다.

해설 분자 내의 수산기는 1개일 때 냄새물질의 강도가 가장 강하다.

022 악취물질의 공기 중 최소감지농도(ppm)가 가장 낮은 것은?

① 암모니아   ② 황화수소
③ 아세톤   ④ 염화메틸렌

해설 공기 중 최소감지농도(ppm)
황화수소(H_2S): 0.0005ppm, 암모니아(NH_3): 0.1ppm, 아세톤(CH_3COCH_3): 42ppm, 염화메틸렌(CH_2Cl_2): 160ppm

정답 019 ④ 020 ④ 021 ③ 022 ②

023 냄새 감도에 관한 설명 중 ( ) 안에 가장 알맞은 것은?

> 매우 엷은 농도의 냄새는 아무것도 느낄 수 없지만, 이것을 서서히 진하게 하면 어떤 농도에서 무엇인지 모르지만 냄새의 존재를 느끼는 농도로 나타난다. 이 최소농도를 (㉠)라고 정의하고 있다. 또한 농도를 짙게 하면 냄새의 질이나 어떤 느낌의 냄새인지를 표현할 수 있는 시점이 나오게 된다. 이 최저농도가 되는 곳을 (㉡)라고 한다.

① ㉠ 최소감지농도(Detection threshold),
　㉡ 최소포착농도(Capture threshold)
② ㉠ 최소인지농도(Recognition threshold),
　㉡ 최소자각농도(Awareness threshold)
③ ㉠ 최소인지농도(Recognition threshold),
　㉡ 최소포착농도(Capture threshold)
④ ㉠ 최소감지농도(Detection threshold),
　㉡ 최소인지농도(Recognition threshold)

해설
㉠ 최소감지농도(Detection threshold): 매우 낮은 농도에서 서서히 진하게 하면 냄새의 존재를 느끼는 농도가 나타나는데, 이때 냄새를 감지하는 최소농도를 말한다.
㉡ 최소인지농도(Recognition threshold): 농도가 높아질수록 냄새 질이나 어떤 느낌인지를 표현할 수 있는 농도가 나타나는데, 이때 냄새를 표현하는 최소농도를 말한다.

정답 023 ④

CHAPTER 3 2차오염

서술형 빈출문제

실기 Check ✓

001 광화학 스모그에 관여하는 대기오염물질로 옳지 않은 것은?

① NO
② CO
③ PAN
④ HCHO

해설 광화학 반응

- 탄화수소(HC)가 관여하지 않은 질소산화물(NO_X)의 광분해 반응식(광분해 사이클)
  $NO_2 + h\nu$(자외선) $\rightarrow NO + O$
  $O + O_2 \rightarrow O_3$
  $O_3 + NO \rightarrow NO_2 + O_2$
  결론: 오존(O_3)이 축적되지 않음.

- 탄화수소(HC)가 관여할 때의 질소산화물(NO_X)의 광분해 반응식
  $NO_2 + h\nu$(자외선) $\rightarrow NO + O$
  $O + O_2 \rightarrow O_3$
  $O + HC \rightarrow RO \cdot$ (알킬기)
  $RO \cdot + NO \rightarrow NO_2$
  결론: NO 농도 감소, NO_2, O_3 농도 증가

002 대기 중에서 광화학 스모그 생성에 기여하는 탄화수소류 중 평균적으로 광화학 활성이 가장 강한 것은?

① 파라핀계 탄화수소
② 올레핀계 탄화수소
③ 아세틸렌계 탄화수소
④ 방향족 탄화수소

해설 광화학 스모그 생성에 기여하는 탄화수소류 중 평균적으로 광화학 활성이 가장 강한 것은 올레핀계 탄화수소(에틸렌계 탄화수소, C_nH_{2n})이다.

003 광화학 스모그현상에 관한 설명으로 옳지 않은 것은?

① LA형 스모그는 광화학 스모그의 대표적인 피해사례이다.
② 광화학 옥시던트 물질은 인체의 눈, 코, 점막을 자극하고 폐기능을 약화시킨다.
③ 정상상태일 경우 오존의 대기 중 오존농도는 NO_2와 NO비, 태양빛의 강도 등에 의해 좌우된다.
④ 광화학 반응에 의해 생성된 물질은 미산란 효과에 의해 대기의 파장 변화와 가시도의 증가를 초래한다.

해설 광화학 반응에 의해 생성된 물질은 미산란 효과에 의해 대기의 파장 변화와 가시도의 감소를 초래한다.

004 광화학 반응에 관한 설명으로 옳지 않은 것은?

① 광화학 스모그는 맑은 날 자외선의 강도가 클수록 잘 발생된다.
② NO_2는 도시 대기오염물 중에서 가장 중요한 태양빛 흡수기체라고 할 수 있다.
③ 오존은 200~320nm의 파장에서 강한 흡수가, 450~700nm에서는 약한 흡수가 있다.
④ 대류권에서 광화학 대기오염에 영향을 미치는 대기오염상 중요한 물질은 900nm 이상의 빛을 흡수하는 물질이다.

해설 대류권에서 광화학 대기오염에 영향을 미치는 대기오염상 중요한 물질은 280nm 이상의 빛을 흡수하는 물질이다.

정답 001 ② 002 ② 003 ④ 004 ④

005 도시 대기오염물질의 광화학 반응에 관한 설명으로 옳지 않은 것은?

① O_3는 파장 200~320nm에서 강한 흡수가, 450~700nm에서는 약한 흡수가 일어난다.
② PAN은 알데하이드의 생성과 동시에 생기기 시작하며, 일반적으로 오존농도와는 관계가 없다.
③ NO_2는 도시 대기오염물질 중에서 가장 중요한 태양빛 흡수기체로서 파장 420nm 이상의 가시광선에 의하여 NO와 O로 광분해 한다.
④ SO_3는 대기 중의 수분과 쉽게 반응하여 황산을 생성하고 수분을 더 흡수하여 중요한 대기오염물질의 하나인 황산입자 또는 황산미스트를 생성한다.

해설 알데하이드는 오존 생성에 앞서 반응 초기부터 생성되며, 탄화수소의 감소에 따라 생성이 감소된다. PAN은 광화학 반응에서 생성된 주요 옥시던트로 일반적으로 오존농도와는 관계가 깊다.

006 광화학 반응과 관련된 오염물질 일변화의 일반적인 특징으로 옳지 않은 것은?

① 주요 생성물로는 PAN, Aldehyde, 과산화기 등이 있다.
② NO_2와 HC의 반응에 의해 오후 3시경을 전후로 NO가 최대로 발생하기 시작한다.
③ Aldehyde는 O_3 생성에 앞서 반응 초기부터 생성되며 탄화수소의 감소에 대응한다.
④ NO에서 NO_2로의 산화가 거의 완료되고 NO_2가 최고농도에 도달하는 때부터 O_3가 증가되기 시작한다.

해설 오존이 햇빛이 가장 강한 오후 2시경에 최대농도를 나타냄으로 NO_2와 HC의 반응은 그 이전에 진행되므로 NO가 최대로 발생하기 시작하는 시간은 오후 2시 이전이다.

007 광화학 반응에 관한 설명으로 옳지 않은 것은?

① 광화학 반응에 의한 생성물로는 PAN, 케톤, 아크롤레인, 질산 등이 있다.
② 대기중에서의 오존 농도는 보통 NO_2로 산화되는 NO의 양에 비례하여 증가한다.
③ 알데하이드는 NO_2 생성에 앞서 반응 초기부터 생성되며 탄화수소의 감소에 대응한다.
④ NO에서 NO_2로의 산화가 거의 완료되고, NO_2가 최고농도에 달하면서 O_3가 증가되기 시작한다.

해설 알데하이드는 오존 생성에 앞서 반응 초기부터 생성되며 탄화수소의 감소에 따라 생성이 감소된다.

008 광화학 반응에 관한 설명으로 옳지 않은 것은?

① 알데하이드는 파장 313nm 이하에서 광분해 한다.
② 케톤은 파장 300~700nm에서 약한 흡수를 하며 광분해 한다.
③ NO_2는 파장 420nm 이상의 가시광선에 의해 NO와 O로 광분해 된다.
④ SO_2는 대류권에서 쉽게 광분해 되며, 파장 360nm 이하와 510~550nm에서 강한 흡수를 보인다.

해설 SO_2는 대류권에서 접촉산화와 광산화에 의해 제한적으로 광분해 되며, 파장 300~400nm에서 강한 흡수를 보인다.

009 광화학 반응에 의한 고농도 오존이 나타날 수 있는 기상조건으로 옳지 않은 것은?

① 지면에 복사역전이 존재하고 대기가 불안정할 때
② 시간당 일사량이 $5MJ/m^2$ 이상으로 일사가 강할 때
③ 질소산화물과 휘발성유기화합물의 배출이 많을 때
④ 기압경도가 완만하여 풍속 4m/s 이하의 약풍이 지속될 때

해설 고농도 오존이 나타날 수 있는 기상조건은 맑은 날 자외선의 강도가 큰 경우($0.8mW/cm^2$ 이상)이다.

010 광화학적 산화제와 2차 대기오염물질에 관한 설명으로 옳지 않은 것은?

① 오존은 폐충혈과 폐수종 등을 유발하며, 섬모운동의 기능장애를 일으킨다.
② 오존은 성숙한 잎에 피해가 크며, 섬유류의 퇴색작용과 직물의 셀룰로오즈를 손상시킨다.
③ PAN은 강산화제로 작용하고, 빛을 흡수하여 가시거리를 증가시키며, 고엽에 특히 피해가 큰 편이다.
④ 자외선이 강할 때, 빛의 지속시간이 긴 여름철에, 대기가 안정되었을 때 대기 중 광산화제의 농도가 높아진다.

해설 PAN은 강산화제로 작용하며, 빛을 흡수하여 가시거리를 감소시키고, 눈에 통증을 주며, 생활력이 왕성한 어린 초엽에 특히 피해가 큰 편이다.

011 광화학 반응 시 하루 중 NO_x 변화에 대한 설명으로 옳은 것은?

① 오전 중의 NO의 감소는 오존의 감소와 시간적으로 일치한다.
② NO_2는 오전 7~9시경을 전후로 하여 하루 중 고농도를 나타낸다.
③ NO_2는 오존의 농도 값이 적을 때 비례적으로 가장 적은 값을 나타낸다.
④ 교통량이 많은 이른 아침 시간대는 오존농도가 가장 높고, NO_x는 오후 2~3시경이 가장 높다.

해설 NO_2는 자동차에서 다량 배출되므로 러시아워인 오전 출근 시간에 고농도를 나타낸다.

012 광화학 반응에 대한 설명 중 옳지 않은 것은?

① $0.3\mu m$ 이하의 단파장에서 성층권의 오존층에 의한 태양빛의 흡수가 있다.
② 대기 중의 어떤 종류의 분자는 태양빛을 흡수하여 여기상태가 되거나 또는 분해한다.
③ 대류권에서 광화학 대기오염에 영향을 미치는 물질은 280~700nm의 범위에 있는 빛을 흡수하는 물질이다.
④ 성층권의 오존층이 대부분의 자외선을 차단한 후 대류권으로 들어오는 태양 빛의 파장은 180nm 이하의 단파장이다.

해설 성층권의 오존층이 대부분의 자외선을 차단한 후 대류권으로 들어오는 태양 빛의 파장은 280nm 이상의 파장이다.

013 이동 배출원이 도심지역인 경우, 하루 중 시간대별 각 오염물의 농도변화는 일정한 형태를 나타내는데, 다음 중 일반적으로 가장 이른 시간에 하루 중 최대 농도를 나타내는 물질은?

① O_3
② NO_2
③ NO
④ Aldehydes

해설 이동 배출원(휘발유, 디젤 자동차)이 많이 다니는 도심지역인 경우 일반적으로 가장 이른 시간에 하루 중 최대 농도를 나타내는 물질은 일산화질소, 그다음이 이산화질소, 오존 순이다.

정답 009 ① 010 ③ 011 ② 012 ④ 013 ③

서술형 빈출문제

014 하루 동안 시간에 따른 대기오염물질의 농도 변화를 나타낸 그래프이다. A, B, C에 해당하는 물질은?

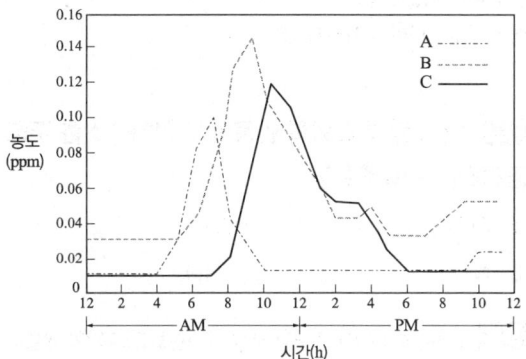

① A=NO₂, B=O₃, C=NO
② A=NO, B=NO₂, C=O₃
③ A=NO₂, B=NO, C=O₃
④ A=O₃, B=NO, C=NO₂

해설 이동 배출원(휘발유, 디젤 자동차)이 많이 다니는 도심지역인 경우 일반적으로 가장 이른 시간에 하루 중 최대 농도를 나타내는 물질은 일산화질소, 그다음이 이산화질소, 오존 순이다.

015 광화학 반응에 관한 설명이다. ( ) 안에 알맞은 내용은?

(㉠)는 도시 대기오염물질 중에서 가장 중요한 태양빛 흡수기체로서 파장 (㉡) 이하에서 광분해 한다.

① ㉠ NO₂ ㉡ 400nm
② ㉠ NO₂ ㉡ 250nm
③ ㉠ O₃ ㉡ 420nm
④ ㉠ O₃ ㉡ 360nm

해설 빛을 흡수하는 과정에서 NO₂는 400nm를 경계로 이보다 짧은 파장에서 광분해를 일으킨다.

016 다음 그림은 NOx의 광분해 사이클을 도식한 것이다. ( ) 안에 알맞은 빛의 종류는?

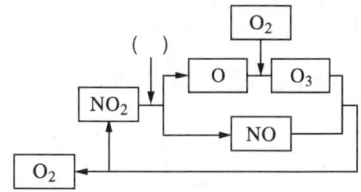

① 가시광선   ② 자외선
③ 적외선   ④ β선

해설 광분해 사이클

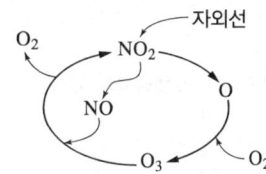

017 광화학 스모그를 설명하기 위한 반응식으로 NOx의 광화학 반응이 다음과 같다고 할 때, 식 ④의 ( )에 들어갈 생성물질만으로 옳게 나열한 것은?

$$2NO + O_2 \xrightarrow{h\nu} 2NO_2 \quad \cdots\cdots ①$$
$$NO_2 \xrightarrow{h\nu} NO + O \quad \cdots\cdots ②$$
$$O + O_2 \xrightarrow{M} O_3 \quad \cdots\cdots ③$$
$$\binom{O}{O_2} + \text{Olefin} \rightarrow (\quad) \quad \cdots\cdots ④$$

① PAN, NO₂, Aldehyde
② PBzN, HC, CO
③ Aldehyde, CO, Ketone
④ Oxidants, Paraffin, CO₂

해설 탄화수소(HC)가 관여하지 않은 질소산화물(NOx)의 광분해 반응식(광분해 사이클)에서 산소원자와 산소가 올레핀에 반응하면 알데하이드(R'CHO), 일산화탄소(CO), 케톤(R₁(CO)R₂)이 생성된다.

018 아래의 광화학 반응에서 A, B, C에 해당하는 물질로 옳은 것은?

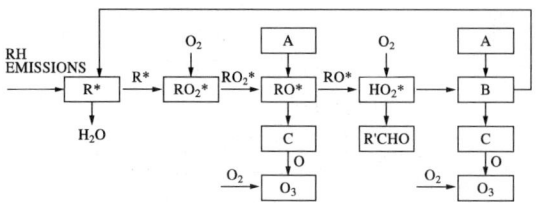

① A=OH·, B=NO₂, C=NO
② A=NO₂, B=NO, C=OH·
③ A=NO, B=OH·, C=NO₂
④ A=NO₂, B=OH·, C=NO

해설 대류권 오존 형성과정(광화학 반응)

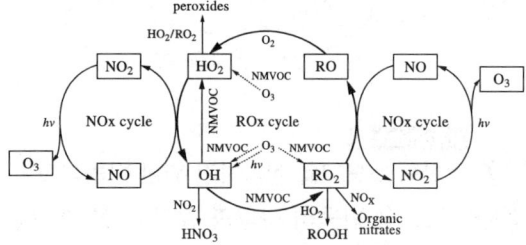

실기 Check
019 탄화수소가 관여하지 않을 경우 NO_2의 광화학 반응식이다. ㉠~㉣에 알맞은 것은? (단, O는 산소원자)

$$(㉠)+h\nu \rightarrow (㉡)+O$$
$$O+(㉢) \rightarrow (㉣)$$
$$(㉣)+(㉡) \rightarrow (㉠)+(㉢)$$

① ㉠ NO, ㉡ NO₂, ㉢ O₃, ㉣ O₂
② ㉠ NO₂, ㉡ NO, ㉢ O₂, ㉣ O₃
③ ㉠ NO, ㉡ NO₂, ㉢ O₂, ㉣ O₃
④ ㉠ NO₂, ㉡ NO, ㉢ O₃, ㉣ O₂

해설 탄화수소(HC)가 관여하지 않은 질소산화물(NO_X)의 광분해 반응식(광분해 사이클)
$NO_2 + h\nu$(자외선) $\rightarrow NO + O$
$O + O_2 \rightarrow O_3$
$O_3 + NO \rightarrow NO_2 + O_2$
결론: 오존(O_3)이 축적되지 않음.

020 대기 중의 광화학 반응에서 탄화수소를 주로 공격하는 화학종은?
① CO   ② O·
③ NO   ④ NO₂

해설 탄화수소(HC)가 관여할 때의 질소산화물(NO_X)의 광분해 반응식
$NO_2 + h\nu$(자외선) $\rightarrow NO + O$
$O + O_2 \rightarrow O_3$
$O· + HC \rightarrow RO·$ (알킬기)
$RO· + NO \rightarrow NO_2$
결론: NO 농도 감소, NO₂, O₃ 농도 증가

021 광화학 반응의 주요 생성물 중 PAN(Peroxyacetyl nitrate)의 화학식을 옳게 나타낸 것은?
① CH₃CO₂N₄O₂   ② CH₃C(O)O₂NO₂
③ C₅H₁₁C(O)O₂N₄O₂   ④ C₅H₁₁CO₂NO₂

해설 PAN(Peroxyacetyl nitrate)의 화학식: CH₃COOONO₂

022 광화학 물질인 PAN에 관한 설명으로 옳지 않은 것은?
① PAN의 분자식은 C₆H₅COOONO₂이다.
② 하루 중 PAN의 농도는 한낮에 최고로 된다.
③ 눈에 통증을 일으키며 빛을 분산시키므로 가시거리를 단축시킨다.
④ 식물의 영향은 잎의 밑부분이 은동색 또는 청동색이 되고 생활력이 왕성한 초엽에 피해가 크다.

해설 PAN의 분자식은 CH₃COOONO₂이다.

023 광화학 옥시던트 중 PAN에 관한 설명으로 옳은 것은?

① 분자식은 $CH_3COOONO_2$이다.
② PBzN보다 100배 정도 강하게 눈을 자극한다.
③ 눈에는 자극이 없으나 호흡기 점막에는 강한 자극을 준다.
④ 푸른색, 계란 썩는 냄새를 갖는 기체로서 대기 중에서 강산화제로 작용한다.

해설
② PBzN이 PAN보다 100배 정도 강하게 눈을 자극한다.
③ 눈에 통증을 일으키며 호흡기 점막에는 강한 자극을 준다.
④ 무색, 무미 기체로서 대기 중에서 강산화제로 작용한다.

024 PAN에 관한 설명으로 옳지 않은 것은?

① PAN은 Peroxy Acetyl Nitrate의 약자이다.
② PAN은 빛을 분산시켜 가시거리를 단축시킨다.
③ PAN은 눈에 통증을 일으키며 식물에도 해를 준다.
④ PAN은 강산화제로 $C_6H_5COONO_2$의 구조식을 갖는다.

해설 PAN은 강산화제로 $CH_3COOONO_2$의 구조식을 갖는다.

025 PAN에 관한 설명으로 옳지 않은 것은?

① 산화제 역할을 한다.
② 대기 중 탄화수소로부터의 광화학 반응으로 생성된다.
③ 황산화물의 일종으로 빛을 흡수시켜 가시거리를 단축시킨다.
④ 사람의 눈에 통증을 일으키며, 생활력이 왕성한 초엽에 피해가 크다.

해설 옥시던트의 일종으로 가시광선을 분산시켜 가시거리를 단축시킨다.

026 PAN에 관한 내용으로 옳지 않은 것은?

① 대기 중의 광화학 반응으로 생성된다.
② PAN의 지표식물에는 강낭콩, 상추, 시금치 등이 있다.
③ 황산화물의 일종으로 가시광선을 흡수해 가시거리를 단축시킨다.
④ 사람의 눈에 통증을 일으키며 식물의 잎에 흑반병을 발병시킨다.

해설 옥시던트의 일종으로 가시광선을 분산시켜 가시거리를 단축시킨다.

027 오염물질에 관한 다음 설명으로 옳지 않은 것은?

① R기가 propionyl기이면, PPN(Peroxy Propionyl Nitrate)이 된다.
② PAN은 Peroxy Acetyl Nitrate의 약자이며, $CH_3COOONO_2$의 분자식을 갖는다.
③ 오존은 섬모운동의 기능장애를 일으키며, 염색체 이상이나 적혈구의 노화를 초래하기도 한다.
④ PAN은 PBN(Peroxy Benzoyl Nitrate)보다 100배 이상 눈에 강한 통증을 주며, 빛을 흡수시키므로 가시거리를 감소시킨다.

해설 PAN은 PBN(Peroxy Benzoyl Nitrate)과 비슷한 독성을 지니고, 눈에 강한 통증을 주며, 빛을 분산시켜 가시거리를 감소시킨다.

정답 023 ① 024 ④ 025 ③ 026 ③ 027 ④

028 PAN(Peroxy Acetyl Nitrate)의 구조식을 옳게 나타낸 것은?

① $CH_3-\underset{\underset{O}{\|}}{C}-O-O-NO_2$

② $C_2H_5-\underset{\underset{O}{\|}}{C}-O-O-NO_2$

③ $C_3H_7-\underset{\underset{O}{\|}}{C}-O-O-NO_2$

④ $C_6H_5-\underset{\underset{O}{\|}}{C}-O-O-NO_2$

[해설] PAN은 Peroxy Acetyl Nitrate의 약자이며, $CH_3COOONO_2$의 분자식을 갖는다.

② $C_2H_5-\underset{\underset{O}{\|}}{C}-O-O-NO_2$: PPN(Peroxy Propionyl Nitrate)으로 독성이 PAN보다 2배 정도 강하다.

③ $C_3H_7-\underset{\underset{O}{\|}}{C}-O-O-NO_2$: PBN(Peroxy Butyl Nitrate)으로 독성이 PAN과 비슷하다.

④ $C_6H_5-\underset{\underset{O}{\|}}{C}-O-O-NO_2$: PBzN(Peroxy Benzoyl Nitrate)으로 독성이 PAN보다 100배나 강하다.

029 PBzN(Peroxy Benzoyl Nitrate)의 구조식을 옳게 나타낸 것은?

① $C_6H_5-\underset{\underset{O}{\|}}{C}-O-O-NO_2$

② $CH_3-\underset{\underset{O}{\|}}{C}-O-O-NO_2$

③ $C_2H_5-\underset{\underset{O}{\|}}{C}-O-O-NO_2$

④ $C_4H_8-\underset{\underset{O}{\|}}{C}-O-O-NO_2$

[해설] PBzN(Peroxy Benzoyl Nitrate)는 독성이 PAN보다 100배나 강하고 분자식은 $C_6H_5COOONO_2$이다.

030 산화성이 강한 물질로 옳지 않은 것은?
① O_3
② PAN
③ NH_3
④ Aldehyde

[해설] 산화성이 강한 물질은 옥시던트이며, 오존, 알데하이드, PAN 등이 있다.

031 광화학 반응으로 생성되는 오염물질에 해당하지 않는 것은?
① 케톤
② PAN
③ 과산화수소
④ 염화플루오린화탄소

[해설] 광화학 반응으로 생성되는 오염물질은 케톤, PAN, 과산화수소(H_2O_2), 질산에스테르(CH_3ONO_2) 등이 있다.

032 대기 중의 광화학 반응에서 탄화수소와 반응하여 2차 오염물질을 형성하는 화학종으로 옳지 않은 것은?
① CO
② -OH
③ NO
④ NO_2

[해설] 일산화탄소는 1차 오염물질이다.

정답 028 ① 029 ① 030 ③ 031 ④ 032 ①

033 대기 중에서 태양광선을 받아 광화학 반응을 일으켜 생성되는 2차 오염물질에 해당하지 않는 것은?

① CH_3ONO_2
② O_3
③ H_2O_2
④ C_3H_8

해설 프로페인(C_3H_8)은 1차 오염물질이다.

034 대기오염물질 중 바닷물의 물보라 등이 배출원이며, 1차 오염물질에 해당하는 것은?

① N_2O_3
② RCHO
③ HCN
④ NaCl

해설 바닷물의 물보라 등이 배출원인 1차 오염물질은 염분의 주성분인 NaCl이다.

035 대기오염물질은 발생방법에 따라 1차 오염물질과 2차 오염물질로 구분할 수 있다. 2차 오염물질에 해당하는 것은?

① CO
② H_2S
③ NOCl
④ $(CH_3)_2S$

해설 염화나이트로실(NOCl)은 2차 오염물질이다.

036 대기오염물질 중 1차 오염물질(Primary Pollutants)에 해당하지 않는 것은?

① HCl
② NH_3
③ NaCl
④ NOCl

해설 염화나이트로실(NOCl)은 2차 오염물질이다.

037 대기오염물질의 분류 중 1차 오염물질이라고 볼 수 없는 것은?

① 금속산화물
② 일산화탄소
③ 과산화수소
④ 방향족 탄화수소

해설 과산화수소(H_2O_2)은 2차 오염물질이다.

038 대기오염물질 중 2차 오염물질이 아닌 것은?

① SO_3 ② N_2O_3
③ H_2O_2 ④ NO_2

해설 삼산화 이질소(dinitrogen trioxide, N_2O_3)는 1차 오염물질이다.

039 2차 오염물질에 해당되지 않는 것은?

① $CH_3COOONO_2$ ② RCHO
③ H_2O_2 ④ CO_2

해설 이산화탄소는 연료의 완전 연소 시 발생하는 1차 오염물질이다.

040 CFCs(염화플루오린화탄소)의 배출원으로 옳지 않은 것은?

① 스프레이의 분사제
② 우레탄 발포제
③ 형광등 안정기
④ 냉장고의 냉매

해설 염화플루오르화탄소(CFCs)는 프레온 가스로 널리 알려져 있는 오존층 파괴 기체로서 냉장고의 냉매, 분사제, 세정제, 우레탄 발포제 등으로 사용되었으나, 오존층 파괴의 원인물질로 규제되면서 오늘날에는 사용이 금지된 물질이다.

041 광화학 반응으로 생성된 광화학 산화제(photochemical oxidants)에 해당하지 않는 것은?

① Ozone
② PAN(Peroxyacetyle nitrate)
③ Hydrogen peroxide
④ Hydrogen chloride

해설 Hydrogen chloride는 HCl로 광화학 산화제(photochemical oxidants)에 해당되지 않는다.

042 NO_x에 의한 광화학적 반응에서 HC가 존재 시 생성되는 자극성 물질로 옳지 않은 것은?

① 폼알데하이드(HCHO)
② 아크롤레인(CH_2CHCHO)
③ 아세틱에시드(CH_3COOH)
④ 퍼옥시아세틸나이트레이트($CH_3COOONO_2$)

해설 아세틱에시드(CH_3COOH), 즉 아세트산은 농도가 낮을 때는 식초라고 불리고, 다양한 질환을 치료하는 데 사용되는 산이다.

043 광화학 반응과 관련된 오염물질의 하루 중 변화의 일반적인 특징으로 옳지 않은 것은?

① 주요 생성물로는 PAN, H_2O_2, Ketone 등이 있다.
② NO와 HC의 반응에 의해 오전 7시경을 전후로 NO_2가 상당한 율로 발생하기 시작한다.
③ Aldehyde는 O_3의 하루 중 최고농도(오후 2시경) 이후에 생성되기 시작하여 O_3의 감소에 대응한다.
④ NO에서 NO_2로의 산화가 거의 완료되고 NO_2가 최고농도에 도달하는 때부터 O_3가 증가되기 시작한다.

해설 Aldehyde(RCHO)는 O_3와 같이 하루 중 정오(12시)에 생성되기 시작하여 오후 2시에 최대농도를 보인다.

서술형 빈출문제
대기오염의 영향 및 대책

001 대기오염물질이 식물에 미치는 피해에 관한 설명으로 옳지 않은 것은?

① 아황산가스의 지표식물로는 자주개나리, 보리 등이 있다.
② 플루오린화수소는 어린잎에 피해가 현저한 편이며, 강한 식물로는 담배, 목화 등이 있다.
③ 암모니아는 잎 전체에 영향을 주는 것이 특징이며, 접촉 후에 수 시간이 지나면 잎 전체가 갈색이 된다.
④ 황화수소는 특히 고엽에 피해가 크고, 지표식물은 복숭아, 딸기, 사과 등이며, 강한 식물은 코스모스, 토마토, 오이 등이다.

해설 황화수소는 특히 고엽에 피해가 크고, 강한 식물은 복숭아, 딸기, 사과 등이며, 지표식물은 코스모스, 토마토, 오이 등이다.

002 대기오염물질이 식물에 미치는 영향에 대한 설명으로 옳지 않은 것은?

① 양배추, 클로버, 상추 등은 에틸렌가스에 대해 저항성 식물이다.
② 보리, 목화 등은 아황산가스에 대해 저항성이 강한 식물이며, 까치밤나무, 쥐당나무 등은 저항성이 약한 식물에 해당한다.
③ 오존은 0.2ppm 정도의 농도에서 2~3시간 접촉하면 피해를 일으키며, 보통 엽록소 파괴, 동화작용 억제, 산소작용의 저해 등을 일으킨다.
④ 질소산화물은 엽록소가 갈색으로 되어 잎의 내부에 갈색 또는 흑갈색의 반점이 생기며, 담배, 해바라기, 진달래 등은 이산화질소에 대한 식물의 감수성이 약한 편이다.

해설 보리, 목화 등은 아황산가스에 대해 저항성이 약한 식물이며, 까치밤나무, 쥐당나무 등은 저항성이 강한 식물에 해당한다.

003 대기오염이 식물에 미치는 영향에 관한 설명으로 옳지 않은 것은?

① SO_2는 회백색 반점을 생성하며, 피해 부분은 엽육세포이다.
② NO_2는 불규칙 흰색 또는 갈색으로 변화되며, 피해 부분은 엽육세포이다.
③ PAN은 유리화 은백색 광택을 나타내며, 주로 해면 연조직에 피해를 준다.
④ HF는 SO_2와 같이 잎 안쪽 부분에 반점을 나타내기 시작하며, 늙은 잎에 특히 민감하고, 밤이 낮보다 피해가 크다.

해설 HF는 잎의 끝부분에 갈색현상이 나타내기 시작하며, 어린잎에 특히 민감하고, 낮이 밤보다 피해가 크다.

정답 001 ④ 002 ② 003 ④

004 다음 설명으로 가장 적합한 대기오염물질은?

- 엽맥을 따라 형성되는 백화현상이나 네크로시스가 대표적이다.
- 자주개나리, 목화, 보리 등이 상대적으로 민감하며, 까치밤나무, 쥐당나무 등은 저항성이 강하다.
- 식물의 피해한계는 약 $0.8mg/m^3$(8시간 노출기준) 정도이다.

① 아황산가스 ② 이산화질소
③ 오존   ④ 일산화탄소

해설 아황산가스(SO_2)는 식물의 엽육세포, 즉 엽맥 사이에 반점이 생기는 백화현상을 나타내게 하며, 자주개나리(알팔파), 보리, 메밀 등이 지표식물이 되고, 협죽도, 양배추, 옥수수 등이 강한 식물이다.

005 대기오염물질별로 해당되는 지표식물로 옳지 않은 것은?

① NH_3 - 해바라기
② SO_2 - 담배
③ HF - 알팔파
④ O_3 - 시금치

해설 HF - 글라디올러스, 옥수수, 메밀 등

006 아황산가스에 대한 식물별 저항력이 가장 강한 것은?

① 담배
② 장미
③ 옥수수
④ 쥐당나무

해설 아황산가스에 대한 식물별 저항력이 가장 강한 식물은 까치밤나무, 쥐당나무, 협죽도, 감귤 등이다.

007 아황산가스를 배출하는 오염지역 주위에 심어도 비교적 잘 자랄 수 있는 식물은?

① 육송   ② 양배추
③ 알팔파   ④ 담배

해설 아황산가스에 강한 식물은 양배추이다.

008 식물의 잎의 밑부분이 은색 내지 청동색이 되고 점차 퍼져 잎 윗부분에 흑반병을 발생시키며 대표적 지표식물은 강낭콩, 시금치 등이고 강한 식물은 사과, 옥수수, 무 등인 대기오염물질로 옳은 것은?

① 오존
② 황화수소
③ 질소산화물
④ PAN 및 알데하이드류

해설 PAN 및 알데하이드류 등의 광화학 스모그 생성물질은 어린 잎에 은백색 반점을 일으키고, 지표식물은 강낭콩, 시금치, 고무나무 등이다.

009 암모니아가 식물에 미치는 영향으로 옳지 않은 것은?

① 암모니아의 독성은 HCl과 비슷한 정도이다.
② 최초의 증상은 잎 선단부에 경미한 황화현상으로 나타난다.
③ 잎의 일부분에 영향이 나타나며, 강한 식물로는 겨자, 해바라기 등이 있다.
④ 토마토, 메밀 등은 40ppm 정도의 암모니아 가스 농도에서 1시간 지나면 피해증상이 나타난다.

해설 암모니아는 잎 전체에 영향을 주며, 지표식물로 겨자, 해바라기, 토마토 등이 있다.

정답 004 ① 005 ③ 006 ④ 007 ② 008 ④ 009 ③

서술형 빈출문제

010 식물에 대한 암모니아의 영향으로 옳지 않은 것은?

① 성숙한 잎에서 가장 민감하다.
② 암모니아의 독성은 HCl과 비슷한 정도이다.
③ 갈색 또는 초록색으로 삶아진 형태를 나타낸다.
④ 잎에 부분적으로 영향이 나타나는 것이 특징이다.

해설 암모니아는 잎 전체에 영향이 나타나는 것이 특징이다.

011 아황산가스가 식물에 미치는 영향으로 옳지 않은 것은?

① 같은 농도에서는 낮보다는 야간에 피해를 많이 받는다.
② 피해를 입은 부위는 황갈색 내지 회백색으로 퇴색된다.
③ 잎 뒤쪽 표피 밑의 세포(Parenchyma)가 피해를 입기 시작한다.
④ 생활력이 왕성한 잎이 피해를 많이 입으며, 고구마, 시금치 등이 약한 식물로 알려져 있다.

해설 같은 농도에서는 야간보다는 낮에 피해를 많이 받는다.

012 다음 설명과 가장 관련이 깊은 대기오염물질은?

- 이 물질은 반응성이 풍부하므로 단분자로는 거의 존재하지 않는다.
- 주로 어린잎에 민감하여 잎의 끝 부분 또는 가장자리가 탄다.
- 이 오염물질에 강한 식물로는 담배, 목화, 고추 등이다.

① 일산화탄소
② 염소 및 그 화합물
③ 오존 및 옥시던트
④ 플루오린 및 그 화합물

해설 HF는 고등식물의 어린 새싹에 영향을 많이 끼친다.

013 지표 부근에 존재하는 오존(O_3)에 관한 설명으로 옳지 않은 것은?

① 오존에 강한 식물로는 담배, 알팔파, 무 등이 있다.
② 식물의 피해 정도는 기공의 개폐, 증산작용의 대소 등에 따라 달라진다.
③ 식물의 엽록소 파괴, 동화작용의 억제, 산소작용의 저해 등을 일으킨다.
④ 질소산화물과 탄화수소의 광화학적 반응에 의해 생성되며, 강력한 산화작용을 한다.

해설 오존에 강한 식물로는 사과, 아카시아, 복숭아, 쥐당나무 등이고, 담배, 알팔파, 무 등은 지표식물이다.

014 대기 중의 오염물질이 식물에 미치는 영향에 관한 설명으로 옳은 것은?

① 플루오린화수소는 식물의 잎을 주로 갈색으로 변색시킨다.
② 옥시던트는 인체에는 영향을 주지만 식물에 대한 영향은 거의 없다.
③ 황산화물은 식물의 성장에 영향을 주지만 잎을 변색시키지는 않는다.
④ 아세틸렌은 식물에 미치는 영향이 아주 약하고, 100ppm 정도에서 주로 어린잎에 영향을 준다.

해설
② 옥시던트는 어린잎이나 해면상 조직에 영향을 준다.
③ 황산화물은 식물의 성장에 영향을 주지만 잎을 변색시켜 백화현상을 일으킨다.
④ 아세틸렌은 식물에 미치는 영향이 스위트피, 토마토, 메밀 등에 존재하고, 0.1ppm 정도의 저농도에서도 영향을 준다.

정답 010 ④ 011 ① 012 ④ 013 ① 014 ①

015 다음과 같은 피해를 유발하는 대기오염물질로 옳은 것은?

> • 매우 낮은 농도에서 피해를 받을 수 있으며, 주된 증상으로 상편생장, 전두운동의 저해, 황화현상과 빠른 낙엽, 줄기의 성장저해, 성장감퇴 등이 있다.
> • 0.1ppm 정도의 저농도에서도 스위트피와 토마토에 상편생장을 일으킨다.

① 아황산가스 ② 오존
③ 플루오린 화합물 ④ 에틸렌

해설 에틸렌(C_2H_4)은 0.1ppm의 매우 낮은 농도에서도 식물에 피해를 끼칠 수 있으며, 주된 증상으로 상편생장, 전두운동의 저해, 황화현상과 빠른 낙엽, 줄기의 성장저해, 성장감퇴 등이 있다.

016 에틸렌 가스에 대한 저항성이 가장 큰 식물은?

① 완두 ② 스위트피
③ 양배추 ④ 토마토

해설 에틸렌 가스에 대한 저항성이 가장 큰 식물은 양배추이다.

017 유해가스상물질의 독성에 관한 설명으로 옳지 않은 것은?

① CO_2 독성은 10ppm 정도에서 인체와 식물에 해롭다.
② SO_2는 0.1~0.2ppm에서도 수 시간 내에 고등식물에게 피해를 준다.
③ CO는 100ppm까지는 1~3주간 노출되어도 고등식물에 대한 피해는 약하다.
④ HCl은 SO_2보다 식물에 미치는 영향이 훨씬 적으며, 한계농도는 10ppm에서 수 시간 정도이다.

해설 CO_2 독성은 5,000ppm 이상일 때 건강에 매우 해롭고 위험한 수준이다.

018 황산화물의 각종 영향에 대한 설명으로 옳지 않은 것은?

① 공기가 SO_2를 함유하면 부식성이 강하게 된다.
② SO_2는 대기 중의 분진과 반응하여 황산염이 형성됨으로써 대부분의 금속을 부식시킨다.
③ 대기에서 형성되는 아황산 및 황산은 석회, 대리석, 각종 시멘트 등 건축재료를 약화시킨다.
④ 황산화물은 대기 중 또는 금속의 표면에서 황산으로 변함으로써 부식성을 더욱 약하게 한다.

해설 황산화물은 대기 중 또는 금속의 표면에서 황산으로 변함으로써 부식성을 더욱 강하게 한다.

019 대기오염물질과 피해현상으로 옳지 않은 것은?

① 오존 – 섬유류를 퇴색시키고, 특히 고무를 쉽게 노화시킨다.
② 황산화물 – 금속을 부식시키며, 습도가 높을수록 부식률은 증가한다.
③ 질소산화물 – 대리석, 모르타르 등의 탄산염을 함유하는 물질을 부식시킨다.
④ 황화수소 – 금속의 표면에 검은 피막을 형성시켜 외관상의 피해를 주며, 도료를 변색시킨다.

해설 질소산화물은 섬유(의복)를 퇴색시키고, 철 등의 금속류를 부식시킨다.

020 질소산화물(NO_x)에 의한 피해 및 영향으로 옳지 않은 것은?

① NO_2는 습도가 높은 경우 질산이 되어 금속을 부식시키며 산성비의 원인이 된다.
② NO_2는 가시광선을 흡수하므로 0.25ppm 정도의 농도에서 가시거리를 상당히 감소시킨다.
③ 인체에 미치는 영향 분석 시 동물을 사용한 연구결과에 의하면 NO_2는 주로 위장 장애현상을 초래한다.
④ NO_2의 광화학적 분해작용으로 대기 중의 O_3 농도가 증가하고 HC가 존재하는 경우에는 Smog를 생성시킨다.

해설 인체에 미치는 영향 분석 시 동물을 사용한 연구결과에 의하면 NO_2는 주로 눈, 코 자극 및 호흡기질환(만성기관지염, 폐렴, 폐출혈 등)을 초래한다.

021 무색 기체로 CO와 같이 혈액 중의 헤모글로빈과 결합하여 산소 운반능력을 감소시키는 기체는?

① PAN
② 알데하이드
③ NO
④ HC

해설 NO는 CO보다 수백 배 이상 혈액 중 헤모글로빈과의 친화력이 강하여 산소 운반능력을 감소시킨다.

022 대기오염물질과 인체에 미치는 영향에 관한 연결로 옳지 않은 것은?

① Oxidant - 눈을 자극
② CO - 혈액의 O_3 운반기능 저해
③ HF - 고농도 시엔 호흡기 점막 자극
④ Pb 화합물 - 헤모글로빈의 형성 억제

해설 CO - 혈액의 O_2 운반기능을 저해하고, 산소보다 200~300배 정도 헤모글로빈과의 친화력이 강하여 다량 흡입 시 사망에 이르게 한다.

023 각 대기오염물질이 인체에 미치는 영향에 관한 설명으로 옳지 않은 것은?

① 카드뮴 화합물이 만성 폭로되어 발생하는 흔한 증상으로 단백뇨가 있다.
② 체내에 흡수된 크로뮴은 간장, 신장, 폐 및 골수에 축적되며, 대부분은 대변을 통해 배설된다.
③ 알킬수은 화합물의 탄소-수은 결합은 약하므로 중추신경계에 축적되기보다는 변을 통해 쉽게 배출된다.
④ 니켈은 위장관으로 거의 흡수되지 않으며, 가용성 니켈염과 니켈 카르보닐은 호흡기를 통해 쉽게 흡수된다.

해설 알킬수은 화합물의 탄소-수은 결합이 강하여 중추신경계에 축적되어 치명적인 영향이 있을 수 있다. 만성 수은중독의 대표적인 증상으로는 떨림, 신경과민(성격 및 행동 변화, 수줍음, 과민반응, 불안감, 기억력 손상, 불면증), 구강치은염(입과 잇몸 염증)을 들 수 있다.

024 다음 오염물질에 관한 설명으로 옳은 것은?

- 방부제, 옷감, 잉크 등의 원료로 사용되며, 피혁공업, 합성수지공업 등이 주된 배출업종이다.
- 피부, 눈 및 호흡기계에 강한 자극효과를 가지며, 급성폭로 시 폐부종과 알레르기성 피부염 및 직업성 천식을 야기한다.

① 플루오린화수소
② 질소산화물
③ 염소
④ 폼알데하이드

해설 폼알데하이드의 농도에 따라 인체에 미치는 영향을 보면 0.1ppm 이하의 경우에는 눈, 코, 목에 자극이 오고, 0.25~0.5ppm의 경우 호흡기 장애와 천식이 있는 사람에게 심한 천식발작을 일으킬 수 있다.

정답 020 ③ 021 ③ 022 ② 023 ③ 024 ④

025 대기오염물질이 인체에 미치는 영향을 설명한 것으로 옳지 않은 것은?

① NO는 혈액 중 헤모글로빈과 결합력이 매우 강하다(CO의 약 1,000배).
② NO_2는 혈액 중 헤모글로빈과의 직접적인 결합보다는 메트헤모글로빈을 형성하여 산소운반을 방해한다.
③ NO_2는 적갈색, 자극성 기체로 NO보다 독성이 강하며 공기보다 무겁고 물에 난용성이다.
④ N_2O는 무색·무취의 기체로 대기압 하에서 활성이 매우 크며, 오존층 파괴의 원인이 되고 있다.

해설 N_2O는 무색, 약간의 감미로운 냄새를 나타내는 기체(일명 스마일가스)로 대기압 하에서 활성이 매우 적으며 오존층 파괴의 원인이 되고 있다.

026 대기오염물질이 인체에 미치는 영향으로 옳지 않은 것은?

① 베릴륨 화합물은 흡입, 섭취 혹은 피부접촉으로 대부분 흡수된다.
② 만성 납(Pb)중독 증상의 특징적인 5대 증상으로는 연창백, 연연, 코프로폴피노, 호염기성 점적혈구, 심근마비 등을 들 수 있다.
③ 금속수은은 수은 증기를 흡입하면 대부분 흡수되나 경구섭취 시에는 소구를 형성하므로 위장관으로는 잘 흡수되지 않는다.
④ 염소, 포스젠 및 질소산화물 등의 상기도 자극 증상은 경미한 반면, 수 시간 경과 후 오히려 폐포를 포함한 하기도의 자극증상은 현저하게 나타나는 편이다.

해설 베릴륨 화합물은 호흡기를 통하여 사람의 몸에 흡수되면 반감기는 약 2주 정도가 된다. 베릴륨은 노출에 의해 베릴륨 폐질환 또는 만성 베릴륨 질환으로 알려진 심각한 폐질환을 일으키는 매우 독성이 높은 물질이다. 또한 베릴륨 노출이 원인이 되는 암으로, 폐암이 보고되고 있다.

027 대기오염물질의 인체에 대한 영향으로 옳지 않은 것은?

① 바나듐에 폭로된 사람들에게는 혈장 콜레스테롤치가 저하되며, 만성폭로 시 설태가 끼일 수 있다.
② 가용성 니켈 화합물에 폭로된 후 흔한 증상으로는 피부 증상이며, 니켈은 위장관으로는 거의 흡수되지 않는다.
③ 베릴륨 화합물은 흡입·섭취 혹은 피부접촉으로는 거의 흡수되지 않으며, 폐에 잔존할 수 있고, 뼈, 간, 비장에 침착될 수 있다.
④ 탈륨의 수용성 염은 위장관, 피부, 호흡기를 통해 거의 흡수되지 않으나, 배설은 장관과 신장을 통해 비교적 빨리 일어난다.

해설 탈륨(Tl)의 수용성 염은 위장관, 피부, 호흡기를 통해 쉽게 흡수되고, 배설은 장관과 신장을 통해 비교적 느리게 일어나며, 위장관, 중추신경계, 말초신경계에 영향을 줄 수 있다. 노출되면 탈모를 일으키고, 많은 양을 섭취 시 심혈관계, 신장 그리고 간에 영향을 줄 수 있다.

028 오염물질이 인체에 미치는 영향으로 옳지 않은 것은?

① 바나듐(V)에 폭로된 사람들에게서는 혈장 콜레스테롤치가 저하된다.
② 셀레늄(Se)의 만성적인 기중폭로 시 결막염을 일으키는데, 이것을 "Rose Eye"라고 부른다.
③ 탈륨(Tl)의 수용성 염은 위장관, 피부, 호흡기를 통해 쉽게 흡수되고, 배설은 장관과 신장을 통해 비교적 느리게 일어난다.
④ 알루미늄(Al)은 에피네프린에 의해 유도되는 수축을 방해하여 위장관의 운동을 느리게 하고, 알루미늄-펙틴 화합물의 형성으로 콜레스테롤의 흡수를 방해한다.

정답 025 ④ 026 ① 027 ④ 028 ④

해설 알루미늄(Al)은 에피네프린에 의해 유도되는 수축을 원활하게 하여 위장관의 운동을 빠르게 하고, 알루미늄-펙틴 화합물의 형성으로 콜레스테롤의 흡수를 촉진한다.

해설 혈액 헤모글로빈의 기본요소인 포르피린 고리의 형성을 방해함으로써 인체 내 헤모글로빈의 형성을 억제하여 만성 빈혈이 발생할 수 있는 금속은 납(Pb)이다.

029 대기오염물질이 인체에 미치는 영향으로 옳지 않은 것은?

① 크로뮴(Cr) - 만성중독은 코, 폐 및 위장의 점막에 병변을 일으키는 것이 특징이다.
② 오존(O_3) - 눈을 자극하고, 폐수종과 폐충혈 등을 유발시키며, 섬모운동의 기능장애 등을 일으킬 수 있다.
③ 비소(As) - 피부염, 주름살 부분의 궤양을 비롯하여, 색소침착, 손·발바닥의 각화, 피부암 등을 일으킨다.
④ 납(Pb)과 그 화합물 - 다발성 신경염에 의해 사지의 가까운 부분에 강한 근육 위축이 나타나며, 급성작용으로 주로 지각장애를 일으킨다.

해설 납(Pb)과 그 화합물 - 다발성 신경염에 의해 사지의 가까운 부분에 강한 근육 위축이 나타나며, 만성작용으로 주로 지각장애를 일으킨다. 납은 조혈기계(빈혈), 신경계, 신장계, 소화기계, 심혈관계 등에 다양한 농도 범위에서 인체 영향을 미치는 것으로 알려져 있어 인지기능 저하, 학습장애, 행동문제 등을 일으킨다.

030 다음과 같이 인체에 피해를 유발시킬 수 있는 오염물질로 옳은 것은?

혈액 헤모글로빈의 기본요소인 포르피린 고리의 형성을 방해함으로써 인체 내 헤모글로빈의 형성을 억제하여 만성 빈혈이 발생할 수 있다.

① 다이옥신   ② 납
③ 망가니즈   ④ 바나듐

031 납이 인체에 미치는 영향에 관한 일반적인 내용으로 옳지 않은 것은?

① 신경, 근육 장애가 발생하며 경련이 나타난다.
② 인체 내 노출된 납의 99% 이상은 뇌에 축적된다.
③ 헤모글로빈의 기본요소인 포르피린 고리의 형성을 방해한다.
④ 세포 내의 SH기와 결합하여 헴(Heme) 합성에 관여하는 효소를 포함한 여러 세포의 효소작용을 방해한다.

해설 보통 흡수된 납의 약 92~95%는 뼈의 석회질 부분에 축적되며 간장이나 신장에는 0.1~0.4%만이 축적된다.

032 대기오염물질이 인체에 미치는 영향으로 옳지 않은 것은?

① 베릴륨 화합물은 흡입, 섭취 혹은 피부접촉으로는 거의 흡수되지 않는다.
② 석면폐증의 용혈작용은 석면 내의 Mn에 의해서 발생되며 적혈구의 급격한 감소증상이다.
③ 금속수은은 수은 증기를 흡입하면 대부분 흡수되나 경구 섭취 시에는 소구를 형성하므로 위장관으로는 잘 흡수되지 않는다.
④ 염소, 포스겐 및 질소산화물 등의 상기도 자극증상은 경미한 반면, 수시간 경과 후 오히려 폐포를 포함한 하기도 자극증상은 현저하게 나타나는 편이다.

해설 석면폐증의 용혈작용은 석면 내의 Mg에 의해서 발생되며 적혈구의 급격한 증가증상이다.

정답 029 ④ 030 ② 031 ② 032 ②

033 각 오염물질의 대사 및 작용기전으로 옳지 않은 것은?

① 알루미늄화합물은 소장에서 인과 결합하여 인결핍과 골연화증을 유발한다.
② 이황화탄소는 중추신경계에 대한 특징적인 독성작용으로 심한 급성 또는 아급성 뇌병증을 유발한다.
③ 삼염화에틸렌은 다발성 신경염을 유발하고, 중추신경계를 억제하는 데 간과 신경에 미치는 독성이 사염화탄소에 비해 현저하게 높다.
④ 암모니아와 아황산가스는 물에 대한 용해도가 높기 때문에 흡입된 대부분의 가스가 상기도 점막에서 흡수되므로 즉각적으로 자극증상을 유발한다.

해설 삼염화에틸렌(트라이클로로에틸렌, TCE, Trichloroethylene, $CCl_2=CHCl$))은 다발성 신경염을 유발하고, 중추신경계를 억제하는 데 간과 신경에 미치는 독성이 사염화탄소에 비해 현저하게 낮다.

034 대기오염물질이 인체 및 동물에 미치는 영향에 관한 설명으로 옳지 않은 것은?

① NO는 NO_2보다 독성이 강하고, 대기 농도 수준에서 인체에 큰 영향을 미친다.
② 아황산가스는 물에 대한 용해도가 매우 높기 때문에 흡입된 대부분의 가스가 상기도 점막에서 흡수된다.
③ 납(Pb)은 혈액 헤모글로빈의 기본요소인 포르피린 고리의 형성을 방해함으로써 헤모글로빈의 형성을 억제한다.
④ 베릴륨(Be)은 독성이 강하고, 폐포에 축적되어 베릴리오시스를 생성, 쥐에게서는 심각한 병과 발암성이 나타난다.

해설 NO_2는 NO보다 독성이 강하고, 대기 농도 수준에서 인체에 큰 영향을 미친다.

035 휘발성이 높은 액체이므로 쉽게 작업실 내의 농도가 높아져 중추신경계에 대한 특징적인 독성작용으로 심한 급성 또는 아급성 뇌병증을 유발하며, 피부를 통해서도 흡수되지만 대부분 상기도를 통해 체내에 흡수되는 것은?

① 삼염화 에틸렌
② 염화비닐
③ 이황화탄소
④ 아크릴 아마이드

해설 이황화탄소(CS_2)는 약간의 노란색을 띠는 가연성이 매우 높은 액체로서 폭발 위험이 있는 인견사, 셀로판지, 사염화탄소, 농약의 제조업 및 고무공업 등에서 사용한다. 피부에 반복적 또는 장기간 접촉할 경우 피부염을 유발할 수 있고, 심혈관계 그리고 중추신경계에 영향을 줄 수 있다.

036 석면폐증에 관한 설명으로 옳지 않은 것은?

① 비가역적이며, 석면 노출이 중단된 후에도 악화되는 경우가 있다.
② 폐하엽에 주로 발생하며 흉막을 따라 폐중엽이나 설엽으로 퍼져간다.
③ 폐의 석면폐증에 의한 비후화이며, 흉막의 섬유화와 밀접한 관련이 있다.
④ 폐의 석면화는 폐조직의 신축성을 감소시키고, 가스교환능력을 저하시켜 결국 혈액으로의 산소공급이 불충분하게 된다.

해설 석면폐증(Asbestosis pulmonum)은 폐의 섬유화로, 흉막의 섬유화와는 관련이 없다. 이는 석면분진이 폐에 들러붙어 폐가 딱딱하게 굳는 섬유화가 나타나는 질병으로, 석면분진 흡입에 의한 폐실질의 넓은 범위에 걸친 간질성 섬유화이며, 폐실질에 생기는 중요한 변화이다.

정답 033 ③ 034 ① 035 ③ 036 ③

037 석면폐증에 관한 설명으로 옳지 않은 것은?
① 석면폐증은 폐상엽에서 주로 발생하며 전이되지 않는다.
② 석면폐증은 비가역적이며, 석면 노출이 중단된 이후에도 악화되는 경우가 있다.
③ 석면폐증은 폐의 석면분진 침착에 의한 섬유화이며, 흉막의 섬유화와는 무관하다.
④ 폐의 섬유화는 폐조직의 신축성을 감소시키고, 혈액으로의 산소공급을 불충분하게 한다.

해설 석면폐증은 폐하엽에서 주로 발생하며 전이가 된다.

038 인체 내에 축적되어 영향을 주는 오염물질 중 하나로 혈액 속의 헤모글로빈과 결합하여 카르복시헤모글로빈을 형성하는 것은?
① NO ② O_3
③ CO ④ SO_3

해설 혈액 속의 헤모글로빈과 결합하여 카르복시헤모글로빈(COHb)을 형성하는 오염물질은 일산화탄소이다.

039 혈액 내의 헤모글로빈(Hb)과 가장 결합력이 강한 가스상물질은?
① CO ② O_2
③ NO ④ CS_2

해설 혈액 내의 헤모글로빈(Hb)과 결합력이 강한 순서 $NO > CO > O_2$

040 대기 중에 금속판을 노출시킬 때 가장 중량손실이 큰 금속으로 옳은 것은?
① 구리 ② 알루미늄
③ 납 ④ 아연

해설 아연(Zn)은 대기 중에서 산화되기 쉬운 금속으로 금속판 표면에 산화물이 생성되어 중량이 감소한다. 따라서 대기 중에 금속판을 노출시킬 때 가장 중량손실이 큰 금속은 아연이다.
아연(Zn) > 구리(Cu) > 알루미늄(Al) > 납(Pb)

041 섬유의 인장강도를 가장 크게 떨어뜨리는, 대기오염 피해의 원인이 되는 주요물질로 옳은 것은?
① 오존 ② 아황산가스
③ 질소산화물 ④ 플루오린화수소

해설 아황산가스는 양모, 목화, 나일론 등의 섬유에 탈색이나 퇴색을 일으키고, 인장강도를 떨어뜨려 섬유의 수명을 단축시키고, 상품가치를 떨어뜨린다.

042 건물에 사용되는 대리석, 시멘트 등을 부식시켜 재산상의 손실을 발생시키는 산성비에 가장 큰 영향을 미치는 물질로 옳은 것은?
① O_3 ② N_2
③ SO_2 ④ $PM-10$

해설 아황산가스는 대리석, 석회암 등의 건축자재를 부식시키고, 산성비에 가장 큰 영향을 미친다.

043 대기오염물질의 재산에 대한 피해로 옳지 않은 것은?
① 오존은 착색된 각종 섬유를 탈색시킨다.
② 오존과 같은 산화물질은 고무의 균열 및 노화를 일으킨다.
③ 납 성분을 함유한 주택용 도료는 황화수소(H_2S)와 반응하면 쉽게 황색인 황산납(Pb_2SO_4)으로 변한다.
④ 양모, 면, 나일론 등의 각종 섬유는 황산화물에 의해 섬유 색깔이 탈색 및 퇴색되며 인장력이 감소된다.

해설 납 성분을 함유한 주택용 도료는 황화수소(H_2S)와 반응하면 쉽게 검은색인 황화납(PbS)으로 변한다.

044 시정장애에 관한 설명으로 옳지 않은 것은?

① 시정장애의 직접 원인은 부유분진 중 초미세먼지 때문이다.
② 시정장애 물질들은 주민의 호흡기계 건강에 영향을 미친다.
③ 빛이 대기를 통과할 때 시정장애 물질들은 빛을 산란 또는 흡수한다.
④ 2차 오염물질들이 서로 반응·응축·응집하여 생성된 물질들이 직접적인 원인이다.

해설 1차 오염물질들이 서로 반응·응축·응집하여 생성된 2차 에어로솔이 직접적인 원인이다.

045 대기의 가시도에 관련된 용어로 옳지 않은 것은?

① Merck Index
② Coefficient of Haze
③ Extinction Coefficient
④ Complex refractive index

해설 Merck Index는 10,000개 이상의 단일 물질 또는 관련 화합물 그룹에 관한 단행본을 포함하는 화학물질, 약물 및 생물학 제품의 백과사전이다.

참고
㉠ 빛의 전달률 계수(Coefficient of Haze, Coh)는 깨끗한 여과지에 먼지를 모은 후 빛의 전달률의 감소율을 측정하여 구할 수 있다. Coh의 값이 커질수록 빛 전달률은 적어지며 대기오염이 있음을 의미한다.
㉡ 흡광계수(Extinction Coefficient)는 파동이나 방사선이 물질의 어떤 층을 지날 때 흡수에 의해서 그 양이 감소하는 정도를 나타내는 상수로서 흡수하는 재질에 따라 고윳값이 다르다.
㉢ 복소 굴절률(Complex refractive index)은 매질의 특성을 나타내는 단위가 없는 양으로, 복소수로 표현된다. 실수부는 매질로 빛이 진행할 때, 광속이 줄어드는 비율을 가리킨다.

046 태양 복사에너지는 지면에 도달하기 전에 대기 중에 있는 여러 물질에 의해 산란되어 그 양이 줄어들게 된다. 특히 대기 중의 먼지나 입자의 직경이 전자파의 파장과 거의 같은 크기인 경우, 하늘은 백색이 되거나 뿌옇게 흐려져 일사량의 감소를 초래하며, 간접적으로 대기오염도를 예측할 수 있는데, 이와 같은 현상을 무엇이라 하는가?

① 미 산란(Mie Scattering)
② 연료 산란(Fuel Scattering)
③ 건조한 대기 산란(Air Scattering)
④ 광학 산란(Optical Scattering)

해설 미 산란(Mie Scattering)은 입자의 크기가 빛의 파장과 비슷할 경우에 일어나며 빛의 파장보다는 입자의 밀도, 크기, 모양 등에 반응한다. 즉, 미 산란은 입자에 의한 산란이다.

참고
레일리 산란(Rayleigh Scattering)은 산란을 유발하는 입자의 크기가 매우 작아 빛의 파장보다도 작을 경우 일어나는 산란을 말한다. 즉, 레일리 산란은 기체에 의한 산란이다.

047 시정거리에 관한 설명으로 옳지 않은 것은? (단, 입자 산란에 의해서만 빛이 감쇠되고, 입자상 물질은 모두 같은 크기의 구 형태로 분포하고 있다고 가정한다.)

① 시정거리는 대기 중 입자의 산란계수에 비례한다.
② 시정거리는 대기 중 입자의 농도에 반비례한다.
③ 시정거리는 대기 중 입자의 밀도에 비례한다.
④ 시정거리는 대기 중 입자의 직경에 비례한다.

해설 시정거리는 대기 중 입자의 산란계수에 반비례한다.

시정거리, $L = 5.2 \times \dfrac{\rho \times r}{K \times C}$

여기서 ρ: 먼지밀도, r: 먼지반경, K: 분산면적비(산란계수)
C: 먼지농도

정답 044 ④ 045 ① 046 ① 047 ①

048 산란에 관한 설명으로 옳지 않은 것은?

① 빛을 입자가 들어 있는 어두운 상자 안으로 도 입시킬 때 산란광이 나타나며 이것을 틴들현상(Tyndall phenomenon)이라고 한다.
② Rayleigh는 "맑은 하늘 또는 저녁노을은 공기 분자에 의한 빛의 산란에 의한 것"이라는 것을 발견하였다.
③ Mie 산란의 결과는 입사 빛의 파장에 대하여 입자가 대단히 작은 경우에만 적용되는 반면, Rayleigh의 결과는 모든 입경에 대하여 적용된다.
④ 입자에 빛이 조사될 때 산란의 경우, 동일한 파장의 빛이 여러 방향으로 다른 강도로 산란되는 반면, 흡수의 경우는 빛에너지가 열, 화학반응의 에너지로 변환된다.

해설 Mie 산란의 결과는 입사 빛의 파장에 대하여 입자가 거의 같은 경우에만 적용되는 반면, Rayleigh의 결과는 빛의 파장에 대하여 입자가 대단히 작은 경우에 대하여 적용된다.

049 태양복사의 산란에 관한 설명으로 옳지 않은 것은?

① 레일리 산란의 경우 그 세기는 파장의 제곱에 반비례한다.
② 입자의 크기가 입사되는 빛의 파장에 비해 아주 작게 되면 레일리 산란이 발생한다.
③ 산란의 세기는 입사되는 빛의 파장(λ)에 대한 입자크기(반경)의 비에 의해 결정된다.
④ 맑은 날 하늘이 푸르게 보이는 이유는 레일리 산란 특성에 의해 파장이 짧은 청색광이 긴 적색광 보다 더욱 강하게 산란되기 때문이다.

해설 레일리 산란 이론에 따르면 빛이 산란되는 세기는 빛의 파장의 4제곱에 반비례한다.

050 입자의 의한 산란에 관한 설명으로 옳지 않은 것은? (단, λ: 파장, D: 입자직경으로 한다.)

① 맑은 하늘이 푸르게 보이는 까닭은 태양광선의 공기에 의한 레일리 산란 때문이다.
② 입자의 크기가 빛의 파장과 거의 같거나 큰 경우에 나타나는 산란을 미 산란이라고 한다.
③ 레일리 산란에 의해 가시광선 중에서는 청색광이 많이 산란되고, 적색광이 적게 산란된다.
④ 레일리 산란은 D/λ가 10보다 클 때 나타나는 산란 현상으로 산란광의 광도는 λ^4에 비례한다.

해설 레일리 산란은 D/λ가 1보다 적을 때 나타나는 산란 현상으로 산란광의 광도는 λ^4에 반비례한다.

051 런던형 스모그와 로스앤젤레스형 스모그 현상에 관한 비교설명으로 옳지 않은 것은?

① 런던형 스모그는 방사성 역전에 해당된다.
② 로스앤젤레스형 스모그는 일사량이 많은 여름철에 주로 발생하였다.
③ 로스앤젤레스형 스모그는 주로 자동차의 배출가스가 주 오염원으로 작용하였다.
④ 로스앤젤레스형 스모그는 식물 및 재산에 미치는 피해가 비교적 심하며, 인체에 대한 피해도 직접적이다.

해설 로스앤젤레스형 스모그는 런던형 스모그에 비해 식물 및 재산에 미치는 피해가 상대적으로 약하며, 인체에 대한 피해도 간접적이다. 1954년 이후 로스앤젤레스시의 시민들은 푸른 회색빛 하늘에 시정악화를 수반하는 광화학 스모그로 인하여 눈, 코 및 호흡기의 점막자극을 호소하였으며, 식물의 피해, 취기, 고무제품의 균일현상 등을 일으켰다.

052 London형 스모그에 관한 설명으로 옳지 않은 것은? (단, Los Angeles형 스모그와 비교)

① 광화학적 산화반응이다.
② 복사성 역전이다.
③ 습도가 85% 이상이다.
④ 시정거리가 100m 이하이다.

해설 London형 스모그는 가정난방에서 배출되는 석탄배출가스와 발전소 및 공장에서 배출되는 배출가스 중의 황산화물과 매연, 분진 및 안개에 의한 상승 · 상가작용에 의한 것으로 추정되고 있다. 이에 비해 Los Angeles형 스모그는 광화학적 산화반응이다.

053 대기오염 사건과 기온역전에 관한 설명으로 옳지 않은 것은?

① 런던 스모그 사건은 주로 자동차 배출가스 중의 질소산화물과 반응성 탄화수소에 의한 것이다.
② 복사역전은 지표에 접힌 공기가 그보다 상공의 공기에 비하여 더 차가워져서 생기는 현상이다.
③ 로스앤젤레스 스모그 사건은 광화학 스모그의 오염형태를 가지며, 기상의 안정도는 침강역전 상태이다.
④ 침강역전은 고기압 중심 부분에서 기층이 서서히 침강하면서 기온이 단열변화로 승온되어 발생하는 현상이다.

해설 London형 스모그는 가정난방에서 배출되는 석탄배출가스와 발전소 및 공장에서 배출되는 배출가스 중의 황산화물과 매연, 분진 및 안개에 의한 상승 · 상가작용에 의한 것이다. 주로 자동차 배출가스 중의 질소산화물과 반응성 탄화수소에 의한 것은 Los Angeles형 스모그이다.

054 역사적 대기오염 사건에 관한 설명으로 옳은 것은?

① 런던 스모그 사건은 복사역전 형태였다.
② 포자리카 사건은 MIC에 의한 피해이다.
③ 도쿄 요코하마 사건은 PCB가 주 오염물질로 작용했다.
④ 뮤즈계곡 사건은 PAN이 주된 오염물질로 작용한 사건이었다.

해설
② 포자리카 사건은 천연가스에서 황화수소를 추출하여 황을 생산하는 공장에서 작업 중 부주의로 인하여 황화수소가 다량 누출된 사건으로 공장 주변의 주민에게 피해를 주었다.
③ 도쿄 요코하마 사건은 동경만을 따라 제철공업이 발달한 항구도시인 요코하마에서 1946년 겨울부터 밤과 이른 아침 사이에 짙은 해안성 안개가 빈번하게 발생하고 무풍상태가 지속되어 요코하마에 주둔하고 있던 미군 병사나 가족들 중에 심한 기침과 천식증상의 환자가 발생한 사건이다.
④ 뮤즈계곡 사건은 SO_2와 황산 미스트, 질소산화물과 플루오린 화합물, 염산 등에 의한 것으로 알려져 있으며, 특히 SO_2가 금속산화물의 고체미립자 또는 안개에 의해서 산화가 촉진되어 황산미스트를 형성하고 분진 등에 의한 상가작용으로 인하여 그 영향이 커졌다.

055 로스앤젤레스형 스모그의 특성으로 옳지 않은 것은?

① 2차성 오염물질인 스모그를 형성하였다.
② 습도가 70% 이하인 상태에서 발생하였다.
③ 화학반응은 산화반응이고, 역전의 종류는 침강성 역전에 해당한다.
④ 대기오염물질과 태양광선 중 적외선에 의해 발생한 PAN, H_2O_2 등 광화학적 산화물에 의한 사건이다.

해설 대기오염물질과 태양광선 중 자외선에 의해 발생한 PAN, H_2O_2 등 광화학적 산화물에 의한 사건이다.

056 로스앤젤레스 스모그 사건에 대한 설명으로 옳지 않은 것은?

① 대기는 침강성 역전 상태였다.
② 주 오염성분은 NO_x, O_3, PAN, 탄화수소이다.

③ 광화학적 및 열적 산화반응을 통해서 스모그가 형성되었다.
④ 주 오염 발생원은 가정 난방용 석탄과 화력발전소의 매연이다.

해설 로스앤젤레스 스모그 사건은 대기 중에 공존하는 질소산화물과 탄화수소가 태양의 자외선의 영향을 받아 2차 오염물질인 광화학적 생성물질이 특수한 조건에서 스모그를 발생시킨 결과라는 것으로 판명되었다.

057 LA 스모그를 유발시킨 역전현상으로 옳은 것은?

① 침강역전 ② 전선역전
③ 접지역전 ④ 복사역전

해설 로스앤젤레스는 미국 서부 캘리포니아주에 위치한 태평양 연안의 해안분지 도시로서 연중 고기압 중심권에서 잘 발달하는 침강성 기온역전이 빈번하고 해안성 안개가 자주 낀다. 이 도시는 1954년경에는 약 400만 대의 자동차를 보유한 자동차 도시였으며, 다량의 자동차로부터 배출되는 질소산화물과 탄화수소는 태양광선, 특히 자외선에 의한 광화학 반응을 통하여 대기 중에 오존을 포함한 각종 광산화물을 부생시켰다.

058 역사적으로 유명한 대기오염 사건 중 LA smog 사건에 대한 설명으로 옳지 않은 것은?

① 침강역전 상태
② 아침, 저녁 환원반응에 의한 발생
③ 자동차 등의 석유연료의 소비 증가
④ Aldehyde, O_3 등의 옥시던트 발생

해설 LA smog 사건은 햇빛이 가장 좋은 오후 2시경 산화반응에 의해 발생하였다.

059 대기오염 사건과 그 원인이 되는 물질을 짝지은 것으로 옳지 않은 것은?

① 뮤즈계곡 사건 – 염소
② 포자리카 사건 – 황화수소
③ 런던 스모그 – 아황산가스와 분진
④ 도노라 사건 – 아황산가스, 황산미스트

해설 뮤즈계곡 사건 – SO_2와 황산미스트, 질소산화물과 플루오린화합물, 염산 등에 의한 것

060 대기오염 사건과 주 원인이 되는 물질을 짝지은 것으로 옳지 않은 것은?

① Poza rica 사건 – 황화수소
② Donora 사건 – 아황산가스, 황산미스트
③ Meuse valley 사건 – 메틸아이소시아네이트
④ London smog 사건 – 아황산가스, 부유먼지

해설 뮤즈계곡 사건은 SO_2와 황산미스트, 질소산화물과 플루오린화합물, 염산 등에 의한 것이고, 메틸아이소시아네이트(MIC)가 원인이 된 사건은 인도의 보팔사건이다.

061 대기오염 사건과 대표적인 주 원인물질 또는 전구물질의 연결로 옳지 않은 것은?

① 도노라 사건 – NO_2
② 뮤즈계곡 사건 – SO_2
③ 런던 스모그 사건 – SO_2
④ 보팔 사건 – MIC(Methyl Isocyanate)

해설 미국의 도노라 사건의 원인은 제철공장, 아연정련공장, 황산공장 등으로부터 배출된 매연에 의한 것으로 알려졌으며, 원인물질로는 SO_2와 SO_3의 에어로솔과 입자상물질이 복합적인 상가작용을 한 것으로 알려지고 있다.

062 1984년 인도 중부지방의 보팔시에서 발생한 대기오염 사건의 원인물질은?

① CH_3CNO ② SO_X
③ H_2S ④ $COCl_2$

해설 메틸아이소시아네이트(MIC, CH_3CNO)가 원인이 된 사건은 인도의 보팔사건이다.

063 유해화학물질의 생산, 저장, 수송 중의 사고로 인해 일어나는 대기오염 재해지역과 원인물질이 옳지 않은 것은?

① 체르노빌 – 방사능물질
② 포자리카 – 황화수소
③ 세베소 – 다이옥신
④ 보팔 – 이산화황

해설 인도 보팔 – MIC(메틸아이소시아네이트)

064 대기오염의 역사적 사건 중 가장 먼저 발생한 것은?

① 런던 스모그 사건
② 도노라 사건
③ 포자리카 사건
④ 요코하마(횡빈) 사건

해설 런던 스모그 사건(1952.12), 도노라 사건(1948.10), 포자리카 사건(1950.11), 요코하마(횡빈) 사건(1946)

065 SO_2가 주 오염물질로 작용한 대기오염 피해 사건으로 옳지 않은 것은?

① London Smog 사건
② Poza Rica 사건
③ Donora 사건
④ Muse Valley 사건

해설 Poza Rica 사건의 주 오염물질은 황화수소(H_2S)이다.

066 세계적인 대기오염 재해 사건에 대한 설명으로 옳지 않은 것은?

① 로스앤젤레스 사건은 자동차에서 발생되는 질소산화물 탄화수소 등에 의하여 침강성 기온 역전, 무풍상태에서 발생한 스모그 사건이다.
② 뮤즈계곡 사건은 공장지대로서 아황산가스, 황산, 미세입자 등이 원인물질이며 무풍, 기온 역전 연무발생 등에 의하여 피해가 발생하였다.
③ 보팔 사건은 공장조업사고로 황화수소가 다량 누출 되어 발생하였으며 기온역전, 지형상 분지 등의 조건으로 많은 인명피해를 유발하였다.
④ 런던 사건은 석탄연소에 의하여 발생한 대기오염 사건으로 아황산가스, 먼지 등이 복사성 기온역전, 무풍상태, 높은 습도에서 발생한 스모그 사건이다.

해설 보팔 사건은 인도에 있는 미국회사인 유니온카바이드사에서 발생한 공장조업사고로 MIC가 다량 누출되어 발생하였다.

067 유명한 대기오염 사건들과 발생 국가의 연결로 옳지 않은 것은?

① LA 스모그 사건 – 미국
② 뮤즈계곡 사건 – 프랑스
③ 도노라 사건 – 미국
④ 포자리카 사건 – 멕시코

해설 뮤즈계곡 사건 – 벨기에

068 대기오염 사건별 연관된 내용이 옳게 연결된 것은?

① Poza Rica 사건 – 대기 불안정 – 대도시지대 – 화산
② Donora 사건 – 기온역전 – 황산공장에서 황화수소 대량 유출
③ Meuse Valley 사건 – 무풍상태 – 황산공장 등에서 SO_2가 배출
④ Tokyo Yokohama 사건 – 대기 불안정 – 미군 가족 피해 – 피부질환

해설
① Poza Rica 사건 – 대기 안정 – 분지 – 황화수소
② Donora 사건 – 기온역전 – 황산공장에서 황산공장 등에서 SO_2가 배출
④ Tokyo Yokohama 사건 – 무풍상태 – 미군 가족 피해 – 천식

069 역사적인 대기오염의 사건별 특징으로 옳지 않은 것은?

	[사건명]	[발생연도]	[주 오염물질]
㉠	뮤즈벨리	1930년	SO_2
㉡	도노라	1948년	SO_2
㉢	런던 스모그	1952년	SO_2
㉣	LA 스모그	1964년	광화학 스모그

① ㉠　　② ㉡
③ ㉢　　④ ㉣

해설 LA 스모그 – 1954년 – 광화학 스모그

070 아래의 대기오염 사건들이 발생한 순서가 오래된 것부터 순서대로 옳게 나열된 것은?

A. 인도의 보팔시에서 발생한 대기오염 사건
B. 미국에서 발생한 도노라 사건
C. 벨기에에서 발생한 뮤즈계곡 사건
D. 영국 런던 스모그 사건

① A – B – C – D
② C – B – D – A
③ B – A – D – C
④ D – A – C – B

해설 뮤즈계곡 사건(1930.12), 도노라 사건(1948.10), 런던 스모그 사건(1952.12), 보팔시에서 발생한 대기오염 사건(1984.12)

071 역사적인 대기오염 사건을 나열한 것이다. 먼저 발생한 사건부터 옳게 배열된 것은?

① 포자리카 사건 – 도쿄 요코하마 사건 – LA 스모그 사건 – 런던 스모그 사건
② 도쿄 요코하마 사건 – 포자리카 사건 – 런던 스모그 사건 – LA 스모그 사건
③ 포자리카 사건 – 도쿄 요코하마 사건 – 런던 스모그 사건 – LA 스모그 사건
④ 도쿄 요코하마 사건 – 포자리카 사건 – LA 스모그 사건 – 런던 스모그 사건

해설 도쿄 요코하마 사건(1946) – 포자리카 사건(1950) – 런던 스모그 사건(1952) – LA 스모그 사건(1954)

072 다음 그림은 자동차 배출가스를 Air Chamber에 넣고 자외선을 쪼였을 때 발생하는 각종 가스 성분의 농도 변화를 표시한 것이다. (1) 및 (2)에 넣어야 할 적당한 물질로 구성된 것은?

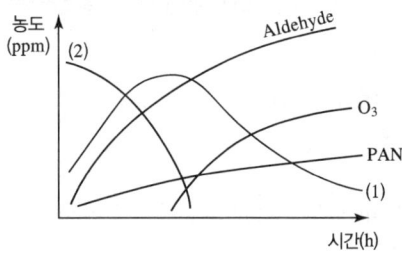

① (1) → NO, (2) → HC
② (1) → NO, (2) → NO_2
③ (1) → HC, (2) → NO
④ (1) → NO_2, (2) → NO

해설 자동차 배출가스에서 제일 먼저 생성되는 것은 NO이고, NO가 대기 중에서 산소와 반응하여 NO_2로 배출된다.

073 일반적으로 가솔린 자동차 배출가스의 구성면에서 볼 때 다음 중 가장 많은 부피를 차지하는 물질은? (단, 가속 상태 기준)

① 탄화수소
② 질소산화물
③ 일산화탄소
④ 이산화탄소

해설 엔진작동 상태는 가속 주행일 경우 가장 많은 부피를 차지하는 것은 이산화탄소(%수준)이다.

074 일반적인 자동차 배출가스의 구성 중 자동차가 공회전할 때 특히 많이 배출되는 오염물질은?

① 일산화탄소
② 탄화수소
③ 질소산화물
④ 이산화탄소

해설 자동차가 공회전할 때 특히 많이 배출되는 오염물질은 연료가 불완전 연소되어 발생한 일산화탄소이다.

075 가솔린 연료를 사용하는 차량은 엔진 가동형태에 따라 오염물질 배출량은 달라진다. 다음 중 통상적으로 탄화수소가 제일 많이 발생하는 엔진 가동형태는?

① 정속(60km/h)
② 가속
③ 정속(40km/h)
④ 감속

해설 탄화수소가 제일 많이 발생하는 엔진 가동형태는 감속일 경우이다.

076 자동차에서 배출되는 대기오염물질 중 크랭크 케이스에서 Blow by 가스로 배출되어 문제가 되는 것은?

① 질소산화물
② 탄화수소
③ 일산화탄소
④ 납

해설 Blow-by 가스와 증발가스 중에 함유된 오염물질은 대부분 연료의 성분인 탄화수소로서, 일반적으로 자동차 배출가스 대책이 되어 있지 않은 휘발유자동차에서는 전체 HC 배출량의 20%를 배출한다.

077 탄화수소(HCs)는 광화학 반응에 의하여 오존생성의 원인이 된다. 우리나라의 경우, 인위적으로 배출되는 탄화수소 배출량이 가장 많은 부분을 차지하는 것은?

① 자동차
② 발전소
③ 난방
④ 산업체

해설 인위적으로 배출되는 탄화수소 배출량이 가장 많은 부분을 차지하는 것은 자동차 배출가스이다.

078 일반적인 자동차 디젤기관에 관한 설명 중에서 옳지 않은 것은? (단, 가솔린 기관과 비교)

① 열효율이 낮아 연비가 낮다.
② 압축비가 높아(15~20) 소음·진동이 크다.
③ 정지 가동 시 배출가스 중 CO 농도가 낮다.
④ 고속 주행 시 배출가스 중 NO_x 농도가 높고 매연이 많이 배출된다.

해설 열효율이 높아 연비가 우수하다.

079 자동차에서 배출되는 오염물질에 관한 설명으로 옳지 않은 것은?

① NO_x는 공회전에 비해 가속 시 배출농도(ppm)가 높다.
② CO(%)와 HC(ppm) 농도는 공연비가 낮으면 높고, 이론공연비보다 높으면 낮다.
③ 공연비(AFR)가 15에서 20으로 커질 때 질소산화물의 농도는 대수적으로 증가한다.
④ 배출가스의 조성은 차의 노후 정도, 주행속도, 외기온도, 습도 등에 따라 차이가 있다.

정답 073 ④ 074 ① 075 ④ 076 ② 077 ① 078 ① 079 ③

해설 공연비를 과도하게 증가시키면, 오히려 점화 불량과 불완전 연소에 의해 HC의 농도는 증가하고 NOx의 배출 농도는 감소하게 된다.

080 자동차 배출가스 정화장치인 삼원촉매장치에 관한 내용으로 옳지 않은 것은?

① HC는 CO_2와 H_2O로 산화되며, NO_x는 N_2로 환원된다.
② 두 개의 촉매 층이 직렬로 연결되어 CO, HC, NO_x를 동시에 처리할 수 있다.
③ 우수한 효율을 얻기 위해서는 엔진에 공급되는 공기연료비가 이론공연비이어야 한다.
④ 일반적으로 로듐 촉매는 CO와 HC를 저감시키는 반응을 촉진시키고 백금 촉매는 NO_x를 저감시키는 반응을 촉진시킨다.

해설 일반적으로 백금 촉매는 CO와 HC를 저감시키는 반응을 촉진시키고 로듐 촉매는 NO_x를 저감시키는 반응을 촉진시킨다.

081 자동차 배출가스 저감기술에 관한 내용으로 옳지 않은 것은?

① 디젤 산화 촉매는 자동차 배출가스 중의 HC, CO를 탄산가스와 물로 산화시켜 정화한다.
② 후처리 버너는 엔진의 배기계통에 장착하여 배출가스 중의 가연 성분을 제거하는 장치이다.
③ 입자상물질 여과장치는 세라믹 필터나 금속 필터를 사용하여 입자상물질을 포집하는 장치이다.
④ EBD는 촉매의 존재 하에 NO_x와 선택적으로 반응할 수 있는 환원제를 주입하여 NO_x를 N_2로 환원하는 장치이다.

해설 EBD(Electronic Brake Force Distribution)는 전자식 제동력 분배장치이다. 촉매의 존재 하에 NO_x와 선택적으로 반응할 수 있는 환원제를 주입하여 NO_x를 N_2로 환원하는 장치는 삼원촉매 전환장치(TCCS, Three-way Catalytic Conversion System)이다.

082 다음은 옥테인가에 관한 설명이다. ( ) 안에 알맞은 것은?

> 옥테인가는 안티노킹성이 우수하여 좋은 연소 특성을 갖는 (㉠)의 안티노킹성을 100으로 하고, 상대적으로 쉽게 노킹하는 (㉡)의 안티노킹성을 0으로 하여 부피비로 나타낸다.

① ㉠ iso-octane, ㉡ n-octane
② ㉠ n-octane, ㉡ iso-octane
③ ㉠ iso-octane, ㉡ n-heptane
④ ㉠ n-heptane, ㉡ n-octane

해설 옥테인가(octane value, octane number): 연료의 안티노킹성을 나타내는 척도로 안티노킹성이 우수하여 좋은 연소 특성을 갖는 iso-octane의 안티노킹성을 100으로 하고, 상대적으로 쉽게 노킹 하는 n-heptane의 안티노킹성을 0으로 한, 혼합표준연료 중의 iso-octane 함유 퍼센트(%)를 말한다.

083 디젤 자동차의 배출가스 후처리 기술로 옳지 않은 것은?

① 매연 여과장치
② 습식 흡수방법
③ 산화 촉매장치
④ 선택적 촉매환원

해설 디젤 자동차의 배출가스 후처리 기술
㉠ 배출가스 재연소 장치(EGR, Exhaust Gas Recirculation)
㉡ 디젤 산화 촉매장치(DOC, Diesel Oxidation Catalysts)
㉢ 디젤 매연 여과장치(DPS, Diesel Particulator Soot Filter)
㉣ 요소 촉매 저감장치(SCR, Selective Catalytical Reduction)

084 전기자동차의 일반적 특성으로 옳지 않은 것은?

① 엔진소음과 진동이 적다.
② 친환경 자동차에 해당한다.
③ 충전 시간이 오래 걸리는 편이다.
④ 대형차에 잘 맞으며, 자동차의 수명보다 전지 수명이 길다.

해설 소형차에 잘 맞으며, 자동차의 수명보다 전지 수명이 짧다.

정답 080 ④ 081 ④ 082 ③ 083 ② 084 ④

085 대기오염물질 배출업소의 사업장 분류기준은?

① 대기오염물질의 최고 농도
② 대기오염물질의 연간 총 발생량
③ 대기오염물질의 일 최대 배출량
④ 대기오염물질의 배출시설의 굴뚝 규모

해설 사업장은 배출시설에서 나오는 오염물질 발생량에 따라 1종부터 5종까지로 분류된다.
배출시설별 대기오염물질 발생량=배출시설의 시간당 대기오염물질 발생량×일일 조업시간×연간 가동일수

참고

종별	오염물질 발생량 구분
1종 사업장	대기오염물질 발생량의 합계가 연간 80톤 이상인 사업장
2종 사업장	대기오염물질 발생량의 합계가 연간 20톤 이상 80톤 미만인 사업장
3종 사업장	대기오염물질 발생량의 합계가 연간 10톤 이상 20톤 미만인 사업장
4종 사업장	대기오염물질 발생량의 합계가 연간 2톤 이상 10톤 미만인 사업장
5종 사업장	대기오염물질 발생량의 합계가 연간 2톤 미만인 사업장

086 다음 ( ) 안에 들어갈 말로 옳은 것은?

성층권을 비행하는 초음속 비행기(SST plane)에서 ( )가 배출되며, ( )는 촉매적으로 오존을 파괴한다.

① SO_2
② Cl
③ CO
④ NO

해설 성층권을 비행하는 초음속(supersonic transport) 비행기(SST plane)에서 NO가 배출되며, NO는 촉매적으로 오존(O_3)을 파괴한다.

087 다음은 무엇을 설명하는 지구 정상회담의 내용인가?

이것은 1992년 6월 '지구를 건강하게, 미래를 풍요롭게'라는 슬로건 아래 개최된 지구 정상회담에서 환경과 개발에 관한 기본원칙을 표방하여 인간은 지속 가능한 개발을 위한 관심의 중심으로 자연과 조화를 이룬 건강하고 생산적인 삶을 향유하여야 한다는 주요 원칙을 담고 있다.

① 바젤 협약
② 몬트리올 의정서
③ 교토 의정서
④ 리우 선언

해설 리우 선언은 1992년 6월 3일부터 14일까지 브라질의 수도 리우데자네이루에서 '지구를 건강하게, 미래를 풍요롭게'라는 슬로건 아래 개최된 지구 정상회담에서 환경과 개발에 관한 기본원칙을 담은 선언문을 말한다.

088 산성비에 대한 다음 설명 중 ( ) 안에 가장 적당한 말은?

산성비는 보통 pH (㉠) 이하의 강우를 말하며, 이는 자연 상태의 대기 중에 존재하는 (㉡)가 강우에 흡수되었을 때 나타나는 pH를 기준으로 한 것이다.

① ㉠ 7, ㉡ CO_2
② ㉠ 6.5, ㉡ NO_2
③ ㉠ 5.6, ㉡ CO_2
④ ㉠ 5, ㉡ NO_2

해설 산성비는 보통 pH 5.6 이하의 강우를 말하며, 이는 자연 상태의 대기 중에 존재하는 CO_2가 강우에 흡수되었을 때 평형을 이루게 되면 pH가 5.6 정도가 된다. 그러나 공업화, 산업화로 대기 중에 H_2SO_4, HNO_3, HCl 등의 산성물질들이 생성되고 이로 인해 강우의 pH는 5.6 이하로 떨어지게 된다.

089 산성비에 관한 설명 중 옳은 것은?
① 산성비 생성의 주요 원인물질은 다이옥신, 중금속 등이다.
② 일반적으로 산성비에 대한 내성은 침엽수가 활엽수보다 강하다.
③ 산성비란 정상적인 빗물의 pH 7보다 낮게 되는 경우를 말한다.
④ 산성비로 인해 호수나 강이 산성화되면 물고기 먹이가 되는 플랑크톤의 생장을 촉진한다.

해설
① 산성비 생성의 주요 원인물질은 H_2SO_4, HNO_3, HCl 등이다.
③ 산성비란 정상적인 빗물의 pH 5.6보다 낮게 되는 경우를 말한다.
④ 산성비로 인해 호수나 강이 산성화되면 물고기 먹이가 되는 플랑크톤의 생장을 저해한다.

090 일반적으로 대도시의 산성 강우 속에 가장 높은 농도로 존재할 것으로 예상되는 이온성분은? (단, 산성 강우는 pH 5.6 이하로 본다.)
① K^+
② F^-
③ Na^+
④ SO_4^{2-}

해설 대도시의 산성 강우 속에 가장 높은 농도로 존재할 것으로 예상되는 이온성분은 황산염 이온인 SO_4^{2-}이다.

091 일반적으로 대도시의 산성 강우 속에 가장 미량(mg/L)으로 존재할 것으로 예상되는 것은? (단, 산성 강우는 pH 5.6 이하로 본다.)
① SO_4^{-2}
② NO^{3-}
③ Cl^-
④ OH^-

해설 산성비 생성의 주요 원인물질은 H_3SO_4, HNO_3, HCl 등이므로 가장 미량(mg/L)으로 존재할 것으로 예상되는 이온은 수산화이온(OH^-), 플루오린 이온(F^-) 등이다.

092 산성비에 대한 설명으로 옳지 않은 것은?
① 빗속의 수소이온농도가 $10^{-5.6}$kmol/m³보다 적다.
② 산성비 관련 국제협약으로 헬싱키, 소피아 의정서가 있다.
③ 강우의 산성화에 가장 큰 영향을 미치는 것은 아황산가스이다.
④ 산성비의 저감 대책은 청정연료의 사용과 탈황설비를 설치하는 것이다.

해설 산성비는 pH가 5.6 이하여야 하므로 빗속의 수소이온농도가 $10^{-5.6}$kmol/m³($10^{-5.6}$mol/L)보다 많아야 한다.

093 산성비에 관한 설명으로 옳지 않은 것은?
① 산성비는 대기 중에 배출되는 황산화물과 질소산화물이 황산, 질산 등의 산성물질로 변하여 발생한다.
② 산성비가 토양에 내리면 토양은 Ca^{2+}, Mg^{2+}, Na^+, K^+ 등의 교환성 염기를 방출하고, 그 교환자리에 H^+가 치환된다.
③ 산성비 문제를 해결하기 위하여 질소산화물 배출량 또는 국가 간 이동량을 최저 30% 삭감하는 몬트리올 의정서가 채택되었다.
④ 일반적으로 산성비란 pH가 5.6 이하인 강우를 뜻하는 데, 이는 자연 상태에 존재하는 CO_2가 빗방울에 흡수되어 평형을 이루었을 때의 pH를 기준으로 한 것이다.

해설 산성비 문제를 해결하기 위하여 질소산화물 배출량 또는 국가 간 이동량을 최저 30% 삭감하는 헬싱키 의정서가 채택되었다. 몬트리올 의정서는 오존층의 파괴 예방과 보호를 위해 제정한 국제협약을 말한다.

094 산성비에 의한 토양의 영향에 대한 설명으로 옳지 않은 것은?

① Al^{3+}은 뿌리의 세포분열이나 Ca 또는 P의 흡수나 흐름을 저해한다.
② 교환성 Al은 산성의 토양에만 존재하는 물질이고, 교환성 H와 함께 토양 산성화의 주요한 요인이 된다.
③ 토양의 양이온 교환기는 강산적 성격을 갖는 부분과 약산적 성격을 갖는 부분으로 나누는데, 결정성의 점토광물은 강산적이다.
④ 산성 강수가 가해지면 토양은 산성 성격이 강한 교환기부터 순서적으로 K^+, Na^+, Mg^{2+}, Ca^{2+} 등의 교환성 염기를 흡수하고, 대신 H^+를 방출한다.

해설 산성 강수가 가해지면 토양은 산성 성격이 강한 H^+를 흡수하고, 순서적으로 K^+, Na^+, Mg^{2+}, Ca^{2+} 등의 교환성 염기를 방출한다.

서술형 빈출문제

기후변화 대응

001 대기 열역학에 관한 설명으로 옳지 않은 것은?
① 복사에너지 중 파장에 대한 에너지 강도가 최대가 되는 파장과 흑체의 표면온도는 반비례하며, 이 관계를 빈의 변위법칙이라고 한다.
② 흑체의 단위 표면적에서 복사되는 에너지(E)와 그 물체의 표면온도(T)는 $E = \sigma \times T^4$으로 나타내며, 이를 슈테판-볼츠만 법칙이라 한다.
③ 태양복사는 장파복사, 지구복사는 단파복사라 하며, 지표면에서 관측된 태양복사의 에너지는 지구대기 상단에의 값에 대해 전체적으로 크게 나타난다.
④ 플랑크(Plank)는 흑체(Black boby)로부터 복사되는 파장별 에너지 강도를 표면온도와 파장의 함수로 나타냈으며, 이 식을 플랑크 방정식이라 한다.

해설 태양복사는 단파복사, 지구복사는 장파복사라 하여, 태양복사는 지구복사에 비해서 상대적으로 짧은 파장 대역에 에너지가 집중되고, 반대로 지구복사는 태양복사에 비해서 상대적으로 긴 파장 대역에 에너지가 집중된다. 지표면에서 관측된 태양복사의 에너지는 지구대기 상단에의 값에 대해 전체적으로 적게 나타난다.

002 대기 열역학에 관한 설명으로 옳지 않은 것은?
① 복사는 매질이 없는 진공상태에서도 열을 전달할 수 있다.
② 대기 중에서의 복사는 보통 0.1~100μm 파장 영역에 속한다.
③ 복사는 전자기장의 진동에 의한 파동 형태의 에너지 전달이다.
④ 대기 복사파장 영역 중 인간이 느낄 수 있는 가시광선은 붉은색 0.36μm에서 보라색 0.75μm까지이다.

해설 대기 복사파장 영역 중 인간이 느낄 수 있는 가시광선은 붉은색 0.75μm에서 보라색 0.36μm까지이다.

003 지표에 도달하는 일사량의 변화에 영향을 주는 요소로 옳지 않은 것은?
① 계절
② 지표면의 상태
③ 대기의 두께
④ 태양의 입사각의 변화

해설 지표에 도달하는 일사량의 변화에 영향을 주는 요소는 계절, 대기의 두께, 태양 입사각의 변화 등이고 지표면의 상태와는 관계가 없다.

004 지표면 상태 중 일반적으로 알베도(%)가 가장 큰 것은?
① 삼림
② 사막
③ 수면
④ 얼음

해설 알베도(albedo)는 표면이나 물체에 입사된 일사에 대한 반사된 일사의 비율을 말하며 퍼센트(%)로 표현한다. 눈이 덮인 표면은 높은 알베도를 가지며, 흙이 덮인 표면의 알베도는 높은 값에서부터 낮은 값까지 다양하고, 초목으로 덮인 표면과 해양은 낮은 값을 보인다.

정답 001 ③ 002 ④ 003 ② 004 ④

005 대기 중으로 배출된 이산화탄소는 온실효과에 의하여 지구온난화를 초래하고 있는데, 이산화탄소의 가장 큰 흡수원은?

① 토양 ② 미생물
③ 식물 ④ 해수

해설 대기 중으로 배출된 이산화탄소의 가장 큰 흡수원은 해수(바다)이다. 탄소 질량수지는 배출된 이산화탄소의 50%만이 대기에 남아 있고, 나머지 50% 중 20%는 육상 생태계에, 30%는 해양에 흡수됨을 보여준다. 즉 바다는 대기의 열흡수뿐 아니라 대표적 온실기체인 이산화탄소의 흡수에도 중요한 역할을 하고 있는 것으로 보인다.

[실기 Check]

006 복사이론에 관련된 법칙 중 최대에너지 파장과 흑체 표면의 절대온도가 반비례함을 나타내는 것은?

① 슈테판 – 볼츠만의 법칙
② 플랑크 법칙
③ 빈의 변위법칙
④ 플래밍 법칙

해설 빈의 변위법칙은 흑체 복사의 파장 가운데 에너지 밀도가 가장 큰 파장과 흑체의 온도가 반비례한다는 것을 말하는 법칙이다.
$\lambda_{max} \times T = 2,897 \times 10^{-3}$ m·K

007 빈의 변위법칙과 관련된 식은?

① $I = I_o \times \exp(k\rho L)$ (I, I_o: 각각 입사 전·후의 빛의 복사속 밀도, k: 감쇠상수, ρ: 공기밀도)
② $E = \sigma \times T^4$ (E: 흑체의 단위 표면적에서 복사되는 에너지, σ: 상수, T: 흑체의 표면온도)
③ $\lambda = \dfrac{2,897}{T}$ (λ: 복사에너지 중 파장에 대한 에너지 강도가 최대가 되는 파장, T: 흑체의 표면온도)
④ $R = k(1-\alpha) - L$ (R: 순복사, k: 지표면에 도달한 일사량, α: 지표의 반사율, L: 지표로부터 방출되는 장파복사 길이)

해설
① $I = I_o \times \exp(k\rho L)$ (I, I_o: 각각 입사 전후의 빛의 복사속 밀도, k: 감쇠상수, ρ: 공기밀도): 비어의 법칙
② $E = \sigma \times T^4$ (E: 흑체의 단위 표면적에서 복사되는 에너지, σ: 상수, T: 흑체의 표면온도): 슈테판–볼츠만의 법칙
④ $R = k(1-\alpha) - L$ (R: 순복사, k: 지표면에 도달한 일사량, α: 지표의 반사율, L: 지표로부터 방출되는 장파복사 길이): 순복사를 구하는 식

008 태양상수값으로 옳은 것은?

① $0.1\,\text{cal/cm}^2 \cdot \text{min}$
② $1\,\text{cal/cm}^2 \cdot \text{min}$
③ $2\,\text{cal/cm}^2 \cdot \text{min}$
④ $10\,\text{cal/cm}^2 \cdot \text{min}$

해설 태양상수는 대기권 밖에서 단위 시간(분) 동안 단위 면적에 도달하는 태양 복사에너지의 양을 말하며, 약 $2\,\text{cal/cm}^2 \cdot \text{min}$으로 햇빛이 수직일 때, 태양고도가 90도일 때, 태양 복사에너지의 양이 가장 많을 때를 말한다.

009 태양상수에 관한 설명이다. ( ) 안에 가장 알맞은 것은?

> 대기권 밖에서 햇빛에 수직인 (㉠)의 면적에 (㉡) 동안에 들어오는 태양 복사에너지의 양을 말하며, 그 값은 약 (㉢)이다.

① ㉠ $1\,\text{cm}^2$, ㉡ 1분, ㉢ 약 $2\,\text{cal/cm}^2 \cdot \text{min}$
② ㉠ $1\,\text{cm}^2$, ㉡ 1시간, ㉢ 약 $2\,\text{cal/cm}^2 \cdot \text{h}$
③ ㉠ $1\,\text{m}^2$, ㉡ 1분, ㉢ 약 $2\,\text{cal/cm}^2 \cdot \text{min}$
④ ㉠ $1\,\text{m}^2$, ㉡ 1시간, ㉢ 약 $2\,\text{cal/cm}^2 \cdot \text{h}$

해설 태양상수는 대기권 밖에서 햇빛에 수직인 $1\,\text{cm}^2$의 면적에 1분 동안에 들어오는 태양 복사에너지의 양을 말하며, 그 값은 약 $2\,\text{cal/cm}^2 \cdot \text{min}$이다.

서술형 빈출문제

010 잠재적인 대기오염물질로 취급되고 있는 물질인 이산화탄소에 관한 설명으로 옳지 않은 것은?

① 지구 북반구의 이산화탄소 농도가 상대적으로 높다.
② 대기 중에 배출되는 이산화탄소의 약 5%가 해수에 흡수된다.
③ 지구 온실효과에 대한 추정기여도는 CO_2가 50% 정도로 가장 높다.
④ 대기 중의 이산화탄소 농도는 북반구의 경우 계절적으로는 보통 겨울에 증가한다.

해설 대기 중에 배출되는 이산화탄소의 약 30%가 해수에 흡수된다.

011 최근 대기오염물질의 장거리 이동에 대한 많은 보고가 나오고 있어 대기오염물질의 제어는 한 지역의 문제가 아니라 전 지구적인 감시와 조절이 절실히 요구되고 있다. 특히 매년 증가하고 있어 많은 문제를 안고 있는 CO_2의 순환과정을 설명한 내용으로 옳지 않은 것은?

① 지구의 북반구 대기 중의 CO_2 농도가 남반구보다 높다.
② 대기 중의 CO_2 농도는 여름에 감소하고 겨울에 증가한다.
③ 대기 중의 자연농도는 350ppm 정도이며, 체류시간은 대체로 2~4년이다.
④ 대기 중의 CO_2는 바다에 많은 양이 흡수되나 식물에 의한 흡수량보다는 적다.

해설 대기 중의 CO_2는 바다에 많은 양이 약 30% 정도가 흡수되며 식물에 의한 흡수량은 약 20% 정도이다.

012 지구온난화가 환경에 미치는 영향 중 옳은 것은?

① 기상조건의 변화는 대기오염의 발생횟수와 오염농도에 영향을 준다.
② 대류권 오존의 생성반응을 촉진시켜 오존의 농도가 지속적으로 감소한다.
③ 온난화에 의한 해면상승은 지역의 특수성에 관계없이 전 지구적으로 동일하게 발생한다.
④ 기온상승과 토양의 건조화는 생물 성장의 남방한계에는 영향을 주지만 북방한계에는 영향을 주지 않는다.

해설
② 대류권 오존의 생성반응을 촉진시켜 오존의 농도가 지속적으로 감소한다.
→ 지구온난화로 인해 대류권 오존의 생성반응이 촉진될 수 있지만, 오존의 농도는 지속적으로 감소하지는 않는다. 오히려, 화석연료의 연소로 인한 오존 생성물질의 배출이 증가하여 오존의 농도가 증가할 수 있다.
③ 온난화에 의한 해면상승은 지역의 특수성에 관계없이 전 지구적으로 동일하게 발생한다.
→ 온난화에 의한 해면상승은 지역의 특수성에 따라 다르게 나타날 수 있다. 예를 들어, 빙하와 빙붕이 많은 지역은 해면상승이 더 크게 나타날 수 있다.
④ 기온상승과 토양의 건조화는 생물 성장의 남방한계에는 영향을 주지만 북방한계에는 영향을 주지 않는다.
→ 기온상승과 토양의 건조화는 생물성장의 남방한계와 북방한계에 모두 영향을 미칠 수 있다. 예를 들어, 기온상승으로 인해 남쪽 지방의 생물종이 북쪽으로 이동할 수 있고, 토양의 건조화로 인해 북쪽 지방의 생물종이 생존에 어려움을 겪을 수 있다.

013 대기가 가시광선을 통과시키고 적외선을 흡수하여 열을 밖으로 나가지 못하게 함으로써 보온작용을 하는 것을 무엇이라 하는가?

① 온실효과   ② 복사균형
③ 단파복사   ④ 대기의 창

해설 온실효과는 대기 중 온실기체(수증기, 이산화탄소 등)에 의해 지구의 표면 가까이에 열이 갇히는 것을 의미한다.

정답 010 ② 011 ④ 012 ① 013 ①

014 다음 설명하는 복사의 법칙은?

- 열역학 평형상태 하에서는 어떤 주어진 온도에서 매질의 방출계수와 흡수계수의 비는 매질의 종류에 상관없이 온도에 의해서만 결정된다는 법칙이다.
- 주어진 온도에서 어떤 물체의 파장 λ의 복사선에 대한 흡수율은 동일 온도와 파장에 대한 그 물체의 복사율과 같다.
- 이 법칙은 국소적 열역학 평형에 대해서도 확장된다.

① 빈의 법칙
② 플랭크의 법칙
③ 키르히호프의 법칙
④ 슈테판-볼츠만의 법칙

해설 슈테판-볼츠만의 법칙은 흑체의 단위 면적당 복사에너지가 절대온도의 4제곱에 비례한다는 법칙이다. $E_b = \sigma \times T^4$

015 온실효과 및 지구온난화에 관한 설명으로 옳은 것은?

① 지구온난화지수(GWP)는 SF_6가 HFCs에 비해 크다.
② 온실효과에 대한 기여도는 N_2O > CFC 11&12 이다.
③ 대기의 온실효과는 실제 온실에서의 보온작용과 같은 원리이다.
④ 북반구에서의 계절별 CO_2 농도 경향은 봄·여름이 가을·겨울철보다 높은 편이다.

해설
② 온실효과에 대한 기여도는 N_2O < CFC 11&12 이다.
③ 대기의 온실효과는 실제 온실에서의 보온작용과는 큰 관계가 없다.
④ 북반구에서의 계절별 CO_2 농도 경향은 가을·겨울이 봄·여름보다 높은 편이다.

016 지구온난화에 대한 설명이다. ( ) 안에 들어갈 용어로 옳은 것은?

지구의 평균 기상기온은 지구가 태양으로부터 받고 있는 태양에너지와 지구가 (㉠) 형태로 우주로 방출하고 있는 에너지의 균형으로부터 결정된다. 이 균형은 대기 중의 (㉡), 수증기 등 (㉠)을(를) 흡수하는 기체가 큰 역할을 하고 있다.

① ㉠ 자외선, ㉡ CO   ② ㉠ 적외선, ㉡ CO
③ ㉠ 자외선, ㉡ CO_2 ④ ㉠ 적외선, ㉡ CO_2

해설 이산화탄소, 수증기 등 온실가스가 태양으로부터 지구에 들어오는 짧은 파장의 태양 복사에너지는 통과시키는 반면, 지구로부터 나가려는 긴 파장의 복사에너지는 흡수하여 지구를 보온하는 역할을 하는 과정을 말하며, 지구 대기의 온도를 상승시키는 작용을 한다. 만약 온실효과가 없다면 지구의 평균기온은 -18℃까지 내려가 생명체가 살 수 없고, 온실효과가 지구 평균기온을 15℃ 정도로 유지하여 생명체가 살아갈 수 있게 해준다.

017 온실기체와 관련한 다음 설명 중 ( ) 안에 가장 알맞은 것은?

(㉠)는 지표부근 대기 중 농도가 약 1.5ppm 정도이고, 주로 미생물의 유기물 분해작용에 의해 발생하며, (㉡)의 특수파장을 흡수하여 온실기체로 작용한다.

① ㉠ CO_2, ㉡ 적외선   ② ㉠ CO_2, ㉡ 자외선
③ ㉠ CH_4, ㉡ 적외선   ④ ㉠ CH_4, ㉡ 자외선

해설 메테인(CH_4)은 지구 대기에서 메테인의 농도는 1.5ppm 정도로 낮고 전체 온실가스 중에서는 약 5%를 차지해 80%에 달하는 이산화탄소보다는 비중이 적지만, 주변 열 전파 등 온실효과 측면(20년 기준)에서는 이산화탄소의 약 84배에 달할 정도로 지구온난화를 가속하는 주범 중 하나로 꼽힌다.

정답 014 ④ 015 ① 016 ④ 017 ③

서술형 빈출문제

018 지구온난화와 관련된 설명이다. ( ) 안에 알맞은 것은?

(㉠)는 온실기체들의 구조상 또는 열축적 능력에 따라 온실효과를 일으키는 잠재력을 지수로 표현한 것으로 CH_4, N_2O, HFCs, CO_2, SF_6 등이 있으며, 이 중 (㉠)가 가장 큰 값을 갖고 있는 온실기체는 (㉡)이다.

① ㉠ GHG, ㉡ CO_2
② ㉠ GHG, ㉡ SF_6
③ ㉠ GWP, ㉡ CO_2
④ ㉠ GWP, ㉡ SF_6

해설 지구온난화지수(GWP, Global Warming Potential)는 온실가스별 지구온난화에 기여하는 정도를 이산화탄소에 비교하여 나타낸 값으로 각 온실가스를 이산화탄소 상당량으로 환산하는 데 사용한다.

온실기체의 종류	화학식	GWP
이산화탄소	CO_2	1
메테인	CH_4	21
아산화질소	N_2O	310
수소화플루오린화탄소(수소불화탄소)	HFCs(CHF_3, CH_2FCF_3 등)	650~11,700
과불화탄소(과플루오린화카본)	PFCs(CF_4, C_6F_{14} 등)	6,500~9,200
육플루오린화황(육불화황)	SF_6	23,900

019 온실효과(Greenhouse effect)에 관한 내용으로 옳지 않은 것은?

① 실제 온실에서의 보온 작용과 같은 원리이다.
② 대기 중 적외선을 흡수하는 기체에 기인한다.
③ 지구온난화로 도시지역에서 오존농도가 상승되게 된다.
④ 이산화탄소, 메테인, CFC-11과 CFC-12 등이 대표적 온실가스이다.

해설 사실상 온실가스에 의한 지구온난화 현상은 우리가 일상생활에서 보게 되는 온실이나 비닐하우스의 보온효과와는 큰 관계가 없다. 왜냐하면 온실이나 비닐하우스의 경우에는 내부의 공기를 외부와 차단해서 태양 빛에 의해 데워진 지표면의 열과 이를 흡수한 따뜻한 공기가 대류에 의해 손실되는 것을 방지함으로써 내부 온도를 유지하는 반면 지구온난화 현상은 지구를 둘러싸고 있는 대기 중에 온실가스가 너무 많아져서 지구의 평균기온이 빠르게 상승하는 현상을 말한다.

020 온실효과(Greenhouse effect)에 관한 설명으로 옳은 것은?

① 온실효과에 대한 기여도는 H_2O > CFC 11&12 > CH_4 > CO_2 순이다.
② 오슬로 협약은 기후변화협약에 따른 온실가스 감축목표와 관련한 국제협약이다.
③ 온실가스들은 각각 적외선 흡수대가 있으며, CO_2의 주요 흡수대는 파장 13~17μm 정도이다.
④ CO_2 농도는 일정 주기로 증감이 되풀이되는데 1년 주기로 봄부터 여름에는 증가하고, 가을부터 겨울에는 감소한다.

해설
① 온실효과에 대한 기여도는 H_2O(60%) > CO_2(25%) > CH_4(7%) > CFC 11&12(3% 이하) 순이다.
② 파리 협약은 기후변화협약에 따른 온실가스 감축목표와 관련한 국제협약이다.
④ CO_2 농도는 일정 주기로 증감이 되풀이되는데 1년 주기로 봄부터 여름에는 감소하고, 가을부터 겨울에는 증가한다.

021 온실효과를 유발하는 대기오염물질로 옳지 않은 것은?

① CO_2
② CFCs
③ CH_4
④ SO_2

해설 온실기체(6종): CO_2(탄산가스), 메테인(CH_4), 산화이질소(아산화질소, N_2O), 수소화플루오린화탄소(HFCs), 과플루오린화탄소(PFCs), 육플루오린화황(SF_6)

정답 018 ④ 019 ① 020 ③ 021 ④

022 CO_2 해당 배출량을 계산하는 데 이용되는 온실가스별 지구온난화지수(Global Warming Potential)로 옳은 것은?

① $N_2O = 1,300$
② PFCs = 15,250
③ $SF_6 = 2,390$
④ $CH_4 = 21$

해설 $N_2O = 310$, PFCs = 9,200, $SF_6 = 23,900$

023 지구온난화의 원인인 온실효과에 대한 기여도가 가장 낮은 가스는?

① SO_2
② CO_2
③ CFCs
④ N_2O

해설 아황산가스는 온실기체가 아니므로 기여도가 가장 낮다.

024 온실기체 중 온실효과에 대한 기여도(%)가 가장 낮은 대기물질은?

① CH_4
② CO_2
③ N_2O
④ CFC 11 & 12

해설 온실효과에 대한 기여도는 H_2O(60%) > CO_2(25%) > CH_4(7%) > CFC 11&12(3%) > N_2O(1% 이하) 순이다.

025 지구온난화지수가 평균적으로 가장 큰 온실기체는?

① PFCs(과플루오린화탄소)
② HFCs(수소화플루오린화탄소)
③ CH_4
④ N_2O

해설 평균적인 지구온난화지수
SF_6 > PFCs > HFCs > N_2O > CH_4

026 대기와 해양의 상호작용에 해당되는 엘니뇨와 라니냐에 관한 설명으로 옳지 않은 것은?

① 엘니뇨와 상대적인 현상으로 라니냐는 무역풍이 상대적으로 약화되어 서태평양의 온도가 감소된다.
② 엘니뇨 시기에는 서태평양의 기압이 높아지고 남태평양의 기압이 내려가는 남방진동이 나타난다.
③ 엘니뇨와 라니냐는 서로 독립적인 현상이 아니라, 반대 위상을 가지는 자연계의 진동현상이라 할 수 있다.
④ 대기와 해양의 상호작용으로 열대 동태평양에서 중태평양에 걸친 광범위한 구역에서 해수면의 온도 상승을 엘니뇨라 한다.

해설 엘니뇨와 상대적인 현상으로 라니냐는 무역풍이 상대적으로 약화되어 동태평양의 온도가 감소된다. 동태평양 해수면 온도가 평년보다 0.5도 이하인 상황이 5개월 이상 이어지는 현상이다.

027 온실효과(Greenhouse effect)에 관한 설명으로 옳지 않은 것은?

① 온실효과에 대한 기여도는 CO_2 > CH_4이다.
② 교토 의정서는 기후변화협약에 따른 온실가스 감축과 관련한 국제협약이다.
③ 온실가스들은 각각 적외선 흡수대가 있으며, O_3의 주요 흡수대는 파장 13~17μm 정도이다.
④ 온실가스들은 각각 적외선 흡수대가 있으며, CH_4와 N_2O의 주요 흡수대는 파장 7~8μm 정도이다.

해설 온실가스들은 각각 적외선 흡수대가 있으며, CO_2의 주요 흡수대는 파장 13~17μm 정도이다.

정답 022 ④ 023 ① 024 ③ 025 ① 026 ① 027 ③

028 햇빛이 지표면에 도달하기 전에 자외선의 대부분을 흡수함으로써 생물의 성장에 중요한 역할을 가져오게 하는 대기권의 명칭은?

① 대류권 ② 성층권
③ 중간권 ④ 열권

해설 고도 약 10~50km 성층권에는 오존층이 있어 태양 복사에너지 중 파장이 0.2~0.3μm인 자외선의 대부분을 흡수한다.

029 오존에 관한 설명으로 옳지 않은 것은?

① 대기 중 오존의 배경농도는 0.01~0.02ppm 정도이다.
② 대류권에서 오존의 생성률은 과산화기의 농도와 관계가 깊다.
③ 청정지역의 오존농도는 일변화는 도시지역보다 매우 크므로 대기 중 NO, NO_2 농도변화에 따른 오존의 광화학적 생성과 소멸을 밝히기에 유리하다.
④ 도시나 전원지역의 대기 중 오존농도는 가끔 NO_2의 광해리에 의해 생성될 때보다 높은 경우가 있는데 이는 오존을 소모하지 않고 NO가 NO_2로 산화되기 때문이다.

해설 청정지역의 오존농도는 일변화는 도시지역보다 매우 적으므로 대기 중 NO, NO_2 농도변화에 따른 오존의 광화학적 생성과 소멸을 밝히기에 적합하지 않다.

030 오존의 광화학 반응 등에 관한 설명으로 옳지 않은 것은?

① 대기 중 오존의 배경농도는 0.01~0.02ppm 정도이다.
② 광화학 반응에 의한 오존생성률은 RO_2 농도와 관계가 깊다.
③ 야간에는 NO_2와 반응하여 O_3가 생성되며, 일련의 반응에 의해 HNO_3가 소멸된다.
④ 고농도 오존은 평균기온 32℃, 풍속 2.5m/s 이하 및 자외선 강도 $0.8mW/cm^2$ 이상일 때 잘 발생되는 경향이 있다.

해설 주간에는 NO_2와 반응하여 O_3가 생성되며, 일련의 반응에 의해 HNO_3가 형성된다.

031 오존에 관한 설명으로 옳지 않은 것은?

① 대기 중 오존은 온실가스로 작용한다.
② 대기 중에서 오존의 배경농도는 0.1~0.2ppm 범위이다.
③ 오존전량(total overhead amount)은 일반적으로 적도 지역에서 낮고, 극지의 인근 지점에서는 높은 경향을 보인다.
④ 단위체적당 대기 중에 포함된 오존의 분자수(mol/cm^3)로 나타낼 경우 약 지상 25km 고도에서 가장 높은 농도를 나타낸다.

해설 대기 중에서 오존의 배경농도는 40ppb(0.04ppm) 정도이다.

032 오존(O_3)에 대한 설명으로 옳지 않은 것은?

① 대류권의 오존은 온실가스로도 작용한다.
② 오염된 대기 중의 오존은 로스앤젤레스 스모그 사건에서 처음 확인되었다.
③ 대류권의 오존은 국지적인 광화학 스모그로 생성된 옥시단트의 지표물질이다.
④ 대류권에서 광화학 반응으로 생성된 오존은 대기 중에서 소멸되지 않고 축적되어 계속적인 오염을 유발시킨다.

해설 대류권에서 광화학 반응으로 생성된 오존은 대기 중에서 소멸되면서 계속적인 오염을 유발시킨다.

033 오존(O_3)의 특성과 광화학 반응에 관한 설명으로 옳지 않은 것은?

① 산화력이 강하여 눈을 자극하고 물에 난용성이다.
② 과산화기가 산소와 반응하여 오존이 생성될 수도 있다.
③ 대기 중 지표면 오존의 농도는 NO_2로 산화된 NO량에 비례하여 증가한다.
④ 오존의 탄화수소 산화반응률은 원자 상태의 산소에 의한 탄화수소의 산화보다 빠르다.

해설 오존의 탄화수소 산화반응률은 원자 상태의 산소에 의한 탄화수소의 산화보다 느리다.

034 대기 중의 오존층 파괴에 관한 설명으로 옳지 않은 것은?

① 오존층의 두께는 적도지방이 극지방보다 얇다.
② 오존층 파괴물질이 오존층을 파괴하는 자유라디칼을 생성시킨다.
③ 성층권의 오존층 농도가 감소하면 지표면에 보다 많은 양의 자외선이 도달한다.
④ 프레온가스의 대체물질인 HCFCs(hydrochloro-fluorocarbons)는 오존층 파괴능력이 없다.

해설 프레온가스의 대체물질인 HCFCs(hydrochlorofluorocarbons)는 수소가 함유되어 있기 때문에 대류권에서도 분해가 일어난다는 특징을 갖고 있다. 그러나 이것의 오존층 파괴능력은 규제대상 프레온가스의 1/10 이하이지만 문제점이 없는 것은 아니다.

실기 Check

035 오존의 반응을 나타낸 다음 도식 중 ( ) 안에 알맞은 것은?

㉠ $CClF_3 \xrightarrow{h\nu} CFCl_2 + (\ )$
　$(\ ) + O_3 \rightarrow ClO + O_2$
　$ClO + O\cdot \rightarrow (\ ) + O_2$

㉡ $CF_3Br \xrightarrow{h\nu} CF_3 + (\ )$
　$(\ ) + O_3 \rightarrow BrO + O_2$
　$BrO + O\cdot \rightarrow (\ ) + O_2$

① ㉠ $F\cdot$, ㉡ $C\cdot$
② ㉠ $C\cdot$, ㉡ $F\cdot$
③ ㉠ $Cl\cdot$, ㉡ $Br\cdot$
④ ㉠ $F\cdot$, ㉡ $Br\cdot$

해설
• CFCs의 오존층 파괴 반응식
$CClF_3 \xrightarrow{h\nu} CFCl_2 + Cl\cdot$
$Cl\cdot + O_3 \rightarrow ClO + O_2$
$ClO + O\cdot \rightarrow Cl\cdot + O_2$

• Halon(CF_3Br)의 오존층 파괴 반응식
$CF_3Br \xrightarrow{h\nu} CF_3 + Br\cdot$
$Br\cdot + O_3 \rightarrow BrO + O_2$
$BrO + O\cdot \rightarrow Br\cdot + O_2$

036 오존층의 O_3는 주로 어느 파장의 태양 빛을 흡수하여 대류권 지상의 생명체들을 보호하는가?

① 자외선 파장 450~640nm
② 자외선 파장 290~440nm
③ 자외선 파장 200~290nm
④ 고에너지 자외선 파장 <100nm

해설 오존층이 흡수하는 자외선은 200~315nm 파장대의 중자외선 영역의 자외선이다.

037 표면의 오존 농도가 증가하는 원인으로 옳지 않은 것은?

① CO
② NOx
③ VOCs
④ 태양열 에너지

해설 오존을 생성하는 광화학 반응에 관여하는 물질은 NOx, VOCs, 태양열 에너지(자외선) 등이다.

038 오존층에 관한 설명으로 옳지 않은 것은?

① 오존층 양은 적도상에서 약 200돕슨, 극지방에서는 약 400돕슨 정도인 것으로 알려져 있다.
② 오존층이란 성층권에서도 오존이 더욱 밀집해 분포하고 있는 지상 50~60km 구간을 말한다.
③ 오존은 성층권에서는 대기 중의 산소분자가 주로 240nm 이하의 자외선에 의해 광분해 되어 생성된다.
④ 오존층의 두께를 표시하는 단위는 돕슨(Dobson)이며, 지구대기 중의 오존층량을 표준상태에서 두께로 환산했을 때 1mm를 100돕슨으로 정하고 있다.

해설 오존층이란 성층권에서도 오존이 더욱 밀집해 분포하고 있는 지상 20~30km 구간을 말한다.

039 오존층에 대한 설명으로 옳지 않은 것은?

① 성층권의 중·하층의 고도인 고도 20~30km 범위를 오존층이라고 한다.
② 오존층에서 오존은 자외선을 흡수하면 광해리를 일으켜 산소원자와 산소분자로 분열한다.
③ 오존 농도의 고도분포는 지상 약 30km의 고도에서 평균 약 1,000ppm의 오존농도를 나타낸다.
④ 오존층에서 산소분자는 태양광선 중에서 240nm 이하의 자외선을 흡수하여 2개의 산소원자로 해리된다.

해설 오존 농도의 고도분포는 지상 약 25km의 고도에서 평균 약 10ppm 정도의 오존농도를 나타낸다.

040 성층권 내의 지상 25~30km 부근에서의 O_3의 최고농도로 옳은 것은?

① 1ppt 정도
② 10ppt 정도
③ 1,000ppm 정도
④ 10,000ppb 정도

해설 지상 25km 상공에는 오존의 농도가 10ppm 정도인 투명한 '오존층'이 만들어지고, 그곳에서 지구에 도달하는 자외선의 95~99%가 흡수된다. 오존층의 두께는 보통 돕슨(Dobson) 단위로 표시하는 데, 지구대기 중 오존의 총량을 표준상태에서 두께로 환산하여 1mm를 100돕슨으로 정의하고 있다. 성층권에 존재하는 약 3mm의 오존층이 지구의 모든 생명체를 보호하고 있다.

041 오존과 오존층에 관한 내용으로 옳지 않은 것은?

① 대기 중의 오존 배경농도는 0.01~0.04ppm 정도이다.
② 오존의 생성과 소멸이 계속적으로 일어나면서 오존층의 오존 농도가 유지된다.
③ 오존층은 성층권에서 오존의 농도가 가장 높은 지상 50~60km 구간을 말한다.
④ 1돕슨 단위는 지구 대기 중의 오존 총량을 0℃, 1atm에서 두께로 환산했을 때 0.01mm에 상당하는 양이다.

해설 오존층은 성층권에서 오존의 농도가 가장 높은 지상 20~30km 구간을 말한다.

042 다음은 오존량 표현에 관한 설명이다. ( ) 안에 알맞은 것은?

> 돕슨 단위(DU, Dobson Units)는 지구대기 중 오존의 총량을 0℃, 1atm의 표준상태에서 두께로 환산하였을 때 (㉠)mm에 상당하는 양을 말한다. 지구 전체의 평균 오존량은 약 (㉡)Donson이지만 지리적 또는 계절적으로 평균치의 ±50% 정도까지 변화한다.

① ㉠ 0.01, ㉡ 3,000
② ㉠ 0.01, ㉡ 300
③ ㉠ 0.1, ㉡ 3,000
④ ㉠ 0.1, ㉡ 300

해설 돕슨 단위(DU, Dobson Units)는 지구대기 중 오존의 총량을 0℃, 1atm의 표준상태에서 두께로 환산하였을 때 0.01mm에 상당하는 양을 말한다. 지구 전체의 평균 오존량은 약 300DU(3mm)이지만 지리적 또는 계절적으로 평균치의 ±50% 정도까지 변화한다.

043 오존에 관한 설명으로 옳지 않은 것은?

① 대기 중 오존은 온실가스로 작용한다.
② 청정지역의 대류권 오존 농도는 일변화를 하지 않는다.
③ 대기 중에서 오존의 배경농도는 0.1~0.2ppm 범위이다.
④ 대류권의 오존은 국지적인 광화학 스모그로 생성된 옥시단트의 지표물질이다.

해설 대기 중에서 오존의 배경농도는 0.01~0.04ppm 범위이다.

044 오존에 관한 설명으로 옳지 않은 것은? (단, 대류권 내 오존 기준)

① 보통 지표 오존의 배경농도는 1~2ppm 범위이다.
② 국지적인 광화학 스모그로 생성된 Oxidant의 지표물질이다.
③ 오염된 대기 중 오존 농도에 영향을 주는 것은 태양빛의 강도, NO_2/NO의 비, 반응성, 탄화수소농도 등이다.
④ 오존은 태양빛, 자동차 배출원인 질소산화물과 휘발성유기화합물 등에 의해 일어나는 복잡한 광화학 반응으로 생성된다.

해설 보통 지표 오존의 배경농도는 0.01~0.04ppm 범위이다.

045 도시대기 중의 오존(O_3) 농도에 관한 설명으로 옳은 것은?

① 구름이 많은 겨울에 농도가 높다.
② 일사량이 많은 계절에 농도가 높다.
③ 계절에 관계없이 교통량과 비례한다.
④ 기온이 낮은 아침에 높은 농도를 나타낸다.

해설
① 구름이 많은 겨울에 농도가 낮다.
③ 오존 농도는 계절적인 일사량에 좌우된다.
④ 기온이 낮은 아침에 낮은 농도를 나타낸다.

046 성층권 오존 감소에 따른 영향으로 옳지 않은 것은?

① 백내장 등의 질환이 발생될 확률이 높아진다.
② 해양에서 광합성 플랑크톤에 피해를 주어 먹이사슬에 악영향을 일으킨다.
③ 피부균인 디프테리아 등의 살균력 저하로 피부암에 걸릴 확률이 증가한다.
④ 광합성 작용과 수분 이용의 효율감소로 농작물의 잎이 파괴되어 생산량을 감소시킨다.

해설 피부균인 디프테리아 등의 살균력 저하로 피부암에 걸릴 확률이 감소한다.

서술형 빈출문제

047 성층권에 관한 다음 설명 중 옳지 않은 것은?
① 하층부의 밀도가 커서 매우 안정한 상태를 유지하므로, 공기의 상승이나 하강 등의 연직운동은 억제된다.
② 오존의 밀도는 하층부(11~15km)일수록 높으며, 이처럼 오존이 많이 분포한 층을 오존층이라 한다.
③ 성층권에서 고도에 따라 온도가 상승하는 이유는 성층권의 오존이 태양광선 중의 자외선을 흡수하기 때문이다.
④ 화산분출 등에 의하여 미세한 분진이 이 권역에 유입되며 수년간 남아 있게 되어 기후에 영향을 미치기도 한다.

해설 오존의 밀도는 성층권의 중층부(25~30km)일수록 높으며, 이와 같이 오존이 많이 분포한 층을 오존층이라 한다.

048 성층권에 관한 설명으로 옳지 않은 것은?
① 고도에 따라 온도가 상승하는 이유는 성층권의 오존이 태양광선 중의 자외선을 흡수하기 때문이다.
② 하층부의 밀도가 커서 매우 안정한 상태를 유지하므로 공기의 상승이나 하강 등의 연직운동은 억제된다.
③ 화산분출 등에 의하여 미세한 분진이 이 권역에 유입되면 수년간 남아 있게 되어 기후에 영향을 미치기도 한다.
④ 오존의 밀도는 일반적으로 지상으로부터 50km 부근이 가장 높고, 이처럼 오존이 많이 분포한 층을 오존층이라 한다.

해설 오존의 밀도는 일반적으로 지상으로부터 25km 부근이 가장 높고, 이와 같이 오존이 많이 분포한 층을 오존층이라 한다.

실기 Check ✓

049 오존층 파괴물질로서 오존층 파괴능이 가장 큰 것은?
① 프레온가스(CFC)
② 할론(Halon)
③ 메틸클로로포름
④ 사염화탄소

해설 오존층파괴지수(ODP, ozone depletion potential)란 CFC-11($CFCl_3$)의 오존층파괴 영향을 1로 하였을 때 오존파괴에 영향을 미치는 물질의 상대적 영향을 나타내는 값을 말한다.
할론(ODP, 3~10) > CFC(ODP, 0.6~1.0) > HCFCs(ODP, 0.001~0.52) > 메틸클로로포름(ODP, 0.1 정도)

050 서울을 포함한 대도시에서 하절기에 지표면 부근의 오존농도가 증가하고 있는데, 이 지표 오존 농도의 저감 대책으로 옳지 않은 것은?
① 배연탈질설비의 설치
② 연소 및 소각조건의 개선
③ 차량의 배출허용기준을 강화
④ 염화플루오린화탄소(CFCs)의 사용을 규제

해설 대도시의 오존농도 저감 대책으로는 배연탈질설비의 설치, 연소 및 소각조건의 개선, 차량의 배출허용기준 강화, 교통량 감축을 위한 자동차 운행 제한 등이 있다.

051 CFC-11의 화학식으로 옳은 것은?
① CF_2Cl_2
② $CFCl_3$
③ CH_2FCl
④ CH_3Cl

해설 오존층파괴지수(ODP, ozone depletion potential)가 1인 CFC-11의 화학식은 $CFCl_3$이다.

참고
• CFC계/HCFC계/HFC계 명명법(예를 들어 CFC-11이라고 할 경우)
㉠ 영문기호 뒤에 붙어있는 숫자에 90을 더한다. 11+90=101
㉡ 숫자 세 자리는 순서대로 각각 탄소(C)수, 수소(H)수, 플루오린(F)수를 나타낸다.
101 → 탄소 1개, 수소 0개, 플루오린 1개

정답 047 ② 048 ④ 049 ② 050 ④ 051 ②

ⓒ 나머지 탄소 가지에 염소(Cl)를 추가한다. 또는 염소(Cl)수 = 포화화합물을 만드는 데 필요한 수이다.

이름	90 더하기	원소수	분자식
CFC-11	11+90=101	C (1), H (0), F (1)	CCl₃F
CFC-12	12+90=102	C (1), H (0), F (2)	CCl₂F₂
CFC-111	111+90=201	C (2), H (0), F (1)	C₂FCl₅
CFC-113	113+90=203	C (2), H (0), F (3)	CCl₂F–CClF₂ (C₂Cl₃F₃)
CFC-114	114+90=204	C (2), H (0), F (4)	CClF₂–CClF₂ (C₂Cl₂F₄)
CFC-115	115+90=205	C (2), H (0), F (5)	C₂ClF₅
HCFC-134	134+90=224	C (2), H (2), F (4)	C₂H₂F₄
HCFC-152	152+90=242	C (2), H (4), F (2)	C₂H₄F₂

• 할로겐화합물 소화약제(Halon)의 명명법
지방족 탄화수소인 메테인, 에테인 등에서 분자 내의 수소 일부 또는 전부가 할로겐족 원소(F, Cl, Br, I)로 치환된 화합물을 말하며 일명으로 Halon(Halogenated hydrocarbon의 준말)이라고 부르고 있다. 각종 Halon은 상온, 상압에서 기체 또는 액체 상태로 존재하나 저장하는 경우는 액화시켜 저장한다.
㉠ 제일 앞에 Halon이란 명칭을 쓴다.
㉡ 그 뒤에 구성 원소들의 개수를 C, F, Cl, Br, I의 순서대로 쓰되 해당 원소가 없는 경우는 0으로 표시한다.
㉢ 맨 끝의 숫자가 0으로 끝나면 0을 생략한다(즉, I의 경우는 없어도 0을 표시하지 않는다).
㉣ 이와 같은 명명법으로는 할로겐 원소로 치환되지 않은 수소 원자의 개수가 나타나지 않는다는 단점이 있다. Halon 번호를 보고 남아 있는 수소 원자의 개수를 계산하는 것은 포화탄화수소가 가지고 있는 수소의 수 [(탄소수×2)+2]에서 치환된 할로겐족 원소의 합인 나머지 숫자를 빼면 된다.
즉, 수소원자의 수=(첫 번째 숫자×2)+2 - 나머지 숫자의 합
(예를 들어, Halon 1001의 경우 치환되지 않은 수소 원자의 개수=(1×2)+2 - 1=3, ∴ 화학식은 CH₃Br이다.)

Halon No.	분자식	명칭
Halon-1001	CH₃Br	Methylbromide
Halon-10001	CH₃I	Methyliodide
Halon-1011	CH₂BrCl	Bromochloromethane
Halon-1202	CF₂Br₂	Dibromodifluoromethane
Halon-1211	CF₂BrCl	Bromochlorodifluoromethane
Halon-1301	CF₃Br	Bromotrifluoromethane
Halon-104	CCl₄	Carbontetrachloride
Halon-2402	C₂F₄Br₂	Dibromotetrafluoroethane

052 성층권의 오존층 파괴의 원인물질인 CFC 화합물 중 CFC-12의 화학식은?

① CF_2Cl_2 ② $CHFCl_2$
③ $CFCl_3$ ④ CHF_2Cl

해설 CFC 명명법
CFC-12의 경우: 12에 90을 더하면 102가 된다. 따라서 탄소 1, 수소 0, 플루오르 2개가 함유되어 있고, 여기에 추가로 이 화합물의 포화를 위한 염소 2개가 포함되어 결과적으로 CCl_2F_2의 화학식을 갖는다는 것을 알 수 있다.

053 오존파괴지수가 가장 낮은 특정물질은?

① CF_2BrCl ② CCl_4
③ $C_2H_3Cl_3$ ④ C_2F_5Cl

해설
• CF_2BrCl(Halon-1211): ODP 3
• CCl_4(사염화탄소): ODP 1.1
• C_2F_5Cl(CFC-115): ODP 0.6
• $C_2H_3Cl_3$(트라이클로로에테인, 메틸클로로폼): ODP 0.1

054 오존파괴지수가 가장 낮은 물질은?

① CCl_4 ② CF_3Br
③ CF_2BrCl ④ $CHFClCF_3$

해설
• CF_3Br(halon-1301): ODP 10
• CF_2BrCl(Halon-1211): ODP 3
• CCl_4(사염화탄소): ODP 1.1
• $CHFClCF_3$(HFClCF₃, HCFC-124): ODP 0.02~0.04

055 주요 오존파괴물질 중 평균수명이 가장 긴 것은?

① HCFC-123   ② HCFC-124
③ CFC-11   ④ CFC-115

정답 052 ① 053 ③ 054 ④ 055 ④

해설 CFCs의 대기 중 수명은 50~60년 정도로 CFC-11의 수명은 60년, CFC-115의 대기권 내 수명은 400년 이상이다. 화재진압용 소화약제로 사용하는 HCFs와 HCFCs는 CFCs의 대기 수명보다 짧은 10년 이하이다.

056 오존파괴지수가 가장 큰 특정물질은?

① $CHFClCF_3$
② CH_3CFCl_2
③ $CFCl_3$
④ C_3HF_6Cl

해설
- $CFCl_3$(CFC-11): ODP 1
- C_3HF_6Cl(HCFC-231): ODP 0.05~0.09
- $CHFClCF_3$(C_2HF_4Cl, HCFC-124): ODP 0.02~0.04
- CH_3CFCl_2($C_2H_3FCl_3$, HCFC-141): ODP 0.005~0.07

057 오존파괴지수(ODP)가 가장 큰 오존파괴물질은?

① CFC-114
② HCFC-22
③ CCl_4
④ Halon-1301

해설
- CF_3Br(Halon-1301): ODP 10
- CCl_4(사염화탄소): ODP 1.1
- $C_2F_4Cl_2$(CFC-114): ODP 1
- CHF_2Cl(HCFC-22): ODP 0.055

058 오존파괴지수가 가장 큰 특정물질은?

① $CHCl_2CF_3$
② C_3H_6FBr
③ CH_2FBr
④ $C_2F_4Br_2$

해설
- $C_2F_4Br_2$(Halon-2402): ODP 6
- CH_2FBr(브로모플루오르메테인): ODP 0.73
- C_3H_6FBr(브로모플루오르프로페인): ODP 0.02~0.7
- $CHCl_2CF_3$(HCFC-123): ODP 0.02~0.06

059 오존파괴지수가 가장 큰 특정물질은?

① $CHFBr_2$
② CHF_2Br
③ CH_2FBr
④ C_2HFBr_4

해설
- $CHFBr_2$(다이브로모플루오르메테인): ODP 1
- CHF_2Br(HCFC-2281): ODP 0.74
- CH_2FBr(브로모플루오르메테인): ODP 0.73
- C_2HFBr_4(테트라브로모플루오르메테인): ODP 0.3~0.8

060 오존파괴지수가 가장 큰 특정물질은?

① CF_2BrCl
② $CHFClCF_3$
③ C_3HF_6Cl
④ $C_3H_3F_3Cl_2$

해설
- CF_2BrCl(Halon-1211): ODP 3
- C_3HF_6Cl(HCFC-231): ODP 0.05~0.09
- $CHFClCF_3$(C_2HF_4Cl, HCFC-124): ODP 0.02~0.04
- $C_3H_3F_3Cl_2$(HCFC-243): ODP 0.007~0.12

061 오존파괴지수가 가장 큰 특정물질은?

① CH_3CFCl_2
② CCl_4
③ $C_2H_3Cl_3$
④ C_2F_5Cl

해설
- CCl_4(사염화탄소): ODP 1.1
- C_2F_5Cl(CFC-115): ODP 0.6
- $C_2H_3Cl_3$(트라이클로로에테인, 메틸클로로폼): ODP 0.1
- CH_3CFCl_2($C_2H_3FCl_3$, HCFC-141): ODP 0.005~0.07

062 오존층 보호를 위한 국제협약으로만 연결된 것은?

① 리우 회의 – 런던 회의 – 비엔나 협약
② 바젤 협약 – 런던 회의 – 비엔나 협약
③ 바젤 협약 – 비엔나 협약 – 몬트리올 의정서
④ 비엔나 협약 – 런던 회의 – 몬트리올 의정서

해설 오존층 보호를 위한 국제협약
- 오존층 파괴 물질에 관한 몬트리올 의정서(1987. 9. 16)
- 오존층 보호를 위한 비엔나협약(1985. 3. 22)
- 몬트리올 의정서의 런던 개정서(런던 회의, 1990. 6. 29)

063 각종 환경 관련 국제협약(조약)에 관한 주요 내용으로 옳지 않은 것은?

① 몬트리올 의정서: 오존층 파괴물질인 염화불화탄소의 생산과 사용규제를 위한 협약
② 바젤 협약: 폐기물의 해양투기로 인한 해양오염을 방지하기 위한 협약
③ 람사 협약: 자연자원의 보전과 현명한 이용을 위한 습지보전 협약
④ CITES: 멸종위기에 처한 야생동식물의 보호를 위한 협약

해설
- 바젤 협약: 유해폐기물의 타국으로 이동(수출·입) 시의 절차 규정
- 런던 협약: 폐기물의 해양투기로 인한 해양오염을 방지하기 위한 협약

064 대기환경보호를 위한 국제의정서와 설명의 연결이 옳지 않은 것은?

① 소피아 의정서 – CFC 감축의무
② 교토 의정서 – 온실가스 감축목표
③ 몬트리올 의정서 – 오존층 파괴물질의 생산 및 사용의 규제
④ 헬싱키 의정서 – 유황 배출량 또는 국가 간 이동량 최저 30% 삭감

해설 소피아 의정서(1989)
질소산화물 배출 또는 월경 이류의 최저 30% 삭감에 관한 장거리 월경 대기오염조약 의정서

서술형 빈출문제

대기의 확산 및 오염예측

001 대기층은 물리적 및 화학적 성질에 따라서 고도별로 분류가 되어 있다. 지표면으로부터 상공으로 옳게 배열된 것은?

① 대류권 → 중간권 → 성층권 → 열권
② 대류권 → 성층권 → 중간권 → 열권
③ 대류권 → 중간권 → 열권 → 성층권
④ 대류권 → 열권 → 중간권 → 성층권

해설 대기층의 구조

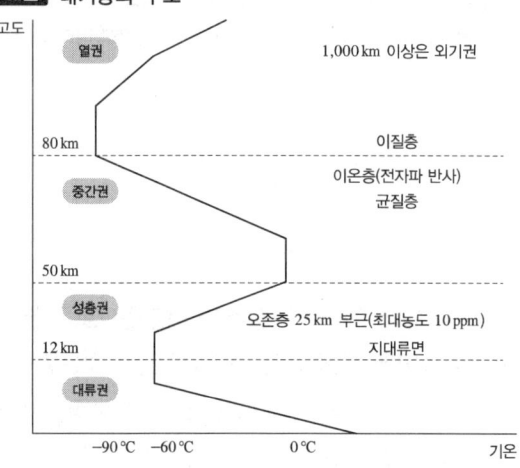

002 지표 부근의 대기 성분의 부피비율(농도)이 큰 것부터 순서대로 옳게 나열된 것은? (단, 질소, 산소성분은 생략한다.)

① 아르곤 - 탄산가스 - 헬륨 - 네온
② 아르곤 - 탄산가스 - 네온 - 헬륨
③ 아르곤 - 탄산가스 - 메테인 - 수소
④ 아르곤 - 탄산가스 - 수소 - 메테인

해설 지표 부근의 대기 성분의 부피비율(농도)

성분	부피비율(%)	성분	부피비율(%)
N_2	78.084	O_2	20.946
Ar	0.934	CO_2	0.0412
Ne	0.001818	He	0.000524
CH_4	0.000179	Kr	0.0001
H_2	0.00005	X_e	0.000009

003 지구 대기의 성질에 관한 설명으로 옳지 않은 것은?

① 대류권과 비교하였을 때 열권에서 분자의 운동속도는 매우 느리지만 공기평균자유행로는 짧다.
② 중간권 이상에서의 온도에서는 대기의 분자운동에 의해 결정된 온도로서 직접 관측된 온도와는 다르다.
③ 지표면의 온도는 약 15℃ 정도이나 상공 12km 정도의 대류권계면에서는 약 -55℃ 정도까지 하강한다.
④ 성층권계면에서의 온도는 지표보다는 약간 낮으나 성층권계면 이상의 중간권에서 기온은 다시 하강한다.

해설 대류권과 비교하였을 때 열권에서 분자의 운동속도는 매우 느리지만 공기평균자유행로는 매우 길다.

정답 001 ② 002 ② 003 ①

004 대기의 특성에 관한 설명으로 옳지 않은 것은?

① 성층권에서는 오존이 자외선을 흡수하여 성층권의 온도를 상승시킨다.
② 대기의 온도는 위쪽으로 올라갈수록, 대류권에서는 하강, 성층권에서는 상승, 열권에서는 하강한다.
③ 대류권의 고도는 겨울철에 낮고, 여름철에 높으며, 보통 저위도 지방이 고위도 지방에 비해 높다.
④ 지표 부근의 표준상태에서의 건조공기의 구성성분은 부피농도로 질소>산소>아르곤>이산화탄소의 순이다.

해설 대기의 온도는 위쪽으로 올라갈수록, 대류권에서는 하강, 성층권에서는 상승, 열권에서는 상승한다.

005 대류권 내 건조대기의 성분 및 조성에 관한 설명으로 옳지 않은 것은?

① 이산화질소, 암모니아 성분은 농도가 쉽게 변하는 물질에 해당한다.
② 농도가 매우 안정된 성분으로 산소, 질소, 이산화탄소, 아르곤 등이다.
③ 질소, 산소를 제외하고 가장 큰 부피를 차지하고 있는 물질은 아르곤이다.
④ 오존의 평균농도는 0.1~1ppm 정도로 지역별 오염도에 따라 일변화가 매우 크다.

해설 오존의 평균농도는 0.10~0.04ppm 정도로 지역별 오염도에 따라 일변화가 매우 크다.

006 대기 구조를 대기의 분자 조성에 따라 구분한 균질층과 이질층에 대한 설명으로 옳지 않은 것은?

① 균질층은 지상 0~88km까지 분자가 비교적 고루 섞여 있다.
② 이질층은 4개의 층으로 보통 분류하는데, 지상 3,600km 이상을 헬륨층이라 한다.
③ 균질층 내의 공기는 건조가스로서 지상 0~5.6km까지 공기의 50%, 지상 0~30km까지 공기의 98%가 존재한다.
④ 이질층 내의 공기는 태양에너지 중 유해한 것을 흡수·약화시킴으로써 생물세포의 이온화 또는 화상 등을 방지한다.

해설 이질층은 4개의 층(질소층, 산소층, 헬륨층, 수소층)으로 보통 분류하는데, 지상 1,000~2,000km를 헬륨층이라 한다.

007 대기의 구조는 균질층과 이질층으로 구분할 수 있다. 이에 관한 설명 중 옳지 않은 것은?

① 이질층은 보통 4개 층으로 분류되며, 지상 3,600~9,600km는 수소층이라 한다.
② 균질층 내의 공기는 건조가스로서 지상 0~30km 정도까지 공기의 50%가 존재하고 있다.
③ 이질층 내의 공기는 강한 산화력으로 인하여 지상에서 발생되어 상승한 이물질들을 산화, 소멸시킨다.
④ 지상 0~88km 정도까지의 균질층은 수분을 제외하고는 질소 및 산소 등 분자 조성비가 어느 정도 일정하다.

해설 균질층 내의 공기는 건조가스로서 지상 0~5.6km 정도까지 공기의 50%, 0~30km까지 공기의 98%가 존재하고 있다.

정답 004 ② 005 ④ 006 ② 007 ②

008 대기의 수직구조에 관한 설명으로 옳은 것은?

① 대류권의 높이는 여름보다 겨울이 높다.
② 대류권의 높이는 고위도 지방보다 저위도 지방이 낮다.
③ 대류권은 지상으로부터 약 20~30km 정도의 범위를 말한다.
④ 구름이 끼고 비가 내리는 등의 기상현상은 대류권에 국한되어 나타나는 현상이다.

해설
① 대류권의 높이는 겨울보다 여름이 높다.
② 대류권의 높이는 저위도 지방보다 고위도 지방이 낮다.
③ 대류권은 지상으로부터 약 0~12km 정도의 범위를 말한다.

009 대기층의 구조에 관한 설명으로 옳은 것은?

① 지상 80km 이상을 열권이라고 한다.
② 오존층은 주로 지상 약 30~45km에 위치한다.
③ 대기층의 수직 구조는 대기압에 따라 4개 층으로 나뉜다.
④ 일반적으로 지상에서부터 상층 10~12km까지를 성층권이라고 한다.

해설
② 오존층은 주로 지상 약 25~30km에 위치한다.
③ 대기층의 수직 구조는 고도에 따라 4개 층으로 나뉜다.
④ 일반적으로 지상에서부터 상층 12~50km까지를 성층권이라고 한다.

010 지표 부근의 공기 덩이가 지면으로부터 열을 받는 경우 부력을 얻어 상승하게 되는데 상승과정에서 단열변화가 이루어져 어떤 고도에 이르면 상승한 공기 중에 들어있는 수증기는 포화되고 응결이 이루어진다. 이와 같이 열적 상승에 의해 응결이 이루어지는 고도를 일컫는 용어로 옳은 것은?

① 대류응결고도(CCL)
② 상승응결고도(LCL)
③ 혼합응결고도(MCL)
④ 상승지수(LI)

해설 대류응결고도(CCL, Convective Condensation Level)는 지면 부근이 일사 등에 의해 가열되어 공기 덩이가 스스로 상승·포화되는 고도를 말한다.

011 역선풍(Anticyclone) 구역 내에서 차가운 공기가 장시간 침강(단열적)하였을 때 공기덩어리 상부면(Top)과 하부면(Bottom)의 온도차(변화)를 옳게 표시한 것은? (단, dT/dP는 압력에 대한 온도변화, 이상기체이다.)

① $\left(\frac{dT}{dP}\right)_{TOP} < \left(\frac{dT}{dP}\right)_{BOTTOM}$
② $\left(\frac{dT}{dP}\right)_{TOP} > \left(\frac{dT}{dP}\right)_{BOTTOM}$
③ $\left(\frac{dT}{dP}\right)_{TOP} = \left(\frac{dT}{dP}\right)_{BOTTOM}$
④ $\left(\frac{dT}{dP}\right)_{TOP} \leq \left(\frac{dT}{dP}\right)_{BOTTOM}$

해설 역선풍 구역에서는 대기가 하강하면서 압축되어 온도가 상승하는 데 이때 상부면은 하강하는 공기덩어리의 압력이 낮아져서 압축이 적게 일어나므로 하부면보다 높은 온도를 유지하게 된다. 따라서, 상부면의 $\frac{dT}{dP}$ 값은 하부면의 $\frac{dT}{dP}$ 값보다 커진다.

정답 008 ④ 009 ① 010 ① 011 ②

012 대기의 수직온도 분포에 따른 각 대기권의 특징으로 옳지 않은 것은?

① 대류권 – 대류권의 하부 1~2km까지를 대기경계층이라 하고, 이 대기경계층의 상층은 지표면의 영향을 직접 받지 않으므로 자유대기라고도 한다.
② 성층권 – 고도에 따라 온도가 상승하는 이유는 성층권의 오존이 태양광선 중의 자외선을 흡수하기 때문이다.
③ 중간권 – 고도에 따라 온도가 낮아지며, 지구 대기층 중에서 가장 기온이 낮은 구역이 분포한다.
④ 열권 – 고도 80km 이상인 층이며, 파장 약 0.1μm 이상의 자외선을 방출하고, 또한 흡수하는 에너지도 많아 열용량이 크기 때문에 온도는 매우 높게 된다.

해설 열권 – 고도 80km 이상인 층이며, 파장 약 0.1μm 이하의 자외선을 흡수하여 에너지가 많아 열용량이 크기 때문에 온도는 매우 높게 된다.

013 낮과 밤에 기온 및 기온의 연직분포 특성에 관한 설명으로 옳지 않은 것은?

① 현열은 낮에는 공기 중에서 지표로, 밤에는 지표에서 공기 중으로 향하게 된다.
② 고도에 따른 온도의 기울기는 지표면 부근에서 가장 크고, 고도(또는 깊이)에 따라 감소한다.
③ 지표에 가까울수록 낮에 기온이 더 높고 밤에 기온은 더 낮으므로 기온의 일교차는 지표면 부근에서 가장 크다.
④ 낮에는 고도(지중에서는 깊이)에 따라 온도가 감소하므로 기온감률(dT/dZ)은 음의 값이 되며, 이러한 상태를 체감상태라 한다.

해설 현열은 낮에는 지표에서 공기 중으로, 밤에는 공기 중에서 지표로 향하게 된다.

014 마찰층(Friction layer)과 관련한 바람에 관한 설명으로 옳지 않은 것은?

① 마찰층 내의 바람은 위로 올라갈수록 그 변화량이 감소한다.
② 마찰층 이상 고도에서 바람의 고도변화는 근본적으로 기온분포에 의존한다.
③ 마찰층 내의 바람은 위로 올라갈수록 실제 풍향은 서서히 지균풍에 가까워진다.
④ 마찰층 내의 바람은 높이에 따라 항상 반시계 방향으로 각천이(Angular shift)가 생긴다.

해설 마찰층 내의 바람은 높이에 따라 시계 방향으로 각천이(Angular shift)가 생기며, 위로 올라갈수록 변하는 양이 감소하여 실제 풍향이 지균풍에 가까워진다.

015 고도가 증가함에 따라 온위가 변하지 않고 일정한 대기의 안정도는 어떤 상태인가?

① 불안정
② 안정
③ 중립
④ 역전

해설 고도가 증가함에 따라 온위가 변하지 않고 일정한 대기의 안정도는 중립 상태가 된다. 고도가 증가함에 따라 온위가 높아지면 안정 상태, 온위가 낮아지면 불안정 상태이다.

실기 Check ✓

016 온위에 관한 내용으로 옳지 않은 것은? (단, θ는 온위(K), T는 절대온도(K), P는 압력(hPa))

① 온위는 밀도와 비례한다.
② 고도가 높아질수록 온위가 높아지면 대기는 안정하다.
③ 온위, $\theta = T \times \left(\dfrac{1,000}{P}\right)^{0.288}$ 로 나타낼 수 있으며, 여기서 P는 hPa, T는 K단위로 표시된다.

정답 012 ④ 013 ① 014 ④ 015 ③ 016 ①

④ 표준압력(1,000hPa)에서 어느 고도의 공기를 건조단열적으로 끌어내리거나 끌어올려 1,000hPa 고도에 가져갔을 때 나타나는 온도를 온위라고 한다.

해설 압력이 일정할 경우 온위는 밀도와 반비례한다. 실제로는 고도가 증가함에 따라 압력과 온도가 모두 감소한다.

해설
② 환경감률이 습윤 단열감률과 같은 기층에서도 온위는 일정하지 않게 된다.
③ 어떤 고도의 공기덩어리를 1,000hPa 고도까지 건조단열적으로 옮겼을 때의 온도이다.
④ 어떤 고도의 공기덩어리를 1,000hPa 고도까지 건조단열적으로 옮겼을 때의 온도이다.
• 온위(Potential temperature)는 표준압력(1,013hPa=1,000mb)에서 어떤 고도의 공기를 건조단열적으로 내리거나 끌어올려 1,013hPa 고도에 가져갔을 때 나타나는 온도를 말한다.

017 온위(Potential Temperature)에 관한 내용으로 옳지 않은 것은?

① 온위는 어느 고도의 공기를 건조단열적으로 끌어내려 임의로 선정한 표준기압면까지 옮겨 놓았을 때 나타나는 기온을 말한다.
② 온위의 기준이 되는 고도에서의 기압은 보통 1,000mb이다.
③ 온위의 연직분포로부터 대기의 안정도를 판단할 수 있다.
④ 온위가 높을수록 공기의 밀도가 커진다.

해설 온위는 밀도와 반비례하므로 온위가 높을수록 공기의 밀도가 적어진다.

018 온위(Potential temperature)에 대한 설명으로 옳은 것은?

① 환경감률이 건조 단열감률과 같은 기층에서는 온위가 일정하다.
② 환경감률이 습윤 단열감률과 같은 기층에서는 온위가 일정하다.
③ 어떤 고도의 공기덩어리를 850hPa 고도까지 건조단열적으로 옮겼을 때의 온도이다.
④ 어떤 고도의 공기덩어리를 1,000hPa 고도까지 습윤단열적으로 옮겼을 때의 온도이다.

019 혼합층에 관한 설명으로 옳은 것은?

① 최대혼합깊이는 통상 낮에 가장 적고, 밤 시간을 통하여 점차 증가한다.
② 야간에 역전이 극심한 경우 최대혼합깊이는 5,000m 정도까지 증가한다.
③ 환기량은 혼합층의 온도와 혼합층 내의 평균 풍속을 곱한 값으로 정의된다.
④ 계절적으로 최대혼합깊이는 주로 겨울에 최소가 되고 이른 여름에 최댓값을 나타낸다.

해설
① 최대혼합깊이(MMD)는 통상 밤에 가장 적고, 한 장에 최대 (2,000~3,000m)이며 계절적으로는 여름에 최대, 겨울에 최소가 된다.
② 야간에 역전이 극심한 경우 최대혼합깊이는 적은 값(거의 0에 가까움)을 가지며 대기오염이 심해진다.
③ 환기량은 혼합층의 높이와 혼합층 내의 평균풍속을 곱한 값으로 정의된다.

020 대기오염물질의 분산과정에서 최대혼합깊이(Maximum mixing depth)를 옳게 표현한 것은?

① 풍향에 의한 대류 혼합층의 높이
② 열부상 효과에 의한 대류 혼합층의 높이
③ 기압의 변화에 의한 대류 혼합층의 높이
④ 오염물 간 화학반응에 의한 대류 혼합층의 높이

해설 최대혼합깊이(MMD, maximum mixing depth)란 열부상 효과에 의한 대류에 의해 혼합층의 깊이가 결정되는 것을 말한다.

021 최대혼합깊이(MMD)에 관한 설명 중 옳지 않은 것은?

① 야간에 역전이 심할 경우에는 그 값이 거의 0이 될 수도 있다.
② 통상적으로 밤에 가장 크며, 계절적으로는 겨울에 최대가 된다.
③ 열부상 효과에 의하여 대류에 의한 혼합층의 깊이가 결정되는데 이를 MMD라 한다.
④ 실제로 MMD는 지표위 수 km까지의 실제 공기의 온도 종단도를 작성함으로써 결정된다.

해설 통상적으로 밤에 가장 적고, 계절적으로는 겨울에 최소가 된다.

022 최대혼합깊이(MMD)에 관한 설명이다. ( ) 안에 가장 알맞은 것은?

> MMD값은 통상적으로 (㉠)에 가장 낮으며, (㉡)시간 동안 증가한다. (㉢)시간 동안에는 보통 (㉣)값을 나타내기도 한다.

① ㉠ 밤, ㉡ 낮, ㉢ 20~30km
② ㉠ 밤, ㉡ 낮, ㉢ 2,000~3,000m
③ ㉠ 낮, ㉡ 밤, ㉢ 20~30km
④ ㉠ 낮, ㉡ 밤, ㉢ 2,000~3,000m

해설 최대혼합깊이(MMD)는 통상적으로 밤에 가장 낮으며, 낮시간 동안 증가한다. 낮시간 동안에는 보통 2~3km 값을 나타내기도 한다.

023 최대혼합깊이에 관한 설명으로 옳지 않은 것은?

① 최대혼합깊이는 통상적으로 밤에 가장 높으며 낮시간 동안 감소한다.
② 열부력 효과에 의해 결정된 대류혼합층의 높이를 최대혼합깊이라 한다.
③ 최대혼합깊이 값이 1,500m 이하인 경우에 대도시 지역에서의 대기오염이 심화된다는 보고가 있다.
④ 가열되지 않은 기단과 주위의 대기를 이상기체라고 하면 대기 중에서 기단이 가열에 의해 위로 가속될 때 기단의 가속도식은 $\frac{dV}{dt} = \left(\frac{\text{가열 후 기간온도} - \text{주변 대기온도}}{\text{주변 대기온도}}\right) \times$ 중력가속도로 볼 수 있다.

해설 최대혼합깊이는 통상적으로 밤에 가장 낮으며 낮시간 동안 증가한다.

024 최대혼합깊이(MMD)에 관한 설명으로 옳지 않은 것은?

① 계절적으로 MMD는 이른 여름에 최대가 되고, 겨울에 최소가 된다.
② 일반적으로 대단히 안정된 대기에서의 MMD는 불안정한 대기에서보다 MMD가 적다.
③ 일반적으로 MMD가 높은 날은 대기오염이 심하고 낮은 날에는 대기오염이 적음을 나타낸다.
④ 실제 측정 시 MMD는 지상에서 수 km 상공까지의 실제 공기의 온도종단도로 작성하여 결정된다.

해설 일반적으로 MMD가 높은 날은 대기오염이 약하고, 낮은 날에는 대기오염이 심한 것을 나타낸다.

025 대기의 건조단열체감률과 국제적인 약속에 의한 중위도 지방을 기준으로 한 실제체감률인 표준체감률 사이의 관계를 대류권 내에서 도식화한 것으로 옳은 것은? (단, 건조 단열체감률은 점선, 표준체감률은 실선, 종축은 고도, 횡축은 온도를 나타낸다.)

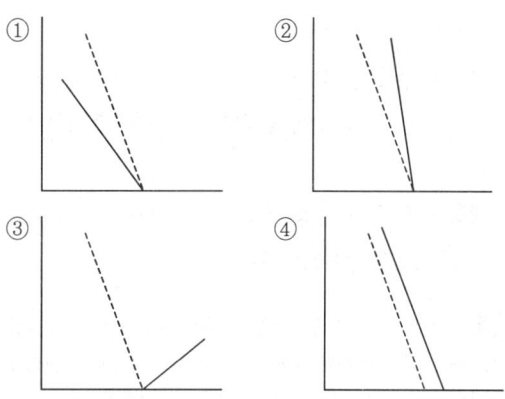

해설 중위도 지방을 기준으로 한 실제체감률인 표준체감률 사이의 관계를 대류권 내에서 도식화하면 고도에 따라 기온은 감소하며, 표준체감률이 건조단열체감률보다 기울기가 약간 더 기울여진다.

026 대기의 안정도 조건에 관한 설명으로 옳지 않은 것은?

① 중립적 조건은 환경감률과 건조단열감률이 같을 때를 말한다.
② 과단열적 조건은 환경감률이 건조단열감률보다 클 때를 말한다.
③ 등온 조건은 기온감률이 없는 대기상태이므로 공기의 상하 혼합이 잘 이루어지지 않는다.
④ 미단열적 조건은 건조단열감률이 환경감률보다 클 때를 말하며, 이때의 대기는 불안정하다.

해설 미단열적 조건은 건조단열감률이 환경감률보다 클 때를 말하며, 이때의 대기는 상하 방향으로 운동하는 공기가 원위치로 되돌아가려는 경향을 띠게 되어 공기의 수직운동이 억제되고, 난류가 형성되지 않게 되므로 대기오염물질 분산속도가 느려진다.

027 환경기온감률이 다음과 같을 때 가장 안정한 조건은?

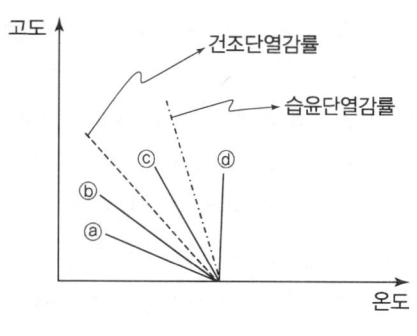

① ⓐ
② ⓑ
③ ⓒ
④ ⓓ

해설 가장 안정한 조건은 역전일 경우이다.
• 대기안정도와 기온감률
(실선: 환경기온감률, 점선: 건조단열감률)

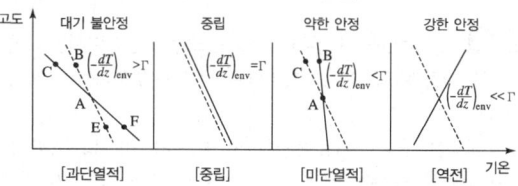

028 역전에 관한 설명으로 옳지 않은 것은?

① 복사역전은 침강역전과는 달리 대기오염물질이 위치하는 대기층에서 생긴다.
② 침강역전은 배출원의 상부에서 발생하며 장기간 지속될 경우 오염물질의 장기 축적에 기여할 수 있다.
③ 복사역전은 일출 후 구름 낀 흐린 상태에서 자주 일어나고 긴 겨울철보다는 여름에 잘 발생한다.
④ 침강성 역전의 고도는 보통 1,000~2,000m 내외에서 형성되며, 넓은 지역에 걸쳐서 발생하기도 한다.

해설 복사역전(Radiative inversion)은 일사가 없는 밤 동안 지표의 복사냉각에 의해 일어나며, 가을~봄 사이의 하늘이 맑고 바람이 약한 날, 자정 이후 새벽에 걸쳐 발생한다.

029 역전에 관한 설명으로 옳지 않은 것은?

① 복사역전층에서는 안개가 발생하기 쉽고 매연이 소산되기 어려워 지표 부근의 오염농도가 커진다.
② 복사역전은 하늘이 맑고 바람이 약한 자정 이후와 새벽에 걸쳐 잘 생기며, 낮이 되면 일사에 의해 지면이 가열되면 곧 소멸된다.
③ 전선역전층이나 해풍역전층은 모두 이동성이지만 그 상하에서 바람과 난류가 작아서 지표 부근의 오염물질들을 오랫동안 정체시킨다.
④ 산을 넘는 푄기류가 산골짜기 사이로 통과할 때 발생하는 지형성 역전도 있으며, 이 역전층은 산골짜기, 분지 등으로 냉기가 모일 경우 발생한다.

해설 전선역전층이나 해풍역전층은 모두 이동성이지만 그 상하에서 바람과 난류가 커서 지표 부근의 오염물질 정체에는 영향이 적다.
- 전선역전: 찬 공기 위로 온난전선이 통과하는 경우나 한랭전선이 따뜻한 공기 속으로 통과하는 경우에 국지적 역전층이 발생하며, 이동성이므로 오염물질의 정체에는 영향이 적다.
- 해풍역전: 바다 위의 비교적 찬 공기가 가열된 육지로 불어올 때 찬 공기가 지표 가까이에, 따뜻한 공기는 대기 상층에 형성되어 나타나는 역전이고, 이동성이므로 오염물질의 정체에는 영향이 적다.

030 기온역전(Temperature inversion)의 종류에 해당하지 않는 것은?

① 이류역전   ② 난류역전
③ 해풍역전   ④ 단층역전

해설 기온역전
- 지표역전: 복사(방사성)역전, 이류성 역전
- 공중역전: 침강성 역전, 전선성 역전, 해풍역전, 난류성 역전

031 역전에 관한 설명으로 옳지 않은 것은?

① 복사역전층은 보통 가을로부터 봄에 걸쳐서 날씨가 좋고, 바람이 약하며, 습도가 적을 때 자정 이후 아침까지 잘 발생한다.
② 침강역전은 고기압 중심 부분에서 기층이 서서히 침강하면서 기온이 단열변화로 승온되어 발생하는 현상이다.
③ 전선역전층은 빠른 속도로 움직이는 경향이 있어서 오염문제에 심각한 영향을 주지는 않는 편이다.
④ 해풍역전은 정체성 역전으로서 보통 오염물질은 오랫동안 정체시킨다.

해설 해풍역전은 바다 위의 비교적 찬 공기가 가열된 육지로 불어올 때 찬 공기가 지표 가까이에 따뜻한 공기가 대기 상층에 형성되어 나타나는 역전이고, 이동성이므로 오염물질의 정체에는 영향이 적다.

032 따뜻한 공기가 찬 지표면이나 수면 위를 불어갈 때 따뜻한 공기의 하층이 찬 지표면 수면에 의해 냉각되어 발생하는 역전의 형태는?

① 접지역전   ② 침강역전
③ 전선역전   ④ 해풍역전

해설 따뜻한 공기가 찬 지표면이나 수면 위를 불어갈 때 따뜻한 공기의 하층이 찬 지표면 수면에 의해 냉각되어 발생하는 역전의 형태는 접지역전으로 복사역전과 이류성 역전이 있다.

033 복사역전이 가장 발생되기 쉬운 기상조건은?

① 하늘이 흐리고, 바람이 강하며, 습도가 높을 때
② 하늘이 흐리고, 바람이 약하며, 습도가 낮을 때
③ 하늘이 맑고, 바람이 강하며, 습도가 높을 때
④ 하늘이 맑고, 바람이 약하며, 습도가 낮을 때

해설 복사역전(Radiative inversion)은 일사가 없는 밤 동안 지표의 복사냉각에 의해 일어나며, 가을~봄 사이의 하늘이 맑고 바람이 약한 날, 자정 이후 새벽에 걸쳐 발생한다.

정답 029 ③ 030 ④ 031 ④ 032 ① 033 ④

서술형 빈출문제

034 기온역전의 발생기전에 관한 설명으로 옳은 것은?

① 이류성 역전 – 따뜻한 공기가 차가운 지표면 위로 흘러갈 때 발생
② 침강형 역전 – 저기압 중심 부분에서 기층이 서서히 침강할 때 발생
③ 해풍형 역전 – 바다에서 더워진 바람이 차가운 육지 위로 불 때 발생
④ 전선형 역전 – 비교적 높은 고도에서 차가운 공기가 따뜻한 공기 위로 전선을 이룰 때 발생

해설
② 침강형 역전 – 고기압 중심 부분에서 기층이 서서히 침강할 때 발생
③ 해풍형 역전 – 육지 위에 있는 더워진 바람 바로 아래로 차가운 해풍이 불어와 발생
④ 전선형 역전 – 차가운 공기와 따뜻한 공기가 부딪쳐 따뜻한 공기가 찬 공기 위를 타고 상승하면서 발생

실기 Check ✓

035 침강역전과 상대 비교 시 복사역전에 관한 설명으로 옳지 않은 것은?

① 지표 가까이에 형성되므로 지표역전이라고도 한다.
② 대기오염물질 배출원이 위치하는 대기층에서 주로 생성된다.
③ 구름이 낀 날이나 센 바람이 부는 날에는 잘 생기지 않는다.
④ 단기간보다는 장기간에 걸친 대기오염물질의 축적에 의한 문제를 주로 일으킨다.

해설 장기간보다는 단기간에 걸친 대기오염물질의 축적에 의한 문제를 주로 일으킨다. 낮이 되면 일사로 인하여 지면이 가열되어 소멸한다.

036 침강역전과 상대 비교한 복사역전에 관한 설명으로 옳지 않은 것은?

① 복사역전은 지표 가까이에 형성되므로 지표역전이라고도 한다.
② 복사역전은 대기오염물질 배출원이 위치하는 대기층에서 발생된다.
③ 복사역전은 일출 직전에 하늘이 맑고 바람이 없는 경우에 강하게 생성된다.
④ 복사역전은 장기간 지속되어 단기적인 문제보다는 주로 대기오염물의 장기 축적에 기여한다.

해설 복사역전은 장기간보다는 단기간에 걸친 대기오염물질의 축적에 의한 문제를 주로 일으킨다. 낮이 되면 일사로 인하여 지면이 가열되어 소멸한다.

037 대류권 내에서는 일반적으로 고도가 높아짐에 따라 기온이 감소하나 반대로 증가하기도 한다. 이를 역전(Inversion)이라 하며 대기오염물의 혼합과 밀접한 관계를 갖는다. 이 중 따뜻한 공기가 찬 지면 위를 지나갈 때 대기 하부가 접촉 냉각에 의해 역전층이 발생되는데 이를 어떤 역전이라 하는가?

① 복사역전　　② 이류역전
③ 침강역전　　④ 공중역전

해설 이류성 역전은 따뜻한 공기가 찬 지면 위를 지나갈 때 대기 하부가 접촉 냉각되기 때문에 발생한다.

038 기온역전의 분류 중 공중역전으로 옳지 않은 것은?

① 접지역전　　② 전선역전
③ 침강역전　　④ 난류역전

해설 공중역전은 침강성 역전, 전선성 역전, 해풍역전, 난류성 역전 등이 있다.

039 침강역전(Subsidence inversion)에 관한 설명으로 옳지 않은 것은?

① 고기압 중심 부분에서 기층이 서서히 침강하면서 기온이 단열변화하여 승온 되어 발생하는 현상이다.
② 고기압이 정체하고 있는 넓은 범위에 걸쳐서 시간에 무관하게 장기적으로 지속된다.
③ 낮은 고도까지 하강하면 대기오염의 농도는 매우 낮아지는 경향이 있다.
④ 로스앤젤레스 스모그 발생과 밀접한 관계가 있는 역전형태이다.

해설 침강성역전은 고기압 중심부분에서 기층이 서서히 침강하면서 기온이 단열변화로 승온되어 발생하며 단기간의 오염문제보다는 장기간의 오염물질 축적에 의해 문제가 유발된다. 대표적인 침강역전으로 발생한 대기오염 사건은 L.A 스모그 사건이다.

040 어떤 지역의 고도에 따른 대기의 온도변화를 나타낸 것이다. 주로 침강역전(Subsidence inversion)에 해당하는 부분은?

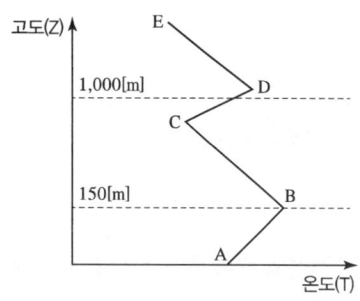

① AB 구간　　② BC 구간
③ CD 구간　　④ DE 구간

해설 침강성역전은 고기압 중심부분에서 기층이 서서히 침강하면서 기온이 단열변화로 승온되어 발생하므로 그림에서는 CD 구간에 해당된다.

041 역전(Inversion)에 관한 설명으로 옳지 않은 것은?

① 난류역전, 해풍역전은 지표역전에 해당한다.
② 침강역전, 전선역전은 공중역전에 해당한다.
③ 해풍역전은 이동성이므로 오염물질을 오랫동안 정체시키지는 않는 편이다.
④ 복사역전층에서는 안개가 발생하기 쉽고 매연이 쉽게 확산하지 못하는 편이다.

해설 난류역전, 해풍역전은 공중역전에 해당한다.

042 역전에 관한 설명으로 옳지 않은 것은?

① 일반적으로 가을과 겨울은 역전의 기간이 길고, 자주 발생한다.
② 복사역전은 해뜨기 직전 및 하늘이 맑고 바람이 약할 때 아주 강하다.
③ 침강역전은 배출원보다 낮은 고도에서 발생하므로 일반적으로 단기간 오염물질에 크게 기여한다.
④ 복사역전은 눈이 덮인 지역의 경우 눈의 알베도가 0.8보다 더 크고, 태양에서의 복사 열전달이 최소가 되기 때문에 오전의 복사역전 현상이 연장되는 경향이 있다.

해설 침강역전은 배출원보다 높은 고도(1~2km)에서 발생하므로 일반적으로 장기간 오염물질에 크게 기여한다.

043 침강역전(Subsidence inversion)에 대한 설명으로 옳지 않은 것은?

① 대도시에서 발생한 대기오염 사건은 주로 침강역전과 관련이 있다.
② 단시간의 오염문제라기보다는 장시간의 오염 축적에 의하여 문제를 야기시킨다.

③ 고기압 영역의 공기가 하강하면서 기온이 단열변화로 승온되어서 발생하는 현상이다.
④ 하늘이 맑고 바람이 적을 때 지표 근처의 공기가 낮은 온도로 냉각되면서 침강기류를 형성한다.

해설 침강성 역전은 고기압 중심부분에서 기층이 서서히 침강하면서 기온이 단열변화로 승온되어 발생한다.

044 대기에 관한 일반적 사항을 설명한 것으로 옳지 않은 것은?

① 기압경도력은 고기압과 저기압의 기압차에 의해서 생기는 힘이다.
② 마찰력은 지표에서 풍속에 비례하고 진행 방향과 반대로 작용한다.
③ 전향력은 지구 공전 때문에 생기는 전향가속도에 의한 힘을 말한다.
④ 바람이란 공기의 움직임 중에서 공기가 수평으로 이동하는 현상을 말한다.

해설 전향력이란 지구 자전에 의해서 지표 위의 운동의 방향에 영향을 미치는 힘이다.

045 바람에 관한 다음 설명 중 옳지 않은 것은?

① 기압경도력, 전향력 및 원심력의 평형으로 나타나는 바람을 경도풍이라고 한다.
② 산악지형에서 발생하는 산곡풍 중 낮에는 산의 사면을 따라 하강류가 발생한다.
③ 지표면으로부터의 마찰효과가 무시될 수 있는 층에서 기압경도력과 전향력의 평형에 의하여 이루어지는 바람을 지균풍이라고 한다.
④ 지구 자전에 의한 전향력 때문에 북반구에서는 진로의 오른쪽 방향으로, 남반구에서는 진로의 왼쪽 방향으로 바람의 방향이 변한다.

해설 산악지형에서 발생하는 산곡풍 중 낮에는 산의 사면을 따라 상승류가 발생한다. 낮에 골짜기에서 정상으로 부는 바람을 곡풍이라고 한다.

046 바람과 관련된 내용으로 옳지 않은 것은?

① 경도력: 기압차에 비례하고 등압선의 간격에 반비례한다.
② 전향력: 지구 자전에 의해 운동하는 물체에 작용하는 힘이며 경도력과 반대 방향이다.
③ 경도풍: 북반구에서는 고기압 중심부에서 아래로 침강하면서 시계 반대 방향으로 불어 나간다.
④ 지균풍: 자유대기층에서 기압경도력과 전향력만으로 등압선과 평행하게 직선운동을 하며 부는 바람이다.

해설 경도풍: 북반구에서는 고기압 중심부에서 아래로 침강하면서 시계 방향으로 회전하면서 불어 나간다.

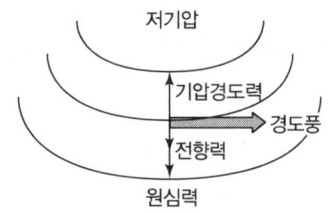

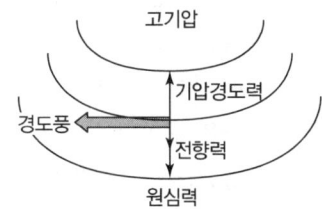

047 바람에 관한 다음 설명 중 옳지 않은 것은?

① 북반구의 경도풍은 저기압에서는 시곗바늘 이동의 반대 방향으로 회전하면서 위쪽으로 상승하면서 분다.
② 산풍은 경사면 → 계곡→ 주계곡으로 수렴하면서 풍속이 가속되기 때문에 낮에 산 위쪽으로 부는 곡풍보다 더 강하다.
③ 마찰층 내 바람은 높이에 따라 시계방향으로 각 천이가 생겨나며, 위로 올라갈수록 실제 풍향은 점점 지균풍과 가까워진다.
④ 해륙풍이 부는 원인은 낮에는 육지보다 바다가 빨리 더워져서 바다의 공기가 상승하기 때문이며, 바다에서 육지로 8~15km 정도까지 바람(해풍)이 분다.

해설 해륙풍이 부는 원인은 낮에는 바다보다 육지가 빨리 더워져서 육지의 공기가 상승하기 때문이며, 바다에서 육지로 8~15km 정도까지 바람(해풍)이 분다.

048 대기의 운동과 관련된 바람에 대한 설명으로 옳지 않은 것은?

① 바람에 관여하는 힘은 기압경도력, 전향력, 원심력, 마찰력이다.
② 기압경도력은 연직 성분과 수평 성분으로 나누어지고, 기압은 고도에 따라 감소한다.
③ 코리올리 힘은 북반구에서 오른쪽 직각으로 작용하며, 운동의 방향만을 변화시키고 속도에는 아무런 영향을 미치지 않는다.
④ 원심력은 곡선의 바깥쪽으로 향하는 힘으로 극지방에서 최대이고, 적도에서 최소(0)이며, 마찰력은 지표에서 풍속에 반비례하고, 진행 방향에 반대로 작용한다.

해설 원심력은 곡선의 바깥쪽으로 향하는 힘으로 극지방에서 최소(0)이고, 적도에서 최대이며, 마찰력은 지표에서 풍속에 비례하고, 진행 방향에 반대로 작용한다.

049 바람에 대한 설명으로 옳지 않은 것은?

① 경도풍은 기압경도력과 전향력, 원심력이 평형을 이루어 부는 바람이다.
② 풍속은 고도에 따라서 증가하는 데 그 이유는 마찰력이 고도가 높아질수록 감소하기 때문이다.
③ 바람에 작용하는 전향력은 지구 위도에 따라서 변하는 데 크기는 적도 부근이 가장 크고, 극지방에서 가장 적게 나타난다.
④ 지균풍은 마찰력이 무시될 수 있는 고도에서 등압선이 직선일 때 기압경도력과 전향력이 평형을 이루어 등압선에 평행으로 부는 바람이다.

해설 바람에 작용하는 전향력은 지구 위도에 따라서 변하는 데 크기는 적도 부근이 가장 적고, 극지방에서 가장 크게 나타난다.

050 바람쏠림(wind shear)에 관한 설명으로 옳지 않은 것은?

① 풍속이 6m/s 이하일 때는 풍향의 변화가 커진다.
② 복잡하지 않은 지형의 상공에서 풍향이 고도에 따라 변하는 것을 말한다.
③ 지형의 거칠기에 따른 고도별 풍향 변화를 쉽게 파악할 수 있도록 부챗살 모양으로 나타낸다.
④ 지표와 경도풍이 부는 높이까지의 대기층에서 약 15~40°가량 시곗바늘 진행 방향으로 쏠리는 것이 보통이다.

해설 바람쏠림은 지표 부근의 마찰력에 따른 고도별 풍향 변화를 쉽게 파악할 수 있도록 부챗살 모양으로 나타낸다. 풍속이 6m/s 이하일 때의 풍향의 변화는 적어진다.

바람쏠림(wind shear)
- 지표 부근의 마찰력에 의해 풍향이 고도에 따라 변화하는 현상을 말한다.
- 지표와 경도풍 고도 사이에는 약 15~40°가량 시곗바늘 진행 방향으로 쏠린다.
- 마찰력이 작은 해상에서는 10~20°이고, 마찰력이 큰 산악지방에서는 20~45° 정도이다.
- 지표에 근접할수록, 지표의 거칠기가 클수록 풍향의 변화 각도는 증가한다.

051 '코리올리(Coriolis) 힘'에 관한 설명으로 옳지 않은 것은?

① 전향력이라 하며 바람의 방향만을 변화시킬 뿐 속도에는 영향을 미치지 않는다.
② 코리올리 힘에 의해 북반부에서는 진로의 오른쪽 방향으로 바람의 방향이 변화된다.
③ 코리올리 힘의 크기는 지구 반경이 가장 큰 적도지방에서 최대가 되며 극지방에서는 최소가 된다.
④ 지구 자전에 의해 생기는 가속도를 전향가속도라 하고 가속도에 의한 힘을 코리올리의 힘이라 한다.

해설 코리올리 힘(전향력)의 크기는 지구 반경이 가장 적은 적도지방에서 최소(0)가 되며, 극지방에서는 최대가 된다.

052 '코리올리 힘'에 관한 설명으로 옳지 않은 것은?

① 코리올리 힘은 지구의 양 극지방에서 최대가 된다.
② 코리올리 힘은 기압차에 따라 풍속에 영향을 미친다.
③ 코리올리 힘은 북반구에서는 물체의 운동 방향의 오른쪽 방향으로 작용한다.
④ 코리올리 힘은 지구의 자전운동에 의해서 생기는 수평 방향으로의 가상적인 힘이다.

해설 코리올리 힘은 지구의 자전 때문에 생기는 힘으로 북반구에서는 바람 방향의 우측 직각 방향으로 작용한다. 경도력과 반대 방향으로 작용, 적도지방에서는 전향력 최소, 극지방에서는 최대가 된다. 기압차에 따라 풍속에 영향을 미치는 힘은 경도력이다.

053 등압면이 직선이 아닌 곡선일 때에 부는 바람인 경도풍(gradient wind)은 3가지 힘이 평형을 이루고 있을 때 나타난다. 이 3가지 힘으로 옳은 것은?

① 마찰력, 전향력, 원심력
② 기압경도력, 전향력, 원심력
③ 기압경도력, 마찰력, 원심력
④ 기압경도력, 전향력, 마찰력

해설 경도풍(gradient wind)은 기압경도력과 전향력, 원심력이 평형을 이루어 부는 바람이다.

054 바람을 일으키는 힘 중 기압경도력에 관한 설명으로 옳은 것은?

① 극지방에서 최소가 되며 적도지방에서 최대가 된다.
② 지구의 자전운동에 의해서 생기는 가속도에 의한 힘을 말한다.
③ 수평 기압경도력은 등압선의 간격이 좁으면 강해지고, 반대로 간격이 넓어지면 약해진다.
④ 경도풍이라고도 하며, 대기의 운동 방향과 반대의 힘인 마찰력으로 인하여 발생된다.

해설
① 극지방에서 최소가 되며 적도지방에서 최대가 되는 것은 전향력이다.
② 지구의 자전운동에 의해서 생기는 가속도에 의한 힘은 전향력이다.
④ 경도풍(gradient wind)은 기압차에 비례하고, 등압선의 간격에 반비례한다.

055 바람에 관여하는 힘으로 옳지 않은 것은?

① Centrifugal force
② Friction force
③ Coriolis force
④ Electronic force

해설 바람에 작용하는 힘은 경도력(기압차, Pressure gradient force), 전향력(지구의 자전, Coriolis force), 원심력(Centrifugal force), 구심력(Centripetal force), 마찰력(지상풍에만 작용, Friction force)이다.

056 바람을 일으키는 힘 중 '전향력'에 관한 설명으로 옳지 않은 것은?

① 전향력은 운동의 속력과 방향에 영향을 미친다.
② 전향력은 극지방에서 최대가 되고 적도지방에서 최소가 된다.
③ 전향력의 크기는 위도, 지구 자전 각속도, 풍속의 함수로 나타낸다.
④ 북반구에서는 항상 움직이는 물체의 운동 방향의 오른쪽 직각 방향으로 작용한다.

해설 전향력은 지구의 자전운동에 의해서 생기는 가속도에 의한 힘이다.

057 바람의 요소 중 '전향력'에 관한 설명으로 옳지 않은 것은?

① 전향력의 크기는 위도가 높아질수록 적어진다.
② 코리올리 힘이라고도 하며 경도력과 반대 방향으로 작용한다.
③ 전향력은 북반부에서 바람 방향의 우측 직각 방향으로 작용한다.
④ 지구의 자전에 의해 생기는 가속도를 전향가속도라 하고 이 가속도에 의한 힘을 전향력이라 한다.

해설 전향력의 크기는 위도가 높아질수록 커져서 극지방에서 최대가 되고 적도지방에서 최소가 된다.

058 바람을 일으키는 힘 중 '전향력'에 관한 설명으로 옳지 않은 것은?

① 지구의 자전에 의해 생기는 힘은 전향력이라 한다.
② 전향력은 극지방에서 최대가 되고 적도 지방에서 최소가 된다.
③ 전향력의 크기는 위도, 지구 자전 각속도, 풍속의 함수로 나타낸다.
④ 북반구에서는 항상 움직이는 물체의 운동 방향의 왼쪽 90° 방향으로 작용한다.

해설 북반구에서는 항상 움직이는 물체의 운동 방향의 오른쪽 90° 방향으로 작용한다.

059 전향력에 관한 다음 설명 중 옳지 않은 것은?

① 전향력은 극지방에서 최대, 적도지방은 0이다.
② 전향력은 전향인자를 속도로 나눈 값으로 정의된다.
③ 지구 북반구에서 나타나는 전향력은 물체의 이동 방향에 대해 오른쪽으로 직각 방향으로 작용한다.
④ 전향인자(f)는 $2\Omega\sin\theta$로 나타내며, θ는 위도, Ω는 지구 자전각속도로서 나타나는 전향력은 물체의 이동 방향에 대해 오른쪽 직각 방향으로 작용한다.

해설 전향력은 전향인자를 속도로 곱한 값으로 정의된다.
전향력(C) = 전향인자(f) × 풍속(v)
여기서, $f = 2 \times \Omega \times \sin\theta$
  θ: 물체가 있는 지점의 위도,
  Ω: 지구 자전의 각속도(7.29×10^{-5} rad/s)

060 지균풍에 관한 설명으로 옳지 않은 것은?

① 등압선에 평행하게 직선운동을 하는 수평의 바람이다.
② 고공에서 발생하기 때문에 마찰력의 영향이 거의 없다.
③ 기압경도력과 전향력의 크기가 같고 방향이 반대일 때 발생한다.
④ 북반구에서 지균풍은 오른쪽에 저기압, 왼쪽에 고기압을 두고 분다.

해설 북반구에서 지균풍은 왼쪽에 저기압, 오른쪽에 고기압을 두고 분다.

061 지균풍에 관한 설명으로 옳지 않은 것은?

① 고공풍이므로 마찰력의 영향이 없고 원심력의 영향도 거의 없다.
② 북반구에서는 기압경도력이 감소하여 반시계 방향으로 바람이 불게 된다.
③ 지균풍에 영향을 주는 기압경도력과 전향력은 크기가 같고 방향이 반대이다.
④ 대기경계층 상부, 즉 고도 1km 이상의 상공에서 등압선이 직선일 때 등압선에 평행으로 부는 바람이다.

해설 지균풍은 기압경도력, 전향력의 힘이 평형이 될 때, 등압선에 평행하게 직선운동을 하는 수평의 바람이다. 북반구에서는 왼쪽에 저기압, 오른쪽에 고기압을 두고 분다.

062 마찰이 작용하지 않는 자유대기층(대기경계층 상부)에서 기압경도력과 전향력만으로 등압선과 평행하게 직선운동을 하여 부는 바람은?

① 지균풍　② 경도풍
③ 전향풍　④ 대류풍

해설 지균풍은 기압경도력, 전향력의 힘이 평형이 될 때, 등압선에 평행하게 직선운동을 하는 수평의 바람이다.

063 해륙풍에 관한 설명으로 옳지 않은 것은?

① 낮에는 육지에서 바다로 바람이 분다.
② 바다와 육지의 비열 차에 의해 발생한다.
③ 해풍은 바다에서 육지로, 육풍은 육지에서 바다로 분다.
④ 해풍은 육풍보다 영향을 미치는 거리가 일반적으로 길다.

해설 낮에는 바다에서 육지로 바람이 분다.

064 해륙풍에 관한 설명으로 옳지 않은 것은?

① 육풍은 해풍에 비해 풍속이 작고, 수직·수평적인 범위도 좁게 나타나는 편이다.
② 야간에는 바다의 온도 냉각률이 육지에 비해 작으므로 기압 차가 생겨나 육풍이 존재한다.
③ 육지와 바다는 서로 다른 열적 성질 때문에 주간에는 육지로부터, 야간에는 바다로부터 바람이 분다.
④ 해륙풍이 장기간 지속되는 경우에는 폐쇄된 국지 순환의 결과로 인하여 해안가에 공업단지 등의 산업도시가 있는 지역에서는 대기오염물질의 축적이 일어날 수 있다.

해설 육지와 바다는 서로 다른 열적 성질 때문에 주간에는 바다로부터, 야간에는 육지로부터 바람이 분다.

065 해륙풍에 대한 다음 설명 중 옳지 않은 것은?

① 낮에는 해풍, 밤에는 육풍이 발달한다.
② 해풍은 대규모 바람이 약한 맑은 여름날에 발달하기 쉽다.
③ 육풍은 해풍에 비해 풍속이 크고, 수직·수평적인 영향 범위가 넓은 편이다.
④ 해풍의 가장 전면(내륙 쪽)에서는 해풍이 급격히 약해져서 수렴구역이 생기는데 이 수렴구역을 해풍전선이라 한다.

해설 해풍(8~15km까지)은 육풍(5~6km까지)에 비해 풍속이 크고, 수직·수평적인 영향 범위가 넓은 편이다.

066 기후와 관련된 설명으로 옳지 않은 것은?

① 산곡풍은 낮보다는 밤에 더 세게 분다.
② 해풍은 낮에 생기기 시작하여 오후 중간쯤 가장 강하며 밤에는 강하지 않다.
③ 열섬효과는 특히 직경 10km 이상의 도시에서 잘 나타난다.
④ 육풍은 해안에서 멀리 떨어진 내륙에서 일어나며 겨울보다는 여름철에 더 강하다.

해설 육풍은 해안 가까이 내륙에서 일어나며 여름보다는 겨울철에 더 강하다.

067 국지풍에 관한 설명으로 옳지 않은 것은?

① 낮에 바다에서 육지로 부는 해풍은 밤에 육지에서 바다로 부는 육풍보다 강한 것이 보통이다.
② 곡풍은 경사면 → 계곡 → 주계곡으로 수렴하면서 풍속이 가속되기 때문에 낮에 산 위쪽으로 부는 산풍보다 더 강하게 부는 것이 보통이다.
③ 휀풍은 산맥의 정상을 기준으로 풍상쪽 경사면을 따라 공기가 상승하면서 건조단열 변화를 하기 때문에 평지에서보다 기온이 약 1℃/100m 율로 하강한다.
④ 열섬효과로 인해 도시의 중심부가 주위보다 더 고온이 되어 도시 중심부에서 상승기류가 발생하고 도시 주위의 시골에서 도시로 부는 바람을 전원풍이라 한다.

해설 산풍은 경사면 → 계곡 → 주계곡으로 수렴하면서 풍속이 가속되기 때문에 낮에 산 위쪽으로 부는 곡풍보다 더 강하게 부는 것이 보통이다. (산풍의 세기 > 곡풍의 세기)

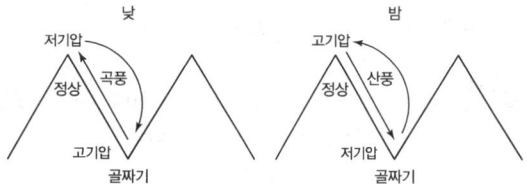

068 바람장미에 관한 설명으로 옳지 않은 것은?

① 풍속이 0.2m/s 이하일 때를 정온(calm)상태로 본다.
② 방향량(vector)은 관측된 풍향별 회수를 백분율로 나타낸 값이다.
③ 주풍은 가장 빈번히 관측된 풍향을 말하며, 막대의 길이를 가장 길게 표시한다.
④ 대기오염물질의 이동 방향은 주풍과 같은 방향이며, 풍속은 막대 날개의 길이로 표시한다.

해설 대기오염물질의 이동 방향은 주풍과 같은 방향이며, 풍속은 막대의 굵기로 표시한다.

069 바람장미에 관한 설명이다. ( ) 안에 가장 알맞은 것은?

> 바람장미에서 풍향 중 주풍은 막대의 (㉠) 표시하며, 풍속은 (㉡)로 표시한다. 풍속이 (㉢)일 때를 정온(calm) 상태로 본다.

① ㉠ 길이를 가장 길게, ㉡ 막대의 굵기, ㉢ 0.2m/s 이하
② ㉠ 굵기를 가장 굵게, ㉡ 막대의 길이, ㉢ 0.2m/s 이하
③ ㉠ 길이를 가장 길게, ㉡ 막대의 굵기, ㉢ 1m/s 이하
④ ㉠ 굵기를 가장 굵게, ㉡ 막대의 길이, ㉢ 1m/s 이하

해설 바람장미(풍배도, Wind rose)에서 풍향 중 주풍은 막대의 길이를 가장 길게 표시하며, 풍속은 막대의 굵기로 표시한다. 풍속이 0.2m/s 이하일 때를 정온(calm) 상태로 본다.

070 대기오염물질의 분산을 예측하기 위한 바람장미(Wind rose)에 관한 설명으로 옳지 않은 것은?

① 풍속이 1m/s 이하일 때를 정온(calm) 상태로 본다.
② 관측된 풍향별 발생빈도를 %로 표시한 것을 방향량(vector)이라고 한다.
③ 바람장미는 풍향별로 관측된 바람의 발생빈도와 풍속을 16방향으로 표시한 기상도형이다.
④ 가장 빈번히 관측된 풍향을 주풍(prevailing wind)이라 하고, 막대의 길이를 가장 길게 표시한다.

해설 풍속이 0.2m/s 이하일 때를 정온(calm) 상태로 본다.

071 대기안정도(stability)에 영향을 미치는 인자로 옳지 않은 것은?

① 풍향 ② 풍속
③ 일사량 ④ 운량

해설 기상관측 자료 중 대기안정도를 계산하는 데 필요한 인자는 풍속, 고도별 기온변화율, 일사량(또는 운량, 운고), 풍향의 표준편차 등이 있다.

072 대기안정도(대기권)에 관한 설명으로 옳지 않은 것은?

① 대기안정도는 연직 방향의 온도구배에 따라서 결정되는 것으로 대기확산에 중요한 변수이다.
② 건조공기의 단열체감률은 −1℃/100m이고, 국제적으로 약속된 표준체감률은 −0.66℃/100m이다.
③ 대기 절대온도가 고도에 따라서 증가하면 불안정한 대기이고, 고도를 따라서 감소하면 안정한 대기이다.
④ 공기가 상승함에 따라 온도가 자연적으로 감소하는 것은 고도가 높아지면서 기압이 감소하여 단열팽창에 의해 온도가 감소하기 때문이다.

해설 대기 절대온도가 고도에 따라서 증가하면 안정한 대기이고, 고도를 따라서 감소하면 불안정한 대기이다.

073 리처드슨(Richardson) 수에 관한 설명으로 옳지 않은 것은?

① 0인 경우는 기계적 난류만 존재한다.
② 0.25보다 크게 되면 수직혼합만 남는다.
③ 큰 음의 값을 가지면 대류가 지배적이어서 바람이 약하게 된다.
④ 무차원수로서 근본적으로 대류난류를 기계적인 난류로 전환시키는 율을 측정한 것이다.

해설 0.25보다 크게 되면 수직혼합이 없게 된다.

- 리처드슨 수(R_i, 수직방향으로 공기의 위치를 변화시켰을 때, 공기가 가지고 있는 복원력의 척도로 무차원 지수이다.)

Panofsky의 식: $R_i = \dfrac{g}{T} \times \dfrac{\left(\dfrac{\Delta T}{\Delta Z}\right)}{\left(\dfrac{\Delta u}{\Delta Z}\right)^2}$

여기서 T: 절대온도

$\left(\dfrac{\Delta T}{\Delta Z}\right)$: 자유대류의 크기(수직방향 온위경도)

$\left(\dfrac{\Delta u}{\Delta Z}\right)^2$: 강제대류(기계대류)의 크기(수직방향 풍속경도)

㉠ 리처드슨 수가 양(+)의 값이면 대기 안정, 음(−)의 값이면 대기 불안정
㉡ $R_i = 0$이면 대기 중립상태(기계적인 난류가 지배적인 상태)
㉢ $R_i > 0.25$: 수직방향의 혼합이 없음.
㉣ $0 < R_i < 0.25$: 성층에 의해 약화된 기계적 난류가 존재
㉤ $-0.03 < R_i < 0$: 기계적 난류와 대류가 존재하지만 기계적 난류가 혼합을 주로 일으킴.
㉥ $R_i < -0.04$: 대류에 의한 혼합이 기계적 혼합을 지배

정답 070 ① 071 ① 072 ③ 073 ②

074 Richardson 수에 관한 설명으로 옳지 않은 것은?

① Richardson 수가 0에 접근하면 분산은 줄어든다.
② Richardson 수를 산정하기 위한 인자는 그 지역의 중력가속도, 잠재온도, 풍속, 고도 등이다.
③ Richardson 수가 큰 음의 값을 가지면 기계적인 난류가 지배적이어서 수직, 수평운동이 일어난다.
④ Richardson 수는 무차원수로서 근본적으로 대류난류를 기계적인 난류로 전환시키는 율을 측정한 것이다.

해설 R_i가 큰 음의 값을 가지면 대류가 지배적이어서 바람이 약하게 되어 강한 수직운동이 일어나며, 굴뚝의 연기는 수직 및 수평 방향으로 빨리 분산한다.

075 리처드슨 수에 관한 설명으로 옳은 것은?

① 리처드슨 수가 0이면 기계적 난류만 존재한다.
② 리처드슨 수가 −0.04보다 적으면 수직 방향의 혼합은 없다.
③ 리처드슨 수가 0에 접근하면 분산이 커져 대류 혼합이 지배적이다.
④ 일차원 수로서 기계난류를 대류난류로 전환시키는 비율을 측정한 것이다.

해설
② 리처드슨 수가 −0.04보다 적으면 대류에 의한 혼합이 기계적 혼합을 지배한다.
③ 리처드슨 수가 0에 접근하면 분산은 줄어들어 대기 중립 상태로 기계적인 난류가 지배적인 상태가 된다.
④ 무차원수로서 근본적으로 대류난류를 기계적인 난류로 전환시키는 율을 측정한 것이다.

076 Panofsky에 의한 리처드슨 수(R_i) 크기와 대기의 혼합 간의 관계에 따른 설명으로 옳지 않은 것은?

① $R_i < -0.04$: 대류에 의한 혼합이 기계적 혼합을 지배한다.
② $-0.03 < R_i < 0$: 기계적 난류와 대류가 존재하나 기계적 난류가 혼합을 주로 일으킨다.
③ $R_i = 0$: 수직 방향의 혼합이 없다.
④ $0 < R_i < 0.25$: 성층에 의해 약화된 기계적 난류가 존재한다.

해설 $R_i = 0$: 분산은 줄어들어 대기 중립 상태로 기계적인 난류가 지배적인 상태가 된다.

실기 Check ✓

077 리처드슨(Richardson) 수와 대기혼합 간의 관계를 옳게 설명한 것은?

① $R_i = 0$: 기계적 난류만 존재
② $0.25 > R_i$: 수직방향의 혼합이 없음.
③ $R_i > -0.04$: 대류에 의한 혼합이 기계적 혼합을 지배
④ $0 > R_i > 0.25$: 성층에 의해서 약화된 기계적 난류 존재

해설
② $0.25 < R_i$: 수직방향의 혼합이 없음.
③ $R_i < -0.04$: 대류에 의한 혼합이 기계적 혼합을 지배
④ $0 < R_i < 0.25$: 성층에 의해서 약화된 기계적 난류 존재

정답 074 ③ 075 ① 076 ③ 077 ①

078 리처드슨 수(Richardson number)에 관한 설명으로 옳은 것은?

① 리처드슨 수가 커질수록 기층은 안정함을 나타낸다.
② 리처드슨 수가 적어질수록 기층은 안정함을 나타낸다.
③ 리처드슨 수가 커질수록 기층은 중립임을 나타낸다.
④ 리처드슨 수가 적어질수록 기층은 중립임을 나타낸다.

해설 리처드슨 수가 적어질수록 기층은 불안정함을 나타낸다.

079 리처드슨 수(Richardson number)에 관한 설명으로 옳지 않은 것은?

① 지구경계층에서의 기류에 안정도를 나타내는 척도로 이용한다.
② 큰 음의 값을 가지면 대류가 지배적이어서 바람이 약하게 된다.
③ 0에 접근하면 분산이 무한대가 되어 결국 열적 난류만 존재한다.
④ 무차원수로서 근본적으로 열적난류를 기계적인 난류로 전환시키는 율을 측정한 것이다.

해설 0에 접근하면 분산이 줄어들어 결국 대기 중립 상태로 기계적인 난류가 지배적인 상태가 된다.

080 리처드슨 수(R_i)의 크기가 아래와 같을 때, 대기의 혼합상태로 옳은 것은?

$$0 < R_i < 0.25$$

① 수직 방향의 혼합이 없다.
② 대류에 의한 혼합이 기계적 혼합을 지배한다.
③ 성층(stratification)에 의해서 약화된 기계적 난류가 존재한다.
④ 기계적 난류와 대류가 존재하나 기계적 난류가 혼합을 주로 일으킨다.

해설 $0 < R_i < 0.25$: 성층에 의해서 약화된 기계적 난류가 존재한다.

081 리처드슨 수(R_i)에 관한 설명으로 옳지 않은 것은?

① $R_i=0$일 때는 기계적 난류만 존재한다.
② $R_i>0.25$일 때는 수직 방향의 혼합이 없다.
③ $R_i = \dfrac{g}{T} \times \dfrac{\left(\dfrac{\Delta T}{\Delta Z}\right)^2}{\left(\dfrac{\Delta u}{\Delta Z}\right)}$로 표시하며, $\left(\dfrac{\Delta T}{\Delta Z}\right)$는 강제대류의 크기, $\left(\dfrac{\Delta u}{\Delta Z}\right)$는 자유대류의 크기를 나타낸다.
④ R_i가 큰 음의 값을 가지면 대류가 지배적이어서 바람이 약하게 되어 강한 수직운동이 일어나며, 굴뚝의 연기는 수직 및 수평 방향으로 빨리 분산한다.

해설 $R_i = \dfrac{g}{T} \times \dfrac{\left(\dfrac{\Delta T}{\Delta Z}\right)}{\left(\dfrac{\Delta u}{\Delta Z}\right)^2}$로 표시하며, $\left(\dfrac{\Delta T}{\Delta Z}\right)$는 자유대류의 크기, $\left(\dfrac{\Delta u}{\Delta Z}\right)^2$는 강제대류의 크기를 나타낸다.

082 아래 그림은 고도에 따른 대기의 기온 변화를 나타낸 것이다. 대기 중에 섞인 오염물질이 가장 잘 확산되는 기온 변화 형태는?

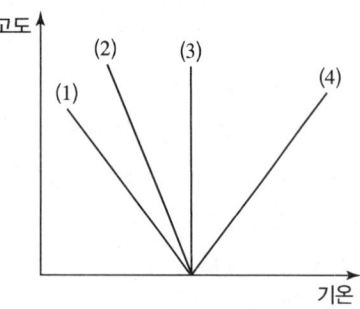

① (1)　　② (2)
③ (3)　　④ (4)

해설 (1)의 경우 대기 불안정이 되어 대기 중에 섞인 대기오염물질이 가장 잘 확산된다.

083 기온의 연직 분포가 다음 그림과 같을 때, 굴뚝에서 발생되는 연기형태는?

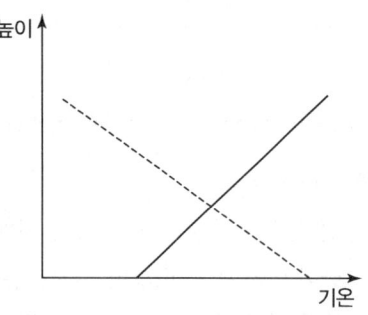

① Looping　　② Fanning
③ Fumigation　　④ Trapping

해설 그림과 같은 기온의 수직분포는 고기압 구역에서 하늘이 맑고 바람이 약하면 열방출량이 커서 한밤에서 아침까지 복사역전층이 생길 때 발생하는 연기모양이 나타나는 부채형(Fanning)을 나타낸 것이다.

084 다음은 어떤 연기형태에 해당하는 설명인가?

> 대기가 매우 안정한 상태일 때 아침과 새벽에 강한 역전조건에서 잘 발생한다. 이런 상태에서는 연기의 수직 방향 분산은 최소가 되고, 풍향에 수직되는 수평 방향의 분산은 아주 적다.

① Fanning　　② Coning
③ Looping　　④ Lofting

해설 부채형(Fanning)은 대기가 매우 안정적인 상태일 때 아침과 새벽에 강한 역전조건에서 잘 발생하여 연기의 수직 방향 분산은 최소가 되고, 풍향에 수직되는 수평 방향의 분산은 아주 적게 된다.

085 굴뚝에서 배출되는 연기의 확산형태 중 역전현상이 존재하는 형태로만 분류된 것은?

① 원추형(Coning), 환상형(Looping), 부채형(Fanning)
② 부채형(Fanning), 지붕형(Lofting), 구속형(Trapping)
③ 훈증형(Fumigation), 원추형(Coning), 지붕형(Lofting)
④ 환상형(Looping), 부채형(Fanning), 훈증형(Fumigation)

해설 굴뚝에서 배출되는 연기의 확산형태 중 역전현상이 존재하는 형태는 부채형, 지붕형, 구속형이다.

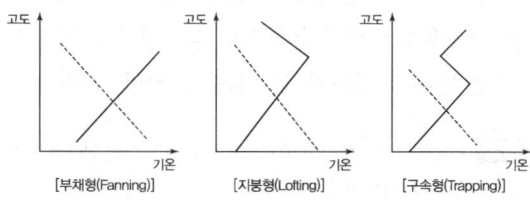

[부채형(Fanning)]　[지붕형(Lofting)]　[구속형(Trapping)]

086 굴뚝 연기의 분산형태 중 환상형(Looping)을 옳게 설명한 것은?

① 바람이 약하고 대기가 안정할 때 생긴다.
② 상층에는 침강역전, 하층에는 복사역전이 형성되었을 때 발생한다.
③ 복사역전이 발달하는 초저녁부터 이른 아침 사이에 많이 발생한다.
④ 굴뚝 가까운 지면에서 국지적이고 일시적인 고농도 현상을 나타내기도 한다.

해설 환상형(Looping)은 대기가 불안정하여 난류가 심할 때 발생하며, 굴뚝 부근의 지표면에서 국지적이고 일시적인 고농도 현상이 발생하기도 하는 연기형태를 띤다. 파상형이라고도 부른다.

087 연기의 형태에 관한 설명 중 옳지 않은 것은?

① 환상형: 과단열감률 조건일 때, 즉 대기가 불안정할 때 발생한다.
② 지붕형: 하층에 비하여 상층이 안정한 대기 상태를 유지할 때 발생한다.
③ 원추형: 오염의 단면분포가 전형적인 가우시안 분포를 이루며, 대기가 중립 조건일 때 잘 발생한다.
④ 부채형: 연기가 배출되는 상당한 고도까지 안정한 대기가 유지될 경우, 즉 기온역전현상을 보이는 경우 연직운동이 억제되어 발생한다.

해설 지붕형은 상층에 비하여 하층이 안정한 대기상태를 유지할 때 발생한다. 굴뚝 높이보다 더 낮은 지표 가까이에 역전층이 이루어져 있으며, 그 상공에는 대기가 비교적 불안정 상태일 때 발생한다.

088 맑은 여름날 해가 뜬 후부터 오후 최고기온이 나타나는 시간까지의 연기의 분산형을 옳게 순서대로 나타낸 것은?

① 부채형 → 훈증형 → 원추형 → 환상형
② 부채형 → 원추형 → 상승형 → 환상형
③ 부채형 → 환상형 → 훈증형 → 상승형
④ 부채형 → 구속형 → 환상형 → 상승형

해설 맑은 여름날 해가 뜬 후부터 오후 최고기온이 나타나는 시간까지의 연기의 분산형태는 부채형(Fanning) → 훈증형(Fumigation) → 원추형(Coning) → 환상형(Looping) 순서대로 나타난다.

089 굴뚝 연기의 모양 중 원추형에 관한 설명으로 옳은 것은?

① 구름이 많이 낀 날에 주로 관찰된다.
② 대기안정도가 불안정한 조건에서 발생된다.
③ 복사역전층 내에 배출원이 존재할 때 발생한다.
④ 굴뚝 배출원에 의한 지표오염도가 가장 높은 plume 형태이다.

해설 원추형은 연기의 퍼지는 모양이 가우시안 확산모델을 적용할 수 있는 가장 이상적인 형태를 가지고 있으며, 날씨가 흐리고 바람이 비교적 약하면 발생한다.

090 굴뚝에서 배출된 연기의 모양에 관한 설명으로 옳지 않은 것은?

① Looping형은 굴뚝이 낮으면 풍하 쪽 지상에 강한 오염원이 생기며, 저·고기압에 상관없이 발생한다.
② Fanning형은 대기가 매우 안정한 상태일 때에 아침과 새벽에 잘 발생하며, 강한 역전조건에서 잘 생긴다.
③ Fumigation형은 전형적인 가우시안 분포의 모양을 나타내며, 지면 가까이에는 거의 오염 영향이 미치지 않는다.
④ Trapping형은 보통 고기압 지역에서 상공에 공중역전층이 있고, 지표 부근에 복사역전층이 있을 때 생기는 현상이다.

해설 Fumigation형은 연기모양으로 볼 때 대기오염이 최대로 나타나며 지속시간이 30분 정도로 짧다.

091 고도에 따른 온도분포가 Fumigation형에 대한 조건과 반대로서 역전층은 굴뚝 높이보다 아래에 존재하고 불안정층은 상공에 존재하는 연기형태는?

① Looping ② Fanning
③ Lofting ④ Coning

해설 지붕형(Lofting)은 굴뚝 높이보다 지표 가까이에 역전층이 이루어져 있으며, 그 상공에는 대기가 비교적 불안정 상태일 때 발생한다.

092 다음 그림은 오염물의 분산형태의 하나로 환상형을 나타낸다. 이에 대한 설명으로 옳지 않은 것은?

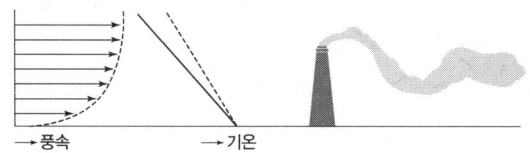

① 대기가 아주 불안정한 경우로 난류가 심하다.
② 날씨가 맑고 태양복사가 강한 계절에 잘 발생하며 수직온도 경사가 과단열이다.
③ 일출과 함께 역전층이 해소되면서 하부의 불안정층이 굴뚝의 높이를 막 넘었을 때 발생한다.
④ 연기가 지면에 도달하는 경우 굴뚝 부근의 지표에서 고농도의 오염을 야기하기도 하나 빨리 분산된다.

해설 그림은 훈증형으로, 야간에 형성된 접지역전층은 일출 후 지표면이 가열되면 지표면에서부터 역전이 해소되어 하층 대류가 활발하여 불안정해지지만 그 상층은 아직 안정 상태로 남아 있는 경우에 나타나는 연기 형태를 말한다.

093 그림과 같이 굴뚝에서 나온 연기가 퍼져 나갈 때 이를 무슨 형태라 하는가?

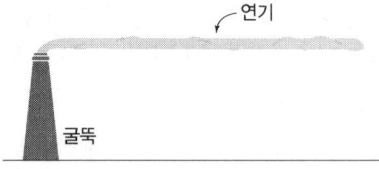

① Looping ② Fumigation
③ Fanning ④ Trapping

해설 그림은 부채형(Fanning)으로 대기가 매우 안정한 상태일 때에 아침과 새벽에 잘 발생하며, 강한 역전조건에서 잘 생긴다.

094 굴뚝에서 배출되는 연기의 형태가 아래 그림과 같은 Fanning형일 때 기상조건에 관한 다음 설명 중 옳지 않은 것은?

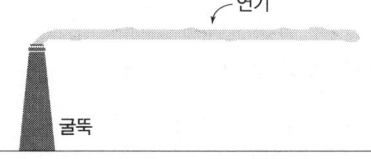

① 대기가 매우 안정한 상태일 때 아침과 새벽에 잘 발생한다.
② 이 상태에서는 연기의 수직방향 분산은 최소가 되고, 풍향에 수직되는 수평방향의 분산도 매우 적다.
③ 고기압 구역에서 하늘이 맑고 바람이 약하면 지표로부터 열방출이 커서 한밤으로부터 아침까지 복사역전층이 생길 때에 발생되는 연기 모양이다.
④ 굴뚝 상단의 일정 높이에 역전층이 존재하고, 그 하층에도 역전층이 존재하는 때에 관찰되며, 이러한 현상은 하루 중 30분 이상 지속되지 않는다.

해설 원추형은 기온역전 상태일 때의 연기 모양으로 상하의 확산폭이 적어 지표에 미치는 대기오염도는 적다.

서술형 빈출문제

095 굴뚝 연기 형태 중 부채형(Fanning)에 관한 설명으로 옳지 않은 것은?

① 주로 저기압 구역에서 굴뚝 높이보다 더 낮게 지표 가까이에 역전층이, 그 상공에는 불안정 상태일 때 발생한다.
② 굴뚝의 높이가 낮으면 지표 부근에 심각한 오염문제를 발생시킨다.
③ 대기가 매우 안정된 상태일 때에 아침과 새벽에 잘 발생한다.
④ 풍향이 자주 바뀔 때면 뱀이 기어가는 연기모양이 된다.

해설 주로 고기압 구역에서 굴뚝 높이보다 더 낮게 지표 가까이에 역전층이, 그 상공에는 불안정 상태일 때 발생하는 연기 모양은 지붕형이다.

096 굴뚝에서 배출되는 연기의 모양이 Fanning형인 경우, 대기에 관한 설명으로 옳지 않은 것은?

① 연기의 수직 방향 분산은 최소가 된다.
② 대기가 매우 안정한 침강역전 상태일 때 주로 발생한다.
③ 일반적으로 최대착지거리가 크고, 최대착지농도는 낮다.
④ 기온역전 상태의 대기오염이 심할 때 나타날 수 있는 연기모형이다.

해설 대기가 매우 안정한 복사역전 상태일 때 주로 발생한다.

097 연기가 배출되는 상당한 고도까지도 매우 안정한 대기가 유지될 경우 형성되며 연기의 농도는 높지만 굴뚝 부근의 지표에서는 오히려 농도가 낮게 되는 연기의 형태로 옳은 것은?

① 환상형
② 원추형
③ 구속형
④ 부채형

해설 원추형은 기온역전 상태일 때 나타날 수 있는 연기 모양으로 최대착지거리는 크고, 최대착지농도는 낮다.

098 기온이 급격히 떨어져 대기가 불안정하고 난류가 심할 때, 연기의 확산 형태는?

① 상승형(Lofting)
② 환상형(Looping)
③ 부채형(Fanning)
④ 훈증형(Fumigation)

해설 기온이 급격히 떨어져 대기가 불안정하고 난류가 심할 때, 연기의 확산 형태는 환상형으로 태양복사열이 강한 따뜻한 계절에 발생한다.

099 다음에서 설명하는 굴뚝에서 배출되는 연기의 모양은?

- 대기가 중립조건일 때 나타난다.
- 대기오염의 단면분포가 전형적인 가우시안 분포를 이룬다.
- 대기오염물질이 멀리 퍼져 나가고, 지면 가까이에는 대기오염의 영향이 거의 없다.

① 환상형
② 원추형
③ 지붕형
④ 부채형

100 Plume 내의 오염물의 단면분포가 전형적인 가우시안 분포(Gaussian Distribution)를 이루고 있는 연기 모양은?

① Fanning
② Lofting
③ Coning
④ Fumigation

해설 원추형은 연기의 퍼지는 모양이 가우시안 확산모델을 적용할 수 있는 가장 이상적인 형태를 가지고 있으며, 날씨가 흐리고 바람이 비교적 약하면 발생한다.

정답 095 ① 096 ② 097 ④ 098 ② 099 ② 100 ③

101 굴뚝에서 발생하는 원추형(Coning)의 연기 모양과 대기조건에 관한 설명으로 옳지 않은 것은?

① 대기가 중립조건일 때 발생한다.
② 오염의 단면분포가 전형적인 가우시안 분포를 이루고 있다.
③ 아침과 새벽에 잘 발생하며 역전층이 해소되는 과정에서 형성된다.
④ 날씨가 흐리고 바람이 비교적 약하면 약한 난류가 발생하여 생긴다.

해설 아침과 새벽에 잘 발생하며 역전층이 해소되는 과정에서 형성되는 연기 형태는 훈증형에 가깝다.

102 굴뚝 높이 상하층에서 각각 침강역전과 복사역전이 동시에 발생되는 경우의 연기의 형태는?

① Looping
② Coning
③ Fumigation
④ Trapping

해설 상층은 침강역전과 하층은 복사역전이 동시에 발생되는 경우의 연기의 형태는 구속형(Trapping)이다.

103 굴뚝에서 배출되는 연기의 모양 중 환상형(Looping)에 관한 설명으로 옳은 것은?

① 대기층이 매우 불안정 시에 나타나며, 맑은 날 낮에 발생하기 쉽다.
② 전체 대기층이 중립일 경우에 나타나며, 연기 모양의 요동이 적은 형태이다.
③ 상층이 불안정, 하층이 안정일 경우에 나타나며, 바람이 다소 강하거나 구름이 낀 날 일어난다.
④ 전체 대기층이 강한 안정 시에 나타나며, 연직확산이 적어 지표면에 순간적 고농도를 나타낸다.

해설 환상형은 기온이 급격히 떨어져 대기가 불안정하고 난류가 심할 때, 태양복사열이 강한 따뜻한 계절에 발생한다.

104 굴뚝에서 배출되는 연기의 형태 중 환상형(Looping)에 관한 설명으로 옳은 것은?

① 대기가 과단열감률 상태일 때 나타나므로 맑은 날 오후에 발생하기 쉽다.
② 상층이 불안정, 하층이 안정일 경우에 나타나며, 지표 부근의 오염물질 농도가 가장 낮다.
③ 전체 대기층이 중립 상태일 때 나타나며, 매연 속의 오염물질 농도는 가우시안 분포를 갖는다.
④ 전체 대기층이 매우 안정할 때 나타나며, 상하 확산폭이 적어 굴뚝의 높이가 낮을 경우 지표 부근에 심각한 오염문제를 야기한다.

해설 환상형(Looping)의 대기안정도는 과단열(매우 불안정) 조건일 때 나타난다.

105 야간에 형성된 접지역전층이 일출 후 지표면의 가열로 지표면부터 역전이 해소되어, 하층은 대류가 활발하여 불안정해지나 그 상층은 아직 안정 상태로 남아 있는 경우 나타나는 연기의 형태는?

① Coning
② Lofting
③ Fanning
④ Fumigation

해설 야간에 형성된 접지역전층이 일출 후 지표면의 가열로 지표면부터 역전이 해소되어, 하층은 대류가 활발하여 불안정해지나 그 상층은 아직 안정상태로 남아 있는 경우 나타나는 연기의 형태는 훈증형(Fumigation)이다.

정답 101 ③ 102 ④ 103 ① 104 ① 105 ④

106 굴뚝으로부터 배출되는 연기의 확산모양과 대기의 안정도에 대한 설명으로 옳지 않은 것은?

① 하층은 대류가 활발하여 불안정해지나 상층은 아직 안정상태일 경우 훈증형이 나타나고 지표면에서의 오염도는 높다.
② 환상형(Looping)은 대기가 불안정하여 난류가 심할 때 발생하고, 지표면에서 일시적인 고농도 현상이 발생할 수 있다.
③ 바람이 다소 강하거나 구름이 많이 낀 경우 대기상태는 중립을 유지하고, 이때에는 구속형(Trapping)으로 나타나고 지표면 농도는 높다.
④ 연기가 배출되는 상당한 높이까지 강안정 상태가 유지되는 기온역전일 경우 부채형(Fanning)이 되고, 굴뚝 부근의 지표에서는 농도가 낮다.

해설 바람이 다소 강하거나 구름이 많이 낀 경우 대기상태는 중립을 유지하고, 이때에는 원추형(Coning)으로 나타나고 지표면 농도는 낮다.

107 다음 [보기]가 설명하는 주위 대기조건에 따른 연기의 배출형태를 옳게 나열한 것은?

┌─ 보기 ─┐
㉠ 지표면 부근에 대류가 활발하여 불안정하지만, 그 상층은 매우 안정하여 대기오염 물질의 확산이 억제되는 대기조건에서 발생한다. 발생시간 동안 상대적으로 지표면의 대기오염물질 농도가 일시적으로 높아질 수 있는 형태이다.
㉡ 대기상태가 중립인 경우에 나타나며, 바람이 다소 강하거나 구름이 많이 낀 날 자주 볼 수 있는 형태이다.

① ㉠ 지붕형, ㉡ 원추형
② ㉠ 훈증형, ㉡ 원추형
③ ㉠ 구속형, ㉡ 훈증형
④ ㉠ 부채형, ㉡ 훈증형

해설
㉠ 훈증형: 지표면의 대기오염물질 농도가 일시적으로 높아질 수 있는 형태이다.
㉡ 원추형: 바람이 다소 강하거나 구름이 많이 낀 경우 대기상태는 중립을 유지하고, 지표면 대기오염물질 농도는 낮다.

108 다음 그림은 고도에 따른 기온의 환경감률선을 나타낸 것이며 대기가 가장 안정한 상태를 나타내는 온도구배는? (단, 점선은 건조단열감률선이다.)

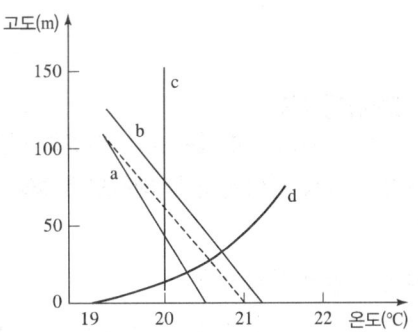

① a
② b
③ c
④ d

해설 대기가 가장 안정한 상태를 나타내는 온도구배는 기온역전을 의미하므로 d이다.

109 건조단열 기온체감률에서 100m 상승할 때마다의 기온 변화는?

① −0.6℃
② −1.0℃
③ −1.2℃
④ −1.5℃

해설
• 건조단열 기온체감률: −1.0℃/100m
• 환경기온감률: −0.65℃/100m
• 습윤단열감률: −0.5℃/100m

110 정상상태 조건 하에서 단위 면적당 확산되는 물질의 이동속도는 농도의 기울기에 비례한다는 것과 관련된 법칙은?

① Fick's law
② Fourier's law
③ 르샤틀리에 법칙
④ Reynold의 법칙

해설 Fick의 제1법칙은 정상상태 조건에서 단위 면적당 확산되는 물질의 양은 농도구배(농도의 기울기)에 비례한다는 것을 의미한다.

111 Fick의 확산방정식을 실제 대기에 적용시키기 위한 추가적 가정에 대한 내용으로 옳지 않은 것은?

① 과정은 안정 상태이다.
② 고려된 공간에서 오염물의 농도는 균일하다.
③ 바람에 의한 오염물의 주이동 방향은 x축이다.
④ 풍속은 x, y, z 좌표시스템 내의 어느 점에서든 일정하다.

해설 고려된 공간에서 오염물의 농도는 점오염원에서 연속적으로 배출된다.
- Fick의 확산방정식은 분산모델의 가장 기초가 되는 법칙으로 실제 대기에 적용시키기 위한 추가적 가정은 다음과 같다.
  ㉠ 풍향, 풍속, 온도, 시간에 따른 농도변화가 없는 정상상태 분포를 가정한다.
  ㉡ 바람에 의한 오염물질의 주 이동방향은 x축이며 풍속은 일정하다.
  ㉢ 바람이 부는 방향(x축)의 오염물질 확산은 이류에 의한 이동량에 비해 무시할 수 있을 정도로 적다.
  ㉣ 풍하 측의 대기안정도와 확산계수는 변하지 않는다.
  ㉤ 오염물질은 점오염원에서 연속적으로 배출된다.
  ㉥ 오염물질은 플룸(plume) 내에서 소멸되거나 생성되지 않는다.
  ㉦ 굴뚝에서 배출된 오염물질은 기체이거나 입경이 미세한 에어로솔이다.

112 Fick의 확산방정식을 실제 대기에 적용시키기 위한 추가적 가정에 대한 내용으로 옳지 않은 것은?

① 오염물질은 플룸(plum) 내에서 소멸된다.
② 바람에 의한 오염물질의 주 이동 방향은 x축이다.
③ 풍속은 x, y, z 좌표시스템 내의 어느 점에서든 일정하다.
④ 풍향, 풍속, 온도, 시간에 따른 농도변화가 없는 정상상태 분포를 가정한다.

해설 오염물질은 플룸(plum) 내에서 소멸되지 않는다.

113 Fick의 확산방정식의 기본 가정으로 옳지 않은 것은?

① 풍속이 높이에 반비례한다.
② 시간에 따른 농도변화가 없는 정상상태이다.
③ 오염물질이 점오염원에서 계속적으로 방출된다.
④ 바람에 의한 오염물질의 주 이동 방향이 x축이다.

해설 연직(수직) 방향의 풍속은 일정하다.

서술형 빈출문제

114 Fick의 확산방정식 $\left(\dfrac{dC}{dt} = K_x \dfrac{d^2C}{dx^2} + K_y \dfrac{d^2C}{dy^2} + K_z \dfrac{d^2C}{dz^2}\right)$을 실제 대기에 적용하기 위하여 일반적으로 추가하는 가정으로 옳지 않은 것은?

① 과정은 안정상태 $\left(\dfrac{dV}{dt} = 0\right)$ 이다.
② 확산에 의한 오염물질의 주이동 방향은 x축이다.
③ 오염물은 점오염원으로부터 계속적으로 방출된다.
④ 풍속은 x, y, z 좌표시스템 내의 어느 점에서든 일정하다.

해설 바람에 의한 오염물질의 주이동 방향은 x축이다.

115 대기오염 예측의 기본이 되는 난류확산 방정식은 시간에 따른 오염물 농도의 변화를 선형화한 여러 항으로 구성된다. 다음 중 방정식을 선형화하고자 할 때 고려해야 할 항목으로 옳지 않은 것은?

① 난류에 의한 분산항
② 분자 확산에 의한 항
③ 바람에 의한 수평 방향 이류항
④ 화학(연소)반응에 의해 변화하는 항

해설 대기오염 예측의 기본이 되는 난류확산 방정식은 물리적인 측면에서 고려한 것이며, 화학(연소)반응에 의해 변화되는 것은 아니다.

116 다음은 가우시안(Gaussian) 확산방정식이다. 정상 상태(steady state)를 고려할 경우 '0'이 되는 항은?

$$\underbrace{\dfrac{\partial C}{\partial t}}_{\text{㉠}} = \underbrace{-\dfrac{\partial}{\partial x}(C\,u)}_{\text{㉡}} + \underbrace{\dfrac{\partial}{\partial x}\left[\dfrac{\partial(D_xC)}{\partial x}\right]}_{\text{㉢}}$$
$$+ \underbrace{\dfrac{\partial}{\partial y}\left[\dfrac{\partial(D_yC)}{\partial y}\right]}_{\text{㉣}} + \underbrace{\dfrac{\partial}{\partial z}\left[\dfrac{\partial(D_zC)}{\partial z}\right]}_{\text{㉤}}$$

① ㉠
② ㉡
③ ㉢
④ ㉣, ㉤

해설 가우시안(Gaussian) 확산방정식에서 가정조건으로 정상 상태(steady state)일 경우 $\dfrac{\partial C}{\partial t}=0$이다.

117 아래의 식은 지표면으로부터 오염물질의 반사를 고려한 경우에 사용되는 가우시안 확산식이다. 이 식에 사용된 기호에 관한 설명으로 옳지 않은 것은?

$$C(x, y, z, H_e) = \dfrac{Q}{2\pi\,u\,\sigma_y\,\sigma_z}\left[\exp\left(-\dfrac{y^2}{2\sigma_y^2}\right)\right]$$
$$\times \left[\exp\left(-\dfrac{(z-H_e)^2}{2\sigma_z^2}\right) + \exp\left(-\dfrac{(Z+H_e)^2}{2\sigma_z^2}\right)\right]$$

① H_e : 유효굴뚝높이
② σ_y, σ_z : 확산계수(또는 확산 폭)
③ u : 굴뚝 내 배출가스의 배출속도
④ z : 지면으로부터 연직 방향의 높이

해설 u : 풍속

정답 114 ② 115 ④ 116 ① 117 ③

118 가우시안(Gaussian) 분산식에 대한 설명으로 옳은 것은?

$$C(x, y, z) = \frac{Q}{2\pi u \sigma_y \sigma_z} \left[\exp\left(-\frac{y^2}{2\sigma_y^2}\right) \right]$$
$$\times \left[\exp\left(-\frac{(z-H)^2}{2\sigma_z^2}\right) + \exp\left(-\frac{(Z+H)^2}{2\sigma_z^2}\right) \right]$$

① 지표면으로부터 고도 H에 위치하는 점오염원과 오염물질이 지면으로부터 반사되는 경우에 사용한다.
② 공중역전이 존재할 경우 역전층의 오염물질의 상향확산에 의한 일정 고도 상에서의 중심축 상 선오염원의 농도를 산출하는 경우에 사용한다.
③ 비정상 상태에서 불연속적으로 배출하는 면오염원으로부터 바람 방향이 배출면에 수평인 경우 풍하 측의 지면농도를 산출하는 경우에 사용한다.
④ 연속적으로 배출하는 무한의 선오염원으로부터 바람의 방향이 배출선에 수직인 경우 플룸 내에서 소멸되는 풍하 측의 지면농도를 산출하는 경우에 사용한다.

해설 가우시안 확산모델 유도에 사용되는 가정
- 연기의 확산은 정상상태로 가정한다.
- 오염물질은 점배출원으로부터 연속적으로 배출된다.
- 오염물질의 주 이동방향은 x축이며, 플룸 내에서 소멸되거나 생성되지 않는다.
- 수평방향에서 난류확산은 대류에 의한 확산보다 적다고 가정한다.
- 풍속과 난류확산계수는 일정하다.
- 수직(연직) 방향의 풍속의 변화는 무시한다.

119 가우시안(Gaussian) 모델에서의 표준편차(σ_y, σ_z)에 관한 설명으로 옳지 않은 것은?

① σ_y, σ_z값은 평탄한 지형에 기준을 두고 있다.
② σ_y, σ_z값의 성립조건으로 시료채취기간은 약 5분이다.
③ σ_y, σ_z값은 대기의 안정상태와 풍하거리 x의 함수이다.
④ σ_y, σ_z값은 고도에 따라 변하므로 고도는 대기 중에서 하부 수백 m에 국한된다.

해설 σ_y, σ_z값의 성립조건으로 시료채취기간은 약 10분이다.

120 가우시안 확산모델에 관한 내용으로 옳지 않은 것은?

① 고도에 따른 풍속 변화가 Power law를 따른다고 가정한다.
② 대기오염물질이 배출원에서 연속적으로 배출된다고 가정한다.
③ 확산계수(σ_y, σ_z)를 구하기 위한 시료 채취시간을 10분 정도로 한다.
④ 경계조건을 달리 설정함으로써 오염원의 위치와 형태에 따른 오염물질의 농도를 예측할 수 있다.

해설 고도에 따른 풍속 변화는 무시한다.

121 가우시안(Gaussian) 분산모델에 있어서 수평 및 수직방향의 표준편차 σ_y와 σ_z에 관한 가정(설명)으로 옳지 않은 것은?

① 지표는 평탄하다고 간주한다.
② 시료채취시간은 약 10분으로 간주한다.
③ 고도에 따라 변하는 값으로 고도는 대기 중에서 하부 수백 m에 국한하여 사용한다.

④ 대기의 안정상태와는 관계가 있지만, 굴뚝으로부터의 풍하거리(Distance Downwind)와는 무관하다.

해설 σ_y, σ_z값은 대기의 안정상태와 풍하거리 x의 함수이다.

122 가우시안(Gaussian) 대기확산모델에 관한 설명으로 옳지 않은 것은?

① 간단한 화학반응을 묘사할 수 있다.
② 장·단기적인 대기오염도 예측에 사용이 용이하다.
③ 선오염원에서 풍하 방향으로 확산되어가는 plume이 정규분포를 한다고 가정한다.
④ 주로 평탄지역에 적용이 가능하도록 개발되어 왔으나 최근 복잡지형에도 적용이 가능토록 개발되고 있다.

해설 점오염원에서 풍하 방향으로 확산되어가는 plume이 정규분포를 한다고 가정한다.

123 가우시안(Gaussian) 확산모델 유도에 사용되는 가정으로 옳지 않은 것은?

① 연기의 확산은 정상상태(Steady state)로 가정한다.
② 오염물질은 점배출원으로부터 연속적으로 방출된다.
③ 풍속은 고도에 따라서 증가하므로 이를 모델에서 고려하기 위해서 Power law를 적용한다.
④ 바람에 의한 주 이동방향은 x축으로 하며 오염물질은 플룸(plume) 내에서 소멸되거나 생성되지 않는다.

해설 고도에 따른 풍속 변화는 무시한다.

124 가우시안(Gaussian) 확산모델에 도입되어 적용된 가정으로 옳지 않은 것은?

① 난류 확산계수는 일정하다.
② 풍속은 고도에 따라 증가한다.
③ 연기의 분산은 Steady state이다.
④ 연직 방향의 풍속은 통상 수평 방향의 풍속보다 상대적으로 크기가 적기 때문에 연직방향의 풍속을 무시한다.

해설 고도에 따른 풍속 변화는 무시한다.

125 가우시안(Gaussian) 모델에 대한 설명으로 옳지 않은 것은?

① 주로 평탄 지역에 적용이 가능하다.
② 장기적인 대기오염도 예측에 사용이 용이하다.
③ 수평 방향의 난류확산은 대류에 의한 확산보다 크다고 가정하여 유도한다.
④ 점오염원에서는 풍하 방향으로 확산되어가는 plume이 정규 분포한다고 가정하여 유도한다.

해설 수평방향에서 난류확산은 대류에 의한 확산보다 적다고 가정한다.

126 가우시안(Gaussian) 모델을 적용하기 위한 가정으로 옳지 않은 것은?

① 고도 변화에 따른 풍속 변화는 무시한다.
② 수평 방향의 난류확산보다 대류에 의한 확산이 지배적이다.
③ 배출된 오염물질은 흘러가는 동안 없어지거나 다른 물질로 바뀌지 않는다.
④ 이류 방향으로의 오염물질 확산을 무시하고 풍하 방향으로의 확산만을 고려한다.

해설 풍하 방향과 이류 방향으로의 오염물질 확산을 고려한다.

127 Sutton의 지표상의 최대착지농도를 나타내는 확산관계식에서 최대착지농도에 대한 설명으로 옳지 않은 것은?

① 평균풍속에 비례한다.
② 오염물질 배출률(량)에 비례한다.
③ 유효굴뚝높이의 제곱에 반비례한다.
④ 수평 및 수직 방향 확산계수와 관계가 있다.

해설 최대착지농도는 평균풍속에 반비례한다.
Sutton의 지표상의 최대착지농도를 나타내는 확산관계식

$$C_{max} = \frac{2 \times Q \times C}{\pi \times e \times u \times H_e^2} \times \left(\frac{\sigma_z}{\sigma_y}\right) \text{(ppm)}$$

여기서, C : 오염물질 농도(ppm)
Q : 오염물질 배출량(m^3/s)
u : 풍속(m/s)
H_e : 유효굴뚝높이(m)
σ_y : 수평확산계수(m)
σ_z : 수직확산계수(m)

128 대기오염 농도를 추정하기 위한 상자모델에서 사용하는 가정으로 옳지 않은 것은?

① 오염물질의 분해는 0차 반응에 의한다.
② 고려되는 공간에서 오염물질의 농도는 균일하다.
③ 오염물질의 배출원이 지면 전역에 균등히 분포되어 있다.
④ 고려되는 공간의 수직단면에 직각 방향으로 부는 바람의 속도가 일정하여 환기량이 일정하다.

해설 오염물질의 분해는 1차 반응에 의한다.

129 면배출원으로부터 배출되는 오염물질의 확산을 다루는 상자모델 사용 시 가정조건으로 옳지 않은 것은?

① 상자 공간에서 오염물의 농도는 균일하다.
② 오염배출원은 이 상자가 차지하고 있는 지면 전역에 균등하게 분포되어 있다.
③ 배출된 오염물질이 다른 물질로 변화되는 비율과 지면에 흡수되는 비율은 100%이다.
④ 상자 안에서는 밑면에서 방출되는 오염물질이 상자 높이인 혼합층까지 즉시 균등하게 혼합된다.

해설 배출된 오염물질이 다른 물질로 변화되지 않고, 지면에도 흡수되지 않는다.

130 대기오염물질의 분산모델 중 상자모델(Box Model)의 기본적인 가정을 설명한 것으로 옳지 않은 것은?

① 대기오염물질의 분해는 1차 반응에 의한다.
② 오염원은 방출과 동시에 균등하게 혼합된다.
③ 고려되는 공간에 단일 점원으로부터 대기오염물질이 계속적으로 배출된다.
④ 고려되는 공간의 수직단면에 직각 방향으로 부는 바람의 속도가 일정하여 환기량이 일정하다.

해설 고려되는 공간에 오염물질의 농도는 균일하다.

131 미국에서 개발된 대기분산모델로서, 적용 배출원이 점, 면이며, 복잡한 지형에 대해 오염물질의 이동을 계산하는 가우시안 모델에 해당하는 것은?

① CMAQ
② RAMS
③ ADMS
④ CTDMPLUS

해설 CTDMPLUS(Complex Terrain Dispersion Model Plus): 미국에서 개발된 대기분산모델로서, 적용 배출원이 점, 면이며, 복잡한 지형에 대해 오염물질의 이동을 계산하는 가우시안 모델이다.

해설 ISCLT(industrial source complex model for long term): 가우시안 모델로서 미국에서 개발되었으며 적용배출원 형태는 점오염원, 선오염원, 면오염원 모두에 적용된다. ISCST와 같은 구조로 장기농도 계산용 모델이다.

132 대기분산모델에 관한 설명으로 옳지 않은 것은?

① RAMS는 바람장모델로서 바람장과 오염물질의 분산을 동시에 계산한다.
② AUSPLUME는 가우시안 모델로서 미국의 ISCST와 ISCLT모델을 개조하여 만든 것이다.
③ ISCLT는 가우시안 모델로서 미국에서 널리 이용되는 범용적 모델로 장기농도 계산에 유용하다.
④ ADMS는 광화학 모델로서 미국에서 범용적으로 복잡한 지형에 대해 오염물질의 이동을 계산한다.

해설 ADMS(Atmospheric Dispersion Model System)는 가우시안모델로서 영국에서 도시지역의 오염물질 이동을 계산하는 데 사용하였다.

133 다음 설명하는 대기분산모델로 옳은 것은?

- 적용 모델식: 가우시안 모델
- 적용 배출원의 형태: 점, 선, 면
- 개발국가: 미국
- 특징: 미국에서 최근 널리 이용되는 범용적인 모델로 장기농도 계산용 모델이다.

① RAMS
② ISCLT
③ UAM
④ AUSPLUME

134 다음 설명에 해당하는 대기분산모델로 옳은 것은?

- 적용 모델식: 광화학 모델
- 적용 배출원의 형태: 점, 면
- 특징: 도시지역에서 광화학 반응을 고려하여 대기오염물질의 이동을 계산하는 것으로 미국에서 개발되었다.

① ADMS
② AUSPLUME
③ UAM
④ SMOGSTOP

해설 UAM(Urban Airshed Model): 미국에서 개발된 도시지역 광화학 반응을 고려한 모델이다.

135 다음 설명에 해당하는 대기분산모델로 옳은 것은?

- 적용 모델식: 가우시안 모델
- 적용 배출원의 형태: 점, 선, 면
- 개발국: 영국
- 특징: 도시지역에서 대기오염물질의 이동을 계산하는 것으로 영국에서 많이 사용하는 모델이다.

① OCD
② UAM
③ ISCLT
④ ADMS

해설 ADMS(Atmospheric Dispersion Model System)는 가우시안모델로서 영국에서 도시지역의 오염물질 이동을 계산하는 데 사용하였다.

정답 132 ④ 133 ② 134 ③ 135 ④

136 대기분산모델에 관한 설명으로 옳지 않은 것은?

① TCM(Texas Climatological Model)은 장기 모델로 한국에서 많이 사용되었다.
② ADMS(Air Distribution Model System)은 기상관측에 사용되는 바람장모델로 일본에서 많이 사용되었다.
③ ISCST(Industrial Source Complex Model for Short Term)는 ISCLT와 같은 구조로서 주로 단기농도 예측에 사용된다.
④ ISCLT(Industrial Source Complex Model for Short Term)는 미국에서 널리 이용되는 범용적인 모델로 장기농도 계산용 모델이다.

해설 ADMS(Atmospheric Dispersion Model System)는 가우시안모델로서 영국에서 도시지역의 오염물질 이동을 계산하는 데 사용하였다.

137 대기오염원의 영향을 평가하는 방법 중 분산모델에 관한 설명으로 옳지 않은 것은?

① 대기오염물질의 단기간 분석 시 문제가 된다.
② 지형 및 오염원의 조업조건에 영향을 받는다.
③ 시나리오 작성이 곤란하고, 미래예측이 어렵다.
④ 먼지의 영향평가는 기상의 불확실성과 오염원이 미확인인 경우에 문제점을 가진다.

해설 분산모델은 미래의 대기질을 예측할 수 있어 시나리오 작성이 가능한 모델이다.

138 대기오염원 영향평가방법인 분산모델의 특징으로 옳지 않은 것은?

① 2차 오염원의 확인이 가능하다.
② 점, 선, 면 오염원의 영향을 평가할 수 있다.
③ 대기오염물질의 장기간 분석 시 문제가 된다.
④ 새로운 오염원이 지역 내에 생길 때 매번 재평가를 하여야 한다.

해설 대기오염물질의 단기간 분석 시 문제가 된다.

139 '분산모델'에 관한 설명으로 옳지 않은 것은?

① 특정 오염원의 영향을 평가할 수 있는 잠재력이 있다.
② 단기분석에 적절하며 지형 및 오염원의 조업조건에 영향을 받지 않는다.
③ 특정한 오염원의 배출속도와 바람에 의한 분산요인을 입력자료로 하여 수용체 위치에서의 영향을 계산한다.
④ 기상과 관련하여 대기 중의 무작위적인 특성을 적절하게 묘사할 수 없기 때문에 결과에 대한 불확실성이 크게 작용한다.

해설 장기분석에 적절하며 지형 및 오염원의 조업조건에 영향을 받는다.

140 분산모델 중 Box Model에 관한 설명으로 옳지 않은 것은?

① 바람은 상자의 측면에서 불며 그 속도는 일정하다.
② 수평·수직확산이 고려되지 않아 적용에 제한적이다.
③ 정상적인 장소에서 선오염원의 농도를 구하는 데 적합하다.
④ 대기오염물질의 농도가 시간에 따라서만 변화는 0차원 모델이다.

해설 상자모델(Box Model, 격자모델)은 정상적인 장소에서 면오염원의 농도를 구하는 데 적합하다.

정답 136 ② 137 ③ 138 ③ 139 ② 140 ③

141 수용모델의 특성으로 옳은 것은?

① 단기간 분석 시 문제가 된다.
② 점, 선, 면 오염원의 영향을 평가할 수 있다.
③ 지형 및 오염원의 조업조건에 영향을 받는다.
④ 현재나 과거에 일어났던 일을 추정, 미래를 위한 전략은 세울 수 있으나 미래예측은 어렵다.

해설 수용모델과 분산모델의 비교

구분	장점	단점
수용모델	• 오염원을 수리 통계학적으로 분석 가능하다. • 정량적인 확인 평가가 가능하다. • 지형, 기상학적 정보가 없어도 사용 가능하다.	• 시나리오 작성에 어려움이 있다. • 미래의 대기질 예측이 어렵다.
분산모델	• 미래의 대기질 예측이 가능하다. • 2차 오염원의 확인이 가능하다. • 점, 선, 면 오염원의 영향평가가 가능하다.	• 새로운 오염원 발생 시 매번 재평가를 해야 한다. • 오염물질의 단기간 분석 시 문제가 발생한다. • 지형과 오염원의 조업조건에 영향을 받는다.

142 수용모델에 관한 설명으로 옳지 않은 것은?

① 지형·기상학적 정보 없이도 사용 가능하다.
② 수용체 입장에서 영향평가가 현실적으로 이루어질 수 있다.
③ 측정자료를 입력자료로 사용하므로 시나리오 작성이 용이하다.
④ 오염원의 조업 및 운영상태에 대한 정보 없이도 사용 가능하다.

해설 수용모델은 측정자료를 입력자료로 사용하므로 시나리오 작성에 어려움이 있다.

143 수용모델의 분석법에 관한 설명으로 옳지 않은 것은?

① 전자주사현미경은 광학현미경보다 작은 입자를 측정할 수 있고, 정성적으로 먼지의 오염원을 확인할 수 있다.
② 공간계열법은 시료채취기간 중 오염배출속도 및 기상학 등에 크게 의존하여 분산모델과 큰 연관성을 갖는다.
③ 광학현미경법으로는 입경이 0.01μm보다 큰 입자만을 대상으로 먼지의 형상, 모양 및 색깔별로 오염원을 구별할 수 있고, 미숙련 경험자도 쉽게 분석 가능하다.
④ 시계열분석법은 대기오염 제어의 기능을 평가하고 특정 오염원의 경향을 추적할 수 있으며, 타 방법을 통해 제시된 오염원을 확인하는 데 매우 유용한 정성적 분석법이다.

해설 수용모델의 접근방법은 화학적인 방법으로 화학질량수지법(CMB, Chemical Mass Balance)과 다변량분석법 등이 핵심이다. 광학현미경법으로는 입경이 최소 1~2μm 이상이 되어야 하며 먼지의 형상, 모양 및 색깔별로 오염원을 구별할 수 있어야 해서 숙련도가 크게 작용한다.

144 수용모델(Receptor Model)에 관한 설명으로 옳지 않은 것은?

① 오염원의 조업 및 운영상태에 대한 정보 없이도 사용 가능하다.
② 입자상 및 가스상물질, 가시도 문제 등 환경과학 전반에 응용할 수 있다.
③ 새로운 오염원, 불확실한 오염원과 불법 배출 오염원을 정량적으로 확인·평가할 수 있다.
④ 측정자료를 입력자료로 사용하므로 시나리오 작성이 가능하고, 미래의 대기질 예측이 용이하다.

해설 측정자료를 입력자료로 사용하므로 시나리오 작성이 어렵고, 미래의 대기질 예측이 곤란하다.

145 수용모델(Receptor Model)에 대한 설명으로 옳지 않은 것은?

① 질량보전의 법칙과 질량수지 개념에 바탕을 두고 유도가 시작된다.
② 측정자료를 입력하므로 시나리오 작성이 가능하고 미래의 대기질 예측이 용이하다.
③ 대기오염배출원이 주변 지역에 미치는 영향 또는 기여도를 수리통계학적으로 분석하는 것이다.
④ 적용 범위는 도시단위의 소규모에서 최근에는 국가 단위의 중규모까지 확장되고 있고, 분산모델의 결과를 확인하는 역할을 하고 있다.

해설 측정자료를 입력자료로 사용하므로 시나리오 작성이 어렵고, 미래의 대기질 예측이 곤란하다.

146 대기오염원 영향 평가방법 중 수용모델에 관한 설명으로 옳지 않은 것은?

① 측정자료를 입력자료로 사용하므로 시나리오 작성이 곤란하다.
② 모델의 분류로는 오염물질의 분석방법에 따라 현미경 분석법과 화학분석법으로 구분한다.
③ 기초적인 기상학적 원리를 적용, 미래의 대기질을 예측하여 대기오염제어 정책 입안에 도움을 준다.
④ '모델링'이라는 협의의 개념보다는 대기오염물질의 물리화학적 분석과 각종 응용통계분석까지를 포함한 광의의 개념으로 이용되고 있다.

해설 기초적인 기상학적 원리를 적용, 미래의 대기질을 예측하여 대기오염제어 정책 입안에 도움을 주는 모델은 분산모델이다.

147 대기오염모델인 수용모델의 화학분석법으로 옳지 않은 것은?

① 다변량 분석법
② 광학현미경법
③ 인자 분석법
④ 공간 계열 분석법

해설 광학현미경법은 물리적 방법으로 짧은 시간 안에 미세입자의 크기, 조성, 형태 등에 관한 다양한 정보를 얻을 수 있어 대기오염물질을 관리하는 면에서 장점을 갖고 있으나 대기 미세입자 시료의 불균일도에서 오는 측정값의 부정확도를 배제할 수 없는 단점이 있다.

148 열섬효과(heat island effect)에 대한 설명으로 옳지 않은 것은?

① 교외지역에서는 도시지역에 비하여 고온의 공기층을 형성하게 되는데, 이를 열섬(heat island)현상이라 한다.
② 열섬현상의 요인으로서는 인공열 발생증가, 건물 등 구조물에 의한 거칠기 변화, 지표면에서의 증발잠열 차이 등이다.
③ 도시지역과 교외지역은 풍속이나 대기안정도의 특성이 서로 다르고, 열섬의 규모와 현상은 시공간적으로 다양하게 나타난다.
④ 도시지역에서의 풍속은 교외지역에 비하여 평균적으로 25~30% 감소하며, 대기오염물질이 응결핵으로 작용하여 운량과 강우량의 증가현상이 나타난다.

해설 도시지역에서는 교외지역에 비하여 고온의 공기층을 형성하게 되는데, 이를 열섬(heat island)현상이라 한다.

서술형 빈출문제

149 열섬효과에 관한 설명으로 옳지 않은 것은?
① 열섬현상은 고기압의 영향으로 하늘이 맑고 바람이 약한 때에 잘 발생한다.
② 열섬효과로 도시주위의 시골에서 도시로 바람이 부는데 이를 전원풍이라 한다.
③ 도시의 지표면은 시골보다 열용량이 적고 열전도율이 높아 열섬효과의 원인이 된다.
④ 도시에서는 인구와 산업의 밀집지대로서 인공적인 열이 시골에 비하여 월등하게 많이 공급된다.

해설 도시의 지표면은 시골보다 열용량이 크고, 열전도율이 낮아 열섬효과의 원인이 된다.

150 열섬현상에 관한 설명으로 옳지 않은 것은?
① 태양의 복사열에 의해 도시에 축적된 열이 주변 지역에 비해 크기 때문에 형성된다.
② Dust dome effect라고도 하며, 직경 10km 이상의 도시에서 잘 나타나는 현상이다.
③ 도시지역 표면의 열적 성질의 차이 및 지표면에서의 증발 잠열의 차이 등으로 발생된다.
④ 대도시에서 발생하는 기후현상으로 주변 지역보다 비가 적게 오며, 건조해져 코, 기관지 염증의 원인이 된다.

해설 대도시에서 발생하는 기후현상으로 주변 지역보다 비가 많이 오며, 온도가 높고, 안개가 자주 발생한다.

151 열섬효과에 관한 내용으로 옳지 않은 것은?
① 구름이 많고 바람이 강한 주간에 주로 발생한다.
② 교외지역에 비해 도시지역에 고온의 공기층이 형성된다.
③ 직경이 10km 이상인 도시에서 자주 나타나는 현상이다.
④ 일교차가 심한 봄, 가을이나 추운 겨울에 주로 발생한다.

해설 열섬효과는 바람이 없는 맑은 날 야간에 주로 발생한다.

152 파스퀼(Pasquill)은 확산 추정 시 변동 측정법을 추전하였으며, 광범위한 추정에 필요한 기상자료를 이용하여 확산의 계획안을 제출하였는데, 이때 필요한 변수로 옳지 않은 것은?
① 풍속
② 습도
③ 운량
④ 일사량

해설 Pasquill의 동적인 안정도 수(PSC)는 주간에는 일사강도와 풍속, 야간에는 운량과 풍속으로부터 6단계의 대기안정도 등급이 나뉜다.

153 파스퀼(Pasquill)의 대기안정도에 관한 설명으로 옳지 않은 것은?
① 안정도는 A~F까지 6단계로 구분하며, A는 가장 불안정한 상태, F는 가장 안정한 상태를 뜻한다.
② 낮에는 일사량과 풍속(지상 10m)으로, 야간에는 운량, 운고와 풍속 등으로부터 안정도를 구분한다.
③ 낮에는 풍속이 약할수록(2m/s 이하), 일사량은 강할수록 대기안정도 등급은 가장 안정한 상태를 나타낸다.
④ 지표가 거칠고 열섬효과가 있는 도시나 지면의 성질이 균일하지 않은 곳에서는 오차가 크게 나타날 수 있다.

해설 낮에는 풍속이 약할수록(2m/s 이하), 일사량은 강할수록 대기안정도 등급은 가장 불안정한 상태를 나타낸다.

정답 149 ③ 150 ④ 151 ① 152 ② 153 ③

154 PSI(Pollutants Standard Index) 지수가 150일 때 대기질 상태는?

① 양호(good)
② 보통(moderate)
③ 나쁨(unhealthful)
④ 매우 나쁨(very unhealthful)

해설 대기오염물질 표준지수(PSI 지수, Pollutant Standard Index)는 대기의 오염도가 인체에 미치는 영향을 나타내는 지수로 대기오염을 억제하기 위해 개발되었으며 부유먼지, 아황산가스, 질소산화물, 오존, 일산화탄소, 황산화물 총 6개의 오염도를 가지고 측정한다.

- PSI: 0~50(대기질 상태 양호함, Green)
- PSI: 51~100(대기질 상태 보통임, Yellow)
- PSI: 101~150(대기질 민감 집단에 영향 있음, Orange)
- PSI: 151~200(건강에 악영향, Red)
- PSI: 201~300(건강에 매우 나쁨, Purple), 심장 및 폐질환이 있는 호흡기 환자에게 실내에 머물거나 물리적 활동을 줄이도록 충고하는 1단계 경보
- PSI: 301~500(아주 해로움, Maroon), 일반 시민의 실외활동을 금지하는 2단계 경보

155 대기오염물질 표준지수인 PSI에 관한 설명으로 옳지 않은 것은?

① 대중이 알기 쉽고 계산방법이 간단하며 과학적이고 일별, 시간별 변화를 쉽게 나타낼 수 있다.
② 오염도는 깨끗한 단계인 0단계부터 극심한 오염상태를 나타내는 5단계까지 6단계로 나타낸다.
③ 대상 항목은 SO_2, CO, NO_2, TSP, O_3, 먼지와 아황산의 혼합물 등 6개의 부지표로 구성되어 있다.
④ 각각의 부 지표 PSI를 구한 후 그중 최댓값이 PSI가 되며, 이때 최댓값을 갖는 오염물질을 주요 오염물질이라 한다.

해설 오염도는 지수(숫자)로 구분하여 6단계로 나타낸다.

156 새로운 공장이나 화력발전소를 건설할 경우 굴뚝의 높이를 결정해야 하는데, 이 경우 먼저 고려되어야 할 사항으로 옳지 않은 것은?

① 최대 허용농도 (C)
② 먼지의 침강속도(V_t)와 점성계수(μ)
③ 공장에서 방출될 대기오염물질의 양(Q)
④ 고려되어야 할 하류지점까지의 거리(X)와 풍속(U)

해설 공장이나 화력발전소를 건설할 경우 굴뚝의 높이를 결정할 경우 고려해야 할 사항은 연기 배출량, 최대허용농도, 최대착지농도, 굴뚝 높이에서의 풍속, 통풍력 등이다.

157 유효굴뚝높이(Effective stack height)를 상승시키는 방법으로 옳은 것은?

① 배출가스의 온도를 높인다.
② 배출가스의 양을 감소시킨다.
③ 배출가스의 토출속도를 줄인다.
④ 굴뚝 배출구의 직경을 확대한다.

해설 유효굴뚝높이(Effective stack height), $H_e = H$(굴뚝의 실제높이)$+ \Delta H$(연기의 상승높이)이므로 상승시키는 방법은 다음과 같다.
- 굴뚝에서 배출되는 토출속도를 증가시킨다.
- 배출가스의 온도를 높인다.
- 배출구의 직경을 작게 한다.
- 굴뚝 자체의 높이를 증가시킨다.
- 배출가스양을 증가시킨다.

158 굴뚝 통풍력에 관한 다음 설명 중 옳지 않은 것은?

① 외기주입이 없을수록 통풍력이 커진다.
② 굴뚝 내의 굴곡이 없을수록 통풍력이 커진다.
③ 굴뚝 높이가 높고, 단면적이 클수록 통풍력은 커진다.

④ 배출가스의 온도가 높을수록, 계절별로는 여름보다는 겨울이 통풍력이 적어진다.

해설 배출가스의 온도가 높을수록, 계절별로는 여름보다는 겨울이 통풍력이 커진다.
굴뚝의 통풍력을 구하는 공식:
$$Z = 355 \times H \times \left(\frac{1}{273+t_a} - \frac{1}{273+t_g}\right) (mmH_2O)$$
여기서 355는 273(0℃의 절대온도값(K))×1.3(공기의 비중량) 이다.

159 Down Wash 현상에 관한 설명으로 옳은 것은?

① 굴뚝 아래로 오염물질이 휘날리어 굴뚝 밑부분에 오염물질의 농도가 높아지는 현상을 말한다.
② 원심력집진장치에서 처리가스양의 5~10% 정도를 흡인하여 줌으로써 유효원심력을 증대시키는 방법이다.
③ 해가 뜬 후 지표면이 가열되어 대기가 지면으로부터 열을 받아 지표면 부근부터 역전층이 해소되는 현상을 말한다.
④ 굴뚝의 높이가 건물보다 높은 경우 건물 뒤편에 공동현상이 생기고, 이 공동에 대기오염물질의 농도가 낮아지는 현상을 말한다.

해설 Down Wash 현상(세류현상)은 굴뚝에서 배출되는 가스의 토출속도보다 주변의 풍속이 더 큰 경우, 배출가스 중 오염물질이 지면으로 휩쓸려가 굴뚝 주변의 지표오염물질 농도가 상승하는 현상이다.

160 세류현상(Down Wash)이 발생하지 않는 조건으로 옳은 것은?

① 풍속이 배출가스 속도의 1.5배 이상일 때
② 풍속이 배출가스 속도의 2.0배 이상일 때
③ 배출가스 속도가 풍속의 1.5배 이상일 때
④ 배출가스 속도가 풍속의 2.0배 이상일 때

해설 세류현상(down wash)의 방지대책은 배출가스 토출속도(V_s)를 굴뚝 높이에서의 풍속(u)보다 2배 이상으로 높이는 것이다 ($V_s \geq 2 \times u$).

161 바람과 대기오염에 대한 설명이다. ( ) 안에 알맞은 것은?

연기가 굴뚝 아래로 대기오염물질이 흩날리어 굴뚝 밑부분에 대기오염물질의 농도가 높아지는 현상을 (㉠)(이)라고 하며, 이러한 현상을 없애려면 (㉡)이(가) 되도록 한다. (단, V는 굴뚝 높이에서의 풍속, V_s는 대기오염물질의 토출속도)

① ㉠ Down Wash, ㉡ $V_s > 2V$
② ㉠ Down Wash, ㉡ $V > 2V_s$
③ ㉠ Blow Down, ㉡ $V_s > 2V$
④ ㉠ Blow Down, ㉡ $V > 2V_s$

해설 연기가 굴뚝 아래로 대기오염물질이 흩날리어 굴뚝 밑 부분에 대기오염물질의 농도가 높아지는 현상을 세류현상(Down Wash)이라고 하며, 이러한 현상을 없애려면 $V_s > 2V$가 되도록 한다. (단, V는 굴뚝 높이에서의 풍속, V_s는 대기오염물질의 토출속도)

162 대기오염물질은 발생점에서 상당한 속도를 가지고 주위의 대기로 방출되는데, 보통 질량이 대단히 적으므로 관성이 곧 줄어들고 후드에 의해서 쉽게 포획된다. 입자의 속도가 대략 '0'으로 줄어드는 위치를 무엇이라 하는가?

① dew point
② null point
③ bubble point
④ adsorption point

해설 null point 이론은 발생원에서 날아온 오염물질이 이동하는 속도가 점점 늦어져서 비산한계점까지 왔을 때는 드디어 0으로 되어 멈추게 되어 관성이 곧 줄어들고 후드에 의해서 쉽게 제어된다는 이론이다.

163 오염물질이 주위로 확산되지 않고 안전하게 후드에 유입되도록 조절한 공기의 속도와 적절한 안전율을 고려한 공기의 유속을 무엇이라 하는가?

① 질량속도(Mass Velocity)
② 제어속도(Control Velocity)
③ 상대속도(Relative Velocity)
④ 부피속도(Volumetric Velocity)

해설 제어속도(포착속도)란 배출원에서 배출되는 오염물질을 비산한계점 범위 내 어떤 점(포착점)에서 포착하여 후드 속으로 끌어들이기에 충분한 최소한의 바람의 흐름(유속)을 말한다.

164 입자상물질의 측정장치 중 중량농도 측정방법에 관한 사항이다. ( ) 안에 가장 적합한 것은?

( )(은)는 입자의 관성력을 이용하여 입자의 크기별로 측정하는 Cascade impactor로 중량농도를 측정하는 방법이다.

① 여지포집법
② 압전천칭포집법
③ 다단식 충돌판 측정법
④ 정전식 분급법

해설 다단식 충돌판 측정법은 입자의 관성력을 이용하여 입자의 크기별로 측정하는 Cascade impactor(또는 Anderson air sampler)로 중량농도를 측정하는 방법이다.

165 세계보건기구(WHO)가 환경기준의 수준을 설명하고 있는 내용으로 옳지 않은 것은?

① 바람직한 수준
② 수용수준
③ 최대허용수준
④ 위험수준

해설 세계보건기구(WHO)가 환경기준의 수준을 설명하고 있는 내용에는 환경기준이 바람직한 수준, 최대허용수준, 수용수준이라는 의미가 담겨 있다고 볼 수 있다.

CHAPTER 7 대기 관계 법규

서술형 빈출문제

01 대기환경보전법

001 「대기환경보전법」에서 사용하는 용어의 정의로 옳지 않은 것은?

① '먼지'라 함은 대기 중에 떠다니거나 흩날려 내려오는 입자상물질을 말한다.
② '매연'이라 함은 연소 시에 발생하는 유리탄소를 주로 하는 미세한 입자상물질을 말한다.
③ '가스'라 함은 물질의 연소·합성·분해 시에 발생하거나 화학적 성질에 의하여 발생하는 기체상물질을 말한다.
④ '입자상물질'이라 함은 물질의 파쇄·선별·퇴적·이적 기타 기계적 처리 또는 연소·합성·분해 시에 발생하는 고체상 또는 액체상의 미세한 물질을 말한다.

해설 대기환경보전법 제2조(정의)
4. "가스"란 물질이 연소·합성·분해될 때에 발생하거나 물리적 성질로 인하여 발생하는 기체상물질을 말한다.

002 「대기환경보전법」상 용어의 정의로 옳지 않은 것은?

① 촉매제: 배출가스를 줄이는 효과를 높이기 위하여 배출가스저감장치에 사용되는 화학물질
② 검댕: 연소할 때에 생기는 유리(遊離) 탄소가 응결하여 입자의 지름이 1미크론 이상이 되는 입자상물질
③ 냉매: 기후·생태계 변화유발물질 중 열전달을 통한 냉·난방, 냉동·냉장 등의 효과를 목적으로 사용되는 물질
④ 첨가제: 자동차의 성능을 향상시키거나 배출가스를 줄이기 위하여 자동차의 연료에 첨가하는 탄소와 수소만으로 구성된 물질

해설 대기환경보전법 제2조(정의)
15. "첨가제"란 자동차의 성능을 향상시키거나 배출가스를 줄이기 위하여 자동차의 연료에 첨가하는 탄소와 수소만으로 구성된 물질을 제외한 화학물질을 말한다.

003 「대기환경보전법」상 '첨가제'에 대한 용어 정의로 옳은 것은? (단, 기타 요건은 모두 충족된 것으로 간주한다.)

① 자동차의 성능을 향상시키거나 배출가스를 줄이기 위하여 자동차의 연료에 참가하는 탄소와 수소만으로 구성된 물질을 제외한 화학물질을 말한다.
② 탄소와 수소만으로 구성된 물질로서 자동차의 연료에 소량을 첨가함으로써 자동차의 성능을 향상시키거나 자동차 배출가스를 저감시키는 화학물질을 말한다.
③ 탄소와 수소만으로 구성된 자동차의 연료에 휘발성 연료물질 소량을 첨가함으로써 자동차의 성능을 향상시키거나 자동차 배출가스를 줄이기 위한 화학물질을 말한다.
④ 탄소와 수소, 질소 및 소량의 황으로 구성된 물질로서 자동차의 연료에 소량을 첨가함으로써 자동차의 성능을 향상시키거나 자동차 배출가스를 줄이기 위한 화학물질을 말한다.

정답 001 ③ 002 ④ 003 ①

해설 대기환경보전법 제2조(정의)
15. "첨가제"란 자동차의 성능을 향상시키거나 배출가스를 줄이기 위하여 자동차의 연료에 첨가하는 탄소와 수소만으로 구성된 물질을 제외한 화학물질을 말한다.

004 기후·생태계 변화유발물질로 옳지 않은 것은?

① 아산화질소
② 육불화황
③ 수소불화탄소
④ 탄화수소

해설 대기환경보전법 제2조(정의)
2. "기후·생태계 변화유발물질"이란 지구 온난화 등으로 생태계의 변화를 가져올 수 있는 기체상물질로서 온실가스와 기후에너지환경부령으로 정하는 것을 말한다.
   1) 온실가스: 적외선 복사열을 흡수하거나 다시 방출하여 온실효과를 유발하는 대기 중의 가스상태 물질로서 이산화탄소, 메탄, 아산화질소, 수소불화탄소, 과불화탄소, 육불화황을 말한다.
   2) 기후에너지환경부령으로 정하는 것: 염화불화탄소와 수소염화불화탄소를 말한다.

005 「대기환경보전법」상 기후·생태계 변화유발물질로 옳지 않은 것은?

① 일산화탄소
② 과불화탄소
③ 수소불화탄소
④ 아산화질소

해설 대기환경보전법 제2조(정의)
2. "기후·생태계 변화유발물질"이란 지구온난화 등으로 생태계의 변화를 가져올 수 있는 기체상물질로서 온실가스와 기후에너지환경부령으로 정하는 것을 말한다.
3. "온실가스"란 적외선 복사열을 흡수하거나 다시 방출하여 온실효과를 유발하는 대기 중의 가스상태 물질로서 이산화탄소(CO_2), 메탄(CH_4), 아산화질소(N_2O), 수소불화탄소(HFCs), 과불화탄소(PFCs), 육불화황(SF_6)을 말한다.

006 「대기환경보전법」상 기후·생태계 변화유발물질로만 나열된 것은?

① 메탄, 이산화질소
② 과불화탄소, 육불화황
③ 이산화탄소, 일산화탄소
④ 수소불화탄소, 아황산가스

해설 대기환경보전법 제2조(정의)
기후·생태계 변화유발물질(8종): 이산화탄소(CO_2), 메탄(CH_4), 아산화질소(N_2O), 수소불화탄소(HFCs), 과불화탄소(PFCs), 육불화황(SF_6), 염화불화탄소(CFCs), 수소염화불화탄소(HCFCs)

007 「대기환경보전법」에서 사용하는 용어의 정의로 옳지 않은 것은?

① 휘발성유기화합물: 석유화학제품, 유기용제 등의 탄화수소류의 물질로 기후에너지환경부령으로 정하는 것을 말한다.
② 온실가스 배출량: 자동차에서 단위 주행거리당 배출되는 이산화탄소(CO_2) 배출량(g/km)을 말한다.
③ 대기오염물질: 대기 중에 존재하는 물질 중 대기오염의 원인으로 인정된 가스·입자상물질로서 기후에너지환경부령으로 정하는 것을 말한다.
④ 기후·생태계 변화유발물질: 지구온난화 등으로 생태계의 변화를 가져올 수 있는 기체상물질로 온실가스와 기후에너지환경부령이 정하는 것을 말한다.

해설 대기환경보전법 제2조(정의)
10. "휘발성유기화합물"이란 탄화수소류 중 석유화학제품, 유기용제, 그 밖의 물질로서 기후에너지환경부장관이 관계 중앙행정기관의 장과 협의하여 고시하는 것을 말한다.

정답 004 ④ 005 ① 006 ② 007 ①

008 「대기환경보전법」에서 사용하는 용어의 정의로 옳지 않은 것은?

① 저공해엔진: 자동차 또는 건설기계에서 배출되는 대기오염물질을 줄이기 위한 엔진으로서 대통령령으로 정하는 배출허용기준에 맞는 엔진을 말한다.
② 장거리이동대기오염물질: 황사, 먼지 등 발생 후 장거리 이동을 통하여 국가 간에 영향을 미치는 대기오염물질로서 기후에너지환경부령으로 정하는 것을 말한다.
③ 온실가스: 적외선 복사열을 흡수하거나 다시 방출하여 온실효과를 유발하는 대기 중의 가스상태 물질로서 이산화탄소, 메탄, 아산화질소, 수소불화탄소, 과불화탄소, 육불화황을 말한다.
④ 특정대기유해물질: 유해성대기감시물질 중 저농도에서도 장기적인 섭취나 노출에 의하여 사람의 건강이나 동식물의 생육에 직접 또는 간접으로 위해를 끼칠 수 있어 대기 배출에 대한 관리가 필요하다고 인정된 물질로서 기후에너지환경부령으로 정하는 것을 말한다.

해설 대기환경보전법 제2조(정의)
"저공해엔진"이란 자동차 또는 건설기계에서 배출되는 대기오염물질을 줄이기 위한 엔진(엔진 개조에 사용하는 부품을 포함한다)으로서 기후에너지환경부령으로 정하는 배출허용기준에 맞는 엔진을 말한다.

009 「대기환경보전법」상 사용하는 용어의 정의로 옳지 않은 것은?

① 저공해건설기계: 대기오염물질의 배출이 없는 건설기계로서 대통령령으로 정하는 것을 말한다.
② 촉매제: 배출가스를 줄이는 효과를 높이기 위하여 배출가스저감장치에 사용되는 화학물질로서 기후에너지환경부령으로 정하는 것을 말한다.
③ 온실가스 평균배출량: 자동차에서 단위 주행거리당 배출되는 이산화탄소(CO_2) 배출량의 합계를 자동차 대수로 나누어 산출한 평균값(g/km)을 말한다.
④ 배출가스저감장치: 자동차 또는 건설기계에서 배출되는 대기오염물질을 줄이기 위하여 자동차 또는 건설기계에 부착 또는 교체하는 장치로서 기후에너지환경부령으로 정하는 저감효율에 적합한 장치를 말한다.

해설 대기환경보전법 제2조(정의)
"온실가스 평균배출량"이란 자동차제작자가 판매한 자동차 중 기후에너지환경부령으로 정하는 자동차의 온실가스 배출량의 합계를 해당 자동차 총 대수로 나누어 산출한 평균값(g/km)을 말한다.

010 「대기환경보전법」에서 규정하는 용어 중 '대기오염물질배출시설'로 옳은 것은?

① 대기오염물질을 대기에 배출하는 시설물, 기계, 기구, 그 밖의 물체로서 시·도지사가 정하는 것을 말한다.
② 대기오염물질을 대기에 배출하는 시설물, 기계, 기구, 그 밖의 물체로서 기후에너지환경부령으로 정하는 것을 말한다.
③ 대기오염물질을 대기에 배출하는 시설물, 기계, 기구, 그 밖의 물체로서 국무총리령으로 정하는 것을 말한다.
④ 대기오염물질을 대기에 배출하는 시설물, 기계, 기구, 그 밖의 물체로서 대통령령으로 정하는 것을 말한다.

해설 대기환경보전법 제2조(정의)
"대기오염물질배출시설"이란 대기오염물질을 대기에 배출하는 시설물, 기계, 기구, 그 밖의 물체로서 기후에너지환경부령으로 정하는 것을 말한다.

정답 008 ① 009 ③ 010 ②

011 「대기환경보전법」상 대기오염경보에 대한 내용이다. ( ) 안에 알맞는 내용은?

> 대기오염경보의 대상지역, 대상오염물질, 발령기준, 경보단계 및 경보단계별 조치 등에 필요한 사항은 ( )령으로 정한다.

① 기후에너지환경부
② 대통령
③ 시·도지사
④ 시장, 군수, 구청장

해설 대기환경보전법 제8조(대기오염에 대한 경보)
④ 대기오염경보의 대상지역, 대상오염물질, 발령기준, 경보단계 및 경보 단계별 조치 등에 필요한 사항은 대통령령으로 정한다.

012 '대기오염경보'에 관한 내용으로 옳지 않은 것은?

① 발령사유가 소멸된 때에는 시·도지사는 즉시 이를 해제하여야 한다.
② 자동차의 운행제한이나 사업장의 조업단축 등을 명령받은 자는 정당한 사유가 없으면 따라야 한다.
③ 대기오염경보의 대상지역, 대상오염물질, 발령기준, 경보단계 및 경보단계별 조치사항 등에 관한 필요한 사항은 기후에너지환경부령으로 정한다.
④ 시·도지사는 대기오염경보가 발령된 지역의 대기오염을 긴급하게 줄일 필요가 있다고 인정하면 기간을 정하여 그 지역에서 자동차의 운행을 제한하거나 사업장의 조업 단축을 명할 수 있다.

해설 대기환경보전법 제8조(대기오염에 대한 경보)
④ 대기오염경보의 대상지역, 대상오염물질, 발령기준, 경보단계 및 경보단계별 조치 등에 필요한 사항은 대통령령으로 정한다.

013 「대기환경보전법」상 대기오염경보 발령 시 포함되어야 할 사항으로 옳지 않은 것은? (단, 기타사항은 제외한다.)

① 대기오염 경보단계
② 대기오염경보의 대상 지역
③ 대기오염경보의 경보대상기간
④ 대기오염경보 단계별 조치사항

해설 대기환경보전법 제8조(대기오염에 대한 경보)
④ 대기오염경보의 대상 지역, 대상 오염물질, 발령 기준, 경보 단계 및 경보 단계별 조치 등에 필요한 사항은 대통령령으로 정한다.

014 「대기환경보전법」상 기후에너지환경부장관은 대기오염물질과 온실가스를 줄여 대기환경을 개선하기 위한 대기환경개선 종합계획을 몇 년마다 수립·시행하여야 하는가?

① 3년
② 7년
③ 5년
④ 10년

해설 대기환경보전법 제11조(대기환경개선 종합계획의 수립 등)
① 기후에너지환경부장관은 대기오염물질과 온실가스를 줄여 대기환경을 개선하기 위하여 대기환경개선 종합계획을 10년마다 수립하여 시행하여야 한다.

015 「대기환경보전법」상 기후에너지환경부장관이 특별대책지역의 대기오염방지를 위하여 필요하다고 인정하면 그 지역에 새로 설치되는 배출시설에 대해 정할 수 있는 배출허용기준은?

① 일반배출허용기준
② 특별배출허용기준
③ 강화된 배출허용기준
④ 엄격한 배출허용기준

정답 011 ② 012 ③ 013 ③ 014 ④ 015 ②

해설 대기환경보전법 제16조(배출허용기준)
⑥ 기후에너지환경부장관은 「환경정책기본법」에 따른 특별대책지역의 대기오염 방지를 위하여 필요하다고 인정하면 그 지역에 설치된 배출시설에 대하여 배출허용기준보다 '엄격한 배출허용기준'을 정할 수 있으며, 그 지역에 새로 설치되는 배출시설에 대하여 '특별배출허용기준'을 정할 수 있다.

016 「대기환경보전법」상 총량규제에 대한 설명으로 옳지 않은 것은?

① 특별대책지역 중 사업장이 밀집되어 있는 구역에서 실시한다.
② 일정 구역에 적정규모 이상의 공단이 조성된 구역에서 실시한다.
③ 총량규제의 항목, 방법 기타 필요한 사항은 기후에너지환경부령으로 정한다.
④ 대기오염 상태가 환경기준을 초과하여 주민의 건강·재산에 위해를 끼칠 우려가 있다고 인정하는 구역에서 실시한다.

해설 대기환경보전법 제22조(총량규제)
① 기후에너지환경부장관은 대기오염 상태가 환경기준을 초과하여 주민의 건강·재산이나 동식물의 생육에 심각한 위해를 끼칠 우려가 있다고 인정하는 구역 또는 특별대책지역 중 사업장이 밀집되어 있는 구역의 경우에는 그 구역의 사업장에서 배출되는 오염물질을 총량으로 규제할 수 있다.
② 제1항에 따른 총량규제의 항목과 방법, 그 밖에 필요한 사항은 기후에너지환경부령으로 정한다.

017 총량규제를 하고자 할 때 고시내용에 포함될 사항으로 옳지 않은 것은?

① 대기오염물질의 저감계획
② 규제 대기오염물질
③ 규제농도
④ 규제구역

해설 대기환경보전법 제24조(총량규제구역의 지정 등)
기후에너지환경부장관은 그 구역의 사업장에서 배출되는 대기오염물질을 총량으로 규제하려는 경우에는 다음 각 호의 사항을 고시하여야 한다.
1. 총량규제구역
2. 총량규제 대기오염물질
3. 대기오염물질의 저감계획
4. 그 밖에 총량규제구역의 대기관리를 위하여 필요한 사항

018 「대기환경보전법」상 배출시설의 설치허가 및 신고 등에 대한 설명으로 옳지 않은 것은?

① 신고한 사항을 변경하고자 하는 경우에는 변경신고를 하여야 한다.
② 허가받은 사항을 변경하고자 하는 경우에는 사안에 따라 변경허가를 받거나, 변경신고를 하여야 한다.
③ 대기오염물질배출시설을 설치 완료한 자는 배출시설의 가동을 시작하기 전에 배출시설 허가를 받거나 신고를 하여야 한다.
④ 특정대기유해물질로 인하여 주민의 건강과 재산에 심각한 위해를 끼칠 우려가 있다고 인정되면 대통령령으로 정하는 바에 따라 배출시설 설치를 제한할 수 있다.

해설 대기환경보전법 제30조(배출시설 등의 가동개시 신고)
① 사업자는 배출시설이나 방지시설의 설치를 완료하거나 배출시설의 변경을 완료하여 그 배출시설이나 방지시설을 가동하려면 기후에너지환경부령으로 정하는 바에 따라 미리 기후에너지환경부장관 또는 시·도지사에게 가동개시 신고를 하여야 한다.

정답 016 ② 017 ③ 018 ③

019 「대기환경보전법」상 사업자가 배출시설 및 방지시설을 운영할 때 행할 수 있는 범위는?

① 방지시설에 딸린 기계와 기구류의 고장이나 훼손을 정당한 사유 없이 방치하는 행위
② 부식이나 마모로 인하여 오염물질이 새나가는 배출시설을 정당한 사유 없이 방치하는 행위
③ 배출시설을 가동할 때에 방지시설을 가동하지 아니하거나 오염도를 낮추기 위하여 배출시설에서 나오는 오염물질에 공기를 섞어 배출하는 행위
④ 화재사고 예방을 위하여 다른 법령에서 정한 시설로서 배출시설설치허가를 받은 경우로서 방지시설을 거치지 아니하고 오염물질을 배출할 수 있는 가지배출관 등을 설치하는 행위

해설 대기환경보전법 제31조(배출시설과 방지시설의 운영)
① 사업자는 배출시설과 방지시설을 운영할 때에는 다음 각 호의 행위를 하여서는 아니 된다.
  1. 배출시설을 가동할 때에 방지시설을 가동하지 아니하거나 오염도를 낮추기 위하여 배출시설에서 나오는 오염물질에 공기를 섞어 배출하는 행위
  2. 방지시설을 거치지 아니하고 오염물질을 배출할 수 있는 공기 조절장치나 가지 배출관 등을 설치하는 행위. 다만, 화재나 폭발 등의 사고를 예방할 필요가 있어 기후에너지환경부장관 또는 시·도지사가 인정하는 경우에는 그러하지 아니하다.
  3. 부식이나 마모로 인하여 오염물질이 새나가는 배출시설이나 방지시설을 정당한 사유 없이 방치하는 행위
  4. 방지시설에 딸린 기계와 기구류의 고장이나 훼손을 정당한 사유 없이 방치하는 행위
  5. 그 밖에 배출시설이나 방지시설을 정당한 사유 없이 정상적으로 가동하지 아니하여 배출허용기준을 초과한 오염물질을 배출하는 행위

020 「대기환경보전법」상 (   ) 안에 가장 적합한 것은?

> 기후에너지환경부장관 또는 시·도지사는 배출허용기준 초과에 따른 개선명령을 받은 자가 개선명령을 이행하지 아니하거나 기간 내에 이행은 하였으나 검사결과 배출허용기준을 계속 초과하면 해당 배출시설의 전부 또는 일부에 대하여 (   )을/를 명할 수 있다.

① 등록취소　　② 조업정지
③ 이전　　　　④ 경고

해설 대기환경보전법 제34조(조업정지명령 등)
① 기후에너지환경부장관 또는 시·도지사는 개선명령을 받은 자가 개선명령을 이행하지 아니하거나 기간 내에 이행은 하였으나 검사결과 배출허용기준을 계속 초과하면 해당 배출시설의 전부 또는 일부에 대하여 조업정지를 명할 수 있다.

021 배출부과금 부과 시 고려사항으로 옳지 않은 것은?

① 배출허용기준 초과 여부
② 대기오염물질 배출기간
③ 배출되는 대기오염물질의 종류
④ 오염물질의 농도

해설 대기환경보전법 제35조(배출부과금의 부과·징수)
③ 기후에너지환경부장관 또는 시·도지사는 제1항에 따라 배출부과금을 부과할 때에는 다음 각 호의 사항을 고려하여야 한다.
  1. 배출허용기준 초과 여부
  2. 배출되는 대기오염물질의 종류
  3. 대기오염물질의 배출 기간
  4. 대기오염물질의 배출량
  5. 자가측정을 하였는지 여부
  6. 그 밖에 대기환경의 오염 또는 개선과 관련되는 사항으로서 기후에너지환경부령으로 정하는 사항

정답　019 ④　020 ②　021 ④

서술형 빈출문제

022 배출부과금을 부과하지 않는 자라 볼 수 없는 것은?

① 대통령령이 정하는 최적의 방지시설을 설치한 사업자
② 대통령령이 정하는 규모 이하의 시설을 운영하는 사업자
③ 대통령령이 정하는 연료를 사용하는 배출시설을 운영하는 사업자
④ 대통령령이 정하는 바에 의하여 기후에너지환경부장관이 국방부 장관과 협의하여 정하는 군사시설을 운영하는 자

해설 대기환경보전법 제35조의2(배출부과금의 감면 등)
① 다음 각 호의 어느 하나에 해당하는 자에게는 대통령령으로 정하는 바에 따라 같은 조에 따른 배출부과금을 부과하지 아니한다.
  1. 대통령령으로 정하는 연료를 사용하는 배출시설을 운영하는 사업자
  2. 대통령령으로 정하는 최적의 방지시설을 설치한 사업자
  3. 대통령령으로 정하는 바에 따라 기후에너지환경부장관이 국방부장관과 협의하여 정하는 군사시설을 운영하는 자

023 부과금 징수유예 사유로 옳지 않은 것은?

① 천재지변이나 그 밖의 재해로 사업자의 재산에 중대한 손실이 발생한 경우
② 배출부과금이 납부의무자의 자본금을 1.5배 이상 초과하는 경우
③ 사업에 손실을 입어 경영상으로 심각한 위기에 처하게 된 경우
④ 징수유예나 분할납부가 불가피하다고 인정되는 경우

해설 대기환경보전법 제35조의4(배출부과금의 징수유예·분할납부 및 징수절차)
① 기후에너지환경부장관 또는 시·도지사는 배출부과금의 납부의무자가 다음 각 호의 어느 하나에 해당하는 사유로 납부기한 전에 배출부과금을 납부할 수 없다고 인정하면 징수를 유예하거나 그 금액을 분할하여 납부하게 할 수 있다.
  1. 천재지변이나 그 밖의 재해로 사업자의 재산에 중대한 손실이 발생한 경우
  2. 사업에 손실을 입어 경영상으로 심각한 위기에 처하게 된 경우
  3. 징수유예나 분할납부가 불가피하다고 인정되는 경우

024 조업정지가 주민의 생활, 대외적인 신용·고용·물가 등 국민경제, 그 밖에 공익에 현저한 지장을 줄 우려가 있다고 인정되는 경우에 조업정지처분에 갈음하여 부과할 수 있는 과징금의 최대 기준은?

① 1억 원   ② 2억 원
③ 3억 원   ④ 5억 원

해설 대기환경보전법 제37조(과징금 처분)
① 기후에너지환경부장관 또는 시·도지사는 다음 각 호의 어느 하나에 해당하는 배출시설을 설치·운영하는 사업자에 대하여 조업정지를 명하여야 하는 경우로서 그 조업정지가 주민의 생활, 대외적인 신용·고용·물가 등 국민경제, 그 밖에 공익에 현저한 지장을 줄 우려가 있다고 인정되는 경우 등 그 밖에 대통령령으로 정하는 경우에는 조업정지처분을 갈음하여 매출액에 100분의 5를 곱한 금액을 초과하지 아니하는 범위에서 과징금을 부과할 수 있다. 다만, 매출액이 없거나 매출액의 산정이 곤란한 경우로서 대통령령으로 정하는 경우에는 2억 원을 초과하지 아니하는 범위에서 과징금을 부과할 수 있다.

정답 022 ② 023 ② 024 ②

025 「대기환경보전법」상 공익에 현저한 지장을 줄 우려가 있다고 인정되는 경우 등으로 조업정지 처분을 갈음하여 행할 수 있는 과징금 처분사항으로 옳지 않은 것은?

① 징수한 과징금은 환경개선특별회계의 세입으로 한다.
② 조업정지 처분을 갈음하여 부과할 수 있는 과징금의 최대액수는 2억 원이다.
③ 기후에너지환경부장관은 과징금을 내야 할 자가 납부기한까지 내지 아니하면 국세청장으로 하여금 직접 징수하도록 하여야 한다.
④ 과징금을 부과하는 위반행위의 종류·정도 등에 따른 과징금의 금액과 그 밖에 필요한 사항은 대통령령으로 정하되, 그 금액의 2분의 1의 범위에서 가중하거나 감경할 수 있다.

해설 대기환경보전법 제37조(과징금 처분)
④ 기후에너지환경부장관 또는 시·도지사는 과징금을 내야 할 자가 납부기한까지 내지 아니하면 국세 체납처분의 예 또는 「지방행정제재·부과금의 징수 등에 관한 법률」에 따라 징수한다.

026 「대기환경보전법」상 배출시설을 설치·운영하는 사업자에 대한 '과징금' 처분에 관한 설명으로 옳지 않은 것은?

① 과징금으로 부과될 수 있는 최대액수는 2억 원이다.
② 징수한 과징금은 환경개선특별회계의 세입으로 한다.
③ 과징금을 부과하는 위반행위의 종류·정도 등에 따른 과징금의 금액과 그 밖에 필요한 사항은 대통령령으로 정한다.
④ 기후에너지환경부장관은 사업자가 과징금을 납부기한까지 납부하지 아니하는 때에는 국세청장으로 하여금 국세체납 처분의 예에 의하여 이를 징수하도록 한다.

해설 대기환경보전법 제37조(과징금 처분)
④ 기후에너지환경부장관 또는 시·도지사는 과징금을 내야 할 자가 납부기한까지 내지 아니하면 국세 체납처분의 예 또는 「지방행정제재·부과금의 징수 등에 관한 법률」에 따라 징수한다.

027 「대기환경보전법」상 공익에 현저한 지장을 줄 우려가 인정되는 경우 등으로 인해 조업정지 처분에 갈음하여 부과할 수 있는 과징금 처분에 관한 설명으로 옳지 않은 것은?

① 최대 2억 원까지 과징금을 부과할 수 있다.
② 의료법에 따른 의료기관의 배출시설도 부과할 수 있다.
③ 사회복지시설 및 공공주택의 냉난방시설을 설치, 운영하는 사업자에 대하여 부과할 수 있다.
④ 과징금을 납부기한까지 납부하지 아니한 경우는 최대 3월 이내 기간의 조업정지 처분을 명할 수 있다.

해설 대기환경보전법 제37조(과징금 처분)
④ 기후에너지환경부장관 또는 시·도지사는 과징금을 내야 할 자가 납부기한까지 내지 아니하면 국세 체납처분의 예 또는 「지방행정제재·부과금의 징수 등에 관한 법률」에 따라 징수한다.

028 조업정지가 공익에 현저한 지장을 초래할 우려가 있다고 인정되는 경우에 조업정지처분에 갈음하여 최대 얼마의 과징금을 부과할 수 있는가?

① 5천만 원 ② 1억 원
③ 2억 원   ④ 3억 원

해설 대기환경보전법 제37조(과징금 처분)
① 기후에너지환경부장관 또는 시·도지사는 배출시설을 설치·운영하는 사업자에 대하여 조업정지를 명하여야 하는 경우로서 그 조업정지가 주민의 생활, 대외적인 신용·고용·물가 등 국민경제, 그 밖에 공익에 현저한 지장을 줄 우려가 있다고 인정되는 경우 등 그 밖에 대통령령으로 정하는 경우에는 조업정지처분을 갈음하여 매출액에 100분의 5를 곱한 금액을 초과하지 아니하는 범위에서 과징금을 부과할 수 있다. 다만, 매출액이 없거나 매출액의 산정이 곤란한 경우로서 대통령령으로 정하는 경우에는 2억 원을 초과하지 아니하는 범위에서 과징금을 부과할 수 있다.

029 「대기환경보전법」상 환경기술인에 대한 내용으로 ( ) 안에 알맞는 것은?

> 환경기술인을 두어야 할 사업장의 범위, 환경기술인의 자격기준, 임명기간은 ( )으로 정한다.

① 시·도지사령 ② 총리령
③ 기후에너지환경부령 ④ 대통령령

해설 대기환경보전법 제40조(환경기술인)
⑤ 환경기술인을 두어야 할 사업장의 범위, 환경기술인의 자격기준, 임명(바꾸어 임명하는 것을 포함한다.) 기간은 대통령령으로 정한다.

030 사용시설에 황함유기준을 초과하는 연료로 인한 대기오염을 방지하기 위해 특히 필요하다고 인정되는 경우 기후에너지환경부장관 또는 시·도지사가 당해 연료에 대하여 취할 수 있는 조치로 옳은 것은?

① 그 연료의 제조, 판매 또는 사용을 금지 또는 제한하거나 기타 필요한 조치를 관계 중앙행정기관의 장에게 요구할 수 있다.
② 그 연료의 제조, 판매 또는 사용을 금지 또는 제한하거나 기타 필요한 조치를 관계 중앙행정기관의 장에게 권고할 수 있다.
③ 관계 중앙행정기관의 장과 협의하여 기후에너지환경부령이 정하는 바에 의하여 당해 연료의 제조·판매 또는 사용을 금지 또는 제한하거나 필요한 조치를 명할 수 있다.
④ 관계 중앙행정기관의 장과 협의하여 대통령령으로 정하는 바에 따라 그 연료를 제조·판매하거나 사용하는 것을 금지 또는 제한하거나 필요한 조치를 명할 수 있다.

해설 대기환경보전법 제42조(연료의 제조와 사용 등의 규제)
기후에너지환경부장관 또는 시·도지사는 연료의 사용으로 인한 대기오염을 방지하기 위하여 특히 필요하다고 인정하면 관계 중앙행정기관의 장과 협의하여 대통령령으로 정하는 바에 따라 그 연료를 제조·판매하거나 사용하는 것을 금지 또는 제한하거나 필요한 조치를 명할 수 있다.

031 시·도지사는 비산먼지의 발생억제를 위한 시설의 설치 또는 필요한 조치를 하지 아니하거나 그 시설이나 조치가 적합하지 아니하다고 인정하는 때에는 그 사업을 하는 자에 대하여 필요한 시설의 설치나 조치의 이행 또는 개선을 명할 수 있다. 이러한 명령을 이행하지 아니하는 자에 대하여 시·도지사가 명할 수 있는 조치로 옳지 않은 것은?

① 당해 사업의 중지
② 시설 등의 사용중지
③ 시설 등의 이전명령
④ 시설 등의 사용제한

해설 대기환경보전법 제43조(비산먼지의 규제)
⑤ 신고 또는 변경신고를 수리한 특별자치시장·특별자치도지사·시장·군수·구청장은 명령을 이행하지 아니하는 자에게는 그 사업을 중지시키거나 시설 등의 사용 중지 또는 제한하도록 명할 수 있다.

032 「대기환경보전법」상 기존 휘발성유기화합물 배출시설 규제에 관한 사항이다. ( ) 안에 알맞은 것은?

> 특별대책지역, 대기관리권역 또는 휘발성유기화합물 배출규제 추가지역으로 지정·고시될 당시 그 지역에서 휘발성유기화합물을 배출하는 시설을 운영하고 있는 자는 특별대책지역, 대기관리권역 또는 휘발성유기화합물 배출규제 추가지역으로 지정·고시된 날부터 ( )에 신고를 하여야 한다.

① 15일 이내 ② 1개월 이내
③ 2개월 이내 ④ 3개월 이내

정답 029 ④ 030 ④ 031 ③ 032 ④

해설 대기환경보전법 제45조(기존 휘발성유기화합물 배출시설에 대한 규제)
① 특별대책지역, 대기관리권역 또는 휘발성유기화합물 배출규제 추가지역으로 지정·고시될 당시 그 지역에서 휘발성유기화합물을 배출하는 시설을 운영하고 있는 자는 특별대책지역, 대기관리권역 또는 휘발성유기화합물 배출규제 추가지역으로 지정·고시된 날부터 3개월 이내에 신고를 하여야 하며, 특별대책지역, 대기관리권역 또는 휘발성유기화합물 배출규제 추가지역으로 지정·고시된 날부터 2년 이내에 조치를 하여야 한다.

033 「대기환경보전법」상 국가가 자동차로 인한 대기오염을 줄이기 위하여 기술개발 또는 제작에 필요한 재정적, 기술적 지원을 할 수 있는 시설 또는 장치로 옳지 않은 것은?

① 저공해엔진
② 저소음형 머플러
③ 배출가스저감장치
④ 저공해자동차 및 그 자동차에 연료를 공급하기 위한 시설

해설 대기환경보전법 제47조(기술개발 등에 대한 지원)
① 국가는 자동차 및 건설기계로 인한 대기오염을 줄이기 위하여 다음 각 호의 어느 하나에 해당하는 시설 등의 기술개발 또는 제작에 필요한 재정적·기술적 지원을 할 수 있다.
 1. 저공해자동차 및 그 자동차에 연료를 공급하기 위한 시설 중 기후에너지환경부장관이 정하는 시설
 1의2. 저공해건설기계 및 그 건설기계에 연료를 공급하기 위한 시설 중 기후에너지환경부장관이 정하는 시설
 2. 배출가스저감장치
 3. 저공해엔진

034 「대기환경보전법」상 제작차에 대한 인증대행시험기관의 지정취소기준에 해당하지 않는 것은?

① 거짓이나 그 밖의 부정한 방법으로 지정을 받은 경우
② 매연 단속결과 간헐적으로 배출허용기준을 초과할 경우
③ 다른 사람에게 자신의 명의로 인증시험업무를 하게 하는 행위
④ 기후에너지환경부령으로 정하는 인증시험의 방법과 절차를 위반하여 인증시험을 하는 행위

해설 대기환경보전법 제48조의2(인증시험업무의 대행)
③ 인증시험대행기관 및 인증시험업무에 종사하는 자는 다음 각 호의 행위를 하여서는 아니 된다.
 1. 다른 사람에게 자신의 명의로 인증시험업무를 하게 하는 행위
 2. 거짓이나 그 밖의 부정한 방법으로 인증시험을 하는 행위
 3. 인증시험과 관련하여 기후에너지환경부령으로 정하는 준수사항을 위반하는 행위
 4. 인증시험의 방법과 절차를 위반하여 인증시험을 하는 행위

035 「대기환경보전법령」상 자동차 결함확인검사에 관한 내용 중 기후에너지환경부장관이 관계 중앙행정기관의 장과 협의하여 정하는 사항에 해당하지 않는 것은?

① 대상 자동차의 선정기준
② 자동차의 검사방법
③ 자동차의 검사수수료
④ 자동차의 배출가스 성분

해설 대기환경보전법 제51조(결함확인검사 및 결함의 시정)
② 결함확인검사 대상 자동차의 선정기준, 검사방법, 검사절차, 검사기준, 판정방법, 검사수수료 등에 필요한 사항은 기후에너지환경부령으로 정한다.

036 「대기환경보전법」상 과징금 처분에 관한 내용이다. ( ) 안에 알맞은 것은?

> 기후에너지환경부장관은 자동차 제작자가 거짓으로 자동차의 배출가스 보증기간에 제작차 배출허용기준에 맞게 유지될 수 있다는 인증을 받는 경우 그 자동차제작자에 대하여 매출액에 (㉠)(을)를 곱한 금액을 초과하지 아니하는 범위에서 과징금을 부과할 수 있다. 이 경우 과징금의 금액은 (㉡)을 초과할 수 없다.

① ㉠ 100분의 3, ㉡ 100억 원
② ㉠ 100분의 3, ㉡ 500억 원
③ ㉠ 100분의 5, ㉡ 100억 원
④ ㉠ 100분의 5, ㉡ 500억 원

해설 대기환경보전법 제56조(과징금 처분)
① 기후에너지환경부장관은 자동차제작자가 다음 각 호의 어느 하나에 해당하는 경우에는 그 자동차제작자에 대하여 매출액에 100분의 5를 곱한 금액을 초과하지 아니하는 범위에서 과징금을 부과할 수 있다. 이 경우 과징금의 금액은 500억 원을 초과할 수 없다.
1. 인증을 받지 아니하고 자동차를 제작하여 판매한 경우
2. 거짓이나 그 밖의 부정한 방법으로 인증 또는 변경인증을 받아 자동차를 제작하여 판매한 경우
3. 인증 또는 변경인증 받은 내용과 다르게 자동차를 제작하여 판매한 경우

037 시·도지사가 관할 지역의 대기질 개선 또는 기후·생태계 변화유발물질 배출감소를 위하여 필요하다고 인정할 경우, 자동차 및 건설기계의 저공해자동차의 운행에 대한 해당 조치를 하도록 명령할 수 있는 사항으로 옳지 않은 것은?

① 저공해엔진으로의 개조 또는 교체
② 저공해자동차 또는 저공해건설기계로의 전환 또는 개조
③ 배출가스저감장치의 부착 또는 교체 및 배출가스 관련 부품의 교체
④ 저공해자동차 또는 저공해건설기계를 구입하는 자에 대한 예산의 범위에서 필요한 자금을 보조 또는 융자지원

해설 대기환경보전법 제58조(저공해자동차의 운행 등)
① 시·도지사 또는 시장·군수는 관할 지역의 대기질 개선 또는 기후·생태계 변화유발물질 배출감소를 위하여 필요하다고 인정하면 그 지역에서 운행하는 자동차 및 건설기계 중 차령과 대기오염물질 또는 기후·생태계 변화유발물질 배출정도 등에 관하여 기후에너지환경부령으로 정하는 요건을 충족하는 자동차 및 건설기계의 소유자에게 그 시·도 또는 시·군의 조례에 따라 그 자동차 및 건설기계에 대하여 다음 각 호의 어느 하나에 해당하는 조치를 하도록 명령하거나 조기에 폐차할 것을 권고할 수 있다.

1. 저공해자동차 또는 저공해건설기계로의 전환 또는 개조
2. 배출가스저감장치의 부착 또는 교체 및 배출가스 관련 부품의 교체
3. 저공해엔진(혼소엔진을 포함한다)으로의 개조 또는 교체

038 「대기환경보전법」상 공회전 제한에 관한 사항이다. ( ) 안에 들어갈 장소로 옳지 않은 것은?

> 시·도지사는 자동차의 배출가스로 인한 대기오염 및 연료 손실을 줄이기 위하여 필요하다고 인정하면 그 시·도의 조례로 정하는 바에 따라 ( ) 등의 장소에서 자동차의 원동기를 가동한 상태로 주차하거나 정차하는 행위를 제한할 수 있다.

① 정체도로　　② 주차장
③ 터미널　　　④ 차고지

해설 대기환경보전법 제59조(공회전의 제한)
① 시·도지사는 자동차의 배출가스로 인한 대기오염 및 연료 손실을 줄이기 위하여 필요하다고 인정하면 그 시·도의 조례로 정하는 바에 따라 터미널, 차고지, 주차장 등의 장소에서 자동차의 원동기를 가동한 상태로 주차하거나 정차하는 행위를 제한할 수 있다.

039 「대기환경보전법」상 자동차의 운행정지에 관한 사항이다. ( ) 안에 알맞은 것은?

> 기후에너지환경부장관, 특별시장·광역시장·특별자치시장·특별자치도지사·시장·군수·구청장은 개선명령을 받은 자동차 소유자가 확인검사를 기후에너지환경부령으로 정하는 기간 이내에 받지 아니하는 경우에는 ( )의 기간을 정하여 해당 자동차의 운행정지를 명할 수 있다.

① 5일 이내　　② 7일 이내
③ 10일 이내　　④ 15일 이내

해설 대기환경보전법 제70조의2(자동차의 운행정지)
① 기후에너지환경부장관, 특별시장·광역시장·특별자치시장·특별자치도지사·시장·군수·구청장은 개선명령을 받은 자동차 소유자가 확인검사를 기후에너지환경부령으로 정하는 기간 이내에 받지 아니하는 경우에는 10일 이내의 기간을 정하여 해당 자동차의 운행정지를 명할 수 있다.

040 「대기환경보전법」상 한국자동차환경협회의 회원이 될 수 있는 자로 옳지 않은 것은?

① 배출가스저감장치 제작자
② 저공해자동차 판매사업자
③ 자동차 조기폐차 관련 사업자
④ 저공해엔진 제조·교체 등 배출가스저감사업 관련 사업자

해설 대기환경보전법 제79조(회원)
다음 각 호의 어느 하나에 해당하는 자는 한국자동차환경협회의 회원이 될 수 있다.
1. 배출가스저감장치 제작자
2. 저공해엔진 제조·교체 등 배출가스저감사업 관련 사업자
3. 전문정비사업자
4. 배출가스저감장치 및 저공해엔진 등과 관련된 분야의 전문가
5. 종합검사대행자 및 「건설기계관리법」 검사대행자
6. 「자동차관리법」 종합검사 지정정비사업자
7. 자동차 또는 건설기계 조기 폐차 관련 사업자

041 「대기환경보전법」상 한국자동차환경협회의 정관에 따른 업무로 옳지 않은 것은?

① 자동차 관련 환경기술인의 교육훈련 및 취업 지원
② 자동차와 건설기계의 배출가스 검사와 정비기술의 연구·개발사업
③ 자동차와 건설기계 배출가스저감사업의 지원과 사후관리에 관한 사항
④ 자동차와 건설기계 저공해화 기술개발 및 배출가스저감장치와 저공해엔진의 보급

해설 대기환경보전법 제80조(업무)
한국자동차환경협회는 정관으로 정하는 바에 따라 다음 각 호의 업무를 행한다.
1. 자동차와 건설기계 저공해화 기술개발 및 배출가스저감장치와 저공해엔진의 보급
2. 자동차와 건설기계 배출가스저감사업의 지원과 사후관리에 관한 사항
3. 자동차와 건설기계의 배출가스 검사와 정비기술의 연구·개발사업
4. 제1호부터 제3호까지 및 제5호와 관련된 업무로서 기후에너지환경부장관 또는 시·도지사로부터 위탁 받은 업무
5. 그 밖에 자동차와 건설기계의 배출가스를 줄이기 위하여 필요한 사항

042 기후에너지환경부장관이 대기환경보전법의 목적을 달성하기 위하여 필요하다고 인정하는 때에 관계중앙행정기관의 장이나 시·도지사에게 요청할 수 있는 조치내용으로 옳지 않은 것은?

① 자동차의 운행 제한
② 자동차의 차령 제한
③ 자동차의 통행 제한
④ 자동차 엔진의 변경 또는 대체

해설 대기환경보전법 제83조(관계 기관의 협조)
기후에너지환경부장관은 이 법의 목적을 달성하기 위하여 필요하다고 인정하면 다음 각 호에 해당하는 조치를 관계 중앙행정기관의 장, 시·도지사 또는 시장·군수·구청장에게 요청할 수 있다. 이 경우 요청받은 관계 중앙행정기관의 장, 시·도지사 또는 시장·군수·구청장은 특별한 사유가 없으면 그 요청에 따라야 한다.
1. 난방기기의 개선
2. 자동차 엔진의 변경이나 대체
3. 자동차의 차령 제한
4. 자동차의 통행 제한
5. 황사피해 방지를 위한 조치
6. 정밀검사 업무와 이륜자동차정기검사 업무의 전산처리에 필요한 자동차의 등록, 검사, 규격, 성능 등에 관한 전산자료
7. 친환경운전문화를 확산하기 위한 시책
8. 운행차 수시 점검에 필요한 자동차 제원 등 등록정보에 관한 전산자료
9. 종합검사 대상 자동차의 등록현황, 검사내역 등 종합검사업무 관련 전산자료

10. 배출가스저감장치의 부착, 저공해엔진으로의 개조 등 구조변경검사에 관한 전산자료
11. 전문정비사업자의 정비 · 점검 및 확인검사결과에 관한 전산자료
12. 그 밖에 대통령령으로 정하는 사항
    1) 관광시설 또는 산업시설 등의 설치로 훼손된 토지의 원상복구
    2) 차종별 연료사용 규제
    3) 차종별 엔진출력 규제
    4) 일정 구역에서 일정 용도로 사용하는 자동차의 동력원을 전기 · 태양광 · 수소 또는 천연가스 등으로 제한하는 사항

043 방지시설을 설치하지 아니하고 배출시설을 설치 · 운영한 자에 대한 벌칙기준으로 옳은 것은?

① 1년 이하의 징역 또는 1천만 원 이하의 벌금에 처한다.
② 3년 이하의 징역 또는 3천만 원 이하의 벌금에 처한다.
③ 5년 이하의 징역 또는 5천만 원 이하의 벌금에 처한다.
④ 7년 이하의 징역 또는 1억 원 이하의 벌금에 처한다.

해설 대기환경보전법 제89조(벌칙)
다음 각 호의 어느 하나에 해당하는 자는 7년 이하의 징역이나 1억 원 이하의 벌금에 처한다.
2. 방지시설을 설치하지 아니하고 배출시설을 설치 · 운영한 자

044 「대기환경보전법」상 벌칙기준 중 7년 이하의 징역이나 1억 원 이하의 벌금에 처하는 것은?

① 황 연료사용 제한조치 등의 명령을 위반한 자
② 오염물질을 측정하지 아니한 자 또는 측정결과를 거짓으로 기록하거나 기록 · 보존하지 아니한 자
③ 검사를 받지 아니하거나 검사받은 내용과 다르게 제조된 자동차연료 · 첨가제 또는 촉매제를 공급하거나 판매한 자
④ 배출시설을 가동할 때에 방지시설을 가동하지 아니하거나 오염도를 낮추기 위하여 배출시설에서 나오는 오염물질에 공기를 섞어 배출하는 행위를 한 자

해설 대기환경보전법 제89조(벌칙)
다음 각 호의 어느 하나에 해당하는 자는 7년 이하의 징역이나 1억 원 이하의 벌금에 처한다.
3. 배출시설을 가동할 때에 방지시설을 가동하지 아니하거나 오염도를 낮추기 위하여 배출시설에서 나오는 오염물질에 공기를 섞어 배출하는 행위를 한 자 또는 배출시설이나 방지시설을 정당한 사유 없이 정상적으로 가동하지 아니하여 배출허용기준을 초과한 오염물질을 배출하는 행위를 한 자
보기항 "①, ②, ③"의 경우 → 5년 이하의 징역이나 5천만 원 이하의 벌금

045 「대기환경보전법」상 벌칙기준 중 7년 이하의 징역이나 1억 원 이하의 벌금에 처하는 것은?

① 연료사용 제한조치 등의 명령을 위반한 자
② 측정기기의 부착 등의 조치를 하지 아니한 자
③ 배출가스 전문정비사업자로 등록하지 아니하고 정비 · 점검 또는 확인검사 업무를 한 자
④ 조업정지 기간에 조업을 하여 받은 배출시설의 폐쇄나 조업정지에 관한 명령을 위반한 자

해설 대기환경보전법 제89조(벌칙)
다음 각 호의 어느 하나에 해당하는 자는 7년 이하의 징역이나 1억 원 이하의 벌금에 처한다.
4. 조업정지명령을 위반하거나 조치명령을 이행하지 아니한 자
보기항 "①, ②, ③"의 경우 → 5년 이하의 징역이나 5천만 원 이하의 벌금

046 「대기환경보전법」상 제작차배출허용기준에 맞지 아니하게 자동차를 제작한 자에 대한 벌칙기준은?

① 7년 이하의 징역이나 1억 원 이하의 벌금에 처한다.
② 5년 이하의 징역이나 5천만 원 이하의 벌금에 처한다.
③ 1년 이하의 징역이나 1천만 원 이하의 벌금에 처한다.
④ 500만 원 이하의 벌금에 처한다.

> **해설** 대기환경보전법 제89조(벌칙)
> 다음 각 호의 어느 하나에 해당하는 자는 7년 이하의 징역이나 1억 원 이하의 벌금에 처한다.
> 6. 제작차배출허용기준에 맞지 아니하게 자동차를 제작한 자

047 「대기환경보전법」상 평균 배출허용기준을 초과한 자동차제작자에 대한 상환명령을 이행하지 아니하고 자동차를 제작한 자에 대한 벌칙기준으로 옳은 것은?

① 7년 이하의 징역이나 1억 원 이하의 벌금에 처한다.
② 5년 이하의 징역이나 5천만 원 이하의 벌금에 처한다.
③ 3년 이하의 징역이나 3천만 원 이하의 벌금에 처한다.
④ 1년 이하의 징역이나 1천만 원 이하의 벌금에 처한다.

> **해설** 대기환경보전법 제89조(벌칙)
> 다음 각 호의 어느 하나에 해당하는 자는 7년 이하의 징역이나 1억 원 이하의 벌금에 처한다.
> 7의2. 상환명령을 이행하지 아니하고 자동차를 제작한 자

048 「대기환경보전법」상 배출가스저감장치의 인증을 받아야 하는 자가 인증을 받지 아니하고 배출가스저감장치와 저공해엔진을 제조하거나 공급·판매한 자에 대한 벌칙기준은?

① 7년 이하의 징역이나 1억 원 이하의 벌금
② 5년 이하의 징역이나 5천만 원 이하의 벌금
③ 3년 이하의 징역이나 3천만 원 이하의 벌금
④ 1년 이하의 징역이나 1천만 원 이하의 벌금

> **해설** 대기환경보전법 제89조(벌칙)
> 다음 각 호의 어느 하나에 해당하는 자는 7년 이하의 징역이나 1억 원 이하의 벌금에 처한다.
> 8의2. 인증을 받지 아니한 배출가스저감장치, 저공해엔진 또는 공회전제한장치를 공급·판매하거나 공급·판매의 목적으로 진열·보관 또는 저장한 자

049 「대기환경보전법」상 기후에너지환경부령으로 정하는 제조기준에 맞지 아니하게 자동차 연료·첨가제 또는 촉매제를 제조한 자에 대한 벌칙기준으로 옳은 것은?

① 7년 이하의 징역이나 1억 원 이하의 벌금
② 5년 이하의 징역이나 5천만 원 이하의 벌금
③ 1년 이하의 징역이나 1천만 원 이하의 벌금
④ 300만 원 이하의 벌금

> **해설** 대기환경보전법 제89조(벌칙)
> 다음 각 호의 어느 하나에 해당하는 자는 7년 이하의 징역이나 1억 원 이하의 벌금에 처한다.
> 9. 자동차연료·첨가제 또는 촉매제를 제조기준에 맞지 아니하게 제조한 자

서술형 빈출문제

050 「대기환경보전법」상 대통령령으로 정하는 업종의 배출시설을 운영하는 사업자는 공정 및 설비 등에서 굴뚝 등 기후에너지환경부령으로 정하는 배출구 없이 대기 중에 직접 배출되는 대기오염물질을 줄이기 위하여 배출시설의 정기적인 점검 및 비산배출에 대한 조사 등에 관해 기후에너지환경부령으로 정하는 시설관리기준을 지켜야 하는데, 이 시설관리기준을 지키지 아니한 자에 대한 벌칙 기준은?

① 7년 이하의 징역 또는 1억 원 이하의 벌금에 처한다.
② 5년 이하의 징역 또는 3천만 원 이하의 벌금에 처한다.
③ 1년 이하의 징역 또는 1천만 원 이하의 벌금에 처한다.
④ 500만 원 이하의 벌금에 처한다.

해설 대기환경보전법 제90조(벌칙)
다음 각 호의 어느 하나에 해당하는 자는 5년 이하의 징역이나 5천만 원 이하의 벌금에 처한다.
4의2. 시설관리기준을 위반하는 자에게 비산배출 되는 대기오염물질을 줄이기 위한 시설의 개선에 따른 시설개선 등의 조치명령을 이행하지 아니한 자

051 「대기환경보전법」상 변경인증을 받아야 하는 자가 제작차 배출허용기준과 관련한 변경인증을 받지 아니하고 자동차를 제작한 자에 대한 벌칙 기준은?

① 7년 이하의 징역이나 1억 원 이하의 벌금
② 5년 이하의 징역이나 5천만 원 이하의 벌금
③ 1년 이하의 징역이나 1천만 원 이하의 벌금
④ 500만 원 이하의 벌금

해설 대기환경보전법 제91조(벌칙)
다음 각 호의 어느 하나에 해당하는 자는 1년 이하의 징역이나 1천만 원 이하의 벌금에 처한다.
4의2. 변경인증을 받지 아니하거나 거짓 또는 그 밖의 부정한 방법으로 변경인증을 받고 자동차를 제작한 자

052 「대기환경보전법」상 배출가스 전문정비업자를 등록하여 지정을 받은 자가 고의 또는 중대한 과실로 정비·점검 및 확인검사 업무를 부실하게 한 경우 받은 업무정지명령을 위반한 자에 대한 벌칙 기준으로 옳은 것은?

① 7년 이하의 징역이나 1억 원 이하의 벌금
② 5년 이하의 징역이나 5천만 원 이하의 벌금
③ 1년 이하의 징역이나 1천만 원 이하의 벌금
④ 500만 원 이하의 벌금

해설 대기환경보전법 제91조(벌칙)
다음 각 호의 어느 하나에 해당하는 자는 1년 이하의 징역이나 1천만 원 이하의 벌금에 처한다.
8. 배출가스 전문정비업자 등록을 받은 자가 고의 또는 중대한 과실로 정비·점검 및 확인검사 업무를 부실하게 한 경우 업무정지명령을 위반한 자

053 기후에너지환경부령이 정하는 자동차 연료의 제조기준에 맞지 아니한 것으로 판정된 자동차 연료·첨가제 또는 촉매제 등을 자동차 연료로 사용한 자에 대한 행정처분기준으로 옳은 것은?

① 300만 원 이하의 벌금
② 500만 원 이하의 벌금
③ 1년 이하의 징역 또는 1천만 원 이하의 벌금
④ 3년 이하의 징역 또는 3천만 원 이하의 벌금

해설 대기환경보전법 제91조(벌칙)
다음 각 호의 어느 하나에 해당하는 자는 1년 이하의 징역이나 1천만 원 이하의 벌금에 처한다.
9. 제조기준에 맞지 아니한 것으로 판정된 자동차연료·첨가제 또는 촉매제 등을 자동차 연료로 사용한 자

정답 050 ② 051 ③ 052 ③ 053 ③

054 「대기환경보전법」상 대기오염 경보가 발령된 지역에서 자동차 운행제한이나 사업장 조업단축의 명령을 정당한 사유 없이 위반한 자에 대한 벌칙기준으로 옳은 것은?

① 3년 이하의 징역이나 3천만 원 이하의 벌금에 처한다.
② 1년 이하의 징역이나 1천만 원 이하의 벌금에 처한다.
③ 500만 원 이하의 벌금에 처한다.
④ 300만 원 이하의 벌금에 처한다.

> **해설** 대기환경보전법 제92조(벌칙)
> 다음 각 호의 어느 하나에 해당하는 자는 300만 원 이하의 벌금에 처한다.
> 1. 자동차의 운행제한이나 사업장의 조업단축 등의 명령을 정당한 사유 없이 위반한 자

055 「대기환경보전법」상 비산먼지 발생억제를 위한 시설을 설치해야 하는 자가 그 비산먼지의 발생을 억제하기 위한 시설을 설치하지 아니하거나 필요한 조치를 하지 아니한 경우에 대한 벌칙기준은? (단, 시멘트·석탄·토사·사료·곡물 및 고철의 분채상물질 운송자는 제외한다.)

① 100만 원 이하의 과태료
② 200만 원 이하의 과태료
③ 300만 원 이하의 벌금
④ 500만 원 이하의 벌금

> **해설** 대기환경보전법 제92조(벌칙)
> 다음 각 호의 어느 하나에 해당하는 자는 300만 원 이하의 벌금에 처한다.
> 5. 비산먼지의 발생을 억제하기 위한 시설을 설치하지 아니하거나 필요한 조치를 하지 아니한 자. 다만, 시멘트·석탄·토사·사료·곡물 및 고철의 분체상 물질을 운송한 자는 제외한다.

056 「대기환경보전법」상 1년 이하의 징역이나 1천만 원 이하의 벌금에 처하는 경우에 해당하지 않는 것은?

① 기후에너지환경부장관에게 받은 이륜자동차 정기검사 명령을 이행하지 않은 자
② 배출시설의 설치를 완료한 후 가동개시 신고를 하지 않고 조업한 자
③ 측정기기 관리대행업의 등록 또는 변경 등록을 하지 않고 측정기기 관리업무를 대행한 자
④ 환경상의 위해가 발생하여 제조·판매 또는 사용을 규제당한 자동차 연료·첨가제 또는 촉매제를 제조하거나 판매한 자

> **해설** 대기환경보전법 제92조(벌칙)
> ① 기후에너지환경부장관에게 받은 이륜자동차정기검사 명령을 이행하지 않은 자: 300만 원 이하의 벌금

057 「대기환경보전법」상 환경기술인의 업무를 방해하거나 환경기술인의 요청을 정당한 사유 없이 거부한 사업자에 대한 벌칙기준으로 옳은 것은?

① 5년 이하의 징역 또는 5천만 원 이하의 벌금
② 1년 이하의 징역 또는 1천만 원 이하의 벌금
③ 500만 원 이하의 벌금
④ 200만 원 이하의 벌금

> **해설** 대기환경보전법 제93조(벌칙)
> 환경기술인의 업무를 방해하거나 환경기술인의 요청을 정당한 사유 없이 거부한 자는 200만 원 이하의 벌금에 처한다.

정답 054 ④ 055 ③ 056 ① 057 ④

서술형 빈출문제

058 시·도지사가 관할 지역의 대기질 개선 또는 기후·생태계 변화유발물질 배출감소를 위하여 명령한 저공해자동차로 전환 또는 배출가스저감장치 부착을 이행하지 아니한 자에 대한 벌칙기준은?

① 100만 원 이하의 과태료
② 200만 원 이하의 과태료
③ 300만 원 이하의 과태료
④ 500만 원 이하의 과태료

해설 대기환경보전법 제94조(과태료)
② 다음 각 호의 어느 하나에 해당하는 자에게는 300만 원 이하의 과태료를 부과한다.
4. 저공해자동차 또는 저공해건설기계로의 전환 또는 개조 명령, 배출가스저감장치의 부착·교체 명령 또는 배출가스 관련 부품의 교체 명령, 저공해엔진으로의 개조 또는 교체 명령을 이행하지 아니한 자

059 「대기환경보전법」상 사업자는 조업을 할 때에는 기후에너지환경부령으로 정하는 바에 따라 그 배출시설과 방지시설의 운영에 관한 상황을 사실대로 기록하여 보존하여야 하나 이를 위반하여 배출시설 등의 운영상황에 관한 기록·보존하지 아니하거나 거짓으로 기록한 자에 대한 과태료 처분기준으로 옳은 것은?

① 500만 원 이하의 과태료
② 300만 원 이하의 과태료
③ 200만 원 이하의 과태료
④ 100만 원 이하의 과태료

해설 대기환경보전법 제94조(과태료)
② 다음 각 호의 어느 하나에 해당하는 자에게는 300만 원 이하의 과태료를 부과한다.
1. 배출시설 등의 운영상황을 기록·보존하지 아니하거나 거짓으로 기록한 자

060 「대기환경보전법」상 저공해자동차로의 전환 또는 개조 명령, 배출가스저감장치의 부착·교체 명령 또는 배출가스 관련 부품의 교체 명령, 저공해엔진(혼소엔진을 포함한다.)으로의 개조 또는 교체 명령을 이행하지 아니한 자에 대한 과태료 부과기준은?

① 100만 원 이하의 과태료
② 200만 원 이하의 과태료
③ 300만 원 이하의 과태료
④ 500만 원 이하의 과태료

해설 대기환경보전법 제94조(과태료)
② 다음 각 호의 어느 하나에 해당하는 자에게는 300만 원 이하의 과태료를 부과한다.
4. 저공해자동차 또는 저공해건설기계로의 전환 또는 개조 명령, 배출가스저감장치의 부착·교체 명령 또는 배출가스 관련 부품의 교체 명령, 저공해엔진(혼소엔진을 포함한다.)으로의 개조 또는 교체 명령을 이행하지 아니한 자

061 「대기환경보전법」상 배출오염물질의 배출허용기준 준수 여부 확인을 위한 측정기기를 부착한 사업자가 측정결과의 신뢰도와 정확도를 지속적으로 유지할 수 있도록 기후에너지환경부령으로 정하는 측정기기의 운영·관리기준을 지키지 아니할 경우 과태료 부과기준은?

① 500만 원 이하의 과태료
② 300만 원 이하의 과태료
③ 200만 원 이하의 과태료
④ 100만 원 이하의 과태료

해설 대기환경보전법 제94조(과태료)
③ 다음 각 호의 어느 하나에 해당하는 자에게는 200만 원 이하의 과태료를 부과한다.
4의2. 측정기기를 부착한 사업자가 측정결과의 신뢰도와 정확도를 지속적으로 유지할 수 있도록 기후에너지환경부령으로 정하는 측정기기의 운영·관리기준을 지키지 아니한 자

정답 058 ③ 059 ② 060 ③ 061 ③

062 배출시설 및 방지시설 운영 시 부식, 마모로 인하여 오염물질이 새나가는 배출시설이나 방지시설을 정당한 사유 없이 방치하는 행위를 한 자에 대한 행정처분으로 옳은 것은?

① 200만 원 이하의 과태료
② 500만 원 이하의 벌금
③ 1년 이하의 징역 또는 1천만 원 이하의 벌금
④ 3년 이하의 징역 또는 3천만 원 이하의 벌금

해설 대기환경보전법 제94조(과태료)
③ 다음 각 호의 어느 하나에 해당하는 자에게는 200만 원 이하의 과태료를 부과한다.
1. 부식이나 마모로 인하여 오염물질이 새나가는 배출시설이나 방지시설을 정당한 사유 없이 방치하는 행위를 한 자

063 비산배출 되는 먼지(비산먼지)를 발생시키는 사업으로서 대통령령으로 정하는 사업을 하려는 자는 기후에너지환경부령으로 정하는 바에 따라 특별자치시장·특별자치도지사·시장·군수·구청장에게 신고하고 비산먼지의 발생을 억제하기 위한 시설을 설치하거나 필요한 조치를 하여야 하는데, 이를 하지 아니한 자에 대한 행정조치 사항으로 옳은 것은?

① 50만 원 이하의 과태료
② 100만 원 이하의 과태료
③ 200만 원 이하의 과태료
④ 300만 원 이하의 과태료

해설 대기환경보전법 제94조(과태료)
③ 다음 각 호의 어느 하나에 해당하는 자에게는 200만 원 이하의 과태료를 부과한다.
6. 비산먼지의 발생 억제 시설의 설치 및 필요한 조치를 하지 아니하고 시멘트·석탄·토사 등 분체상물질을 운송한 자

064 「대기환경보전법」상 위반행위 중 '200만 원 이하의 과태료 부과'에 해당하는 것은?

① 제조기준에 맞지 아니한 것으로 판정된 촉매제를 제조하거나 판매한 자
② 제조기준에 맞지 아니한 것으로 판정된 자동차 연료를 사용한 자
③ 제조기준에 맞지 아니하는 첨가제 또는 촉매제임을 알면서 사용한 자
④ 배출허용기준에 맞는지의 여부 확인을 위해 배출시설에 측정기기의 부착 등의 조치를 하지 아니한 자

해설
① 제조기준에 맞지 아니한 것으로 판정된 촉매제를 공급한 자 → 1년 이하의 징역이나 1천만 원 이하의 벌금
② 제조기준에 맞지 아니한 것으로 판정된 자동차 연료를 사용한 자 → 1년 이하의 징역이나 1천만 원 이하의 벌금
④ 배출허용기준에 맞는지의 여부 확인을 위해 배출시설에 측정기기의 부착 등의 조치를 하지 아니한 자 → 5년 이하의 징역이나 5천만 원 이하의 벌금

대기환경보전법 제94조(과태료)
③ 다음 각 호의 어느 하나에 해당하는 자에게는 200만 원 이하의 과태료를 부과한다.
13. 제조기준에 맞지 아니하는 첨가제 또는 촉매제임을 알면서 사용한 자

065 자동차의 배출가스로 인한 대기오염을 줄이기 위하여 시·도 조례가 정하는 바에 따라 터미널, 차고지, 주차장 등의 장소에서 자동차의 원동기를 가동한 상태로 주차 또는 정차하는 행위를 한 운전자에 대한 행정조치 사항으로 옳은 것은?

① 50만 원 이하의 과태료
② 100만 원 이하의 과태료
③ 200만 원 이하의 과태료
④ 300만 원 이하의 과태료

해설 대기환경보전법 제94조(과태료)

④ 다음 각 호의 어느 하나에 해당하는 자에게는 100만 원 이하의 과태료를 부과한다.
5. 터미널, 차고지, 주차장 등의 장소에서 자동차의 원동기를 가동한 상태로 주차하거나 정차하는 행위를 하여 자동차의 원동기 가동제한을 위반한 자동차의 운전자

067 환경기술인 등의 교육을 받게 하지 아니한 자에 대한 행정처분기준은?

① 50만 원 이하의 과태료에 처함.
② 100만 원 이하의 과태료에 처함.
③ 200만 원 이하의 과태료에 처함.
④ 300만 원 이하의 과태료에 처함.

해설 대기환경보전법 제94조(과태료)

④ 다음 각 호의 어느 하나에 해당하는 자에게는 100만 원 이하의 과태료를 부과한다.
8. 환경기술인 등의 교육을 받게 하지 아니한 자

066 「대기환경보전법」상 100만 원 이하의 과태료 부과기준에 해당하는 자는?

① 배출가스 전문정비업자로 지정받지 아니하고 정비업무를 한 자
② 배출시설 설치신고는 하였으나 변경에 따른 변경신고를 하지 아니한 자
③ 자동차의 운행제한이나 사업장의 조업단축 등 명령을 받았으나 정당한 사유 없이 위반한 자
④ 환경기술인을 임명하지 아니하거나 임명(바꾸어 임명한 것을 포함한다.)에 대한 신고를 하지 아니한 자

해설
① 배출가스 전문정비업자로 지정받지 아니하고 정비업무를 한 자 → 5년 이하의 징역이나 5천만 원 이하의 벌금
③ 자동차의 운행제한이나 사업장의 조업단축 등 명령을 받았으나 정당한 사유 없이 위반한 자 → 300만 원 이하의 벌금
④ 환경기술인을 임명하지 아니하거나 임명(바꾸어 임명한 것을 포함한다.)에 대한 신고를 하지 아니한 자 → 300만 원 이하의 과태료

대기환경보전법 제94조(과태료)
④ 다음 각 호의 어느 하나에 해당하는 자에게는 100만 원 이하의 과태료를 부과한다.
1의2. 배출시설 설치신고는 하였으나 변경에 따른 변경신고를 하지 아니한 자

068 환경기술인의 준수사항을 지키지 아니한 자에 대한 벌칙기준으로 옳은 것은?

① 50만 원 이하의 과태료
② 100만 원 이하의 과태료
③ 100만 원 이하의 벌금
④ 200만 원 이하의 벌금

해설 대기환경보전법 제94조(과태료)

④ 다음 각 호의 어느 하나에 해당하는 자에게는 100만 원 이하의 과태료를 부과한다.
2. 환경기술인의 준수사항을 지키지 아니한 자

02 대기환경보전법 시행령

001 「대기환경보전법 시행령」상 대기오염경보에 관한 설명으로 옳지 않은 것은?

① 시·도지사는 당해 지역에 대하여 대기오염경보를 발령할 수 있다.
② 지역의 대기오염 발생 특성 등을 고려하여 특별시, 광역시 등의 조례로 경보단계별 조치사항을 일부 조정할 수 있다.
③ 대기오염경보 단계에 해당되는 대기오염경보 대상 오염물질은 미세먼지(PM-10), 오존(O_3), 황사로 한다.
④ 경보단계 중 경보발령의 경우에는 주민의 실외활동 제한 요청, 자동차 사용의 제한 및 사업장의 연료사용량 감축 권고 등의 조치를 취하여야 한다.

[해설] 대기환경보전법 시행령 제2조(대기오염경보의 대상 지역 등)
② 대기오염경보의 대상 오염물질은 「환경정책기본법」에 따라 환경기준이 설정된 오염물질 중 다음 각 호의 오염물질로 한다.
  1. 미세먼지(PM-10)
  2. 초미세먼지(PM-2.5)
  3. 오존(O_3)

002 「대기환경보전법 시행령」상 대기오염 경보단계별 조치사항으로 옳지 않은 것은?

① 주의보: 주민의 실외활동 제한 요청
② 경보: 자동차의 사용제한 권고
③ 경보: 사업장의 연료사용량 감축 권고
④ 중대경보: 사업장의 조업시간 단축 명령

[해설] 대기환경보전법 시행령 제2조(대기오염경보의 대상 지역 등)
④ 경보 단계별 조치에는 다음 각 호의 구분에 따른 사항이 포함되도록 하여야 한다. 다만, 지역의 대기오염 발생 특성 등을 고려하여 특별시·광역시·특별자치시·도·특별자치도의 조례로 경보 단계별 조치사항을 일부 조정할 수 있다.
  1. 주의보 발령: 주민의 실외활동 및 자동차 사용의 자제 요청 등
  2. 경보 발령: 주민의 실외활동 제한 요청, 자동차 사용의 제한 및 사업장의 연료사용량 감축 권고 등
  3. 중대경보 발령: 주민의 실외활동 금지 요청, 자동차의 통행 금지 및 사업장의 조업시간 단축 명령 등

003 「대기환경보전법 시행령」상 대기오염 경보단계별 조치사항에 포함된 것으로 옳지 않은 것은?

① 주의보 발령: 자동차 사용제한 명령
② 경보 발령: 사업장의 연료 사용량 감축 권고
③ 중대경보 발령: 주민의 실외활동 금지 요청
④ 중대경보 발령: 사업장의 조업시간 단축 명령

[해설] 대기환경보전법 시행령 제2조(대기오염경보의 대상 지역 등)
④ 1. 주의보 발령: 주민의 실외활동 및 자동차 사용의 자제 요청 등

004 「대기환경보전법 시행령」상 대기오염 경보단계의 3가지 유형 중 경보발령 시의 조치사항으로 옳지 않은 것은?

① 자동차 사용의 제한
② 주민의 실외활동 제한 요청
③ 사업장의 조업시간 단축 명령
④ 사업장의 연료사용량 감축 권고

[해설] 대기환경보전법 시행령 제2조(대기오염경보의 대상 지역 등)
④ 2. 경보 발령: 주민의 실외활동 제한 요청, 자동차 사용의 제한 및 사업장의 연료사용량 감축 권고 등
※ 사업장의 조업시간 단축 명령은 중대경보 발령의 조치사항이다.

서술형 빈출문제

005 「대기환경보전법 시행령」상 '자동차 사용의 제한 명령 및 사업장의 연료사용량 감축 권고' 등의 조치사항에 해당하는 대기오염 경보단계는?

① 경계 발령
② 주의보 발령
③ 경보 발령
④ 중대경보 발령

[해설] 대기환경보전법 시행령 제2조(대기오염경보의 대상 지역 등)
④ 2. 경보 발령: 주민의 실외활동 제한 요청, 자동차 사용의 제한 및 사업장의 연료사용량 감축 권고 등

006 「대기환경보전법 시행령」상 대기오염경보단계 중 '중대경보발령'의 경우 조치하여야 하는 사항으로 옳지 않은 것은?

① 자동차의 통행금지 명령
② 주민의 실외활동 금지 요청
③ 사업장의 조업시간 단축 명령
④ 사업장의 연료사용량 감축 권고

[해설] 대기환경보전법 시행령 제2조(대기오염경보의 대상 지역 등)
④ 3. 중대경보 발령: 주민의 실외활동 금지 요청, 자동차의 통행금지 및 사업장의 조업시간 단축명령 등

007 「대기환경보전법 시행령」상 대기오염경보에 관한 사항으로 옳지 않은 것은?

① 자동차 사용의 자제 요청은 "주의보 발령" 시 조치사항에 해당한다.
② 지역의 특성에 따라 특별시·광역시 등의 조례로 경보 단계별 조치사항을 일부 조정할 수 있다.
③ 주민의 실외활동 제한 요청, 자동차 사용의 제한 명령 및 사업장의 연료사용량 감축 권고 등은 "중대경보 발령" 시에 해당되는 조치사항이다.
④ 대기오염경보 단계는 대기오염경보 대상 오염물질의 농도에 따라 오존의 경우 주의보, 경보, 중대경보로 구분하되, 대기오염 경보단계별 오염물질의 농도기준은 기후에너지환경부령으로 정한다.

[해설] 대기환경보전법 시행령 제2조(대기오염경보의 대상 지역 등)
※ 주민의 실외활동 제한 요청, 자동차 사용의 제한 명령 및 사업장의 연료사용량 감축 권고 등은 "경보 발령" 시에 해당되는 조치사항이다.

008 대기오염배출시설의 설치신고서에 첨부되어야 하는 서류로 옳지 않은 것은?

① 방지시설의 일반도
② 오염물질배출량 예측 내역서
③ 방지시설의 연간 유지관리 계획서
④ 배출시설 및 대기오염방지시설의 설치명세서

[해설] 대기환경보전법 시행령 제11조(배출시설의 설치허가 및 신고 등)
③ 배출시설 설치허가를 받거나 설치신고를 하려는 자는 배출시설 설치허가신청서 또는 배출시설 설치신고서에 다음 각 호의 서류를 첨부하여 기후에너지환경부장관 또는 시·도지사에게 제출해야 한다.
1. 원료(연료를 포함한다.)의 사용량 및 제품 생산량과 오염물질 등의 배출량을 예측한 명세서
2. 배출시설 및 대기오염방지시설의 설치명세서
3. 방지시설의 일반도
4. 방지시설의 연간 유지관리 계획서
5. 사용 연료의 성분 분석과 황산화물 배출농도 및 배출량 등을 예측한 명세서
6. 배출시설 설치허가증

정답 005 ③ 006 ④ 007 ③ 008 ②

009 특정대기유해물질 배출시설을 증설하고자 하는 경우 배출시설 변경허가를 받아야 하는 시설의 규모는?

① 100분의 50 이상
② 100분의 40 이상
③ 100분의 30 이상
④ 100분의 20 이상

해설 대기환경보전법 시행령 제11조(배출시설의 설치허가 및 신고 등)
④ 1. 설치허가 또는 변경허가를 받거나 변경신고를 한 배출시설 규모의 합계나 누계의 100분의 50 이상(특정대기유해물질 배출시설의 경우에는 100분의 30 이상으로 한다) 증설

010 「대기환경보전법 시행령」상 배출시설 설치허가를 받은 자가 허가받은 사항 중 '대통령령으로 정하는 중요한 사항'의 변경사항이다. (   ) 안에 알맞은 것은? (단, 배출시설 규모증설의 경우 배출시설 규모의 합계나 누계는 배출구별로 산정한다.)

- 설치허가 또는 변경허가를 받거나 변경신고: 허가 또는 배출시설 규모의 합계나 누계의 (㉠) 증설
- 특정대기유해물질 배출시설: 허가 또는 배출시설 규모의 합계나 누계의 (㉡) 증설

① ㉠ 100분의 30 이상, ㉡ 100분의 20 이상
② ㉠ 100분의 50 이상, ㉡ 100분의 20 이상
③ ㉠ 100분의 30 이상, ㉡ 100분의 30 이상
④ ㉠ 100분의 50 이상, ㉡ 100분의 30 이상

해설 대기환경보전법 시행령 제11조(배출시설의 설치허가 및 신고 등)
④ 1. 설치허가 또는 변경허가를 받거나 변경신고를 한 배출시설 규모의 합계나 누계의 100분의 50 이상(특정대기유해물질 배출시설의 경우에는 100분의 30 이상으로 한다) 증설

011 「대기환경보전법 시행령」상 기후에너지환경부장관이 특정대기유해물질 배출시설 또는 특별대책 지역에서의 배출시설의 설치를 제한할 수 있는 경우에 관한 기준이다. (   ) 안에 알맞은 것은?

배출시설 설치 지점으로부터 반경 1킬로미터 안의 상주 인구가 2만 명 이상인 지역으로서 특정대기유해물질 중 한 가지 종류의 물질을 연간 (㉠) 이상 배출하거나 두 가지 이상의 물질을 연간 (㉡) 이상 배출하는 시설을 설치하는 경우

① ㉠ 5톤, ㉡ 10톤
② ㉠ 5톤, ㉡ 20톤
③ ㉠ 10톤, ㉡ 20톤
④ ㉠ 10톤, ㉡ 25톤

해설 대기환경보전법 시행령 제12조(배출시설 설치의 제한)
기후에너지환경부장관 또는 시·도지사가 배출시설의 설치를 제한할 수 있는 경우는 다음 각 호와 같다.
1. 배출시설 설치 지점으로부터 반경 1킬로미터 안의 상주 인구가 2만 명 이상인 지역으로서 특정대기유해물질 중 한 가지 종류의 물질을 연간 10톤 이상 배출하거나 두 가지 이상의 물질을 연간 25톤 이상 배출하는 시설을 설치하는 경우

012 기후에너지환경부장관은 대기오염물질 측정기기의 운영·관리기준을 지키지 아니하는 사업자에 대하여 조치명령을 하는 때에는 얼마 기간의 범위 내에서 개선기간을 정하여야 하는가?

① 30일
② 60일
③ 3개월
④ 6개월

해설 대기환경보전법 시행령 제18조(측정기기의 개선기간)
① 기후에너지환경부장관 또는 시·도지사는 측정기기의 운영·관리기준을 지키지 아니하는 사업자에게 기간을 정하여 측정기기가 기준에 맞게 운영·관리되도록 필요한 조치명령을 하는 경우에는 6개월 이내의 개선기간을 정해야 한다.

서술형 빈출문제

013 「대기환경보전법 시행령」상 기후에너지환경부장관은 오염물질 측정기기의 운영·관리기준을 지키지 않는 사업자에 대해 조치명령을 하는 경우, 부득이한 사유인 경우 신청에 의한 연장기간까지 포함하여 최대 몇 개월의 범위에서 개선기간을 정할 수 있는가?

① 3개월 ② 6개월
③ 9개월 ④ 12개월

해설 대기환경보전법 시행령 제18조(측정기기의 개선기간)
① 기후에너지환경부장관 또는 시·도지사는 측정기기의 운영·관리기준을 지키지 아니하는 사업자에게 기간을 정하여 측정기기가 기준에 맞게 운영·관리되도록 필요한 조치명령을 하는 경우에는 6개월 이내의 개선기간을 정해야 한다.
② 기후에너지환경부장관 또는 시·도지사는 조치명령을 받은 자가 천재지변이나 그 밖의 부득이한 사유로 제1항에 따른 개선기간 내에 조치를 마칠 수 없는 경우에는 조치명령을 받은 자의 신청을 받아 6개월의 범위에서 개선기간을 연장할 수 있다.

014 기후에너지환경부장관이 사업자에게 배출시설 및 방지시설의 부적정 운영으로 인하여 배출허용기준을 초과할 경우 개선에 필요한 조치 및 시설 설치기간 등을 고려하여 개선명령을 하는 경우, 정하는 개선기간의 최대 범위는? (단, 연장기간은 제외한다.)

① 3개월 이내
② 6개월 이내
③ 9개월 이내
④ 1년 이내

해설 대기환경보전법 시행령 제20조(배출시설 및 방지시설의 개선기간)
① 기후에너지환경부장관 또는 시·도지사는 개선명령을 하는 경우에는 개선에 필요한 조치 및 시설 설치기간 등을 고려하여 1년 이내의 개선기간을 정해야 한다.

015 「대기환경보전법 시행령」상 개선명령에 관한 내용으로 옳지 않은 것은?

① 기후에너지환경부장관은 사업자에게 배출허용기준을 초과하는 배출시설 또는 방지시설에 대해 개선명령을 할 수 있다.
② 시·도지사는 개선명령을 받은 사업자가 제출한 개선계획서상의 개선기간의 범위 내에서 개선기간을 정할 수 있다.
③ 개선명령을 받은 자는 기후에너지환경부장관이 정한 개선기간 중 천재지변 등 부득이한 사유가 발생된 경우에는 개선기간의 연장 신청을 할 수 있다.
④ 개선명령을 받지 아니한 사업자가 단전·단수로 인해 방지시설을 적정하게 운영할 수 없어 배출허용기준초과 오염물질을 배출하게 되는 경우라도 개선계획서를 제출하고 개선할 수 있다.

해설 대기환경보전법 시행령 제20조(배출시설 및 방지시설의 개선기간)
① 기후에너지환경부장관 또는 시·도지사는 개선명령을 하는 경우에는 개선에 필요한 조치 및 시설 설치기간 등을 고려하여 1년 이내의 개선기간을 정해야 한다.

016 「대기환경보전법 시행령」에서 배출시설의 개선 명령을 받은 사업자는 명령을 받은 후 언제까지 기후에너지환경부령에 따라 기후에너지환경부장관에게 개선계획서를 제출하여야 하는가?

① 개선명령을 받은 날로부터 7일 이내
② 개선명령을 받은 날로부터 10일 이내
③ 개선명령을 받은 날로부터 15일 이내
④ 개선명령을 받은 날로부터 30일 이내

해설 대기환경보전법 시행령 제21조(개선계획서의 제출)
① 조치명령 또는 개선명령을 받은 사업자는 그 명령을 받은 날부터 15일 이내에 다음 각 호의 사항을 명시한 개선계획서를 기후에너지환경부령으로 정하는 바에 따라 기후에너지환경부장관 또는 시·도지사에게 제출해야 한다.

정답 013 ④ 014 ④ 015 ② 016 ③

017 「대기환경보전법 시행령」상 개선계획서의 제출에 관한 설명으로 옳지 않은 것은?

① 개선기간이 끝나기 전에 개선하려면 그 개선하려는 기간을 개선계획서에 명시한다.
② 공법 등의 개선으로 오염물질의 배출을 감소시키려면 그 내용을 개선계획서에 명시한다.
③ 개선명령을 받은 사업자는 명령을 받은 날부터 30일 이내에 시·도지사에게 개선계획서를 제출한다.
④ 개선기간 중에 배출시설의 가동을 중단하거나 제한하려면 그 기간과 제한의 내용을 개선계획서에 명시한다.

해설 대기환경보전법 시행령 제21조(개선계획서의 제출)
① 조치명령 또는 개선명령을 받은 사업자는 그 명령을 받은 날부터 15일 이내에 다음 각 호의 사항을 명시한 개선계획서를 기후에너지환경부령으로 정하는 바에 따라 기후에너지환경부장관 또는 시·도지사에게 제출해야 한다.

018 「대기환경보전법 시행령」상 법규정에 의한 개선명령을 받지 아니한 사업자가 기후에너지환경부장관에게 개선계획서를 제출하고 배출허용기준을 초과하여 오염물질을 배출할 수 있는 경우로 옳지 않은 것은?

① 단전·단수로 배출시설이나 방지시설을 적정하게 운영할 수 없는 경우
② 배출시설 또는 방지시설의 적정운영 검사기간이 15일을 초과하는 경우
③ 배출시설 또는 방지시설을 개선·변경·점검 또는 보수하기 위하여 반드시 필요한 경우
④ 배출시설 또는 방지시설의 주요 기계장치 등의 돌발적 사고로 배출시설이나 방지시설을 적정하게 운영할 수 없는 경우

해설 대기환경보전법 시행령 제21조(개선계획서의 제출)
④ 개선명령을 받지 않은 사업자는 다음 각 호의 어느 하나에 해당하는 경우로서 배출허용기준을 초과하여 오염물질을 배출했거나 배출할 우려가 있는 경우에는 기후에너지환경부령으로 정하는 바에 따라 기후에너지환경부장관 또는 시·도지사에게 개선계획서를 제출하고 개선할 수 있다.
1. 배출시설 또는 방지시설을 개선·변경·점검 또는 보수하기 위하여 반드시 필요한 경우
2. 배출시설 또는 방지시설의 주요 기계장치 등의 돌발적 사고로 배출시설이나 방지시설을 적정하게 운영할 수 없는 경우
3. 단전·단수로 배출시설이나 방지시설을 적정하게 운영할 수 없는 경우
4. 천재지변이나 화재, 그 밖의 불가항력적인 사유로 배출시설이나 방지시설을 적정하게 운영할 수 없는 경우

019 대기 배출부과금의 부과대상 오염물질로만 짝지어진 것은?

① 악취, 먼지, 이산화탄소
② 악취, 다이옥신, 황화수소
③ 염화수소, 이황화탄소, 염소
④ 일산화탄소, 염소, 시안화수소

해설 대기환경보전법 시행령 제23조(배출부과금 부과대상 오염물질)
① 기본부과금의 부과대상이 되는 오염물질: 황산화물, 먼지, 질소산화물
② 초과부과금의 부과대상이 되는 오염물질: 황산화물, 암모니아, 황화수소, 이황화탄소, 먼지, 불소화물, 염화수소, 질소산화물, 시안화수소

020 초과부과금 부과대상 오염물질로 옳지 않은 것은?

① 먼지
② 시안화수소
③ 황화수소
④ 일산화탄소

해설 대기환경보전법 시행령 제23조(배출부과금 부과대상 오염물질)
초과부과금의 부과대상이 되는 오염물질: 황산화물, 암모니아, 황화수소, 이황화탄소, 먼지, 불소화물, 염화수소, 질소산화물, 시안화수소

서술형 빈출문제

021 대기오염물질배출시설에서 배출되는 초과배출부과금의 부과대상이 되는 오염물질의 종류로만 짝지어진 것은?

① 일산화탄소, 황산화물
② 염소, 다이옥신
③ 시안화수소, 이황화탄소
④ 불소화물, 납

해설 대기환경보전법 시행령 제23조(배출부과금 부과대상 오염물질)
② 초과부과금의 부과대상이 되는 오염물질: 황산화물, 암모니아, 황화수소, 이황화탄소, 먼지, 불소화물, 염화수소, 질소산화물, 시안화수소

022 「대기환경보전법 시행령」상 개선계획서를 제출하지 아니한 사업자의 오염물질 초과부과금 위반횟수별 부과계수 비율기준으로 옳은 것은?

① 처음 위반한 경우에는 100/100
② 처음 위반한 경우에는 105/100
③ 처음 위반한 경우에는 110/100
④ 처음 위반한 경우에는 120/100

해설 대기환경보전법 시행령 제26조(연도별 부과금산정지수 및 위반횟수별 부과계수)
② 위반횟수별 부과계수는 다음 각 호의 구분에 따른 비율을 곱한 것으로 한다.
1. 위반이 없는 경우: 100분의 100
2. 처음 위반한 경우: 100분의 105
3. 2차 이상 위반한 경우: 위반 직전의 부과계수에 100분의 105를 곱한 것

023 「대기환경보전법 시행령」상 오염물질의 초과부과금 산정 시 위반횟수별 부과계수 산출 방법이다. ( ) 안에 알맞은 것은?

> 2차 이상 위반한 경우는 위반 직전의 부과계수에 (　)을(를) 곱한 것

① 100분의 100
② 100분의 105
③ 100분의 110
④ 100분의 120

해설 대기환경보전법 시행령 제26조(연도별 부과금산정지수 및 위반횟수별 부과계수)
② 3. 2차 이상 위반한 경우: 위반 직전의 부과계수에 100분의 105를 곱한 것

024 「대기환경보전법 시행령」상 배출부과금 산정 시 자동측정사업장의 경우 배출허용기준을 초과하는 위반횟수의 기준은?

> 2차 이상 위반한 경우는 위반 직전의 부과계수에 (　)을(를) 곱한 것으로 한다.

① 1시간 평균치가 배출허용기준을 초과하는 횟수
② 30분 평균치가 배출허용기준을 초과하는 횟수
③ 15분 평균치가 배출허용기준을 초과하는 횟수
④ 5분 평균치가 배출허용기준을 초과하는 횟수

해설 대기환경보전법 시행령 제26조(연도별 부과금 산정지수 및 위반횟수별 부과계수)
④ 자동측정사업장의 경우에는 30분 평균치가 배출허용기준을 초과하는 횟수를 위반횟수로 한다.

025 「대기환경보전법 시행령」상 기본부과금의 부과기준으로 옳은 것은?

① 매 월별로 부과
② 매 분기별로 부과
③ 매 반기별로 부과
④ 매년 부과

해설 대기환경보전법 시행령 제27조(기본부과금 및 자동측정사업장에 대한 초과부과금의 부과기준일 및 부과기간)
기본부과금과 자동측정사업장에 대한 초과부과금은 매 반기별로 부과하되 부과기준일과 부과기간은 별표 6과 같다.

정답 021 ③　022 ②　023 ②　024 ②　025 ③

026 「대기환경보전법 시행령」상 해당 사업자는 확정배출량에 관한 자료제출을 부과기간 완료일로부터 최대 며칠 이내에 기후에너지환경부장관에게 제출하여야 하는가?

① 10일
② 15일
③ 30일
④ 60일

해설 대기환경보전법 시행령 제29조(기본부과금의 오염물질 배출량 산정 등)
① 기후에너지환경부장관 또는 시·도지사는 기본부과금의 산정에 필요한 기준이내배출량을 파악하기 위하여 필요한 경우에는 해당 사업자에게 기본부과금의 부과기간 동안 실제 배출한 기준이내배출량(이하 "확정배출량"이라 한다.)에 관한 자료를 제출하게 할 수 있다. 이 경우 해당 사업자는 확정배출량에 관한 자료를 부과기간 완료일부터 30일 이내에 제출해야 한다.

027 「대기환경보전법 시행령」상 부과금 등의 부과면제에 관한 기준이다. ( ) 안에 알맞은 것은?

> 발전시설의 경우에는 황함유량이 (㉠)퍼센트 이하인 액체연료 및 고체연료, 발전시설 외의 배출시설(설비용량이 100메가와트 미만인 열병합발전시설을 포함한다.)의 경우에는 황함유량이 (㉡)퍼센트 이하인 액체연료 또는 황함유량이 (㉢)퍼센트 미만인 고체연료를 사용하는 배출시설로서 배출허용기준을 준수할 수 있는 시설. 이 경우 고체연료의 황함유량은 연소기기에 투입되는 여러 고체연료의 황함유량을 평균한 것으로 한다.

① ㉠ 0.1 ㉡ 0.3 ㉢ 0.45
② ㉠ 0.1 ㉡ 0.5 ㉢ 0.45
③ ㉠ 0.3 ㉡ 0.5 ㉢ 0.6
④ ㉠ 0.3 ㉡ 0.5 ㉢ 0.45

해설 대기환경보전법 시행령 제32조(부과금의 부과면제 등)
① 1. 발전시설의 경우에는 황함유량이 0.3퍼센트 이하인 액체연료 및 고체연료, 발전시설 외의 배출시설(설비용량이 100메가와트 미만인 열병합발전시설을 포함한다)의 경우에는 황함유량이 0.5퍼센트 이하인 액체연료 또는 황함유량이 0.45퍼센트 미만인 고체연료를 사용하는 배출시설로서 배출허용기준을 준수할 수 있는 시설. 이 경우 고체연료의 황함유량은 연소기기에 투입되는 여러 고체연료의 황함유량을 평균한 것으로 한다.

028 「대기환경보전법 시행령」상 부과금의 납부통지 기준에 관한 사항이다. ( ) 안에 알맞은 것은?

> 초과부과금은 초과부과금 부과 사유가 발생한 때(자동측정자료의 (㉠)가 배출허용기준을 초과한 경우에는 (㉡)에, 기본부과금은 해당 부과기간의 확정배출량 자료제출기간 종료일부터 (㉢)에 부과금의 납부통지를 하여야 한다. 다만, 배출시설이 폐쇄되거나 소유권이 이전되는 경우에는 즉시 납부통지를 할 수 있다.

① ㉠ 30분 평균치
  ㉡ 매 분기 종료일부터 30일 이내
  ㉢ 30일 이내
② ㉠ 30분 평균치
  ㉡ 매 반기 종료일부터 60일 이내
  ㉢ 60일 이내
③ ㉠ 1시간 평균치
  ㉡ 매 분기 종료일부터 30일 이내
  ㉢ 30일 이내
④ ㉠ 1시간 평균치
  ㉡ 매 반기 종료일부터 60일 이내
  ㉢ 60일 이내

해설 대기환경보전법 시행령 제33조(부과금의 납부통지)
① 초과부과금은 초과부과금 부과 사유가 발생한 때(자동측정자료의 30분 평균치가 배출허용기준을 초과한 경우에는 매 반기 종료일부터 60일 이내)에, 기본부과금은 해당 부과기간의 확정배출량 자료제출기간 종료일부터 60일 이내에 부과금의 납부통지를 하여야 한다. 다만, 배출시설이 폐쇄되거나 소유권이 이전되는 경우에는 즉시 납부통지를 할 수 있다.

정답 026 ③ 027 ④ 028 ②

029 「대기환경보전법 시행령」상 시·도지사가 부과금을 부과할 경우 부과대상 오염물질량, 부과금액 등을 적은 사항을 서면으로 알려야 하는 데, 이 경우 부과금의 납부기간은 며칠로 하는가?

① 납부통지서를 발급한 날부터 10일로 한다.
② 납부통지서를 발급한 날부터 15일로 한다.
③ 납부통지서를 발급한 날부터 30일로 한다.
④ 납부통지서를 발급한 날부터 60일로 한다.

해설 대기환경보전법 시행령 제33조(부과금의 납부통지)
② 기후에너지환경부장관 또는 시·도지사는 부과금을 부과할 때에는 부과대상 오염물질량, 부과금액, 납부기간 및 납부장소, 그 밖에 필요한 사항을 적은 서면으로 알려야 한다. 이 경우 부과금의 납부기간은 납부통지서를 발급한 날부터 30일로 한다.

030 「대기환경보전법 시행령」상 초과부과금 산정의 기초가 되는 오염물질 또는 배출물질의 배출기간이 달라지게 된 경우 초과부과금의 조정부과나 환급은 해당 배출시설 또는 방지시설의 개선완료 등의 이행여부를 확인한 날로부터 최대 며칠 이내에 하여야 하는가?

① 7일 이내 ② 15일 이내
③ 30일 이내 ④ 60일 이내

해설 대기환경보전법 시행령 제34조(부과금의 조정)
④ 제1항제1호의 사유에 따른 초과부과금의 조정 부과나 환급은 해당 배출시설 또는 방지시설에 대한 개선완료명령, 조업정지명령, 사용중지명령 또는 폐쇄완료명령의 이행 여부를 확인한 날부터 30일 이내에 하여야 한다.

031 배출부과금이 납부의무자의 자본금 또는 출자총액을 2배 이상 초과하는 경우로서 사업에 손실을 입어 경영상으로 심각한 위기에 처하게 된 경우라고 인정되면 징수유예기간을 연장하거나 분할납부의 횟수를 늘려 배출부과금을 내도록 할 수 있다. 이 경우의 징수유예기간과 분할납부 횟수 기준으로 옳은 것은?

① 징수유예기간의 연장은 유예한 날의 다음 날부터 1년 이내로 하며, 분할납부의 횟수는 12회 이내로 한다.
② 징수유예기간의 연장은 유예한 날의 다음 날부터 2년 이내로 하며, 분할납부의 횟수는 16회 이내로 한다.
③ 징수유예기간의 연장은 유예한 날의 다음 날부터 3년 이내로 하며, 분할납부의 횟수는 18회 이내로 한다.
④ 징수유예기간의 연장은 유예한 날의 다음 날부터 4년 이내로 하며, 분할납부의 횟수는 20회 이내로 한다.

해설 대기환경보전법 시행령 제36조(부과금의 징수유예·분할납부 및 징수절차)
③ 징수유예기간의 연장은 유예한 날의 다음 날부터 3년 이내로 하며, 분할납부의 횟수는 18회 이내로 한다.

032 「대기환경보전법 시행령」상 천재지변 등으로 인해 기본부과금을 납부할 수 없다고 인정되어 징수유예를 하고자 하는 경우 ㉠ 징수유예 기간과 ㉡ 그 기간 중의 분할납부의 횟수는? (단, 기본부과금의 경우)

① ㉠ 유예한 날의 다음 날부터 2년 이내
   ㉡ 4회 이내
② ㉠ 유예한 날의 다음 날부터 2년 이내
   ㉡ 12회 이내
③ ㉠ 유예한 날의 다음 날부터 다음 부과기간의 개시일 전일까지
   ㉡ 4회 이내
④ ㉠ 유예한 날의 다음 날부터 다음 부과기간의 개시일 전일까지
   ㉡ 12회 이내

해설 대기환경보전법 시행령 제36조(부과금의 징수유예·분할납부 및 징수절차)
② 징수유예는 다음 각 호의 구분에 따른 징수유예기간과 그 기간 중의 분할납부의 횟수에 따른다.
1. 기본부과금: 유예한 날의 다음 날부터 다음 부과기간의 개시일 전일까지, 4회 이내

033 대기 배출부과금 징수유예 기간 중의 분할납부의 횟수 기준은? (단, 초과부과금의 경우)

① 2회 이내 ② 4회 이내
③ 6회 이내 ④ 12회 이내

해설 대기환경보전법 시행령 제36조(부과금의 징수유예·분할납부 및 징수절차)
② 징수유예는 다음 각 호의 구분에 따른 징수유예기간과 그 기간 중의 분할납부의 횟수에 따른다.
2. 초과부과금: 유예한 날의 다음 날부터 2년 이내, 12회 이내

034 「대기환경보전법 시행령」상 배출부과금 납부 의무자가 납부기한 전에 납부할 수 없다고 인정되면 징수유예하거나 분할납부하게 할 수 있는데 이에 관한 사항으로 옳지 않은 것은?

① 부과금의 분할납부 기한 및 금액과 그 밖에 부과금의 부과징수에 필요한 사항은 시·도지사가 정한다.
② 초과부과금의 징수유예기간과 그 기간 중 분할납부 횟수 기준은 유예한 날의 다음 날부터 2년 이내, 12회 이내로 한다.
③ 기본부과금의 징수유예기간과 그 기간 중 분할납부 횟수 기준은 유예한 날의 다음 날부터 다음 부과기간의 개시일 전일까지 4회 이내로 한다.
④ 징수유예기간 내에도 징수할 수 없다고 인정되어 징수 유예기간을 연장하거나 분할납부의 횟수를 늘릴 경우, 이에 따른 징수유예기간의 연장은 유예한 날의 다음 날부터 5년 이내로 하며, 분할납부의 횟수는 30회 이내로 한다.

해설 대기환경보전법 시행령 제36조(부과금의 징수유예·분할납부 및 징수절차)
③ 징수유예기간의 연장은 유예한 날의 다음 날부터 3년 이내로 하며, 분할납부의 횟수는 18회 이내로 한다.
④ 부과금의 분할납부 기한 및 금액과 그 밖에 부과금의 부과·징수에 필요한 사항은 기후에너지환경부장관 또는 시·도지사가 정한다.

035 「대기환경보전법 시행령」상 「의료법」에 따른 의료기관의 배출시설 등에 조업정지 처분을 갈음하여 과징금을 부과하고자 할 때, '2종사업장'의 규모별 부과계수로 옳은 것은?

① 0.4 ② 0.7
③ 1.0 ④ 1.5

해설 대기환경보전법 시행령 제38조(과징금 처분)
③ 1. 사업장에 해당하는 부과계수
가. 1종사업장: 2.0
나. 2종사업장: 1.5
다. 3종사업장: 1.0
라. 4종사업장: 0.7
마. 5종사업장: 0.4

036 「대기환경보전법 시행령」상 그 배출시설이 발전소의 발전 설비로서 국민경제에 현저한 지장을 우려가 있어 조업정지 처분을 갈음하여 과징금을 부과할 때 3종사업장인 경우 조업정지 1일당 과징금 부과금액 기준으로 옳은 것은?

① 900만 원 ② 600만 원
③ 450만 원 ④ 300만 원

해설 대기환경보전법 시행령 제38조(과징금 처분)
③ 과징금은 위반행위별 행정처분기준에 따른 조업 정지일수에 1일당 300만 원과 다음 각 호의 구분에 따른 부과계수를 곱하여 산정한다.
∴ 1일당 300만 원 × 부과계수 = 300만 원 × 1.0 = 300만 원

037 대기배출시설을 설치 운영하는 사업장에 대하여 조업정지를 명하여야 하는 경우로서 그 조업정지가 주민의 생활, 그 밖에 공익에 현저한 지장을 초래할 우려가 있다고 인정되는 경우 조업정지처분에 갈음하여 매출액에 100분의 5를 곱한 금액을 초과하지 아니하는 범위에서 과징금을 부과할 수 있다. 이때 행정처분 시 과징금의 부과금액 산정에 적용되지 않는 것은?

① 조업 정지일수
② 1일당 부과금액
③ 오염물질별 부과금액
④ 사업장 규모별 부과계수

해설 대기환경보전법 시행령 제38조(과징금 처분)
③ 과징금은 위반행위별 행정처분기준에 따른 조업 정지일수에 1일당 300만 원과 사업장에 해당하는 부과계수(1종사업장: 2.0, 2종사업장: 1.5, 3종사업장: 1.0, 4종사업장: 0.7, 5종사업장: 0.4)를 곱하여 산정한다.

038 「대기환경보전법 시행령」상 행정처분기준에 따라 발전소의 발전설비 등에 과징금을 부과하고자 할 때, 그 기준에 관한 설명으로 옳은 것은?

① 1일당 부과금액은 300만 원으로 하고, 사업장 규모별 부과계수로서 1종사업장의 경우는 2.0으로 한다.
② 1일당 부과금액은 300만 원으로 하고, 사업장 규모별 부과계수로서 1종사업장의 경우는 3.0으로 한다.
③ 1일당 부과금액은 500만 원으로 하고, 사업장 규모별 부과계수로서 1종사업장의 경우는 2.0으로 한다.
④ 1일당 부과금액은 500만 원으로 하고, 사업장 규모별 부과계수로서 1종사업장의 경우는 3.0으로 한다.

해설 대기환경보전법 시행령 제38조(과징금 처분)
③ 과징금은 위반행위별 행정처분기준에 따른 조업 정지일수에 1일당 300만 원과 1종사업장은 부과계수 2.0을 곱하여 산정한다.

039 「대기환경보전법 시행령」상 황함유 기준에 부적합한 유류를 판매하여 그 해당 유류의 회수처리명령을 받은 자는 기후에너지환경부장관 등에게 그 명령을 받은 날부터 최대 며칠 이내에 이행완료보고서를 제출하여야 하는가?

① 5일 이내
② 7일 이내
③ 10일 이내
④ 30일 이내

해설 대기환경보전법 시행령 제40조(저황유의 사용)
③ 해당 유류의 회수처리명령 또는 사용금지명령을 받은 자는 명령을 받은 날부터 5일 이내에 다음 각 호의 사항을 구체적으로 밝힌 이행완료보고서를 시·도지사에게 제출하여야 한다.
1. 해당 유류의 공급기간 또는 사용기간과 공급량 또는 사용량
2. 해당 유류의 회수처리량, 회수처리방법 및 회수처리기간
3. 저황유의 공급 또는 사용을 증명할 수 있는 자료 등에 관한 사항

040 「대기환경보전법 시행령」상 비산먼지 발생 사업으로 옳지 않은 것은?

① 금속물질 채취, 운송, 제조업
② 금속제품의 제조업 및 가공업
③ 저탄시설의 설치가 필요한 사업
④ 시멘트·석탄·토사·사료·곡물·고철의 운송업

해설 대기환경보전법 시행령 제44조(비산먼지 발생사업)
"대통령령으로 정하는 사업"이란 다음 각 호의 사업 중 기후에너지환경부령으로 정하는 사업을 말한다.
1. 시멘트·석회·플라스터 및 시멘트 관련 제품의 제조업 및 가공업
2. 비금속물질의 채취업, 제조업 및 가공업
3. 제1차 금속 제조업
4. 비료 및 사료제품의 제조업
5. 건설업(지반 조성공사, 건축물 축조공사, 토목공사, 조경공사 및 도장공사로 한정한다.)
6. 시멘트, 석탄, 토사, 사료, 곡물 및 고철의 운송업
7. 운송장비 제조업
8. 저탄시설의 설치가 필요한 사업
9. 고철, 곡물, 사료, 목재 및 광석의 하역업 또는 보관업
10. 금속제품의 제조업 및 가공업
11. 폐기물 매립시설 설치·운영 사업

041 「대기환경보전법 시행령」상 비산먼지 발생사업으로서 '대통령령으로 정하는 사업' 중 기후에너지환경부령으로 정하는 사업으로 옳지 않은 것은?

① 건설업(지반 조성공사)
② 운송장비 제조업
③ 제1차 금속 제조업
④ 목재 및 광석의 운송업

해설 대기환경보전법 시행령 제44조(비산먼지 발생사업)
※ 목재 및 광석의 운송업은 해당되지 않는다.

042 「대기환경보전법 시행령」상 비산먼지 발생사업으로 옳지 않은 것은?

① 비료 및 사료 제품의 제조업
② 금속제품의 제조업 및 가공업
③ 채탄시설의 설치가 필요한 사업
④ 시멘트·석회·플라스터 및 시멘트 관련 제품의 제조업 및 가공업

해설 대기환경보전법 시행령 제44조(비산먼지 발생사업)
③ 채탄시설의 설치가 필요한 사업 → 저탄시설의 설치가 필요한 사업

043 「대기환경보전법 시행령」상 휘발성유기화합물 규제를 위한 '대통령령으로 정하는 시설' 기준에 해당하지 않는 것은? (단, 그 밖의 시설 등은 고려하지 않는다.)

① 세탁시설
② 화학약품 제조업의 제조시설
③ 저유소의 저장시설 및 출하시설
④ 주유소의 저장시설 및 주유시설

해설 대기환경보전법 시행령 제45조(휘발성유기화합물의 규제 등)
① "대통령령으로 정하는 시설"이란 다음 각 호의 시설을 말한다.
1. 석유정제를 위한 제조시설, 저장시설 및 출하시설과 석유화학제품 제조업의 제조시설, 저장시설 및 출하시설
2. 저유소의 저장시설 및 출하시설
3. 주유소의 저장시설 및 주유시설
4. 세탁시설
5. 그 밖에 휘발성유기화합물을 배출하는 시설로서 기후에너지환경부장관이 관계 중앙행정기관의 장과 협의하여 고시하는 시설

044 「대기환경보전법 시행령」상 매출액 산정 및 위반행위 정도에 따른 과징금의 부과기준에 관한 사항이다. ( ) 안에 알맞은 것은?

> 기후에너지환경부장관으로부터 제작차에 대한 인증을 받지 않고 자동차를 제작하여 판매한 경우 가중부과계수는 (㉠)을/를 적용하고, 과징금 산정방법은 매출액 × (㉡) × 가중부과계수이다.

① ㉠ 0.5, ㉡ 3/100
② ㉠ 0.5, ㉡ 5/100
③ ㉠ 1, ㉡ 3/100
④ ㉠ 1, ㉡ 5/100

해설 대기환경보전법 시행령 [별표 12] 과징금의 부과기준(제52조 관련)
2. 가중부과계수: 제작차에 대하여 인증을 받지 아니하고 자동

차를 제작하여 판매한 행위에 대해서 위반행위의 정도에 따른 가중부과계수는 1.0을 적용한다.
3. 과징금 산정방법: 매출액 × 5/100 × 가중부과계수

045 최초로 배출시설을 설치한 경우에 환경기술인의 임명신고 시기로 옳은 것은?

① 환경기술인을 임명할 때
② 배출시설 설치허가신청을 할 때
③ 배출시설 가동개시 신고를 할 때
④ 배출시설 설치완료 신고를 할 때

해설 대기환경보전법 시행령 제39조(환경기술인의 자격기준 및 임명기간)
① 사업자가 환경기술인을 임명하려는 경우에는 다음 각 호의 구분에 따른 기간에 임명하여야 한다.
1. 최초로 배출시설을 설치한 경우에는 가동개시 신고를 할 때

046 「대기환경보전법 시행령」에 의거, 환경기술인을 바꾸어 임명할 경우 그 사유가 발생한 날로 최대 며칠 이내에 신고하여 하는가?

① 당일   ② 3일
③ 5일   ④ 10일

해설 대기환경보전법 시행령 제39조(환경기술인의 자격기준 및 임명기간)
2. 환경기술인을 바꾸어 임명하는 경우에는 그 사유가 발생한 날부터 5일 이내. 다만, 환경기사 또는 환경산업기사 이상의 자격이 있는 자를 임명하여야 하는 사업장으로서 5일 이내에 채용할 수 없는 부득이한 사정이 있는 경우에는 30일의 범위에서 4종·5종사업장의 기준에 준하여 환경기술인을 임명할 수 있다.

047 경유를 사용하는 자동차의 배출가스 중 대통령령으로 정하는 오염물질로 옳지 않은 것은? (단, 제작차 기준)

① 질소산화물   ② 입자상물질
③ 알데히드   ④ 일산화탄소

해설 대기환경보전법 시행령 제46조(배출가스의 종류)
"대통령령으로 정하는 오염물질"이란 다음 각 호의 구분에 따른 물질을 말한다.
1. 휘발유, 알코올 또는 가스를 사용하는 자동차
  일산화탄소, 탄화수소, 질소산화물, 알데히드, 입자상물질, 암모니아
2. 경유를 사용하는 자동차
  일산화탄소, 탄화수소, 질소산화물, 매연, 입자상물질, 암모니아

048 「대기환경보전법 시행령」상 인증을 면제할 수 있는 자동차에 해당되는 것은?

① 항공기 지상조업용 자동차
② 여행자 등이 다시 반출할 것을 조건으로 일시 반입하는 자동차
③ 외국에서 국내의 공공기관 또는 비영리단체에 무상으로 기증한 자동차
④ 외교관 또는 주한 외국군인의 가족이 사용하기 위하여 반입하는 자동차

해설 대기환경보전법 시행령 제47조(인증의 면제·생략 자동차)
① 인증을 면제할 수 있는 자동차는 다음 각 호와 같다.
1. 군용 및 경호업무용 등 국가의 특수한 공용 목적으로 사용하기 위한 자동차와 소방용 자동차
2. 주한 외국공관 또는 외교관이나 그 밖에 이에 준하는 대우를 받는 자가 공용 목적으로 사용하기 위한 자동차로서 외교부장관의 확인을 받은 자동차
3. 주한 외국군대의 구성원이 공용 목적으로 사용하기 위한 자동차
4. 수출용 자동차와, 박람회나 그 밖에 이에 준하는 행사에 참가하는 자가 전시의 목적으로 일시 반입하는 자동차
5. 여행자 등이 다시 반출할 것을 조건으로 일시 반입하는 자동차
6. 자동차제작자 및 자동차 관련 연구기관 등이 자동차의 개발 또는 전시 등 주행 외의 목적으로 사용하기 위하여 수입하는 자동차
8. 외국인 또는 외국에서 1년 이상 거주한 내국인이 주거를 옮기기 위하여 이주물품으로 반입하는 1대의 자동차
※ 보기항 "①, ③, ④"는 인증을 생략할 수 있는 자동차이다.

049 「대기환경보전법 시행령」상 인증을 생략할 수 있는 자동차에 해당하지 않는 것은?

① 주한 외국군인의 가족이 사용하기 위하여 반입하는 자동차
② 주한 외국군대의 구성원이 공용 목적으로 사용하기 위한 자동차
③ 국가대표 훈련용 자동차로서 문화체육관광부장관의 확인을 받은 자동차
④ 제작차에 대한 인증을 받지 아니한 자가 그 인증을 받은 자동차의 원동기를 구입하여 제작하는 자동차

해설 대기환경보전법 시행령 제47조(인증의 면제·생략 자동차)
② 인증을 생략할 수 있는 자동차는 다음 각 호와 같다.
1. 국가대표 선수용 자동차 또는 훈련용 자동차로서 문화체육관광부장관의 확인을 받은 자동차
2. 외국에서 국내의 공공기관 또는 비영리단체에 무상으로 기증한 자동차
3. 외교관 또는 주한 외국군인의 가족이 사용하기 위하여 반입하는 자동차
4. 항공기 지상 조업용 자동차
5. 인증을 받지 아니한 자가 그 인증을 받은 자동차의 원동기를 구입하여 제작하는 자동차
6. 국제협약 등에 따라 인증을 생략할 수 있는 자동차
7. 그 밖에 기후에너지환경부장관이 인증을 생략할 필요가 있다고 인정하는 자동차

050 「대기환경보전법 시행령」상 인증을 생략할 수 있는 자동차에 해당하지 않는 것은?

① 국제협약 등에 따라 인증을 생략할 수 있는 자동차
② 훈련용 자동차로서 문화체육관광부장관의 확인을 받은 자동차
③ 외국에서 국내의 공공기관 또는 비영리단체에 무상으로 기증한 자동차
④ 자동차제작자 및 자동차 관련 연구기관 등이 자동차의 개발 또는 전시 등 주행 외의 목적으로 사용하기 위하여 수입하는 자동차

해설 대기환경보전법 시행령 제47조(인증의 면제·생략 자동차)
※ "④"는 인증을 면제할 수 있는 자동차이다.

051 2종사업장 규모에 해당되는 사업장은?

① 대기오염물질 발생량의 합계가 연간 50톤인 사업장
② 대기오염물질 발생량의 합계가 연간 100톤인 사업장
③ 대기오염물질 발생량의 합계가 연간 200톤인 사업장
④ 대기오염물질 발생량의 합계가 연간 500톤인 사업장

해설 대기환경보전법 시행령
[별표 1의3] 사업장 분류기준(제13조 관련)

종별	오염물질발생량 구분
1종사업장	대기오염물질 발생량의 합계가 연간 80톤 이상인 사업장
2종사업장	대기오염물질 발생량의 합계가 연간 20톤 이상 80톤 미만인 사업장
3종사업장	대기오염물질 발생량의 합계가 연간 10톤 이상 20톤 미만인 사업장
4종사업장	대기오염물질 발생량의 합계가 연간 2톤 이상 10톤 미만인 사업장
5종사업장	대기오염물질 발생량의 합계가 연간 2톤 미만인 사업장

2종사업장은 대기오염물질 발생량의 합계가 연간 20톤 이상 80톤 미만인 사업장이므로 50톤인 사업장은 여기에 속한다.

052 대기배출시설 설치허가를 받은 A 사업장에서 먼지 30톤/연, 질소산화물 40톤/연, 일산화탄소 20톤/연의 대기오염물질이 발생된다면, 사업장 분류기준으로는 몇 종에 해당하는가?

① 1종사업장
② 2종사업장
③ 3종사업장
④ 4종사업장

해설 대기환경보전법 시행령 [별표 1의3] 사업장 분류기준(제13조 관련)

비고 "대기오염물질 발생량"이란 방지시설을 통과하기 전의 먼지, 황산화물 및 질소산화물의 발생량을 기후에너지환경부령으로 정하는 방법에 따라 산정한 양을 말한다. 따라서 주어진 문제에서 일산화탄소 발생량을 제외한 대기오염물질 발생량의 합계가 30+40=70(톤)이므로 대기오염물질 발생량의 합계가 연간 연간 20톤 이상 80톤 미만인 사업장인 2종사업장이 여기에 속한다.

053 「대기환경보전법 시행령」상 대기오염물질 발생량의 합계가 연간 25톤인 사업장은 몇 종 사업장에 해당하는가?

① 2종사업장　② 3종사업장
③ 4종사업장　④ 5종사업장

해설 대기환경보전법 시행령 [별표 1의3] 사업장 분류기준(제13조 관련)
2종사업장은 대기오염물질 발생량의 합계가 연간 20톤 이상 80톤 미만인 사업장이므로 25톤인 사업장은 여기에 속한다.

054 3종사업장에 해당되는 규모는?

① 대기오염물질 발생량의 합계가 연간 15톤
② 대기오염물질 발생량의 합계가 연간 25톤
③ 대기오염물질 발생량의 합계가 연간 45톤
④ 대기오염물질 발생량의 합계가 연간 65톤

해설 대기환경보전법 시행령 [별표 1의3] 사업장 분류기준(제13조 관련)
3종사업장은 대기오염물질 발생량의 합계가 연간 10톤 이상 20톤 미만인 사업장이므로 15톤인 사업장이 여기에 속한다.

055 「대기환경보전법 시행령」상 대기배출시설 설치허가를 받은 A 사업장에서 먼지 11톤/연, 일산화탄소 11톤/연, 질소산화물 8톤/연의 대기오염물질이 발생된다면, 사업장 분류기준으로 몇 종에 해당하는가?

① 1종사업장　② 2종사업장
③ 3종사업장　④ 4종사업장

해설 대기환경보전법 시행령 [별표 1의3] 사업장 분류기준(제13조 관련)

비고 "대기오염물질 발생량"이란 방지시설을 통과하기 전의 먼지, 황산화물 및 질소산화물의 발생량을 기후에너지환경부령으로 정하는 방법에 따라 산정한 양을 말한다. 따라서 주어진 문제에서 일산화탄소 발생량을 제외한 대기오염물질 발생량의 합계가 11+8=19(톤)이므로 대기오염물질 발생량의 합계가 연간 10톤 이상 20톤 미만인 사업장인 3종사업장에 속한다.

056 「대기환경보전법 시행령」상 '3종사업장'에 해당되는 것은?

① 대기오염물질 발생량의 합계가 연간 8톤인 사업장
② 대기오염물질 발생량의 합계가 연간 12톤인 사업장
③ 대기오염물질 발생량의 합계가 연간 22톤인 사업장
④ 대기오염물질 발생량의 합계가 연간 52톤인 사업장

해설 대기환경보전법 시행령 [별표 1의3] 사업장 분류기준(제13조 관련)
3종사업장은 대기오염물질 발생량의 합계가 연간 10톤 이상 20톤 미만인 사업장이므로 12톤인 사업장은 여기에 속한다.

057 「대기환경보전법 시행령」상 4종사업장의 분류기준에 해당하는 것은?

① 대기오염물질 발생량의 합계가 연간 80톤 이상 100톤 미만
② 대기오염물질 발생량의 합계가 연간 20톤 이상 80톤 미만
③ 대기오염물질 발생량의 합계가 연간 10톤 이상 20톤 미만
④ 대기오염물질 발생량의 합계가 연간 2톤 이상 10톤 미만

정답 053 ① 054 ① 055 ③ 056 ② 057 ④

해설 대기환경보전법 시행령 [별표 1의3] 사업장 분류기준(제13조 관련)
4종사업장은 대기오염물질 발생량의 합계가 연간 2톤 이상 10톤 미만인 사업장이다.

058 「대기환경보전법 시행령」상 배출시설에서 발생하는 연간 대기오염물질 발생량의 합계로 사업장을 분류할 때 4종사업장에 속하는 양은?

① 80톤　　② 50톤
③ 12톤　　④ 5톤

해설 대기환경보전법 시행령 [별표 1의3] 사업장 분류기준(제13조 관련)
4종사업장은 대기오염물질 발생량의 합계가 연간 2톤 이상 10톤 미만인 사업장이므로 5톤이 여기에 속한다.

059 「대기환경보전법 시행령」상 '대기오염물질 발생량의 합계가 연간 2.2톤인 사업장'은 몇 종 사업장에 해당하는가?

① 2종사업장　　② 3종사업장
③ 4종사업장　　④ 5종사업장

해설 대기환경보전법 시행령 [별표 1의3] 사업장 분류기준(제13조 관련)
4종사업장은 대기오염물질 발생량의 합계가 연간 2톤 이상 10톤 미만인 사업장이므로 2.2톤이 여기에 속한다.

060 「대기환경보전법 시행령」상 굴뚝 자동측정기기 부착대상 배출시설이 그 부착을 면제받을 수 있는 경우로 옳지 않은 것은?

① 연간 가동일수가 60일 미만인 배출시설인 경우
② 부착대상시설이 된 날부터 6개월 이내에 배출시설을 폐쇄할 계획이 있는 경우
③ 연소가스 또는 화염이 원료 또는 제품과 직접 접촉하지 아니하는 시설로서 규정에 따른 청정연료를 사용하는 경우(발전시설은 제외한다.)
④ 액체연료만을 사용하는 연소시설로서 황산화물을 제거하는 방지시설이 없는 경우(발전시설은 제외하며, 황산화물 측정기기에만 부착을 면제한다.)

해설 대기환경보전법 시행령 [별표 3] 굴뚝 자동측정기기의 부착대상 배출시설, 측정 항목, 부착 면제, 부착 시기 및 부착 유예(제17조제5항 관련)
① 연간 가동일수가 60일 미만인 배출시설인 경우 → 연간 가동일수가 30일 미만인 배출시설인 경우

061 「대기환경보전법 시행령」상 굴뚝 자동측정기기의 부착을 면제할 수 있는 경우로 옳지 않은 것은?

① 연간 가동일수가 30일 미만인 배출시설인 경우
② 보일러로서 사용연료를 6개월 이내에 청정연료로 변경할 계획이 있는 경우
③ 부착대상시설이 된 날부터 6개월 이내에 배출시설을 폐쇄할 계획이 있는 경우
④ 연소가스 또는 화염이 원료 또는 제품과 직접 접촉하는 발전시설로서 규정에 따른 청정연료를 사용하는 경우

해설 대기환경보전법 시행령 [별표 3] 굴뚝 자동측정기기의 부착대상 배출시설, 측정 항목, 부착 면제, 부착 시기 및 부착 유예(제17조제5항 관련)
※ 보기항 "④" → 발전시설은 제외한다.

062 초과배출부과금 대기오염물질로 옳지 않은 것은?

① 먼지　　② 불소화합물
③ 시안화수소　　④ 입자상물질

정답 058 ④　059 ③　060 ①　061 ④　062 ④

해설 대기환경보전법 시행령 [별표 4] 초과부과금 산정기준(제24조제2항 관련)
- 대기오염물질(6종): 황산화물, 먼지, 질소산화물, 암모니아, 황화수소, 이황화탄소
- 특정대기유해물질(3종): 불소화물, 염화수소, 시안화수소

063 초과부과금 산정기준 시 적용되는 오염물질 1킬로그램당 부과금액이 가장 적은 오염물질은?

① 황산화물
② 먼지
③ 암모니아
④ 이황화탄소

해설 대기환경보전법 시행령 [별표 4] 초과부과금 산정기준(제24조제2항 관련)

[오염물질 1킬로그램당 부과금액]

오염물질	부과금액(원)
황산화물	500
먼지	770
질소산화물	2,130
암모니아	1,400
황화수소	6,000
이황화탄소	1,600
불소화물	2,300
염화수소	7,400
시안화수소	7,300

064 「대기환경보전법 시행령」상 초과부과금 산정기준 중 오염물질별 1킬로그램당 부과금액으로 옳은 것은?

① 이황화탄소 - 1,600원
② 황산화물 - 1,400원
③ 불소화물 - 7,300원
④ 황화수소 - 7,400원

해설 대기환경보전법 시행령 [별표 4] 초과부과금 산정기준(제24조제2항 관련)

[오염물질 1킬로그램당 부과금액]

오염물질	부과금액(원)
황산화물	500
먼지	770
질소산화물	2,130
암모니아	1,400
황화수소	6,000
이황화탄소	1,600
불소화물	2,300
염화수소	7,400
시안화수소	7,300

065 「대기환경보전법 시행령」상 초과부과금 산정기준 중 오염물질과 그 오염물질 1kg당 부과금액(원)의 연결로 모두 옳은 것은?

① 황산화물 - 500, 암모니아 - 1,400
② 먼지 - 6,000, 이황화탄소 - 2,300
③ 황화수소 - 5,000, 염화수소 - 1,600
④ 불소화물 - 7,400, 시안화수소 - 7,300

해설 대기환경보전법 시행령 [별표 4] 초과부과금 산정기준(제24조제2항 관련)

[오염물질 1킬로그램당 부과금액]

오염물질	부과금액(원)
황산화물	500
먼지	770
질소산화물	2,130
암모니아	1,400
황화수소	6,000
이황화탄소	1,600
불소화물	2,300
염화수소	7,400
시안화수소	7,300

정답 063 ① 064 ① 065 ①

066 초과부과금 산정 시 특정대기유해물질 중 1킬로그램당 부과금액이 가장 적은 것은?

① 이황화탄소
② 염화수소
③ 불소화물
④ 시안화수소

> **해설** 대기환경보전법 시행령 [별표 4] 초과부과금 산정기준(제24조제2항 관련)
> ① 이황화탄소(특정대기유해물질이 아님): 1,600원
> ② 염화수소: 7,400원
> ③ 불소화물: 2,300원
> ④ 시안화수소: 7,300원

067 초과부과금 산정 시 적용하는 오염물질 1킬로그램당 부과금액의 크기 순으로 옳은 것은?

① 이황화탄소 < 황산화물 < 불소화물 < 암모니아
② 황산화물 < 암모니아 < 이황화탄소 < 불소화물
③ 불소화물 < 암모니아 < 황산화물 < 이황화탄소
④ 암모니아 < 이황화탄소 < 불소화물 < 황산화물

> **해설** 대기환경보전법 시행령 [별표 4] 초과부과금 산정기준(제24조제2항 관련)
> 황산화물: 500원, 암모니아: 1,400원, 이황화탄소: 1,600원, 불소화물: 2,300원

068 초과부과금 산정 시 다음의 오염물질 중 1kg당 부과금액이 가장 큰 것은?

① 염화수소
② 황화수소
③ 불소화물
④ 시안화수소

> **해설** 대기환경보전법 시행령 [별표 4] 초과부과금 산정기준(제24조제2항 관련)
> 염화수소: 7,400원으로 가장 크다.

069 「대기환경보전법 시행령」상 초과부과금 산정기준에서 배출허용기준 초과율(%) 계산식으로 옳은 것은?

① $\dfrac{(배출농도 - 배출허용기준농도)}{배출허용기준농도} \times 100$

② $\dfrac{(배출농도 - 배출허용기준농도)}{배출농도} \times 100$

③ $\dfrac{(배출허용기준농도 - 배출농도)}{배출허용기준농도} \times 100$

④ $\dfrac{(배출허용기준농도 - 배출농도)}{배출농도} \times 100$

> **해설** 대기환경보전법 시행령 [별표 4] 초과부과금 산정기준(제24조제2항 관련)
> **비고** 배출허용기준 초과율(%)=(배출농도 − 배출허용기준농도) ÷ 배출허용기준농도 × 100

070 「대기환경보전법 시행령」상 황산화물의 초과부과금 산정기준으로 옳지 않은 것은? (단, 지역구분은 「국토의 계획 및 이용에 관한 법률」에 따른다.)

① 지역별 부과계수로 I지역은 2를 적용한다.
② 지역별 부과계수로 III지역은 1.5를 적용한다.
③ 오염물질 1킬로그램당 부과금액은 770원이다.
④ 배출허용기준 초과율이 400% 이상인 경우 부과계수는 5.4를 적용한다.

> **해설** 대기환경보전법 시행령 [별표 4] 초과부과금 산정기준(제24조제2항 관련)
> 오염물질 1킬로그램당 부과금액은 500원이다.

정답 066 ③ 067 ② 068 ① 069 ① 070 ③

071 「대기환경보전법 시행령」상 대기오염물질에 대한 초과부과금 산정기준에서 Ⅰ지역(주거지역·상업지역, 취락지구, 택지개발예정지구)의 지역별 부과계수는?

① 1.0 ② 1.5
③ 2.0 ④ 2.5

해설 대기환경보전법 시행령 [별표 4] 초과부과금 산정기준(제24조제2항 관련)
지역별 부과계수: Ⅰ지역(2.0), Ⅱ지역(1.0), Ⅲ지역(1.5)

072 일일 오염물질 배출량 및 일일유량의 산정방법에 관한 설명으로 옳지 않은 것은?

① 측정유량의 단위는 시간당 세제곱미터(m^3/h)로 한다.
② 일일조업시간은 배출시설의 연간 조업시간을 연간 조업일수로 나눈값으로 한다.
③ 먼지의 배출농도 단위는 표준상태(0℃, 1기압)에서 세제곱미터당 밀리그램(mg/Sm^3)으로 한다.
④ 일반오염물질의 배출허용기준초과 일일오염물질 배출량은 소수점 이하 첫째 자리까지 계산한다.

해설 대기환경보전법 시행령 [별표 5] 일일 기준초과배출량 및 일일유량의 산정방법(제25조제3항 관련)
2. 일일유량의 산정방법
비고 일일조업시간은 배출량을 측정하기 전 최근 조업한 30일 동안의 배출시설 조업시간 평균치를 시간으로 표시한다.

073 일일 오염물질배출량 및 일일유량의 산정방법에 관한 설명으로 옳지 않은 것은?

① 측정유량의 단위는 매분당 세제곱미터로 한다.
② 먼지 외의 오염물질의 배출농도의 단위는 ppm으로 한다.
③ 일일조업시간은 배출량을 측정하기 전 최근 조업한 30일 동안의 배출시설 조업시간 평균치를 시간으로 표시한다.
④ 특정대기유해물질의 배출허용기준초과 일일 오염물질배출량은 소수점 이하 넷째 자리까지 계산한다.

해설 대기환경보전법 시행령 [별표 5] 일일 기준초과배출량 및 일일유량의 산정방법(제25조제3항 관련)
2. 일일유량의 산정방법
① 측정유량의 단위는 시간당 세제곱미터(m^3/h)로 한다.

074 「대기환경보전법 시행령」상 일일초과배출량 및 일일유량의 산정방법에 관한 설명으로 옳지 않은 것은?

① 배출허용기준초과농도는 배출농도에서 배출허용기준농도를 뺀 값이다.
② 먼지 외 오염물질의 배출농도 단위는 mg/m^3, 또는 $\mu g/m^3$으로 나타낸다.
③ 일반오염물질의 배출허용기준초과 일일 오염물질배출량은 소수점 이하 첫째 자리까지 계산한다.
④ 특정대기유해물질의 배출허용기준초과 일일 오염물질배출량은 소수점 이하 넷째 자리까지 계산한다.

해설 대기환경보전법 시행령 [별표 5] 일일 기준초과배출량 및 일일유량의 산정방법(제25조제3항 관련)
비고 3. 먼지의 배출농도 단위는 표준상태(0℃, 1기압을 말한다.)에서의 세제곱미터당 밀리그램(mg/Sm^3)으로 하고, 그 밖의 오염물질의 배출농도 단위는 피피엠(ppm)으로 한다.

정답 071 ③ 072 ② 073 ① 074 ②

075 「대기환경보전법 시행령」상 일일유량은 측정유량과 일일 조업시간의 곱으로 환산하는데, 일일 조업시간의 표시기준으로 옳은 것은? (단, 각각의 항목은 규정된 단위를 사용한다.)

① 배출량을 측정하기 전 최근 조업한 30일 동안의 배출시설 조업시간 평균치를 시간으로 표시한다.
② 배출량을 측정하기 전 최근 조업한 30일 동안의 배출시설 조업시간 최대치를 시간으로 표시한다.
③ 배출량을 측정하기 전 최근 조업한 1년 동안의 배출시설 조업시간 평균치를 시간으로 표시한다.
④ 배출량을 측정하기 전 최근 조업한 1년 동안의 배출시설 조업시간 최대치를 시간으로 표시한다.

해설 대기환경보전법 시행령 [별표 5] 일일 기준초과배출량 및 일일유량의 산정방법(제25조제3항 관련)
2. 일일유량의 산정방법
비고 일일조업시간은 배출량을 측정하기 전 최근 조업한 30일 동안의 배출시설 조업시간 평균치를 시간으로 표시한다.

076 「대기환경보전법 시행령」상 기본부과금 부과대상 오염물질에 대한 초과배출량 산정방법 중 초과배출량 공제분 산정방법이다. ( ) 안에 알맞은 것은?

> 3개월간 평균배출농도는 배출허용기준을 초과한 날 이전 정상 가동된 3개월 동안의 (   )를 산술평균한 값으로 한다.

① 5분 평균치   ② 10분 평균치
③ 30분 평균치 ④ 1시간 평균치

해설 대기환경보전법 시행령 [별표 5의2] 초과배출량공제분 산정방법(제25조제5항 관련)
초과배출량공제분 = (배출허용기준농도 − 3개월간 평균배출농도) × 3개월간 평균배출유량
비고 1. 3개월간 평균배출농도는 배출허용기준을 초과한 날 이전 정상 가동된 3개월 동안의 30분 평균치를 산술평균한 값으로 한다.

077 「대기환경보전법 시행령」상 기본부과금의 지역별부과계수로 옳게 연결된 것은? (단, 지역 구분은 「국토의 계획 및 이용에 관한 법률」에 따르고 대표적으로 Ⅰ지역은 주거지역, Ⅱ지역은 공업지역, Ⅲ지역은 녹지지역이 해당한다.)

① Ⅰ지역 − 0.5, Ⅱ지역 − 1.0, Ⅲ지역 − 1.0
② Ⅰ지역 − 1.5, Ⅱ지역 − 0.5, Ⅲ지역 − 1.0
③ Ⅰ지역 − 1.0, Ⅱ지역 − 0.5, Ⅲ지역 − 1.5
④ Ⅰ지역 − 1.5, Ⅱ지역 − 1.0, Ⅲ지역 − 0.5

해설 대기환경보전법 시행령 [별표 7] 기본부과금의 지역별 부과계수(제28조제2항 관련)

구분	지역별 부과계수
Ⅰ지역(주거지역)	1.5
Ⅱ지역(공업지역)	0.5
Ⅲ지역(녹지지역)	1.0

비고
- Ⅰ지역: 「국토의 계획 및 이용에 관한 법률」에 따른 주거지역 · 상업지역, 취락지구, 택지개발지구
- Ⅱ지역: 「국토의 계획 및 이용에 관한 법률」에 따른 공업지역, 개발진흥지구, 수산자원보호구역, 국가산업단지 · 일반산업단지 · 도시첨단산업단지, 전원개발사업구역 및 예정구역
- Ⅲ지역: 「국토의 계획 및 이용에 관한 법률」에 따른 녹지지역 · 관리지역 · 농림지역 및 자연환경 보전지역, 관광 · 휴양개발진흥지구

078 「대기환경보전법 시행령」상 기본부과금 산정기준 중 '수자원보호구역'의 지역별 부과계수는? (단, 지역구분은 「국토의 계획 및 이용에 관한 법률」에 의한다.)

① 0.5   ② 1.0
③ 1.5   ④ 2.0

정답 075 ① 076 ③ 077 ② 078 ①

해설 대기환경보전법 시행령 [별표 7] 기본부과금의 지역별 부과계수(제28조제2항 관련)
기본부과금 산정기준 중 "수자원보호구역"의 지역별 부과계수는 Ⅱ지역이므로 0.50이다.

079 「대기환경보전법 시행령」상 상업지역(Ⅰ 지역)에서의 기본부과금의 지역별 부과계수로 옳은 것은? (단, 지역구분은 「국토의 계획 및 이용에 관한 법률」에 따른다.)

① 2.0
② 1.5
③ 1.0
④ 0.5

해설 대기환경보전법 시행령 [별표 7] 기본부과금의 지역별 부과계수(제28조제2항 관련)
기본부과금 산정기준 중 상업지역(Ⅰ지역)의 지역별 부과계수는 1.50이다.

080 「대기환경보전법 시행령」상 Ⅲ지역(녹지지역 및 자연환경 보전지역)의 기본부과금의 지역별 부과계수는?

① 0.5
② 1.0
③ 1.5
④ 2.0

해설 대기환경보전법 시행령 [별표 7] 기본부과금의 지역별 부과계수(제28조제2항 관련)
기본부과금 산정기준 중 Ⅲ지역(녹지지역 및 자연환경 보전지역)의 지역별 부과계수는 1.00이다.

081 「대기환경보전법 시행령」상 연료를 연소하여 황산화물을 배출하는 시설의 연료 중 황함유량이 0.5% 이하인 경우 기본부과금의 농도별 부과계수로 옳은 것은? (단, 황산화물의 배출량을 줄이기 위하여 방지시설을 설치한 경우와 생산공정상 황산화물 배출량이 줄어든다고 인정하는 경우는 제외한다.)

① 0.1
② 0.2
③ 0.4
④ 1.0

해설 대기환경보전법 시행령 [별표 8] 기본부과금의 농도별 부과계수(제28조제2항 관련)
가. 연료를 연소하여 황산화물을 배출하는 시설

구분	연료의 황함유량(%)		
	0.5% 이하	1.0% 이하	1.0% 초과
농도별 부과계수	0.2	0.4	1.0

082 「대기환경보전법 시행령」상 연료를 연소하여 황산화물을 배출하는 시설의 기본부과금의 농도별 부과계수로 옳은 것은? (단, 연료의 황함유량(%)은 1.0% 이하, 황산화물의 배출량을 줄이기 위하여 방지시설을 설치한 경우와 생산 공정상 황산화물의 배출량이 줄어든다고 인정하는 경우는 제외한다.)

① 0.1
② 0.2
③ 0.4
④ 1.0

해설 대기환경보전법 시행령 [별표 8] 기본부과금의 농도별 부과계수(제28조제2항 관련)
연료를 연소하여 황산화물을 배출하는 시설에서 연료의 황함유량(%)이 1.0% 이하일 경우 농도별 부과계수는 0.40이다.

083 「대기환경보전법 시행령」상 비산배출의 저감대상 업종으로 옳지 않은 것은?

① 제1차 금속제조업 중 제강업
② 의약물질 제조업 중 의약품 제조업
③ 창고 및 운송관련 서비스업 중 위험물품 보관업
④ 육상운송 및 파이프라인 운송업 중 파이프라인 운송업

해설 대기환경보전법 시행령 [별표 9의2] 비산배출의 저감대상 업종(제38조의2 관련)
2. 화학물질 및 화학제품 제조업: 의약품은 제외한다.

084 사업장별 환경기술인 자격기준으로 옳지 않은 것은?

① 대기오염물질배출시설 중 일반 보일러만 설치한 사업장은 5종사업장에 해당하는 기술인을 둘 수 있다.
② 대기환경기술인이 「물환경보전법」에 따른 수질환경기술인의 자격을 갖춘 경우에는 수질환경 기술인을 겸임할 수 있다.
③ 2, 3종 사업장 중 특정대기 유해물질이 포함된 오염물질을 배출하는 경우에는 1종 사업장에 해당하는 기술인을 두어야 한다.
④ 1종사업장과 2종사업장 중 1개월 동안 실제 작업한 날만을 계산하여 1일 평균 17시간 이상 작업하는 경우에는 해당 사업장의 기술인을 각각 2명 이상 두어야 한다.

해설 대기환경보전법 시행령 [별표 10] 사업장별 환경기술인의 자격기준(제39조제2항 관련)

구분	환경기술인의 자격기준
1종사업장 (대기오염물질 발생량의 합계가 연간 80톤 이상인 사업장)	대기환경기사 이상의 기술자격 소지자 1명 이상
2종사업장 (대기오염물질 발생량의 합계가 연간 20톤 이상 80톤 미만인 사업장)	대기환경산업기사 이상의 기술자격 소지자 1명 이상
3종사업장 (대기오염물질 발생량의 합계가 연간 10톤 이상 20톤 미만인 사업장)	대기환경산업기사 이상의 기술자격 소지자, 환경기능사 또는 3년 이상 대기분야 환경관련 업무에 종사한 자 1명 이상
4종사업장 (대기오염물질 발생량의 합계가 연간 2톤 이상 10톤 미만인 사업장)	배출시설 설치허가를 받거나 배출시설 설치신고가 수리된 자 또는 배출시설 설치허가를 받거나 수리된 자가 해당 사업장의 배출시설 및 방지시설 업무에 종사하는 피고용인 중에서 임명하는 자 1명 이상
5종사업장 (1종사업장부터 4종사업장까지에 속하지 아니하는 사업장)	

비고
1. 4종사업장과 5종사업장 중 기준 이상의 특정대기유해물질이 포함된 오염물질을 배출하는 경우에는 3종사업장에 해당하는 기술인을 두어야 한다.
2. 1종사업장과 2종사업장 중 1개월 동안 실제 작업한 날만을 계산하여 1일 평균 17시간 이상 작업하는 경우에는 해당 사업장의 기술인을 각각 2명 이상 두어야 한다. 이 경우, 1명을 제외한 나머지 인원은 3종사업장에 해당하는 기술인 또는 환경기능사로 대체할 수 있다.
3. 공동방지시설에서 각 사업장의 대기오염물질 발생량의 합계가 4종사업장과 5종사업장의 규모에 해당하는 경우에는 3종사업장에 해당하는 기술인을 두어야 한다.
4. 전체 배출시설에 대하여 방지시설 설치 면제를 받은 사업장과 배출시설에서 배출되는 오염물질 등을 공동방지시설에서 처리하는 사업장은 5종사업장에 해당하는 기술인을 둘 수 있다.
5. 대기환경기술인이 「물환경보전법」에 따른 수질환경기술인의 자격을 갖춘 경우에는 수질 환경기술인을 겸임할 수 있으며, 대기환경기술인이 「소음·진동관리법」에 따른 소음·진동 환경기술인 자격을 갖춘 경우에는 소음·진동환경기술인을 겸임할 수 있다.
6. 배출시설 중 일반보일러만 설치한 사업장과 대기오염물질 중 먼지만 발생하는 사업장은 5종사업장에 해당하는 기술인을 둘 수 있다.
7. "대기오염물질 발생량"이란 방지시설을 통과하기 전의 먼지, 황산화물 및 질소산화물의 발생량을 기후에너지환경부령으로 정하는 방법에 따라 산정한 양을 말한다.

085 「대기환경보전법 시행령」상 3종 사업장의 환경기술인의 자격기준에 해당되는 자는?

① 환경기능사
② 피고용인 중에서 임명하는 자
③ 1년 이상 대기분야 환경관련 업무에 종사한 자
④ 2년 이상 대기분야 환경관련 업무에 종사한 자

해설 대기환경보전법 시행령 [별표 10] 사업장별 환경기술인의 자격기준(제39조제2항 관련)

구분	환경기술인의 자격기준
3종사업장 (대기오염물질 발생량의 합계가 연간 10톤 이상 20톤 미만인 사업장)	대기환경산업기사 이상의 기술자격 소지자, 환경기능사 또는 3년 이상 대기분야 환경관련 업무에 종사한 자 1명 이상

정답 084 ③ 085 ①

서술형 빈출문제

086 4종 및 5종 사업장 중 기준 이상의 특정대기유해물질이 포함된 오염물질을 배출되는 경우, 환경기술인 자격으로 옳은 것은?

① 환경기능사
② 피고용인 중에서 임명하는 자
③ 1년 이상 대기분야 환경관리업무에 종사한 자
④ 2년 이상 대기분야 환경관리업무에 종사한 자

해설 대기환경보전법 시행령 [별표 10] 사업장별 환경기술인의 자격기준(제39조제2항 관련)
비고 1. 4종사업장과 5종사업장 중 기준 이상의 특정대기유해물질이 포함된 오염물질을 배출하는 경우에는 3종사업장에 해당하는 기술인을 두어야 한다.

087 사업장별 환경기술인의 자격기준에 관한 설명으로 옳지 않은 것은?

① 1종사업장: 대기환경기사 이상의 기술자격 소지자 1인 이상
② 3종사업장: 대기환경산업기사 이상의 기술자격 소지자, 환경기능사 또는 3년 이상 대기분야 환경관련 업무에 종사한 자 1인 이상
③ 5종사업장 중 특정대기유해물질이 포함된 오염물질을 배출하는 경우엔 3종사업장에 해당하는 기술인을 두어야 한다.
④ 공동방지시설에서 각 사업장의 대기오염물질 발생량의 합계가 5종사업장의 규모에 해당하는 경우에는 4종사업장에 해당하는 기술인을 두어야 한다.

해설 대기환경보전법 시행령 [별표 10] 사업장별 환경기술인의 자격기준(제39조제2항 관련)
3. 공동방지시설에서 각 사업장의 대기오염물질 발생량의 합계가 4종사업장과 5종사업장의 규모에 해당하는 경우에는 3종사업장에 해당하는 기술인을 두어야 한다.

088 「대기환경보전법 시행령」상 사업장별 환경기술인의 자격기준으로 옳지 않은 것은?

① 대기환경기술인이 「소음·진동관리법」에 따른 소음·진동환경기술인 자격을 갖춘 경우에는 소음·진동환경기술인을 겸임할 수 있다.
② 배출시설 중 일반보일러만 설치한 사업장과 대기오염물질 중 먼지만 발생하는 사업장은 5종사업장에 해당하는 기술인을 둘 수 있다.
③ 1종사업장과 2종사업장 중 1개월 동안 실제 작업한 날만을 계산하여 1일 평균 17시간 이상 작업하는 경우에는 해당 사업장의 기술인을 각각 2명 이상 두어야 한다.
④ 3종사업장의 경우에는 배출시설 설치허가를 받거나 배출시설 설치신고가 수리된 자 또는 배출시설 설치허가를 받거나 수리된 자가 해당 사업장의 배출시설 및 방지시설 업무에 종사하는 피고용인 중에서 임명하는 자 1명 이상을 환경기술인으로 둔다.

해설 대기환경보전법 시행령 [별표 10] 사업장별 환경기술인의 자격기준(제39조제2항 관련)
4종사업장(대기오염물질 발생량의 합계가 연간 2톤 이상 10톤 미만인 사업장) 및 5종사업장의 환경기술인의 자격기준: 배출시설 설치허가를 받거나 배출시설 설치신고가 수리된 자 또는 배출시설 설치허가를 받거나 수리된 자가 해당 사업장의 배출시설 및 방지시설 업무에 종사하는 피고용인 중에서 임명하는 자 1명 이상

정답 086 ① 087 ④ 088 ④

089 「대기환경보전법 시행령」상 사업장별 환경기술인의 자격기준에 관한 사항으로 옳지 않은 것은?

① 4종 및 5종 사업장 중 특정대기유해물질이 포함된 오염물질을 배출하는 경우에는 3종 사업장에 해당하는 기술인을 두어야 한다.
② "대기오염물질 발생량"이란 방지시설을 통과하기 전의 먼지, 황산화물 및 질소산화물의 발생량을 기후에너지환경부령으로 정하는 방법에 따라 산정한 양을 말한다.
③ 1종 및 2종 사업장 중 1개월 동안 실제 작업한 날만을 계산하여 1일 평균 17시간 이상 작업하는 경우에는 해당 사업장의 기술인을 각각 2명 이상 두어야 한다.
④ 전체배출시설에 대하여 방지시설 설치면제를 받은 사업장과 배출시설에서 배출되는 오염물질 등을 공동방지시설에서 처리하는 사업장은 3종 사업장에 해당하는 기술인을 두어야 한다.

해설 대기환경보전법 시행령 [별표 10] 사업장별 환경기술인의 자격기준(제39조제2항 관련)
비고 4. 전체 배출시설에 대하여 방지시설 설치 면제를 받은 사업장과 배출시설에서 배출되는 오염물질 등을 공동방지시설에서 처리하는 사업장은 5종사업장에 해당하는 기술인을 둘 수 있다.

090 「대기환경보전법 시행령」상 사업장별 환경기술인의 자격기준에 관한 사항이다. ( ) 안에 알맞은 것은?

> 1종 및 2종 사업장 중 1개월 동안 실제 작업한 날만을 계산하여 (㉠) 작업하는 경우에는 해당 사업장의 기술인을 각각 (㉡)을 두어야 한다. 이 경우, 1명을 제외한 나머지 인원은 3종사업장에 해당하는 기술인 또는 환경기능사로 대체할 수 있다.

① ㉠ 1일 평균 15시간 이상, ㉡ 1명
② ㉠ 1일 평균 15시간 이상, ㉡ 2명 이상
③ ㉠ 1일 평균 17시간 이상, ㉡ 1명
④ ㉠ 1일 평균 17시간 이상, ㉡ 2명 이상

해설 대기환경보전법 시행령 [별표 10] 사업장별 환경기술인의 자격기준(제39조제2항 관련)
비고 2. 1종사업장과 2종사업장 중 1개월 동안 실제 작업한 날만을 계산하여 1일 평균 17시간 이상 작업하는 경우에는 해당 사업장의 기술인을 각각 2명 이상 두어야 한다. 이 경우, 1명을 제외한 나머지 인원은 3종사업장에 해당하는 기술인 또는 환경기능사로 대체할 수 있다.

091 사업장별 환경기술인 자격기준에 관한 설명으로 옳지 않은 것은?

① 일반보일러만 설치한 사업장은 5종사업장에 해당되는 기술인을 둘 수 있다.
② 1종, 2종 및 3종사업장 중 1개월간 실제 작업한 날만을 계산하여 1일 평균 17시간 이상 작업하는 경우에는 해당사업장의 기술인을 각 2인 이상 두어야 한다.
③ 공동방지시설에서 각 사업장의 대기오염물질 발생량의 합계가 4종사업장과 5종사업장의 규모에 해당하는 경우에는 3종사업장에 해당하는 기술인을 두어야 한다.
④ 전체 배출시설에 대하여 방지시설 설치 면제를 받은 사업장과 배출시설에서 배출되는 오염물질 등을 공동방지시설에서 처리하는 사업장은 5종사업장에 해당하는 기술인을 둘 수 있다.

해설 대기환경보전법 시행령 [별표 10] 사업장별 환경기술인의 자격기준(제39조제2항 관련)
비고 2. 1종사업장과 2종사업장 중 1개월 동안 실제 작업한 날만을 계산하여 1일 평균 17시간 이상 작업하는 경우에는 해당 사업장의 기술인을 각각 2명 이상 두어야 한다. 이 경우, 1명을 제외한 나머지 인원은 3종사업장에 해당하는 기술인 또는 환경기능사로 대체할 수 있다.

092 「대기환경보전법 시행령」상 청정연료를 사용하여야 하는 대상시설의 범위에 해당하지 않는 시설은?

① 산업용 열병합 발전시설
② 전체보일러의 시간당 총 증발량이 0.2톤 이상인 업무용 보일러
③ '집단에너지사업법 시행령'에 따른 지역 냉·난방사업을 위한 시설
④ '건축법 시행령'에 따른 중앙집중난방방식으로 열을 공급하고 단지 내의 모든 세대의 평균 전용면적이 $40.0m^2$를 초과하는 공동주택

해설 대기환경보전법 시행령 [별표 11의3] 청정연료 사용 기준 (제43조 관련)
1. 청정연료를 사용하여야 하는 대상시설의 범위
  나. 「집단에너지사업법 시행령」에 따른 지역냉난방사업을 위한 시설. 다만, 지역냉난방사업을 위한 시설 중 발전폐열을 지역냉난방용으로 공급하는 산업용 열병합 발전시설로서 기후에너지환경부장관이 승인한 시설은 제외한다.

093 「대기환경보전법 시행령」상 자동차 제작자에 대한 매출액 산정 및 위반행위 정도에 따른 과징금의 부과기준 중 인증 또는 변경인증 받은 내용과 다르게 자동차를 제작하여 판매한 경우 가중부과계수는? (단, 배출가스의 양이 증가하지 않은 경우에 해당한다.)

① 0.3   ② 0.5
③ 1.0   ④ 1.5

해설 대기환경보전법 시행령 [별표 12] 과징금의 부과기준(제52조 관련)
제작차에 대하여 인증을 받은 내용과 다르게 자동차를 제작하여 판매한 행위에 대해서 배출가스의 양이 증가하지 않는 경우 가중부과계수는 0.3을 적용한다.

094 「대기환경보전법 시행령」상 자동차 배출가스 규제 등에서 매출액 산정 및 위반행위 정도에 따른 과징금의 부과기준으로 옳지 않은 것은?

① 과징금 산정방법=총 매출액 × 3/100 × 가중부과계수를 적용한다.
② 매출액 산정방법에서 "매출액"이란 그 자동차의 최초 제작시점부터 적발시점까지의 총 매출액으로 한다.
③ 제작차에 대하여 인증을 받지 아니하고 자동차를 제작하여 판매한 행위에 대해서 위반행위의 정도에 따른 가중부과계수는 1.0을 적용한다.
④ 제작차에 대하여 인증을 받은 내용과 다르게 자동차를 제작하여 판매한 행위에 대해서 배출가스의 양이 증가하지 않는 경우 가중부과계수는 0.3을 적용한다.

해설 대기환경보전법 시행령 [별표 12] 과징금의 부과기준(제52조 관련)
3. 과징금 산정방법: 매출액 × 5/100 × 가중부과계수

095 「대기환경보전법 시행령」상 과태료 부과기준 중 위반행위의 횟수에 따른 일반기준은 해당 위반행위가 있는 날 이전 최근 얼마간 같은 위반행위로 과태료 부과처분을 받은 경우에 적용하는가?

① 3개월간
② 6개월간
③ 1년간
④ 3년간

해설 대기환경보전법 시행령 [별표 15] 과태료의 부과기준(제67조 관련) 1. 일반기준
가. 위반행위의 횟수에 따른 과태료의 가중된 부과기준은 최근 1년간 같은 위반행위로 과태료 부과처분을 받은 경우에 적용한다.

정답 092 ① 093 ① 094 ① 095 ③

096 「대기환경보전법 시행령」상 과태료 부과기준으로 옳지 않은 것은?

① 개별기준으로 환경기술인 등의 교육을 받게 하지 않은 경우 1차 위반 시 과태료 금액은 60만 원이다.
② 개별기준으로 비산먼지 발생사업장으로 신고하지 아니한 경우 1차 위반 시 과태료 금액은 200만 원이다.
③ 위반행위의 횟수에 따른 과태료의 부과기준은 최근 1년간 같은 위반행위로 과태료 부과처분을 받은 경우에 적용한다.
④ 부과권자는 과태료 금액의 2분의 1의 범위에서 그 금액을 줄일 수 있으나, 과태료를 체납하고 있는 위반행위자에 대해서는 그러하지 아니하다.

해설 대기환경보전법 시행령 [별표 15] 과태료의 부과기준(제67조 관련) 2. 개별기준
비산먼지 발생사업장으로 신고하지 아니한 경우 1차 위반 시 과태료 금액은 120만 원이다.

03 대기환경보전법 시행규칙

001 「대기환경보전법 시행규칙」상 기후·생태계 변화유발물질 중 '기후에너지환경부령으로 정하는 것'에 해당하는 것은?

① 불화염화수소와 불화염화탄소
② 불화염화수소와 불화수소화탄소
③ 염화불화산소와 염화수소불화산소
④ 염화불화탄소와 수소염화불화탄소

해설 대기환경보전법 시행규칙 제3조(기후·생태계 변화유발물질)
"기후에너지환경부령으로 정하는 것"이란 염화불화탄소와 수소염화불화탄소를 말한다.

002 「대기환경보전법 시행규칙」상 기후에너지환경부장관이 설치하는 대기오염측정망에 해당되지 않는 것은?

① 지구대기측정망
② 대기중금속측정망
③ 유해대기물질측정망
④ 광화학대기오염물질측정망

해설 대기환경보전법 시행규칙 제11조(측정망의 종류 및 측정결과보고 등)
① 수도권대기환경청장, 국립환경과학원장 또는 「한국환경공단법」에 따른 한국환경공단이 설치하는 대기오염 측정망의 종류는 다음 각 호와 같다.
1. 대기오염물질의 지역배경농도를 측정하기 위한 교외대기측정망
2. 대기오염물질의 국가배경농도와 장거리이동 현황을 파악하기 위한 국가배경농도측정망
3. 도시지역 또는 산업단지 인근지역의 특정대기유해물질(중금속을 제외한다.)의 오염도를 측정하기 위한 유해대기물질측정망
4. 도시지역의 휘발성유기화합물 등의 농도를 측정하기 위한 광화학대기오염물질측정망
5. 산성 대기오염물질의 건성 및 습성 침착량을 측정하기 위한 산성강하물측정망

6. 기후·생태계 변화유발물질의 농도를 측정하기 위한 지구대기측정망
7. 장거리이동대기오염물질의 성분을 집중 측정하기 위한 대기오염집중측정망
8. 초미세먼지(PM-2.5)의 성분 및 농도를 측정하기 위한 미세먼지성분측정망

※ '대기중금속측정망'은 시·도지사가 설치한다.

003 도시지역의 휘발성유기화합물 등의 농도를 측정하기 위하여 설치하는 측정망은?

① 대기오염집중측정망
② 광화학대기오염물질측정망
③ 특정대기유해물질측정망
④ 지역배경농도측정망

해설 대기환경보전법 시행규칙 제11조(측정망의 종류 및 측정결과보고 등)
4. 도시지역의 휘발성유기화합물 등의 농도를 측정하기 위한 광화학대기오염물질측정망

004 「대기환경보전법 시행규칙」상 시·도지사가 설치하는 대기오염 측정망에 해당하지 않는 것은?

① 대기 중의 중금속 농도를 측정하기 위한 대기중금속측정망
② 대기오염물질의 지역배경농도를 측정하기 위한 교외대기측정망
③ 도로변의 대기오염물질 농도를 측정하기 위한 도로변대기측정망
④ 도시지역의 대기오염물질 농도를 측정하기 위한 도시대기측정망

해설 대기환경보전법 시행규칙 제11조(측정망의 종류 및 측정결과보고 등)
② 특별시장·광역시장·특별자치시장·도지사 또는 특별자치도지사가 설치하는 대기오염 측정망의 종류는 다음 각 호와 같다.
1. 도시지역의 대기오염물질 농도를 측정하기 위한 도시대기측정망

2. 도로변의 대기오염물질 농도를 측정하기 위한 도로변대기측정망
3. 대기 중의 중금속 농도를 측정하기 위한 대기중금속측정망

※ '교외대기측정망'은 기후에너지환경부장관이 설치한다.

005 「대기환경보전법 시행규칙」상 수도권대기환경청장, 국립환경과학원장 또는 「한국환경공단법」에 따른 한국환경공단이 설치하는 대기오염 측정망의 종류로 옳지 않은 것은?

① 대기오염물질의 지역배경농도를 측정하기 위한 교외대기측정망
② 도로변의 대기오염물질 농도를 측정하기 위한 도로변대기측정망
③ 기후·생태계 변화유발물질의 농도를 측정하기 위한 지구대기측정망
④ 도시지역의 휘발성유기화합물 등의 농도를 측정하기 위한 광화학대기오염물질측정망

해설 대기환경보전법 시행규칙 제11조(측정망의 종류 및 측정결과보고 등)
'도로변대기측정망'은 시·도지사가 설치한다.

006 「대기환경보전법 시행규칙」상 수도권대기환경청장, 국립환경과학원장 또는 한국환경공단이 설치하는 대기오염 측정망의 종류에 해당하지 않는 것은?

① 도시지역의 대기오염물질 농도를 측정하기 위한 도시대기측정망
② 초미세먼지(PM-2.5)의 성분 및 농도를 측정하기 위한 미세먼지성분측정망
③ 산성 대기오염물질의 건성 및 습성 침착량을 측정하기 위한 산성강하물측정망
④ 대기오염물질의 국가배경농도와 장거리이동 현황을 파악하기 위한 국가배경농도측정망

정답 003 ② 004 ② 005 ② 006 ①

해설 대기환경보전법 시행규칙 제11조(측정망의 종류 및 측정결과보고 등)
'도시대기측정망'은 시·도지사가 설치한다.

007 시·도지사가 설치하는 대기오염측정망으로 옳은 것은?

① 유해대기물질측정망
② 산성강하물측정망
③ 미세먼지성분측정망
④ 대기중금속측정망

해설 대기환경보전법 시행규칙 제11조(측정망의 종류 및 측정결과보고 등)
보기항 "①, ②, ③"의 측정망은 수도권대기환경청장, 국립환경과학원장 또는 「한국환경공단법」에 따른 한국환경공단이 설치하는 대기오염 측정망의 종류이다.

008 기후에너지환경부장관이 설치하는 대기오염측정망의 종류에 해당되지 않는 것은?

① 대기 중의 중금속 농도를 측정하기 위한 대기중금속측정망
② 대기오염물질의 지역배경농도를 측정하기 위한 교외대기측정망
③ 산성 대기오염물질의 건성 및 습성 침착량을 측정하기 위한 산성강하물측정망
④ 도시지역의 휘발성유기화합물질 등의 농도를 측정하기 위한 광화학대기오염물질측정망

해설 대기환경보전법 시행규칙 제11조(측정망의 종류 및 측정결과보고 등)
대기 중의 중금속 농도를 측정하기 위한 대기중금속측정망은 특별시장·광역시장·특별자치시장·도지사 또는 특별자치도지사가 설치하는 대기오염 측정망의 종류이다.

009 대기측정망 설치계획을 고시할 때 포함될 사항으로 옳지 않은 것은?

① 측정망 배치도
② 측정망 설치시기
③ 측정대상 및 기준
④ 측정소를 설치할 토지 또는 건축물의 위치 및 면적

해설 대기환경보전법 시행규칙 제12조(측정망 설치계획의 고시)
① 유역환경청장, 지방환경청장, 수도권대기환경청장 및 시·도지사는 다음 각 호의 사항이 포함된 측정망 설치계획을 결정하고 최초로 측정소를 설치하는 날부터 3개월 이전에 고시하여야 한다.
1. 측정망 설치시기
2. 측정망 배치도
3. 측정소를 설치할 토지 또는 건축물의 위치 및 면적

010 「대기환경보전법 시행규칙」상 배출시설별 배출원과 배출량 조사에 대한 내용이다. ( ) 안에 알맞은 내용은?

> 시·도지사는 배출시설별 배출원과 배출량을 조사하고, 그 결과를 다음 해 ( )까지 기후에너지환경부장관에게 보고하여야 한다.

① 1월말
② 3월말
③ 6월말
④ 9월말

해설 대기환경보전법 시행규칙 제16조(배출시설별 배출원과 배출량 조사)
① 시·도지사, 유역환경청장, 지방환경청장 및 수도권대기환경청장은 배출시설별 배출원과 배출량을 조사하고, 그 결과를 다음 해 3월말까지 기후에너지환경부장관에게 보고하여야 한다.

서술형 빈출문제

011 배출시설의 변경신고 사항으로 옳지 않은 것은?

① 배출시설을 폐쇄하는 경우
② 사업장의 명칭이나 대표자를 변경하는 경우
③ 허가받은 배출시설의 용도에 다른 용도를 추가하는 경우
④ 같은 배출구에 연결된 배출시설을 증설 또는 교체하거나 폐쇄하는 경우

해설 대기환경보전법 시행규칙 제27조(배출시설의 변경신고 등)
① 법에 따라 변경신고를 하여야 하는 경우는 다음 각 호와 같다.
  1. 같은 배출구에 연결된 배출시설을 증설 또는 교체하거나 폐쇄하는 경우
  2. 배출시설에서 허가받은 오염물질 외의 새로운 대기오염물질이 배출되는 경우
  3. 방지시설을 증설·교체하거나 폐쇄하는 경우
  4. 사업장의 명칭이나 대표자를 변경하는 경우
  5. 사용하는 원료나 연료를 변경하는 경우
  6. 배출시설 또는 방지시설을 임대하는 경우
  7. 그 밖의 경우로서 배출시설 설치허가증에 적힌 허가사항 및 일일조업시간을 변경하는 경우

012 대기오염물질배출시설의 변경신고 사항에 관한 내용으로 옳지 않은 것은?

① 배출시설 또는 방지시설을 임대하는 경우
② 같은 배출구에 연결된 배출시설을 폐쇄하는 경우
③ 배출시설에서 허가받은 오염물질 외의 새로운 대기오염물질이 배출되는 경우
④ 사용 연료를 변경하는 경우(종전의 연료보다 황함유량이 낮은 연료로 변경도 포함)

해설 대기환경보전법 시행규칙 제27조(배출시설의 변경신고 등)
5. 사용하는 원료나 연료를 변경하는 경우. 다만, 새로운 대기오염물질을 배출하지 아니하고 배출량이 증가되지 아니하는 원료로 변경하는 경우 또는 종전의 연료보다 황함유량이 낮은 연료로 변경하는 경우는 제외한다.

013 「대기환경보전법 시행규칙」상 배출시설 설치허가를 받은 자가 변경신고를 해야 하는 경우에 해당하지 않는 것은?

① 배출시설 또는 방지시설을 임대하는 경우
② 사업장의 명칭이나 대표자를 변경하는 경우
③ 종전의 연료보다 황함유량이 높은 연료로 변경하는 경우
④ 배출시설의 규모를 10% 미만으로 폐쇄함에 따라 변경되는 대기오염물질의 양이 방지시설의 처리용량 범위 내일 경우

해설 대기환경보전법 시행규칙 제27조(배출시설의 변경신고 등)
배출시설의 규모를 10% 미만으로 폐쇄함에 따라 변경되는 대기오염물질의 양이 방지시설의 처리용량 범위 내일 경우는 해당되지 않는다.

014 사업자가 스스로 방지시설을 설계·시공하고자 하는 경우에 시·도지사에 제출하여야 할 서류로 옳지 않은 것은?

① 공정도
② 기술능력 현황을 기재한 서류
③ 배출시설의 공정도 및 그 도면
④ 원료(연료를 포함한다.) 사용량, 제품생산량 및 오염물질 등의 배출량을 예측한 명세서

해설 대기환경보전법 시행규칙 제31조(자가방지시설의 설계·시공)
① 사업자가 스스로 방지시설을 설계·시공하려는 경우에는 다음 각 호의 서류를 유역환경청장, 지방환경청장, 수도권대기환경청장 또는 시·도지사에게 제출해야 한다.
  1. 배출시설의 설치명세서
  2. 공정도
  3. 원료(연료를 포함한다.) 사용량, 제품생산량 및 대기오염물질 등의 배출량을 예측한 명세서
  4. 방지시설의 설치명세서와 그 도면
  5. 기술능력 현황을 적은 서류

015 공동방지시설을 설치하고자 하는 공동방지시설 운영기구의 대표자가 시·도지사에게 제출하여야 하는 서류로 옳지 않은 것은?

① 공동방지시설의 운영에 관한 규약
② 공동방지시설의 설치도면 및 대기오염물질 배출량 예측서
③ 사업장별 원료사용량 및 제품생산량을 적은 서류와 공정도
④ 공동방지시설의 위치도(축척 2만 5천분의 1의 지형도를 말한다.)

해설 대기환경보전법 시행규칙 제32조(공동 방지시설의 설치·변경 등)
① 공동 방지시설을 설치·운영하려는 경우에는 공동 방지시설 운영기구의 대표자가 다음 각 호의 서류를 유역환경청장, 지방환경청장, 수도권대기환경청장 또는 시·도지사에게 제출해야 한다.
  1. 공동 방지시설의 위치도(축척 2만 5천분의 1의 지형도를 말한다.)
  2. 공동 방지시설의 설치명세서 및 그 도면
  3. 사업장별 배출시설의 설치명세서 및 대기오염물질 등의 배출량 예측서
  4. 사업장별 원료사용량과 제품생산량을 적은 서류와 공정도
  5. 사업장에서 공동 방지시설에 이르는 연결관의 설치도면 및 명세서
  6. 공동 방지시설의 운영에 관한 규약

016 배연탈황시설을 설치한 배출시설을 시운전할 경우 기후에너지환경부령이 정하는 시운전 기간 기준은?

① 배출시설 및 방지시설의 가동개시일로부터 10일까지
② 배출시설 및 방지시설의 가동개시일로부터 15일까지
③ 배출시설 및 방지시설의 가동개시일로부터 30일까지
④ 배출시설 및 방지시설의 가동개시일로부터 60일까지

해설 대기환경보전법 제35조(시운전 기간)
"기후에너지환경부령으로 정하는 기간"이란 신고한 배출시설 및 방지시설의 가동개시일부터 30일까지의 기간을 말한다.

017 「대기환경보전법 시행규칙」상 4종·5종사업장을 설치·운영하는 사업자가 배출시설 및 방지시설의 운영기간 중 배출시설 및 방지시설의 운영기록부에 매일 기록하고 보존하는 방법에 대하여 옳은 것은?

① 최종기재를 한 날부터 3개월간 보존하여야 한다.
② 최종기재를 한 날부터 6개월간 보존하여야 한다.
③ 최종기재를 한 날부터 1년간 보존하여야 한다.
④ 최종기재를 한 날부터 2년간 보존하여야 한다.

해설 대기환경보전법 시행규칙 제36조(배출시설 및 방지시설의 운영기록 보존)
② 4종·5종사업장을 설치·운영하는 사업자는 배출시설 및 방지시설의 운영기간 중 다음 각 호의 사항을 배출시설 및 방지시설의 운영기록부에 매일 기록하고 최종 기재한 날부터 1년간 보존하여야 한다.
  1. 시설의 가동시간
  2. 대기오염물질 배출량
  3. 자가측정에 관한 사항
  4. 시설관리 및 운영자
  5. 그 밖에 시설운영에 관한 중요사항

018 대기오염물질 측정기기의 운영관리 기준을 준수하지 않아 측정기기에 대해 조치명령을 받은 자가 개선계획서에 포함되거나 첨부되어 제출하여야 할 사항으로 옳지 않은 것은?

① 개선기간
② 오염물질의 처리방식
③ 개선내용 및 개선방법
④ 굴뚝 측정기기의 운영·관리 진단계획

정답 015 ② 016 ③ 017 ③ 018 ②

해설 대기환경보전법 시행규칙 제38조(개선계획서)
① 1. 조치명령을 받은 경우
  가. 개선기간·개선내용 및 개선방법
  나. 굴뚝 자동측정기기의 운영·관리 진단계획

해설 대기환경보전법 시행규칙 제38조(개선계획서)
① 3. 개선명령을 받은 경우로서 개선하여야 할 사항이 배출시설 또는 방지시설의 운전미숙 등으로 인한 경우
  가. 대기오염물질 발생량 및 방지시설의 처리능력
  나. 배출허용기준의 초과사유 및 대책

019 「대기환경보전법 시행규칙」상 배출허용기준 초과에 따른 개선명령을 받은 경우로서 개선하여야 할 사항이 배출시설 또는 방지시설일 때 개선계획서에 포함되어야 할 사항 또는 첨부서류로 옳지 않은 것은?

① 공사기간 및 공사비
② 측정기기 관리담당자 변경사항
③ 대기오염물질의 처리방식 및 처리효율
④ 배출시설 또는 방지시설의 개선명세서 및 설계도

해설 대기환경보전법 시행규칙 제38조(개선계획서)
①의 2. 개선명령을 받은 경우로서 개선하여야 할 사항이 배출시설 또는 방지시설인 경우
  가. 배출시설 또는 방지시설의 개선명세서 및 설계도
  나. 대기오염물질의 처리방식 및 처리효율
  다. 공사기간 및 공사비
  라. 다음의 경우에는 이를 증명할 수 있는 서류
    1) 개선기간 중 배출시설의 가동을 중단하거나 제한하여 대기오염물질의 농도나 배출량이 변경되는 경우
    2) 개선기간 중 공법 등의 개선으로 대기오염물질의 농도나 배출량이 변경되는 경우

020 개선하여야 할 사항이 배출시설 및 방지시설의 운전미숙 등으로 인한 경우 개선계획서에 포함되어야 할 사항으로 옳지 않은 것은?

① 대기오염물질 발생량
② 방지시설의 처리능력
③ 배출허용기준 초과사유 및 대책
④ 배출 및 방지시설 운전개선 방법

021 개선명령을 받지 아니한 사업자가 대기오염 배출시설이나 방지시설을 개선·변경·점검 또는 보수하기 위하여 부득이한 경우, 그 작업을 시작하기 몇 시간 전까지 개선계획서를 제출하여야 하는가?

① 10일 전   ② 3일 전
③ 48시간   ④ 24시간

해설 대기환경보전법 시행규칙 제39조(조치명령 또는 개선명령을 받지 아니한 사업자의 개선계획서 제출 등)
① 1. 굴뚝 자동측정기기·배출시설 또는 방지시설을 개선·변경·점검 또는 보수작업을 시작하기 24시간 전

022 「대기환경보전법 시행규칙」상 조치명령 또는 개선명령을 받지 아니한 사업자의 개선계획서의 제출에 관한 사항이다. (   ) 안에 알맞은 것은?

배출시설 또는 방지시설의 주요 기계장치 등의 돌발적 사고로 배출시설이나 방지시설을 적정하게 운영할 수 없는 경우에는 그 때부터 48시간 이내(토요일 또는 공휴일에 해당하는 날의 0시부터 24시까지의 시간은 제외한다)에 개선계획서를 제출해야 한다. 이 경우 사업자는 그 사유가 발생한 때부터 (   )에 전자문서·팩스 또는 전화 등을 이용하여 그 내용을 유역환경청장, 지방환경청장, 수도권대기환경청장 또는 시·도지사에게 통지해야 한다.

① 8시간 이내   ② 12시간 이내
③ 24시간 이내   ④ 48시간 이내

해설 대기환경보전법 시행규칙 제39조(조치명령 또는 개선명령을 받지 아니한 사업자의 개선계획서 제출 등)
① 2. 굴뚝자동측정기기·배출시설 또는 방지시설을 적절하게 운영할 수 없는 때부터 48시간 이내(토요일 또는 공휴일에 해당하는 날의 0시부터 24시까지의 시간은 제외한다). 이 경우 사업자는 그 사유가 발생한 때부터 8시간 이내에 전자문서·팩스 또는 전화 등을 이용하여 그 내용을 유역환경청장, 지방환경청장, 수도권대기환경청장 또는 시·도지사에게 통지해야 한다.

023 개선명령의 이행 보고를 위한 오염도를 검사하는 기관으로 옳지 않은 곳은?

① 지방환경청
② 시·도보건환경연구원
③ 한국환경공단
④ 한국환경보전원

해설 대기환경보전법 시행규칙 제40조(개선명령의 이행 보고 등)
② 대기오염도 검사기관은 다음 각 호와 같다.
1. 국립환경과학원
2. 특별시·광역시·특별자치시·도·특별자치도의 보건환경연구원
3. 유역환경청, 지방환경청 또는 수도권대기환경청
4. 한국환경공단
5. 「국가표준기본법」에 따른 인정을 받은 시험·검사기관 중 기후에너지환경부장관이 정하여 고시하는 기관

024 「대기환경보전법 시행규칙」상 사업자가 배출시설을 운영할 때에 나오는 오염물질을 자가측정한 기록과 측정 시 사용한 여과지 및 시료채취기록지의 보존기간은 얼마인가?

① 환경오염공정시험기준에 따라 최종 기재하거나 측정한 날부터 3개월로 한다.
② 환경오염공정시험기준에 따라 최종 기대하거나 측정한 날부터 6개월로 한다.
③ 환경오염공정시험기준에 따라 최종 기대하거나 측정한 날부터 1년으로 한다.
④ 환경오염공정시험기준에 따라 최종 기대하거나 측정한 날부터 3년으로 한다.

해설 대기환경보전법 시행규칙 제52조(자가측정의 대상 및 방법 등)
② 자가측정 시 사용한 여과지 및 시료채취기록지의 보존기간은 「환경분야 시험·검사 등에 관한 법률」에 따른 환경오염공정시험기준에 따라 측정한 날부터 6개월로 한다.

025 환경기술인의 준수사항으로 옳지 않은 것은?

① 자가측정은 정확히 할 것
② 자가측정한 결과를 사실대로 기록할 것
③ 자가측정기록부를 보관기간 동안 보전할 것
④ 자가측정 시 사용한 여과지는 환경오염공정시험기준에 따라 기록한 시료채취기록지와 함께 날짜별로 보관·관리할 것

해설 대기환경보전법 시행규칙 제54조(환경기술인의 준수사항 및 관리사항)
① 환경기술인의 준수사항은 다음 각 호와 같다.
1. 배출시설 및 방지시설을 정상가동하여 대기오염물질 등의 배출이 배출허용기준에 맞도록 할 것
2. 배출시설 및 방지시설의 운영기록을 사실에 기초하여 작성할 것
3. 자가측정은 정확히 할 것
4. 자가측정한 결과를 사실대로 기록할 것
5. 자가측정 시에 사용한 여과지는 환경오염공정시험기준에 따라 기록한 시료채취기록지와 함께 날짜별로 보관·관리할 것
6. 환경기술인은 사업장에 상근할 것. 다만, 환경기술인을 공동으로 임명한 경우 그 환경기술인은 해당 사업장에 번갈아 근무하여야 한다.

026 「대기환경보전법 시행규칙」상 환경기술인의 준수사항으로 옳지 않은 것은?

① 환경기술인은 사업장에 상근하여야 한다.
② 배출시설 및 방지시설의 운영에 관한 업무일지를 사실에 기초하여 작성해야 한다.

정답 023 ④ 024 ② 025 ③ 026 ④

③ 배출시설 및 방지시설을 정상가동하여 오염물질 등의 배출이 배출허용기준에 적합하도록 하여야 한다.
④ 기업활동 규제완화에 관한 특별조치법상 환경기술인을 공동으로 임명한 경우라도 당해 환경기술인은 해당 사업장에 번갈아 근무해서는 안 된다.

해설 대기환경보전법 시행규칙 제54조(환경기술인의 준수사항 및 관리사항)
6. 환경기술인은 사업장에 상근할 것. 다만, 환경기술인을 공동으로 임명한 경우 그 환경기술인은 해당 사업장에 번갈아 근무하여야 한다.

027 비산먼지 발생사업을 하고자 하는 자는 비산먼지 발생사업 신고서를 사업 시행 전에 누구에게 제출하여야 하는가?
① 기후에너지환경부장관
② 시·도지사
③ 시장·군수·구청장
④ 지방환경청장

해설 대기환경보전법 시행규칙 제58조(비산먼지 발생사업의 신고 등)
① 비산먼지 발생사업을 하려는 자는 비산먼지 발생사업 신고서를 사업 시행 전에 특별자치시장·특별자치도지사·시장·군수·구청장에게 제출하여야 하며, 신고한 사항을 변경하려는 경우에는 비산먼지 발생사업 변경 신고서를 변경 전에 시장·군수·구청장에게 제출하여야 한다.

028 「대기환경보전법 시행규칙」상 특별대책지역 또는 대기관리권역 안에서 '휘발성유기화합물'을 배출하는 시설로서 대통령령이 정하는 시설을 설치하고자 할 경우 시·도지사에게 배출시설 설치신고서를 제출해야 하는 기간 기준은?
① 시설 설치일 7일 전까지
② 시설 설치일 10일 전까지
③ 시설 설치 후 7일 이내
④ 시설 설치 후 10일 이내

해설 대기환경보전법 시행규칙 제59조의2(휘발성유기화합물 배출시설의 신고 등)
① 휘발성유기화합물을 배출하는 시설을 설치하려는 자는 휘발성유기화합물 배출시설 설치신고서에 휘발성유기화합물 배출시설 설치명세서와 배출 억제·방지시설 설치명세서를 첨부하여 시설 설치일 10일 전까지 시·도지사 또는 대도시 시장에게 제출하여야 한다.

029 「대기환경보전법 시행규칙」상 휘발성유기화합물 배출시설의 변경신고를 해야 하는 경우는 설치신고를 한 배출시설 규모의 합계 또는 누계보다 얼마 이상 증설하는 경우인가?
① 100분의 20 이상
② 100분의 25 이상
③ 100분의 30 이상
④ 100분의 50 이상

해설 대기환경보전법 시행규칙 제60조(휘발성유기화합물 배출시설의 변경신고)
2. 설치신고를 한 배출시설 규모의 합계 또는 누계보다 100분의 50 이상 증설하는 경우

030 「대기환경보전법 시행규칙」상 휘발성유기화합물 배출시설의 변경신고를 해야 하는 경우로 옳지 않은 것은?
① 사업장의 명칭 또는 대표자를 변경하는 경우
② 휘발성유기화합물 배출시설을 폐쇄하는 경우
③ 휘발성유기화합물의 배출 억제·방지시설을 변경하는 경우
④ 설치신고를 한 배출시설 규모의 합계 또는 누계보다 100분의 30 이상 증설 하는 경우

해설 대기환경보전법 시행규칙 제60조(휘발성유기화합물 배출시설의 변경신고)
1. 사업장의 명칭 또는 대표자를 변경하는 경우
2. 설치신고를 한 배출시설 규모의 합계 또는 누계보다 100분의 50 이상 증설하는 경우
3. 휘발성유기화합물의 배출 억제·방지시설을 변경하는 경우
4. 휘발성유기화합물 배출시설을 폐쇄하는 경우
5. 휘발성유기화합물 배출시설 또는 배출 억제·방지시설을 임대하는 경우

031 「대기환경보전법 시행규칙」상 자동차연료·첨가제 또는 촉매제의 규제사항이다. ( ) 안에 알맞은 것은?

( )(은)는 자동차연료·첨가제 또는 촉매제로 환경상의 위해가 발생하거나 인체에 매우 유해한 물질이 배출된다고 인정되면 해당 자동차연료·첨가제 또는 촉매제의 사용 제한, 다른 연료로의 대체 등 필요한 조치를 할 수 있다.

① 국토교통부장관
② 특별시장·광역시장·도지사
③ 수도권대기환경청장
④ 한국환경공단이사장

해설 대기환경보전법 시행규칙 제117조(자동차연료·첨가제 또는 촉매제의 규제)
유역환경청장, 지방환경청장 또는 수도권대기환경청장은 자동차연료·첨가제 또는 촉매제로 환경상의 위해가 발생하거나 인체에 매우 유해한 물질이 배출된다고 인정되면 해당 자동차연료·첨가제 또는 촉매제의 사용 제한, 다른 연료로의 대체 등 필요한 조치를 할 수 있다.

032 환경기술인이 교육받을 기관으로 옳은 곳은?

① 한국환경보전원
② 환경기술인협회
③ 한국환경공단
④ 국립환경인재개발원

해설 대기환경보전법 시행규칙 제125조(환경기술인의 교육)
① 환경기술인은 다음 각 호의 구분에 따라 「환경정책기본법」 제59조에 따른 한국환경보전원, 기후에너지환경부장관, 시·도지사 또는 대도시 시장이 교육을 실시할 능력이 있다고 인정하여 위탁하는 기관에서 실시하는 교육을 받아야 한다.

033 「대기환경보전법 시행규칙」상 환경기술인의 신규교육 시기와 횟수기준은? (단, 규정된 교육기관이며, 정보통신매체를 이용하여 원격교육을 하는 경우는 제외한다.)

① 환경기술인으로 임명된 날부터 6개월 이내에 1회
② 환경기술인으로 임명된 날부터 1년 이내에 1회
③ 환경기술인으로 임명된 날부터 2년 이내에 1회
④ 환경기술인으로 임명된 날부터 3년 이내에 1회

해설 대기환경보전법 시행규칙 제125조(환경기술인의 교육)
① 환경기술인은 다음 각 호의 구분에 따라 한국환경보전원, 기후에너지환경부장관, 시·도지사 또는 대도시 시장이 교육을 실시할 능력이 있다고 인정하여 위탁하는 기관에서 실시하는 교육을 받아야 한다.
1. 신규교육: 환경기술인으로 임명된 날부터 1년 이내에 1회

034 「대기환경보전법 시행규칙」상 환경기술인의 보수교육기준은? (단, 규정된 교육기관이며, 정보통신매체를 이용하여 원격교육을 하는 경우는 제외한다.)

① 신규교육을 받은 날을 기준으로 1년마다 1회
② 신규교육을 받은 날을 기준으로 2년마다 1회
③ 신규교육을 받은 날을 기준으로 3년마다 1회
④ 신규교육을 받은 날을 기준으로 5년마다 1회

해설 대기환경보전법 시행규칙 제125조(환경기술인의 교육)
2. 보수교육: 신규교육을 받은 날을 기준으로 3년마다 1회

정답 031 ③ 032 ① 033 ② 034 ③

035 환경기술인 등의 교육에 관한 설명으로 옳지 않은 것은?

① 교육과정의 교육기간은 4일 이내로 한다.
② 한국환경보전원은 환경기술인의 교육기관이다.
③ 기후에너지환경부장관은 교육계획을 매년 1월 31일까지 시·도지사에게 통보하여야 한다.
④ 신규교육은 환경기술인으로 임명된 날부터 30일 이내에 교육을 이수하여야 한다.

해설 대기환경보전법 시행규칙 제125조(환경기술인의 교육)
① 환경기술인은 다음 각 호의 구분에 따라 「환경정책기본법」에 따른 한국환경보전원, 기후에너지환경부장관, 시·도지사 또는 대도시 시장이 교육을 실시할 능력이 있다고 인정하여 위탁하는 기관에서 실시하는 교육을 받아야 한다.
  1. 신규교육: 환경기술인으로 임명된 날부터 1년 이내에 1회
  2. 보수교육: 신규교육을 받은 날을 기준으로 3년마다 1회
② 교육기간은 4일 이내로 한다. 다만, 정보통신매체를 이용하여 원격교육을 하는 경우에는 기후에너지환경부장관이 인정하는 기간으로 한다.

제127조(교육대상자의 선발 및 등록)
① 기후에너지환경부장관은 교육계획을 매년 1월 31일까지 시·도지사 또는 대도시 시장에게 통보해야 한다.

036 환경기술인 등의 교육에 관한 설명으로 옳은 것은?

① 교육기간은 3일 이내로 한다.
② 보수교육은 신규교육을 받은 날을 기준으로 5년마다 1회 교육을 받아야 한다.
③ 교육기관은 한국환경공단, 환경기술인협회 등 교육을 실시할 능력이 있다고 인정하여 위탁하는 기관이다.
④ 교육기관의 장은 교육을 실시한 경우에는 매 분기의 교육 실적을 해당 분기가 끝난 후 15일 이내에 기후에너지환경부장관에게 보고하여야 한다.

해설 대기환경보전법 시행규칙 제128조(교육결과 보고)
① 교육기간은 4일 이내로 한다.
② 보수교육은 신규교육을 받은 날을 기준으로 3년마다 1회 교육을 받아야 한다.
③ 교육기관은 한국환경보전원, 기후에너지환경부장관, 시·도지사 또는 대도시 시장이 교육을 실시할 능력이 있다고 인정하여 위탁하는 기관이다.

037 「대기환경보전법 시행규칙」상 현장에서 배출허용기준 초과여부를 판정할 수 있는 오염물질로 옳지 않은 것은?

① 매연   ② 입자상물질
③ 질소산화물   ④ 일산화탄소

해설 대기환경보전법 시행규칙 제133조(현장에서 배출허용기준 초과 여부를 판정할 수 있는 대기오염물질)
1. 매연, 2. 일산화탄소, 3. 굴뚝 자동측정기기로 측정하고 있는 대기오염물질, 4. 황산화물, 5. 질소산화물, 6. 탄화수소

038 「대기환경보전법 시행규칙」상 대기오염물질에 해당하지 않는 것은?

① 붕소화합물   ② 에틸벤젠
③ 부유물질   ④ 벤지딘

해설 대기환경보전법 시행규칙 [별표 1] 대기오염물질(제2조 관련)
대기오염물질 64종류에 부유물질은 해당되지 않는다.

039 「대기환경보전법 시행규칙」상 특정대기유해물질로 옳지 않은 것은?

① 니켈   ② 프로필렌
③ 석면   ④ 아닐린

해설 대기환경보전법 시행규칙 [별표 2] 특정대기유해물질(제4조 관련) 35종
특정대기유해물질 35종에 프로필렌은 해당되지 않는다.

정답 035 ④ 036 ④ 037 ② 038 ③ 039 ②

040 '특정대기유해물질'로 옳지 않은 것은?

① 프로필렌 옥사이드
② 아닐린
③ 이황화메틸
④ 아크롤레인

해설 대기환경보전법 시행규칙 [별표 2] 특정대기유해물질(제4조 관련) 35종
※ 밑줄 친 특정대기유해물질이 보기항으로 자주 출제됨.

납 및 그 화합물, <u>니켈 및 그 화합물</u>, <u>다이옥신</u>, 다환방향족 탄화수소류, 디클로로메탄, 1,2-디클로로에탄, <u>베릴륨 및 그 화합물</u>, <u>벤젠</u>, <u>벤지딘</u>, <u>1,3-부타디엔</u>, <u>불소화물</u>, 비소 및 그 화합물, 사염화탄소, <u>석면</u>, <u>수은 및 그 화합물</u>, <u>스틸렌</u>, 시안화수소, <u>아세트알데히드</u>, <u>아크릴로니트릴</u>, <u>아닐린</u>, <u>염소 및 염화수소</u>, 염화비닐, 에틸렌옥사이드, <u>에틸벤젠</u>, <u>이황화메틸</u>, 카드뮴 및 그 화합물, <u>크롬 및 그 화합물</u>, <u>클로로포름</u>, <u>테트라클로로에틸렌</u>, <u>트리클로로에틸렌</u>, <u>페놀 및 그 화합물</u>, 포름알데히드, 폴리염화비페닐, <u>프로필렌 옥사이드</u>, <u>히드라진</u>

참조
특정대기유해물질로 '옳지 않은' 것으로 다음 물질이 다수 출제됨.

디클로로메탄, 망간, 메틸벤젠, 바나듐, 벤조(a)피렌, 붕소화합물, 브롬 및 그 화합물, 스틸렌, 아크롤레인, 안티몬, 알루미늄 및 그 화합물, 인 및 그 화합물, 프로필렌, 황산화물, 황화수소 등

041 「대기환경보전법 시행규칙」상 대기오염물질 배출시설에 관한 사항으로 옳지 않은 것은?

① 배출시설의 규모는 당해 시설의 최대시설용량(최대시설 규모)을 말한다.
② 고체 입자상물질이라 함은 입자의 크기가 지름 1마이크로미터 이하인 것에 한한다.
③ 건조시설 중 옥내에서 태양열 등을 이용하여 자연건조 시키는 시설은 배출시설에서 제외한다.
④ 원료라 함은 제품제조에 필요한 주원료와 기타 각종 첨가제 등 부원료를 합한 것을 말한다.

해설 대기환경보전법 시행규칙 [별표 3] 대기오염물질배출시설(제5조 관련)
고체 입자상물질은 입자의 크기가 지름 1밀리미터 이하인 것에 한한다.

042 대기오염물질배출시설 적용기준 및 분류에 대한 설명으로 옳지 않은 것은?

① '습식'이란 원료 속에 수분이 항상 15퍼센트 이상 함유된 경우를 말한다.
② '이동식 시설'은 당해 시설이 당해 사업장의 부지경계선을 벗어나는 시설을 말한다.
③ 건조시설 중 옥내에서 태양열을 이용하여 자연건조 시키는 경우의 시설을 포함한다.
④ '연료사용량'이란 연료별 사용량에 무연탄을 기준으로 한 고체연료환산계수를 곱하여 산정한 양을 말한다.

해설 대기환경보전법 시행규칙 [별표 3] 대기오염물질배출시설(제5조 관련)
건조시설 중 옥내에서 태양열 등을 이용하여 자연 건조시키는 시설은 대기오염물질배출시설에서 제외한다.

정답 040 ④ 041 ③ 042 ③

서술형 빈출문제

043 2020년 1월 1일부터 적용되는 대기오염물질 배출시설 기준에서 고체연료 환산계수로 옳은 것은?

① 무연탄(kg): 1.00
② 이탄(kg): 0.70
③ 유연탄(kg): 1.50
④ 목재(kg): 0.60

해설 대기환경보전법 시행규칙 [별표 3] 대기오염물질배출시설(제5조 관련)

[고체연료 환산계수]

연료 또는 원료명	단위	환산계수	연료 또는 원료명	단위	환산계수
무연탄	kg	1.00	유연탄	kg	1.34
코크스	kg	1.32	갈탄	kg	0.90
이탄	kg	0.80	목탄	kg	1.42
목재	kg	0.70	유황	kg	0.46

044 고체연료 환산계수가 가장 큰 연료(kg)는?

① 무연탄 ② 유연탄
③ 코크스 ④ 목탄

해설 대기환경보전법 시행규칙 [별표 3] 대기오염물질배출시설(제5조 관련)
고체연료 환산계수: 목탄(1.42) > 유연탄(1.34) > 코크스(1.32) > 무연탄(1.00)

045 고체연료 환산계수가 가장 큰 연료 또는 연료명은? (단, 무연탄(kg 기준): 1.00, 단위: kg)

① 톨루엔 ② 유연탄
③ 메탄   ④ 석탄타르

해설 대기환경보전법 시행규칙 [별표 3] 대기오염물질배출시설(제5조 관련)
고체연료 환산계수: 톨루엔(2.06) > 석탄타르(1.88) > 메탄(1.86) > 유연탄(1.34)

046 2020년 1월 1일부터 적용되는 대기오염물질 배출시설 중 폐수·폐기물소각시설의 기준으로 옳은 것은?

① 시간당 소각능력이 10킬로그램 이상
② 시간당 소각능력이 15킬로그램 이상
③ 시간당 소각능력이 20킬로그램 이상
④ 시간당 소각능력이 25킬로그램 이상

해설 대기환경보전법 시행규칙 [별표 3] 대기오염물질배출시설(제5조 관련)
2020년 1월 1일부터 적용되는 대기오염물질배출시설 중 폐수·폐기물소각시설의 기준은 시간당 소각능력이 25킬로그램 이상이다.

047 2020년 1월 1일부터 적용되는 발전시설과 폐수·폐기물·폐가스 소각시설의 대기오염물질 배출시설 기준으로 옳지 않은 것은?

① 시간당 소각능력이 25킬로그램 이상인 폐수·폐기물소각시설
② 설비용량이 100킬로와트 이상인 발전용 내연기관(비상용, 수송용은 제외)
③ 폐수·폐기물소각시설의 부대시설로서 동력 15킬로와트 이상인 분쇄시설
④ 연료사용량이 시간당 30킬로그램 이상이거나 용적이 1세제곱미터 이상인 폐가스소각시설

해설 대기환경보전법 시행규칙 [별표 3] 대기오염물질배출시설(제5조 관련)
설비용량이 120킬로와트 이상인 발전용 내연기관(비상용, 수송용 또는 설비용량이 1.5메가와트 미만인 도서지방용은 제외한다.)

048 「대기환경보전법 시행규칙」상 배출시설인 폐가스 소각시설은 소각능력이 시간당 얼마 이상이어야 하는가? (단, 2020년 1월 1일부터 적용하며 소각보일러를 포함한다.)

① 25kg   ② 50kg
③ 100kg ④ 200kg

정답 043 ① 044 ④ 045 ① 046 ④ 047 ② 048 ③

해설 대기환경보전법 시행규칙 [별표 3] 대기오염물질배출시설(제5조 관련)
30) 폐수 · 폐기물 · 폐가스 소각시설 · 동물장묘시설(소각보일러를 포함한다.)
다) 연료사용량이 시간당 30킬로그램 이상이거나 용적이 1세제곱미터 이상인 폐가스소각시설 · 폐가스소각보일러 또는 소각능력이 시간당 100킬로그램 이상인 폐가스소각시설.

049 「대기환경보전법 시행규칙」상 대기오염물질 배출시설기준이다. ( ) 안에 알맞은 것은? (단, 2020년 1월 1일부터 적용되는 대기오염물질배출시설)

배출시설	대상 배출시설
폐수 · 폐기물 처리시설	• 시간당 처리능력이 (㉠)세제곱미터 이상인 폐수 · 폐기물 증발시설 및 농축시설 • 용적이 (㉡)세제곱미터 이상인 폐수 · 폐기물 건조시설 및 정제시설

① ㉠ 0.5, ㉡ 0.3
② ㉠ 0.3, ㉡ 0.15
③ ㉠ 0.3, ㉡ 0.3
④ ㉠ 0.5, ㉡ 0.15

해설 대기환경보전법 시행규칙 [별표 3] 대기오염물질배출시설(제5조 관련)

배출시설	대상 배출시설
폐수 · 폐기물 처리시설	• 시간당 처리능력이 0.5세제곱미터 이상인 폐수 · 폐기물 증발시설 및 농축시설 • 용적이 0.15세제곱미터 이상인 폐수 · 폐기물 건조시설 및 정제시설

050 「대기환경보전법 시행규칙」의 규정에 의한 대기오염물질배출시설에 관한 설명으로 옳지 않은 것은? (단, 2020년 1월 1일부터 적용되는 대기오염물질배출시설)

① 무연탄 1킬로그램당 발열량은 4,600킬로칼로리로 한다.
② 지름이 1밀리미터 이상인 고체 입자상물질 저장시설은 배출시설 적용기준에서 제외한다.
③ 건조시설 중 옥내에서 태양열 등을 이용하여 자연 건조시키는 시설은 대기오염물질배출시설에서 제외한다.
④ 용적 규모가 5천 세제곱미터 이상인 도장시설과 선박 건조공정의 야외구조물 도장시설은 배출시설에서 제외한다.

해설 대기환경보전법 시행규칙 [별표 3] 대기오염물질배출시설(제5조 관련)
가. 배출시설 적용기준
용적이 5만 세제곱미터 이상인 도장시설과 선박건조공정의 야외구조물 및 선체외판 도장시설은 대기오염물질배출시설에서 제외한다.

051 「대기환경보전법 시행규칙」의 규정에 의한 대기오염물질배출시설 기준으로 옳지 않은 것은? (단, 2020년 1월 1일부터 적용되는 대기오염물질배출시설)

① 합성고무 및 플라스틱물질 제조시설 중 용적이 3세제곱미터 이상인 분리시설
② 기초무기화합물 제조시설 중 연료사용량이 시간당 10킬로그램 이상인 탈황시설
③ 금속가공제품 제조시설의 표면 처리시설 중 용적이 1세제곱미터 이상인 도금시설
④ 가죽 · 모피가공시설 및 모피제품 · 신발 제조시설 용적이 3세제곱미터 이상인 염색 시설

해설 대기환경보전법 시행규칙 [별표 3] 대기오염물질배출시설(제5조 관련)
나. 배출시설의 분류
보기항 "②" 기초무기화합물 제조시설 중 연료사용량이 시간당 10킬로그램 이상인 탈황시설 → 연료 사용량이 시간당 30킬로그램 이상인 탈황시설

052 「대기환경보전법 시행규칙」상 대기오염물질 배출시설에 해당하지 않는 것은? (단, 2020년 1월 1일부터 적용되는 1차 철강 제조시설 중 금속의 용융 · 제련 또는 열처리 시설)

정답 049 ④ 050 ④ 051 ② 052 ①

① 노상면적이 3제곱미터 이상인 반사로
② 1회 주입 연료 및 원료량의 합계가 0.5톤 이상인 용선로
③ 시간당 300킬로와트 이상인 전기아크로(유도로를 포함한다.)
④ 1회 주입 원료량이 0.5톤 이상이거나 연료사용량이 시간당 30킬로그램 이상인 도가니로

해설 대기환경보전법 시행규칙 [별표 3] 대기오염물질배출시설(제5조 관련)
나. 배출시설의 분류
  (2) 노상면적이 4.5제곱미터 이상인 반사로

053 「대기환경보전법 시행규칙」상 석회로시설 및 가열시설의 대기오염물질배출시설 기준으로 옳은 것은? (단, 펄프, 종이 및 판지 제조시설과 인쇄 및 각종 기록매체 제조(복제) 시설에 한함.)

① 연료사용량이 시간당 25킬로그램 이상
② 연료사용량이 시간당 30킬로그램 이상
③ 연료사용량이 시간당 50킬로그램 이상
④ 연료사용량이 시간당 100킬로그램 이상

해설 대기환경보전법 시행규칙 [별표 3] 대기오염물질배출시설(제5조 관련)
나. 배출시설의 분류

배출시설	대상 배출시설

3) 펄프, 종이 및 판지 제조시설	가) 용적이 3세제곱미터 이상인 다음의 시설
	  (1) 증해시설
	  (2) 표백시설
	나) 연료사용량이 시간당 30킬로그램 이상인 다음의 시설
	  (1) 석회로시설
	  (2) 가열시설(연소시설을 포함한다.)

5) 인쇄 및 각종 기록 매체 제조(복제)시설	연료사용량이 시간당 30킬로그램 이상이거나 합계용적이 1세제곱미터 이상인 그라비아 인쇄 · 건조시설(유기용제류를 사용하는 인쇄시설과 이 시설들과 연계되어 유기용제류를 사용하는 코팅시설, 건조시설만 해당한다.)

054 「대기환경보전법 시행규칙」상 대기오염물질 배출시설 기준으로 옳지 않은 것은?

① 펄프, 종이 및 종이제품 제조시설 중 용적이 3세제곱미터 이상이 증해시설
② 반도체 및 기타 전자부품 제조시설 중 용적이 3세제곱미터 이상인 증착시설
③ 고무 및 고무제품 제조시설 중 용적이 3세제곱미터 이상이거나 동력이 7.5킬로와트 이상인 정련시설
④ 섬유제품 제조시설 중 연료사용량이 시간당 30킬로그램 이상이거나 용적이 3세제곱미터 이상인 다림질(텐트)시설

해설 대기환경보전법 시행규칙 [별표 3] 대기오염물질배출시설(제5조 관련)
나. 배출시설의 분류
  ④ 섬유제품 제조시설 중 연료사용량이 시간당 30킬로그램 이상이거나 용적이 3세제곱미터 이상인 다림질(텐트)시설
  → 연료사용량이 시간당 60킬로그램 이상이거나 용적이 5세제곱미터 이상인 다림질(텐터)시설

055 화합물 및 화학제품제조시설 중 기초화합물 제조시설 · 비료 및 질소화합물 제조시설 합성고무 및 플라스틱물질 제조시설에 해당되지 않는 대기오염 배출시설은?

① 용적 1세제곱미터 이상의 농축시설
② 용적 1세제곱미터 이상의 수세시설
③ 용적 1세제곱미터 이상의 응축시설
④ 용적 1세제곱미터 이상의 흡수시설

해설 대기환경보전법 시행규칙 [별표 3] 대기오염물질배출시설(제5조 관련)
나. 배출시설의 분류
  용적이 1세제곱미터 이상인 반응시설, 흡수시설, 응축시설, 정제시설(분리 · 증류 · 추출 · 여과시설을 포함한다.), 농축시설, 표백시설을 말한다.

정답 053 ② 054 ④ 055 ②

056 대기오염방지시설로 옳지 않은 것은?

① 이온교환시설
② 응축에 의한 시설
③ 산화에 의한 시설
④ 미생물을 이용한 처리시설

해설 대기환경보전법 시행규칙 [별표 4] 대기오염방지시설(제6조 관련) (15종)
중력·관성력·원심력·세정·여과·전기·음파집진시설, 흡수·흡착·응축·산화·환원·직접연소·연소조절에 의한 시설, 촉매반응·미생물을 이용한 처리시설

057 「대기환경보전법 시행규칙」상 대기오염방지시설에 해당하지 않는 것은? (단, 기타 사항은 제외한다.)

① 음파집진시설
② 화학적 침강시설
③ 미생물을 이용한 처리시설
④ 촉매반응을 이용하는 시설

해설 대기환경보전법 시행규칙 [별표 4] 대기오염방지시설(제6조 관련) (15종)
중력·관성력·원심력·세정·여과·전기·음파집진시설, 흡수·흡착·응축·산화·환원·직접연소·연소조절에 의한 시설, 촉매반응·미생물을 이용한 처리시설

058 대기오염방지시설로 옳지 않은 것은?

① 직접연소에 의한 시설
② 연소조절에 의한 시설
③ 토양흡수에 의한 시설
④ 촉매반응을 이용하는 시설

해설 대기환경보전법 시행규칙 [별표 4] 대기오염방지시설(제6조 관련) (15종)
중력·관성력·원심력·세정·여과·전기·음파집진시설, 흡수·흡착·응축·산화·환원·직접연소·연소조절에 의한 시설, 촉매반응·미생물을 이용한 처리시설

059 「대기환경보전법 시행규칙」상 대기오염방지시설로 옳지 않은 것은?

① 흡착에 의한 시설
② 응축에 의한 시설
③ 응집에 의한 시설
④ 환원에 의한 시설

해설 대기환경보전법 시행규칙 [별표 4] 대기오염방지시설(제6조 관련) (15종)
중력·관성력·원심력·세정·여과·전기·음파집진시설, 흡수·흡착·응축·산화·환원·직접연소·연소조절에 의한 시설, 촉매반응·미생물을 이용한 처리시설

060 「대기환경보전법 시행규칙」의 규정에 의한 대기오염방지시설로 옳지 않은 것은?

① 세정집진시설
② 관성력집진시설
③ 촉매집진시설
④ 흡수에 의한 시설

해설 대기환경보전법 시행규칙 [별표 4] 대기오염방지시설(제6조 관련) (15종)
중력·관성력·원심력·세정·여과·전기·음파집진시설, 흡수·흡착·응축·산화·환원·직접연소·연소조절에 의한 시설, 촉매반응·미생물을 이용한 처리시설

061 「대기환경보전법 시행규칙」상 대기오염물질 배출시설로부터 배출되는 오염물질을 배출허용기준 이하로 배출하기 위하여 설치하는 대기오염방지시설로 가장 적합한 것은? (단, 방지시설에는 오염물질 포집 및 이송을 위한 부대기계·기구류 등을 포함한다.)

① 증류시설
② 분리시설
③ 농축시설
④ 촉매반응을 이용하는 시설

정답 056 ① 057 ② 058 ③ 059 ③ 060 ③ 061 ④

해설 대기환경보전법 시행규칙 [별표 4] 대기오염방지시설(제6조 관련) (15종)
보기항 "①, ②, ③"은 대기오염물질배출시설이다.

062 대기오염방지시설에 포함되는 부대 기계, 기구류로 옳지 않은 것은?

① 오염물질이 통과하는 관로
② 오염물질 포집을 위한 후드장치
③ 오염물질을 이송하기 위한 송풍기
④ 연소효율을 높이기 위한 연소보조장치

해설 대기환경보전법 시행규칙 [별표 4] 대기오염방지시설(제6조 관련)
비고 방지시설에는 대기오염물질을 포집하기 위한 장치(후드), 오염물질이 통과하는 관로(덕트), 오염물질을 이송하기 위한 송풍기 및 각종 펌프 등 방지시설에 딸린 기계·기구류 등을 포함한다.

063 자동차의 종류에 관한 내용으로 옳지 않은 것은?

① 차량 자체의 중량이 1.0톤 이상인 이륜자동차는 경자동차로 분류한다.
② 엔진배기량이 50cc 미만인 이륜자동차는 모페드형만 이륜자동차에 포함한다.
③ 다목적형 승용자동차·승합차 및 밴(VAN)의 구분에 대한 세부기준은 기후에너지환경부장관이 정하여 고시한다.
④ 이륜자동차는 운반차를 붙인 이륜자동차와 이륜자동차에서 파생된 삼륜 이상의 자동차를 포함한다.

해설 대기환경보전법 시행규칙 [별표 5] 자동차 등의 종류(제7조 관련) 1. 자동차의 종류
비고 이륜자동차의 경우 차량 자체의 중량이 0.5톤 이상인 이륜자동차는 경자동차로 분류한다.

064 2015년 12월 10일 이후에 생산된 자동차의 종류에 속하지 않는 것은?

① 다목적자동차
② 승용자동차
③ 이륜자동차
④ 화물자동차

해설 대기환경보전법 시행규칙 [별표 5] 자동차 등의 종류(제7조 관련)
1. 자동차의 종류
2015년 12월 10일 이후에는 자동차의 종류에 다목적자동차가 없다.

065 자동차 종류에 따른 규모에 관한 설명으로 옳지 않은 것은? (단, 2015년 12월 10일 이후 기준)

① 경자동차: 엔진배기량이 1,000cc 미만
② 화물자동차(대형): 차량총중량이 3.5톤 이상 15톤 미만
③ 이륜자동차: 차량총중량이 1천 킬로그램을 초과하지 않는 것
④ 승용자동차(소형): 엔진배기량이 1,000cc 이상이고, 차량총중량이 3.5톤 미만

해설 대기환경보전법 시행규칙 [별표 5] 자동차 등의 종류(제7조 관련)
승용자동차(소형): 엔진배기량이 1,000cc 이상이고, 차량총중량이 3.5톤 미만이며, 승차인원이 8명 이하

정답 062 ④ 063 ① 064 ① 065 ④

066 「대기환경보전법 시행규칙」상 자동차의 종류에 관한 내용으로 옳지 않은 것은? (단, 자동차의 종류는 2015년 12월 10일 이후 적용기준)

① 차량총중량이 3.5톤 이상 15톤 미만으로 화물을 운송하기 적합하게 제작된 것은 대형화물자동차에 해당한다.
② 공차 중량이 0.5톤 이상 1.0톤 미만으로 1명 또는 2명 정도의 사람을 운송하기 적합하게 제작된 것은 이륜자동차에 해당한다.
③ 엔진배기량이 1,000cc 이상이고, 차량총중량이 3.5톤 미만이며, 승차인원이 8명 이하로서 사람을 운송하기 적합하게 제작된 것은 소형승용자동차에 해당한다.
④ 원동기 정격출력이 560kW 미만으로 굴착기, 로우더, 지게차(전동식은 제외한다.), 기중기, 불도저 등 건설공사에 사용하기 적합하게 제작된 것은 건설기계에 해당한다.

해설 대기환경보전법 시행규칙 [별표 5] 자동차 등의 종류(제7조 관련)
차량총중량이 1천 킬로그램을 초과하지 않는 것으로 자전거로부터 진화한 구조로서 사람 또는 소량의 화물을 운송하기 위한 것은 이륜자동차에 해당한다.

067 「대기환경보전법 시행규칙」상 자동차의 종류에 관한 사항으로 옳지 않은 것은? (단, 2015년 12월 10일 이후)

① 전기만을 동력으로 사용하는 자동차는 1회 충전 주행거리가 160km 이상인 경우 제3종에 해당한다.
② 화물을 운송하기 적합하게 제작된 것으로 차량총중량이 10톤 이상인 자동차를 초대형 화물자동차라 한다.
③ 사람이나 화물을 운송하기 적합하게 제작된 것으로 엔진배기량이 1,000cc 미만인 자동차를 경자동차라 한다.
④ 엔진배기량이 50cc 미만인 이륜자동차는 모페드형(원동기를 장착한 소형 이륜차의 통칭으로 스쿠터형을 포함한다.)만 이륜자동차에 포함한다.

해설 대기환경보전법 시행규칙 [별표 5] 자동차 등의 종류(제7조 관련)
화물을 운송하기 적합하게 제작된 것으로 차량총중량이 15톤 이상인 자동차를 초대형화물자동차라 한다.

068 「대기환경보전법 시행규칙」상 자동차 종류 구분기준 중 전기만을 동력으로 사용하는 자동차로서 1회 충전 주행거리가 80km 이상 160km 미만에 해당하는 것은?

① 제1종 ② 제2종
③ 제3종 ④ 제4종

해설 대기환경보전법 시행규칙 [별표 5] 자동차 등의 종류(제7조 관련)
비고 14. 전기만을 동력으로 사용하는 자동차는 1회 충전 주행거리에 따라 다음과 같이 구분한다.

구분	1회 충전 주행거리
제1종	80km 미만
제2종	80km 이상 160km 미만
제3종	160km 이상

069 「대기환경보전법 시행규칙」상 자동차 종류 구분기준 중 전기만을 동력으로 사용하는 자동차로서 1회 충전 주행거리가 160km 이상에 해당하는 것은?

① 제1종 ② 제2종
③ 제3종 ④ 제4종

해설 대기환경보전법 시행규칙 [별표 5] 자동차 등의 종류(제7조 관련)
전기만을 동력으로 사용하는 자동차로서 1회 충전 주행거리가 160km 이상인 전기차: 제3종

정답 066 ② 067 ② 068 ② 069 ③

070 「대기환경보전법 시행규칙」상 '대형화물자동차'의 규모기준으로 옳은 것은? (단, 2015년 12월 10일 이후)

① 엔진배기량이 1,000cc 이상이고, 차량총중량이 5톤 이상
② 엔진배기량이 1,000cc 이상이고, 차량총중량이 10톤 이상
③ 정격출력이 19kW 이상 560kW 미만
④ 차량총중량이 3.5톤 이상 15톤 미만

해설 대기환경보전법 시행규칙 [별표 5] 자동차 등의 종류(제7조 관련)
대형화물자동차: 차량총중량이 3.5톤 이상 15톤 미만으로 화물을 운송하기 적합하게 제작된 것

071 「대기환경보전법 시행규칙」상 자동차의 종류에 대한 설명으로 옳지 않은 것은? (단, 2015년 12월 10일 이후 적용)

① 수소를 연료로 사용하는 자동차는 수소연료전지차로 구분한다.
② 이륜자동차의 규모는 차량총중량이 1천 킬로그램을 초과하지 않는 것이다.
③ 이륜자동차는 운반차를 붙인 이륜자동차와 이륜자동차에서 파생된 삼륜 이상의 자동차는 제외한다.
④ 소형 화물자동차는 엔진배기량이 800cc 이상인 밴(VAN)과 승용자동차에 해당되지 아니하는 승차인원이 9명 이상인 승합차를 포함한다.

해설 대기환경보전법 시행규칙 [별표 5] 자동차 등의 종류(제7조 관련)
이륜자동차는 운반차를 붙인 이륜자동차와 이륜자동차에서 파생된 삼륜 이상의 자동차를 포함한다.

072 「대기환경보전법 시행규칙」상 자동차의 종류에 관한 사항으로 옳지 않은 것은? (단, 2015년 12월 10일 이후 기준)

① 다목적형 승용자동차·승합차 및 밴(VAN)의 구분에 대해 세부 기준은 기후에너지환경부장관이 정하여 고시한다.
② 전기만을 동력으로 사용하는 자동차는 1회 충전 주행거리가 80km 미만인 경우 제1종으로 구분된다.
③ 중형 승용자동차는 엔진배기량이 1,000cc 이상이고, 차량총중량이 3.5톤 미만이며, 승차인원이 12명 이상으로 사람을 운송하기 적합하게 제작된 것을 말한다.
④ 승용자동차 및 다목적자동차는 다목적형 승용자동차와 승차인원이 8명 이하인 승합차(차량의 너비가 2,000mm 미만이고 차량의 높이가 1,800mm 미만인 승합차만 해당한다.)를 포함한다.

해설 대기환경보전법 시행규칙 [별표 5] 자동차 등의 종류(제7조 관련)
중형 승용자동차는 엔진배기량이 1,000cc 이상이고, 차량총중량이 3.5톤 미만이며, 승차인원이 9명 이상으로 사람을 운송하기 적합하게 제작된 것을 말한다.

073 자동차연료용 첨가제의 종류로 옳지 않은 것은?

① 매연 억제제
② 다목적 첨가제
③ 세척제
④ 청정성 향상제

해설 대기환경보전법 시행규칙 [별표 6] 자동차연료형 첨가제의 종류(제8조 관련)
1. 세척제, 2. 청정분산제, 3. 매연 억제제, 4. 다목적 첨가제, 5. 옥탄가 향상제, 6. 세탄가 향상제, 7. 유동성 향상제, 8. 윤활성 향상제, 9. 그 밖에 기후에너지환경부장관이 자동차의 성능을 향상시키거나 배출가스를 줄이기 위하여 필요하다고 정하여 고시하는 것

074 「대기환경보전법 시행규칙」의 규정에 의한 자동차연료형 첨가제의 종류로 옳지 않은 것은?

① 세탄가 첨가제
② 옥탄가 향상제
③ 청정분산제
④ 유동성 향상제

해설 대기환경보전법 시행규칙 [별표 6] 자동차연료형 첨가제의 종류(제8조 관련)
세탄가 첨가제 → 세탄가 향상제

075 「대기환경보전법 시행규칙」상 규정된 첨가제로 옳지 않은 것은?

① 청정분산제
② 윤활성 향상제
③ 매연 발생제
④ 유동성 향상제

해설 대기환경보전법 시행규칙 [별표 6] 자동차연료형 첨가제의 종류(제8조 관련)
매연 발생제 → 매연 억제제

076 오존의 대기오염경보 단계별 농도기준에 관한 설명으로 옳지 않은 것은?

① 오존농도는 1시간 평균농도를 기준으로 한다.
② 중대경보단계는 기상조건을 검토하여 해당지역 내 대기자동측정소의 오존농도가 0.3ppm 이상인 경우 발령한다.
③ 해당 지역의 대기자동측정소 오존 농도가 1개소라도 경보단계별 발령기준을 초과하면 해당 경보를 발령할 수 있다.
④ 주의보가 발령된 지역 내의 기상조건을 검토하여 대기자동측정소의 오존농도가 0.12ppm 미만일 때 주의보를 해제한다.

해설 대기환경보전법 시행규칙 [별표 7] 대기오염경보 단계별 대기오염물질의 농도기준(제14조 관련)
오존의 중대경보 발령기준: 기상조건 등을 고려하여 해당지역의 대기자동측정소 오존농도가 0.5ppm 이상인 때

077 「대기환경보전법 시행규칙」상 '초미세먼지(PM-2.5)'의 주의보 발령기준이다. ( ) 안에 알맞은 것은?

> 기상조건 등을 고려하여 해당지역의 대기자동측정소 PM-2.5 시간당 평균농도가 ( ) 지속인 때

① 50μg/m^3 이상 1시간 이상
② 50μg/m^3 이상 2시간 이상
③ 75μg/m^3 이상 1시간 이상
④ 75μg/m^3 이상 2시간 이상

해설 대기환경보전법 시행규칙 [별표 7] 대기오염경보 단계별 대기오염물질의 농도기준(제14조 관련)
- 초미세먼지(PM-2.5)의 주의보 발령기준: 기상조건 등을 고려하여 해당지역의 대기자동측정소 PM-2.5 시간당 평균농도가 75μg/m^3 이상 2시간 이상 지속인 때
- 초미세먼지(PM-2.5)의 주의보 해제기준: 주의보가 발령된 지역의 기상조건 등을 검토하여 대기자동측정소의 PM-2.5 시간당 평균농도가 35μg/m^3 미만인 때

078 「대기환경보전법 시행규칙」상 미세먼지(PM-10)의 '주의보' 발령기준 및 해제기준이다. ( ) 안에 알맞은 것은?

> - 발령기준: 기상조건 등을 고려하여 해당지역의 대기자동측정소 PM-10 시간당 평균농도가 (㉠) 지속인 때
> - 해제기준: 주의보가 발령된 지역의 기상조건 등을 검토하여 대기자동측정소의 PM-10 시간당 평균농도가 (㉡)인 때

정답 074 ① 075 ③ 076 ② 077 ④ 078 ④

① ㉠ 150µg/m³ 이상 2시간 이상,
㉡ 100µg/m³ 미만
② ㉠ 150µg/m³ 이상 1시간 이상,
㉡ 150µg/m³ 미만
③ ㉠ 100µg/m³ 이상 2시간 이상,
㉡ 100µg/m³ 미만
④ ㉠ 100µg/m³ 이상 1시간 이상,
㉡ 80µg/m³ 미만

해설 대기환경보전법 시행규칙 [별표 7] 대기오염경보 단계별 대기오염물질의 농도기준(제14조 관련)
- 미세먼지(PM-10)의 주의보 발령기준: 기상조건 등을 고려하여 해당지역의 대기자동측정소 PM-10 시간당 평균농도가 150µg/m³ 이상 2시간 이상 지속인 때
- 미세먼지(PM-10)의 주의보 해제기준: 주의보가 발령된 지역의 기상조건 등을 검토하여 대기자동측정소의 PM-10 시간당 평균농도가 100µg/m³ 미만인 때

079 대기오염경보 단계별 오염물질의 농도기준에 관한 설명으로 옳지 않은 것은? (단, 대상물질이 오존인 경우)

① 오존농도는 8시간 평균농도를 기준으로 한다.
② 해당지역의 1개 측정소라도 경보단계별 발령기준을 초과하면 경보를 발령한다.
③ 중대경보단계는 기상조건을 고려하여 해당지역 내 대기자동측정소의 오존농도가 0.5ppm 이상인 경우 발령한다.
④ 주의보가 발령된 지역의 기상조건을 고려하여 대기자동측정소의 오존농도가 0.12ppm 미만일 때 주의보를 해제한다.

해설 대기환경보전법 시행규칙 [별표 7] 대기오염경보 단계별 대기오염물질의 농도기준(제14조 관련)
비고 2. 오존 농도는 1시간당 평균농도를 기준으로 하며, 해당지역의 대기자동측정소 오존 농도가 1개소라도 경보단계별 발령기준을 초과하면 해당 경보를 발령할 수 있다.

080 「대기환경보전법 시행규칙」상 오존의 대기오염경보단계별 오염물질의 농도기준에 관한 설명으로 옳지 않은 것은?

① 오존농도는 24시간 평균농도를 기준으로 한다.
② 중대경보단계는 기상조건을 고려하여 해당지역의 대기자동측정소의 오존농도가 0.5ppm 이상일 때 발령한다.
③ 해당지역의 대기자동측정소 오존 농도가 1개소라도 경보단계별 발령기준을 초과하면 해당 경보를 발령할 수 있다.
④ 경보가 발령된 지역의 기상조건 등을 검토하여 대기 자동측정소의 오존농도가 0.12ppm 이상 0.3ppm 미만일 때에는 주의보로 전환한다.

해설 대기환경보전법 시행규칙 [별표 7] 대기오염경보 단계별 대기오염물질의 농도기준(제14조 관련)
비고 2. 오존 농도는 1시간당 평균농도를 기준으로 하며, 해당지역의 대기자동측정소 오존 농도가 1개소라도 경보단계별 발령기준을 초과하면 해당 경보를 발령할 수 있다.

081 대기경보단계 중 '주의보' 단계를 발령하여야 하는 기준으로 옳은 것은?

① 기상조건을 고려하여 해당지역의 대기자동측정소의 오존농도가 0.12ppm 이상일 때
② 기상조건을 고려하여 해당지역의 대기자동측정소의 오존농도가 0.14ppm 이상일 때
③ 기상조건을 고려하여 해당지역의 대기자동측정소의 오존농도가 0.16ppm 이상일 때
④ 기상조건을 고려하여 해당지역의 대기자동측정소의 오존농도가 0.18ppm 이상일 때

해설 대기환경보전법 시행규칙 [별표 7] 대기오염경보 단계별 대기오염물질의 농도기준(제14조 관련)

대상 물질	경보 단계	발령기준	해제기준
오존	주의보	기상조건 등을 고려하여 해당지역의 대기자동측정소 오존농도가 0.12ppm 이상인 때	주의보가 발령된 지역의 기상조건 등을 검토하여 대기자동측정소의 오존농도가 0.12ppm 미만인 때
	경보	기상조건 등을 고려하여 해당지역의 대기자동측정소 오존농도가 0.3ppm 이상인 때	경보가 발령된 지역의 기상조건 등을 고려하여 대기자동측정소의 오존농도가 0.12ppm 이상 0.3ppm 미만인 때는 주의보로 전환
	중대경보	기상조건 등을 고려하여 해당지역의 대기자동측정소 오존농도가 0.5ppm 이상인 때	중대경보가 발령된 지역의 기상조건 등을 고려하여 대기자동측정소의 오존농도가 0.3ppm 이상 0.5ppm 미만인 때는 경보로 전환

082 「대기환경보전법 시행규칙」상 대기오염경보 단계 중 '중대경보'의 발령기준으로 옳은 것은? (단, 오존농도는 1시간 평균농도를 기준으로 한다.)

① 기상조건 등을 고려하여 해당지역의 대기자동측정소 오존농도가 0.12ppm 이상일 때
② 기상조건 등을 고려하여 해당지역의 대기자동측정소 오존농도가 0.15ppm 이상일 때
③ 기상조건 등을 고려하여 해당지역의 대기자동측정소 오존농도가 0.3ppm 이상일 때
④ 기상조건 등을 고려하여 해당지역의 대기자동측정소 오존농도가 0.5ppm 이상일 때

해설 대기환경보전법 시행규칙 [별표 7] 대기오염경보 단계별 대기오염물질의 농도기준(제14조 관련)
중대경보는 기상조건 등을 고려하여 해당지역의 대기자동측정소 오존농도가 0.5ppm 이상인 때를 발령기준으로 한다.

083 「대기환경보전법 시행규칙」상 대기오염경보 단계별 대기오염물질의 농도기준으로 옳은 것은? (단, 오존농도는 기상조건 등을 고려하여 해당지역의 대기자동측정소 1시간 평균농도를 기준으로 한 발령이다.)

①

경보단계	발령기준
주의보	오존농도가 1ppm 이상일 때
경보	오존농도가 3ppm 이상일 때
중대경보	오존농도가 5ppm 이상일 때

②

경보단계	발령기준
주의보	오존농도가 0.1ppm 이상일 때
경보	오존농도가 0.3ppm 이상일 때
중대경보	오존농도가 0.5ppm 이상일 때

③

경보단계	발령기준
주의보	오존농도가 0.12ppm 이상일 때
경보	오존농도가 0.3ppm 이상일 때
중대경보	오존농도가 0.5ppm 이상일 때

④

경보단계	발령기준
주의보	오존농도가 1.2ppm 이상일 때
경보	오존농도가 3ppm 이상일 때
중대경보	오존농도가 5ppm 이상일 때

해설 대기환경보전법 시행규칙 [별표 7] 대기오염경보 단계별 대기오염물질의 농도기준(제14조 관련)
오존농도의 발령기준: 주의보(0.12ppm 이상), 경보(0.3ppm 이상), 중대경보(0.5ppm 이상)

084 「대기환경보전법 시행규칙」상 대기오염경보에 관한 설명으로 옳지 않은 것은?

① 대기오염 경보대상 오염물질은 미세먼지(PM-10), 초미세먼지(PM-2.5), 오존(O_3)으로 한다.
② 해당 지역의 대기자동측정소 PM-10 또는 PM-2.5의 권역별 평균농도가 경보 단계별 발령 기준을 초과하면 해당 경보를 발령할 수 있다.
③ 오존농도는 1시간 평균농도를 기준으로 하며, 해당 지역의 대기자동측정소 오존농도가 1개 소라도 경보단계별 발령기준을 초과하면 해당 경보를 발령할 수 있다.
④ 미세먼지(PM-10), 초미세먼지(PM-2.5), 오존(O_3) 3개 항목 모두 오염물질 농도에 따라 주의보, 경보, 중대경보로 구분하고, 경보발령의 경우 자동차 사용 자제 요청의 조치사항을 포함한다.

해설 대기환경보전법 시행규칙 [별표 7] 대기오염경보 단계별 대기오염물질의 농도기준(제14조 관련)
미세먼지(PM-10), 초미세먼지(PM-2.5), 오존(O_3) 3개 항목 모두 오염물질 농도에 따라 주의보, 경보, 중대경보로 구분하고, 경보 발령의 경우 자동차 사용 자제 요청의 조치사항을 포함한다.
→ 주의보 발령의 경우 자동차 사용 자제 요청의 조치사항을 포함한다.

085 「대기환경보전법 시행규칙」상 대기오염 경보단계 중 '경보' 해제기준이다. ( ) 안에 알맞은 것은?

> 경보가 발령된 지역의 기상조건 등을 고려하여 대기자동측정소의 오존농도가 ( )인 때는 주의보로 전환한다.

① 0.1ppm 이상 0.3ppm 미만
② 0.12ppm 이상 0.3ppm 미만
③ 0.1ppm 이상 0.5ppm 미만
④ 0.12ppm 이상 0.5ppm 미만

해설 대기환경보전법 시행규칙 [별표 7] 대기오염경보 단계별 대기오염물질의 농도기준(제14조 관련)
오존의 경보 해제기준: 경보가 발령된 지역의 기상조건 등을 고려하여 대기자동측정소의 오존농도가 0.12ppm 이상 0.3ppm 미만인 때는 경보로 전환

086 대기오염경보 단계별 해제기준이다. ( ) 안에 알맞은 것은?

> 중대경보가 발령된 지역의 기상조건 등을 고려하여 대기자동측정소의 오존농도가 (㉠) 이상 (㉡) 미만인 때는 경보로 전환한다.

① ㉠ 0.3, ㉡ 0.5
② ㉠ 0.5, ㉡ 1.0
③ ㉠ 1.0, ㉡ 1.2
④ ㉠ 1.2, ㉡ 1.5

해설 대기환경보전법 시행규칙 [별표 7] 대기오염경보 단계별 대기오염물질의 농도기준(제14조 관련)
오존의 중대경보 해제기준: 중대경보가 발령된 지역의 기상조건 등을 고려하여 대기자동측정소의 오존농도가 0.3ppm 이상 0.5ppm 미만인 때는 경보로 전환

087 배출허용기준이 300(12)ppm이라 할 때 (12)의 의미는?

① 표준산소농도(O_2의 ppm)
② 해당 배출허용농도(ppm)
③ 해당 배출허용농도(백분율)
④ 표준산소농도(O_2의 백분율)

해설 대기환경보전법 시행규칙 [별표 8] 대기오염물질의 배출허용기준(제15조 및 제33조 관련)
비고 1. 배출허용기준 난의 ( )는 표준산소농도(O_2의 백분율)를 말한다.

정답 084 ④ 085 ② 086 ① 087 ④

088 「대기환경보전법 시행규칙」상 암모니아의 각 배출시설별 배출허용기준으로 옳지 않은 것은? (단, 배출허용기준의 ( )는 표준산소농도(O_2의 백분율)이고, '고형연료제품 사용시설'은 「자원의 절약과 재활용 촉진에 관한 법률」에 따른 해당시설로서 연료사용량 중 고형연료제품 사용비율이 30% 이상인 시설을 말하며, 2020년 1월 1일부터 적용되는 배출허용기준을 적용한다.)

구분	배출시설	암모니아 배출허용기준 (ppm)
㉠	비료 및 질소화합물 제조시설	12 이하
㉡	무기안료 · 염료 · 유연제 · 착색제 제조시설	12 이하
㉢	고형연료제품 사용시설	60(12) 이하
㉣	시멘트 제조시설 중 소성시설	20(13) 이하

① ㉠   ② ㉡
③ ㉢   ④ ㉣

해설 대기환경보전법 시행규칙 [별표 8] 대기오염물질의 배출허용기준(제15조 및 제33조 관련)
고형연료제품 사용시설의 암모니아 배출허용기준(ppm)은 15(12) 이하이다.

089 비료 제조시설의 암모니아 가스 배출허용기준은? (단, 2020년 1월 1일부터 적용되는 배출허용기준)

① 12ppm 이하   ② 50ppm 이하
③ 70ppm 이하   ④ 100ppm 이하

해설 대기환경보전법 시행규칙 [별표 8] 대기오염물질의 배출허용기준(제15조 및 제33조 관련)
가. 가스형태의 물질, 1) 일반적인 배출허용기준
비료 제조시설의 암모니아 가스 배출허용기준은 12ppm 이하이다.

090 「대기환경보전법 시행규칙」상 가스형태의 물질 중 소각용량이 시간당 2톤(의료폐기물 처리시설은 시간당 200킬로그램) 이상인 폐기물 소각시설 또는 소각보일러의 일산화탄소 배출허용기준(ppm)은? (단, 2020년 1월 1일부터 적용되는 배출허용기준)

① 30(12) 이하   ② 50(12) 이하
③ 200(12) 이하   ④ 300(12) 이하

해설 대기환경보전법 시행규칙 [별표 8] 대기오염물질의 배출허용기준(제15조 및 제33조 관련)
소각용량이 시간당 2톤(의료폐기물 처리시설은 시간당 200킬로그램) 이상인 시설의 일산화탄소(ppm) 배출허용기준: 50(12) 이하

091 「대기환경보전법 시행규칙」상 아크릴로니트릴 제조시설의 폐가스 소각시설에서 배출되는 시안화수소의 배출허용기준은? (단, 2020년 1월 1일부터 적용하는 일반적인 배출허용기준)

① 8ppm 이하   ② 5ppm 이하
③ 3ppm 이하   ④ 1ppm 이하

해설 대기환경보전법 시행규칙 [별표 8] 대기오염물질의 배출허용기준(제15조 및 제33조 관련)
가. 가스형태의 물질, 1) 일반적인 배출허용기준
아크릴로니트릴 제조시설의 폐가스 소각시설의 암모니아 가스 배출허용기준은 8ppm 이하이다.

092 대기배출시설에서 배출되는 페놀화합물의 배출허용기준은 얼마인가? (단, 2020년 1월 1일부터 적용되는 배출허용기준)

① 3ppm 이하   ② 4ppm 이하
③ 5ppm 이하   ④ 6ppm 이하

해설 대기환경보전법 시행규칙 [별표 8] 대기오염물질의 배출허용기준(제15조 및 제33조 관련)
가. 가스형태의 물질, 1) 일반적인 배출허용기준
페놀화합물(C_6H_5OH): 모든 배출시설 4ppm 이하

정답 088 ③ 089 ① 090 ② 091 ① 092 ②

093 배출시설에서 배출되는 입자상물질인 아연화합물(Zn)의 배출허용농도기준으로 옳은 것은? (단, 모든 배출시설에서 2020년 1월 1일부터 적용되는 배출허용기준)

① 2mg/Sm³ 이하
② 4mg/Sm³ 이하
③ 5mg/Sm³ 이하
④ 10mg/Sm³ 이하

해설 대기환경보전법 시행규칙 [별표 8] 대기오염물질의 배출허용기준(제15조 및 제33조 관련)
2. 2020년 1월 1일부터 적용되는 배출허용기준, 나. 입자형태의 물질, 1) 일반적인 배출허용기준, 아연화합물(Zn로서): 4 mg/Sm³ 이하

094 시멘트 제조시설을 제외한 사업장에서 배출하는 비산먼지의 배출허용기준은? (단, 2020년 1월 1일부터 적용되는 배출허용기준이다.)

① 0.1mg/Sm³ 이하
② 0.4mg/Sm³ 이하
③ 1.0mg/Sm³ 이하
④ 5.0mg/Sm³ 이하

해설 대기환경보전법 시행규칙 [별표 8] 대기오염물질의 배출허용기준(제15조 및 제33조 관련)
1) 시멘트 제조시설: 0.3mg/Sm³ 이하
2) 그 밖의 배출시설: 0.4mg/Sm³ 이하

095 대기오염물질 측정기기의 운영·관리 기준에 대한 내용이다. ( ) 안에 알맞은 것은?

기후에너지환경부장관, 시·도지사 및 사업자는 굴뚝배출가스 온도측정기를 새로 설치하거나 교체하는 경우에는 「국가표준기본법」에 따른 교정을 받아야 하며, 그 기록을 ( ) 보관하여야 한다.

① 1년 이상
② 2년 이상
③ 3년 이상
④ 5년 이상

해설 대기환경보전법 시행규칙 [별표 9] 측정기기의 운영·관리기준(제37조 관련)
2. 굴뚝 자동측정기기의 운영·관리기준
라. 기후에너지환경부장관, 시·도지사 및 사업자는 굴뚝배출가스 온도측정기를 새로 설치하거나 교체하는 경우에는 「국가표준기본법」에 따른 교정을 받아야 하며, 그 기록을 3년 이상 보관하여야 한다. 다만, 온도측정기 중 최종연소실출구 온도를 측정하는 온도측정기의 경우에는 KS규격품을 사용하여 교정을 갈음할 수 있다.

096 「대기환경보전법 시행규칙」상 배출시설의 시간당 대기오염물질 발생량 산정방법에 있어 계산항목에 해당하지 않는 것은?

① 대기오염물질 배출계수
② 배출허용기준 초과횟수
③ 해당 시설의 시간당 최대 연료사용량
④ 배출시설의 시간당 대기오염물질 발생량

해설 대기환경보전법 시행규칙 [별표 10] 배출시설의 시간당 대기오염물질 발생량 산정방법(제43조 관련)
1. 대기오염물질 배출계수에 의한 방법
배출시설의 시간당 대기오염물질 발생량 = 대기오염물질 배출계수 × 해당 시설의 시간당 최대 연료사용량

097 「대기환경보전법 시행규칙」상 배출시설의 시간당 대기오염물질 발생량을 실측에 의한 방법으로 산정할 때 배출시설의 시간당 대기오염물질 발생량 계산식으로 옳은 것은?

① 방지시설 유입 전의 배출농도 × 가스유량
② 방지시설 유입 전의 배출농도 ÷ 가스유량
③ 방지시설 유입 후의 배출농도 × 가스유량
④ 방지시설 유입 후의 배출농도 ÷ 가스유량

정답 093 ② 094 ② 095 ③ 096 ② 097 ①

해설 대기환경보전법 시행규칙 [별표 10] 배출시설의 시간당 대기오염물질 발생량 산정방법(제43조 관련)
2. 실측에 의한 방법
배출시설의 시간당 대기오염물질 발생량 = 방지시설 유입 전의 배출농도 × 가스유량

098 「대기환경보전법 시행규칙」상 굴뚝 원격감시체계 관제센터로 측정결과를 자동 전송하지 않는 사업장의 배출구인 경우 자가측정대상·항목 및 방법에 대한 기준으로 옳지 않은 것은? (단, 특정대기유해물질이 함유되지 않은 대기오염배출시설로서 배출허용기준이 적용되는 대기오염물질에 한하며, 비산먼지는 제외한다.)

① 먼지·황산화물 및 질소산화물의 연간 발생량 합계가 80톤 이상인 시설은 매주 1회 이상 측정한다.
② 먼지·황산화물 및 질소산화물의 연간 발생량 합계가 20톤 이상 80톤 미만인 시설은 매월 1회 이상 측정한다.
③ 먼지·황산화물 및 질소산화물의 연간 발생량 합계가 10톤 이상 20톤 미만인 시설은 2개월마다 1회 이상 측정한다.
④ 먼지·황산화물 및 질소산화물의 연간 발생량 합계가 2톤 이상 10톤 미만인 시설은 반기마다 1회 이상 측정한다.

해설 대기환경보전법 시행규칙 [별표 11] 자가측정의 대상·항목 및 방법(제52조제5항 관련)
1. 굴뚝 원격감시체계 관제센터로 측정결과를 자동 전송하지 않는 사업장의 배출구

구분	배출구별 규모	측정횟수
제1종 배출구	먼지·황산화물 및 질소산화물의 연간 발생량 합계가 80톤 이상인 배출구	매주 1회 이상
제2종 배출구	먼지·황산화물 및 질소산화물의 연간 발생량 합계가 20톤 이상 80톤 미만인 배출구	매월 2회 이상
제3종 배출구	먼지·황산화물 및 질소산화물의 연간 발생량 합계가 10톤 이상 20톤 미만인 배출구	2개월마다 1회 이상
제4종 배출구	먼지·황산화물 및 질소산화물의 연간 발생량 합계가 2톤 이상 10톤 미만인 배출구	반기마다 1회 이상
제5종 배출구	먼지·황산화물 및 질소산화물의 연간 발생량 합계가 2톤 미만인 배출구	반기마다 1회 이상

099 「대기환경보전법 시행규칙」상 굴뚝 원격감시체계 관제센터로 측정결과를 자동 전송하지 않는 경우 먼지·황산화물 및 질소산화물의 연간 발생량의 합계가 80톤 이상인 사업장 배출구의 자가측정횟수 기준은? (단, 기타사항 등은 제외한다.)

① 매일 1회 이상
② 매주 1회 이상
③ 매월 2회 이상
④ 2개월마다 1회 이상

해설 대기환경보전법 시행규칙 [별표 11] 자가측정의 대상·항목 및 방법(제52조제5항 관련)
1. 굴뚝 원격감시체계 관제센터로 측정결과를 자동 전송하지 않는 사업장의 배출구
제1종 배출구의 자가측정횟수는 매주 1회 이상이다.

100 「대기환경보전법 시행규칙」상 자가측정 항목으로 옳지 않은 것은?

① 황산화물
② 매연
③ 아연화합물
④ 비산먼지

해설 대기환경보전법 시행규칙 [별표 11] 자가측정의 대상·항목 및 방법(제52조제5항 관련)
배출허용기준이 적용되는 대기오염물질이 자가측정 항목이며, 다만, 비산먼지는 제외한다.

서술형 빈출문제

101 대기오염물질의 자가측정의 대상·항목 및 방법에 대한 설명으로 옳지 않은 것은?

① 방지시설설치면제사업장은 해당 시설에 대하여 연 1회 이상 자가측정을 해야 한다.
② 특정대기유해물질 중 다환방향족 탄화수소에 대해서는 반기마다 1회 이상 자가측정을 해야 한다.
③ 대기오염물질 중 먼지만 배출되는 시설로서 여과집진시설을 설치한 배출시설은 시설의 규모에 관계없이 연 1회 이상 측정할 수 있다.
④ 측정항목 중 황산화물에 대한 자가측정은 해당 측정대상시설이 가스 또는 중유 등의 연료유만을 사용하는 시설인 경우에는 연료의 황 함유분석표로 갈음할 수 있다.

해설 대기환경보전법 시행규칙 [별표 11] 자가측정의 대상·항목 및 방법(제52조제5항 관련)
비고 대기오염물질 중 먼지만 배출되는 시설로서 여과집진시설을 설치한 배출시설은 시설의 규모에 관계없이 반기마다 1회 이상, 여과집진시설 외의 방지시설을 설치한 사업장 중 월 2회 이상 측정하여야 하는 배출시설은 2개월마다 1회 이상 측정할 수 있다.

102 먼지, 황산화물 및 질소산화물의 연간 발생량 합계가 25톤인 시설의 자가측정횟수기준은? (단, 굴뚝 원격감시체계 관제센터로 측정결과를 자동 전송하지 않는 사업장의 배출구인 경우)

① 매주 1회 이상
② 매월 2회 이상
③ 2개월마다 1회 이상
④ 반기마다 1회 이상

해설 대기환경보전법 시행규칙 [별표 11] 자가측정의 대상·항목 및 방법(제52조제5항 관련)
1. 굴뚝 원격감시체계 관제센터로 측정결과를 자동 전송하지 않는 사업장의 배출구
   제2종 배출구의 자가측정횟수는 매월 2회 이상이다.

103 먼지·황산화물 및 질소산화물의 연간 발생량 합계가 10톤 이상 20톤 미만인 시설의 자가측정횟수 기준은? (단, 굴뚝 원격감시체계 관제센터로 측정결과를 자동 전송하지 않는 사업장의 배출구인 경우)

① 매월 1회 이상
② 매월 2회 이상
③ 2개월마다 1회 이상
④ 반기마다 1회 이상

해설 대기환경보전법 시행규칙 [별표 11] 자가측정의 대상·항목 및 방법(제52조제5항 관련)
1. 굴뚝 원격감시체계 관제센터로 측정결과를 자동 전송하지 않는 사업장의 배출구
   제3종 배출구의 자가측정회수는 2개월마다 1회 이상이다.

104 「대기환경보전법 시행규칙」상 굴뚝 원격감시체계 관제센터로 측정결과를 자동 전송하지 않는 경우 먼지·황산화물 및 질소산화물의 연간 발생량 합계가 7톤인 시설의 자가측정횟수기준은? (단, 특정대기유해물질이 함유되지 않은 대기오염 배출시설로서 배출허용기준이 적용되는 대기오염물질에 한하며, 비산먼지는 제외한다.)

① 매주 1회 이상
② 매월 2회 이상
③ 2개월마다 1회 이상
④ 반기마다 1회 이상

해설 대기환경보전법 시행규칙 [별표 11] 자가측정의 대상·항목 및 방법(제52조제5항 관련)
1. 굴뚝 원격감시체계 관제센터로 측정결과를 자동 전송하지 않는 사업장의 배출구
   제4종 배출구의 자가측정횟수는 반기마다 1회 이상이다.

정답 101 ③ 102 ② 103 ③ 104 ④

105 제3종부터 제5종까지의 배출구에서 자가측정을 하여야 하는 시설 중 설치허가 대상 특정대기유해물질 배출시설의 적용기준에 따른 기준 이상의 특정유해물질이 배출되는 경우에 자가측정 횟수 기준은?

① 매주 1회 이상
② 매주 2회 이상
③ 매월 1회 이상
④ 매월 2회 이상

해설 대기환경보전법 시행규칙 [별표 11] 자가측정의 대상·항목 및 방법(제52조제5항 관련)

비고 1. 제3종부터 제5종까지의 배출구에서 기준 이상의 특정대기유해물질이 배출되는 경우에는 「자가측정의 대상·항목 및 방법」에 따른 표에도 불구하고 매월 2회 이상 해당 오염물질에 대하여 자가측정을 하여야 한다.

106 「대기환경보전법 시행규칙」상 자가측정의 대상·항목 및 방법에 관한 내용으로 옳지 않은 것은?

① 측정대상시설이 중유 등 연료유만을 사용하는 시설인 경우 황산화물에 대한 자가측정은 연료의 황함유분석표로 갈음할 수 있다.
② 안전상의 이유로 자가측정이 곤란하다고 인정받은 방지시설설치면제사업장의 경우 대행기관을 통해 연 1회 이상 자가측정을 해야 한다.
③ 굴뚝 자동측정기기를 설치하여 먼지 항목에 대한 자동측정자료를 전송하는 배출구의 경우 매연 항목에 대해서도 자가측정을 한 것으로 본다.
④ 굴뚝 자동측정기기를 설치한 배출구의 경우 자동측정자료를 전송하는 항목에 한정하여 자동측정자료를 자가측정자료에 우선하여 활용하여야 한다.

해설 대기환경보전법 시행규칙 [별표 11] 자가측정의 대상·항목 및 방법(제52조제5항 관련)

비고 2. 방지시설설치면제사업장은 해당 시설에 대하여 연 1회 이상 자가측정을 해야 한다. 다만, 물리적 또는 안전상의 이유로 자가측정이 곤란하거나 대기오염물질 발생을 저감하는 장치를 상시 가동하는 등의 사유로 자가측정이 필요하지 않다고 기후에너지환경부장관 또는 시·도지사가 인정하는 경우에는 그렇지 않다.

107 B-C유를 사용하는 산업체에서 연간 630kL를 연료로 사용하는 경우, 자가측정횟수는? (단, 중유(C)의 고체연료 환산계수는 2.00, B-C유의 황함유량은 1.0%이고 대기오염물질 발생량은 황산화물에만 적용된다.)

① 주 1회 이상
② 월 2회 이상
③ 2개월마다 1회 이상
④ 반기마다 1회 이상

해설 대기환경보전법 시행규칙 [별표 11] 자가측정의 대상·항목 및 방법(제52조제5항 관련)

"연료사용량"이란 연료별 사용량에 무연탄을 기준으로 한 고체연료환산계수를 곱하여 산정한 양을 말한다.(대기환경보전법 시행규칙 [별표 3] 대기오염물질배출시설(제5조 관련)

비고
따라서 630kL×2.00=1,260kL
황산화물 발생량=1,260kL×0.01=12.6kL
12.6kL는 12.6톤에 해당하므로 제3종 배출구에서 자가측정횟수는 2개월마다 1회 이상이다.

108 석탄사용시설의 설치기준을 기술한 내용이다. ( ) 안에 알맞는 것은?

> 배출시설의 굴뚝높이는 100m 이상으로 하되, 굴뚝상부 안지름, 배출가스 온도 및 속도 등을 고려한 유효굴뚝높이가 ( ) 이상인 경우에는 굴뚝높이를 60m 이상 100m 미만으로 할 수 있다.

① 550m
② 440m
③ 330m
④ 220m

정답 105 ④　106 ②　107 ③　108 ②

해설 대기환경보전법 시행규칙 [별표 12] 〈개정 2011.8.19.〉
고체연료 사용시설 설치기준(제56조 관련)
1. 석탄사용시설
  가. 배출시설의 굴뚝높이는 100m 이상으로 하되, 굴뚝상부 안 지름, 배출가스 온도 및 속도 등을 고려한 유효굴뚝높이(굴뚝의 실제 높이에 배출가스의 상승고도를 합산한 높이를 말한다.)가 440m 이상인 경우에는 굴뚝높이를 60m 이상 100m 미만으로 할 수 있다.

해설 대기환경보전법 시행규칙 [별표 12] 고체연료 사용시설 설치기준
2. 기타 고체연료 사용시설
  가. 배출시설의 굴뚝높이는 20m 이상이어야 한다.
  나. 연료와 그 연소재의 수송은 덮개가 있는 차량을 이용하여야 한다.
  다. 연료는 옥내에 저장하여야 한다.
  라. 굴뚝에서 배출되는 매연을 측정할 수 있어야 한다.

109 「대기환경보전법 시행규칙」상 석탄사용시설의 설치기준에 관한 내용으로 옳지 않은 것은? (단, 유효굴뚝높이가 440m 미만인 경우)

① 배출시설의 굴뚝높이는 100m 이상으로 한다.
② 석탄 연소재는 덮개가 있는 차량을 이용하여 운반해야 한다.
③ 석탄저장은 옥내저장시설(밀폐형 저장시설 포함) 또는 지하저장시설에 해야 한다.
④ 굴뚝에서 배출되는 아황산가스, 질소산화물, 먼지 등의 농도를 확인할 수 있는 기기를 설치해야 한다.

해설 대기환경보전법 시행규칙 [별표 12] 〈개정 2011.8.19.〉
고체연료 사용시설 설치기준(제56조 관련)
석탄의 수송은 밀폐 이송시설 또는 밀폐통을 이용하여야 한다.

111 「대기환경보전법 시행규칙」상 비산먼지 발생 사업(건설업) 중 시·도지사에게 신고해야 할 대상 사업으로 옳지 않은 것은?

① 조경공사: 면적의 합계가 3,000제곱미터 이상인 공사
② 지반조성공사 중 건축물해체공사: 연면적이 3,000제곱미터 이상인 공사
③ 건축물축조공사: 「건축법」에 따른 건축물의 증·개축, 재축 및 대수선을 포함하고, 연면적이 1,000제곱미터 이상인 공사
④ 토목공사: 구조물의 용적 합계가 1,000세제곱미터 이상, 공사면적이 1,000제곱미터 이상 또는 총 연장이 200미터 이상인 공사

해설 대기환경보전법 시행규칙 [별표 13] 비산먼지 발생 사업(제57조 관련)
발생사업별 신고대상사업 중 조경공사는 면적의 합계가 5,000제곱미터 이상인 공사이다.

110 석탄사용시설 이외의 '기타 고체연료 사용시설'의 설치기준으로 옳지 않은 것은?

① 연료는 옥내에 저장하여야 한다.
② 배출시설의 굴뚝높이는 20m 이상이어야 한다.
③ 연료 및 그 연소재의 수송은 덮개가 있는 차량을 이용하여야 한다.
④ 굴뚝에서 배출되는 먼지를 측정할 수 있는 기기를 설치하여야 한다.

112 「대기환경보전법 시행규칙」의 규정에 의한 비산먼지 배출공정인 수송과정에서 적재물이 적재함 상단으로부터 수평 몇 cm 이하까지만 적재함 측면에 닿도록 적재하여야 하는가? (단, 비산먼지 발생을 억제하기 위한 시설의 설치 및 필요한 조치에 관한 기준)

① 5   ② 10
③ 30 ④ 50

정답 109 ② 110 ④ 111 ① 112 ①

해설 대기환경보전법 시행규칙 [별표 14] 비산먼지 발생을 억제하기 위한 시설의 설치 및 필요한 조치에 관한 기준(제58조제4항 관련)
3. 수송, 나. 적재함 상단으로부터 5cm 이하까지 적재물을 수평으로 적재할 것

113 「대기환경보전법 시행규칙」상 비산먼지 발생을 억제하기 위한 시설의 설치 및 필요한 조치 중 야적(분체상 물질을 야적하는 경우에만 해당한다.)에 관한 기준으로 옳지 않은 것은? (단, 예외사항은 제외한다.)

① 야적물질을 1일 이상 보관하는 경우 방진덮개로 덮을 것
② 야적물질 최고저장높이의 1/3 이상의 방진벽을 설치할 것
③ 야적물질 최고저장높이의 1/2 이상의 방진망을 설치할 것
④ 야적물질로 인한 비산먼지 발생억제를 위하여 물을 뿌리는 시설을 설치할 것(고철야적장과 수용성물질 등의 경우는 제외한다.)

해설 대기환경보전법 시행규칙 [별표 14] 비산먼지 발생을 억제하기 위한 시설의 설치 및 필요한 조치에 관한 기준(제58조제4항 관련)
야적 배출공정: 나. 야적물질의 최고저장높이의 1/3 이상의 방진벽을 설치하고, 최고저장높이의 1.25배 이상의 방진망(개구율 40% 상당의 방진망을 말한다.) 또는 방진막을 설치할 것

114 비산먼지 발생을 억제하기 위한 시설의 설치 및 필요한 조치 중 야적(분체상물질을 야적하는 경우에만 해당한다.)에 관한 기준으로 옳지 않은 것은?

① 야적물질을 1일 이상 보관하는 경우 방진덮개로 덮을 것
② 야적물질 최고저장높이의 1/3 이상의 방진벽을 설치할 것
③ 야적물질 최고저장높이의 1.5배 이상의 방진망을 설치할 것
④ 야적물질로 인한 비산먼지 발생억제를 위하여 물을 뿌리는 시설을 설치할 것

해설 대기환경보전법 시행규칙 [별표 14] 비산먼지 발생을 억제하기 위한 시설의 설치 및 필요한 조치에 관한 기준(제58조제4항 관련)

배출공정	시설의 설치 및 조치에 관한 기준
1. 야적(분체상물질을 야적하는 경우에만 해당한다.)	나. 야적물질의 최고저장높이의 1/3 이상의 방진벽을 설치하고, 최고저장높이의 1.25배 이상의 방진망(개구율 40% 상당의 방진망을 말한다.) 또는 방진막을 설치할 것

※ 야적물질의 최고 저장높이의 1.25배 이상의 방진망(막)을 설치해야 함.

115 「대기환경보전법 시행규칙」상 비산먼지 발생을 억제하기 위한 시설의 설치 및 필요한 조치에 관한 기준에서 분체상물질을 싣고 내리는 공정의 경우, 비산먼지 발생을 억제하기 위해 작업을 중지해야 하는 평균풍속(m/s)의 기준은?

① 2 이상
② 5 이상
③ 7 이상
④ 8 이상

해설 대기환경보전법 시행규칙 [별표 14] 비산먼지 발생을 억제하기 위한 시설의 설치 및 필요한 조치에 관한 기준(제58조제4항 관련)
분체상물질의 싣기 및 내리기 배출공정: 다. 풍속이 평균초속 8m 이상일 경우에는 작업을 중지할 것
비고 분체 형태의 물질이란 토사·석탄·시멘트 등과 같은 정도의 먼지를 발생시킬 수 있는 물질을 말한다.

116 「대기환경보전법 시행규칙」상 시멘트수송의 경우 비산먼지 발생을 억제하기 위한 시설 및 필요한 조치기준으로 옳지 않은 것은?

① 수송차량은 세륜 및 측면 살수 후 운행하도록 할 것

② 먼지가 흩날리지 아니하도록 공사장 안의 통행차량은 시속 40km 이하로 운행할 것
③ 적재물이 적재함 상단으로부터 수평 5cm 이하까지만 적재함 측면에 닿도록 적재할 것
④ 적재함을 최대한 밀폐할 수 있는 덮개를 설치하여 적재물이 외부에서 보이지 아니하고 흘림이 없도록 할 것

해설 대기환경보전법 시행규칙 [별표 14] 비산먼지 발생을 억제하기 위한 시설의 설치 및 필요한 조치에 관한 기준(제58조제4항 관련)
시멘트 수송배출공정: 사. 먼지가 흩날리지 아니하도록 공사장 안의 통행차량은 시속 20km 이하로 운행할 것

117 「대기환경보전법 시행규칙」상 비산먼지 발생을 억제하기 위한 시설의 설치 및 필요한 조치에 관한 기준 중 '야외 녹 제거' 배출공정의 시설의 설치 및 조치에 관한 기준으로 옳지 않은 것은?

① 야외 작업 시 이동식 집진시설을 설치할 것
② 녹 제거 구조물의 길이가 15m 미만인 경우에는 옥내작업을 할 것
③ 풍속이 평균초속 5m 이상(강선건조업과 합성수지선건조업인 경우에는 8m 이상)인 경우에는 작업을 중지할 것
④ 야외 작업 시에는 간이칸막이 등을 설치하여 먼지가 흩날리지 아니하도록 하며, 작업 후 남은 것이 다시 흩날리지 아니하도록 할 것

해설 대기환경보전법 시행규칙 [별표 14] 비산먼지 발생을 억제하기 위한 시설의 설치 및 필요한 조치에 관한 기준(제58조제4항 관련)
야외 녹 제거 배출공정: 마. 풍속이 평균초속 8m 이상(강선건조업과 합성수지선건조업인 경우에는 10m 이상)인 경우에는 작업을 중지할 것

118 비산먼지의 발생을 억제하기 위한 시설의 설치 및 필요한 조치에 관한 엄격한 기준으로 옳지 않은 것은?

① 야적 시 수송 및 작업차량 출입문을 설치할 것
② 수송 시 공사장 내 차량통행도로는 다른 공사에 우선하여 포장하도록 할 것
③ 보관, 저장시설은 가능한 한 4면이 막히고 지붕이 있는 구조가 되도록 할 것
④ 싣거나 내리는 장소주위에 고정식 또는 이동식 물뿌림 시설(물뿌림 반경 7m 이상, 수압 $5kg/cm^2$ 이상)을 설치할 것

해설 대기환경보전법 시행규칙 [별표 15] 비산먼지의 발생을 억제하기 위한 시설의 설치 및 필요한 조치에 관한 엄격한 기준(제58조제5항 관련)
야적 시 보관·저장시설은 가능한 한 3면이 막히고 지붕이 있는 구조가 되도록 할 것

119 「대기환경보전법 시행규칙」상 비산먼지의 발생을 억제하기 위한 시설의 설치 및 필요한 조치에 관한 엄격한 기준이다. ( ) 안에 알맞은 것은?

> 싣기와 내리기 공정에서는 최대한 밀폐된 저장 또는 보관시설 내에서만 분체상물질을 싣거나 내려야 하며, 싣거나 내리는 장소 주위에 고정식 또는 이동식 물뿌림 시설(물뿌림 반경 (㉠) 이상, (㉡) 이상)을 설치할 것

① ㉠ 5m, ㉡ $2.5kg/cm^2$
② ㉠ 5m, ㉡ $5kg/cm^2$
③ ㉠ 7m, ㉡ $2.5kg/cm^2$
④ ㉠ 7m, ㉡ $5kg/cm^2$

해설 대기환경보전법 시행규칙 [별표 15] 비산먼지의 발생을 억제하기 위한 시설의 설치 및 필요한 조치에 관한 엄격한 기준(제58조제5항 관련)
싣거나 내리기 배출공정: 나. 싣거나 내리는 장소주위에 고정식 또는 이동식 물뿌림 시설(물뿌림 반경 7m 이상, 수압 $5kg/cm^2$ 이상)을 설치할 것

120 '비산먼지의 발생을 억제하기 위한 시설의 설치 및 필요한 조치에 관한 엄격한 기준'에 해당되지 않는 것은?

① 공사장 내 차량통행도로는 다른 공사에 우선하여 포장하도록 할 것
② 보관, 저장시설은 가능한 한 3면이 막히고 지붕이 있는 구조가 되도록 할 것
③ 싣거나 내리는 장소 주위에 고정식 또는 이동식 물뿌림시설(물뿌림 반경 7m 이상, 수압 $5kg/cm^2$ 이상)을 설치할 것
④ 건축물축조공사장에서는 먼지가 공사장 밖으로 흩날리지 아니하도록 해당 작업 부위 혹은 해당 층에 대하여 방진막 등을 설치할 것

해설 대기환경보전법 시행규칙 [별표 15] 비산먼지의 발생을 억제하기 위한 시설의 설치 및 필요한 조치에 관한 엄격한 기준(제58조제5항 관련)
건축물축조공사장에서는 먼지가 공사장 밖으로 흩날리지 아니하도록 해당 작업 부위 혹은 해당 층에 대하여 방진막 등을 설치할 것 → '비산먼지 발생을 억제하기 위한 시설의 설치 및 필요한 조치에 관한 기준'이다.

121 「대기환경보전법 시행규칙」상 휘발성유기화합물 배출억제 · 방지시설 설치 등에 관한 기준 중 주유소의 주유시설 기준으로 옳지 않은 것은?

① 회수설비의 처리효율은 80% 이상이어야 한다.
② 유증기 회수배관은 배관이 막히지 아니하도록 적절한 경사를 두어야 한다.
③ 유증기 회수배관을 설치한 후에는 회수배관 액체막힘 검사를 하고, 그 결과를 5년간 기록 · 보존하여야 한다.
④ 회수설비의 유증기 회수율(회수량/주유량)이 적정범위(0.88~1.2)에 있는지를 회수설비를 설치한 날부터 1년이 되는 날 또는 직전에 검사한 날부터 1년이 되는 날마다 전후 45일 이내에 검사하고, 그 결과를 5년간 기록 · 보존하여야 한다.

해설 대기환경보전법 시행규칙 [별표 16] 휘발성유기화합물 배출 억제 · 방지시설 설치 및 검사 · 측정결과의 기록보존에 관한 기준(제61조 관련)
회수설비의 처리효율은 90퍼센트 이상이어야 한다.

122 「대기환경보전법 시행규칙」상 휘발성유기화합물 배출억제 · 방지시설설치 등에 관한 기준 중 용어 설명으로 옳지 않은 것은?

① "부상지붕"이란 액체의 표면과 접촉되지 아니하면서 액체의 높낮이에 따라 움직이는 지붕덮개로서 슬래트, 콘크리트 등 일체의 구조물을 말한다.
② "압력완화장치"란 휘발성유기화합물의 제조과정에서 배관 안의 압력증가로 정상적인 작업이 곤란하여 이를 완화하기 위하여 설치된 장치를 말한다.
③ "배수장치"란 휘발성유기화합물의 제조 · 생산과정이나 시설의 보수 · 수리 등의 과정에서 발생된 각종 폐수를 폐수처리장으로 이송하기 위하여 배출하는 관, 밸브, 기타 시설 등을 말한다.
④ "검사용 시료채취장치"란 휘발성유기화합물의 제조과정에서 제조 중인 물질에 대한 품질검사 등을 목적으로 그 시료를 채취하기 위하여 설치된 관, 밸브, 기구 등 일체의 장치를 말한다.

해설 대기환경보전법 시행규칙 [별표 16] 휘발성유기화합물 배출 억제 · 방지시설 설치 및 검사 · 측정결과의 기록보존에 관한 기준(제61조 관련)
비고 5. "부상지붕"이란 액체의 표면과 접촉되어 액체의 높낮이에 따라 액체표면과 함께 움직이는 지붕덮개를 말한다.

서술형 빈출문제

123 2024년 1월 1일 이후 제작자동차에 제작된 자동차 배출가스 보증기간만료에 관한 설명으로 옳은 것은?

① 기간이 도달하는 것을 기준으로 한다.
② 주행거리가 도달하는 것을 기준으로 한다.
③ 기간 또는 주행거리, 가동시간 중 나중 도달하는 것을 기준으로 한다.
④ 기간 또는 주행거리, 가동시간 중 먼저 도달하는 것을 기준으로 한다.

해설 대기환경보전법 시행규칙 [별표 18] 배출가스 보증기간 (제63조 관련)
비고 1. 배출가스 보증기간의 만료는 기간 또는 주행거리, 가동시간 중 먼저 도달하는 것을 기준으로 한다.

124 「대기환경보전법 시행규칙」상 제작자동차의 배출가스 보증기간에 관한 사항이다. ( ) 안에 알맞은 것은? (단, 2024년 1월 1일 이후 제작자동차 기준)

> 배출가스 보증기간의 만료는 (㉠)을 기준으로 하고, 휘발유와 가스를 병용하는 자동차는 (㉡)사용 자동차의 보증기간을 적용한다.

① ㉠ 기간 또는 주행거리, 가동시간 중 먼저 도달하는 것, ㉡ 가스
② ㉠ 기간 또는 주행거리, 가동시간 중 나중 도달하는 것, ㉡ 가스
③ ㉠ 기간 또는 주행거리, 가동시간 중 먼저 도달하는 것, ㉡ 휘발유
④ ㉠ 기간 또는 주행거리, 가동시간 중 나중 도달하는 것, ㉡ 휘발유

해설 대기환경보전법 시행규칙 [별표 18] 배출가스 보증기간 (제63조 관련)
비고 1. 배출가스 보증기간의 만료는 기간 또는 주행거리, 가동시간 중 먼저 도달하는 것을 기준으로 한다.
3. 휘발유와 가스를 병용하는 자동차는 가스사용 자동차의 보증기간을 적용한다.

125 「대기환경보전법 시행규칙」상 배출가스 보증기간 적용기준에 관한 설명으로 옳지 않은 것은? (단, 2024년 1월 1일 이후 제작자동차 기준)

① 보증기간은 자동차 소유자가 자동차를 구입한 일자를 기준으로 한다.
② 배출가스 자기진단장치의 감시기능 보증기간은 배출가스 보증기간과 동일하게 적용한다.
③ 가스 및 경유사용 대형 승용·화물자동차 및 초대형 승용·화물자동차의 배출가스 보증기간은 인증시험 및 결함확인검사에만 적용한다.
④ 건설기계 원동기 및 농업기계 원동기의 결함확인검사 대상기간은 19kW 미만은 4년 또는 3,750시간, 37kW 미만은 5년 또는 6,000시간으로 한다.

해설 대기환경보전법 시행규칙 [별표 18] 배출가스 보증기간 (제63조 관련)
비고 5. 건설기계 원동기 및 농업기계 원동기의 결함확인검사 대상기간은 19kW 미만인 경우에는 4년 또는 2,250시간, 37kW 미만인 경우에는 5년 또는 3,750시간, 37kW 이상인 경우에는 7년 또는 6,000시간으로 한다.

126 휘발유를 연료로 사용하는 초대형 승용·화물자동차의 배출가스 보증기간은? (단, 2024년 1월 1일 이후 제작자동차 기준)

① 2년 또는 80,000km
② 3년 또는 100,000km
③ 5년 또는 120,000km
④ 7년 또는 160,000km

정답 123 ④ 124 ① 125 ④ 126 ④

해설 대기환경보전법 시행규칙 [별표 18] 배출가스 보증기간 (제63조 관련)

사용연료	자동차의 종류	적용기간	
휘발유	경자동차, 소형 승용·화물자동차, 중형 승용·화물자동차	15년 또는 240,000km	
	대형 승용·화물자동차	6년 또는 160,000km	
	초대형 승용·화물자동차	7년 또는 160,000km	
	이륜자동차	최고속도 130km/h 미만	2년 또는 20,000km
		최고속도 130km/h 이상	2년 또는 35,000km

127. 「대기환경보전법 시행규칙」상 휘발유를 연료로 사용하는 대형 승용차의 배출가스 보증기간 적용기준으로 옳은 것은? (단, 2024년 1월 1일 이후 제작자동차 기준)

① 10년 또는 192,000km
② 6년 또는 160,000km
③ 5년 또는 80,000km
④ 2년 또는 35,000km

해설 대기환경보전법 시행규칙 [별표 18] 배출가스 보증기간 (제63조 관련)
휘발유를 연료로 사용하는 대형 승용차의 배출가스 보증기간: 6년 또는 160,000km

128. 「대기환경보전법 시행규칙」상 휘발유를 연료로 사용하는 경자동차의 배출가스 보증기간 적용기준은? (단, 2024년 1월 1일 이후 제작자동차 기준)

① 5년 또는 80,000km
② 7년 또는 120,000km
③ 10년 또는 192,000km
④ 15년 또는 240,000km

해설 대기환경보전법 시행규칙 [별표 18] 배출가스 보증기간 (제63조 관련)
휘발유를 연료로 사용하는 경자동차의 배출가스 보증기간: 15년 또는 240,000km

129. 「대기환경보전법 시행규칙」상 휘발유를 연료로 사용하는 이륜자동차의 배출가스 보증기간 적용기준은? (단, 2024년 1월 1일 이후 제작자동차 기준, 최고속도 130km/h 미만인 경우)

① 1년 또는 10,000km
② 2년 또는 20,000km
③ 3년 또는 30,000km
④ 4년 또는 40,000km

해설 대기환경보전법 시행규칙 [별표 18] 배출가스 보증기간 (제63조 관련)
휘발유를 연료로 사용하는 이륜자동차의 배출가스 보증기간(최고속도 130km/h 미만인 경우): 2년 또는 20,000km

130. 「대기환경보전법 시행규칙」상 가스를 연료로 사용하는 초대형 승용차의 배출가스 보증기간 적용기준으로 옳은 것은? (단, 2024년 1월 1일 이후 제작자동차 기준)

① 5년 또는 80,000km
② 7년 또는 160,000km
③ 10년 또는 192,000km
④ 15년 또는 240,000km

해설 대기환경보전법 시행규칙 [별표 18] 배출가스 보증기간 (제63조 관련)
가스를 연료로 사용하는 초대형 승용차의 배출가스 보증기간: 7년 또는 160,000km

서술형 빈출문제

131 경유를 사용 연료로 하는 경자동차의 배출가스 보증기간으로 옳은 것은? (단, 2024년 1월 1일 이후 제작자동차 기준)

① 5년 또는 80,000km
② 6년 또는 100,000km
③ 7년 또는 120,000km
④ 10년 또는 160,000km

해설 대기환경보전법 시행규칙 [별표 18] 배출가스 보증기간 (제63조 관련)
경유를 사용연료로 하는 경자동차의 배출가스 보증기간: 10년 또는 160,000km

132 「대기환경보전법 시행규칙」상 경유사용 건설기계 원동기(37kW 이상)의 배출가스 보증기간 적용 기준은? (단, 2024년 1월 1일 이후 제작자동차 기준)

① 3년 또는 2,000km
② 5년 또는 3,000km
③ 7년 또는 5,000km
④ 10년 또는 8,000km

해설 대기환경보전법 시행규칙 [별표 18] 배출가스 보증기간 (제63조 관련)
경유사용 건설기계 원동기(37kW 이상)의 배출가스 보증기간: 10년 또는 8,000km

133 「대기환경보전법 시행규칙」상 배출가스 관련부품을 장치별로 구분할 때 다음 중 배출가스 자기진단장치(On Board Diagnostics)에 해당하는 것은?

① 정화조절밸브(Purge Control Valve)
② 서모스태트 감시장치(Thermostat Monitor)
③ 냉각수온센서(Water Temperature Sensor)
④ EGR제어용 서모밸브(EGR Control Thermo Valve)

해설 대기환경보전법 시행규칙 [별표 20] 배출가스 관련부품 (제76조 관련)
[배출가스 자기진단장치(On Board Diagnostics)]
촉매 감시장치(Catalyst Monitor), 가열식 촉매 감시장치(Heated Catalyste Monitor), 실화 감시장치(Misfire Monitor), 증발가스계통 감시장치(Evaporative System Monitor), 2차공기 공급계통 감시장치(Secondary Air System Monitor), 에어컨계통 감시장치(Air Conditioning System Refrigerant Monitor), 연료계통 감시장치(Fuel System Monitor), 산소센서 감시장치(Oxygen Sensor Monitor), 배기관 센서 감시장치(Exhaust Gas Sensor Monitor), 배출가스 재순환계통 감시장치(Exhaust Gas Recirculation System Monitor), 블로바이가스 환원계통 감시장치(Positive Crankcase Ventilation System Monitor), 서모스태트 감시장치(Thermostat Monitor), 엔진냉각계통 감시장치(Engine Cooling System Monitor), 저온시동 배출가스 저감기술 감시장치(Cold Start Emission Reduction Strategy Monitor), 가변밸브타이밍 계통 감시장치(Variable Valve Timing Monitor), 직접오존저감장치(Direct Ozone Reduction System Monitor), 기타 감시장치(Comprehensive Component Monitor)
※ 밑줄 친 부분의 종류가 기출문제에 자주 출제됨.

134 「대기환경보전법 시행규칙」상 배출가스 관련부품을 장치별로 구분할 때 다음 중 연료증발 가스방지장치(Evaporative Emission Control System)에 해당하는 것은?

① PVC밸브
② 연료펌프(Fuel Pump)
③ 재생용가열기(Regenerative Heater)
④ 정화조절밸브(Purge Control Valve)

해설 대기환경보전법 시행규칙 [별표 20] 배출가스 관련부품 (제76조 관련)
[연료증발가스방지장치(Evaporative Emission Control System)]
정화조절밸브(Purge Control Valve), 증기 저장 캐니스터와 필터(Vapor Storage Canister and Filter)
- PVC밸브: 블로바이가스 환원장치(Positive Crankcase Ventilation : PCV)
- 연료펌프(Fuel Pump): 연료공급장치(Fuel Metering System)
- 재생용가열기(Regenerative Heater): 배출가스 전환장치(Exhaust Gas Conversion System)

정답 131 ④ 132 ④ 133 ② 134 ④

135 「대기환경보전법 시행규칙」상의 운행차 배출허용 기준으로 옳지 않은 것은?

① 알코올만 사용하는 자동차는 탄화수소 기준을 적용한다.
② 희박연소(Lean Burn)방식을 적용하는 자동차는 공기과잉률 기준을 적용하지 아니한다.
③ 휘발유와 가스를 같이 사용하는 자동차의 배출가스 측정 및 배출허용기준은 가스의 기준을 적용한다.
④ 건설기계 중 덤프트럭, 콘크리트믹스트럭, 콘크리트펌프트럭의 배출허용기준은 화물자동차 기준을 적용한다.

해설 대기환경보전법 시행규칙 [별표 21] 운행차배출허용기준(제78조 관련)
1. 일반기준
 라. 알코올만 사용하는 자동차는 탄화수소 기준을 적용하지 아니한다.

136 「대기환경보전법 시행규칙」상 운행차 배출허용기준 중 일반기준으로 옳지 않은 것은?

① 수입자동차는 최초등록일자를 제작일자로 본다.
② 알코올만 사용하는 자동차는 탄화수소 기준을 적용하지 아니한다.
③ "차량중량"이란 「자동차관리법 시행규칙」에 따라 전산정보처리조직에 기록된 해당 자동차의 차량중량을 말한다.
④ 원격측정기에 의한 수시점검 결과 배출허용기준을 초과한 차량에 대한 정비·점검 및 확인검사 시 배출허용기준은 정밀검사 기준을 적용하지 아니한다.

해설 대기환경보전법 시행규칙 [별표 21] 운행차배출허용기준(제78조 관련)
1. 일반기준
 타. 원격측정기에 의한 수시점검 결과 배출허용기준을 초과한 차량(휘발유·가스사용 자동차)에 대한 정비·점검 및 확인검사 시 배출허용기준은 정밀검사 기준(휘발유·가스사용 자동차)을 적용한다.

137 운행차 배출허용기준 중 휘발유·알코올 또는 가스를 사용하거나 이들 연료를 혼합하여 사용하는 자동차의 경우, 부하검사방법에 적용되는 배출가스 종류로 옳지 않은 것은?

① 일산화탄소　　② 황산화물
③ 질소산화물　　④ 탄화수소

해설 대기환경보전법 시행규칙 [별표 21] 운행차배출허용기준(제78조 관련)
1. 일반기준
 휘발유·알코올 또는 가스를 사용하거나 이들 연료를 혼합하여 사용하는 자동차의 경우, 부하검사방법에 적용되는 배출가스 종류는 일산화탄소, 질소산화물, 탄화수소이다.

138 「대기환경보전법 시행규칙」상 휘발유(알코올 포함) 사용 또는 가스사용 경자동차의 운행차 수시점검 및 정기검사의 배출허용기준(무부하 검사방법)으로 옳은 것은? (단, 2004년 1월 1일 이후)

① 일산화탄소: 1.0% 이하, 탄화수소: 150ppm 이하
② 일산화탄소: 1.2% 이하, 탄화수소: 220ppm 이하
③ 일산화탄소: 2.5% 이하, 탄화수소: 400ppm 이하
④ 일산화탄소: 4.5% 이하, 탄화수소: 600ppm 이하

정답　135 ①　136 ④　137 ②　138 ①

해설 대기환경보전법 시행규칙 [별표 21] 운행차배출허용기준 (제78조 관련)

차종	제작일자	일산화탄소	탄화수소
경자동차	2004년 1월 1일 이후	1.0% 이하	150ppm 이하

139 「대기환경보전법 시행규칙」상 정밀검사대상 자동차 및 정밀검사 유효기간 기준의 차령 4년 경과된 '비사업용 승용자동차'의 정밀검사 유효기간은? (단, 해당자동차는 자동차관리법에 따른다.)

① 1년 ② 2년
③ 3년 ④ 5년

해설 대기환경보전법 시행규칙 [별표 25] 정밀검사대상 자동차 및 정밀검사 유효기간(제96조 관련)

차종		정밀검사대상 자동차	검사 유효기간
비사업용	승용 자동차	차령 4년 경과된 자동차	2년

140 「대기환경보전법 시행규칙」상 운행차 배출허용기준을 초과하여 개선명령을 받은 자동차에 대한 운행정지표이 색상기준으로 옳은 것은?

① 바탕색은 흰색, 문자는 검정색
② 바탕색은 초록색, 문자는 흰색
③ 바탕색은 노란색, 문자는 흰색
④ 바탕색은 노란색, 문자는 검정색

해설 대기환경보전법 시행규칙 [별표 31] 운행정지표지(제107조제1항 관련)
비고 1. 바탕색은 노란색으로, 문자는 검정색으로 한다.
2. 이 표는 자동차의 전면유리 우측상단에 붙인다.

141 「대기환경보전법 시행규칙」상 자동차 운행정지표지에 관한 사항이다. ( ) 안에 알맞은 것은?

> 바탕색은 노란색으로, 문자는 (㉠)으로 하며, 이 자동차를 운행정지기간 내에 운행하는 경우에는 「대기환경보전법」에 따라 (㉡)을 물게 됩니다.

① ㉠ 흰색, ㉡ 100만 원 이하의 벌금
② ㉠ 흰색, ㉡ 300만 원 이하의 벌금
③ ㉠ 검정색, ㉡ 100만 원 이하의 벌금
④ ㉠ 검정색, ㉡ 300만 원 이하의 벌금

해설 대기환경보전법 시행규칙 [별표 31] 운행정지표지(제107조제1항 관련)
비고 1. 바탕색은 노란색으로, 문자는 검정색으로 한다.
유의사항 3. 이 자동차를 운행정지기간 내에 운행하는 경우에는 「대기환경보전법」에 따라 300만 원 이하의 벌금을 물게 됩니다.

142 「대기환경보전법 시행규칙」상 자동차 운행정지표지에 기재되는 사항으로 옳지 않은 것은?

① 자동차등록번호
② 자동차 소유자 성명
③ 점검당시 누적주행거리
④ 운행정지기간 중 주차장소

해설 대기환경보전법 시행규칙 [별표 31] 운행정지표지(제107조제1항 관련)

```
              운 행 정 지

  자동차등록번호 :
  점검당시 누적주행거리 :          km
  운행정지기간 :     년 월 일 ~   년 월 일
  운행정지기간 중 주차장소 :
  위의 자동차에 대하여 「대기환경보전법」 제70조의
       2제1항에 따라 운행정지를 명함.
                                        (인)
```

정답 139 ② 140 ④ 141 ④ 142 ②

143 LPG 자동차의 자동차연료 제조기준 항목 중 황의 함량 기준은? (단, 2004년 1월 1일부터 적용)

① 10ppm 이하 ② 20ppm 이하
③ 30ppm 이하 ④ 40ppm 이하

해설 대기환경보전법 시행규칙 [별표 33] 자동차연료·첨가제 또는 촉매제의 제조기준(제115조 관련)
1. 자동차연료(LPG) 중 황 함량의 제조기준: 40ppm 이하

144 「대기환경보전법 시행규칙」상 자동차 연료 제조기준 중 휘발유 내에 황 함량 기준은? (단, 현재 기준)

① 10ppm 이하 ② 20ppm 이하
③ 30ppm 이하 ④ 40ppm 이하

해설 대기환경보전법 시행규칙 [별표 33] 자동차연료·첨가제 또는 촉매제의 제조기준(제115조 관련)
1. 자동차연료(휘발유) 중 황 함량의 제조기준: 10ppm 이하

145 「대기환경보전법 시행규칙」상 자동차 연료의 경유 제조기준 중 황 함량(ppm) 기준은? (단, 현재 기준)

① 10 이하 ② 20 이하
③ 30 이하 ④ 40 이하

해설 대기환경보전법 시행규칙 [별표 33] 자동차연료·첨가제 또는 촉매제의 제조기준(제115조 관련)
1. 자동차연료(경유) 중 황 함량의 제조기준: 10ppm 이하

146 「대기환경보전법 시행규칙」상 자동차 연료 제조 기준 중 휘발유 자동차의 '벤젠 함량(부피%)' 기준으로 옳은 것은?

① 2.5 이하 ② 1.9 이하
③ 1.0 이하 ④ 0.7 이하

해설 대기환경보전법 시행규칙 [별표 33] 자동차연료·첨가제 또는 촉매제의 제조기준(제115조 관련)
휘발유의 벤젠 함량(부피%)의 제조기준은 0.7 이하이다.

147 「대기환경보전법 시행규칙」상 휘발유를 연료로 사용하는 자동차연료 제조기준으로 옳지 않은 것은?

① 황 함량(ppm): 10 이하
② 산소 함량(무게%): 5.6 이하
③ 벤젠 함량(부피%): 0.7 이하
④ 90% 유출온도(℃): 170 이하

해설 대기환경보전법 시행규칙 [별표 33] 자동차연료·첨가제 또는 촉매제의 제조기준(제115조 관련)
1. 자동차연료 제조기준(휘발유)

항목	제조기준
방향족화합물 함량(부피%)	24(21) 이하
벤젠 함량(부피%)	0.7 이하
납 함량(g/L)	0.013 이하
인 함량(g/L)	0.0013 이하
산소 함량(무게%)	2.3 이하
올레핀 함량(부피%)	16(19) 이하
황 함량(ppm)	10 이하
증기압(kPa, 37.8℃)	60 이하
90% 유출온도(℃)	170 이하

148 「대기환경보전법 시행규칙」상 자동차 연료 제조기준 중 매년 6월 1일부터 8월 31일까지 출고되는 휘발유의 증기압(kPa, 37.8℃) 기준으로 옳은 것은?

① 100 이하 ② 80 이하
③ 60 이하 ④ 40 이하

해설 대기환경보전법 시행규칙 [별표 33] 자동차연료·첨가제 또는 촉매제의 제조기준(제115조 관련)
휘발유의 증기압(kPa, 37.8℃)의 제조기준은 60 이하이다.

149 「대기환경보전법 시행규칙」상 자동차연료 제조기준 중 휘발유 90% 유출온도(℃) 기준은?

① 150 이하 ② 160 이하
③ 170 이하 ④ 180 이하

해설 대기환경보전법 시행규칙 [별표 33] 자동차연료·첨가제 또는 촉매제의 제조기준(제115조 관련)
휘발유의 90% 유출온도(℃)의 제조기준은 170 이하이다.

150 「대기환경보전법 시행규칙」상 자동차연료 제조기준 중 바이오가스의 항목에 따른 제조기준으로 옳지 않은 것은?

① 황분(ppm): 10 이하
② 메탄(부피%): 85.0 이상
③ 수분(mg/Nm^3): 32 이하
④ 불활성가스(CO_2, N_2 등)(부피%): 5.0 이하

해설 대기환경보전법 시행규칙 [별표 33] 자동차연료·첨가제 또는 촉매제의 제조기준(제115조 관련)
바. 바이오가스

항목	제조기준
메탄(부피 %)	95.0 이상
수분(mg/Nm^3)	32 이하
황분(ppm)	10 이하
불활성가스(CO_2, N_2 등)(부피 %)	5.0 이하

151 「대기환경보전법 시행규칙」상 천연가스 연료 항목 중 그 제조기준 함량(%)이 가장 높은 항목은?

① 메탄(부피 %)
② 에탄(부피 %)
③ C_3 이상의 탄화수소(부피 %)
④ C_6 이상의 탄화수소(부피 %)

해설 대기환경보전법 시행규칙 [별표 33] 자동차연료·첨가제 또는 촉매제의 제조기준(제115조 관련)
마. 천연가스

항목	제조기준
메탄(부피 %)	88.0 이상
에탄(부피 %)	7.0 이하
C_3 이상의 탄화수소(부피 %)	5.0 이하
C_6 이상의 탄화수소(부피 %)	0.2 이하
황분(ppm)	40 이하
불활성가스(CO_2, N_2 등)(부피 %)	4.5 이하

152 「대기환경보전법 시행규칙」상 첨가제 제조기준이다. ( ) 안에 알맞은 것은?

첨가제 제조자가 제시한 최대의 비율로 첨가제를 자동차의 연료에 주입한 후 검사한 차량의 배출가스 측정치가 제작차 배출허용기준 이내여야 한다. 이 경우 유효기간이 종료된 후에도 계속하여 첨가제를 제조하기 위해 재검사를 받는 경우에는 ( )이 정하여 고시하는 바에 따라 재검사 받는 첨가제가 최초의 검사를 받은 첨가제와 동일하다는 것을 증명할 수 있는 자료의 제출로 전단의 검사를 갈음할 수 있다.

① 한국환경공단이사장
② 수도권대기환경청장
③ 국립환경과학원장
④ 지방환경청장

해설 대기환경보전법 시행규칙 [별표 33] 자동차연료·첨가제 또는 촉매제의 제조기준(제115조 관련)
2. 첨가제 제조기준, 나. 첨가제 제조자가 제시한 최대의 비율로 첨가제를 자동차의 연료에 주입한 후 검사한 차량의 배출가스 측정치가 제작차 배출허용기준 이내여야 한다. 이 경우 유효기간이 종료된 후에도 계속하여 첨가제를 제조하기 위해 재검사를 받는 경우에는 국립환경과학원장이 정하여 고시하는 바에 따라 재검사 받는 첨가제가 최초의 검사를 받은 첨가제와 동일하다는 것을 증명할 수 있는 자료의 제출로 전단의 검사를 갈음할 수 있다.

정답 149 ③ 150 ② 151 ① 152 ③

153 「대기환경보전법 시행규칙」상 기후·에너지환경부령으로 정하는 첨가제 제조기준에 맞는 제품의 표시 방법이다. ( ) 안에 알맞은 것은?

> 표시크기는 첨가제 용기 앞면의 제품명 밑에 제품명 글자크기의 ( )에 해당하는 크기로 표시하여야 한다.

① 100분의 10 이상
② 100분의 20 이상
③ 100분의 30 이상
④ 100분의 50 이상

해설 대기환경보전법 시행규칙 [별표 34] 첨가제·촉매제 제조기준에 맞는 제품의 표시방법 등(제119조 관련)
2. 표시크기
 첨가제 또는 촉매제 용기 앞면의 제품명 밑에 제품명 글자크기의 100분의 30 이상에 해당하는 크기로 표시하여야 한다.

---

154 「대기환경보전법 시행규칙」상 자동차연료·첨가제 또는 촉매제 검사기관의 지정기준이다. ( ) 안에 해당되는 것으로 옳지 않은 것은?

> 자동차연료 검사기관의 검사원 자격기준은 「국가기술자격법 시행규칙」에 따른 중직무분야 중 ( )분야의 기사 자격 이상을 취득한 자이어야 한다.

① 화공   ② 전기
③ 환경   ④ 안전관리(가스)

해설 대기환경보전법 시행규칙 [별표 34의2] 자동차연료·첨가제 또는 촉매제 검사기관의 지정기준(제121조 관련)
1. 자동차연료 검사기관의 기술능력 및 검사장비 기준, 가. 기술능력, 1) 검사원의 자격
 다) 「국가기술자격법 시행규칙」에 따른 중직무분야 중 자동차, 화공, 안전관리(가스), 환경 분야의 기사 자격 이상을 취득한 자

---

155 「대기환경보전법 시행규칙」상 자동차 연료·첨가제 또는 촉매제 검사기관의 지정기준 중 자동차 연료 검사기관의 기술능력 및 검사장비 기준으로 옳지 않은 것은?

① 검사원은 4명 이상이어야 하며, 그중 2명은 해당 업무에 5년 이상 종사한 경험이 있는 사람이어야 한다.
② 휘발유·경유·바이오디젤(BD100) 검사를 위해 1ppm 이하 분석가능한 황함량분석기(Sulfur Analyzer) 1식을 갖추어야 한다.
③ 검사원의 자격은 「국가기술자격법 시행규칙」에 의거 기계(자동차 분야), 기계(전기분야), 환경 직무분야의 산업기사 자격 이상을 취득한 사람이어야 한다.
④ 휘발유·경유·바이오디젤 검사기관과 LPG·CNG·바이오가스 검사기관의 기술능력 기준은 같으며, 두 검사 업무를 함께 하려는 경우에는 기술능력을 중복하여 갖추지 아니할 수 있다.

해설 대기환경보전법 시행규칙 [별표 34의2] 자동차연료·첨가제 또는 촉매제 검사기관의 지정기준(제121조 관련)
1. 자동차연료 검사기관의 기술능력 및 검사장비 기준, 가. 기술능력, 1) 검사원의 자격
 다) 「국가기술자격법 시행규칙」에 따른 중직무분야 중 자동차, 화공, 안전관리(가스), 환경 분야의 기사 자격 이상을 취득한 자

---

156 「대기환경보전법 시행규칙」상 선박의 배출 허용기준이다. ( ) 안에 알맞은 것은? (단, 2016년 1월 1일 이후에 건조된 선박에 설치되는 디젤기관에 각각 적용한다.)

> 기관출력 130kW 이상이고, 크랭크샤프트의 분당 속도(회전수)가 2,000rpm 이상일 때 질소산화물 배출기준(g/kWh)은 ( )이다.

① 2.0 이하 ② 45.0×n^(-0.23) 이하
③ 7.7 이하 ④ 9.8 이하

해설 대기환경보전법 시행규칙 [별표 35] 선박의 배출허용기준(제124조 관련)

기관 출력	정격 기관속도 (n: 크랭크 샤프트의 분당 속도)	질소산화물 배출기준(g/kWh)		
		기준 1	기준 2	기준 3
130 kW 초과	n이 130rpm 미만일 때	17 이하	14.4 이하	3.4 이하
	n이 130rpm 이상 2,000rpm 미만일 때	$45.0 \times n^{(-0.2)}$ 이하	$44.0 \times n^{(-0.23)}$ 이하	$9.0 \times n^{(-0.2)}$ 이하
	n이 2,000rpm 이상일 때	9.8 이하	7.7 이하	2.0 이하

비고
- 기준 1: 2010년 12월 31일 이전에 건조된 선박
- 기준 2: 2011년 1월 1일 이후에 건조된 선박
- 기준 3: 2016년 1월 1일 이후에 건조된 선박에 설치되는 디젤기관에 각각 적용

157 「대기환경보전법 시행규칙」상 기관출력이 130kW 초과인 선박의 질소산화물 배출기준(g/kWh)은? (단, 정격 기관속도 n(크랭크샤프트의 분당속도)이 130rpm 미만이며 2016년 1월 1일 이후에 건조한 선박의 경우)

① $9.0 \times n^{(-2.0)}$ 이하
② $45.0 \times n^{(-0.2)}$ 이하
③ 2.0 이하
④ 3.4 이하

해설 대기환경보전법 시행규칙 [별표 35] 선박의 배출허용기준(제124조 관련)
정격 기관속도 n(크랭크샤프트의 분당속도)이 130rpm 미만이며 2016년 1월 1일 이후에 건조한 선박의 경우 기관출력이 130kW 초과인 선박의 질소산화물 배출기준(g/kWh): 3.4

158 「대기환경보전법 시행규칙」상 배출시설 및 방지시설과 관련된 1차 행정처분기준이 '조업정지'에 해당하는 경우로 옳지 않은 것은?

① 방지시설을 임의로 철거한 경우
② 배출허용기준을 초과하여 개선명령을 받은 자가 개선명령을 이행하지 아니한 경우
③ 방지시설을 설치하여야 하는 자가 방지시설을 설치하지 아니하고 배출시설을 운영하는 경우
④ 배출시설 가동개시 신고를 하여야 하는 자가 가동개시 신고를 하지 아니하고 조업하는 경우

해설 대기환경보전법 시행규칙 [별표 36] 행정처분기준(제134조 관련) 2. 개별기준
가. 배출시설 및 방지시설 등과 관련된 행정처분기준
  6) 배출시설 가동개시 신고를 하여야 하는 자가 가동개시 신고를 하지 아니하고 조업하는 경우
    • 위반차수별 행정처분기준: 1차(경고), 2차(허가취소 또는 폐쇄)

159 「대기환경보전법 시행규칙」상 가동개시신고를 하고 가동 중인 배출시설에서 배출되는 대기오염물질의 정도가 배출시설 또는 방지시설의 결함·고장 또는 운전미숙 등으로 인하여 배출허용기준을 초과한 경우로서 환경정책기본법에 따른 특별대책지역 안에 있는 사업장인 경우 각 위반차수별(1~4차) 행정처분기준으로 옳은 것은?

① 개선명령 – 개선명령 – 개선명령 – 조업정지
② 개선명령 – 개선명령 – 조업정지 – 허가취소 또는 폐쇄
③ 경고 – 조업정지 10일 – 조업정지 20일 – 조업정지 30일
④ 개선명령 – 조업정지 10일 – 조업정지 30일 – 허가취소 또는 폐쇄

정답 157 ④ 158 ④ 159 ②

해설 대기환경보전법 시행규칙 [별표 36] 행정처분기준(제134조 관련) 2. 개별기준

7) 가동개시신고를 하고 가동 중인 배출시설에서 배출되는 대기오염물질의 정도가 배출시설 또는 방지시설의 결함·고장 또는 운전미숙 등으로 인하여 배출허용기준을 초과한 경우
나) 「환경정책기본법」에 따른 특별대책지역 안에 있는 사업장인 경우
- 위반차수별 행정처분기준: 1차(개선명령), 2차(개선명령), 3차(조업정지), 4차(허가취소 또는 폐쇄)

160 배출시설 가동 시에 방지시설을 가동하지 아니하거나 오염도를 낮추기 위하여 배출시설에서 배출되는 오염물질에 공기를 섞어 배출하는 행위에 대한 1차 행정처분기준은?

① 조업정지 10일
② 조업정지 20일
③ 조업정지 30일
④ 허가취소 또는 폐쇄

해설 대기환경보전법 시행규칙 [별표 36] 행정처분기준(제134조 관련) 2. 개별기준

8) 가) 배출시설 가동 시에 방지시설을 가동하지 아니하거나 오염도를 낮추기 위하여 배출시설에서 배출되는 대기오염물질에 공기를 섞어 배출하는 행위
- 위반차수별 행정처분기준: 1차(조업정지 10일), 2차(조업정지 30일), 3차(허가취소 또는 폐쇄)

161 「대기환경보전법 시행규칙」상 배출시설 및 방지시설 등과 관련된 개별 행정처분기준 중 각 해당 행위에 대한 1차 행정처분기준이 '조업정지 10일'인 것은?

① 자가측정을 하지 아니한 경우
② 배출시설 설치변경신고를 하지 아니한 경우
③ 배출시설 가동 시에 방지시설을 가동하지 아니한 경우
④ 배출시설 및 방지시설의 운영에 관한 관리기록을 거짓으로 기재한 경우

해설 대기환경보전법 시행규칙 [별표 36] 행정처분기준(제134조 관련) 2. 개별기준
① 자가측정을 하지 아니한 경우: 1차 행정처분기준(경고)
② 배출시설 설치변경신고를 하지 아니한 경우: 1차 행정처분기준(경고)
④ 배출시설 및 방지시설의 운영에 관한 관리기록을 거짓으로 기재한 경우: 1차 행정처분기준(경고)

162 「대기환경보전법 시행규칙」상 부식·마모로 인하여 오염물질이 누출되도록 정당한 사유 없이 배출시설을 방치한 경우의 2차 행정처분기준은?

① 개선명령
② 경고
③ 조업정지 10일
④ 조업정지 30일

해설 대기환경보전법 시행규칙 [별표 36] 행정처분기준(제134조 관련) 2. 개별기준

8) 다) 부식·마모로 인하여 대기오염물질이 누출되는 배출시설이나 방지시설을 정당한 사유 없이 방치하는 행위
- 위반차수별 행정처분기준: 1차(경고), 2차(조업정지 10일), 3차(조업정지 30일), 4차(허가취소 또는 폐쇄)

163 「대기환경보전법 시행규칙」상 부식·마모로 인하여 대기오염물질이 누출되도록 정당한 사유 없이 배출시설을 방치한 경우의 3차 행정처분기준은?

① 개선명령
② 경고
③ 조업정지 10일
④ 조업정지 30일

해설 대기환경보전법 시행규칙 [별표 36] 행정처분기준(제134조 관련) 2. 개별기준
- 위반차수별 행정처분기준 3차는 조업정지 30일이다.

164 배출시설 및 방지시설 등과 관련하여 조업정지명령을 받은 자가 조업정지일 이후에 조업을 계속한 경우, 1차 행정처분기준은?

① 경고
② 폐쇄
③ 사용금지
④ 허가취소

정답 160 ① 161 ③ 162 ③ 163 ④ 164 ①

해설 대기환경보전법 시행규칙 [별표 36] 행정처분기준(제134조 관련) 2. 개별기준
12) 다음의 명령을 이행하지 아니한 경우
　나) 조업정지명령을 받은 자가 조업정지일 이후에 조업을 계속한 경우
　　• 위반차수별 행정처분기준: 1차(경고), 2차(허가취소 또는 폐쇄)

165 「대기환경보전법 시행규칙」상 배출시설 및 방지시설 등과 관련된 행정처분기준 중 환경기술인의 준수사항 및 관리사항을 이행하지 아니한 경우 각 위반차수(1~4차)별 행정처분기준으로 옳은 것은?

① 경고 – 경고 – 경고 – 조업정지 5일
② 조업정지 – 경고 – 경고 – 허가취소 또는 폐쇄
③ 조업정지 10일 – 조업정지 30일 – 허가취소 – 폐쇄
④ 경고 – 조업정지 10일 – 개선명령 – 허가취소 또는 폐쇄

해설 대기환경보전법 시행규칙 [별표 36] 행정처분기준(제134조 관련) 2. 개별기준
15) 환경기술인 임명 등을 위반한 다음과 같은 경우
　다) 환경관리인의 준수사항 및 관리사항을 이행하지 아니한 경우
　　• 위반차수별 행정처분기준: 1차(경고), 2차(경고), 3차(경고), 4차(조업정지 5일)

166 「대기환경보전법 시행규칙」상 배출시설 및 방지지설 등과 관련한 행정처분기준 중 기후에너지환경부장관 등이 명한 황함유기준을 초과하는 연료의 제조, 공급, 판매 또는 사용금지, 제한 등 필요한 조치명령을 이행하지 아니한 경우 각 위반차수별 행정처분기준으로 옳은 것은? (단, 1차 – 2차 – 3차 – 4차 순)

① 경고 – 조업정지 30일 – 허가취소 - 폐쇄
② 경고 – 조업정지 5일 – 조업정지 10일 – 조업정지 20일
③ 조업정지 5일 – 조업정지 10일 – 조업정지 30일 – 조업정지 60일
④ 조업정지 10일 – 조업정지 20일 – 조업정지 30일 – 허가취소 또는 폐쇄

해설 대기환경보전법 시행규칙 [별표 36] 행정처분기준(제134조 관련) 2. 개별기준
16) 황함유기준을 초과하는 연료의 제조·공급·판매 또는 사용금지·제한 등 필요한 조치명령을 이행하지 아니한 경우
　• 위반차수별 행정처분기준: 1차(조업정지 10일), 2차(조업정지 20일), 3차(조업정지 30일), 4차(허가취소 또는 폐쇄)

167 「대기환경보전법 시행규칙」상 측정기기의 부착·운영 등과 관련된 행정처분기준 중 굴뚝 자동측정기기의 부착이 면제된 보일러로서 사용연료를 6월 이내에 청정연료로 변경하지 아니한 경우의 3차 행정처분기준으로 옳은 것은?

① 경고　　　　　　② 조업정지 5일
③ 조업정지 10일　④ 조업정지 30일

해설 대기환경보전법 시행규칙 [별표 36] 행정처분기준(제134조 관련) 2. 개별기준
나. 측정기기의 부착·운영 등과 관련된 행정처분기준
　1) 라) 굴뚝 자동측정기기의 부착이 면제된 보일러로서 사용연료를 6월 이내에 청정연료로 변경하지 아니한 경우
　　• 위반차수별 행정처분기준: 1차(경고), 2차(경고), 3차(조업정지 10일), 4차(조업정지 30일)

168 「대기환경보전법 시행규칙」상 측정기기의 부착·운영 등과 관련된 행정처분기준 중 굴뚝 자동측정기기의 부착이 면제된 보일러(사용연료를 6개월 이내에 청정연료로 변경할 계획이 있는 경우)로서 사용연료를 6월 이내에 청정연료로 변경하지 아니한 경우의 4차 행정처분기준으로 옳은 것은?

① 경고　　　　　　② 조업정지 5일
③ 조업정지 10일　④ 조업정지 30일

정답 165 ① 166 ④ 167 ③ 168 ④

해설 대기환경보전법 시행규칙 [별표 36] 행정처분기준(제134조 관련) 2. 개별기준
- 위반차수별 행정처분기준: 1차(경고), 2차(경고), 3차(조업정지 10일), 4차(조업정지 30일)

169 「대기환경보전법 시행규칙」상 측정기기의 부착·운영 등과 관련한 행정처분기준 중 굴뚝 자동측정기기가 「환경분야 시험·검사 등에 관한 법률」에 따른 환경오염공정시험기준에 부합하지 아니하도록 한 경우 위반차수별(1~4차) 행정처분기준으로 옳은 것은?

① 경고 - 경고 - 허가취소 - 폐쇄
② 조치명령 - 경고 - 조업정지 30일 - 조업정지 60일
③ 조업정지 10일 - 조업정지 30일 - 허가취소 - 폐쇄
④ 경고 - 조치명령 - 조업정지 10일 - 조업정지 30일

해설 대기환경보전법 시행규칙 [별표 36] 행정처분기준(제134조 관련) 2. 개별기준
나. 측정기기의 부착·운영 등과 관련된 행정처분기준
  6) 운영·관리기준을 준수하지 아니하는 경우
    가) 굴뚝 자동측정기기가 「환경분야 시험·검사 등에 관한 법률」에 따른 환경오염공정시험기준에 부합하지 아니하도록 한 경우
      - 위반차수별 행정처분기준: 1차(경고), 2차(조치명령), 3차(조업정지 10일), 4차(조업정지 30일)

170 「대기환경보전법 시행규칙」상 측정기기의 부착·운영 등과 관련된 행정처분기준 중 사업자가 부착한 굴뚝 자동측정기기의 측정자료를 굴뚝 원격감시체계 관제센터로 전송하지 아니한 경우 각 위반차수별(1~4차) 행정처분기준으로 옳은 것은?

① 개선명령 - 조업정지 30일 - 사용중지 - 허가취소
② 조업정지 10일 - 조업정지 30일 - 경고 - 허가취소
③ 경고 - 조치명령 - 조업정지 10일 - 조업정지 30일
④ 조업정지 10일 - 조업정지 30일 - 조치이행명령 - 사용중지

해설 대기환경보전법 시행규칙 [별표 36] 행정처분기준(제134조 관련) 2. 개별기준
나. 측정기기의 부착·운영 등과 관련된 행정처분기준
  6) 운영·관리기준을 준수하지 아니하는 경우
    나) 굴뚝 원격감시체계 관제센터에 측정자료를 전송하지 아니한 경우
      - 위반차수별 행정처분기준: 1차(경고), 2차(조치명령), 3차(조업정지 10일), 4차(조업정지 30일)

171 「대기환경보전법 시행규칙」상 측정기기의 부착·운영 등과 관련된 행정처분기준 중 "부식·마모·고장 또는 훼손되어 정상적인 작동을 하지 아니하는 측정기기를 정당한 사유 없이 7일 이상 방치하는 경우" 1~4차 행정처분기준으로 옳은 것은?

① 경고 - 경고 - 경고 - 조업정지 5일
② 경고 - 경고 - 경고 - 조업정지 10일
③ 경고 - 경고 - 조업정지 10일 - 조업정지 30일
④ 경고 - 조업정지 10일 - 조업정지 30일 - 허가취소 또는 폐쇄

해설 대기환경보전법 시행규칙 [별표 36] 행정처분기준(제134조 관련) 2. 개별기준
나. 측정기기의 부착·운영 등과 관련된 행정처분기준
  3) 부식·마모·고장 또는 훼손되어 정상적인 작동을 하지 아니하는 측정기기를 정당한 사유 없이 7일 이상 방치하는 경우
    - 위반차수별 행정처분기준: 1차(경고), 2차(경고), 3차(조업정지 10일), 4차(조업정지 30일)

서술형 빈출문제

172 「대기환경보전법 시행규칙」상 위임업무의 보고횟수 기준이 '수시'에 해당되는 업무 내용은?

① 환경오염사고 발생 및 조치사항
② 수입자동차 배출가스 인증 및 검사현황
③ 자동차 첨가제의 제조기준 적합 여부 검사현황
④ 자동자 연료 및 첨가제의 제조·판매 또는 사용에 대한 규제현황

해설 대기환경보전법 시행규칙 [별표 37] 위임업무 보고사항 (제136조 관련)
② 수입자동차 배출가스 인증 및 검사현황(보고횟수: 연 4회)
③ 자동차 첨가제의 제조기준 적합 여부 검사현황(보고횟수: 연 2회)
④ 자동자 연료 및 첨가제의 제조·판매 또는 사용에 대한 규제현황(보고횟수: 연 2회)

173 위임업무의 보고사항 중 연간 보고횟수가 가장 많은 것은?

① 수입자동차 배출가스 인증 및 검사현황
② 자동차 첨가제의 제조기준 적합 여부 검사현황
③ 측정기기 관리대행업의 등록, 변경등록 및 행정처분 현황
④ 자동차 연료 및 첨가제의 제조·판매 또는 사용에 대한 규제현황

해설 대기환경보전법 시행규칙 [별표 37] 위임업무 보고사항 (제136조 관련)
① 수입자동차 배출가스 인증 및 검사현황(보고횟수: 연 4회)
② 자동차 첨가제의 제조기준 적합 여부 검사현황(보고횟수: 연 2회, 자동차 연료는 연 4회)
③ 측정기기 관리대행업의 등록, 변경등록 및 행정처분 현황(보고횟수: 연 1회)
④ 자동차 연료 및 첨가제의 제조·판매 또는 사용에 대한 규제현황(보고횟수: 연 2회)

174 위임업무의 보고내용 중 보고횟수가 가장 적은 것은?

① 수입자동차 배출가스 인증 및 검사현황
② 자동차 첨가제의 제조기준 적합 여부 검사현황
③ 측정기기 관리대행업의 등록, 변경등록 및 행정처분 현황
④ 자동차 연료 및 첨가제의 제조·판매 또는 사용에 대한 규제현황

해설 대기환경보전법 시행규칙 [별표 37] 위임업무 보고사항 (제136조 관련)
③ 측정기기 관리대행업의 등록, 변경등록 및 행정처분 현황(보고횟수: 연 1회)

175 「대기환경보전법 시행규칙」상 위임업무 보고사항 중 보고횟수가 연 1회인 것은?

① 환경오염사고 발생 및 조치사항
② 수입자동차 배출가스 인증 및 검사현황
③ 자동차 첨가제의 제조기준 적합 여부 검사현황
④ 측정기기 관리대행업의 등록, 변경등록 및 행정처분 현황

해설 대기환경보전법 시행규칙 [별표 37] 위임업무 보고사항 (제136조 관련)

업무내용	보고횟수	보고기일
5. 측정기기 관리대행업의 등록, 변경등록 및 행정처분 현황	연 1회	다음 해 1월 15일까지

① 환경오염사고 발생 및 조치 사항(보고횟수: 수시)
② 수입자동차 배출가스 인증 및 검사현황(보고횟수: 연 4회)
③ 자동차 첨가제의 제조기준 적합 여부 검사현황(보고횟수: 연 2회)

176 「대기환경보전법 시행규칙」상 위임업무 보고사항 중 자동차 연료 및 첨가제의 제조·판매 또는 사용에 대한 규제현황의 보고횟수 기준은?

① 연 1회
② 연 2회
③ 연 4회
④ 연 12회

해설 대기환경보전법 시행규칙 [별표 37] 위임업무 보고사항 (제136조 관련)

업무내용	보고 횟수	보고기일
3. 자동차 연료 및 첨가제의 제조·판매 또는 사용에 대한 규제현황	연 2회	매반기 종료 후 15일 이내

177 「대기환경보전법 시행규칙」상 위임업무의 보고횟수 기준이 연 2회에 해당되는 업무 내용은?

① 수입자동차 배출가스 인증 및 검사현황
② 자동차 연료의 제조기준 적합 여부 검사현황
③ 자동차 첨가제의 제조기준 적합 여부 검사현황
④ 측정기기 관리대행업의 등록, 변경등록 및 행정처분 현황

해설 대기환경보전법 시행규칙 [별표 37] 위임업무 보고사항 (제136조 관련)
① 수입자동차 배출가스 인증 및 검사현황(보고횟수: 연 4회)
② 자동차 연료의 제조기준 적합 여부 검사현황(보고횟수 : 연 4회)
④ 측정기기 관리대행업의 등록, 변경등록 및 행정처분 현황(보고횟수: 연 1회)

178 위임업무의 보고횟수 기준이 연 4회에 해당되는 업무내용은?

① 환경오염사고 발생 및 조치사항
② 수입자동차 배출가스 인증 및 검사현황
③ 자동차 첨가제의 제조기준 적합 여부 검사현황
④ 측정기기 관리대행업의 등록, 변경등록 및 행정처분 현황

해설 대기환경보전법 시행규칙 [별표 37] 위임업무 보고사항 (제136조 관련)
① 환경오염사고 발생 및 조치 사항(보고횟수: 수시)
③ 자동차 첨가제의 제조기준 적합 여부 검사현황(보고횟수: 연 2회, 연료는 연 4회)
④ 측정기기 관리대행업의 등록, 변경등록 및 행정처분 현황(연 1회)

179 위임업무의 보고사항 중 업무 내용이 '측정기기 관리대행업의 등록, 변경등록 및 행정처분 현황'인 경우, 보고기일로 옳은 것은?

① 다음달 10일까지
② 다음 해 1월 15일까지
③ 매분기 종료 후 15일 이내
④ 매반기 종료 후 15일 이내

해설 대기환경보전법 시행규칙 [별표 37] 위임업무 보고사항 (제136조 관련)

업무내용	보고 횟수	보고기일
5. 측정기기 관리대행업의 등록, 변경등록 및 행정처분 현황	연 1회	다음 해 1월 15일까지

180 위임업무의 보고사항 중 보고기일이 업무 내용이 '수입자동차 배출가스 인증 및 검사현황'인 경우, 보고기일 기준으로 옳은 것은?

① 업무 발생 시
② 다음 해 1월 15일까지
③ 매분기 종료 후 15일 이내
④ 매반기 종료 후 15일 이내

해설 대기환경보전법 시행규칙 [별표 37] 위임업무 보고사항 (제136조 관련)

업무내용	보고 횟수	보고기일
2. 수입자동차 배출가스 인증 및 검사현황	연 4회	매분기 종료 후 15일 이내

181 「대기환경보전법 시행규칙」상 한국환경공단이 기후에너지환경부장관에게 보고해야 할 위탁업무보고사항 중 '수시검사, 결함확인검사, 부품결함 보고서류의 접수'의 보고횟수기준은?

① 수시
② 연 1회
③ 연 2회
④ 연 4회

해설 대기환경보전법 시행규칙 [별표 38] 위탁업무 보고사항(제136조제2항 관련)

업무내용	보고 횟수	보고기일
1. 수시검사, 결함확인 검사, 부품결함 보고서류의 접수	수시	위반사항 적발 시

182 「대기환경보전법 시행규칙」상 한국환경공단이 기후에너지환경부장관에게 보고하여야 하는 위탁업무 보고사항 중 '결함확인검사 결과'의 보고기일 기준은?

① 매 반기 종료 후 15일 이내
② 매 분기 종료 후 15일 이내
③ 다음 해 1월 15일까지
④ 위반사항 적발 시

해설 대기환경보전법 시행규칙 [별표 38] 위탁업무 보고사항(제136조제2항 관련)

업무내용	보고 횟수	보고기일
2. 결함확인검사 결과	수시	위반사항 적발 시

183 「대기환경보전법 시행규칙」상 한국환경공단이 기후에너지환경부장관에게 보고해야할 위탁업무 보고사항 중 '자동차 배출가스 인증생략 현황'의 보고횟수 기준은?

① 수시
② 연 1회
③ 연 2회
④ 연 4회

해설 대기환경보전법 시행규칙 [별표 38] 위탁업무 보고사항(제136조제2항 관련)

업무내용	보고 횟수	보고기일
3. 자동차 배출가스 인증생략 현황	연 2회	매 반기 종료 후 15일 이내

184 위탁업무의 보고사항 중 '자동차 시험검사 현황'인 경우, 보고횟수와 보고기일 기준으로 옳은 것은?

① 보고횟수: 연 1회, 보고기일: 다음 해 1월 15일까지
② 보고횟수: 연 1회, 보고기일: 매 반기 종료 후 15일 이내
③ 보고횟수: 연 2회, 보고기일: 다음 해 1월 15일까지
④ 보고횟수: 연 2회, 보고기일: 매 반기 종료 후 15일 이내

해설 대기환경보전법 시행규칙 [별표 38] 위탁업무 보고사항(제136조제2항 관련)

업무내용	보고 횟수	보고기일
4. 자동차 시험검사 현황	연 1회	다음 해 1월 15일까지

04 환경정책기본법

001 「환경정책기본법」상 용어의 정의이다. ( ) 안에 알맞은 것은?

> ( )이란 환경오염 및 환경훼손으로부터 환경을 보호하고 오염되거나 훼손된 환경을 개선함과 동시에 쾌적한 환경 상태를 유지·조성하기 위한 행위를 말한다.

① 환경복원　　② 환경보전
③ 환경개선　　④ 환경정화

해설 환경정책기본법 제3조(정의)
6. "환경보전"이란 환경오염 및 환경훼손으로부터 환경을 보호하고 오염되거나 훼손된 환경을 개선함과 동시에 쾌적한 환경 상태를 유지·조성하기 위한 행위를 말한다.

002 「환경정책기본법」상 용어의 정의 중 ( ) 안에 가장 적합한 것은?

> ( )이란 일정한 지역에서 환경오염 또는 환경훼손에 대하여 환경이 스스로 수용, 정화 및 복원하여 환경의 질을 유지할 수 있는 한계를 말한다.

① 환경기준　　② 환경용량
③ 환경보전　　④ 환경보존

해설 환경정책기본법 제3조(정의)
7. "환경용량"이란 일정한 지역에서 환경오염 또는 환경훼손에 대하여 환경이 스스로 수용, 정화 및 복원하여 환경의 질을 유지할 수 있는 한계를 말한다.

003 「환경정책기본법」상 "국민의 건강을 보호하고 쾌적한 환경을 조성하기 위하여 국가가 달성하고 유지하는 것이 바람직한 환경상의 조건 또는 질적 수준을 말한다."를 의미하는 것은?

① 환경기준　　② 환경한계
③ 환경용량　　④ 환경표준

해설 환경정책기본법 제3조(정의)
8. "환경기준"이란 국민의 건강을 보호하고 쾌적한 환경을 조성하기 위하여 국가가 달성하고 유지하는 것이 바람직한 환경상의 조건 또는 질적인 수준을 말한다.

004 「환경정책기본법」상 시·도지사가 해당 지역의 환경적 특수성을 고려하여 규정에 의한 환경기준보다 확대·강화된 별도의 환경기준을 설정할 경우, 누구에게 보고하여야 하는가?

① 기후에너지환경부장관
② 보건복지부장관
③ 국토교통부장관
④ 국무총리

해설 환경정책기본법 제12조(환경기준의 설정)
③ 특별시·광역시·특별자치시·도·특별자치도는 해당 지역의 환경적 특수성을 고려하여 필요하다고 인정할 때에는 해당 시·도의 조례로 환경기준보다 확대·강화된 별도의 환경기준(지역환경기준)을 설정 또는 변경할 수 있다.
④ 특별시장·광역시장·특별자치시장·도지사·특별자치도지사는 제3항에 따라 지역환경기준을 설정하거나 변경한 경우에는 이를 지체 없이 기후에너지환경부장관에게 통보하여야 한다.

005 「환경정책기본법」상 기후에너지환경부장관은 관계 중앙행정기관의 장과 협의하여 국가 차원의 환경보전을 위한 종합계획(국가환경종합계획)을 몇 년마다 수립하여야 하는가?

① 5년　　② 10년
③ 15년　　④ 20년

해설 환경정책기본법 제14조(국가환경종합계획의 수립 등)
① 기후에너지환경부장관은 관계 중앙행정기관의 장과 협의하여 국가 차원의 환경보전을 위한 종합계획(이하 "국가환경종합계획"이라 한다)을 20년마다 수립하여야 한다.

006 「환경정책기본법 시행령」상 대기 환경기준에 해당되지 않은 항목은?

① 탄화수소(HC)
② 아황산가스(SO_2)
③ 일산화탄소(CO)
④ 이산화질소(NO_2)

해설 환경정책기본법 시행령 [별표 1] 환경기준(제2조 관련)
1. 대기
항목(8 항목): 아황산가스(SO_2), 일산화탄소(CO), 이산화질소(NO_2), 미세먼지(PM-10), 미세먼지(PM-2.5), 오존(O_3), 납(Pb), 벤젠(C_6H_6)

007 「환경정책기본법 시행령」상 아황산가스(SO_2)의 대기환경기준(ppm)으로 옳은 것은? (단, ㉠ 연간, ㉡ 24시간, ㉢ 1시간의 평균치 기준)

① ㉠ 0.02 이하, ㉡ 0.05 이하, ㉢ 0.15 이하
② ㉠ 0.03 이하, ㉡ 0.15 이하, ㉢ 0.25 이하
③ ㉠ 0.06 이하, ㉡ 0.10 이하, ㉢ 0.15 이하
④ ㉠ 0.03 이하, ㉡ 0.06 이하, ㉢ 0.10 이하

해설 환경정책기본법 시행령 [별표 1] 환경기준(제2조 관련)
1. 대기

항목	기준
아황산가스(SO_2)	연간 평균치 0.02ppm 이하
	24시간 평균치 0.05ppm 이하
	1시간 평균치 0.15ppm 이하

08 「환경정책기본법 시행령」상 각 항목별 대기환경기준치 및 측정방법으로 옳지 않은 것은? (단, 기준치는 1시간 평균치)

① NO_2: 0.1ppm 이하, 화학발광법(Chemiluminescence Method)
② O_3: 0.06ppm 이하, 자외선광도법(Ultraviolet Photometric Method)
③ SO_2: 0.15ppm 이하, 자외선형광법(Ultraviolet fluorescence Method)
④ CO: 25ppm 이하, 비분산적외선분석법(Non-dispersive Infrared Method)

해설 환경정책기본법 시행령 [별표 1] 환경기준(제2조 관련)
1. 대기

오존(O_3)	8시간 평균치 0.06ppm 이하
	1시간 평균치 0.1ppm 이하

009 「환경정책기본법 시행령」상 대기환경기준(1시간 평균치 기준)의 연결로 옳은 것은? (단, ㉠ 아황산가스(SO_2), ㉡ 이산화질소(NO_2) 이다.)

① ㉠ 0.05ppm 이하, ㉡ 0.06ppm 이하
② ㉠ 0.06ppm 이하, ㉡ 0.05ppm 이하
③ ㉠ 0.10ppm 이하, ㉡ 0.15ppm 이하
④ ㉠ 0.15ppm 이하, ㉡ 0.10ppm 이하

해설 환경정책기본법 시행령 [별표 1] 환경기준(제2조 관련)
1. 대기

아황산가스(SO_2)	연간 평균치 0.02ppm 이하
	24시간 평균치 0.05ppm 이하
	1시간 평균치 0.15ppm 이하
이산화질소(NO_2)	연간 평균치 0.03ppm 이하
	24시간 평균치 0.06ppm 이하
	1시간 평균치 0.10ppm 이하

010 「환경정책기본법 시행령」상 이산화질소(NO_2)의 대기환경기준은? (단, 연간 평균치)

① 0.02ppm 이하
② 0.03ppm 이하
③ 0.05ppm 이하
④ 0.1ppm 이하

정답 006 ① 007 ① 008 ② 009 ④ 010 ②

해설 환경정책기본법 시행령 [별표 1] 환경기준(제2조 관련)
1. 대기

이산화질소(NO₂)	연간 평균치 0.03ppm 이하
	24시간 평균치 0.06ppm 이하
	1시간 평균치 0.10ppm 이하

011 「환경정책기본법 시행령」상 이산화질소(NO₂)의 대기환경기준은? (단, 24시간 평균치 기준)

① 0.03ppm 이하
② 0.05ppm 이하
③ 0.06ppm 이하
④ 0.10ppm 이하

해설 환경정책기본법 시행령 [별표 1] 환경기준(제2조 관련)
1. 대기

이산화질소(NO₂)	연간 평균치 0.03ppm 이하
	24시간 평균치 0.06ppm 이하
	1시간 평균치 0.10ppm 이하

012 「환경정책기본법 시행령」상 일산화탄소의 대기환경 기준은? (단, 8시간 평균치 기준)

① 5ppm 이하
② 9ppm 이하
③ 25ppm 이하
④ 35ppm 이하

해설 환경정책기본법 시행령 [별표 1] 환경기준(제2조 관련)
1. 대기

일산화탄소(CO)	8시간 평균치 9ppm 이하
	1시간 평균치 25ppm 이하

013 「환경정책기본법 시행령」상 미세먼지(PM-10)의 대기환경기준은? (단, 연간 평균치 기준)

① $10\mu g/m^3$ 이하
② $25\mu g/m^3$ 이하
③ $50\mu g/m^3$ 이하
④ $100\mu g/m^3$ 이하

해설 환경정책기본법 시행령 [별표 1] 환경기준(제2조 관련)
1. 대기

미세먼지(PM-10)	연간 평균치 $50\mu g/m^3$ 이하
	24시간 평균치 $100\mu g/m^3$ 이하

014 「환경정책기본법 시행령」상 미세먼지(PM-10)의 환경기준으로 옳은 것은? (단, 24시간 평균치)

① $100\mu g/m^3$ 이하
② $50\mu g/m^3$ 이하
③ $35\mu g/m^3$ 이하
④ $15\mu g/m^3$ 이하

해설 환경정책기본법 시행령 [별표 1] 환경기준(제2조 관련)
1. 대기

미세먼지(PM-10)	연간 평균치 $50\mu g/m^3$ 이하
	24시간 평균치 $100\mu g/m^3$ 이하

015 「환경정책기본법 시행령」상 초미세먼지(PM-2.5)의 연간 평균치 기준은?

① $15\mu g/m^3$ 이하
② $35\mu g/m^3$ 이하
③ $50\mu g/m^3$ 이하
④ $100\mu g/m^3$ 이하

해설 환경정책기본법 시행령 [별표 1] 환경기준(제2조 관련)
1. 대기

초미세먼지(PM-2.5)	연간 평균치 $15\mu g/m^3$ 이하
	24시간 평균치 $35\mu g/m^3$ 이하

정답 011 ③ 012 ② 013 ③ 014 ① 015 ①

서술형 빈출문제

016 「환경정책기본법 시행령」상 오존(O_3)의 환경기준 중 8시간 평균치 기준(㉠)과 1시간 평균치 기준(㉡)으로 옳은 것은?

① ㉠ 0.06ppm 이하, ㉡ 0.03ppm 이하
② ㉠ 0.06ppm 이하, ㉡ 0.1ppm 이하
③ ㉠ 0.03ppm 이하, ㉡ 0.01ppm 이하
④ ㉠ 0.03ppm 이하, ㉡ 0.1ppm 이하

해설 환경정책기본법 시행령 [별표 1] 환경기준(제2조 관련)
1. 대기

| 오존(O_3) | 8시간 평균치 0.06ppm 이하 |
| | 1시간 평균치 0.1ppm 이하 |

017 「환경정책기본법 시행령」상 납(Pb)의 대기환경기준으로 옳은 것은?

① 연간 평균치 $0.5\mu g/m^3$ 이하
② 3개월 평균치 $1.5\mu g/m^3$ 이하
③ 24시간 평균치 $1.5\mu g/m^3$ 이하
④ 8시간 평균치 $1.5\mu g/m^3$ 이하

해설 환경정책기본법 시행령 [별표 1] 환경기준(제2조 관련)
1. 대기

| 납(Pb) | 연간 평균치 $0.5\mu g/m^3$ 이하 |

018 「환경정책기본법 시행령」상 '벤젠'의 대기환경기준($\mu g/m^3$)은? (단, 연간 평균치)

① 1 이하   ② 3 이하
③ 5 이하   ④ 7 이하

해설 환경정책기본법 시행령 [별표 1] 환경기준(제2조 관련)
1. 대기

| 벤젠 | 연간 평균치 $5\mu g/m^3$ 이하 |

019 「환경정책기본법 시행령」상 대기환경기준으로 옳지 않은 것은?

구분	항목	기준	농도
㉠	CO	8시간 평균치	25ppm 이하
㉡	NO_2	24시간 평균치	0.06ppm 이하
㉢	PM-10	연간 평균치	$50\mu g/m^3$ 이하
㉣	C_6H_6	연간 평균치	$5\mu g/m^3$ 이하

① ㉠   ② ㉡
③ ㉢   ④ ㉣

해설 환경정책기본법 시행령 [별표 1] 환경기준(제2조 관련)
1. 대기

| 일산화탄소(CO) | 8시간 평균치 9ppm 이하 |
| | 1시간 평균치 25ppm 이하 |

020 「환경정책기본법 시행령」상 대기환경기준으로 옳지 않은 것은?

① 납(Pb)의 연간 평균치: $0.5\mu g/m^3$ 이하
② 오존(O_3)의 8시간 평균치: 0.06ppm 이하
③ 일산화탄소(CO)의 1시간 평균치: 25ppm 이하
④ 초미세먼지(PM-2.5)의 24시간 평균치: $50\mu g/m^3$ 이하

해설 환경정책기본법 시행령 [별표 1] 환경기준(제2조 관련)
1. 대기

| 초미세먼지(PM-2.5) | 연간 평균치 $15\mu g/m^3$ 이하 |
| | 24시간 평균치 $35\mu g/m^3$ 이하 |

정답 016 ② 017 ① 018 ③ 019 ① 020 ④

021 「환경정책기본법 시행령」상 환경기준으로 옳은 것은? (단, ㉠, ㉡은 대기환경기준, ㉢, ㉣은 수질 및 수생태계 '하천'에서의 사람의 건강보호기준이다.)

구분	항목	농도
㉠	O_3(1시간 평균치)	25ppm 이하
㉡	NO_2(1시간 평균치)	0.06ppm 이하
㉢	Cd	0.5mg/L 이하
㉣	Pb	0.05mg/L 이하

① ㉠
② ㉡
③ ㉢
④ ㉣

해설 환경정책기본법 시행령 [별표 1] 환경기준(제2조 관련)
㉠ O_3(1시간 평균치), 0.1ppm 이하
㉡ NO_2(1시간 평균치), 0.10ppm 이하
㉢ Cd, 0.005mg/L 이하

022 「환경정책기본법 시행령」상 대기환경기준에 관한 사항 중 옳지 않은 것은?

① 납의 연간 평균치 환경기준은 $0.5\mu g/m^3$ 이하이다.
② 미세먼지(PM-10)는 입자크기 5μm 이하인 먼지를 말한다.
③ 8시간 평균치는 99백분위수의 값이 그 기준을 초과해서는 안 된다.
④ 초미세먼지(PM-2.5)는 입자의 크기가 2.5μm 이하인 먼지를 말한다.

해설 환경정책기본법 시행령 [별표 1] 환경기준(제2조 관련)
1. 대기
비고 2. 미세먼지(PM-10)는 입자의 크기가 10μm 이하인 먼지를 말한다.

023 환경대기 중 아황산가스를 측정하는 주시험 방법으로 옳은 것은? (단, 대기오염공정 시험기준이다.)

① 비분산적외선분석법
② 화학발광법
③ 자외선형광법
④ 베타선흡수법

해설 환경대기 중 아황산가스의 주시험 방법은 자외선형광법이다.

024 「환경정책기본법 시행령」상 대기 환경기준 항목과 대기오염공정시험기준에서 그 측정방법이 주시험법인 것으로 옳게 짝지어진 것은?

① 오존 - 자외선광도법
② 미세먼지 - 화학발광법
③ 아황산가스 - 원자흡광광도법
④ 일산화탄소 - 비분산자외선분석법

해설
① 아황산가스 - 자외선형광법
② 일산화탄소 - 비분산적외선분석법
④ 미세먼지(주시험법이 없음) - 베타선법, 저용량공기시료채취기법

정답 021 ④ 022 ② 023 ③ 024 ①

05 실내공기질 관리법

001 「실내공기질 관리법」상 용어의 정의로 옳지 않은 것은?

① "공동주택"이라 함은 「건축법」에 따른 공동주택을 말한다.
② "다중이용시설"이라 함은 불특정다수인이 이용하는 시설을 말한다.
③ "오염물질"이라 함은 실내공간의 공기오염의 원인이 되는 가스와 떠다니는 입자상물질 등으로서 기후에너지환경부령이 정하는 것을 말한다.
④ "공기정화설비"라 함은 오염된 실내공기를 밖으로 내보내고 신선한 바깥공기를 실내로 끌어들여 실내공간의 공기를 쾌적한 상태로 유지시키는 설비를 말하며, 환기설비와 동일한 의미로 사용되는 것을 말한다.

해설 실내공기질 관리법 제2조(정의)
"공기정화설비"라 함은 실내공간의 오염물질을 없애거나 줄이는 설비로서 환기설비의 안에 설치되거나, 환기설비와는 따로 설치된 것을 말한다.

002 기후에너지환경부장관은 라돈으로 인한 건강피해가 우려되는 시·도가 있는 경우 해당 시·도지사에게 라돈관리계획을 수립하여 시행하도록 요청할 수 있다. 이때, 라돈관리계획에 포함되어야 하는 사항에 해당하지 않는 것은? (단, 그 밖에 라돈관리를 위해 시·도지사가 필요하다고 인정하는 사항은 제외한다.)

① 다중이용시설 및 공동주택 등의 현황
② 라돈으로 인한 건강피해의 방지 대책
③ 인체에 직접적인 영향을 미치는 라돈의 양
④ 라돈의 실내 유입 차단을 위한 시설 개량에 관한 사항

해설 실내공기질 관리법 제11조의9(라돈관리계획의 수립·시행 등)
② 관리계획에는 다음 각 호의 사항이 포함되어야 한다.
  1. 다중이용시설 및 공동주택 등의 현황
  2. 라돈으로 인한 실내공기오염 및 건강피해의 방지 대책
  3. 라돈의 실내 유입 차단을 위한 시설 개량에 관한 사항
  4. 그 밖에 라돈관리를 위하여 시·도지사가 필요하다고 인정하는 사항

003 「실내공기질 관리법」상 시·도지사는 다중이용시설이 규정에 따른 공기질 유지기준에 맞지 아니하게 관리되는 경우에는 기후에너지환경부령이 정하는 바에 따라 기간을 정하여 그 다중이용시설의 소유자 등에게 환기설비의 개선 등의 개선명령을 할 수 있는데, 이 개선명령을 이행하지 아니한 사업자에 대한 벌칙기준으로 옳은 것은?

① 7년 이하의 징역 또는 7천만 원 이하의 벌금
② 5년 이하의 징역 또는 5천만 원 이하의 벌금
③ 1년 이하의 징역 또는 1천만 원 이하의 벌금
④ 200만 원 이하의 벌금

해설 실내공기질 관리법 제14조(벌칙)
① 다음 각 호의 어느 하나에 해당하는 자는 1년 이하의 징역 또는 1천만 원 이하의 벌금에 처한다.
1. 개선명령을 이행하지 아니한 자

004 「실내공기질 관리법」상 다중이용시설을 설치하는 자는 기후에너지환경부령으로 정한 기준을 초과한 오염물질방출 건축자재를 사용해서는 안 되는데, 이 규정을 위반하여 건축자재를 공급한 자에 대한 벌칙기준으로 옳은 것은?

① 2천만 원 이하의 과태료
② 500만 원 이하의 과태료
③ 200만 원 이하의 과태료
④ 100만 원 이하의 과태료

정답 001 ④ 002 ③ 003 ③ 004 ①

해설 실내공기질 관리법 제16조(과태료)
① 다음 각 호의 어느 하나에 해당하는 자에게는 2천만 원 이하의 과태료를 부과한다.
2. 건축자재의 오염물질 방출 여부를 확인받지 아니하거나 거짓으로 확인받고 건축자재를 공급한 자

005 「실내공기질 관리법 시행령」상 이 법의 적용대상이 되는 시설 중 '대통령령이 정하는 규모의 것'에 해당하지 않는 것은?

① 공항시설 중 연면적 1천 5백제곱미터 이상인 여객터미널
② 연면적 430제곱미터 이상인 어린이집, 실내 어린이놀이시설
③ 여객자동차터미널의 연면적 1천 5백제곱미터 이상이 대합실
④ 연면적 2천제곱미터 이상이거나 병상수 100개 이상인 의료기관

해설 실내공기질 관리법 시행령 제2조(적용대상)
4. 여객자동차터미널의 연면적 2천제곱미터 이상인 대합실

006 「실내공기질 관리법 시행령」상 적용대상이 되는 대통령령이 정하는 규모 기준으로 옳지 않은 것은?

① 철도역사의 연면적 2천제곱미터 이상인 대합실
② 항만시설 중 연면적 5천제곱미터 이상인 대합실
③ 연면적 1천제곱미터 이상인 실내주차장(기계식 주차장을 포함한다.)
④ 연면적 2천제곱미터 이상인 지하도상가(연속되어 있는 둘 이상의 지하도상가의 연면적 합계가 2천제곱미터 이상인 경우를 포함한다.)

해설 실내공기질 관리법 시행령 제2조(적용대상)
19. 연면적 2천제곱미터 이상인 실내주차장(기계식 주차장은 제외한다.)

007 「실내공기질 관리법 시행령」상 관리법령상 대통령령이 정하는 규모의 다중이용시설에 해당되지 않는 것은?

① 여객자동차터미널의 연면적 2천2백 제곱미터인 대합실
② 공항시설 중 연면적 1천1백 제곱미터인 여객터미널
③ 철도역사의 연면적 2천2백 제곱미터인 대합실
④ 모든 지하역사

해설 실내공기질 관리법 시행령 제2조(적용대상)
6. 공항시설 중 연면적 1천5백 제곱미터 이상인 여객터미널

008 「실내공기질 관리법 시행령」상 관리법규'상 오염물질 방출 건축자재가 널리 유통되어 사용되는 경우로서 국민의 건강 보호를 위하여 긴급한 필요가 있다고 인정하는 경우 공표 시 포함하여야 하는 사항으로 옳지 않은 것은?

① 회수 등의 조치를 나타내는 표제
② 건축자재명 및 제조·수입업자의 상호
③ 건축자재 회수 등의 조치를 명령한 사유
④ 건축자재의 규격, 구성성분 및 제조공정

해설 실내공기질 관리법 시행령 제7조의4(오염물질 방출 건축자재의 공표)
기후에너지환경부장관은 다음 각 호의 사항을 인터넷 홈페이지에 게시하거나 관보에 게재하는 방식으로 공표할 수 있다.
1. 회수 등의 조치를 나타내는 표제
2. 건축자재명 및 제조·수입업자의 상호
3. 건축자재 회수 등의 조치를 명령한 사유
4. 오염물질 채취·검사 결과 및 일시
5. 확인 등의 일시, 표지를 붙여 공급한 시점 등 건축자재 회수 등의 조치에 필요한 제조·수입에 관한 정보

009 「실내공기질 관리법 시행규칙」상 '실내공기질 관리법규'상 '공동주택의 소유자'에게 권고하는 실내 라돈 농도의 기준으로 옳은 것은?

① 1세제곱미터당 148베크렐 이하
② 1세제곱미터당 248베크렐 이하
③ 1세제곱미터당 500베크렐 이하
④ 1세제곱미터당 600베크렐 이하

[해설] 실내공기질 관리법 시행규칙 제10조의12(실내 라돈 농도의 권고기준)
다중이용시설 또는 공동주택의 소유자등에게 권고하는 실내 라돈 농도의 기준은 다음 각 호의 구분에 따른다.
2. 공동주택의 소유자 등: 1세제곱미터당 148베크렐 이하

010 「실내공기질 관리법 시행규칙」상 실내공기질의 측정사항이다. ( ) 안에 알맞은 것은?

> 다중이용시설의 소유자 등은 실내공기질을 측정을 하는 경우에는 권고기준의 오염물질 항목에 해당하면 (㉠)에 한 번 측정하여야 한다. 또한 다중이용시설의 소유자 등은 실내공기질 측정결과를 (㉡) 보존해야 한다.

① ㉠ 1년, ㉡ 5년간
② ㉠ 2년, ㉡ 10년간
③ ㉠ 3년, ㉡ 5년간
④ ㉠ 4년, ㉡ 10년간

[해설] 실내공기질 관리법 시행규칙 제11조(실내공기질의 측정)
③ 다중이용시설의 소유자 등은 실내공기질을 측정을 하는 경우에는 권고기준의 오염물질 항목에 해당하면 2년에 한 번 측정하여야 한다.
⑥ 다중이용시설의 소유자 등은 실내공기질 측정결과를 10년간 보존해야 한다. 이 경우 실내공기질 측정결과를 실내공기질 관리종합정보망에 입력한 경우에는 기록·보존 의무를 이행한 것으로 본다.

011 실내공기질 유지기준의 오염물질 항목으로만 짝지어진 것은?

① 미세먼지, 라돈
② 일산화탄소, 석면
③ 오존, 총부유세균
④ 이산화탄소, 폼알데하이드

[해설] 실내공기질 관리법 시행규칙 [별표 2] 실내공기질 유지기준(제3조 관련)
오염물질항목: 미세먼지(PM-10) ($\mu g/m^3$), 미세먼지(PM-2.5) ($\mu g/m^3$), 이산화탄소(ppm), 폼알데하이드($\mu g/m^3$), 총부유세균(CFU/m^3), 일산화탄소(ppm)

012 「실내공기질 관리법 시행규칙」상 노인요양시설 내부의 쾌적한 공기질을 유지하기 위한 실내공기질 유지기준이 설정된 오염물질로 옳지 않은 것은?

① 미세먼지(PM-10) ② 폼알데하이드
③ 이산화질소   ④ 총부유세균

[해설] 실내공기질 관리법 시행규칙 [별표 2] 실내공기질 유지기준(제3조 관련)
오염물질항목: 미세먼지(PM-10) ($\mu g/m^3$), 미세먼지(PM-2.5) ($\mu g/m^3$), 이산화탄소(ppm), 폼알데하이드($\mu g/m^3$), 총부유세균(CFU/m^3), 일산화탄소(ppm)

013 「실내공기질 관리법 시행규칙」상 어린이집 내부의 쾌적한 공기질을 유지하기 위한 실내공기질 유지기준이 설정된 오염물질로 옳지 않은 것은?

① PM-10   ② HCHO
③ TVOCs   ④ 총부유세균

[해설] 실내공기질 관리법 시행규칙 [별표 2] 실내공기질 유지기준(제3조 관련)
오염물질항목: 미세먼지(PM-10) ($\mu g/m^3$), 미세먼지(PM-2.5) ($\mu g/m^3$), 이산화탄소(ppm), 폼알데하이드($\mu g/m^3$), 총부유세균(CFU/m^3), 일산화탄소(ppm)
총휘발성유기화합물(TVOCs)은 유지기준에 설정되지 않았다.

014 「실내공기질 관리법 시행규칙」상 노인전문병원의 미세먼지(PM-10) ($\mu g/m^3$) 실내공기질 유지기준은?

① 150 이하
② 120 이하
③ 100 이하
④ 75 이하

> **해설** 실내공기질 관리법 시행규칙 [별표 2] 실내공기질 유지기준(제3조 관련)
> • 오염물질항목(의료기관 기준):
>   미세먼지(PM-10) ($\mu g/m^3$) 75 이하

015 「실내공기질 관리법 시행규칙」상 의료기관의 폼알데하이드(HCHO) ($\mu g/m^3$)의 실내공기질 유지기준은?

① 50 이하
② 60 이하
③ 70 이하
④ 80 이하

> **해설** 실내공기질 관리법 시행규칙 [별표 2] 실내공기질 유지기준(제3조 관련)
> • 오염물질항목(의료기관 기준):
>   폼알데하이드($\mu g/m^3$) 80 이하

016 「실내공기질 관리법 시행규칙」상 실내주차장의 ㉠ PM-10($\mu g/m^3$), ㉡ CO(ppm)에 대한 실내공기질 유지기준으로 옳은 것은?

① ㉠ 100 이하, ㉡ 10 이하
② ㉠ 100 이하, ㉡ 25 이하
③ ㉠ 200 이하, ㉡ 10 이하
④ ㉠ 200 이하, ㉡ 25 이하

> **해설** 실내공기질 관리법 시행규칙 [별표 2] 실내공기질 유지기준(제3조 관련)
> • 오염물질항목(실내주차장 기준):
>   미세먼지(PM-10) ($\mu g/m^3$) 200 이하
>   일산화탄소(CO) (ppm) 25 이하

017 「실내공기질 관리법 시행규칙」상 '어린이집'의 실내공기질 유지기준으로 옳은 것은?

① CO(ppm) - 25 이하
② HCHO($\mu g/m^3$) - 150 이하
③ PM-10($\mu g/m^3$) - 150 이하
④ 총부유세균(CFU/m^3) - 800 이하

> **해설** 실내공기질 관리법 시행규칙 [별표 2] 실내공기질 유지기준(제3조 관련)
> • 오염물질항목(어린이집 기준):
>   미세먼지(PM-10) ($\mu g/m^3$) 75 이하
>   일산화탄소(CO) (ppm) 10 이하
>   폼알데하이드(HCHO) ($\mu g/m^3$) 80 이하

018 「실내공기질 관리법 시행규칙」상 '실내주차장'에서 미세먼지(PM-2.5)의 실내공기질 유지기준은?

① 200$\mu g/m^3$ 이하
② 100$\mu g/m^3$ 이하
③ 25$\mu g/m^3$ 이하
④ 설정기준 없음

> **해설** 실내공기질 관리법 시행규칙 [별표 2] 실내공기질 유지기준(제3조 관련)
> • 오염물질항목(실내주차장 기준):
>   미세먼지(PM-2.5) ($\mu g/m^3$) 설정기준 없음

019 「실내공기질 관리법 시행규칙」상 '영화상영관'의 실내공기질 유지기준($\mu g/m^3$)은? (단, 항목은 미세먼지(PM-2.5) ($\mu g/m^3$)이다.)

① 10 이하
② 25 이하
③ 50 이하
④ 75 이하

> **해설** 실내공기질 관리법 시행규칙 [별표 2] 실내공기질 유지기준(제3조 관련)
> • 오염물질항목(영화상영관 기준):
>   미세먼지(PM-2.5) ($\mu g/m^3$) 50 이하

정답 014 ④ 015 ④ 016 ④ 017 ④ 018 ④ 019 ③

서술형 빈출문제

020 「실내공기질 관리법 시행규칙」상 '목욕장업의 영업시설'의 일산화탄소 실내공기질 유지기준은?

① 10ppm 이하
② 25ppm 이하
③ 100ppm 이하
④ 150ppm 이하

해설 실내공기질 관리법 시행규칙 [별표 2] 실내공기질 유지기준(제3조 관련)
- 오염물질항목(목욕장업의 영업시설 기준):
  일산화탄소(ppm) 10 이하

021 「실내공기질 관리법 시행규칙」상 실내공기질 유지기준으로 옳지 않은 것은? (단, 대규모 점포 기준)

① CO(ppm): 10 이하
② CO_2(ppm): 1,000 이하
③ PM-2.5($\mu g/m^3$): 50 이하
④ HCHO($\mu g/m^3$): 120 이하

해설 실내공기질 관리법 시행규칙 [별표 2] 실내공기질 유지기준(제3조 관련)
- 오염물질항목(대규모 점포 기준):
  폼알데하이드(HCHO) ($\mu g/m^3$): 100 이하

022 「실내공기질 관리법 시행규칙」상 '산후조리원'의 실내공기질 권고기준으로 옳지 않은 것은?

① 라돈(Rn) (Bq/m^3): 200 이하
③ 곰팡이 (CFU/m^3): 500 이하
② 이산화질소(NO_2) (ppm): 0.05 이하
④ 총휘발성유기화합물 ($\mu g/m^3$): 400 이하

해설 실내공기질 관리법 시행규칙 [별표 3] 실내공기질 권고기준(제4조 관련)
- 오염물질 항목(산후조리원 기준):
  Rn(Bq/m^3) 148 이하

023 「실내공기질 관리법 시행규칙」상 도서관·박물관 및 미술관에서의 총휘발성유기화합물(VOC) ($\mu g/m^3$)의 실내공기질 권고기준은?

① 400 이하
② 500 이하
③ 600 이하
④ 1,000 이하

해설 실내공기질 관리법 시행규칙 [별표 3] 실내공기질 권고기준(제4조 관련)
- 오염물질 항목(도서관·박물관 및 미술관 기준):
  총휘발성유기화합물(VOC) ($\mu g/m^3$) 500 이하

024 「실내공기질 관리법 시행규칙」상 '어린이집'의 이산화질소 실내공기질 권고기준(ppm)은?

① 0.01 이하
② 0.02 이하
③ 0.03 이하
④ 0.05 이하

해설 실내공기질 관리법 시행규칙 [별표 3] 실내공기질 권고기준(제4조 관련)
- 오염물질 항목(어린이집 기준):
  이산화질소(NO_2) (ppm) 0.02 이하

025 「실내공기질 관리법 시행규칙」상 실내주차장의 실내공기질 권고기준으로 옳지 않은 것은?

① 라돈(Bq/m^3): 148 이하
② 곰팡이(CFU/m^3) : 500 이하
③ 이산화질소(ppm): 0.30 이하
④ 총휘발성유기화합물($\mu g/m^3$): 1,000 이하

해설 실내공기질 관리법 시행규칙 [별표 3] 실내공기질 권고기준(제4조 관련)
- 오염물질 항목(실내주차장 기준):
  곰팡이(CFU/m^3) : 설정기준 없음

정답 020 ① 021 ④ 022 ① 023 ② 024 ② 025 ②

026 「실내공기질 관리법 시행규칙」상 '인터넷컴퓨터게임시설제공업 영업시설'의 총휘발성유기화합물($\mu g/m^3$)에 대한 실내공기질 권고기준은?

① 300 이하
② 400 이하
③ 500 이하
④ 1,000 이하

해설 실내공기질 관리법 시행규칙 [별표 3] 실내공기질 권고기준(제4조 관련)
• 오염물질 항목(인터넷컴퓨터게임시설제공업 영업시설 기준):
  총휘발성유기화합물($\mu g/m^3$) 500 이하

027 「실내공기질 관리법 시행규칙」상 실내주차장에서의 총휘발성유기화합물($\mu g/m^3$)의 실내공기질 권고기준은?

① 600 이하
② 800 이하
③ 1,000 이하
④ 1,200 이하

해설 실내공기질 관리법 시행규칙 [별표 3] 실내공기질 권고기준(제4조 관련)
• 오염물질 항목(실내주차장 기준):
  총휘발성유기화합물($\mu g/m^3$) 1,000 이하

028 「실내공기질 관리법 시행규칙」상 '산후조리원'의 현행 실내공기질 권고기준으로 옳지 않은 것은?

① 라돈(Bq/m^3): 5.0 이하
② 곰팡이(CFU/m^3): 500 이하
③ 이산화질소(ppm): 0.05 이하
④ 총휘발성유기화합물($\mu g/m^3$): 400 이하

해설 실내공기질 관리법 시행규칙 [별표 3] 실내공기질 권고기준(제4조 관련)
• 오염물질 항목(산후조리원 기준):
  라돈(Bq/m^3) 148 이하

029 「실내공기질 관리법 시행규칙」상 '의료기관'의 라돈(Bq/m^3)항목 실내공기질 권고기준은?

① 148 이하
② 400 이하
③ 500 이하
④ 1,000 이하

해설 실내공기질 관리법 시행규칙 [별표 3] 실내공기질 권고기준(제4조 관련)
• 오염물질 항목(의료기관 기준):
  라돈(Bq/m^3) 148 이하

030 「실내공기질 관리법 시행규칙」상 신축 공동주택의 실내공기질 권고기준으로 옳은 것은?

① 폼알데하이드 $300\mu g/m^3$ 이하
② 에틸벤젠 $360\mu g/m^3$ 이하
③ 스티렌 $700\mu g/m^3$ 이하
④ 벤젠 $50\mu g/m^3$ 이하

해설 실내공기질 관리법 시행규칙 [별표 4의2] 신축 공동주택의 실내공기질 권고기준(제7조의2 관련)
1. 폼알데하이드 $210\mu g/m^3$ 이하
2. 벤젠 $30\mu g/m^3$ 이하
3. 톨루엔 $1,000\mu g/m^3$ 이하
4. 에틸벤젠 $360\mu g/m^3$ 이하
5. 자일렌 $700\mu g/m^3$ 이하
6. 스티렌 $300\mu g/m^3$ 이하
7. 라돈 $148Bq/m^3$ 이하

031 「실내공기질 관리법 시행규칙」상 신축공동주택의 오염물질 항목별 실내공기질 권고기준으로 옳지 않은 것은?

① 폼알데하이드 : $300\mu g/m^3$ 이하
② 에틸벤젠 : $360\mu g/m^3$ 이하
③ 자일렌 : $700\mu g/m^3$ 이하
④ 벤젠 : $30\mu g/m^3$ 이하

정답 026 ③ 027 ③ 028 ③ 029 ① 030 ② 031 ①

해설 실내공기질 관리법 시행규칙 [별표 4의2] 신축 공동주택의 실내공기질 권고기준(제7조의2 관련)
1. 폼알데하이드 210μg/m³ 이하

032 「실내공기질 관리법 시행규칙」상 '벤젠'의 신축 공동주택의 실내공기질 권고기준은?

① 30μg/m³ 이하
② 210μg/m³ 이하
③ 300μg/m³ 이하
④ 360μg/m³ 이하

해설 실내공기질 관리법 시행규칙 [별표 4의2] 신축 공동주택의 실내공기질 권고기준(제7조의2 관련)
2. 벤젠 30μg/m³ 이하

033 「실내공기질 관리법 시행규칙」상 신축 공동주택의 실내공기질 권고기준 중 '에틸벤젠' 기준으로 옳은 것은?

① 210μg/m³ 이하
② 300μg/m³ 이하
③ 360μg/m³ 이하
④ 700μg/m³ 이하

해설 실내공기질 관리법 시행규칙 [별표 4의2] 신축 공동주택의 실내공기질 권고기준(제7조의2 관련)
4. 에틸벤젠 360μg/m³ 이하

034 「실내공기질 관리법 시행규칙」상 폼알데하이드의 신축 공동주택의 실내공기질 권고기준은?

① 30μg/m³ 이하
② 210μg/m³ 이하
③ 360μg/m³ 이하
④ 700μg/m³ 이하

035 「실내공기질 관리법 시행규칙」상 자일렌 항목의 신축 공동주택의 실내공기질 권고기준은?

① 30μg/m³ 이하
② 210μg/m³ 이하
③ 300μg/m³ 이하
④ 700μg/m³ 이하

해설 실내공기질 관리법 시행규칙 [별표 4의2] 신축 공동주택의 실내공기질 권고기준(제7조의2 관련)
5. 자일렌 700μg/m³ 이하

036 「실내공기질 관리법 시행규칙」상 신축 공동주택의 실내공기질 권고기준으로 옳은 것은?

① 벤젠 30μg/m³ 이하
② 스티렌 210μg/m³ 이하
③ 에틸벤젠 700μg/m³ 이하
④ 폼알데하이드 300μg/m³ 이하

해설 실내공기질 관리법 시행규칙 [별표 4의2] 신축 공동주택의 실내공기질 권고기준(제7조의2 관련)
② 스티렌 210μg/m³ 이하 → 300μg/m³ 이하
③ 에틸벤젠 700μg/m³ 이하 → 360μg/m³ 이하
④ 폼알데하이드 300μg/m³ 이하 → 210μg/m³ 이하

037 「실내공기질 관리법 시행규칙」상 신축공동주택의 실내공기질 권고기준으로 옳지 않은 것은?

① 자일렌: 600μg/m³ 이하
② 스티렌: 300μg/m³ 이하
③ 에틸벤젠: 360μg/m³ 이하
④ 톨루엔: 1,000μg/m³ 이하

정답 032 ① 033 ③ 034 ② 035 ④ 036 ① 037 ①

해설 실내공기질 관리법 시행규칙 [별표 4의2] 신축 공동주택의 실내공기질 권고기준(제7조의2 관련)
자일렌: 600μg/m³ 이하 → 700μg/m³ 이하

038 「실내공기질 관리법 시행규칙」상 건축자재의 오염물질 방출기준 중 페인트의 ㉠ 톨루엔, ㉡ 총휘발성유기화합물 기준으로 옳은 것은? (단, 단위는 mg/m² · h이다.)

① ㉠ 0.05 이하, ㉡ 4.0 이하
② ㉠ 0.05 이하, ㉡ 20.0 이하
③ ㉠ 0.08 이하, ㉡ 2.5 이하
④ ㉠ 0.08 이하, ㉡ 20.0 이하

해설 실내공기질 관리법 시행규칙 [별표 5] 건축자재의 오염물질 방출기준(제10조제1항 관련)
페인트(오염물질 종류: 폼알데하이드 0.02 이하, 톨루엔 0.08 이하, 총휘발성유기화합물 2.5 이하)
비고 오염물질의 종류별 측정단위는 mg/m² · h로 한다.

039 「실내공기질 관리법 시행규칙」상 건축자재의 오염물질 방출기준이다. ( ) 안에 알맞은 것은? (단, 단위는 mg/m² · h이다.)

오염물질 종류	접착제	바닥재
폼알데하이드	0.02 이하	(㉠)
총휘발성유기화합물	(㉡)	(㉢)

① ㉠ 0.02 이하, ㉡ 1.0 이하, ㉢ 2.0 이하
② ㉠ 0.02 이하, ㉡ 2.0 이하, ㉢ 4.0 이하
③ ㉠ 0.05 이하, ㉡ 3.0 이하, ㉢ 2.0 이하
④ ㉠ 0.05 이하, ㉡ 4.0 이하, ㉢ 4.0 이하

해설 실내공기질 관리법 시행규칙 [별표 5] 건축자재의 오염물질 방출기준(제10조제1항 관련)

구분	폼알데하이드	톨루엔	총휘발성유기화합물
1. 접착제	0.02 이하	0.08 이하	2.0 이하
2. 페인트	0.02 이하	0.08 이하	2.5 이하
3. 실란트	0.02 이하	0.08 이하	1.5 이하
4. 퍼티	0.02 이하	0.08 이하	20.0 이하
5. 벽지	0.02 이하	0.08 이하	4.0 이하
6. 바닥재	0.02 이하	0.08 이하	4.0 이하

040 「실내공기질 관리법 시행규칙」상 건축자재의 오염물질 방출기준 중 ( ) 안에 알맞은 것은? (단, 단위는 mg/m² · h이다.)

오염물질 종류	페인트	벽지
톨루엔	0.08 이하	(㉠)
총휘발성유기화합물	(㉡)	(㉢)

① ㉠ 0.02 이하, ㉡ 2.0 이하, ㉢ 2.5 이하
② ㉠ 0.02 이하, ㉡ 2.5 이하, ㉢ 4.0 이하
③ ㉠ 0.08 이하, ㉡ 2.0 이하, ㉢ 2.5 이하
④ ㉠ 0.08 이하, ㉡ 2.5 이하, ㉢ 4.0 이하

해설 실내공기질 관리법 시행규칙 [별표 5] 건축자재의 오염물질 방출기준(제10조제1항 관련)

구분	폼알데하이드	톨루엔	총휘발성유기화합물
페인트	0.02 이하	0.08 이하	2.5 이하
벽지	0.02 이하	0.08 이하	4.0 이하

정답 038 ③ 039 ② 040 ④

계산형 빈출문제

대기오염의 특성 및 현황

001 가장 높은 압력을 나타내는 것은?

① 15psi   ② 76kPa
③ 76torr   ④ 1,000mbar

해설 1기압 = 1atm = 14.7psi = 101,325Pa = 760torr(mmHg) = 1013.25mbar(hPa) = 1kg/cm²에서 가장 높은 압력을 나타내는 것은 15psi이다.

002 비중이 가장 적은 기체는?

① NH_3 ② NO
③ H_2S ④ SO_2

해설 기체의 비중은 공기의 분자량을 1로 하였을 때이므로 비중이 가장 적은 기체는 분자량이 가장 적은 기체이다.
NH_3(M.W=17), NO(M.W=30), H_2S(M.W=34), SO_2(M.W=64)

003 지름이 1.0μm이고 밀도가 10^6g/m³인 물방울이 공기 중에서 지표로 자유낙하 할 때 Reynolds 수는? (단, 공기의 점도는 0.0172g/m·s, 밀도는 1.29kg/m³이다.)

① 1.9×10^{-6} ② 2.4×10^{-6}
③ 1.9×10^{-5} ④ 2.4×10^{-5}

해설 물방울이 공기 중에서 지표로 자유낙하 할 때 침강속도는

$$V_g = \frac{g \times d^2 \times (\rho_p - \rho_g)}{18 \times \mu}$$

$$= \frac{9.8 \times (1 \times 10^{-6})^2 \times (10^3 - 1.29)}{18 \times 0.0172 \times 10^{-3}}$$

$$= 3.16 \times 10^{-5} [m/s]$$

레이놀즈 수(Reynolds number)는 관성력과 점성력의 비로서, 일반적으로 N_{Re} 또는 R_e로 표시하며 무차원 수이므로

$$N_{Re} = \frac{\rho V d}{\mu} = \frac{1.29 \times 3.16 \times 10^{-5} \times 1 \times 10^{-6}}{0.0172 \times 10^{-3}}$$

$$= 2.37 \times 10^{-6}$$

004 염화수소 1V/Vppm에 상당하는 W/Wppm은? (단, 표준상태 기준, 공기의 밀도는 1.293 kg/m³)

① 약 0.76   ② 약 0.93
③ 약 1.26   ④ 약 1.64

해설 1V/Vppm = $\frac{1L \; HCl}{10^6 L \; 공기}$ 에서 먼저 0℃, 1기압 조건에서 1L HCl의 질량을 계산한다.

1L $HCl \times \frac{1mol}{22.4L} \times \frac{36.5g}{1mol} = 1.6295g \; HCl$

다음으로 10^6L 공기의 질량을 계산한다.

$\rho = \frac{M}{V}$ 에서 $M = V \times \rho$

$= 10^6 L \times \frac{1m^3}{1,000L} \times 1.293kg/m^3 = 1,293kg = 1,293,000g$ 공기

∴ W/Wppm = $\frac{1.6295g \; HCl}{1,293,000g \; 공기} \times 10^6 = 1.26$ W/Wppm

005 이산화황 1V/Vppm에 상당하는 W/Wppm으로 옳은 것은? (단, 0℃, 1기압, 공기밀도 1.293kg/m³ 기준)

① 1.18   ② 1.81
③ 2.21   ④ 2.46

정답 001 ① 002 ① 003 ② 004 ③ 005 ③

해설 $1V/Vppm = \dfrac{1L\ SO_2}{10^6 L\ 공기}$ 에서 먼저 0℃, 1기압 조건에서 1L SO_2의 질량을 계산한다.

$1L\ SO_2 \times \dfrac{1mol}{22.4L} \times \dfrac{64g}{1mol} = 2.8571g\ SO_2$

다음으로 $10^6 L$ 공기의 질량을 계산한다.

$\rho = \dfrac{M}{V}$ 에서

$M = V \times \rho = 10^6 L \times \dfrac{1m^3}{1,000L} \times 1.293 kg/m^3$

$= 1.293 kg = 1,293,000 g$ 공기

∴ $W/Wppm = \dfrac{2.8571g\ SO_2}{1,293,000g\ 공기} \times 10^6 = 2.21 W/Wppm$

006 표준상태에서 일산화탄소 12ppm은 몇 $\mu g/Sm^3$인가?

① 12,000
② 15,000
③ 20,000
④ 22,400

해설 $CO(\mu g/m^3) = 12 \times \dfrac{28}{22.4} \times 10^3 = 15,000 [\mu g/m^3]$

007 0℃, 1기압 하에서 SO_2 20ppm은 몇 mg/Nm^3인가?

① 57.14
② 41.33
③ 30.66
④ 26.62

해설 $SO_2[mg/m^3] = 20 \times \dfrac{64}{22.4} = 57.14 [mg/m^3]$

008 180℃, 0.8atm에서 SO_2 농도가 $0.25 g/m^3$이라면 표준상태에서는 몇 ppm인가?

① 167.4
② 181.5
③ 201.8
④ 225.2

해설 SO_2 농도 $= 0.25 \times 10^3 \times \dfrac{22.4}{64} \times \dfrac{273+180}{273} \times \dfrac{1}{0.8}$

$= 181.5 [ppm]$

009 200℃, 1atm에서 이산화황의 농도가 $2.0 g/m^3$이다. 표준상태에서는 약 몇 ppm인가?

① 986
② 1,213
③ 1,759
④ 2,314

해설 SO_2 농도 $= 2 \times 10^3 \times \dfrac{22.4}{64} \times \dfrac{273+200}{273}$

$= 1,213 [ppm]$

010 대도시의 아황산가스(SO_2)의 평균농도가 0℃, 1기압에서 0.1ppm이다. 이 농도를 $\mu g/m^3$의 단위로 환산하면?

① $168 \mu g/m^3$
② $286 \mu g/m^3$
③ $324 \mu g/m^3$
④ $348 \mu g/m^3$

해설 $SO_2(\mu g/m^3) = 0.1 \times \dfrac{64}{22.4} \times 10^3 = 285.7 [\mu g/m^3]$

011 20℃, 750mmHg에서 이산화황의 농도를 측정한 결과 0.02ppm이었다. 이를 mg/m^3로 환산한 값은?

① 0.008
② 0.013
③ 0.053
④ 0.157

해설 SO_2 농도 $= 0.02 \times \dfrac{64}{22.4} \times \dfrac{273}{273+20} \times \dfrac{750}{760}$

$= 0.053 [mg/m^3]$

012 표준상태에서 SO_2 농도가 $1.57 g/m^3$라면 몇 ppm인가?

① 250
② 350
③ 450
④ 550

해설 SO_2 농도 $= 1.57 \times 10^3 \times \dfrac{22.4}{64} = 550 [ppm]$

013 0℃, 1기압에서 $1m^3$의 대기시료를 채취하여 SO_2를 검출한 결과 SO_2가 3.5mg 검출되었다. 이를 부피/부피분율의 단위 농도로 환산한 값은?

① 약 0.6ppm ② 약 1.2ppm
③ 약 2.9ppm ④ 약 4.2ppm

해설 SO_2 농도 $= 3.5 \times \dfrac{22.4}{64} = 1.23$(ppm)

014 20℃, 750mmHg에서 측정한 NO의 농도가 0.5ppm이다. 이때 NO의 농도($\mu g/Sm^3$)는?

① 약 463 ② 약 524
③ 약 553 ④ 약 616

해설 NO 농도 $= 0.5 \times \dfrac{30}{22.4} \times \dfrac{273}{273+20} \times \dfrac{750}{760}$
$= 0.616(mg/Sm^3) = 616 \mu g/m^3$

015 이산화질소(NO_2)의 1.0V/Vppm에 상당하는 W/Wppm 값은? (단, 0℃, 1.0기압, 공기밀도 $1.293kg/m^3$)

① 1.59 ② 1.67
③ 1.86 ④ 1.96

해설 $1V/Vppm = \dfrac{1L\ NO_2}{10^6 L\ 공기}$에서 먼저 0℃, 1기압 조건에서 $1L\ NO_2$의 질량을 계산한다.

$1L\ NO_2 \times \dfrac{1mol}{22.4L} \times \dfrac{46g}{1mol} = 2.0536g\ NO_2$

다음으로 $10^6 L$ 공기의 질량을 계산한다.

$\rho = \dfrac{M}{V}$에서

$M = V \times \rho = 10^6 L \times \dfrac{1m^3}{1,000L} \times 1.293kg/m^3$
$= 1,293kg = 1,293,000g$ 공기

∴ W/Wppm $= \dfrac{2.0536g\ NO_2}{1,293,000g\ 공기} \times 10^6 = 1.59$ W/Wppm

016 표준상태에서 NO_2 농도가 $0.5g/m^3$이다. 150℃, 0.8atm에서 NO_2 농도(ppm)는?

① 472 ② 492
③ 570 ④ 595

해설 NO_2 농도 $= 0.5 \times 10^3 \times \dfrac{22.4}{46} \times \dfrac{273+150}{273} \times \dfrac{1}{0.8}$
$= 472$(ppm)

017 대기 중의 이산화질소를 분석한 결과 20℃, 1기압에서 $3\mu g/m^3$ 농도였다. 이 농도값은 약 몇 ppm인가?

① 0.0843 ② 0.00098
③ 0.001045 ④ 0.001568

해설 NO_2 농도 $= 3 \times 10^{-3} \times \dfrac{22.4}{46} \times \dfrac{273+20}{273}$
$= 0.001568$(ppm)

018 A 사업장 내 굴뚝에서의 이산화질소 배출가스가 표준상태에서 $44mg/Sm^3$로 일정하게 배출되고 있다. 이 농도를 ppm 단위로 환산하면?

① 21.4ppm ② 24.4ppm
③ 44.8ppm ④ 48.8ppm

해설 NO_2 농도 $= 44 \times \dfrac{22.4}{46} = 21.4$(ppm)

019 사이안화수소(HCN)의 1.0V/Vppm에 해당하는 W/Wppm 값은? (단, 0℃, 1기압, 공기밀도 $1.293kg/m^3$)

① 0.93ppm ② 1.14ppm
③ 1.64ppm ④ 2.13ppm

정답 013 ② 014 ④ 015 ① 016 ① 017 ④ 018 ① 019 ①

해설 $1V/Vppm = \dfrac{1L\ HCN}{10^6L\ 공기}$ 에서 먼저 0℃, 1기압 조건에서 1L HCN의 질량을 계산한다.

$1L\ HCN \times \dfrac{1mol}{22.4L} \times \dfrac{27g}{1mol} = 1.2054g\ HCN$

다음으로 10^6L 공기의 질량을 계산한다.

$\rho = \dfrac{M}{V}$ 에서

$M = V \times \rho = 10^6L \times \dfrac{1m^3}{1,000L} \times 1.293kg/m^3$

$= 1.293kg = 1,293,000g\ 공기$

$\therefore W/Wppm = \dfrac{1.2054g\ NO_2}{1,293,000g\ 공기} \times 10^6 = 0.93W/Wppm$

실기 Check ✓

020 질소 70%, 산소 6%, 이산화탄소가 24%인 혼합가스의 밀도는? (단, 무게%, 기압은 1기압이고, 온도는 25℃)

① 1.25g/L ② 1.29g/L
③ 1.31g/L ④ 1.35g/L

해설 $P \times V = n \times R \times T$ 에서

$V = \dfrac{n \times R \times T}{P}$ 이므로

$V_{N_2} = \dfrac{0.7 \times 0.082 \times (273+25)}{1} = 17.1[L]$

$V_{O_2} = \dfrac{0.06 \times 0.082 \times (273+25)}{1} = 1.47[L]$

$V_{CO_2} = \dfrac{0.24 \times 0.082 \times (273+25)}{1} = 5.86[L]$

혼합가스의 밀도

$\rho = \dfrac{28 \times 0.7 + 32 \times 0.06 + 44 \times 0.24}{17.1 + 1.47 + 5.86} = 1.31[g/L]$

021 상온에서 무색에 투명하고, 순수한 경우에는 냄새가 거의 없지만 일반적으로 불쾌한 자극성 냄새를 가진 액체로서 햇빛에 파괴될 정도로 불안정하지만 부식성은 비교적 약하며, 끓는점은 약 46℃이며, 그 증기는 공기보다 약 2.64배 정도 무거운 것은?

① HCl ② Cl_2
③ SO_2 ④ CS_2

해설 공기의 분자량이 28.8이므로

HCl의 비중은 $\dfrac{36.5}{28.8} = 1.27$

Cl_2의 비중은 $\dfrac{71}{28.8} = 2.46$

SO_2의 비중은 $\dfrac{64}{28.8} = 2.22$

CS_2의 비중은 $\dfrac{76}{28.8} = 2.64$

022 고속도로 상의 교통밀도가 25,000대/h이고, 각 차량의 평균 속도는 110km/h이다. 차량의 평균 탄화수소의 배출량이 0.06g/s·대일 때, 고속도로에서 방출되는 탄화수소의 총량은 몇 g/s·m인가?

① 0.00136 ② 0.0136
③ 1.36 ④ 13.6

해설 고속도로에서 방출되는 탄화수소의 총량(g/s·m)은

$\dfrac{교통밀도(대/h)}{평균속도(m/h)} \times$ 차량의 평균 탄화수소 방출량(g/s·대)

이다.

$25,000대/h \times \dfrac{1}{110km/h} \times 1km/10^3m \times 0.06g/s·대$

$= 0.0136g/s·m$

023 고속도로 상의 교통밀도가 5,000대/h이고, 차량의 평균속도가 100km/h이다. 차량 한 대의 탄화수소 방출량이 2×10^{-2}g/s·대일 때 고속도로에서 방출되는 탄화수소의 양(g/s·m)은?

① 0.1 ② 0.01
③ 0.001 ④ 0.0001

해설 고속도로에서 방출되는 탄화수소의 총량은

$5,000대/h \times \dfrac{1}{100km/h} \times 1km/10^3m \times 2 \times 10^{-2}g/s·대$

$= 0.001g/s·m$

024
0.2%(V/V)의 SO₂를 포함하고 매연 발생량이 500m³/min인 매연이 연간 30%가 A 지역으로 흘러가 이 지역의 식물에 피해를 주었다. 10년 후에 이 A 지역에 피해를 준 SO₂ 양은? (단, 표준상태 기준, 기타조건은 고려하지 않음.)

① 약 3,000톤
② 약 4,500톤
③ 약 6,000톤
④ 약 9,000톤

해설 10년 후에 이 A 지역에 피해를 준 SO₂ 양(ton)은
500m³/min × 60min/h × 24h/day × 365day/year × 10year
× $\frac{0.2}{100}$ × $\frac{30}{100}$ = 1,576,800m³

1,576,800m³ × $\frac{1kmol}{22.4m^3}$ × $\frac{64kg}{1kmol}$ × $\frac{1ton}{1,000kg}$
= 4,505ton

025
0.2V/V%의 SO₂를 포함하고 발생량이 500Sm³/min인 배연의 30%(무게기준)가 연간 같은 방향으로 흘러가 그 지역의 식물에 피해를 주었다. 5년 후에 그 지역에 살아남은 수목이 전체의 1/10이었을 때 5년간 이 지역에 피해를 준 SO₂ 양은?

① 약 2,250톤
② 약 4,510톤
③ 약 5,430톤
④ 약 5,540톤

해설 5년 후에 이 A 지역에 피해를 준 SO₂ 양(ton)은
500m³/min × 60min/h × 24h/day × 365day/year × 5year
× $\frac{0.2}{100}$ × $\frac{30}{100}$ = 788,400m³

788,400m³ × $\frac{1kmol}{22.4m^3}$ × $\frac{64kg}{1kmol}$ × $\frac{1ton}{1,000kg}$ = 2,253ton

026
가로×세로×높이가 10m×5m×4m인 교실에서 분진이 1mg/s 발생되고 있다. 교실 내에 공기의 분진농도가 100μg/m³이며, 풍속 1m/s의 바람이 교실면과 통하고 있다면 정상상태(steady state)에서의 교실 내 분진농도는?

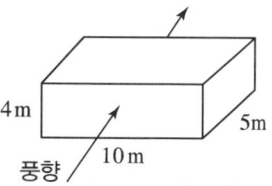

① 125μg/m³
② 130μg/m³
③ 135μg/m³
④ 145μg/m³

해설 정상상태(steady state)란 유체의 흐름, 열 및 물질이동 등의 동적 현상에서 각각의 상태를 결정하는 여러 가지 상태량이 시간적으로 변하지 않을 때를 말한다.

여기서 분진이 발생하는 속도는 1mg/s이므로 1시간(3,600초) 동안 발생하는 교실 내 분진의 양은 3,600mg이다. 교실 내부의 부피는 10m×5m×4m=200m³이다. 따라서 교실 내부의 분진농도는 $\frac{3,600mg}{200m^3}$ = 18mg/m³이다.

그러나 바람이 교실 내부를 통과하면서 분진이 외부로 배출되므로, 교실 내부의 분진농도는 외부와 균일해진다. 이때, 바람이 교실 내부를 통과하면서 외부로 배출되는 분진의 양은 바람의 속도와 교실의 면적, 그리고 분진농도에 비례한다. 따라서 외부로 배출되는 분진의 양은 1m/s×10m×4m×100μg/m³=4,000μg/s이다. 이렇게 외부로 배출되는 분진의 양과 교실 내부의 분진농도가 균형을 이루는 상태에서, 교실 내부의 분진농도(x)는 다음과 같이 계산할 수 있다.

18mg/m³ × 10³μg/mg = $\frac{4,000μg/s}{1m/s × 10m × 5m}$ × x

∴ x = 225μg/m³

여기서 100μg/m³의 분진이 교실을 통과하므로 교실에 남아 있는 분진농도는 225−100=125[μg/m³]가 된다.

027 체적이 120m³인 지하 복사실의 공간에서 오존의 배출량이 0.2mg/min인 복사기를 연속으로 작동하고 있다. 복사기를 사용하기 전의 실내 오존의 농도가 0.05ppm이라고 할 때 5시간 사용 후 복사실의 오존농도는 몇 ppb인가? (단, 환기 없음, 표준상태 기준)

① 283
② 332
③ 433
④ 522

해설 1ppm=1,000ppb에서 복사기를 사용하기 전의 실내 오존 농도는 0.05ppm=50ppb이다.
복사기 사용 시 오존 농도는 0.2g/min×5h×60min/h=60mg 의 오존을 배출한다. 이 값을 부피로 환산하면
$60mg \times \frac{1mmol}{48mg} \times \frac{22.4mL}{1mmol} = 28mL$의 오존이 된다.
∴ 배출된 오존농도(ppb) = $\frac{28mL}{120m^3 \times 10^6 mL/m^3} \times 10^9$
= 233ppb
5시간 사용 후 복사실의 오존농도 = 50+233 = 283[ppb]

028 배출가스 중 HCl 농도가 80ppm이었다. HCl의 배출허용기준이 20mg/m³라면 이 배출시설에서 처리를 통하여 줄여야 할 염화수소의 농도는 몇 mg/m³인가? (단, 표준상태 기준, HCl의 분자량은 36.5이다.)

① 42.6
② 64.5
③ 85.2
④ 110.4

해설 먼저 ppm 단위를 mg/m³로 환산한다.
HCl 농도 = $80 \times \frac{36.5}{22.4} = 130.4[mg/m^3]$
∴ 줄여야 할 염화수소의 농도는 130.4-20 = 110.4[mg/m³]

029 굴뚝 배출가스 중의 플루오린 농도를 측정한 결과 50ppm이었다. 플루오린화합물의 배출허용 농도가 플루오린으로 환산하여 10mg/m³라면 감소시켜야 할 플루오린의 양(mg/Sm³)은? (단, 플루오린의 원자량은 19이다.)

① 약 18mg/Sm³
② 약 32mg/Sm³
③ 약 48mg/Sm³
④ 약 52mg/Sm³

해설 먼저 ppm 단위를 mg/m³로 환산한다.
플루오린 농도 = $50 \times \frac{19}{22.4} = 42.4[mg/m^3]$
∴ 줄여야 할 염화수소의 농도는 42.4-10 = 32.4[mg/m³]

030 부피가 1,000m³이고 환기가 되지 않은 작업장에서 화학반응을 일으키지 않는 오염물질이 분당 60mg씩 배출되고 있다. 작업을 시작하기 전에 측정한 이 물질의 평균농도가 10mg/m³라면 1시간 이후의 작업장의 평균농도는 얼마인가? (단, 상자모델을 적용하며, 작업시작 전후의 온도 및 압력조건은 동일하다.)

① 11.0mg/m³
② 13.6mg/m³
③ 18.1mg/m³
④ 19.9mg/m³

해설 작업장 내 오염물질의 농도는
$\frac{60mg/min \times 60min}{1,000m^3} = 3.6mg/m^3$
∴ 1시간 이후의 작업장의 평균농도는 3.6+10 = 13.6[mg/m³]

031 대기오염물질인 SO_2는 1차 대기반응에 의해서 다른 물질로 변환한다고 가정하고, SO_2가 대기 중에서 반감기가 4시간이라면 배출된 SO_2가 초기 농도의 10%에 도달하는 데 소요되는 시간은?

① 5.3h
② 9.3h
③ 13.3h
④ 17.3h

해설 1차 반응식, $C = C_o \times e^{-k \times t}$에서 반감기가 4시간일 때, 속도상수($k$)를 구한다.
$0.5 = 1 \times e^{-k \times 4}$에서 양변에 ln을 취하면
$k = 0.17330$이므로 배출된 SO_2가 초기농도의 10%에 도달하는 데 소요되는 시간은 $0.1 = 1 \times e^{-0.1733 \times t}$에서 $t = 13.3h$

해설 정상상태에서의 Hb–CO 포화도 사이의 관계식
$$\text{Hb}-\text{CO} = \frac{[100 \times a \times (\%\text{CO})]}{[a \times (\%\text{CO}) + (\%\text{O}_2)]}(\%)$$에서
일산화탄소와 산소의 헤모글로빈 친화성의 비, $a = 210$이다.
$$\therefore \text{Hb}-\text{CO} = \frac{(100 \times 210 \times 250 \times 10^{-4})}{(210 \times 250 \times 10^{-4} + 21)} = 20(\%)$$

032 대기 중에 배출된 'A'라는 물질은 광분해반응(1차 반응)에 의해 반감기 2h의 속도로 분해된다. 'A' 물질이 대기 중으로 배출되어 초기농도의 80%가 분해되는 데 소요되는 시간은?

① 약 0.6h   ② 약 2.5h
③ 약 3.1h   ④ 약 4.6h

해설 1차 반응식, $C = C_o \times e^{-k \times t}$에서 반감기가 2시간일 때, 속도상수($k$)를 구한다.
$0.5 = 1 \times e^{-k \times 2}$에서 양변에 ln을 취하면
$k = 0.3466$이므로 배출된 SO_2가 초기농도의 20%에 도달하는 데 소요되는 시간은 $0.2 = 1 \times e^{-0.3466 \times t}$에서 $t = 4.6h$

034 호흡을 통해 인체의 폐에 250ppm의 일산화탄소를 포함하는 공기가 흡입되었을 때, 혈액 내 최종포화 CO–Hb는 몇 %인가? (단, 흡입공기 중 O_2는 21%, $\frac{\text{CO}-\text{Hb}}{\text{O}_2-\text{Hb}} = 240 \times \left(\frac{P_{\text{CO}}}{P_{\text{O}_2}}\right)$이다.)

① 22.2%   ② 28.6%
③ 33.3%   ④ 41.2%

해설 정상상태에서의 Hb–CO 포화도 사이의 관계식
$$\text{Hb}-\text{CO} = \frac{[100 \times a \times (\%\text{CO})]}{[a \times (\%\text{CO}) + (\%\text{O}_2)]}(\%)$$에서
일산화탄소와 산소의 헤모글로빈 친화성의 비, $a = 240$이다.
$$\therefore \text{Hb}-\text{CO} = \frac{(100 \times 240 \times 250 \times 10^{-4})}{(240 \times 250 \times 10^{-4} + 21)} = 22.2[\%]$$

033 흡연 시 일산화탄소 농도가 250ppm일 때, 혈액 속의 카르복시 헤모글로빈(Hb–CO)의 평형농도는? (단, 혈액 속의 카르복시 헤모글로빈(Hb–CO)과 옥시헤모글로빈(Hb–O_2)의 평형농도는 아래의 식을 이용하고, P_{CO} 및 P_{O_2}는 흡입가스 중 일산화탄소와 산소의 분압을 나타내며, 폐 속에 있는 가스의 산소함유량은 대기의 조성과 같다고 가정한다.)

$$\frac{[\text{Hb}-\text{CO}]}{[\text{Hb}-\text{O}_2]} = 210 \times \left(\frac{P_{\text{CO}}}{P_{\text{O}_2}}\right)$$

① 25%   ② 20%
③ 10%   ④ 5%

035 일산화탄소 436ppm에 노출되어 있는 노동자의 혈중 카르복시 헤모글로빈(CO–Hb) 농도가 10%가 되는 데 걸리는 시간(h)은?

혈중 CO–Hb 농도(%) $= \beta(1 - e^{-\sigma t}) \times C_{CO}$
여기서, $\beta = 0.15\%$/ppm CO, $\sigma = 0.402$ h^{-1}, C_{CO}의 단위는 ppm이다.

① 0.21   ② 0.41
③ 0.61   ④ 0.81

해설 혈중 CO–Hb 농도(%) $= \beta(1 - e^{-\sigma t}) \times C_{CO}$에서
$10 = 0.15 \times (1 - e^{-0.402 \times t}) \times 436$
이 식에서 양변을 정리하고 ln을 취하면
$\therefore t = 0.41h$

정답 032 ④   033 ②   034 ①   035 ②

036 굴뚝 높이가 60m, 배출가스의 평균온도가 137℃일 때, 자연통풍력을 1.5배 증가시키기 위해서는 배출가스의 온도는 얼마가 되어야 하는가? (단, 대기온도 27℃, 표준상태의 공기밀도는 1.3kg/Sm³)

① 약 230℃   ② 약 280℃
③ 약 320℃   ④ 약 370℃

해설 굴뚝의 통풍력을 구하는 공식:

$Z = 355 \times H \times \left(\dfrac{1}{273+t_a} - \dfrac{1}{273+t_g}\right)$ (mmH₂O)에서

$Z = 355 \times 60 \times \left(\dfrac{1}{273+27} - \dfrac{1}{273+137}\right)$

$= 19$ [mmH₂O]

$\therefore 19 \times 1.5 = 355 \times 60 \times \left(\dfrac{1}{273+27} - \dfrac{1}{273+t_g}\right)$ 에서

$t_g = 228℃$

037 높이 60m인 굴뚝에서 가스의 평균온도가 250℃, 대기의 온도는 25℃일 때, 이 굴뚝의 통풍력은? (단, 표준상태의 가스와 공기의 비중량은 1.3kg/Sm³이고, 굴뚝 안에서의 마찰손실은 무시한다.)

① 30.8mmH₂O
② 20.5mmH₂O
③ 15.8mmH₂O
④ 12.4mmH₂O

해설

$Z = 355 \times H \times \left(\dfrac{1}{273+t_a} - \dfrac{1}{273+t_g}\right)$

$= 355 \times 60 \times \left(\dfrac{1}{273+25} - \dfrac{1}{273+250}\right)$

$= 30.75$ [mmH₂O]

038 입자상물질의 농도가 0.02mg/m³인 지역의 가시거리는? (단, 상대습도는 70%이며, 상수 A는 1.2이다.)

① 84km   ② 60km
③ 32km   ④ 8km

해설 대기의 상대습도가 70%일 때 거시거리를 구하는 공식

$L_v \text{(km)} = \dfrac{A \times 10^3}{C}$

여기서 C는 대기 중 입자상물질의 농도(μg/m³)이다.

$\therefore L_v = \dfrac{1.2 \times 1,000}{0.02 \times 1,000} = 60$ [km]

039 상대습도가 70%일 때 분진의 농도가 50μg/m³인 지역이 있다. 이 지역의 가시거리는? (단, 상수 A=1.2이다.)

① 24km   ② 20km
③ 15km   ④ 32km

해설 $L_v = \dfrac{1.2 \times 1,000}{50} = 24$ [km]

040 파장이 5,240Å인 빛 속에서 상대습도가 70% 이하인 경우 밀도가 1,700mg/cm³이고, 직경이 0.4μm인 기름방울의 분산면적비가 4.5일 때, 가시거리가 959m라면 먼지농도(mg/m³)는?

① 0.21   ② 0.31
③ 0.41   ④ 0.51

해설 분산면적비(K)와 파장 5,240Å(524nm)일 경우의 가시거리를 구하는 공식

$L(m) = \dfrac{5.2 \times \rho \times r}{K \times C}$

여기서 ρ: 먼지밀도(g/cm³), C: 먼지농도(g/cm³)
r: 먼지반경(μm)

$\therefore 959 = \dfrac{5.2 \times 1.7 \times 0.2}{4.5 \times C}$

$C = 4.1 \times 10^{-4}$ (g/m³) $= 0.41$ mg/m³

041 파장 5,200Å인 빛 속에서 밀도가 1.2g/cm³이고, 직경 0.2μm인 분진의 분산면적비가 3일 때 분진농도가 (0.3×10⁻³)g/m³라면 가시거리(V)는? (단, $V = \left[\dfrac{(5.2 \times \rho \times r)}{(K \times C)}\right]$ 식을 적용한다.)

① 465m　　② 693m
③ 931m　　④ 1,380m

해설

$$L(m) = \frac{5.2 \times \rho \times r}{K \times C} = \frac{5.2 \times 1.2 \times 0.1}{3 \times 0.3 \times 10^{-3}} = 693.3[m]$$

042 시골에서 분진의 농도를 측정하기 위하여 여과지를 통하여 공기를 0.15m/s의 속도로 12시간 동안 여과시킨 결과 깨끗한 여과지에 비해 사용된 여과지의 빛 전달률이 80%이었다면 1,000m당 Coh는?

① 0.2　　② 0.6
③ 1.1　　④ 1.5

해설 불투명도 측정계수(m당 Coh, coefficient of haze)는 빛 전달률을 측정하였을 때 광학적 밀도(OD, Optical Density)가 0.01이 되도록 하는 여과지 상의 빛을 분산시키는 고형물질의 양으로서 깨끗한 여과지에 분진을 채취하여 빛 전달률의 감소율을 측정하여 결정한다.

$$\text{Coh} = \frac{\left(\dfrac{OD}{0.01}\right)}{\text{총 이동거리(m)}}$$

$$= \frac{\left[\dfrac{\log\left(\dfrac{1}{t}\right)}{0.01}\right]}{\text{총 이동거리(m)}} \times 1{,}000$$

$$= \frac{\left(\log \dfrac{1}{0.8}\right)}{0.01 \times 0.15 \times 12 \times 3{,}600} \times 1{,}000 = 1.5$$

043 상업지역에 분진의 농도를 측정하기 위하여 여과지를 통하여 0.2m/s의 속도로 2.5시간 동안 여과시킨 결과 깨끗한 여과지에 비해 사용한 여과지의 빛전달률이 60%이었다면 1,000m당의 Coh는?

① 12.3　　② 6.2
③ 3.6　　④ 3.1

해설

$$\text{Coh} = \frac{\left[\dfrac{\log\left(\dfrac{1}{t}\right)}{0.01}\right]}{\text{총 이동거리(m)}} \times 1{,}000$$

$$= \frac{\left(\log \dfrac{1}{0.6}\right)}{0.01 \times 0.2 \times 2.5 \times 3{,}600} \times 1{,}000 = 12.3$$

044 대기 열역학 복사이론 중 슈테판-볼츠만 법칙을 나타낸 식으로 가장 적합한 것은? (단, E: 흑체의 단위 표면적에서 복사되는 에너지, T: 흑체의 표면온도(절대온도), K: 슈테판-볼츠만 상수, 단위는 모두 적절하다고 가정한다.)

① $E = K \times T$　　② $E = \dfrac{K}{T}$
③ $E = K \times T^4$　　④ $E = \dfrac{K}{T^4}$

해설 슈테판-볼츠만의 법칙은 흑체의 단위 면적당 복사에너지가 절대온도의 4제곱에 비례한다는 법칙이다. $E = K \times T^4$

045 슈테판-볼츠만의 법칙에 따르면 흑체복사를 하는 물체에서 물체의 표면온도가 1,500K에서 1,897K로 변화된다면, 복사에너지는 몇 배로 변화되는가?

① 1.25배　　② 1.33배
③ 2.56배　　④ 3.16배

정답 041 ② 042 ④ 043 ① 044 ③ 045 ③

해설 $E_b = \sigma \times T^4$에서 $E_b \propto T^4$

∴ $\left(\dfrac{1,897}{1,500}\right)^4 = 2.56$, 복사에너지는 2.56배 증가한다.

046 슈테판-볼츠만의 법칙에 의하면 표면온도가 2,000K인 흑체에서 복사되는 에너지는 표면온도가 1,000K인 흑체에서 복사되는 에너지의 몇 배인가?

① 2배
② 4배
③ 8배
④ 16배

해설 $E_b = \sigma \times T^4$에서 $E_b \propto T^4$

∴ $\left(\dfrac{2,000}{1,000}\right)^4 = 16$, 복사에너지는 16배 증가한다.

047 태양상수를 이용하여 지구표면의 단위 면적이 1분 동안에 받는 평균 태양에너지를 구하는 식으로 적합한 것은? (단, C_W: 평균 태양에너지, C: 태양상수, R: 지구반지름)

① $C_W = C \times \left(\dfrac{\pi R^2}{4\pi R^2}\right)$

② $C_W = C \times \left(\dfrac{4\pi R^2}{\pi R^2}\right)$

③ $C_W = C \times \left(\dfrac{\pi R}{2\pi R^2}\right)$

④ $C_W = C \times \left(\dfrac{2\pi R}{\pi R^2}\right)$

해설 C: 지구의 대기권 밖에서 햇빛에 수직인 면 1cm²가 1분 동안 받는 태양에너지의 양(2cal/cm²·min)이다. 또한 지구가 받는 태양에너지양은
㉠ 지구가 1분 동안에 받는 총 태양 복사에너지의 양
  : $E = \pi R^2 C$
㉡ 지구표면의 단위 면적(cm²)이 1분 동안에 받는 평균 태양에너지의 양은 지구의 표면적이 $4\pi R^2$이므로
  $E_{ave} = \dfrac{E}{\text{지구의 표면적}} = C \times \left(\dfrac{\pi R^2}{4\pi R^2}\right)$

048 혼탁한 호수에서 표층에 비하여 수심 2m에서의 일사량은 70%로 감소되었다면 일사량이 표층의 10%가 되는 수심은? (단, 비어의 법칙 적용)

① 13m
② 15m
③ 17m
④ 19m

해설 비어의 법칙에서 $A = \log\dfrac{1}{t}$이므로

$2 : x = \log\dfrac{1}{0.7} : \log\dfrac{1}{0.1}$,

∴ $x = \dfrac{2}{0.155} = 12.9[m]$

049 빛의 소멸계수(O_{ext}) 0.45km⁻¹인 대기에서, 시정거리의 한계를 빛의 강도가 초기 강도의 95%만큼 감소했을 때의 거리라고 정의할 때, 이때 시정거리 한계는? (단, 광도는 Beer-Lambert 법칙을 따르며, 자연대수로 적용)

① 약 12.4km
② 약 8.7km
③ 약 6.7km
④ 약 0.1km

해설 Beer-Lambert 법칙: $I = I_o \times e^{-O_{ext} \times x}$
여기서 x: 시정거리(km)

∴ $\dfrac{I}{I_o} = \dfrac{0.05}{1} = e^{-0.45 \times x}$ 에서 양변에 ln을 취하여 풀이하면 $x = 6.66$km

계산형 빈출문제

대기의 확산 및 오염예측

001 지상 50m에서의 온도가 23℃, 지상 10m에서의 온도가 23.3℃일 때, 대기안정도는?

① 미단열   ② 과단열
③ 안정   ④ 중립

해설 일반적으로 건조단열감률과 환경감률의 상관관계를 이용하여 대기안정도를 판정한다.

• 환경기온감률,
$$\gamma = \frac{\Delta T}{\Delta Z} = \frac{(23-23.3)℃}{(50-10)\text{m}} = -0.0075(℃/\text{m})$$
$$= \frac{-0.75℃}{100\text{m}}$$

• 건조단열감률: 공기 덩이가 팽창하여 대기로 단열적으로 상승할 때 강하하는 온도의 비율($\gamma_d = -0.98℃/100\text{m}$)을 말한다. 이 조건은 $\gamma_d > \gamma$이므로 미단열에 해당된다.

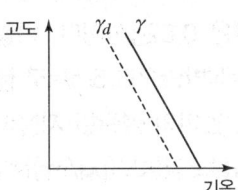

[중립($\gamma_d \approx \gamma$)]

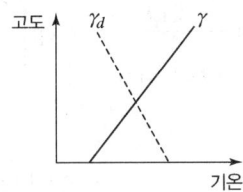

[안정(역전)조건($\gamma_d \gg \gamma$)]

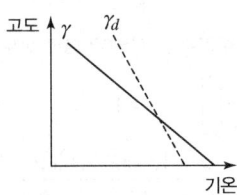

[불안정(과단열)조건($\gamma > \gamma_d$)]

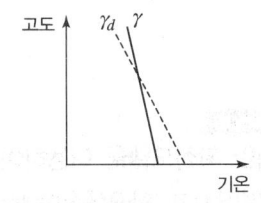

[약한 안정(미단열)조건($\gamma_d > \gamma$)]

002 지표의 온도가 25℃이고, 1,000m 높이에서의 대기온도가 5℃일 때 안정도는?

① 불안정(unstable)
② 중립(neutral)
③ 약한 안정(slightly stable)
④ 안정(stable)

해설 환경기온감률,
$$\gamma = \frac{\Delta T}{\Delta Z} = \frac{(5-25)℃}{(1,000-0)\text{m}} = -0.02(℃/\text{m}) = \frac{-2℃}{100\text{m}}$$
이 조건은 $\gamma > \gamma_d$이므로 대기 불안정(unstable)에 해당한다.

003 충분히 발달된 지표경계층에서 측정된 평균풍속 자료가 아래 표와 같은 경우 마찰속도(u^*)는? (단, $u = \dfrac{u^*}{k}ln\left(\dfrac{Z}{Z_o}\right)$, 여기서 k(Karman constant) 0.40이다.)

고도(m)	풍속(m/s)
2	3.7
1	2.9

① 0.12m/s   ② 0.46m/s
③ 1.06m/s   ④ 2.12m/s

[해설] 경계면에서 마찰속도(거칠기 속도)를 구하는 식에서 u는 경계 위의 높이에서의 평균 흐름속도이므로 이 식에서는 고도별 풍속의 차이를 대입한다.

$(3.7-2.9) = \dfrac{u^*}{0.4} \times \ln\left(\dfrac{2}{1}\right)$ 에서 $u^* = 0.46$ m/s

실기 Check ✓

004 가우시안 확산모델을 이용하여 화력발전소에서 10km 떨어지고, 평균풍속이 1m/s인 주거지역의 SO_2 농도를 계산하였더니 0.05ppm이었다. SO_2의 화학반응(1차 반응)을 고려한다면 주거지역의 SO_2 농도는 얼마인가? (단, SO_2의 대기 중에서 반응속도상수는 4.8×10^{-5} s^{-1}이고 1차 반응을 이용하여 계산할 것)

① 0.01ppm ② 0.02ppm
③ 0.03ppm ④ 0.04ppm

[해설] 1차 반응 속도식, $\ln\left(\dfrac{C_t}{C_o}\right) = -k \times t$ 에서

$\ln\left(\dfrac{C_t}{0.05}\right) = -4.8 \times 10^{-5}/s \times \dfrac{10\text{km} \times 10^3 \text{m/km}}{1\text{m/s}}$

$\therefore C_t = e^{-0.48} \times 0.05 = 0.03$ [ppm]

005 1시간에 20,000대의 차량이 고속도로 위에서 평균시속 80km로 주행하며, 차량 1대당 평균 탄화수소 배출률은 0.02g/s이다. 바람이 고속도로와 측면 수직 방향으로 5m/s로 불고 있다면 도로지반과 같은 높이의 평탄한 지형의 풍하 500m 지점에서의 지상오염농도는? (단, 이때의 대기는 중립상태이며, 거리 500m에서의 $\sigma_z = $ 15m이고, 농도, $C(x,y,0) = \dfrac{2 \times Q}{\sqrt{2\pi} \times \sigma_z \times u} \times \exp\left[-\dfrac{1}{2} \times \left(\dfrac{H}{\sigma_z}\right)^2\right]$ 을 이용하시오.)

① 5.3×10^{-5} g/m^3
② 6.4×10^{-2} g/m^3
③ 7.5×10^{-5} g/m^3
④ 8.6×10^{-2} g/m^3

[해설] 지상오염농도이므로 $H=0$이므로 농도식에서

$\exp\left[-\dfrac{1}{2} \times \left(\dfrac{H}{\sigma_z}\right)^2\right] = e^0 = 1$

$\therefore C(x,y,0) = \dfrac{2 \times 20,000 \times 0.02}{\sqrt{2\pi} \times 15 \times (5 \times 80 \times 10^3)}$
$= 5.3 \times 10^{-5}$ [g/m^3]

006 1시간에 10,000대의 차량이 고속도로 위에서 평균시속 80km로 주행하며, 각 차량의 평균탄화수소 배출률은 0.02g/s이다. 바람이 고속도로와 측면에서 수직방향으로 5m/s로 불고 있다면 도로지반과 같은 높이의 평탄한 지형의 풍하 500m 지점에서의 지상오염농도(μg/m^3)는? (단, 대기는 중립상태이며, 풍하 500m에서의 $\sigma_z = 15$m, $C(x,y,0) = \dfrac{2Q}{(2\pi)^{\frac{1}{2}} \sigma_z u} \times \exp\left[-\dfrac{1}{2}\left(\dfrac{H_e}{\sigma_z}\right)\right]$ 를 이용한다.)

① 26.6 μg/m^3 ② 34.1 μg/m^3
③ 42.4 μg/m^3 ④ 51.2 μg/m^3

[해설] 지상오염농도이므로 $H=0$이므로 농도식에서

$\exp\left[-\dfrac{1}{2} \times \left(\dfrac{H}{\sigma_z}\right)^2\right] = e^0 = 1$

$\therefore C(x,y,0) = \dfrac{2 \times 10,000 \times 0.02 \times 10^6}{\sqrt{2\pi} \times 15 \times (5 \times 80 \times 10^3)}$
$= 26.6$ [μg/m^3]

007 지상에서 NO_x를 3g/s로 배출하고 있는 굴뚝 없는 쓰레기 소각장에서 풍하 방향으로 3km 떨어진 곳에서의 중심축상 NO_x의 지표면에서의 오염농도는 얼마인가? (단, 가우시안 모델식을 사용하고, 풍속은 7m/s, σ_y=190m, σ_z=65m이며, NO_x는 배출되는 동안에 화학적으로 반응하지 않는 것으로 가정한다.)

① $2.2 \times 10^{-5} g/m^3$
② $1.1 \times 10^{-5} g/m^3$
③ $5.5 \times 10^{-6} g/m^3$
④ $2.75 \times 10^{-6} g/m^3$

해설 NO_x의 지표면에서의 오염농도를 구하는 식

$$C(x,0,0) = \frac{Q}{\pi \sigma_y \sigma_z u} \times \exp\left[-\frac{1}{2}\left(\frac{H_e}{\sigma_z}\right)^2\right]$$에서

지표면이므로 H_e=0이므로 농도식에서

$$\exp\left[-\frac{1}{2} \times \left(\frac{H_e}{\sigma_z}\right)^2\right] = e^0 = 1$$

$$\therefore C(x,0,0) = \frac{3}{3.14 \times 190 \times 65 \times 7} = 1.1 \times 10^{-5} [g/m^3]$$

008 SO_2의 배출량이 50g/s인 화력발전소 굴뚝 배출구에서 대기 평균풍속은 5m/s이다. 굴뚝 배출구로부터 풍하지역으로 2km 떨어진 지역의 지면에서의 SO_2의 농도를 유효굴뚝높이 ㉠ 100m와 ㉡ 300m로 구분하여 각각의 농도를 계산하면 얼마인가?

(단, $C(x,0,0) = \frac{Q}{\pi \sigma_y \sigma_z u} \times \exp\left[-\frac{1}{2}\left(\frac{H_e}{\sigma_z}\right)^2\right]$이고, σ_y=260m, σ_z=150m이다.)

① ㉠ $65.3\mu g/m^3$, ㉡ $11.1\mu g/m^3$
② ㉠ $35.3\mu g/m^3$, ㉡ $11.1\mu g/m^3$
③ ㉠ $65.3\mu g/m^3$, ㉡ $21.1\mu g/m^3$
④ ㉠ $35.3\mu g/m^3$, ㉡ $21.1\mu g/m^3$

해설
㉠ 굴뚝 높이가 100m인 경우 지면에서의 SO_2의 농도
$$C(x,0,0) = \frac{50 \times 10^6}{3.14 \times 260 \times 150 \times 5} \times \exp\left[-\frac{1}{2}\left(\frac{100}{150}\right)^2\right]$$
$$= 65.3 (\mu g/m^3)$$

㉡ 굴뚝 높이가 300m인 경우 지면에서의 SO_2의 농도
$$C(x,0,0) = \frac{50 \times 10^6}{3.14 \times 260 \times 150 \times 5} \times \exp\left[-\frac{1}{2}\left(\frac{300}{150}\right)^2\right]$$
$$= 11.1 [\mu g/m^3]$$

009 풍속이 2m/s인 어느 날 저유소의 탱크가 폭발하여 벤젠 100kg이 순식간에 배출되었다. 사고 후 저유소에서 풍하 방향으로 600m 떨어진 지점의 지면에 연기의 중심부가 도달하는 데 소요되는 시간은 몇 분인가?
(단, 순간 퍼프 방정식,

$$C = \frac{2Q_p}{(2\pi)^{\frac{3}{2}} \sigma_x \sigma_y \sigma_z} \times \exp\left[-\frac{1}{2}\left(\frac{x-u \times t}{\sigma_z}\right)^2\right]$$

식을 이용한다.)

① 3min   ② 5min
③ 10min ④ 20min

해설 $t = \frac{x}{u} = \frac{600m}{2m/s} = 300s = 5min$

010 대기의 안정도를 나타내는 데 적용하는 리처드슨 수(R_i)를 나타낸 식으로 옳은 것은? (단, g: 그 지역의 중력가속도, T: 잠재온도, u: 풍속, z: 고도)

① $R_i = \frac{g}{T} \times \frac{\left(\frac{\Delta T}{\Delta Z}\right)}{\left(\frac{\Delta u}{\Delta Z}\right)^2}$

② $R_i = \dfrac{g}{T} \times \dfrac{\left(\dfrac{\Delta u}{\Delta Z}\right)^2}{\left(\dfrac{\Delta T}{\Delta Z}\right)}$

③ $R_i = \dfrac{T}{g} \times \dfrac{\left(\dfrac{\Delta T}{\Delta Z}\right)}{\left(\dfrac{\Delta u}{\Delta Z}\right)^2}$

④ $R_i = \dfrac{T}{g} \times \dfrac{\left(\dfrac{\Delta u}{\Delta Z}\right)^2}{\left(\dfrac{\Delta T}{\Delta Z}\right)}$

해설 Panofsky의 식(리처드슨 수)

$R_i = \dfrac{g}{T} \times \dfrac{\left(\dfrac{\Delta T}{\Delta Z}\right)}{\left(\dfrac{\Delta u}{\Delta Z}\right)^2}$

여기서 T : 절대온도

$\left(\dfrac{\Delta T}{\Delta Z}\right)$: 자유대류의 크기(수직방향 온위경도)

$\left(\dfrac{\Delta u}{\Delta Z}\right)^2$: 강제대류(기계대류)의 크기(수직방향 풍속경도)

011 2,000m에서의 대기압력(최초의 기압)이 820mb이고, 온도가 5℃이며, 비열비 K가 1.4일 때 온위(potential temperature)는? (단, 표준압력은 1,000mbar)

① 278K ② 288K
③ 294K ④ 309K

해설 온위는 건조한 공기 덩이의 압력이 표준기압 1,000hPa이 될 때까지 단열적으로 압축 또는 팽창하였을 때의 온도를 말한다. 여기서 hPa ≈ mbar이다.

온위, $\theta = T \times \left(\dfrac{1{,}000}{P}\right)^{0.288}$ 에서

$\theta = (273+5) \times \left(\dfrac{1{,}000}{820}\right)^{0.288} = 294.3[K]$

012 대기압력이 950hPa인 높이에서의 온도가 −10℃이었다. 온위(Potential temperature)는? (단, $\theta = T \times \left(\dfrac{1{,}000}{P}\right)^{0.288}$ 이다.)

① 약 267K ② 약 277K
③ 약 287K ④ 약 297K

해설 온위, $\theta = T \times \left(\dfrac{1{,}000}{P}\right)^{0.288}$ 에서

$\theta = (273-10) \times \left(\dfrac{1{,}000}{950}\right)^{0.288} = 267[K]$

013 지상 10m에서의 풍속은 3.0m/s이다. 지상 고도 100m에서 기상상태가 매우 불안정할 때와 안정할 때의 풍속 비율은? (단, Deacon의 Power law를 적용하고, 대기안정도에 따른 풍속지수 값은 매우 불안정할 때는 0.15, 안정할 때는 0.60을 적용한다.)

① 약 0.25 ② 약 0.35
③ 약 0.45 ④ 약 0.55

해설

㉠ 대기안정도가 안정할 때의 100m에서의 풍속은 고도 변화에 따른 풍속의 계산식(Deacon의 Power law)을 이용한다.

$u_2 = u_1 \times \left(\dfrac{Z_2}{Z_1}\right)^p = 3.0 \times \left(\dfrac{100}{10}\right)^{0.6} = 11.94\,(\text{m/s})$

㉡ $u_2 = u_1 \times \left(\dfrac{Z_2}{Z_1}\right)^p = 3.0 \times \left(\dfrac{100}{10}\right)^{0.15} = 4.24\,(\text{m/s})$

∴ 풍속 비율은 $\dfrac{4.24}{11.94} = 0.355$

정답 011 ③ 012 ① 013 ②

014 지상 10m에서의 풍속이 2.5m/s라면 50m에서의 풍속은? (단, Deacon의 Power law를 인용, 대기안정도에 따른 P=0.5이다.)

① 4.1m/s ② 5.6m/s
③ 6.2m/s ④ 7.8m/s

해설 $u_2 = u_1 \times \left(\dfrac{Z_2}{Z_1}\right)^p = 2.5 \times \left(\dfrac{50}{10}\right)^{0.5} = 5.59[m/s]$

015 Deacon법칙을 이용하여 지표높이 10m에서의 풍속이 4m/s일 때, 상공의 풍속이 12m/s인 경우의 높이는? (단, P=0.28)

① 300m ② 400m
③ 500m ④ 600m

해설 $u_2 = u_1 \times \left(\dfrac{Z_2}{Z_1}\right)^p$ 에서 $12 = 4 \times \left(\dfrac{Z_2}{10}\right)^{0.28}$

이항 후 양변에 지수($\dfrac{1}{0.28}$)를 취하면

∴ $Z_2 = 505m$

016 지상에서부터 600m까지의 평균기온감률은 −0.88℃/100m이다. 100m 고도에서의 기온이 14℃라면 300m에서의 기온은?

① 12.2℃ ② 18.6℃
③ 21.5℃ ④ 30.9℃

해설 고도 300m에서의 기온은
$14 - \dfrac{0.88}{100} \times (300-100) = 12.24[℃]$

017 지상으로부터 500m까지의 평균기온감률은 −1.2℃/100m이다. 100m 고도에서 17℃라 하면 고도 400m에서의 기온은?

① 10.6℃ ② 11.8℃
③ 12.2℃ ④ 13.4℃

해설 고도 400m에서의 기온은
$17 - \dfrac{1.2}{100} \times (400-100) = 13.4[℃]$

실기 Check

018 어떤 공장의 현재 유효굴뚝높이가 50m이다. 유효굴뚝높이를 높여 최대지표농도를 1/2로 감소시키고자 한다. 다른 조건이 모두 같다고 가정할 때 유효굴뚝높이를 얼마로 높이면 되는가? (단, Sutton 식을 적용한다.)

① 약 55m ② 약 65m
③ 약 71m ④ 약 81m

해설 최대지표농도(Sutton 식)

$C_{max} = \dfrac{2 \times Q \times C}{\pi \times e \times u \times H_e^2} \times \left(\dfrac{\sigma_z}{\sigma_y}\right)$ 에서

$C_{max} \propto \dfrac{1}{H_e^2}$ 이므로

$C_{max} : \dfrac{1}{50^2} = \dfrac{1}{2} C_{max} : \dfrac{1}{H_e^2}$

∴ $H_e = 70.7m$

019 굴뚝 배출구로부터 배출된 오염물질이 확산·희석되는 과정으로부터 유효굴뚝높이(H_e)와 지표상의 최대도달농도(C_{max})의 관계에 있어서, 일반적으로 H_e가 0.5배로 되면 C_{max} 값은 어떻게 되겠는가?

① 0.25배 ② 0.5배
③ 2배 ④ 4배

해설 최대지표농도(Sutton 식)

$C_{max} = \dfrac{2 \times Q \times C}{\pi \times e \times u \times H_e^2} \times \left(\dfrac{\sigma_z}{\sigma_y}\right)$ 에서

$C_{max} \propto \dfrac{1}{H_e^2}$ 이므로

$C_{max} = \dfrac{1}{0.5^2} = 4$

∴ 최대도달농도는 4배 높아진다.

정답 014 ② 015 ③ 016 ① 017 ④ 018 ③ 019 ④

020 배출구로부터 배출된 오염물질이 확산·희석되는 과정으로부터 유효굴뚝높이(H_e)와 지표상의 최대도달농도($C_{\max}$)의 관계에 있어서, 일반적으로 H_e가 처음의 2배로 되면 $C_{\max}$ 값은 어떻게 되겠는가?

① 처음의 1/4
② 처음의 1/2
③ 처음의 2배
④ 처음의 4배

해설 최대지표농도(Sutton 식)

$$C_{\max} = \frac{2 \times Q \times C}{\pi \times e \times u \times H_e^2} \times \left(\frac{\sigma_z}{\sigma_y}\right)$$에서

$C_{\max} \propto \dfrac{1}{H_e^2}$이므로

$C_{\max} = \dfrac{1}{2^2} = \dfrac{1}{4}$

∴ 최대도달농도는 처음의 $\dfrac{1}{4}$배로 줄어든다.

---

021 유효굴뚝높이와 지표상 최고 오염농도의 관계식에서 지상 최고농도를 현재의 1/5로 하려면 유효굴뚝높이를 원래의 몇 배로 하여야 하는가? (단, 기타 대기조건은 동일하며, Sutton 식을 이용한다.)

① 0.04
② 0.2
③ 2.24
④ 5

해설 최대지표농도(Sutton 식)

$$C_{\max} = \frac{2 \times Q \times C}{\pi \times e \times u \times H_e^2} \times \left(\frac{\sigma_z}{\sigma_y}\right)$$에서

$C_{\max} \propto \dfrac{1}{H_e^2}$이므로

$\dfrac{1}{5} = \dfrac{1}{H_e^2}$에서 $H_e = \sqrt{5} = 2.24$

∴ 유효굴뚝높이를 원래의 2.24배로 하여야 지표상 최고 오염농도가 현재의 $\dfrac{1}{5}$로 줄어든다.

실기 Check ✓

022 유효굴뚝높이를 3배로 증가시키면 지상 최대오염도는 어떻게 변화되는가? (단, Sutton 식에 의한다.)

① 처음의 3배
② 처음의 1/3배
③ 처음의 9배
④ 처음의 1/9배

해설 최대지표농도(Sutton 식)

$$C_{\max} = \frac{2 \times Q \times C}{\pi \times e \times u \times H_e^2} \times \left(\frac{\sigma_z}{\sigma_y}\right)$$에서

$C_{\max} \propto \dfrac{1}{H_e^2}$이므로

$C_{\max} = \dfrac{1}{3^2} = \dfrac{1}{9}$

∴ 지상 최대오염도는 처음의 $\dfrac{1}{9}$배로 줄어든다.

---

023 유효굴뚝높이가 1m인 굴뚝에서 배출되는 오염물질의 최대착지농도를 현재의 1/10로 낮추고자 할 때, 유효굴뚝높이를 몇 m 증가시켜야 하는가? (단, Sutton의 확산방정식을 사용하며, 기타 조건은 동일하다.)

① 0.04
② 0.20
③ 1.24
④ 2.16

해설 최대지표농도(Sutton 식)

$$C_{\max} = \frac{2 \times Q \times C}{\pi \times e \times u \times H_e^2} \times \left(\frac{\sigma_z}{\sigma_y}\right)$$에서

$C_{\max} \propto \dfrac{1}{H_e^2}$이므로

$0.1 = 1 \times \dfrac{1}{H_e^2}$에서 $H_e = 3.16$m

∴ 유효굴뚝높이를 3.16 − 1 = 2.16[m]만큼 높여야 한다.

계산형 빈출문제

024 유효굴뚝높이가 100m이고, SO_2의 배출량이 10g/s인 화력발전소가 있다. 굴뚝 배출구에서 대기 풍속이 5m/s일 때에 최대착지농도는? (단, 계산 시 아래의 가우시안 연기모델을 이용한다. $C_{\max} = \dfrac{0.1171 \times Q}{u\sigma_y\sigma_z}$, 여기서 σ_y=250m, σ_z=140m이다.)

① $6.01\mu g/m^3$
② $6.69\mu g/m^3$
③ $8.01\mu g/m^3$
④ $8.69\mu g/m^3$

해설

$$C_{\max} = \dfrac{0.1171 \times Q}{u\sigma_y\sigma_z} = \dfrac{0.1171 \times 10 \times 10^6}{5 \times 250 \times 140}$$
$$= 6.69\,[\mu g/m^3]$$

025 확산계수 $C_y = C_z$ =0.05, 풍속 u =4m/s, 굴뚝의 유효고도 150m, 오염물질의 배출률 Q = 50,000Sm³/h, 가스 중 SO_2 농도가 968.4ppm일 때, 지상에 나타나는 SO_2의 최대농도는 몇 ppm인가? (단, Sutton의 확산식을 이용한다.)

① 약 0.010ppm
② 약 0.027ppm
③ 약 0.035ppm
④ 약 0.072ppm

해설 최대지표농도(Sutton 식)

$$C_{\max} = \dfrac{2 \times Q \times C}{\pi \times e \times u \times H_e^2} \times \left(\dfrac{\sigma_z}{\sigma_y}\right)$$
$$= \dfrac{2 \times 50,000 \times 968.4}{3.14 \times 2.72 \times 4 \times 150^2 \times 3,600} \times \left(\dfrac{0.05}{0.05}\right)$$
$$= 0.035\,[\text{ppm}]$$

026 확산계수 $C_y = C_z$ =0.05, 풍속(u)=4m/s, 굴뚝의 유효높이는 150m, 오염물질의 배출률 (Q)=50,000Sm³/h이고, 굴뚝 배출가스 중 SO_2 농도가 2,000ppm이라고 할 때 지상에 나타나는 SO_2의 최대농도는 몇 ppm인가?
(단, 아래의 Sutton의 확산식을 이용한다.

$$C_{\max} = \dfrac{2Q}{\pi e u H_e^2}\left(\dfrac{C_z}{C_y}\right))$$

① 약 0.010ppm
② 약 0.027ppm
③ 약 0.035ppm
④ 약 0.072ppm

해설 최대지표농도(Sutton 식)

$$C_{\max} = \dfrac{2 \times Q \times C}{\pi \times e \times u \times H_e^2} \times \left(\dfrac{\sigma_z}{\sigma_y}\right)$$
$$= \dfrac{2 \times 50,000 \times 2,000}{3.14 \times 2.72 \times 4 \times 150^2 \times 3,600} \times \left(\dfrac{0.05}{0.05}\right)$$
$$= 0.072\,[\text{ppm}]$$

027 유효굴뚝높이 200m인 굴뚝에서 배출되는 가스의 양은 20m³/s, SO_2 농도는 1,750ppm이다. K_y=0.07, K_z=0.09인 중립 대기조건에서의 SO_2의 최대지표농도(ppb)는? (단, 풍속은 30m/s이다.)

① 34ppb
② 22ppb
③ 15ppb
④ 9ppb

해설 최대지표농도(Sutton 식)

$$C_{\max} = \dfrac{2 \times Q \times C}{\pi \times e \times u \times H_e^2} \times \left(\dfrac{\sigma_z}{\sigma_y}\right)$$
$$= \dfrac{2 \times 20 \times 1,750 \times 10^3}{3.14 \times 2.72 \times 30 \times 200^2} \times \left(\dfrac{0.09}{0.07}\right)$$
$$= 8.78\,[\text{ppb}]$$

정답 024 ② 025 ③ 026 ④ 027 ④

028 굴뚝 배출가스양 15m³/s, HCl 농도 802ppm, 풍속 20m/s, K_y =0.07, K_z =0.08인 중립 대기 조건에서 중심축상 최대지표농도가 1.61×10^{-2} ppm인 경우 굴뚝의 유효높이는? (단, Sutton의 확산식을 이용한다.)

① 약 30m　② 약 50m
③ 약 70m　④ 약 100m

해설 최대지표농도(Sutton 식)

$$C_{max} = \frac{2 \times Q \times C}{\pi \times e \times u \times H_e^2} \times \left(\frac{\sigma_z}{\sigma_y}\right)$$에서

$$1.61 \times 10^{-2} = \frac{2 \times 15 \times 802}{3.14 \times 2.72 \times 20 \times H_e^2} \times \left(\frac{0.08}{0.07}\right)$$

∴ H_e =100m

029 Sutton의 확산식에서 지표고도에서 최대오염이 나타나는 풍하 측 거리(X_m)는? (단, $K_y = K_z$ = 0.07, H_e =100m, $\frac{2}{2-n}$ =1.14이다.)

① 2,480m　② 2,950m
③ 3,390m　④ 3,950m

해설 최대착지거리

$$X_{max} = \left(\frac{H_e}{\sigma_z}\right)^{\frac{2}{2-n}} = \left(\frac{100}{0.07}\right)^{1.14} = 3,950[m]$$

030 A 굴뚝으로부터 배출되는 SO_2가 풍하 측 5,000m 지점에서 지표 최고농도를 나타냈을 때, 유효굴뚝높이(m)는? (단, Sutton의 확산식을 사용하고, 수직확산계수는 0.07, 대기안정도 지수(n)는 0.25이다.)

① 약 120　② 약 140
③ 약 160　④ 약 180

해설 최대착지거리

$$X_{max} = \left(\frac{H_e}{\sigma_z}\right)^{\frac{2}{2-n}}$$에서 $5,000 = \left(\frac{H_e}{0.07}\right)^{\frac{2}{2-0.25}}$

∴ H_e = 120.6m

031 유효굴뚝높이 130m의 굴뚝으로부터 배출되는 SO_2가 지표면에서 최대농도를 나타내는 착지지점(X_{max})은? (단, Sutton의 확산식을 이용하여 계산하고, 수직확산계수 C_z =0.05, 대기안정도계수 n =0.25이다.)

① 4,880m　② 5,797m
③ 6,877m　④ 7,995m

해설 최대착지거리

$$X_{max} = \left(\frac{H_e}{\sigma_z}\right)^{\frac{2}{2-n}} = \left(\frac{130}{0.05}\right)^{\frac{2}{2-0.25}} = 7,995[m]$$

032 유효굴뚝높이가 120m이고, SO_2의 배출량이 20g/s인 화력발전소가 있다. 굴뚝 배출구에서 대기 풍속이 5m/s일 때에 굴뚝으로부터 풍하지역으로 3km 떨어진 곳에서 SO_2의 농도는? (단, $C(x, 0, 0) = \frac{Q}{\pi \sigma_y \sigma_z u} \times \exp\left[-\frac{1}{2}\left(\frac{H_e}{\sigma_z}\right)^2\right]$이고, σ_y =250m, σ_z =140m이다.)

① $15\mu g/m^3$　② $20\mu g/m^3$
③ $25\mu g/m^3$　④ $30\mu g/m^3$

해설 ※ 전자계산기 사용 시 수식에서 나타난 $\exp(x)$는 e^x 버튼을 누르고 x값을 대입하여 풀이한다.

$$C(x, 0, 0) = \frac{Q}{\pi \sigma_y \sigma_z u} \times \exp\left[-\frac{1}{2}\left(\frac{H_e}{\sigma_z}\right)^2\right]$$

$$= \frac{20 \times 10^6}{3.14 \times 250 \times 140 \times 5} \times \exp\left[-\frac{1}{2} \times \left(\frac{120}{140}\right)^2\right]$$

$$= 25.2[\mu g/m^3]$$

정답　028 ④　029 ④　030 ①　031 ④　032 ③

033 화력발전소에서 굴뚝 높이가 50m이고, 배출연기온도가 200℃, 배출연기 속도가 30m/s, 굴뚝 내경이 2m이다. 이때에 주변 대기 온도가 20℃이고, 굴뚝 배출구에서 대기 풍속이 5m/s이며, 대기압은 1,000hPa이다. 위의 조건에서 다음 Holland 식을 이용한 연기의 유효굴뚝높이는?

$$\Delta H = \frac{V_s \times D_s}{u}\left[1.5 + 2.68 \times 10^{-3} \times P_a\left(\frac{T_s - T_a}{T_s}\right) \times D_s\right]$$

① 42m ② 58m
③ 93m ④ 108m

해설
$$\Delta H = \frac{30 \times 2}{5}\left[1.5 + 2.68 \times 10^{-3} \times 1,000 \times \left(\frac{(273+200)-(273+20)}{273+200}\right) \times 2\right]$$
$= 42.5[m]$
∴ $H_e = H + \Delta H = 50 + 42.5 = 92.5[m]$

034 내경이 2m이고 실제 높이가 45m인 굴뚝에서 15m/s로 배출되는 배출가스의 온도는 127℃, 대기 중의 공기압은 1기압, 기온은 27℃이다. 굴뚝 배출구에서의 풍속이 5m/s일 때, 유효굴뚝높이는? (단, Holland의 연기 상승높이 결정식은 다음과 같다.)

$$\Delta H = \frac{V_s \times D_s}{u}\left[1.5 + 2.68 \times 10^{-3} \times P_a\left(\frac{T_s - T_a}{T_s}\right) \times D_s\right]$$

① 74m ② 67m
③ 65m ④ 62m

해설
$$\Delta H = \frac{15 \times 2}{5}\left[1.5 + 2.68 \times 10^{-3} \times 1,000 \times \left(\frac{(273+127)-(273+27)}{273+127}\right) \times 2\right]$$
$= 17.04[m]$
∴ $H_e = H + \Delta H = 45 + 17.04 = 62.04[m]$

035 굴뚝의 반경이 1.5m, 평균풍속이 180m/min인 경우 굴뚝의 유효굴뚝높이를 24m 증가시키기 위한 굴뚝 배출가스 속도는? (단, 연기의 유효상승높이 $\Delta H = 1.5 \times \frac{V_s}{u} \times D$를 이용한다.)

① 13m/s ② 16m/s
③ 26m/s ④ 32m/s

해설 $\Delta H = 1.5 \times \frac{V_s}{u} \times D$ 에서

$24 = 1.5 \times \dfrac{V_s}{180 \times \left(\dfrac{1}{60}\right)} \times 3$

∴ $V_s = 16$m/s

036 연기의 배출속도가 60m/s, 평균풍속이 300m/min인 경우 굴뚝의 유효높이를 35m 증가시키면 굴뚝의 직경크기(m)는? (단, 연기의 유효상승높이 $\Delta H = 1.5 \times \frac{V_s}{u} \times D$를 이용한다.)

① 1.25 ② 1.66
③ 1.94 ④ 2.62

해설 $\Delta H = 1.5 \times \frac{V_s}{u} \times D$ 에서

$35 = 1.5 \times \dfrac{60}{300 \times \left(\dfrac{1}{60}\right)} \times D$

∴ $D = 1.94$m

037 실제 굴뚝높이가 80m, 굴뚝 내경 5m, 배출속도 20m/s, 굴뚝 주위의 풍속이 5m/s이라면 유효굴뚝높이는? (단, 연기의 유효상승높이 $\Delta H = 1.5 \times \frac{V_s}{u} \times D$를 이용한다.)

① 100m ② 110m
③ 120m ④ 130m

정답 033 ③ 034 ④ 035 ② 036 ③ 037 ②

해설

$$\Delta H = 1.5 \times \frac{V_s}{u} \times D = 1.5 \times \frac{20}{5} \times 5 = 30[m]$$
$$\therefore H_e = 30 + 80 = 110[m]$$

038 불안정한 조건에서 굴뚝배출 가스속도가 13m/s, 굴뚝의 안지름이 3.6m, 배출가스 온도가 167℃, 기온이 20℃, 풍속이 7m/s일 때 연기의 상승높이(유효상승고)는? (단, 불안정 조건 시 연기의 상승 높이 $\Delta H = 150 \times \frac{F}{u^3}$이며 F는 부력(플럭스)을 나타낸다.)

① 약 154m ② 약 125m
③ 약 91m   ④ 약 86m

해설 부력플럭스(부력계수)는

$$F = g \times V_s \times \left(\frac{D}{2}\right)^2 \times \left[\frac{T_s - T_a}{T_a}\right]$$
$$= 9.8 \times 13 \times \left(\frac{3.6}{2}\right)^2 \times \left[\frac{(273+167)-(273+20)}{(273+20)}\right]$$
$$= 207.1$$
$$\therefore \Delta H = 150 \times \frac{207.1}{7^3} = 90.57[m]$$

039 내경이 2m인 굴뚝에서 온도 440K의 연기가 6m/s의 속도로 분출되며 분출지점에서의 주변 풍속은 3m/s이다. 대기의 온도가 300K, 중립조건일 때 연기의 상승높이(ΔH)는? (단, $\Delta H = 114 \times \frac{CF^{\frac{1}{3}}}{u}$ 식을 이용하고, 여기서 C=1.58, F는 부력매개변수이다.)

① 약 148m   ② 약 166m
③ 약 181m   ④ 약 195m

해설 부력계수

$$F = g \times V_s \times \left(\frac{D}{2}\right)^2 \times \left[\frac{T_s - T_a}{T_a}\right]$$
$$= 9.8 \times 13 \times 1^2 \times \left[\frac{(440-300)}{300}\right]$$
$$= 27.44$$
$$\Delta H = 114 \times \frac{1.58 \times 27.44^{\frac{1}{3}}}{3} = 181[m]$$

040 불안정한 상태에서의 Moses와 Carson의 Plume rise식은 $\Delta H = 3.47 \times \frac{V_s \times D_s}{u} + 5.15 \times \frac{Q_h^{0.5}}{u}$이다. 굴뚝가스의 방출열은 5,000kJ/s이고 풍속 및 굴뚝가스의 배출유속은 5m/s, 15m/s이다. 굴뚝 상부의 내경이 2m일 때, 위 공식에 의한 Plume rise(연기의 상승고)는?

① 98.4m   ② 93.7m
③ 85.8m   ④ 78.5m

해설

$$\Delta H = 3.47 \times \frac{V_s \times D_s}{u} + 5.15 \times \frac{Q_h^{0.5}}{u}$$
$$= 3.47 \times \frac{15 \times 2}{5} + 5.15 \times \frac{5,000^{0.5}}{5}$$
$$= 93.65[m]$$

041 내경 3,000mm인 굴뚝으로부터 5,000kJ/s의 열을 가진 연기가 25m/s의 속도로 방출되고 있다. 주위의 풍속이 300m/min일 때 연기의 상승고(m)는? (단, 연기의 상승고는 Carson과 Moses의 식 $\Delta H = -0.029 \times \frac{V_s \times D_s}{u} + 2.63 \times \frac{Q_h^{\frac{1}{2}}}{u}$을 이용할 것)

① 약 28.6m ② 약 30.6m
③ 약 36.6m ④ 약 41.6m

해설

$$\Delta H = -0.029 \times \frac{V_s \times D_s}{u} + 2.63 \times \frac{Q_h^{\frac{1}{2}}}{u}$$

$$= -0.029 \times \frac{25 \times 3}{5} + 2.65 \times \frac{5,000^{0.5}}{5} = 37 [m]$$

실기 Check

042 굴뚝에서 배출되는 plume의 유효상승고를 $\Delta H = D_s \times \left(\frac{V_s}{u}\right)^{1.4}$ 에 의해 계산하고자 한다. 굴뚝의 내경이 2m, 풍속이 3m/s라고 할 때, ΔH를 4m까지 상승시키려고 한다면 배출가스의 분출속도는?

① 약 5m/s ② 약 8m/s
③ 약 11m/s ④ 약 14m/s

해설 $\Delta H = D_s \times \left(\frac{V_s}{u}\right)^{1.4}$ 에서 $4 = 2 \times \left(\frac{V_s}{3}\right)^{1.4}$

$\therefore V_s = 4.92 m/s$

043 지상의 점오염원($H_e = 0$)으로부터 바람 부는 방향으로 400m 떨어진 연기의 중심선상에서의 지상($z = 0$) 오염농도는? (단, 오염물질배출량은 10g/s, 풍속은 5m/s, σ_y와 σ_z는 각각 22.5m와 12m이고, 농도 계산식은 가우시안 모델식을 적용한다.)

① 0.85mg/m³ ② 1.55mg/m³
③ 2.36mg/m³ ④ 3.56mg/m³

해설

$$C(x, 0, 0) = \frac{Q}{\pi \sigma_y \sigma_z u} \times \exp\left[-\frac{1}{2}\left(\frac{H_e}{\sigma_z}\right)^2\right]$$

$$= \frac{10 \times 10^3}{3.14 \times 22.5 \times 12 \times 5} = 2.36 [mg/m^3]$$

실기 Check

044 유효높이가 50m인 굴뚝에서 NO가 200g/s의 속도로 배출되고 있다. 유효굴뚝높이에서의 풍속은 10m/s일 때, 500m 풍하 방향 중심선상 지표면에서의 NO 농도는? (단, $\sigma_y = 30m$, $\sigma_z = 15m$이다.)

① 약 3μg/m³ ② 약 5μg/m³
③ 약 27μg/m³ ④ 약 55μg/m³

해설

$$C(x, 0, 0) = \frac{Q}{\pi \sigma_y \sigma_z u} \times \exp\left[-\frac{1}{2}\left(\frac{H_e}{\sigma_z}\right)^2\right]$$

$$= \frac{200 \times 10^6}{3.14 \times 30 \times 15 \times 10} \times \exp\left[-\frac{1}{2} \times \left(\frac{50}{15}\right)^2\right]$$

$$= 54.72 [\mu g/m^3]$$

045 가우시안형의 대기오염 확산방정식을 적용할 때 지면에 있는 오염원으로부터 바람 부는 방향으로 250m 떨어진 연기의 중심축상 지상 오염농도(mg/m³)는? (단, 오염물질의 배출량은 5.5g/s, 풍속은 5m/s, $\sigma_y = 22.5m$, $\sigma_z = 12m$이다.)

① 1.3mg/m³ ② 1.9mg/m³
③ 2.3mg/m³ ④ 2.7mg/m³

해설

$$C(x, 0, 0, 0) = \frac{Q}{\pi \sigma_y \sigma_z u} \times \exp\left[-\frac{1}{2}\left(\frac{H_e}{\sigma_z}\right)^2\right]$$

$$= \frac{5.5 \times 10^3}{3.14 \times 22.5 \times 12 \times 5}$$

$$= 1.3 [mg/m^3]$$

정답 042 ① 043 ③ 044 ④ 045 ①

046 유효굴뚝높이가 60m인 굴뚝으로부터 SO_2가 125g/s의 속도로 배출되고 있다. 굴뚝 높이에서의 풍속이 6m/s일 때, 이 굴뚝으로부터 500m 떨어진 연기중심선상에서 오염물질의 지표농도($\mu g/m^3$)는? (단, 가우시안 모델식 사용, 수평확산계수(σ_y)는 36m, 수직확산계수(σ_z)는 18.5m, 배출되는 SO_2는 화학적으로 반응하지 않음.)

① 52   ② 66
③ 2,483   ④ 9,957

해설

$$C(x, 0, 0) = \frac{Q}{\pi \sigma_y \sigma_z u} \times \exp\left[-\frac{1}{2}\left(\frac{H_e}{\sigma_z}\right)^2\right]$$

$$= \frac{125 \times 10^6}{3.14 \times 36 \times 18.5 \times 6} \times \exp\left[-\frac{1}{2} \times \left(\frac{60}{18.5}\right)^2\right]$$

$$= 51.79 [\mu g/m^3]$$

047 직경 4m인 굴뚝에서 연기가 10m/s의 속도로 풍속 5m/s인 대기로 방출된다. 대기온도는 27℃, 중립상태$\left(\frac{\Delta\theta}{\Delta Z}=0\right)$이고, 연기의 온도가 167℃일 때, TVA 모델에 의한 연기의 상승높이(m)는? (단, TVA 모델에서

$$\Delta H = \frac{173 \times F^{\frac{1}{3}}}{u \times \exp\left(0.64 \times \frac{\Delta\theta}{\Delta Z}\right)},$$

부력계수 $F = \left[g \times V_s \times \left(\frac{D_s}{2}\right)^2 \left(\frac{T_s - T_a}{T_a}\right)\right]$,

$\frac{\Delta\theta}{\Delta Z}$는 온위 감률(K/m)이다.)

① 약 124m   ② 약 145m
③ 약 165m   ④ 약 198m

해설

$$F = \left[9.8 \times 10 \times \left(\frac{4}{2}\right)^2 \left(\frac{(273+167)-(273+27)}{(273+20)}\right)\right]$$
$$= 187.3$$

$$\Delta H = \frac{173 \times F^{\frac{1}{3}}}{u \times \exp\left(0.64 \times \frac{\Delta\theta}{\Delta Z}\right)} = \frac{173 \times 187.3^{\frac{1}{3}}}{5 \times e^0}$$
$$= 197.7 [m]$$

실기 Check

048 가우시안 확산모델은 여러 가지 경계조건을 달리 설정함으로써 오염원의 위치와 형태에 따라 오염물질의 농도를 예측할 수 있다. 다음 조건에서의 오염물질 농도를 예측하고자 할 경우 지표농도의 결과식으로 옳은 것은?

1. 지표 중심선에 따른 대기오염물질의 농도변화를 예측한다.
2. 지표면에서 대기오염물질의 반사를 고려한다.
3. 굴뚝높이(H)는 지표로부터 유효굴뚝높이를 의미한다.

① $C = \dfrac{Q}{\pi u \sigma_y \sigma_z} \times \exp\left(-\dfrac{1}{2}\dfrac{H^2}{\sigma_z^2}\right)$

② $C = \dfrac{Q}{2\pi u \sigma_z} \times \exp\left[-\dfrac{1}{2}\left(\dfrac{H}{\sigma_y}\right)^2\right]$

③ $C = \dfrac{2Q}{\pi u \sigma_y \sigma_z} \times \exp\left[-\dfrac{1}{2}\left(\dfrac{y}{\sigma_y} + \dfrac{z^2}{\sigma_z^2}\right)\right]$

④ $C = \dfrac{Q}{2\pi u \sigma_y \sigma_z} \times \exp\left[-\dfrac{y^2}{2\sigma_y^2} + \dfrac{(z+1)^2}{\sigma_z^2}\right]$

해설 지표면 중심선을 따른 오염물질 농도를 나타내는 방정식은 $C_{(x, 0, 0, H)} = \dfrac{Q}{\pi \times u \times \sigma_y \times \sigma_z} \times \exp\left(\dfrac{-H^2}{2 \times \sigma_z^2}\right)$이다.

참고 가우시안 확산모델의 가정조건
- 난류확산계수는 일정하다.
- 연기의 확산은 정상상태이다.
- 대기안정도와 확산계수는 변하지 않는다.
- 고도변화에 따른 풍속의 변화는 고려되지 않는다.
- 바람에 의한 오염물질은 x축 방향으로만 이동한다.
- 오염물질이 연기 속에서 생성 또는 소멸되지 않는다.
- 점오염원인 굴뚝으로부터 오염물질이 연속적으로 배출된다.
- 점오염원에서 풍하 방향으로 확산되는 plume(연기)은 정규분포를 이루며 확산된다.

정답 046 ① 047 ④ 048 ①

049 대기오염가스를 배출하는 굴뚝의 유효높이가 87m에서 100m로 높아졌다면 굴뚝의 풍하 측 지상 최대오염농도는 87m일 때의 것과 비교하면 몇 %가 되겠는가? (단, 기타 조건은 일정하다.)

① 47% ② 62%
③ 76% ④ 88%

해설 최대지표농도(Sutton 식)

$$C_{max} = \frac{2 \times Q \times C}{\pi \times e \times u \times H_e^2} \times \left(\frac{\sigma_z}{\sigma_y}\right)$$ 에서

$C_{max} \propto \dfrac{1}{H_e^2}$ 이므로

㉠ 굴뚝의 유효높이가 87m인 경우

$$C_{max} = \frac{1}{87^2} = 1.32 \times 10^{-4}$$

㉡ 굴뚝의 유효높이가 100m인 경우

$$C_{max} = \frac{1}{100^2} = 1 \times 10^{-4}$$

∴ 굴뚝의 풍하 측 지상 최대오염농도의 비율은

$$\frac{1 \times 10^{-4}}{1.32 \times 10^{-4}} \times 100 = 76\%$$

050 유효굴뚝높이가 100m이고, SO_2의 배출량이 115g/s인 화력발전소가 있다. 굴뚝 배출구에서 대기 풍속이 5m/s일 때, 최대착지농도는? (단, 계산 시 아래의 가우시안 연기모델을 이용한다. $C_{max} = \dfrac{0.1171 \times Q}{u \, \sigma_y \, \sigma_z}$, 여기서 $\sigma_y = 250m$, $\sigma_z = 140m$이다.)

① 62μg/m³ ② 77μg/m³
③ 83μg/m³ ④ 91μg/m³

해설 $C_{max} = \dfrac{0.1171 \times Q}{u \, \sigma_y \, \sigma_z} = \dfrac{0.1171 \times 115 \times 10^6}{5 \times 250 \times 140}$
$= 76.95 \, [\mu g/m^3]$

051 정규(Gaussian) 확산모델과 Turner의 확산계수(10분 기준)를 이용해서 대기가 약간 불안정할 때 하나의 굴뚝에서 배출되는 SO_2의 풍하 1km 지점에서의 지상농도가 0.20ppm인 것으로 평가(계산)하였다면 SO_2의 1시간 평균 농도는? (단, $C_2 = C_1 \times \left(\dfrac{t_1}{T_2}\right)^q$ 식을 이용하고, 여기서 q = 0.17이다.)

① 약 0.26ppm ② 약 0.22ppm
③ 약 0.18ppm ④ 약 0.15ppm

해설 $C_2 = C_1 \times \left(\dfrac{t_1}{T_2}\right)^q = 0.20 \times \left(\dfrac{10}{60}\right)^{0.17}$
$= 0.15 \, [ppm]$

052 최대혼합고도가 500m일 때 오염농도는 4ppm이었다. 오염농도가 500ppm일 때 최대혼합고도는 얼마인가?

① 50m ② 100m
③ 200m ④ 250m

해설 실제 오염농도(ppm)
= 예상 오염농도 $\times \left(\dfrac{\text{예상 최대혼합고}}{\text{실제 최대혼합고}}\right)^3$ 에서

$4 = 500 \times \left(\dfrac{x}{500}\right)^3$, ∴ $x = 100m$

053 최대혼합고도를 400m로 예상하여 오염농도를 3ppm으로 추정하였는데, 실제 관측된 최대혼합고도는 200m였다. 실제 나타날 오염농도는? (단, 기타 조건은 같음.)

① 21ppm ② 24ppm
③ 27ppm ④ 29ppm

해설 실제 오염농도(ppm)
= 예상 오염농도 $\times \left(\dfrac{\text{예상 최대혼합고}}{\text{실제 최대혼합고}}\right)^3$ 에서

$3 \times \left(\dfrac{400}{200}\right)^3 = 24 \, [ppm]$

대기환경기사

Engineer Air Pollution Environmental

PART II

연소공학

 서술형
CHAPTER 1. 연소이론
CHAPTER 2. 연소설비

 계산형
CHAPTER 1. 연소이론
CHAPTER 2. 연소계산

연소이론

서술형 빈출문제

001 현열(sensible heat)에 관한 용어 정의로 옳은 것은?

① 물질에 의하여 흡수 또는 방출된 열이 물질의 변화 또는 온도변화로 나타나는 열
② 물질에 의하여 흡수 또는 방출된 열이 상태변화에만 사용되고 온도변화로는 나타나지 않는 열
③ 물질에 의하여 흡수 또는 방출된 열이 물질의 상태변화에는 사용되지 않고 온도변화로 나타나는 열
④ 물질에 의하여 흡수 또는 방출된 열이 물질의 변화 또는 온도변화에 사용되지 않고 반응계의 열용량에만 관계하는 열

해설 현열은 물질을 가열 또는 냉각하였을 때 상태변화 없이 온도변화에만 사용되는 열량을 말한다.

참고 잠열(latent heat)은 온도의 오름과 내림과는 관계없이 상태변화를 하기 위해 사용되는 열량을 말한다.

002 연소열을 정성적 및 정량적으로 표현하기 위한 용어에 관한 설명으로 옳지 않은 것은?

① 엔탈피는 어떤 계가 가지고 있는 열함량을 말한다.
② 엔탈피 변화란 정압에서의 반응열의 변화를 말한다.
③ 비열은 물 1g을 1℃ 상승시키는 데 필요한 열량으로 정의된다.
④ 잠열이란 물질에 의하여 흡수 또는 방출된 열이 상태변화에만 사용되고 온도상승의 효과를 나타내지 않는 열이다.

해설 비열은 물 1kg을 1℃ 상승시키는 데 필요한 열량으로 정의된다. 즉, 비열은 단위 질량의 어떤 물질의 온도를 단위 온도만큼 올리는 데 필요한 열량을 말하며 물의 비열은 1kcal/kg·℃이다.

003 화학적 반응이 항상 자발적으로 일어나는 경우는? (단, $\triangle G°$는 Gibbs 자유에너지 변화량, $\triangle S°$는 엔트로피 변화량, $\triangle H$는 엔탈피 변화량이다.)

① $\triangle G° < 0$
② $\triangle G° > 0$
③ $\triangle S° < 0$
④ $\triangle H > 0$

해설 Gibbs 자유에너지는 반응의 자발성(spontaneity)을 판단하는 데 사용되는 열역학 값이다.
㉠ $\triangle G° < 0$: 자발적 반응(정반응)
㉡ $\triangle G° = 0$: 화학적 평형 반응
㉢ $\triangle G° > 0$: 비자발적 반응(역반응)

참고 Gibbs 자유에너지라는 개념이 있기 전에는 엔트로피(S)를 이용해서 반응 여부를 판단하였다.
㉠ $\triangle S° > 0$: 자발적 반응(정반응)
㉡ $\triangle S° = 0$: 화학적 평형 반응
㉢ $\triangle S° < 0$: 비자발적 반응(역반응)
그런데 엔트로피는 엔탈피(H)와 온도(T)에 따라 변하기 때문에 적용에 어려움이 있게 된다. 예를 들어 $\triangle H > 0$인 흡열반응은 온도에 따라 자발성 반응이 될 수도 있기 때문이다.

004 깁스(Gibbs) 자유에너지에 관한 설명으로 옳지 않은 것은?

① 평형상태에서는 $\triangle G = 0$이다.
② $\triangle G < 0$이면 반응은 비자발적이다.
③ 엔트로피가 증가할수록 깁스에너지는 감소한다.
④ 혼합물의 경우 $\triangle G$는 반응물과 생성물의 농도에 관계한다.

정답 001 ③　002 ③　003 ①　004 ②

해설 △G<0이면 반응은 자발적이다.

005 엔탈피에 대한 설명으로 옳지 않은 것은?

① 엔탈피는 반응경로와 무관하다.
② 엔탈피는 물질의 양에 비례한다.
③ 흡열반응은 반응계의 엔탈피가 감소한다.
④ 반응물이 생성물보다 에너지 상태가 높으면 발열반응이다.

해설 흡열반응은 반응계의 엔탈피가 증가한다.

006 생성엔탈피($\triangle H_f °$: kJ/mol)에 관한 설명으로 옳지 않은 것은?

① 표준압력(1atm)에서 측정한다.
② 발열반응일 때 음수(-)값을 갖는다.
③ C, H_2, O_2의 생성 엔탈피는 반응형태(흡열 또는 발열)에 따라 다르다.
④ 화합물의 생성열이란 화합물의 구성원소로부터 화합물로 형성될 때 발생 또는 흡수하는 열의 양을 의미한다.

해설 C, H_2, O_2의 생성 엔탈피는 반응형태(흡열 또는 발열)에 따라 다르지 않고 같으며 주어진 반응 엔탈피를 생성 엔탈피로 이용하여 구하면 된다. 생성 엔탈피란 어떤 물질이 원소로부터 만들어지는, 즉 생성될 때의 엔탈피 변화를 의미하며 $\triangle H_f °$로 나타낸다.

007 연소반응에서 반응속도상수(k)는 압력과 상관이 없고 온도의 함수로 나타낸 식은?

① 이상기체상태식
② 아레니우스식
③ 샤르식
④ 반데르발스식

해설 아레니우스 방정식(Arrehenius equation)은 반응속도의 온도 의존성을 함수로 나타낸 식이다.
반응속도상수(k)는 활성화에너지와 온도의 지수 형태로 계산되며, 특정온도에서 반응속도 법칙을 계산하면 활성화에너지(Activation energy) 값을 계산할 수 있게 된다.

008 연소반응에서 반응속도상수 k를 온도의 함수인 다음 반응식으로 나타낸 법칙은?

$$k = k_o \times e^{-\frac{E}{RT}}$$

① 헨리의 법칙
② 아레니우스의 법칙
③ 보일-샤를의 법칙
④ 반데르발스의 법칙

해설 연소반응에서 반응속도상수 k를 온도의 함수인 $k = k_o \times e^{-\frac{E}{RT}}$로 나타낸 법칙은 아레니우스의 법칙이다. 여기서, k_o: 각 화학반응에 대한 상수인 지수 앞 인자요인(pre-exponential factor), E: 활성화에너지, R: 기체상수, T: 절대온도이다.

009 화학반응속도론에 관한 설명으로 옳지 않은 것은?

① 화학반응식에서 반응속도상수는 반응물 농도와 관련된다.
② 영차 반응은 반응속도가 반응물의 농도에 영향을 받지 않는 반응을 말한다.
③ 일련의 연쇄반응에서 반응속도가 가장 늦은 반응단계를 속도결정단계라 한다.
④ 화학반응속도는 반응물이 화학반응을 통하여 생성물을 형성할 때 단위 시간당 반응물이나 생성물의 농도변화를 의미한다.

해설 반응속도상수(k)는 농도에 비례하지 않고 온도에 의해 영향을 받으며 온도가 일정하면 농도에 관계없이 일정한 값을 갖는다.

010 화학반응속도 및 반응속도상수에 관한 설명으로 옳지 않은 것은?

① 반응속도상수는 온도에 영향을 받는다.
② 1차 반응에서 반응속도상수의 단위는 s^{-1}이다.
③ 반응물의 농도를 무제한 증가할지라도 반응속도에는 영향을 미치지 않는 반응을 0차 반응이라 한다.
④ 화학반응속도론에서 반응속도상수 결정에 활성화에너지가 가장 주요한 영향인자로 작용하며, 넓은 온도 범위에 걸쳐 유효하게 적용된다.

해설 화학반응속도론에서 반응속도상수 결정에 온도가 가장 주요한 영향인자로 작용하며, 넓은 온도 범위에 걸쳐 유효하게 적용된다.

011 연소반응에서의 반응속도에 관한 설명으로 옳지 않은 것은?

① 화학반응식의 비례상수(k)는 반응물 농도에 따라 결정된다.
② 비가역 단분자형 1차 반응의 반응속도는 반응물의 농도에 정비례한다.
③ 비가역 단분자형 0차 반응의 반응속도는 반응물의 농도에 관계가 없다.
④ 화학반응률은 통상 반응물이 사라지는 비율이나 생성되는 비율의 항으로 표현된다.

해설 화학반응식의 비례상수(k)는 반응물 농도와는 관련성이 없다.

012 열역학적인 평형이동에 관한 원리로, 평형상태에 있는 물질계의 온도, 압력을 변화시키면 그 변화를 감소시키는 방향으로 반응이 진행되어 새로운 평형에 도달한다는 원리는?

① 헤스의 원리
② 라울의 원리
③ 반트호프의 원리
④ 르샤틀리에의 원리

해설 르샤틀리에의 원리는 가역반응이 평형 상태에 있을 때, 농도, 압력, 온도를 변화시키면 그 변화를 감소시키는 방향으로 평형이 이동하여 새로운 평형에 도달한다는 원리이다.

013 연소학에서 이용하는 주된 무차원 수에 관한 설명이다. 어떤 무차원 수인가?

- 정의: $\dfrac{\mu}{\rho \times D}$
  (μ: 점성계수, ρ: 밀도, D: 확산계수)
- 의미: $\dfrac{운동량의\ 확산속도}{물질의\ 확산속도}$

① Karlovitz number
② Nusselt number
③ Grashof number
④ Schmidt number

해설 슈미트 수(Schmidt number, S_c)는 운동량 확산과 질량 확산의 비로 정의되는 무차원량이다. 동시 운동량 및 질량 확산 변환 과정이 있는 유체 흐름을 특징짓기 위해 사용된다.

014 연소공학에서 사용되는 무차원 수 중 Nusselt number의 의미는?

① 압력과 관성력의 비
② 관성력과 중력의 비
③ 대류 열전달과 전도 열전달의 비
④ 열 확산계수와 질량 확산계수의 비

해설 누셀 수(Nusselt number, N_u)는 유체 경계에서 경계를 통과하는 대류 열전달과 전도성 열전달의 비율로 정의된다. 열유체 연구에 사용되는 유체와 고체 표면 사이의 열전달 속도를 설명하는 데 사용하는 무차원 수이다.

정답 010 ④ 011 ① 012 ④ 013 ④ 014 ③

015 다음 그림은 탄소를 연소시킬 경우에 공급한 산소의 확산속도 및 산화반응속도(열의 발생속도)와 온도의 관계를 나타낸다. K점 이상의 온도에서 이루어지는 현상으로 옳은 것은?

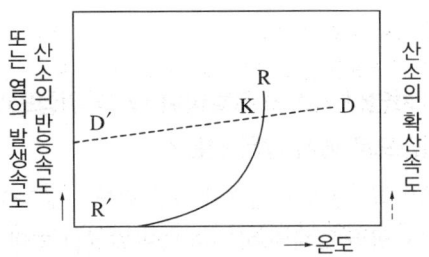

① 산화반응이 증대되고 열발생 속도가 KR에 따른다.
② 산화반응이 억제되고 열발생 속도가 KD에 따른다.
③ 산화반응이 증대되고 열발생 속도가 KD에 따른다.
④ 산화반응이 억제되고 열발생 속도가 KR에 따른다.

해설 산화반응의 속도와 온도의 관계

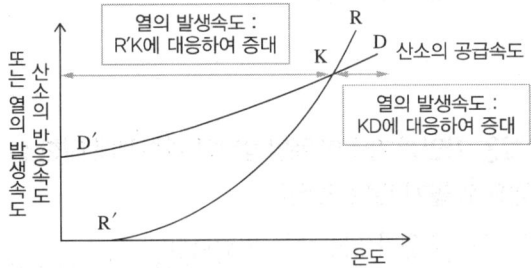

위 그림에서 K점 이상의 온도에서 이루어지는 현상은 산화반응이 억제되고 열발생 속도가 KD에 대응하여 증가한다.

016 정상 연소에서 연소속도를 지배하는 요인으로 옳은 것은?

① 연료 중의 고정탄소량
② 배출가스 중의 N_2 농도
③ 연료 중의 불순물 함유량
④ 공기 중의 산소의 확산속도

해설 정상 연소에서 연소속도를 지배하는 요인은 공기 중 산소의 확산속도이다. 정상 연소와 비정상 연소의 구분은 액체나 고체의 경우에는 공기의 공급에 따라서 주어진 산소의 양만큼만 연소하게 되므로 비정상 연소는 일어나지 않지만, 기체 연소에 있어서는 산소가 공급되는 방법에 따라 정상 연소 또는 비정상 연소를 하게 된다.

017 연소반응속도에 대한 설명으로 옳지 않은 것은?

① 반응속도식은 온도와 가연성물질의 농도에 의존한다.
② 공급 공기량이 적은 상태에서 가연성 기체의 화염은 탄소입자가 발생해 황색을 나타낸다.
③ 연료의 혼합기체 연소 시 불꽃색이 청색으로 보이는 부분은 연소속도가 아주 느린 상태이다.
④ 연료와 공기가 혼합된 상태에서는 균질반응을 하며, 균질반응속도는 Arrhenius 식으로 나타낸다.

해설 연료의 혼합기체 연소 시 불꽃색이 청색으로 보이는 부분은 연소속도가 빠른 상태이고, 공기 공급량이 적은 상태에서 가연성 기체의 화염은 탄소입자가 발생하여 황색을 띠게 된다.

018 폭굉 유도거리(DID)가 짧아지는 요건으로 옳지 않은 것은?

① 압력이 높을수록
② 점화원의 에너지가 강할수록
③ 정상의 연소속도가 작은 단일가스인 경우
④ 관 속에 방해물이 있거나 관 내경이 작을수록

해설 폭굉(Detonation)은 화약이나 폭발성 물질의 연소가 초음속 속도로 매우 빠르게 진행되는 폭발 현상을 나타낸다. 폭굉유도거리(DID, Detonation Inducement Distance)가 짧아지는 조건은 폭발이 잘되는 조건으로 다음과 같다.
• 압력이 높을수록
• 관지름이 작을수록
• 점화원의 에너지가 클수록
• 정상 연소속도가 큰 혼합가스일수록

019 폭굉에 관한 설명으로 옳지 않은 것은?

① 정상의 연소속도가 큰 혼합가스일 경우 폭굉 유도거리는 짧아진다.
② 관 속에 방해물질이 없거나 관 내경이 굵을수록 폭굉유도거리는 길어진다.
③ 폭굉온도는 보통 연소온도보다 3~5배 정도 높고, 압력은 15~20배에 달한다.
④ 연소파의 전파속도가 음속을 초월하는 것으로 연소파의 진행에 앞서 충격파가 진행되어 심한 파괴작용을 동반한다.

해설 폭굉 시 온도의 상승은 열에 의한 전파보다 충격파의 압력에 기인하여 파면에서 온도, 압력, 밀도가 불연속적으로 나타난다. 압력의 상승은 폭연의 경우보다 10배 정도 또는 그 이상이다.

020 연소학에서 주로 사용되는 무차원수 중 온도의 확산속도에 대한 물질의 확산속도의 비를 의미하는 것은?

① Gr(Grashof number)
② Le(Lewis number)
③ Nu(Nusselt number)
④ Pr(Prantle number)

해설 Le 수(Lewis number)는 열 확산에 대한 질량 확산의 비로 정의되는 무차원 수이다.

$$Le = \frac{열\ 확산계수}{질량\ 확산계수} = \frac{k}{\rho \times C_p \times D} = \frac{\alpha}{D}$$

021 아세틸렌(C_2H_2)의 연소반응식에서 반응열이 갖는 의미로 옳은 것은?

$$2C_2H_{2(g)} + 5O_{2(g)} \rightarrow 4CO_{2(g)} + 14,080 kcal$$

① 비열
② 흡수열
③ 저발열량
④ 고발열량

해설 아세틸렌(C_2H_2)의 연소반응식에서 반응열은 총열량으로 고발열량을 의미한다.

022 가연성 가스의 폭발범위 및 그 위험도에 관한 설명으로 옳지 않은 것은?

① 폭발하한농도가 높을수록 위험도는 증가한다.
② 가스의 온도가 높아지면 폭발범위는 일반적으로 넓어진다.
③ 폭발한계 농도 이하에서는 폭발성 혼합가스를 생성하기 어렵다.
④ 가스압이 높아지면 폭발하한농도는 크게 변화되지 않으나 상한값이 높아진다.

해설 폭발하한농도가 높을수록 위험도는 감소한다. 폭발하한계(Lower Explosive Limit, LEL)는 가스 등이 공기 중에서 점화원에 의하여 착화되어 화염이 전파되는 가스 등의 최소농도를 말하므로 이 농도가 높을수록 위험도는 감소한다.

023 가연성 가스의 폭발범위와 위험성에 대한 설명으로 옳지 않은 것은?

① 폭발범위가 넓을수록 위험하다.
② 온도와 압력이 낮을수록 위험하다.
③ 불연성 가스를 첨가하면 폭발범위가 좁아진다.
④ 하한값은 낮을수록, 상한값은 높을수록 위험하다.

해설 폭발범위가 넓을수록 위험하지 않다. 가연성 가스가 폭발하기 위해서는 일정 범위 내 농도 범위에 있어야 하는 데, 도시가스의 경우 공기 중의 가스농도가 5~15%일 때에만 폭발이 발생한다. 이러한 폭발범위는 공기 중에 가연성 가스가 몇 퍼센트 포함돼 있으면 폭발하는가를 나타내는 가스농도 범위를 말한다.

024 가연성 가스의 폭발범위에 따른 위험도 증가 요인으로 옳은 것은?

① 폭발하한농도가 낮을수록 위험도가 증가하며, 폭발상한과 폭발하한의 차이가 클수록 위험도가 커진다.
② 폭발하한농도가 높을수록 위험도가 증가하며, 폭발상한과 폭발하한의 차이가 적을수록 위험도가 커진다.
③ 폭발하한농도가 낮을수록 위험도가 증가하며, 폭발상한과 폭발하한의 차이가 적을수록 위험도가 커진다.
④ 폭발하한농도가 높을수록 위험도가 증가하며, 폭발상한과 폭발하한의 차이가 클수록 위험도가 커진다.

해설 폭발한계는 공기와 가연성 가스의 혼합물 내에 존재하는 가연성 가스의 부피(%)를 나타낸다. 연소할 수 있는 가장 높은 농도를 상한(UEL, Upper Explosion Limit)이라 하고, 최저농도를 하한(LEL, Lower Explosion Limit)라 한다. 폭발한계의 하한이 10% 이하인 것 또는 폭발한계의 상한과 하한의 차이가 20% 이상인 것을 가연성 가스라고 한다. 하한이 낮을수록, 그리고 상한과 하한의 폭이 클수록 위험한 가스이다.

025 가연성 가스의 폭발범위에 관한 설명으로 옳지 않은 것은?

① 가스의 온도가 높아지면 일반적으로 넓어진다.
② 압력이 상압(1기압)보다 낮아질 때 변화가 크다.
③ 폭발한계농도 이하에서는 폭발성 혼합가스를 생성하기 어렵다.
④ 가스압이 높아지면 하한값이 크게 변화하지 않으나 상한값은 높아진다.

해설 압력이 상압(1기압)보다 높아질 때 변화가 크다.

026 착화온도(℃)가 가장 낮은 연료는?

① 코크스
② 메테인
③ 일산화탄소
④ 이탄(자연 건류)

해설 착화온도(ignition point, 발화점): 외부 점화원이 없이 스스로 불이 붙는 최저온도
• 이탄: 250℃ 이하, 일산화탄소: 600℃, 코크스: 650~750℃, 메테인: 650~750℃
• 고체연료에서는 탄화도가 커질수록 착화온도는 높아진다.

027 저온부식의 원인과 대책에 관한 설명으로 옳지 않은 것은?

① 예열공기를 사용하거나 보온시공을 한다.
② 저온부식이 일어날 수 있는 금속표면을 피복을 한다.
③ 연소가스 온도를 산노점 온도보다 높게 유지해야 한다.
④ 250℃ 이상의 전열면(傳熱面)에 응축하는 황산, 질산, 염산 등에 의하여 발생된다.

해설 250℃ 이하의 전열면(傳熱面)에 응축하는 황산, 질산, 염산 등에 의하여 발생된다.

028 보일러에서 저온부식을 방지하기 위한 방법으로 옳지 않은 것은?

① 과잉공기를 줄여서 연소한다.
② 장치표면을 내식재료로 피복한다.
③ 연료를 전처리하여 유황분을 제거한다.
④ 가스온도를 산노점 이하가 되도록 조업한다.

해설 가스온도를 산노점 이상이 되도록 조업한다. 산노점은 산성 가스가 수증기와 결합하는 온도이다. 이 결합으로 산이 전열면에 응축·접촉하여 부식을 일으킨다.

정답 024 ① 025 ② 026 ④ 027 ④ 028 ④

029 연소에 대한 설명으로 옳지 않은 것은?

① 이론공기량은 연료의 화학적 조성에 따라 다르다.
② 연소장치에서 완전 연소 여부는 배출가스의 분석결과로 판정할 수 있다.
③ 최대탄산가스양(%)이란 연료를 실제공기량으로 연소 시 실제연소가스 중의 최고 CO_2의 양을 뜻한다.
④ 연소용 공기 중의 수분은 연료 중의 수분이나 연소 시 생성되는 수분량에 비해 매우 적으므로 보통 무시할 수 있다.

해설 최대탄산가스양(%)이란 연료를 이론공기량으로 완전 연소 시 배출가스 중의 최고 CO_2의 양을 뜻한다.
• 고체 및 액체연료일 경우

$$(CO_2)_{max} = \frac{CO_2}{G_{od}} \times 100 = \frac{1.867C}{G_{od}} \times 100 (\%)$$

030 연소에 대한 설명으로 옳지 않은 것은?

① 연소용 공기 중 버너로 공급되는 공기는 1차공기이다.
② 액체연료에서 연료의 C/H 비가 적을수록 검댕의 발생이 쉽다.
③ 연소온도에 가장 큰 영향을 미치는 인자는 연소용 공기의 공기비이다.
④ 소각로의 연소효율을 판단하는 인자는 배출가스 중 이산화탄소의 농도이다.

해설 액체연료에서 C/H 비가 클수록 비점이 높은 연료는 매연이 발생하기 쉽다.

031 연소속도에 관한 설명으로 옳지 않은 것은?

① 연소속도가 급격할 때를 폭발이라 한다.
② 가연물과 산소의 반응속도, 즉 분자 간의 충돌 속도를 말한다.
③ 외부의 열원을 접촉하지 않은 상태에서도 일정 온도가 되면 연소가 일어날 때의 연소되는 속도를 말한다.
④ 연소속도에 미치는 인자는 연소용 공기 중 산소의 농도, 반응계의 농도, 분무기의 확산 및 산소와의 혼합 등이다.

해설 연소속도는 외부의 열원을 접촉한 상태에서 일정 온도가 되면 연소가 일어날 때의 연소되는 속도로 연소 시 화염이 미연소 혼합가스에 대하여 수직으로 이동하는 속도($m^3/m^2 \cdot s$)를 말한다. 이 속도는 가스의 성분, 공기와의 혼합비율, 혼합가스의 온도 및 압력에 따라 달라진다.

032 기체연료와 공기를 혼합하여 연소할 경우 연소속도가 가장 큰 기체연료는? (단, 대기압, 25℃ 기준)

① 메테인   ② 수소
③ 프로페인 ④ 아세틸렌

해설 수소는 모든 가스 중에서 가장 가볍고, 연소속도가 4.85m/s로 가장 빠르며, 확산속도가 대단히 크다. 그 밖의 각 기체의 연소속도는 메테인은 0.67m/s, 아세틸렌은 0.8m/s, 프로페인은 1.5m/s이다.

033 가연기체와 공기 혼합기체의 가연한계(vol%)가 가장 넓은 것은?

① 메테인   ② 아세틸렌
③ 벤젠   ④ 톨루엔

해설 가연기체와 공기 혼합기체의 가연한계(vol%)를 연소범위라고 하며 연소 농도의 최저한도를 하한, 최고 한도를 상한이라고 한다.
• 톨루엔: 1.4~6.7%
• 벤젠: 1.4~7.4%
• 메테인: 5.0~15%
• 아세틸렌: 2.5~82%

034 가연한계에 대한 설명으로 옳지 않은 것은?
① 파라핀계 탄화수소의 가연범위는 비교적 좁다.
② 혼합기체의 온도를 높게 하면 가연범위는 좁아진다.
③ 기체연료는 압력이 증가할수록 가연한계가 넓어지는 경향이 있다.
④ 일반적으로 가연한계는 산화제 중의 산소분율이 커지면 넓어진다.

해설 혼합기체의 온도를 높게 하면 가연범위는 넓어진다. 가연한계(Flammable limit)는 가연성을 나타내는 최저치와 최고치의 혼합비를 말한다. 가연한계(폭발한계)에 결정적 역할을 하는 것은 혼합비라 할 수 있다.

035 3,000K 정도의 고온 조건으로 연소할 때 일산화탄소가 상당량 발생되는 원인으로 옳은 것은?
① 혼합상태가 불량해지기 때문이다.
② 이산화탄소가 열분해되기 때문이다.
③ 연소시간이 불충분해지기 때문이다.
④ 산소 부족현상이 나타나기 때문이다.

해설 이산화탄소의 열분해에 의해 일산화탄소가 생성된다.

036 연소(화염)온도에 대한 설명으로 옳은 것은?
① 공기비를 크게 할수록 연소온도는 높아진다.
② 이론 단열 연소온도는 실제 연소온도보다 높다.
③ 평형 단열 연소온도는 이론 단열 연소온도와 같다.
④ 실제 연소온도는 연소로의 열손실에는 거의 영향을 받지 않는다.

해설
① 공기비를 크게 할수록 연소온도는 낮아진다.
③ 평형 단열 연소온도는 이론 단열 연소온도보다 낮다.
④ 실제 연소온도는 연소로의 열손실에는 영향을 받는다.

037 연소에 관한 용어 설명으로 옳지 않은 것은?
① 유동점은 저온에서 중유를 취급할 경우의 난이도를 나타내는 척도가 될 수 있다.
② 인화점은 액체연료의 표면에 인위적으로 불씨를 가했을 때 연소하기 시작하는 최저온도이다.
③ 발열량은 연료가 완전 연소할 때 단위중량 혹은 단위 부피당 발생하는 열량으로 잠열을 포함하는 저발열량과 포함하지 않는 고발열량으로 구분된다.
④ 발화점은 공기가 충분한 상태에서 연료를 일정온도 이상으로 가열했을 때 외부에서 점화하지 않더라도 연료 자신의 연소열에 의해 연소가 일어나는 최저온도이다.

해설 발열량은 연료가 완전 연소할 때 단위 중량 혹은 단위 부피당 발생하는 열량으로 잠열을 포함하는 고발열량과 포함하지 않는 저발열량으로 구분된다.

038 연소 시 가연물의 구비조건으로 옳지 않은 것은?
① 활성화에너지가 클 것
② 화학적으로 활성이 강할 것
③ 표면적이 클 것(기체>액체>고체)
④ 열전도도가 적을 것(열전도율: 고체>액체>기체)

해설 가연물질의 구비조건
- 열전도도가 적어야 한다.
- 화학적 활성도가 커야 한다.
- 활성화에너지 값이 적어야 한다.
- 산소와 접촉할 수 있는 표면적이 커야 한다.
- 발열반응을 하여야 하며, 발열량이 커야 한다.
- 조연성(O_2, O_3, Cl_2) 가스와 친화력이 강해야 한다.

정답 034 ② 035 ② 036 ② 037 ③ 038 ①

039 기체의 연소속도를 지배하는 주요 인자로 옳지 않은 것은?

① 촉매
② 발열량
③ 산소농도
④ 산소와의 혼합비

해설 연소속도를 지배하는 주요 인자는 촉매, 산소와의 혼합비, 산소농도 등이다.

연소속도에 영향을 미치는 인자
- 가연물질의 종류: 산화되기 쉽거나 열전도율이 적을수록, 산화 시 활성화에너지가 적거나 발열량이 높은 물질일수록 연소속도는 증가한다.
- 산화성 물질의 종류: 산소를 많이 함유하고 있는 물질일수록 연소속도가 증가한다.
- 가연물질과 산화성 물질의 혼합비율
- 미연소 가연성 기체의 밀도: 밀도가 적을수록 연소속도가 증가한다.
- 미연소 가연성 기체의 비열도: 비열이 적을수록 연소속도가 증가한다.
- 미연소 가연성 기체의 연전도율: 열전도율이 클수록 연소속도가 증가한다.
- 화염온도: 화염온도가 높을수록 연소속도는 증가한다.

040 연소의 종류에 관한 설명으로 옳지 않은 것은?

① 분무 연소는 연소장치를 작게 할 수 있는 장점은 있으나, 고부하의 연소는 불가능하다.
② 심지 연소는 공급공기의 유속이 낮을수록, 공기의 온도가 높을수록 화염의 높이는 높아진다.
③ 증발 연소는 일반적으로 가정용 석유스토브, 보일러 등 연료가 경질유이며, 소형인 것에 사용된다.
④ 포트액면 연소는 액면에서 증발한 연료가스 주위를 흐르는 공기와 혼합하면서 연소하는 것으로 연소속도는 주위 공기의 흐름속도에 거의 비례하여 증가한다.

해설 분무연소는 연소장치를 작게 할 수 있는 장점이 있으며, 고부하 연소도 가능하다. 분무연소는 액체연료를 무수히 많은 유적으로 미립화하여 연소로 벙커C유와 같이 가열하여 점도를 낮추어 버너 등을 사용하여 액체의 입자를 안개상으로 분출하여 연소하는 현상이다.

041 촉매연소법에 관한 설명으로 옳지 않은 것은?

① 일반적으로 구리, 금, 은, 아연, 카드뮴 등은 촉매의 수명을 단축시킨다.
② 배출가스 중의 가연성 오염물질을 연소로 내에서 팔라듐, 코발트 등의 촉매를 사용하여 주로 연소한다.
③ 주로 오염물질 양이 많을 때 및 고농도의 VOC, 열용량이 높은 물질을 함유한 가스에 효과적으로 적용된다.
④ 대부분의 촉매는 800~900℃ 이하에서 촉매 역할이 활발하므로 촉매연소에서의 온도 상승은 50~100℃ 정도로 유지하는 것이 좋다.

해설 주로 오염물질 양이 적을 때 및 저농도의 VOC, 열용량이 낮은 물질을 함유한 가스에 효과적으로 적용된다.

[촉매연소법의 특징]

장점	단점
• 직접연소법보다 연료비가 적게 든다. • 연소온도가 낮으며(250~450℃), 장치가 비교적 간단하다. • 저농도 오염가스의 처리에 적합하다.	• 설비비가 비교적 많이 소요된다. • 특정성분에 대한 촉매효과 저하가 나타나므로 주의가 필요하다. • 대용량, 고온도 오염물질의 처리에는 부적합하다.

042 흑연, 코크스, 목탄 등과 같이 대부분 탄소만으로 되어 있는 고체연료에서 관찰되는 연소형태는?

① 표면 연소 ② 내부 연소
③ 증발 연소 ④ 자기 연소

정답 039 ② 040 ① 041 ③ 042 ①

해설 표면 연소는 고체가 그 표면에서 산소와 반응하는 경우이며 숯, 목탄, 코크스, 금속과 같은 고체 가연물질이 열분해하지 않고 연소하는 현상을 말한다. 고체에서 가장 많은 연소 현상이며 불꽃연소보다 연소속도가 매우 느리다.

해설 자기 연소는 자기반응성 물질인 나이트로글리셀린, 나이트로셀룰로스, TNT, 나이트로화합물(피크린산), 질산에스테르류 등의 물질 내부에 산소가 포함되어 있는 물질이 산소와 반응하여 연소하는 현상을 말한다.

043 표면연소의 설명으로 옳은 것은?
① 오일의 표면에서 오일이 기화하여 일어나는 연소
② 화염의 표면에서 산소와의 결합으로 일어나는 연소
③ 고체연료가 화염을 정상적으로 내면서 연소하는 것
④ 적열 코크스나 숯의 표면에 산소가 접촉하여 일어나는 연소

해설 표면 연소는 고체가 그 표면에서 산소와 반응하는 경우로 적열 코크스나 숯의 표면에 산소가 접촉하여 일어나는 연소를 말한다.

046 화염이 길고, 그을음이 발생하기 쉬운 반면, 역화(Back fire)의 위험이 없으며, 공기와 가스를 예열할 수 있는 연소방식은?
① 예혼합 연소   ② 확산 연소
③ 플라스마 연소 ④ 콤팩트 연소

해설 확산 연소는 메테인(CH_4), 암모니아(NH_3), 아세틸렌(C_2H_2), 일산화탄소(CO), 수소(H_2) 등과 같이 기체연료가 공기 중의 산소와 혼합되면서 연소하는 현상으로 화염의 안정범위가 넓고, 조작이 용이하며, 역화의 위험이 없는 연소 형태이다.

047 기체연료의 연소형태에 해당하지 않는 것은?
① 확산 연소
② 분해 연소
③ 예혼합 연소
④ 부분예혼합 연소

해설 분해 연소는 점도가 높고, 비휘발성인 액체가 고온에서 열분해에 의해서 발생한 가스와 산소가 혼합하여 연소하는 현상으로 중유, 아스팔트의 연소 형태이다.

044 화염으로부터 열을 받으면 가연성 증기가 발생하는 연소로서, 휘발유, 등유, 알코올, 벤젠 등의 액체연료의 연소형태는?
① 표면 연소   ② 자기 연소
③ 증발 연소   ④ 발화 연소

해설 증발 연소는 액체가 열에 의해 증기가 되어 그 증기가 연소하는 현상으로 주로 가솔린, 등유, 경유, 알코올, 아세톤, 벤젠 등이 연소하는 형태이다.

048 연소의 종류에 관한 설명이다. ( ) 안에 알맞은 것은?

> 목재, 석탄, 타르 등은 연소 초기에 열분해에 의해 가연성 가스가 생성되고, 이것이 긴 화염을 발생시키면서 연소하게 되는데 이러한 연소를 (   )라 한다.

① 표면 연소   ② 분해 연소
③ 자기 연소   ④ 확산 연소

045 공기 중의 산소 공급 없이 연료 자체가 함유하고 있는 산소를 이용하여 연소하는 연소형태는?
① 자기 연소   ② 확산 연소
③ 표면 연소   ④ 분해 연소

정답 043 ④ 044 ③ 045 ① 046 ② 047 ② 048 ②

해설 분해 연소(Decomposing combustion)는 점도가 높고, 비휘발성이거나 비중이 큰 액체 가연물질을 열분해하여 증기를 발생시킴으로써 연소가 이루어진다. 긴 화염을 발생시킴으로써 연소하는 형태를 갖는다.

049 기체연료의 연소방법 중 역화 위험이 가장 큰 방법은?

① 확산 연소 ② 난류 연소
③ 예혼합 연소 ④ 부분예혼합 연소

해설 예혼합 연소는 연소시키기 전에 미리 연소 가능한 혼합가스를 만들어 연소시키는 것으로 혼합기로의 역화를 일으킬 위험성이 큰 연소 형태이다.

050 예혼합 연소에 관한 설명으로 옳은 것은?

① 혼합기의 분출속도가 느릴 경우 역화의 위험이 있으므로 역화방지기를 부착해야 한다.
② 화염온도가 낮아 연소부하가 적은 경우에 효과적으로 사용가능하다.
③ 예혼합 연소에 사용되는 버너로 선회버너, 방사버너가 있다.
④ 연소조절이 어렵고, 화염길이가 길다.

해설 예혼합 연소는 연소시키기 전에 미리 연소 가능한 혼합가스를 만들어 연소시키는 것으로, 혼합기로의 역화를 일으킬 위험성이 크기 때문에 혼합기의 분출속도가 느릴 경우 역화의 위험이 있으므로 역화방지기를 부착해야 한다.

051 기체연료 연소방식 중 예혼합 연소에 관한 설명으로 옳지 않은 것은?

① 연소조절이 쉽고 화염길이가 짧다.
② 역화의 위험이 없으며 공기를 예열할 수 있다.
③ 화염온도가 높아 연소부하가 큰 경우에 사용이 가능하다.
④ 연소기 내부에서 연료와 공기의 혼합비가 변하지 않고 균일하게 연소된다.

해설 역화의 위험이 있으며 공기를 예열할 수 없다.

052 기체연료의 연소방식 중 예혼합 연소에 관한 설명으로 옳지 않은 것은?

① 화염길이가 길고, 그을음이 발생하기 쉽다.
② 역화의 위험이 있어 역화방지기를 부착해야 한다.
③ 화염온도가 높아 연소부하가 큰 곳에 사용이 가능하다.
④ 연소기 내부에서 연료와 공기의 혼합비가 변하지 않고 균일하게 연소된다.

해설 예혼합 연소는 화염길이가 길고, 그을음이 발생하기 쉬운 연소 형태는 액체연료를 연소하는 분해 연소이다.

053 기체연료의 연소방법에 대한 설명으로 옳지 않은 것은?

① 예혼합 연소에는 포트형과 버너형이 있다.
② 확산 연소는 화염이 길고 그을음이 발생하기 쉽다.
③ 예혼합 연소는 혼합기의 분출속도가 느릴 경우 역화의 위험이 있다.
④ 예혼합 연소는 화염온도가 높아 연소부하가 큰 경우에 사용이 가능하다.

해설 확산 연소에는 포트형과 버너형이 있다.

054 기체연료의 연소방식 중 확산 연소에 관한 설명으로 옳지 않은 것은?

① 역화의 위험성이 없다.
② 붉고 긴 화염을 만든다.
③ 가스와 공기를 예열할 수 없다.
④ 연료의 분출속도가 클 경우 그을음이 발생하기 쉽다.

해설 확산 연소는 가스와 공기를 예열할 수 있다.

서술형 빈출문제

055 기체연료의 연소방식 중 확산 연소에 관한 설명으로 옳지 않은 것은?

① 화염이 길다.
② 역화의 위험이 있다.
③ 연료 분출속도가 클 경우, 그을음이 발생하기 쉽다.
④ 기체연료와 연소용 공기를 버너 내에서 혼합시키지 않는다.

해설 확산 연소는 역화의 위험이 없다.

056 확산 연소에서 분류속도 변화에 따라 변화하는 분류 확산화염에 대한 설명으로 옳지 않은 것은?

① 층류화염에서 난류화염으로의 전이는 분류 레이놀즈 수에 의존한다.
② 전이화염에서 유속을 더 증가시키면 대부분의 화염이 난류가 되고 전체 화염의 길이는 크게 변화하지 않는다.
③ 층류화염에서 난류화염으로 전이하는 높이는 유속이 증가함에 따라 급속히 아래쪽으로 이동하여 층류화염의 길이가 감소된다.
④ 분류속도가 작은 영역에서는 화염의 표면이 매끈한 층류화염을 형성하고, 이 층류화염의 길이는 분류속도의 제곱에 비례하여 증가한다.

해설 분류 확산화염은 분류속도가 큰 영역에서는 화염의 표면이 매끈한 층류화염을 형성하고, 이 층류화염의 길이는 분류속도의 증가에 따라 비례한다.

실기 Check ✓
057 연소의 종류에 관한 설명으로 옳지 않은 것은?

① 증발 연소: 물질이 직접 기화되면서 연소된다.
② 다단 연소: 1단계로 표면물질이 연소되고 중심부로 들어가면서 단계적으로 연소된다.
③ 표면 연소: 휘발분의 함유율이 적은 물질이 연소될 때 표면의 탄소분부터 직접 연소된다.
④ 분해 연소: 착화온도에 도달하기 전에 휘발분이 생성되고 그것이 연소되면서 착화연소가 시작된다.

해설 다단 연소는 연료 과잉상태에서 산소농도 감소에 의한 질소산화물의 발생 저감을 유도한 후 충분한 공기를 공급하여 완전 연소를 유도하는 것으로, 연소효율의 저하 없이 발생되는 질소산화물의 농도를 낮게 유지하는 방법이다.

실기 Check ✓
058 연소에 관한 설명으로 옳지 않은 것은?

① 표면 연소는 휘발분 함유율이 적은 물질의 표면 탄소분부터 직접 연소되는 형태이다.
② 다단 연소는 공기 중의 산소 공급 없이 물질 자체가 함유하고 있는 산소를 사용하여 연소하는 형태이다.
③ 증발 연소는 비교적 융점이 낮은 고체연료가 연소하기 전에 액상으로 융해한 후 증발하여 연소하는 형태이다.
④ 분해 연소는 분해온도가 증발온도보다 낮은 고체연료가 기상 중에 화염을 동반하여 연소할 경우 관찰되는 연소형태이다.

해설 자기 연소는 공기 중의 산소 공급 없이 물질 자체가 함유하고 있는 산소를 사용하여 연소하는 형태이다.

059 전형적인 자기 연소를 하는 가연물에 해당하는 것은?

① 나프타(Naphtha)
② 나프탈렌(Naphthalene)
③ 아이소옥테인(iso-octane)
④ 나이트로글리세린(Nitro-glycerine)

해설 자기 연소(내부 연소)는 연소 시에 외부의 산소가 필요 없이 분자 내 구성성분인 결합산소에 의해서 연소하는 것을 말하며, 다이나마이트와 같은 나이트로글리세린이 대표적이다.

정답 055 ② 056 ④ 057 ② 058 ② 059 ④

060 휘발유의 안티노킹제(Anti-knocking agent)로 옥테인가를 증진시키는 물질로 최근에 널리 사용되는 물질은?

① Cenox
② Cetane
③ TEL(tetraethyl lead)
④ MTBE(Methyl Tert-Butyl Ether)

해설 안티노킹제(Anti-knocking agent)는 휘발유의 옥테인가를 향상시켜 줌으로써 노킹현상을 방지해 주는 역할을 하며, 주로 4에틸납(TEL)이나 4메틸납(TML)이 가장 널리 쓰여왔으나 납성분 때문에 인체에 나쁜 영향을 줄 뿐 아니라 배출가스 정화장치의 촉매에도 나쁜 영향을 주고 있어 현재 사용을 하지 않고 있다. 대신 알코올이나 MTBE(Methyl-Tertiary-Butyl-Ether)가 많이 사용되고 있는데, MTBE는 저비점유분의 옥테인가 향상제로 적합하다.

061 연료의 일반적인 특징으로 옳은 것은?

① C/H 비가 클수록 이론공연비가 증가한다.
② 석탄의 휘발분이 많을수록 매연발생량이 적다.
③ 공기의 산소농도가 높을수록 석탄의 착화온도가 낮다.
④ 중유는 점도를 기준으로 A, B, C 중유로 구분할 수 있으며, 이 중 A 중유의 점도가 가장 높다.

해설
① C/H 비가 클수록 이론공연비가 감소한다.
② 석탄의 휘발분이 많을수록 매연 발생량이 많다.
④ 중유는 점도를 기준으로 A, B, C 중유로 구분할 수 있으며, 이중 A 중유의 점도가 가장 낮다.

062 연료의 조성성분에 따른 연소특성으로 옳지 않은 것은?

① 휘발분: 매연 발생을 방지한다.
② 고정탄소: 발열량이 높고 연소성을 좋게 한다.
③ 회분: 발열량이 낮고 연소성이 양호하지 않다.
④ 수분: 열손실을 초래하고 착화를 불량하게 한다.

해설 휘발분: 매연 발생을 증가시킨다.

063 연소반응에서 가연성물질을 산화시키는 물질로 옳지 않은 것은?

① 산소
② 산화질소
③ 유황
④ 할로젠계 물질

해설 연소반응에서 가연성물질을 산화시키는 물질은 조연성 기체로 산소, 산화질소, 염소와 같은 할로젠계 물질 등이 있다.

064 연소방식 및 연소장치에 관한 설명으로 옳지 않은 것은?

① 확산 연소는 화염이 길고 그을음이 발생하기 쉽다.
② 예혼합 연소는 혼합기의 분출속도가 느릴 경우 역화의 위험이 있으므로 역화방지기를 부착해야 한다.
③ 기화 연소는 연료를 고온의 물체를 접촉 또는 충돌시켜 액체를 가연성 증기로 변환 후 연소시키는 방식이다.
④ 유동층에서는 저열량연료, 점착성연료는 적용이 불가능하며, 탈황제의 주입 시 별도로 배연탈황설비가 필요하다.

해설 유동층에서는 저열량연료, 점착성연료의 적용이 가능하며, 탈황제(석회석)의 주입 시 별도로 배연탈황설비가 필요 없다.

065 연료의 특성에 대한 설명 중 옳은 것은?

① 메테인은 프로페인에 비해 이론공기량이 적다.
② 석탄의 비중은 탄화도가 진행될수록 작아진다.
③ 중유의 비중이 클수록 유동점과 잔류탄소는 감소한다.
④ 중유 중 잔류탄소의 함량이 많아지면 점도가 낮아진다.

정답 060 ④ 061 ③ 062 ① 063 ③ 064 ④ 065 ①

해설
② 석탄의 비중은 탄화도가 진행될수록 커진다.
③ 중유의 비중이 클수록 유동점과 잔류탄소는 증가한다.
④ 중유 중 잔류탄소의 함량이 많아지면 점도가 커진다.

066 확산형 가스버너 중 포트형에 관한 설명으로 옳지 않은 것은?

① 가스와 공기를 함께 가열할 수 있다.
② 포트의 입구가 작으면 슬래그가 부착되어 막힐 우려가 있다.
③ 역화의 위험이 있기 때문에 반드시 역화 방지기를 부착해야 한다.
④ 밀도가 큰 가스 출구는 상부에, 밀도가 작은 가스 출구는 하부에 배치되도록 설계한다.

해설 역화의 위험이 있기 때문에 반드시 역화 방지기를 부착해야 하는 것은 예혼합형이다.

067 기체연료의 연소방식에 관한 설명으로 옳지 않은 것은?

① 확산 연소는 화염이 길고 그을음이 발생하기 쉽다.
② 확산 연소는 역화의 위험이 없으며 가스와 공기를 예열할 수 있는 장점이 있다.
③ 확산 연소는 기체연료와 연소용 공기를 버너 내에서 혼합하여 공급하는 방식이다.
④ 예혼합 연소는 연소가 내부에서 연료와 공기의 혼합비가 변하지 않고 균일하게 연소된다.

해설 예혼합 연소는 기체연료와 연소용 공기를 버너 내에서 혼합하여 공급하는 방식이다.

068 기체연료의 연소방식과 연소장치에 관한 설명으로 옳지 않은 것은?

① 예혼합 연소에 사용되는 버너에는 저압버너, 고압버너, 송풍버너 등이 있다.
② 확산 연소는 주로 탄화수소가 적은 발생로 가스, 고로 가스 등에 적용되는 연소방식이다.
③ 예혼합 연소는 화염온도가 낮아 국부가열의 염려가 없고, 연소부하가 작은 경우 사용이 가능하며, 화염의 길이가 길다.
④ 저압버너는 역화방지를 위해 1차 공기량을 이론공기량의 약 60% 정도만 흡입하고 2차공기는 노 내의 압력을 부압으로 하여 공기를 흡입한다.

해설 예혼합 연소는 화염온도가 높아 국부가열의 염려가 있고, 연소부하가 큰 경우에 사용이 가능하며, 화염의 길이가 짧다.

069 기체연료의 연소장치 및 연소방식에 관한 설명으로 옳지 않은 것은?

① 확산 연소에 사용되는 버너 중 포트형은 기체연료와 공기를 다 같이 고온으로 예열할 수 있다.
② 예혼합 연소는 화염온도가 높아 연소부하가 큰 경우에 사용되며, 화염 길이가 길고, 그을음 생성이 많다.
③ 확산 연소는 주로 탄화수소가 적은 발생로 가스, 고로 가스에 적용되는 연소방식이고, 천연가스에도 사용될 수 있다.
④ 예혼합 연소에 사용되는 고압버너는 기체연료의 압력을 $2kg/cm^2$ 이상으로 공급하므로 연소실 내의 압력은 정압이다.

해설 예혼합 연소는 화염온도가 높아 연소부하가 큰 경우에 사용되며, 화염 길이가 짧고, 그을음 생성이 적다.

정답 066 ③ 067 ③ 068 ③ 069 ②

070 연료의 종류에 따른 연소특성을 나타낸 것으로 옳지 않은 것은?

① 액체연료는 기체연료에 비해 적은 과잉공기로 완전 연소가 가능하다.
② 액체연료의 경우 회분은 적지만, 재 속의 금속 산화물이 장해 원인이 될 수 있다.
③ 기체연료는 저발열량의 것으로 고온을 얻을 수 있고, 전열 효율을 높일 수 있다.
④ 액체연료는 화재, 역화 등의 위험이 크며, 연소온도가 높아 국부가열을 일으키기 쉽다.

해설 액체연료는 기체연료에 비해 많은 과잉공기로 완전 연소가 가능하다.

071 각 연료의 이론공기량(A_o)의 근사치 범위 (Sm³/kg)로 옳지 않은 것은?

① 역청탄: 7.5~8.5
② 코크스: 8.0~9.0
③ 천연가스(건성): 8.0~9.5
④ 발생로 가스: 5.0~8.0

해설 발생로 가스: 0.9~1.2

072 각 연료의 이론공기량(A_o)의 개략치 값 (Sm³/kg)으로 옳지 않은 것은?

① 코크스로 가스: 0.8~1.2
② 고로 가스: 0.7~0.9
③ 발생로 가스: 0.9~1.2
④ 가솔린: 11.3~11.5

해설 코크스로 가스: 8.5

073 과잉공기가 지나칠 때 나타나는 현상으로 옳지 않은 것은?

① 연소실 내 온도가 저하
② 배출가스 중 NO_X 양 증가
③ 배출가스에 의한 열손실의 증가
④ 배출가스의 온도가 높아지고 매연이 증가

해설 과잉공기가 지나치면 배출가스의 온도가 낮아지고 매연이 감소

074 공기비가 클 경우 일어나는 현상에 관한 설명으로 옳지 않은 것은?

① 연소실 내 연소온도 감소
② 가스폭발의 위험과 매연 증가
③ 배출가스에 의한 열손실 증대
④ SO_2, NO_2의 함량이 증가하여 부식 촉진

해설 공기비가 클 경우 가스폭발의 위험과 매연 감소
• 공기비가 클 때 연소에 미치는 영향
㉠ 연소실 내의 연소온도가 저하한다.
㉡ 통풍력이 강하여 배출가스에 의한 열손실이 많아진다.
㉢ 연소가스 중에 SO_2의 함유량이 많아져서 저온부식이 촉진된다.

075 다음 최대탄산가스양에 대한 ( ) 안에 알맞은 것은?

> ( ) 배출가스 중의 CO_2 농도는 최대가 되며, 이때의 CO_2의 양을 최대탄산가스양((CO_2)$_{max}$) 이라 하고, $\dfrac{CO_2}{G_{od}}$ 비로 계산한다.

① 실제공기량으로 연소시킬 때
② 공기부족 상태에서 연소시킬 때
③ 이론공기량으로 완전 연소시킬 때
④ 연료를 다른 미연 성분과 같이 불완전 연소시킬 때

해설 이론공기량으로 완전 연소시킬 때 배출가스 중의 CO_2 농도는 최대가 되며, 이때의 CO_2의 양을 최대탄산가스양($(CO_2)_{max}$)이라 하고, $\dfrac{CO_2}{G_{od}}$ 비로 계산한다.

076 연료 등의 연소 시 과잉공기의 비율을 높임으로써 생기는 현상으로 옳지 않은 것은?

① 방지시설의 용량이 커지고 에너지손실이 커진다.
② 희석효과가 높아져 연소생성물의 농도가 감소한다.
③ CH_4, CO 및 CO_2 등 물질의 농도가 감소되는 경향을 보인다.
④ 화염의 크기가 작아지고 불완전 연소물의 발생농도가 증가한다.

해설 화염의 크기가 작아지고 불완전 연소물의 발생농도가 감소한다.

077 연료 등의 연소 시에 과잉공기의 비율을 높임으로써 생기는 현상으로 옳지 않은 것은?

① 에너지손실이 커진다.
② 연소가스의 희석효과가 높아진다.
③ 화염의 크기가 커지고, 연소가스 중 불완전 연소물질의 농도가 증가한다.
④ CH_4, CO 및 C 등 연료 중 가연성물질의 농도가 감소되는 경향을 보인다.

해설 화염의 크기가 작아지고, 연소가스 중 불완전 연소물질의 농도가 감소한다.

서술형 빈출문제

078 공기비가 너무 낮을 경우 나타나는 현상으로 옳지 않은 것은?

① 연소효율이 저하된다.
② 연소실 내의 연소온도가 낮아진다.
③ 가스의 폭발위험과 매연발생이 크다.
④ 가연성분과 산소의 접촉이 원활하게 이루어지지 못한다.

해설 공기비가 너무 낮을 경우 연소실 내의 연소온도가 높아진다.

079 연료의 연소과정에서 공기비가 낮을 경우 예상되는 문제점으로 옳은 것은?

① 배출가스에 의한 열손실이 증가한다.
② 배출가스 중 CO와 매연이 증가한다.
③ 배출가스 중 SO_X와 NO_X의 발생량이 증가한다.
④ 배출가스의 온도저하로 저온부식이 가속화된다.

해설 보기항 "①, ③, ④"는 연소과정에서 공기비가 높을 경우 예상되는 문제점이다.

080 연소과정에서 공기비(m)가 적을 경우 발생되는 현상으로 옳은 것은?

① 연소실에서 연소온도가 낮아진다.
② 통풍력이 강하여 배출가스에 의한 열손실이 크다.
③ 연소가스 중의 일산화탄소량의 증가로 공해의 원인이 된다.
④ 배출가스 중 황산화물과 질소산화물의 함량이 많아져 연소장치의 부식을 가중시킨다.

해설 보기항 "①, ②, ④"는 공기비(m)가 많을 경우 발생되는 현상이다.

Chapter 1. 연소이론

081 연료 연소 시 공기비의 크기에 따른 연소특성을 설명한 것으로 옳지 않은 것은?

① 공기비가 너무 적은 경우 연소효율이 저하된다.
② 공기비가 너무 큰 경우 SO_x의 발생량이 감소한다.
③ 공기비가 너무 큰 경우 연소실의 냉각 효과를 가져온다.
④ 공기비가 너무 적은 경우 매연이나 검댕의 발생량이 증가한다.

해설 공기비가 너무 큰 경우 SO_x의 발생량이 증가한다.

082 공기비(m)가 연소에 미치는 영향에 대한 설명으로 옳지 않은 것은?

① 공기비가 너무 큰 경우 배출가스 중 NO_x 양이 감소한다.
② 공기비가 너무 적을 경우 불완전 연소로 매연이 발생한다.
③ 공기비가 너무 큰 경우 배출가스에 의한 열손실이 증가한다.
④ 공기비가 너무 적을 경우 불완전 연소로 연소효율이 저하된다.

해설 공기비가 너무 큰 경우 배출가스 중 NO_x 양이 증가한다.

083 연소과정에서 공기비가 적을 경우($m < 1$) 발생되는 현상으로 옳은 것은?

① 배출가스 중 황산화물과 질소산화물의 함량이 많아져 연소장치의 부식을 가중시킨다.
② 통풍력이 강하여 배출가스에 의한 열손실이 크다.
③ 연소 배출가스 중의 일산화탄소가 증대된다.
④ 완전 연소에 의해 NO_x가 증가한다.

해설 보기항 "①, ②, ④"는 공기비가 클 경우($m > 1$) 발생되는 현상이다.

084 공기비가 클 경우 일어나는 현상에 관한 설명으로 옳지 않은 것은?

① 연소실 내 연소온도 감소
② 배출가스에 의한 열손실이 증대
③ 가스폭발의 위험과 매연이 증가
④ SO_2, NO_2의 함량이 증가하여 부식이 촉진

해설 가스폭발의 위험과 매연이 증가되는 경우는 공기비가 적을 경우 일어나는 현상이다.

085 연소공정에서 과잉공기량의 공급이 많을 경우 발생하는 현상으로 옳지 않은 것은?

① 매연 발생이 많아진다.
② 연소실의 온도가 낮게 유지된다.
③ 배출가스에 의한 열손실이 증대된다.
④ 황산화물에 의한 전열면의 부식을 가중시킨다.

해설 과잉공기량의 공급이 많을 경우 매연 발생이 적어진다.

086 연소장치 중 일반적으로 가장 큰 공기비를 필요로 하는 것은?

① 미분탄버너
② 가스버너
③ 오일버너
④ 수평수동화격자

해설 수평수동화격자는 연소 시 공기를 많이 필요하기 때문에 일반적으로 가장 큰 공기비를 필요로 한다.

정답 081 ② 082 ① 083 ③ 084 ③ 085 ① 086 ④

087 연소와 관련된 설명으로 옳은 것은?

① 등가비와 공기비는 상호 비례관계가 있다.
② 등가비가 1보다 큰 경우, 공기가 과잉인 경우로 열손실이 많아진다.
③ 공연비는 예혼합 연소에 있어서의 연료에 대한 공기의 질량비(또는 부피비)이다.
④ 최대탄산가스양(%)은 실제 건조연소가스양을 기준한 최대탄산가스의 용적백분율이다.

해설
① 등가비와 공기비는 상호 비례관계가 없다.
② 등가비가 1보다 큰 경우, 연료가 과잉인 경우로 열손실이 적어진다.
④ 최대탄산가스양(%)은 이론 건조연소가스양을 기준한 최대탄산가스의 용적백분율이다.

088 [실기 Check] 다음 그림은 연소 시 공기-연료비에 따르는 HC, CO, CO₂, O₂의 발생량을 나타낸 것이다. ④의 항목에 해당되는 것은? (단, 실선은 이론, 점선은 실제의 관계를 나타낸다.)

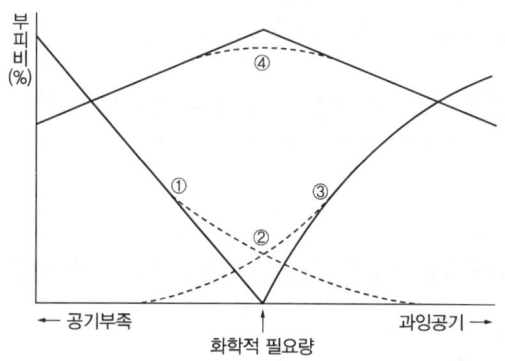

① O₂
② HC
③ CO₂
④ CO

해설 그림에서 ④는 연소공기량에 따르는 CO₂ 농도를 나타낸 것이고, ①은 CO, HC를, ③은 O₂를 나타낸다.

089 [실기 Check] 등가비(ϕ)에 관한 설명으로 옳지 않은 것은?

① 공기비(m) = $\dfrac{1}{\phi}$로 나타낼 수 있다.
② $\phi = 1$은 완전 연소 상태라 할 수 있다.
③ $\phi > 1$은 과잉공기 상태로 질소산화물이 증가한다.
④ $\phi = \dfrac{\left(\dfrac{\text{실제적인 연료량}}{\text{산화제}}\right)}{\left(\dfrac{\text{완전 연소를 위한 이상적인 연료량}}{\text{산화제}}\right)}$ 로 나타낸다.

해설 $\phi > 1$은 연료가 과잉인 경우로 불완전 연소가 발생한다.
• 등가비(ϕ, equivalent ratio)는 일정량의 이론적인 연료와 공기의 혼합비에 대하여 실제 연소되는 연료와 공기의 혼합비를 말한다. 등가비를 당량비라고도 하는 데 이는 $\phi = \dfrac{\text{실제연공비}}{\text{이론연공비}} = \dfrac{\text{이론공기량}}{\text{실제공기량}}$ 으로도 나타낼 수 있으므로 공기비(m) = $\dfrac{1}{\phi}$로 나타낼 수 있다.
㉠ $\phi = 1$: 완전 연소로서 연료와 산화제의 혼합이 이상적이다.
㉡ $\phi < 1$: 연료가 이상적인 경우보다 적고, 공기가 과잉인 경우로 완전 연소가 되지만 열손실이 많아진다.
㉢ $\phi > 1$: 연료가 과잉인 경우로 불완전 연소가 발생한다.
• 최대탄산가스양(($CO_2)_{max}$, %)은 이론공기량으로 완전 연소시킬 때 배출가스 중 CO_2 농도가 최대가 되며, 이때의 CO_2의 양을 말한다.

090 등가비(Equivalent Ratio, ϕ)와 공기비(m)의 관계로 옳은 것은?

① $\phi = 2m$
② $\phi = (1-m)$
③ $\phi \times m = 1$
④ $\phi = \left(\dfrac{1}{2m}\right)$

해설 공기비(m) = $\dfrac{1}{\phi}$로 나타낼 수 있다.

091 연소과정에서 등가비(Equivalent Ratio)가 1보다 큰 경우는?

① 공급연료가 과잉인 경우
② 공급공기가 과잉인 경우
③ 공급연료의 가연성분이 불완전한 경우
④ 배출가스 중 질소산화물이 증가하고 일산화탄소가 최소가 되는 경우

해설 연소과정에서 등가비(Equivalent Ratio)가 1보다 큰 경우는 연료가 과잉인 경우로 불완전 연소가 된다.

092 연소에 관한 설명으로 옳은 것은?

① 등가비와 공기비는 비례관계에 있다.
② 등가비가 1보다 큰 경우 NO_x 발생량이 감소한다.
③ 최대탄산가스율은 실제습연소가스양과 최대탄산가스양의 비율이다.
④ 공연비는 공기와 연료의 질량비(또는 부피비)로 정의되며, 예혼합 연소에서 많이 사용된다.

해설
① 등가비와 공기비는 반비례관계에 있다.
② 등가비가 1보다 큰 경우 NO_x 발생량이 증가한다.
③ 최대탄산가스율은 이론 건연소가스양과 최대탄산가스양의 비율이다.

093 최대탄산가스양($(CO_2)_{max}$)에 대한 설명으로 옳지 않은 것은?

① 연료를 과잉공기량으로 충분히 연소시켰을 때 배출되는 탄산가스의 양이다.
② 최대탄산가스양은 연료의 조성에 따라 정해지며, 연료에 따라 서로 다른 값을 갖는다.
③ 공기비를 이용하여 산정하는 경우에는 과잉공기비에 배출가스 중의 CO_2 농도를 곱하여 얻어진다.
④ 최대탄산가스양의 산출법은 연료의 원소조성을 이용하는 방법과 배출가스의 조성을 이용하는 방법 등이 있다.

해설 최대탄산가스양은 연료를 이론공기량으로 완전 연소시켰을 때 배출되는 탄산가스의 양이다.

094 연소에 관한 설명으로 옳지 않은 것은?

① $(CO_2)_{max}$는 연소방식에 관계없이 일정하다.
② $(CO_2)_{max}$는 연료의 조성에 관계없이 일정하다.
③ 실제공기량은 연료의 조성, 공기비 등을 사용하여 구한다.
④ 연소가스 분석을 통해 완전 연소, 불완전 연소를 판정할 수 있다.

해설 $(CO_2)_{max}$는 연료의 조성에 따라 값이 다르다.

095 $(CO_2)_{max}$ 값이 가장 높을 때는 어느 조건인가?

① 공기부족의 조건일 때
② 공기과잉의 조건일 때
③ 이론공기량 조건일 때
④ 실제 공기량의 연소조건일 때

해설 $(CO_2)_{max}$ 값은 이론공기량으로 완전 연소시킬 때 배출가스 중의 CO_2 농도는 최대가 되어 값이 가장 높게 된다.

096 각 연료 중 $(CO_2)_{max}$ 값(%)이 가장 큰 것은?

① 갈탄
② 역청탄
③ 고로 가스
④ 코크스로 가스

해설 코크스로 가스: 11.0~11.5, 역청탄: 18.5~19.0(%), 갈탄: 19.0~19.5(%), 고로 가스: 24.0~25.0(%)

정답 091 ① 092 ④ 093 ① 094 ② 095 ③ 096 ③

097 각종 연료의 $(CO_2)_{max}$ 값(%)으로 옳지 않은 것은?

① 탄소: 21.0
② 역청탄: 18.5~19.0
③ 고로 가스: 24.0~25.0
④ 코크스로 가스: 19.0~20.0

해설 코크스로 가스: 11.0~11.5(%)

098 각 연료의 $(CO_2)_{max}$ 값(%)으로 옳지 않은 것은?

① 탄소: 21
② 고로 가스: 15~16
③ 갈탄: 19.0~19.5
④ 코크스로 가스: 20.0~20.5

해설 고로 가스: 24.0~25.0(%)

099 다음 수식은 무엇을 산출하기 위한 식인가?

$$G = mA_o - 5.6H + 0.7O + 0.8N \, \text{Sm}^3/\text{kg}$$

① 기체연료의 이론습연소가스양(Sm^3/Sm^3)
② 고체 및 액체연료의 이론습연소가스양(Sm^3/kg)
③ 기체연료의 실제습연소가스양(Sm^3/Sm^3)
④ 고체 및 액체연료의 실제건연소가스양(Sm^3/kg)

해설 고체 및 액체연료의 실제건연소가스양(G_d, Sm^3/kg)은 실제습연소가스양(G_w)에서 수분을 빼주거나 이론건연소가스양(G_{od})에 과잉공기량을 합산하면 된다.
$G_d = G_w - (11.2H + 1.244W) = G_{od} + (m-1) \times A_o$

100 다음의 연소온도 산출식에서 각각의 물리적 변수에 대한 설명으로 옳지 않은 것은?

$$t_o = \left(\frac{H}{G \times C}\right) + t$$

① G는 이론습연소가스양을 의미하며, 단위는 Sm^3/kg 또는 Sm^3/Sm^3이다.
② H는 연료의 저위발열량을 의미하며, 단위는 kcal/kg 또는 kcal/Sm^3이다.
③ C는 연소가스의 평균정압비열을 의미하며, 단위는 $\text{kcal/Sm}^3 \cdot \text{℃}$이다.
④ t는 배출가스의 연소온도를 의미하며, 단위는 ℃이다.

해설 t는 연소용 공기 및 연료의 공급온도를 의미하며, 단위는 ℃이다.

101 완전 연소 시 발열량(kcal/Sm^3)이 가장 큰 연료는?

① Propane
② Ethylene
③ Acetylene
④ Propylene

해설
- 고위발열량(H_h) 기준(kcal/Sm^3)
  (C, H의 개수가 많을수록 발열량이 높다.)
  - Propane(C_3H_3): 24,370
  - Propylene(C_3H_6): 22,540
  - Ethylene(C_2H_4): 15,280
  - Acetylene(C_2H_2): 14,080

102 기체연료 중 일반적으로 발열량이 가장 큰 것은? (단, 발열량 단위: kcal/Sm^3)

① 발생로 가스
② 고로 가스
③ 수성 가스
④ 아세틸렌

해설 아세틸렌(14,080) > 코크스로 가스(5,000) > 수성 가스(2,650) > 발생로 가스(1,480) > 고로 가스(900)

103 각종 연료성분의 완전 연소 시 단위 체적당 고위발열량(kcal/Sm³)의 크기 순서로 옳은 것은?

① 일산화탄소 > 메테인 > 프로페인 > 뷰테인
② 메테인 > 일산화탄소 > 프로페인 > 뷰테인
③ 뷰테인 > 프로페인 > 메테인 > 일산화탄소
④ 뷰테인 > 일산화탄소 > 프로페인 > 메테인

해설
- 고위발열량(H_h) 기준(kcal/Sm³)
  (C, H의 개수가 많을수록 발열량이 높다.)
  뷰테인(C_4H_{10}) (32,010) > 프로페인(C_3H_8) (24,370) > 메테인(CH_4) (9,530) > 일산화탄소(CO (3,035)

104 고위발열량(kJ/mole)이 가장 큰 기체연료는? (단, 25℃, 1atm을 기준으로 한다.)

① carbon monoxide ② methane
③ ethane   ④ n-pentane

해설 n-pentane > ethane > methane > carbon monoxide

105 고위발열량(kcal/Sm³)이 가장 낮은 기체연료는?

① 메테인   ② 프로페인
③ 에테인   ④ 에틸렌

해설 프로페인(C_3H_8) (24,370) > 에테인(C_2H_6) (16,820) > Ethylene(C_2H_4) (15,280) > 메테인(CH_4) (9,530)

106 기체연료 중 연소하여 수분을 생성하는 H_2와 C_xH_y 연소반응의 발열량 산출식에서 아래의 480이 의미하는 것은?

$$H_L = H_h - 480\left(H_2 + \sum \frac{y}{2} C_x H_y\right)(\text{kcal/Sm}^3)$$

① H_2O 1kg의 증발잠열
② H_2 1kg의 증발잠열
③ H_2O 1Sm³의 증발잠열
④ H_2 1Sm³의 증발잠열

해설 H_2O 1Sm³의 증발잠열(0℃인 물의 증발잠열(응축열)이 596 ≒ 600kcal/kg이므로)

600kcal/kg × $\dfrac{18\text{kg}}{22.4\text{Sm}^3}$ ≒ 480kg/Sm³

107 고위발열량이 가장 높은 연료는?

① H_2 ② CO_2
③ O_2 ④ N_2

해설 수소의 고위발열량(H_h)은 3,050kcal/Sm³이다. 나머지 CO_2, O_2, N_2는 가연성분이 아니므로 고위발열량이 거의 없다.

108 발열량에 관한 설명으로 옳지 않은 것은?

① 측정 위치에 따라 고위발열량과 저위발열량으로 구분된다.
② 고체연료의 경우 kcal/kg, 기체연료의 경우 kcal/Sm³의 단위를 사용한다.
③ 단위 질량의 연료가 완전 연소 후, 처음의 온도까지 냉각될 때 발생하는 열량을 말한다.
④ 일반적으로 수증기의 증발잠열은 이용이 잘 안되기 때문에 저위발열량이 주로 사용된다.

해설 발열량은 연료의 수분이 수증기로 변할 때 발생하는 증발잠열의 여부에 따라 고위발열량과 저위발열량으로 구분된다.
저위발열량(H_L) 또는 순발열량=고위발열량(H_h)−증발잠열(H_s)

정답 103 ③ 104 ④ 105 ① 106 ③ 107 ① 108 ①

109 매연 발생에 관한 설명으로 옳지 않은 것은?

① 연료의 C/H 비가 클수록 매연이 발생하기 쉽다.
② 분해되기 쉽거나 산화되기 쉬운 탄화수소는 매연 발생이 적다.
③ 탄소결합을 절단하기보다 탈수소가 쉬운 쪽이 매연이 발생하기 쉽다.
④ 중합 및 고리화합물 등과 같이 반응이 일어나기 쉬운 탄화수소일수록 매연 발생이 적다.

해설 중합 및 고리화합물 등과 같이 반응이 일어나기 쉬운 탄화수소일수록 매연 발생이 쉽게 일어난다.

110 연소 시 매연 발생량이 가장 적은 탄화수소는?

① 나프텐계
② 올레핀계
③ 방향족계
④ 파라핀계

해설 연소 시 매연 발생량이 가장 적은 탄화수소 순서: 파라핀계 < 나프텐계 < 올레핀계 < 방향족계

111 연소실 열발생률에 대한 설명으로 옳은 것은?

① 연소실의 단위 면적, 단위 시간당 발생되는 열량이다.
② 연소실의 단위 용적, 단위 시간당 발생되는 열량이다.
③ 단위 시간에 공급된 연료의 중량을 연소실 용적으로 나눈 값이다.
④ 연소실에 공급된 연료의 발열량을 연소실 면적으로 나눈 값이다.

해설 연소실 열발생률은 연소실 단위 용적당 단위 시간에 발생하는 열량(연소실 열부하)이다.

$$Q_c = \frac{H_L \times G_f}{V} \text{ (kcal/m}^3 \cdot \text{h)}$$

112 질소산화물(NO_X) 생성 특성에 관한 설명으로 옳지 않은 것은?

① 화염온도가 높을수록 질소산화물의 생성은 커진다.
② 배출가스 중 산소분압이 높을수록 질소산화물의 생성이 커진다.
③ 연료 중 질소함량이 낮을수록 Fuel NO 변환율이 증가하는 경향이 있다.
④ 화염 속에서 생성되는 질소산화물은 주로 NO_2이며 소량의 NO를 함유한다.

해설 화염 속에서 생성되는 질소산화물은 약 95%는 NO이며 소량의 NO_2를 함유한다.

113 연소 시 발생되는 NO_X는 원인과 생성기전에 따라 3가지로 분류하는데, 분류항목에 속하지 않는 것은?

① Fuel NO_X
② Noxious NO_X
③ Prompt NO_X
④ Thermal NO_X

해설 NO_X의 생성원리
- Fuel NO_X: 연료 중에 질소성분이 유기적으로 결합된 것이 있으면 연료가 연소될 때 공기 중의 산소와 만나서 생성되며, 질소산화물 중 상대적으로 많은 비중을 차지하지 않는다.
- Thermal NO_X: 공기 중의 질소가 고온의 영역에서 일정한 시간이 경과하면서 발생하는 것으로 공기 중의 산소를 조연가스로 사용하는 연소의 형태에서는 모든 공정에서 발생한다.
- Prompt NO_X: 탄소와 수소가 있는 연료 중에 탄화수소는 N, CN, HCN 형태로 급속하게 변환되고 나서 NO_X로 발생하는 것을 말한다.

114 연소물을 연소하는 과정에서 질소산화물(NO$_X$)이 발생하게 된다. 다음 반응 중 질소산화물(NO$_X$) 생성 과정에서 발생하는 Prompt NO$_X$의 주된 반응식으로 옳은 것은?

① N+NH$_3$ → N$_2$+1.5H$_2$
② N$_2$+O$_5$ → 2NO+1.5O$_2$
③ CH+N$_2$ → HCN+N
④ N+N → N$_2$

해설 Prompt NO$_X$: 탄소와 수소가 있는 연료 중에 탄화수소는 N, CN, HCN 형태로 급속하게 변환되고 나서 NO$_X$로 발생하는 것을 말한다.

115 연소반응 시 공기 중의 질소를 기원으로 하며, Zeldovich Mechanism에 의해 질소산화물이 생성되는 기구는?

① Thermal NO$_X$
② Fuel NO$_X$
③ Prompt NO$_X$
④ Circulation NO$_X$

해설 Thermal NO$_X$: 공기 중의 질소가 고온의 영역에서 일정한 시간이 경과하면서 발생하는 것이며, 공기 중의 산소를 조연가스로 사용하는 연소의 형태에서는 모든 공정에서 발생하므로 연소과정에서 발생하는 대부분의 질소산화물은 Thermal NO$_X$이다.

실기 Check ✓

116 Thermal NO$_X$를 대상으로 한 저 NO$_X$ 연소법으로 옳지 않은 것은?

① 연료대체
② 희박예혼합 연소
③ 배출가스 재순환
④ 물 분사와 수증기 분사

해설 Thermal NO$_X$를 대상으로 한 저 NO$_X$ 연소법
• 저과잉공기연소(저산소 연소)
• 물 분사와 수증기 분사를 통한 연소부분 냉각
• 배출가스 재순환
• 연소용 공기의 예열온도 조절
• 2단 연소
• 버너 및 연소실의 구조 개량

117 저 NO$_X$ 연소기술 중 배출가스 순환기술에 관한 설명으로 옳지 않은 것은?

① 저 NO$_X$ 버너와 같이 사용하는 경우가 많다.
② 장점으로 대부분의 다른 연소 제어기술과 병행해서 사용할 수 있다.
③ 일반적으로 배출가스 재순환비율은 연소공기 대비 10~20%에서 운전된다.
④ 희석에 의한 산소농도 저감 효과보다는 화염온도 저하 효과가 적기 때문에, 연료 NO$_X$보다는 고온 NO$_X$ 억제 효과가 적다.

해설 배출가스 순환기술은 가장 현실적인 방법 중 하나로 화염온도 저하 효과와 희석에 의한 산소농도 저감 효과를 동시에 볼 수 있기 때문에 NO$_X$ 생성량은 10~30% 정도가 감소된다.

118 열적 NO$_X$(Thermal NO$_X$)의 생성억제 방안으로 옳지 않은 것은?

① 화염의 최고온도를 저하시키기 위해서 화염을 분할시키기도 한다.
② 희박예혼합 연소를 함으로써 최고 화염온도를 1,800K 이하로 억제한다.
③ 물의 증발잠열과 수증기의 현열상승으로 화염열을 빼앗아 온도상승을 억제한다.
④ 연료유와 배출가스에 암모니아를 투입하고 400~600℃에서 촉매와 접촉시켜 제어한다.

해설 연료유와 배출가스에 암모니아를 투입하고 400~600℃에서 촉매와 접촉시켜 제어하는 기술은 연소조절에 의한 NO$_X$ 발생의 억제가 아니라 배출가스 중 NO$_X$를 제거하는 SCR(선택적 촉매환원법)이다.

정답 114 ③ 115 ① 116 ① 117 ④ 118 ④

서술형 빈출문제

119 연료의 연소 시 질소산화물(NO_X)의 발생을 줄이는 방법으로 옳지 않은 것은?

① 예열 연소 ② 2단 연소
③ 저산소 연소 ④ 배출가스 재순환

해설 연료의 연소 시 질소산화물(NO_X)의 발생을 줄이는 방법으로 예열 연소는 없다.

120 열생성 NO_X(Thermal NO_X)를 억제하는 연소방법에 관한 설명으로 옳지 않은 것은?

① 화염형상의 변경: 화염을 분할하거나 막상에 얇게 뻗쳐서 열손실을 증가시킨다.
② 완만연소: 연료와 공기의 혼합을 완만히 하여 연소를 길게 함으로써 화염온도의 상승을 억제한다.
③ 배출가스 재순환: 팬을 써서 굴뚝 배출가스를 노의 상부에 피드백시켜 최고 화염온도와 산소농도를 억제한다.
④ 희박예혼합 연소: 당량비를 높임으로써 NO_X 발생온도를 현저히 낮추어 Prompt NO_X로의 전환을 유도한다.

해설 희박예혼합 연소는 초기에 연소용 공기를 가연 한계에 가깝게, 연료와 다량의 공기를 예혼합함으로써 주 연소 영역의 온도를 저하시켜 NO_X를 저감시키는 방법이다.

121 질소산화물(NO_X) 생성 특성에 관한 설명으로 옳지 않은 것은?

① 연료 NO_X는 주로 질소성분을 함유하는 연료의 연소과정에서 생성된다.
② 천연가스에는 질소성분이 거의 없으므로 연료의 NO_X 생성은 무시할 수 있다.
③ 고정오염원에서 배출되는 질소산화물은 주로 NO_2이며, 소량의 NO를 함유한다.
④ 일반적으로 동일 발열량을 기준으로 NO_X 배출량은 석탄 > 오일 > 가스 순이다.

해설 고정오염원에서 배출되는 질소산화물은 주로 NO이며, 소량의 NO_2를 함유한다.

122 연소반응 시 공기 중의 질소를 기원으로 하며, Zeldovich mechanism에 의해 질소산화물이 생성되는 기구는?

① 연료 NO_X(Fuel NO_X)
② 고온 NO_X(Thermal NO_X)
③ 프롬프트 NO_X(Prompt NO_X)
④ 순환 NO_X(Circulation NO_X)

해설 Zeldovich mechanism에 의해 질소산화물이 생성되는 기구는 고온 NO_X(Thermal NO_X)이다.

123 다음 설명하는 오염물질 제거법으로 옳은 것은?

> 화염온도를 낮추기 위해 채택된 방법으로 1차적으로 이론공기량의 85~90% 정도를 버너부분에 공급하고, 상부의 공기구멍에서 10~15%의 공기를 더 공급한다. 이 방법은 두 연소 단계 사이에서 열의 일부가 제거되어 화염온도가 낮게 되는 과정을 거쳐서 연소가 이루어진다.

① NO_X 제거를 위한 2단 연소법
② SO_2 제거를 위한 연소구역 냉각법
③ NO_X 제거를 위한 연소구역 냉각법
④ 매연 제거를 위한 저과잉공기 연소법

해설 NO_X 제거를 위한 2단 연소법은 NO_X 생성을 줄일 수 있는 실제적인 방법 중 하나로, 평균적으로 NO_X 발생량을 34% 정도 감소시킬 수 있다.

서술형 빈출문제
연소설비

001 연소장치에서 생성되는 질소산화물에 관한 사항들 중 옳은 것은?

① 연소장치 내의 연소부에서 생성되는 질소산화물의 형태는 주로 NO_2이다.
② 생성되는 질소산화물의 형태는 주로 NO와 NO_2이고 굴뚝에서는 NO가 많이 검출된다.
③ 질소산화물의 발생량을 적게 하기 위해서는 노 내의 온도를 높게 유지하는 것이 유리하다.
④ 공기를 이론량보다 20%가량 과량으로 공급함으로써 질소산화물의 생성을 억제할 수 있다.

해설
① 연소장치 내의 연소부에서 생성되는 질소산화물의 형태는 주로 NO이다.
③ 질소산화물의 발생량을 적게 하기 위해서는 노 내의 온도를 낮게 유지하는 것이 유리하다.
④ 공기를 이론보다 20%가량 과량으로 공급하면 질소산화물의 생성을 증가시킬 수 있다.

002 연소배출가스 중 질소산화물의 농도가 최대가 될 가능성이 가장 높은 공기비 조건은?

① 2.0 ② 1.3
③ 1.0 ④ 0.8

해설 연소배출가스 중 질소산화물의 농도가 최대가 될 가능성이 가장 높은 공기비 조건은 공기비가 가장 높은 조건에서 발생한다.

003 연소장치의 특성에 관한 설명으로 옳지 않은 것은?

① 산포식 스토커, 계단식 스토커에 의한 연소방식은 화격자 연소장치에 속한다.
② 미분탄 연소는 사용연료의 범위가 넓고, 스토커 연소에 적합하지 않은 점결탄과 저발열량탄 등도 사용할 수가 있다.
③ 유동층 연소는 다른 연소법에 비해 NO_x 생성 억제가 잘되고, 화염층을 작게 할 수 있으므로 장치의 규모를 작게 할 수 있다.
④ 미분탄을 사용하는 연소시설에서는 화염의 전파속도는 기체연료에 비해 작으며, 만일 버너로부터 분출속도가 클 경우에는 역화의 우려가 발생할 수 있다.

해설 미분탄을 사용하는 연소시설에서는 화염의 전파속도는 표면적이 매우 커서 기체연료에 비해 큰 편이며, 만일 버너로부터 분출속도가 클 경우에는 역화의 우려가 발생할 수 없다.
• 미분탄 연소: 석탄을 200mesh(입경이 약 74μm)로 분쇄하여 1차공기와 함께 연소실 내의 버너로 불어넣어 연소시키는 방식이다.

004 화격자의 종류 중 폰 롤 시스템에 관한 설명이다. ( ) 안에 들어갈 말로 옳지 않은 것은?

> 폰 롤 시스템(Vov Roll System)은 일련의 왕복식 화격자들을 사용하여 폐기물을 소각로 내에서 이동시키면서 연소시킨다. 화격자는 ( ), ( ), ( )의 세 부분으로 구성되어 있다.

① 건조 화격자 ② 회전 화격자
③ 연소 화격자 ④ 후연소 화격자

정답 001 ② 002 ① 003 ④ 004 ②

해설 가동(이동식) 화격자의 일종인 폰 롤 시스템(Vov Roll System)은 일련의 왕복식 화격자들을 사용하여 폐기물을 소각로 내에서 이동시키면서 연소시킨다. 화격자는 건조, 연소, 후연소의 세 부분으로 구성되어 있다.

005 '화격자 연소로'에서 석탄을 연소시킬 경우 화염 이동속도에 대한 설명으로 옳지 않은 것은?

① 입경이 작을수록 화염이동속도는 커진다.
② 발열량이 높을수록 화염이동속도는 커진다.
③ 석탄화도가 높을수록 화염이동속도는 커진다.
④ 공기온도가 높을수록 화염이동속도는 커진다.

해설 석탄화도가 높을수록 화염이동속도는 적어진다.
• 석탄화도는 석탄에서 수분과 회분을 제외한 나머지 성분 가운데 탄소가 차지하는 비율을 말한다.

006 '화격자 연소'에 관한 설명으로 옳지 않은 것은?

① 상부투입식은 투입되는 연료와 공기의 방향이 향류로 교차되는 형태이다.
② 상부투입식 정상상태에서의 고정층은 상부로부터 석탄층, 건조층, 건류층, 환원층, 산화층, 회층으로 구성된다.
③ 상부투입식 연소에는 화격자 상에 고정층을 형성하지 않으면 안 되므로 분체상의 석탄은 그대로 사용하기에 곤란하다.
④ 하부투입식에서는 저융점의 회분을 많이 포함한 연료의 연소에 적당하며, 착화성이 나쁜 연료도 유용하게 사용 가능하다.

해설 화격자 연소는 저융점의 회분을 많이 포함한 연료의 연소에 적당하며, 착화성이 나쁜 연료도 유용하게 사용 가능한 소각방식은 상부투입식이다.

007 공기를 아래서 위로 통과시키는 화격자 연소장치에서 (1)-(2)-(3)-(4) 각각에 해당되는 물질은? (단, 아래 그림은 상입식 연소장치(석탄의 공급 방향이 1차공기의 공급방향과 반대)의 하부층에서부터 상부층까지의 성분가스의 체적분율(%)이다.)

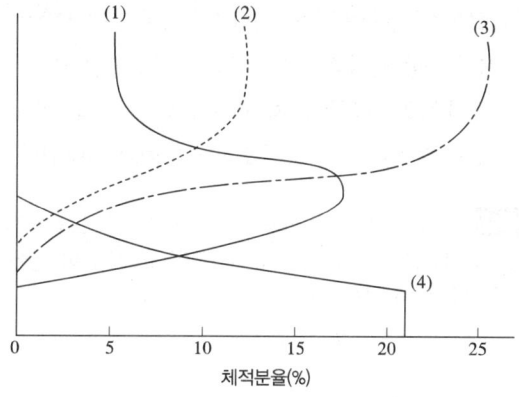

	(1)	(2)	(3)	(4)
①	CO_2	CO	H_2+CH_4	O_2
②	CO	H_2+CH_4	O_2	CO_2
③	H_2+CH_4	O_2	CO_2	CO
④	O_2	CO_2	CO	H_2+CH_4

해설
[상부투입식 화격자 연소장치의 연소 특징]

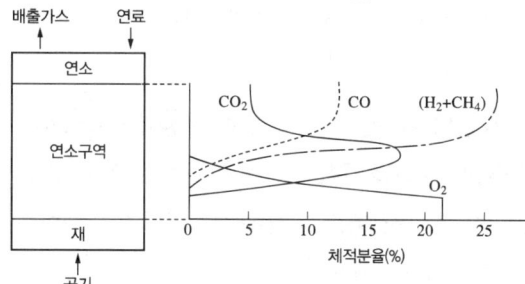

008 '화격자 연소' 중 상입식 연소에 관한 설명으로 옳지 않은 것은?

① 착화가 어렵고, 저품질 석탄의 연소에는 부적합하다.
② 공급된 석탄은 연소 가스에 의해 가열되어 건류층에서 휘발분을 방출한다.
③ 코크스화한 석탄은 아래의 산화층에서 발생한 탄산가스를 환원층에서 일산화탄소로 환원한다.
④ 석탄의 공급방향이 1차 공기의 공급 방향과 반대로서 수동 스토커 및 산포식 스토커가 해당된다.

해설 상부에서 연료를 투입하는 방식인 상입식 연소는 착화기능이 우수하기 때문에 착화성이 나쁜 무연탄이나 수분 함량이 높은 저품질의 연료에 적합하다.

009 모닥불이나 화재 등도 이 연소의 일종이며, 고정된 연료괴의 층을 연소용 공기가 통과하면서 연소가 일어나는 것으로 금속격자 위에 연료를 깔고 아래에서 공기를 불어 연소시키는 형태는?

① 확산 연소
② 분무화 연소
③ 화격자 연소
④ 표면 연소

해설 화격자 연소는 금속 격자 위에 고체연료를 놓고 공기를 불어넣어 연소시키는 고정층 연소 방법이다.

010 화격자 연소 중 상부투입 연소에서 일반적인 구성순서로 가장 적합한 것은? (단, 상부 → 하부)

① 석탄층 → 건조층 → 건류층 → 환원층 → 산화층 → 재층 → 화격자
② 화격자 → 석탄층 → 건류층 → 건조층 → 산화층 → 환원층 → 재층
③ 석탄층 → 건류층 → 건조층 → 산화층 → 환원층 → 재층 → 화격자
④ 화격자 → 건조층 → 건류층 → 석탄층 → 환원층 → 산화층 → 재층

해설 상부투입 연소는 상부에서 연료를 공급하고 하부에서 공기를 공급하는 방식은 석탄층 → 건조층 → 건류층 → 환원층 → 산화층 → 재층 → 화격자의 구성순서를 갖는다.

011 쓰레기 이송방식에 따른 각 화격자에 관한 설명으로 옳지 않은 것은?

① 부채형 반전식 화격자는 교반력이 커서 저질쓰레기의 소각에 적당하다.
② 역동식 화격자는 쓰레기 교반 및 연소조건이 양호하고 소각효율이 높으나 화격자의 마모가 많다.
③ 병렬 요동식 화격자는 비교적 강한 이송력을 갖고 있고, 화격자 눈의 매워짐이 별로 없어 낙진량이 많고 냉각작용이 부족하다.
④ 이상식 화격자는 건조, 연소, 후연소의 각 화격자를 수평으로 일직선상으로 배치한 것으로 내구성과 이송효율은 좋으나 혼합률은 낮다.

해설 이상식 화격자는 건조, 연소, 후연소의 각 화격자 사이에 높이 차이를 두어 낙하시킴으로써 폐기물층을 뒤집으며 내구성이 뛰어나고 혼합률이 높다.

012 대형 소각로에 사용하는 가동식 화격자 상에서 건조, 연소 및 후연소가 이루어지며, 쓰레기의 교반 및 연소조건이 양호하고, 소각효율이 매우 높으나 마모가 많은 화격자 방식은?

① 계단식
② 역동식
③ 회전롤러식
④ 부채형 반전식

해설 역동식 화격자는 가동 화격자가 계단식과는 반대로 폐기물의 흐름 방향과 반대인 위쪽을 향해서 왕복운동을 한다. 화격자 상에서 건조, 연소 및 후연소가 이루어지며, 폐기물의 교반 및 연소조건이 양호하고, 소각효율이 매우 높으나 마모가 많은 단점이 있다.

정답 008 ① 009 ③ 010 ① 011 ④ 012 ②

013 '화격자식(스토커) 소각로'에 관한 설명으로 옳지 않은 것은?

① 하향식 연소는 상향식 연소에 비해 소각물의 양은 절반 정도로 감소한다.
② 체류시간이 길고 교반력이 약한 편이어서 국부가열이 발생할 염려가 있다.
③ 경사 스토커 방식의 경우 수분이 많은 것이나 발열량이 낮은 것도 어느 정도 소각이 가능하다.
④ 휘발성분이 많고 열분해 되기 쉬운 물질을 소각할 경우에는 공기를 아래쪽에서 위쪽으로 통과시키는 상향연소방식을 사용하는 것이 효과적이다.

해설 화격자식(스토커) 소각로로 휘발성분이 많고 열분해 되기 쉬운 물질을 소각할 경우에는 공기를 위쪽에서 아래쪽으로 통과시키는 하향연소방식을 사용하는 것이 효과적이다.

014 '가동(이동식) 화격자'의 일반적인 특징으로 옳지 않은 것은?

① 역동식 화격자는 폐기물의 교반 및 연소조건이 불량하여 소각효율이 낮다.
② 계단식 화격자는 고정 화격자와 가동 화격자를 교대로 배치하고 가동 화격자를 왕복운동시켜 폐기물을 이송한다.
③ 회전롤러식 화격자는 여러 개의 드럼을 횡축으로 배열하고 폐기물을 드럼의 회전에 따라 순차적으로 이송한다.
④ 병렬요동식 화격자는 고정 화격자와 가동 화격자를 횡방향으로 나란히 배치하고 가동 화격자를 전후로 왕복 운동시킨다.

해설 역동식 화격자는 화격자 상에서 건조, 연소 및 후연소가 이루어지며 폐기물의 교반 및 연소조건이 양호하고 소각효율이 매우 높으나 마모가 많은 단점이 있다.

015 다음은 쓰레기 이송방식에 따라 가동 화격자(Moving stoker)를 분류한 것이다. ( ) 안에 가장 알맞은 것은?

( ) 화격자는 고정 화격자와 가동 화격자를 횡방향으로 나란히 배치하고 가동 화격자를 전·후로 왕복 운동시킨다. 비교적 눈의 메워짐이 별로 없다는 이점이 있지만 낙진량이 많고, 냉각작용이 부족한 단점이 있다.

① 직렬식
② 병렬요동식
③ 부채반전식
④ 회전롤러식

해설 병렬요동식 화격자는 고정 화격자와 가동 화격자를 횡방향으로 나란히 배치하고, 가동 화격자를 전후로 왕복 운동시킨다. 비교적 강한 교반력과 이송력을 갖고 있으며, 눈의 메워짐이 별로 없다는 이점이 있지만 낙진량이 많고, 냉각작용이 부족한 단점이 있다.

016 고체연료 연소장치 중 연소과정이 미착화탄 → 산화층 → 환원층 → 회층으로 구성되며, 연료층을 항상 균일하게 제어할 수 있고, 저품질 연료도 스토커를 적당히 선택할 경우에는 유효하게 연소시킬 수 있어 쓰레기 소각로에 많이 이용되는 화격자 연소장치로 옳은 것은?

① 체인식 스토커(Chain stoker)
② 산포식 스토커(Spreader stoker)
③ 계단식 스토커(Stepladder stoker)
④ 하입식 스토커(Under feed stoker)

해설 체인식 스토커는 연료층을 항상 균일하게 제어할 수 있고, 저품질 연료도 유효하게 연소시킬 수 있어 쓰레기 소각로에 많이 이용되는 방법이다.

017 미분탄 연소장치에 관한 설명으로 옳지 않은 것은?

① 연소제어가 용이하고 점화 및 소화기 손실이 적다.
② 부하변동의 적응이 어려워 대형과 대용량 설비에는 적합지 않다.
③ 설비비와 유지비가 많이 들고 재의 비산이 많아 집진장치가 필요하다.
④ 스토커 연소에 적합하지 않는 점결탄과 저발열량탄 등도 사용할 수 있다.

해설 미분탄 연소장치는 부하변동에 쉽게 적응하여 화력발전소나 시멘트 소성로와 같은 대형, 대용량 연소시설에 적합하다.

018 미분탄 연소에 관한 설명으로 옳지 않은 것은?

① 화격자 연소보다 낮은 공기비로서 높은 연소효율을 얻을 수 있다.
② 명료한 화염면이 형성되고, 화염이 연소실에 국부적으로 형성된다.
③ 부하변동에 대한 응답성이 우수한 편이어서 대용량의 연소로 적합하다.
④ 최초의 분해 연소 시에 다량의 가연가스를 방출하고 곧 이어서 고정탄소의 표면 연소가 시작된다.

해설 미분탄 연소는 명료한 화염이 형성되지 않고, 화염이 연소실 전체에 퍼진다.

019 다음은 직접화염 재연소기에 관한 설명이다. ( ) 안에 알맞은 것은?

> 설계 시 반응시간, (㉠), 반응온도는 (㉡), 혼합은 연료 및 산소가 잘 혼합되도록 하고, 배출가스의 적정 온도유지를 위해 혼합연료의 양과 연소가스양 및 체류시간 등을 잘 조절하여야 한다.

① ㉠ 0.2~0.7초, ㉡ 650~870℃
② ㉠ 0.2~0.7초, ㉡ 250~350℃
③ ㉠ 15~30초, ㉡ 650~870℃
④ ㉠ 15~30초, ㉡ 250~350℃

해설 직접화염 재연소기의 설계 시 반응시간은 0.2~0.7초 정도로 하고, 반응온도는 650~870℃이며, 이 방법은 다른 방법에 비해 NOx의 발생이 많은 단점이 있다.

020 화력발전소나 시멘트 소성로와 같은 대형 대용량 연소시설에서 석탄으로 연소시키고자 할 때 가장 적합한 연소방식은?

① 화격자 연소   ② 미분탄 연소
③ 유동층 연소   ④ 스토커 연소

해설 미분탄 연소장치는 부하변동에 쉽게 적응하여 화력발전소나 시멘트 소성로와 같은 대형, 대용량 연소시설에 적합하다.

021 '미분탄 연소방식'의 특징으로 옳지 않은 것은?

① 부하변동에 쉽게 적응할 수 있다.
② 비교적 저질탄도 유효하게 사용할 수 있다.
③ 고효율이 요구되는 소규모 연소장치에 적합하다.
④ 연료의 접촉표면이 크므로 작은 공기비로도 연소가 가능하다.

해설 미분탄 연소방식은 고효율이 요구되는 대규모 연소장치에 적합하다.

정답 017 ② 018 ② 019 ① 020 ② 021 ③

서술형 빈출문제

022 '미분탄 연소장치'에 관한 설명으로 옳지 않은 것은?

① 부하변동에 쉽게 응할 수 없으며, 연소효율도 낮다.
② 연소제어가 용이하고 점화 및 소화 시 손실이 적다.
③ 점결탄, 저발열량탄 등과 같은 연료도 사용할 수 있다.
④ 분쇄기 및 배관 중에 폭발이 일어날 우려가 있고 집진장치가 필요하다.

해설 미분탄 연소장치는 부하변동에 쉽게 적응할 수 있으며, 연소효율도 높다.

023 '미분탄 연소장치'에 관한 설명으로 옳지 않은 것은?

① 연소제어가 용이하고 점화 및 소화 시 손실이 적다.
② 부하변동의 적응이 어려워 대형과 대용량 설비에는 적합하지 않다.
③ 설비비와 유지비가 많이 들고 재의 비산이 많아 집진장치가 필요하다.
④ 스토커 연소에 적합하지 않는 점결탄과 저발열량탄 등도 사용할 수 있다.

해설 미분탄 연소장치는 부하변동의 적응이 쉽고, 대형과 대용량 설비에 적합하다.

024 '미분탄 연소'의 장점으로 옳지 않은 것은?

① 과잉공기를 적게 하여 보일러의 효율을 높일 수 있다.
② 공기와의 접촉면이 많아지므로 거의 완전히 연소한다.
③ 설비비와 유지비가 비싸지만 비산재가 적고 폭발위험이 적다.
④ 연소조절이 자유자재로 용이하므로 부하의 급격한 변동에 응할 수 있다.

해설 미분탄 연소는 설비비와 유지비가 많이 들고, 비산재가 많아 집진장치가 필요하며, 폭발위험이 있는 것이 미분탄 연소의 단점이다.

025 '미분탄 연소'에 관한 설명으로 옳지 않은 것은?

① 적은 공기비로 완전 연소가 가능하다.
② 비산재가 많고 집진장치가 필요하다.
③ 연소속도가 빨라 연소제어가 어렵고 점화 및 소화 시 손실이 크다.
④ 부하의 변동에 쉽게 적용할 수 있으므로 대형과 대용량 설비에 적합하다.

해설 미분탄 연소는 연소제어가 가능하고 점화 및 소화 시 열손실이 적다.

026 '미분탄 연소'에 관한 설명으로 옳지 않은 것은?

① 부하변동에 쉽게 적용할 수 있으므로 대형과 대용량 설비에 적합하다.
② 분쇄기 및 배관 중에 폭발의 우려 및 수송관의 마모가 일어날 수 있다.
③ 연소에 요하는 시간은 대략 입자 지름의 제곱에 반비례하고, 화염전파속도는 기체연료에 비해 작다.
④ 스토커 연소에 비해 공기와의 접촉 및 열전달도 좋아지므로 작은 공기비로 완전 연소가 가능한 편이다.

해설 미분탄 연소는 연소에 필요한 시간은 대략 입자 지름의 제곱에 비례하고, 화염전파속도는 기체연료에 비해 매우 큰 편이다.

정답 022 ① 023 ② 024 ③ 025 ③ 026 ③

027 '미분탄 연소'에 관한 설명으로 옳지 않은 것은?

① 재비산이 많고 집진장치가 필요하다.
② 점화 및 소화 시 열손실은 적고, 부하의 변동에 쉽게 적용할 수 있다.
③ 반응속도에 영향을 주는 요인들이 많으나, 연소에 요하는 시간은 대략 입자지름의 제곱에 반비례한다.
④ 같은 양의 석탄에서는 표면적이 대단히 커지고, 공기와의 접촉 및 열전달도 좋아지므로 작은 공기비로 완전 연소가 된다.

해설 미분탄 연소는 반응속도에 영향을 주는 요인들은 탄의 성질, 공기량 등에 따라 변하지만, 연소에 필요하는 시간은 대략 입자지름의 제곱에 비례한다.

028 '미분탄 연소'에 관한 설명으로 옳지 않은 것은?

① 연소제어가 용이하고, 점화 및 소화 시 손실이 적은 편이다.
② 부하변동에 쉽게 적용할 수 있으므로 대형과 대용량 설비에 적합하다.
③ 스토커연소에 비해 공기와의 접촉 및 열전달도 좋아지므로 작은 공기비로 완전 연소가 가능한 편이다.
④ 노벽 및 전열면에 쌓이는 재를 최소화시킬 수 있으며 화격자 연소에 비하여 공기비는 동일 수준이다.

해설 미분탄 연소는 노벽 및 전열면에 쌓이는 재가 많이 발생되지만 화격자 연소에 비하여 공기비는 매우 적다.

029 '미분탄 연소'에 관한 설명으로 옳지 않은 것은?

① 재의 비산이 많고 집진장치가 필요하게 된다.
② 배관 중 폭발의 우려나 수송관의 마모 우려가 없다.
③ 사용연료의 범위가 넓고, 적은 공기비로 완전 연소가 가능하다.
④ 스토커 연소에 적합하지 않은 점결탄과 저발열량탄도 사용 가능하다.

해설 미분탄 연소는 배관 중 폭발의 우려가 발생할 수 있으며 수송관의 마모가 일어날 수 있다.

030 '미분탄(Pulverized coal)'의 장점에 대한 설명으로 옳지 않은 것은?

① 부하변동에 쉽게 적용할 수 있다.
② 과잉 공기량이 적게 들고 열효율이 크다.
③ 비교적 저질탄도 유효하게 사용할 수 있다.
④ 고효율이 요구되는 소규모 연소장치에 적합하다.

해설 미분탄은 고효율이 요구되는 석탄 화력발전소나 시멘트 소성로 같은 대규모 연소장치에 적합하다.

031 '미분탄 연소로'에 사용되는 버너 중 접선기울형버너(Tangential tilting burner)에 관한 설명으로 옳지 않은 것은?

① 화염을 상하로 이동시켜서 과열을 방지할 수 있도록 되어 있다.
② 사각연소로인 경우 각 모퉁이에 3~5개의 버너가 높이가 다르게 설치되어 있다.
③ 1차공기 및 석탄 주입관 끝은 10~30° 정도의 각도 범위에서 조정할 수 있도록 되어 있다.
④ 선회흐름을 보일러에 활용한 것으로 선회버너라고도 하며, 연소로 외벽 쪽으로 화염을 분산·형성한다.

해설 선회버너는 기체연료의 연소장치로 확산 연소용 버너 중 고로 가스와 같은 저질 기체연료를 연소시키는 데 사용된다.

032 로터리 킬른(Rotary kiln)의 특징으로 옳지 않은 것은?

① 소각 전처리가 크게 요구되지 않는다.
② 소각 시 공기와의 접촉이 좋고 효율적으로 난류가 생성된다.
③ 소각재 배출 시 열손실이 적고, 별도의 후연소기가 불필요하다.
④ 여러 가지 형태의 폐기물(고체, 액체, 슬러지 등)을 동시 소각할 수 있다.

해설 로터리 킬른은 소각재 배출 시 열손실이 많아 열효율이 상대적으로 낮고, 별도의 후연소기가 필요하다.

033 연료의 표면적을 넓게 하여 연소반응이 원활하게 이루어지도록 하는 연소형태로 옳지 않은 것은?

① 미분연소
② 층류연소
③ 분사연소
④ COM(Coal Oil Mixture)연소

해설 층류연소 속도는 혼합기체의 압력, 연료의 종류, 혼합기체의 조성에 따라 결정되며, 연료의 표면적을 넓게 하여 연소반응이 원활하게 이루어지도록 하는 연소형태는 아니다.

실기 Check ✓
034 COM(Coal Oil Mixture, 혼탄유) 연소에 관한 설명으로 옳지 않은 것은?

① 중유보다 미립화 특성이 양호하다.
② COM은 주로 석탄과 중유의 혼합연료이다.
③ 연소실 내 체류시간의 부족, 분사밸브의 폐쇄와 마모 등 주의가 요구된다.
④ 재의 처리가 용이하고, 중유 전용 보일러의 연료로서 개조 없이 COM을 효율적으로 이용할 수 있다.

해설 COM 연소는 재의 처리가 어렵고, 중유 전용 보일러의 연료로서 연소장치의 개조가 필요하다. 따라서 COM 연소는 유해성분을 포함하고 있으므로 재와 매연처리, 연소가스의 연소실 내 체류시간을 미분탄 연소 정도로 고려할 필요가 있다.

035 석탄·석유 혼합연료(COM)에 관한 설명으로 옳은 것은?

① 별도의 탈황, 탈질 설비가 필요 없다.
② 별도의 개조 없이 중유 전용 연소시설에 사용될 수 있다.
③ 미분쇄한 석탄에 물과 첨가제를 섞어서 액체화시킨 연료이다.
④ 연소가스의 연소실 내 체류시간 부족, 분사밸브의 폐쇄와 마모 등의 문제점을 갖는다.

해설
① 별도의 탈황, 탈질 설비가 필요하다.
② 개조를 통하여 중유 전용 연소시설에 사용될 수 있다.
③ 미분쇄한 석탄에 중유와 첨가제를 섞어서 액체화시킨 연료이다.

036 COM(Coal Oil Mixture), 즉 혼탄유 연소 특징으로 옳지 않은 것은?

① 중유보다 미립화 특성이 양호하다.
② COM은 주로 석탄과 중유의 혼합연료이다.
③ 화염길이가 중유 연소인 경우에 가까운 것에 대하여 화염 안정성은 미분탄 연소인 경우에 가깝다.
④ 배출가스 중의 NO_x, SO_x, 분진농도는 미분탄 연소와 중유 연소인 경우 농도가중평균 정도가 된다.

해설 COM 연소의 화염길이는 미분탄 연소와 비슷하고, 화염 안전성은 중유 연소와 유사하다.

037 COM에 대한 설명으로 옳지 않은 것은?

① Coal Oil Mixture를 말한다.
② 미분탄의 침강을 막기 위해 계면활성제를 사용한다.
③ 중유 전용 보일러를 개조 없이 활용할 수 있어 사용범위가 넓다.
④ 볼밀 등을 사용하여 기름 중에서 석탄을 분쇄·혼합하여 제조한다.

해설 COM 연료는 중유 전용 보일러를 개조하여 활용할 수 있어 사용범위가 좁다.

038 COM(Coal Oil Mixture) 연료의 연소에 관한 내용으로 옳지 않은 것은?

① 재와 매연 발생 등의 문제점을 갖는다.
② 중유만을 사용할 때보다 미립화 특성이 양호하다.
③ 화염길이는 미분탄 연소에 가깝고 화염안정성은 중유 연소에 가깝다.
④ 중유 전용 보일러를 사용하는 곳에 별도의 개조 없이 사용할 수 있다.

해설 COM 연료는 중유 전용 보일러를 사용하는 곳에 보일러를 개조하여 사용할 수 있다.

039 석탄 슬러리 연소에 대한 설명으로 옳지 않은 것은?

① 석탄 슬러리 연료는 석탄분말에 기름을 혼합한 COM과 물을 혼합한 CWM으로 대별된다.
② 표면 연소 시기에서는 COM 연소의 경우 연소온도가 높아진 만큼 표면 연소가 가속된다고 볼 수 있다.
③ 분해 연소 시기에서는 COM 연소의 경우 50wt%(w/w) 중유에 휘발분이 추가되는 형태로 되기 때문에 미분탄 연소보다는 분무연소에 더 가깝다.
④ 분해 연소 시기에서는 CWM 연소의 경우 15wt%(w/w)의 물이 증발하여 증발열을 빼앗음과 동시에 휘발분과 산소를 희석하기 때문에 화염의 안전성이 좋다.

해설 석탄 슬러리 연료의 분해 연소 시기에서는 CWM연소의 경우 30wt%(W/W)의 물이 증발하여 증발열을 빼앗음과 동시에 휘발분과 산소를 희석하기 때문에 화염의 안정성이 극도로 나쁘게 된다.

040 석탄·석유 혼합연료(COM)에 관한 설명으로 옳은 것은?

① 별도의 중유 전용 연소시설을 이용하지 않는 것이 큰 장점이다.
② 중유에다 거의 같은 질량의 미분탄을 섞어서 고체화시킨 연료이다.
③ 열량비로 COM 중의 석탄의 비율은 5% 정도로 석유비율이 큰 편이다.
④ 유해성분을 포함하고 있으므로 재와 매연처리, 연소가스의 연소실 내 체류시간을 미분탄 정도로 고려할 필요가 있다.

해설
① 별도의 중유 전용 연소시설을 개조하여 이용하는 것이 큰 단점이다.
② 중유에다 거의 같은 질량의 미분탄을 섞어서 액체화시킨 연료이다.
③ 열량비로 COM(석탄 50%, 벙커C유 40%, 물 10%를 혼합) 중의 석탄의 비율은 50% 정도로 석탄비율이 큰 편이다.

041 석탄의 유동층 연소방식에 관한 설명으로 옳지 않은 것은?

① 화염층을 크게 할 수 있다.
② 단위 면적당 열용량이 크다.
③ 재와 미연탄소의 방출이 많다.
④ 부하변동에 쉽게 응할 수 없다.

해설 석탄의 유동층 연소방식은 화염층을 적게 할 수 있어 장치의 규모를 작게 할 수 있으며, NO_x 생성억제가 잘 된다.

042 석탄의 '유동층 연소방식'에 관한 설명으로 옳지 않은 것은?

① 미분탄 장치가 불필요하다.
② 화염층을 작게 할 수 있다.
③ 부하변동에 쉽게 응할 수 없다.
④ 건설비와 전열면적이 많이 든다.

해설 유동층 연소방식은 장치의 규모를 작게 할 수 있어 건설비와 전열면적이 적게 든다.

043 고체연료의 연소방법 중 '유동층 연소법'에 관한 설명으로 옳지 않은 것은?

① 미연 탄소나 재의 방출이 최소화된다.
② 다양한 특성의 연료의 적용이 가능하다.
③ 유동층 매체를 석회석으로 하여 탈황을 실현할 수 있다.
④ 유동층의 연소온도는 비활성층 물질의 용융온도보다 낮아야 한다.

해설 유동층 연소법은 미연 탄소나 재의 방출이 많다.

044 '유동층 연소'에 관한 설명으로 옳지 않은 것은?

① 부하변동에 따른 적응성이 낮은 편이다.
② 분탄을 미분쇄 투입하여 석탄 입자의 체류시간을 짧게 유지한다.
③ 주방쓰레기, 슬러지 등 수분함량이 높은 폐기물을 층 내에서 건조와 연소를 동시에 할 수 있다.
④ 높은 열용량을 갖는 균일 온도의 층 내에서는 화염 전파는 필요없고 층의 온도를 유지할 만큼의 발열만 있으면 된다.

해설 유동층 연소는 분탄을 미분쇄 투입하여 석탄 입자의 체류시간을 길게 유지한다.

045 '유동층 소각로'에 관한 설명으로 옳지 않은 것은?

① 대형의 고형폐기물은 노 내로 투입 전 파쇄(전처리)하여야 한다.
② 연소효율이 높아 미연분의 생성량이 적어 회분매립으로 인한 2차공해가 감소된다.
③ 매체를 유동시키기 위한 과잉공기(50~80%)가 다량 소비되어 연소배출가스양이 많다.
④ 유동매체의 열용량이 커서 액상물질과 고형물질 등 여러 가지 종류의 혼합 연소가 가능하다.

해설 유동층 소각로는 유동층을 형성하는 분체와 공기의 접촉면적이 크기 때문에 공기소비량이 적어 배출가스양도 적은 편이다.

046 '유동층 연소'에서 부하변동에 대한 적응성이 좋지 않은 단점을 보완하기 위한 방법으로 옳지 않은 것은?

① 층의 높이를 변화시킨다.
② 층 내의 연료 비율을 고정시킨다.
③ 공기분산판을 분할하여 층을 부분적으로 유동시킨다.
④ 유동층을 몇 개의 셀로 분할하여 부하에 따라 작동시키는 수를 변화시킨다.

해설 유동층 연소는 층 내의 연료 비율을 유동적으로 조절한다.

047 고체연료의 연소방법 중 '유동층 연소법'에 관한 설명으로 옳지 않은 것은?

① 연소온도가 미분탄 연소로에 비해 높아 NO_x 생성억제에 불리하다.
② 조대 고형물의 경우 투입을 위해 파쇄가 필요하다.
③ 노 내에서 산성 가스의 제거가 가능하다.
④ 재나 미연탄소의 배출이 많다.

해설 유동층 연소법은 연소온도가 미분탄 연소로에 비해 낮아 NO_x 생성억제가 잘 된다.

048 석탄의 '유동층 연소방식'에 관한 설명으로 옳지 않은 것은?

① 전열면적이 적게 든다.
② 부하변동에 쉽게 응할 수 있다.
③ 다른 연소법에 비해 재와 미연탄소의 방출이 많다.
④ 미분탄 장치가 필요하며, 화염층을 작게 할 수 있다.

해설 유동층 연소방식은 미분탄 장치가 필요 없다.

049 고체연료의 연소방법 중 '유동층 연소법'에 관한 설명으로 옳지 않은 것은?

① 재나 미연탄소의 배출이 많다.
② 노 내에서 산성 가스의 제거가 가능하다.
③ 유동매체의 손실로 인한 보충이 필요하다.
④ 조대 고형물의 경우도 투입을 위한 파쇄가 불필요하다.

해설 유동층 연소법에서 조대 고형물의 경우에는 투입 전에 50mm 정도 파쇄(전처리)하여야 한다.

050 석탄의 '유동층 연소'에 관한 설명으로 옳지 않은 것은?

① 부하변동에 쉽게 적응할 수 없다.
② 유동매체의 보충이 필요하지 않다.
③ 유동매체를 석회석으로 할 경우 노 내에서 탈황이 가능하다.
④ 비교적 저온에서 연소가 행해지기 때문에 화격자 연소에 비해 Thermal NO_x 발생량이 적다.

해설 유동층 연소는 유동매체의 손실로 인한 보충이 필요하다.

051 석탄의 '유동층 연소방식'에 관한 설명으로 옳지 않은 것은?

① 부하변동에 적응력이 낮다.
② 유동매체의 손실로 인한 보충이 필요하다.
③ 유동매체를 석회석으로 할 경우 노 내에서 탈황이 가능하다.
④ 공기소비량이 많아 화격자 연소장치에 비해 배출가스양이 많은 편이다.

해설 유동층 연소방식은 공기소비량이 적어 화격자 연소장치에 비해 배출가스양이 적은 편이다.

052 '유동층 연소로'의 특성으로 옳지 않은 것은?

① 부하변동에 따른 적응력이 높다.
② 유동층을 형성하는 분체와 공기와의 접촉면적이 크다.
③ 격심한 입자의 운동으로 층 내가 균일 온도로 유지된다.
④ 수명이 긴 char는 연소가 완료되지 않고 배출될 수 있으므로 재연소장치에서의 연소가 필요하다.

해설 유동층 연소로는 부하변동에 따른 적응력이 어렵다.

실기 Check
053 '유동층 연소(Fluidized bed combustion)' 관한 설명으로 옳지 않은 것은?

① 투입이나 유동화를 위해 파쇄가 필요없고, 과잉공기가 커야 완전 연소된다.
② 유동매체는 불활성이고, 열충격에 강하며, 융점은 높고, 미세하여야 한다.
③ 유동매체의 열용량이 커서 액상, 기상 및 고형 폐기물의 전소 및 혼소가 가능하다.
④ 일반 소각로에서 소각이 어려운 난연성 폐기물의 소각에 적합하며, 특히 폐유, 폐윤활유 등의 소각에 탁월하다.

해설 유동층 연소는 투입이나 유동화를 위해 파쇄가 필요하고, 과잉공기가 적어도 완전 연소된다.

054 '유동층 소각로'의 장점으로 옳지 않은 것은?
① 노의 구조가 매우 단순하고 구동부가 없어 고장이 적다.
② 각 단에서 연소가 잘되도록 교반시켜 주어 연소가 잘되도록 한다.
③ 연소가스의 체류시간이 짧은 반면 공기와 폐기물 간의 접촉면적이 크므로 완전 연소가 가능하다.
④ 유동화 매체로 사용되는 많은 양의 모래가 열 저장 매체 구실을 함으로써 노의 일시적 가동 중단 시 노의 냉각을 최소화할 수 있다.

해설 각 단에서 연소가 잘되도록 교반시켜 주어 연소가 잘되도록 하는 것은 화격자 연소방식에서 적용된다.

055 유동층 연소에 관한 설명으로 옳지 않은 것은?
① 유동매체에 석회석 등의 탈황제를 사용하여 노 내 탈황도 가능하다.
② 사용연료의 입도 범위가 넓기 때문에 연료를 미분쇄할 필요가 없다.
③ 연료의 층 내 체류시간이 길어 저발열량의 석탄도 완전 연소가 가능하다.
④ 비교적 고온에서 연소가 행해지므로 열생성 NO_X가 많고, 전열관의 부식이 문제가 된다.

해설 유동층 연소는 비교적 저온에서 연소가 행해지므로 열생성 NO_X가 적고, 전열관의 부식이 문제가 되지 않는다.

056 유동층 연소로에 사용되는 유동사의 구비조건으로 옳지 않은 것은?
① 활성이 클 것
② 융점이 높을 것
③ 비중이 적을 것
④ 입도분포가 균일할 것

해설 유동사(모래)는 불활성 매체여야 한다.

057 유동층 연소시설의 일반적인 특성으로 옳지 않은 것은?
① NO_X 생성억제에 효과가 있다.
② 별도의 배연탈황 설비가 불필요하다.
③ 유동매체는 모래와 같은 내열성 분립체로 비중이 클수록 좋다.
④ 재나 미연탄소의 방출이 많고 부하변동에 따른 적응이 어렵다.

해설 유동매체는 모래와 같은 내열성 분립체로 비중이 적을수록 좋다.

058 유동층 연소에 관한 설명으로 옳지 않은 것은?
① 유동매체에 석회석 등의 탈황제를 사용하여 노 내 탈황도 가능하다.
② 연료의 층 내 체류시간이 길어 저발열량의 석탄도 완전 연소가 가능하다.
③ 유동화가 행해지는 공기유속의 범위는 한정되어 있으며, 통상 0.3~ 4m/s 정도이다.
④ 비교적 고온에서 연소가 행해지므로 열생성 NO_X가 많고, 전열관의 부식이 문제가 된다.

해설 유동층 연소는 비교적 저온에서 연소가 행해지므로 열생성 NO_X가 적고, 전열관의 부식이 문제가 되지 않는다.

059 화염을 유지하기 위한 보염기에 대한 설명으로 옳지 않은 것은?

① 축류형 보염기는 축의 전방에 생기는 소용돌이에 의하여 주로 보염작용을 행한다.
② 공기유동에 대해 소용돌이를 발생시켜 화염의 순환 영역을 만들어 화염의 안정화를 꾀한다.
③ 공기유동에 대해 연료를 역방향으로 분사하여 국부 공기유속을 화염전파속도보다 작게 한다.
④ 원추형 보염기는 원추의 가장자리에서 말려들게 한 소용돌이에 의하여 주로 보염작용을 행한다.

해설 축류형 보염기는 축의 후방에 생기는 소용돌이에 의하여 주로 보염작용을 행한다.

060 쓰레기 재생연료(RDF)에 관한 설명으로 옳지 않은 것은?

① 쓰레기 재생연료는 고정탄소가 석탄에 비해 적은 반면 휘발분이 많다.
② fluff RDF는 겉보기 밀도가 낮고, 비교적 수분함량이 높아서 저장하거나 수송하기가 어려운 단점이 있다.
③ 쓰레기 재생연료를 연소시키는 데는 회전롤러식이 사슬상 화격자 연소기보다 효율이 좋으며, 도시쓰레기의 소각에 비해 제어가 용이하지 않은 단점이 있다.
④ 쓰레기 재생연료의 소각에서 연료의 체재시간이 높은 온도에서 충분히 길지 않고(800~850℃에서 2초 이상) 시스템이 제대로 가동 못할 시에는 염소를 포함하는 플라스틱이 잔존하여 다이옥신 등의 배출이 문제가 될 수 있다.

해설 쓰레기 재생연료를 연소시키는 데는 사슬상(chain) 화격자 연소기가 회전롤러식보다 효율이 좋으며, 도시쓰레기의 소각에 비해 제어가 용이한 장점이 있다.

061 폐가스 소각과 관련한 설명으로 옳지 않은 것은?

① 촉매산화법은 고온연소법에 비해 반응온도가 낮은 편이다.
② 직접화염 소각은 가연성 폐가스의 배출량이 아주 많은 경우에 유용하다.
③ 직접화염 재연소기의 설계 시 반응시간은 1~3초 정도로 하고, 이 방법은 다른 방법에 비해 NO_x 발생이 적다.
④ 촉매산화법은 저농도의 가연물질과 공기를 함유하는 기체 폐기물에 대하여 적용되며 보통 백금 및 파라디움이 촉매로 쓰인다.

해설 직접화염 재연소기의 설계 시 반응시간은 0.2~0.7초 정도로 하고, 이 방법은 다른 방법에 비해 NO_x 발생이 많다.

062 폐열회수장치가 설치된 소각로의 특징에 관한 설명으로 옳지 않은 것은? (단, 폐열회수를 안 하는 소각로와 비교)

① 열 회수 연소가스의 온도와 부피를 줄일 수 있다.
② 수증기 생산을 위한 수냉로벽, 보일러 등 설비가 필요하다.
③ 연소가스 배출 부분과 수증기 보일러관에서 부식의 염려가 없다.
④ 공기와 연소가스의 양이 비교적 적으므로 용량이 작은 송풍기를 쓸 수 있다.

해설 폐열회수장치가 설치된 소각로는 연소가스 배출 부분과 수증기 보일러관에서 부식이 발생한다.

서술형 빈출문제

063 폐가스 소각과 관련한 설명으로 옳지 않은 것은?

① 촉매산화법은 고온연소법에 비해 반응온도가 낮은 편이다.
② 직접화염 재연소기의 설계 시 반응시간은 0.2~0.7초 정도로 하고, 이 방법은 연소온도가 높아 NO_X가 발생된다.
③ 촉매산화법은 저농도의 가연물질과 공기를 함유하는 기체 폐기물에 대하여 적용되며, 보통 백금 및 파라디움이 촉매로 쓰인다.
④ 직접화염 소각은 가연성 폐가스의 배출량이 적은 경우에 유용하며, 공기를 가하지 않고 폐가스 자체가 가연성 혼합물질로 되어 있는 경우에는 사용할 수 없다.

해설 직접화염 소각은 가연성 폐가스의 배출량이 아주 많은 경우에 유용하다.

064 폐기물 소각 시 소각로 폐열시설로부터 수증기를 생산할 수 있다. 다음 중 폐열 회수장치가 설치된 소각로의 특성으로 옳지 않은 것은? (단, 폐열회수를 안 하는 경우와 비교)

① 열회수로 연소가스의 온도와 부피를 줄일 수 있다.
② 소각로의 수증기 생산설비로 인해 조작이 복잡하다.
③ 소각로 온도조절을 위해 과잉공기량이 많이 요구된다.
④ 연소가스 배출부분과 수증기 보일러관에서 부식이 발생한다.

해설 폐열회수장치가 설치된 소각로는 공기와 연소가스의 양이 비교적 적으므로 용량이 적은 송풍기를 쓸 수 있다.

065 연소 또는 폐기물 소각공정에서 생성될 수 있는 대기오염물질로 옳지 않은 것은?

① 벤조(a)파이렌
② 라돈
③ 염화수소
④ 다이옥신

해설 쓰레기 소각으로 인해 발생하는 연기에는 다량의 입자상 물질·염화수소(HCl)·이산화황(SO_2)과 같은 산성 물질과 중금속, 다이옥신, 벤조(a)파이렌 등 발암성 유해물질이 다양하게 포함되어 있다.

066 연소실 내로 공급되는 연료를 연소시키기 위해 필요한 공기를 공급하는 통풍방식 중 압입통풍에 관한 설명으로 옳지 않은 것은?

① 역화의 위험성이 없다.
② 내압이 정압(+)으로 연소효율이 좋다.
③ 흡입통풍 방식보다 송풍기의 동력 소모가 적다.
④ 송풍기의 고장이 적고 점검 및 보수가 용이하다.

해설 압입통풍 방식은 압입 송풍기만으로 연소용 공기를 노 내부로 공급하고 연소가스를 대기로 배출하는 방식으로 역화의 위험성이 존재한다.

067 클링커 장애(Clinker trouble)가 가장 문제가 되는 연소장치는?

① 화격자 연소장치
② 유동층 연소장치
③ 미분탄 연소장치
④ 분무식 오일버너

해설 클링커(Clinker)는 3~25mm 크기의 연소과정에서 쓰레기가 녹아 굳은 다공질 덩어리로, '불에 탄 덩어리'라는 의미로 소괴(燒塊)라고도 하며, 이 클링커 장애에 문제가 되는 연소장치는 화격자 연소장치이다.

정답 063 ④ 064 ③ 065 ② 066 ① 067 ①

068 연소 부산물 중 클링커(Clinker) 발생 및 대책으로 옳지 않은 것은?

① 연료층 내부온도가 높을 때 회분이 환원분위기 속에서 고온열화로 발생된다.
② 연료 연소층의 교반속도를 크게 할수록 클링커 발생량이 줄어든다.
③ 연료 연소층의 온도분포가 균일한 경우 클링커 발생이 억제된다.
④ 연료 중의 회분 유입을 억제하여 클링커 발생을 예방할 수 있다.

해설 연소 부산물은 연료 연소층의 교반속도를 크게 할수록 연료 입자가 충분히 연소되지 못하고 클링커 형성을 유발할 수 있다.

069 회분 성분 중 백색에 가깝고 융점이 높은 것은?

① CaO
② SiO_2
③ MgO
④ K_2O

해설 회분 중 백색에 가깝고 융점이 높은 성분은 SiO_2이다. 이는 SiO_2가 고체 상태에서도 분자구조를 유지하기 때문이다.

070 연소방식 및 연소장치에 관한 설명으로 옳지 않은 것은?

① 기화 연소방식과 분무화 연소방식은 액체연료의 연소방식에 해당한다.
② 충돌 분무회식에서 분무화 입경은 연료의 점도와 표면장력이 클수록 커진다.
③ 고압기류 분무식 버너는 2~8kg/cm² 의 고압공기를 사용하여 연료유를 분무화시키는 방식으로 분무각도는 30° 정도이다.
④ 회전식 버너는 유압식 버너에 비해 연료유의 분무화 입경이 적으며, 내부혼합식의 경우 연료분사 범위는 3,000~10,000L/h 정도이다.

해설 회전식 버너는 유압식 버너에 비해 연료유의 분무화 입경이 크다.

071 자동차 내연기관의 공연비와 유해가스 발생 농도와의 일반적인 관계를 옳게 설명한 것은?

① 공연비를 이론치보다 높이면 NO_x, CO, HC 모두 증가한다.
② 공연비를 이론치보다 낮추면 NO_x, CO, HC 모두 감소한다.
③ 공연비를 이론치보다 높이면 NO_x는 감소하고, CO, HC는 증가한다.
④ 공연비를 이론치보다 낮추면 NO_x는 감소하고, CO, HC는 증가한다.

해설 자동차 내연기관에서 공기와 연료의 비율을 나타내는 수치인 공연비가 이론공연비인 14.7보다 적으면 NO_x는 감소하고, CO, HC는 증가한다.

072 옥테인가에 관한 설명이다. ( ) 안에 들어갈 말로 옳은 것은?

> 옥테인가는 시험 가솔린의 노킹 정도를 (㉠)과 (㉡)의 혼합 표준연료의 노킹 정도와 비교했을 때, 공급 가솔린과 동등한 노킹 정도를 나타내는 혼합 표준연료 중의 (㉠)%를 말한다.

① ㉠ iso-octane, ㉡ n-butane
② ㉠ iso-octane, ㉡ n-heptane
③ ㉠ iso-propane, ㉡ n-pentane
④ ㉠ iso-pentane, ㉡ n-butane

해설 옥테인가는 녹킹이 잘 일어나는 노말헵테인(n-Heptane)을 옥테인가 '0'으로 하고, 녹킹이 잘 일어나지 않는 아이소옥테인(iso-Octane)을 옥테인가 '100'으로 임의 선정하여 기준으로 삼았으며, 가솔린의 옥테인가는 기준시료인 $\frac{노말헵테인}{아이소옥테인}$ 혼합물 중 아이소옥테인의 함유퍼센트가 된다.

073 옥테인가에 대한 설명으로 옳지 않은 것은?

① N-paraffine에서는 탄소수가 증가할수록 옥테인가가 저하하여 C_7에서 옥테인가는 0이다.
② Naphthene계는 방향족 탄화수소보다는 옥테인가가 적지만 N-paraffine계보다는 큰 옥테인가를 가진다.
③ 방향족 탄화수소의 경우 벤젠고리의 측쇄가 C_3까지는 옥테인가가 증가하지만 그 이상이면 감소한다.
④ Iso-paraffine에서는 methyl 측쇄가 적을수록, 특히 중앙집중보다는 분산될수록 옥테인가가 증가한다.

해설 Iso-Paraffine에서는 methyl 측쇄가 많을수록, 중앙에 집중할수록 옥테인가가 증가한다.

074 옥테인가가 가장 낮은 물질은?

① 노말 파라핀류
② 아이소 올레핀류
③ 아이소 파라핀류
④ 방향족 탄화수소

해설 노말 파라핀류는 탄소 수가 증가할수록 옥테인가는 낮아지고, 아이소 파라핀에서는 메틸 측쇄를 많이 포함하거나 중앙에 집중할수록 옥테인가는 커진다. 보기항 중 옥테인가가 가장 낮은 물질은 노말 파라핀류이다.

075 액체연료의 연소방식을 기화(Vaporization)연소방식과 분무화(Atomization) 연소방식으로 분류할 때 다음 중 기화 연소방식에 해당하지 않는 것은?

① 심지식 연소
② 반전식 연소
③ 포트식 연소
④ 증발식 연소

해설 기화(Vaporization) 연소방식에는 심지식 연소, 포트식 연소, 증발식 연소가 있다.
• 심지식 연소: 심지의 모세관 현상에 의하여 증발연소시키는 방식
• 포트식 연소: 액체연료를 접시모양의 용기에 넣어 점화 후 연소열로 인하여 액면이 가열되어 발생하는 증기와 공기가 혼합 연소하는 방식
• 증발식 연소: 연소실 내의 방사열에 의하여 기화한 가연성 증기를 공기와 혼합하여 연소하는 방식

076 연료유를 미립화해서 공기와 혼합하여 단시간에 완전 연소를 시키는 유류연소 버너가 갖추어야 할 조건으로 옳지 않은 것은?

① 소음 발생이 적을 것
② 재를 제거하기 위한 장치가 있을 것
③ 넓은 부하 범위에 걸쳐 기름의 미립화가 가능할 것
④ 점도가 높은 기름도 적은 동력비로서 미립화가 가능할 것

해설 연료유를 미립화한 연료를 사용하는 유류연소 버너는 연소 시 재의 발생이 거의 없으므로 재를 제거하기 위한 장치는 필요 없다.

077 유압분무식 버너의 특징으로 옳지 않은 것은?

① 연료분사 범위는 15~2,000L/h 정도이다.
② 구조가 간단하여 유지 및 보수가 용이한 편이다.
③ 유량조절범위가 1:10 정도로 넓어서 부하변동에 적응이 쉽다.
④ 연료의 점도가 크거나 유압이 $5kg/cm^2$ 이하가 되면 분무화가 불량하다.

해설 유압분무식 버너는 유량조절범위(환류식(1:3), 비환류식(1:2))가 좁아 부하변동에 대한 적응성이 낮다.

078 유류연소 버너에 관한 설명으로 옳지 않은 것은?

① 회전식 버너: 연료유 분사유량은 직결식의 경우 1,000L/h 이하이다.
② 유압분무식 버너: 연료의 점도가 크거나 유압이 5kg/cm² 이하가 되면 분무화가 불량하다.
③ 저압기류 분무식 버너: 비교적 좁은 각도의 긴 화염이며, 용량은 2,000~3,000L/h로 주로 대형 가열로에 이용된다.
④ 고압기류 분무식 버너: 분무각도는 30° 정도로 작은 편이며, 분무에 필요한 1차 공기량은 이론연소공기량의 7~12% 정도이다.

해설 저압기류 분무식 버너: 비교적 좁은 각도의 짧은 화염이며, 용량은 2~300L/h로 주로 소형 가열로에 이용된다.

079 다음에 제시한 유류연소 버너의 종류로 옳은 것은?

- 화염의 형식: 비교적 넓게 퍼지는 화염
- 용도: 부하변동이 있는 중소형 보일러에 주로 사용
- 유압: 0.5kg/cm² 전후
- 분무각도: 약 40~80°

① 회전식
② 유압식
③ 건타입식
④ 고압공기식

해설 회전식 유류버너는 주어진 조건 이외에도 기계적 원심력과 공기를 이용하여 회전수 5,000~6,000rpm으로 연료를 분무하며 유량조절범위는 1:5로 큰 편이다. 유압식 버너에 비해 연료유의 분무화 입경이 다소 크다.

080 연소장치를 설명한 것으로 옳은 것은?

- 증기압 또는 공기압은 2~10kg/cm²이다.
- 유량조절범위는 1:10 정도이다.
- 분무각도는 20~30°, 연소 시 소음이 발생된다.
- 대형 가열로에 많이 사용된다.

① 고압공기식 버너
② 유압식 버너
③ 저압공기분무식 버너
④ 슬래그탭 버너

해설 고압공기식 버너는 주어진 조건 이외에도 분무각이 작지만 유량조절비가 커서 부하변동에 적응이 용이하고, 연료 분사범위가 외부혼합식인 경우 3~500L/h, 내부혼합식인 경우 10~1,200L/h 정도이며, 제강용 평로, 연속가열로, 유리용해로 등의 대형가열로 등에 많이 사용된다.

081 액체연료의 연소장치에 관한 각 설명으로 옳지 않은 것은?

① 회전식 버너는 분무각도가 40~80° 정도이다.
② 저압기류 분무식 버너의 연료분사범위는 200L/h 정도로 소형설비에 주로 사용된다.
③ 고압기류 분무식 버너는 연료유의 점도가 커도 분무화가 용이하나 연소 시 소음이 크다.
④ 증기 분무식 버너는 설비가 비교적 간단하고, 내부혼합식의 연료분사 범위는 10~1,200L/h 정도이다.

해설 증기 분무식 버너는 공기 대신 증기를 사용하며 분무되는 연료유의 분무화 입경이 미세하고 저부하에서도 무화효과가 저하되지 않도록 한 것으로 설비가 비교적 복잡하다.

정답 078 ③ 079 ① 080 ① 081 ④

082 액체연료의 연소장치에 관한 설명으로 옳지 않은 것은?

① 유압식 분무식 버너는 대용량 버너 제작이 용이하다.
② 고압 기류분무식 버너는 연소 시 소음이 큰 편이다.
③ 회전식 버너는 유압식 버너에 비해 분무화 입경이 작은 편이다.
④ 저압 기류분무식 버너에서 분무에 필요한 공기량은 이론연소 공기량의 30~50% 정도이면 된다.

해설 회전식 버너는 유압식 버너에 비해 분무화 입경이 큰 편이다.

083 유류 버너의 종류에 관한 설명으로 옳지 않은 것은?

① 유압식 버너에서 연료유의 분무각도는 압력, 점도 등으로 약간 달라지지만 40~90° 정도이다.
② 회전식 버너의 유량조절범위는 1:5 정도이고, 유압식 버너에 비해 연료유의 분무화 입경은 비교적 크다.
③ 고압공기식 버너는 고점도 사용에도 적합하며, 분무각도가 20~30° 정도이며, 장염이나 연소 시 소음이 발생된다.
④ 저압공기식 버너는 구조가 간단하고, 유량조절범위는 1:10 정도이며, 무화상태가 좋아서 대형가열로에 주로 사용한다.

해설 저압공기식 버너는 유량조절범위는 1:5 정도이며, 소형가열로에 주로 사용한다.

084 액체연료의 연소장치인 '고압기류 분무식 버너'에 관한 설명으로 옳지 않은 것은?

① 분무에 필요한 1차 공기량은 이론연소공기량의 7~12% 정도이다.
② 분무각도는 작지만 유량조절비는 커서 부하변동에 적응이 용이하다.
③ 연료유의 점도가 큰 경우도 분무화가 용이하나 연소 시 소음이 크다.
④ 연료분사 범위는 외부혼합식이 500~1,000L/h, 내부혼합식이 300~500L/h 정도이다.

해설 연료분사 범위는 외부혼합식이 3~500L/h, 내부혼합식이 10~1,200L/h 정도이다.

085 유류버너 중 '저압공기 분무식 버너'에 관한 설명으로 옳지 않은 것은?

① 고압공기식 버너와 같은 구조의 버너로 연료유를 분무한다.
② 주로 소형가열로 등에 사용하며 비교적 좁은 각도의 짧은 화염을 갖는다.
③ 분무매체는 공기이며 버너 입구의 공기압력은 보통 400~1,500mmH$_2$O 정도이다.
④ 저압공기를 사용하기 때문에 무화에 사용되는 공기량은 전 이론공기량의 80~90% 범위로 높은 편이다.

해설 저압공기를 사용하기 때문에 무화에 사용되는 공기량은 전 이론공기량의 30~50% 범위 정도이다.

086 유류연소 버너 중 '저압기류 분무식 버너'에 대한 설명으로 옳지 않은 것은?

① 분무각도는 30~60° 정도이다.
② 분무에 사용하는 공기량은 이론연소공기량의 1.5~1.8배 정도이다.
③ $0.05~0.2kg/cm^2$ 정도의 저압공기를 사용하여 분무시키는 방법이다.
④ 유량조정 범위는 1:5로 비교적 큰 편이며 연료분사 범위는 200L/h 정도로 소형설비에 주로 사용한다.

해설 저압기류 분무식 버너에서 분무에 사용하는 공기량은 이론 연소공기량의 0.3~0.5배 정도이다.

087 유류 버너 중 '회전식 버너'에 관한 설명으로 옳지 않은 것은?

① 분무 매체는 기계적 원심력과 공기이다.
② 부하변동이 있는 중소형 보일러용으로 사용된다.
③ 분무각도는 40~80°이며 회전수는 5,000~6,000rpm 범위이다.
④ 유량은 2~300L/h이며 비교적 좁은 각도의 짧은 화염을 나타낸다.

해설 회전식 버너의 연료유 분사유량은 직결식이 1,000L/h 이하, 벨트식이 2,700L/h 이하이며, 비교적 넓은 각도의 긴 화염을 나타낸다.

088 '회전식 버너'에 관한 설명으로 옳지 않은 것은?

① 연료유의 점도가 크고, 분무컵의 회전수가 적을수록 분무 상태가 좋아진다.
② 분무각도가 40~80°로 크고, 유량조절범위도 1:5 정도로 비교적 넓은 편이다.
③ 연료유는 $0.3~0.5kg/cm^2$ 정도로 가압하여 공급하며, 직결식의 분사유량은 1,000L/h 이하이다.
④ 3,000~10,000rpm으로 회전하는 컵모양의 분무컵에 송입되는 연료유가 원심력으로 비산됨과 동시에 송풍기에서 나오는 1차 공기에 의해 분무되는 형식이다.

해설 회전식 버너는 연료유의 점도가 낮고, 분무컵의 회전수가 빠를수록 분무 상태가 좋아진다.

089 유류 버너 중 '회전식 버너'에 관한 설명으로 옳지 않은 것은?

① 분무는 기계적 원심력과 공기를 이용한다.
② 연료유의 점도가 적을수록 분무화 입경이 적어진다.
③ 유압식 버너에 비하여 연료유의 분무화 입경이 1/10 이하로 매우 적다.
④ 분무각도는 40~80° 정도로 크며, 유량조절범위도 1:5 정도로 비교적 큰 편이다.

해설 회전식 버너는 유압식 버너에 비하여 연료유의 분무화 입경이 비교적 크다.

090 다음 유류연소 버너의 종류로 옳은 것은?

- 용도: 부하변동이 있는 중소형 보일러에 주로 사용
- 유압: $0.5kg/cm^2$ 전후
- 분무각도: 약 40~80° 정도
- 화염의 형식: 비교적 넓게 퍼지는 화염

① 고압공기식
② 유압식
③ 회전식
④ 건타입식

해설 회전식 버너는 이외에도 연료유 분사유량은 직결식(전동기와 분무컵의 회전수가 같음)이 1,000L/h 이하, 벨트식(분무컵의 회전수가 전동기의 회전부보다 빠름)이 2,700L/h 이하이며 비교적 넓은 각도의 긴 화염을 나타낸다.

실기 Check ✓

091 유류연소 버너에 관한 설명으로 옳지 않은 것은?

① 유압식 버너: 넓은 각도의 화염으로 조절범위가 좁다.
② 고압공기식(gun type): 가장 좁은 각도의 긴 화염이며 분무각도는 30° 정도이다.
③ 저압공기식: 비교적 좁은 각도의 짧은 화염이며 용량은 2,000~3,000L/h로 대형 가열로형이다.
④ 회전식 버너: 비교적 넓은 각도의 화염으로 회전수는 5,000~6,000rpm, 분무각도는 40~60°가 적당하다.

해설 저압공기식: 비교적 보통 각도(30~60°)의 짧은 화염이며, 용량은 200L/h 정도 소형가열로 형이다.

092 액체연료의 연소장치인 '유압분무식 버너'에 관한 설명으로 옳지 않은 것은?

① 분무각도가 40~90°로 크다.
② 대용량 버너 제작이 용이하다.
③ 유량조절범위가 넓어 부하변동이 용이하다.
④ 구조가 간단하여 유지 및 보수가 용이하다.

해설 유압분무식 버너는 유량조절범위가 좁아 부하변동에 적응이 어렵다.

093 유류연소 버너 중 '유압식 버너'에 관한 설명으로 옳지 않은 것은?

① 대용량 버너 제작이 용이하다.
② 유압은 보통 50~90kg/cm² 정도이다.
③ 유량조절 범위가 좁아(환류식 1:3, 비환류식 1:2) 부하변동에 적응하기 어렵다.
④ 연료유의 분사각도는 기름의 압력, 점도 등으로 약간 달라지지만 40~90° 정도의 넓은 각도로 할 수 있다.

해설 유압식 버너의 유압은 보통 5~20kg/cm² 정도이다.

실기 Check ✓

094 노즐을 통하여 5~20kg/cm² 정도의 압력으로 가압된 연료를 연소실 내부로 분무시키는 액체연료의 연소장치 버너로, 대용량 버너로 제작이 용이하고 분무각도가 크며 유량조절 범위가 좁은 것이 특징인 것은?

① 고압 노즐식 버너
② 공기 유압식 버너
③ 유압 분무식 버너
④ 고압기류 분무식 버너

해설 유압 분무식 버너의 특징
• 분무각도가 크다(40~90°).
• 대용량 버너 제작이 용이하다.
• 구조가 간단하여 유지 보수가 쉽다.
• 연료분사 범위는 15~2,000L/h 정도이다.
• 유량조절 범위가 좁아 부하변동에 적응이 어렵다.
• 연료의 점도가 크거나 유압이 5kg/cm² 이하가 되면 분무화가 불량하다.

095 유류 종류별 버너의 유량조절범위의 크기 순서로 옳은 것은? (단, 큰 순서 > 작은 순서)

① 유압식 > 고압공기식 > 저압공기식
② 저압공기식 > 고압공기식 > 회전식
③ 고압공기식 > 회전식 > 유압식
④ 회전식 > 저압공기식 > 고압공기식

해설 고압공기식(1:10)>회전식(1:5)>유압식(1:3 이하)

096 분무화 연소방식으로 옳지 않은 것은?

① 유압 분무화식   ② 충돌 분무화식
③ 여과 분무화식   ④ 이류체 분무화식

해설 액체연료의 분무화 연소방식은 유압 분무화, 이류체 분무화, 회전 이류체, 충돌 분무화 방식이 있다.

097 액체연료의 연소장치에 관한 설명으로 옳은 것은?

① 고압기류 분무식 버너의 분무각도는 70°이고, 유량조절비가 1:3 정도로 부하변동 적응이 어렵다.
② 건타입(Gun type) 버너는 유압식과 공기분무식을 혼합한 것으로 유압이 30kg/cm^2 이상으로 대형연소장치이다.
③ 저압기류 분무식 버너의 분무각도는 30~60° 정도이고, 분무에 필요한 공기량은 이론연소공기량의 30~50% 정도이다.
④ 회전식 버너는 유압식 버너에 비해 연료유의 입경이 작으며, 직결식은 분무컵의 회전수가 전동기의 회전수보다 빠른 방식이다.

해설
① 고압기류 분무식 버너의 분무각도는 30°로 적고, 유량조절비가 1:10 정도로 부하변동 적응이 용이하다.
② 건타입(Gun type) 버너는 유압식과 공기분무식을 혼합한 것으로 유압이 7kg/cm^2 이상이며, 소형 연소장치이다.
④ 회전식 버너는 유압식 버너에 비해 연료유의 입경이 크며, 직결식은 분무컵의 회전수가 전동기의 회전수와 같은 방식이다.

098 액체연료의 연소장치에 관한 설명으로 옳지 않은 것은?

① 건타입 버너는 연소가 양호하고 소형이며 전자동 연소가 가능하다.
② 고압기류 분무식 버너의 분무에 필요한 1차 공기량은 이론연소공기량의 7~12% 정도이다.
③ 저압기류 분무식 버너의 분무각도 30~60° 정도이고, 분무에 필요한 공기량은 이론연소 공기량의 30~50% 정도이다.
④ 회전식 버너는 유압식 버너에 비해 연료유의 입경이 작으며, 직결식은 분무컵의 회전수가 전동기의 회전수보다 빠른 방식이다.

해설 회전식 버너는 유압식 버너에 비해 연료유의 입경이 크며, 직결식은 분무컵의 회전수가 전동기의 회전수와 같은 방식이다.

099 건타입(Gun type) 버너에 관한 설명으로 옳지 않은 것은?

① 유압은 보통 7kg/cm^2 이상이다.
② 유량조절 범위가 넓어 대용량에 적합하다.
③ 연소가 양호하고, 전자동 연소가 가능하다.
④ 형식은 유압식과 공기분무식을 합한 것이다.

해설 건타입 버너는 유량조절 범위가 좁아 소용량에 적합하다.

100 액체연료의 연소방식에 관한 설명으로 옳지 않은 것은?

① 이류체 분무화식은 증기 또는 공기의 분무화 매체를 사용하여 분무화시키는 방식이다.
② 포트식 연소는 분무화 연소방식에 해당하며 휘발성이 좋지 않은 중질유 연소에 효과적이다.
③ 충돌 분무화식에서 분무화 입경은 연료의 점도와 표면장력이 클수록 커지므로 분무화 입경을 작게 하기 위해서는 연료를 85 ± 5℃ 정도로 예열해야 한다.
④ 심지식 연소는 기화 연소방식에 속하며, 주로 등유 연소장치에서 심지의 모세관 현상에 의해 증발연소 시키는 방식으로 점화 및 소화 시 공기와 혼합이 나빠 그을음 및 악취가 발생한다.

해설 포트식 연소는 기화 연소방식에 해당하며 휘발성이 좋은 경질유 연소에 효과적이다.

정답 096 ③ 097 ③ 098 ④ 099 ② 100 ②

101 분무연소기에서 그을음이 생성되는 것을 방지하기 위한 방법으로 옳지 않은 것은?

① 주위 공기유속을 증대시켜 화염을 예혼합 화염에 가깝게 한다.
② 후류염(Wake flame) 형성을 조장하여 예혼합 화염에 가깝게 한다.
③ 큰 입경의 분무 액적이 생기지 않게 연료 분사 밸브를 사용하여 연소를 균질하게 한다.
④ 배출가스 재순환 등에 의해서 연소용 공기의 O_2 농도를 증가시켜 포위염(Envelope flame) 형성을 조장한다.

해설 배출가스 재순환은 대기오염물질인 NO_x를 제어하기 위한 것으로 그을음 생성과 관련성이 없다.

102 분무연소기의 자동제어 방법인 시퀀스제어(순차제어, sequential control)에 관한 설명으로 옳지 않은 것은?

① 안전장치가 따로 필요 없다.
② 지진에 의해서 감지기가 작동하면 연료 개폐 밸브가 닫힌다.
③ 분무연소기의 자동점화, 자동소화, 연소량 자동 제어 등이 행해진다.
④ 화염이 꺼진 경우 화염검출기가 소화를 검출하고, 점화플러그를 다시 작동시킨다.

해설 시퀀스제어는 안전장치가 별도로 필요하다.

103 기체연료 연소장치에 해당하지 않는 것은?

① 송풍 버너   ② 선회 버너
③ 방사형 버너 ④ 로터리 버너

해설 로터리 버너는 회전식 버너로 액체연료의 연소장치이다.
기체연료 연소장치
• 확산 연소에 사용되는 버너: 포트형, 버너형(선회 버너, 방사형 버너)
• 예혼합 연소에 사용되는 버너: 저압 버너, 고압 버너, 송풍 버너
• 부분예혼합 연소에 사용되는 버너: 소형 및 중형 버너

104 기체연료의 확산 연소에 사용되는 버너 형태로 옳은 것은?

① 공기 분무식 버너 ② 심지식 버너
③ 회전식 버너   ④ 포트형 버너

해설 확산 연소에 사용되는 버너: 포트형, 버너형(선회 버너, 방사형 버너)

105 기체연료의 연소방식 중 확산 연소에 관한 설명으로 옳지 않은 것은?

① 역화의 위험성이 없다.
② 붉고 긴 화염을 만든다.
③ 가스와 공기를 예열할 수 없다.
④ 연료의 분출속도가 클 경우에는 그을음이 발생하기 쉽다.

해설 확산 연소는 가스와 공기를 예열할 수 있는 장점이 있고 발생로 가스, 고로 가스 등 탄화수소가 적은 기체연료에 사용된다.

106 '확산형 가스버너' 중 포트형에 관한 설명으로 옳지 않은 것은?

① 구조상 가스와 공기압이 높은 경우에 사용한다.
② 밀도가 큰 공기 출구는 상부에, 밀도가 작은 가스 출구는 하부에 배치되도록 한다.
③ 버너 자체가 노벽과 함께 내화벽돌로 조립되어 노 내부에 개구된 것이며, 가스와 공기를 함께 가열할 수 있는 이점이 있다.
④ 고발열량 탄화수소를 사용할 경우에는 가스압력을 이용하여 노즐로부터 고속으로 분출하게 하여 그 힘으로 공기를 흡입하는 방식을 취한다.

해설 확산형 가스버너 중 포트형은 구조상 가스와 공기압이 낮은 경우에 사용한다.

정답 101 ④ 102 ① 103 ④ 104 ④ 105 ③ 106 ①

107 '확산형 가스버너'인 포트형 설계 시 주의사항으로 옳지 않은 것은?

① 포트 입구가 작으면 슬래그가 부착해서 막힐 우려가 있다.
② 노(爐) 내부에서 연소가 완료되도록 가스와 공기의 유속을 결정한다.
③ 밀도가 큰 가스 출구는 하부에 밀도가 작은 공기 출구는 상부에 배치되도록 하여 양쪽의 밀도차에 의한 혼합이 잘 되도록 한다.
④ 고발열량 탄화수소를 사용할 경우는 가스압력을 이용하여 노즐로부터 고속으로 분출케 하여 그 힘으로 공기를 흡입하는 방식을 취한다.

[해설] 포트형 가스버너는 밀도가 큰 가스 출구는 상부에, 밀도가 작은 공기 출구는 하부에 배치되도록 하여 양쪽의 밀도차에 의한 혼합이 잘 되도록 한다.

108 '확산형 가스버너' 중 포트형에 관한 설명으로 옳지 않은 것은?

① 가스와 공기를 함께 가열할 수 있다.
② 구조상 가스와 공기압을 높이지 못한 경우에 사용한다.
③ 포트형은 버너가 노 벽에 의해 분리되어 내화벽돌로 조립된 것으로, 가스 분출속도가 높다.
④ 가스 및 공기의 온도와 밀도를 고려하여 밀도가 큰 공기출구는 상부에, 밀도가 작은 가스 출구는 하부에 배치되도록 설계한다.

[해설] 포트형은 버너가 노 벽과 함께 내화벽돌로 조립된 것으로, 가스 분출속도가 낮다.

109 '확산형 가스버너' 중 포트형에 관한 내용으로 옳지 않은 것은?

① 포트 입구의 크기가 작으면 슬래그가 부착하여 막힐 우려가 있다.
② 기체연료와 연소용 공기를 버너 내에서 혼합시킨 뒤로 노 내에 주입시킨다.
③ 밀도가 큰 공기 출구는 상부에, 밀도가 작은 가스 출구는 하부에 배치되도록 한다.
④ 버너 자체가 노 벽과 함께 내화벽돌로 조립되어 노 내부에 개구된 것으로 가스와 공기를 함께 가열할 수 있는 장점이 있다.

[해설] 기체연료와 연소용 공기를 버너 내에서 혼합시킨 뒤로 노 내에 주입시키는 기체연료의 연소방식은 예혼합 연소방식이다.

110 예혼합 연소에 사용되는 버너 중 역화방지를 위해 1차 공기량을 이론공기량의 약 60% 정도만 흡입하고 2차 공기는 로내의 압력을 부압(-)으로 하여 공기를 흡입하는 방식으로 가정용 및 소형 공업용으로 많이 사용되는 것은?

① 고압버너 ② 선회버너
③ 송풍버너 ④ 저압버너

[해설] 저압버너는 이외에도 기체연료의 분출 압력이 70~160mmHg 정도이며 가정용 및 소형 공업용으로 많이 사용된다.

111 기체연료의 연소에 관한 설명으로 옳지 않은 것은?

① 예혼합 연소에는 포트형과 버너형이 있다.
② 확산 연소는 화염이 길고 그을음이 발생하기 쉽다.
③ 예혼합 연소는 혼합기의 분출속도가 느릴 경우 역화의 위험이 있다.
④ 예혼합 연소는 화염온도가 높아 연소부하가 큰 경우에 사용가능하다.

[해설] 확산 연소에는 포트형과 버너형이 있다.

112 기체연료의 연소방식과 연소장치에 관한 설명으로 옳지 않은 것은?

① 예혼합 연소에 사용되는 버너에는 저압버너, 고압버너, 송풍버너 등이 있다.
② 확산 연소는 주로 탄화수소가 적은 발생로 가스, 고로 가스 등에 적용되는 연소방식이다.
③ 예혼합 연소는 화염온도가 낮아 국부가열의 염려가 없고 연소부하가 작은 경우 사용이 가능하며, 화염의 길이가 길다.
④ 저압버너는 역화방지를 위해 1차 공기량을 이론공기량의 약 60% 정도만 흡입하고 2차공기는 노 내의 압력을 부압으로 하여 공기를 흡입한다.

[해설] 예혼합 연소는 화염온도가 높아 국부가열의 염려가 있고, 연소부하가 큰 경우 사용이 가능하며, 화염의 길이가 짧다.

113 기체의 연소속도를 지배하는 주요인자로 옳지 않은 것은?

① 발열량 ② 촉매
③ 산소와의 혼합비 ④ 산소농도

[해설] 연소속도에 영향을 미치는 인자: 가연물의 종류, 산소농도, 가연물과 조연물의 혼합비율, 미연소 가연성 기체의 밀도, 비열, 열전도율, 촉매, 화염온도 등

114 기체연료의 연소방식으로 옳은 것은?

① 스토커 연소 ② 유동층 연소
③ 예혼합 연소 ④ 회전식버너 연소

[해설] 기체연료의 연소방식에는 확산 연소, 예혼합 연소, 부분예혼합 연소가 있다.

115 연소용 공기의 일부를 미리 연료와 혼합하고, 나머지 공기는 연소실 내에서 혼합하여 확산 연소시키는 연소방식으로 소형 또는 중형 버너로 널리 사용되는 기체연료의 연소방식은?

① 부분 연소 ② 간헐 연소
③ 연속 연소 ④ 부분예혼합 연소

[해설] 부분예혼합 연소는 확산 연소와 예혼합 연소의 절충식 방법이다.

116 절충식 방법으로서 연소용 공기의 일부를 미리 기체연료와 혼합하고 나머지 공기는 연소실 내에서 혼합하여 확산 연소시키는 방식으로 소형 또는 중소형 버너로 널리 사용되며, 기체연료 또는 공기의 분출속도에 의해 생기는 흡입력을 이용하여 공기 또는 연료를 흡입하는 것은?

① 확산 연소 ② 예혼합 연소
③ 유동층 연소 ④ 부분예혼합 연소

[해설] 부분예혼합 연소는 확산 연소와 예혼합 연소의 절충식 방법이다.

117 기체연료의 연소방법 중 예혼합 연소에 관한 설명으로 옳지 않은 것은?

① 화염길이가 길고 그을음이 발생하기 쉽다.
② 역화의 위험이 있어 역화방지기를 부착해야 한다.
③ 화염온도가 높아 연소부하가 큰 곳에 사용 가능하다.
④ 연소기 내부에서 연료와 공기의 혼합비가 변하지 않고 균일하게 연소된다.

[해설] 예혼합 연소는 화염길이가 짧아 그을음이 잘 발생하지 않는다.

118 기체연료의 압력을 2kg/cm² 이상으로 공급하므로 연소실 내의 압력은 정압이며, 소형의 가열로에 사용되는 버너는?

① 고압버너   ② 저압버너
③ 송풍버너   ④ 선회버너

해설 예혼합 연소방식 중 고압버너에 대한 것이다.

119 기체연료의 연소장치로서 천연가스와 같은 고발열량 연료를 연소시키는 데 가장 적합하게 사용되는 버너의 종류는?

① 선회형 버너   ② 방사형 버너
③ 회전식 버너   ④ 건타입 버너

해설 방사형 버너는 천연가스와 같은 고발열량 연료를 연소시키는 데 가장 유용하게 사용되는 버너이다.

120 디젤노킹(Diesel knocking) 방지법으로 옳지 않은 것은?

① 급기 온도를 높인다.
② 세탄가가 높은 연료를 사용한다.
③ 분사개시 때 분사량을 감소시킨다.
④ 기관의 압축비를 낮추어 압축압력을 낮게 한다.

해설 디젤노킹을 방지하기 위해 기관의 압축비를 크게 하여 압축압력을 높게 한다.

121 일반적인 디젤기관의 특징으로 옳지 않은 것은?

① 가솔린기관에 비해 납 발생량이 적은 편이다.
② 압축비가 높아 가솔린기관에 비해 소음과 진동이 큰 편이다.
③ NO_x는 가속 시 특히 많이 배출되며 HC는 감속 시 특히 많이 배출된다.
④ 연료를 공기와 혼합하여 실린더에 흡입, 압축시킨 후 점화플러그에 의해 강제로 연소 폭발시키는 방식이다.

해설 연료를 공기와 혼합하여 실린더에 흡입, 압축시킨 후 점화플러그에 의해 강제로 연소 폭발시키는 방식은 가솔린기관이다. 디젤 기관은 실린더 내에 공기를 흡입하여 압축하고 공기 온도가 높게 될 때에 연료를 무화 상태로 분사시켜 이 무화 연료가 공기 압축열로 인하여 자기 착화 연소하여 기관이 작동된다.

122 디젤기관의 노킹현상을 방지하기 위한 방법으로 옳은 것은?

① 착화지연기간을 증가시킨다.
② 세탄가가 낮은 연료를 사용한다.
③ 압축비와 압축압력을 높게 한다.
④ 연료 분사개시 때 분사량을 증가시킨다.

해설
① 착화지연기간을 감소시킨다.
② 세탄가가 높은 연료를 사용한다.
④ 연료 분사개시 때 분사량을 감소시킨다.

123 디젤노킹(Diesel knocking) 방지법으로 옳지 않은 것은?

① 회전속도를 높인다.
② 급기 온도를 높인다.
③ 기관의 압축비를 크게 하여 압축압력을 높게 한다.
④ 착화지연 기간 및 급격연소 시간의 분사량을 감소시킨다.

해설 디젤노킹을 방지하기 위해 연료 분사시기를 상사점 전후로 하고 엔진 회전속도를 낮춘다.

124 불꽃점화기관에서 발생되는 노킹현상을 방지하기 위한 방법으로 옳지 않은 것은?

① 불꽃 진행거리를 길게 하여 말단가스가 고온·고압에 노출되는 시간을 길게 한다.
② 혼합기의 자기 착화온도를 높게 하여 용이하게 자발화하지 않도록 한다.
③ 말단가스의 온도, 압력을 내린다.
④ 화염속도를 크게 한다.

해설 불꽃점화기관에서 노킹현상을 방지하려면 불꽃 진행거리를 짧게 하여 말단가스가 고온·고압에 노출되는 시간을 짧게 한다.

125 불꽃점화기관에서의 연소과정 중 생기는 노킹현상을 효과적으로 방지하기 위한 기관구조에 대한 설명으로 옳지 않은 것은?

① 점화플러그는 연소실 중심에 부착시킨다.
② 연소실을 구형(circular type)으로 한다.
③ 난류를 증가시키기 위해 난류생성 pot를 부착시킨다.
④ 말단가스를 고온으로 하기 위한 산화촉매 시스템을 사용한다.

해설 불꽃점화기관에서 노킹현상을 방지하려면 말단가스의 온도를 내린다. 산화촉매 시스템(삼원촉매시스템)은 연료와 공기를 혼합한 후 연소시키는 과정에서 발생하는 질소산화물(NO_x)을 감소시키기 위한 기술로 노킹현상 방지와는 직접적인 연관이 없다.

126 전형적인 가솔린기관과 디젤기관을 비교한 내용으로 옳지 않은 것은?

① 가솔린기관은 공기-연료비(화학양론비)가 거의 일정하다.
② 디젤기관은 1회전당 엔진에 유입되는 공기량이 거의 일정하다.
③ 디젤기관은 공기만을 압축하므로 압축비를 높게 하여 연비가 좋다.
④ 디젤기관은 가솔린기관에 비하여 검댕, CO, HC의 배출농도 및 배출량이 많다.

해설 기본적으로 디젤엔진은 가솔린엔진보다 전체적으로 공기과잉인 상태에서 연소가 이루어지기 때문에 가솔린엔진과는 달리 불완전 연소에 의한 검댕, 탄화수소(HC), 일산화탄소(CO)의 발생량이 적다.

127 가솔린엔진과 디젤엔진의 상대적인 특성을 비교한 내용으로 옳지 않은 것은?

① 가솔린엔진은 연소실 크기에 제한을 받는 편이다.
② 가솔린엔진은 예혼합 연소, 디젤엔진은 확산 연소에 가깝다.
③ 디젤엔진은 공급공기가 많기 때문에 배출가스 온도가 낮아 엔진 내구성에 유리하다.
④ 디젤엔진은 가솔린엔진에 비하여 자기착화온도가 높아 검댕, CO, HC의 배출농도 및 배출량이 많다.

해설 디젤엔진은 가솔린엔진보다 전체적으로 공기과잉인 상태에서 연소가 이루어지기 때문에 불완전 연소에 의한 검댕, 탄화수소(HC), 일산화탄소(CO)의 발생량이 적다.

128 불꽃점화기관에서의 연소과정 중 생기는 노킹현상을 효과적으로 방지하기 위한 기관 구조에 대한 설명으로 옳지 않은 것은?

① 3원촉매시스템을 사용한다.
② 연소실을 구형(circular type)으로 한다.
③ 점화플러그는 연소실 중심에 부착시킨다.
④ 난류를 증가시키기 위해 난류생성 pot를 부착시킨다.

해설 3원촉매시스템은 연료와 공기를 혼합한 후 연소시키는 과정에서 발생하는 질소산화물(NO_x)을 감소시키기 위한 기술로, 노킹현상 방지와는 직접적인 연관이 없다.

129 자동차에 적용되는 삼원촉매가 정화하는 가스로 옳지 않은 것은?

① 탄화수소
② 질소산화물
③ 황산화물
④ 일산화탄소

해설 삼원촉매(TWC, Three-Way Catalyst)는 가솔린 차량에서 배출되는 유해가스인 일산화탄소(CO), 탄화수소(HC)를 산화시키며, 질소산화물(NO_x)을 환원시키는 촉매이다.

130 폐타이어를 연료화하는 주된 방식으로 옳지 않은 것은?

① 직접연소방식
② 감압분해 증류 방식
③ 액화법에 의한 연료추출방식
④ 열분해에 의한 오일추출방식

해설 감압증류는 대기압보다 낮은 압력에서 시행되는 증류로 중질유는 고온에서 증류하면 열분해하여 품질이 열화되고 수율이 낮아짐에 따라 낮은 온도에서 비등할 수 있도록 압력을 낮추어 증류하여 휘발유, 나프타, 등유, 경유, 중질유 등의 제품을 생산하는 원유의 증류방식이다.

연소이론

계산형 빈출문제

001 1centi-poise(cP)를 kg/m·s로 환산한 값은?

① 0.0001 ② 0.001
③ 0.01 ④ 0.1

해설 1P=1g/cm·s=1dyn·s/cm² 에서
1cP=0.01g/cm·s×kg/10³g×10²cm/m=0.001kg/m·s

002 섭씨온도 10℃는 화씨온도(℉)로 얼마인가?

① 70 ② 60
③ 50 ④ 40

해설 섭씨(℃)와 화씨(℉) 온도의 상관관계 표

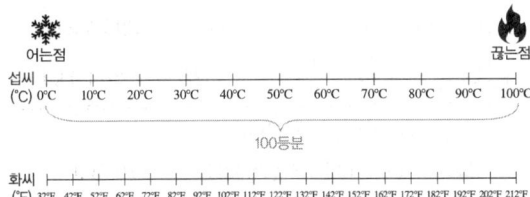

$$t_{℃} = \frac{100}{180}(t_{℉} - 32) = \frac{5}{9}(t_{℉} - 32)$$

$$t_{℉} = \frac{180}{100} \times t_{℃} + 32 = \frac{9}{5} \times t_{℃} + 32$$

$$\therefore t_{℉} = \frac{9}{5} \times 10 + 32 = 50[℉]$$

003 화씨온도 200℉를 절대온도(K)로 환산한 값은?

① 311 ② 334
③ 366 ④ 394

해설 절대온도, $T = t_{℃} + 273.15 ≒ t_{℃} + 273$ 에서
먼저 $t_{℃} = \frac{5}{9}(t_{℉} - 32) = \frac{5}{9}(200 - 32) = 93.3(℃)$

$\therefore T = 93.3 + 273 = 366.3[K]$

004 수증기를 완전가스로 본다면 표준상태에서의 비체적(m³/kg)은?

① 0.5 ② 1.24
③ 1.75 ④ 2.0

해설 수증기(H₂O)의 1kmol이 차지하는 부피는 22.4Sm³에서 비체적(specific volume)은 단위 질량당 체적(부피), 즉 비체적

$$\nu = \frac{1}{밀도} = \frac{1}{\rho} = \frac{1}{\left(\dfrac{18kg}{22.4Sm^3}\right)} = 1.24[m^3/kg]$$

005 가연기체 – 공기혼합기체 중 최대(층류)연소속도가 가장 빠른 것은? (단, 대기압, 25℃ 기준)

구분	가연기체	농도 vol%(당량비)
㉠	메테인	10(1.1)
㉡	수소	43(1.8)
㉢	일산화탄소	52(2.6)
㉣	프로페인	4.6(1.1)

① ㉠ ② ㉡
③ ㉢ ④ ㉣

정답 001 ② 002 ③ 003 ③ 004 ② 005 ②

해설 연소속도는 혼합기체의 밀도가 적을수록(분자량이 적을수록, $\rho = \dfrac{M}{V}$에서 ρ(밀도) $\propto$ M(질량) 증가하므로

㉠ 메테인-공기혼합기체의 분자량
  $16 \times 0.1 + 29 \times 0.9 = 27.7$
㉡ 수소-공기혼합기체의 분자량
  $2 \times 0.43 + 29 \times (1-0.43) = 17.39$
㉢ 일산화탄소-공기혼합기체의 분자량
  $28 \times 0.52 + 29 \times (1-0.52) = 28.48$
㉣ 프로페인-공기혼합기체의 분자량
  $44 \times 0.046 + 29 \times (1-0.046) = 29.69$

∴ ㉡이 분자량이 가장 적으므로 층류 연소속도가 가장 빠르다.

006 벤젠의 연소반응이 다음과 같을 때 벤젠의 연소열(kJ/mole)은 얼마인가? (단, 표준상태(25℃, 1atm)에서의 표준생성열)

$$C_6H_6[g] + 7.5O_2[g] \rightarrow 6CO_2[g] + 3H_2O[g]$$

생성열	$C_6H_6[g]$	$O_2[g]$	$CO_2[g]$	$H_2O[g]$
ΔH_f^o [kJ/mole]	83	0	−394	−286

① −3,127kJ/mole ② −3,252kJ/mole
③ −3,305kJ/mole ④ −3,514kJ/mole

해설 주어진 자료로 벤젠의 표준엔탈피변화(ΔH)를 구한다.
$\Delta H = $[생성물의 엔탈피] − [반응물의 엔탈피]에서
$\Delta H = \left[\left(\dfrac{-394kJ}{mole} \times 6\right) + \left(\dfrac{-286kJ}{mole} \times 3\right)\right] - \left(\dfrac{83kJ}{mole}\right)$
$= -3,305$kJ/mole

∴ 표준엔탈피 변화량, 즉 연소열(반응열)은 벤젠 1mole당 −3,305kJ이고, 발열량은 3,305kJ이라는 뜻이다.

007 아래 식을 이용하여 $C_2H_4(g) \rightarrow C_2H_6(g)$로 되는 반응 엔탈피를 구하면?

$$2C + 2H_{2(g)} \rightarrow C_2H_{4(g)} \quad \Delta H_f = 52.3 \text{ kJ}$$
$$2C + 3H_{2(g)} \rightarrow C_2H_{6(g)} \quad \Delta H_f = -84.7 \text{ kJ}$$

① −137.0kJ ② −32.4kJ
③ 32.4kJ   ④ 137.0kJ

해설 반응 엔탈피 또는 엔탈피 변화(ΔH) = 생성물의 엔탈피 합 − 반응물의 엔탈피 합
$= \sum H_{생성물} - \sum H_{반응물}$이므로 $\Delta H = (-84.7) - 52.3$
$= -137$kJ

실기 Check ✓

008 25℃에서 탄소가 연소하여 일산화탄소(CO)가 될 때 엔탈피 변화량(kJ)은?

$$C + O_{2(g)} \rightarrow CO_{2(g)} \quad \Delta H_f = -393.5 \text{ kJ}$$
$$CO + \dfrac{1}{2}O_{2(g)} \rightarrow CO_{2(g)} \quad \Delta H_f = -283.0 \text{ kJ}$$

① −676.5 ② −110.5
③ 110.5   ④ 676.5

해설 일산화탄소(CO)는 탄소가 불완전 연소될 때 발생하므로 반응식은 $C_{(s)} + 1/2\,O_{2(g)} \rightarrow CO_{(g)}$과 같다.

$$\begin{array}{l} C + O_{2(g)} \rightarrow CO_{2(g)} \quad \Delta H_f = -393.5 \text{ kJ} \\ +\ CO_2 \rightarrow CO + \dfrac{1}{2}O_{2(g)} \quad \Delta H_f = +283.0 \text{ kJ} \\ \hline C_{(s)} + 1/2\,O_{2(g)} \rightarrow CO_{(g)} \end{array}$$

$\Delta H_f = (-393.5) + (283.0) = -110.5$kJ

009 화학반응속도는 일반적으로 Arrhenius식으로 표현된다. 어떤 반응에서 화학반응상수가 27℃일 때에 비하여 77℃일 때 3배가 되었다면 이 화학반응의 활성화에너지는?

① 2.3kcal/mole ② 4.6kcal/mole
③ 6.9kcal/mole ④ 13.2kcal/mole

해설 반응온도 $T_1 = (273+27)$K일 때 반응상수를 k_1, 반응온도 $T_2 = (273+77)$K일 때 반응상수를 k_2라 하면 주어진 조건에서 $k_2 = 3 \times k_1$이 된다. Arrhenius식은 $\dfrac{k_{T_2}}{k_{T_1}} = e^{\left[\dfrac{E(T_2 - T_1)}{R \times T_2 \times T_1}\right]}$

정답 006 ③ 007 ① 008 ② 009 ②

여기서 기체상수 $R=8.314J/mol \cdot K$, T는 절대온도이므로

$\therefore \frac{3k_1}{k_1} = e^{\left[\frac{E(350-300)K}{\left(\frac{8.314J}{mol \cdot K}\right) \times 350K \times 300K}\right]}$ 에서

$E = 1,918.11J/mol \times \frac{kJ}{10^3 J} \times \frac{kcal}{4.18kJ} =$

4.59kcal/mol

010 사진현상을 하였더니 현상의 속도상수가 17℃일 때에 비하여 26℃에서 2배였다. 활성화 에너지(cal/mole)는?

① 12,000 ② 12,670
③ 12,970 ④ 13,280

해설 반응온도 $T_1=(273+17)K$일 때 반응상수를 k_1, 반응온도 $T_2=(273+26)K$일 때 반응상수를 k_2라 하면 주어진 조건에서 $k_2 = 2 \times k_1$이 된다. Arrhenius식은 $\frac{k_{T_2}}{k_{T_1}} = e^{\left[\frac{E(T_2-T_1)}{R \times T_2 \times T_1}\right]}$

여기서 기체상수 $R=8.314J/mol \cdot K$, T는 절대온도이므로

$\therefore \frac{2k_1}{k_1} = e^{\left[\frac{E(299-290)K}{\left(\frac{8.314J}{mol \cdot TK}\right) \times 299K \times 290K}\right]}$ 에서

$E = 55,522J/mol \times \frac{kJ}{10^3 J} \times \frac{kcal}{4.18kJ}$

= 13.28kcal/mol = 13,280cal/mol

011 프로페인(C_3H_8)을 공기비 1.2로 연소할 때 저위발열량은 2,038.96MJ/kmol이다. 이때의 단열온도는? (단, 공기와 메테인의 엔탈피는 무시하고 단열 연소온도와 관계식은 $t = \frac{H_L}{\psi}$, $\psi=$ 0.027 MJ/kg · K이다.)

① 578K ② 1,023K
③ 1,716K ④ 2,126K

해설

$t = \frac{H_L}{\psi} = \frac{2,038.96MJ/kmol \times \left(\frac{1kmol}{44kg}\right)}{0.027MJ/kg \cdot K} = 1,716.3K$

012 어떤 반응에서 0℃에서의 반응속도상수가 0.001s^{-1}이고, 100℃에서의 반응속도상수가 0.05s^{-1}일 때 활성화에너지(kJ/mol)는?

① 25 ② 33
③ 41 ④ 50

해설 아레니우스의 화학반응속도식에서

$\ln \frac{k_{T_2}}{k_{T_1}} = \frac{E(T_2-T_1)}{R \times T_2 \times T_1}$ 이므로

$\therefore \ln\left(\frac{0.05}{0.001}\right) = \frac{E \times [(273+100)-(273+0)]}{8.314 \times 373 \times 273}$

에서 $E = 33,119.4J/mol \times \frac{kJ}{10^3 J} = 33.12kJ/mol$

013 A+B ↔ C+D 반응에서 A와 B의 반응물질이 각각 1mol/L이고, C와 D의 생성물질이 각각 0.5mol/L일 때, 평형상수 값을 구하면?

① 0.25 ② 0.5
③ 0.75 ④ 1.0

해설 A+B ↔ C+D 반응에서 평형상수

$k = \frac{[C] \times [D]}{[A] \times [B]} = \frac{0.5 \times 0.5}{1 \times 1} = 0.25$

014 1,000K에서 아래 반응식 (a), (b) 각각의 평형상수 K_{p1}, K_{p2}는 아래와 같다. 아래 식을 이용하여 다음의 반응 (c) $CO_{2(g)} \leftrightarrow CO_{(g)} + \frac{1}{2}O_{2(g)}$의 1,000K에서의 평형상수는?

$$\text{(a)} \quad H_2O_{(g)} \leftrightarrow H_{2(g)} + \frac{1}{2}O_{2(g)}$$
$$K_{p1} = 8.73 \times 10^{-11}$$
$$\text{(b)} \quad CO_{2(g)} + H_{2(g)} \leftrightarrow H_2O_{(g)} + CO_{(g)}$$
$$K_{p2} = 7.29 \times 10^{-1}$$

① 6.36×10^{-11} ② 1.20×10^{-11}
③ 6.36×10^{-10} ④ 1.20×10^{-10}

해설 (a)에서 $K_{p1} = \dfrac{[H_2][O_2]^{0.5}}{[H_2O]}$

(b)에서 $K_{p2} = \dfrac{[H_2O][CO]}{[CO_2][H_2]}$

(c)에서 $K_{p3} = \dfrac{[CO][O_2]^{0.5}}{[CO_2]}$

$\therefore K_{p3} = K_{p1} \times K_{p2}$
$= (8.73 \times 10^{-11}) \times (7.29 \times 10^{-1})$
$= 6.36 \times 10^{-11}$

실기 Check ✓

015 오산화이질소 (N_2O_5)의 분해는 아래와 같이 45℃에서 속도상수 $5.1 \times 10^{-4}s^{-1}$인 1차 반응이다. N_2O_5의 농도가 0.25M에서 0.15M으로 감소되는 데는 약 얼마의 시간이 걸리는가?

$$2N_2O_{5(g)} \rightarrow 4NO_{(g)} + 3O_{2(g)}$$

① 5min ② 9min
③ 12min ④ 17min

해설 1차 반응식, $\ln\left(\dfrac{[A_t]}{[A_o]}\right) = -k \times t$에서

$\ln\left(\dfrac{0.15}{0.25}\right) = (-5.1 \times 10^{-4}) \times t$

$\therefore t = 1,002s \fallingdotseq 17\text{min}$

실기 Check ✓

016 A(g) → 생성물 반응에서 그 반감기가 $0.693/k$인 반응은? (단, k는 속도상수)

① 0차 반응 ② 1차 반응
③ 2차 반응 ④ n차 반응

해설 1차 반응식
$\ln\left(\dfrac{[A_t]}{[A_o]}\right) = -k \times t$에서 $\ln\left(\dfrac{1}{2}\right) = -k \times t$

$\therefore t = \dfrac{-0.693}{-k} = \dfrac{0.693}{k}$

실기 Check ✓

017 어떤 1차 반응에서 반감기가 10분이었다. 반응물이 1/10 농도로 감소할 때까지는 얼마의 시간이 걸리겠는가?

① 6.9min ② 33.2min
③ 693min ④ 3323min

해설 1차 반응식
$\ln\left(\dfrac{[A_t]}{[A_o]}\right) = -k \times t$에서 $\ln\left(\dfrac{1}{2}\right) = -k \times 10$

$\therefore k = 0.0693/\text{min}$

$\ln\left(\dfrac{1}{10}\right) = -0.0693 \times t$, $\therefore t = 33.2\text{min}$

018 어떤 화학반응 과정에서 반응물질 25%를 분해하는 데 41.3분 걸린다는 것을 알았다. 이 반응이 1차라고 가정할 때, 속도상수 $k(s^{-1})$는?

① 1.022×10^{-4} ② 1.161×10^{-4}
③ 1.232×10^{-4} ④ 1.437×10^{-4}

해설 1차 반응식
$\ln\left(\dfrac{[A_t]}{[A_o]}\right) = -k \times t$에서 $\ln\left(\dfrac{0.75}{1}\right) = -k \times 41.3$

$\therefore k = 6.966 \times 10^{-3}/\text{min} \times \left(\dfrac{1\text{min}}{60s}\right)$
$= 1.161 \times 10^{-4}/s$

정답 014 ① 015 ④ 016 ② 017 ② 018 ②

계산형 빈출문제

019 A → B+C의 연소반응식에 있어서 반응개시 후 3분이 경과하였을 때의 A의 농도는 몇 mol/L인가? (단, 위 반응은 1차 반응(반응속도가 A농도에 1차로 비례)이며, 속도상수(k)는 $3.5 \times 10^{-1} \text{min}^{-1}$, A의 초기농도는 12mol/L이다.)

① 3.7　　② 4.2
③ 5.9　　④ 7.2

해설 1차 반응식

$$\ln\left(\frac{[A_t]}{[A_o]}\right) = -k \times t \text{에서}$$

$$\ln\left(\frac{[A_t]}{12}\right) = -3.5 \times 10^{-1} \times 3$$

양변에 자연로그지수 e^x을 취하면 $\frac{[A_t]}{12} = e^{-1.05} = 0.35$

∴ $[A_t] = 4.2 \text{mol/L}$

020 어떤 연소반응은 다음 식으로 표현된다. A → B+C, 이 반응의 속도상수(k)는 5×10^{-1} (min^{-1})이고, A의 초기농도는 10mole/L이라면 반응개시 후 2분이 경과하였을 때의 A의 농도는 몇 mole/L인가? (단, 위 반응이 1차 반응이며 반응속도가 A농도에 1차로 비례함.)

① 3.7　　② 6.3
③ 7.2　　④ 9.3

해설 1차 반응식

$$\ln\left(\frac{[A_t]}{[A_o]}\right) = -k \times t \text{에서}$$

$$\ln\left(\frac{[A_t]}{10}\right) = -5 \times 10^{-1} \times 2$$

양변에 자연로그지수 e^x을 취하면 $\frac{[A_t]}{10} = e^{-1} = 0.37$

∴ $[A_t] = 3.7 \text{mol/L}$

021 1,000초 동안 반응물의 1/2이 분해되었다면 반응물이 1/10 남을 때까지는 얼마의 시간(s)이 필요한가? (단, 1차 반응 기준)

① 3,087　　② 3,154
③ 3,226　　④ 3,318

해설 1차 반응식

$$\ln\left(\frac{[A_t]}{[A_o]}\right) = -k \times t \text{에서}$$

$$\ln\left(\frac{1}{2}\right) = -k \times 1,000$$

∴ $k = 6.93 \times 10^{-4}/s$

$$\ln\left(\frac{1}{10}\right) = -6.94 \times 10^{-4} \times t$$

∴ $t = 3,318s$

022 1,000초 동안 반응물의 1/2이 분해되었다면 반응물이 1/250이 남을 때까지는 얼마의 시간이 필요한가? (단, 1차 반응 기준)

① 약 6,650초　　② 약 6,950초
③ 약 7,470초　　④ 약 7,956초

해설 1차 반응식

$$\ln\left(\frac{[A_t]}{[A_o]}\right) = -k \times t \text{에서} \quad \ln\left(\frac{1}{2}\right) = -k \times 1,000$$

∴ $k = 6.93 \times 10^{-4}/s$

$$\ln\left(\frac{1}{250}\right) = -6.94 \times 10^{-4} \times t$$

∴ $t = 7,956s$

실기 Check

023 창고에 화재가 발생하여 적재된 A화합물이 5분 동안 1/2 소실되었다. 이 A화합물의 90%가 소실되는 데 걸리는 시간은? (단, 연소반응은 2차 반응으로 진행된다.)

① 25분　　② 35분
③ 45분　　④ 75분

정답 019 ② 020 ① 021 ④ 022 ④ 023 ③

해설 2차 반응식, $\dfrac{1}{[A_t]} - \dfrac{1}{[A_o]} = k \times t$에서 처음에 주어진 조건을 대입하여 k를 구한다.

$\dfrac{1}{0.5} - 1 = k \times 5\min$에서 $k = 0.2/\min$

이 k값을 가지고 두 번째 조건을 풀이하면

$\dfrac{1}{0.1} - 1 = 0.2 \times t$에서 $t = 45\min$

024 어떤 2차 반응에서 반응물질의 10%가 반응하는 데 250s가 걸렸을 때, 반응물질의 90%가 반응하는 데 걸리는 시간(s)은? (단, 기타 조건은 동일하다.)

① 5,500　　② 2,500
③ 20,270　　④ 28,300

해설 2차 반응식, $\dfrac{1}{[A_t]} - \dfrac{1}{[A_o]} = k \times t$에서 처음에 주어진 조건을 대입하여 k를 구한다.

$\dfrac{1}{0.9} - 1 = k \times 250s$에서 $k = 4.44 \times 10^{-4}/s$

이 k값을 가지고 두 번째 조건을 풀이하면

$\dfrac{1}{0.1} - 1 = 4.44 \times 10^{-4} \times t$에서 $t = 20,270s$

계산형 빈출문제

연소계산

001 폭발성 혼합가스의 연소범위(L)를 구하는 식으로 옳은 것은? (단, L_n: 각 성분 단일의 연소한계(상한 또는 하한), V_n: 각 성분 가스의 체적(%))

① $L = \dfrac{100}{\left(\dfrac{L_1}{V_1} + \dfrac{L_2}{V_2} + \cdots\right)}$

② $L = \dfrac{100}{\left(\dfrac{V_1}{L_1} + \dfrac{V_2}{L_2} + \cdots\right)}$

③ $L = \dfrac{L_1}{V_1} + \dfrac{L_2}{V_2} + \cdots$

④ $L = \dfrac{V_1}{L_1} + \dfrac{V_2}{L_2} + \cdots$

해설 폭발성 혼합가스의 연소범위(폭발범위)를 구하는 공식 (르샤틀리에(Le Chatelier)의 법칙)

$\dfrac{100}{L} = \dfrac{V_1}{L_1} + \dfrac{V_2}{L_2} + \dfrac{V_3}{L_3} + \cdots$ 에서

$L = \dfrac{100}{\left(\dfrac{V_1}{L_1} + \dfrac{V_2}{L_2} + \dfrac{V_3}{L_3} + \cdots\right)}$

실기 Check

002 아래의 조성을 가진 혼합기체의 하한 연소범위(%)는?

성분	조성(%)	하한 연소범위(%)
메테인	80	5.0
에테인	15	3.0
프로페인	4	2.1
뷰테인	1	1.5

① 2.96 ② 4.24
③ 4.55 ④ 5.05

해설 혼합기체의 하한 연소범위(%)

$L = \dfrac{100}{\left(\dfrac{V_1}{L_1} + \dfrac{V_2}{L_2} + \dfrac{V_3}{L_3} + \dfrac{V_4}{L_4}\right)}$

$= \dfrac{100}{\left(\dfrac{80}{5.0} + \dfrac{15}{3.0} + \dfrac{4}{2.1} + \dfrac{1}{1.5}\right)}$

$= 4.24\%$

003 조성이 메테인 50%, 에테인 30%, 프로페인 20%인 혼합가스의 폭발범위로 옳은 것은? (단, 메테인 폭발범위: 5~15%, 에테인 폭발범위: 3~12.5%, 프로페인 폭발범위: 2.1~9.5%, 르샤틀리에의 식 적용)

① 약 2.4~11.8%
② 약 3.4~12.8%
③ 약 4.4~13.8%
④ 약 5.4~14.8%

해설
• 혼합가스 연소범위 하한계:

$L = \dfrac{100}{\left(\dfrac{50}{5} + \dfrac{30}{3} + \dfrac{20}{2.1}\right)} = 3.4\%$

• 혼합가스 연소범위 상한계:

$U = \dfrac{100}{\left(\dfrac{50}{15} + \dfrac{30}{12.5} + \dfrac{20}{9.5}\right)} = 12.8\%$

정답 001 ② 002 ② 003 ②

004 Propane의 최소산소농도(MOC)는? (단, Propane의 폭발하한계는 2.1 vol%이다.)

① 6.3vol% ② 10.5vol%
③ 19.6vol% ④ 24.6vol%

해설 최소산소농도(MOC, Minimum Oxygen Concentration): 화염을 전파하기 위해 필요한 최소한의 농도를 의미한다.

MOC = 폭발하한 × $\dfrac{\text{산소 mol수}}{\text{연료 mol수}}$

• 프로페인(C_3H_8)의 완전 연소반응식:

$C_3H_8 + 5O_2 \rightarrow 3CO_2 + 4H_2O$에서 MOC = $2.1 \times \dfrac{5}{1} = 10.5\%$

005 연료비의 정의로 옳은 것은?

① 연료비 = $\dfrac{\text{고정탄소}}{\text{휘발분}}$

② 연료비 = $\dfrac{\text{휘발분}}{\text{고정탄소}}$

③ 연료비 = $\dfrac{\text{가연분}}{\text{고정탄소}}$

④ 연료비 = $\dfrac{\text{고정탄소}}{\text{회분}}$

해설 연료비는 석탄의 분류에 사용되며 석탄의 고정탄소의 백분율을 휘발분의 백분율로 나눈 수치를 말한다.

실기 Check ✓

006 석탄을 공업분석하여 다음과 같은 결과를 얻었다. 이 석탄의 연료비는?

구분	함량(%)
수분	2.1
회분	15.0
휘발분	36.4

① 1.3 ② 2.1
③ 2.8 ④ 3.4

해설 연료비 = $\dfrac{\text{고정탄소}}{\text{휘발분}}$ = $\dfrac{[100-(2.1+15.0+36.4)]}{36.4}$ = 1.3

007 석탄을 분석한 결과 휘발분이 34wt%, 수분이 4wt%, 그리고 고정탄소가 62wt%이었다. 석탄의 연료비는?

① 0.55 ② 0.61
③ 1.63 ④ 1.82

해설 연료비 = $\dfrac{\text{고정탄소}}{\text{휘발분}}$ = $\dfrac{62}{34}$ = 1.82

008 석탄을 분석한 결과 수분 3%, 휘발분 7%, 회분 5%라면 석탄의 연료비는?

① 9.6 ② 10.5
③ 11.4 ④ 12.1

해설 연료비 = $\dfrac{\text{고정탄소}}{\text{휘발분}}$ = $\dfrac{[100-(3+7+5)]}{7}$ = 12.1

009 15℃ 물 10L를 데우는 데 10L의 프로페인 가스가 사용되었다면 물의 온도는 몇 ℃로 되는가? (단, 프로페인(C_3H_8) 가스의 발열량은 488.53kcal/mole이고, 표준상태의 기체로 취급하며, 발열량은 손실 없이 전량 물을 가열하는 데 사용되었다고 가정한다.)

① 58.8 ② 49.8
③ 36.8 ④ 21.8

해설 10L 프로페인(C_3H_8)의 연소 열량

$Q = 488.53 \text{kcal/mol} \times 10\text{L} \times \dfrac{1\text{mol}}{22.4\text{L}} = 218.09\text{kcal}$

물 10L의 온도를 올리는 데 사용한 총 열에너지인 열량

$Q = C \times m \times \Delta t$에서
여기서 C: 물의 비열, m: 질량, Δt: 온도의 변화
∴ 218.09kcal=1kcal/kg·℃×10L×1kg/L×(t_2−15)
∴ t_2=36.8℃

010 0℃일 때의 물의 융해열과 100℃일 때 물의 기화열을 합한 열량(kcal/kg)은?

① 80　　　　　② 539
③ 619　　　　　④ 1,025

[해설] 0℃ 물의 융해열: 약 80kcal/kg, 100℃일 때 물의 기화열: 539kcal/kg이므로 80+539=619kcal/kg

011 1Sm³당 중량이 0.71kg이 되는 파라핀계 탄화수소는?

① CH_4　　　　② C_2H_8
③ C_3H_8　　　　④ C_4H_{10}

[해설] 파라핀계 탄화수소의 분자식이 C_nH_{2n+2}이므로, 분자량은 0.71kg/Sm³×22.4Sm³/kmol=16kg/kmol
∴ 분자량이 16인 파라핀계 탄화수소는 CH_4이다.

012 1Sm³당 질량이 2.5kg인 탄화수소는?

① C_2H_4　　　　② C_2H_6
③ C_3H_6　　　　④ C_4H_8

[해설] 2.5kg/Sm³×22.4Sm³/kmol=56kg/kmol
∴ 분자량이 56인 탄화수소는 아이소뷰틸렌(C_4H_8)이다.

013 1Sm³당의 무게가 1.34kg인 탄화수소는?

① CH_4　　　　② C_2H_6
③ C_3H_6　　　　④ C_3H_8

[해설] 1.34kg/Sm³×22.4Sm³/kmol=30kg/kmol
∴ 분자량이 30인 탄화수소는 에테인(C_2H_6)이다.

014 기체연료 혼합물의 조성이 Ethylene 20%, Ethane 40%, Propane 40%이다. 이 기체연료 3kmol의 질량(kg)은?

① 17.6kg　　　　② 35.2kg
③ 52.8kg　　　　④ 105.6kg

[해설] 에틸렌(Ethylene, C_2H_4) 분자량(M.W.=28), 에테인(Ethane, C_2H_6) 분자량(M.W.=30), 프로페인(Propane, C_3H_8) 분자량(M.W.=44)이므로 혼합기체의 1kmol 질량은 28×0.2+30×0.4+44×0.4=35.2kg,
∴ 3kmol의 질량(kg)=35.2×3=105.6kg

015 350m³ 되는 방에서 문을 닫고 91%의 탄소를 가진 숯을 최소 몇 kg 이상을 태우면 해로운 상태가 되겠는가? (단, 공기 중에 탄산가스의 부피가 5.8% 이상일 때, 인체에 해롭다고 한다.)

① 약 10　　　　② 약 12
③ 약 14　　　　④ 약 16

[해설] 인체에 해로운 CO_2 가스의 부피=350×0.058=20.3(m³) 이상일 경우이다.
반응식: $C+O_2 \rightarrow CO_2$
　　　　　12　　　22.4
　　　0.91×x　　20.3
∴ $x = \dfrac{12 \times 20.3}{22.4 \times 0.91} = 11.95$kg

016 공기 중 CO_2 가스 부피가 5%를 넘으면 인체에 해롭다고 한다. 450m³ 되는 방에서 문을 닫고 80%의 탄소를 가진 숯 약 몇 kg을 태우면 인체에 해로운 상태로 접어들겠는가? (단, 기존 공기 중 CO_2 가스의 부피는 고려하지 않으며, 표준상태를 기준으로 하고, 탄소성분은 완전 연소해서 모두 CO_2로 된다.)

① 9.8　　　　　② 12.3
③ 15.1　　　　　④ 20.6

해설 인체에 해로운 CO_2 가스의 부피 = $450 \times 0.05 = 22.5(m^3)$ 이상일 경우이다.

반응식: $C + O_2 \rightarrow CO_2$
         12   22.4
       $0.8 \times x$ 22.5

$\therefore x = \dfrac{12 \times 22.5}{22.4 \times 0.8} = 15.06$kg

---

017 질량퍼센트로 76.9%의 탄소를 함유하는 액체 연료를 하루에 450kg 연소시키는 공장이 있다. 완전 연소로 가정할 때, 이 공장에서 하루에 방출하는 일산화탄소의 부피(Sm^3)는? (단, 0℃, 1atm, 연료 탄소성분 중 5%가 일산화탄소로 된다고 가정한다.)

① $22.8Sm^3$ ② $27.6Sm^3$
③ $32.3Sm^3$ ④ $38.6Sm^3$

해설 액체연료 중 탄소의 질량. $450 \times 0.769 = 346.05$kg

반응식: $C + \dfrac{1}{2}O_2 \rightarrow CO$
          12   22.4
       346.05×0.05 x

$\therefore x = \dfrac{22.4 \times 346.05 \times 0.05}{12} = 32.3Sm^3$

실기 Check ✓

018 순수한 프로페인으로 된 액화석유가스 350kg을 기화시켜 얻은 프로페인 연료의 부피(Sm^3)는?

① 약 131 ② 약 151
③ 약 178 ④ 약 192

해설 프로페인(propane, C_3H_8) 분자량(M.W. = 44)이므로

프로페인 연료의 부피(Sm^3) = $\dfrac{350 \times 22.4}{44} = 178.2Sm^3$

---

019 CO_2 50kg을 표준상태에서의 부피(m^3)로 나타내면? (단, CO_2는 이상기체이고, 표준상태로 간주한다.)

① 12.73 ② 22.40
③ 25.45 ④ 44.80

해설 CO_2 50kg의 표준상태에서의 부피(m^3) = $50 \times \dfrac{22.4}{44}$
= $25.45Sm^3$

---

020 S 함량 3%의 벙커C유 100kL를 사용하는 보일러에 S 함량 1%인 벙커C유를 30% 섞어 사용하면 SO_2 배출량은 몇 % 감소하는가? (단, 벙커C유 비중 0.95, 벙커C유 중의 S는 모두 SO_2로 전환된다.)

① 16% ② 20%
③ 25% ④ 28%

해설 S 함량 3% 벙커C유 100kL 중 S의 질량은 $100kL \times 0.95$
S 함량 1%인 벙커C유를 30% 섞어 사용할 경우 S의 질량은
(1) $70kL \times 0.95$
(2) $30kL \times 0.95$, $\therefore$ (1) + (2) = 1.995 + 0.285 = 2.28(ton)

반응식: $S + O_2 \rightarrow SO_2$에서 반응물 S와 생성물 SO_2의 질량은 비례하므로 S의 질량으로 감소율을 계산하면,

감소율(%) = $\dfrac{(2.85 - 2.28)}{2.85} \times 100 = 20\%$

---

021 3%의 황이 함유된 중유를 매일 100kL 사용하는 보일러에 황 함량 1.5%인 중유를 30% 섞어 사용할 때 배출되는 SO_2 감소율(%)은? (단, 중유의 황성분은 모두 SO_2로 전환, 중유비중 1.0으로 가정한다.)

① 30% ② 25%
③ 15% ④ 10%

해설 S 함량 3% 벙커C유 100kL 중 S의 질량은 100kL×1.0
S 함량 1%인 벙커C유로 30% 섞어 사용할 경우 S의 질량은
(1) 70kL×1.0
(2) 30kL×1.0, ∴ (1)+(2)=2.1+0.45=2.55(ton)
반응식: $S+O_2 \rightarrow SO_2$에서 반응물 S와 생성물 SO_2의 질량은 비례하므로 S의 질량으로 감소율을 계산하면,
감소율(%) = $\dfrac{(3-2.55)}{3} \times 100 = 15\%$

해설 S 함량 2% 벙커C유 100kL 중 S의 질량은 100kL×0.95
S 함량 1%인 벙커C유로 50% 섞어 사용할 경우 S의 질량은
(1) 50kL×0.95
(2) 50kL×0.95, ∴ (1)+(2)=0.95+2.375=3.325(ton)
반응식: $S+O_2 \rightarrow SO_2$에서 반응물 S와 생성물 SO_2의 질량은 비례하므로 S의 질량으로 증가율을 계산하면,
증가율(%) = $\dfrac{(3.325-1.9)}{1.9} \times 100 = 75\%$

실기 Check

022 S 함량 3%의 B-C유 200kL를 사용하는 보일러에 S 함량 1%인 B-C유를 50% 섞어서 사용하면 SO_2의 배출량은 몇 % 감소하겠는가? (단, 기타 연소조건은 동일하며, S는 연소 시 전량 SO_2로 변환되고, B-C유 비중은 0.95(S 함량에 무관))

① 약 26% ② 약 33%
③ 약 44% ④ 약 48%

해설 S 함량 3% 벙커C유 200kL 중 S의 질량은 200kL×0.95
S 함량 1%인 벙커C유로 50% 섞어 사용할 경우 S의 질량은
(1) 100kL×0.95
(2) 100kL×0.95, ∴ (1)+(2)=2.85+0.95=3.8(ton)
반응식: $S+O_2 \rightarrow SO_2$에서 반응물 S와 생성물 SO_2의 질량은 비례하므로 S의 질량으로 감소율을 계산하면,
감소율(%) = $\dfrac{(5.7-3.8)}{5.7} \times 100 = 33.3\%$

024 2%의 황분을 함유한 석탄 1.5ton를 완전 연소하면 표준상태에서 약 몇 Sm^3의 아황산가스가 발생하겠는가? (단, 모든 황분은 아황산가스만을 생성한다.)

① 32 ② 21
③ 16 ④ 10

해설
반응식: $S+O_2 \rightarrow SO_2$
　　　　32　　22.4
　1,500×0.02　x

∴ $x = \dfrac{22.4 \times 1,500 \times 0.02}{32} = 21 Sm^3$

실기 Check

025 황(S) 함량 1.6%인 중유를 500kg/h로 연소할 때 30분 동안 생성되는 황산화물의 양(Sm^3)은? (단, 중유 중 황은 모두 SO_2로 되며, 표준상태 기준)

① 2.8 ② 5.6
③ 11.2 ④ 22.4

해설
반응식: $S+O_2 \rightarrow SO_2$
　　　　32　　22.4
500×0.5×0.016　x

∴ $x = \dfrac{22.4 \times 500 \times 0.5 \times 0.016}{32} = 2.8 Sm^3$

023 S 함량 2%인 벙커C유 100kL를 사용하는 보일러에 S 함량 5%인 벙커C유를 50% 섞어서(S 함량 2%인 벙커C유 50kL+S 함량 5% 벙커C유 50kL) 사용한다면 S의 배출량은 약 몇 % 증가하겠는가? (단, B-C유 비중 0.95이며, 황은 전량이 배출된다. %는 무게기준)

① 45% ② 55%
③ 65% ④ 75%

정답 022 ②　023 ④　024 ②　025 ①

026 황 함유량 1.6wt%인 중유를 시간당 50ton으로 연소시킬 때 SO_2의 배출량(Sm^3/h)은? (단, 표준상태를 기준으로 하고, 황은 100% 반응하며, 이 중 5%는 SO_3로, 나머지는 SO_2로 배출된다.)

① 532
② 560
③ 585
④ 605

해설
반응식: $S + O_2 \rightarrow SO_2$
  32   22.4
$50 \times 10^3 \times 0.95 \times 0.016$ x

$\therefore x = \dfrac{22.4 \times 50 \times 10^3 \times 0.95 \times 0.016}{32} = 532 Sm^3$

027 시간당 1ton의 석탄을 연소시킬 때 발생하는 SO_2는 $0.31 Sm^3/min$이었다. 이 석탄의 황 함유량(%)은? (단, 표준상태를 기준으로 하고, 석탄 중의 황성분은 연소하여 전량 SO_2가 된다.)

① 2.66%
② 2.97%
③ 3.12%
④ 3.40%

해설
반응식: $S + O_2 \rightarrow SO_2$
  32   22.4
$\dfrac{1,000 \times x}{60}$ x

$\therefore \dfrac{22.4 \times 1,000 \times x}{60} = 32 \times 0.31$ 에서
$x = 0.0266 = 2.66\%$

028 어느 보일러에서 시간당 1톤의 중유 연소 시 배출가스 중 SO_2 배출량이 $10 Sm^3/h$였다면, 이 중유의 S 함량은 몇 %인가? (단, 중유 중의 황성분은 모두 SO_2로 배출된다고 가정하고, 중량 % 기준)

① 0.86%
② 1.43%
③ 2.41%
④ 3.24%

해설
반응식: $S + O_2 \rightarrow SO_2$
  32   22.4
$1,000 \times x$ 10

$\therefore 22.4 \times 1,000 \times x = 32 \times 10$ 에서 $x = 0.0143 = 1.43\%$

029 벙커C유에 2.5%의 S 성분이 함유되어 있을 때 건조연소가스양 중의 SO_2양(%)은? (단, 공기비 1.3, 이론공기량 $12 Sm^3/kg$-oil, 이론건조연소가스양 $12.5 Sm^3/kg$-oil이고, 연료 중의 황성분은 95%가 연소되어 SO_2로 된다.)

① 약 0.1
② 약 0.2
③ 약 0.3
④ 약 0.4

해설 먼저 연소되어 발생되는 SO_2의(Sm^3)을 계산한다.
반응식: $S + O_2 \rightarrow SO_2$
  32   22.4
$1 \times 0.025 \times 0.95$ x

$\therefore x = \dfrac{22.4 \times 1 \times 0.025 \times 0.95}{32} = 0.0166 Sm^3$

건조연소가스양
$G_d = G_{od} + (m-1) \times A_o = 12.5 + (1.3-1) \times 12$
$= 16.1 (Sm^3/kg)$

$\therefore$ 건조연소가스양 중의 SO_2 양(%)
$= \dfrac{0.0166}{16.1} \times 100 = 0.1\%$

030 중유 중의 황분이 중량비로 S(%), 중유를 매시간 W(L) 사용하는 연소로에서 배출되는 황산화물의 배출량(Sm^3/h)은? (단, 표준상태를 기준, 중유의 비중은 0.9, 황산화물은 전량 SO_2로 계산한다.)

① 21.4SW
② 1.24SW
③ 0.0063SW
④ 0.789SW

해설

반응식: S + O₂ → SO₂
　　　　 32　　　　22.4
　　　$W \times 0.9 \times \dfrac{S}{100}$　　x

$\therefore x = \dfrac{22.4 \times W \times 0.9 \times S}{32 \times 100} = 0.0063SW [\text{Sm}^3/\text{h}]$

---

031 중유 중 황(S) 함량 3%인 것을 6,400kg/h로 연소할 때 5분 동안 생성되는 황산화물의 양(Sm^3)은?

① 5.6　　　　② 11.2
③ 22.4　　　　④ 134.4

해설

반응식: S + O₂ → SO₂
　　　　 32　　　　22.4
　　　$W \times 0.9 \times \dfrac{S}{100}$　　x

$\therefore x = \dfrac{22.4 \times W \times 0.9 \times S}{32 \times 100} = 0.0063SW [\text{Sm}^3]$

---

032 용적 100m³의 밀폐된 실내에서 황 함량 0.01%인 등유 200g을 완전 연소시킬 때 실내의 평균 SO₂ 농도(ppb)는? (단, 표준상태를 기준으로 하고, 황은 전량 SO₂로 전환된다.)

① 140　　　　② 240
③ 430　　　　④ 570

해설

반응식: S + O₂ → SO₂
　　　　 32　　　　22.4
　　　$200 \times \dfrac{0.01}{100} \times 10^{-3}$　　x

$\therefore x = \dfrac{22.4 \times 200 \times 0.01 \times 10^{-3}}{32 \times 100} = 1.4 \times 10^{-5} (\text{Sm}^3)$

실내의 평균 SO₂ 농도(ppb) = $\dfrac{1.4 \times 10^{-5} \text{Sm}^3}{100 \text{m}^3} \times 10^9$
　　　　　　　　　　　　= 140[ppb]

---

033 액화프로페인 660kg을 기화시켜 4Sm³/h로 태운다면 몇 시간 사용할 수 있는가?

① 48시간　　　　② 56시간
③ 64시간　　　　④ 84시간

해설 프로페인(C_3H_8) 1kmol = 44kg, 22.4Sm³이므로 660kg을 기화시키면 $\dfrac{22.4 \times 660}{44} = 336 (\text{Sm}^3)$의 증기가 발생한다. 이 증기를 4Sm³/h로 태운다면 $\dfrac{336 \text{Sm}^3}{4 \text{Sm}^3/\text{h}} = 84\text{h}$만큼 사용할 수 있다.

실기 Check

034 뷰테인과 에테인의 혼합가스 1Sm³를 완전 연소시킨 결과 배출가스 중 탄산가스의 생성량이 3.3Sm³였다면 혼합가스 중의 뷰테인과 에테인의 mol비(뷰테인/에테인)는?

① 2.19　　　　② 1.86
③ 0.54　　　　④ 0.46

해설 에테인의 연소반응식: $C_2H_6 + 3O_2 \rightarrow 2CO_2 + 2H_2O$
뷰테인의 연소반응식: $C_4H_{10} + 6.5O_2 \rightarrow 4CO_2 + 5H_2O$
여기서, 에테인의 몰수를 x, 뷰테인의 몰수를 y라 하면
$x + y = 1$
$2x + 4y = 3.3$
이 두 식으로부터 x, y를 구하면 $x = 0.35, y = 0.65$

$\therefore \dfrac{C_4H_{10}}{C_2H_6} = \dfrac{0.65}{0.35} = 1.86$

실기 Check

035 Propane과 Ethane의 혼합가스 1Sm³을 완전 연소시킨 결과 배출가스 중 CO₂ 생성량은 2.6Sm³였다. 이 혼합가스 중 Ethane : Propane의 몰비(mole ratio)는?

① 3 : 2　　　　② 1 : 3
③ 2 : 3　　　　④ 3 : 1

해설 에테인의 연소반응식: $C_2H_6 + 3O_2 \rightarrow 2CO_2 + 2H_2O$
프로페인의 연소반응식: $C_3H_8 + 5O_2 \rightarrow 3CO_2 + 4H_2O$
여기서, 에테인의 몰수를 x, 프로페인의 몰수를 y라 하면
$x + y = 1$
$2x + 3y = 2.6$
이 두 식으로부터 x, y를 구하면 $x = 0.4$, $y = 0.6$
∴ Ethane : Propane의 몰비 = 0.4 : 0.6 = 2 : 3

036 내용적 160m³의 밀폐된 상온, 상압 하의 실내에서 뷰테인 1kg을 완전 연소 시 실내의 산소농도(V/V%)는? (단, 기타조건은 무시하며, 공기 중 용적 산소비율은 21%)

① 16.6% ② 17.5%
③ 18.3% ④ 19.4%

해설 연소 전 실내에 존재하는 산소량은 $160 \times 0.21 = 33.6(m^3)$
뷰테인의 연소반응식: $C_4H_{10} + 6.5O_2 \rightarrow 4CO_2 + 5H_2O$에서
뷰테인 1kg을 완전 연소 시 소모되는 산소량은
$\frac{6.5 \times 22.4}{58} = 2.51(m^3/kg)$
연소 후 실내 산소량 = $33.6 - 2.51 = 31.09(m^3)$
∴ 실내에서 뷰테인 1kg을 완전 연소 시 실내의 산소농도(V/V%)
$= \frac{31.09}{160} \times 100 = 19.4\%$

037 탄소와 수소만으로 되어 있는 탄화수소를 이론산소량으로 연소시킬 때의 연소반응식으로서 옳은 것은? (단, λ=과잉공기율)

① $C_nH_m + \left(n + \frac{m}{2}\right)O_2 = mCO_2 + \frac{n}{4}H_2O$
② $C_nH_m + \left(n + \frac{m}{4}\right)O_2 = nCO_2 + \frac{m}{2}H_2O$
③ $C_nH_m + \lambda O_2 = \lambda CO_2 + nCO + \lambda mH_2O$
④ $C_nH_m + \lambda\left(n + \frac{m}{4}\right)O_2 = \lambda nCO_2 + \lambda\frac{m}{4}H_2O$

해설 일반적인 탄화수소의 연소반응식을 작성할 경우
㉠ 탄화수소(HC)는 연소 후 이산화탄소(CO_2)와 수증기(H_2O)만을 생성하므로 반응식을 세운다.
$C_nH_m + (\quad)O_2 \rightarrow (\quad)CO_2 + (\quad)H_2O$: 반응식에 들어갈 계수는 아직 모르므로 빈칸으로 둔다.
㉡ 반응물의 C와 생성물의 C를 맞춘다.
$C_nH_m + (\quad)O_2 \rightarrow nCO_2 + (\quad)H_2O$
㉢ 반응물의 H와 생성물의 H를 맞춘다.
$C_nH_m + (\quad)O_2 \rightarrow nCO_2 + \frac{m}{2}H_2O$
㉣ 생성물의 CO_2와 H_2O로부터 O의 개수($2n + \frac{m}{2}$)를 확인하여 생성물(O_2이므로 2로 나눈다.)에 반영한다.
$C_nH_m + \left(n + \frac{m}{4}\right)O_2 \rightarrow nCO_2 + \frac{m}{2}H_2O$
㉤ 탄화수소의 연소 일반식이 완성되므로 n과 m의 개수만 알면 모든 탄화수소의 연소반응식을 세울 수 있다.

038 어떤 석탄의 원소구성비가 무게비로 C: 70%, H: 10%, O: 15% S: 5%로 나타났다. 이 석탄 1kg을 완전 연소시킬 때 필요한 이론산소량은 몇 kg인가?

① 1.47 ② 2.57
③ 3.91 ④ 4.68

해설 고체연료의 이론산소량
$O_o = \frac{32}{12}C + \frac{16}{2} \times \left(H - \frac{O}{8}\right) + \frac{32}{32}S$
$= 2.67C + 8 \times \left(H - \frac{O}{8}\right) + S$
$= 2.67 \times 0.7 + 8 \times 0.1 - 0.15 + 0.05$
$= 2.57 kg/kg$

039 기체연료 1(Sm³)를 이론적으로 완전 연소시키는 데 가장 많은 이론산소량(Sm³)을 필요로 하는 것은? (단, 연소 시 모든 조건은 동일하다.)

① Methane ② Hydrogen
③ Ethane ④ Acetylene

해설 각 기체연료의 연소반응식에서 이론산소량을 구할 수 있다.
- Hydrogen(H_2)의 연소반응식
  : $H_2 + 0.5O_2 \rightarrow H_2O$
- Methane(CH_4)의 연소반응식
  : $CH_4 + 2O_2 \rightarrow CO_2 + 2H_2O$
- Acetylene(C_2H_2)의 연소반응식
  : $C_2H_2 + 2.5O_2 \rightarrow 2CO_2 + H_2O$
- Ethane(C_2H_6)의 연소반응식
  : $C_2H_6 + 3.5O_2 \rightarrow 2CO_2 + 3H_2O$

040 Butane 2kg을 표준상태에서 완전 연소시키는 데 필요한 이론산소의 양(kg)은?

① 3.59　　② 5.02
③ 7.17　　④ 11.17

해설 Butane(C_4H_{10})의 연소반응식
$C_4H_{10} + 6.5O_2 \rightarrow 4CO_2 + 5H_2O$
58　　　　6.5×32
2　　　　　x
∴ $x = \dfrac{6.5 \times 32 \times 2}{58} = 7.17$kg

041 C_mH_n의 분자식을 가진 탄화수소가스 $1Sm^3$을 연소할 때 소요되는 이론산소량(Sm^3)은?

① $\left(m + \dfrac{n}{4}\right)$

② $\dfrac{1}{0.21} \times \left(m + \dfrac{n}{4}\right)$

③ $\dfrac{1}{0.21} \times \left(2m + \dfrac{n}{4}\right)$

④ $\dfrac{1}{0.23} \times \left(m + \dfrac{n}{4}\right)$

해설 $C_mH_n + \left(m + \dfrac{n}{4}\right)O_2 \rightarrow m\,CO_2 + \dfrac{n}{2}H_2O$에서 이론산소량($Sm^3$), $O_o = \left(m + \dfrac{n}{4}\right)(Sm^3)$

042 완전 연소에 가장 많은 이론공기량이 요구되는 가스연료는? (단, 가스는 순수가스, Sm^3/Sm^3)

① 에테인　　② 에틸렌
③ 메테인　　④ 아세틸렌

해설
에테인: $C_2H_6 + 3.5O_2 \rightarrow 2CO_2 + 3H_2O$에서
$A_o = \dfrac{O_o}{0.21} = \dfrac{3.5}{0.21} = 16.67 Sm^3/Sm^3$

에틸렌: $C_2H_4 + 3O_2 \rightarrow 2CO_2 + 2H_2O$에서
$A_o = \dfrac{O_o}{0.21} = \dfrac{3}{0.21} = 14.29 Sm^3/Sm^3$

아세틸렌: $C_2H_2 + 2.5O_2 \rightarrow 2CO_2 + H_2O$에서
$A_o = \dfrac{O_o}{0.21} = \dfrac{2.5}{0.21} = 11.91 Sm^3/Sm^3$

메테인: $CH_4 + 2O_2 \rightarrow CO_2 + 2H_2O$에서
$A_o = \dfrac{O_o}{0.21} = \dfrac{2}{0.21} = 9.52 Sm^3/Sm^3$

043 기체연료 중 완전 연소에 필요한 이론공기량(Sm^3/Sm^3)이 가장 많이 필요한 것은?

① 수소　　② 액화석유가스
③ 메테인　　④ 에테인

해설
수소: $H_2 + 0.5O_2 \rightarrow H_2O$에서
$A_o = \dfrac{O_o}{0.21} = \dfrac{0.5}{0.21} = 2.38 Sm^3/Sm^3$

메테인: $CH_4 + 2O_2 \rightarrow CO_2 + 2H_2O$에서
$A_o = \dfrac{O_o}{0.21} = \dfrac{2}{0.21} = 9.52 Sm^3/Sm^3$

에테인: $C_2H_6 + 3.5O_2 \rightarrow 2CO_2 + 3H_2O$에서
$A_o = \dfrac{O_o}{0.21} = \dfrac{3.5}{0.21} = 16.67 Sm^3/Sm^3$

액화석유가스(LPG, liquefied petroleum gas)의 주성분은 프로페인(C_3H_8)과 뷰테인(C_4H_{10})으로 이론공기량은 약 $30Sm^3/Sm^3$ 정도이다.

044 완전 연소 시 단위 부피당 이론공기량(Sm^3/Sm^3)이 가장 큰 가스는?

① ethylene ② methane
③ acetylene ④ propylene

해설

메테인: $CH_4 + 2O_2 \rightarrow CO_2 + 2H_2O$에서
$$A_o = \frac{O_o}{0.21} = \frac{2}{0.21} = 9.52 Sm^3/Sm^3$$

아세틸렌: $C_2H_2 + 2.5O_2 \rightarrow 2CO_2 + H_2O$에서
$$A_o = \frac{O_o}{0.21} = \frac{2.5}{0.21} = 11.91 Sm^3/Sm^3$$

에틸렌: $C_2H_4 + 3O_2 \rightarrow 2CO_2 + 2H_2O$에서
$$A_o = \frac{O_o}{0.21} = \frac{3}{0.21} = 14.29 Sm^3/Sm^3$$

프로필렌: $C_3H_6 + 4.5O_2 \rightarrow 3CO_2 + 3H_2O$에서
$$A_o = \frac{O_o}{0.21} = \frac{4.5}{0.21} = 21.43 Sm^3/Sm^3$$

045 가연성분 중 완전 연소 시 단위 체적당 이론공기량(체적)이 가장 큰 것은? (단, 표준상태이며, 황 성분은 전량 SO_2로 배출된다.)

① CO ② H_2
③ H_2S ④ CH_4

해설

일산화탄소: $CO + 0.5O_2 \rightarrow CO_2$에서
$$A_o = \frac{O_o}{0.21} = \frac{0.5}{0.21} = 2.38 Sm^3/Sm^3$$

수소: $H_2 + 0.5O_2 \rightarrow H_2O$에서
$$A_o = \frac{O_o}{0.21} = \frac{0.5}{0.21} = 2.38 Sm^3/Sm^3$$

황화수소: $H_2S + 1.5O_2 \rightarrow SO_2 + H_2O$에서
$$A_o = \frac{O_o}{0.21} = \frac{1.5}{0.21} = 7.14 Sm^3/Sm^3$$

메테인: $CH_4 + 2O_2 \rightarrow CO_2 + 2H_2O$에서
$$A_o = \frac{O_o}{0.21} = \frac{2}{0.21} = 9.52 Sm^3/Sm^3$$

046 탄소 85%, 수소 13%, 황 2%인 중유 1kg의 연소에 필요한 이론공기량(Sm^3/kg)은?

① 5.6 ② 7.1
③ 8.8 ④ 11.1

해설 액체연료(중유)의 이론공기량

$$A_o = \frac{1}{0.21}\left[1.867C + 5.6\left(H - \frac{O}{8}\right) + 0.7S\right](Sm^3/kg)$$

에서

$$A_o = \frac{1}{0.21}(1.867 \times 0.85 + 5.6 \times 0.13 + 0.7 \times 0.02)$$
$$= 11.09 Sm^3/kg$$

047 CH_4 80%, O_2 3%, CO 7%, H_2 10%의 조성으로 된 가스 $1Sm^3$를 완전 연소하는 데 필요한 이론공기량(Sm^3/Sm^3)은?

① 4.76 ② 5.85
③ 7.88 ④ 9.26

해설 기체연료의 이론공기량

$$A_o = \frac{1}{0.21}\left[0.5 \times (CO + H_2) + \sum\left(x + \frac{y}{4}\right)C_xH_y - O_2\right]$$

(Sm^3/Sm^3)에서

$$A_o = \frac{1}{0.21}[0.5 \times (0.1 + 0.07) + 2 \times 0.8 - 0.03]$$
$$= 7.88 Sm^3/Sm^3$$

048 CH_4 93%, O_2 2%, N_2 5%의 조성가스 $0.5Sm^3$를 연소시키는 데 필요한 이론공기량(Sm^3)은?

① 4.38 ② 6.14
③ 9.18 ④ 13.14

해설 $A_o = \frac{1}{0.21}[2 \times 0.93 - 0.02] = 8.76(Sm^3/Sm^3)$

∴ $8.76 Sm^3/Sm^3 \times 0.5 Sm^3 = 4.38 Sm^3$

정답 044 ④ 045 ④ 046 ④ 047 ③ 048 ①

049 어떤 연료를 분석하였더니 그 중량 기준 성분이 C 83%, H 14%, H₂O 3%이었다면 건조 연료 1.5kg의 연소에 필요한 이론공기량(Sm³)은? (단, 연료에서 수분을 제거한 것이 건조 연료이다.)

① 약 13.2 ② 약 15.2
③ 약 17.2 ④ 약 19.2

해설 연료가 수분을 함유하고 있으므로 건조상태로 환산하면
$C = \frac{83}{100-3} \times 100 = 85.57\%$
$H = \frac{14}{100-3} \times 100 = 14.43\%$
$A_o = \frac{1}{0.21}(1.867 \times 0.8557 + 5.6 \times 0.1443)$
$= 11.46[Sm^3/kg]$
∴ $= 11.46 Sm^3/kg \times 1.5 kg = 17.2[Sm^3]$

---

050 어떤 석탄의 원소구성비가 무게비로 C: 70%, H: 10%, O: 15%, S: 5%로 나타났다. 이 석탄 1kg을 완전 연소시킬 때 필요한 이론공기량은 몇 kg인가?

① 9.6   ② 10.4
③ 11.1 ④ 12.2

해설 고체연료(석탄)일 경우 이론공기량을 중량으로 구할 때,
$A_o = \frac{1}{0.232}(2.67C + 8H - O + S)(kg/kg)$
∴ $A_o = \frac{1}{0.232}(2.67 \times 0.7 + 8 \times 0.1 - 0.15 + 0.05)$
$= 11.07 kg/kg$

---

051 메테인올(CH₃OH) 1kg을 연소하는 데 필요한 이론공기량(Sm³/kg)은?

① 4.5 ② 5.0
③ 7.5 ④ 9.0

해설 CH₃OH의 분자량(M. W. = 32)이므로
$C = \frac{12}{32} = 37.5\%$, $H = \frac{4}{32} = 12.5\%$
$O = \frac{16}{32} = 50\%$
∴ $A_o = \frac{1}{0.21}\left[1.867 \times 0.375 + 5.6 \times \left(0.125 - \frac{0.5}{8}\right)\right]$
$= 5[Sm^3/kg]$

---

052 메테인올(CH₃OH) 10kg을 완전 연소할 때 필요한 이론공기량(Sm³)은?

① 20Sm³ ② 30Sm³
③ 40Sm³ ④ 50Sm³

해설 CH₃OH의 분자량(M. W. = 32)이므로
$C = \frac{12}{32} = 37.5\%$, $H = \frac{4}{32} = 12.5\%$
$O = \frac{16}{32} = 50\%$
∴ $A_o = \frac{1}{0.21}\left[1.867 \times 0.375 + 5.6 \times \left(0.125 - \frac{0.5}{8}\right)\right]$
$\times 10 = 50[Sm^3]$

---

053 에틸알코올(C₂H₅OH) 1kg이 연소하는 데 필요한 이론공기량은?

① 5.0Sm³/kg ② 5.8Sm³/kg
③ 6.9Sm³/kg ④ 7.4Sm³/kg

해설 C₂H₅OH의 분자량(M. W. = 46)이므로
$C = \frac{24}{46} = 52\%$, $H = \frac{6}{46} = 13\%$
$O = \frac{16}{46} = 34.8\%$
∴ $A_o = \frac{1}{0.21}\left[1.867 \times 0.52 + 5.6 \times \left(0.13 - \frac{0.348}{8}\right)\right]$
$= 6.93 Sm^3/kg$

054 $C_{18}H_{20}$ 1.5kg을 완전 연소시킬 때 필요한 이론공기량(Sm^3)은?

① 10.4 ② 11.5
③ 12.6 ④ 15.6

해설

$C_{18}H_{20} + 23O_2 \rightarrow 18CO_2 + 10H_2O$
 236   23×22.4
 1.5 x

$\therefore x\,(O_o) = \dfrac{23 \times 22.4 \times 1.5}{236} = 3.275\,Sm^3$

$\therefore A_o = \dfrac{O_o}{0.21} = \dfrac{3.275}{0.21} = 15.6\,Sm^3$

055 옥테인 5.3kg을 완전 연소시키기 위하여 소요되는 이론공기량은?

① 약 60kg ② 약 75kg
③ 약 80kg ④ 약 95kg

해설

$C_8H_{18} + 12.5O_2 \rightarrow 8CO_2 + 9H_2O$
 114   12.5×32
 5.3 x

$\therefore x\,(O_o) = \dfrac{12.5 \times 32 \times 5.3}{114} = 18.6\,kg$

$\therefore A_o = \dfrac{O_o}{0.232} = \dfrac{18.6}{0.232} = 80\,kg$

실기 Check ✓

056 부피비율로 프로페인 30%, 뷰테인 70%로 이루어진 혼합가스 1L를 완전 연소시키는 데 필요한 이론공기량(L)은?

① 23.1 ② 28.8
③ 33.1 ④ 38.8

해설

프로페인의 연소반응식: $C_3H_8 + 5O_2 \rightarrow 3CO_2 + 4H_2O$
뷰테인의 연소반응식: $C_4H_{10} + 6.5O_2 \rightarrow 4CO_2 + 5H_2O$

$\therefore O_o = 5 \times 0.3 + 6.5 \times 0.7 = 6.05(L)$, $A_o = \dfrac{6.05}{0.21} = 28.8\,L$

057 분자식이 C_mH_n인 탄화수소 $1Sm^3$를 연소시키는 데 필요한 이론공기량(Sm^3)은?

① $3.76m + 1.19n$
② $3.76m + 1.24n$
③ $4.76m + 1.19n$
④ $4.76m + 1.24n$

해설

$C_mH_n + \left(m + \dfrac{n}{4}\right)O_2 \rightarrow m\,CO_2 + \dfrac{n}{2}H_2O$ 에서

이론산소량(Sm^3), $O_o = \left(m + \dfrac{n}{4}\right)(Sm^3)$

$\therefore A_o = \dfrac{\left(m + \dfrac{n}{4}\right)}{0.21} = 4.76m + 1.19n\,[Sm^3]$

058 기체연료의 이론공기량(Sm^3/Sm^3)을 구하는 식으로 옳은 것은? (단, H_2, CO, C_xH_y, O_2는 연료 중의 수소, 일산화탄소, 탄화수소, 산소의 체적비를 의미한다.)

① $0.21\left\{0.5H_2 + 0.5CO + \left(x + \dfrac{y}{4}\right)C_xH_y - O_2\right\}$

② $\dfrac{1}{0.21}\left\{0.5H_2 + 0.5CO + \left(x + \dfrac{y}{4}\right)C_xH_y - O_2\right\}$

③ $0.21\left\{0.5H_2 + 0.5CO + \left(x + \dfrac{y}{4}\right)C_xH_y + O_2\right\}$

④ $\dfrac{1}{0.21}\left\{0.5H_2 + 0.5CO + \left(x + \dfrac{y}{4}\right)C_xH_y + O_2\right\}$

해설 기체연료일 경우

$A_o = \dfrac{1}{0.21}\left\{0.5H_2 + 0.5CO + \left(x + \dfrac{y}{4}\right)C_xH_y - O_2\right\}$
(Sm^3/Sm^3)

059 수소 $3Sm^3$의 이론연소공기량은 대략 얼마인가?

① 약 $4.7Sm^3$ ② 약 $7.1Sm^3$
③ 약 $9.4Sm^3$ ④ 약 $11.6Sm^3$

정답 054 ④ 055 ③ 056 ② 057 ③ 058 ② 059 ②

해설
$A_o = \dfrac{1}{0.21} \times 0.5H_2 = \dfrac{0.5 \times 3}{0.21} = 7.14 Sm^3$

060 중유의 성분 분석결과 탄소: 82%, 수소: 11%, 황: 3%, 산소: 1.5%, 기타: 2.5%라면 이 중유의 완전 연소 시 시간당 필요한 이론공기량은? (단, 연료사용량: 100L/h, 연료비중 0.95이며, 표준상태 기준)

① 약 630Sm^3 ② 약 720Sm^3
③ 약 860Sm^3 ④ 약 980Sm^3

해설
연료사용량 = 100L/h × 0.95L/kg = 95kg/h
$A_o = \dfrac{1}{0.21} \times \begin{bmatrix} 1.867 \times 0.82 + 5.6 \times \left(0.11 - \dfrac{0.015}{8}\right) \\ + 0.7 \times 0.03 \end{bmatrix}$
= 10.27(Sm^3/kg)
∴ 시간당 필요한 이론공기량
A_o = 10.27Sm^3/kg × 95kg/h = 976Sm^3

061 CH$_4$ 95%, O$_2$ 5%로 조성된 가스 1Sm^{3}를 연소하기 위해 필요한 이론적 공기량(Sm^3)은?

① 약 7.5Sm^3 ② 약 8.8Sm^3
③ 약 9.4Sm^3 ④ 약 9.6Sm^3

해설
$A_o = \dfrac{1}{0.21}(2CH_4 - O_2) = \dfrac{1}{0.21} \times (2 \times 0.95 - 0.05)$
= 8.8Sm^3/Sm^3

062 CH$_4$ 93%, O$_2$ 2%, N$_2$ 5%의 조성가스 1.5Sm^{3}를 연소시키는 데 필요한 이론공기량(Sm^3)은?

① 8.57   ② 13.14
③ 17.14   ④ 21.43

해설
$A_o = \dfrac{1}{0.21}(2CH_4 - O_2)$
$= \dfrac{1}{0.21} \times (2 \times 0.93 - 0.02) \times 1.5 = 13.14 Sm^3$

063 분자식 C$_m$H$_n$인 탄화수소 1Sm^{3}를 완전 연소 시 이론공기량이 19Sm^{3}인 것은?

① C$_2$H$_4$ ② C$_2$H$_2$
③ C$_3$H$_8$ ④ C$_3$H$_4$

해설 기체연료일 경우
$A_o = \dfrac{1}{0.21}\left\{\left(m + \dfrac{n}{4}\right)C_mH_n\right\}(Sm^3/Sm^3)$에서
$19 = \dfrac{1}{0.21}\left(m + \dfrac{n}{4}\right)$
∴ $m + \dfrac{n}{4} = 4$인 기체연료는
C$_3$H$_4$(사이클로프로펜(Cyclopropene))이다.

064 황화수소의 연소반응식이 다음 보기와 같을 때 황화수소 1Sm^{3}의 이론연소공기량(Sm^3)은?

$$2H_2S + 3O_2 \rightarrow 2SO_2 + 2H_2O$$

① 5.54   ② 6.42
③ 7.14   ④ 8.92

해설 $A_o = \dfrac{1}{0.21} \times 1.5 = 7.14 Sm^3$

065 Butane 몇 kg을 완전 연소 시 이론적으로 필요한 공기량이 649kg이 되겠는가?

① 약 32kg   ② 약 42kg
③ 약 52kg   ④ 약 62kg

정답 060 ④   061 ②   062 ②   063 ④   064 ③   065 ②

해설 $A_o = \dfrac{O_o}{0.232}$ 에서

$649 = \dfrac{O_o}{0.232}$, $\therefore O_o = 150.57$kg

$C_4H_{10} + 6.5O_2 \rightarrow 4CO_2 + 5H_2O$
　58　　6.5×32
　x　　150.57

$\therefore x = \dfrac{58 \times 150.57}{6.5 \times 32} = 42$kg

---

066 프로페인(C_3H_8) 50%와 뷰테인(C_4H_{10}) 50% 혼합가스 $1Sm^3$의 연소에 필요한 공기량(Sm^3)은?

① 21.1　　② 24.5
③ 27.4　　④ 29.5

해설 프로페인의 연소반응식: $C_3H_8 + 5O_2 \rightarrow 3CO_2 + 4H_2O$
뷰테인의 연소반응식: $C_4H_{10} + 6.5O_2 \rightarrow 4CO_2 + 5H_2O$

$\therefore A_o = \dfrac{1}{0.21} \times (5 \times 0.5 + 6.5 \times 0.5) = 27.38 Sm^3/Sm^3$

---

067 부피비율로 프로페인: 30%, 뷰테인: 70%로 이루어진 혼합가스 1L를 완전 연소시키는 데 필요한 이론공기량은?

① 23.8L　　② 28.8L
③ 31.8L　　④ 35.8L

해설 프로페인의 연소반응식: $C_3H_8 + 5O_2 \rightarrow 3CO_2 + 4H_2O$
뷰테인의 연소반응식: $C_4H_{10} + 6.5O_2 \rightarrow 4CO_2 + 5H_2O$

$\therefore A_o = \dfrac{1}{0.21} \times (5 \times 0.3 + 6.5 \times 0.7) = 28.8$L

---

068 C_8H_{18} 4kg을 완전 연소시키기 위하여 소요되는 이론적인 공기량은? (단, 공기의 분자량은 28.95이다.)

① 약 60kg　　② 약 75kg
③ 약 80kg　　④ 약 95kg

해설 $C_8H_{18} + 12.5O_2 \rightarrow 8CO_2 + 9H_2O$
　114　　12.5×32
　4　　　x

$\therefore x(O_o) = \dfrac{12.5 \times 32 \times 4}{114} = 14.04$kg

$\therefore A_o = \dfrac{O_o}{0.232} = \dfrac{14.04}{0.232} = 61$kg

---

069 등유($C_{10}H_{20}$) 2kg 완전 연소시킬 때 필요한 이론공기량은?

① $22.9Sm^3$　　② $28.5Sm^3$
③ $36.6Sm^3$　　④ $39.2Sm^3$

해설 $C_{10}H_{20} + 15O_2 \rightarrow 10CO_2 + 10H_2O$
　140　　15×22.4
　2　　　x

$\therefore x = \dfrac{15 \times 22.4 \times 2}{140} = 4.8 Sm^3$

$A_o = \dfrac{4.8}{0.21} = 22.9 Sm^3$

---

070 액화천연가스(LNG)가 부피비로 99%의 메테인(CH_4)과 미량성분으로 구성되어 있다면 LNG 3L를 완전 연소할 때 필요한 이론적 공기량은?

① 약 28.3L　　② 약 19.8L
③ 약 13.5L　　④ 약 9.4L

해설 $CH_4 + 2O_2 \rightarrow CO_2 + H_2O$ 에서

$A_o = \dfrac{2 \times 0.99 \times 3}{0.21} = 28.3$L

071 혼합가스에 포함된 기체의 조성이 부피기준으로 메테인이 10%, 프로페인이 30%, 뷰테인이 60%인 기체연료가 있다. 이 기체연료 0.67L를 완전 연소하는 데 필요한 이론공기량은? (단, 연료와 공기는 동일 조건의 기체이다.)

① 17.9L ② 19.6L
③ 22.2L ④ 26.7L

해설
$$A_o = \frac{(2 \times 0.1 + 5 \times 0.3 + 6.5 \times 0.6) \times 0.67}{0.21} = 17.9L$$

072 어떤 가스의 조성을 조사하니 H_2, CO, CH_4, N_2 및 O_2가 각각 부피분율로 30%, 6%, 40%, 20%, 4%로 나왔다. 이 가스를 완전 연소하기 위한 이론공기량(Sm^3/Sm^3)은?

① 4.48 ② 6.96
③ 8.54 ④ 12.42

해설
$$A_o = \frac{1}{0.21} \times (0.5 \times 0.3 + 0.5 \times 0.06 + 2 \times 0.4 - 0.04)$$
$$= 4.48 Sm^3/Sm^3$$

073 부피비율로 프로페인 60%, 뷰테인 40%로 이루어진 혼합가스 1L를 완전 연소시키는 데 필요한 이론공기량(L)은?

① 24.7 ② 26.7
③ 28.7 ④ 29.7

해설 $A_o = \frac{1}{0.21} \times (5 \times 0.6 + 6.5 \times 0.4) = 26.7L$

074 분자식이 C_mH_n인 탄화수소가스로 $1Sm^3$를 완전 연소 시 이론공기량이 $23.8Sm^3$인 것은?

① C_2H_4 ② C_2H_2
③ C_3H_8 ④ C_3H_4

해설 기체연료일 경우
$A_o = \frac{1}{0.21}\left\{\left(m + \frac{n}{4}\right)C_mH_n\right\}(Sm^3/Sm^3)$ 에서
$23.8 = \frac{1}{0.21}\left(m + \frac{n}{4}\right)$

∴ $m + \frac{n}{4} = 5$인 기체연료는 C_3H_8(프로페인)이다.

075 탄소 2kg을 연소시키는 데 필요한 공기량(kg)은?

① 25.4kg ② 23.0kg
③ 17.9kg ④ 8.9kg

해설
$C + O_2 \rightarrow CO_2$
12   32
2   x

$x = \frac{32 \times 2}{12} = 5.33$

∴ $A_o = \frac{5.33}{0.232} = 23kg$

076 석탄이 모두 탄소로 구성돼 있다고 가정하면 3,000kg의 석탄이 완전 연소하는 데 소요되는 공기량은?

① 약 25,000kg
② 약 35,000kg
③ 약 45,000kg
④ 약 65,000kg

해설
$C + O_2 \rightarrow CO_2$
12   32
3,000 x

$x = \frac{3,000 \times 32}{12} = 8,000$

∴ $A_o = \frac{8,000}{0.232} = 34,483kg$

077 가스 발생로에서 나온 발생로 가스 $1Sm^3$를 완전 연소하는 데 필요한 공기량(Sm^3)은? (단, 가스는 수분을 포함하지 않으며 가스의 성분은 다음과 같다. CO_2=3.0%, CO=25.2%, CH_4=4%, N_2=55.3%, H_2=12.5%)

① 1.278 ② 2.278
③ 3.278 ④ 4.278

해설
$$A_o = \frac{1}{0.21} \times (0.5 \times 0.125 + 0.5 \times 0.252 + 2 \times 0.04)$$
$$= 1.278(Sm^3/Sm^3)$$

078 뷰테인(C_4H_{10}) 몇 kg을 완전 연소하면 이론적 필요한 공기량이 775kg-air가 되겠는가?

① 약 45kg ② 약 50kg
③ 약 55kg ④ 약 60kg

해설 뷰테인의 연소반응식
$C_4H_{10} + 6.5O_2 \rightarrow 4CO_2 + 5H_2O$
  58   6.5×32
   x   775×0.21
$$x = \frac{58 \times 775 \times 0.21}{6.5 \times 32} = 45.4(kg)$$

실기 Check ✓

079 C=82%, H=15%, S=3%의 조성을 가진 액체연료를 2kg/min으로 연소시켜 배출가스를 분석하였더니 CO_2=12.0%, O_2=5%, N_2=83%라는 결과를 얻었다. 이때 필요한 연소용 공기량(Sm^3/h)은?

① 약 1,100 ② 약 1,300
③ 약 1,600 ④ 약 1,800

해설 시간당 액체연료=2kg/min×60min/h=120kg/h
$$A_o = \frac{1}{0.21}(1.867 \times 0.82 + 5.6 \times 0.15 + 0.7 \times 0.03)$$
$$= 11.39 Sm^3/kg$$
∴ $11.39 Sm^3/kg \times 120kg/h = 1,367 Sm^3/h$

공기비, $m = \dfrac{\left(\dfrac{N_2}{0.79}\right)}{\left(\dfrac{N_2}{0.79}\right) - \left(\dfrac{O_2}{0.21}\right)} = \dfrac{N_2}{N_2 - 3.76 O_2}$

$$= \frac{0.83}{0.83 - 3.76 \times 0.05} = 1.29$$

$A = m \times A_o = 1,367 \times 1.29 = 1,763(Sm^3/h)$

080 프로페인 1.5kg을 공기비 1.1로 완전 연소시키기 위해 필요한 실제공기량은 얼마인가? (단, 표준상태 기준)

① $10.5 Sm^3$ ② $13.3 Sm^3$
③ $20.0 Sm^3$ ④ $23.6 Sm^3$

해설 프로페인의 연소반응식
$C_3H_8 + 5O_2 \rightarrow 3CO_2 + 4H_2O$
 44   5×22.4
 1.5   x
$$x = \frac{5 \times 22.4 \times 1.5}{44} = 3.82(Sm^3)$$
∴ $A = m \times A_o = 1.1 \times \dfrac{3.82}{0.21} = 20.0(Sm^3)$

081 C: 80%, H: 20%인 액체연료를 1kg/min로 연소시킬 때 배출가스 성분이 CO_2: 15%, O_2: 5%, N_2: 80%였다면, 실제 공급된 공기량(Sm^3/h)은?

① 약 $770 Sm^3/h$ ② 약 $820 Sm^3/h$
③ 약 $980 Sm^3/h$ ④ 약 $995 Sm^3/h$

해설 시간당 액체연료=1kg/min×60min/h=60kg/h
$$A_o = \frac{1}{0.21}(1.867 \times 0.8 + 5.6 \times 0.2) = 12.45(Sm^3/kg)$$
∴ $12.45 Sm^3/kg \times 60 kg/h = 747 Sm^3/h$

공기비, $m = \dfrac{N_2}{N_2 - 3.76\,O_2} = \dfrac{0.8}{0.8 - 3.76 \times 0.05} = 1.31$

$A = m \times A_o = 747 \times 1.31 = 979\,Sm^3/h$

082 탄소 85%, 수소 15%의 액체연료를 매시 100kg 연소하는 경우, 연소 배출가스의 분석결과 CO_2 : 12%, O_2 : 4%, N_2 : 84%였다면 1시간당 연소용 공기량(Sm^3)은?

① 1,360　　② 1,410
③ 1,520　　④ 1,630

해설

$A_o = \dfrac{1}{0.21}(1.867 \times 0.85 + 5.6 \times 0.15) = 1.56\,Sm^3/kg$

∴ $11.56\,Sm^3/kg \times 100\,kg/h = 1,156\,Sm^3/h$

공기비, $m = \dfrac{N_2}{N_2 - 3.76\,O_2} = \dfrac{0.84}{0.84 - 3.76 \times 0.04} = 1.22$

$A = m \times A_o = 1,156 \times 1.22 = 1,410\,Sm^3/h$

083 H_2 40%, CH_4 20%, C_3H_8 20%, CO 20%의 부피조성을 가진 기체연료 $1\,Sm^3$를 공기비 1.1로 연소시킬 때 필요한 실제공기량(Sm^3)은?

① 약 8.1　　② 약 8.9
③ 약 10.1　　④ 10.9

해설

$A_o = \dfrac{1}{0.21} \times (0.5 \times 0.4 + 0.5 \times 0.2 + 2 \times 0.2 + 5 \times 0.2)$
$= 8.1(Sm^3/Sm^3)$

$A = m \times A_o = 1.1 \times 8.1 = 8.91\,Sm^3$

084 탄소, 수소의 중량 조성이 각각 86%, 14%인 액체연료를 매시 30kg 연소한 경우 배출가스의 분석치가 CO_2 12.5%, O_2 3.5%, N_2 84%이라면 매시간 필요한 공기량(Sm^3/h)은?

① 약 794　　② 약 675
③ 약 591　　④ 약 406

해설

$A_o = \dfrac{1}{0.21}(1.867 \times 0.86 + 5.6 \times 0.14)$
$= 11.38(Sm^3/kg)$

∴ $11.38\,Sm^3/kg \times 30\,kg/h = 341.4\,Sm^3/h$

공기비, $m = \dfrac{N_2}{N_2 - 3.76\,O_2} = \dfrac{0.84}{0.84 - 3.76 \times 0.035}$
$= 1.19$

$A = m \times A_o = 341.4 \times 1.19 = 406.3\,Sm^3/h$

085 연료를 2.0의 공기비로 완전 연소시킬 때, 배출가스 중의 산소농도(%)는? (단, 배출가스에는 일산화탄소가 포함되어 있지 않음.)

① 7.5　　② 9.5
③ 10.5　　④ 12.5

해설 $m = \dfrac{21}{(21 - O_2)}$ 에서 $2.0 = \dfrac{21}{(21 - O_2)}$

∴ $O_2 = 10.5\%$

086 공기비($m > 1$)에 관한 식으로 옳지 않은 것은? (단, 실제공기량: A, 이론공기량: A_o, 배출가스 중 질소량: N_2(%), 배출가스 중 산소량: O_2(%))

① $m = \dfrac{A}{A_o}$

② $m = \dfrac{21}{(21 - O_2)}$

③ $m = \dfrac{N_2}{(N_2 - 4.76\,O_2)}$

④ $m = 1 + \left(\dfrac{과잉공기량}{A_o}\right)$

해설 공기비, $m = \dfrac{N_2}{(N_2 - 3.76\,O_2)}$

087 연소 배출가스 분석결과 CO_2 11.9%, O_2 7.1%일 때 과잉공기계수는 약 얼마인가?

① 1.2 ② 1.5
③ 1.7 ④ 1.9

해설 주어진 연소 배출가스로부터
$N_2 = 100 - (11.9 + 7.1) = 81\%$
$\therefore m = \dfrac{0.81}{0.81 - 3.76 \times 0.071} = 1.5$

088 프로페인(C_3H_8) 1kmol을 800Sm³의 공기를 공급하여 연소할 경우 공기비는?

① 약 1.2 ② 약 1.3
③ 약 1.4 ④ 약 1.5

해설 프로페인의 연소반응식:
$C_3H_8 + 5O_2 \rightarrow 3CO_2 + 4H_2O$에서
$A_o = \dfrac{5 \times 22.4}{0.21} = 533.3(Sm^3/Sm^3)$
$\therefore m = \dfrac{A}{A_o} = \dfrac{800}{533.3} = 1.5$

089 프로페인(C_3H_8)을 완전 연소하였을 때, 건연소가스 중의 CO_2가 8%(V/V%)이었다. 공기과잉계수 m은 얼마인가?

① 1.32 ② 1.43
③ 1.52 ④ 1.66

해설 프로페인의 연소반응식:
$C_3H_8 + 5O_2 \rightarrow 3CO_2 + 4H_2O$에서
$G_{od} = (m - 0.21) \times A_o +$ 건조생성가스양
$= (m - 0.21) \times \dfrac{5}{0.21} + 3$
$CO_2 = \dfrac{3}{G_{od}}$에서 $0.08 = \dfrac{3}{G_{od}}$, $\therefore G_{od} = 37.5(Sm^3/Sm^3)$
$37.5 = (m - 0.21) \times 23.81 + 3$에서 $m = 1.66$

090 중유를 사용하는 가열로의 배출가스를 분석한 결과 N_2: 80%, CO: 12%, O_2: 8%의 부피비를 얻었다. 공기비는?

① 1.1 ② 1.4
③ 1.6 ④ 2.0

해설 $m = \dfrac{N_2}{N_2 - 3.76 \times \left(O_2 - \dfrac{1}{2}CO\right)}$
$= \dfrac{0.8}{0.8 - 3.76 \times (0.08 - 0.5 \times 0.12)} = 1.1$

091 CH_4 95%, CO_2 1%, O_2 4%인 기체연료 1m³에 대하여 12m³의 공기를 사용하여 연소하였다면 공기비는?

① 1.05 ② 1.13
③ 1.21 ④ 1.35

해설 $A_o = \dfrac{1}{0.21} \times (2 \times 0.95 - 0.04) = 8.86(Sm^3/Sm^3)$
$\therefore m = \dfrac{A}{A_o} = \dfrac{12}{8.86} = 1.35$

092 탄소, 수소의 중량 조성이 각각 86%, 14%인 액체연료를 매시 100kg 연소한 경우, 배출가스 분석치가 CO_2: 12.5%, O_2: 3.5%, N_2: 84%였다면 공기과잉계수는?

① 1.2 ② 1.4
③ 1.6 ④ 1.8

해설 공기비
$m = \dfrac{N_2}{N_2 - 3.76 O_2} = \dfrac{0.84}{0.84 - 3.76 \times 0.035} = 1.19$

093 어떤 액체연료를 보일러에서 완전 연소시켜 그 배출가스를 Orsat 분석장치로서 분석하여 CO_2 15%, O_2 5%의 결과를 얻었다면 공기과잉계수는? (단, 일산화탄소 발생량은 없다.)

① 1.12　　　　② 1.19
③ 1.25　　　　④ 1.31

해설 $m = \dfrac{21}{21-O_2} = \dfrac{21}{21-5} = 1.31$

---

094 석탄 사용 가열로의 배출가스를 분석한 결과 CO_2: 15%, O_2: 5%, N_2: 80%였다. 이때 공기비는 대략 얼마인가? (단, 연료 중 질소는 무시한다.)

① 1.31　　　　② 1.74
③ 1.92　　　　④ 2.12

해설 공기비
$m = \dfrac{N_2}{N_2 - 3.76 O_2} = \dfrac{0.8}{0.8 - 3.76 \times 0.05} = 1.31$

---

095 연소 배출가스 분석결과 CO_2 11.9%, O_2 7.1%일 때 공기과잉계수는 약 얼마인가?

① 1.2　　　　② 1.5
③ 1.7　　　　④ 1.9

해설 $m = \dfrac{21}{21-O_2} = \dfrac{21}{21-7.1} = 1.51$

---

096 중유를 완전 연소한 결과 실제습연소가스양은 15.4Sm³/kg이었다. 이때 이론공기량이 11.5Sm³/kg이고, 이론습연소가스양이 13.1Sm³/kg이었다면 공기비는?

① 1.2　　　　② 1.3
③ 1.4　　　　④ 1.5

해설 $G_w = G_{ow} + (m-1) \times A_o$에서
$15.4 = 13.1 + (m-1) \times 11.5$
$\therefore m = 1.2$

---

097 프로페인(C_3H_8)을 연소하니 건연소가스 중의 이산화탄소가 10(V/V%)이었다. 공기과잉계수는 얼마인가?

① 1.34　　　　② 1.42
③ 1.45　　　　④ 1.50

해설 프로페인의 연소반응식:
$C_3H_8 + 5O_2 \rightarrow 3CO_2 + 4H_2O$에서
$G_{od} = (m-0.21) \times A_o + 건조생성가스양$
$\quad = (m-0.21) \times \dfrac{5}{0.21} + 3$
$CO_2 = \dfrac{3}{G_{od}}$에서 $0.1 = \dfrac{3}{G_{od}}$, $\therefore G_{od} = 30$(Sm³/Sm³)
$30 = (m-0.21) \times 23.81 + 3$에서 $m = 1.34$

---

098 과잉산소량(잔존 O_2량)을 옳게 표시한 것은? (단, A: 실제공기량, A_o: 이론공기량, m: 공기과잉계수($m > 1$) 표준상태이며, 부피 기준임.)

① $0.21\,mA$　　　　② $0.21\,mA_o$
③ $0.21(m-1)A$　　④ $0.21(m-1)A_o$

해설 과잉공기량 $= \dfrac{과잉산소량}{0.21} = (m-1) \times A_o$
과잉산소량 $= 0.21(m-1)A_o$

---

099 89%의 탄소와 11%의 수소로 이루어진 액체연료를 1시간에 187kg씩 완전 연소할 때 발생하는 배출가스의 조성을 분석한 결과 CO_2: 12.5%, O_2: 3.5%, N_2: 84%이었다. 이 연료를 2시간 동안 완전 연소시켰을 때 실제 소요된 공기량(Sm³)은?

① 1,205　　　　② 2,415
③ 3,610　　　　④ 4,829

해설

$$A_o = \frac{1}{0.21}(1.867 \times 0.89 + 5.6 \times 0.11)$$
$$= 10.85(\text{Sm}^3/\text{kg})$$

∴ $10.85 \text{Sm}^3/\text{kg} \times 187 \text{kg/h} = 2,029 \text{Sm}^3/\text{h}$

공기비, $m = \dfrac{N_2}{N_2 - 3.76 O_2} = \dfrac{0.84}{0.84 - 3.76 \times 0.035} = 1.19$

$A = m \times A_o = 2,029 \times 1.19 \times 2 = 4,829 \text{Sm}^3$

실기 Check ✓

100 메테인을 이론적으로 완전 연소시킬 때 부피를 기준으로 한 공기연료비(AFR)는? (단, 표준상태 기준)

① 2   ② 7.52
③ 9.52   ④ 11.52

해설

메테인: $CH_4 + 2O_2 \rightarrow CO_2 + 2H_2O$ 에서

$A_o = \dfrac{O_o}{0.21} = \dfrac{2}{0.21} = 9.52(\text{Sm}^3/\text{Sm}^3)$

∴ 공기연료비(AFR) = $\dfrac{\text{공기의 몰수}}{\text{연료의 몰수}} = \dfrac{9.52}{1} = 9.52$

101 Methane 1mole을 공기비 1.2로 연소하고 있을 때 부피기준의 공연비(Air Fuel Ratio)는?

① 9.5   ② 11.4
③ 17.1   ④ 22.8

해설

메테인: $CH_4 + 2O_2 \rightarrow CO_2 + 2H_2O$에서

$AFR = \dfrac{\left(\dfrac{2}{0.21}\right) \times 1.2}{1} = 11.43$

102 메테인(CH_4)을 공기 중에서 완전 연소시킬 때 이론연소공기의 질량 대 연료의 질량비(이론연소공기의 질량/연료의 질량, kg/kg)는?

① 17.2   ② 18.1
③ 19.4   ④ 21.5

해설 메테인

$CH_4 + 2O_2 \rightarrow CO_2 + 2H_2O$
  16   2×32

$AFR = \dfrac{\left(\dfrac{2 \times 32}{0.232}\right)}{16} = 17.24$

103 1mole의 프로페인이 완전 연소할 때의 AFR은? (단, 부피기준)

① 9.5   ② 19.5
③ 23.8   ④ 33.8

해설 프로페인의 연소반응식:

$C_3H_8 + 5O_2 \rightarrow 3CO_2 + 4H_2O$

∴ 공기연료비(AFR) = $\dfrac{\text{공기의 몰수}}{\text{연료의 몰수}} = \dfrac{\left(\dfrac{5}{0.21}\right)}{1} = 23.8$

실기 Check ✓

104 자동차 내연기관에서 휘발유(C_8H_{18}, 옥테인)을 연소시킬 때 공기연료비(air/fuel ratio)는? (단, 완전 연소, 무게기준)

① 60   ② 40
③ 30   ④ 15

해설 옥테인의 연소반응식:

$C_8H_{18} + 12.5O_2 \rightarrow 8CO_2 + 9H_2O$

∴ 공기연료비(AFR) = $\dfrac{\text{공기의 몰수}}{\text{연료의 몰수}} = \dfrac{\left(\dfrac{12.5 \times 32}{0.232}\right)}{114}$
= 15.1

정답 100 ③ 101 ② 102 ① 103 ③ 104 ④

[계산형 빈출문제]

105 헥세인(C_6H_{14})이 이론적으로 완전 연소된다고 가정할 때 부피기준에서 공연비(AFR, Air Fuel Ratio)는?

① 45.2 ② 69.5
③ 53.2 ④ 77.5

해설
헥세인의 연소반응식: $C_6H_{14} + 9.5\,O_2 \rightarrow 6CO_2 + 7H_2O$

∴ 공기연료비(AFR) = $\dfrac{\text{공기의 몰수}}{\text{연료의 몰수}} = \dfrac{9.5}{0.21} = 45.24$

106 뷰테인 가스를 완전 연소시킬 때, 부피 기준 공기연료비(AFR)는?

① 15.23 ② 20.15
③ 30.95 ④ 60.46

해설
뷰테인의 연소반응식: $C_4H_{10} + 6.5\,O_2 \rightarrow 4CO_2 + 5H_2O$

∴ 공기연료비(AFR) = $\dfrac{\text{공기의 몰수}}{\text{연료의 몰수}} = \dfrac{6.5}{0.21} = 30.95$

107 Nonane을 이론적으로 완전 연소시킬 때 무게기준으로 한 공연비(AFR)는? (단, 표준상태 기준)

① 약 10.5 ② 약 12.9
③ 약 14.0 ④ 약 15.1

해설 노네인의 연소반응식:
$C_9H_{20} + 14\,O_2 \rightarrow 9CO_2 + 10H_2O$

∴ 공기연료비(AFR) = $\dfrac{\text{공기의 몰수}}{\text{연료의 몰수}} = \dfrac{\left(\dfrac{14 \times 32}{0.232}\right)}{128}$
= 15.1

108 기체연료가 H_2 40%, CH_4 30%, C_2H_6 20%, F_2 10%의 부피비를 갖는다. 연료를 연소시킨 결과 연소생성률의 Orsat 분석은 CO_2 8.2%, O_2 4.1%, CO 0.6%였다면 공기연료비는? (단, 공기 중 수증기는 연소반응에 직접 참여치 않음.)

① 17.2kg공기/kg연료
② 21.4kg공기/kg연료
③ 27.3kg공기/kg연료
④ 32.8kg공기/kg연료

해설
$A_o = \dfrac{1}{0.232} \times \left[\left(\dfrac{0.5 \times 32}{2} \times 0.4\right) + \left(\dfrac{2 \times 32}{16} \times 0.3\right) + \left(\dfrac{3.5 \times 32}{30} \times 0.2\right)\right]$

$= 22.2\,(\text{kg/kg})$

$N_2 = 100 - (8.2 + 4.1 + 0.6 + 10) = 77.1\%$

$m = \dfrac{N_2}{N_2 - 3.76 \times (O_2 - 0.5\,CO)}$
$= \dfrac{77.1}{77.1 - 3.76 \times (4.1 - 0.5 \times 0.6)} = 1.23$

$A = m \times A_o = 1.23 \times 22.2 = 27.3\,(kg)$

∴ $AFR = \dfrac{27.3}{1} = 27.3$

109 프로페인(C_3H_8)과 에테인(C_2H_6)의 혼합가스 $1Sm^3$를 완전 연소시킨 결과 배출가스 중 이산화탄소(CO_2) 생성량이 $2.8Sm^3$였다. 혼합가스 중의 프로페인과 에테인의 mole비(C_3H_8/C_2H_6)는?

① 3.0 ② 3.5
③ 4.0 ④ 4.5

해설
프로페인의 연소반응식: $C_3H_8 + 5O_2 \rightarrow 3CO_2 + 4H_2O$
에테인의 연소반응식: $C_2H_6 + 3.5O_2 \rightarrow 2CO_2 + 3H_2O$
에서 $x + y = 1 \cdots$ 식(1), $3x + 2y = 2.8 \cdots$ 식(2)
식(1)과 식(2)를 풀이하면 $x = 0.8$, $y = 0.2$

∴ $\dfrac{C_3H_8}{C_2H_6} = \dfrac{0.8}{0.2} = 4.0$

정답 105 ① 106 ③ 107 ④ 108 ③ 109 ③

110 Propane과 Ethane의 혼합가스 3Sm³를 이론적으로 완전 연소시킨 결과 배출가스 중 탄산가스의 생성량이 7.1Sm³이었다면, 이 혼합가스 중의 Propane과 Ethane의 mol비는?

① 0.58
② 0.72
③ 1.39
④ 1.72

해설

프로페인의 연소반응식: $C_3H_8 + 5O_2 \rightarrow 3CO_2 + 4H_2O$
에테인의 연소반응식: $C_2H_6 + 3.5O_2 \rightarrow 2CO_2 + 3H_2O$
에서 $x+y=3 \cdots$ 식(1), $3x+2y=7.1 \cdots$ 식(2)
식(1)과 식(2)를 풀이하면 $x=1.1$, $y=1.9$
$\therefore \dfrac{C_3H_8}{C_2H_6} = \dfrac{1.1}{1.9} = 0.58$

실기 Check ✓

111 아세틸렌이 완전 연소할 때의 이론공연비(A/F ratio, 부피비)는?

① 2.5
② 8.9
③ 11.9
④ 25

해설

아세틸렌의 연소반응식: $C_2H_2 + 2.5O_2 \rightarrow 2CO_2 + H_2O$
$A_o = \dfrac{2.5}{0.21} = 11.9(\text{Sm}^3/\text{Sm}^3)$
$\therefore AFR = \dfrac{11.9}{1} = 11.9$

112 공기의 산소농도가 부피기준으로 20%일 때, 메테인의 질량기준 공연비는? (단, 공기의 분자량은 28.95g/mol이다.)

① 10
② 18
③ 38
④ 40

해설

메테인: $CH_4 + 2O_2 \rightarrow CO_2 + 2H_2O$
질량기준 $AFR(\text{kg/kg}) = \dfrac{2 \times 28.95 \times \left(\dfrac{1}{0.2}\right)}{1 \times 16} = 18.1$

113 중유를 시간당 1,000kg씩 연소시키는 배출시설이 있다. 굴뚝의 단면적이 3m²일 때 배출가스의 유속(m/s)은? (단, 이 중유의 표준상태에서의 원소 조성 및 배출가스의 분석치는 아래 표와 같고, 배출가스의 온도는 270℃이다.)

[중유의 조성]
탄소: 86.0%, 수소: 13.0%, 황분: 1.0%
[배출가스의 분석결과]
$(CO_2)+(SO_2)$: 13.0%, O_2 : 2.0%, CO : 0.1%

① 약 2.4m/s
② 약 3.2m/s
③ 약 3.6m/s
④ 약 4.4m/s

해설

$A_o = \dfrac{1}{0.21} \times (1.867 \times 0.86 + 5.6 \times 0.13 + 0.7 \times 0.01) \times 1,000 = 11,145.8(\text{Sm}^3/\text{h})$
$m = \dfrac{84.9}{84.9 - 3.76 \times (2 - 0.5 \times 0.1)} = 1.09$
$\therefore G_w = m \times A_o + 5.6H$
$= 1.09 \times 11,145.8 + 5.6 \times 0.13 \times 1,000$
$= 12,877(\text{Sm}^3/\text{h})$
$v = \dfrac{Q}{A} = \dfrac{12,877 \times \left(\dfrac{273+270}{273}\right)}{3 \times 3,600} = 2.37 \text{m/s}$

114 메테인 1mole이 공기비 1.2로 연소하고 있다면 등가비는 얼마인가?

① 0.63
② 0.83
③ 1.26
④ 1.62

해설 등가비(당량비) = $\dfrac{\text{연료 몰수}}{\text{공기 몰수}} = \dfrac{1}{m} = \dfrac{1}{1.2} = 0.83$

115 CO를 공기비 1.2로 완전 연소시킬 때 배출가스 중의 산소(%)는?

① 약 1.1%
② 약 1.8%
③ 약 3.5%
④ 약 5.2%

정답 110 ① 111 ③ 112 ② 113 ① 114 ② 115 ③

해설 $m = \dfrac{21}{21-O_2}$ 에서 $1.2 = \dfrac{21}{21-O_2}$

∴ $O_2 = 3.5\%$

116 프로페인을 공기비 1.4로 완전 연소할 때 건조연소가스 중의 CO_2(%)는?

① 9.6　　② 11.2
③ 13.4　　④ 15.1

해설 $G_d = mA_o - \sum \dfrac{y}{4} C_xH_y$ 에서

$A_o = \dfrac{5}{0.21} = 23.8 (Sm^3/Sm^3)$

∴ $G_d = 1.4 \times 23.8 - \dfrac{8}{4} = 31.32(Sm^3)$

건조연소가스 중의 CO_2(%) $= \dfrac{3}{31.32} \times 100 = 9.57\%$

실기 Check

117 탄소 87%, 수소 13%의 경유 1kg을 공기비 1.3으로 완전 연소시켰을 때, 실제건조연소가스 중 CO_2 농도(%)는?

① 10.1%　　② 11.7%
③ 12.9%　　④ 13.8%

해설

$A_o = \dfrac{1}{0.21} \times (1.867 \times 0.87 + 5.6 \times 0.13) = 11.2(Sm^3/kg)$

$G_d = mA_o - 5.6H = 1.3 \times 11.2 - 5.6 \times 0.13 = 13.83(Sm^3/kg)$

∴ 실제 건조연소가스 중 CO_2 농도(%)

$= \dfrac{1.867C}{G_d} = \dfrac{1.867 \times 0.87}{13.83} \times 100 = 11.74\%$

118 어떤 액체연료의 조성이 무게비로 탄소: 81.0%, 수소: 14.0%, 황: 2.0%, 산소: 3.0%인 연료가 있다. 이 연료 65kg을 완전 연소시킬 때 생성되는 이산화탄소(CO_2)의 양은?

① 154kg　　② 193kg
③ 223kg　　④ 258kg

해설 연료 65kg 중 탄소의 양 $= 65 \times 0.81 = 52.65(kg)$

$C + O_2 \rightarrow CO_2$
　12　　　44
　52.65　 x

∴ $x = \dfrac{44 \times 52.65}{12} = 193kg$

실기 Check

119 프로페인과 뷰테인이 용적비 3 : 2로 혼합된 가스 $1Sm^3$가 이론적으로 완전 연소할 때 발생하는 CO_2의 양(Sm^3)은?

① 2.7　　② 3.2
③ 3.4　　④ 3.9

해설

프로페인의 연소반응식: $C_3H_8 + 5O_2 \rightarrow 3CO_2 + 4H_2O$ 에서
$C_3H_8 : CO_2 = 1 : 3$

∴ 완전 연소할 때 발생하는 CO_2의 양(Sm^3)

$= 1Sm^3 \times \dfrac{3}{5} \times 3 = 1.8(Sm^3)$

뷰테인의 연소반응식: $C_4H_{10} + 6.5O_2 \rightarrow 4CO_2 + 5H_2O$ 에서
$C_4H_{10} : CO_2 = 1 : 4$

∴ 완전 연소할 때 발생하는 CO_2의 양(Sm^3)

$= 1Sm^3 \times \dfrac{2}{5} \times 4 = 1.6(Sm^3)$

∴ $1.8 + 1.6 = 3.4 Sm^3$

120 프로페인과 뷰테인이 용적비 4 : 1로 혼합된 가스 $1Sm^3$가 완전 연소할 때 발생하는 CO_2의 양(Sm^3)은?

① 2.7　　② 3.2
③ 3.7　　④ 3.9

정답 116 ①　117 ②　118 ②　119 ③　120 ②

해설

프로페인의 연소반응식: $C_3H_8+5O_2 \rightarrow 3CO_2+4H_2O$에서
$C_3H_8 : CO_2 = 1 : 3$
∴ 완전 연소할 때 발생하는 CO_2의 양(Sm^3)
$= 1Sm^3 \times \dfrac{4}{5} \times 3 = 2.4(Sm^3)$

뷰테인의 연소반응식: $C_4H_{10}+6.5O_2 \rightarrow 4CO_2+5H_2O$에서
$C_4H_{10} : CO_2 = 1 : 4$
∴ 완전 연소할 때 발생하는 CO_2의 양(Sm^3)
$= 1Sm^3 \times \dfrac{1}{5} \times 4 = 0.8(Sm^3)$
∴ $2.4+0.8 = 3.2(Sm^3)$

121 용적비로 Propane과 Butane이 1 : 3으로 혼합된 가스 $1Sm^3$를 완전 연소할 경우 발생되는 CO_2의 이론량(Sm^3)은?

① $3.75Sm^3$ ② $4.75Sm^3$
③ $5.75Sm^3$ ④ $6.75Sm^3$

해설

프로페인의 연소반응식: $C_3H_8+5O_2 \rightarrow 3CO_2+4H_2O$에서
$C_3H_8 : CO_2 = 1 : 3$
∴ 완전 연소할 때 발생하는 CO_2의 양(Sm^3)
$= 1Sm^3 \times \dfrac{1}{4} \times 3 = 0.75(Sm^3)$

뷰테인의 연소반응식: $C_4H_{10}+6.5O_2 \rightarrow 4CO_2+5H_2O$에서
$C_4H_{10} : CO_2 = 1 : 4$
∴ 완전 연소할 때 발생하는 CO_2의 양(Sm^3)
$= 1Sm^3 \times \dfrac{3}{4} \times 4 = 3(Sm^3)$
∴ $0.75+3 = 3.75(Sm^3)$

122 C 80%, H 20%로 구성된 액체 탄화수소의 연료 1kg을 완전 연소시킬 때 발생하는 CO_2의 부피(Sm^3)는?

① 1.2   ② 1.5
③ 2.6   ④ 2.9

해설 연료 1kg 중 탄소의 양 = $1 \times 0.8 = 0.8(kg)$
$C + O_2 \rightarrow CO_2$
12   22.4
0.8 x
∴ $x = \dfrac{22.4 \times 0.8}{12} = 1.5(Sm^3)$

123 어떤 액체연료의 조성이 무게비로 탄소 84.0%, 수소 11.0% 황 2.0%, 산소 3.0%인 연료가 있다. 이 연료 50kg을 완전 연소시킬 때 생성되는 이산화탄소(CO_2)의 양은?

① 154kg   ② 237kg
③ 270kg   ④ 308kg

해설 연료 50kg 중 탄소의 양 = $50 \times 0.84 = 42(kg)$
$C + O_2 \rightarrow CO_2$
12   44
42   x
∴ $x = \dfrac{44 \times 42}{12} = 154(kg)$

124 H_2 50%, CH_4 25%, CO_2 18%, O_2 7%로 조성된 기체연료를 이론공기량으로 완전 연소시켰다. 습배출가스 중 CO_2의 농도(%)는?

① 10.8%   ② 15.4%
③ 18.2%   ④ 21.6%

해설

$A_o = \dfrac{1}{0.21} \times (0.5 \times 0.5 + 2 \times 0.25 - 0.07) = 3.24(Sm^3/Sm^3)$

$G_{ow} = (1-0.21) \times A_o + CO_2 + H_2O$
$= (1-0.21) \times 3.24 + 0.5 + 0.25 + 2 \times 0.25 + 0.18$
$= 3.99(Sm^3/Sm^3)$

CO_2의 양 $= 1 \times 0.25 + 1 \times 0.18 = 0.43(Sm^3/Sm^3)$

∴ $CO_2(\%) = \dfrac{CO_2 \text{의 양}}{G_{ow}} \times 100 = \dfrac{0.43}{3.99} \times 100$
$= 10.78\%$

125 중유의 원소조성은 C: 88%, H: 12%이다. 이 중유를 완전 연소시킨 결과, 중유 1kg당 건조 배출 가스양이 15.8Nm³이었다면, 건조배출가스 중의 CO_2 농도(V/V%)는?

① 10.4%   ② 13.1%
③ 16.8%   ④ 19.5%

해설 건조배출가스 중의 CO_2 농도(V/V%)
$= \dfrac{1.867 \times C}{G_d} = \dfrac{1.867 \times 0.88}{15.8} \times 100 = 10.4\%$

실기 Check ✓

126 공기를 사용하여 Propane을 완전 연소시킬 때 건조연소가스 중의 $(CO_2)_{max}(\%)$는?

① 13.76   ② 17.76
③ 18.25   ④ 22.85

해설
$(CO_2)_{max} = \dfrac{CO + CO_2 + \sum x C_x H_y}{G_{od}} \times 100(\%)$ 에
서 $A_o = \dfrac{5}{0.21} = 23.81 (Sm^3/Sm^3)$
$G_{od} = A_o - \dfrac{y}{4} C_x H_y = 23.81 - \dfrac{8}{4} = 21.81 (Sm^3/Sm^3)$
$\therefore (CO_2)_{max} = \dfrac{3}{21.81} \times 100 = 13.76\%$

실기 Check ✓

127 일산화탄소의 이론적 완전 연소 시 $(CO_2)_{max}$(%)는?

① 34.7%   ② 37.7%
③ 39.5%   ④ 59.5%

해설 $A_o = \dfrac{0.5}{0.21} = 2.38 (Sm^3/Sm^3)$
$G_{od} = A_o + \dfrac{1}{2} CO = 2.38 + 0.5 = 2.88 (Sm^3/Sm^3)$
$\therefore (CO_2)_{max} = \dfrac{1}{2.88} \times 100 = 34.7\%$

128 탄소 85%, 수소 15%의 구성비를 갖는 중유를 연소할 때 $(CO_2)_{max}(\%)$는? (단, 공기비는 1.1이다.)

① 11.6%   ② 13.4%
③ 14.8%   ④ 16.4%

해설
$A_o = \dfrac{1}{0.21} \times (1.867 \times 0.85 + 5.6 \times 0.15) = 11.56 (Sm^3/kg)$
$G_{od} = A_o - 5.6H = 11.56 - 5.6 \times 0.15 = 10.72 (Sm^3/kg)$
$\therefore (CO_2)_{max} = \dfrac{1.867 \times 0.85}{10.72} \times 100 = 14.8\%$

129 C=87(중량%), H=10(중량%), S=3(중량%)인 중유의 $(CO_2)_{max}(\%)$는 몇 %인가? (단, 표준상태, 건조가스 기준)

① 약 32.3   ② 약 27.3
③ 약 20.3   ④ 약 16.3

해설
$A_o = \dfrac{1}{0.21} \times (1.867 \times 0.87 + 5.6 \times 0.1 + 0.7 \times 0.03)$
$= 10.5 (Sm^3/kg)$
$G_{od} = A_o - 5.6H = 10.5 - 5.6 \times 0.1 = 9.94 (Sm^3/kg)$
$\therefore (CO_2)_{max} = \dfrac{1.867 \times 0.87}{9.94} \times 100 = 16.34\%$

130 배출가스 분석 결과 CO_2=15.6%, O_2=5.8%, N_2=78.6%, CO=0.0%일 때 $(CO_2)_{max}(\%)$와 공기 과잉계수 m으로 옳게 짝지어진 것은?

① $(CO_2)_{max}$: 19.5, m : 1.25
② $(CO_2)_{max}$: 20.9, m : 1.34
③ $(CO_2)_{max}$: 21.5, m : 1.38
④ $(CO_2)_{max}$: 22.2, m : 1.41

해설 $m = \dfrac{78.6}{78.6 - 3.76 \times 5.8} = 1.38$
$(CO_2)_{max} = m \times (CO_2) = 1.38 \times 15.6 = 21.5$

정답 125 ① 126 ① 127 ① 128 ③ 129 ④ 130 ③

131 연소가스 분석결과 CO_2 15%, O_2 7%일 때 $(CO_2)_{max}$(%)는?

① 11.5% ② 16.5%
③ 22.5% ④ 33.5%

[해설]

$$(CO_2)_{max} = \frac{0.21 \times CO_2}{0.21 - O_2} \times 100 = \frac{0.21 \times 0.15}{0.21 - 0.07}$$
$$= 22.5\%$$

132 순수한 탄소가 완전 연소해서 생기는 $(CO_2)_{max}$(%)는?

① 약 12% ② 약 17%
③ 약 21% ④ 약 34%

[해설]

$$A_o = \frac{1.867 \times 1}{0.21} = 8.89 (Sm^3/kg)$$

$$\therefore (CO_2)_{max} = \frac{1.867}{8.89} \times 100 = 21\%$$

133 연소가스 분석결과가 $(CO_2)_{max}$(%)=20%, CO_2=15%, CO=5%일 때 연소가스 중의 O_2는 몇 %인가?

① 2.5% ② 5.0%
③ 7.5% ④ 10.5%

[해설]

$$(CO_2)_{max} = \frac{0.21 \times (CO_2 + CO)}{0.21 - \left(O_2 - \frac{1}{2}CO\right)} \times 100(\%) \text{에서}$$

$$20 = \frac{0.21 \times (15 + 5)}{0.21 - (O_2 - 0.5 \times 5)}$$

$$\therefore O_2 = 2.5\%$$

134 배출가스 중에 일산화탄소가 전혀 없는 완전 연소가 일어나고, 이때 공기비가 2.0이라면 배출가스 중의 산소량(O_2)은 몇 %인가?

① 7.5% ② 9.5%
③ 10.5% ④ 12.5%

[해설] $(CO_2)_{max} = \frac{21 \times (CO_2)}{21 - (O_2)}(\%)$ 에서

$m = \frac{(CO_2)_{max}}{CO_2}$ 이므로 $2.0 = \frac{21}{21 - O_2}$

$\therefore O_2 = 10.5\%$

135 CH_4의 최대탄산가스율(%)은? (단, CH_4는 완전 연소함.)

① 11.7 ② 21.8
③ 34.5 ④ 40.5

[해설]

$$(CO_2)_{max} = \frac{CO + CO_2 + \sum xC_xH_y}{G_{od}} \times 100(\%) \text{에서}$$

$$A_o = \frac{2}{0.21} = 9.52(Sm^3/Sm^3)$$

$$G_{od} = A_o - \frac{y}{4}C_xH_y = 9.52 - \frac{4}{4} = 8.52(Sm^3/Sm^3)$$

$$\therefore (CO_2)_{max} = \frac{1}{8.52} \times 100 = 11.74\%$$

136 내용적 160m³의 밀폐된 실내에서 뷰테인 2.23kg을 완전 연소 시 실내의 산소농도(V/V%)는? (단, 표준상태이고, 기타조건은 무시하며, 공기 중 용적산소비율은 21%이다.)

① 15.6% ② 17.5%
③ 19.4% ④ 20.8%

[계산형 빈출문제]

해설 연소 전 실내에 존재하는 산소량은 160×0.21=33.6(m³)
뷰테인의 연소반응식: $C_4H_{10} + 6.5O_2 \rightarrow 4CO_2 + 5H_2O$
에서 뷰테인 1kg을 완전 연소 시 소모되는 산소량은
$\dfrac{6.5 \times 22.4 \times 2.23}{58} = 5.6(m^3/kg)$
연소 후 실내 산소량=33.6−5.6=28(m³)
∴ 실내에서 뷰테인 1kg을 완전 연소 시 실내의 산소농도(V/V%)
$= \dfrac{28}{160} \times 100 = 17.5\%$

137 질소 및 산소를 포함하지 않은 액체연료의 이론건배출가스양 G_o(Sm³/kg)와 이론공기량 A_o의 관계로 옳은 것은? (단, h는 연료 중의 수소의 중량분율이다.)

① $G_o = A_o - 8.2h$
② $G_o = A_o - 5.6h$
③ $G_o = A_o - 4.5h$
④ $G_o = A_o - 3.7h$

해설 고체 및 액체연료의 이론건조연소가스양
$G_o = A_o - 5.6h + 0.7o + 0.8n$에서 질소와 산소가 없으므로 $G_o = A_o - 5.6h$가 된다.

138 CO 20%, CO₂ 20%, N₂ 60%로 구성된 고로가스의 이론건조연소가스양(Sm³/Sm³)은? (단, 부피기준)

① 1.376 ② 1.567
③ 1.878 ④ 2.105

해설 고로 가스 중 가연성분은 CO 20%이므로
$CO + \dfrac{1}{2}O_2 + \dfrac{1}{2} \times 3.76 N_2 \rightarrow CO_2 + \dfrac{1}{2} \times 3.76 N_2$
$G_{od} = \left(1 + \dfrac{1}{2} \times 3.76\right) \times 0.2 + 0.2 + 0.6 = 1.376 Sm^3/Sm^3$

139 배출가스 중 일산화탄소가 전혀 없는 완전연소가 일어나고 이때 공기비가 1.6이라면 배출가스 중의 산소량은?

① 7.9% ② 11.6%
③ 13.5% ④ 15.8%

해설
$(CO_2)_{max} = \dfrac{21 \times (CO_2)}{21 - (O_2)}(\%)$에서
$m = \dfrac{(CO_2)_{max}}{CO_2}$ 이므로 $1.6 = \dfrac{21}{21 - O_2}$
∴ $O_2 = 7.875\%$

140 프로페인(C_3H_8)의 이론건조연소가스양(Sm³/Sm³)은?

① 14.8 ② 16.8
③ 18.8 ④ 21.8

해설 프로페인(C_3H_8)의 연소 반응식
$C_3H_8 + 5O_2 + (3.76 \times 5)N_2$
$\rightarrow 3CO_2 + 4H_2O + 18.8N_2$에서
$G_{od} = 3 + 18.8 = 21.8 Sm^3/Sm^3$

실기 Check

141 프로페인 1.5m³를 연소시킬 때 이론건조연소가스양(Sm³)은?

① 21.8 ② 32.7
③ 47.6 ④ 58.8

해설 프로페인(C_3H_8)의 연소 반응식
$C_3H_8 + 5O_2 + (3.76 \times 5)N_2$
$\rightarrow 3CO_2 + 4H_2O + 18.8N_2$에서
$G_{od} = (3 + 18.8) \times 1.5 = 32.7 Sm^3/Sm^3$

정답 137 ② 138 ① 139 ① 140 ④ 141 ②

Chapter 2. 연소계산

142 에테인의 이론건조연소가스양(Sm^3/Sm^3)은?

① 15.2 ② 16.7
③ 18.8 ④ 21.8

해설 에테인의 연소반응식:
$C_2H_6 + 3.5\,O_2 + (3.76 \times 3.5)N_2$
$\rightarrow 2\,CO_2 + 3\,H_2O + 13.16\,N_2$
$G_{od} = 2 + 13.16 = 15.16\,Sm^3/Sm^3$

143 메테인가스 $1m^3$가 완전 연소할 때 발생하는 이론건조연소가스양은 몇 m^3인가? (단, 표준상태 기준)

① 4.8   ② 6.5
③ 8.5   ④ 10.8

해설 메테인의 연소반응식:
$CH_4 + 2\,O_2 + (3.76 \times 2)N_2$
$\rightarrow CO_2 + 2\,H_2O + 7.52\,N_2$
$G_{od} = 1 + 7.52 = 8.52\,Sm^3/Sm^3$

144 C: 85%, H: 10%, O: 2%, S: 2%, N: 1%로 구성된 중유 1kg을 완전 연소시킨 후 오르자트 분석 결과 연소가스 중의 O_2 농도는 5.0%였다. 건조연소가스양(Sm^3/kg)은?

① 8.9   ② 10.9
③ 12.9 ④ 15.9

해설 $G_d = mA_o - 5.6H + 0.7O + 0.8N$에서
공기비, $m = \dfrac{21}{21-O_2} = \dfrac{21}{21-5} = 1.31$
$A_o = \dfrac{1}{0.21} \times \left[1.867 \times 0.85 + 5.6 \times \left(0.1 - \dfrac{0.02}{8}\right) + 0.7 \times 0.02 \right]$
$= 10.22\,Sm^3/kg$
$\therefore G_d = 1.31 \times 10.22 - 5.6 \times 0.1 + 0.7 \times 0.02 + 0.8 \times 0.01$
$= 12.85\,Sm^3/kg$

145 프로페인과 뷰테인의 부피를 1:1로 혼합한 연료를 완전 연소한 결과 건조연소가스 내의 CO_2 농도가 10%라면 이 연료 $3m^3$를 완전 연소할 때 생성되는 건조연소가스양(Sm^3)은?

① 195   ② 175
③ 125   ④ 105

해설 연소반응식
$C_3H_8 + 5\,O_2 \rightarrow 3\,CO_2 + 4\,H_2O$
$C_4H_{10} + 6.5\,O_2 \rightarrow 4\,CO_2 + 5\,H_2O$
$0.5Sm^3 \quad 1.5Sm^3 \quad\quad 0.5Sm^3 \quad 2Sm^3$
$CO_2\% = \dfrac{CO_2\,양}{G_d} \times 100$에서 $10\% = \dfrac{1.5+2}{G_d} \times 100$
$\therefore G_d = 35\,Sm^3/Sm^3 \times 3m^3 = 105\,Sm^3$

146 프로페인 $1Sm^3$을 공기비 1.2로 완전 연소시킬 경우, 발생되는 건조연소가스양(Sm^3)은?

① 26.6 ② 31.4
③ 38.9 ④ 43.7

해설 연소반응식
$C_3H_8 + 5\,O_2 \rightarrow 3\,CO_2 + 4\,H_2O$에서
$A_o = \dfrac{5}{0.21} = 23.8(Sm^3/Sm^3)$
$G_d = mA_o - \dfrac{y}{4}C_xH_y = 1.2 \times 23.8 - \dfrac{8}{4}$
$= 26.6\,Sm^3/Sm^3$

147 중유 조성이 탄소 87%, 수소 11%, 황 2%였다면, 이 중유 연소에 필요한 이론습연소가스양(Sm^3/kg)은?

① 9.63   ② 11.35
③ 12.96 ④ 13.62

해설

$G_{ow} = A_o + 5.6H + 0.7O + 0.8N + 1.244W$에서

$A_o = \dfrac{1}{0.21} \times (1.867 \times 0.87 + 5.6 \times 0.11 + 0.7 \times 0.02)$

$\quad = 10.73 \text{Sm}^3/\text{kg}$

$G_{ow} = 10.73 + 5.6 \times 0.11 = 11.35 \text{Sm}^3/\text{kg}$

148 다음 수식은 무엇을 산출하기 위한 식인가?

$$G = (m-1)A_o + 5.6H + 0.7O + 0.8N + 1.244W$$

① 기체연료의 실제습연소가스양(Sm^3/Sm^3)
② 고체 및 액체연료의 실제습연소가스양(Sm^3/kg)
③ 기체연료의 실제건연소가스양(Sm^3/Sm^3)
④ 고체 및 액체연료의 실제건연소가스양(Sm^3/kg)

해설 고체 및 액체연료의 실제습연소가스양

$G_w = (m-1) \times A_o + 5.6H + 0.7O + 0.8N + 1.244W$

여기서, W: 연료 중 수분 함량(%)이다.

149 메테인(CH_4) 3.0Sm^3을 완전 연소시킬 때 발생되는 이론습연소가스양(Sm^3)은?

① 25.6   ② 28.6
③ 31.6   ④ 34.6

해설 메테인의 연소반응식:

$CH_4 + 2O_2 \rightarrow CO_2 + 2H_2O$

$G_{ow} = \left(\dfrac{2}{0.21} + \dfrac{4}{4}\right) \times 3.0 = 31.6 \text{Sm}^3$

150 어떤 기체연료 2m^3을 분석한 결과 C_3H_8 1.7m^3, CO 0.15m^3, H_2 0.14m^3, O_2 0.01m^3였다면 이 연료를 연소시켰을 때 생성되는 이론습연소가스양(Sm^3/Sm^3)은?

① 41.2   ② 44.7
③ 52.2   ④ 56.4

해설

$A_o = \dfrac{1}{0.21}(0.5 \times 0.15 + 0.5 \times 0.14 + 5 \times 1.7 - 0.01)$

$\quad = 41.1 \text{Sm}^3/\text{Sm}^3$

$G_{ow} = 41.4 + \dfrac{1}{2}(0.15 + 0.14) + \dfrac{8}{4} \times 1.7 + 0.01$

$\quad = 44.7 \text{Sm}^3/\text{Sm}^3$

151 중유를 원소분석하였더니 C: 85%, H: 7%, S: 3.2%, N: 3.1%, H_2O: 1.7%였다면 이론습연소가스양(Sm^3/kg)은?

① 10   ② 12
③ 14   ④ 16

해설

$A_o = \dfrac{1}{0.21}(1.867 \times 0.85 + 5.6 \times 0.07 + 0.7 \times 0.032)$

$\quad = 9.53 \text{Sm}^3/\text{kg}$

$G_{ow} = 9.53 + 5.6 \times 0.07 + 0.8 \times 0.031 + 1.244 \times 0.017$

$\quad = 9.97 \text{Sm}^3/\text{kg}$

152 중유 조성이 탄소 87%, 수소 11%, 황 2%였다면, 중유 연소에 필요한 이론습연소가스양(Sm^3/kg)은?

① 9.63   ② 11.35
③ 12.96 ④ 13.62

해설

$A_o = \dfrac{1}{0.21}(1.867 \times 0.87 + 5.6 \times 0.11 + 0.7 \times 0.02)$

$\quad = 10.73 \text{Sm}^3/\text{kg}$

$G_{ow} = 10.73 + 5.6 \times 0.11 = 11.35 \text{Sm}^3/\text{kg}$

정답 148 ② 149 ③ 150 ② 151 ① 152 ②

153 연료 중 질소와 산소를 포함하지 않는 액체 및 고체연료의 이론건조배출가스양 G_{od}와 이론공기량 A_o의 관계식으로 옳은 것은?

① $G_{od} = A_o + 5.6H$
② $G_{od} = A_o - 5.6H$
③ $G_{od} = A_o + 11.2H$
④ $G_{od} = A_o - 11.2H$

해설
이론 건조연소가스양, $G_{od} = A_o - 5.6H$
이론 습연소가스양, $G_{ow} = A_o + 5.6H$

---

154 저위발열량 11,000kcal/kg인 중유를 완전 연소시키는 데 필요한 이론습연소가스양(Sm³/kg)은? (단, 표준상태 기준, Rosin의 식 적용)

① 약 8.1
② 약 10.2
③ 약 12.2
④ 약 14.2

해설 액체연료(중유)의 저위발열량(H_L)과 이론 습연소가스양(G_{ow})의 관계식(Rosin 식)

$$G_{ow} = \frac{1.11 \times H_L}{1,000} = \frac{1.11 \times 11,000}{1,000}$$
$$= 12.21 \mathrm{Sm^3/kg}$$

---

155 저위발열량 11,500kcal/kg인 중유를 연소시키는 데 필요한 이론공기량은? (단, Rosin 식 이용)

① $9.8\mathrm{Sm^3/kg}$
② $11.8\mathrm{Sm^3/kg}$
③ $14.2\mathrm{Sm^3/kg}$
④ $17.8\mathrm{Sm^3/kg}$

해설 액체연료(중유)의 저위발열량(H_L)과 이론공기량(A_o)의 관계식(Rosin 식)

$$A_o = \frac{0.85 \times H_L}{1,000} + 2.0 = \frac{0.85 \times 11,500}{1,000} + 2.0$$
$$= 11.78 \, (\mathrm{Sm^3/kg})$$

---

156 프로페인 2kg을 공기과잉계수 1.31로 완전 연소시킬 때 발생하는 습연소가스양(kg)은?

① 약 24
② 약 32
③ 약 38
④ 약 43

해설 연소반응식
$$\mathrm{C_3H_8} + 5\,\mathrm{O_2} \rightarrow 3\,\mathrm{CO_2} + 4\,\mathrm{H_2O}$$
$$\begin{array}{cc} 44 & 5\times 32 \\ 3 & x \end{array}$$

$$\therefore A_o = \frac{1}{0.232} \times \left(\frac{5 \times 32 \times 2}{44}\right) = 31.35 \, (\mathrm{kg/kg})$$

$$G_w = mA_o + \frac{y}{4}\mathrm{C_xH_y} = 1.31 \times 31.35 + \frac{8}{4}$$
$$= 43 \mathrm{kg/kg}$$

---

157 프로페인 1Sm³을 공기비 1.4로 완전 연소시킬 때 실제습연소가스양(Sm³)은?

① 25.8
② 28.8
③ 32.1
④ 35.3

해설 연소반응식
$$\mathrm{C_3H_8} + 5\,\mathrm{O_2} \rightarrow 3\,\mathrm{CO_2} + 4\,\mathrm{H_2O} \text{에서}$$
$$A_o = \frac{5}{0.21} = 23.8 \mathrm{Sm^3/Sm^3}$$

$$G_w = mA_o + \frac{y}{4}\mathrm{C_xH_y} = 1.4 \times 23.8 + \frac{8}{4}$$
$$= 35.32 \mathrm{Sm^3/Sm^3}$$

---

158 메테인 1Sm³를 공기과잉계수 1.4로 연소시킬 경우 습윤연소가스양(Sm³)은?

① 8.3
② 10.3
③ 12.3
④ 14.3

해설 메테인의 연소반응식
$$\mathrm{CH_4} + 2\,\mathrm{O_2} \rightarrow \mathrm{CO_2} + 2\,\mathrm{H_2O}$$
$$A_o = \frac{2}{0.21} = 9.52 \mathrm{Sm^3/Sm^3}$$

$$G_w = mA_o + \frac{y}{4}\mathrm{C_xH_y} = 1.4 \times 9.52 + \frac{4}{4}$$
$$= 14.3 \mathrm{Sm^3/Sm^3}$$

159 C: 85%, H: 10%, O: 3%, S: 2%의 무게비로 구성된 액체연료를 1.3의 공기비로 완전 연소할 때 발생하는 실제습연소가스양(Sm³/kg)은?

① 8.6 ② 9.8
③ 10.4 ④ 13.8

해설

$$A_o = \frac{1}{0.21}\left[1.867 \times 0.85 + 5.6 \times \left(0.1 - \frac{0.03}{8}\right) + 0.7 \times 0.02\right]$$
$$= 10.19 \text{Sm}^3/\text{kg}$$
$$G_w = mA_o + 5.6H + 0.7O$$
$$= 1.3 \times 10.19 + 5.6 \times 0.1 + 0.7 \times 0.03$$
$$= 13.82 \text{Sm}^3/\text{kg}$$

실기 Check ✓

160 CH_4 0.5Sm³, C_2H_6 0.5Sm³를 $m=1.3$으로 연소시킬 경우 실제습연소가스양(Sm³/Sm³)은?

① 14.3 ② 18.3
③ 24.1 ④ 28.2

해설

- 메테인의 연소반응식
  $CH_4 + 2O_2 \rightarrow CO_2 + 2H_2O$
- 에테인의 연소반응식
  $C_2H_6 + 3.5O_2 \rightarrow 2CO_2 + 3H_2O$

$$A_o = \frac{1}{0.21}(2 \times 0.5 + 3.5 \times 0.5) = 13.1 \text{Sm}^3/\text{Sm}^3$$
$$G_w = mA_o + \sum \frac{y}{4}C_xH_y$$
$$= 1.3 \times 13.1 + 0.5 \times \left(\frac{4}{4} + \frac{6}{4}\right)$$
$$= 18.28 \text{Sm}^3/\text{Sm}^3$$

161 연소가스 중의 수분을 측정하였더니 건조가스 1Sm³당 100g이었다. 건조가스에 대한 수증기의 용량비는? (단, Sm³수증기/Sm³건조가스)

① 12.4% ② 18.5%
③ 20.4% ④ 22.4%

해설 건조가스에 대한 수증기의 용량비(%)

$$X_w = \frac{\text{수증기의 체적}}{\text{건조가스양}} \times 100$$
$$= \frac{\frac{22.4}{18} \times 100}{1,000} \times 100 = 12.4\%$$

162 C 84%, H 13%, S 2%, N 1%의 중유를 1kg당 14Sm³의 공기로 완전 연소시킨 경우 실제습배출가스 중 SO_2는 몇 ppm(용량비)이 되는가? (단, 중유 중의 황은 모두 SO_2가 되는 것으로 가정한다.)

① 약 2,000ppm ② 약 1,800ppm
③ 약 1,120ppm ④ 약 950ppm

해설

$$G_w = 14 + 5.6 \times 0.13 + 0.8 \times 0.01 = 14.74 (\text{Sm}^3/\text{kg})$$
$$SO_2(\text{ppm}) \frac{0.7 \times S}{G_w} \times 10^6 = \frac{0.7 \times 0.02}{14.74} \times 10^6$$
$$= 950 \text{ppm}$$

163 C, H, S의 중량비가 각각 85%, 13%, 2%인 중유를 공기비 1.2로 완전 연소시킬 때 발생되는 건조연소가스 중 SO_2의 농도(ppm)는? (단, 중유 중 S 성분은 모두 SO_2로 된다.)

① 856ppm ② 996ppm
③ 1,113ppm ④ 1,358ppm

해설

$$A_o = \frac{1}{0.21} \times (1.867 \times 0.85 + 5.6 \times 0.13 + 0.7 \times 0.02)$$
$$= 11.09 \text{Sm}^3/\text{kg}$$
$$G_d = mA_o - 5.6H = 1.2 \times 11.09 - 5.6 \times 0.13$$
$$= 12.58 \text{Sm}^3/\text{kg}$$
$$SO_2 \text{의 농도(ppm)} = \frac{0.7 \times S}{G_d} \times 10^6 = \frac{0.7 \times 0.02}{12.58} \times 10^6$$
$$= 1,113 \text{ppm}$$

정답 159 ④ 160 ② 161 ① 162 ④ 163 ③

164 탄소 85%, 수소 12%, 황 3%인 중유 1kg을 연소하여 그 연소가스를 분석한 결과 (CO_2+SO_2) 13%, O_2 3%, CO 0%일 때 SO_2 농도는? (단, 건조 연소가스 기준)

① 약 800ppm   ② 약 1,800ppm
③ 약 2,800ppm   ④ 약 3,600ppm

해설

$A_o = \dfrac{1}{0.21} \times (1.867 \times 0.85 + 5.6 \times 0.12 + 0.7 \times 0.03)$
$= 10.86 \text{Sm}^3/\text{kg}$

연소가스 중 $N_2 = 100-(13+3) = 84\%$

$\therefore m = \dfrac{84}{84-3.76\times 3} = 1.16$

$G_d = mA_o - 5.6H = 1.086 \times 1.16 - 5.6 \times 0.12$
$= 11.93 \text{Sm}^3/\text{kg}$

$\therefore SO_2$의 농도(ppm) $= \dfrac{0.7 \times S}{G_d} \times 10^6$
$= \dfrac{0.7 \times 0.03}{11.93} \times 10^6 = 1,760\text{ppm}$

165 C=82%, H=14%, S=3%, N=1%로 조성된 중유를 12(Sm³공기/kg중유)로 완전 연소했을 때 습윤 배출가스 중 SO_2는 약 몇 ppm인가? (단, 중유 중 황분은 모두 SO_2로 된다.)

① 1,400   ② 1,640
③ 1,900   ④ 2,260

해설

$G_w = mA_o + 5.6H + 0.8N = 12 + 5.6 \times 0.14 + 0.8 \times 0.01$
$= 12.79(\text{Sm}^3/\text{kg})$

SO_2의 농도(ppm) $= \dfrac{0.7 \times S}{G_w} \times 10^6 = \dfrac{0.7 \times 0.03}{12.79} \times 10^6$
$= 1,642\text{ppm}$

166 탄소 86%, 수소 13%, 황 1%의 중유를 연소하여 배출가스를 분석했더니 (CO_2+SO_2)가 13%, O_2가 3%, CO가 0.5%였다. 건조연소가스 중의 SO_2 농도는? (단, 표준상태 기준)

① 약 590ppm   ② 약 970ppm
③ 약 1,120ppm   ④ 약 1,480ppm

해설

$A_o = \dfrac{1}{0.21} \times (1.867 \times 0.86 + 5.6 \times 0.13 + 0.7 \times 0.01)$
$= 11.15 \text{Sm}^3/\text{kg}$

연소가스 중 $N_2 = 100-(13+3+0.5) = 83.5\%$

$\therefore m = \dfrac{83.5}{83.5 - 3.76 \times (3-0.5\times 0.5)} = 1.14$

$G_d = mA_o - 5.6H = 11.15 \times 1.14 - 5.6 \times 0.13$
$= 11.98 \text{Sm}^3/\text{kg}$

$\therefore SO_2$의 농도(ppm)
$= \dfrac{0.7 \times S}{G_d} \times 10^6 = \dfrac{0.7 \times 0.01}{11.98} \times 10^6 = 584\text{ppm}$

167 벙커C유에 3.9%의 S 성분이 함유되어 있을 때 건조연소가스양 중의 SO_2 양(%)은? (단, 공기비 1.3, 이론공기량 11.09Sm³/kg-oil이고, 연료 중의 황 성분은 완전 연소되어 SO_2로 된다.)

① 약 0.13%   ② 약 0.19%
③ 약 0.24%   ④ 약 0.36%

해설

SO_2의 농도(ppm) $= \dfrac{0.7 \times S}{G_d} \times 10^6 = \dfrac{0.7 \times 0.039}{11.09 \times 1.3} \times 10^2$
$= 0.19\%$

168 탄소 84.0%, 수소 13.0%, 황 2.0%, 질소 1.0%의 조성을 가진 중유 1kg당 15Sm³의 공기로 완전 연소할 경우 습배출가스 중 SO_2의 농도(ppm)는? (단, 표준상태기준, 중유 중의 황성분은 모두 SO_2로 된다.)

① 약 680ppm   ② 약 735ppm
③ 약 800ppm   ④ 약 890ppm

해설

$G_w = mA_o + 5.6H + 0.8N = 15 + 5.6 \times 0.13 + 0.8 \times 0.01$
$= 15.74 \, Sm^3/kg$

SO_2의 농도(ppm) $= \dfrac{0.7 \times S}{G_w} \times 10^6 = \dfrac{0.7 \times 0.02}{15.74} \times 10^6$
$= 890 \, ppm$

---

169 연료 중 황 함량이 3%인 중유를 연소시킨 후 이 연소 배출가스 중의 황산화물을 제거하기 위하여 배연탈황장치를 사용하고 있다. 배연탈황장치의 성능은 배출가스 중 SO_3 100%와 SO_2 80%를 제거할 수 있다. 탈황 후의 연소 배출가스 중의 SO_2 농도(ppm)는? (단, 연소 배출가스양은 $15 Sm^3/kg$, 연료 중 황의 5%는 SO_3로 되고, 나머지는 SO_2로 산화된다.)

① 266 ② 324
③ 358 ④ 495

해설

연료 중 SO_2가 되는 S의 양 $= 0.03 - 0.03 \times 0.05 = 0.0285 \, kg$
∴ SO_2 농도(ppm)
$= \dfrac{0.7S}{15} \times 10^6$
$= \dfrac{0.7 \times (0.0285 - 0.0285 \times 0.8)}{15} \times 10^6$
$= 266 \, ppm$

---

170 A 연소시설에서 연료 중 수소를 10% 함유하는 중유를 연소시킨 결과 건조연소가스 중의 SO_2 농도가 600ppm이었다. 건조연소가스양이 $13 Sm^3/kg$이라면 실제습배가스양 중 SO_2 농도(ppm)는?

① 약 350 ② 약 450
③ 약 550 ④ 약 650

해설

$600 = \dfrac{0.7S}{13} \times 10^6$에서 $S = 1.11\%$

$G_w = mA_o + 5.6H$와 $G_d = mA_o - 5.6H$에서
$G_w = G_d + 11.2H = 13 \times 11.2 \times 0.1 = 14.12 \, (Sm^3/kg)$
∴ 실제습배가스양 중 SO_2 농도(ppm)
$= \dfrac{0.7 \times 0.0111}{14.12} \times 10^6 = 550 \, (ppm)$

실기 Check ✓

171 탄소 86%, 수소 14%로 구성된 경유 1kg을 공기비 1.2로 연소시킨다. 이때 2%의 탄소가 불완전 연소로 인해 먼지로 발생된다면 건조연소가스 중 먼지의 농도(g/Sm^3)는?

① 약 0.9 ② 약 1.3
③ 약 2.2 ④ 약 3.1

해설

$A_o = \dfrac{1}{0.21} \times (1.867 \times 0.86 + 5.6 \times 0.14) = 11.38 \, Sm^3/kg$
$G_d = mA_o - 5.6H = 1.2 \times 11.38 - 5.6 \times 0.14 = 12.87 \, Sm^3/kg$
∴ 건조연소가스 중 먼지의 농도(g/Sm^3)
$= \dfrac{0.86 \times 0.02 \times 1,000}{12.87} = 1.34 \, g/Sm^3$

---

172 C 85%, H 11%, S 2%, 회분 2%의 무게비로 구성된 B-C유 1kg을 공기비 1.3으로 완전 연소시킬 때, 건조 배출가스 중의 먼지 농도(g/Sm^3)는? (단, 모든 회분 성분은 먼지가 됨.)

① 0.82 ② 1.53
③ 5.77 ④ 10.23

해설

$A_o = \dfrac{1}{0.21} \times (1.867 \times 0.85 + 5.6 \times 0.11 + 0.7 \times 0.02)$
$= 10.56 \, Sm^3/kg$
$G_d = mA_o - 5.6H = 1.3 \times 10.56 - 5.6 \times 0.11 = 13.11 \, (Sm^3/kg)$
∴ 건조연소가스 중 먼지의 농도(g/Sm^3)
$= \dfrac{0.02 \times 1,000}{13.11} = 1.53 \, g/Sm^3$

정답 169 ① 170 ③ 171 ② 172 ②

173 탄소 85%, 수소 15% 된 경유를 공기과잉계수 1.1로 연소했더니 탄소 1%가 검댕(그을음)으로 된다. 건조배출가스 1Sm³ 중 검댕의 농도(g/Sm³)는?

① 약 0.72 ② 약 0.86
③ 약 1.72 ④ 약 1.86

해설

$A_o = \dfrac{1}{0.21} \times (1.867 \times 0.85 + 5.6 \times 0.15)$
　　$= 11.56(Sm^3/kg)$
$G_d = mA_o - 5.6H = 1.1 \times 11.56 - 5.6 \times 0.15 = 11.88(Sm^3/kg)$

∴ 건조연소가스 중 먼지의 농도(g/Sm³)

$= \dfrac{0.85 \times 0.01 \times 1,000}{11.88} = 0.72 g/Sm^3$

174 질소분 1%(질량)의 C_nH_{2n}형의 연료를 당량비 1에서 공기와 연소시킨 경우에 발생하는 NO의 체적비율(몰분율)은? (단, 연료 내 질소분은 모두 NO에 전환된다고 하고 공기 중 질소에 의해 생성되는 열생성 NO는 고려하지 않는다.)

① 1,300ppm ② 2,600ppm
③ 1,800ppm ④ 3,600ppm

해설

$C_nH_{2n} + \left(n + \dfrac{n}{2}\right)O_2 + 3.76 \times \left(n + \dfrac{n}{2}\right)N_2$
$\rightarrow nCO_2 + nH_2O + 3.76 \times \left(n + \dfrac{n}{2}\right)N_2$

∴ NO의 체적비율(몰분율)

$= \dfrac{0.01n \times 10^6}{(n + n + 5.64n)} = 1,309 ppm$

175 1일 3L의 휘발유를 소비하는 자동차 10만대에서 배출되는 배출가스로 인하여 가로수와 건물에 피해를 주고 있다. 그 피해액은 소비되는 공기량 1m³당 1원이라면 1일 피해액은 얼마인가?

(단, 휘발유의 비중은 0.7, 휘발유의 연소에는 그 3배 중량산소가 필요하다. 공기밀도는 1.2mg/mL)

① 1.2×10^5원 ② 1.8×10^5원
③ 2.1×10^6원 ④ 2.5×10^6원

해설 1일 피해액

$= \dfrac{3L/일 \cdot 대 \times 0.7kg/L \times 3 \times 10^5 대}{0.21 \times 1.2 kg/m^3} \times 1원/m^3$
$= 2,500,000원/일$

176 수소 20%, 수분 20%인 액체연료의 고위발열량이 10,000kcal/kg일 때, 저위발열량(kcal/kg)은?

① 8,800 ② 9,120
③ 9,300 ④ 9,520

해설 저위발열량

$H_L = H_h - 600 \times (9H + W)$
　　$= 10,000 - 600 \times (9 \times 0.2 + 0.2)$
　　$= 8,800 kcal/kg$

177 기체연료 중 연소하여 수분을 생성하는 H_2와 C_xH_y 연소반응의 발열량 산출식에서 아래의 480이 의미하는 것은?

$$H_L = H_h - 480\left(H_2 + \sum \dfrac{y}{2} C_xH_y\right)(kcal/Sm^3)$$

① H_2O 1kg의 증발잠열
② H_2 1kg의 증발잠열
③ H_2O $1Sm^3$의 증발잠열
④ H_2 $1Sm^3$의 증발잠열

해설 H_2O $1Sm^3$의 증발잠열(H_s)

$= 596 kcal/kg \times \dfrac{18kg}{22.4 Sm^3} ≒ 480 kcal/Sm^3$

정답 173 ① 174 ① 175 ④ 176 ① 177 ③

178 프로페인의 고발열량이 20,000kcal/Sm³이라면 저발열량(kcal/Sm³)은?

① 17,240　　② 17,820
③ 18,080　　④ 18,430

해설 프로페인의 분자식이 C_3H_8이므로
$$H_L = H_h - 480 \times \left(H_2 + \sum \frac{y}{2} C_x H_y\right)$$
$$= 20,000 - 480 \times \frac{8}{2} = 18,080 \text{kcal/Sm}^3$$

179 중유 1kg 속에 H 13%, 수분 0.7%가 포함되어 있다. 이 중유의 고위발열량이 5,000kcal/kg일 때 이 중유의 저위발열량(kcal/kg)은?

① 4,126　　② 4,294
③ 4,365　　④ 4,926

해설 저위발열량
$$H_L = H_h - 600 \times (9H + W)$$
$$= 5,000 - 600 \times (9 \times 0.13 + 0.007) = 4,294 \text{kcal/kg}$$

180 에테인(C_2H_6)의 고위발열량이 15,520kcal/Sm³일 때, 저위발열량(kcal/Sm³)은? (단, H_2O 1Sm³의 증발잠열은 480kcal/Sm³)

① 15,380　　② 14,560
③ 14,080　　④ 13,820

해설
$$H_L = H_h - 480 \times \left(H_2 + \sum \frac{y}{2} C_x H_y\right)$$
$$= 15,520 - 480 \times \frac{3}{2} = 14,080 \text{kcal/Sm}^3$$

181 프로페인(C_3H_8)의 고위발열량 24,200kcal/Sm³이면, 저위발열량은 몇 kcal/Sm³인가? (단, 물 1kg당 증발잠열은 600kcal이다.)

① 약 20,200　　② 약 21,800
③ 약 22,300　　④ 약 23,500

해설
$$H_L = H_h - 480 \times \left(H_2 + \sum \frac{y}{2} C_x H_y\right)$$
$$= 24,200 - 480 \times \frac{8}{2} = 22,280 \text{kcal/Sm}^3$$

182 액체연료의 성분분석 결과, 탄소 84%, 수소 11%, 황 2.4%, 산소 1.3%, 수분 1.3%이었다면 이 연료의 저위발열량은? (단, Dulong 식을 이용한다.)

① 약 8,000kcal/kg
② 약 10,000kcal/kg
③ 약 13,000kcal/kg
④ 약 15,000kcal/kg

해설 Dulong 식:
$$H_L = 8,100C + 28,600 \times \left(H - \frac{O}{8}\right) + 2,500S - 600W(\text{kcal/kg})$$에서
$$H_L = 8,100 \times 0.84 + 28,600 \times \left(0.11 - \frac{0.013}{8}\right) + 2,500 \times 0.024 - 600 \times 0.013$$
$$= 9,956 \text{kcal/kg}$$

183 메테인과 프로페인이 1:2로 혼합된 기체연료의 고위발열량이 19,400kcal/Sm³이다. 이 기체연료의 저위발열량(kcal/Sm³)은?

① 11,500　　② 13,600
③ 15,300　　④ 17,800

해설
$$H_L = H_h - 480 \times \left(H_2 + \sum \frac{y}{2} C_x H_y\right)$$
$$= 19,400 - 480\left(2 \times \frac{1}{3} + 4 \times \frac{2}{3}\right)$$
$$= 17,800 \text{kcal/Sm}^3$$

184 중유를 분석하였더니 C: 83%, H: 12%, O: 0.8%, S: 1.8%, N: 0.4%, 수분: 2%였다. 1kg을 연소할 때 연소효율이 70%라 하면 저위발열량(kcal/kg)은?

① 약 15,100 ② 약 12,100
③ 약 7,100   ④ 약 4,100

해설
$$H_L = 8,100 \times 0.83 + 28,600 \times \left(0.12 - \frac{0.008}{8}\right)$$
$$\quad + 2,500 \times 0.018 - 600 \times 0.02$$
$$= 10,159.4 \text{kcal/kg}$$
$$\therefore 10,159.4 \times 0.7 = 7,112 \text{kcal/kg}$$

185 연소 전의 온도를 T_o, 이론단열화염온도를 T_{bt}, 온도 T_o와 T_{bt} 간의 연소가스 정압비열 C_p의 평균치를 C_{pm}, 습연소가스양을 G_w라 할 때, 저위발열량 H_L의 관계식으로 옳은 것은?

① $H_L = G_w \times C_{pm}(T_{bt} - T_o)$
② $H_L = G_w \times C_{pm}(T_o - T_{bt})$
③ $H_L = \left(\dfrac{G_w}{C_{pm}}\right) \times (T_{bt} - T_o)$
④ $H_L = \left(\dfrac{C_{pm}}{G_w}\right) \times (T_{bt} - T_o)$

해설 $H_L = G_w \times C_{pm}(T_{bt} - T_o)$에서
이론단열화염온도, $T_{bt} = \dfrac{H_L}{G_w \times C_{pm}} + T_o(℃)$

186 메테인(CH_4)의 고발열량은 55.5MJ/kg이다. 저발열량은? (단, 상온에서 수증기의 증발잠열은 2.44MJ/kg이다.)

① 53.28MJ/kg   ② 52.06MJ/kg
③ 51.62MJ/kg   ④ 50.01MJ/kg

해설 메테인의 연소반응식: $CH_4 + 2O_2 \rightarrow CO_2 + 2H_2O$
$$16 + 64 = 44 + 36$$
메테인(CH_4)의 고발열량은 55.5MJ/kg인 것은 1kg의 메테인이 연소할 때 55.5MJ의 열이 발생한다는 것이므로 위 식의 각항을 16으로 나누면 1+4=2.75+2.25가 되어 1kg의 메테인이 연소하면 2.25kg의 H_2O가 생기게 된다. 즉, 증발잠열이 2.44×2.25=5.49MJ이다.
∴ 저발열량, H_L = 55.5−5.49 = 50.01MJ/kg

실기 Check

187 가로, 세로, 높이가 각각 1.0m, 2.0m, 1.0m인 연소실에서 열발생률을 20×10^4kcal/m³·h로 하도록 하기 위해서는 하루에 중유를 대략 몇 kg을 연소하여야 하는가? (단, 중유의 저발열량은 10,000kcal/kg이며, 연소실은 하루 8시간 가동한다.)

① 320   ② 420
③ 550   ④ 650

해설 연소실 열발생률
$Q_c = \dfrac{H_L \times G_f}{V}$ (kcal/m³·h)에서 $G_f = \dfrac{Q_c \times V}{H_L}$

$$\therefore G_f = \dfrac{20 \times 10^4 \text{kcal/m}^3 \cdot \text{h} \times (1 \times 2 \times 1)\text{m}^3 \times 8\text{h/d}}{10,000 \text{kcal/kg}}$$
$$= 320 \text{kg/d}$$

188 다음 조건에서의 메테인의 이론연소온도는? (단, 메테인, 공기는 25℃에서 공급되며, CO_2, $H_2O(g)$, N_2의 평균정압몰비열(상온~2,100℃)은 각각 13.1, 10.5, 8.0(kcal/kmol·℃)이고, 메테인의 저위발열량은 8,600(kcal/Sm³)이다.)

① 약 1,870℃ ② 약 2,070℃
③ 약 2,470℃ ④ 약 2,870℃

해설 이론연소온도 $t_c = \dfrac{H_L}{G_{ow} \times C_p} + t_1(℃)$에서

• 메테인의 연소반응식
$CH_4 + 2O_2 + 2 \times 3.76N_2 \rightarrow CO_2 + 2H_2O + 2 \times 3.76N_2$

• 메테인의 이론공기량
$A_o = \dfrac{2}{0.21} = 9.52 Sm^3/Sm^3$

$G_{ow} = 9.52 + \dfrac{4}{4} = 10.52 Sm^3/Sm^3$

• 메테인의 평균비열
$C_p = \dfrac{\left(\dfrac{13.1}{22.4} \times 1\right) + \left(\dfrac{10.5}{22.4} \times 2\right) + \left(\dfrac{8.0}{22.4} \times 2 \times 3.76\right)}{10.52}$
$= 0.4 kcal/Sm^3 \cdot ℃$

$\therefore t_c = \dfrac{8,600}{10.52 \times 0.4} + 25 = 2,069℃$

실기 Check ✓

189 저위발열량이 9,000kcal/Sm³인 기체연료를 15℃의 공기로 연소할 때 이론연소가스양은 25Sm³/Sm³이고, 이론연소온도는 2,500℃이다. 이때 연료가스의 평균정압비열(kcal/Sm³ · ℃)은? (단, 기타조건은 고려하지 않음.)

① 0.145 ② 0.243
③ 0.384 ④ 0.432

해설 이론연소온도
$t_c = \dfrac{H_L}{G_{ow} \times C_p} + t_1(℃)$에서 $2,500 = \dfrac{9,000}{25 \times C_p} + 15$

$\therefore C_p = 0.145 kcal/Sm^3 \cdot ℃$

190 저발열량이 6,000kcal/Sm³, 평균정압비열이 0.38kcal/Sm³ · ℃인 가스연료의 이론연소온도(℃)는? (단, 이론연소가스양은 10 Sm³/Sm³, 연료와 공기의 온도는 15℃, 공기는 예열되지 않으며 연소가스는 해리되지 않음.)

① 1,385 ② 1,412
③ 1,496 ④ 1,594

해설 이론연소온도
$t_c = \dfrac{H_L}{G_{ow} \times C_p} + t_1 = \dfrac{6,000}{10 \times 0.38} + 15 = 1,594℃$

191 저발열량이 10,000kcal/kg, 이론공기량이 11Sm³/kg, 이론연소가스양이 11.5Sm³/kg의 중유를 공기비 1.4로 완전 연소할 때 이론가스의 온도는? (단, 공기 및 중유의 온도는 20℃, 연소가스의 비열은 0.4kcal/Sm³ · ℃, 건조가스 기준)

① 1,592℃ ② 1,617℃
③ 1,787℃ ④ 1,845℃

해설 이론연소온도
$t_c = \dfrac{H_L}{G_{ow} \times C_p} + t_1$
$= \dfrac{10,000}{[11.5 + (1.4-1) \times 11] \times 0.4} + 20 = 1,592℃$

192 저위발열량이 5,000kcal/Sm³인 기체연료의 이론연소온도(℃)는 약 얼마인가? (단, 이론연소가스양 15Sm³/Sm³, 연료연소가스의 평균정압비열 0.35kcal/Sm³ · ℃, 기준온도는 0℃, 공기는 예열되지 않으며, 연소가스는 해리되지 않는다고 본다.)

① 952 ② 994
③ 1,008 ④ 1,118

해설 이론연소온도
$t_c = \dfrac{H_L}{G_{ow} \times C_p} + t_1 = \dfrac{5,000}{15 \times 0.35} = 952℃$

정답 189 ① 190 ④ 191 ① 192 ①

193 수소 12%, 수분 1%를 함유한 중유 1kg의 발열량을 열량계로 측정하였더니 고위발열량이 10,000kcal/kg이었다. 비정상적인 보일러의 운전으로 인해 불완전 연소에 의한 손실열량이 1,400kcal/kg이라면 연소효율은?

① 82% ② 85%
③ 87% ④ 90%

해설
저위발열량, $H_L = H_h - 600 \times (9H + W)$
$= 10,000 - 600 \times (9 \times 0.12 + 0.01)$
$= 9,346 \text{(kcal/kg)}$

연소효율, $\eta = \dfrac{Q_r}{H_L} \times 100 = \dfrac{H_L - L_i}{H_L} \times 100$
$= \dfrac{9,346 - 1,400}{9,346} \times 100 = 85\%$

194 연소실에서 아세틸렌 가스 1kg을 연소시킨다. 이때 연료의 80%(질량기준)가 완전 연소되고, 나머지는 불완전 연소되었을 때 발생되는 열량(kcal)은? (단, 연소반응식은 아래식에 근거하여 계산)

- $C + O_2 \rightarrow CO_2$ $\Delta H = 97,200 \text{ kcal/kmol}$
- $C + \dfrac{1}{2}O_2 \rightarrow CO$ $\Delta H = 29,200 \text{ kcal/kmol}$
- $H_2 + \dfrac{1}{2}O_2 \rightarrow H_2O$ $\Delta H = 57,200 \text{ kcal/kmol}$

① 39,130 ② 10,530
③ 9,730   ④ 8,630

해설
- 아세틸렌의 연소반응식:
  $C_2H_2 + 2.5O_2 \rightarrow 2CO_2 + H_2O$
- 아세틸렌의 불완전 연소반응식:
  $C_2H_2 + 1.5O_2 \rightarrow 2CO + H_2O$에서

완전 연소 시 발생되는 열량과 불완전 연소 시 발생되는 열량을 계산하면 $(2 \times 97,200 \times 0.8 + 2 \times 29,200 \times 0.2) + 57,200$
$= 224,400 \text{(kcal/kmol)}$

$\therefore \dfrac{224,400 \times 1 \text{kmol}}{26 \text{kg}} = 8,631 \text{kcal}$

195 다음의 연소온도(t_o) 산출 식에서 각각의 물리적 변수에 대한 설명으로 옳지 않은 것은?

$$t_o = \left\{ \dfrac{H}{G_{ow} \times C} \right\} + t$$

① H는 연료의 저위발열량을 의미하며, 단위는 kcal/kg 또는 kcal/Sm³이다.
② G_{ow}는 이론건연소가스양을 의미하며, 단위는 Sm³/kg 또는 Sm³/Sm³이다.
③ C는 연소가스의 평균정압비열을 의미하며, 단위는 kcal/Sm³·℃이다.
④ t는 연소용 공기 및 연료의 공급온도를 의미하며, 단위는 ℃이다.

해설 G_{ow}는 이론습연소가스양을 의미하며, 단위는 Sm³/kg 또는 Sm³/Sm³이다.

196 최적 연소부하율이 100,000kcal/m³·h인 연소로를 설계하여 발열량이 5,000kcal/kg인 석탄을 200kg/h로 연소하고자 한다면, 이때 필요한 연소로의 연소실 용적은? (단, 열효율은 100%)

① 200m³ ② 100m³
③ 20m³   ④ 10m³

해설 연소실 열발생률
$Q_c = \dfrac{H_L \times G_f}{V} \text{(kcal/m}^3\text{·h)}$에서

$V = \dfrac{H_L \times G_f}{Q_c} = \dfrac{5,000 \text{kcal/kg} \times 200 \text{kg/h}}{100,000 \text{kcal/m}^3\text{·h}} = 10 \text{m}^3$

정답 193 ② 194 ④ 195 ② 196 ④

197 9,000kcal/kg의 열량을 내는 석탄을 시간당 80kg 연소하는 보일러가 있다. 실제로 이 보일러에서 시간당 흡수된 열량이 600,000kcal라면 이 보일러의 열효율(%)은?

① 66.7 ② 75.0
③ 83.3 ④ 90.0

해설 보일러의 열효율
$$\eta = \frac{600,000\text{kcal}}{9,000\text{kcal/kg} \times 80\text{kg}} \times 100 = 83.3\%$$

198 2.0MPa, 370℃의 수증기를 1시간에 30t씩 생성하는 보일러의 석탄 연소량이 5.5t/h이다. 석탄의 발열량이 20.9MJ/kg, 발생수증기와 급수의 비엔탈피는 각각 3,183kJ/kg, 84kJ/kg일 때, 열효율은?

① 65% ② 70%
③ 75% ④ 80%

해설 열효율
$$\eta = \frac{\text{비엔탈피차 열량}}{\text{연료 발열량}} \times 100$$
$$= \frac{(3,183-84) \times 30 \times 10^3}{20.9 \times 10^3 \times 5.5 \times 10^3} \times 100 = 81\%$$

실기 Check

199 가로, 세로, 높이가 각각 3.5m인 연소실에서 저발열량이 15,000kcal/kg의 중유를 1시간에 50kg을 연소시킬 때 열발생률(kcal/m³·day)은? (단, 연속가동 기준)

① 4.2×10^5 ② 4.3×10^5
③ 4.4×10^5 ④ 4.5×10^5

해설 연소실 열발생률
$$Q_c = \frac{H_L \times G_f}{V} = \frac{15,000 \times 50 \times 24}{3.5^3}$$
$$= 419,825\text{kcal/m}^3 \cdot \text{day}$$

200 어떤 연소장치의 연소실에서 저발열량이 9,800kcal/kg인 중유를 2,160kg/day로 연소할 때 연소실의 열발생량이 5×10^5kcal/m³·h이었다면, 같은 연소장치에서 저발열량이 18,000 kcal/Sm³인 가스연료로 연소실의 열발생량을 5.25×10^5kcal/Sm³·h로 유지하기 위해서 매 시간당 소비해야 할 가스연료량(Sm³/h)은?

① 34.3 ② 46.3
③ 51.5 ④ 68.6

해설 연소실 열발생률
$$Q_c = \frac{H_L \times G_f}{V} \text{에서}$$
$$5 \times 10^5 \text{kcal/Sm}^3 \cdot \text{h} = \frac{9,800\text{kcal/kg} \times 2,160\text{kg/day}}{24\text{h/day} \times V\text{m}^3}$$
∴ 연소실 체적, $V = 1.764$m³이다. 같은 연소장치에서
$$5.25 \times 10^5 = \frac{18,000 \times G_f}{1.764} \text{이므로}$$
∴ $G_f = 51.45$Sm³/h

실기 Check

201 굴뚝 내의 배출가스의 평균온도는 127℃, 외부 대기의 온도는 27℃이다. 이때 통풍력을 30mmH₂O로 하려면 굴뚝의 높이는 얼마로 해야 하나? (단, 연소가스와 공기의 표준상태에서의 비중량은 1.3kg/Sm³이고, 굴뚝 내의 압력손실은 무시한다.)

① 약 67m ② 약 84m
③ 약 93m ④ 약 101m

해설 통풍력
$$Z = 355 H_s \left(\frac{1}{273+t_a} - \frac{1}{273+t_s}\right)(\text{mmH}_2\text{O}) \text{에서}$$
$$30 = 355 \times H_s \times \left(\frac{1}{273+27} - \frac{1}{273+127}\right) \text{에서}$$
$$H_s = 101.4\text{m}$$

202 굴뚝에서 가스의 평균속도를 구할 때는 평균 가스온도를 사용한다. 굴뚝입구의 온도가 245℃이고, 출구의 온도가 169℃일 때 굴뚝 내 평균가스온도(t_m)는?

① 약 186℃ ② 약 191℃
③ 약 200℃ ④ 약 212℃

해설 굴뚝 내 연소가스의 평균가스온도는 굴뚝 입구의 온도와 출구온도의 대수 평균온도를 사용한다.

$$t_{\ln} = \frac{t_i - t_o}{\ln\left(\frac{t_i}{t_o}\right)} = \frac{245 - 169}{\ln\left(\frac{245}{169}\right)} = 205℃$$

203 굴뚝 배출가스 중 HCl 농도가 200ppm이었다. 이 가스를 세정기를 이용하여 32mg/Sm³ 이하로 유지하려면 세정기의 HCl 제거효율은 몇 %로 설계해야 하는가?

① 약 75% 이상 ② 약 80% 이상
③ 약 85% 이상 ④ 약 90% 이상

해설 HCl 200ppm을 mg/Sm³로 환산한다.

$200 \times \frac{36.5}{22.4} = 325.9(\text{mg/Sm}^3)$

∴ 세정기의 HCl 제거효율, $\eta = \left(1 - \frac{32}{325.9}\right) \times 100 = 90\%$

90% 이상 제거하여야 HCl 농도를 32mg/Sm³ 이하로 유지한다.

204 S 성분이 1%인 중유를 10ton/h로 연소시켜 배출가스 중 SO₂를 CaCO₃로 배연 탈황하는 경우, 이론상 필요한 CaCO₃의 양은? (단, 중유 중 S는 모두 SO₂로 산화된다고 가정하고, 탈황률은 100%로 본다.)

① 약 0.1ton/h ② 약 0.3ton/h
③ 약 0.5ton/h ④ 약 0.6ton/h

해설 중유 중 S량 = 10,000×0.01 = 100kg/h
석회석 건식법에서의 반응식:

$S + O_2 \rightarrow SO_2$, $SO_2 + CaCO_3 \rightarrow CaSO_3 + CO_2$
  32   22.4   100
 100   x_1 x_2

∴ $x_1 = \frac{100 \times 22.4}{32} = 70 \text{m}^3$

$x_2 = \frac{100 \times 70 \times 10^{-3}}{22.4} = 0.31 \text{ton/h}$

실기 Check

205 S 성분을 2wt% 함유한 중유를 1시간에 10t씩 연소시켜 발생하는 배출가스 중의 SO₂를 CaCO₃를 사용하여 탈황할 때, 이론적으로 소요되는 CaCO₃의 양(kg/h)은? (단, 중유 중의 S 성분은 전량 SO₂로 산화됨, 탈황률은 95%)

① 594 ② 625
③ 694 ④ 725

해설 중유 중 S량 = 10,000×0.02 = 200kg/h
석회석 건식법에서의 반응식:

$S + O_2 \rightarrow SO_2$, $SO_2 + CaCO_3 \rightarrow CaSO_3 + CO_2$
    32   22.4   100
200×0.95 x_1 x_2

∴ $x_1 = \frac{200 \times 0.95 \times 22.4}{32} = 133(\text{m}^3)$

$x_2 = \frac{100 \times 133}{22.4} = 594(\text{kg/h})$

206 NH₃를 제조하는 작업장(10m×100m×10m)에서 NH₃ 10kg이 누출되어 전 작업장 내로 확산되었다. 이때 송풍능력 100m³/min 송풍기를 사용하여 허용농도로 환기시키는 데 소요되는 시간은? (단, $\frac{-d[A]}{dt} = k[A]$, $k = 9.52 \times 10^{-3}$/min, NH₃ 허용농도 25ppm, 표준상태 기준)

① 약 4시간 ② 약 7시간
③ 약 10시간 ④ 약 12시간

정답 202 ③ 203 ④ 204 ② 205 ① 206 ②

해설

누출되어 작업장에 확산된 NH_3의 농도

$= \dfrac{10\text{kg} \times 10^6 \text{mg/kg}}{(10 \times 100 \times 10)\text{m}^3} = 1,000\text{mg/m}^3$

mg/m^3을 ppm으로 환산하면 $1,000 \times \dfrac{22.4}{17} = 1,318\text{ppm}$

$A = A_o \times e^{-k \times t}$ 에서 $25 = 1,318 \times e^{-9.52 \times 10^{-3} \times t}$

$\therefore t = 420\text{min} = 7\text{h}$

실기 Check ✓

207 어떤 송풍관에 송풍량 40m³/min을 통과시켰을 때 16mmH₂O의 압력손실이 생겼다면, 이 송풍관의 압력손실을 25mmH₂O로 해야 할 경우 필요한 송풍량(m³/min)은?

① 50   ② 55
③ 60   ④ 65

해설

$Q_2 = Q_1 \times \sqrt{\dfrac{\Delta P_2}{\Delta P_1}} = 40 \times \sqrt{\dfrac{25}{16}} = 50\text{mmH}_2\text{O}$

---

208 국소배기 장치의 송풍기에서 1,000Sm³/min의 배출가스를 배출하고 있다. 이 장치의 압력손실은 250mmH₂O이고, 송풍기의 효율이 65%라면 이 장치를 움직이는 데 소요되는 동력(kW)은?

① 43.61   ② 55.36
③ 62.85   ④ 78.57

해설

$\text{kW} = \dfrac{Q \times \Delta P}{6,120 \times \eta} = \dfrac{1,000 \times 250}{6,120 \times 0.65} = 62.85\,[\text{kW}]$

정답 207 ① 208 ③

대기환경기사

Engineer Air Pollution Environmental

PART III

대기오염방지기술

서술형
- CHAPTER 1. 입자 및 집진의 기초
- CHAPTER 2. 집진기술
- CHAPTER 3. 유체역학
- CHAPTER 4. 유해가스 및 처리
- CHAPTER 5. 환기 및 통풍

계산형
- CHAPTER 1. 입자 및 집진의 기초
- CHAPTER 2. 집진기술
- CHAPTER 3. 유체역학
- CHAPTER 4. 유해가스 및 처리
- CHAPTER 5. 환기 및 통풍

1 입자 및 집진의 기초

서술형 빈출문제

001 입자상물질의 특성에 관한 설명으로 옳지 않은 것은?

① 입자의 크기가 작을수록 다른 물질과 쉽게 반응하여 폭발성을 지니게 될 경우가 많다.
② 보통 0.01μm 이하는 가스분자와 같이 브라운 운동을 하기 때문에 가스상물질로 취급한다.
③ 입자의 크기는 발생원에 따라 달라지나 일반적으로 화학적 요인보다 물리적 요인에 의해 생성된 입자상물질의 입경이 작게 된다.
④ 입자의 크기가 작을수록 표면에 존재하는 원자와 내부에 존재하는 원자와의 비가 크게 되어 상호 응집하거나 이물질에 쉽게 부착한다.

해설 입자의 크기는 발생원에 따라 달라지나 일반적으로 물리적 요인보다 화학적 요인에 의해 생성된 입자상물질의 입경이 작게 된다.

002 입자상물질에 관한 설명으로 옳지 않은 것은?

① 직경 dp인 구형 입자의 비표면적(단위 체적당 표면적)은 dp/6이다.
② Cascade impactor는 관성충돌을 이용하여 입경을 간접적으로 측정하는 방법이다.
③ 비구형 입자에서 입자의 밀도가 1보다 클 경우 공기동력학경은 Stokes경에 비해 항상 크다고 볼 수 있다.
④ 공기동력학경은 Stokes경과 달리 입자 밀도를 1g/cm³으로 가정함으로써 보다 쉽게 입경을 나타낼 수 있다.

해설 입자의 비표면적

$$S_V = \frac{표면적}{단위\ 체적} = \frac{(\pi d_p^2)}{\left(\frac{\pi d_p^3}{6}\right)} = \frac{6}{d_p}$$

실기 Check ✓

003 공기동역학적 직경(Aerodynamic diameter)에 관한 설명으로 옳지 않은 것은?

① 스토크 직경과 달리 입자의 밀도를 1g/cm³으로 가정함으로써 보다 쉽게 입경을 나타낼 수 있다.
② 입자의 모양이 구형이 아니더라도 동일한 침강속도와 단위 밀도를 갖는 구형 입자로 가정한 것이다.
③ 입경의 크기에 따라 밀도, 점도 등이 다르기 때문에 입자에 대한 특성을 고려하여야 하는 문제점이 있다.
④ 공기동역학경을 알고 있다면 입자의 밀도, 광학적 크기, 형상계수 등의 물리적 변수는 중요하지 않게 된다.

해설 공기동역학적 직경(Aerodynamic diameter)은 공기 중 입자가 입경에 따라 밀도, 점도 등이 다르기 때문에 발생하는 문제점을 해결하기 위한 입경이다.

004 입자의 침강속도에 관한 내용으로 옳지 않은 것은?

① 커닝험 보정계수는 입자크기가 작을수록 증가한다.

정답 001 ③ 002 ① 003 ③ 004 ②

② 커닝험 보정계수에 적용되는 평균자유거리(λ)는 온도 25℃, 1기압에 5μm 이상이다.
③ 항력계수는 실험에 의하여 얻어지는데, 유체의 흐름을 결정하는 레이놀즈 수에 의하여 값이 결정된다.
④ 입경이 작은 입자에 대한 침강속도는 스토크 영역에서의 침강속도식에 커닝험 보정계수를 곱한 식으로 구할 수 있다.

해설 커닝험 보정계수에 적용되는 평균자유거리(λ)는 평균자유행정이라고도 하며 온도 20℃, 1기압에서 1μm 이하로, 공기의 평균자유행정은 0.066μm이다.

실기 Check ✓
005 직경이 D인 구형 입자의 비표면적(S_v, m²/m³)에 관한 설명으로 옳지 않은 것은? (단, p는 구형 입자의 밀도이다.)

① $S_v = \dfrac{3p}{D}$ 로 나타낸다.
② 입자가 미세할수록 부착성이 커진다.
③ 먼지의 입경과 비교면적은 반비례 관계이다.
④ 비교면적이 크게 되면 원심력집진장치의 경우에는 장치 벽면을 폐색시킨다.

해설 입자의 비표면적
$S_v = \dfrac{표면적}{단위체적} = \dfrac{(\pi D^2)}{\left(\dfrac{\pi D^3}{6}\right)} = \dfrac{6}{D}$ 이다.

실기 Check ✓
006 대기오염물질의 입경을 광학현미경법으로 측정하는 경우 '입자의 투영면적을 2등분하는 선의 거리'로 나타내는 입경은?

① Project경   ② Heyhood경
③ Feret경   ④ Martin경

해설 입자상물질의 기하학적 직경
㉠ 마틴경(Martin diameter), 기호 D_M
  ⓐ 입자의 투영면적을 2등분하는 선의 길이를 직경으로 하며 선의 방향은 항상 일정하여야 한다.
  ⓑ 직경이 과소평가되는 단점이 있다.
㉡ 페렛경(Feret diameter), 기호 D_F
  ⓐ 입자의 한쪽 끝 가장자리와 다른 쪽 가장자리 사이의 거리를 직경으로 한다.
  ⓑ 직경이 과대평가될 가능성이 있다.
㉢ 등면적경(Projected area diameter 또는 Heyhood diameter), 기호 D_P
  ⓐ 먼지의 면적과 동일한 면적을 가진 원의 직경으로 가장 정확한 직경이다.
  ⓑ 현미경 접안경에 Proton reticle을 삽입하여 측정하며 직경은 다음 식으로 나타낸다. $D_P = \sqrt{2^n}\ (\mu m)$, 여기서, n: Proton reticle에서 '원'의 번호

일반적으로 직경의 크기 순서는 페렛경(Feret경) > 투영면적경(Project경 또는 Heyhood경) > 마틴경(Martin경) 순이다.

007 광학현미경을 이용하여 입경을 측정하는 방법에서 입자의 투영면적을 이용하여 측정한 입경 중 입자의 투영면적 가장자리에 접하는 가장 긴 선의 길이로 나타내는 것은?

① 등면적 직경   ② Feret 직경
③ Martin 직경   ④ Heyhood 직경

해설 페렛경(Feret diameter, 기호 D_F)
입자의 투영면적을 이용하여 측정한 입경 중 입자의 투영면적 가장자리에 접하는 가장 긴 선의 길이이다.

008 발생한 먼지 종류 중 일반적으로 S/S_B가 가장 큰 것은? (단, S는 진비중, S_B는 겉보기 비중이다.)

① 보일러 미분탄   ② 시멘트킬른 먼지
③ 카본블랙   ④ 골재드라이어 먼지

해설
- 진비중(眞比重): 주어진 온도에서의 물질의 중량과, 같은 온도의 진공 상태에서 동일한 부피를 차지하는 물과의 중량 비
- 겉보기밀도(ASG, apparent specific gravity or bulk density): 입자 내부의 공극과 입자 간 공극까지 포함시킨 체적당의 중량을 말하며 물의 밀도(1,000kg/m³)에 대한 상대적인 비로 나타낸다.
- 진비중와 겉보기 비중의 비(S/S_B)가 클수록 재비산 현상을 유발할 가능성이 높다.

먼지 종류	진비중 (S)	겉보기 비중 (S_B)	S/S_B
골재 건조기 발생 입자	2.90	1.06	2.73
미분탄 보일러 발생 입자	2.10	0.52	4.03
시멘트 킬른 발생 입자	3.00	0.60	5
산소제강로 발생 입자	4.74	0.65	7.30
황동용 전기로 발생 입자	5.40	0.36	15
카본블랙 입자	1.90	0.025	76

009 커닝험 보정계수에 대한 설명으로 옳은 것은?
① 미세입자일수록 항력이 감소하여 커닝험 보정계수가 적어진다.
② 미세입자일수록 항력이 증가하여 커닝험 보정계수가 적어진다.
③ 미세입자일수록 항력이 감소하여 커닝험 보정계수가 커진다.
④ 미세입자일수록 항력이 증가하여 커닝험 보정계수가 커진다.

해설 커닝험 보정계수(Cunningham correction factor)
입자의 직경이 1μm보다 작은 미세입자의 경우 기체분자가 입자에 충돌할 때 입자 표면에서 Slip현상(미끄러짐)이 일어나면 입자에 작용하는 항력이 작아져 종말침강속도 계산 시 스토크스 침강속도 식으로 구한 값보다 커지게 되는데, 이를 보정하는 계수를 커닝험 보정계수라고 한다. 커닝험 보정계수는 항상 1보다 크며, $C_f \geq 1$이 되기 위한 조건은 가스 온도가 높을수록, 미세입자일수록, 가스 압력이 낮을수록, 가스분자 직경과 점성저항이 적을수록 커닝험 보정계수는 커진다.

010 커닝험 보정계수에 대한 설명으로 옳은 것은? (단, 커닝험 보정계수가 1 이상인 경우)
① 미세입자일수록 가스의 점성저항이 작아지므로 커닝험 보정계수가 적어진다.
② 미세입자일수록 가스의 점성저항이 커지므로 커닝험 보정계수가 적어진다.
③ 미세입자일수록 가스의 점성저항이 작아지므로 커닝험 보정계수가 커진다.
④ 미세입자일수록 가스의 점성저항이 커지므로 커닝험 보정계수가 커진다.

해설 커닝험 보정계수는 항상 1보다 크며, $C_f \geq 1$이 되기 위한 조건은 가스 온도가 높을수록, 미세입자일수록, 가스 압력이 낮을수록, 가스분자 직경과 점성저항이 적을수록 커닝험 보정계수는 커진다.

011 미세입자가 운동하는 경우에 작용하는 항력(drag force)에 관련된 내용으로 옳지 않은 것은?
① 항력계수가 커질수록 항력은 증가한다.
② 입자의 투영면적이 클수록 항력은 증가한다.
③ 레이놀즈 수가 커질수록 항력계수는 증가한다.
④ 상대속도의 제곱에 비례하여 항력은 증가한다.

해설 항력의 일반식: $F_d = C_D \dfrac{\rho_g A_p v_s^2}{2}$

여기서 ρ_g: 가스의 밀도
A_p: 입자의 투영면적
v_s: 구형 입자의 상대이동속도
C_D: 항력계수이다.

항력계수(C_D, coefficient of drag force)는 유체의 흐름에 따라 달라지는데 항력계수와 레이놀즈 수는 반비례 관계에 있다.

㉠ 층류($N_{Re} < 1$)일 경우: $C_D = \dfrac{24}{N_{Re}}$

㉡ 천이류($1 < N_{Re} < 1,000$)일 경우: $C_D = \dfrac{10}{\sqrt{N_{Re}}}$

㉢ 난류($N_{Re} > 1,000$)일 경우: $C_D \fallingdotseq 0.44$ (Newton 영역)

정답 009 ③ 010 ③ 011 ③

012 먼지의 자유낙하에서 종말침강속도에 관한 설명으로 옳은 것은?

① 입자가 바닥에 닿는 순간의 속도
② 입자의 가속도가 0이 될 때의 속도
③ 입자의 속도가 0이 되는 순간의 속도
④ 정지된 다른 입자와 충돌하는 데 필요한 최소한의 속도

해설 종말침강속도는 액체나 기체 등의 유체 내에서 입자가 중력에 의해 가속될 때 입자에 가해지는 항력(drag force)이 중력과 같아질 때까지 가속되어, 궁극적으로 유체 내의 입자가 도달할 수 있는, 즉 입자의 가속도가 "0"이 될 때의 속도를 말한다.

013 일반적으로 대기오염 발생원에서 배출되는 분진의 입경분포에 대한 자료의 대표값들을 크기 순으로 나열한 것으로 옳은 것은?

① 산술평균 > 최빈경 > 중앙경
② 중앙경 > 산술평균 > 최빈경
③ 산술평균 > 중앙경 > 최빈경
④ 중앙경 > 최빈경 > 산술평균

해설
- 중위경: 입자의 입경을 크기순으로 나열하였을 때, 그 중앙에 위치한 입자의 입경을 의미하며 중위경($d_{p,50}$, median)이라고도 한다. 이는 N개의 측정치를 크기 순서로 배열하였을 때 그 중앙에 오는 값으로 측정치가 홀수일 때는 $\frac{N+1}{2}$번째 값, 짝수일 때는 $\frac{N}{2}$번째 값과 $\frac{N}{2}+1$번째 값의 산술평균값이다.
- 최빈경(M_o, mode): 입자를 입경별로 분류하였을 때 발생빈도가 가장 높은 입경을 의미한다.
일반적으로 대기오염 발생원에서 배출되는 분진의 입경분포에 대한 자료의 대푯값은 다음과 같다.
산술평균($\overline{d_p}$) > 중위경(M_d) > 최빈경(M_o)

014 일반적으로 대기오염 발생원에서 배출되는 먼지의 입경분포에 대한 자료의 대푯값들을 크기 순으로 나열한 것으로 옳은 것은? (단, 산술평균: $\overline{d_p}$, 최빈값: M_o, 중앙값: M_d)

① $\overline{d_p} > M_o > M_d$
② $M_d > \overline{d_p} > M_o$
③ $\overline{d_p} > M_d > M_o$
④ $M_d > M_o > \overline{d_p}$

해설 산술평균($\overline{d_p}$) > 중앙값(M_d) > 최빈값(M_o)

015 먼지의 입경분포에 관한 설명으로 옳지 않은 것은?

① 대수정규분포는 미세한 입자의 특성과 잘 일치한다.
② 빈도분포는 먼지의 입경분포를 적당한 입경 간격의 개수 또는 질량의 비율로 나타내는 방법이다.
③ 먼지의 입경분포를 나타내는 방법 중 적산분포에는 정규분포, 대수정규, Rosin Rammler 분포가 있다.
④ 적산분포(R)는 일정한 입경보다 큰 입자가 전체의 입자에 대하여 몇 % 있는가를 나타내는 것으로 입경분포가 0이면 R=100%이다.

해설 대수정규분포(log-normal distribution)
결과치에 대수를 취한 값의 분포가 종 모양의 정규형을 이루는 변수의 분포를 말하며, 전체 질량농도의 50% 절단입경인 공기역학적 질량중앙경(MMAD, Mass Median Aerodynamic Diameter, $d_{p,50}$) 및 기하표준편차(geometric standard deviation, σ_g)의 변수로 설명할 수 있다. 대수정규분포로 입자크기를 분석하며, 미세한 입자의 특성과는 잘 맞지 않는 경우가 있는데, 이러한 경우에는 Rosin-Rammler분포(R-R분포)를 적용한다.

016 미세먼지 입도의 분포(누적분포)를 나타내는 식은?

① Rayleigh 분포식
② Freundlich 분포식
③ Rosin – Rammler 분포식
④ Cunningham 분포식

해설 로진-레믈러(Rosin – Rammler) 분포식
입자의 크기 분포를 누적분포로 나타내는 데 사용된다. 이 분포식은 특정 입자크기 범위 내에서 입자의 분포를 확률적으로 표현하는 함수로서, 여러 입자의 크기를 종합하여 특정 크기 범위에서의 입자의 상대적인 분포를 제공한다.

017 Rosin-Rammler 입도 분포식은 $R(\%) = 100 \times \exp(-\beta \times d_p^{\,n})$으로 표시된다. 이 식에서 입경 d_p와 적산분포 R을 얻은 실험데이터로부터 어떤 먼지의 입경지수 n값을 얻으려고 한다. 이 실험데이터로부터 직선그래프 x축과 y축을 어떻게 그려야 하는가?

① x축 : $\log d_p$, y축 : $\log R$
② x축 : $\log R$, y축 : $\log d_p$
③ x축 : $\log d_p$, y축 : $\log (2 - \log R)$
④ x축 : $\log (2 - \log R)$, y축 : $\log d_p$

해설 $R(\%) = 100 \times \exp(-\beta \times d_p^{\,n})$ 식 양변에 대수(log)를 취하여 정리하면
$\log R = \log(100 \times e^{-\beta d_p^{\,n}})$
$\log R = \log 100 + \log(e^{-\beta d_p^{\,n}})$
$\log R = 2 - \beta d_p^{\,n} \log e$
$2 - \log R = d_p^{\,n}(\beta \log e)$ 이 되고,
다시 양변에 대수를 취하면
$\log(2 - \log R) = n \log d_p + \log(\beta \log e)$ 이 된다.
여기에서 $\log(2 - \log R) = Y$, $\log d_p = X$
$\log(\beta \log e) = C$ 라 하면 이 식은 기울기가 n인 1차 함수가 된다.
$\therefore Y = nX + C$

실기 Check ✓

018 먼지의 입경분포를 나타내는 Rosin-Rammler 식(R)에서 β와 n에 대한 설명으로 옳은 것은? (단, $R(\%) = 100 \times \exp(-\beta \times d_p^{\,n})$, 여기서 d_p는 먼지의 입경, β와 n은 각각 입경계수와 입경지수이다.)

① β가 클수록 먼지의 입경이 미세하고, n이 클수록 입경분포 범위가 좁다.
② β가 클수록 먼지의 입경이 크고, n이 클수록 입경분포 범위가 좁다.
③ β가 클수록 먼지의 입경이 미세하고, n이 클수록 입경분포 범위가 넓다.
④ β가 클수록 먼지의 입경이 크고, n이 클수록 입경분포 범위가 넓다.

해설 Rosin Rammler 분포는 100μm 이하의 분쇄된 입자 또는 자연에 존재하는 분진에 적합하며, 입경지수 n의 값은 1 전후의 값이 많다. 이 값이 클수록 비슷한 입자가 많이 있어 입경분포 범위가 좁아지며, 입경계수 β는 클수록, 입경이 미세한 입자가 분포되어 있음을 알 수 있다.

019 응집(Coagulation)에 관한 설명으로 옳지 않은 것은?

① 응집은 먼지 입자들이 서로 접촉하여 달라붙거나 합체하는 현상을 의미한다.
② 브라운운동이 대기의 온도와 관련될 때 일어나는 응집 현상을 열응집(Thermal coagulation)이라 한다.
③ 중력응집(Gravitational coagulation)은 크기가 다른 입자들의 침전속도가 다르기 때문에 일어나는 응집으로 강우에 큰 영향을 미친다.
④ 큰 입자와 작은 입자 간의 응집현상은 쉽게 응집되지 않으므로 장기간에 걸쳐 진행되고, 바람 부는 날의 구름 속의 입자는 맑은 날보다 더 응집이 어렵다.

해설 응집(Coagulation)
콜로이드 크기의 입자보다 작은 입자들끼리 응집하여 보다 큰 입자로 되는 것을 말하며, 먼지의 응집성은 먼지의 입경이 작을수록 비표면적이 커짐에 따라 높아지기 때문에 먼지의 입경분포 폭이 작을수록 응집하기가 어려워진다. 그리고 바람 부는 날의 구름 속의 입자는 맑은 날보다 더 응집이 쉬워진다.

020 고체 벽으로 입자를 흐르게 하여 입자를 응집시켜 포집하는 집진장치들은 유사한 설계식을 사용하여 입자를 포집하는 것으로 옳지 않은 것은?

① 사이클론
② 백필터
③ 전기집진장치
④ 중력침강실

해설 사이클론(복합응집), 전기집진장치(전기적 응집), 중력침강실(응축응집)
• 여과 집진시설(Bag Filter)의 집진원리: 오염된 가스가 필터(여과섬유)를 통과할 때 분진은 여재를 구성하는 섬유와 관성충돌, 직접차단, 확산 그리고 중력 및 정전기력에 의해서 필터에 부착되어 가교를 형성하거나 초층(1차층)을 형성하여 집진한다.

021 주로 1μm 이상인 먼지의 입경 측정에 이용되고, 그 측정장치로는 앤더슨 피펫, 침강천칭, 광투과 장치 등이 있는 입경측정법으로 옳은 것은?

① 표준체 측정법
② 관성충돌법
③ 공기투과법
④ 액상 침강법

해설 액상 침강법(액상 중력침강법)
주로 1μm 이상인 먼지의 입경 측정에 이용하며 측정장치로 앤더슨 피펫, 침강천칭, 광투과장치 등이 있다.

022 먼지의 입경측정 방법을 직접측정법과 간접측정법으로 구분할 때, 직접측정법에 해당하는 것은?

① 광산란법
② 관성충돌법
③ 액상 침강법
④ 표준체 측정법

해설 입경 측정방법
• 직접측정법: 현미경법, 표준체 측정법(standard sieving analysis)
• 간접측정법: 관성충돌법(cascade impactor법), 액상 침강법, Bahco 원심기체 침강법, 광산란법

023 입경측정방법 중에서 관성충돌법(cascade impactor법)에 관한 설명으로 옳지 않은 것은?

① 입자의 질량크기 분포를 알 수 있다.
② 되튐으로 인한 시료의 손실이 일어날 수 있다.
③ 관성충돌을 이용하여 입경을 간접적으로 측정하는 방법이다.
④ 시료채취가 용이하고 채취준비에 시간이 걸리지 않는 장점이 있으나, 단수의 임의 설계가 어렵다.

해설 관성충돌법은 시료채취가 어렵고 채취준비에 시간이 걸리는 단점이 있고, 단수는 임의로 설계·제작할 수 있으며, 보통 9단이 많이 사용된다.

실기 Check ✓
024 관성충돌계수(효과)를 크게 하기 위한 입자 배출원의 특성 및 운전조건으로 옳지 않은 것은?

① 분진의 입경이 커야 한다.
② 액적의 직경이 작아야 한다.
③ 처리가스의 온도가 높아야 한다.
④ 처리가스와 액적의 상대속도가 커야 한다.

정답 020 ② 021 ④ 022 ④ 023 ④ 024 ③

해설 입자와 액적의 충돌에 의한 부착 포집에서의 충돌효율 $\eta_t = \left(\dfrac{\text{가스유선의 가상직경}}{\text{액적의 직경}}\right)^2 = \left(\dfrac{l}{d_w}\right)^2$ 이다.

또한 집진효율이 증가되는 관성충돌계수(효과)를 크게 하기 위한 조건은
- 입자의 입경이 커야 한다.
- 입자의 밀도가 커야 한다.
- 액적의 직경이 작아야 한다.
- 처리가스의 점도가 낮아야 한다.
- 처리가스의 온도가 낮아야 한다.
- 처리가스와 액적의 상대속도가 커야 한다.

025 입자상물질을 여과방식에 의해 집진하고자 한다. 0.1μm 이하의 미세입자는 주로 어떤 작용에 의해 제거되는가?
① 직접차단   ② 충돌
③ 확산   ④ 중력

해설 확산(diffusion)은 입자의 직경이 0.1μm 이하로 아주 작은 경우 배출가스 중 입자의 분리·포집에 작용하는 집진원리이다.

026 먼지의 발생원을 자연적 및 인위적으로 구분할 때, 그 발생원이 다른 것은?
① 화산의 폭발에 의해서 분진과 SO_2가 발생한다.
② 질소산화물과 탄화수소의 반응에 의해 0.2μm 이하의 입자가 발생한다.
③ 사막지역과 같이 지면의 먼지가 바람에 날릴 경우 통상 0.3μm 이상의 입자상물질이 발생한다.
④ 자연적으로 발생한 O_3과 자연대기 중 탄화수소(HC) 간의 광화학적 기체반응에 의해 0.2μm 이하의 입자가 발생한다.

해설 질소산화물과 탄화수소의 반응에 의해 0.2μm 이하의 입자가 발생하는 것은 고온처리나 화학적인 반응이 일어났을 때, 인위적으로 뜨거운 수증기가 응축되거나 응집되었을 경우 발생하는 에이트켄 입자로 가스상물질이 입자상물질로 전환된 것을 말한다.

027 먼지의 폭발에 관한 설명으로 옳지 않은 것은?
① 대전성이 적은 먼지일수록 폭발하기 쉽다.
② 비표면적이 큰 먼지일수록 폭발하기 쉽다.
③ 산화속도가 빠르고 연소열이 큰 먼지일수록 폭발하기 쉽다.
④ 가스 중에 분산·부유하는 성질이 큰 먼지일수록 폭발하기 쉽다.

해설 대전성이 큰 먼지일수록 폭발하기 쉽다.

서술형 빈출문제
집진기술

001 각 집진장치의 유속과 집진특성에 대한 설명으로 옳지 않은 것은?

① 건식 전기집진장치는 재비산 한계 내에서 기본유속을 정한다.
② 벤투리 스크러버와 제트 스크러버는 기본유속이 적을수록 집진율이 높다.
③ 중력집진장치와 여과집진장치는 기본유속이 적을수록 미세한 입자를 포집한다.
④ 원심력집진장치는 적정 한계 내에서는 입구유속이 빠를수록 효율은 높은 반면, 압력손실은 높아진다.

해설 벤투리 스크러버와 제트 스크러버는 기본유속이 클수록 집진율이 높다.

002 집진장치에 관한 설명으로 옳지 않은 것은?

① 세정집진장치 중 가압수식인 벤투리 스크러버, 제트 스크러버 등은 목(throat) 부의 기본 유속이 클수록 작은 액적이 형성되어 미세한 입자를 제거할 수 있다.
② 관성력집진장치에서 반전식의 경우 방향전환을 하는 가스의 곡률 반경이 적을수록 미세한 먼지를 분리·포집할 수 있다.
③ 중력집진장치는 일정한 유속에 대하여 침강실의 높이는 낮을수록 길이는 길수록 높은 집진율을 얻는다.
④ 전기집진장치에서 방전극은 굵고 짧을수록 Corona 방전을 일으키기 쉽다.

해설 전기집진장치에서 방전극은 가늘고(보통 0.25cm의 직경) 길거나(약 10m) 날카로운 끝(edge)이 있어야 Corona 방전을 일으키기 쉽다.

003 각 집진장치의 특징에 관한 설명으로 옳지 않은 것은?

① 전기집진장치는 낮은 압력손실로 대량의 가스 처리에 적합하다.
② 제트 스크러버는 처리가스양이 많은 경우에는 잘 쓰지 않는 경향이 있다.
③ 중력집진장치는 설치면적이 크고 효율이 낮아 전처리설비로 주로 이용되고 있다.
④ 여과집진장치에서 여포는 가스온도가 350℃를 넘지 않도록 하여야 하며, 고온가스를 냉각시킬 때에는 산노점 이하로 유지해야 한다.

해설 여과집진장치에서 여포는 가스온도가 250℃를 넘지 않도록 하여야 하며, 고온가스를 냉각시킬 때에는 산노점(dew point) 이상으로 유지해야 한다.

실기 Check ✓
004 집진장치 중 일반적으로 압력손실이 가장 적은 것은?

① 전기집진장치   ② 여과집진장치
③ 원심력집진장치   ④ 벤투리 스크러버

해설 각종 집진장치의 압력손실
- 침강실, 전기집진장치: 10~20mmH$_2$O
- 여과집진장치: 100~200mmH$_2$O
- 원심력집진장치: 50~150mmH$_2$O
- 벤투리 스크러버: 300~800mmH$_2$O

정답 001 ② 002 ④ 003 ④ 004 ①

005 중력침강을 결정하는 중요 매개변수는 먼지 입자의 침강속도이다. 이 침강속도 결정 시 가장 관계가 깊은 것은?

① 대기의 분압
② 입자의 온도
③ 입자의 유해성
④ 입자의 크기와 밀도

해설 침강속도식
$$v_s = \frac{d_p^2(\rho_p - \rho_g)g}{18\mu_g}$$
에서 입자의 입경(d_p)과 밀도(ρ_p)가 가장 중요한 매개변수이다.

006 중력집진장치에 관한 설명으로 옳지 않은 것은?

① 함진가스의 온도변화에 의한 영향을 거의 받지 않는다.
② 침강실의 높이는 낮고, 길이는 길수록 집진율이 높아진다.
③ 유지비는 적게 드나 시설의 규모가 커 설치비가 많이 들며 신뢰도가 낮다.
④ 중력에 의한 자연침강을 이용하는 방법으로 주로 입자의 크기가 50μm 이상의 입자상물질을 처리하는 데 사용된다.

해설 중력집진장치는 유지비와 설치비가 저렴하고, 장치 운전 시 신뢰도가 높다.

007 중력집진장치에 관한 설명으로 옳지 않은 것은?

① 압력손실이 10~15mmH₂O 정도로 적다.
② 함진가스의 온도변화에 의한 영향을 거의 받지 않는다.
③ 침강실의 높이는 낮게, 길이는 가급적 크게 하는 편이 집진율을 향상하는 방법이다.
④ 장치 운전 시 신뢰도가 낮으며, 함진가스의 먼지부하나 유량변동에 영향을 거의 받지 않아 적응성이 높다.

해설 중력집진장치는 장치 운전 시 신뢰도가 높고, 함진가스의 먼지부하나 유량변동에 민감하다.

008 중력집진장치의 집진을 향상조건에 관한 설명으로 옳지 않은 것은?

① 침강실 내의 배출가스 기류는 균일해야 한다.
② 침강실 처리가스의 속도가 적을수록 미립자가 포집된다.
③ 침강실의 높이가 높고, 중력장의 길이가 짧을수록 집진율은 높아진다.
④ 다단일 경우에는 단수가 증가할수록 집진율은 커지나, 압력손실도 증가한다.

해설 중력집진장치는 침강실의 높이가 낮고, 중력장의 길이가 길수록 집진율은 높아진다.

집진율, $\eta = \dfrac{Lv_s}{Hv}$

여기서 L: 침강실의 길이, v_s: 종말침강속도, H: 침강실 높이, v: 배출가스 유속

009 중력집진장치에 관한 설명으로 옳지 않은 것은?

① 배출가스의 점도가 높을수록 집진효율이 증가한다.
② 침강실의 높이가 낮고, 길이가 길수록 집진효율이 높아진다.
③ 침강실 내의 처리가스 속도가 느릴수록 미립자를 포집할 수 있다.
④ 배출가스 중의 입자상물질을 중력에 의해 자연침강하도록 하여 배출가스로부터 입자상물질을 분리·포집한다.

해설 중력집진장치는 배출가스의 점도가 높을수록 종말침강속도가 낮아져 집진효율이 감소한다.

실기 Check ✓

010 중력집진장치의 집진율 향상조건에 관한 설명으로 옳지 않은 것은?

① 침강실 내 처리가스 속도가 적을수록 미립자가 포집된다.
② 침강실 입구폭이 클수록 유속이 느려지며 미세한 입자가 포집된다.
③ 침강실의 높이가 높고, 중력장의 길이가 짧을수록 집진율은 높아진다.
④ 다단일 경우에는 단수가 증가할수록 집진율은 커지나, 압력손실도 증가한다.

해설 침강실의 높이가 높고, 중력장의 길이가 짧을수록 집진율은 낮아진다.

011 중력집진장치에서 집진효율을 향상시키기 위한 조건으로 옳지 않은 것은?

① 침강실의 입구폭을 작게 한다.
② 침강실 내의 가스흐름을 균일하게 한다.
③ 침강실 내의 처리가스의 유속을 느리게 한다.
④ 침강실의 높이는 낮게 하고, 길이는 길게 한다.

해설 침강실의 입구폭을 작게 하면 배출가스의 유속이 커져 집진효율이 낮아진다.

- 층류일 때 집진율, $\eta = \dfrac{LWv_s}{Q_i}$

  여기서 W: 침강실의 폭, Q_i: 유입 배출가스양

- 난류일 때 집진율, $\eta = 1 - e^{\left(-\dfrac{LWv_s}{Q_i}\right)}$

012 중력집진장치에 관한 설명으로 옳지 않은 것은?

① 배출가스의 점도가 낮을수록 집진효율이 증가한다.
② 함진가스의 온도변화에 의한 영향을 거의 받지 않는다.
③ 침강실의 높이가 낮고, 길이가 길수록 집진효율이 증가한다.
④ 함진가스의 유량, 유입속도 변화에 거의 영향을 받지 않는다.

해설 중력집진장치는 함진가스의 유량, 유입속도 변화에 민감하다.

013 중력집진장치의 이론적 집진효율을 계산하는 데 응용되는 Stoke Law를 만족하는 가정으로 옳지 않은 것은?

① 구는 강체이다.
② $10^{-4} < N_{Re} < 0.6$
③ 구는 일정한 속도로 운동한다.
④ 전이영역 흐름(intermediate flow)

해설 Stoke Law를 만족하는 가정에서 배출가스의 흐름은 층류이다.

014 관성력집진장치에서 집진율을 높게 하기 위한 설명으로 옳지 않은 것은?

① 출구의 가스속도가 적을수록 좋다.
② 기류의 방향전환 각도가 클수록 좋다.
③ 기류의 방향전환 횟수는 많을수록 좋다.
④ 적당한 dust box의 형상과 크기가 필요하다.

해설 관성력집진장치는 기류의 방향전환 각도가 적을수록 집진효율이 높다.

정답 010 ③ 011 ① 012 ④ 013 ④ 014 ②

015 관성력집진장치에 관한 설명으로 옳지 않은 것은?

① 곡관형, Louver형, Pocket형, Multi-baffle형 등은 반전식에 해당한다.
② 압력손실은 30~70mmH₂O 정도이고, 굴뚝 또는 배관에 적용될 때가 있다.
③ 반전식의 경우 방향전환을 하는 가스의 곡률 반경이 작을수록 미세한 먼지를 분리포집할 수 있다.
④ 함진가스의 방향 전환각도가 크고, 방향 전환 횟수가 적을수록 압력손실은 커지나 집진율이 높아진다.

해설 관성력집진장치는 함진가스의 방향 전환각도가 적고, 방향 전환횟수가 많을수록 압력손실이 커지지만 집진율은 높다.

016 관성력집진장치에 관한 설명으로 옳지 않은 것은?

① 일반적으로 고온가스의 처리가 불가능하므로 굴뚝이나 배관 등은 적용하기 어렵다.
② 함진가스의 충돌 또는 기류의 방향전환 직전의 가스속도가 빠르고 방향 전환 시의 곡률반경이 적을수록 미세입자의 포집이 가능하다.
③ Pocket형, Channel형과 같이 미로형에서는 먼지가 장치에 누적되므로 먼지의 성상을 충분히 파악하여 충격, 세정에 의하여 제거할 필요가 있다.
④ 액체 입자의 포집에 사용되는 Multi-Baffle형은 1μm 전후의 미스트를 제거할 수 있지만 완전한 처리를 위해서는 처리가스 출구에 충전층을 설치하는 것이 좋다.

해설 관성력집진장치는 일반적으로 고온가스의 처리가 가능하므로 굴뚝이나 배관 등에 적용한다.

017 관성력집진장치의 집진율 향상조건으로 옳지 않은 것은?

① 적당한 dust box의 형상과 크기가 필요하다.
② 기류의 방향전환 횟수가 많을수록 압력손실은 커지지만 집진율은 높아진다.
③ 보통 충돌 직전에 처리가스 속도가 크고, 처리 후 출구가스 속도가 적을수록 집진율은 높아진다.
④ 함진가스의 충돌 또는 기류 방향전환 직전의 가스속도가 적고, 방향 전환 시 곡률반경이 클수록 미세입자 포집이 용이하다.

해설 관성력집진장치는 함진가스의 충돌 또는 기류 방향전환 직전의 가스속도가 빠르고, 방향전환 시 곡률반경이 적을수록 미세입자 포집이 용이하다.

018 원심력집진장치의 성능 인자에 관한 설명으로 옳지 않은 것은?

① 한계(입구)유속 내에서는 유속이 빠를수록 효율이 감소한다.
② 블로다운(blow-down) 효과를 적용하면 효율이 높아진다.
③ 내경(배출가스 내관)이 작을수록 입경이 작은 먼지를 제거할 수 있다.
④ 고농도는 병렬로 연결하고 응집성이 강한 먼지는 직렬 연결(단수 3단 한계)하여 주로 사용한다.

해설 원심력집진장치는 한계(입구)유속 내에서는 유속이 빠를수록 효율이 증가한다.

Lapple의 효율식: $\eta = \dfrac{\pi N_e d_p^2 (\rho_p - \rho_g) v_i^2}{9 \mu_g W}$

여기서 N_e: 외부선회류의 유효회전수, v_i: 유입구의 가스유속
μ_g: 배출가스의 점도, W: 유입구의 폭

019 사이클론의 종류에 대한 설명으로 옳지 않은 것은?

① 접선유입식 사이클론: 집진효율의 변화가 비교적 적다.
② 접선유입식 사이클론: 일반적으로 유입 가스 속도는 7~15m/s 정도이다.
③ 축류식 사이클론: 반전형과 직선형으로 구분되며 반전형이 많이 사용되고 있다.
④ 축류식 사이클론: 일반적으로 압력손실은 200 mmH₂O 전후로 비교적 높은 편이다.

해설 축류식 사이클론의 압력손실
- 반전형: 80~100mmH$_2$O
- 직진형: 40~50mmH$_2$O

020 원심력집진장치에 사용되는 용어에 관한 설명으로 옳지 않은 것은?

① 분리계수가 클수록 집진율은 증가한다.
② 분리계수는 입자에 작용하는 원심력을 관성력으로 나눈 값이다.
③ 임계입경(Critical diameter)은 100% 분리한 계입경이라고도 한다.
④ 사이클론에서 입자의 분리속도는 함진가스의 선회속도에는 비례하는 반면, 원통부 반경에는 반비례한다.

해설 분리계수는 입자에 작용하는 원심력을 중력으로 나눈 값이다.

$$S = \frac{원심력}{중력} = \frac{F_c}{F_g} = \frac{m \times \dfrac{v^2_{\theta, R_2}}{R_2}}{m\,g} = \frac{v^2_{\theta, R_2}}{g\,R_2}$$

여기서 v_{θ, R_2}: R_2인 지점에서 입자의 접선방향속도
R_2: 원추 하부의 반경

021 원심력집진장치에 관한 내용으로 옳지 않은 것은?

① 배기관경(내경)이 작을수록 입경이 작은 더스트를 제거할 수 있다.
② 함진가스의 온도가 높아지면 집진율은 저하되나 그 영향을 크지 않다.
③ 고농도일 때는 직렬로 연결 사용하고, 응집성이 강한 먼지인 경우는 병렬연결하여 사용한다.
④ 일반적으로 축류식 직진형, 접선유입식, 소구경 multi-clone에서 blow down 효과를 얻을 수 있다.

해설 원심력집진장치는 효율의 향상조건으로 고농도일 때는 병렬로 연결 사용하고, 응집성이 강한 먼지인 경우는 직렬연결하여 사용한다.

022 원심력집진장치에 관한 내용으로 옳지 않은 것은?

① 배기관경(내경)이 작을수록 입경이 작은 더스트를 제거할 수 있다.
② 사이클론을 병렬 사용하는 경우 먼지에 응집성이 있으면 집진율이 높아진다.
③ 원심력집진장치에는 가동부(moving part)가 없는 것이 기계적 특징이라고 할 수 있다.
④ 일반적으로 축류식 직진형, 접선유입식, 소구경 multiclone에서 blow down 효과를 나타내는 장치를 적용한다.

해설 사이클론을 병렬 사용하는 경우 먼지에 응집성이 있으면 집진율이 낮아진다.

023 사이클론의 집진율을 제거하기 위하여 절단입경($D_{p,c}$)이란 용어를 사용하는데, $D_{p,c}$는 다음 식으로 계산된다. 식에서 N_e는 무엇을 뜻하는가?

$$D_{p,c} = \sqrt{\left[\frac{9 \times \mu_g \times W_i}{2\pi \times N_e \times v_i \times (\rho_s - \rho_g)}\right]}$$

① Cyclone 내의 제거입자 평균치
② 사용 Cyclone의 적정 멀티개수
③ Cyclone 내의 제거입자 특성지수
④ Cyclone 내에서의 가스의 회전수

해설 N_e : 외부 선회류의 유효회전수로 보통 5~10회 정도로 사이클론의 원통부 높이(H_b)와 원추부 높이(H_c)로 구할 수 있다.

$$N_e = \frac{1}{H}\left(H_b + \frac{H_c}{2}\right)$$

여기서 H : 유입구 높이

024 원심력집진장치는 입경에 따라 집진효율이 많이 변하므로 이 장치에 의해 제거되는 분진과 제거되지 않는 분진의 크기 구별이 정확하지 않다. 따라서 분리경(cut size)을 고안하여 사용하는데, 이것에 대한 설명으로 옳은 것은?

① 90% 집진효율로 제거되는 최소입자의 크기
② 60% 집진효율로 제거되는 최소입자의 크기
③ 50% 집진효율로 제거되는 최소입자의 크기
④ 25% 집진효율로 제거되는 최소입자의 크기

해설 분리경(cut size) 또는 절단입경: 집진율이 50%인 입경을 말한다. 기호는 $d_{p,cut}$ 또는 $d_{p,50}$이고, 산출식은 집진성능 평가 시 Lapple 식을 많이 사용한다.

$$d_{p,cut} = d_{p,50} = \sqrt{\frac{9\mu_g W}{2\pi N_e v_i (\rho_p - \rho_g)}}$$

025 Cyclone으로 집진 시 집진효율이 50%인 입경을 의미하는 것은?

① Aerodynamic diameter
② Critical diameter
③ Cut size diameter
④ Stokes diameter

해설 Cyclone으로 집진 시 집진효율이 50%인 입경은 절단입경(Cut size diameter)을 말한다.

026 원심력집진장치에서 압력손실의 감소원인으로 옳지 않은 것은?

① 장치 내 처리가스가 선회되는 경우
② 호퍼 하단 부위에 외기가 누입될 경우
③ 외통의 접합부 불량으로 함진가스가 누출될 경우
④ 내통이 마모되어 구멍이 뚫려 함진가스가 by-pass 될 경우

해설 원심력집진장치에서 압력손실의 감소원인 중 하나는 먼지에 의한 장치의 마모로 장치 내 처리가스가 선회되지 않는 경우이다.

027 집진장치인 사이클론에 관한 설명으로 옳지 않은 것은?

① 멀티사이클론은 작은 몸통경의 사이클론 여러 개를 병렬로 연결하여 사용한다.
② 멀티사이클론은 처리가스양이 많고 높은 집진효율을 필요로 하는 경우에 사용한다.
③ 접선유입식 사이클론의 유입가스속도는 3~7m/s 범위로 이 범위 속도가 집진효율에 미치는 영향이 크다.
④ 축류식 사이클론은 처리가스를 축방향으로 유입하는 것으로 반전형과 직진형이 있으며, 입구가스속도는 12m/s 전후이다.

해설 접선유입식 사이클론의 유입가스속도는 7~15m/s 범위로 이 범위 속도가 집진효율에 미치는 영향이 크다.

028 사이클론에 관한 설명으로 옳지 않은 것은?
① 반전형은 입구유속이 10m/s 전후이며, 접선유입식에 비해 압력손실이 적다.
② 멀티사이클론은 처리가스양이 많고 높은 집진효율을 필요로 하는 경우에 사용한다.
③ 접선유입식 사이클론의 유입가스속도는 3~6m/s 범위로, 이 범위 속도가 집진효율에 미치는 영향은 크다.
④ 반전형은 Blow down은 필요 없고, 함진가스 입구의 안내익(Aerodynamic vane)에 따라 집진효율이 달라진다.

해설 접선유입식 사이클론의 유입가스속도는 7~15m/s 범위로 이 범위 속도가 집진효율에 미치는 영향이 크다.

실기 Check ✓

029 사이클론 집진성능에 관한 설명으로 옳지 않은 것은?
① 집진율은 입자의 밀도가 클수록 커진다.
② 집진율은 원통부의 반경이 클수록 커진다.
③ 입자의 입경이 클수록 입자의 분리속도는 커진다.
④ 함진가스의 선회속도가 클수록 입자의 분리속도는 커진다.

해설 사이클론의 집진율은 원통부의 반경이 작을수록 커진다.

030 사이클론에서 입자의 분리속도와 반비례하는 영향인자는?
① 입자의 직경
② 입자의 밀도
③ 원통부의 반경
④ 함진가스의 선회속도

해설 사이클론에서 입자의 분리속도는 입자의 직경, 입자와 배출가스의 밀도차 및 함진가스의 선회속도에 비례하는 반면, 원통부의 반경에는 반비례한다. 집진율은 입자의 분리속도가 클수록 높아진다.

031 사이클론의 집진효율에 관한 설명으로 옳지 않은 것은?
① 원통의 직경이 클수록 효율은 증가한다.
② 입자의 입경과 밀도가 클수록 효율은 증가한다.
③ Blow down 효과를 적용하여 효율을 증대시킨다.
④ 입구유속이 빠를수록 효율이 높은 반면에 압력손실도 높아진다.

해설 사이클론 원통의 직경이 클수록 효율은 감소한다.

032 원심력집진장치(Cyclone)의 집진효율에 관한 내용으로 옳은 것은?
① 원통의 직경이 클수록 집진효율이 증가한다.
② 입자의 밀도가 클수록 집진효율이 감소한다.
③ 가스의 온도가 높을수록 집진효율이 증가한다.
④ 가스의 유입속도가 클수록 집진효율이 증가한다.

해설 사이클론은 함진가스의 유입속도가 클수록 집진효율이 증가한다.

정답 028 ③ 029 ② 030 ③ 031 ① 032 ④

033 Cyclone의 집진율 향상조건에 대한 설명으로 옳지 않은 것은?

① 배기관경(내관)이 클수록 입경이 작은 먼지를 제거할 수 있다.
② 먼지폐색(dust plugging) 효과를 방지하기 위해 축류 집진장치를 사용한다.
③ 미세먼지의 재비산을 방지하기 위해 skimmer와 turning vane 등을 설치한다.
④ 고용량 가스를 비교적 높은 효율로 처리해야 할 경우 소구경 cyclone을 여러 개 조합시킨 multi-cyclone을 사용한다.

해설 배기관경(내관)이 작을수록 입경이 작은 먼지를 제거할 수 있다.

034 사이클론의 운전조건과 치수가 집진율에 미치는 영향으로 옳지 않은 것은?

① 원통의 직경이 클수록 집진율이 증가한다.
② 입구의 크기가 작아지면 처리가스의 유입속도가 빨라져 집진율과 압력손실은 증가한다.
③ 함진가스의 온도가 높아지면 가스의 점도가 커져 집진율은 저하되나 그 영향은 크지 않는 편이다.
④ 출구의 직경이 작을수록 집진율은 증가하지만 동시에 압력손실도 증가하고 함진가스의 처리능력도 떨어진다.

해설 사이클론 원통의 직경이 작을수록 집진율이 증가한다.

035 사이클론(Cyclone)의 조업 변수 중 집진효율을 결정하는 가장 중요한 변수는?

① 유입가스의 속도
② 사이클론의 내부 높이
③ 유입가스의 먼지 농도
④ 사이클론에서의 압력손실

해설 사이클론의 집진율은 입자의 분리속도가 클수록 좋은데 이는 함진가스의 유입속도, 입자의 입경 및 밀도가 클수록 그리고 함진가스의 점도와 장치의 크기가 작을수록 커지게 된다.

036 접선유입식 원심력집진장치의 특징에 관한 설명 중 옳은 것은?

① 장치의 압력손실은 500mmH$_2$O이다.
② 장치 입구의 가스속도는 18~20cm/s이다.
③ 유입구 모양에 따라 나선형과 와류형으로 분류된다.
④ 안내날개 선회식이라고도 하며 반전형과 직진형이 있다.

해설 접선유입식 원심력집진장치는 유입구의 모양에 따라 나선형(helical entry)과 와류형(wrap-around entry)으로 분류된다.
① 장치의 압력손실은 50~100mmH$_2$O이다.
② 장치 입구의 가스속도는 7~15m/s이다.
④ 안내날개 선회식은 축류식이며 반전형과 직진형이 있다.

037 원심력집진장치에 블로다운(blow down)을 적용하여 얻을 수 있는 효과로 옳지 않은 것은?

① 포집된 먼지의 재비산 방지
② 원심력집진장치 내의 난류억제
③ 유효 원심력 감소를 통한 운영비 절감
④ 원심력집진장치 내의 먼지부착에 의한 장치폐쇄 방지

해설 블로다운(blow down)은 유효 원심력을 증대시키고 집진된 먼지의 재비산을 방지하여 사이클론의 집진성능을 향상시킨다.

038 사이클론의 종류에 관한 설명으로 옳지 않은 것은?

① 접선유입식 사이클론은 집진효율의 변화가 비교적 적은 편이다.

정답 033 ① 034 ① 035 ① 036 ③ 037 ③ 038 ③

② 접선유입식 사이클론의 일반적인 입구 가스속도는 7~15m/s 정도이다.
③ 축류식 사이클론은 반전형과 직선(직진)형으로 구분되며, 반전형은 입구가스 속도가 보통 25m/s 전후이다.
④ 축류식 사이클론 중 반전형의 압력손실은 80~100mmH₂O이며, 집진효율은 일반적으로 접선유입식과 큰 차이는 없는 편이다.

해설 축류식 사이클론은 반전형과 직선(직진)형으로 구분되며, 반전형은 입구가스 속도가 보통 10m/s 전후이다.

039 원심력집진장치 중 분리계수(Separation factor, S)에 대한 설명으로 옳지 않은 것은?

① 분리계수는 중력가속도에 반비례한다.
② 원심력이 클수록 분리계수가 커지며 집진율도 좋아진다.
③ 사이클론 원추 하부의 반경이 클수록 분리계수는 커진다.
④ 분리계수는 입자에 작용되는 원심력과 중력과의 관계이다.

해설 사이클론 원추 하부의 반경이 작을수록 분리계수는 커진다.

$$S = \frac{원심력}{중력} = \frac{F_c}{F_g} = \frac{m \times \dfrac{v^2_{\theta, R_2}}{R_2}}{mg} = \frac{v^2_{\theta, R_2}}{gR_2}$$

여기서 v_{θ, R_2} : R_2인 지점에서 입자의 접선방향속도
R_2 : 원추 하부의 반경

040 원심력집진장치에 사용되는 용어의 관한 설명으로 옳지 않은 것은?

① 분리계수가 클수록 집진율은 증가한다.
② 분리계수는 입자에 작용하는 원심력을 관성력으로 나눈 값이다.
③ 임계입경(Critical diameter)은 100% 분리한계입경이라고도 한다.
④ 사이클론에서 입자의 분리속도는 함진가스의 선회속도에는 비례하는 반면, 원통부 반경에는 반비례한다.

해설 원심력집진장치에서 분리계수는 입자에 작용하는 원심력을 중력으로 나눈 값이다.

041 축류식 원심력집진장치 중 반전형에 관한 설명으로 옳지 않은 것은?

① 입구가스 속도가 50m/s 전후이다.
② 가스의 균일한 분배가 용이한 이점이 있다.
③ 접선유입식에 비해 압력손실이 적은 편이다.
④ 함진가스 입구의 안내익에 따라 집진효율이 달라진다.

해설 반전형은 입구가스 속도가 10m/s 전후이다.

042 사이클론(cyclone)의 운전조건과 치수가 집진율에 미치는 영향으로 옳지 않은 것은?

① 동일한 유량일 때 원통의 직경이 클수록 집진율이 증가한다.
② 입구의 직경이 작을수록 처리가스의 유입속도가 빨라져 집진율과 압력손실이 증가한다.
③ 함진가스의 온도가 높아지면 가스의 점도가 커져 집진율이 감소하나 그 영향은 크지 않은 편이다.
④ 출구의 직경이 작을수록 집진율이 증가하지만 동시에 압력손실이 증가하고 함진가스의 처리능력이 감소한다.

해설 사이클론은 동일한 유량일 때 원통의 직경이 작을수록 집진율이 증가한다.

043 관성충돌, 직접차단, 확산, 정전기적 인력, 중력 등이 주된 집진원리인 집진장치는?

① 여과집진장치
② 원심력집진장치
③ 전기집진장치
④ 중력집진장치

해설 여과집진장치(bag filter)는 함진가스를 여과재(filter)에 통과시켜 입자를 관성충돌, 직접차단, 확산, 정전기적 인력, 중력 등에 의해 먼지를 분리·집진하는 효율이 높은 집진장치이다.

044 여과집진장치에서 먼지제거 메커니즘으로 옳지 않은 것은?

① 확산(diffusion)
② 무화(atomization)
③ 직접차단(direct interception)
④ 관성충돌(inertial impaction)

해설 여과집진장치에서 먼지제거 메커니즘으로 무화(atomization)는 해당되지 않는다.

045 여과집진장치 '직경이 0.1μm 이하인 미세입자'의 주요 메커니즘으로 가장 적합한 집진원리는?

① 확산
② 중력침강
③ 관성충돌
④ 세정응축

해설 확산은 직경이 0.1μm 이하인 미세입자가 가스분자처럼 브라운 운동을 하여 함진가스의 유선을 따라 흐르지 않고 불규칙적으로 움직이다가 여과섬유에 부착·제거되는 것을 말한다.

046 여과집진장치에 관한 설명으로 옳지 않은 것은?

① 여과재의 교환으로 유지비가 많이 든다.
② 수분이나 여과속도에 대한 적응성이 높다.
③ 폭발성 및 점착성 먼지의 처리에 적합하지 않다.
④ 가스의 온도에 따라 여과재 선택에 제한을 받는다.

해설 여과집진장치는 수분이나 여과속도에 대한 적응성이 낮은 것이 단점이다.

047 여과집진장치의 특성으로 옳지 않은 것은?

① 방사성 먼지용 Air filter는 내면여과방식에 해당한다.
② 내면여과방식은 습식도 있지만, 일반적으로 건식으로 사용된다.
③ 표면여과방식에서 초층의 눈막힘을 방지하기 위해 처리가스의 온도를 산노점 이상으로 유지한다.
④ Package형 필터는 표면여과방식에 해당하며 여과속도는 크지만, 여재의 압력손실이 낮아 많이 사용된다.

해설 Package형 필터는 내면여과방식에 해당하며, 여과속도가 느리고, 여재의 압력손실은 보통 30mmH$_2$O 이하로 오염이 아주 적은 공기를 정화할 때 주로 사용한다.

048 여과집진장치의 특성으로 옳지 않은 것은?

① 벤투리 스크러버보다 압력손실과 동력소모가 적은 편이다.
② 폭발성, 점착성 및 흡습성 먼지의 제거가 용이하다.
③ 수분이나 여과속도에 대한 적응성이 낮다.
④ 1μm 이상의 미세입자의 제거가 용이하다.

해설 여과집진장치는 폭발성, 점착성 및 흡습성 먼지의 제거가 곤란하다.

049 여과집진장치에 관한 설명으로 옳지 않은 것은?

① 폭발성, 점착성 및 흡습성 분진의 제거에 효과적이다.
② 탈진방식 중 간헐식은 여포의 수명이 연속식에 비해 길다.
③ 탈진방식 중 간헐식은 진동형, 역기류형, 역기류진동형으로 분류할 수 있다.
④ 여과재는 내열성이 약하므로 고온가스 냉각 시 산노점(dew point) 이상으로 유지해야 한다.

해설 여과집진장치는 폭발성, 점착성 및 흡습성 먼지의 제거가 어렵다.

050 여과집진장치 중 여재에 관한 설명으로 옳은 것은?

① 목면은 값이 저렴하나 흡수성이 높고, Polyester계 섬유는 내산성과 내구성이 우수하다.
② 털어서 떨어뜨리는 방식에 의하여 높은 집진율을 얻기 위해서는 연속적으로 떨어뜨리는 방식을 취한다.
③ 고농도 함진배출가스의 처리에는 간헐적으로 떨어뜨리는 방식을 취함으로써 효율의 증대를 가져올 수 있다.
④ 직포는 장섬유와 단섬유로 구성되어 있는데, 장섬유는 1차 부착층의 형성이 빠르고 먼지의 포집률도 크고, 단섬유는 강도가 높고 부착성이 강한 먼지의 포집에 적당하다.

해설
② 털어서 떨어뜨리는 방식에 의하여 높은 집진율을 얻기 위해서는 간헐적으로 떨어뜨리는 방식을 취한다.
③ 고농도 함진배출가스의 처리에는 연속적으로 떨어뜨리는 방식을 취함으로써 효율의 증대를 가져올 수 있다.
④ 직포는 장섬유와 단섬유로 구성되어 있는데, 단섬유는 1차 부착층의 형성이 빠르고 먼지의 집진율도 크고, 장섬유는 강도가 높고 부착성이 강한 먼지의 포집에 적당하다.

051 여과집진장치의 여과방식 중 내면여과에 관한 설명으로 옳지 않은 것은?

① 여재를 비교적 엉성하게 틀 속에 충전하여 이것을 여과층으로 하여 함진가스 중의 먼지입자를 포집하는 방식으로 여재 내면에서 집진된다.
② package filter, 방사성 먼지용 air filter 등이 이 여과방식에 속하고, 여과속도가 적고, 압력손실은 보통 30mmH₂O 이하이다.
③ 습식인 경우 부착된 입자의 제거가 곤란하므로 일정량 이상의 입자가 부착되면 새로운 여재로 교환해야 한다.
④ 이 방식은 주로 고농도의 함진가스의 오염공기를 처리할 때 사용된다.

해설 내면여과방식은 여과속도가 느려서 오염이 아주 적은 공기를 정화할 때 주로 사용한다.

052 여과집진장치에 사용되는 각종 여포재의 성질에 관한 연결로 옳지 않은 것은? (단, 여재의 종류 – 산에 대한 저항성 – 최고사용온도 순이다.)

① 목면 – 양호 – 150℃
② 오론 – 양호 – 150℃
③ 비닐론 – 양호 – 100℃
④ 글라스화이버 – 양호 – 250℃

해설 목면은 산에 대한 저항성(내산성)이 불량하고, 최고사용온도는 80℃ 정도이다.

053 다음 특성을 가지는 산업용 여과재로 옳은 것은?

- 최대 허용온도가 약 80℃
- 내산성은 나쁘지만 내알칼리성은 약간 양호하다.

① Cotton ② Teflon
③ Orlon   ④ Glass

해설 목면(cotton)의 최대 허용온도가 약 80℃, 내산성은 불량, 내알칼리성은 약간 양호하다.

054 여과집진장치에 사용하는 여과포 중 내알칼리성이 가장 약한 것은?

① 양모
② 면
③ 아크릴
④ 폴리프로필렌

해설 여과집진장치에 사용하는 여과포 중 내알칼리성이 약한 것은 양모, 사란, 오올론, 테트론 등이 있다.

055 여과재(filter bag) 재질 중 내산성 및 내알칼리성이 모두 양호한 여재는?

① 비닐론
② 사란
③ 테트론
④ 나일론(에스테르계)

해설 여과재(filter bag) 재질 중 내산성 및 내알칼리성이 모두 양호한 여재는 비닐론, 카네칼론 등이 있다.

056 여과재의 재질 중 내산성 여과재로 적합하지 않은 것은?

① 목면   ② 카네카론
③ 비닐론   ④ 글라스 화이버

해설 여과재의 재질 중 내산성 여과재로 적합하지 않은 것은 목면이 대표적이다.

057 다음 여과포의 재질 중 최고사용온도가 가장 높은 것은?

① 오올론
② 목면
③ 비닐론
④ 나일론(폴리아미드계)

해설 여과포의 재질 중 최고사용온도가 가장 높은 것은 250℃인 글라스화이버이고, 이 문제에서는 오올론이 150℃로 가장 높고 나일론(폴리아미드계)가 110℃, 비닐론이 100℃, 목면이 80℃ 순이다.

058 여과집진장치에 관한 설명으로 옳지 않은 것은?

① 간헐식 중 진동형은 접착성 먼지집진에는 사용할 수 없다.
② 간헐식의 경우는 먼지의 재비산이 적고 여포 수명이 연속식에 비해 길다.
③ 여과자루 모양에 따라 원통형, 평판형, 봉투형으로 분류되며, 주로 원통형을 사용한다.
④ 여과자루 길이(L)/여과자루 직경(D) ≒ 50 이상으로 많이 설계하고, 여과자루 간의 최소간격은 1.5m 이상이 되어야 한다.

해설 여과집진장치는 여과자루 길이(L)/여과자루 직경(D) ≒ 30 이하로 많이 설계하고, 여과자루 간의 최소간격은 5cm 이상이 되어야 한다. 보통 $D=15 \sim 45$cm, $L=3 \sim 12$m를 많이 사용하며 L/D 값이 너무 크면 자루끼리의 마찰, 먼지제거 곤란, 제작의 어려움이 있다.

059 펄스젯 여과집진장치에서 압축공기량 조절 장치로 옳은 것은?

① 백케이지(bag cage)
② 스크레이퍼(scraper)
③ 확산관(diffuser tube)
④ 방전극(discharge electrode)

해설 펄스젯(충격제트기류형) 여과집진기(pulse jet type)에서 여과포를 통과하여 외부로 빠지는 압축공기량을 조절해 주는 장치를 '확산관(diffuser tube)'이라고 한다.

060 직물여과기(fabric filter)의 여과직물을 청소하는 방법으로 옳지 않은 것은?

① 진동형
② 임펙트 제트형
③ 역기류형
④ 펄스 제트형

해설 직물여과기(fabric filter)의 여과직물의 탈진방식
- 간헐식: 진동형, 역기류형, 역기류 진동형
- 연속식: 역기류형, 펄스 제트형

061 여과집진장치의 탈진방식 중 간헐식에 관한 설명으로 옳지 않은 것은?

① 연속식에 비하여 분진의 재비산이 적고 높은 집진율을 얻을 수 있다.
② 여러 개의 방으로 구분하고 방 하나씩 처리가스의 흐름을 차단하여 순차적으로 탈진하는 방식이다.
③ 간헐식 중 가압형은 고압의 충격제트기류를 분진층에 분사하고 압력에 의해 분진층을 털어내는 방식으로 최근 사용이 늘어나고 있다.
④ 간헐식 중 진동형은 음파진동, 횡진동, 상하진동에 의해 포집된 분진층을 털어내는 방식으로 접착성 분진의 집진에는 사용할 수 없다.

해설 연속식 중 가압형은 고압의 충격제트기류를 분진층에 분사하고 압력에 의해 분진층을 털어내는 방식으로 최근 사용이 늘어나고 있다.

062 여과집진장치의 탈진방식 중 연속식에 관한 설명으로 옳지 않은 것은?

① 고농도, 대용량의 가스를 처리할 수 있다.
② 역제트기류 분사형과 충격제트기류 분사형이 있다.
③ 탈진 시 분진의 재비산 발생이 적어 집진율이 높다.
④ 포집과 탈진이 동시에 이루어지므로 압력손실이 거의 일정하다.

해설 여과집진장치에서 탈진 시 분진의 재비산 발생이 적어 집진율이 높은 탈진방식은 간헐식이다.

063 여과집진장치의 탈진방식에 관한 설명으로 옳지 않은 것은?

① 연속식에는 역제트기류 분사형과 충격제트기류 분사형 등이 있다.
② 간헐식은 먼지의 재비산이 적고, 높은 집진율을 얻을 수 있으며, 여포의 수명은 연속식에 비해 길다.
③ 연속식은 포집과 탈진이 동시에 이루어지므로 압력손실이 거의 일정하고 고농도, 대용량의 가스를 처리할 수 있다.
④ 충격제트기류 분사형은 여과자루에 상하로 이동하는 블로워에 몇 개의 슬롯을 설치하고 여기에 고속제트기류를 주입하여 여과자루를 위, 아래로 이동하면서 탈진하는 방식으로 내면여과이다.

해설 역제트기류 분사형은 여과자루에 상하로 이동하는 블로워에 몇 개의 슬롯을 설치하고 여기에 고속제트기류를 주입하여 여과자루를 위, 아래로 이동하면서 탈진하는 방식으로 내면여과이다.

정답 059 ③ 060 ② 061 ③ 062 ③ 063 ④

064 여과집진장치의 탈진방식에 관한 설명으로 옳지 않은 것은?

① 간헐식은 먼지의 재비산이 적고 높은 집진율을 얻을 수 있다.
② 연속식은 포집과 탈진이 동시에 이루어져 압력손실의 변동이 크므로, 저농도, 저용량의 가스처리에 효율적이다.
③ 연속식은 탈진 시 먼지의 재비산이 일어나 간헐식에 비해 집진율이 낮고 여과자루의 수명이 짧은 편이다.
④ 간헐식의 여포 수명은 연속식에 비해서는 긴 편이고, 점성이 있는 조대먼지를 탈진할 경우 여포 손상의 가능성이 있다.

해설 연속식은 포집과 탈진이 동시에 이루어져 압력손실이 거의 일정하여 고농도, 대용량의 가스처리에 효율적이다.

065 여과집진장치에서 여과포 탈진방법의 유형으로 옳지 않은 것은?

① 진동형
② 역기류형
③ 충격제트기류 분사형
④ 승온형

해설 직물여과기(fabric filter)의 여과직물의 탈진방식
- 간헐식: 진동형, 역기류형, 역기류 진동형
- 연속식: 역기류형, 충격제트기류 분사형

066 여과집진장치의 탈진방식 중 간헐식에 관한 설명으로 옳지 않은 것은?

① 연속식에 비하여 먼지의 재비산이 적고, 높은 집진율을 얻을 수 있다.
② 간헐식 중 역기류형의 적정 여과속도는 3~5cm/s이고, glass fiber는 역기류형 중 가장 저항력이 강하다.
③ 간헐식 중 진동형은 여포의 음파진동, 횡진동, 상하진동에 의해 포집된 먼지층을 털어내는 방식으로 접착성 먼지의 집진에는 사용할 수 없다.
④ 집진실을 여러 개 방으로 구분하고 방 하나씩 처리가스의 흐름을 차단하여 순차적으로 탈진하는 방식이며, 여포의 수명은 연속식에 비해 길다.

해설 간헐식 중 역기류형의 적정 여과속도는 0.5~1.5cm/s이고, 역기류가 강할 경우 쉽게 손상되는 glass fiber와 같은 여과재는 사용하기 부적당하다.

067 여과집진장치의 탈진방식 중 간헐식에 관한 설명으로 옳지 않은 것은?

① 연속식에 비해 먼지의 재비산이 적고 높은 집진 효율을 얻을 수 있다.
② 집진실을 여러 개의 방으로 구분하고 방 하나씩 처리가스의 흐름을 차단하여 순차적으로 탈진하는 방식이다.
③ 간헐식 중 역기류형은 여포의 먼지를 0.03~0.10초 정도의 짧은 시간 내에 높은 충격 분출압을 주어 제거하는 방식이다.
④ 간헐식 중 진동형은 여포의 음파진동, 횡진동, 상하진동에 의해 포집된 먼지를 털어내는 방식으로 점착성 먼지에는 사용할 수 없다.

해설 간헐식 중 역기류형은 단위 집진실에 처리가스의 공급을 중단시킨 후 가스의 유입방향과 반대로 압축공기를 분사시켜 집진된 먼지층을 탈진시키는 방식이다.

068 여과집진장치 설계 시 고려사항으로 옳지 않은 것은?

① 여과섬유 중 teflon은 여과율이 1~2m/min 정도이며, 연소 유지성이 cotton 및 nylon에 비해 우수하며, 경제적이다.

[서술형 빈출문제]

② 제거된 먼지의 자동 연속적 작동방식은 소제를 위해 주기적인 가동중단이 요구되지 않거나 불가능한 경우에 주로 채택된다.
③ 여포는 가스 온도가 가급적 250℃를 넘지 않도록 주의해야 하고, 특히 고온가스의 냉각 시에는 산노점 이상으로 유지해야 한다.
④ 여과주머니의 직경에 대한 길이의 비(L/D)를 너무 크게 하면 주머니들끼리 마찰할 위험이 있고, 먼지제거가 곤란하므로 통상 L/D비는 20 이하가 좋다.

해설 여과섬유 중 Teflon은 여과율이 1~1.5m/min 정도이며, 연소 유지성이 Cotton 및 Nylon에 비해 우수하지만 비용이 고가여서 비경제적이다.

069 여과집진장치에서 여포를 탈진하는 방법으로 옳지 않은 것은?

① 펄스제트(Pulse Jet)
② 블로다운(Blow Down)
③ 공기역류(Reverse Air)
④ 기계적 진동(Mechanical Shaking)

해설 블로다운(Blow Down)은 사이클론에서 집진효율을 향상시켜주는 효과이다.

070 다음은 어떤 여과집진장치에 관한 설명인가?

- 함진가스는 외부여과하고, 먼지는 여포외부에 걸리므로 여포에 casing이 필요하며, 여포의 상부에는 각각 Venturi관과 노즐이 붙어 있어 압축공기를 분사노즐에서 일정 시간마다 분사하여 부착된 먼지를 털어내야 한다.
- 형상은 원통형으로 소형화가 가능하고, 여포를 부직포로 하면 직포의 2~3배의 빠른 처리가 가능하고, 여과속도 2~5cm/s에서 처리할 수 있다.

① Pulse jet형
② 진동형
③ 역기류형
④ Reblower 형

해설 여과집진장치 여포의 상부에는 각각 Venturi관과 노즐이 붙어 있고, 형상은 원통형으로 소형화가 가능하고, 여포를 부직포로 하면 직포의 2~3배의 빠른 처리가 가능하고, 여과속도 2~5cm/s에서 처리할 수 있는 탈진장치는 충격제트기류 분사형(펄스제트형)이다.

071 세정집진장치의 입자 포집원리에 대한 설명으로 옳지 않은 것은?

① 액적에 입자가 충돌하여 부착한다.
② 배기 증습에 의하여 입자가 서로 응집한다.
③ 미립자 확산으로 입자가 쉽게 액적과 접촉한다.
④ 입자를 핵으로 한 증기의 증발에 따라 응집성을 촉진시킨다.

해설 세정집진장치는 입자를 핵으로 한 증기의 응결에 따라 응집성을 촉진시킨다(응집효과).

072 세정집진장치의 원리에 대한 설명으로 옳지 않은 것은?

① 액적에 입자가 충돌하여 부착된다.
② 액막과 기포에 입자가 접촉하여 부착된다.
③ 배출가스를 증습하면 입자의 응집이 낮아진다.
④ 미립자가 확산되면 액적과의 접촉이 증가된다.

해설 세정집진장치는 배출가스의 증습에 의하여 입자가 서로 응집한다(응집효과).

073 세정집진장치의 특징으로 옳지 않은 것은?

① 압력손실이 적어 운전비가 적게 든다.
② 소수성 입자의 집진율이 낮은 편이다.
③ 점착성 및 조해성 분진의 처리가 가능하다.
④ 연소성 및 폭발성 가스의 처리가 가능하다.

정답 069 ② 070 ① 071 ④ 072 ③ 073 ①

해설 세정집진장치에서 압력손실이 커지면 동력요구량도 커지므로 운전비가 고가이다.
$kW \propto Q \times \Delta P$

074 세정집진장치의 장점으로 옳은 것은?
① 별도의 폐수처리시설이 필요하지 않다.
② 점착성 및 조해성 먼지의 제거가 용이하다.
③ 먼지에 의한 폐쇄 등의 장애가 일어날 확률이 낮다.
④ 소수성 먼지에 대해 높은 집진효율을 얻을 수 있다.

해설
① 세정액으로 인한 별도의 폐수처리시설이 필요하다.
③ 먼지에 의한 폐쇄 등의 장애가 일어날 확률이 높다.
④ 소수성 먼지(물에 흡수되기 어려운 입자)에 대한 집진효율이 낮다.

075 세정집진장치의 장점으로 옳은 것은?
① 폐수처리 설비가 필요치 않다.
② 가동부분이 적고, 조해성 먼지 제거가 용이하다.
③ 소수성 먼지에 대해 높은 집진효율을 얻을 수 있다.
④ 친수성이 크고 부착성이 높은 먼지에 의한 폐색 장애가 일어나지 않는다.

해설
① 세정액에 대한 폐수처리 설비가 필요하다.
③ 소수성 먼지에 대해 높은 집진효율은 낮다.
④ 친수성이 크고 부착성이 높은 먼지에 의한 폐색 장애가 일어나기 쉽다.

076 세정집진장치의 장점으로 옳지 않은 것은?
① 처리된 가스의 확산이 용이하다.
② 점착성 및 조해성 분진의 처리가 가능하다.
③ 연소성 및 폭발성 가스의 처리가 가능하다.
④ 한 번 제거된 입자는 처리가스 속으로 재비산되지 않으며, 전기집진장치보다 협소한 장소에도 설치가 가능하다.

해설 세정집진장치에서 처리된 가스의 확산이 어려워 발생된 미립자의 액적을 처리하려면 기액분리기(demister)를 사용하여야 한다.

077 세정집진장치에 관한 설명으로 옳지 않은 것은?
① 분무탑은 침전물이 발생하는 경우에 사용이 적합하다.
② 제트 스크러버는 처리가스양이 많은 경우에 사용이 적합하다.
③ 벤튜리 스크러버는 점착성, 조해성 먼지의 제거에 효과적이다.
④ 충전탑은 온도 변화가 크고 희석열이 큰 곳에는 사용이 적합하지 않다.

해설 제트 스크러버는 송풍기를 설치할 수 없는 상황에서 비교적 처리가스양이 적은 경우에 사용이 적합하다.

078 세정집진장치에서 관성충돌계수(효과)를 크게 하기 위한 입자배출원의 특성 및 운전조건으로 옳지 않은 것은?
① 먼지의 입경이 커야 한다.
② 액적의 직경이 작아야 한다.
③ 처리가스의 점도가 낮아야 한다.
④ 처리가스의 온도가 높아야 한다.

해설 관성충돌계수가 커지려면 처리가스의 온도가 낮아야 한다.

079 벤투리 스크러버(Venturi scrubber)에 대한 설명으로 옳지 않은 것은?

① 액체방울(liquid droplet)과 입자의 주된 접촉 메커니즘은 충돌(impaction)이다.
② 물방울 입경과 먼지 입경의 비는 충돌 효율면에서 1:1.5~1:3.0이 좋다.
③ 가스압력손실이 크므로 동력비가 크다.
④ 소형으로 대용량의 가스처리가 된다.

해설 벤투리 스크러버(Venturi Scrubber)는 물방울 입경과 먼지 입경의 비는 충돌효율면에서 150 : 1 전후가 좋다.

080 벤투리 스크러버에 관한 설명으로 옳은 것은?

① 먼지부하 및 가스유동에 민감하다.
② 액가스비가 커서 소량이 세정액이 요구된다.
③ 점착성, 조해성 먼지처리 시 노즐막힘 현상이 현저하여 처리가 어렵다.
④ 집진율이 낮고 설치 소요면적이 크며, 가압수식 중 압력손실이 매우 크다.

해설
② 액가스비는 제트 스크러버, 사이클론 스크러버 중 제일 적어 소량이 세정액이 요구된다.
③ 점착성, 조해성 먼지의 제거가 용이하다.
④ 집진율이 높고 설치 소요면적이 작으나, 가압수식 중 압력손실이 매우 크다.

081 벤투리 스크러버(Venturi scrubber)에 관한 설명으로 옳지 않은 것은?

① 가압수식 중에서 집진율이 가장 높아 대단히 광범위하게 사용되며, 소형으로 대용량의 가스처리가 가능하다.
② 액가스비는 보통 0.3~1.5L/m³ 정도, 압력손실은 300~800mmH₂O 전후이다.
③ 물방울 입경과 먼지 입경의 비는 충돌효율 면에서 10:1 전후가 좋다.
④ 목부의 처리가스 속도는 보통 60~90m/s이다.

해설 벤투리 스크러버에서 물방울 입경과 먼지 입경의 비는 충돌효율 면에서 150 : 1 전후가 좋다.

082 벤투리 스크러버의 특성에 관한 설명으로 옳지 않은 것은?

① 물방울 입경과 먼지 입경의 비는 150 : 1 전후가 좋다.
② 먼지 및 가스유동에 민감하고 대량의 세정액이 요구된다.
③ 액가스비의 경우 일반적으로 친수성은 10μm 이상의 큰 입자가 0.3L/m³ 전후이다.
④ 유수식 중 집진율이 가장 높고, 목부의 처리가스유속은 보통 15~30m/s 정도이다.

해설 벤투리 스크러버는 가압수식 중 집진율이 가장 높고, 목부의 처리가스유속은 보통 60~90m/s 정도이다.

083 벤투리 스크러버(Venturi scrubber)에 대한 설명으로 옳지 않은 것은?

① 압력손실은 300~800mmH₂O 정도로 높다.
② 분진입자가 친수성이 적을 때 액가스비가 크게 된다.
③ 친수성이 아닌 입자의 액가스비는 10~30L/m³ 정도이다.
④ 벤튜리관의 목부의 함진가스 유속은 60~90 m/s 정도이다.

해설 벤투리 스크러버에서 친수성이 아닌 소수성 입자의 액가스비는 1.5L/m³ 정도이다.

실기 Check ✓

084 벤투리 스크러버의 액가스비를 크게 하는 요인으로 옳지 않은 것은?

① 먼지의 농도가 높을 때
② 먼지입자의 점착성이 클 때
③ 처리가스의 온도가 높을 때
④ 먼지입자의 친수성이 높을 때

해설 벤투리 스크러버의 액가스비는 먼지입자의 친수성이 적을 때, 즉 소수성일 때 커진다.

085 벤투리 세정집진기(Venturi scrubber)에 관한 기술로 옳은 것은?

① 목부의 가스유속은 10~20m/s 범위로 매우 빠르다.
② 액가스비는 분진의 입경이 작고 친수성이 아닐수록 커진다.
③ 압력손실은 200~300mmH₂O 범위로 집진장치 중 가장 높다.
④ 분진을 포집하기 위한 최적 액적 직경은 입자 직경의 10배 정도이다.

해설
① 목부의 가스유속은 60~90m/s 범위로 매우 빠르다.
③ 압력손실은 300~800mmH₂O 범위로 집진장치 중 가장 높다.
④ 분진을 포집하기 위한 최적 액적 직경은 입자 직경의 150배 정도이다.

086 벤투리 스크러버(Venturi scrubber)에 관한 내용으로 옳지 않은 것은?

① 효율이 좋고 광범위하게 사용된다.
② 분진입자의 친수성이 적을 때 액가스비는 커진다.
③ 목부의 처리가스속도는 보통 20~30m/s 정도이다.
④ 액가스비는 10μm 이하 미립자 또는 친수성이 아닌 입자의 경우는 1.5L/m³ 정도를 필요로 한다.

해설 벤투리 스크러버 목부의 처리가스속도는 보통 60~90m/s 정도이다.

087 점착성이 강한 미스트(mist)의 제거에 가장 적합한 집진장치는?

① 여과집진기(Bag filter)
② 벤투리 스크러버(Venturi scrubber)
③ 고효율 원심 집진기(High-efficiency cyclone)
④ 2단계 전기집진기(Two-stage electrical precipitator)

해설 점착성이 강한 미스트(mist)의 제거에는 소형으로 대용량 가스처리가 가능하며 먼지와 가스의 동시 제거와 고온다습한 함진 가스처리가 가능한 벤투리 스크러버(Venturi scrubber)가 좋다.

실기 Check ✓

088 확산력과 관성력을 주로 이용하는 집진장치로 옳은 것은?

① 중력집진장치   ② 전기집진장치
③ 원심력집진장치 ④ 세정집진장치

해설 세정집진장치의 집진원리
• 입자와 액적의 충돌에 의한 부착 집진(관성충돌 및 직접차단 효과)
• 미립자 확산으로 인한 액적과의 접촉에 의한 부착(확산효과)
• 배출가스 증습으로 인한 입자 간의 응집(응집효과)
• 증기가 응결함으로써 입자가 핵이 되어 응집(응집효과)
• 액막, 기포와 입자의 접촉에 의한 부착(접촉효과)

실기 Check ✓

089 기체분산형 흡수장치에 해당하는 것은?

① Venturi scrubber   ② Plate tower
③ Packed tower   ④ Spray tower

해설 기체분산형(유수식) 흡수장치: S Impeller형, Rota형, 분수형, 나선가이드 베인형, 단탑(Plate tower), 기포탑(Bubble tower), 다공판탑, 포종탑 등

090 물을 가압 공급하여 함진가스를 세정하는 형식의 가압수식 스크러버로 옳지 않은 것은?

① Venturi scrubber
② Impulse scrubber
③ Spray tower
④ Jet scrubber

해설 가압수식(액분산형) 스크러버
벤투리 스크러버, 제트 스크러버, 사이클론 스크러버, 충전탑, 분무탑(살수탑)

091 유수식 세정집진장치의 종류로 옳지 않은 것은?

① 가스분수형   ② 스크루형
③ 임펠라형   ④ 로타형

해설 세정액 접촉방식에 따른 세정집진장치

세정접촉방식	종류
유수식 (기체분산형)	S Impeller형, Rota형, 분수형, 나선 guide vane형, 기포탑(bubble tower), 단탑(다공판탑, 포종탑)(plate tower)
가압수식 (액분산형)	Venturi scrubber, Jet scrubber, Cyclone scrubber, 충전탑(Packed tower), 분무탑(살수탑, Spray tower)
회전식	Theisen washer, Impulse scrubber

092 세정집진장치 중 액가스비가 10~50L/m³ 정도로 다른 가압수식에 비해 10배 이상이며, 다량의 세정액이 사용되어 유지비가 고가이므로 처리 가스양이 많지 않을 때 사용하는 것은?

① Venturi scrubber
② Theisen washer
③ Jet scrubber
④ Impulse scrubber

해설 Jet scrubber는 분사장치를 사용하여 세정액을 고압으로 분무하여 10~20m/s로 유입되는 함진가스 중의 먼지를 액적에 집진하는 장치이다. 액가스비가 10~50L/m³ 정도로 다른 가압수식에 비해 10배 이상으로 가장 크며, 다량의 세정액이 사용되어 유지비가 고가이므로 처리가스양이 많지 않을 때 사용한다.

093 일반적으로 가스의 처리속도는 15~35m/s, 액가스비는 0.5~1.5L/m³, 압력손실은 50~150 mmH₂O 정도로 대용량의 가스처리가 가능하며 미스트 발생이 적고, 구조가 간단하여 수용성 가스처리로 옳은 것은?

① 분무탑
② 벤투리 스크러버
③ 사이클론 스크러버
④ 제트 스크러버

해설 사이클론 스크러버는 함진가스를 15~35m/s로 접선 회전시켜 주입하여 장치 내 중심노즐에서 세정액을 분무, 세정하는 집진장치이다. 액가스비는 0.5~1.5L/m³, 압력손실은 50~150mmH₂O 정도로 대용량의 가스처리가 가능하며 미스트 발생이 적고, 구조가 간단하여 수용성 가스처리가 가능하다.

094 세정집진장치 중 입구유속(기본유속)이 가장 빠른 것은?

① Jet scrubber
② Venturi scrubber
③ Theisen washer
④ Cyclone scrubber

해설 벤투리 스크러버는 함진가스를 벤투리관의 목(throat)부에 60~90m/s의 빠른 유속으로 공급하면서 목부 주변의 노즐에서 세정액을 분사하여 함진가스 중 먼지를 집진하는 장치이다.

095 가스분산형 흡수장치로만 짝지어진 것은?

① 단탑, 기포탑
② 기포탑, 충전탑
③ 분무탑, 단탑
④ 분무탑, 충전탑

해설 가스분산형(유수식) 흡수장치는 S Impeller형, Rota형, 분수형, 나선가이드 베인형, 단탑(Plate tower), 기포탑(Bubble tower), 다공판탑, 포종탑 등이 있다.

096 충전탑에 관한 설명으로 옳지 않은 것은?

① 충전제는 화학적으로 불활성이어야 한다.
② 편류현상은 탑의 직경/충전물 직경의 비가 8~10 범위일 때 최소가 된다.
③ 보통 가스유속의 부하점(loading point)에서의 유속의 70~80%로 조작하는 것이 적당하다.
④ 충전제를 규칙적으로 충전하면 불규칙적으로 충전하는 방법에 비하여 압력손실이 적어진다.

해설 보통 가스유속의 부하점(loading point)에서의 유속의 50~60%로 조작하는 것이 적당하다.

097 충전탑 내 상부에서 흐르는 액체는 충전물 전체를 적시면서 고르게 분포하는 것이 가장 좋다. 균일한 액의 분포를 위하여 (D/d) 비는 얼마로 하는 것이 가장 이상적(편류현상 최소)인가? (단, 흡수탑의 지름: D, 충전물의 지름: d)

① 8~10 정도
② 11~15 정도
③ 16~20 정도
④ 20 이상

해설 편류현상(channeling)을 방지하는 충전물과 충전탑(흡수탑)의 비율은 1:8~10이 가장 좋다.

098 아래 그림의 충전물의 종류는?

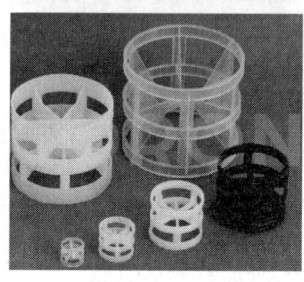

① Rasching ring
② Pall ring
③ Tellerette
④ Intalox saddle

해설 충전물의 종류

Raschig Ring Spirax(Tellerette) Pall Ring Intalox Saddle Berl Saddle

Lessing Ring Cross Ring S-Spiral Ring D-Spiral Ring T-Spiral Ring

Inter Pack Net Ring Dixson Pack Mcmahon Pack Canon Pack

Stedman Pack Goodlow Racking Heilex Pana Pack Wooden Grid

099 충전탑(Packed tower) 내 충전물이 갖추어야 할 조건으로 옳지 않은 것은?

① 단위 체적당 넓은 표면적을 가질 것
② 압력손실이 적을 것
③ 충전밀도가 적을 것
④ 공극률이 클 것

해설 충전물은 충전밀도가 클 것

100 압력손실은 100~200mmH₂O 정도이고, 가스양 변동에도 비교적 적응성이 있으며, 흡수액에 고형분이 함유되어 있는 경우에는 흡수에 의해 침전물이 생기는 등 방해를 받는 세정장치로 옳은 것은?

① 다공판탑
② 제트 스크러버
③ 충전탑
④ 벤투리 스크러버

해설 충전제, 충전두께, 처리가스 속도에 따라 다르지만 압력손실은 100~250mmH₂O 정도, 액가스비 2~3L/m³이고, 가스양 변동에도 비교적 적응성이 있으며, 흡수액에 고형분이 함유되어 있는 경우에는 흡수에 의해 침전물이 생기는 등 방해를 받는 세정장치는 충전탑(packed tower)이다.

101 충전탑에 관한 설명이다. ( ) 안에 들어갈 값으로 옳은 것은?

> 일반적으로 충전탑은 가스속도를 (㉠)의 속도로 처리하는 것이 보통이며, 액가스비는 (㉡)를 사용하며, 압력손실은 100~250mmH₂O 정도이다.

① ㉠ 0.5~1.5m/s, ㉡ 0.05~0.1L/m³
② ㉠ 0.5~1.5m/s, ㉡ 2~3L/m³
③ ㉠ 5~10m/s, ㉡ 0.05~0.1L/m³
④ ㉠ 5~10m/s, ㉡ 2~3L/m³

해설 일반적으로 충전탑은 가스속도를 1m/s 이하의 속도로 처리하는 것이 보통이고, 액가스비는 2~3L/m³를 사용하며, 압력손실은 100~250mmH₂O 정도이다.

102 충전탑에 사용되는 충전물에 관한 설명으로 옳지 않은 것은?

① 가스와 액체가 전체에 균일하게 분포될 수 있도록 하여야 한다.
② 충분한 기계적 강도와 내식성이 요구되며 단위부피 내의 표면적이 커야 한다.
③ 충전물 간격의 단면적은 기·액 간의 충분한 접촉을 위해 작은 것이 바람직하다.
④ 충전물의 질량은 하단의 충전물이 상단의 충전물에 의해 압력을 받게 되므로 가벼운 것이 좋다.

해설 충전물 간격의 단면적은 기·액 간의 충분한 접촉을 위해 큰 것이 바람직하다.

103 분무탑(Spray tower)에 관한 설명으로 옳지 않은 것은?

① 액분산형 흡수장치에 해당한다.
② 충전탑에 비해 압력손실이 크다.
③ 충전탑에 비하여 설비비 및 유지비가 적게 된다.
④ 유해가스 속도가 느릴 경우를 제외하고는 비말 동반의 위험이 있다.

해설 분무탑의 압력손실은 10~50mmH₂O로 충전탑의 100~250mmH₂O보다 적다.

104 분무탑에 관한 설명으로 옳지 않은 것은?

① 흡수가 잘 되는 수용성 기체에 효과적이다.
② 분무액과 가스의 접촉이 균일하여 효율이 우수한 장점이 있다.
③ 분무에 상당한 동력이 필요하고, 가스의 유출 시 비말 동반이 많다.
④ 침전물이 생기는 경우에 적합하며, 충전탑에 비해 설비비 및 유지비가 적게 드는 장점이 있다.

해설 분무탑의 장·단점

• 장점
  ㉠ 구조가 간단하며 충전탑보다 압력손실이 낮다.
  ㉡ 침전물이 발생하는 경우에 적합하다.
  ㉢ 고온의 함진가스 처리에 유리하다.
  ㉣ 충전탑에 비해 설비비, 유지비가 적게 든다.
• 단점
  ㉠ 배출가스가 굴뚝으로 나갈 때 비말 동반이 많다.
  ㉡ 충전탑보다 동력소모가 많다.
  ㉢ 편류발생이 쉽고, 분무액과 함진가스를 균일하게 접촉하는 것이 어려워 효율이 낮다.

105 가스의 압력손실은 적은 반면, 세정액 분무를 위해 상당한 동력이 요구되며, 장치의 압력손실은 2~20mmH$_2$O, 가스 겉보기속도는 0.2~1m/s 정도인 세정집진장치는?

① 분무탑(Spray tower)
② 충전탑(Packed tower)
③ 벤투리 스크러버(Venturi scrubber)
④ 사이클론 스크러버(Cyclone scrubber)

해설 분무탑은 가스의 압력손실은 적은 반면, 세정액 분무를 위해 상당한 동력이 요구되며, 장치의 압력손실은 2~20mmH$_2$O, 가스 겉보기속도는 0.2~1m/s 정도이다.

106 세정집진장치 중 Spray tower에 관한 설명으로 옳지 않은 것은?

① 액가스비는 10~50L/m^{3}이다.
② 구조가 간단하고 보수가 용이하다.
③ 충전제를 쓰지 않기 때문에 압력손실의 증가는 없다.
④ 탑 내에 몇 개의 살수노즐을 사용하여 함진가스와 향류 접촉시켜 분진을 제거한다.

해설 분무탑의 액가스비는 2~3L/m^{3}이다.

107 충전탑(Packed tower)과 단탑(Plate tower)을 비교 설명한 것으로 옳지 않은 것은?

① 포말성 흡수액일 경우 충전탑이 유리하다.
② 흡수액에 부유물이 포함되어 있을 경우 단탑을 사용하는 것이 더 효율적이다.
③ 온도 변화에 따른 팽창과 수축이 우려될 경우에는 충전제 손상이 예상되므로 단탑이 유리하다.
④ 운전 시 용매에 의해 발생하는 융해열을 제거해야 할 경우 냉각오일을 설치하기 쉬운 충전탑이 유리하다.

해설 운전 시 용매에 의해 발생하는 융해열을 제거해야 할 경우 냉각오일을 설치하기 쉬운 단탑이 유리하다.

108 다음에 설명하는 세정집진장치로 옳은 것은?

- 고정 및 회전날개로 구성된 다익형의 날개차를 350~750rpm 정도로 고속선회하여 함진가스와 세정수를 교반시켜 먼지를 제거한다.
- 미세먼지도 99% 정도까지 제거가 가능하다.
- 별도의 송풍기는 필요 없으나 동력비는 많이 든다.
- 액가스비는 0.5~2L/m^3 정도이다.

① Impulse scrubber
② Theisen washer
③ Venturi scrubber
④ Jet scrubber

해설 Theisen washer는 여러 개의 회전날개가 붙은 축과 케이싱에 고정된 고정날개로 이루어져 있으며 여기에 공급수와 함진가스를 유입시켜 먼지를 99%까지 제거할 수 있는 회전식 세정 집진장치이다.

109 처리용량이 크며, 분진의 크기가 0.1~0.9μm인 것에 대해서도 높은 집진효율을 가지며, 습식 또는 건식으로도 제진할 수 있고, 압력손실이 매우 적고, 유지비도 적게 소요될 뿐 아니라 고온의 가스도 처리 가능한 집진장치는?

① 전기집진장치
② 원심력집진장치
③ 세정집진장치
④ 여과집진장치

해설 전기집진장치는 정전기적인 힘을 이용하여 1μm 이하의 미립자를 95~99%의 높은 효율로 집진할 수 있는 장치이다.

110 전기집진장치 내의 입자에 작용하는 전기력 중 가장 지배적으로 작용하는 힘은?

① 입자 간의 흡입력
② 전기풍에 의한 힘
③ 전계강도에 의한 힘
④ 대전입자의 하전에 의한 쿨롱의 힘

해설 전기집진장치 내의 입자에 작용하는 전기력의 종류
- 대전입자의 하전에 의한 쿨롱(Coulomb)의 힘
- 전계강도에 의한 힘
- 입자 간의 흡입력
- 전기풍에 의한 힘

이 중에 실제로 대전입자의 하전에 의한 쿨롱(Coulomb)의 힘이 가장 지배적으로 작용한다.

111 전기집진장치의 특성에 관한 설명으로 옳지 않은 것은?

① 전압변동과 같은 조건변동에 쉽게 적응하기 어렵다.
② 대량가스 및 고온(350℃ 정도)가스의 처리도 가능하다.
③ 다른 고효율 집진장치에 비해 압력손실(10~20mmH$_2$O)이 적어 소요동력이 적은 편이다.
④ 입자의 하전을 균일하게 하기 위해 장치 내부의 처리가스 속도는 보통 7~15m/s를 유지하도록 한다.

해설 전기집진장치에서 입자의 하전을 균일하게 하기 위해 장치 내부의 처리가스 속도는 보통 건식은 1~2m/s, 습식은 2~4m/s를 유지하도록 한다.

112 전기집진장치의 특징으로 옳지 않은 것은?

① 비저항이 큰 분진의 제거가 용이하다.
② 운전조건의 변화에 따른 유연성이 적다.
③ 압력손실이 적어 송풍기의 동력비가 적게 든다.
④ 광범위한 온도와 대용량 범위에서 운전이 가능하다.

해설 전기집진장치에서 비저항(겉보기전기저항)이 큰 분진은 역전리 발생이 쉬워 제거가 어려워진다.

113 전기집진장치의 특성으로 옳지 않은 것은?

① 약 450℃ 전후의 고온가스 처리가 가능하다.
② 압력손실이 적어 송풍기 동력비가 적게 든다.
③ 주어진 조건에 따라 부하변동이 적응이 곤란하다.
④ 소요 설치면적이 적고, 전처리 시설이 불필요하다.

해설 전기집진장치는 소요 설치면적이 크고, 큰 먼지의 제거를 위해 전처리 시설이 필요하다.

114 전기집진장치의 음극(-) 코로나 방전에 관한 내용으로 옳은 것은?

① 주로 공기정화용으로 사용된다.
② 양극(+) 코로나 방전에 비해 전계강도가 약하다.
③ 양극(+) 코로나 방전에 비해 불꽃 개시 전압이 낮다.
④ 양극(+) 코로나 방전에 비해 코로나 개시 전압이 높다.

해설 전기집진장치에서 방전극을 (-), 집진극을 (+)로 했을 때를 음극(-) 코로나라 하고, 방전극을 (+), 집진극을 (-)로 했을 때를 양극(+) 코로나라고 한다. 음극(-) 코로나는 양극(+) 코로나 방전에 비해 코로나 개시 전압이 매우 높다.

115 전기집진장치를 구성하는 요소에 관한 설명으로 옳지 않은 것은?

① 집진극은 중량이 가벼울 것
② 방전극은 진동 혹은 요동을 일으키지 아니하는 구조일 것
③ 방전극은 코로나 방전을 일으키기 쉽도록 가늘고 긴, 뾰족한 edge를 가질 것
④ 집진전극 중 건식의 경우에는 취타에 의해 먼지 비산이 많이 생기도록 하는 구조일 것

해설 전기집진장치의 집진전극 중 건식의 경우에는 취타에 의해 먼지 비산이 적게 생기도록 하는 구조일 것

116 전기집진장치에서 먼지의 비저항 조절에 관한 설명으로 옳지 않은 것은?

① 석탄의 황함유량이 높을수록 비저항은 증가한다.
② 처리가스의 온도를 조절하면 비저항 조절이 가능하다.
③ 비저항이 낮은 경우 암모니아 가스를 주입하면 비저항을 높일 수 있다.
④ 비저항이 높은 경우 처리가스의 습도를 높이면 비저항을 낮출 수 있다.

해설 전기집진장치에 유입되는 석탄의 황함유량이 높을수록 비저항을 낮추는 SO_2가 많이 발생하므로 비저항은 감소한다.

117 전기집진장치에서 입자의 저항이 $10^{12} \sim 10^{13}$ $\Omega \cdot cm$ 범위에서 일어나는 현상으로 옳은 것은?

① 스파크 발생은 없으나 절연파괴를 일으킨다.
② 대전입자의 중화가 빠르고 포집된 먼지가 재비산된다.
③ 집진극으로부터 음극 코로나가 발생하게 되고, 집진율이 떨어진다.
④ 집진먼지의 중화가 적당한 속도로 일어나 집진효율이 현저히 높아진다.

해설 전기집진장치에서 입자의 비저항은 $10^4 \sim 10^{11} \Omega \cdot cm$ 범위에서 정상적으로 집진이 진행된다. 입자의 저항이 $10^{12} \sim 10^{13}$ $\Omega \cdot cm$ 범위에서는 절연파괴로 인한 역전리 현상이 일어나 집진극에 쌓인 먼지가 재비산하여 집진율을 급속히 저하된다.

118 전기집진장치에서 비저항과 관련된 내용으로 옳지 않은 것은?

① 비저항이 $10^{11} \sim 10^{13} \Omega \cdot m$ 범위에서는 역전리 또는 역이온화가 발생한다.
② 배연설비에서 연료에 황함유량이 많은 경우는 먼지의 비저항이 낮아진다.
③ 비저항이 낮은 경우에는 건식 전기집진장치를 사용하거나, 암모니아 가스를 주입한다.
④ 비저항이 높은 경우는 분진층의 전압손실이 일정하더라도 가스상의 전압손실이 감소하게 되므로, 전류는 비저항의 증가에 따라 감소된다.

해설 비저항이 낮은 경우에는 습식 전기집진장치를 사용하거나, 암모니아 가스를 주입한다.

119 하전식 전기집진장치에 관한 설명으로 옳지 않은 것은?

① 1단식은 보통 산업용으로 많이 쓰인다.
② 2단식은 비교적 함진농도가 낮은 가스처리에 유용하다.
③ 2단식은 1단식에 비해 오존의 생성을 감소시킬 수 있다.
④ 1단식은 역전리의 억제는 효과적이나 재비산 방지는 곤란하다.

해설 1단식은 하전과 집진이 같은 전계에서 발생하므로 집진극에서 비산된 입자를 재집진할 수 있으나 역전리가 발생하기 쉬워진다.

120 전기집진장치의 특성으로 옳지 않은 것은?

① 초기 설치비용이 높다
② 압력손실이 적은 편이다.
③ 대량가스의 처리가 가능하다.
④ VOC의 제거효율이 높으며, 전압변동에 따른 조건변동에 유리하다.

해설 전기집진장치는 VOC의 제거효율이 낮고, 전압변동에 따른 조건변동에 쉽게 적응하기 어렵다.

121 전기집진장치의 특성에 관한 설명으로 옳지 않은 것은?

① 방전극은 가늘수록 코로나가 발생하기 쉽다.
② 방전극은 코로나 방전을 잘 형성하도록 뾰족한 Edge로 이루어져야 한다.
③ 집진극의 형식 중 관형, 원통형, 격자형은 주로 수평으로 가스를 흐르게 한다.
④ 집진극은 습식인 경우에는 세정수가 일정하게 흐르고 전극면이 깨끗하게 되어야 한다.

해설 전기집진장치 집진극의 형식 중 관형, 원통형, 격자형은 주로 수직으로 가스를 흐르게 한다.

122 전기집진장치의 전극에 관한 설명으로 옳지 않은 것은?

① 방전극은 진동 혹은 요동을 일으키지 않아야 한다.
② 집진전극에는 가능한 한 불안정성을 띤 전계를 형성시켜 탈진이 용이하도록 하여야 한다.
③ 방전극은 코로나 방전을 잘 형성하도록 가느다란 단면과 뾰족한 edge로 이루어져야 한다.
④ 집진전극은 중량이 가볍고 내식성이 있어야 하며 습식인 경우에는 세정수가 일정하게 흐르고 전극면이 깨끗하게 되어야 한다.

해설 전기집진장치 집진전극에는 가능한 한 안정성을 띤 전계를 형성시켜 탈진이 용이하도록 하여야 한다.

123 전기집진장치에서 먼지의 겉보기 전기저항을 낮추기 위해 주입하는 비저항 조절제로 옳지 않은 것은?

① 암모니아 가스
② H_2SO_4
③ 물 또는 수증기
④ 소다회(soda lime)

해설 암모니아(NH_3)는 비저항을 높이는 데 사용하는 비저항 조절제이다.

정답 119 ④ 120 ④ 121 ③ 122 ② 123 ①

124 전기집진장치로 함진가스를 처리할 때 입자의 겉보기 고유저항이 높을 경우의 대책으로 옳지 않은 것은?

① 아황산가스를 조절제로 투입한다.
② 처리가스의 습도를 높게 유지한다.
③ 탈진의 빈도를 늘리거나 타격 강도를 높인다.
④ 암모니아 조절제로 주입하고, 건식집진장치를 사용한다.

해설 암모니아 조절제는 비저항을 높이는 데 사용하고, 입자의 겉보기 고유저항이 높을 경우 습식 집진장치를 사용한다.

125 전기집진기 사용 시 적용되는 용어 중 '비저항'(겉보기 전기저항률)에 관련된 설명으로 옳지 않은 것은?

① 일반적으로 100~200℃ 범위에서 전기저항률은 최대로 된다.
② 수분량이 증가하면 최대 전기저항률은 고온 측으로 이동한다.
③ 배출가스 중의 SO_3 함량이 높을수록 전기저항은 낮아진다.
④ 전기저항이 $10^{11}\Omega \cdot cm$ 이상일 때는 점핑 현상이 발생된다.

해설 전기집진장치에서 처리입자의 전기저항이 $10^{11}\Omega \cdot cm$ 이상일 때는 역전리(back iomization) 현상이 발생된다. 점핑(jumping) 현상은 재비산을 말한다.

126 시멘트 산업에서 일반적으로 사용하는 전기집진장치의 배출가스 조절제는?

① 물(수증기) ② SO_3 가스
③ 암모늄염 ④ 가성소다

해설 시멘트 산업에서 시멘트 먼지는 비저항이 높기 때문에 일반적으로 물(수증기)를 배출가스 조절체로 사용한다.

127 전기집진장치의 장애현상 중 역전리 현상(back corona)의 원인으로 옳지 않은 것은?

① 미분탄 연소 시
② 입구의 유속이 클 때
③ 배출가스의 점성이 클 때
④ 먼지 비저항이 너무 클 때

해설 전기집진장치 입구의 유속이 클 때는 재비산(jumping) 현상이 발생한다.

128 전기집진장치에서 적용되는 먼지 비저항이 높을 경우의 대책으로 옳지 않은 것은?

① 분진의 비저항 조절제(물, 황산, 소다회 등)를 투입한다.
② 처리가스의 온도를 조절하거나 습도를 높인다.
③ 암모니아 가스를 주입하여 이온을 중성화한다.
④ 탈진의 빈도를 늘리거나 타격을 강하게 한다.

해설 암모니아 가스를 주입하여 이온을 중성화하는 것은 먼지 비저항이 낮을 경우의 대책이다.

129 전기집진장치에서 먼지의 비저항이 높을 경우 발생하는 현상으로 옳지 않은 것은?

① 역코로나 현상이 발생한다.
② 전하가 쉽게 집진판으로 전달되지 않는다.
③ 가스 중 먼지입자의 이온화와 이동현상을 감소시킨다.
④ 먼지와 집진판의 결합력이 낮아 먼지가 가스 중으로 재비산된다.

해설 먼지와 집진판의 결합력이 낮아 먼지가 가스 중으로 재비산되는 경우는 먼지의 비저항이 낮을 경우 발생하는 현상이다.

정답 124 ④ 125 ④ 126 ① 127 ② 128 ③ 129 ④

서술형 빈출문제

130 전기집진장치를 사용하여 집진할 때 입자의 비저항이 $10^4 \Omega \cdot cm$ 이하인 경우에 관한 설명으로 옳지 않은 것은?

① 역전리 현상이 일어난다.
② 포집된 먼지가 처리가스 내로 재비산된다.
③ 집진극에 흡착된 대전입자의 중화가 빠르다.
④ 암모니아를 주입하여 conditioning 하는 방법이 쓰인다.

해설 역전리 현상은 입자의 비저항이 $10^{11} \Omega \cdot cm$ 이상인 경우에 발생한다.

131 전기집진장치에서 정상비저항 운전이 가능하도록 하기 위한 비저항조절장치에 관한 설명으로 옳지 않은 것은?

① 고 비저항 입자의 경우 재비산 방지를 위한 부속장치(baffle)의 설계가 필요하다.
② 저 비저항의 경우 암모니아가스의 주입이 가능하도록 조절제 주입장치가 필요하다.
③ 고 비저항 입자의 경우 타격의 빈도를 강하게 하거나 빈도수를 늘려주는 장치의 설계가 필요하다.
④ 고 비저항의 경우 전해질 물질(수증기, 물, SO_2 등)의 주입이 가능하도록 조절제 주입장치가 필요하다.

해설 전기집진장치에서 먼지의 비저항이 낮을 때 재비산 방지를 위한 부속장치(baffle)의 설계가 필요하다.

132 전기집진장치의 장애현상 중 '2차 전류가 많이 흐를 때'의 원인으로 옳지 않은 것은?

① 공기부하 시험을 행할 때
② 먼지의 농도가 너무 낮을 때
③ 이온 이동도가 큰 가스를 처리할 때
④ 먼지의 비저항이 비정상적으로 높을 때

해설 먼지의 비저항이 비정상적으로 높을 때는 2차 전류가 현저하게 떨어질 때 나타난다.

133 전기집진장치의 장애현상 중 먼지의 비저항이 비정상적으로 높아 2차 전류가 현저하게 떨어질 때의 대책으로 옳은 것은?

① baffle을 설치한다.
② 방전극을 교체한다.
③ 스파크 횟수를 늘린다.
④ 바나듐을 투입한다.

해설 먼지의 비저항이 비정상적으로 높아 2차 전류가 현저하게 떨어질 때의 대책은 스파크 횟수를 늘이거나 조습용 스프레이의 수량을 많게 한다.

134 전기집진장치의 장해현상 중 2차 전류가 현저하게 떨어질 때의 원인 또는 대책에 관한 설명으로 옳지 않은 것은?

① 분진의 농도가 너무 높을 때 발생한다.
② 대책으로는 스파크의 횟수를 늘리는 방법이 있다.
③ 대책으로는 조습용 스프레이의 수량을 늘리는 방법이 있다.
④ 분진의 비저항이 비정상적으로 낮을 때 발생하며, CO를 주입시킨다.

해설 전기집진장치에서 분진의 비저항이 비정상적으로 낮을 때 발생하는 장애현상은 재비산 현상이다.

정답 130 ① 131 ① 132 ④ 133 ③ 134 ④

135 전기집진장치의 각종 장해현상에 따른 대책으로 옳지 않은 것은?

① 먼지의 비저항이 낮아 재비산 현상이 발생할 경우 baffle을 설치한다.
② 먼지의 비저항이 비정상적으로 높아 2차 전류가 현저하게 떨어질 경우 스파크 횟수를 줄인다.
③ 배출가스의 점성이 커서 역전리 현상이 발생할 경우 집진극의 타격을 강하게 하거나 빈도수를 늘린다.
④ 먼지의 비저항이 비정상적으로 높아 2차 전류가 현저하게 떨어질 경우 조습용 스프레이의 수량을 늘린다.

해설 전기집진장치에서 먼지의 비저항이 비정상적으로 높아 2차 전류가 현저하게 떨어질 경우 스파크 횟수를 늘린다.

136 전기집진장치의 각종 장해에 따른 대책으로 옳지 않은 것은?

① 재비산이 발생할 때에는 처리가스의 속도를 낮추어 준다.
② 먼지의 비저항이 비정상적으로 높아 2차 전류가 현저히 떨어질 때에는 스파크 횟수를 늘린다.
③ 미분탄 연소 등에 따라 역전리 현상이 발생할 때에는 집진극의 타격을 강하게 하거나, 빈도수를 늘린다.
④ 먼지의 비저항이 비정상적으로 높아 2차 전류가 현저히 떨어질 때에는 조습용 스프레이의 수량을 줄인다.

해설 전기집진장치에서 먼지의 비저항이 비정상적으로 높아 2차 전류가 현저히 떨어질 때에는 조습용 스프레이의 수량을 늘린다.

137 습식 전기집진장치의 특징에 관한 설명으로 옳지 않은 것은?

① 집진면이 청결하여 높은 전계강도를 얻을 수 있다.
② 고 저항의 먼지로 인한 역전리 현상이 일어나기 쉽다.
③ 건식에 비하여 가스의 처리속도를 2배 정도 크게 할 수 있다.
④ 적은 전기저항에 의해 생기는 먼지의 재비산을 방지할 수 있다.

해설 습식 전기집진장치는 고 저항의 먼지로 인한 역전리 현상을 줄여준다.

138 전기집진장치의 장·단점으로 옳지 않은 것은?

① 다른 고효율 집진장치에 비해 압력손실이 적다.
② 소요동력이 적고 유지관리비가 적게 든다.
③ 부식 및 부착가스의 영향이 크다.
④ 집진효율이 서서히 저감된다.

해설 전기집진장치는 부식 및 부착가스의 영향이 적다.

139 전기집진장치 유지관리에 관한 사항으로 옳지 않은 것은?

① 시동 시 고전압 회로의 절연저항이 100kΩ 이상 되어야 한다.
② 정지 시 접지저항은 적어도 연 1회 이상 점검하고 10Ω 이하로 유지한다.
③ 운전 시 2차 전류가 주기적으로 변동하는 것은 방전극에 의한 영향이 크다.
④ 운전 시 1차 전압이 낮은데도 과도한 2차 전류가 흐를 때는 고압회로의 절연불량인 경우가 많다.

[해설] 전기집진장치는 시동 시 고전압 회로의 절연저항이 100MΩ 이상 되어야 한다.

140 전기집진장치의 유지관리에 관한 사항으로 옳지 않은 것은?

① 정지 시에는 접지저항을 연 1회 이상 점검하고, 10Ω 이하로 유지한다.
② 운전 시에 2차 전류가 매우 적을 때는 조습용 스프레이의 수량을 줄여 겉보기 전기저항을 높여야 한다.
③ 시동 시에는 배출가스를 도입하기 최소 6시간 전에 애관용 히터를 가열하여 애자관 표면에 수분이나 먼지의 부착을 방지한다.
④ 운전 시에 2차 전류가 심하게 변하는 것은 전극 간 거리(pitch)의 불균일 또는 변형으로 국부적인 단락을 일으키기 때문인 경우가 많다.

[해설] 전기집진장치 운전 시에 2차 전류가 매우 적을 때는 조습용 스프레이의 수량을 늘려 겉보기 전기저항을 낮추어야 한다.

CHAPTER 3 유체역학

서술형 빈출문제

001 유체가 관로를 흐를 때 발생되는 압력손실에 대한 설명으로 옳지 않은 것은?

① 관의 길이에 비례한다.
② 관의 내경에 반비례한다.
③ 유체의 밀도에 반비례한다.
④ 유체의 유속 제곱에 비례한다.

해설 유체의 밀도에 비례한다. 유체가 덕트 내를 흐를 때 압력손실 계산식은 다음과 같다.

- Fanning식: $\Delta P = 4f \dfrac{\rho u^2}{2} \times \dfrac{L}{D}$
- Darcy-Weisbach식: $\Delta P = \lambda \dfrac{\rho u^2}{2} \times \dfrac{L}{D}$

여기서 f, λ: 관마찰계수, ρ: 유체 밀도, u: 유체 속도, D: 덕트 내경, L: 덕트 길이

002 유체의 점도를 나타내는 단위 표현으로 옳지 않은 것은?

① poise
② liter · atm
③ Pa · s
④ g/(cm · s)

해설 점도의 단위는 P(poise, 1P=1g/cm · s)인데 유체의 점도는 P값이 너무 값이 크기 때문에 1/100을 의미하는 centi를 붙여 centipoise, 즉 cP로 표기한다. 1P=100 cP
SI 단위로는 Pa · s를 사용한다. 1Pa · s=1,000cP

003 유체의 운동을 결정하는 점도(Viscosity)에 대한 설명으로 옳은 것은?

① 온도가 증가하면 대개 액체의 점도는 증가한다.
② 온도가 감소하면 대개 기체의 점도는 증가한다.
③ 유체의 점도는 유체가 흐를 때 마찰저항을 일으킨다.
④ 기체인 경우 분자 간 응력이 점도에 가장 중요한 인자이다.

해설 유체의 점도는 흐름에 대한 저항의 척도, 즉 마찰저항을 일으킨다.

004 유체의 운동을 결정하는 점도(Viscosity)에 대한 설명으로 옳은 것은?

① 온도가 증가하면 대개 액체의 점도는 증가한다.
② 온도가 감소하면 대개 기체의 점도는 증가한다.
③ 액체의 점도는 기체에 비해 아주 크며, 대개 분자량이 증가하면 증가한다.
④ 온도에 따른 액체의 운동점도(Kinematic viscosity)의 변화폭은 절대점도의 경우보다 넓다.

해설
① 온도가 증가하면 대개 액체의 점도는 감소한다.
② 온도가 증가하면 대개 기체의 점도는 증가한다.
④ 온도에 따른 액체의 운동점도(Kinematic viscosity)의 변화폭은 절대점도의 경우보다 좁다.

정답 001 ③ 002 ② 003 ③ 004 ③

005 유체의 점성에 관한 설명으로 옳지 않은 것은?

① 액체의 점성계수는 주로 분자응집력에 의하므로 온도의 상승에 따라 낮아진다.
② 점성계수는 온도에 의해 영향을 받지만 압력과 습도에는 거의 영향을 받지 않는다.
③ Hagen의 점성법칙에서 점성의 결과로 생기는 전단응력은 유체의 속도구배에 반비례한다.
④ 점성은 유체분자 상호 간에 작용하는 분자응집력과 인접 유체층 간의 분자운동에 의하여 생기는 운동량 수송에 기인한다.

해설 Hagen의 점성법칙에서 점성의 결과로 생기는 전단응력은 유체의 속도구배에 비례한다.

006 유체의 흐름에서 레이놀즈(Reynolds) 수와 관련이 가장 적은 항은?

① 관의 직경
② 유체의 속도
③ 관의 길이
④ 유체의 밀도

해설 레이놀즈 수(Reynolds number)는 '관성에 의한 힘'과 '점성에 의한 힘(Viscous force)'의 비로서, 주어진 유동 조건에서 이 두 종류의 힘의 상대적인 역학관계를 정량적으로 나타낸다.

$$N_{Re} = \frac{v \times d}{\nu} = \frac{v \times d \times \rho}{\mu}$$

여기서 v: 유체 평균유속, d: 관의 직경, ρ: 유체 점도
ν: 유체 동점도($\frac{\mu}{\rho}$)이다.

007 레이놀즈 수(Reynolds number)에 관한 설명으로 옳지 않은 것은? (단, 유체 흐름 기준)

① 무차원 수이다.
② $\frac{관성력}{점성력}$으로 나타낼 수 있다.
③ $\frac{점성계수}{밀도}$로 나타낼 수 있다.
④ $\frac{유체밀도 \times 유속 \times 유체\ 흐름관의\ 직경}{유체점도}$으로 나타낼 수 있다.

해설 $N_{Re} = \frac{관성력}{점성력} = \frac{D\bar{u}\rho}{\mu} = \frac{D\bar{u}}{\nu}$

여기서 D: 유체가 흐르는 관의 직경(m), $\bar{u}$: 평균유속(m/s)
ρ: 유체 밀도(kg/m³), μ: 유체 점도(kg/m·s)
ν: 유체 동점도(운동점도) (m²/s)
N_{Re}가 약 2,100보다 적으면 층류가 되고, 4,000보다 커지면 난류가 된다. 중간은 전이영역 또는 임계영역이라고 한다.

008 다음과 같은 일반적인 베르누이의 정리에 적용되는 조건으로 옳지 않은 것은?

$$\frac{P}{\rho \times g} + \frac{V^2}{2g} + Z = constant$$

(압력수두) (속도수두) (위치수두)

① 마찰이 없는 흐름이다.
② 정상 상태의 흐름이다.
③ 직선관에서만의 흐름이다.
④ 같은 유선상에 있는 흐름이다.

해설 베르누이의 정리(에너지 보존의 법칙) 적용의 전제 조건
- 유체는 비압축성이어야 한다. 압력이 변해도 밀도가 변하지 않아야 한다.
- 유선(streamline)이 경계층을 통과해서는 안 된다. 즉, 하나의 유선에 대해서만 적용된다.
- 점성력이 존재하지 않는 마찰이 없는 흐름이어야 한다.
- 시간에 대한 변화가 없어야 한다. 즉, 정상 상태(steady state)이어야 한다.

009 베르누이(Bernoulli) 방정식에 대한 설명으로 옳지 않은 것은?

① 이상유체의 정상 상태의 흐름이다.
② 압력수두, 속도수두, 위치수두의 합이 일정하다.
③ 비압축성 유체로 유선을 따라 흐르는 흐름에 적용된다.
④ 액체 및 속도가 높은 기체의 경우에만 비교적 잘 맞는다.

해설 유체는 비압축성으로 압력이 변해도 밀도가 변하지 않아야 하는 이상유체에서 잘 적용된다.

010 유량측정에 사용되는 가스 유속측정 장치 중 작동원리로 Bernoulli 식이 적용되지 않는 것은?

① 로터미터(rotameter)
② 벤투리장치(venturi meter)
③ 오리피스장치(orifice meter)
④ 건조가스장치(dry gas meter)

해설 유량측정에 사용되는 가스 유속측정 장치 중 작동원리로 Bernoulli 식이 적용되는 것은 로터미터(rotameter), 벤투리장치(venturi meter), 오리피스장치(orifice meter) 등이 있다.

서술형 빈출문제

유해가스 및 처리

001 다음에 설명하는 내용의 현상을 어떤 법칙이라고 하는가?

> 휘발성인 에탄올을 물에 녹인 용액의 증기압은 물의 증기압보다 높다. 그러나 비휘발성인 설탕을 물에 녹인 설탕물의 증기압은 물보다 낮아진다.

① 헨리(Henry)의 법칙
② 렌츠(Lentz)의 법칙
③ 샤를(Charle)의 법칙
④ 라울(Raoult)의 법칙

해설 라울의 법칙(Raoult's law)
- 비휘발성, 비전해질인 용질이 녹아 있는 용액의 증기압 내림은 용질의 몰분율에 비례하며 또한 비휘발성 용액 속 용매의 증기압은 용매의 몰분율에 비례한다는 법칙으로 휘발성인 에탄올(용질)을 물(용매)에 녹인 용액의 증기압은 물(용매)의 증기압보다 높다.
- 그 이유는 에탄올의 끓는점이 물보다 낮아 쉽게 증발하므로 물이 증발하는 것을 방해하지 않고 더 빨리 기화되기 때문이다.
- 그러나 비휘발성인 설탕(용질)을 물(용매)에 녹인 설탕물(용액)의 증기압은 물보다 낮아진다(증기압 내림).
- 이것은 용액의 증기 압력의 감소가 용액 속의 전체 입자 중에서 용질이 차지하는 몰분율만큼 감소하는 것이다. 결국 이것은 반대로 설탕물 속 물의 증기압은 물의 몰분율에 비례하게 된다.

002 헨리의 법칙에 관한 설명으로 옳지 않은 것은?

① 비교적 용해도가 적은 기체에 적용된다.
② 헨리상수의 단위는 $atm/m^3 \cdot kmol$이다.
③ 헨리상수는 온도에 따라 변하며, 온도는 높을수록 용해도는 적을수록 커진다.
④ 일정 온도에서 특정 유해가스 압력은 용해가스의 액 중 농도에 비례한다는 법칙이다.

해설
헨리상수의 단위는 $atm/m^3 \cdot kmol$이다.
일정 온도에서 특정 유해가스 압력(분압)은 용해되는 가스의 액 중 농도에 비례한다. 즉, $P = H \times C$
여기서 $P(atm)$, $C(kmol/m^3)$이므로
헨리상수, $H = \dfrac{P}{C}(atm \cdot m^3/kmol)$이다.

003 상온에서 물에 대한 용해도의 순위가 옳은 것은?

① $HCl > HF > SO_2 > O_2$
② $HCl > SO_2 > HF > O_2$
③ $SO_2 > HCl > Cl_2 > O_2$
④ $SO_2 > HCl > HF > O_2$

해설 물에 대한 헨리상수($atm \cdot m^3/kmol$) 값이 가장 큰 기체물질은 용해도가 적은 물질로 헨리의 법칙이 잘 성립된다.
- 물에 대한 용해도의 크기:
  $HCl > HF > SO_2 > Cl_2 > HCHO > H_2S > O_2$

정답 001 ④ 002 ② 003 ①

004 유해가스의 흡수이론에 대한 설명으로 옳지 않은 것은?

① 흡수조작에 사용되는 흡수제는 물 또는 수용액을 주로 사용한다.
② 배출가스의 용매에 대한 용해도가 큰 기체인 경우에 헨리의 법칙이 적용될 수 있다.
③ 헨리법칙에서 특정가스의 분압이 높을수록 용해가스의 액 중 농도가 비례하여 증가한다.
④ 흡수는 기체상태의 오염물질을 흡수액을 사용하여 흡수·제거시키는 것으로 세정이라고도 한다.

해설 배출가스의 용매에 대한 용해도가 큰 기체인 경우에 헨리의 법칙이 적용될 수 없다.

005 흡수에 관한 설명으로 옳지 않은 것은?

① 용해도가 적은 기체의 경우에는 헨리의 법칙이 성립한다.
② 헨리상수(atm·m³/kg-mol)값은 온도에 따라 변하며, 온도가 높을수록 그 값이 크다.
③ SiF_4, HCHO 등은 물에 대한 용해도가 크나, NO, NO_2 등은 물에 대한 용해도가 작은 편이다.
④ 습식세정장치에서 세정흡수효율은 세정수량이 클수록, 가스의 용해도가 클수록, 헨리상수가 클수록 커진다.

해설 습식세정장치에서 세정흡수효율은 세정수량이 많을수록, 가스의 용해도가 클수록, 헨리상수가 적을수록 커진다.

006 흡수에 관한 설명으로 옳지 않은 것은?

① Baker는 평형선과 조작선을 사용하여 NTU를 결정하는 방법을 제안하였다.
② 충전탑의 조건이 평형곡선에서 멀어질수록 흡수에 대한 추진력은 더 적어진다.
③ 대기오염물질은 보통 공기 중에 소량 포함되어 있고, 유해가스의 농도가 큰 흡수제를 사용하므로 가스 측 경막저항이 주로 지배한다.
④ 가스 측 경막저항은 흡수액에 대한 유해가스의 농도가 클 때 경막저항을 지배하고, 반대로 액 측 경막저항은 용해도가 적을 때 지배한다.

해설 충전탑의 조건이 평형곡선에서 멀어질수록 흡수에 대한 추진력은 더 커진다. NTU는 number of transfer units로 이동단위수, 즉 질량이동의 난이도를 나타낸다.

007 가스흡수에서는 가-액의 접촉면적을 크게 하는 것이 필요한데 실제 유효접촉면적인 $a(m^2/m^3)$의 참값을 구하기가 쉽지 않으므로, 액상 총괄물질이동계수 K_L과의 곱인 $K_L \times a$를 계수로 사용한다. 이 계수를 무엇이라 하는가?

① 액체 용량계수
② 액체 유효면적계수
③ 액체 전달계수
④ 액체 분배계수

해설 기체흡수장치에서 기체-액체의 유효접촉면적, $a(m^2/m^3)$를 구하기 어려우므로 총괄물질이동계수와 유효접촉면적을 하나의 계수로 취급하는데 이를 용량계수라고 하며, $K_L \times a(L/h)$를 액체 용량계수라고 한다.

008 흡수법에 사용되는 흡수액이 갖추어야 할 요건으로 옳은 것은?

① 용해도가 낮아야 한다.
② 휘발성이 높아야 한다.
③ 흡수액의 점성은 비교적 높아야 한다.
④ 용매의 화학적 성질과 비슷해야 한다.

해설
① 용해도가 높아야 한다.
② 휘발성이 낮아야 한다.
③ 흡수액의 점성은 비교적 낮아야 한다.

009 가스 흡수탑에 사용되는 흡수액이 갖추어야 할 요건으로 옳은 것은?
① 휘발성이 높아야 한다.
② 용해도가 높아야 한다.
③ 흡수액의 점성은 비교적 높아야 한다.
④ 화학적으로 활성이 크며, 인화성이 없고 응고점이 높아야 한다.

해설
① 휘발성이 낮아야 한다.
③ 흡수액의 점성은 비교적 낮아야 한다.
④ 화학적으로 안정해야 하며, 빙점은 낮고, 비점은 높아야 한다.

010 가스분산형 흡수장치로 옳은 것은?
① 기포탑   ② 사이클론 스크러버
③ 분무탑   ④ 충전탑

해설 가스(기체)분산형 흡수장치: 단탑(plate tower), 기포탑(bubbler tower), 다공판탑

011 유해물질 제거를 위한 흡수장치 중 다공판탑에 관한 설명으로 옳지 않은 것은?
① 가스속도는 0.3~1m/s 정도이다.
② 판수를 증가시키면 고농도 가스도 일시 처리가 가능하다.
③ 판간격은 보통 40cm이고, 액가스비는 0.3~5L/m³ 정도이다.
④ 압력손실이 20mmH$_2$O 정도이고, 가스양의 변동이 심한 경우에도 용이하게 조업할 수 있다.

해설 다공판탑은 압력손실이 100~200mmH$_2$O 정도이고, 가스양의 변동이 심한 경우 조업이 불가능하다.

012 유해가스의 흡수장치 중 다공판탑(가스분사형)에 관한 설명으로 옳지 않은 것은?
① 비교적 소량의 액량으로 처리가 가능하다.
② 판수를 증가시키면 고농도 가스처리도 가능하다.
③ 판 간격은 40cm, 액가스비는 0.3~5L/m³ 정도이다.
④ 효율은 높지만 고체 부유물을 생성하는 경우에는 부적합하다.

해설 다공판탑은 효율은 낮지만 고체 부유물을 생성하는 경우에는 적합하다.

013 유해가스 흡수장치 중 다공판탑에 관한 설명으로 옳지 않은 것은?
① 고체부유물 생성 시 적합하다.
② 가스양의 변동이 격심할 때는 조업할 수 없다.
③ 액가스비는 0.3~5L/m³, 압력손실은 100~200mmH$_2$O/단 정도이다.
④ 비교적 대량의 흡수액이 소요되고, 가스겉보기 속도는 10~20m/s 정도이다.

해설 다공판탑은 비교적 소량의 흡수액으로도 배출가스의 처리가 가능하고, 가스겉보기 속도는 0.3~1.0m/s 정도이다.

014 흡수에 의한 가스상물질의 처리장치로 옳지 않은 것은?
① 충전탑   ② 분무탑
③ 다공판탑   ④ 활성 알루미나탑

해설 활성 알루미나탑은 흡착에 의한 가스상물질의 처리장치이다.

정답 009 ② 010 ① 011 ④ 012 ④ 013 ④ 014 ④

015 유해가스 제거를 위한 충전탑에 관한 설명으로 옳지 않은 것은?

① 침전물이 생기는 경우에 적합하다.
② 포말성 흡수액에도 적응성이 좋다.
③ 처리가스의 압력손실이 그다지 크지 않다.
④ 가스의 유속이 지나치게 크면 플로딩 상태가 된다.

해설 충전탑은 침전물이 생기는 경우에 쉽게 막혀 가스처리가 어렵다.

016 유해가스 처리 시 사용되는 충전탑(Packed tower)에 관한 설명으로 옳지 않은 것은?

① 충전탑에서 hold-up이라는 것은 탑의 단위 면적당 충전제의 양을 의미한다.
② 흡수액에 고형물이 함유되어 있는 경우에는 침전물이 생기는 방해를 받는다.
③ 액분산형 흡수장치로서 충전물의 충전방식을 불규칙적으로 했을 때 접촉면적은 크나, 압력손실이 커진다.
④ 일정량의 흡수액을 흘릴 때 유해가스의 압력손실은 가스속도의 대수값에 비례하며, 가스속도 증가 시 나타나는 첫 번째 파과점을 loading point라 한다.

해설 충전탑에서 흡수액을 통과시키면서 기체속도를 증가시키면 충전층 내 흡수액의 보유량이 증가하는 현상을 hold-up이라 한다. 즉, 충전탑 내 흡수액의 머무름 현상을 의미한다.

017 유해가스 처리의 충전탑(Packed tower)에 대한 설명으로 옳지 않은 것은?

① 단위 부피 내의 표면적이 클 것
② 일반적으로 충전탑의 직경(D)과 충전제 직경(d)의 비 D/d가 8~10일 때 편류현상이 최소가 된다.
③ 충전탑은 충전물을 채운 탑 내에서 액을 위에서 밑으로 흐르게 하고 가스는 아래에서 향류로 접촉시키는 액분산형 흡수장치이다.
④ 가스의 유속이 증가하면 충전층 내에 액의 보유량이 증가하여 탑 위로 넘치게 되므로 가스 유속은 범람(flooding) 속도의 80~90%가 적당하다.

해설 충전탑에서 가스의 유속이 증가하면 충전층 내에 액의 보유량이 증가하여 탑 위로 넘치게 되므로 가스유속은 범람(flooding) 속도의 40~70%가 적당하다.

018 유해가스처리 방식인 충전탑에 관한 설명으로 옳지 않은 것은?

① 충전탑은 액분산형 흡수장치이다.
② 충전탑은 보통 부하점의 30~40%에서 설계된다.
③ $\dfrac{\text{탑의 직경}}{\text{충전제의 직경}}=8\sim10$일 때 편류현상이 최소가 된다.
④ 충전제를 규칙적으로 충전하는 경우는 압력손실이 적어 더 많은 흡수제를 흘릴 수 있다.

해설 충전탑은 보통 부하점의 40~70%에서 설계된다.

019 충전탑에 관한 설명으로 옳지 않은 것은?

① 충전탑은 flooding point의 40~70%에서 보통 설계된다.
② 일정한 양의 흡수액을 흘릴 때 유해가스의 압력손실은 가스속도의 대수값에 반비례한다.
③ flooding point에서의 가스속도는 충전제를 불규칙하게 쌓았을 때보다 규칙적으로 쌓았을 때가 더 크다.
④ 가스속도를 증가시키면 2군데에서 break point가 나타나는데, 1번째 break point가 loading point이다.

해설 충전탑에서 일정한 양의 흡수액을 흘릴 때 유해가스의 압력손실은 가스속도의 대수값에 비례한다.

020 유해가스 처리의 충전탑(Packed tower)에 대한 설명으로 옳지 않은 것은?

① 충전제를 불규칙적으로 충전하는 방법은 접촉면적이 크나 압력손실은 크다.
② 일반적으로 충전탑의 직경(D)와 충전제 직경(d)의 비 D/d가 8~10일 때 편류현상이 최소가 된다.
③ 범람점에서의 가스속도는 충전제를 불규칙하게 쌓았을 때보다 규칙적으로 쌓았을 때가 더 크다.
④ 충전탑은 충전물을 채운 탑 내에서 액을 위에서 밑으로 흐르게 하고, 가스는 아래에서 분사시켜 접촉시키는 기체분산형 흡수장치이다.

해설 충전탑은 충전물을 채운 탑 내에서 액을 위에서 밑으로 흐르게 하고, 가스는 아래에서 분사시켜 접촉시키는 액분산형 흡수장치이다.

021 유해가스 흡수장치 중 충전탑(Packed tower)에 관한 설명으로 옳지 않은 것은?

① 온도의 변화가 큰 곳에는 적응성이 낮고, 희석열이 심한 곳에는 부적합하다.
② 액분산형 가스흡수장치에 속하며, 효율을 높이기 위해서는 가스의 용해도를 증가시켜야 한다.
③ 충전제에 흡수액을 미리 분사시켜 엷은 층을 형성시킨 후 가스를 유입시켜 기·액 접촉을 극대화한다.
④ 흡수액을 통과시키면서 가스유속을 증가시킬 때, 충전층 내의 액보유량이 증가하는 것을 flooding이라 한다.

해설 충전탑에서 흡수액을 통과시키면서 가스유속을 증가시킬 때, 충전층 내의 액보유량이 증가하는 것을 hold up이라 한다.

022 충전탑에 관한 설명으로 옳지 않은 것은?

① 충전제는 화학적으로 불활성이어야 한다.
② 보통 가스유속은 부하점(loading point)에서의 유속의 70~80% 조작이 적당하다.
③ 편류현상은 충전탑의 직경(D)와 충전제 직경(d)의 비 D/d가 8~10일 때 최소가 된다.
④ 충전제를 규칙적으로 충전하면 불규칙적으로 충전하는 방법에 비하여 압력손실이 적어진다.

해설 보통 가스유속은 범람점(flooding point) 유속의 40~70% 조작이 적당하다.

023 충전탑에 사용되는 바람직한 충전물에 요구되는 일반사항으로 옳지 않은 것은?

① 높은 액체 잔류성
② 최소의 무게
③ 충분한 화학적 저항
④ 단위 체적당 넓은 표면적

해설 충전물은 낮은 액체 잔류성을 요구한다.

024 임의로 충전한 충전탑에서 혼합물을 물리적으로 분리할 때, 액의 분배가 원활하게 이루어지지 못하면 어떤 현상이 발생할 수 있는가?

① mixing 현상
② flooding 현상
③ blinding 현상
④ channeling 현상

해설 편류(channeling) 현상: 충전탑의 상부에서 흡수액을 주입할 때 주입 실수로 발생하는데, 흡수액이 한쪽으로만 지나가는 현상으로 처리효율이 저하된다.

025 흡수탑의 충전물에 요구되는 사항으로 옳지 않은 것은?

① 간격의 단면적이 클 것
② 단위 부피의 무게가 가벼울 것
③ 단위 부피 내의 표면적이 클 것
④ 가스 및 액체에 대하여 내식성이 없을 것

해설 충전물은 가스 및 액체에 대하여 내식성이 있어야 한다.

026 충전탑(Packed tower) 내 충전물이 갖추어야 할 조건으로 옳지 않은 것은?

① 단위체적당 넓은 표면적을 가질 것
② 압력손실이 적을 것
③ 충전밀도가 적을 것
④ 공극률이 클 것

해설 충전물은 충전밀도가 커야 한다.

027 충전탑에 사용되는 충전물에 관한 설명으로 옳지 않은 것은?

① 가스와 액체가 전체에 균일하게 분포될 수 있도록 하여야 한다.
② 충전물의 단면적은 기·액 간의 충분한 접촉을 위해 작은 것이 바람직하다.
③ 충분한 기계적 강도와 내식성이 요구되며 단위부피 내의 표면적이 커야 한다.
④ 하단의 충전물이 상단의 충전물에 의해 눌려 있으므로 이 하중을 견디는 내강성이 있어야 하며, 또한 충전물의 강도는 충전물의 형상에도 관련이 있다.

해설 충전물의 단면적은 기·액 간의 충분한 접촉을 위해 큰 것이 바람직하다.

028 유해물질을 흡수 처리하는 방법인 충전탑과 Plate tower를 비교한 내용으로 옳지 않은 것은?

① Plate tower인 경우 머무름 현상이 적다.
② 포말성 흡수액일 경우 충전탑이 유리하다.
③ 처리해야 할 가스양이 많을 때는 충전탑의 압력손실이 적다.
④ 흡수액에 부유물이 포함되어 있는 경우는 Plate tower를 사용하는 것이 유리하다.

해설 단탑(Plate tower)보다 충전탑이 흡수액의 머무름 현상(hold up)이 적다.

029 충전탑(Packed tower)과 단탑(Plate tower)을 비교 설명한 것으로 옳지 않은 것은?

① 포말성 흡수액일 경우 충전탑이 유리하다.
② 흡수액에 부유물이 포함되어 있을 경우 단탑을 사용하는 것이 더 효율적이다.
③ 온도 변화에 따른 팽창과 수축이 우려될 경우에는 충전제 손상이 예상되므로 단탑이 유리하다.

④ 운전 시 용매에 의해 발생되는 용해열을 제거해야 할 경우 냉각오일을 설치하기 쉬운 충전탑이 유리하다.

해설 운전 시 용매에 의해 발생되는 용해열을 제거해야 할 경우 냉각오일을 설치하기 쉬운 단탑(Plate tower)이 더 좋다.

030 유해물질처리를 위한 흡수장치 중 분무탑(액분산형)에 관한 설명으로 옳지 않은 것은?

① 분무에 소요되는 동력이 크다.
② 침전물이 발생되는 경우는 적용하기 어렵다.
③ 압력손실이 2~20mmH$_2$O 정도로 비교적 적다.
④ 편류가 일어나기 쉽고 분무액과 가스를 균일하게 접촉시키는 것이 어렵다.

해설 분무탑은 흡수액에 침전물(부유물)이 발생되는 경우에도 적용이 가능하다.

031 시운전 중이던 NaOH 용액을 이용한 HCl 가스 제거 흡수탑의 HCl 제거효율이 갑자기 떨어졌다. HCl 농도는 HCl 분석기로 자동연속측정되고 있었다면 제거효율 감소원인을 찾고자 하는 방법으로 옳지 않은 것은?

① 흡수탑으로 투입되는 흡수액 투입양을 확인하고 설계치와 비교해 본다.
② 흡수탑의 입·출구 압력을 측정하여 흡수탑 내의 차압 변동값을 정상운전 시의 값과 비교해 본다.
③ 탑 내의 충전물을 일부 꺼내어 물질전달계수를 실험적으로 결정한 후 설계치와 비교해 본다.
④ HCl 분석기의 오작동 여부를 확인하고 오작동 시에는 수동 측정으로 HCl 제거효율을 확인한다.

해설 흡수탑에서 HCl 가스는 강산이므로 시운전 중 탑 내의 충전물을 꺼내서는 절대 안 된다.

032 공기나 다른 기체 중에 함유된 습기를 제거하는 것 외에도 산업공정에서 배출되는 악취나 오염물질들을 제거하는 데 유효하며 공기나 다른 기체로부터 유용한 용매의 증기를 회수할 수 있는 유해가스 처리기술은?

① 연소법
② 흡수법
③ 촉매산화법
④ 흡착법

해설 산업공정에서 배출되는 악취나 오염물질들을 제거하는 데 유효하며 공기나 다른 기체로부터 유용한 용매의 증기를 회수할 수 있는 유해가스 처리기술은 흡착법이다.

033 유해가스 처리를 위한 흡착장치에 관한 설명으로 옳지 않은 것은?

① 유동상 흡착장치는 가스의 유속을 크게 유지할 수 있고, 고체와 기체의 접촉을 좋게 할 수 있다.
② 고정상 흡착장치에서 활성탄의 재생은 흡착된 오염물질의 탈착, 활성탄 냉각 및 재사용의 3단계로 구분할 수 있다.
③ 고정상 흡착장치에서 처리가스의 양이 적을 경우에는 수평형이나 실린더형이 유용하지만, 많을 경우에는 수직형이 더 유리하다.
④ 고정상 흡착장치에서 처리가스를 연속적으로 처리하고자 할 경우에는 회분식(batch type) 흡착장치 2개를 병렬로 연결하여 흡착과 재생을 교대로 한다.

해설 고정상 흡착장치에서 처리가스의 양이 적을 경우에는 수직형이 유용하지만, 많을 경우에는 수평형이나 실린더형같이 접촉면이 큰 형태가 더 유리하다.

정답 030 ② 031 ③ 032 ④ 033 ③

034 흡착은 유체로부터 기체(또는 액체) 성분을 어떤 고체상 물질에 의해 선택적으로 제거할 수 있는 분리공정이다. 다음 중 흡착법이 유용한 경우로 옳지 않은 것은?

① 오염물질의 회수가치가 충분한 경우
② 배출가스 내의 오염물 농도가 대단히 낮은 경우
③ 분자량이 큰 고분자 입자로서 용해도가 높은 경우
④ 기체상 오염물질이 비 연소성이거나 태우기 어려운 경우

[해설] 흡착법은 분자량이 큰 고분자 입자로서 용해도가 낮은 경우에 유용하다.

실기 Check ✓
035 물리흡착과 화학흡착의 비교표이다. 옳지 않은 것은?

구분		물리 흡착	화학 흡착
㉠	온도 범위	낮은 온도	대체로 높은 온도
㉡	흡착층	단일 분자층	여러 층이 가능
㉢	가역 정도	가역성 높음	가역성 낮음
㉣	흡착열	낮음	높음(반응열 정도)

① ㉠ ② ㉡
③ ㉢ ④ ㉣

[해설] 물리적 흡착은 여러 층의 흡착층이 가능하고, 화학적 흡착은 표면에 단분자막을 형성하며, 발열량이 크다.

036 화학적 흡착 및 물리적 흡착에 관한 내용으로 옳지 않은 것은?

① 물리적 흡착은 주로 반데르발스 힘에 의한 것이다.
② 화학적 흡착은 여러 분자층에서 흡착이 가능하다.
③ 화학적 흡착의 결합력은 물리적 흡착의 결합력보다 크며 비가역적이다.
④ 물리적 흡착은 가스 중의 분자 간 상호인력보다 고체 표면과의 인력이 크게 되는 때에 일어난다.

[해설] 화학적 흡착은 단일 분자층에서 흡착이 가능하다.

037 물리적 흡착공정에 대한 설명으로 옳지 않은 것은?

① 가역성이 높다.
② 임계온도 이상에서 흡착성이 우수하다.
③ van der Waals 결합력으로 약하게 결합되어 있다.
④ 가스 중의 분자 간 상호의 인력보다 고체 표면과의 인력이 크게 되는 때에 일어난다.

[해설] 물리적 흡착은 흡착되는 물질의 임계온도 이상에서는 거의 흡착되지 않는다.

038 물리적 흡착에 관한 설명으로 옳지 않은 것은?

① 기체 분자량이 클수록 잘 흡착한다.
② 흡착제 표면에 여러 층으로 흡착이 일어날 수 있다.
③ 흡착열은 반응 엔탈피와 비슷하고 그 크기는 20~400kJ/g-mole 정도이다.
④ 압력을 낮추거나 온도를 높임으로써 흡착물질을 흡착제로부터 탈착시킬 수 있다.

[해설] 흡착열은 반응 엔탈피와 비슷하고 그 크기는 20~400 kJ/g-mole 정도인 흡착은 화학적 흡착이다.

정답 034 ③ 035 ② 036 ② 037 ② 038 ③

서술형 빈출문제

039 물리적 흡착공정에 관한 설명으로 옳지 않은 것은?

① 흡착공정은 비가역적이다.
② 온도가 낮을수록 흡착량은 많다.
③ 흡착제의 재생이나 오염가스의 회수가 편리하다.
④ 기체와 흡착제가 분자 간의 인력에 의해 서로 달라붙는다.

해설 물리적 흡착공정은 가역적이다.

040 유해가스의 물리적 흡착에 관한 설명으로 옳지 않은 것은?

① 분자량이 적을수록 잘 흡착된다.
② 가역성이 높고 여러 층의 흡착이 가능하다.
③ 처리가스의 온도가 낮을수록 잘 흡착된다.
④ 흡착제에 대한 용질의 분압이 높을수록 흡착량이 증가한다.

해설 물리적 흡착은 분자량이 정상 상태의 공기 분자량보다 커야 한다.

041 물리적 흡착에 대한 설명으로 옳지 않은 것은?

① 흡착열은 보통 피흡착물의 증발열보다 낮다.
② 흡착온도를 증가시키면 평형흡착량은 감소한다.
③ 결합에너지는 액체분자 사이의 인력과 비슷하다.
④ van der Waals 힘과 같은 약한 힘으로 결합된다.

해설 물리적 흡착에서 흡착열은 보통 피흡착물의 증발열보다 높다.

042 가스처리방법 중 흡착(물리적 기준)에 관한 내용으로 옳지 않은 것은?

① 흡착열이 낮고 흡착과정이 가역적이다.
② 다분자 흡착이며 오염가스 회수가 용이하다.
③ 처리가스의 온도가 올라가면 흡착량이 증가한다.
④ 처리할 가스의 분압이 낮아지면 흡착량은 감소한다.

해설 물리적 흡착에서 처리가스의 온도가 올라가면 흡착량이 감소한다.

043 흡착과정에 대한 설명으로 옳지 않은 것은?

① 파과곡선의 형태는 흡착탑의 경우에 따라서 비교적 기울기가 큰 것이 바람직하다.
② 포화점(saturation point)에서는 주어진 온도와 압력조건에서 흡착제가 가장 많은 양의 흡착질을 흡착하는 점이다.
③ 실제의 흡착은 비정상상태에서 진행되므로 흡착의 초기에는 흡착이 천천히 진행되다가 어느 정도 흡착이 진행되면 빠르게 흡착이 이루어진다.
④ 흡착제층 전체가 포화되어 배출가스 중에 오염가스 일부가 남게되는 점을 파과점(break piont)이라 하고, 이 점 이후부터는 오염가스의 농도가 급격히 증가한다.

해설 실제의 흡착은 비정상상태에서 진행되므로 흡착의 초기에는 흡착이 매우 빠르고 효과적으로 일어나지만 어느 정도 흡착이 진행되면 흡착률이 감소해진다.

044 활성탄으로 흡착 시 효과가 가장 적은 것은?

① 알코올류   ② 아세트산
③ 담배연기   ④ 일산화질소

해설 일산화질소(NO)를 활성탄으로 흡착할 경우 흡착률이 아주 낮아진다.

정답 039 ① 040 ① 041 ① 042 ③ 043 ③ 044 ④

045 활성탄을 이용하여 배출되는 유기용제(휘발성유기화합물)를 제거하여 다시 유기용제로 회수하는 유기용제 회수공정을 설계하고자 한다. 설계 내용으로 옳지 않은 것은?

① 흡착탑의 재생을 위해서 스팀이나 불활성 가스를 사용할 수 있다.
② 고정상 흡착탑으로 설계하면 흡착탑은 적어도 2개 이상으로 구성되어야 한다.
③ 흡착탑의 발열반응에 의한 화재 발생에 대비하며 유입되는 가스의 온도를 온도센서를 이용하여 측정하여야 한다.
④ 스팀을 사용하여 재생하는 경우 스팀은 유기용제 흡기 방향과 반대로 주입하여야 하며 응축기를 설치하여 유기용제를 회수한다.

해설 흡착탑의 발열반응에 의한 화재 발생에 대비하며 유출되는 가스의 온도를 온도센서를 이용하여 측정하여야 한다.

046 흡착장치에 관한 설명으로 옳지 않은 것은?

① 고정층 흡착장치에서 보통 수직으로 된 것은 대규모에 적합하고, 수평으로 된 것은 소규모에 적합하다.
② 일반적으로 이동층 흡착장치는 유동층 흡착장치에 비해 가스의 유속을 크게 유지할 수 없는 단점이 있다.
③ 유동층 흡착장치는 흡착제의 유동에 의한 마모가 크게 일어나고, 조업조건에 따른 주어진 조건의 변동이 어렵다.
④ 유동층 흡착장치는 고정층과 이동층 흡착장치의 장점만을 이용한 복합형으로 고체와 기체의 접촉을 좋게 할 수 있다.

해설 고정층 흡착장치에서 보통 수평으로 된 것은 대규모에 적합하고, 수직으로된 것은 소규모에 적합하다.

047 흡착능에 관한 설명으로 옳지 않은 것은?

① 보전력은 탈착되지 않고 흡착제에 남아 있는 가스의 무게를 흡착제의 무게로 나눈 값을 의미한다.
② 여러 가지 유기증기가 혼합되어 있는 배출가스를 흡착할 때 흡착률은 균일하지 않으며 이것은 이들 증기의 휘발성에 역비례한다.
③ 흡착질의 농도가 낮을 경우엔 발열이 흡착률에 미치는 영향이 크지 않지만 고농도일 경우는 흡착률이 저하되므로 냉각을 해 주어야 한다.
④ 활성탄 흡착상에 유기혼합증기가 통과되면 최초엔 비점이 높은 물질의 흡착량이 많아지지만 시간 경과에 따라 증기의 종류에 관계없이 같은 양의 증기가 흡착된다.

해설 활성탄 흡착상에 유기혼합증기가 통과되면 최초엔 증기의 종류에 관계없이 같은 양의 증기가 흡착되지만 시간 경과에 따라 비점이 높은 물질의 흡착량이 많아지고 저비점 휘발성 유기증기의 재증발량은 더욱 증가한다.

048 흡착시설이 갖추어야 할 조건으로 옳지 않은 것은?

① 기체흐름에 대한 저항이 커야 한다.
② 흡착제의 사용 기간이 길수록 좋다.
③ 흡착제의 재생 능력이 클수록 좋다.
④ 가스와 흡착제의 접촉시간이 긴 것이 요구된다.

해설 흡착시설의 조건에서 기체흐름에 대한 저항은 적어야 한다.

049 흡착, 흡착제 및 흡착 선택성에 관한 설명으로 옳지 않은 것은?

① Silicagel은 250℃ 이하에서 물 및 유기물을 잘 흡착한다.

② 알코올류, 아세트산, 벤젠류 등은 잘 흡착되는 것에 해당한다.
③ 에틸렌, 일산화질소 등은 흡착 효과가 거의 없는 것에 해당한다.
④ 화학흡착은 흡착과정에서 발열량이 적고, 흡착제의 재생이 용이하다.

해설 화학흡착은 흡착과정에서 발열량이 높고, 흡착제의 재생이 불가능하다.

050 흡착제의 종류와 용도와의 연결로 옳지 않은 것은?

① 활성탄 – 용제회수, 가스정제
② 알루미나 – 휘발유 및 용제 정제
③ 실리카겔 – NaOH 용액 중 불순물 제거
④ 보크사이트 – 석유 중의 유분 제거, 가스 및 용액의 건조

해설 알루미나 – 석유 중의 유분 제거, 가스 및 용액의 건조

051 흡착제에 관한 설명으로 옳지 않은 것은?

① 활성탄은 비극성물질에 흡착하며 대부분의 경우 유기용제 증기를 제거하는 데 탁월하다.
② 활성탄은 표면적이 600~1,400 m^2/g으로 용제회수, 악취제거, 가스정화 등에 사용된다.
③ 마그네시아는 표면적이 50~100 m^2/g으로 NaOH 용액 중 불순물 제거에 주로 사용된다.
④ 일반적으로 활성탄의 물리적 흡착방법으로 제거할 수 있는 유기성 가스의 분자량은 45 이상이어야 한다.

해설 마그네시아는 표면적이 200 m^2/g으로 휘발유 및 용제정제에 주로 사용된다.

052 흡착제의 종류 중 각종 방향족 유기용제, 할로겐화된 지방족 유기용제, 에스테르류, 알코올류 등의 비극성 유기용제를 흡착하는 데 탁월한 효과가 있는 것은?

① 활성백토
② 실리카겔
③ 활성탄
④ 활성알루미나

해설 비극성 유기용제를 흡착하는 데 탁월한 효과가 있는 흡착제는 활성탄이다.

053 유해가스의 처리에 사용되는 흡착제에 관한 일반적인 설명으로 옳지 않은 것은?

① 실리카겔은 250℃ 이하에서 물과 유기물을 잘 흡착한다.
② 활성알루미나는 기체 건조에 주로 사용되며 가열로 재생시킬 수 있다.
③ 활성탄은 극성물질 제거에는 효과적이지만, 유기용매 회수에는 효과적이지 않다.
④ 합성제올라이트는 극성이 다른 물질이나 포화 정도가 다른 탄화수소의 분리에 효과적이다.

해설 활성탄은 비극성물질 제거에 효과적이고, 유기용매 회수에도 효과적이다.

054 흡착법에서 사용되는 흡착제에 관한 설명으로 옳지 않은 것은?

① 비표면적과 친화력이 크면 클수록 흡착 효과는 커진다.
② 표면적이라 함은 흡착제 내부의 기공에서의 면적을 말한다.
③ 활성탄은 유기용제 회수, 악취제거, 가스정화 등에 주로 사용된다.
④ 보크사이트는 가성소다 용액 중의 불순물 제거에 주로 사용된다.

정답 050 ② 051 ③ 052 ③ 053 ③ 054 ④

해설 보크사이트는 석유 중의 유분 제거, 가스 및 용액의 건조에 주로 사용된다.

055 흡착제에 관한 설명이다. ( ) 안에 가장 적합한 것은?

현재 분자체로 알려진 ( )이(가) 흡착제로 많이 쓰이는데, 이것은 제조과정에서 그 결정구조를 조절하여 특정한 물질을 선택적으로 흡착시키거나 흡착속도를 다르게 할 수 있는 장점이 있으며, 극성이 다른 물질이나 포화정도가 다른 탄화수소의 분리가 가능하다.

① Activated carbon
② Synthetic zeolite
③ Silica gel
④ Activated alumina

해설 합성지올라이트(Synthetic zeolite)는 분자체로 제조과정에서 그 결정구조를 조절하여 특정한 물질을 선택적으로 흡착시키거나 흡착속도를 다르게 할 수 있는 장점을 가지고 있다.

056 흡착제에 관한 설명으로 옳지 않은 것은?

① 활성탄은 분자 모세관 응축 현상에 의해 흡착한다.
② 활성탄은 유기용제 회수, 악취제거, 가스 정화 등에 사용된다.
③ 활성알루미나는 물과 유기물을 잘 흡착하여 175~325℃로 가열하여 재생시킬 수 있다.
④ 실리카젤은 350℃ 이상에서 유기물을 잘 흡착하며 황산 용액 중의 불순물 제거에 주로 이용된다.

해설 실리카젤은 250℃ 이하에서 배출가스 정화에 응용되며 NaOH 용액 중 불순물 제거에 주로 이용된다.

057 표면적이 200m²/g 정도로서, 주로 휘발유 및 용제 정제 등으로 사용되는 흡착제는?

① 실리카젤(Silica Gel)
② 본차(Bone Char)
③ 폴링(Pall Ring)
④ 마그네시아(Magnesia)

해설 마그네시아(Magnesia)는 표면적이 200m²/g로서, 휘발유 및 용제 정제 등으로 사용된다.

058 흡착제를 친수성(극성)과 소수성(비극성)으로 구분할 때, 친수성 흡착제로 옳지 않은 것은?

① 활성탄
② 실리카젤
③ 활성 알루미나
④ 합성 제올라이트

해설 활성탄은 표면적이 600~1,400m²/g로서 소수성(비극성) 흡착제이다.

059 활성탄의 가스흡착에서 흡착이 진행될 때 활성탄의 온도 변화는?

① 활성탄의 온도가 증가된다.
② 활성탄의 온도가 감소된다.
③ 활성탄의 온도의 변화가 없다.
④ 활성탄의 온도는 감소하다가 변화가 없다.

해설 흡착이 진행될 때 활성탄의 온도는 증가된다.

060 활성탄에 SO₂를 흡착시키면 황산이 생성된다. 이를 탈착시키는 방법 중 활성탄 소모나 약산이 생성되는 단점을 극복하기 위해 H₂S 또는 CS₂를 반응시켜 단체의 S를 생성시키는 방법은?

① 세척법
② 산화법
③ 환원법
④ 촉매법

해설 H_2S 또는 CS_2를 반응시켜 단체의 S를 생성시키는 방법은 환원법이다.

061 흡착제의 재생 방법으로 옳지 않은 것은?
① 물로 세척한다.
② 수증기를 불어넣는다.
③ 고온의 불활성기체를 가한다.
④ 압력을 가하여 피흡착질을 탈착시킨다.

해설 흡착제의 재생 방법으로는 물 세척, 수증기 분사, 고온의 불활성기체 분사 등이 있다.

062 활성탄의 고온 활성화 재생방법으로 적용될 수 있는 다단로(multi-hearth furnace)와 회전로(rotary kiln)의 비교표이다. 옳지 않은 것은?

구분	다단로	회전로
㉠ 온도 유지	여러 개의 버너로 구분된 반응영역에서 온도분포 조절이 가능하고 열효율이 높음.	단 1개의 버너로 열공급 영역별 온도유지가 불가능하고 열효율이 낮음.
㉡ 수증기 공급	반응영역에서 일정하게 분사	입구에서만 공급하므로 일정하지 않음.
㉢ 입도 분포	입도에 비례하여 큰 입자가 빨리 배출됨.	입도 분포에 관계없이 체류시간을 동일하게 유지 가능
㉣ 품질	고품질 입상 재생설비로 적합함.	고품질 입상 재생설비로 부적합함.

① ㉠   ② ㉡
③ ㉢   ④ ㉣

해설 다단로(multi-hearth furnace)에서는 입도 분포에 관계없이 체류시간을 동일하게 유지 가능하고, 회전로(rotary kiln)는 입도에 비례하여 큰 입자가 빨리 배출될 가능성이 있다.

063 가스의 유속을 크게 할 수 있고, 고체와 기체의 접촉을 크게 할 수 있으며, 가스와 흡착제를 향류로 접촉할 수 있는 장점은 있으나, 주어진 조업조건에 따른 변동이 어려운 흡착장치는?
① 유동층 흡착장치   ② 이동형 흡착장치
③ 고정층 흡착장치   ④ 원통형 흡착장치

해설 유동층 흡착장치의 장점은 흡착제와 흡착질의 접촉이 향류흐름으로 잘 이루어져 흡착률이 높다는 것이다. 반면에 단점은 유동에 의한 흡착제 간의 충돌로 흡착제의 마모가 커지고, 주어진 조업조건에 따른 변동이 어려운 점이다.

064 유동상 흡착장치에 관한 설명으로 옳지 않은 것은?
① 흡착제의 마모가 적다.
② 가스의 유속을 크게 할 수 있다.
③ 주어진 조업조건의 변동이 어렵다.
④ 가스와 흡착제를 향류 접촉시킬 수 있다.

해설 유동상 흡착장치의 단점 중 하나는 유동에 의한 흡착제 간의 충돌로 흡착제의 마모가 커서 비경제적인 것이다.

065 일반적인 활성탄 흡착탑에서의 화재방지에 관한 설명으로 옳지 않은 것은?
① 접촉시간은 30초 이상, 선속도는 0.1m/s 이하로 유지한다.
② 축열에 의한 발열을 피할 수 있도록 형상이 균일한 조립상 활성탄을 사용한다.
③ 사영역이 있으면 축열이 일어나므로 활성탄층의 구조를 수직 또는 경사지게 하는 편이 좋다.
④ 운전 초기에는 흡착열이 발생하며 15~30분 후에는 점차 낮아지므로 물을 충분히 뿌려주어 30분 정도 공기를 공회전시킨 다음 정상 가동한다.

해설 활성탄 흡착탑에서 화재방지를 위해서 접촉시간은 2초 이하, 선속도는 0.2~0.4m/s 이하로 유지한다. 선속도가 0.2m/s 미만이면 유속이 낮아 축열 가능성이 있다.

066 중유 탈황방법 중 기술적, 경제적으로 실현 가능하여 현재 가장 많이 사용되고 있는 것은?

① 접촉산화 탈황법
② 접촉수소화 탈황법
③ 석회석 탈황법
④ 흡착 탈황법

해설 접촉수소화 탈황법은 상압증류잔유(常壓蒸溜殘油)를 일단 감압 증류하여 유출하는 강압 경유와 잔유의 아스팔트분(감압잔유)으로 분리하여 전자를 보통 방법으로 수소와 정제한 후, 후자와 혼합하여 저황중유를 제조하는 방법으로 현재 많이 사용한다.

067 중유의 탈황 방법인 접촉수소화 탈황법에는 직접 탈황법, 간접탈황법, 중간탈황법이 있다. 탈황이 이루어지는 반응 온도의 범위로 옳은 것은?

① 170~220℃
② 230~340℃
③ 350~420℃
④ 430~550℃

해설 접촉수소화 탈황법의 반응온도는 350~420℃, 수소압력 50~220kg/cm² 의 조건하에 반응한다.

068 Co-Ni-Mo을 수소첨가촉매로 하여 250~450℃에서 30~150kg/cm² 의 압력을 가하여 H_2S, SO_2 형태로 제거하는 중유탈황방법은?

① 직접탈황법
② 흡착탈황법
③ 활성탈황법
④ 산화탈황법

해설 직접탈황법은 Co-Ni-Mo를 수소첨가촉매로 하여 250~450℃에서 30~150kg/cm² 의 압력을 가하여 중유 중의 S를 H_2S, SO_2 형태로 제거한다.

069 습식 탈황, 탈질법의 단점으로 옳지 않은 것은?

① 장치비가 많이 든다.
② 아황산가스의 제거효율이 낮다.
③ 생성되는 부산물의 상품가치가 적다.
④ 질산염을 형성하여 수질오염의 원인이 된다.

해설 습식 탈황 시 아황산가스의 제거효율은 건식 탈황법보다 높다.

070 배연탈황법의 습식법과 건식법에 대한 장·단점으로 옳지 않은 것은? (단, 습식법과 건식법 비교)

① 습식법은 배출가스가 굴뚝으로 배출될 때 확산이 나쁘다.
② 건식법에는 석회석주입법, 활성탄흡착법, 산화법 등이 있다.
③ 습식법의 경우, 반응효율은 높으나 수질오염의 문제가 심하다.
④ 건식법은 장치의 규모는 작으나 배출가스의 온도 저하가 없어 대용량처리가 가능하다.

해설 건식법은 장치의 규모가 크고, 배출가스의 온도 저하가 없으나 대용량처리에는 부적합하다.

071 배연탈황기술로 옳지 않은 것은?

① 석회석 주입법
② 수소화 탈황법
③ 활성산화 망간법
④ 암모니아법

해설 수소화 탈황법은 중유 중 황 성분의 탈황법으로 직접탈황법, 간접탈황법, 중간탈황법이 있다.

서술형 빈출문제

072 Scale 방지대책(습식 석회석법)으로 옳지 않은 것은?
① 순환액의 pH 변동을 크게 한다.
② 탑 내에 내장물을 가능한 한 설치하지 않는다.
③ 흡수액량을 증가시켜 탑 내 결착을 방지한다.
④ 흡수탑 순환액에 산화탑에서 생성된 석고를 반송하고 슬러리의 석고 농도를 5% 이상으로 유지하여 석고의 결정화를 촉진한다.

해설 습식 석회석법에서 스케일 방지를 위해서는 순환액의 pH 값 변동을 적게 한다.

073 배연탈황법의 습식법과 건식법에 대한 상대비교 특성으로 옳지 않은 것은?
① 습식법은 굴뚝에서의 확산이 나쁘다.
② 습식법의 경우 반응 효율은 높으나, 수질오염의 문제가 있다.
③ 건식법에서는 석회석주입법, 활성탄흡착법, 산화법 등이 있다.
④ 건식법은 장치의 규모는 작으나, 배출가스와 온도 저하가 큰 편이다.

해설 건식법은 장치의 규모가 크고, 배출가스와 온도 저하가 거의 없다.

실기 Check ✓
074 배출가스 내의 황산화물 처리방법 중 건식법의 특징으로 옳지 않은 것은? (단, 습식법과 비교)
① 반응효율이 높은 편이다.
② 장치의 규모가 큰 편이다.
③ 배출가스의 온도 저하가 거의 없는 편이다.
④ 굴뚝에 의한 배출가스의 확산이 양호한 편이다.

해설 건식법은 습식법에 비해 반응효율이 낮은 편이다.

075 황산화물 처리방법 중 건식 석회석 주입법에 관한 설명으로 옳지 않은 것은?
① 배출가스의 온도가 잘 떨어지지 않는다.
② 부대시설은 많이 필요하나, 아황산가스의 제거효율은 비교적 높은 편이다.
③ 연소로 내에서의 화학반응은 소성, 흡수, 산화의 3가지로 구분할 수 있다.
④ 초기 투자비용이 적게 들어 소규모 보일러나 노후 보일러용으로 많이 사용되었다.

해설 석회석 주입법은 습식법에 비해 부대시설이 많이 필요하진 않지만, 아황산가스의 제거효율은 비교적 낮은 편이다.

076 배연탈황법 중 석회석 주입법에 관한 설명으로 옳지 않은 것은?
① 배출가스의 온도가 떨어지지 않는 장점이 있다.
② 석회석 재생뿐만 아니라 부대설비가 많이 소요된다.
③ 소규모 보일러나 노후된 보일러에 많이 사용되어 왔다.
④ 연소로 내에서 짧은 접촉시간을 가지며, 아황산가스가 석회 분말의 표면 안으로 침투가 어렵다.

해설 석회석 주입법은 석회석 가격이 저렴하여 석회석을 재생하여 사용할 필요가 없고, 석회석의 분쇄와 주입에 필요한 장비만 소요되어 부대설비가 최소화된다.

077 배출가스 중의 황산화물을 처리하기 위한 기술 중 건식방법으로 옳지 않은 것은?
① 석회석 주입법
② 마그네슘법
③ 산화법
④ 활성산화망가니즈법

해설 황산화물 처리법 중 마그네슘법은 습식법이다.

정답 072 ① 073 ④ 074 ① 075 ② 076 ② 077 ②

078 배출가스의 탈황법 중 금속산화물법의 특징의 설명으로 옳은 것은?

① 부산물이 생성되지 않는다.
② 흡수제의 기능과 효율이 장시간 지속되지 않는다.
③ 고온의 배출가스 배출온도에서만 반응이 가능하다.
④ 흡수와 재생이 같은 온도에서 같은 시간 동안에 이루어지지 않는다.

해설 금속산화물법은 배출가스의 배출온도에서 반응이 가능하고 부산물이 생성되지 않는 장점이 있다.

079 황산화물 배출제어 방법 중 재생식 공정으로 옳은 것은?

① 석회석법
② 웰만-로드법
③ Chiyoda 법
④ 이중염기법

해설 황산화물 배출을 제어하기 위한 재생식 공정 중 가장 적절한 것이 웰만-로드(Wellmann-Lord)법이다. 이는 황산화물을 환원시켜 이산화황으로 변환시키는 방법으로, 환경오염물질을 제거하면서도 재생 가능한 화학물질을 생성할 수 있기 때문이다. 또한, 이 방법은 경제적이며, 운영 및 유지보수 비용이 낮아 다른 방법들보다 우수한 효율성을 보인다.

실기 Check ⊘

080 습식탈황법의 특징에 대한 설명으로 옳지 않은 것은?

① 반응속도가 빨라 SO_2의 제거율이 높다.
② 처리한 가스의 온도가 낮아 재가열이 필요한 경우가 있다.
③ 장치의 부식 위험이 있고, 별도의 폐수처리시설이 필요하다.
④ 상업성 부산물의 회수가 용이하지 않고, 보수가 어려우며, 공정의 신뢰도가 낮다.

해설 습식탈황법은 물이나 알칼리성 용액 및 Slurry를 사용하여 기상의 SO_2를 흡수하고 알칼리 성분과 반응시켜 생성된 sludge를 재생공정을 거쳐 시장성 있는 부산물을 생산하는 방법이다.
• 장점
  ㉠ 반응속도가 빨라 SO_2 제거율이 높다.
  ㉡ 장치가 비교적 집적화되어 있어 필요한 부지가 적다.
  ㉢ 보일러 부하율 변동에 의한 영향이 적다.
  ㉣ 경제성이 우수하다.
  ㉤ 석탄 보일러에의 적용이 뛰어나다.
  ㉥ 대용량 보일러에의 설치경험이 풍부하다.
  ㉦ 공정의 신뢰도가 높다.
• 단점
  ㉠ 처리한 가스의 온도가 낮아 재가열이 필요하다.
  ㉡ 일부 공정에서는 다량의 폐수를 방출한다(탈황폐수처리설비 필요).
  ㉢ 용수 소모량이 많다.
  ㉣ 동력 소모가 많다.
  ㉤ 초기 투자비가 크다.

실기 Check ⊘

081 배연탈황법인 석회세정법의 특성으로 옳지 않은 것은?

① 소규모 소용량 이용에 편리하다.
② 통풍팬을 사용할 경우 동력비가 비싸다.
③ 배출가스 온도가 높아(120℃ 정도) 통풍력이 높다.
④ 먼지와 연소재의 동시 제거가 가능하므로 제진시설이 따로 불필요하다.

해설 습식탈황법인 석회세정법은 배출가스 온도가 낮으므로 통풍력이 높지 않다.

082 알루미나 담체에 탄산소듐을 3.5~3.8% 정도 첨가하여 제조된 흡착제를 사용하여 황산화물과 질소산화물을 동시 제거하는 공정은?

① Bio scrubbing
② Bio filter 공정
③ Dual Acid scrubbing
④ NO_xSO 공정

해설 NO$_x$SO 공정은 90% 이상 SO$_x$ 및 NO$_x$를 동시에 제거하는 건식/재생법 탈황공정으로 최근에 개발된 공법이다.

083 NO$_x$와 SO$_x$ 동시 제어기술에 관한 설명으로 옳지 않은 것은?

① SO$_x$NO 공정은 감마 알루미나 담체의 표면에 소듐(Na)을 첨가하여 SO$_x$와 NO$_x$를 동시에 흡착시킨다.
② 활성탄 공정은 S, H$_2$SO$_4$ 및 액상 SO$_2$ 등의 부산물이 생성되며, 공정 중 재가열이 없으므로 경제적이다.
③ CuO 공정에서 온도는 보통 850~1,000℃ 정도로 조정하며, CuSO$_2$ 형태로 이동된 솔벤트 재생기에서 산소 또는 오존으로 재생된다.
④ CuO 공정은 알루미나 담체에 CuO를 함침시켜 SO$_2$는 흡착 반응하고 NO$_x$는 선택적 촉매 환원되어 제거되는 원리를 이용하는 공정이다.

해설 NO$_x$와 SO$_x$ 동시 제어기술은 NO$_x$SO 공정 또는 SO$_x$NO 공정, CuO 공정, 활성탄 공정이 있으며 CuO 공정에서 온도는 보통 400℃ 정도로 조정하며, CuSO$_2$ 형태로 이동되어 CH$_4$를 환원제로 사용하여 농축된 SO$_2$가 발생된다.

084 건식 탈황·탈질방법 중 하나인 전자선 조사법의 프로세스 특징으로 옳지 않은 것은?

① 부생물로 황산암모늄 및 질산암모늄을 생성한다.
② 구성이 복잡해 계 내의 압력손실이 높고, 배출가스의 변동 등에 대처가 어렵다.
③ NO$_x$ 및 SO$_x$ 제거율이 80% 이상을 달성할 수 있는 건식의 제거 프로세스이다.
④ 연소 배출가스에 암모니아 등을 첨가해 α, β, γ선, 전리성 방사선 등을 조사하여 배출가스 중 NO$_x$, SO$_x$ 화합물을 고체상 입자로 동시에 처리하는 방법이다.

해설 전자선 조사법은 구성이 간단하여 계 내의 압력손실이 낮고, 배출가스의 변동 등에 대처가 쉽다.

085 연소조절에 의한 질소산화물의 저감방법으로 옳지 않은 것은?

① 화로 내에 수증기 분무를 시킨다.
② 연소용 공기에 일부 냉각된 배출가스를 섞어 연소실로 보낸다.
③ 연소용 공기의 과잉공급량을 약 20~30% 정도(공기비 1.2~1.3)로 증가하여 공급한다.
④ 버너 부분에 이론공기량의 85~95% 정도로 공급하고, 상부 공기구멍에서 10~15%의 공기를 더 공급한다.

해설 연소 시 질소산화물을 저감하기 위해 연소용 공기의 과잉공급량을 약 10% 이내(공기비 1.05~1.10)로 적게 하여 공급한다.

086 NO$_x$의 제어는 연소방식의 변경과 배출가스 처리기술의 2가지로 구분할 수 있는데, 다음 중 연소방식을 변환시켜 NO$_x$의 생성을 감축시키는 방안으로 옳지 않은 것은?

① 접촉산화법   ② 물주입법
③ 저과잉공기연소법   ④ 배출가스 재순환법

해설 접촉산화법은 탈황방법이다.

087 질소산화물(NO$_x$) 저감방법으로 옳지 않은 것은?

① 부분적인 고온 영역이 없게 한다.
② 연소 영역에서의 산소 농도를 높인다.
③ 고온 영역에서 연소가스의 체류시간을 짧게 한다.
④ 유기질소화합물을 함유하지 않는 연료를 사용한다.

해설 연소 영역에서의 산소 농도를 낮추는 저과잉공기연소(저산소 연소)법을 사용한다.

088 배출가스 중 NO 발생을 저감시킬 수 있는 방법으로 옳지 않은 것은?

① 연소실에 수증기를 주입한다.
② 공기비를 높게 하여 연소시킨다.
③ 배출가스를 순환시켜 연소시킨다.
④ 2단 연소법에 의하여 연소시킨다.

해설 NO 발생 저감을 위해 공기비를 낮게 하여 연소시키는 저과잉공기연소를 시킨다.

089 NO_x 발생을 억제하는 방법으로 옳지 않은 것은?

① 과잉 공기를 적게 하여 연소시킨다.
② 연소용 공기에 배출가스의 일부를 혼합 공급하여 산소 농도를 감소시켜 운전한다.
③ 고체, 액체연료에 비해 기체 연료가 공기와의 혼합이 잘 되어 신속히 연소함으로써 고온에서 연소가스의 체류시간을 단축시켜 운전한다.
④ 이론공기량의 70% 정도를 버너에 공급하여 불완전 연소시키고, 그 후 30~35% 공기를 하부로 주입하여 완전 연소시켜 화염온도를 증가시킨다.

해설 2단 연소법: 이론공기량의 85~95% 정도를 버너에 공급하여 불완전 연소시키고, 그 후 10~15% 공기를 상부로 주입하여 완전 연소 시켜 화염온도를 낮추면 NO_x 발생이 10~30% 감소된다.

090 대기 유해물질인 질소산화물에 관한 설명으로 옳지 않은 것은?

① 주로 연소과정에서 연료 및 공기 중의 질소가 산화되어 발생한다.
② 연소용 공기의 과잉공급량을 약 10% 이내로 줄임으로써 질소산화물의 생성을 억제할 수 있다.
③ 배출가스를 재순환하여 가스의 완전 연소를 유도하여 NO_x를 억제할 수 있으나 실질적 효과는 적다.
④ 연소로에서 주위 표면으로부터 열전달을 효과적으로 촉진시켜 화염온도를 낮춤으로써 질소산화물을 줄일 수 있다.

해설 배출가스를 재순환하여 가스의 완전 연소를 유도하면 NO_x를 억제하여 NO_x 생성량을 10~30% 줄일 수 있다.

091 배출가스 중에 함유된 질소산화물을 처리하기 위한 건식법 중 선택적 촉매환원법(SCR)에 대한 기술로 옳지 않은 것은?

① 환원제로는 NH_3가 사용된다.
② 질소산화물 전환율을 반응온도에 따라 종모양(bell-shape)을 나타낸다.
③ 질소산화물이 촉매에 의하여 선택적으로 환원되어 질소분자와 물로 전환된다.
④ 촉매 선택성에 의해 NO의 환원반응만 있고, 기타 산화반응 등의 부반응은 없다.

해설 촉매 선택성에 의해 NO와 NO_2의 환원반응과 기타 산화반응 등의 부반응이 존재한다.

092 무촉매 환원법에 의한 배출가스 중 NO_x를 제거하는 방법에 관한 설명으로 옳지 않은 것은?

① NO_x의 제거율은 비교적 높아 95% 이상이다.
② NO의 암모니아에 의한 환원에는 보통 산소의 공존이 필요하다.
③ 반응기 등의 설비가 필요하지 않아 설비비는 적고, 특히 더러운 가스의 NO_x의 제거에 적합하다.

④ 제거율을 높이기 위해서는 보통 1,000℃ 정도의 고온과 NH_3/NO가 2 이상의 암모니아의 첨가가 필요하다.

[해설] 무촉매 환원법은 NO_X의 제거율이 50~60% 정도로 낮다.

093 배출가스 내 NO_X 제거방법 중 건식법에 관한 설명으로 옳지 않은 것은?

① 촉매환원법(CR)에서 환원가스로는 대부분의 경우 NH_3가스를 사용한다.
② 선택적 비촉매환원법(SNCR)의 단점으로는 배출가스가 고온이어야 하고, 온도가 낮을 경우 미반응된 NH_3가 배출될 수 있다.
③ 흡착법은 흡착제로서 활성탄, 활성알루미나, 실리카젤 등이 사용되며, NO는 흡착되지만 NO_2는 흡착되지 않으므로 환원상태에서 흡착한다.
④ 촉매환원법(CR) 중 선택적 촉매환원법(SCR)은 TiO_2와 V_2O_5를 혼합하여 제조한 촉매에 환원가스를 작용시켜 NO_X를 N_2로 환원시키는 방법이다.

[해설] 흡착법은 흡착제로서 활성탄, 활성알루미나, 실리카젤 등이 사용되며, NO_2는 흡착되지만 NO는 흡착되지 않으므로 NO를 NO_2로 산화하여 흡착한다.

094 배출가스 중의 NO_X 제거법에 관한 설명으로 옳지 않은 것은?

① 비선택적인 촉매환원에서는 NO_X뿐만 아니라 O_2까지 소비된다.
② 선택적 촉매환원법의 최적온도 범위는 700~850℃ 정도이며, 보통 50% 정도의 NO_X를 저감시킬 수 있다.
③ 배출가스 중의 NO_X 제거는 연소조절에 의한 제어법보다 더 높은 NO_X 제거효율이 요구되는 경우나 연소방식을 적용할 수 없는 경우에 사용된다.
④ 선택적 촉매환원법은 TiO_2와 V_2O_5를 혼합하여 제조한 촉매에 NH_3, H_2, CO, H_2S 등의 환원가스를 작용시켜 NO_X를 N_2로 환원시키는 방법이다.

[해설] 선택적 촉매환원법의 최적온도 범위는 300~400℃ 정도이며, 보통 80% 정도의 NO_X를 저감시킬 수 있다.

095 배출가스 중의 질소산화물 처리방법인 촉매환원법에는 선택적인 환원과 비선택적인 환원이 고려될 수 있다. 다음 환원제 중 비선택적인 환원제로 주로 사용되는 것은?

① CO
② NH_3
③ H_2S
④ CH_4

[해설] 비선택적인 환원제로 주로 CH_4를 배출가스에 첨가하여 NO_X를 환원한다.

096 배출가스 중의 질소산화물의 처리방법인 비선택적 촉매환원법(NSCR)에서 사용하는 환원제로 옳지 않은 것은?

① CH_4
② NH_3
③ H_2
④ CO

[해설] NH_3는 주로 선택적촉매환원법에서 사용된다.

정답 093 ③ 094 ② 095 ④ 096 ②

097 배출가스 내의 NO_x 제거방법 중 환원제를 사용하는 접촉환원법에 관한 설명으로 옳지 않은 것은?

① 선택적 환원제로는 NH_3, H_2S 등이 있다.
② 비선택적 접촉환원법의 촉매로는 Pt뿐만 아니라 CO, Ni, Cu, Cr 등의 산화물도 이용이 가능하다.
③ 선택적인 접촉환원법은 과잉의 산소를 먼저 소모한 후 첨가된 반응물이 질소산화물을 선택적으로 환원시킨다.
④ 선택적인 접촉환원법에서 Al_2O_3계의 촉매는 SO_2, SO_3, O_2와 반응하여 황산염이 되기 쉽고, 촉매의 활성이 저하된다.

해설 과잉의 산소를 먼저 소모한 후 첨가된 반응물이 질소산화물을 환원시키는 방법은 비선택적인 접촉환원이다.

098 선택적 촉매환원(SCR)법과 선택적 비촉매환원(SNCR)법이 주로 제거하는 오염물질은?

① 휘발성유기화합물
② 질소산화물
③ 황산화물
④ 악취물질

해설 선택적 촉매환원(SCR)법과 선택적 비촉매환원(SNCR)법은 배출가스 중 질소산화물(NO_x) 제거법이다.

099 유해가스로 오염된 가연성물질을 처리하는 방법 중 반응속도가 빠르고 연료소비량이 적은 편이며, 산화온도가 비교적 낮기 때문에 NO_x의 발생이 가장 적은 처리 방법은?

① 직접연소법
② 고온산화법
③ 촉매산화법
④ 산·알칼리 세정법

해설 촉매산화는 배출가스 내의 오염물질들을 산화 제거하는 촉매 활성의 화학적 효과에 의존하여 산화온도가 200~350℃의 낮은 온도이며, 추가적인 연료비용 없이 가연성물질을 처리하여 NO_x의 발생을 최소화한다.

100 질소산화물 배출제어에 관한 설명으로 옳지 않은 것은?

① 화염에서 대부분의 NO_x는 일반적으로 NO 90%, NO_2 10% 정도이다.
② 프롬프트 NO는 온도와 촉매에 의해 강한 영향을 받는 수소와 산소의 연소에서 생성된다.
③ 고온에서 고온 NO는 빠르게 형성되지만, 형성에 필요한 시간은 평형에 도달하지 못할 정도로 짧다.
④ 연소가스 중의 NO는 환원제와 반응하여 N_2로 재전환될 수 있으며, 일반적으로 내연기관 엔진에서의 환원제는 CO이고, 화력발전소에서는 NH_3이다.

해설 Prompt NO는 질소 분자가 초기 연소가 이루어지는 화염의 앞쪽에서 중간생성물(HCN)을 매개체로 하여 Hydrocarbon과 반응하여 NO로 전환 생성된다. NO로 전환되는 정도는 반응온도와 연료와 연소공기의 공급비율에 의해 좌우되며, 전체적인 NO 발생량 중 Prompt NO가 차지하는 비율은 극히 적기 때문에 전체 NO의 발생에 미치는 영향은 미미하다고 할 수 있다.

실기 Check ✓

101 NO_x 처리방법 중 촉매환원법에 대한 설명이다. 빈칸에 가장 알맞은 내용은? (단, 정답은 ㉠, ㉡ 순서이다.)

> 선택적 환원반응에서 첨가된 반응물질이 (㉠)만 환원시키고, 비선택적인 환원에서는 배출가스 중의 과잉 (㉡)이(가) 소모된다.

① NH_3, O_2
② NH_3, CO
③ NO_x, O_2
④ NO_x, CO

해설 촉매환원법은 촉매(Pt, Pd, Ni, Cr 등)를 사용하여 CH_4, H_2, CO 등의 환원제와 혼합하여 NO를 N_2로 환원시키는 방법으로 선택적 환원반응에서 첨가된 반응물질이 NO_x만 환원시키고, 비선택적인 환원반응에서는 배출가스 중의 과잉 O_2가 먼저 소모된다.

102 배출가스 내의 질소산화물을 제거하기 위한 촉매환원법에 사용되는 선택적인 환원제에 관한 설명으로 옳지 않은 것은?

① NH_3를 환원제로 사용하는 경우에는 온도를 통제하여야 한다.
② CH_4를 환원제로 사용하는 경우에는 충분한 공기를 공급하여야 한다.
③ CO를 환원제로 사용하는 경우 반응에 소모되지 않고 남는 것은 대기오염을 일으킬 수 있다.
④ H_2를 사용하는 경우 촉매에 따라 연소반응에서 생기는 CO에 의해서 효력이 줄어들 수 있다.

해설 촉매환원법에서 CH_4를 환원제로 사용하는 경우에는 공기를 가능한 한 적게 공급하여야 한다.

103 입자상물질과 NO_x 저감을 위한 디젤엔진 연료분사시스템의 적용기술로 옳지 않은 것은?

① 분사압력 저압화
② 분사압력 최적제어
③ 분사율 제어
④ 분사 시기 제어

해설 디젤엔진 연료분사 시 고압의 분사압력을 유지한다.

104 습식 배연탈질법에 관한 설명으로 옳지 않은 것은?

① 건식 암모니아 환원법에 비해 연구개발이 느리다.
② 처리액 중 아질산염 및 질산염의 처리가 용이하다.
③ 일반적으로 조작의 공정이 복잡하고, 가격이 높다.
④ NO는 반응성이 낮고 NO_2 또는 N_2O_5까지 산화하기 위해서는 강한 산화제가 필요하므로 처리비용이 높아진다.

해설 습식 배연탈질법은 처리액 중 아질산염 및 질산염의 처리가 어렵다.

105 유해가스에 대한 설명으로 옳지 않은 것은?

① SO_2는 무색의 강한 자극성 기체로 환원성 표백제로도 이용되고, 화석연료의 연소에 의해서도 발생된다.
② Cl_2 가스는 상온에서 황록색을 띤 기체이며, 자극성 냄새를 가진 유독물질로 관련 배출원은 표백공업이다.
③ F_2는 상온에서 무색의 발연성 기체로 강한 자극성이며, 물에 잘 녹고, 관련 배출원은 알루미늄 제련공업이다.
④ NO는 적갈색의 특이한 냄새를 가진 물에 잘 녹는 맹독성 기체로 자동차 배출이 가장 많은 부분을 차지한다.

해설 일산화질소(NO)는 무색, 무취의 기체로 물에 거의 용해되지 않고 직접 인체에 대한 영향은 확실하게 알려져 있지 않지만 적갈색의 기체인 NO_2보다는 독성이 낮다.

106 배출가스 중 염화수소 제거에 관한 설명으로 옳지 않은 것은?

① 누벽탑, 충전탑, 스크러버 등에 의해 용이하게 제거 가능하다.
② 염화수소 농도가 높은 배출가스를 처리하는 데는 관외 냉각형, 염화수소 농도가 낮은 때에는 충전탑 사용이 권장된다.
③ 염화수소의 용해열이 크고 온도가 상승하면 염화수소의 분압이 상승하므로 완전 제거를 목적으로 할 경우에는 충분히 냉각할 필요가 있다.
④ 염산은 부식성이 있어 장치는 플라스틱, 유리라이닝, 고무라이닝, 폴리에틸렌 등을 사용해서는 안 되며 충전탑, 스크러버를 사용할 경우에는 mist catcher는 설치할 필요가 없다.

해설 염산은 부식성이 있어 장치는 플라스틱, 유리라이닝, 고무라이닝, 폴리에틸렌 등을 사용해야 하며 충전탑, 스크러버를 사용할 경우에는 반드시 mist catcher를 설치하여 산미스트의 발산을 방지해야 한다.

107 유해가스 방지 및 처리공정으로 잘못 짝지어진 것은?

① 염화수소 – 수세법
② 플루오린수소(HF) – 산화철 침전법
③ 플루오르(F_2) – 가성소다에 의한 흡수법
④ 황화수소 – 중화법 및 산화법(알카리 흡수법)

해설 플루오린수소(HF)는 가성소다에 의한 흡수법이며, 산화철 침전법은 황화수소(H_2S)의 건식처리법이다.

108 유해가스를 처리하기 위한 방법으로 옳지 않은 것은?

① Cl_2 – 흡수법
② SiF_4 – 활성탄 흡착법
③ SO_2 – 석회석 주입법
④ Dust gas – 사이클론, 스크러버

해설 SiF_4 – 수세법, 활성탄 흡착법은 휘발성유기화합물(VOCs)를 처리하는 데 이용된다.

109 배출가스별 처리시설 선정으로 옳지 않은 것은?

① 질소산화물: 충전탑을 사용한 가스세정장치
② 황화수소: 알칼리를 사용한 충전탑식 흡수장치
③ 플루오린화물: 충전탑 또는 충전탑과 분무탑의 병용방식
④ 분무도장 분진: 습식(수세식) 또는 건식(여과식)처리 시설과 배기통

해설 플루오린화물 처리법: 벤투리 스크러버 또는 제트 스크러버 흡수장치

110 배출원으로부터 배출되는 오염물질에 따른 처리방법의 연결로 옳지 않은 것은?

① 이황화탄소 – 암모니아주입법
② 일산화탄소 – 촉매산화처리법
③ 다이옥신 – 적외선 광분해법
④ 사이안화수소 – 수세처리법

해설 다이옥신 처리방법 – 자외선 광분해법, 촉매분해법, 열분해법, 소각법

111 각종 유해가스 처리법으로 옳지 않은 것은?

① Br_2는 산성수 용액에 의한 산성법으로 제거한다.
② CO는 백금계의 촉매를 사용하여 연소시켜 제거한다.
③ 이황화탄소는 암모니아를 불어넣는 방법으로 제거한다.
④ 아크롤레인은 NaClO 등의 산화제를 혼입한 가성소다 용액으로 흡수 제거한다.

해설 Br_2는 알칼리 용액에 잘 흡수되므로 NaOH 용액을 이용하여 제거한다.

112 활성탄 흡착법을 이용하여 악취를 제거하고자 할 때 거의 효과가 없는 유해물질은?

① 페놀(Phenol)
② 스타이렌(Styrene)
③ 암모니아(Ammonia)
④ 에틸머캡탄(Ethyl mercaptan)

해설 암모니아(Ammonia, NH_3)는 활성탄 흡착법을 이용하면 악취제거에 거의 효과가 없다.

113 유해가스 처리에 관한 설명으로 옳지 않은 것은?

① 사이안화수소는 물에 대한 용해도가 매우 크므로 가스를 물로 세정하여 처리한다.
② 염화인(PCl_3)은 물에 대한 용해도가 낮아 암모니아를 불어넣어 병류식 충전탑에서 흡수처리한다.
③ 아크롤레인은 그대로 흡수가 불가능하며 NaClO 등의 산화제를 혼입한 가성소다 용액으로 흡수 제거한다.
④ 이산화셀렌은 코트렐 집진기로 포집, 결정으로 석출, 물에 잘 용해되는 성질을 이용해 스크러버에 의해 세정하는 방법 등이 이용된다.

해설 염화인(PCl_3)은 물에 잘 용해되므로 충전물을 넣은 흡수탑 안에 알칼리성 흡수액에 흡수처리한다.

114 유해가스 종류별 처리제 및 그 생성물과의 연결로 옳지 않은 것은? (단, 유해가스, 처리제, 생성물 순서이다.)

① SiF_4, H_2O, SiO_2
② F_2, NaOH, NaF
③ HF, $Ca(OH)_2$, CaF_2
④ Cl_2, H_2O, HCl

해설
- 유해가스: Cl_2
- 처리제: $Ca(OH)_2$ 또는 NaOH
- 생성물: $Ca(OCl)_2$ 또는 $CaCl_2$, NaOCl

115 염소를 함유한 폐가스를 소석회와 반응시켜 생성되는 물질은?

① 실리카겔
② 표백분
③ 차아염소산소듐
④ 포스젠

해설 염소 가스 처리 반응식: $2Ca(OH)_2 + 2Cl_2 \rightarrow CaCl_2 + Ca(OCl)_2 + H_2O$
표백분(클로로칼키): $Ca(OCl)_2$ 또는 $CaCl_2 \cdot 2H_2O$

116 배출되는 플루오린화물 처리에 관한 설명으로 옳지 않은 것은?

① 충전탑과 같은 세정장치가 적절하다.
② 처리 중 고형물을 생성하는 경우가 많다.
③ 물에 대한 용해도가 비교적 크므로 수세에 의한 처리가 적당하다.
④ 스프레이 탑을 사용할 때에 분무 노즐의 막힘이 없도록 보수관리에 주의가 필요하다.

해설 충전탑은 침전물이 노즐과 충전물에 부착되어 고장을 일으킬 수가 있으므로 벤투리 스크러버나 제트 스크러버가 적절하다.

정답 111 ① 112 ③ 113 ② 114 ④ 115 ② 116 ①

117 다음은 플루오린화물 처리에 관한 설명이다. ( ) 안에 알맞은 화학식은?

> 사플루오린화규소는 물과 반응해서 콜로이드 상태의 규산과 ( )이 생성된다.

① CaF_2 ② $NaHF_2$
③ $NaSiF_6$ ④ H_2SiF_6

해설 사플루오린화규소는 물과 반응해서 콜로이드 상태의 규산(Silicic acid, H_4O_4Si)과 플루오린화규소산(Fluorosilicic acid, H_2SiF_6)이 생성된다.

118 배출가스 중 일산화탄소를 제거하는 방법 중 가장 실질적이고, 확실한 방법은?

① 벤투리 스크러버나 충전탑 등으로 세정하여 제거
② 분무탑 내에서 알카리 용액으로 중화하여 흡수 제거
③ 황산소듐을 이용하여 흡수하는 시보드법을 적용하여 제거
④ 백금계 촉매를 사용하여 무해한 이산화탄소로 산화시켜 제거

해설 백금계 촉매를 사용하여 무해한 이산화탄소로 산화시켜 제거의 반응식

$CO + 1/2O_2 \xrightarrow{Pt} CO_2$

119 공장 배출가스 중의 일산화탄소를 백금계의 촉매를 사용하여 연소시켜 처리하고자 할 때, 촉매독으로 작용하는 물질로 옳지 않은 것은?

① Ni ② Zn
③ As ④ S

해설 일산화탄소를 백금계의 촉매를 사용하여 연소시켜 처리하고자 할 때, 촉매독은 Hg, Pb, Sn, Zn, As, S, 할로젠원소(F, Cl, Br), 분진 등이다.

120 알칼리 용액을 사용한 처리가 가장 적합하지 않은 오염물질은?

① HCl ② Cl_2
③ HF ④ CO

해설 일산화탄소는 백금계 촉매를 사용하여 무해한 이산화탄소로 연소시켜 제거한다.

121 활성탄으로 흡착 시 가장 효과가 적은 오염물질은?

① 아세트산 ② 알코올류
③ 일산화질소 ④ 담배연기

해설 일산화질소를 활성탄으로 흡착 제거할 경우 제거효율은 매우 낮다.

122 석유정제 시 배출되는 H_2S의 제거에 널리 사용되어 왔던 세정제는?

① 암모니아 수
② 사염화탄소
③ 다이에탄올아민 용액
④ 수산화칼슘 용액

해설 다이에탄올아민(Diethanolamine, DEA, $HN(CH_2CH_2OH)_2$) 용액은 석유정제 시 배출되는 H_2S의 제거에 널리 사용되는 세정제이다.

123 사업장에서 발생되는 케톤(Ketone)류를 제어하는 방법 중 제어효율이 가장 낮은 방법은?

① 직접소각법 ② 응축법
③ 흡착법 ④ 흡수법

해설 케톤(Ketone)류(R–CO–R')는 카보닐기(–CO–)를 가지고 있는 일종의 유기화합물이다. 일산화탄소는 흡착법으로 거의 제거가 되지 않는다.

124 다음과 같은 특성을 가진 유해물질은?

- 인화성이 있고, 연소 시 유독가스를 발생시킨다.
- 무색의 비점(약 26℃)이 낮은 액체이고, 그 증기는 약간의 방향성을 가진다.
- 물, 알코올, 에테르 등과 임의의 비율로도 혼합되며, 그 수용액은 극히 약한 산성을 나타낸다.
- 폭발성도 강하고, 물에 대한 용해도가 매우 크다.

① 사이안화수소(HCN)
② 아세트산(CH_3COOH)
③ 벤젠(C_6H_6)
④ 염소(Cl_2)

해설 사이안화수소(HNC)는 물, 에테르, 에탄올 등에는 반드시 녹으며, 무색인 맹독성 화합물이며, 휘발성이 있다. 치사량은 2g이며, 불에도 잘 탄다. 실온보다 약간 높은 26℃에서 끓는다. 쓴맛이며 아몬드향이 나지만 유전적 소인으로 냄새를 맡지 못하는 사람도 있다.

125 휘발성유기화합물(VOCs) 제거방법에 관한 설명으로 옳지 않은 것은?

① 생물막법은 미생물을 사용하여 VOC를 이산화탄소, 물, 광물염으로 전환시키는 일련의 공정을 말한다.
② 흡수(세정)법에서 분사실은 VOC 흡수를 위해 충전제를 사용하고, 주로 소용량으로 적용하기 쉬우며 VOC 제거효율이 가장 높다.
③ 촉매소각에서 촉매의 수명은 한정되어 있는데, 이는 저해물질이나 먼지에 의한 막힘, 열노화 등에 의해 촉매 활성이 떨어지기 때문이다.
④ 흡수(세정)법에서 흡수장치는 Counter-Current나 Cross 형태로 가스상과 액상이 흐르는 경우도 있으나, 대부분은 Counter-Current 형태가 일반적이다.

해설 흡수(세정)법에서 분사실은 VOC 흡수를 위해 충전제를 사용하지는 않고, 주로 소용량으로 적용하기 쉬우며 VOC 제거효율이 가장 낮다.

126 VOCs를 제어하기 위한 막 기술의 주요 설계 인자로 옳은 것은?

① 연소온도
② 침투속도
③ 승화 및 수화물질 제어속도
④ 액체 및 고체 평형 제어속도

해설 VOCs를 제어하기 위한 막기술은 반투과성(semi-permeable) 막을 사용하여 VOCs를 폐가스로부터 분리하는 것으로 주요 설계인자는 침투속도이다.

127 휘발성유기화합물(VOCs)의 배출량을 줄이도록 요구받을 경우 그 저감방안으로 옳지 않은 것은?

① VOCs 대신 다른 물질로 대체한다.
② 누출되는 VOCs를 고체흡착제를 사용하여 흡착 제거한다.
③ 용기에서 VOCs 누출 시 공기와 희석시켜 용기 내 VOCs 농도를 줄인다.
④ VOCs를 연소시켜 인체에 덜 해로운 물질로 만들어 대기 중으로 방출시킨다.

해설 용기에서 VOCs 누출 시 용기의 배기구에 압력-진공밸브를 부착하여 용기 내 VOCs 농도를 줄인다.

128 다른 VOC 제거장치와 비교하여 생물여과의 장·단점으로 옳지 않은 것은?

① 고농도 오염물질의 처리에 적합하다.
② 습도제어에 각별한 주의가 필요하다.
③ 생체량 증가로 인해 장치가 막힐 수 있다.
④ CO 및 NO_x 등을 포함하여 생성되는 오염부산물이 적거나 없다.

해설 생물막법(Biofiltration)은 미생물을 사용하여 VOCs를 이산화탄소, 물, 광물염으로 전환시키는 일련의 공정으로 저농도 오염물질의 처리에 적합하다.

129 휘발성유기화합물(VOCs)의 제거 기술로 옳지 않은 것은?

① 직접소각 ② 촉매환원법
③ 활성탄흡착 ④ 생물여과법

해설 촉매환원법은 질소산화물 제거기술이다.

130 VOCs의 종류 중 지방족 HC의 제어기술로 옳지 않은 것은?

① 촉매소각 ② 생물막
③ 흡수 ④ UV 산화

해설 흡수 또는 세정은 수용성 VOCs를 제거하는 최적의 방법이다.

131 VOCs를 98% 이상 제어하기 위한 VOCs 제어기술로 옳지 않은 것은?

① 후연소
② 루프(loop) 산화
③ 재생(regenerative) 열산화
④ 저온(cryogenic) 응축

해설 VOCs 제어기술: 후연소, 회복 열산화, 저온응축, 재생 열산화 등이 있다.

132 유해물질을 함유하는 가스와 그 제거장치의 조합으로 옳지 않은 것은?

① 벤젠 함유 가스 – 촉매연소법
② 사플루오린화규소 함유 가스 – 충전탑
③ 사이안화수소 함유 가스 – 물에 의한 세정
④ 삼산화인 함유 가스 – 표면적이 충분히 넓은 충전물을 채운 흡수탑 안에서 알칼리성 용액에 의한 흡수제거

해설 사플루오린화규소 함유 가스 – 벤투리 스크러버, 제트 스크러버

133 유해가스 종류별 처리제 및 그 생성물과의 연결로 옳지 않은 것은?

	[유해가스]	[처리제]	[생성물]
㉠	Cl_2	H_2O	$Ca(ClO)_2$
㉡	F_2	$NaOH$	NaF
㉢	HF	$Ca(OH)_2$	CaF_2
㉣	SiF_4	H_2O	SiO_2

① ㉠ ② ㉡
③ ㉢ ④ ㉣

해설 ㉠ 유해가스: Cl_2, 처리제: $Ca(OH)_2$, 생성물: $CaCl_2$ 또는 $Ca(OCl)_2$

134 유해오염물질과 그 처리방법에 관한 설명으로 옳지 않은 것은?

① 벤젠은 촉매연소법이나 활성탄 흡착법을 사용하여 제거한다.
② 비소는 염산 용액으로 포집 후, $Ca(OH)_2$에 대한 피흡착력을 이용하여 제거한다.
③ 크로뮴산 미스트는 비교적 입자크기가 크고 친수성이므로 수세법으로 제거한다.
④ 염화인은 충전물을 채운 흡수탑을 이용하여 알칼리성 용액에 흡수시켜 제거한다.

해설 비소(As)는 수산화소듐(NaOH) 용액으로 포집 후, $Fe(OH)_2$에 대한 피흡착력을 이용하여 공침(coprecipitation)해서 제거한다.

135 다이옥신의 처리방법에 관한 내용으로 옳지 않은 것은?

① 오존분해법: 산성 조건일수록 분해속도가 빨라지는 것으로 알려져 있다.
② 촉매분해법: 금속산화물(V_2O_5, TiO_2), 귀금속(Pt, Pd)이 촉매로 사용된다.
③ 광분해법: 자외선 파장(250~340nm)이 가장 효과적인 것으로 알려져 있다.
④ 열분해방법: 산소가 아주 적은 환원성 분위기에서 탈염소화, 수소첨가반응 등에 의해 분해시킨다.

해설 오존분해법(오존산화법): 다이옥신을 오존을 이용한 수중 분해 시 염기성일수록, 온도가 높을수록 분해속도가 빨라진다.

136 물속에서 오존을 이용하여 다이옥신을 산화·분해할 때 일반적으로 분해속도가 커지는 조건으로 옳은 것은?

① 산성 조건일수록, 온도가 낮을수록
② 산성 조건일수록, 온도가 높을수록
③ 염기성 조건일수록, 온도가 낮을수록
④ 염기성 조건일수록, 온도가 높을수록

해설 다이옥신을 오존을 이용한 수중 분해 시 염기성일수록, 온도가 높을수록 분해속도가 빨라진다.

137 다이옥신 제어방법에 관한 설명으로 옳지 않은 것은?

① 250~340nm의 자외선을 조사하여 다이옥신을 분해할 수 있다.
② 다이옥신은 저온에서 재생될 수 있으므로 소각로를 고온으로 유지해야 한다.
③ 다이옥신의 발생을 억제하기 위해 PVC, PCB가 포함된 제품을 소각하지 않는다.
④ 소각로에서 접촉촉매 산화를 유도하기 위해 철, 니켈 성분을 함유한 쓰레기를 투입한다.

해설 소각로에서 접촉촉매 산화를 유도하기 위해 백금, 팔라듐, V_2O_5, TiO_2 등의 촉매를 이용한다.

138 유해가스를 제거하기 위한 연소법에 관한 설명으로 옳지 않은 것은?

① 배출가스의 양이 비교적 많고 오염가스 농도가 적을 때 주로 사용된다.
② 촉매연소에서는 촉매의 노화를 방지하기 위해 촉매량을 감소시키고, 예열 온도는 낮춘다.
③ 연소장치의 설계 및 조업을 적절히 함으로써 가연성 오염물질을 거의 완전히 제거할 수 있다.
④ 배출가스 중 가연성 오염물질의 성분농도가 매우 낮아서 직접연소가 곤란할 때에는 가열연소시킬 수 있다.

해설 촉매연소에서는 촉매의 노화를 방지하기 위해 촉매량을 증가시키고, 예열 온도를 높이며, 촉매를 클리닝한다.

139 유해가스를 제거하기 위한 방법 중 연소 및 산화에 관한 설명으로 옳지 않은 것은?

① 주 용도는 악취물질이나 매연의 제거이다.
② 가스유량이 많고 유해가스의 농도가 낮은 경우에 주로 사용한다.
③ 가열연소법은 배출가스 내 가연성물질의 농도가 매우 낮아 직접연소가 어려울 경우에 주로 사용한다.
④ 촉매산화법은 낮은 온도에서 반응이 가능하며 분자량이 작은 탄화수소가 큰 탄화수소보다 쉽게 산화된다.

해설 촉매산화법은 낮은 온도에서 반응이 가능하며, 분자량이 큰 탄화수소가 적은 탄화수소보다 쉽게 산화된다.

정답 135 ① 136 ④ 137 ④ 138 ② 139 ④

140 유해가스의 연소처리에 관한 설명으로 옳지 않은 것은?

① 가열연소법에서 연소로 내의 체류시간은 0.2~0.8초 정도이다.
② 직접연소법은 After Burner법이라고도 하며, HC, H_2, NH_3, HCN 및 유독가스 제거법으로 사용된다.
③ 가열연소법은 배출가스 중 가연성 오염물질의 농도가 매우 높아 직접연소법으로 불가능할 경우에 주로 사용되고 조업의 유동성이 적어 NO_x 발생이 많다.
④ 직접연소법은 경우에 따라 보조연료나 보조공기가 필요하며 대체로 오염물질의 발열량이 연소에 필요한 전체 열량의 50% 이상일 때 경제적으로 타당하다.

해설 가열연소법은 배출가스 중 가연성 오염물질의 농도가 매우 낮아 직접연소법으로 불가능할 경우에 주로 사용되고, 조업의 유동성이 크며, NO_x 발생이 억제되는 장점이 있다.

141 대기오염물 중 연소성이 있는 것은 연소나 재연소시켜 제거한다. 재연소법의 장점으로 옳지 않은 것은?

① 효율 저하가 거의 없다.
② 경제적인 폐열회수가 가능하다.
③ 시설이 배기의 유량과 농도가 크게 변하지 않는 한 잘 적응할 수 있다.
④ 시설비는 비교적 많이 소요되지만, 유지비는 낮고, 연소생성물에 대한 독성의 우려가 없다.

해설 재연소법은 시설비는 비교적 적게 소요되지만, 유지비가 높고, 연소생성물에 대한 독성의 우려가 발생한다.

142 벤젠을 함유한 유해가스의 가장 일반적인 처리방법은?

① 건식산화법   ② 촉매연소법
③ 흡수법   ④ 접촉산화법

해설 벤젠(C_6H_6)의 처리는 촉매연소법을 주로 이용하며 다른 방법으로 활성탄흡착법도 있다.

143 촉매연소법에 관한 설명으로 옳지 않은 것은?

① 열소각법에 비해 체류시간이 훨씬 짧다.
② 열소각법에 비해 NO_x 생성량을 감소시킬 수 있다.
③ 팔라듐, 알루미나 등은 촉매에 바람직하지 않은 원소이다.
④ 열소각법에 비해 점화온도를 낮춤으로써 전체 비용을 절감할 수 있다.

해설 촉매연소법에서 촉매는 팔라듐, 알루미나 등을 사용한다.

• 다양한 산업 공정에서 사용되는 촉매의 종류

암모니아 합성 공정	철
황산 제조공정	산화질소, 백금
석유분해 및 증류	실리카-알루미나
불포화탄화수소의 수소화반응	니켈, 백금, 팔라듐
자동차 배출가스의 정화	산화구리, 백금, 팔라듐

144 촉매소각법에 관한 일반적인 설명으로 옳지 않은 것은?

① 열소각법에 비해 연소 반응시간이 짧다.
② 열소각법에 비해 Thermal NO_x 생성량이 적다.
③ 백금, 코발트는 촉매로 바람직하지 않은 물질이다.
④ 촉매제가 고가이므로 처리가스양이 많은 경우에는 부적합하다.

해설 백금, 코발트는 바람직한 촉매 물질이다.

정답 140 ③ 141 ④ 142 ② 143 ③ 144 ③

서술형 빈출문제

145 촉매연소법에 관한 설명으로 옳지 않은 것은?
① 직접연소법에 비해 질소산화물의 발생량이 높고, 고농도로 배출된다.
② 적용 가능한 악취성분은 가연성 악취 성분, 황화수소, 암모니아 등이 있다.
③ 직접연소법에 비해 연료소비량이 적어 운반비는 절감되나, 촉매독이 문제가 된다.
④ 촉매는 백금, 코발트, 니켈 등이 있으나, 고가이지만 성능이 우수한 백금계의 것이 많이 이용된다.

해설 촉매연소법은 직접연소법에 비해 질소산화물의 발생량이 적어 저농도로 배출된다.

146 배출가스 중 황산화물을 접촉식 황산제조방법의 원리를 이용한 촉매산화법으로 처리할 때 사용되는 일반적인 촉매로 옳은 것은?
① PtO
② PbO_2
③ V_2O_5
④ $KMnO_4$

해설 배출가스 중 황산화물을 접촉식 황산제조방법의 원리를 이용한 촉매산화법에서 사용하는 촉매는 V_2O_5, K_2SO_4로 SO_2를 SO_3로 산화시켜 황산을 회수한다.
$$SO_2 \xrightarrow[K_2SO_4]{V_2O_5} SO_3, \quad SO_3 + H_2O \rightarrow H_2SO_4$$

147 유해가스를 촉매연소법으로 처리할 때 촉매에 바람직하지 않은 물질로 옳지 않은 것은?
① 납(Pb)
② 수은(Hg)
③ 황(S)
④ 일산화탄소(CO)

해설 촉매연소법으로 처리할 때 촉매로는 Pt, Co, Ni 등을 사용하고, 단점으로 Zn, Pb, Hg, S 및 분진과 같은 촉매독이 발생하여 촉매의 수명을 짧아지게 한다.

148 가연성 유해가스를 제거하기 위한 방법 중 촉매산화법에 관한 설명으로 옳지 않은 것은?
① 압력손실이 커서 운영 비용이 많이 든다.
② 체류시간은 연소장치에서 요구되는 것보다 짧다.
③ 촉매로는 백금, 팔라듐 등의 귀금속이 활성이 크기 때문에 널리 사용된다.
④ 촉매들은 운전 시 상한 온도가 있기 때문에 촉매층을 통과할 때 온도가 과도하게 올라가지 않도록 한다.

해설 촉매산화법은 압력손실이 적고 비용에 적게 드는 장점이 있다.

149 유해가스 처리방법에 관한 설명으로 옳지 않은 것은?
① 촉매연소법은 직접연소법에 비해 질소산화물의 발생량이 적고 낮은 농도로 배출할 수 있다.
② 촉매연소법은 직접연소법에 비해 연료소비량이 적으므로 운전비는 절감되나 촉매독의 문제가 있다.
③ 산, 알칼리, 약액 세정법으로 제거 가능한 대표적 성분으로는 무기산(염산, 황산)의 희박수 용액에 의한 암모니아, 아민류 등의 염기성 성분이다.
④ 활성탄에 의한 흡착법으로 효과적으로 제거 가능한 것은 암모니아, 메탄, 메탄올 등이며, 거의 효과가 없는 것은 유기계 염소화합물, 에스테르류 등이다.

해설 활성탄에 의한 흡착법으로 효과적으로 제거 가능한 것은 유기계 염소화합물, 에스테르류 등이며, 거의 효과가 없는 것은 암모니아, 메탄, 메탄올 등이다.

150 공정 중 배출가스의 온도를 냉각시키는 방법으로 공기희석, 살수, 열교환법 등이 있다. 열교환법의 특성으로 옳지 않은 것은?

① 운전비 및 유지비가 높다.
② 열에너지를 회수할 수 있다.
③ 최종 공기부피가 공기희석, 살수에 비해 매우 크다.
④ 온도감소로 인해 상대습도는 증가하지만 가스 중 수분량에는 거의 변화가 없다.

해설 열교환법은 최종 공기부피가 공기희석, 살수에 비해 매우 적다.

151 특정대기오염물질에 의한 사고가 발생하였을 때 취할 수 있는 조치로 옳지 않은 것은?

① 용해도가 큰 클로로설폰산(HSO_3Cl)은 보통 많은 양의 물을 사용하여 희석한다.
② HCN, PH_3, $COCl_2$ 등 맹독성 가스에 대해서는 위험표시와 출입금지 표시를 설치한다.
③ 상온에서는 액상인 물질이나 비점이 상온에 가까운 물질의 증기는 활성탄으로 흡착하는 방법도 효과적이다.
④ Cl_2의 흡수제로는 소석회 이외에 차아염소산소다 220, 탄산소다 175, 물 100 정도의 비율로 섞은 것을 사용한다.

해설 클로로설폰산은 물과 격렬하게 반응하여 황산과 염화수소 기체를 발생시키므로 물을 사용하여 희석하면 안 된다.

서술형 빈출문제

환기 및 통풍

실기 Check ✓

001 후드의 일반적인 흡입방법과 설치요령에 관한 내용으로 옳지 않은 것은?

① 충분한 제어속도를 유지한다.
② 국부적인 흡입방식을 채택한다.
③ 후드의 개구면적은 가능한 한 크게 한다.
④ 후드를 가능하면 발생원에 근접시킨다.

해설 후드의 개구면적은 가능한 한 적게 한다.

002 환기 및 후드에 관한 설명으로 옳지 않은 것은?

① 폭이 넓은 오염원 탱크에서는 주로 푸시풀 방식의 환기 공정이 요구된다.
② 후드는 일반적으로 개구면적을 좁게 하여 흡입속도를 크게 하고, 필요시 에어커튼을 이용한다.
③ 천개형 후드는 포착형보다 유입 공기의 속도가 빠를 때 사용되며, 주로 저온의 오염공기를 배출하고 과잉습도를 제거할 때 제한적으로 사용된다.
④ 폭이 좁고 긴 직사각형의 슬롯 후드는 전기도금 공정과 같은 상부개방형 탱크에서 방출되는 유해물질을 포집하는 데 효율적으로 이용된다.

해설 천개형 후드(캐노피형 후드)는 포착형보다 유입 공기의 속도가 느릴 때 사용되며, 주로 고온의 오염공기를 배출하고 과잉습도를 제거할 때 사용된다.

003 후드 설계 시 고려사항으로 옳지 않은 것은?

① 분진을 발생시키는 부분을 중심으로 국부적으로 처리하는 로컬 후드 방식을 취한다.
② 후드 개구면의 주위를 개방하여 흡입풍량을 최대한 늘리고, 제어속도를 최소한으로 적게 유지한다.
③ 잉여 공기의 흡입을 적게 하고 충분한 포착속도를 가지기 위해 가능한 한 후드를 발생원에 근접시킨다.
④ 실내의 기류, 발생원과 후드 사이의 장애물 등에 의한 영향을 고려하여 필요에 따라 에어커튼을 이용한다.

해설 후드 설계 시 후드 개구면의 주위를 막아 방해기류를 없애서 흡입풍량을 최소화하고, 제어속도를 크게 유지한다.

004 환기시설 설계에 사용되는 보충용 공기에 관한 설명으로 옳지 않은 것은?

① 보충용 공기가 배기용 공기보다 약 10~15% 정도 많도록 조절하여 실내를 약간 양압으로 하는 것이 좋다.
② 보충용 공기는 환기시설에 의해 작업장 내에서 배기된 만큼의 공기를 작업장 내로 재공급해야 하는 공기의 양을 말한다.
③ 여름에는 보통 외부공기를 그대로 공급하지만, 공정 내의 열부하가 커서 제어해야 하는 경우에는 보충용 공기를 냉각하여 공급한다.
④ 보충용 공기의 유입구는 작업장이나 다른 건물의 배기구에서 나온 유해물질의 유입을 유도할 수 있는 위치로서 바닥에서 1~1.5m 정도에서 유입되도록 한다.

정답 001 ③ 002 ③ 003 ② 004 ④

해설 보충용 공기(Make-up air)는 배기로 인하여 부족해진 공기를 작업장에 공급하는 공기이며, 유입구는 작업장이나 다른 건물의 배기구에서 나온 유해물질의 유입을 차단하는 위치로서 바닥에서 1~1.5m 정도에서 유입되도록 한다.

005 환기시설의 설계에 사용하는 보충용 공기에 관한 설명으로 옳지 않은 것은?

① 보충용 공기는 일반 배출가스용 공기보다 많도록 조절하여 실내를 약간 양(+)압으로 하는 것이 좋다.
② 환기시설에 의해 작업장에서 배기된 만큼의 공기를 작업장 내로 재공급하여야 하는데, 이를 보충용 공기라 한다.
③ 여름에는 보통 외부공기를 그대로 공급하지만, 공정 내의 열부하가 커서 제어해야 하는 경우에는 보충용 공기를 냉각하여 공급한다.
④ 보충용 공기의 유입구는 작업장이나 다른 건물의 배기구에서 나온 유해물질의 유입을 유도하기 위해서 최대한 바닥에 가깝도록 한다.

해설 보충용 공기의 유입구는 작업장이나 다른 건물의 배기구에서 나온 유해물질의 유입을 차단하기 위해서 최대한 바닥에서 띄워야 한다.

006 후드의 제어속도(Control velocity)에 관한 설명으로 옳은 것은?

① 확산조건, 오염원의 주변 기류에는 영향이 크지 않다.
② 오염물질의 발생속도를 이겨내고 오염물질을 후드 내로 흡입하는 데 필요한 최소의 기류속도를 말한다.
③ 유해물질의 발생조건이 빠른 공기의 움직임이 있는 곳에서 활발히 비산하는 경우(분쇄기)의 제어속도 범위는 15~25m/s 정도이다.
④ 유해물질의 발생조건이 조용한 대기 중 거의 속도가 없는 상태로 비산하는 경우(가스, 흄 등)의 제어속도 범위는 1.5~2.5m/s 정도이다.

해설
① 확산조건, 오염원의 주변 기류에는 영향이 크다.
③ 유해물질의 발생조건이 빠른 공기의 움직임이 있는 곳에서 활발히 비산하는 경우(분쇄기)의 제어속도 범위는 1.0~2.5m/s 정도이다.
④ 유해물질의 발생조건이 조용한 대기 중 거의 속도가 없는 상태로 비산하는 경우(가스, 흄 등)의 제어속도 범위는 0.25~0.5m/s 정도이다.
• 제어속도(capture velocity or control velocity): 제어풍속, 포착속도라고도 하며, 제어하고자 하는 거리에서 발생한 오염물질을 후드로 적정하게 끌어들이는 데 필요한 최소한의 속도이다.

007 스프레이 도장, 용접, 도금, 저속 컨베이어의 운반 등 약간의 공기 움직임이 있고 낮은 속도로 배출되는 작업조건에서의 제어속도 범위로 옳은 것은?

① 0.15~0.5m/s
② 0.5~1.0m/s
③ 1.0~5.0m/s
④ 5.0~10.0m/s

해설 오염물질이 비교적 조용한 대기 중에 저속도로 비산하는 경우 제어속도는 0.5~1.0m/s이다.

008 후드(Hood)의 형식과 선정방법에 대한 설명으로 옳지 않은 것은?

① 작업 또는 공정상 발생원을 전혀 포위할 수 없는 경우에는 부스식(Booth type)을 선택한다.
② 유독한 오염물질의 발생원으로 포위할 수 있는 경우에는 포위식(Enclosure type)을 선택한다.
③ 후드 개구의 바깥 주변에 플랜지를 부착하면 오염물질의 제어에 필요하지 않은 후드 뒤쪽의 공기흡입을 방지할 수 있고, 그 결과 제어속도가 커지는 이점이 있다.

정답 005 ④ 006 ② 007 ② 008 ①

④ 고열을 내는 발생원에서 열부력에 의한 상승기류나 회전체에 의한 관성기류와 같이 일정한 방향으로 오염기류가 발생하는 경우에는 리시버식(Receiving type)을 선택한다.

[해설] 작업 또는 공정상 발생원을 전혀 포위할 수 없는 경우에는 외부식(Exterior type) 후드를 선택한다.

009 작업의 성질상 포위식이나 Booth type으로 할 수 없을 때 부득이 발생원에서 격리시켜 설치하는 형태로 도금세척, 분무도장 등에서 이용되며, 외부의 난기류에 의해 그 효과가 많이 감소되는 단점이 있는 외부식 후드형식은?

① Glove box type
② Cover type
③ Slot type
④ Canopy type

[해설] 도금세척, 분무도장 등에서 이용되며 외부의 난기류에 의해 그 효과가 많이 감소되는 단점이 있는 외부식 후드는 슬롯 후드이다.

010 다음 후드 형식으로 가장 적합한 것은?

> 작업을 위한 하나의 개구면을 제외하고 발생원 주위를 전부 에워싼 것으로 그 안에서 오염물질이 발산된다. 이 방식은 오염물질의 송풍 시 낭비되는 부분이 적은데 이는 개구면 주변의 벽이 라운지 역할을 하고, 측벽은 외부로부터의 난기류에 의한 방해에 대하여 방해판 역할을 하기 때문이다.

① 수(Receiving)형 후드
② 슬롯(Slot)형 후드
③ 부스(Booth)형 후드
④ 캐노피(Canopy)형 후드

[해설] 부스(Booth)형 후드는 산세척처리, 분무 도장작업에 필요한 후드형식이다.

011 후드의 형식 중 외부식 후드로 옳지 않은 것은?

① 장갑부착 상자(Glove box)형
② 슬롯(Slot)형
③ 그리드(Grid)형
④ 루버(Louver)형

[해설] 외부식 후드로는 슬롯 후드, 루버형 후드, 그리드형 후드, 푸시-풀 후드, 자립형 후드 등이 있다.
장갑부착 상자(Glove box)형 후드는 포위식 후드이다.

012 외부식 후드의 특성으로 옳지 않은 것은?

① 외부 난기류의 영향으로 흡입 효과가 떨어진다.
② 포위식 후드보다 일반적으로 필요 송풍량이 많다.
③ 다른 종류의 후드에 비해 근로자가 방해를 많이 받지 않고 작업할 수 있다.
④ 천개형 후드, 그라인더용 후드 등이 여기에 해당하며, 기류 속도가 후드 주변에서 매우 느리다.

[해설] 천개형 후드, 그라인더용 후드는 리시버식 후드로 기류 속도가 후드 주변에서 매우 빠르다.

013 후드의 형식 중 외부식 후드로 옳지 않은 것은?

① 캐노피(Canopy)형
② 슬롯(Slot)형
③ 그리드(Grid)형
④ 루버(Louver)형

[해설] 캐노피(Canopy)형 후드는 천개형 후드라고도 하는 리시버식 후드의 일종이다.

014 환기장치의 덕트(duct)에서 유체(fluid)의 정압(static pressure)과 속도압(velocity pressure)에 대한 설명으로 옳지 않은 것은?

① 공기의 속도압은 항상 "+"(positive) 값을 갖는다.
② 공기의 속도압은 기류(air flow)의 방향으로만 작용한다.
③ 유동상태 공기의 정압은 기류의 수평방향으로만 작용한다.
④ 대기압에 대하여 정압은 송풍기(fan)의 상류(upstream)에서 항상 "−"(negative) 값을 갖는다.

해설 유동상태 공기의 정압은 풍속에 관계 없이 공기 자체가 갖고 있는 압력을 의미한다.

015 환기장치의 요소로서 덕트 내의 속도압에 관한 설명으로 옳은 것은?

① 전압과 관계없다.
② 공기의 비중량에 비례한다.
③ 액체의 높이로 표시할 수 없다.
④ 공기 유속의 제곱에 반비례한다.

해설
① 전압과 관계가 있다.
③ 액체의 높이로 표시한다.
④ 공기 유속의 제곱에 비례한다.

• 속도압, $VP = \dfrac{\gamma v_T^2}{2g}$ (mmH₂O), 여기서, γ: 공기의 비중량, v_T: 덕트 내 공기의 유속

016 원형 Duct의 기류에 의한 압력손실에 관한 설명으로 옳지 않은 것은?

① 길이가 길수록 압력손실은 커진다.
② 유속이 클수록 압력손실은 커진다.
③ 직경이 클수록 압력손실은 적어진다.
④ 곡관이 많을수록 압력손실은 적어진다.

해설 원형 덕트는 곡관이 많을수록 압력손실은 커진다.

017 덕트 설치 시 주요원칙으로 옳지 않은 것은?

① 밴드는 가능하면 90°가 되도록 한다.
② 밴드수는 가능한 한 적게 하도록 한다.
③ 덕트는 가능한 한 짧게 배치되도록 한다.
④ 공기가 아래로 흐르도록 하향 구배를 만든다.

해설 밴드는 가능하면 90°가 되지 않도록 한다.

곡관의 압력손실, $\Delta P = f \times VP \times \dfrac{\theta}{90}$ (mmH₂O)

여기서 f: 압력손실계수, θ: 밴드의 각도

018 유해가스가 송풍관 내를 통과할 때 발생되는 압력손실에 관한 설명으로 옳지 않은 것은?

① 가스밀도에 비례
② 관의 내경에 비례
③ 중력가속도에 반비례
④ 가스유속의 제곱에 비례

해설 관의 내경에 반비례, 덕트의 압력손실

$\Delta P = 4f \times \dfrac{L}{D} \times VP = 4f \times \dfrac{L}{D} \times \dfrac{\gamma v_T^2}{2g}$ (mmH₂O)

019 덕트 내에서의 기류의 흐름은 두 점 사이의 압력차 때문이다. 관내 압력에 대한 설명으로 옳지 않은 것은?

① 정압은 속도압과 관계없이 독립적으로 발생한다.
② 속도압은 유동 방향으로 작용하는 단위 체적의 유체가 갖고 있는 운동에너지를 말한다.

③ 정압은 단위 체적의 유체에 모든 방향으로 동일한 크기로 작용하여 유체를 압축시키거나 팽창시키려 한다.

④ 속도압은 유체를 정지시키는 데 필요한 에너지로 표현할 수 있으며, 흐름에 대하여 양압 또는 음압으로 나타난다.

해설 속도압은 유체의 속도에 의하여 발생하며 흐름에 대하여 양압으로만 나타난다.

실기 Check ✓

020 송풍기의 덕트가 출구관은 있고, 흡입관이 없을 때 송풍기 정압(kg/m^2)을 구하는 식으로 옳은 것은? (단, 송풍기 전압(TP), 송풍기 출구에서 전압(TP_2), 흡입구에서 전압(TP_1), 송풍기 정압(SP), 송풍기 출구에서 정압(SP_2), 흡입구에서 정압(SP_1), 송풍기 속도압(VP), 송풍기 출구에서의 속도압(VP_2), 흡입구에서의 속도압(VP_1)이고, 압력단위는 kg/m^2이다.)

① SP_2
② $-(SP_1+VP_1)$
③ SP_2+VP_2
④ SP_1

해설 송풍기 위치의 전후에서의 정압과 전압

구분	흡입구 방향 (송풍기 전)	배출구 방향 (송풍기 후)	송풍기 전압 (FTP)	송풍기 정압 (FSP)
1	대기 개구 (덕트 없음)	덕트 있음	SP_2+VP_2	SP_2
2	덕트 있음	덕트 있음	$(SP_2-SP_1)+$ (VP_2-VP_1)	(SP_2-SP_1) $-VP_1$
3	덕트 있음	대기 개구 (덕트 없음)	$-SP_1+$ (VP_2-VP_1)	$-SP_1-VP_1$

021 표준형 평판 날개형보다 비교적 고속에서 가동되고, 후향 날개형을 정밀하게 변형시킨 것으로써 원심력 송풍기 중 효율이 가장 좋아 대형 냉난방 공기조화장치, 산업용 공기 청정장치 등에 주로 이용되며, 에너지 절감효과가 뛰어난 송풍기 유형은?

① 프로펠라형(propeller)
② 방사 날개형(radial blade)
③ 비행기 날개형(airfoil blade)
④ 전향 날개형(forward curved)

해설 원심력 송풍기 중 비행기 날개형(airfoil blade)은 후향 날개형을 정밀하게 변형시킨 것으로서 원심력 송풍기 중 효율이 가장 좋아 대형 냉난방 공기조화장치, 산업용 공기청정장치 등에 주로 이용된다.

022 송풍기 중 소음이 크나 구조가 간단하여 설치장소에 제약이 적고, 고온·고압의 대용량에 적합하여, 압입통풍기로 주요 사용되는 것으로 효율이 좋은 것은?

① 터보형
② 평판형
③ 다익형
④ 프로펠러형

해설 터보형 송풍기: 소음이 크나 구조가 간단하여 설치 장소에 제약이 적고, 고온·고압의 대용량에 적합하여 압입통풍기로 사용한다. 효율은 65~85%로 가장 좋으며 압력손실의 변동이 있는 경우에 사용하기 적합하다.

실기 Check ✓

023 송풍기를 원심력과 축류형으로 분류할 때 축류형에 해당하는 것은?

① 프로펠러형
② 방사날개형
③ 비행기날개형
④ 전향날개형

해설
- 원심력 송풍기: 터보형(후향날개형), 평판형(방사날개형), 다익형(전향날개형), 비행기날개형
- 축류형 송풍기: 프로펠러형(디스크형), 튜브형, 고정안내날개형(베인형)

024 다음 [보기]가 설명하는 축류 송풍기의 유형으로 옳은 것은?

> [보기]
> - 축류형 중 가장 효율이 높으며, 일반적으로 직선류 및 아담한 공간이 요구되는 HVAC 설비에 응용된다. 공기의 분포가 양호하여 많은 산업장에서 응용되고 있다.
> - 효율과 압력상승 효과를 얻기 위해 직선형 고정날개를 사용하나, 날개의 모양과 간격은 변형되기도 한다.

① 원통 축류형 송풍기
② 방사 축류형 송풍기
③ 고정날개 축류형 송풍기
④ 공기회전자 축류형 송풍기

해설 고정날개 축류형 송풍기는 베인형(Vane axial type)이며, 축류형 중 비교적 고효율인 30~60%로 냉난방공조시스템(HAVC, heating, ventilation & air conditioning) 설비에 사용된다.

025 다음은 원심송풍기에 관한 설명이다. ( ) 안에 알맞은 것은?

> ( )은 날개의 길이가 짧고, 깃폭이 넓은 36~64매나 되는 여러 개의 전향날개깃이 강철판의 회전차에 붙여지고, 용접해서 만들어진 케이싱 속에 삽입된 형태의 팬으로 시로코 팬이라고도 널리 알려져 있다.

① 레이디얼팬   ② 터보팬
③ 다익팬   ④ 익형팬

해설 원심력 송풍기인 다익팬은 시로코 팬(Sirocco fan)이라고도 하며 날개의 길이가 짧은 것이 특징이다. 깃폭이 넓은 36~64매나 되는 여러 개의 전향날개깃이 강철판의 회전차에 붙여지고, 용접해서 만들어진 케이싱 속에 삽입된 형태의 팬으로 소음이 적으나 효율이 35~50% 낮다.

실기 Check

026 송풍기를 운전할 때 필요 유량에 과부족을 일으켰을 때 송풍기의 유량조절 방법으로 옳지 않은 것은?

① 회전수 조절법   ② 안내익 조절법
③ Damper 부착법   ④ 체걸름 조절법

해설 송풍기의 유량조절 방법
㉠ 회전수 조절법: Q(유량) $\propto N$(회전수), P(풍압) $\propto N^2$, L(동력) $\propto N^3$
㉡ 안내날개 각도 조절법: 방사사의 8~16장의 안내날개를 부착하여 그 각도를 변경
㉢ 댐퍼 부착법: 덕트 내에 댐퍼(공기조절판)를 설치하여 유량을 조절

027 원심형 송풍기의 성능을 설명한 것으로 옳은 것은?

① 송풍기의 풍량은 회전수의 제곱에 비례한다.
② 송풍기의 풍압은 회전수의 제곱에 비례한다.
③ 송풍기의 크기는 회전수의 제곱에 비례한다.
④ 송풍기의 동력은 회전수의 제곱에 비례한다.

해설
① 송풍기의 풍량은 회전수에 비례한다.
③ 송풍기의 크기가 일정할 때 유량은 송풍기의 회전수에 비례한다.
④ 송풍기의 동력은 회전수의 세곱에 비례한다.

028 복합 국소배기장치에서 댐퍼조절평형법(또는 저항조절평형법)의 특징으로 옳지 않은 것은?

① 설치 후 송풍량 조절이 불가능하다.
② 덕트의 압력손실이 큰 경우 주로 사용한다.
③ 작업 공정에 따른 덕트의 위치 변경이 가능하다.
④ 오염물질 배출원이 많아 여러 개의 가지덕트를 주덕트에 연결할 필요가 있는 경우 사용한다.

해설 댐퍼조절평형법(또는 저항조절평형법)은 설치 후 송풍량 조절이 가능한 장점이 있다.

029 아래 표의 [보기]와 같은 특성을 갖는 통풍방식은?

┌ 보기 ┐
- 통풍 및 노 내압 조절이 용이하다.
- 열가스의 누기 및 냉기의 침입이 없다.
- 통풍손실이 큰 연소시설에 사용된다.
- 동력 소모가 크고, 설비비 및 유지비가 많이 든다.
- 소음 발생이 심하다.

① 자연통풍 ② 평형통풍
③ 압입통풍 ④ 흡입통풍

해설 평형통풍(balanced draft)은 강제통풍방법과 흡입통풍방법을 병용한 통풍방식으로 연소실 앞과 굴뚝 하부에 각각 송풍기를 설치하여 노의 압력조절이 자유롭지만 송풍기 2대가 필요하여 설비비가 많이 든다.

030 자연통풍에 대한 설명으로 옳은 것은?

① 굴뚝의 통풍저항이 큰 경우에 적합하다.
② 내압이 정압(+)으로 외기의 침입이 적다.
③ 송풍기의 고장이 적고 점검 및 보수가 용이하다.
④ 배출가스의 유속은 3~4m/s, 통풍력은 15mmH$_2$O 정도이다.

해설
① 굴뚝의 통풍저항이 적은 경우에 적합하다.
② 내압이 정압(-)으로 외기의 침입에 영향을 많이 받는다.
③ 송풍기가 없어 소음 및 유지비가 적다.

031 흡입통풍의 장점으로 옳지 않은 것은?

① 통풍력이 크다.
② 연소용 공기를 예열할 수 있다.
③ 굴뚝의 통풍저항이 큰 경우에 적합하다.
④ 노 내압이 부압(-)으로 역화의 우려가 없다.

해설 연소용 공기를 예열할 수 있는 통풍방식은 압입통풍방식이다.

032 자연 통풍력을 증대시키기 위한 방법으로 옳지 않은 것은?

① 굴뚝을 높인다.
② 굴뚝 통로를 단순하게 한다.
③ 굴뚝 안의 가스를 냉각시킨다.
④ 굴뚝가스의 체류시간을 증가시킨다.

해설 통풍력을 높이기 위해 굴뚝 안의 가스온도를 높인다.

통풍력, $P = 355H\left(\dfrac{1}{273+t_a} - \dfrac{1}{273+t_g}\right)$(mmH$_2$O)

033 냄새물질의 화학구조에 대한 설명으로 옳지 않은 것은?

① 분자 내 수산기의 수가 증가할수록 냄새가 강하다.
② 락톤 및 케톤화합물은 환상이 크게 되면 냄새가 강해진다.
③ 불포화도(2중결합 및 3중결합의 수)가 높으면 냄새가 보다 강하게 난다.
④ 골격이 되는 탄소수는 저분자일수록 관능기 특유의 냄새가 강하고 자극적이나 8~13에서 가장 향기가 강하다.

해설 냄새물질은 분자 내 수산기의 수가 증가할수록 냄새가 약하다.

- **냄새물질의 화학구조**
  ㉠ 분자량이 적을수록 휘발성이 높아지므로 냄새가 강하다.
  ㉡ 분자 내에 황 또는 질소가 있으면 냄새가 강하다.
  ㉢ 불포화도(이중결합 및 삼중결합의 수)가 높을수록 냄새가 강하다.
  ㉣ 분자 내 수산기(-OH)는 극성기이기 때문에, 수산기가 포함된 냄새물질은 물에 잘 녹아 휘발성이 낮아지므로 냄새가 약하다.

034 냄새물질에 관한 설명으로 옳지 않은 것은?

① 불포화도가 높으면 냄새가 보다 강하게 난다.
② 물리·화학적 자극량과 인간의 감각강도 관계는 Ranney법칙과 잘 맞는다.
③ 분자 내 수산기의 수는 1개일 때 가장 강하고 수가 증가하면 약해져서 무취에 이른다.
④ 골격이 되는 탄소수는 저분자일수록 관능기 특유의 냄새가 강하고 자극적이나 8~13에서 가장 향기가 강하다.

해설 물리·화학적 자극량과 인간의 감각강도 관계는 Weber-Fechner법칙과 잘 맞는다.
$Y = a \log X + b$
여기서 Y: 감각의 세기, X: 자극량, a, b: 자극 고유상수

035 냄새물질의 특성에 관한 설명으로 옳지 않은 것은?

① 냄새물질은 화학 반응성이 풍부하다.
② 냄새분자를 구성하는 원소로는 C, H, O, N, S, Cl 등이다.
③ 화학물질이 냄새물질로 되기 위해서는 친유성기와 친수성기의 양기를 가져야 한다.
④ 냄새물질로 분자량이 가장 적은 것은 암모니아이며, 분자량이 큰 물질은 냄새강도가 분자량에 비례하여 강해지는 경향이 있다.

해설 냄새물질로 분자량이 가장 적은 것은 암모니아이며, 분자량이 적을수록 휘발성이 높아지므로 냄새가 강하므로 분자량이 큰 물질은 약해지는 경향이 있다.

036 질소화합물인 메틸아민의 냄새(악취) 특징으로 옳은 것은?

① 양파 썩는 냄새
② 생선 썩는 냄새
③ 자극적인 신 냄새
④ 자극적이며 새콤하고 타는 듯한 냄새

해설 메틸아민의 대표적인 물질인 트라이메틸아민의 냄새 특징은 생선비린내와 암모니아 냄새, 썩은 냄새이다.

037 $(CH_3)_2CHCH_2CHO$의 냄새 특성으로 옳은 것은?

① 땀 냄새
② 분뇨 냄새
③ 양파, 양배추 썩는 냄새
④ 자극적이며, 새콤하고 타는 듯한 냄새

해설 알데하이드류의 아이소-발레르알데하이드($(CH_3)_2CHCH_2CHO$)는 새콤하고 타는 듯한 냄새의 특성이 있다.

038 탈취방법 중 물리적인 방법인 수세법에 관한 설명으로 옳지 않은 것은?

① 장치가 간단하고 조작이 용이하다.
② 타 방법과 병용처리 시 전처리로 사용한다.
③ 산성 가스와 염기성 가스를 별도로 처리하여야 한다.
④ 암모니아, 저급아민류, 케톤류, 페놀 등의 악취가스 제거에 적용된다.

해설 수세법은 산성 가스와 염기성 가스를 동시에 처리한다.

정답 034 ② 035 ④ 036 ② 037 ④ 038 ③

039 악취물질의 성질과 발생원에 대한 설명으로 옳지 않은 것은?

① 에틸아민($C_2H_5NH_2$)은 마늘취 물질로 석유정제, 인쇄작업장에서 발생한다.
② 황화수소(H_2S)는 썩은 계란취 물질로 석유정제나 약품 제조 시에 발생한다.
③ 아크롤레인(CH_2CHCHO)은 자극취 물질로 석유화학, 약품제조 시에 발생한다.
④ 메틸메르캅탄(CH_3SH)은 부패 양파취 물질로 석유정제나 약품제조 시에 발생한다.

해설 질소화합물인 에틸아민($C_2H_5NH_2$)은 암모니아와 같은 분뇨 냄새가 나는 물질로 의약품, 염료 중간체, 농약, 계면활성제 제조 사업장에서 발생한다.

040 악취물질의 처리방법에 관한 설명으로 옳지 않은 것은?

① 통풍 및 희석: 높은 굴뚝을 통해 방출시켜 대기 중에 분산·희석시키는 방법이다.
② 흡착에 의한 처리: 유량이 비교적 적은 경우 활성탄 흡착제를 이용하여 냄새를 제거하는 방식이다.
③ 촉매산화법은 백금이나 금속산화물 등의 촉매를 이용하여 250~450℃ 정도의 온도에서 산화시키는 방법이다.
④ 응축법에 의한 처리: 냄새를 가진 가스를 냉각·응축시키는 것으로 유기용제를 비교적 저농도($50g/Sm^3$ 이하)로 함유한 배출가스에 적용된다.

해설 응축법에 의한 처리
냄새를 가진 가스를 냉각·응축시키는 것으로 유기용제를 비교적 고농도($200g/Sm^3$ 이하)로 함유한 배출가스에 적용된다.

041 악취처리방법에 관한 설명으로 옳지 않은 것은?

① 황화수소는 촉매연소로 처리가 불가능하다.
② 촉매에 바람직하지 않은 원소는 납, 비소, 수은 등이다.
③ 직접연소법은 700~800℃에서 0.5초 정도가 일반적이다.
④ 촉매연소법은 약 300~400℃의 온도에서 산화분해시킨다.

해설 황화수소의 처리법
산화철법(건식법), 알칼리흡수법, 촉매연소법

042 악취의 물리적 특성에 관한 설명으로 옳지 않은 것은?

① Paraffin과 CS_2와 같은 악취물질은 적외선을 강하게 흡수한다.
② 증기압이 높은 물질일수록 일반적으로 악취는 더 강하다고 볼 수 있다.
③ 활성탄 같은 흡착제는 악취를 일으키는 물질을 대량으로 흡착할 수 있다.
④ 악취는 통상 분자 내부 진동에 의존한다고 가정되므로 라만변이와 냄새는 서로 관련이 있다.

해설 일반적으로 악취물질은 적외선을 강하게 흡수하는 특성이 있지만 예외로 파라핀과 CS_2는 적외선에 투명하다.

정답 039 ① 040 ④ 041 ① 042 ①

043 악취처리방법에 관한 설명으로 옳지 않은 것은?

① 촉매소각법에서는 보조연료가 필요 없다.
② 불꽃소각법에서의 연소온도는 600~800℃ 정도이다.
③ 활성탄을 사용하여 악취물질을 흡착시켜 제거할 경우에는 일반적으로 표면유속을 112~150m/min 정도로 한다.
④ 응축법은 유기용매증기를 저농도($20g/Sm^3$ 이하)로 함유하는 배출가스에 적용되는 방법으로 응축 후 액화된 유기용매는 회수할 필요가 없다.

해설 응축법은 유기용매증기를 고농도($200g/Sm^3$ 이하)로 함유하는 배출가스에 적용되는 방법으로 응축 후 액화된 유기용매는 회수하여 재사용한다.

044 악취물질 중 공기 중의 최소감지농도가 가장 낮은 것은?

① 암모니아   ② 염소
③ 황화수소   ④ 이황화탄소

해설 악취물질 중 공기 중의 최소감지농도
암모니아: 3.0ppm, 염소: 0.314ppm, 이황화탄소: 0.21ppm, 황화수소: 0.0047ppm

045 공기 중 최소감지농도(ppm)가 가장 낮은 악취물질은?

① 아세톤   ② 암모니아
③ 염화메틸렌   ④ 페놀

해설 공기 중 최소감지농도(ppm): 아세톤(100), 염화메틸렌(214), 암모니아(3.0), 페놀(0.047)

046 악취방지방법 중 운영비(operational cost)가 일반적으로 가장 적게 드는 방법은?

① Adsorption
② Chemical Absorption
③ Chemical Oxidation
④ Ventilation

해설 악취방지방법 중 운영비(Operational Cost)가 일반적으로 가장 적게 드는 방법은 환기 및 희석법이다.

047 악취제거 방법에 관한 설명으로 옳지 않은 것은?

① 물리흡착법이 주로 이용된다.
② 희석방법은 악취를 대량의 공기로 희석시켜 감지되지 않도록 하는 방법이다.
③ 유기성의 냄새 유발물질을 태워서 산화시키면 불완전 연소가 있더라도 냄새의 강도를 줄일 수 있다.
④ 백금이나 금속산화물 등의 산화 촉매를 이용하여 260~450℃ 정도의 온도에서 산화 처리할 수 있다.

해설 유기성의 냄새 유발물질을 태워서 산화시킬 때 불완전 연소가 있으면 냄새의 강도를 줄일 수 없다.

048 탈취방법에 관한 설명으로 옳지 않은 것은?

① 수세법은 수온 변화에 따라 탈취 효과가 변하고, 처리풍향 및 압력손실이 크다.
② BALL 차단법은 밀폐형 구조물을 설치할 필요가 없고, 크기와 색상이 다양한 편이다.
③ 산화법 중 염소주입법은 페놀이 다량 함유되었을 때에는 클로로페놀을 형성하여 2차오염 문제를 발생시킨다.

④ 약액 세정법은 조작이 복잡하고, 대상 악취물질에 대한 제한성이 크지만, 산성 가스 및 염기성 가스의 별도 처리가 필요하지 않다.

해설 약액 세정법은 조작이 간단하고, 약품비가 저렴하여 경제적이지만, 산성 가스 및 염기성 가스의 별도 처리가 필요하다. 화학반응은 악취가스와 약액의 접촉효율을 높여 기액 평형에 의한 중화반응과 산화반응으로 구분된다. 약액세정법 선정 시 산성 가스와 염기성 가스를 별도로 처리하는 것이 가장 바람직하다.

049 악취물질의 처리방법에 대한 설명으로 옳지 않은 것은?

① 흡착에 의한 악취물질의 처리에는 주로 물리적 흡착이 이용된다.
② 통풍 및 희석은 높은 굴뚝을 통해 방출시켜 대기 중에 분산 희석시키는 방법이다.
③ 촉매산화법은 백금이나 금속산화물 등의 산화촉매를 이용하여 60~80℃의 저온에서 산화 처리한다.
④ 응축법에 의한 처리는 냄새를 가진 가스를 냉각응축 시키는 처리법으로 유기용제를 비교적 고농도 함유한 배출가스에 적용된다.

해설 촉매산화법은 백금이나 금속산화물 등의 산화촉매를 이용하여 250~450℃의 저온에서 산화 처리한다.

050 탈취방법 중 수세법에 관한 설명으로 옳지 않은 것은?

① 고농도의 악취가스 전처리에 효과적이다.
② 조작이 간단하며 탈취효율이 우수하여 전처리 과정없이 사용된다.
③ 수온에 따라 탈취 효과가 달라지고 압력손실이 큰 것이 단점이다.
④ 알데하이드류, 저급 유기산류, 페놀 등 친수성 극성기를 가지는 성분을 제거할 수 있다.

해설 수세법은 조작이 간단하며 탈취효율이 낮아 타 방법과 병용처리 시 전처리로 사용한다.

051 탈취방법 중 촉매연소법에 관한 설명으로 옳지 않은 것은?

① 직접연소법에 비해 질소산화물의 발생량이 높고, 고농도로 배출된다.
② 적용 가능한 악취 성분은 가연성 악취 성분, 황화수소, 암모니아 등이 있다.
③ 직접연소법에 비해 연료소비량이 적어 운전비는 절감되나, 촉매독이 문제가 된다.
④ 촉매는 백금, 코발트, 니켈 등이 있으며 고가이지만 성능이 우수한 백금계의 것이 많이 이용된다.

해설 촉매연소법은 직접연소법에 비해 질소산화물의 발생량이 낮아 저농도로 배출된다.

052 촉매산화식 탈취공정에 관한 설명으로 옳지 않은 것은?

① 대부분의 성분은 탄산가스와 수증기가 되기 때문에 배수처리가 필요 없다.
② 비교적 고온에서 처리하기 때문에 직접연소식에 비해 질소산화물의 발생량이 많다.
③ 광범위한 가스 조건 하에서 적용이 가능하며 저농도에서도 뛰어난 탈취 효과를 발휘할 수 있다.
④ 처리하고자 하는 대상가스 중의 악취성분 농도나 발생상황에 대응하여 최적의 촉매를 선정함으로써 뛰어난 탈취효과를 확보할 수 있다.

해설 촉매산화식 탈취공정은 비교적 저온에서 처리하기 때문에 직접연소식에 비해 질소산화물의 발생량이 적다.

정답 049 ③ 050 ② 051 ① 052 ②

053 다음 그림은 가솔린기관 내에 공연비와 배출가스 농도에 관한 관계를 나타낸 것이다. (a) – (b) – (c)에 관계되는 오염물질은?

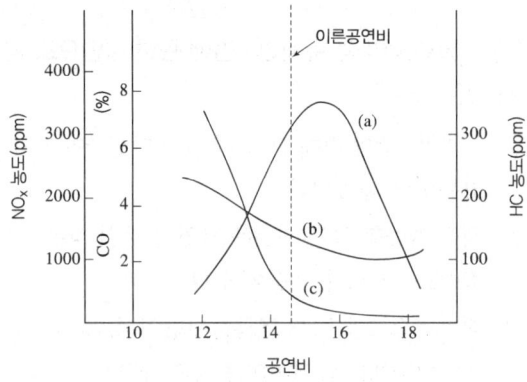

① NO_X – HC – CO
② HC – NO_X – CO
③ CO – NO_X – HC
④ CO – HC – NO_X

해설
(a) – NO_X: 자동차에서 점화시기가 늦을수록 NO_X 농도는 낮아지고, 공연비 16 부근에서 압축비가 낮을수록 NO_X 농도도 감소한다.
(b) – HC: 실린더의 연소실 내벽 부근에서 가스온도가 낮아 완전연소가 되지 않을 때, 감속 시 불완전 연소가 될 경우에 많이 배출되며, 주행속도가 빨라질수록 감소한다. CO와 같이 공연비가 낮을수록 농도가 높아진다.
(c) – CO: 도로변에 차가 서 있거나 공회전 상태일 때 많이 발생하고, 주행속도가 빨라지면 배출농도가 감소한다.

054 가솔린엔진에서 공연비(Air/Fuel Ratio)와 배출오염물질의 농도 관계를 나타내는 그래프이다. 이 중에서 NO_X의 농도 경향을 나타내는 것은?

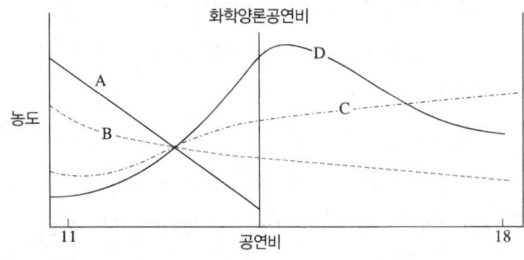

① A
② B
③ C
④ D

해설 자동차에서 배출되는 질소산화물은 공기가 충분한 완전연소 시에 많이 발생되고, 이론공연비보다 다소 높은 점에서 최대가 된다.

055 자동차 배출가스의 후처리기술 중 삼원촉매장치에 대한 설명으로 옳지 않은 것은?
① CO, HC, NO_X까지 동시에 80% 이상 저감시킬 수 있다.
② 백금은 주로 CO, HC를 저감시키는 산화반응을 촉진시킨다.
③ 최근에는 백금, 로듐에 팔라듐을 포함하여 사용하는 추세이다.
④ 삼원촉매의 전환효율이 유지되는 공연비 폭은 상당히 넓어 14~19 정도의 범위이다.

해설 삼원촉매의 전환효율이 유지되는 공연비폭(A/F)은 14.48~14.62로 폭이 좁다.

056 자동차 후처리기술 중 삼원촉매장치에 관한 설명으로 옳지 않은 것은?
① CO, HC, NO_X 성분을 동시에 80% 이상 저감시킬 수 있다.
② 최근에는 백금, 로듐에 팔라듐을 포함하여 사용하는 추세이다.
③ 로듐은 주로 CO, HC를 저감시키는 산화반응을 촉진시키고, 백금은 NO 반응을 촉진시킨다.
④ CO, HC, NO_X 성분을 동시에 저감시키기 위해서는 엔진에 공급되는 공기 연료비가 이론공연비로 공급되어야 한다.

해설 백금이나 팔라듐은 주로 CO, HC를 저감시키는 산화반응을 촉진시키고, 로듐은 NO 반응을 촉진시켜 질소산화물 환원을 위해 사용한다.

서술형 빈출문제

057 CNG(Compressed Natural Gas)를 가솔린 엔진에 적용했을 때에 관한 설명으로 옳지 않은 것은?

① 옥탄가가 130 정도로 높기 때문에 엔진압축비를 높일 수 있다.
② CO, HC는 30~50%, CO_2는 20~30% 이상 감소하는 것으로 알려져 있다.
③ 가솔린엔진에 비해 출력이 20% 정도 증가(동일 배기량 기준)하며, 1회 충전거리가 길다.
④ 엔진연소실과 연료공급계통에 퇴적물이 적어 윤활유나 엔진오일, 필터의 교환 주기가 연장된다.

해설 CNG(압축천연가스, Compressed Natural Gas)는 90% 이상이 메테인으로 구성되어 있으며 가솔린보다 CO, HC를 30~50%, CO_2를 20~30% 이상 감소시키기 때문에 환경친화적이다. 또한, 옥탄가가 높아 엔진압축비를 높일 수 있어 엔진효율이 좋고 연료소비율을 향상시킬 수 있다. 이에 따라 윤활유나 엔진오일, 필터의 교환 주기가 연장된다. 그러나 구조변경 이전 자동차에 비해 출력이 10% 정도 감소하며, 1회 충전당 주행 거리가 짧고 구조변경에 필요한 장치 비용이 상당히 높다.

058 가솔린 자동차의 후처리에 의한 배출가스 저감방안의 하나인 삼원 촉매장치의 설명으로 옳지 않은 것은?

① NO의 환원촉매로는 주로 파라듐(Pd)이 사용된다.
② CO와 HC의 산화촉매로는 주로 백금(Pt)이 사용된다.
③ CO와 HC는 CO_2와 H_2O로 산화되며 NO는 N_2로 환원된다.
④ CO, HC, NO_X 3성분의 동시 저감을 위해 엔진에 공급되는 공기연료비는 이론공연비 정도로 공급되어야 한다.

해설 NO의 환원촉매로는 주로 로듐(Rh)이 사용된다.

059 다음은 휘발유엔진 배출가스에 영향을 미치는 사항에 관한 설명이다. ( ) 안에 알맞은 것은?

( )의 역할은 광범위한 상태에서 엔진이 만족스럽게 작동할 수 있는 혼합비로 연료 증기와 공기의 균질 혼합물을 제공하는 것이다.

① Wankel engine
② Charger
③ Carburetor
④ ABS

해설 Carburetor는 carburate를 하는 장치라는 의미이며, 카뷰레이트란 연소를 위해 연료와 공기를 일정 비율로 혼합하는 행위를 말한다. 여기서 탄소(Carb(on))는 탄화수소, 즉 연료를 의미한다.

실기 Check

060 자동차 후처리기술 중 삼원촉매장치에 관한 설명으로 옳지 않은 것은?

① 최근에는 Pt, Rh, Pd의 Trimetal System이 사용되는 추세이다.
② 백금은 주로 CO, HC를 저감시키는 산화반응을 촉진시키고, 로듐은 NO 반응을 촉진시킨다.
③ 삼원촉매장치로 CO, HC, NO_X 성분을 동시에 저감시키기 위해서는 엔진에 공급되는 공기연료비가 이론공연비로 공급되어야 한다.
④ 직접 가스와 반응하는 촉매물질을 가장 안쪽에 도포하고, 촉매는 세라믹이나 금속으로 만들어진 본체인 담체와 귀금속 촉매의 반응도를 높이기 위해 Cr_2O_3 Washcoat를 입힌 것을 사용한다.

해설 삼원촉매 전환장치(TCCS, Three-way Catalytic Conversion System)에서 사용하는 촉매는 본체인 담체와 귀금속 촉매의 반응도를 높이기 위해 담체와 촉매 사이에 중간매체인 Al_2O_3 Washcoat를 입히고, 직접 가스와 반응하는 촉매물질을 가장 바깥에 도포한다.

정답 057 ③ 058 ① 059 ③ 060 ④

061 가솔린 자동차의 후처리에 의한 배출가스 저감방안의 하나인 삼원촉매장치의 설명으로 옳지 않은 것은?

① CO와 HC의 산화촉매로는 주로 백금(Pt)이 사용된다.
② CO와 HC는 CO_2와 H_2O로 산화되며 NO는 N_2로 환원된다.
③ 일반적으로 촉매는 백금(Pt)과 로듐(Rh)의 비율이 2:1로 사용되며, 로듐(Rh)은 NO의 산화반응을 촉진시킨다.
④ CO, HC, NO_x 3성분의 동시 저감을 위해 엔진에 공급되는 공기연료비는 이론공연비 정도로 공급되어야 한다.

해설 삼원촉매장치에서 일반적으로 촉매는 백금(Pt)과 로듐(Rh)의 비율이 5:1로 사용되며, 로듐(Rh)은 NO의 환원반응을 촉진시킨다.

입자 및 집진의 기초

계산형 빈출문제

실기 Check

001 아래의 구형 입자 크기 분포에 대하여 평균 개수를 갖는 입자의 직경(Count mean diameter)은?

입자크기[μm]	개수
1	30
3	50
5	20
8	1

① 2.85μm　② 3.00μm
③ 4.00μm　④ 4.25μm

해설 특정입경에 대한 입자의 개수가 다를 경우 평균 개수를 갖는 입자의 직경(Count mean diameter)은 산술가중평균($\overline{d_{pw}}$)으로 나타낸다.

$$\overline{d_{pw}} = \frac{(1 \times 30) + (3 \times 50) + (5 \times 20) + (8 \times 1)}{30 + 50 + 20 + 1}$$

$= 2.85 [\mu m]$

002 아래의 구형 입자 크기 분포에 대하여 기하평균직경(Geometric mean diameter)은?

입자크기[μm]	개수
1	3
3	5
5	2
8	1

① 1.67μm　② 2.67μm
③ 3.67μm　④ 4.67μm

해설
$$\log d_g = \frac{\sum n_i \log d_i}{\sum n_i}$$

$$= \frac{(3 \times \log 1) + (5 \times \log 3) + (2 \times \log 5) + (1 \times \log 8)}{3 + 5 + 2 + 1}$$

$= 0.426$

∴ 기하평균직경(Geometric mean diameter),
$d_g = 10^{0.426} = 2.67 \mu m$

003 배출가스 내 먼지의 입도분포를 대수확률지에 작도한 결과 직선이 되었다. 50% 입경과 84.13% 입경이 각각 7.8μm와 4.6μm이었을 때 기하평균입경(μm)은?

① 1.7　② 4.6
③ 6.2　④ 7.8

해설 기하평균입경(μm)은 50%의 분포값을 가진 값이므로 7.8μm이다.

참고 기하표준편차(GSD)

$= \frac{50\%의\ 분포를\ 가진\ 값}{84.13\%의\ 분포를\ 가진\ 값} = \frac{7.8}{4.6} = 1.70[\mu m]$

004 350mL의 공간 내에 있는 구형 입자들의 총질량이 20mg이었다. 입자들의 직경이 0.4μm(micrometer)이고 밀도가 1g/cm³일 때 이 공간에 포함되어 있는 입자의 개수는?

① 6×10^9　② 6×10^{10}
③ 6×10^{11}　④ 6×10^{12}

정답 001 ① 002 ② 003 ④ 004 ③

해설 밀도 1g/cm³인 입경 0.4μm인 입자 1개가 차지하는 부피,

$$V = \frac{\pi d_p^3}{6} = \frac{3.14 \times (0.4 \times 10^{-4})^3}{6} = 3.35 \times 10^{-14} (cm^3)$$

이다.
이 부피를 가진 입자의 총질량이 20mg이므로 입자의 개수(x)는

$$x = \frac{20 \times 10^{-3}}{3.35 \times 10^{-14}} = 5.97 \times 10^{11} 이다.$$

005 0.1μm(micrometer)의 직경을 가진 구형 물 입자(water droplet) 하나에 포함되어 있는 물 분자수는 몇 개인가?

① 약 1.75×10^7개 ② 약 2.55×10^7개
③ 약 3.65×10^7개 ④ 약 4.25×10^7개

해설 밀도 1g/cm³인 입경 0.1μm인 입자 1개가 차지하는 부피,

$$V = \frac{\pi d_p^3}{6} = \frac{3.14 \times (0.1 \times 10^{-4})^3}{6} = 5.23 \times 10^{-16} (cm^3)$$

이다.
$\rho = \frac{M}{V}$에서 물의 밀도가 1이므로
$M = 5.23 \times 10^{-16} \times 1 = 5.23 \times 10^{-16}(g)$
물 18g(1몰)일 때 물분자의 개수는 아보가드로의 수, 6.022×10^{23}개이므로
5.23×10^{-16}g이 차지하는 개수는

$$\frac{5.23 \times 10^{-16} \times 6.022 \times 10^{23}}{18} = 1.75 \times 10^7 이다.$$

006 동일한 밀도를 가진 먼지입자 A, B가 있다. 먼지입자 B의 지름이 먼지입자 A 지름의 100배일 때, 먼지입자 B의 질량은 먼지입자 A 질량의 몇 배인가?

① 100 ② 1,000
③ 1,000,000 ④ 100,000,000

해설 밀도 $\rho = \frac{M}{V}$에서
$M \propto V\left(\frac{\pi d_p^3}{6}\right)$이므로 $M \propto d_p^3$.
∴ 지름이 100배이면 질량은 $100^3 = 1,000,000$배이다.

007 면적이 250km²인 도시에서 지표면 근처의 분진농도가 200μg/m³일 때 하루 동안 침전하는 분진은 몇 ton인가? (단, 분진의 침강속도는 0.1cm/s이고, 표준상태 가정)

① 1.68 ② 2.84
③ 3.66 ④ 4.32

해설 하루 동안 침전하는 분진(ton)은

$$\frac{200 \mu g}{m^3} \times \frac{1 ton}{10^{12} \mu g} \times 250 km^2 \times \frac{10^6 m^2}{km^2} \times \frac{0.1 cm}{s}$$
$$\times \frac{m}{10^2 cm} \times \frac{24 \times 3,600 s}{day} = 4.32 ton/day$$

008 일반적으로 더스트의 체적당 표면적을 비표면적이라 한다. 구형 입자의 비표면적을 옳게 나타낸 것은? (단, d_p는 구형 입자의 직경)

① $2/d_p$ ② $4/d_p$
③ $6/d_p$ ④ $8/d_p$

해설 입자의 비표면적,

$$S_v = \frac{구형입자의\ 표면적}{구형입자의\ 체적}$$
$$= \frac{4\pi r^2}{\left(\frac{4}{3}\pi r^3\right)} = \frac{\pi d_p^2}{\left(\frac{\pi d_p^3}{6}\right)} = \frac{6}{d_p}$$

009 초기 입자농도가 10^7(particles/cm³)인 함진가스에서 다음의 속도식에 의해 입자의 응집(coagulation)이 일어난다. $\frac{dN}{dt} = -k \times N^2$, 여기서 N=입자농도(입자수/cm³), t=시간, k=속도상수(2×10^{-10}cm³/s)이다. 이 함진가스에서의 입자농도가 초기 입자농도의 절반이 되기까지의 소요시간은?

① 5.33분 ② 6.33분
③ 7.33분 ④ 8.33분

해설 2차 반응 소멸 속도식 $\dfrac{dN}{dt} = -k \times N^2$에서 변수분리법을 이용하면 $-\displaystyle\int_0^t k\,dt = \int_0^t \dfrac{1}{[N]^2}\,d[N]$이므로

$-kt = \left(-\dfrac{1}{[A]_t} + \dfrac{1}{[A]_o}\right)$이다.

여기서 초기 입자농도의 절반은 $\dfrac{10^7}{2} = 5 \times 10^6$이므로

$-(2\times 10^{-10}) \times t_{0.5} = \left(-\dfrac{1}{5\times 10^6} + \dfrac{1}{10^7}\right)$

$\therefore t_{0.5} = 500\,(s) = 8.33\,\text{min}$

---

010 유입구 농도가 3g/Nm^3, 처리가스양이 $2{,}000\text{Nm}^3/\text{min}$인 집진장치의 처리효율이 95%라면 하루에 포집된 먼지의 양은?

① 8,640kg/day
② 8,208kg/day
③ 6,840kg/day
④ 6,726kg/day

해설 포집된 먼지양
$S = Q \times C \times \eta$
$= 2{,}000\text{Nm}^3/\text{min} \times 3\text{g/Nm}^3 \times 10^{-3}\text{kg/g}$
$\times 1{,}440\text{min/day} \times 0.95 = 8{,}208\text{kg/day}$

---

011 먼지함유량이 A인 배출가스에서 C만큼 제거시키고 B만큼을 통과시키는 집진장치의 효율 산출식으로 옳지 않은 것은?

① $\dfrac{C}{A}$
② $\dfrac{C}{(B+C)}$
③ $\dfrac{B}{A}$
④ $\dfrac{(A-B)}{A}$

해설 집진장치의 효율,
$\eta = \dfrac{C}{A} = \dfrac{C}{(B+C)} = \dfrac{(A-B)}{A}$이다.

---

012 집진장치의 입구 쪽의 처리가스유량이 300,000 Sm^3/h, 먼지농도가 15g/Sm^3이고, 출구 쪽의 처리된 가스의 유량은 $305{,}000\text{Sm}^3/\text{h}$, 먼지농도가 40mg/Sm^3이었다. 이 집진장치의 집진율은 몇 %인가?

① 98.6
② 99.1
③ 99.7
④ 99.9

해설 집진장치의 집진율,
$\eta = \dfrac{Q_i \times C_i - Q_o \times C_o}{Q_i \times C_i}$
$= \dfrac{300{,}000 \times 15 - 305{,}000 \times 0.04}{300{,}000 \times 15} \times 100$
$= 99.7\%$

---

013 집진효율이 80%인 1차 집진장치가 있다. 총 집진율이 98%이라면 1차 집진장치와 직렬로 연결된 2차 집진장치의 집진효율은?

① 90%
② 95%
③ 98%
④ 99%

해설 직렬연결된 집진장치의 총 집진율,
$\eta_t = \eta_1 + (1-\eta_1) \times \eta_2$에서
$0.98 = 0.8 + (1-0.8) \times \eta_2$
$\therefore \eta_2 = 0.9 = 90\%$

---

014 89%의 총 집진효율을 얻기 위해 30% 효율을 가진 1차 전처리설비를 이미 설치하였다. 2차 처리장치의 효율을 몇 %로 하여야 하는가?

① 80.9%
② 84.3%
③ 92.9%
④ 96.9%

해설 직렬연결된 집진장치의 총 집진율,
$\eta_t = \eta_1 + (1-\eta_1) \times \eta_2$에서
$0.89 = 0.3 + (1-0.3) \times \eta_2$
$\therefore \eta_2 = 0.843 = 84.3\%$

정답 010 ② 011 ③ 012 ③ 013 ① 014 ②

015 집진율이 70%인 원심력집진장치 후단에 집진효율이 90%인 전기집진장치를 직렬로 연결하여 운전한다. 이때 총괄 집진효율은?

① 95.0% ② 95.5%
③ 97.0% ④ 98.5%

해설 직렬연결된 집진장치의 총 집진율,
$\eta_t = \eta_1 + (1-\eta_1) \times \eta_2 = 0.7 + (1-0.7) \times 0.9$
$= 0.97 = 97\%$

016 3개의 집진장치를 직렬로 조합하여 집진한 결과 총 집진율이 99%이었다. 1차 및 2차 집진장치의 집진율이 각각 70%, 80%라 하면 3차 집진장치의 집진율은 약 얼마인가?

① 약 75.1% ② 약 83.4%
③ 약 92.3% ④ 약 95.6%

해설 직렬연결된 집진장치의 총 집진율,
$\eta_t = 1 - [(1-\eta_1) \times (1-\eta_2) \times (1-\eta_3)]$ 에서
$0.99 = 1 - [(1-0.7) \times (1-0.8) \times (1-\eta_3)]$
$\therefore \eta_3 = 83.4\%$

017 먼지부하량이 20.0g/m³인 공기흐름을 제거 효율이 70%인 사이클론과 95%인 전기집진장치를 순차적으로 적용하여 처리하고자 할 경우 총괄 제거효율은?

① 88.5% ② 91.5%
③ 98.5% ④ 99.5%

해설 직렬연결된 집진장치의 총 집진율은
$\eta_t = \eta_1 + (1-\eta_1) \times \eta_2 = 0.7 + (1-0.7) \times 0.95$
$= 0.985 = 98.5\%$

018 80%의 집진효율을 갖는 2개의 집진장치를 연결하여 먼지를 제거하고자 한다. 집진장치를 직렬 연결한 경우(A)와 병렬 연결한 경우(B)에 관한 내용으로 옳지 않은 것은? (단, 두 집진장치의 처리가스양은 동일하다.)

① (A)방식의 총 집진효율은 94%이다.
② (A)방식은 높은 처리효율을 얻기 위한 것이다.
③ (B)방식은 처리가스의 양이 많은 경우 사용된다.
④ (B)방식의 총 집진효율은 단일집진장치와 동일하게 80%이다.

해설
(A)인 경우, $\eta_t = 1 - (1-\eta)^2 = 1 - (1-0.8)^2 = 0.96 = 96\%$
(B)인 경우, $\eta_t = \eta_1 \times f_1 + \eta_2 \times f_2 + \cdots + \eta_n \times f_n$ 에서
$\eta_t = 0.8 \times 0.5 + 0.8 \times 0.5 = 0.8 = 80\%$
보기항 "①" (A)방식의 총 집진효율은 96%이다.

019 설치 초기 전기집진장치의 효율이 98%였으나, 2개월 후 성능이 96%로 떨어졌다. 이때 먼지 배출농도는 설치 초기의 몇 배인가?

① 2배 ② 4배
③ 8배 ④ 16배

해설 설치 초기와 나중의 먼지 배출농도는 $\dfrac{(1-0.96)}{(1-0.98)} = 2$
∴ 2개월 후 성능이 떨어진 집진장치의 먼지 배출농도는 설치 초기의 2배이다.

020 80%의 효율로 제진하는 전기집진장치의 집진면적만을 2배로 증가시키면 집진효율(%)은 얼마로 향상되는가?

① 92 ② 94
③ 96 ④ 98

해설 전기집진장치의 Deutsch-Anderson 효율식,

$\eta = 1 - e^{\left(-\frac{A \times w}{Q}\right)}$ 에서 입자의 분리속도, w와 유입가스양, Q가 변하지 않으므로 $\ln(1-\eta) = -A$

∴ $\ln(1-0.8) = -A$, $A = 1.6$
$\ln(1-\eta) = -2 \times 1.6 = -3.2$
∴ $\eta = 1 - e^{-3.2} = 0.96 = 96\%$

021 외기 유입이 없을 때 집진효율이 88%인 원심력집진장치(cyclone)가 있다. 이 원심력집진장치에 외기가 10% 유입되었을 때, 집진효율(%)은? (단, 외기가 10% 유입되었을 때 먼지통과율은 외기가 유입되지 않은 경우의 3배이다.)

① 54 ② 64
③ 75 ④ 83

해설 집진효율 88%일 때, 분진통과율,
$P = 1 - \eta = 1 - 0.88 = 0.12$,
10%의 외기가 유입되었을 때 분진통과율은
$P = 0.12 \times 3 = 0.36$
∴ $\eta = 1 - 0.36 = 0.64 = 64\%$

022 먼지농도 30.0g/Sm³의 함진가스를 정상 운전조건에서 95%로 처리하는 사이클론이 있다. 이 때 처리가스의 10%에 해당하는 외부공기가 유입되면 먼지통과율은 외부공기 유입이 없는 정상운전의 2배에 달한다고 한다면 출구가스 중의 먼지농도는?

① 2.63g/Sm³ ② 2.73g/Sm³
③ 2.83g/Sm³ ④ 2.93g/Sm³

해설 집진효율,
$\eta = 1 - \frac{Q_o \times C_o}{Q_i \times C_i}$ 에서 $0.95 = 1 - \frac{(1+0.1) \times C_o}{1 \times 30}$
∴ $C_o = \frac{1.5}{1.1} = 1.364$g/Sm³
먼지통과율은 외부공기 유입이 없는 정상운전의 2배에 달한다고 하였으므로 ∴ $1.364 \times 2 = 2.73$g/Sm³

023 배출가스양이 3,600m³/h이고, 가스온도 150°C, 압력 500mmHg, 함진농도 10g/m³인 배출가스를 처리하는 집진장치에서 출구의 함진농도를 0.2g/Sm³로 하기 위하여 필요한 집진율은 약 몇 %인가?

① 96.55% ② 97.15%
③ 98.55% ④ 99.15%

해설 $\eta = \frac{Q_i \times C_i - Q_o \times C_o}{Q_i \times C_i}$ 에서

$Q_o = 3,600 \times \frac{273}{273+150} \times \frac{500}{760} = 1,528.56$(Sm³)

∴ $\eta = \frac{3,600 \times 10 - 1,528.56 \times 0.2}{3,600 \times 10} = 0.9915 = 99.15\%$

024 처리가스양이 300m³/min이고, 먼지농도가 8.5g/m³이다. 집진장치를 이용하여 1시간 동안 포집된 먼지양이 138kg이었다면 이 집진장치의 집진효율(%)은?

① 81 ② 86
③ 90 ④ 94

해설
$\eta = \frac{S_c}{S_i} = \frac{138}{300 \times 8.5 \times 60 \times 10^{-3}} = 0.90 = 90\%$

025 집진효율이 98%인 집진시설에서 처리 후 배출되는 먼지농도가 0.3g/m³일 때, 유입된 먼지의 농도는 몇 g/m³인가?

① 10 ② 15
③ 20 ④ 25

해설 $\eta = 1 - \frac{C_o}{C_i}$ 에서 $0.98 = 1 - \frac{0.3}{C_i}$
∴ $C_i = 15$g/Sm³

정답 021 ② 022 ② 023 ④ 024 ③ 025 ②

026 먼지농도 44g/Sm³의 함진가스를 정상운전 조건에서 92%로 처리하는 사이클론이 있다. 이때 처리가스의 10%에 해당하는 외부공기가 유입될 때 먼지통과율이 외부공기 유입이 없는 정상운전 시의 2배에 달한다고 한다면, 출구가스 중의 먼지농도는?

① $5.1g/Sm^3$
② $5.8g/Sm^3$
③ $6.4g/Sm^3$
④ $7.1g/Sm^3$

해설 집진효율,

$\eta = 1 - \dfrac{Q_o \times C_o}{Q_i \times C_i}$ 에서 $0.92 = 1 - \dfrac{(1+0.1) \times C_o}{1 \times 44}$

∴ $C_o = \dfrac{3.52}{1.1} = 3.2(g/Sm^3)$

먼지통과율은 외부공기 유입이 없는 정상운전의 2배에 달한다고 하였으므로

∴ $3.2 \times 2 = 6.4g/Sm^3$

027 전기로에 설치된 백필터의 입구 및 출구 가스양과 먼지농도가 다음과 같을 때 먼지의 통과율은?

입자크기(μm)	개수
1	30
3	50
5	20
8	1

- 입구 가스양: $11,400 Sm^3/h$
- 출구 가스양: $270 Sm^3/min$
- 입구 먼지농도: $12,630 mg/Sm^3$
- 출구 먼지농도: $1,111 mg/Sm^3$

① 10.5%
② 11.1%
③ 12.5%
④ 13.1%

해설

$\eta = \dfrac{Q_i \times C_i - Q_o \times C_o}{Q_i \times C_i}$

$= \dfrac{11,400 \times 12,630 - 270 \times 60 \times 1,111}{11,400 \times 12,630} \times 100$

$= 87.5\%$

∴ $P = 100 - 87.5 = 12.5(\%)$

[다른 풀이]

$P = \dfrac{C_o \times Q_o}{C_i \times Q_i} \times 100 = \dfrac{1,111 \times 270 \times 60}{12,603 \times 11,400} = 12.5\%$

028 어떤 집진장치를 2개의 직렬조합으로 연결하여 연소가스를 집진한 결과 1차 집진장치의 집진율은 85%, 2차 집진장치의 집진율은 90%였다. 2차 집진장치 출구의 먼지농도가 60mg/Sm³일 때, 연소가스의 초기 유입농도(g/Sm³)는?

① 8
② 6
③ 4
④ 2

해설

$\eta_t = \eta_1 + (1-\eta_1) \times \eta_2 = 0.85 + (1-0.85) \times 0.9$
$= 0.985 = 98.5\%$

∴ $0.985 = 1 - \dfrac{C_o}{C_i} = 1 - \dfrac{0.06}{C_i}$ 에서 $C_i = 4g/Sm^3$

029 A 집진장치의 입구와 출구에서 함진가스 중 먼지농도를 측정하였더니 각각 15g/Sm³, 0.3g/Sm³이었고, 또 입구와 출구에서 측정한 먼지시료 중 입경 0~5μm의 중량백분율이 각각 10%, 60%이었다면 이 집진장치의 0~5μm 입경 범위의 먼지에 대한 부분 집진율(%)은?

① 84
② 86
③ 88
④ 90

해설 $\eta = 1 - \dfrac{C_o \times f_o}{C_i \times f_i} = 1 - \dfrac{0.3 \times 0.6}{15 \times 0.1} = 0.88 = 88\%$

030 A 집진장치의 입구와 출구에서의 함진가스 농도가 각각 10g/Sm³, 100mg/Sm³이었고, 그중 입경 범위가 0~5μm인 먼지의 질량분율이 각각 8%와 60%였다면 이 집진장치에서 입경범위 0~5μm인 먼지의 부분집진율(%)은?

① 89.5%
② 90.3%
③ 92.5%
④ 99.0%

해설

$\eta = 1 - \dfrac{C_o \times f_o}{C_i \times f_i} = 1 - \dfrac{0.1 \times 0.6}{10 \times 0.08} = 0.925 = 92.5\%$

031 배출가스 중 먼지농도가 2,500mg/Sm³인 먼지를 처리하고자 제진효율이 60%인 중력집진장치, 80%인 원심력집진장치, 85%인 세정집진장치를 직렬로 연결하여 사용해 왔다. 여기에 효율이 85%인 여과집진장치를 하나 더 직렬로 연결할 때, 전체 집진효율(㉠)과 이때 출구의 먼지농도(㉡)는 각각 얼마인가?

① ㉠ 97.5%, ㉡ 62.5mg/Sm³
② ㉠ 98.3%, ㉡ 42.5mg/Sm³
③ ㉠ 99.0%, ㉡ 25mg/Sm³
④ ㉠ 99.8%, ㉡ 5mg/Sm³

해설

$\eta_t = 1 - [(1-\eta_1) \times (1-\eta_2) \times (1-\eta_3) \times (1-\eta_4)]$
$= 1 - (0.4 \times 0.2 \times 0.15^2) = 0.998 = 99.8\%$
∴ $P = 100 - 99.8 = 0.2\%$이므로
$C_o = 2,500 \times 0.002 = 5\text{mg/Sm}^3$

계산형 빈출문제

집진기술

001 중력침강실을 사용하여 먼지를 제거하려 할 때, 침강실의 길이 및 높이를 각각 L 및 H, 배출가스의 수평유속이 V인 경우 100% 제거되는 입자의 최소직경을 식으로 옳게 표현한 것은? (단, 가스의 점도 μ, 중력가속도 g, 입자밀도 ρ_s, 입경은 50μm보다 작으며, Stoke법칙을 만족한다.)

① $d_{\min} = \left(\dfrac{18 \times \mu \times H \times V}{g \times L \times \rho_s}\right)^{\frac{1}{2}}$

② $d_{\min} = \left(\dfrac{g \times L \times \rho_s}{18 \times \mu \times H \times V}\right)^{\frac{1}{2}}$

③ $d_{\min} = \left(\dfrac{g \times L \times H \times V}{18 \times \mu \times \rho_s}\right)^{\frac{1}{2}}$

④ $d_{\min} = \left(\dfrac{18 \times \mu \times H \times L \times V}{g \times \rho_s}\right)^{\frac{1}{2}}$

해설
침강실의 길이 및 높이를 각각 L 및 H라 하고, 배출가스의 수평유속이 V, 침강속도이 V_g인 경우

기본관계식 $\dfrac{V_g}{V} = \dfrac{H}{L}$,

Stoke법칙에서 $V_g = \dfrac{d_{\min}^2 \times \rho_s \times g}{18 \times \mu}$

이 값을 기본관계식에 대입하면

$\dfrac{d_{\min}^2 \times \rho_s \times g}{18 \times \mu} = \dfrac{V \times H}{L}$

∴ $d_{\min} = \left(\dfrac{18 \times \mu \times H \times V}{g \times L \times \rho_s}\right)^{\frac{1}{2}}$

실기 Check ✓

002 직경 10μm인 구형 입자가 20℃ 층류 영역의 대기 중에서 낙하하고 있다. 입자의 종말침강속도와 레이놀즈 수는 각각 얼마인가? (단, 20℃에서의 입자의 밀도 1,800kg/m³, 공기의 밀도 1.2kg/m³, 점도 1.8×10⁻⁵kg/m·s이다.)

① 3.63×10^{-6}m/s, 0.0036
② 3.63×10^{-6}m/s, 5.44
③ 5.44×10^{-3}m/s, 0.0036
④ 5.44×10^{-3}m/s, 5.44

해설 종말침강속도,

$v_g = \dfrac{d_p^2 \times (\rho_p - \rho_g) \times g}{18 \times \mu}$

$= \dfrac{(10 \times 10^{-6})^2 \times (1,800 - 1.2) \times 9.8}{18 \times 1.8 \times 10^{-5}}$

$= 5.44 \,(\text{m/s})$

레이놀즈 수,

$N_{Re} = \dfrac{Vd}{\nu} = \dfrac{\rho_g \, Vd}{\mu}$

$= \dfrac{1.2 \times 5.44 \times 10^{-3} \times 10 \times 10^{-6}}{1.8 \times 10^{-5}}$

$= 0.0036$

003 길이 5m, 높이 2m인 중력침강실을 사용하여 밀도 2g/cm³이고, 점도 2.0×10⁻⁴g/cm·s인 매연을 처리할 경우 완전 제거할 수 있는 먼지의 최소입경(μm)은? (단, 가스유속은 0.75m/s이다.)

① 54
② 64
③ 74
④ 84

정답 001 ① 002 ③ 003 ③

해설

$$d_{\min} = \left(\frac{18 \times \mu \times H \times V}{g \times L \times \rho_s}\right)^{\frac{1}{2}}$$
$$= \left(\frac{18 \times 2.0 \times 10^{-5} \times 2 \times 0.75}{9.8 \times 5 \times 2{,}000}\right)^{\frac{1}{2}}$$
$$= 7.423 \times 10^{-5}(\mathrm{m}) = 74.2\mu\mathrm{m}$$

004 높이 7m, 폭 10m, 길이 15m의 중력집진장치를 이용하여 처리가스를 4m³/s의 유량으로 비중이 1.5인 먼지를 처리하고 있다. 이 집진장치가 포집할 수 있는 최소입자의 크기($d_{\min}$)는? (단, 온도는 25℃, 점성계수는 1.85×10^{-5}kg/m·s이며 공기의 밀도는 무시한다.)

① 약 32μm ② 약 25μm
③ 약 17μm ④ 약 12μm

해설 배출가스의 수평유속,
$$V = \frac{Q}{A} = \frac{4}{7 \times 10} = 0.057(\mathrm{m/s})$$
$$d_{\min} = \left(\frac{18 \times \mu \times H \times V}{g \times L \times \rho_s}\right)^{\frac{1}{2}}$$
$$= \left(\frac{18 \times 1.85 \times 10^{-5} \times 7 \times 0.057}{9.8 \times 15 \times 1{,}500}\right)^{\frac{1}{2}}$$
$$= 2.46 \times 10^{-5}(\mathrm{m}) = 24.55\mu\mathrm{m}$$

005 길이 5m, 높이 2m인 중력침강실이 바닥을 포함하여 8개의 평행판으로 이루어져 있다. 침강실에 유입되는 분진가스의 유속이 0.2m/s일 때 분진을 완전히 제거할 수 있는 최소입경은 얼마인가? (단, 입자의 밀도는 1,600kg/m³, 분진가스의 점도는 2.1×10^{-5}kg/m·s, 밀도는 1.3kg/m³이고 가스의 흐름은 층류로 가정한다.)

① 31.0μm ② 23.2μm
③ 15.5μm ④ 11.6μm

해설

$$d_{\min} = \left[\frac{18 \times \mu \times H \times V}{g \times L \times (\rho_s - \rho_g)}\right]^{\frac{1}{2}}$$
$$= \left[\frac{18 \times 2.1 \times 10^{-5} \times \frac{2}{8} \times 0.2}{9.8 \times 5 \times (1{,}600 - 1.3)}\right]^{\frac{1}{2}}$$
$$= 1.55 \times 10^{-5}(\mathrm{m}) = 15.5\mu\mathrm{m}$$

006 침강실의 길이 5m인 중력집진장치를 사용하여 침강집진할 수 있는 먼지의 최소입경이 140μm였다. 이 길이를 2.5배로 변경할 경우 침강실에서 집진 가능한 먼지의 최소입경(μm)은? (단, 배출가스의 흐름은 층류이고, 길이 이외의 모든 설계조건은 동일하다.)

① 약 70 ② 약 89
③ 약 99 ④ 약 129

해설 $d_{\min} = \left(\frac{18 \times \mu \times H \times V}{g \times L \times \rho_s}\right)^{\frac{1}{2}}$ 에서

$d_{\min} \propto \left(\frac{1}{L}\right)^{\frac{1}{2}}$ 이므로

$d_{\min} = 140 \times \left(\frac{1}{2.5}\right)^{\frac{1}{2}} = 88.5\mu\mathrm{m}$

007 직경 10μm인 입자의 침강속도가 0.5cm/s였다. 같은 조성을 지닌 20μm 입자의 침강속도는? (단, 스토크 침강속도식을 적용한다.)

① 0.5cm/s ② 1cm/s
③ 2cm/s ④ 4cm/s

해설 종말침강속도,
$$v_g = \frac{d_p^2 \times (\rho_p - \rho_g) \times g}{18 \times \mu} \text{에서 } v_g \propto d_p^2 \text{이므로}$$
$$v_g = 0.5 \times \left(\frac{20}{10}\right)^2 = 2\mathrm{cm/s}$$

008 직경 100μm의 먼지가 높이 8m 되는 위치에서 바람이 5m/s 수평으로 불 때 이 먼지의 전방 낙하지점은? (단, 동종의 10μm 먼지의 낙하속도는 0.6cm/s)

① 67m ② 77m
③ 88m ④ 99m

해설 $d_{min} = \left(\dfrac{18 \times \mu \times H \times V}{g \times L \times \rho_s}\right)^{\frac{1}{2}}$ 에서

$10^2 \mu m : 0.6 cm/s = 100^2 \mu m : x$
$x = 60 cm/s = 0.6 m/s$

기본관계식 $\dfrac{V_g}{V} = \dfrac{H}{L}$ 에서

$L = H \times \dfrac{V}{V_g} = 8 \times \dfrac{5}{0.6} = 66.67 m$

009 배출가스의 흐름이 층류일 때 입경 100μm 입자가 100% 침강하는 데 필요한 중력침강실의 길이는? (단, 중력침강실의 높이 1m, 배출가스의 유속 2m/s, 입자의 종말침강속도는 0.5m/s이다.)

① 1m ② 4m
③ 10m ④ 16m

해설 층류에서 침강효율식, $\eta = \dfrac{L \times v_g}{H \times V}$

$\therefore 1 = \dfrac{L \times 0.5}{1 \times 2}$ 에서 $L = 4[m]$

010 점도 μ=1.8×10⁻⁴g/cm·s, 밀도 ρ_a=1.2×10⁻³g/cm³의 정지 대기 공간에서 등속으로 중력침강하는 직경 50μm, 밀도 ρ_s=1.8g/cm³인 구형 입자의 중력침강속도는?

① 0.272cm/s ② 27.22cm/s
③ 0.136cm/s ④ 13.6cm/s

해설
$v_g = \dfrac{d_p^2 \times (\rho_p - \rho_g) \times g}{18 \times \mu}$
$= \dfrac{(50 \times 10^{-6})^2 \times (1,800 - 1.2) \times 9.8}{18 \times 1.8 \times 10^{-5}}$
$= 0.136[m/s] = 13.6 cm/s$

011 직경 10μm인 입자의 침강속도가 0.5cm/s였다. 같은 조성을 지닌 직경 30μm인 입자의 침강속도는? (단, 스토크스 침강속도식을 적용한다.)

① 1.5cm/s ② 2cm/s
③ 3cm/s ④ 4.5cm/s

해설 종말침강속도,
$v_g = \dfrac{d_p^2 \times (\rho_p - \rho_g) \times g}{18 \times \mu}$ 에서 $v_g \propto d_p^2$ 이므로

$v_g = 0.5 \times \left(\dfrac{30}{10}\right)^2 = 4.5 cm/s$

012 먼지의 Stoke's 직경이 5×10⁻⁴cm, 입자의 밀도가 1.8g/cm³일 때, 이 분진의 공기역학적 직경(cm)은?

① 7.8×10⁻⁴ ② 6.7×10⁻⁴
③ 5.4×10⁻⁴ ④ 2.6×10⁻⁴

해설 공기역학적 직경은 비중이 1인 경우이므로

$d_a = d_p \times \sqrt{\dfrac{\rho_{sp}}{\rho_{sa}}} = 5 \times 10^{-4} \times \sqrt{\dfrac{1.8}{1}}$
$= 6.7 \times 10^{-4} cm$

013 Stokes 법칙이 성립(Stokes 영역)할 때 저항계수(Drag coefficient)는?

① 0.44 ② $16/N_{Re}^{0.6}$
③ $18.5/N_{Re}$ ④ $24/N_{Re}$

정답 008 ① 009 ② 010 ④ 011 ④ 012 ② 013 ④

해설 Stokes 영역에서 저항계수 또는 항력계수,
$C_D = \dfrac{24}{N_{Re}} = \dfrac{24 \times \mu}{\rho \times v \times d}$ 이다.

014 Stokes 운동이라 가정하고, 직경 20μm, 비중 1.3인 입자의 표준대기 중 종말침강속도는 몇 m/s인가? (단, 표준공기의 점도와 밀도는 각각 3.44×10^{-5} kg/m·s, 1.3kg/m³이다.)

① 1.64×10^{-2} ② 1.32×10^{-2}
③ 1.18×10^{-2} ④ 0.82×10^{-2}

해설
$$v_g = \dfrac{d_p^2 \times (\rho_p - \rho_g) \times g}{18 \times \mu}$$
$$= \dfrac{(20 \times 10^{-6})^2 \times (1{,}300 - 1.3) \times 9.8}{18 \times 3.44 \times 10^{-5}}$$
$$= 8.2 \times 10^{-3} \text{m/s}$$

015 층류의 흐름인 공기 중을 입경이 2.2μm, 밀도가 2,400g/L인 구형 입자가 자유낙하하고 있다. 이때 구형 입자의 종말속도는? (단, 20°C에서의 공기 점도는 1.81×10^{-4} poise이다.)

① 3.5×10^{-6} m/s
② 3.5×10^{-5} m/s
③ 3.5×10^{-4} m/s
④ 3.5×10^{-3} m/s

해설 1poise = 0.1kg/m·s이므로 공기 점도는 1.81×10^{-4} poise = 1.81×10^{-5} kg/m·s이다.
2,400g/L × 10^{-3}kg/g × $1/10^{-3}$L/m³ = 2,400kg/m³
$$\therefore v_g = \dfrac{d_p^2 \times (\rho_p - \rho_g) \times g}{18 \times \mu}$$
$$= \dfrac{(2.2 \times 10^{-6})^2 \times (2{,}400 - 1.2) \times 9.8}{18 \times 1.81 \times 10^{-5}}$$
$$= 3.49 \times 10^{-4} \text{m/s}$$

실기 Check
016 입경 160μm까지의 작업장의 먼지를 집진하기 위하여 길이 4m로 설계된 기존의 중력집진장치를 입경 40μm인 먼지까지 제거할 수 있도록 설계 변경을 하려고 한다. 길이를 몇 m로 늘려야 하는가? (단, 길이 이외의 모든 설계조건은 동일하고, 층류기준이다.)

① 128 ② 64
③ 32   ④ 16

해설
$d_{\min} = \left(\dfrac{18 \times \mu \times H \times V}{g \times L \times \rho_s} \right)^{\frac{1}{2}}$ 에서
$d_{\min} \propto \left(\dfrac{1}{L} \right)^{\frac{1}{2}}$ 이므로 $\left(\dfrac{160}{40} \right) = \left(\dfrac{L}{4} \right)^{\frac{1}{2}}$
$\therefore L = 64$m

017 상온에서 밀도가 1,000kg/m³, 입경 50μm인 구형 입자가 높이 5m 정지대기 중에서 침강하여 지면에 도달하는 데 걸리는 시간(s)은? (단, 상온에서 공기밀도는 1.2kg/m³, 점도는 1.8×10^{-5} kg/m·s이며, Stokes 영역이다.)

① 66   ② 86
③ 94   ④ 105

해설
$$v_g = \dfrac{d_p^2 \times (\rho_p - \rho_g) \times g}{18 \times \mu}$$
$$= \dfrac{(50 \times 10^{-6})^2 \times (1{,}000 - 1.2) \times 9.8}{18 \times 1.8 \times 10^{-5}}$$
$$= 0.076 \text{m/s}$$
$\therefore t = \dfrac{H}{v_g} = \dfrac{5}{0.076} = 65.8$s

정답 014 ④ 015 ③ 016 ② 017 ①

018 높이 2.5m, 폭 4.0m인 중력집진장치의 침강실에 바닥을 포함하며 20개의 평행판을 설치하였다. 이 침강실에 점도가 2.078×10^{-5}kg/m·s인 먼지가스를 2.0m³/s 유량으로 유입시킬 때 밀도가 1,200kg/m³이고, 입경이 40㎛인 먼지입자를 완전히 처리하는 데 필요한 침강실의 길이는? (단, 침강실의 흐름은 층류)

① 0.5m ② 1.0m
③ 1.5m ④ 2.0m

해설 배출가스의 수평유속,
$$V = \frac{Q}{A} = \frac{2}{2.5 \times 4.0} = 0.2 \text{m/s}$$
$$d_{min} = \left(\frac{18 \times \mu \times H \times V}{g \times L \times \rho_s}\right)^{\frac{1}{2}} \text{에서}$$
$$40 = \left(\frac{18 \times 2.078 \times 10^{-5} \times \frac{2.5}{20} \times 0.2}{9.8 \times L \times 1,200}\right)^{\frac{1}{2}}$$
$$\therefore L = 0.5\text{m}$$

019 중력집진장치에서 수평이동속도 V_x, 침강실폭 B, 침강실 수평길이 L, 침강실 높이 H, 종말침강속도 V_t라고 주어진 입경에 대한 부분집진효율은? (단, 층류 기준이다.)

① $\dfrac{V_t \times L}{V_x \times H}$

② $\dfrac{V_t \times H}{V_x \times B}$

③ $\dfrac{V_x \times B}{V_t \times H}$

④ $\dfrac{V_x \times H}{V_t \times L}$

해설 층류기준에 따른 침강효율, $\eta = \dfrac{V_t \times L}{V_x \times H}$ 이다.

실기 Check

020 배출가스 0.3m³/s를 폭 5m, 높이 0.2m, 길이 10m의 침강집진으로 침전 제거한다면 처리가스 내의 입경 10㎛분진의 침강효율은? (단, 분진밀도: 1.10g/cm³, 배출가스밀도: 1.2kg/m³, 처리가스 점도: 1.84×10^{-4}g/cm·s, 수평 침강실의 수는 1, 보정계수 1.0, 층류 영역이라 가정함.)

① 약 34% ② 약 44%
③ 약 54% ④ 약 64%

해설 배출가스의 수평유속,
$$V = \frac{Q}{A} = \frac{0.3}{5 \times 0.2} = 0.3(\text{m/s})$$
$$v_g = \frac{d_p^2 \times (\rho_p - \rho_g) \times g}{18 \times \mu}$$
$$= \frac{(10 \times 10^{-6})^2 \times (1,100 - 1.2) \times 9.8}{18 \times 1.84 \times 10^{-5}}$$
$$= 3.25 \times 10^{-3}(\text{m/s})$$
$$\eta = \frac{L \times v_g}{H \times V} = \frac{10 \times 3.25 \times 10^{-3}}{0.2 \times 0.3} = 0.54 = 54\%$$

021 유입구 폭 15cm, 유효 선회류수 6인 원심력집진기에 함진가스(함진가스의 유입가스 속도 25m/s, 먼지입자의 밀도 2.0g/cm³, 함진가스의 점도 2×10^{-5}kg/m·s)를 처리할 때 함진가스에 포함된 입자의 절단입경(㎛)은? (단, 함진가스 밀도는 1.2kg/m³)

① 3.78 ② 4.23
③ 5.89 ④ 6.17

해설 입자의 절단입경은 집진율이 50%인 입경으로 분리한계 입경이라고도 한다.
Lapple의 식,
$$d_{p,cut}(d_{p,50}) = \sqrt{\frac{9 \times \mu_g \times W}{2 \times \pi \times N_e \times (\rho_p - \rho_g) \times v_i}} \text{에서}$$
$$d_{p,50} = \left(\frac{9 \times 2 \times 10^{-5} \times 0.15}{2 \times 3.14 \times 6 \times (2,000 - 1.2) \times 25}\right)^{\frac{1}{2}}$$
$$= 3.78 \times 10^{-6}(\text{m}) = 3.78㎛$$

계산형 빈출문제

실기 Check ✓

022 사이클론(cyclone)의 가스 유입속도를 4배로 증가시키고 유입구의 폭을 3배로 늘렸을 때, 처음 Lapple의 절단입경 d_p에 대한 나중 Lapple의 절단입경 d_p'의 비는?

① 0.87　　　　② 0.93
③ 1.18　　　　④ 1.26

해설 Lapple의 식,
$$d_{p,cut}(d_{p,50}) = \sqrt{\frac{9 \times \mu_g \times W}{2 \times \pi \times N_e \times (\rho_p - \rho_g) \times v_i}}$$ 에서

$$d_p' = d_p \times \left(\frac{3}{4}\right)^{\frac{1}{2}} = 0.87 \times d_p$$

$$\therefore \frac{d_p'}{d_p} = 0.87$$

---

023 원심력집진장치인 사이클론(cyclone)에서 가스 유입속도를 2배로 증가시키고 입구폭을 3배로 늘리면 50% 효율로 집진되는 입자의 직경, 즉 Lapple의 절단입경(cut diameter)인 $d_{p,50}$은 처음의 몇 배가 되는가?

① 1.38　　　　② 1.23
③ 0.82　　　　④ 0.72

해설
$$d_{p,cut}(d_{p,50}) = \sqrt{\frac{9 \times \mu_g \times W}{2 \times \pi \times N_e \times (\rho_p - \rho_g) \times v_i}}$$ 에서

$$d_{p,50}' = d_{p,50} \times \left(\frac{3}{2}\right)^{\frac{1}{2}} = 1.23 \times d_p$$

따라서 유입속도를 2배, 입구폭을 3배로 늘리면 1.23배가 된다.

실기 Check ✓

024 사이클론에서 가스 유입속도를 2배로 증가시키고, 입구폭을 4배로 늘리면 50% 효율로 집진되는 입자의 직경, 즉 Lapple의 절단입경($d_{p,50}$)은 처음에 비해 어떻게 변화되겠는가?

① 처음의 2배　　　② 처음의 $\sqrt{2}$ 배
③ 처음의 1/2배　　④ 처음의 $\frac{1}{\sqrt{2}}$ 배

해설
$$d_{p,cut}(d_{p,50}) = \sqrt{\frac{9 \times \mu_g \times W}{2 \times \pi \times N_e \times (\rho_p - \rho_g) \times v_i}}$$ 에서

$$d_{p,50}' = d_{p,50} \times \left(\frac{4}{2}\right)^{\frac{1}{2}}$$

따라서 처음의 $\sqrt{2}$ 배 = 1.414배가 된다.

---

025 유량이 200m³/min인 공기 흐름을 몸통 직경이 1.0m인 사이클론을 이용하여 처리하고자 한다. 다음 표를 이용하여 새로 제작하려고 하는 사이클론의 외부 선회류의 유효회전수[N_e]를 구하면?

몸통 직경(D/D)	1.0
유입구 높이(H/D)	0.5
유입구 폭(W/D)	0.25
가스출구 직경(D_e/D)	0.5
선회류 출구길이(S/D)	0.625
원통부의 길이(L_b/D)	2.0
원추부의 길이(L_c/D)	2.0

① 2　　　　② 4
③ 6　　　　④ 8

해설 유효회전수,
$$N_e = \frac{1}{\left(\frac{H}{D}\right)} \times \left[\left(\frac{L_b}{D}\right) + \frac{\left(\frac{L_c}{D}\right)}{2}\right] = \frac{1}{0.5} \times \left(2.0 + \frac{2.0}{2}\right) = 6$$

정답　022 ①　023 ②　024 ②　025 ③

실기 Check ✓

026 5m³/s로 유입되는 함진가스를 처리하기 위해 그림과 같은 치수를 갖는 원심력집진장치를 제작하고자 한다. 이때 원심력집진장치의 원통부 직경(D)은? (단, 가스의 유입속도는 10m/s이다.)

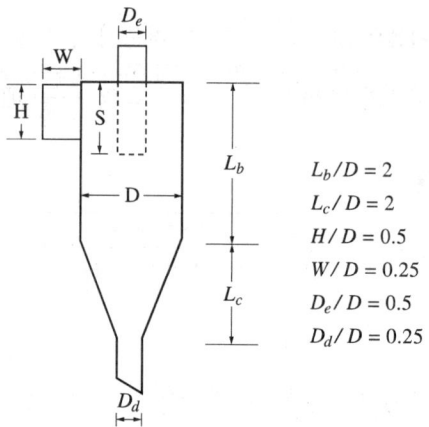

$L_b/D = 2$
$L_c/D = 2$
$H/D = 0.5$
$W/D = 0.25$
$D_e/D = 0.5$
$D_d/D = 0.25$

① 1.0m ② 1.5m
③ 2.0m ④ 2.5m

해설 유입구의 면적, $A = \dfrac{Q}{V_i} = \dfrac{5}{10} = 0.5m^2$에서

그림의 사이클론은 직상형이므로 $A = \dfrac{3}{25} \times D^2$이다.

∴ $0.5 = \dfrac{3}{25} \times D^2$에서 $D = 2m$

---

027 사이클론 유입구의 높이(길이)가 50cm, 원통부의 길이가 200cm, 원추부의 길이가 200cm일 때 유효회전수(N_e)는 얼마인가?

① 2 ② 4
③ 6 ④ 8

해설

$N_e = \dfrac{1}{\text{유입구 높이}} \times \left(\text{원통부 길이(높이)} + \dfrac{\text{원추부 길이(높이)}}{2}\right)$

$= \dfrac{1}{0.5} \times \left(2 + \dfrac{2}{2}\right) = 6$

실기 Check ✓

028 사이클론의 원추부 높이가 1.4m, 유입구 높이가 20cm, 원통부 높이가 1.4m일 때 외부선회류의 회전수는? (단, $N_e = \left(\dfrac{1}{H_a}\right) \times \left[H_b + \left(\dfrac{H_c}{2}\right)\right]$이다.)

① 6회 ② 11회
③ 14회 ④ 18회

해설

$N_e = \left(\dfrac{1}{H_a}\right) \times \left[H_b + \left(\dfrac{H_c}{2}\right)\right] = \dfrac{1}{0.2} \times \left(1.4 + \dfrac{1.4}{2}\right)$
$= 10.5 ≒ 11$

---

029 어떤 공장의 연마실에서 발생되는 배출가스의 먼지 제거에 cyclone이 사용되고 있다. 유입폭이 30cm, 유효회전수 6회, 입구 유입속도 8m/s로 가동 중인 공정조건에서 10μm 먼지 입자의 부분집진효율은 몇 %인가? (단, 먼지의 밀도는 1.6g/cm³, 가스 점도는 1.75×10⁻⁴g/cm·s, 가스밀도는 고려하지 않음.)

① 38 ② 51
③ 73 ④ 82

해설 입경 d_p에 대한 부분집진율(Lapple의 식),

$\eta_f = \dfrac{\pi \times N_e \times d_p^2 \times (\rho_p - \rho_g) \times v_i}{9 \times \mu_g \times W}$

∴ $\eta_f = \dfrac{3.14 \times 6 \times (10 \times 10^{-6})^2 \times 1,600 \times 8}{9 \times 1.75 \times 10^{-5} \times 0.3}$
$= 0.51 = 51\%$

실기 Check ✓

030 원심력집진장치에서 함진가스의 온도가 450K(함진가스 점도: 0.09kg/m·h)일 때 절단입경에서 집진율이 50%를 나타내고 있다. 함진가스의 온도가 350K(함진가스 점도: 0.0748 kg/m·h)로 변화되었다면 그때 집진율(%)은? (단, 기타 조건은 같다.)

① 35.3   ② 48.2
③ 54.4   ④ 62.5

해설 처리가스양이 일정하고 점도가 변할 때

집진율의 평가식은 $\dfrac{1-\eta_a}{1-\eta_b} = \left(\dfrac{\mu_a}{\mu_b}\right)^{\frac{1}{2}}$ 이다.

∴ $\dfrac{1-0.5}{1-\eta_b} = \left(\dfrac{0.09}{0.0748}\right)^{\frac{1}{2}}$, $\eta_b = 0.544 = 54.4\%$

031 원심력집진장치에서 외부 선회류에 의해 입자에 작용하는 최대원심력의 관계식으로 옳은 것은? (단, F_c: 최대원심력, d_p: 입자직경, ρ_p: 입자밀도, V_o: 원심력이 최대가 되는 R_c 지점에서의 선회류의 접선속도, R_c: 원추 하부의 반경)

① $F_c = \left(\dfrac{\pi}{4} \times d_p^{\,2} \times \rho_p\right) \times \left(\dfrac{V_o}{R_c}\right)$

② $F_c = \left(\dfrac{\pi}{4} \times d_p^{\,2} \times \rho_p\right) \times \left(\dfrac{V_o^{\,2}}{R_c}\right)$

③ $F_c = \left(\dfrac{\pi}{6} \times d_p^{\,3} \times \rho_p\right) \times \left(\dfrac{V_o}{R_c}\right)$

④ $F_c = \left(\dfrac{\pi}{6} \times d_p^{\,3} \times \rho_p\right) \times \left(\dfrac{V_o^{\,2}}{R_c}\right)$

해설 외부 선회류에 의해 입자에 작용하는 최대원심력,

$F_c =$ 입자의 질량 $\times \dfrac{\text{선회류의 접선속도}^2}{\text{원추 하부의 반경}}$ 이므로

$F_c = \left(\dfrac{\pi}{6} \times d_p^{\,3} \times \rho_p\right) \times \left(\dfrac{V_o^{\,2}}{R_c}\right)$ 이다.

실기 Check ✓

032 사이클론의 반경이 50cm인 원심력집진장치에서 입자의 접선방향 속도가 10m/s이라면 분리계수는?

① 10.2   ② 20.4
③ 34.5   ④ 40.9

해설 사이클론에서 입자에 작용하는 원심력을 중력으로 나눈 값을 분리계수(S)라고 한다.

$S = \dfrac{\text{원심력}}{\text{중력}} = \dfrac{m \times \dfrac{v_{\theta,R_2}^{\,2}}{R_2}}{m \times g} = \dfrac{v_{\theta,R_2}^{\,2}}{g \times R_2}$

$= \dfrac{10^2}{9.8 \times 0.5} = 20.4$

분리계수 값이 클수록 사이클론의 원심력이 커져서 집진율이 증가한다.

033 실린더 직경 1.5×10^2cm인 사이클론으로 선회류의 회전수 5인 경우 함진가스 유입속도 10 m/s, 입자 밀도 1.5g/cm³일 때, 직경 24μm인 입자의 Lapple식에 의한 이론적 제거효율(%)을 아래 표에서 찾으시오. (단, D_p: 절단입경(μm), 배출가스 점도: 2×10^{-5}kg/m·s, 배출가스의 밀도: 1.3×10^{-3}g/cm³, 유입구 폭: 1/4×실린더 직경)

[입경비에 대한 이론적 제거효율]

$\dfrac{D}{D_p}$	1.0	1.5	2.0	2.5
이론적 제거효율(%)	50	70	80	85

① 50%   ② 70%
③ 80%   ④ 85%

해설 절단입경,

$d_p = \sqrt{\dfrac{9 \times \mu_g \times W}{2 \times \pi \times N_e \times (\rho_p - \rho_g) \times v_i}}$

$= \left[\dfrac{9 \times 2 \times 10^{-5} \times \left(\dfrac{1.5}{4}\right)}{2 \times 3.14 \times 5 \times (1{,}500 - 1.3) \times 10}\right]^{\frac{1}{2}}$

$= 1.198 \times 10^{-5}\,(m) = 11.98\,\mu m$

∴ $\dfrac{D}{D_p} = \dfrac{24}{11.98} = 2.0$, 이론적 제거효율은 80%이다.

034 입구 직경이 400mm인 접선 유입식 사이클론으로 함진가스 100m³/min을 처리할 때, 배출가스의 밀도는 1.28kg/m³이고, 압력손실계수가 8이면 사이클론 내의 압력손실은?

① 83mmH₂O ② 92mmH₂O
③ 114mmH₂O ④ 126mmH₂O

해설

유입속도, $v_i = \dfrac{Q}{A} = \dfrac{100 \times \dfrac{1}{60}}{\dfrac{\pi}{4} \times 0.4^2} = 13.27$ (m/s)

압력손실, $\Delta P = F \times \dfrac{\gamma \times v_i^2}{2 \times g} = 8 \times \dfrac{1.28 \times 13.27^2}{2 \times 9.8}$
$= 92\,\mathrm{mmH_2O}$

035 사이클론에서 처리가스양에 대하여 외기의 누입이 없을 때 집진율은 88%였다면 외부로부터 외기가 10% 누입이 될 때의 집진율은? (단, 이때 먼지통과율은 누입되지 않은 경우의 3배에 해당한다.)

① 54% ② 64%
③ 75% ④ 83%

해설

집진율 88%일 경우 통과율, $P = 1 - \eta = 1 - 0.88 = 0.12$
외부로부터 외기가 10% 누입이 될 때의 집진율,
$\eta = (1 - 3 \times P) = (1 - 3 \times 0.12) = 0.64 = 64\%$

036 A 공장에 여과집진장치를 설치하고자 한다. 이 공장에서 배출되는 가스의 양은 200m³/min이며, 먼지의 부하는 6.25g/m³라면, 필요한 여과백의 수는? (단, 여과백의 규격은 직경 20cm, 길이 5m, 여과속도는 0.5m/min)

① 128 ② 156
③ 254 ④ 304

해설 여과백의 수,

$n = \dfrac{Q}{\pi \times D \times H \times v_f}$
$= \dfrac{200}{3.14 \times 0.2 \times 5 \times 0.5} = 127.4 = 128$

여기서, 여과백의 수는 소수점으로 나타내지 않고 반드시 정수로 나타내어야 한다.

037 먼지농도 10g/m³인 배출가스를 1,200m³/min로 배출하는 배출구에 여과집진장치를 설치하고자 한다. 이 여과집진장치의 평균 여과속도는 3m/min이고, 여기에 직경 20cm, 길이 4m의 여과백을 사용한다면 필요한 여과백의 수는?

① 120개 ② 140개
③ 160개 ④ 180개

해설 여과백의 수,

$n = \dfrac{Q}{\pi \times D \times H \times v_f}$
$= \dfrac{1,200}{3.14 \times 0.2 \times 4 \times 3} = 159.2 = 160$

038 직경이 30cm, 높이가 10m인 원통형 여과집진장치(여포)를 이용하여 배출가스를 처리하고자 한다. 배출가스양은 500m³/min이고, 여과속도는 3cm/s로 할 경우 필요한 여포는 최소 몇 개인가?

① 25 ② 30
③ 35 ④ 40

해설 여과백의 수,

$n = \dfrac{Q}{\pi \times D \times H \times v_f}$
$= \dfrac{500}{3.14 \times 0.3 \times 10 \times 0.03 \times 60} = 29.5 = 30$

계산형 빈출문제

039 6개의 실로 분리된 충격 제트형 여과집진기에서 전체 처리가스양 6,000m³/min, 여과속도 1.5m/min로 처리하기 위하여 직경 0.2m, 길이 10m 규격의 필터백(Filter bag)을 사용하고 있다. 이때 집진장치의 각 실(house)에 필요한 필터백의 개수는? (단, 각 실의 규격은 동일하고, 필터백은 짝수로 선택한다.)

① 172 ② 142
③ 128 ④ 108

해설 여과백의 수,
$$n = \frac{Q}{\pi \times D \times H \times v_f}$$
$$= \frac{6,000}{3.14 \times 0.2 \times 10 \times 1.5 \times 6} = 106.2$$
필터백은 짝수로 선택하여야 하므로 108개의 필터백이 필요하다.

040 유효높이가 5m이고 직경이 15cm인 백필터(bag filter) 20개로 배출가스를 처리하고 있는 집진장치에서 가스유량을 120m³/min로 유지하면 여과속도(cm/s)는?

① 1.18 ② 2.24
③ 3.18 ④ 4.25

해설 여과속도,
$$v_f = \frac{Q}{\pi \times n \times D \times H}$$
$$= \frac{120}{3.14 \times 20 \times 0.15 \times 5 \times 60} = 0.0425 \text{m/s}$$
$$= 4.25 \text{m/s}$$

041 유량이 150m³/min인 배출가스를 직경 20cm인 원통형 백필터(bag filter) 40개로 처리하려고 한다. 여과속도를 1.5cm/s로 유지하려면 백필터의 유효높이(m)는?

① 4.63 ② 5.63
③ 6.63 ④ 7.63

해설 여과속도, $v_f = \dfrac{Q}{\pi \times n \times D \times H}$ 에서
$$H = \frac{Q}{\pi \times n \times D \times v_f}$$
$$= \frac{150}{3.14 \times 40 \times 0.2 \times 0.9} = 6.63 \text{m}$$

042 면적 1.5m²인 여과집진장치로 먼지농도가 1.5g/m³인 배출가스가 100m³/min으로 통과하고 있다. 먼지가 모두 여과포에서 제거되었으며, 집진된 먼지층의 밀도가 1g/cm³라면 1시간 후 여과된 먼지층의 두께는?

① 1.5mm ② 3mm
③ 6mm   ④ 15mm

해설 겉보기 여과속도,
$$v_f = \frac{Q}{A_b} = \frac{100 \times 60}{1.5} = 4,000 (\text{m/h})$$
먼지부하, $L_d = C_i \times v_f \times t \times \eta$
$$= 1.5 \times 4,000 \times 1 \times 1 = 6,000 \text{g/m}^2$$
여과된 먼지층의 두께,
$$d = \frac{L_d}{\rho_d} = \frac{6,000 \text{g/m}^2}{1 \text{g/cm}^3 \times 10^6 \text{cm}^3/\text{m}^3} = 6 \times 10^{-3} \text{m}$$
$$= 6 \text{mm}$$

043 입구에서의 분진농도가 10g/Sm³인 함진가스를 여과집진장치를 이용하여 출구에서의 분진농도를 0.5g/Sm³로 유지하고자 한다. 이 여과집진장치는 분진부하가 300g/m²일 때, 탈진해 주어야 한다면 탈진주기(min)는? (단, 이때 겉보기여과속도는 2cm/s이며, 먼지를 100% 제거한다.)

① 약 25 ② 약 34
③ 약 43 ④ 약 46

정답 039 ④ 040 ④ 041 ③ 042 ③ 043 ①

해설 먼지부하, $L_d = C_i \times v_f \times t \times \eta$ 에서

$$t = \frac{L_d}{C_i \times v_f \times \eta}$$

$$= \frac{300 \text{g/m}^2}{10 \text{g/Sm}^3 \times 2 \text{cm/s} \times 10^{-2} \text{m/cm} \times 1}$$

$$= 1,500 \text{s} = 25 \text{min}$$

실기 Check ✓

044 백필터의 먼지부하가 420g/m²에 달할 때 먼지를 탈락시키고자 한다. 이때 탈락 시간 간격은? (단, 백필터 유입가스 함진농도는 10g/m³, 여과속도는 7,200cm/h이며 먼지를 100% 제거한다.)

① 25분   ② 30분
③ 35분   ④ 40분

해설 먼지부하, $L_d = C_i \times v_f \times t \times \eta$ 에서

$$t = \frac{L_d}{C_i \times v_f \times \eta}$$

$$= \frac{420 \text{g/m}^2}{10 \text{g/m}^3 \times 7,200 \text{cm/h} \times 10^{-2} \text{m/cm} \times 1}$$

$$= 0.583 \text{h} = 35 \text{min}$$

045 입구 먼지농도가 12g/m³, 배출가스 유량이 300m³/min인 함진가스를 여재비 3m³/m²·min인 여과집진장치로 집진한 결과 집진효율은 98%이었다. 압력손실이 200mmH₂O에서 집진한다면 탈진주기(min)는? (단, $\Delta P = K_1 \times V_f + K_2 \times C_i \times V_f^2 \times \eta \times t$를 이용하고, K_1 =59.8 mmH₂O/(m/min), K_2 =127mmH₂O/(kg/m·min)이다.)

① 1.53   ② 2.86
③ 5.53   ④ 7.33

해설 $\Delta P = K_1 \times V_f + K_2 \times C_i \times V_f^2 \times \eta \times t$ 에서
$200 = 59.8 \times 3 + 127 \times 12 \times 10^{-3} \times 0.98 \times 3^2 \times t$
∴ $t = 1.53 \text{min}$

실기 Check ✓

046 10개의 백(bag)을 사용한 여과집진장치에서 입구 먼지농도가 15g/m³, 집진율이 98%였다. 가동 중 1개의 bag에 구멍이 열려 전체 처리가스양의 1/50이 그대로 통과하였다면 출구의 먼지농도는? (단, 나머지 백의 집진율 변화는 없다.)

① 2.66g/m³   ② 2.92g/m³
③ 3.05g/m³   ④ 3.24g/m³

해설 구멍이 난 1개의 bag으로부터 처리되지 않고 통과한 먼지농도, $15 \times \frac{1}{5} = 3(\text{g/m}^3)$

총 먼지 유입농도 15g/m³ 중 3g/m³은 처리되지 않고 통과된다. 즉 15-3=12(g/m³)은 98%가 처리되므로 처리되지 않고 통과되는 총 먼지의 농도는 3+12×(1-0.98)=3.24g/m³이다.

047 3개의 집진실로 구성된 여과집진기의 총 여과시간이 55분이고, 단위 집진실의 탈진시간이 5분이라면, 단위 집진실의 운전시간은?

① 15분   ② 20분
③ 30분   ④ 45분

해설 1개의 집진실이 운전하는 시간은 $\frac{55분}{3} \approx 20$분이다.
또한 단위 집진실의 탈진시간이 5분이므로, 실제 운전시간은 20-5=15(분)

048 A공장 Bag Filter의 입구 가스양은 35.8 Sm³/h, 입구 먼지농도는 4.56g/Sm³이었고, 출구 가스양은 0.71Sm³/min, 출구 먼지농도는 5mg/Sm³ 이었다. 이 Bag Filter의 집진효율(%)은?

① 97.83　　　　　② 98.42
③ 99.16　　　　　④ 99.87

해설

$$\eta = 1 - \frac{Q_o \times C_o}{Q_i \times C_i} = 1 - \frac{35.8 \times 5 \times 10^{-3}}{0.71 \times 60 \times 4.56}$$
$$= 0.999 = 99.9\%$$

049 여과집진장치의 출구 분진농도가 20mg/m³이고 먼지의 통과율이 5%일 때 입구 분진농도는?

① 0.4g/m³　　　　② 0.8g/m³
③ 40mg/m³　　　　④ 80mg/m³

해설 통과율, $P = \frac{C_o}{C_i}$에서 $0.05 = \frac{20}{C_i}$

∴ $C_i = 400\text{mg/m}^3 = 0.4\text{g/m}^3$

실기 Check ✓

050 벤투리 스크러버에서 220m³/min의 함진가스를 처리하려고 한다. 목부(throat)의 지름이 30cm, 수압 1.8atm, 직경 4mm인 노즐 8개를 사용할 때 필요한 물의 양(L/s)은?

(단, $n\left(\frac{D}{D_t}\right)^2 = \frac{V_t \times L}{100 \times \sqrt{P}}$ 을 이용한다.)

① 약 3.9L/s　　　　② 약 2.4L/s
③ 약 1.4L/s　　　　④ 약 0.6L/s

해설 목부의 유속,

$$V_t = \frac{Q}{A} = \frac{220 \times 4}{3.14 \times 0.3^2 \times 60} = 51.90(\text{m/s})$$

$n\left(\frac{D}{D_t}\right)^2 = \frac{V_t \times L}{100 \times \sqrt{P}}$ 에서

$$8 \times \left(\frac{4 \times 10^{-3}}{0.3}\right)^2 = \frac{51.90 \times L}{100 \times \sqrt{1.8 \times 760 \times 13.6}}$$

∴ $L = 0.37(\text{L/m}^3)$

여기서, 액가스비, $L = \frac{세정액량(\text{L})}{액가스비(\text{m}^3)}$ 이므로

세정액(물)의 양 = 액가스비 × 처리가스양

∴ 물의 양 = $0.37 \times \left(\frac{220}{60}\right) = 1.36 ≒ 1.4\text{L/s}$

051 Venturi Scrubber에서 액·가스비가 0.6L/m³, 목부의 압력손실이 330mmH₂O일 때, 목부의 가스속도(m/s)는? (단, 가스 비중은 1.2kg/m³이며, Venturi Scrubber의 압력손실 식 $\Delta P = (0.5 + L) \times \frac{\gamma \times V_t^2}{2 \times g}$ 을 이용할 것)

① 60　　　　　② 70
③ 80　　　　　④ 90

해설 $\Delta P = (0.5 + L) \times \frac{\gamma \times V_t^2}{2 \times g}$ 에서

$$330 = (0.5 + 0.6) \times \frac{1.2 \times V_t^2}{2 \times 9.8}$$

∴ $V_t = 70\text{m/s}$

실기 Check ✓

052 목(throat) 부분의 지름이 30cm인 Venturi Scrubber를 사용하여 360m³/min의 함진가스를 처리할 때, 320L/min의 세정수를 공급할 경우 이 부분의 압력손실(mmH₂O)은? (단, 가스밀도는 1.2kg/m³이고, 압력손실계수는 (0.5+액가스비)이다.)

① 약 545　　　　② 약 575
③ 약 614　　　　④ 약 664

해설

목부의 유속,

$$V_t = \frac{Q}{A} = \frac{360 \times 4}{3.14 \times 0.3^2 \times 60} = 84.93(\text{m/s})$$

액가스비,

$$L = \frac{세정액량(\text{L/min})}{배출가스양(\text{m}^3/\text{min})} = \frac{320}{360} = 0.89(\text{L/m}^3)$$

∴ $\Delta P = (0.5 + L) \times \frac{\gamma \times V_t^2}{2 \times g}$

$$= (0.5 + 0.89) \times \frac{1.2 \times 84.93^2}{2 \times 9.8}$$
$$= 614\text{mmH}_2\text{O}$$

정답 049 ①　050 ③　051 ②　052 ③

053 송풍기 회전판 회전에 의하여 집진장치에 공급되는 세정액이 미립자로 만들어져 집진하는 원리를 가진 회전식 세정집진장치에서 직경이 10cm인 회전판이 9,620rpm으로 회전할 때 형성되는 물방울의 직경은 몇 μm인가?

① 93   ② 104
③ 208   ④ 316

해설 회전원판에 의하여 분무액이 미립화될 경우 물방울 직경을 구하는 식
$$d_w = \frac{200}{N \times \sqrt{R}} = \frac{200}{9{,}620 \times \sqrt{5}}$$
$$= 9.3 \times 10^{-3}(\text{cm}) = 93\mu m$$

054 전기집진장치에서 입자가 받는 Coulomb힘 ($kg \cdot m/s^2$)을 옳게 나타낸 것은? (단, ϵ_o: 전하 (1.602×10^{-19} Coulomb), n: 전하수, E: 하전부의 전계강도(Volt/m), μ: 가스점도(kg/m·s), D: 입자 직경(m), V_e: 입자 분리속도(m/s)이다.)

① $n \times \epsilon_o \times E$
② $\dfrac{2n \times \epsilon_o}{E}$
③ $3\pi \times \mu \times D \times V_e$
④ $6\pi \times \mu \times D \times V_e$

해설 대전입자의 Coulomb력, $F_e = n \times \epsilon_o \times E$이다.

055 평판형 전기집진장치의 집진판 사이의 간격이 10cm, 가스의 유속은 3m/s, 입자의 집진극으로 이동속도가 7cm/s일 때, 층류 영역에서 입자를 완전 제거하기 위한 이론적인 집진극의 길이(m)는?

① 1.34m   ② 2.14m
③ 3.14m   ④ 4.29m

해설 100%의 효율을 얻기 위한 집진극의 길이,
$$L = \frac{S \times V_o}{w} = \frac{5\text{cm} \times 3\text{m/s}}{7\text{cm/s}} = 2.14(\text{m})$$
S: 집진극과 방전극 사이의 거리이므로 방전극은 집진극 간의 중앙에 위치하므로 10/2=5cm

056 전기집진장치의 처리가스 유량 110m³/min, 집진극 면적 500m², 입구 먼지농도 30g/Sm³, 출구 먼지농도 0.2g/Sm³이고 누출이 없을 때 충전입자의 이동속도는? (단, Deutsch 효율식을 적용한다.)

① 0.013m/s   ② 0.018m/s
③ 0.023m/s   ④ 0.028m/s

해설 전기집진장치의 효율,
$$\eta = \left(1 - \frac{C_o}{C_i}\right) = \left(1 - \frac{0.2}{30}\right) = 0.9933 = 99.33\%$$
전기집진장치에서 Deutsch 효율식,
$$\eta = 1 - e^{\left(-\frac{A \times w_e}{Q}\right)}$$ 에서 $0.9933 = 1 - e^{\left(-\frac{500 \times 60 \times w_e}{110}\right)}$
∴ 이항 후 양변에 ln을 취하여 정리하면, $w_e = 0.018$m/s

057 전기집진장치의 집진율과 집진기 변수와의 관계식으로 옳은 것은? (단, η: 집진율, V_e: 입자의 유속(m/s), A: 집진극의 면적(m²), Q: 가스유량(m³/s))

① $\eta = 1 - \exp\left(-V_e \times \dfrac{A}{Q}\right)$
② $\eta = 1 - \exp\left(-Q \times \dfrac{A}{V_e}\right)$
③ $\eta = 1 - \exp\left(-Q \times \dfrac{V_e}{A}\right)$
④ $\eta = 1 - \exp\left(Q \times \dfrac{V_e}{A}\right)$

정답 053 ① 054 ① 055 ② 056 ② 057 ①

[계산형 빈출문제]

해설 전기집진장치의 Deutsch-Anderson 식은
$\eta = 1 - \exp\left(-V_e \times \dfrac{A}{Q}\right)$ 이다.

060 전기집진장치에서 입구 분진농도가 16 g/Sm³, 출구 분진농도가 0.1g/Sm³이었다. 출구 분진농도를 0.03g/Sm³로 하기 위해서는 집진극의 면적을 약 몇 % 넓게 하면 되는가? (단, 다른 조건은 무시한다.)

① 8% ② 16%
③ 22% ④ 32%

해설 $\eta_1 = \left(1 - \dfrac{0.1}{16}\right) = 0.994$

$\eta = 1 - e^{\left(-\dfrac{A \times w_e}{Q}\right)}$ 에서 $0.994 = 1 - e^{(-A_1)}$

∴ $A_1 = 5.1160$

$\eta_2 = \left(1 - \dfrac{0.03}{16}\right) = 0.998$

$\eta = 1 - e^{\left(-\dfrac{A \times w_e}{Q}\right)}$ 에서 $0.998 = 1 - e^{(-A_2)}$

∴ $A_2 = 6.2146$

∴ $\dfrac{6.2146 - 5.1160}{5.1160} \times 100 = 22\%$

즉, 집진극의 면적을 약 22% 넓게 해야 한다.

[실기 Check]

058 원통형 집진극의 직경이 10cm이고 길이가 0.75m이다. 처리가스의 유속을 2.0m/s로 하고, 먼지의 이동 분리속도는 10cm/s이라면 집진효율은 몇 %인가?

① 78 ② 86
③ 95 ④ 99

해설 원통형 집진극을 갖은 전기집진장치의 Deutsch 효율식에서

$\eta = 1 - e^{\left(-\dfrac{2 \times w_e \times L}{R \times u}\right)} = 1 - e^{\left(-\dfrac{2 \times 0.1 \times 0.75}{0.05 \times 2.0}\right)}$
$= 0.78 = 78\%$

[실기 Check]

061 전기집진장치의 처리가스 유량 120m³/min, 집진극 면적 400m², 입구 먼지농도 25g/Sm³, 출구 먼지농도 0.25g/Sm³이고 누출이 없을 때 충전입자의 이동속도는? (단, Deutsch 효율식을 적용한다.)

① 0.016m/s ② 0.023m/s
③ 0.036m/s ④ 0.042m/s

해설 전기집진장치의 효율,

$\eta = \left(1 - \dfrac{C_o}{C_i}\right) = \left(1 - \dfrac{0.25}{25}\right) = 0.99 = 99\%$

전기집진장치에서 Deutsch 효율식,

$\eta = 1 - e^{\left(-\dfrac{A \times w_e}{Q}\right)}$ 에서 $0.99 = 1 - e^{\left(-\dfrac{400 \times 60 \times w_e}{120}\right)}$

∴ 이항 후 양변에 ln을 취하여 정리하면, $w_e = 0.023$m/s

059 전기집진장치에서 집진율은 Deutsch-Anderson 식 $\eta = 1 - e^{-\dfrac{A \times w_e}{Q}}$ 로 정의할 수 있다. 만일 300m³/min 처리가스양에 대하여 이동속도를 5cm/s로 유지하면서 유입농도 10g/m³를 유출농도 0.4g/m³으로 제거하려면 이때 필요한 집진판의 단면적(m²)은?

① 305 ② 322
③ 339 ④ 346

해설 전기집진장치의 효율,
$\eta = \left(1 - \dfrac{C_o}{C_i}\right) = \left(1 - \dfrac{0.4}{10}\right) = 0.96 = 96\%$

전기집진장치에서 Deutsch 효율식,
$\eta = 1 - e^{\left(-\dfrac{A \times w_e}{Q}\right)}$ 에서 $0.96 = 1 - e^{\left(-\dfrac{A \times 60 \times 0.05}{300}\right)}$

∴ 이항 후 양변에 ln을 취하여 정리하면, $A = 322$m²

정답 058 ① 059 ② 060 ③ 061 ②

062 98% 효율을 가진 전기집진장치로 유량이 5,000m³/min인 공기 흐름을 처리하고자 한다. 표류속도(w_e)가 6.0cm/s일 때, Deutsch 식에 의한 필요 집진면적은 얼마나 되겠는가?

① 약 3,938m² ② 약 4,431m²
③ 약 4,937m² ④ 약 5,433m²

해설 전기집진장치에서 Deutsch 효율식,
$\eta = 1 - e^{\left(-\frac{A \times w_e}{Q}\right)}$ 에서 $0.98 = 1 - e^{\left(-\frac{A \times 60 \times 0.06}{5,000}\right)}$
∴ 이항 후 양변에 ln을 취하여 정리하면, $A = 5,433$m²

063 석탄화력발전소에서 120m³/min의 배출가스를 전기집진장치로 처리한다. 입자 이동 속도가 10cm/s일 때, 이 집진기의 효율이 99.0%가 되려면 집진기 면적은? (단, Deutsch-Anderson 식을 적용한다.)

① 약 47m² ② 약 54m²
③ 약 75m² ④ 약 92m²

해설 전기집진장치에서 Deutsch 효율식,
$\eta = 1 - e^{\left(-\frac{A \times w_e}{Q}\right)}$ 에서 $0.99 = 1 - e^{\left(-\frac{A \times 60 \times 0.1}{120}\right)}$
∴ 이항 후 양변에 ln을 취하여 정리하면, $A = 92.1$m²

064 3개의 평행판으로 구성된 전기집진기에서 집진극판 규격은 3.64m×3.64m이고, 극판 간 거리는 20cm이며, 이 집진기의 포집입자 이동속도가 0.12m/s일 때 처리가스의 50%가 하나의 평형판에, 나머지는 두 평형판에 각각 25%씩 처리될 경우의 효율(%)은? (단, 처리가스유량은 113.2 m³/min, 20℃, 1기압)

① 98.45 ② 98.85
③ 99.20 ④ 99.60

해설
$\eta_1 = 1 - e^{\left(-\frac{A \times w_e}{Q}\right)} = 1 - e^{\left(-\frac{3.64 \times 3.64 \times 2 \times 0.12 \times 60}{113.2 \times 0.5}\right)}$
$= 0.97 = 97\%$
$\eta_2 = 1 - e^{\left(-\frac{A \times w_e}{Q}\right)} = 1 - e^{\left(-\frac{3.64 \times 3.64 \times 2 \times 0.12 \times 60}{113.2 \times 0.25}\right)}$
$= 0.999 = 99.9\%$
처리가스의 흐름은 병렬이므로
$\eta_t = \eta_1 \times f_1 + \eta_2 \times f_2 + \eta_3 \times f_3$
$= 97 \times 0.5 + 99.9 \times 0.25 + 99.9 \times 0.25 = 98.45\%$

065 가로 5m, 세로 8m인 두 집진판이 평행하게 설치되어 있고, 두 판 사이 중간에 원형철심 방전극이 위치하고 있는 전기집진장치에 굴뚝가스가 120m³/min로 통과하고, 입자이동속도가 0.12m/s일 때의 집진효율은? (단, Deutsch-Anderson 식을 적용한다.)

① 98.2% ② 98.7%
③ 99.2% ④ 99.7%

해설
$\eta = 1 - e^{\left(-\frac{A \times w_e}{Q}\right)} = 1 - e^{\left(-\frac{5 \times 8 \times 2 \times 0.12 \times 60}{120}\right)}$
$= 0.9917 = 99.2\%$

066 전기집진장치 내 먼지의 겉보기 이동속도는 0.11m/s, 5m×4m인 집진판 182매를 설치하여 유량 9,000m³/min를 처리할 경우 집진효율은? (단, 내부 집진판은 양면 집진, 2개의 외부 집진판은 각 하나의 집진면을 가진다.)

① 98.0% ② 98.8%
③ 99.0% ④ 99.5%

해설
$\eta = 1 - e^{\left(-\frac{A \times w_e}{Q}\right)} = 1 - e^{\left(-\frac{5 \times 4 \times (182 \times 2 + 2) \times 0.11 \times 60}{9,000}\right)}$
$= 0.995 = 99.5\%$

정답 062 ④ 063 ④ 064 ① 065 ③ 066 ④

067 시멘트 공장에서 분진을 제거하기 위하여 길이 4.2m, 높이 4.8m인 집진판을 평행하게 설치한 전기집진기를 설치하였다. 판의 간격은 23cm이며 평형판 사이로 농도가 11.4g/m³인 가스 68m³/min를 처리한다면 집진효율(%)은? (단, 전기집진기 내 입자의 이동속도는 0.058m/s이다.)

① 87.3 ② 89.4
③ 93.5 ④ 95.6

해설
$$\eta = 1 - e^{\left(-\frac{A \times w_e}{Q}\right)} = 1 - e^{\left(-\frac{4.2 \times 4.8 \times 2 \times 0.058 \times 60}{68}\right)}$$
$= 0.873 = 87.3\%$

실기 Check ✓
068 전기집진장치에서 현재 집진효율이 90%인데, 집진면적을 두 배로 늘리면 효율은 얼마가 되는가? (단, Deutsch-Anderson 식 적용, 기타 조건 변화 없음.)

① 93% ② 95%
③ 97% ④ 99%

해설
$\eta = 1 - e^{\left(-\frac{A \times w_e}{Q}\right)}$ 에서 $0.9 = 1 - e^{\left(-\frac{A \times w_e}{Q}\right)}$ 이다.
기타 조건은 변화가 없고 면적만 적용될 경우 $A = 2.3$
∴ $\eta = 1 - e^{(-2.3 \times 2)} = 0.99 = 99\%$

069 반경 10cm, 길이 1m인 원통형 집진극을 가진 전기집진장치의 가스처리유속이 2.0m/s이고 먼지가 집진극을 향하는 이동속도가 25cm/s이라면 먼지 제거효율은?

① 약 85% ② 약 92%
③ 약 96% ④ 약 99%

해설 원통형 집진극을 가진 전기집진장치의 Deutsch 효율식에서
$$\eta = 1 - e^{\left(-\frac{2 \times w_e \times L}{R \times u}\right)} = 1 - e^{\left(-\frac{2 \times 0.25 \times 1}{0.1 \times 2.0}\right)}$$
$= 0.918 = 92\%$

070 A 전기집진장치의 집진면적비 A/Q가 20 m²/(1,000m³/h)일 때, 집진효율이 90%이었다. 이 전기집진장치의 집진면적비를 30m²/(1,000m³/h)으로 할 때, 예상되는 집진 효율(%)은? (단, Deutsch-Anderson 식을 이용하여 계산하고, 기타 조건의 변화는 없다고 가정한다.)

① 약 92% ② 약 94%
③ 약 97% ④ 약 99%

해설
$\eta = 1 - e^{\left(-\frac{A \times w_e}{Q}\right)}$ 에서 $0.9 = 1 - e^{\left(-\frac{20 \times 3,600 \times w_e}{1,000}\right)}$
∴ $w_e = 0.032$ (m/s)
$\eta = 1 - e^{\left(-\frac{30 \times 3,600 \times 0.032}{1,000}\right)} = 0.968 = 96.8\%$

071 오염공기 1,995Sm³/min를 전기집진장치로 처리하려고 한다. 높이 4m, 길이 3m 집진판을 사용하여 96%의 집진율을 얻으려면 필요한 집진판의 수는? (단, Deutsch Anderson 식 이용, 모든 내부 집진판은 양면, 두 개의 외부 집진판은 각 하나의 집진면을 가지며, 유효 분리속도는 4m/min이다.)

① 67개 ② 70개
③ 72개 ④ 74개

해설
$\eta = 1 - e^{\left(-\frac{A \times w_e}{Q}\right)}$ 에서 $0.96 = 1 - e^{\left(-\frac{4 \times 3 \times 2 \times n \times 4}{1,995}\right)}$
∴ $n = 67$

정답 067 ① 068 ④ 069 ② 070 ③ 071 ①

072 평판형 집진기(3.0m×2.3m)가 평행으로 극판 간 거리 0.3m로 6개가 설치되었으며, 내부는 양면 집진판이며, 양끝 집진판은 하나의 집진면을 가질 때 집진장치를 가동하여 얻을 수 있는 집진효율은? (단, 유입 배출가스 총 유량은 100m³/min이며, 각 집진판으로 균일하게 분배되어 처리되며, 10g/m³의 먼지를 분진 입자의 겉보기 이동속도 0.1m/s로 고정하여 집진장치를 가동한다.)

① 99.5% ② 98.4%
③ 97%   ④ 95.5%

해설

$$\eta = 1 - e^{\left(-\frac{A \times w_e}{Q}\right)} = 1 - e^{\left(-\frac{3.0 \times 2.3 \times 10 \times 60 \times 0.1}{100}\right)}$$

$$= 0.984 = 98.4\%$$

실기 Check ✓

073 전기집진장치에서 입구 먼지농도가 10g/m³이고, 출구먼지농도가 0.5g/m³이다. 출구먼지농도를 100mg/m³으로 하기 위하여 필요한 집진극의 증가 면적은? (단, 기타 조건은 고려하지 않는다.)

① 약 1.5배 ② 약 2.5배
③ 약 3.5배 ④ 약 4.5배

해설 전기집진장치의 효율,

$$\eta_1 = \left(1 - \frac{C_o}{C_i}\right) = \left(1 - \frac{0.5}{10}\right) = 0.95$$

$$\eta_1 = 1 - e^{\left(-\frac{A \times w_e}{Q}\right)}$$에서

$$0.95 = 1 - e^{(-A_1)}, \therefore A_1 = 3$$

$$\eta_2 = \left(1 - \frac{C_o}{C_i}\right) = \left(1 - \frac{0.1}{10}\right) = 0.99$$

$$0.99 = 1 - e^{(-A_2)}$$

$$\therefore A_2 = 4.6, \frac{A_2}{A_1} = \frac{4.6}{3} = 1.53 \fallingdotseq 1.5$$

074 전기집진장치에서 전류밀도가 먼지층 표면 부근의 이온전류 밀도와 같고 양호한 집진작용이 이루어지는 값이 2×10⁻⁸A/cm²이며, 또한 먼지층 중의 절연파괴 전계강도를 5×10³ V/cm로 한다면, 이때 ⊙ 먼지층의 겉보기 전기저항과 ⓒ 이 장치의 문제점으로 옳은 것은?

① ⊙ 1×10^{-4}(Ω·cm), ⓒ 먼지의 재비산
② ⊙ 1×10^{4}(Ω·cm), ⓒ 먼지의 재비산
③ ⊙ 2.5×10^{11}(Ω·cm), ⓒ 역전리 현상
④ ⊙ 4×10^{12}(Ω·cm), ⓒ 역전리 현상

해설

$$R = \frac{V}{I} = \frac{5 \times 10^3}{2 \times 10^{-8}} = 2.5 \times 10^{11} (\Omega \cdot cm)$$

먼지의 겉보기 전기저항이 10^{11}Ω·cm 이상이면 역전리와 역코로나 현상이 일어난다.

실기 Check ✓

075 전기로에 설치된 백필터의 입구 및 출구 가스양과 먼지농도가 다음과 같을 때 먼지의 통과율은?

- 입구 가스양: 11,400 Sm³/h
- 출구 가스양: 270 Sm³/min
- 입구 먼지농도: 12,630 mg/Sm³
- 출구 먼지농도: 1.11 g/Sm³

① 10.5% ② 11.1%
③ 12.5% ④ 13.1%

해설

$$\eta = \left(1 - \frac{Q_o \times C_o}{Q_i \times C_i}\right) = \left(1 - \frac{270 \times 60 \times 1.11}{11,400 \times 12.63}\right)$$

$$= 0.875 = 87.5\%$$

$$\therefore P = 100 - \eta = 100 - 87.5 = 12.5\%$$

정답 072 ② 073 ① 074 ③ 075 ③

076 배출가스 중 먼지농도가 3,200mg/Sm³인 먼지처리를 위해 집진율이 각각 60%, 70%, 75%인 중력집진장치, 원심력집진장치, 세정집진장치를 직렬로 연결해서 사용해 왔다. 여기에 집진장치 하나를 추가로 직렬 연결하여 최종 배출구 먼지농도를 20mg/Sm³ 이하로 줄이려면, 추가 집진장치의 집진율은 최소 몇 %가 되어야 하는가?

① 약 79.2% ② 약 85.6%
③ 약 89.6% ④ 약 92.4%

해설

$\eta = \left(1 - \dfrac{20}{3,200}\right) = 0.994 = 99.4\%$

$0.994 = \begin{bmatrix} 1-(1-0.6)\times(1-0.7)\times(1-0.75) \\ \times(1-\eta_4) \end{bmatrix}$

$\therefore \eta_4 = 0.8 = 80\%$

정답 076 ①

계산형 빈출문제

유체역학

001 0.1mm 크기의 입자가 상공에서 1.5×10^{-2} m/s로 침강한다면 레이놀즈 수는? (단, 공기의 밀도는 $1.2kg/m^3$, 점도는 $1.81\times10^{-5}kg/m\cdot s$)

① 0.1 ② 0.2
③ 0.3 ④ 0.4

해설
$N_{Re} = \dfrac{v\times d\times \rho}{\mu} = \dfrac{1.5\times10^{-2}\times0.1\times10^{-3}\times1.2}{1.81\times10^{-5}}$
$= 0.1$

실기 Check ✓

002 덕트 직경 30cm, 공기 유속 15m/s일 때, 레이놀즈 수는? (단, 공기 점성계수 약 1.85×10^{-5} kg/m·s, 공기밀도 $1.2kg/m^3$이다.)

① 약 290,000 ② 약 330,000
③ 약 360,000 ④ 약 390,000

해설
$N_{Re} = \dfrac{v\times d\times \rho}{\mu} = \dfrac{15\times0.3\times1.2}{1.81\times10^{-5}} ≒ 298,342$

003 내경이 120mm인 원통 내를 20℃, 1기압의 공기가 $30m^3/h$로 흐른다. 표준상태의 공기의 밀도가 $1.3kg/Sm^3$, 20℃의 공기의 점도가 1.81×10^{-4}poise이라면 레이놀즈 수는?

① 약 4,500 ② 약 5,900
③ 약 6,500 ④ 약 7,300

해설 원통 내를 흐르는 공기의 유속,
$v = \dfrac{Q}{A} = \dfrac{30\times4}{3.14\times0.12^2\times3,600} = 0.74(m/s)$
1poise = 1g/cm·s이므로
1.81×10^{-4}poise $= 1.81\times10^{-5}$kg/m·s

$N_{Re} = \dfrac{v\times d\times \rho}{\mu} = \dfrac{0.74\times0.12\times1.3\times\left(\dfrac{273}{273+20}\right)}{1.81\times10^{-5}}$
$≒ 5,943$

004 밀도 $0.8g/cm^3$인 유체의 동점도가 3Stoke 이라면 절대점도는?

① 2.4poise ② 2.4centi poise
③ 2,400poise ④ 2,400centi poise

해설 동점도, $\nu = \mu \times \rho = 0.8\times3 = 2.4(poise)$

참고 1Stokes = $1cm^2/s$, 1poise = 1g/cm·s

005 공기의 유속과 점도가 각각 1.5m/s와 0.0187cP일 때, 레이놀즈 수를 계산한 결과 1,950 이었다. 이때 덕트 내를 이동하는 공기의 밀도는? (단, 덕트의 직경은 75mm이다.)

① $0.23kg/m^3$ ② $0.29kg/m^3$
③ $0.32kg/m^3$ ④ $0.40kg/m^3$

해설 $N_{Re} = \dfrac{v\times d\times \rho}{\mu}$ 에서
$1,950 = \dfrac{1.5\times0.075\times\rho}{0.0187\times10^{-2}\times10^{-1}}$
$\therefore \rho = 0.32kg/m^3$

정답 001 ①　002 ①　003 ②　004 ①　005 ③

006 20℃, 1기압에서 공기의 동점성계수는 $1.5 \times 10^{-5} m^2/s$이다. 관의 지름이 50mm일 때, 그 관을 흐르는 공기의 속도(m/s)는? (단, 레이놀즈 수는 3.5×10^4이다.)

① 4.0 ② 6.5
③ 9.0 ④ 10.5

해설 $N_{Re} = \dfrac{v \times d}{\nu}$ 에서 $3.5 \times 10^4 = \dfrac{v \times 0.05}{1.5 \times 10^{-5}}$

∴ $v = 10.5 m/s$

007 직경이 50cm인 관에서 유체의 흐름 속도가 4m/s로 유체가 흐르고 있다. 이 유체의 점도가 1.5cP(centi poise)라고 할 때 이 유체의 ㉠ 레이놀즈 수와 ㉡ 흐름의 평가로 옳은 것은? (단, 유체의 밀도는 $1.3kg/m^3$이며, 흐름 평가는 2,100을 기준으로 한다.)

① ㉠ 173, ㉡ 층류
② ㉠ 1,733, ㉡ 층류
③ ㉠ 17,333, ㉡ 난류
④ ㉠ 173,333, ㉡ 난류

해설
$N_{Re} = \dfrac{v \times d \times \rho}{\mu} = \dfrac{4 \times 0.5 \times 1.3}{1.5 \times 10^{-2} \times 10^{-1}} = 1,733$
N_{Re}가 2,100 이하이므로 층류에 해당한다.

008 반경이 15cm인 덕트에 1기압, 동점성계수 $2.0 \times 10^{-5} m^2/s$, 밀도 $1.7g/cm^3$인 유체가 300m/min의 속도로 흐르고 있을 때 Reynolds 수는?

① 37,500 ② 42,500
③ 63,750 ④ 75,000

해설 $N_{Re} = \dfrac{v \times d}{\nu} = \dfrac{300 \times 0.3}{2 \times 10^{-5} \times 60} = 75,000$

009 1atm, 20℃에서 공기의 동점성계수 $\nu = 1.5 \times 10^{-5} m^2/s$일 때, 관의 지름을 50mm로 하면 그 관로에서의 풍속(m/s)은? (단, 레이놀즈 수는 2.5×10^4이다.)

① 2.5m/s ② 5.0m/s
③ 7.5m/s ④ 10.0m/s

해설 $N_{Re} = \dfrac{v \times d}{\nu}$ 에서 $2.5 \times 10^4 = \dfrac{v \times 0.05}{1.5 \times 10^{-5}}$

∴ $v = 7.5 m/s$

010 직경이 15cm인 원형관에서 층류로 흐를 수 있게 임계 레이놀즈 수를 2,100으로 할 때, 최대 평균유속(cm/s)은? (단, $\nu = 1.8 \times 10^{-6} m^2/s$)

① 1.52 ② 2.52
③ 4.59 ④ 6.74

해설 $N_{Re} = \dfrac{v \times d}{\nu}$ 에서 $2,100 = \dfrac{v \times 0.15}{1.8 \times 10^{-6}}$

∴ $v = 0.0252 m/s = 2.52 cm/s$

011 직경이 400mm인 관에 $30m^3/min$의 공기가 통과한다면 공기의 이동속도는?

① 3.23m/s ② 3.45m/s
③ 3.72m/s ④ 3.98m/s

해설 $v = \dfrac{Q}{A} = \dfrac{30 \times 4}{3.14 \times 0.4^2 \times 60} = 3.98 m/s$

실기 Check ✓

012 상온에서 유체가 내경이 50cm인 강관 속을 2m/s의 속도로 흐르고 있을 때, 유체의 질량유속(kg/s)은? (단, 유체의 밀도는 $1g/cm^3$)

① 452.9 ② 415.3
③ 392.5 ④ 329.6

해설 질량유속(kg/s) = 유체의 유량 × 밀도
$= 2\text{m/s} \times \left(\dfrac{\pi}{4} \times 0.5^2\right)\text{m}^2 \times 1,000\text{kg/m}^3 = 392.5\text{kg/s}$

013 온도 20℃, 압력 120kPa의 오염공기가 내경 400mm의 관로 내를 질량유속 1.2kg/s로 흐를 때 덕트 내의 유체의 평균유속은? (단, 오염공기의 평균분자량은 29.96이고 이상기체로 취급한다. 1atm=1.013×10⁵Pa)

① 6.47m/s ② 7.52m/s
③ 8.23m/s ④ 9.76m/s

해설 유체의 평균유속 = $\dfrac{\text{질량유속}}{(\text{유체의 밀도} \times \text{단면적})}$ 에서
공기의 밀도를 구하면 $PV = nRT$에서
$R = \dfrac{PV}{nT} = \dfrac{1.013 \times 10^5 \text{N/m}^2 \times 0.0224\text{m}^3}{1\text{mol} \times 273\text{K}}$
$= 8.312 \text{N} \cdot \text{m/mol} \cdot \text{K}$
$\dfrac{n}{V} = \dfrac{P}{RT} = \dfrac{120 \times 10^3}{8.312 \times 293} = 49.27(\text{mol/m}^3)$
오염공기의 밀도, $\rho = 49.27\text{mol/m}^3 \times 29.96\text{g/mol} \times 10^{-3}\text{kg/g}$
$= 1.476\text{kg/m}^3$
∴ 덕트 내 오염공기의 평균유속
$= \dfrac{1.2\text{kg/s}}{1.476\text{kg/m}^3 \times \left(\dfrac{\pi}{4} \times 0.4^2\right)\text{m}^2} = 6.47\text{m/s}$

014 표준상태의 공기가 내경이 50cm인 강관 속을 2m/s의 속도로 흐르고 있을 때, 공기의 질량유속(kg/s)은? (단, 공기의 평균분자량=29)

① 0.34 ② 0.51
③ 0.78 ④ 0.97

해설 질량유속(kg/s) = 유체의 유량 × 밀도
$= 2\text{m/s} \times \left(\dfrac{\pi}{4} \times 0.5^2\right)\text{m}^2 \times 1.3\text{kg/m}^3 = 0.51\text{kg/s}$

실기 Check
015 점성계수가 1.8×10⁻⁵kg/m·s, 밀도가 1.3 kg/m³인 공기를 안지름이 100mm인 원형 파이프를 사용하여 수송할 때, 층류가 유지될 수 있는 최대 공기유속(m/s)은?

① 0.1 ② 0.3
③ 0.6 ④ 0.9

해설 덕트 내 공기흐름에서 층류의 조건은 레이놀즈 수가 2,100 이하일 때이다.
$N_{Re} = \dfrac{v \times d \times \rho}{\mu}$ 에서 $2,100 = \dfrac{v \times 0.1 \times 1.3}{1.8 \times 10^{-5}}$
∴ $v = 0.29\text{m/s}$

016 다음 그림과 같은 배기시설에서 관 DE를 지나는 유체의 속도는 관 BC를 지나는 유체 속도의 몇 배인가? (단, ϕ는 관의 직경, Q는 유량, 마찰손실과 밀도 변화는 무시한다.)

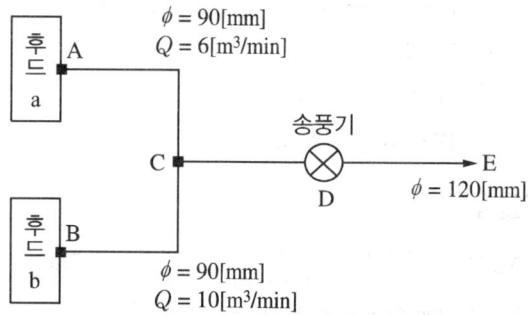

① 0.8 ② 0.9
③ 1.2 ④ 1.5

해설
덕트 BC에서 반송속도,
$V_{T1} = \dfrac{Q}{A} = \dfrac{10 \times 4}{3.14 \times 0.09^2 \times 60} = 26.21\text{m/s}$
덕트 DE에서 반송속도,
$V_{T2} = \dfrac{Q}{A} = \dfrac{16 \times 4}{3.14 \times 0.12^2 \times 60} = 23.59\text{m/s}$
∴ $\dfrac{V_{T2}}{V_{T1}} = \dfrac{23.59}{26.21} = 0.9$

017 굴뚝(연돌)에서 피토관을 사용하여 배출가스의 유속을 구하고자 측정한 결과가 아래 [보기]와 같을 때, 이 굴뚝에서의 배출가스 유속은?

- C : 피토관 계수이며 값은 1
- g : 중력가속도이며 값은 $9.8m/s^2$
- h : 속압(동압)으로 측정값은 $5.0mmH_2O$
- γ : 배출가스 밀도이며 측정값은 $1.5kg/m^3$

① 약 5m/s ② 약 6m/s
③ 약 7m/s ④ 약 8m/s

해설 배출가스 평균유속, $\bar{v} = C\sqrt{\dfrac{2gh}{\gamma}}\;(m/s)$

여기서 C : 피토관 계수
h : 배출가스 속도압 측정치(mmH₂O)
g : 중력가속도(9.8m/s²)
γ : 굴뚝 내의 습한 배출가스 밀도(kg/Sm³)

$\therefore \bar{v} = C\sqrt{\dfrac{2gh}{\gamma}} = 1 \times \sqrt{\dfrac{2 \times 9.8 \times 5}{1.5}} = 8.08m/s$

018 Duct 중의 배출가스 유속을 pitot관(pitot계수: 1)으로 측정하였다. 속도압의 측정을 위하여 내부에 비중 0.85의 toluene을 담고 있는 확대율 5배의 경사관 압력계(manometer)를 사용하였는데 속도압은 경사관의 액주로 80mm이다. 이 경우 배출가스의 유속은? (단, 가스 밀도는 상온, 상압에서 1.2kg/m³이다.)

① 약 10m/s ② 약 12m/s
③ 약 15m/s ④ 약 19m/s

해설 $\bar{v} = C\sqrt{\dfrac{2gh}{\gamma}}$

$= 1 \times \left[\dfrac{2 \times 9.8 \times \left(\dfrac{80 \times 0.85}{5}\right)}{1.2}\right]^{\frac{1}{2}}$

$= 14.9m/s$

019 공기의 평균분자량이 28.85일 때, 공기 100Sm³의 무게(kg)는?

① 126.9 ② 127.9
③ 128.9 ④ 129.9

해설 0℃, 1atm에서 공기의 밀도,

$\rho = \dfrac{P \times M}{R \times T} = \dfrac{1atm \times 28.85g/mol}{0.082atm \cdot L/(mol \cdot K) \times 273K}$

$= 1.289g/L$

$\therefore 1.289g/L \times 100Sm^3 \times 10^3 L/Sm^3 \times 10^{-3}kg/g$

$= 128.9kg$

CHAPTER 4 유해가스 및 처리
계산형 빈출문제

001 헨리의 법칙을 이용하여 유도된 총괄물질이 동계수와 개별물질이동계수와의 관계를 옳게 나타낸 식은? (단, K_G: 기상총괄물질이동계수, k_L: 액상물질이동계수, k_g: 기상물질이동계수, H: 헨리상수)

① $\dfrac{1}{K_G} = \dfrac{1}{k_g} + \dfrac{H}{k_L}$ ② $\dfrac{1}{K_G} = \dfrac{1}{k_L} + \dfrac{k_g}{H}$

③ $\dfrac{1}{K_G} = \dfrac{1}{k_L} + \dfrac{H}{k_g}$ ④ $\dfrac{1}{K_G} = \dfrac{H}{k_g} + \dfrac{k_g}{k_L}$

[해설] 헨리의 법칙을 이용하여 유도된 총괄물질이동계수와 개별물질이동계수의 관계식

$\dfrac{1}{K_G} = \dfrac{1}{k_g} + \dfrac{H}{k_L}$, $\dfrac{1}{K_L} = \dfrac{1}{k_L} + \dfrac{1}{H \times k_g}$ 이다.

여기서, H는 헨리상수로 용해도가 큰 기체는 H가 적기 때문에 $\dfrac{H}{k_L}$은 무시된다. 즉, $K_G = k_g$가 되어 기체저항이 지배적(액분산형 흡수장치: 충전탑, 살수탑, 벤투리 스크러버 등)이 된다. 또한 용해도가 적은 기체는 H가 크므로 $\dfrac{1}{H \times k_g}$는 무시된다. 즉, $K_L = k_L$이 되어 액체측 저항이 지배적(가스분산형 흡수장치: 단탑, 기포탑 등)이 된다.

002 헨리의 법칙을 따르는 유해가스가 물속에 2.0kmol/m³만큼 용해되어 있을 때, 분압이 258.4 mmH₂O이었다면, 이 유해가스의 분압이 38mmHg로 될 때, 물 속의 유해가스 농도는? (단, 기타 조건은 변화 없음)

① 10.0kmol/m³   ② 8.0kmol/m³
③ 6.0kmol/m³   ④ 4.0kmol/m³

[해설] 헨리의 법칙,
$C = p \times H$에서
∴ 20kmol/m³ = $H \times$ 258.4mmH₂O,
   $H = 7.74 \times 10^{-3}$ kmol/(m³·mmH₂O)
$C = 38\text{mmHg} \times \dfrac{13.6\text{mmH}_2\text{O}}{1\text{mmHg}}$
   $\times 7.74 \times 10^{-3}$ kmol/(m³·mmH₂O)
   $= 4$ kmol/m³

[참고] 헨리의 법칙은 온도가 일정할 때 기체의 용해도는 기체의 부분압에 비례한다는 법칙이다. 여기서, 헨리의 상수는 단위가 변할 수 있다는 점을 알아야 한다. 즉, kmol/m³·atm 또는 atm·m³/kmol로 나타나기 때문에 문제별로 단위를 잘 파악하여 풀이하여야 한다.

003 Henry 법칙이 적용되는 가스로서 공기 중 유해가스의 평형분압이 16mmHg일 때, 수중 유해가스의 농도는 3.0kmol/m³였다. 같은 조건에서 가스분압이 435mmH₂O가 되면 수중 유해가스의 농도는? (단, Hg의 비중 13.6)

① 약 1.5kmol/m³
② 약 3.0kmol/m³
③ 약 6.0kmol/m³
④ 약 9.0kmol/m³

[해설] 헨리의 법칙,
$C = p \times H$에서
∴ 30kmol/m³ = $H \times$ 16mmHg × 13.6mmH₂O/mmHg
   $H = 1.38 \times 10^{-2}$ kmol/(m³·mmH₂O)
$C = 435\text{mmH}_2\text{O} \times 1.38 \times 10^{-2}$ kmol/(m³·mmH₂O) = 6kmol/m³

[정답] 001 ①   002 ④   003 ③

계산형 빈출문제

004 SO₂와 물이 30℃에서 평형상태에 있다. 기상에서의 SO₂ 분압이 1,090mmH₂O일 때, 액상에서의 SO₂ 농도는? (단, 30℃에서 SO₂ 헨리상수는 16atm·m³/kmol이다.)

① 3.6×10^{-3} (kmol/m³)
② 4.6×10^{-3} (kmol/m³)
③ 5.6×10^{-3} (kmol/m³)
④ 6.6×10^{-3} (kmol/m³)

해설 평형관계가 헨리의 법칙에 따를 경우
$P_e = H \times C$이므로 1atm=10,332mmH₂O이므로 액상에서의
SO₂ 농도 $C = \dfrac{1,090}{16 \times 10,332} = 6.6 \times 10^{-3}$ kmol/m³

실기 Check ✓

005 어떤 유해가스와 물이 일정 온도에서 평형상태에 있다면 헨리상수(atm·m³/kmol)는? (단, 기상의 유해가스 분압이 58mmH₂O일 때, 수중 유해가스의 농도는 3.5kg·mol/m³이며, 전압은 1atm이다.)

① 약 1.6×10^{-3}
② 약 3.2×10^{-3}
③ 약 4.8×10^{-3}
④ 약 6.4×10^{-3}

해설 평형관계가 헨리의 법칙에 따를 경우
$P_e = H \times C$이므로 1atm=10,332mmH₂O이므로,
$H = \dfrac{\left(\dfrac{58}{10,332}\right)}{3.5} = 1.6 \times 10^{-3}$ atm·m³/kmol

006 어떤 유해가스와 물이 일정 온도에서 평형상태에 있다면 헨리상수(atm·m³/kmol)는? (단, 기상의 유해가스 분압이 789mmH₂O일 때, 수중 유해가스의 농도가 3.5kmol/m³이며, 전압은 1atm이다.)

① 약 0.01
② 약 0.02
③ 약 0.03
④ 약 0.04

해설 평형관계가 헨리의 법칙에 따를 경우
$P_e = H \times C$이므로 1atm=10,332mmH₂O이므로,
$H = \dfrac{\left(\dfrac{789}{10,332}\right)}{3.5} = 0.02$ atm·m³/kmol

실기 Check ✓

007 배출가스 중의 염소를 충전탑에서 물을 흡수액으로 사용하여 흡수시킬 때 효율이 85%이었다. 동일한 조건에서 95%의 효율을 얻기 위해서는 이론적으로 충전층의 높이를 몇 배로 하면 되는가?

① 2.36
② 2.14
③ 1.86
④ 1.58

해설 충전탑의 높이,
$h = H_{OG} \times N_{OG}$에서 효율이 85%일 때
$N_{OG} = 2.3 \log \left(\dfrac{1}{1-E/100}\right)$
$= 2.3 \log \left(\dfrac{1}{1-85/100}\right) = 1.90$

효율이 95%일 때 $N_{OG} = 2.3 \log \left(\dfrac{1}{1-95/100}\right) = 3$

∴ $\dfrac{3}{1.9} = 1.58$

이론적으로 충전탑의 높이를 1.58배로 하면 된다.

008 가스 중의 플루오린화수소를 수산화소듐 용액과 향류로 접촉시켜 90% 흡수시키는 충전탑의 흡수율을 99.9%로 향상시키고자 한다. 이때 충전층의 높이는? (단, 흡수액 상의 플루오린화수소의 평형분압은 0으로 가정한다.)

① 81배 높아져야 한다.
② 27배 높아져야 한다.
③ 9배 높아져야 한다.
④ 3배 높아져야 한다.

해설

효율이 90%일 때

$N_{OG} = 2.3 \log \left(\dfrac{1}{1-E/100} \right)$
$\phantom{N_{OG}} = 2.3 \log \left(\dfrac{1}{1-90/100} \right) = 2.3$

효율이 99.9%일 때

$N_{OG} = 2.3 \log \left(\dfrac{1}{1-99.9/100} \right) = 6.9$

$\therefore \dfrac{6.9}{2.3} = 3$

이론적으로 충전탑의 높이를 3배로 하면 된다.

009 기상 총괄이동단위높이가 2m인 충전탑을 이용하여 배출가스 중의 HF를 NaOH 수용액으로 흡수 제거하려 할 때, 제거율을 98%로 하기 위한 충전탑의 높이는?

① 5.6m ② 5.9m
③ 6.5m ④ 7.8m

해설 충전탑의 높이,

$h = H_{OG} \times N_{OG}$에서 효율이 98%일 때

$N_{OG} = 2.3 \log \left(\dfrac{1}{1-E/100} \right)$
$\phantom{N_{OG}} = 2.3 \log \left(\dfrac{1}{1-98/100} \right) = 3.90$

$\therefore h = 2 \times 3.9 = 7.8\,\text{m}$

010 충전탑에서 HF를 함유한 유해 배출가스를 처리하고자 한다. 이동단위높이 H_{OG} =1.2m인 탑에서 배출가스 중의 HF를 수산화소듐 수용액에 흡수시켜 제거하는 데 유해가스 제거율을 98%로 하기 위한 탑의 높이(m)는? (단, 이동단위수 $N_{OG} = \ln \dfrac{y_1}{y_2}$로 계산되고, y_1, y_2는 흡수탑 입구와 출구에서의 유해가스의 몰분율이다.)

① 2.3 ② 3.9
③ 4.7 ④ 5.4

해설 충전탑의 높이,

$h = H_{OG} \times N_{OG}$에서 효율이 98%일 때

$N_{OG} = 2.3 \log \left(\dfrac{1}{1-E/100} \right)$
$\phantom{N_{OG}} = 2.3 \log \left(\dfrac{1}{1-98/100} \right) = 3.90$

$\therefore h = 1.2 \times 3.9 = 4.68\,\text{m}$

011 기상 총이동단위높이가 0.9m인 충전탑을 이용하여 배출가스 중의 HF를 NaOH 수용액으로 흡수 제거하려 할 때, 제거율을 97%로 하기 위한 충전탑의 전체 높이는?

① 2.16m ② 3.15m
③ 4.16m ④ 5.15m

해설 충전탑의 높이,

$h = H_{OG} \times N_{OG}$에서 효율이 98%일 때

$N_{OG} = 2.3 \log \left(\dfrac{1}{1-E/100} \right)$
$\phantom{N_{OG}} = 2.3 \log \left(\dfrac{1}{1-97/100} \right) = 3.5$

$\therefore h = 0.9 \times 3.5 = 3.15\,\text{m}$

012 처리가스 유량이 5,000m³/h인 가스를 충전탑을 이용하여 처리하고자 한다. 충전탑 내 가스의 속도를 0.5m/s로 할 경우 흡수탑의 직경은?

① 약 1.9m ② 약 2.3m
③ 약 2.8m ④ 약 3.5m

해설

$A = \dfrac{Q}{V}$에서 $\dfrac{\pi}{4} D^2 = \dfrac{5,000}{0.5 \times 3,600} = 2.78$

$\therefore D = 1.88\,\text{m}$

013 충전탑에서 SO_2를 함유한 유해 배출가스를 처리하고 있다. 높이 5m인 충전탑에서 흡수 처리한 후 SO_2 농도가 0.1ppm이었다면 유해가스 중의 SO_2 초기농도는 몇 ppm인가? (단, 기상 총괄이동 단위높이 H_{OG}는 0.8m이다.)

① 약 41ppm ② 약 50ppm
③ 약 63ppm ④ 약 74ppm

해설 충전탑의 높이,
$h = H_{OG} \times N_{OG}$에서 $5 = 0.8 \times N_{OG}$
∴ 기상총괄이동단위수, $N_{OG} = \dfrac{5}{0.8} = 6.25$
$N_{OG} = 2.3 \log\left(\dfrac{1}{1-E/100}\right)$에서
$6.25 = 2.3 \log\left(\dfrac{1}{1-E/100}\right)$, $E = 99.8\%$
∴ $0.998 = 1 - \dfrac{0.1}{C_i}$, $C_i = 50$ppm

014 어떤 유해가스의 흡착 실험을 수행한 결과 흡착제의 단위 질량당 흡착된 용질량($\dfrac{X}{m}$)과 출구 가스농도(C_o) 데이터를 얻었다. 이 실험데이터로부터 $\log C_o$ 대 $\log \dfrac{X}{m}$에 대하여 플롯 하였더니 다음과 같은 직선을 얻었다. 흡착은 Freundlich 등온흡착식 $\dfrac{X}{m} = K \times C_o^{\frac{1}{n}}$을 만족할 때, 등온 상수 n과 K값을 구하면?

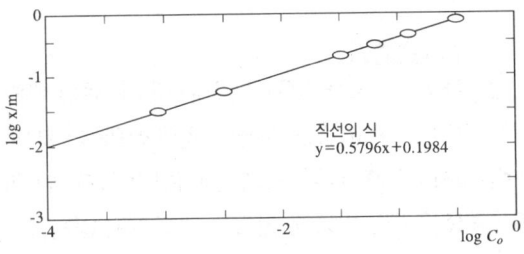

① $n = 1.725$, $K = 0.198$
② $n = 0.580$, $K = 0.198$
③ $n = 1.725$, $K = 1.579$
④ $n = 1.725$, $K = 5.040$

해설 그림에서 직선의 식,
$y = 0.5796 x + 0.1984$로부터
기울기 $= \dfrac{1}{n}$이므로 $0.5796 = \dfrac{1}{n}$
∴ $n = 1.725$, 절편 $= \log K$, $0.1984 = \log K$
∴ $K = 1.579$

015 배출가스 1m³당 50g의 아황산가스를 포함하는 어떤 폐가스를 흡수 처리하기 위하여 가스 1m³에 대하여 순수한 물 2,000kg의 비율로 연속 향류 접촉시켰더니 폐가스 내 아황산가스의 농도가 1/10로 감소하였다. 물 1,000kg에 흡수된 아황산가스의 양(g)은?

① 11.5 ② 22.5
③ 33.5 ④ 44.5

해설 처리 전 폐가스 내 아황산가스의 양: 50g/m³
처리 후 폐가스 내 아황산가스의 양: $50 \times \dfrac{1}{10} = 5$(g/m³)
즉, 1m³의 폐가스에서 물 2,000kg이 흡수할 수 있는 아황산가스의 양: $50 - 5 = 45$g
∴ 물 1,000kg에 흡수된 아황산가스의 양: $\dfrac{45}{2} = 22.5$g

016 매시간 2.5ton의 중유를 연소하는 보일러의 배연탈황에 수산화소듐을 흡수제로 하여 부산물로서 아황산소듐을 회수한다. 중유의 황분은 4.5%, 탈황률 95%로 하면 필요한 수산화소듐의 이론적인 양은? (단, Na 원자량: 23, 중유 황 성분은 연소 시 전량 SO_2 전환, 표준상태 기준)

① 약 270kg/h ② 약 330kg/h
③ 약 380kg/h ④ 약 420kg/h

해설 연소반응식:

$$S + O_2 \rightarrow SO_2, \quad SO_2 + 2NaOH \rightarrow Na_2SO_3 + H_2O$$

32kg : 2×40kg
0.045×2,500×0.95kg/h : x kg/h

$$\therefore x = \frac{2 \times 40 \times 0.95 \times 0.045 \times 2,500}{32} = 267.2\text{kg/h}$$

실기 Check ✓

017 황 성분이 3%인 중유를 10ton/h로 연소할 때, 배출가스 중 SO_2를 $CaCO_3$로 완전탈황할 경우 발생되는 $CaSO_4$의 생성량은? (단, 황 성분은 전량 SO_2로 변환, Ca 원자량은 40이다.)

① 525kg/h ② 1,275kg/h
③ 2,520kg/h ④ 3,570kg/h

해설 매시 연소되는 중유 중 황의 양,
$S = 10,000\text{kg/h} \times 0.03 = 300\text{kg/h}$
황의 연소반응식에서 발생되는 SO_2의 양,
$SO_2 = 300 \times \frac{64}{32} = 600\text{kg/h}$
여기서 발생된 SO_2를 $CaCO_3$로 완전탈황시킬 때의 반응식:
$SO_2 + CaCO_3 + \frac{1}{2}O_2 \rightarrow CaSO_4 + CO_2$에서 $CaSO_4$의 분자량이 136이므로 $CaSO_4$량 = $600 \times \frac{136}{64} = 1,275\text{kg/h}$

018 황 성분이 1%인 중유를 40톤/시간으로 연소할 때 배출되는 가스를 $CaCO_3$로 탈황하고 황을 석고($CaSO_4 \cdot 2H_2O$)로 회수할 경우 부산물인 석고의 이론적 생성량(톤/시간)은? (단, 황 성분은 100% SO_2로 전환되고, 탈황률은 90%이며, Ca의 원자량은 40이다.)

① 1.37 ② 1.42
③ 1.53 ④ 1.94

해설 매시 연소되는 중유 중 황의 양,
$S = 40,000\text{kg/h} \times 0.01 = 400\text{kg/h}$
황의 연소반응식에서 발생되는 SO_2의 양,

$SO_2 = 400 \times \frac{64}{32} \times 0.9 = 720\text{kg/h}$
여기서 발생된 SO_2를 $CaCO_3$로 완전 탈황시킬 때의 반응식은
$CaCO_3 + CO_2 + H_2O \rightarrow Ca(HCO_3)_2$
$Ca(HCO_3)_2 + SO_2 + H_2O \rightarrow CaSO_3 \cdot 2H_2O + CO_2$
$CaSO_3 \cdot 2H_2O + \frac{1}{2}O_2 \rightarrow CaSO_4 \cdot 2H_2O$
즉, $SO_2 \cong CaCO_3 \cong CaSO_4 \cdot 2H_2O$가 1몰씩 반응하므로 석고($CaSO_4 \cdot 2H_2O$)의 분자량이 172이므로
$CaSO_4 \cdot 2H_2O$의 양 = $720 \times \frac{172}{64} = 1,935(\text{kg/h}) = 1.935\text{ton/h}$

실기 Check ✓

019 황 성분이 2%(중량기준)인 중유를 20ton/h로 연소하는 시설에서 배출가스 중 SO_2를 $CaCO_3$로 완전 탈황할 경우 필요한 이론 $CaCO_3$ 양은? (단, 중유 중 S는 모두 SO_2로 전환되며 Ca의 원자량은 40이다.)

① 0.25ton/h ② 0.75ton/h
③ 1.25ton/h ④ 1.75ton/h

해설 매시 연소되는 중유 중 황의 양,
$S = 20,000\text{kg/h} \times 0.02 = 400\text{kg/h}$
황의 연소반응식에서 발생되는 SO_2의 양
$SO_2 = 400 \times \frac{64}{32} = 800\text{kg/h}$
여기서 발생된 SO_2를 $CaCO_3$로 완전탈황시킬 때의 반응식:
$SO_2 + CaCO_3 + \frac{1}{2}O_2 \rightarrow CaSO_4 + CO_2$에서 $CaCO_3$의 분자량이 100이므로 $CaCO_3$의 양 = $800 \times \frac{100}{64} = 1,250(\text{kg/h}) = 1.25\text{ton/h}$

실기 Check ✓

020 NO 230ppm, NO_2 23.0ppm을 함유한 배출가스 100,000Nm^3/h를 NH_3에 의해 선택적 촉매환원법에서 처리할 경우 NO_x를 제거하기 위한 NH_3의 이론량은? (단, 반응에 산소는 고려하지 않음.)

① 약 14kg/h ② 약 24kg/h
③ 약 35kg/h ④ 약 43kg/h

해설 선택적 촉매환원법의 환원반응식은 다음과 같다.
- $6NO + 4NH_3 \rightarrow 5N_2 + 6H_2O$
- $6NO_2 + 8NH_3 \rightarrow 7N_2 + 12H_2O$

1) NO 224ppm 환원에 필요한 NH_3 양(kg/h)

$$\left\{\frac{100,000 \times (230 \times 10^{-6})}{22.4}\right\} \times \left(\frac{4 \times 17}{6}\right) = 11.64 \text{kg/h}$$

2) NO_2 23ppm 환원에 필요한 NH_3 양(kg/h)

$$\left\{\frac{100,000 \times (23 \times 10^{-6})}{22.4}\right\} \times \left(\frac{8 \times 17}{6}\right) = 2.3 \text{kg/h}$$

∴ NO와 NO_2의 합인 NO_x를 제거하기 위한 이론적인 NH_3 양(kg/h) = 11.64 + 2.33 = 13.97kg/h

021 500ppm의 NO를 함유하는 배출가스 45,000 Sm^3/h를 암모니아 무촉매 환원법으로 배연탈질할 때 요구되는 암모니아의 양(Sm^3/h)은? (단, 산소가 공존하는 상태이며, 표준상태 기준)

① 15.0
② 22.5
③ 30.0
④ 34.5

해설
배출가스 중 NO 부피 = $45,000 \times 500 \times 10^{-6} = 22.5 Sm^3/h$
반응식: $6NO + 4NH_3 + O_2 \rightarrow 4N_2 + 6H_2O$
∴ $4 \times 22.4 Sm^3 : 4 \times 22.4 Sm^3 = 22.5 Sm^3/h : x Sm^3/h$
∴ $x = 22.5 Sm^3/h$

022 A 배출시설에서 시간당 배출가스의 양이 100,000Sm^3이고, 배출가스 중 질소산화물의 농도는 350ppm이다. 이 질소산화물을 산소의 공존하에 암모니아에 의한 무촉매 환원법으로 처리할 경우 암모니아의 소요량은 몇 kg/h인가? (단, 탈질률은 90%이고, 배출가스 중 질소산화물은 전부 NO로 가정한다.)

① 약 18kg/h
② 약 24kg/h
③ 약 26kg/h
④ 약 30kg/h

해설
배출가스 중 NO 부피 = $100,000 \times 350 \times 10^{-6} = 35 (Sm^3/h)$
반응식: $4NO + 4NH_3 + O_2 \rightarrow 4N_2 + 6H_2O$
∴ $4 \times 22.4 Sm^3 : 4 \times 17 kg = 35 \times 0.9 Sm^3/h : x kg/h$
∴ $x = 23.9 x kg/h$

023 질산공장의 배출가스 중 NO_2 농도가 80ppm, 처리가스양이 1,000Sm^3이었다. CO에 의한 비선택적 접촉환원법으로 NO_2를 처리하여 NO와 CO_2로 만들고자 할 때, 필요한 CO의 양은?

① 0.04Sm^3
② 0.08Sm^3
③ 0.16Sm^3
④ 0.32Sm^3

해설 CO에 의한 비선택적 접촉환원법의 반응식:
$NO_2 + CO \rightarrow NO + CO_2$
배출가스 중 NO_2의 부피 = $80 \times 10^{-6} \times 1,000 Sm^3 = 0.08 Sm^3$
반응식에서 $22.4 : 22.4 = x Sm^3 : 0.08 Sm^3$
∴ CO의 양(Sm^3), $x = 0.08 Sm^3$

실기 Check

024 NO가스 농도가 200ppm인 배출가스 100,000Sm^3/h를 CO로 선택적 촉매환원법으로 처리하는 경우 완전히 처리하기 위한 CO의 시간당 필요량은?

① 5Sm^3
② 10Sm^3
③ 15Sm^3
④ 20Sm^3

해설 CO에 의한 선택적 촉매환원법(SCR, Selective Catalytic Reduction)
NO 제거량 = $200 \times 10^{-6} \times 100,000 = 20 (Sm^3 NO/h)$
반응식: $2NO + 2CO \rightarrow N_2 + 2CO_2$
　　　　2×22.4　2×22.4
　　　　　20　　　　x
∴ $x = 20 Sm^3/h$

Chapter 4. 유해가스 및 처리

025 굴뚝 배출가스 중 플루오린화수소 농도는 250ppm이었다. 이때 배출가스양 1,000Sm³/h인 가스를 10m³의 물로 10시간 세정할 경우 순환수의 pH는? (단, F 원자량: 19, 플루오린화수소는 60% 전리한다고 가정한다.)

① 2.18 ② 2.48
③ 2.56 ④ 2.78

해설 1ppm=1mL/Sm³이므로 HF의
부피=250mL/Sm³×1,000Sm³/h×10h=2,500L
순환수 1L당 HF 몰수:
$$\frac{2,500\,L}{22.4\,L/mol \times 10 \times 10^3\,L} = 0.011 mol/L$$

$HF \rightleftarrows H^+ + F^-$ 에서 전리도가 60%이므로

$pH = -\log[H^+] = -\log(0.011 \times 0.6) = 2.18$

실기 Check ✓

026 플루오린화수소 0.5%(V/V)를 함유하는 배출가스 2,000Sm³/h를 Ca(OH)₂의 현탁액으로 처리할 때 이론적으로 필요한 시간당 Ca(OH)₂의 양은? (단, 원자량은 Ca=40, F=19)

① 약 17kg/h ② 약 23kg/h
③ 약 33kg/h ④ 약 66kg/h

해설 1%=10,000ppm이므로 0.5%=5,000ppm이다.
∴ HF 흡수량=5,000mL/Sm³×2,000Sm³/h×10⁻⁶Sm³/mL
     =10Sm³/h
반응식: 2HF + Ca(OH)₂ → CaF₂ + 2H₂O
     2×22.4Sm³   74kg
     10Sm³/h x kg/h
∴ x =16.5kg/h

027 HF 3,000ppm, SiF₄ 1,500ppm 들어 있는 가스를 시간당 22,400Sm³씩 물에 흡수시켜 플루오르규산(H₂SiF₆)을 회수하려고 한다. 이론적으로 회수할 수 있는 플루오로규산의 양은? (단, 흡수율은 100%이다.)

① 67.2Sm³/h ② 1.5kmol/h
③ 3.0kmol/h ④ 22.4Sm³/h

해설
HF 부피 = 3,000×10⁻⁶×22,400Sm³/h=67.2Sm³/h
SiF₄ 부피 = 1,500×10⁻⁶×22,400Sm³/h=33.6Sm³/h
반응식: 2HF+SiF₄ → H₂SiF₆
∴ 2HF : H₂SiF₆이므로 2×22.4 : 22.4=67.2Sm³/h : x Sm³/h
∴ x = 33.6Sm³/h
∴ 회수할 수 있는 SiF₄의 양은
$$33.6 Sm^3/h \times \frac{1 kmol}{22.4 Sm^3} = 1.5 kmol/h$$

028 부피비로 염화수소 0.7%인 배출가스 3,000 Sm³/h를 수산화칼슘으로 처리하여 염화수소를 완전히 제거하기 위한 수산화칼슘의 시간당 필요량은? (단, Ca 원자량: 40)

① 약 20kg ② 약 25kg
③ 약 30kg ④ 약 35kg

해설 반응식: 2HCl + Ca(OH)₂ → CaCl₂+2H₂O
              2×22.4Sm³   74kg
        3,000× 0.7/100 Sm³/h x kg/h
∴ x =34.7kg/h

실기 Check ✓

029 400ppm의 HCl을 함유하는 배출가스를 처리하기 위해 액·가스비가 2L/Sm³인 충전탑을 설계하고자 한다. 이때 발생되는 폐수를 중화하는 데 필요한 시간당 0.5N NaOH 용액의 양은? (단, 배출가스는 400Sm³/h로 유입되며, HCl은 흡수액인 물에 100% 흡수된다.)

① 9.2L ② 11.4L
③ 14.3L ④ 18.8L

정답 025 ① 026 ① 027 ② 028 ④ 029 ③

해설 염산가스와 수산화소듐의 반응식은
HCl+NaOH → NaCl+H$_2$O이다.
배출가스 중 HCl의 양
$= 400\text{mL/Sm}^3 \times 400\text{Sm}^3/\text{h} \times \dfrac{36.5\,\text{g}}{22{,}400\,\text{mL}} = 260.71\text{g/h}$

액가스비가 2mL/Sm^{3}이므로 HCl 260.71g이 2×400=800(L)의 H$_2$O에 용해된다.

이때 HCl의 규정농도(N)$= \dfrac{260.71}{36.5 \times 800} = 8.93 \times 10^{-3}(\text{N})$

중화반응의 공식 $N_1 \times V_1 = N_2 \times V_2$에서
$8.93 \times 10^{-3} \times 800 = 0.5 \times V_2$
∴ 0.5N NaOH의 양(L/h)=14.3L/h

---

030 배출가스 중 염화수소의 농도가 300ppm이다. 배출허용기준이 150mg/Sm^{3}일 때, 최소한 몇 %를 제거해야 배출허용기준을 만족시킬 수 있는가? (단, 표준상태 기준이며, 기타 조건은 동일하다.)

① 약 31% ② 약 45%
③ 약 55% ④ 약 69%

해설 염화수소 농도의 단위를 같게 한다.
ppm=mL/Sm^{3}이므로
$150\text{mg/Sm}^3 \times \dfrac{22.4\,\text{Sm}^3}{36.5\,\text{kg} \times 10^6\,\text{mg/kg}} = 9.2 \times 10^{-5} = 92\text{ppm}$

따라서 $\dfrac{300-92}{300} \times 100 = 0.69 = 69\%$를 제거해야 한다.

실기 Check ✓

031 A굴뚝 배출가스 중의 염화수소 농도가 250ppm이었다. 염화수소의 배출허용기준을 80mg/Sm^{3}로 하면 염화수소의 농도를 현재 값의 몇 % 이하로 하여야 하는가? (단, 표준상태 기준)

① 약 10% 이하 ② 약 20% 이하
③ 약 30% 이하 ④ 약 40% 이하

해설 염화수소 농도의 단위를 같게 한다.
ppm=mL/Sm^{3}이므로

$80\text{mg/Sm}^3 \times \dfrac{22.4\,\text{Sm}^3}{36.5\,\text{kg} \times 10^6\,\text{mg/kg}} = 4.9 \times 10^{-5} = 49\text{ppm}$

∴ 현재값의 $\dfrac{49}{250} \times 100 = 19.6(\%)$ 이하로 하여야 한다.

---

032 A 배출시설의 배출가스 중 염소농도가 100mL/Sm^{3}이었다. 이 염소농도를 20mg/Sm^{3}로 저하시키기 위해 제거해야 할 염소농도는?

① 79.2mL/Sm^3 ② 82.6mL/Sm^3
③ 93.7mL/Sm^3 ④ 96.3mL/Sm^3

해설 mg/Sm^{3}의 단위를 mL/Sm^{3}로 환산한다.
$20\text{mg/Sm}^3 \times \dfrac{22.4\,\text{mL}}{71\,\text{mg}} = 6.31\text{mL/Sm}^3$

∴ 100mL/Sm^3−6.31mL/Sm^3=93.7mL/Sm^3

---

033 염소농도 0.2%인 굴뚝 배출가스 3,000Sm^3/h를 수산화칼슘 용액을 이용하여 염소를 제거하고자 할 때, 이론적으로 필요한 시간당 수산화칼슘의 양은? (단, 처리효율은 100%로 가정한다.)

① 16.7kg ② 18.2kg
③ 19.8kg ④ 23.1kg

해설 배출가스 중 Cl$_2$ 부피=3,000Sm^3/h × 0.002=6Sm^3/h
반응식: 2Cl$_2$+2Ca(OH)$_2$ → CaCl$_2$+Ca(OCl)$_2$+2H$_2$O
     2×22.4   2×74
      6   x

∴ $x = 6\text{Sm}^3/\text{h} \times \dfrac{148\,\text{kg}}{2 \times 22.4\,\text{Sm}^3} = 19.8\text{kg/h}$

---

034 Cl$_2$ 농도가 0.5%인 배출가스 10,000Sm^3/h를 Ca(OH)$_2$ 현탁액으로 세정처리 시 필요한 Ca(OH)$_2$의 양은?

① 약 147.4kg/h ② 약 155.3kg/h
③ 약 160.3kg/h ④ 약 165.2kg/h

해설

배출가스 중 Cl_2 부피 = $10,000 Sm^3/h \times 0.005 = 50 Sm^3/h$

반응식: $2Cl_2 + 2Ca(OH)_2 \rightarrow CaCl_2 + Ca(OCl)_2 + 2H_2O$

　　　　2×22.4　2×74
　　　　　50　　　　　x

$\therefore x = 50 Sm^3/h \times \dfrac{148 \text{ kg}}{2 \times 22.4 \, Sm^3} = 165.2 \text{kg/h}$

실기 Check ✓

035 염소가스를 함유하는 배출가스에 50kg의 수산화소듐을 포함한 수용액을 순환 사용하여 100% 반응시킨다면 몇 kg의 염소가스를 처리할 수 있는가? (단, Cl의 원자량: 35.5)

① 약 34kg　　② 약 44kg
③ 약 54kg　　④ 약 64kg

해설　반응식: $Cl_2 + NaOH \rightarrow NaOCl + NaCl + H_2O$

　　　　　　71 : 2×40
　　　　　　x : 50

$\therefore x = \dfrac{71 \times 50}{2 \times 40} = 44.4 \text{kg}$

---

036 공기 중에 CO_2 가스의 부피가 5%를 넘으면 인체에 해롭다고 한다면 지금 300m³ 되는 방에서 문을 닫고 80%의 탄소를 가진 숯을 몇 kg을 태우면 해로운 상태로 되겠는가? (단, 기존의 공기 중 CO_2 가스의 부피는 고려하지 않음, 표준상태 기준)

① 6kg　　② 8kg
③ 10kg　　④ 12k

해설　인체에 해로운 CO_2 가스의 부피 = $300 \times 0.05 = 15(m^3)$ 이상일 경우이다.

반응식: $C + O_2 \rightarrow CO_2$
　　　　12　　　22.4
　　　$0.8 \times x$　　15

$\therefore x = \dfrac{12 \times 15}{22.4 \times 0.8} = 10 \text{kg}$

---

037 450K의 배출가스가 1,250ppm의 탄화수소와 95ppm의 일산화탄소를 함유할 때, 재연소기로 900K에서 처리한 후 탄화수소와 일산화탄소가 각각 85ppm, 250ppm이 되었다. 탄화수소만 고려할 경우와 Los Angeles Country Rule 66에 의한 처리효율은 각각 얼마인가? (단, Rule66의 공식은 다음과 같다.)

$$\eta = \dfrac{HC_{in} - [HC_{out} + (CO_{out} - CO_{in})]}{HC_{in}} \times 100$$

① 95.6%, 65.6%　　② 95.6%, 70.2%
③ 93.2%, 80.8%　　④ 93.2%, 85.6%

해설

• 탄화수소만 고려할 경우,

$\eta = \left(1 - \dfrac{HC_{out}}{HC_{in}}\right) = \left(1 - \dfrac{85}{1,250}\right) = 0.932 = 93.2\%$

• Los Angeles Country Rule 66에 의한 처리효율

$\eta = \dfrac{HC_{in} - [HC_{out} + (CO_{out} - CO_{in})]}{HC_{in}} \times 100$

　$= \dfrac{1,250 - [85 + (250 - 95)]}{1,250} \times 100 = 80.8\%$

실기 Check ✓

038 지금 실내에는 이산화탄소를 기준으로 시간당 0.5m³이 발생되고 있다. 이를 환기시키기 위한 청정공기의 양(m³/h)은? (단, 이산화탄소의 허용농도와 외기 중 이산화탄소의 농도는 각각 0.1%와 0.03%이다.)

① 355　　② 714
③ 1,123　　④ 1,549

해설

$Q = \dfrac{CO_2 \text{ 발생량}}{(CO_2 \text{ 허용농도} - \text{외기 중 } CO_2 \text{ 농도})}$

$= \dfrac{0.5 m^3/h}{\left(\dfrac{0.1}{100} - \dfrac{0.03}{100}\right)} = 714.3 m^3/h$

정답　035 ②　036 ③　037 ③　038 ②

039 실내 벽지를 새로 붙인 어느 아파트의 방이 있다. 이 벽지는 하루 18,000μg/m² 속도로 HCHO를 방출하고 있다. 벽지 면적은 90m²이고, HCHO는 1차 반응속도식에 의해 CO_2로 전환되며, 1차 반응속도상수는 0.4h⁻¹이다. 방의 규격은 길이 10m, 폭 7m, 높이 3m, 실내 평균 환기량은 1.5Air change/h, 외기는 전혀 오염되지 않은 신선한 상태일 때, 이 방안의 HCHO의 최대농도(mg/m³)는? (단, 실내공기오염물질의 농도 공식은 $C_i = \dfrac{A \times C_o + \dfrac{S}{V}}{A+k}$ 를 적용한다. 여기서, C_i: 오염물질의 실내농도(mg/m³), V: 방부피(m³), A: 시간당 공기 변화량 (Air change/h), C_o: 외기 오염물질의 농도(mg/m³), S: 방 내부 오염물질 배출량(mg/h), k: 1차 반응속도상수(h⁻¹)이다.)

① 0.169 ② 0.214
③ 0.373 ④ 0.461

해설

$$C_i = \dfrac{A \times C_o + \dfrac{S}{V}}{A+k}$$

$$= \dfrac{1.5 \times 0 + \left(\dfrac{18{,}000 \times 90 \times 10^{-3}}{10 \times 7 \times 3 \times 24}\right)}{1.5 + 0.4}$$

$$= 0.169 \text{mg/m}^3$$

실기 Check

040 암모니아 농도가 용적비로 215ppm인 실내공기를 송풍기로 환기시킬 때, 실내 용적이 4,040m³이고, 송풍량이 111m³/min이면, 농도를 11ppm으로 감소시키기 위한 시간은?

① 약 120min ② 약 108min
③ 약 96min   ④ 약 88min

해설 $\ln\left(\dfrac{C_o}{C_i}\right) = -k \times t$ 에서

$k = \dfrac{송풍량}{실내 용적} = \dfrac{111}{4{,}040} = 0.0275$

$\ln\left(\dfrac{11}{215}\right) = -0.0275 \times t$에서 $t = 108$min

실기 Check

041 640℃에서 벤젠을 연소하여 제거할 경우 99% 제거되는 데 소요되는 시간(s)은? (단, 640℃에서의 속도상수 k는 0.14/s이고, 1차 반응 기준이다.)

① 28 ② 33
③ 49 ④ 58

해설 1차 반응식, $\dfrac{C_o}{C_i} = e^{-k \times t}$ 에서 $\dfrac{1}{100} = e^{-0.14 \times t}$

∴ $t = 32.89s$

042 벤젠 소각 시 속도상수 k가 540℃에서 0.00011/s, 640℃에서 0.14/s일 때, 벤젠 소각에 필요한 활성화에너지(kcal/mol)는? (단, 벤젠의 연소반응은 1차 반응이라 가정하고 속도상수 k는 다음 Arrhenius 식으로 표현된다.

$$k = A \times \exp\left(-\dfrac{E}{RT}\right)$$

① 95   ② 105
③ 115 ④ 130

해설 반응속도의 온도 의존도를 나타낸 Arrhenius 식에서

$$\ln\left(\dfrac{k_2}{k_1}\right) = -\dfrac{E}{R} \times \left(\dfrac{1}{T_2} - \dfrac{1}{T_1}\right)$$

기체상수, $R = 8.31432$N·m/mol·K $= 8.31432 \times 10^{-3}$kJ/mol

∴ $\ln\left(\dfrac{0.14}{0.0001}\right) = -\dfrac{E}{8.31432 \times 10^{-3}}$

$\times \left(\dfrac{1}{273+640} - \dfrac{1}{273+540}\right)$

∴ $E = 441.36$kJ/mol

1kcal = 4.2kJ이므로 ∴ $E = \dfrac{441.36}{4.2} = 105$kcal/mol

043 일산화탄소가 100ppm 존재하는 실내공기에 노출되어 있는 사람의 혈중에 포화 일산화탄소 가스는 약 몇 %가 되겠는가? (단, 공기 중 산소의 몰분율 21%, $\dfrac{CO-Hb}{O_2-Hb} = 240 \times \dfrac{P_{CO}}{P_{O_2}}$)

① 7
② 10
③ 13
④ 16

해설 공기 중 일산화탄소 농도와 CO-Hb 포화도 사이의 관계식

$$CO-Hb(\%) = \dfrac{\%CO}{\%CO + \%O_2} \times 100$$
$$= \dfrac{240 \times 0.01}{240 \times 0.01 + 21} \times 100 = 10.3\%$$

계산형 빈출문제

환기 및 통풍

001 후드의 압력손실이 2.5mmH₂O이고, 속도압이 1mmH₂O일 경우에 유입계수, C_e는?

① 0.231　　② 0.535
③ 0.892　　④ 1.125

해설 후드의 압력손실
$\Delta P = F \times VP$ 에서 $2.5 = F \times 1$
∴ 압력손실계수 $F = 2.5$
$F = \dfrac{1 - C_e^2}{C_e^2}$ 에서 $2.5 = \dfrac{1 - C_e^2}{C_e^2}$
∴ 후드의 유입계수 $C_e = 0.535$

002 후드의 유입계수가 0.82, 속도압이 20mmH₂O일 때 후드의 압력손실은?

(단, $F = \dfrac{1 - C_e^2}{C_e^2}$ 식을 이용한다.)

① 6.5mmH₂O
② 8.1mmH₂O
③ 8.4mmH₂O
④ 9.7mmH₂O

해설 후드의 압력손실계수,
$F = \dfrac{1 - C_e^2}{C_e^2} = \dfrac{1 - 0.82^2}{0.82^2} = 0.487$
후드의 압력손실(mmH₂O),
$H_e = F \times VP = 0.487 \times 20 = 9.74 \, \text{mmH}_2\text{O}$

003 어떤 단순 후드의 유입계수가 0.88이고, 속도압이 30mmH₂O일 때 후드 정압은?

① -38.7mmH₂O
② 0.29mmH₂O
③ 8.7mmH₂O
④ 46.5mmH₂O

해설
후드의 압력손실계수,
$F = \dfrac{1 - C_e^2}{C_e^2} = \dfrac{1 - 0.88^2}{0.88^2} = 0.291$
후드의 압력손실(mmH₂O),
$H_e = F \times VP = 0.291 \times 30 = 8.73 \, \text{mmH}_2\text{O}$

004 가로 a, 세로 b인 직사각형의 유로에 유체가 흐를 경우 상당 직경(Equivalent diameter)을 산출하는 간이식은?

① $\sqrt{a \times b}$
② $2 \times a \times b$
③ $\sqrt{\dfrac{2(a+b)}{a \times b}}$
④ $\dfrac{2 \times a \times b}{a + b}$

해설 상당 직경은 덕트의 모양이 원형이 아닌 경우, 이와 동일한 유체역학적인 특성을 갖는 원형 덕트의 지름을 말한다.
$D_e = \dfrac{2 \times 가로 \times 세로}{가로 + 세로} = \dfrac{2a \times b}{a + b}$

정답 001 ② 002 ④ 003 ③ 004 ④

005 어떤 배출가스가 직경 40cm의 원형 덕트(duct)에서 유량 2m³/s로 공기가 흐를 때 덕트 10m당 생기는 압력손실(mmH₂O)은? (단, 배출가스의 비중량은 1.25kg$_f$/m³, 철판 송풍관의 마찰계수는 0.012를 직접 적용한다.)

① 4.85
② 5.85
③ 6.85
④ 7.85

해설 덕트 내의 유속(반송속도),
$$V_T = \frac{Q}{A} = \frac{2 \times 4}{3.14 \times 0.4^2} = 15.92 \text{m/s}$$
$$\therefore \Delta P = \lambda \times \frac{L}{D} \times \frac{\gamma \times V_T^2}{2 \times g}$$
$$= 0.012 \times \frac{10}{0.4} \times \frac{1.25 \times 15.92^2}{2 \times 9.8}$$
$$= 4.85 \text{mmH}_2\text{O}$$

실기 Check✓
007 가로 400mm, 세로 600mm의 각관 내를 유량 300m³/min의 표준공기가 흐르고 있을 때, 길이 10m당의 압력손실은? (단, 마찰계수 λ = 0.018로 하고, 공기의 밀도는 1.3kg/m³로 한다.)

① 10.79mmH₂O
② 12.35mmH₂O
③ 15.79mmH₂O
④ 18.35mmH₂O

해설 상당직경,
$$D_e = \frac{2 \times 가로 \times 세로}{가로 + 세로} = \frac{2a \times b}{a+b}$$
$$= \frac{2 \times 0.4 \times 0.6}{0.4 + 0.6} = 0.48 \text{m}$$
덕트 내의 유속(반송속도),
$$V_T = \frac{Q}{A} = \frac{300}{0.4 \times 0.6 \times 60} = 20.83 (\text{m/s})$$
$$\therefore \Delta P = \lambda \times \frac{L}{D} \times \frac{\gamma \times V_T^2}{2 \times g}$$
$$= 0.018 \times \frac{10}{0.48} \times \frac{1.3 \times 20.83^2}{2 \times 9.8}$$
$$= 10.79 \text{mmH}_2\text{O}$$

실기 Check✓
006 높이 100m, 굴뚝 직경이 1m인 굴뚝에서 260℃의 배출가스가 12,000m³/h로 토출될 때 굴뚝에 의한 마찰손실은? (단, 굴뚝의 마찰계수는 λ=0.06, 표준상태의 공기밀도는 1.3kg/m³)

① 1.84mmH₂O
② 2.94mmH₂O
③ 3.71mmH₂O
④ 4.82mmH₂O

해설 굴뚝 내의 유속,
$$V = \frac{Q}{A} = \frac{12,000 \times 4}{3.14 \times 1^2 \times 3,600} = 4.25 \text{m/s}$$
260℃ 공기밀도, $\gamma = 1.3 \times \frac{273}{273+260} = 0.67 \text{kg/m}^3$
$$\therefore \Delta P = \lambda \times \frac{L}{D} \times \frac{\gamma \times V_T^2}{2 \times g}$$
$$= 0.06 \times \frac{100}{1} \times \frac{0.67 \times 4.25^2}{2 \times 9.8}$$
$$= 3.7 \text{mmH}_2\text{O}$$

008 1기압, 15℃인 공기의 비중량은 1.225kg$_f$/m³이다. 이 공기가 송풍관에서 15m/s의 속도로 흐른다면 속도압은?

① 약 8.5mmH₂O
② 약 12.3mmH₂O
③ 약 14.1mmH₂O
④ 약 15.8mmH₂O

해설 속도압,
$$VP = \frac{\gamma \times V_T^2}{2 \times g} = \frac{1.225 \times 15^2}{2 \times 9.8} = 14.1 \text{mmH}_2\text{O}$$

정답 005 ① 006 ③ 007 ① 008 ③

009 그림과 같은 가스 수송관에서 A 지점에서의 가스 유속이 800m/min이었고, B 지점에서의 가스 유속이 500m/min이었다. 이 두 지점에서의 압력손실의 차는 몇 mmH₂O인가? (단, 가스밀도는 1.2kg/m³)

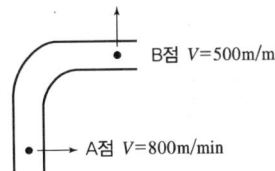

① 약 2.6 ② 약 4.6
③ 약 6.6 ④ 약 8.6

해설

A 지점의 속도압, $VP_1 = \dfrac{1.2 \times 13.3^2}{2 \times 9.8} = 10.83\text{mmH}_2\text{O}$

B 지점의 속도압, $VP_2 = \dfrac{1.2 \times 8.3^2}{2 \times 9.8} = 4.22\text{mmH}_2\text{O}$

∴ 10.83 − 4.22 = 6.61mmH₂O

---

010 45° 곡관의 반경비가 2.0일 때 압력손실계수는 0.27이다. 속도압이 15mmH₂O일 때, 곡관의 압력손실은?

① 1.5mmH₂O
② 2.0mmH₂O
③ 3.5mmH₂O
④ 4.0mmH₂O

해설 곡관의 압력손실,

$\Delta P = F \times VP \times \dfrac{\theta}{90°} = 0.27 \times 15 \times \dfrac{45°}{90°}$
$= 2.0\text{mmH}_2\text{O}$

---

011 튀김집 주방 환기구에서 옥상까지 10m 길이로 양철 직관 환기장치를 하려고 한다. 이 가로 300mm, 세로 450mm의 장방형관에 100m³/min 표준공기가 흐른다고 가정할 때, 이 양철 직관(10m)의 마찰압력손실은? (단, 마찰계수(f)는 0.03이고, $\Delta P = f \times \dfrac{L}{D} \times \dfrac{\gamma \, V_T^2}{2 \times g}$ 식을 이용한다.)

① 8.4mmH₂O
② 20.4mmH₂O
③ 31.8mmH₂O
④ 37.6mmH₂O

해설

상당직경,
$D_e = \dfrac{2 \times 가로 \times 세로}{가로 + 세로} = \dfrac{2a \times b}{a+b}$
$= \dfrac{2 \times 0.3 \times 0.45}{0.3 + 0.45} = 0.36\text{m}$

덕트 내의 유속(반송속도),
$V_T = \dfrac{Q}{A} = \dfrac{100}{0.3 \times 0.45 \times 60} = 12.35\text{m/s}$

∴ $\Delta P = \lambda \times \dfrac{L}{D} \times \dfrac{\gamma \times V_T^2}{2 \times g}$
$= 0.03 \times \dfrac{10}{0.36} \times \dfrac{1.3 \times 12.35^2}{2 \times 9.8}$
$= 8.43\text{mmH}_2\text{O}$

---

012 한 송풍기가 표준공기(밀도: 1.2kg/m³)를 10m³/s로 이동시키고 1,000rpm으로 회전할 때 정압이 900N/m²이었다면 공기밀도가 1.0kg/m³로 변할 때 송풍기의 정압은?

① 520N/m² ② 625N/m²
③ 750N/m² ④ 820N/m²

해설 송풍기의 정압,

$FSP_2 = FSP_1 \times \left(\dfrac{\rho_2}{\rho_1}\right) = 900 \times \dfrac{1.0}{1.2} = 750\text{N/m}^2$

013 송풍기에 관한 법칙 표현으로 옳지 않은 것은? (단, 송풍기의 크기와 유체의 밀도는 일정하며, 식에서 Q: 송풍량, N: 회전수, W: 동력, V: 배출속도, ΔP: 정압)

① $\dfrac{W_1}{N_1^{\,3}} = \dfrac{W_2}{N_2^{\,3}}$

② $\dfrac{Q_1}{N_1} = \dfrac{Q_2}{N_2}$

③ $\dfrac{V_1}{N_1^{\,3}} = \dfrac{V_2}{N_2^{\,3}}$

④ $\dfrac{\Delta P_1}{N_1^{\,2}} = \dfrac{\Delta P_2}{N_2^{\,2}}$

해설

③ $\dfrac{V_1}{N_1} = \dfrac{V_2}{N_2}$

※ 송풍기의 상사법칙(닮은꼴 법칙)
- 풍량은 송풍기 회전수와 정비례한다.

  $\dfrac{Q_1}{Q_2} = \dfrac{N_1}{N_2}$

- 풍압은 송풍기 회전수의 제곱에 비례한다.

  $\dfrac{FSP_1}{FSP_2} = \left(\dfrac{N_1}{N_2}\right)^2$

- 동력은 송풍기 회전수의 세제곱에 비례한다.

  $\dfrac{L_1}{L_2} = \left(\dfrac{N_1}{N_2}\right)^3$

014 송풍기 회전수(N)와 유체밀도(ρ)가 일정할 때 성립하는 송풍기 상사법칙을 나타내는 식은? (단, Q: 유량, P: 풍압, L: 동력, D: 송풍기의 크기)

① $Q_2 = Q_1 \times \left(\dfrac{D_2}{D_1}\right)^2$

② $P_2 = P_1 \times \left(\dfrac{D_2}{D_1}\right)^2$

③ $Q_2 = Q_1 \times \left(\dfrac{D_2}{D_1}\right)^3$

④ $L_2 = L_1 \times \left(\dfrac{D_2}{D_1}\right)^3$

해설 송풍기 풍량은 송풍기 회전날개 직경의 세제곱에 비례한다.

$\dfrac{Q_2}{Q_1} = \left(\dfrac{D_2}{D_1}\right)^3$

015 어떤 팬(Fan)이 1,650rpm으로 회전할 때 전압은 150mmAq, 풍량은 220m³/min이다. 이것과 상사(相似)인 팬을 만들어 1,450rpm에서 전압을 195mmAq로 할 때 풍량(m³/min)은?

(단, $N_1 \times \dfrac{Q_1^{\frac{1}{2}}}{\left(\dfrac{P_1}{rpm_1}\right)^{\frac{3}{4}}} = N_2 \times \dfrac{Q_2^{\frac{1}{2}}}{\left(\dfrac{P_2}{rpm_2}\right)^{\frac{3}{4}}}$ 식을 이용한다.)

① 228m³/min
② 354m³/min
③ 423m³/min
④ 626m³/min

해설

$Q_2 = Q_1 \times \left(\dfrac{rpm_2}{rpm_1}\right) \times \left(\dfrac{FTP_2}{FTP_1}\right)^2$

$= 220 \times \left(\dfrac{1,650}{1,450}\right) \times \left(\dfrac{195}{150}\right)^2$

$= 423 \text{m}^3/\text{min}$

정답 013 ③ 014 ③ 015 ③

016 송풍기의 크기와 유체의 밀도가 일정할 때 송풍기의 회전수를 2배로 하면 풍압은 몇 배가 되는가?

① 2배　　② 4배
③ 6배　　④ 8배

해설 $FTP \propto N^2$ 이므로
∴ 풍압은 $2^2 = 4$배 증가한다.

017 어떤 송풍기가 20m³/min의 공기를 송풍하기 위해서 1,000rpm으로 회전하고 있다. 만약 동일한 조건에서 송풍량이 30m³/min으로 증가했다면 이때 필요한 송풍기의 회전수(rpm)는?

① 1,500　　② 2,000
③ 2,500　　④ 3,000

해설 $\dfrac{Q_1}{Q_2} = \dfrac{N_1}{N_2}$ 에서 $Q_2 = Q_1 \times \dfrac{N_2}{N_1}$

$N_2 = \left(\dfrac{Q_2}{Q_1}\right) \times N_1 = 1,000 \times \dfrac{30}{20}$

$= 1,500 \text{rpm}$

018 어떤 집진장치의 압력손실이 300mmH₂O이고, 처리가스양은 45,000m³/h일 때 소요되는 송풍기의 소요동력은 몇 kW인가? (단, 송풍기의 효율은 65%, 송풍기는 30%의 여유를 준다.)

① 73.53　　② 121.82
③ 147.06　　④ 151.99

해설 소요동력,
$\text{kW} = \dfrac{Q \times \Delta P}{6,120 \times \eta} \times \alpha$
$= \dfrac{45,000 \times 300}{6,120 \times 60 \times 0.65} \times 1.3 = 73.53 \text{kW}$

019 어느 집진장치의 압력손실이 300mmH₂O, 처리가스양이 60m³/s인 송풍기의 효율이 70%이고, 여유율 $\alpha = 1.2$라면 이 장치의 소요동력(kW)은?

① 약 150
② 약 200
③ 약 250
④ 약 300

해설 소요동력,
$\text{kW} = \dfrac{Q \times \Delta P}{6,120 \times \eta} \times \alpha$
$= \dfrac{60 \times 300}{102 \times 0.7} \times 1.2 = 302.52 \text{kW}$

020 처리가스양이 150m³/min이고 압력손실이 25cmH₂O인 집진장치를 효율 90%인 송풍기로 운전할 때 소요되는 동력은?

① 6.8kW　　② 11.1kW
③ 12.3kW　　④ 13.6kW

해설 소요동력,
$\text{kW} = \dfrac{Q \times \Delta P}{6,120 \times \eta} \times \alpha = \dfrac{150 \times 250}{6,120 \times 0.9} \times 1 = 6.8 \text{kW}$

021 어떤 송풍기가 1.2kW의 동력을 이용하여 20m³/min의 공기를 송풍하고 있다. 만약 송풍량이 30m³/min으로 증가했다면 이때 필요한 송풍기의 소요동력(kW)은?

① 1.5 ② 1.8
③ 2.7 ④ 4.1

해설 송풍기의 특성곡선에서
$\Delta P \propto Q^2$ 이고, $kW \propto Q \times \Delta P$ 이므로
$$kW_2 = kW_1 \times \left(\frac{Q_2}{Q_1}\right) \times \left(\frac{Q_2}{Q_1}\right)^2$$
$$= 1.2 \times \left(\frac{30}{20}\right) \times \left(\frac{30}{20}\right)^2 = 4.05 kW$$

022 처리가스양 1×10⁶Sm³/h, 집진장치 입구의 먼지농도 2g/Sm³, 출구의 먼지농도 0.3g/Sm³, 집진장치의 압력손실을 55mmH₂O로 했을 경우, Blower의 소요동력은? (단, Blower의 효율은 80%이다.)

① 425kW ② 375kW
③ 245kW ④ 187kW

해설 소요동력,
$$kW = \frac{Q \times \Delta P}{6,120 \times \eta} \times \alpha$$
$$= \frac{1 \times 10^6 \times 55}{6,120 \times 60 \times 0.8} \times 1 = 187.2 kW$$

023 집진장치의 압력손실 350mmH₂O, 처리가스양 3,500m³/min, 송풍기 효율 70%, 송풍기 축동력에 여유율 30%를 고려한다면 이 장치의 소요동력은?

① 200kW ② 240kW
③ 286kW ④ 372kW

해설 소요동력,
$$kW = \frac{Q \times \Delta P}{6,120 \times \eta} \times \alpha$$
$$= \frac{3,500 \times 350}{6,120 \times 0.7} \times 1.3 = 371.73 kW$$

024 연소 배출가스가 3,600Sm³/h인 굴뚝에서 정압을 측정하였더니 20mmH₂O였다. 여유율 25%인 송풍기를 사용할 경우 필요한 소요동력은? (단, 송풍기의 정압효율은 80%, 전동기의 효율은 70%로 한다.)

① 0.11kW ② 0.2kW
③ 0.44kW ④ 9.0kW

해설 소요동력,
$$kW = \frac{Q \times \Delta P}{6,120 \times \eta} \times \alpha$$
$$= \frac{1 \times 20}{102 \times 0.8 \times 0.7} \times 1.25 = 0.44 kW$$

025 집진장치의 압력손실이 400mmH₂O, 처리가스양이 30,000m³/h이고, 송풍기의 전압효율은 70%, 여유율이 1.2일 때 송풍기의 축동력(kW)은? (단, 1kW=102kgf·m/s이다.)

① 36 ② 56
③ 80 ④ 95

해설 소요동력,
$$kW = \frac{Q \times \Delta P}{6,120 \times \eta} \times \alpha$$
$$= \frac{8.33 \times 400}{102 \times 0.7} \times 1.2 = 56 kW$$

[계산형 빈출문제]

실기 Check ✓

026 집진장치의 압력손실이 300mmH$_2$O, 처리가스양이 500m^3/min, 송풍기 효율이 70%, 여유율이 1.0이다. 송풍기를 하루에 10시간씩 30일을 가동할 때, 전력요금(원)은? (단, 전력요금은 1kWh 당 50원이다.)

① 525,000
② 1,050,420
③ 31,512,605
④ 22,058,823

해설 소요동력,
$$kW = \frac{Q \times \Delta P}{6,120 \times \eta} \times \alpha$$
$$= \frac{500 \times 300}{6,120 \times 0.7} \times 1 = 35kW$$
전력요금은 35×10×30×50=525,000원

정답 026 ①

대기환경기사

Engineer Air Pollution Environmental

PART IV

대기오염공정 시험기준

 서술형
CHAPTER 1. 일반분석
CHAPTER 2. 시료채취
CHAPTER 3. 측정방법

 계산형
CHAPTER 1. 대기오염공정시험기준 총괄

일반분석

서술형 빈출문제

001 다음 설명은 「대기오염공정시험기준」상 총칙의 설명이다. ( ) 안에 들어갈 단어로 가장 적합하게 나열된 것은? (순서대로 ㉠, ㉡, ㉢ 순이다.)

> 공정시험기준 중 각 항에 표시한 검출한계, 정량한계 등은 (㉠), (㉡) 등을 고려하여 해당되는 각 조의 조건으로 시험하였을 때 얻을 수 있는 한계치를 참고하도록 표시한 것이므로 실제 측정 시 채취량이 줄어들거나 늘어날 경우 (㉢)가 조정될 수 있다.

① 반복성, 정밀성, 바탕치
② 재현성, 안정성, 한계치
③ 회복성, 정량성, 오차
④ 재생성, 정확성, 바탕치

[해설] 「대기오염공정시험기준」중 각 항에 표시한 검출한계, 정량한계 등은 재현성, 안정성 등을 고려하여 해당되는 각조의 조건으로 시험하였을 때 얻을 수 있는 한계치를 참고하도록 표시한 것이므로 실제 측정 시 채취량이 줄어들거나 늘어날 경우 한계치가 조정될 수 있다.

002 기체 중의 농도를 mg/m^3로 표시했을 때 m^3가 의미하는 것으로 옳은 것은?

① 절대온도, 절대압력 하에서의 $1m^3$ 기체용적
② 실측상태의 온도, 압력 하에서의 $1m^3$ 기체용적
③ 표준상태의 온도, 압력 하에서의 $1m^3$ 기체용적
④ 상온상태의 온도, 압력 하에서의 $1m^3$ 기체용적

[해설] 기체 중의 농도를 mg/m^3로 표시했을 때는 m^3는 표준상태(0℃, 760 mmHg)의 기체용적을 뜻하고 Sm^3로 표시한 것과 같다. 그리고 am^3로 표시한 것은 실측상태(온도, 압력)의 기체용적을 뜻한다.

003 화학분석의 일반사항 중 농도표시에 관한 설명으로 옳지 않은 것은?

① 1억분율은 pphm, 100억분율은 ppb로 표시한다.
② 중량백분율로 표시할 때는 (질량분율 %)의 기호를 사용한다.
③ 기체 100 mL 중의 성분용량(mL)을 표시할 때는 (부피분율 %)의 기호를 사용한다.
④ ppm의 기호를 사용할 경우 따로 표시가 없는 한 기체일 때는 용량 대 용량(부피분율)을 표시한 것을 뜻한다.

[해설] 1억분율(Parts Per Hundred Million)은 pphm, 10억분율(Parts Per Billion)은 ppb로 표시하고 따로 표시가 없는 한 기체일 때는 용량 대용량(부피분율), 액체일 때는 중량 대 중량(질량분율)을 표시한 것을 뜻한다.

004 「대기오염공정시험기준」상 화학분석 일반사항에 관한 규정으로 옳은 것은?

① "약"이란 그 무게 또는 부피에 대하여 ±1% 이상의 차가 있어서는 안 된다.
② "방울수"는 20℃에서 정제수 10방울을 떨어뜨릴 때 그 부피가 약 1mL 되는 것을 뜻한다.

정답 001 ② 002 ③ 003 ① 004 ③

③ 상온은 15~25℃, 실온은 1~35℃, 찬 곳은 따로 규정이 없는 한 0~15℃인 곳을 뜻한다.
④ 10억분율은 pphm으로 표시하고 따로 표시가 없는 한 기체일 때는 용량 대용량(부피분율), 액체일 때는 용량 대용량(질량분율)을 표시한 것을 뜻한다.

해설
① "약"이란 그 무게 또는 부피 등에 대하여 ±10% 이상의 차가 있어서는 안 된다.
② "방울수"는 20℃에서 정제수 20방울을 떨어뜨릴 때 그 부피가 약 1mL 되는 것을 뜻한다.
④ 10억분율(Parts Per Billion)은 ppb로 표시하고 따로 표시가 없는 한 기체일 때는 용량 대 용량(부피분율), 액체일 때는 중량 대 중량(질량분율)을 표시한 것을 뜻한다.

005 화학분석 일반사항에 관한 설명으로 옳지 않은 것은?

① "냉후"(식힌 후)라 표시되어 있을 때는 보온 또는 가열 후 실온까지 냉각된 상태를 뜻한다.
② 상온은 15~25℃, 실온은 1~35℃로 하고, 찬 곳은 따로 규정이 없는 한 0~15℃의 곳을 뜻한다.
③ 표준품을 채취할 때 표준액이 정수로 기재되어 있어도 실험자가 환산하여 기재 수치에 "약"자를 붙여 사용할 수 있다.
④ 1억분율은 ppb, 10억분율은 pphm으로 표시하고 따로 표시가 없는 한 기체일 때는 용량 대 용량(부피분율), 액체일 때는 중량 대 중량(질량분율)을 표시한 것을 뜻한다.

해설 1억분율(Parts Per Hundred Million)은 pphm, 10억분율(Parts Per Billion)은 ppb로 표시하고 따로 표시가 없는 한 기체일 때는 용량 대 용량(부피분율), 액체일 때는 중량 대 중량(질량분율)을 표시한 것을 뜻한다.

006 「대기오염공정시험기준」상 일반화학분석에 대한 공통적인 사항을 규정한 내용으로 옳지 않은 것은?

① 시험에 사용하는 표준품은 원칙적으로 1급 시약을 사용하여야 한다.
② "방울수"는 20℃에서 정제수 20방울을 떨어뜨릴 때 그 부피가 약 1mL 되는 것을 뜻한다.
③ "수욕상 또는 수욕 중에서 가열한다"는 따로 규정이 없는 한 수온 100℃에서 가열함을 말한다.
④ 액의 농도를 (1→5)로 표시한 것은, 그 용질의 성분이 고체일 때는 1g을 용매에 녹여 전량을 5mL로 하는 비율을 뜻한다.

해설 시험에 사용하는 표준품은 원칙적으로 특급 시약을 사용하며, 표준액을 조제하기 위한 표준용 시약은 따로 규정이 없는 한 데시케이터에 보존된 것을 사용한다.

007 액의 농도에 관한 설명으로 옳지 않은 것은?

① 단순히 용액이라 기재하고 그 용액의 이름을 밝히지 않은 것은 수용액을 뜻한다.
② 황산(1:5)는 용질이 액체일 때 1mL를 용매에 녹여 전량을 5mL로 하는 것을 뜻한다.
③ 혼액(1+2)로 표시한 것은 액체상의 성분을 각각 1용량 대 2용량의 비율로 혼합한 것을 뜻한다.
④ 액의 농도를 (1→2)로 표시한 것은 그 용질의 성분이 고체일 때는 1g을 용매에 녹여 전량을 각각 2mL로 하는 비율을 뜻한다.

해설 황산(1:5) 또는 황산(1+5)라 표시한 것은 황산 1용량에 정제수 2용량을 혼합한 것이므로 용질이 액체일 때 1mL를 용매에 녹여 전량을 6mL로 하는 것을 뜻한다.

008 화학분석의 일반사항 내용으로 옳지 않은 것은?

① 시험에 사용하는 표준품은 원칙적으로 특급 시약을 사용한다.
② 황산(1:2)라 표시한 것은 황산 1 용량에 정제수 2용량을 혼합한 것이다.
③ 방울수는 4℃에서 정제수 20방울을 떨어뜨릴 때 부피가 약 1mL가 되는 것을 뜻한다.
④ 액의 농도를 (1→2)로 표시한 것은 그 용질의 성분이 액체일 때는 1mL를 용매에 녹여 전량을 각각 2mL로 하는 비율을 뜻한다.

해설 "방울수"는 20℃에서 정제수 20방울을 떨어뜨릴 때 그 부피가 약 1mL 되는 것을 뜻한다.

009 「대기오염공정시험기준」상 일반시험법에 대한 설명으로 옳지 않은 것은?

① "약"이란 그 무게 또는 부피 등에 대하여 ±10% 이상의 차가 있어서는 안 된다.
② "정확히 단다"라 함은 규정한 양의 검체를 취하여 분석용 저울로 0.1mg까지 다는 것을 뜻한다.
③ 액체 성분의 양을 "정확히 취한다"라는 것은 홀피펫, 부피플라스크 또는 이와 동등 이상의 정도를 갖는 용량계를 사용하여 조작하는 것을 뜻한다.
④ "항량이 될 때까지 건조한다 또는 강열한다"라 함은 따로 규정이 없는 한 보통의 건조방법으로 1시간 더 건조 또는 강열할 때 전후 무게의 차가 0.3mg 이하일 때를 뜻한다.

해설 "항량이 될 때까지 건조한다 또는 강열한다"라 함은 따로 규정이 없는 한 보통의 건조방법으로 1시간 더 건조 또는 강열할 때 전후 무게의 차가 매 g당 0.3mg 이하일 때를 뜻한다.

010 온도의 표시에 관한 설명으로 옳지 않은 것은?

① 냉수는 15℃ 이하를 말한다.
② 찬 곳은 따로 규정이 없는 한 0~4℃의 곳을 뜻한다.
③ 표준온도는 0℃, 상온은 15~25℃, 실온은 1~35℃로 한다.
④ "냉후"(식힌 후)라 표시되어 있을 때는 보온 또는 가열 후 실온까지 냉각된 상태를 뜻한다.

해설 찬 곳은 따로 규정이 없는 한 0~15℃의 곳을 뜻한다.

011 온도표시에 관한 설명으로 옳지 않은 것은?

① 상온은 15~25℃, 실온은 1~35℃로 한다.
② 온수는 60~70℃이고, 열수는 약 100℃를 말한다.
③ 절대온도는 K로 표시하고 절대온도 '0'K는 273℃로 한다.
④ "수욕상 또는 수욕 중에서 가열한다."라는 것은 따로 규정이 없는 한 수온 100℃에서 가열함을 뜻한다.

해설 절대온도는 K로 표시하고 절대온도 '0'K는 -273℃로 한다.

012 「대기오염공정시험기준」상 분석시험에 있어 기재 및 용어에 관한 설명으로 옳은 것은?

① 시험조작 중 "즉시"란 10초 이내에 표시된 조작을 하는 것을 뜻한다.
② "감압 또는 진공"이라 함은 따로 규정이 없는 한 10mmHg 이하를 뜻한다.
③ 용액의 액성 표시는 따로 규정이 없는 한 유리전극법에 의한 pH 측정기로 측정한 것을 뜻한다.

④ "바탕시험을 하여 보정한다" 함은 시료에 대한 처리 및 측정을 할 때 시료를 사용하여 같은 방법으로 조작한 측정치를 빼는 것을 뜻한다.

해설
① 시험조작 중 "즉시"란 30초 이내에 표시된 조작을 하는 것을 뜻한다.
② "감압 또는 진공"이라 함은 따로 규정이 없는 한 15mmHg 이하를 뜻한다.
④ "바탕시험을 하여 보정한다" 함은 시료에 대한 처리 및 측정을 할 때 시료를 사용하지 않고 같은 방법으로 조작한 측정치를 빼는 것을 뜻한다.

013 「대기오염공정시험기준」상 총칙에 명시된 설명으로 옳은 것은?

① 상온은 1~5℃, 실온은 15~25℃이다.
② 결괏값을 "a~b"라 표시한 것은 a 초과 b 미만임을 뜻한다.
③ "감압"은 따로 규정이 없는 한 15mmH$_2$O 이하를 뜻한다.
④ "냉후"라 표시되어 있을 때는 보온 또는 가열 후 상온까지 냉각된 상태를 뜻한다.

해설 결괏값을 "a~b"라 표시한 것은 a 이상 b 이하임을 뜻한다.

014 「대기오염공정시험기준」상 총칙의 시험기재 및 용어에 관한 내용으로 옳지 않은 것은?

① "이상", "이하"라고 기재하였을 때 이(以) 자가 쓰인 쪽은 어느 것이나 기산점 또는 기준점인 숫자를 포함한다.
② 액체 성분의 양을 "정확히 취한다"는 메스피펫, 메스실린더 또는 이와 동등 이상의 정도를 갖는 용량계를 사용하여 조작하는 것을 뜻한다.
③ 시료의 시험, 바탕시험 및 표준액에 대한 시험을 일련의 동일시험으로 행할 때 사용하는 시약 또는 시액은 동일 로트(lot)로 조제된 것을 사용한다.
④ "정량적으로 씻는다"는 어떤 조작으로부터 다음 조작으로 넘어갈 때 사용한 비커, 플라스크 등의 용기 및 여과막 등에 부착한 정량대상 성분을 사용한 용매로 씻어 그 세액을 합하고 먼저 사용한 같은 용매를 채워 일정 용량으로 하는 것을 뜻한다.

해설 액체 성분의 양을 "정확히 취한다"는 홀피펫, 부피플라스크 또는 이와 동등 이상의 정도를 갖는 용량계를 사용하여 조작하는 것을 뜻한다.

015 「대기오염공정시험기준」상 화학분석 일반사항 용어의 규정으로 옳지 않은 것은?

① 각 조의 시험은 따로 규정이 없는 한 실온에서 조작하고, 조작 직후 그 결과를 관찰한다.
② 시험에 사용하는 물은 따로 규정이 없는 한 정제수 또는 이온교환수지로 정제한 탈염수를 사용한다.
③ 기체 중의 농도를 mg/am^{3}로 표시했을 때, am^{3}로 표시한 것은 실측상태(온도, 압력)의 기체용적을 뜻한다.
④ ppm의 기호를 사용할 때는 따로 표시가 없는 한 기체일 때는 용량 대 용량(부피분율), 액체일 때는 중량 대 중량(질량분율)을 표시한 것을 뜻한다.

해설 각 조의 시험은 따로 규정이 없는 한 상온에서 조작하고 조작 직후 그 결과를 관찰한다.

016 「대기오염공정시험기준」상 시험의 기재 및 용어에 관한 설명으로 옳지 않은 것은?

① 표준액을 조제하기 위한 표준용 시약은 따로 규정이 없는 한 데시케이터에 보존된 것을 사용한다.
② 여과용 기구 및 기기를 기재하지 아니하고 "여과한다"라고 하는 것은 KS M7602 거름종이 1종 여과지를 사용하여 여과함을 말한다.
③ "항량이 될 때까지 강열한다"는 따로 규정이 없는 한 보통의 강열 방법으로 1시간 더 강열 시, 전후 무게의 차가 매 g당 0.3mg 이하일 때를 말한다.
④ "항량이 될 때까지 건조한다"는 따로 규정이 없는 한 보통의 건조 방법으로 1시간 더 건조 시, 전후 무게의 차가 매 g당 0.3mg 이하일 때를 말한다.

해설 여과용 기구 및 기기를 기재하지 아니하고 "여과한다"라고 하는 것은 KS M7602 거름종이 5종 또는 이와 동등한 여과지를 사용하여 여과함을 말한다.

017 「대기오염공정시험기준」상 화학분석 일반사항에 관한 규정으로 옳은 것은?

① 실험에 사용하는 화학물질의 원자량은 2016년 국제원자량표에 따른다.
② 각 조의 시험은 따로 규정이 없는 한 실온에서 조작하고 조작 직후 그 결과를 관찰한다.
③ 부피플라스크, 피펫, 뷰렛, 눈금실린더, 비커 등 화학분석용 유리기구는 제조사의 검정을 필한 것을 사용한다.
④ 1억분율은 ppb로 표시하고 따로 표시가 없는 한 기체일 때는 용량 대 용량(부피분율), 액체일 때는 중량 대 중량을 표시한 것(용량분율)을 뜻한다.

해설
② 각 조의 시험은 따로 규정이 없는 한 상온에서 조작하고 조작 직후 그 결과를 관찰한다.
③ 부피플라스크, 피펫, 뷰렛, 눈금실린더, 비커 등 화학분석용 유리기구는 국가검정을 필한 것을 사용한다
④ 1억분율(Parts Per Hundred Million)은 pphm으로 표시하고 따로 표시가 없는 한 기체일 때는 용량 대 용량 (부피분율), 액체일 때는 중량 대 중량(질량분율)을 표시한 것을 뜻한다.

018 「대기오염공정시험기준」상 시험의 기재 및 용어에 관한 설명으로 옳지 않은 것은?

① 용액의 액성 표시는 따로 규정이 없는 한 유리전극법에 의한 pH미터로 측정한 것을 뜻한다.
② 시험결과의 표시단위는 따로 규정이 없는 한 가스상 성분은 ppm(μmol/mol) 또는 ppb(nmol/mol)로 표시한다.
③ "바탕시험을 하여 보정한다"는 시료에 대한 처리 및 측정을 할 때, 시료를 사용하지 않고 같은 방법으로 조작한 측정치를 뜻한다.
④ 액체성분의 양을 "정확히 취한다"는 홀피펫, 부피플라스크 또는 이와 동등 이상의 정도를 갖는 용량계를 사용하여 조작하는 것을 뜻한다.

해설 "바탕시험을 하여 보정한다"는 시료에 대한 처리 및 측정을 할 때, 시료를 사용하지 않고 같은 방법으로 조작한 측정치를 빼는 것을 뜻한다.

019 염산(1+4) 용액을 조제하는 방법은?

① 염산 1용량에 정제수 2용량을 혼합한다.
② 염산 1용량에 정제수 3용량을 혼합한다.
③ 염산 1용량에 정제수 4용량을 혼합한다.
④ 염산 1용량에 정제수 5용량을 혼합한다.

해설 염산(1+4) 또는 염산 (1:4)라 표시한 것은 염산 1용량에 정제수 4용량을 혼합한 것이다.

서술형 빈출문제

020 '방울수'의 의미로 옳은 것은? 〔실기 Check〕

① 10℃에서 정제수 10방울을 떨어뜨릴 때 그 부피가 약 1mL 되는 것을 뜻한다.
② 10℃에서 정제수 20방울을 떨어뜨릴 때 그 부피가 약 1mL 되는 것을 뜻한다.
③ 20℃에서 정제수 10방울을 떨어뜨릴 때 그 부피가 약 1mL 되는 것을 뜻한다.
④ 20℃에서 정제수 20방울을 떨어뜨릴 때 그 부피가 약 1mL 되는 것을 뜻한다.

〔해설〕 '방울수'는 20℃에서 정제수 20방울을 떨어뜨릴 때 그 부피가 약 1mL 되는 것을 뜻한다.

021 「대기오염공정시험기준」상 시험조작에 대한 설명이다. ( ) 안에 알맞은 것은?

> 시험조작 중 "즉시"란 ( ) 이내에 표시된 조작을 하는 것을 뜻하며, "감압 또는 진공"은 따로 규정이 없는 한 ( ) 이하를 뜻한다.

① 10초, 15mmHg ② 20초, 25mmHg
③ 30초, 15mmHg ④ 60초, 25mmHg

〔해설〕
• 시험조작 중 "즉시"란 30 초 이내에 표시된 조작을 하는 것을 뜻한다.
• "감압 또는 진공"은 따로 규정이 없는 한 15mmHg 이하를 뜻한다.

022 「대기오염공정시험기준」상 관련 용어 및 시험결과 표시 및 검토에 대한 규정으로 옳지 않은 것은?

① "약"이란 그 무게 또는 부피에 대하여 ±10% 이상의 차가 있어서는 안 된다.
② 냉수는 15℃ 이하, 온수는 60~70℃, 열수는 약 100℃를 말한다.
③ 밀봉용기는 물질을 취급 또는 보관하는 동안에 기체 또는 미생물이 침입하지 않도록 내용물을 보호하는 용기를 뜻한다.
④ 시험성적수치는 마지막 유효숫자 단위까지 계산하여 한국산업표준 KS Q 5002(데이터의 통계적 기술) 중 4사5입법의 수치 맺음법에 따라 기록한다.

〔해설〕 시험성적수치는 마지막 유효숫자의 다음 단위까지 계산하여 한국산업표준 KS Q 5002(데이터의 통계적 기술) 중 4사5입법의 수치 맺음법에 따라 기록한다.

023 「대기오염공정시험기준」상 시약, 시액, 표준물질에 관한 설명으로 옳지 않은 것은?

① 시험에 사용하는 표준품은 원칙적으로 특급 시약을 사용한다.
② 표준액을 조제하기 위한 표준용 시약은 따로 규정이 없는 한 데시케이터에 보존된 것을 사용한다.
③ 표준품을 채취할 때 표준액이 정수로 기재되어 있는 경우는 실험자가 환산하여 기재수치에 "약" 자를 붙여 사용할 수 없다.
④ 액체성분의 양을 '정확히 취한다'함은 홀피펫, 메스플라스크 또는 이와 동등 이상의 정도를 갖는 용량계를 사용하여 조작하는 것을 뜻한다.

〔해설〕 표준품을 채취할 때 표준액이 정수로 기재되어 있어도 실험자가 환산하여 기재 수치에 "약" 자를 붙여 사용할 수 있다.

024 물질을 취급 또는 보관하는 동안에 기체 또는 미생물이 침입하지 않도록 내용물을 보호하는 용기를 뜻하는 것은?

① 기밀용기 ② 밀폐용기
③ 밀봉용기 ④ 차광용기

정답 020 ② 021 ③ 022 ④ 023 ③ 024 ③

해설 밀봉용기는 물질을 취급 또는 보관하는 동안에 기체 또는 미생물이 침입하지 않도록 내용물을 보호하는 용기를 뜻한다.

025 '물질을 취급 또는 보관하는 동안에 이물(異物)이 들어가거나 내용물이 손실되지 않도록 보호하는 용기'로 정의되는 것은?

① 차광용기
② 밀폐용기
③ 기밀용기
④ 밀봉용기

해설 밀폐용기는 물질을 취급 또는 보관하는 동안에 이물이 들어가거나 내용물이 손실되지 않도록 보호하는 용기를 뜻한다.

실기 Check ✓
026 미생물의 침입, 다른 가스의 침입, 이물이 들어가지 않도록 내용물을 보호하는 용기를 순서대로 나타낸 것으로 옳은 것은?

① 밀봉용기, 밀폐용기, 기밀용기
② 기밀용기, 밀폐용기, 밀봉용기
③ 밀봉용기, 기밀용기, 밀폐용기
④ 기밀용기, 밀봉용기, 밀폐용기

해설
- 밀봉용기는 물질을 취급 또는 보관하는 동안에 기체 또는 미생물이 침입하지 않도록 내용물을 보호하는 용기를 뜻한다.
- 기밀용기는 물질을 취급 또는 보관하는 동안에 외부로부터의 공기 또는 다른 가스가 침입하지 않도록 내용물을 보호하는 용기를 뜻한다.
- 밀폐용기는 물질을 취급 또는 보관하는 동안에 이물이 들어가거나 내용물이 손실되지 않도록 보호하는 용기를 뜻한다.

027 「대기오염공정시험기준」상 따로 규정이 없는 한 '시약 명칭 – 화학식 – 농도(%) – 비중(약)' 기준으로 옳은 것은?

① 암모니아수 – NH_4OH – 30.0~34.0(NH_3로서) – 1.05

② 아이오딘화수소산 – HI – 46.0~48.0 – 1.25
③ 브로민화수소산 – HBr – 47.0~49.0 – 1.48
④ 과염소산 – H_2ClO_3 – 60.0~62.0 – 1.34

해설
① 암모니아수 – NH_4OH – 28.0~30.0(NH_3로서) – 0.90
② 아이오딘화수소산 – HI – 55.0~58.0 – 1.70
④ 과염소산 – $HClO_4$ – 60.0~62.0 – 1.54

실기 Check ✓
028 「대기오염공정시험기준」상 일반화학분석에 대한 공통적인 사항으로 따로 규정이 없는 경우 사용해야 하는 시약의 규격으로 옳지 않은 것은?

구분	명칭	화학식	농도 (%)	비중 (약)
가	아세트산	CH_3COOH	60.0 이상	1.50
나	플루오린화수소산	HF	46.0~48.0	1.14
다	인산	H_3PO_4	85.0 이상	1.69
라	과산화수소	H_2O_2	30.0~35.0	1.11

① 가
② 나
③ 다
④ 라

해설 아세트산(CH_3COOH): 농도 99.0 이상, 비중 1.05

029 「대기오염공정시험기준」상 따로 규정이 없는 한 '시약 명칭 – 화학식 – 농도(%) – 비중(약)' 기준으로 옳지 않은 것은?

① 황산 – H_2SO_4 – 85.0 이상 – 1.64
② 인산 – H_3PO_4 – 85.0 이상 – 1.69
③ 염산 – HCl – 35.0~37.0 – 1.18
④ 질산 – HNO_3 – 60.0~62.0 – 1.38

해설 황산 – H_2SO_4 – 95.0 이상 – 1.84

030 중금속 분석을 위한 전처리 방법 중 회화법에 관한 설명이다. ( ) 안에 알맞은 것은?

> 회화법은 시료를 채취한 원통여과지를 적당한 크기로 자르고, 자기도가니에 넣은 다음, 전기로를 써서 (㉠)에서 회화한 다음 백금도가니에 옮겨 넣는다. 여기에 황산(1+3) 몇 방울과 (㉡) 20mL를 가하고 통풍실 안에서 열판 위에 올려놓고 극히 서서히 가열한다.

① ㉠ 500℃, ㉡ 4% 수산화소듐
② ㉠ 1,500℃, ㉡ 4% 수산화소듐
③ ㉠ 500℃, ㉡ 플루오린화수소산
④ ㉠ 1,500℃, ㉡ 플루오린화수소산

해설 시료를 채취한 원통여과지를 적당한 크기로 자르고, 자기도가니에 넣은 다음, 전기로를 써서 500℃에서 회화한 다음 백금도가니에 옮겨 넣는다. 여기에 황산(1+3) 몇 방울과 플루오린화수소산 20mL를 가하고 통풍실 안에서 열판 위에 올려놓고 극히 서서히 가열한다.

031 중금속 분석을 위한 전처리 장치인 저온회화법의 회화온도 기준으로 옳은 것은?

① 회화 온도는 약 200℃ 이하이다.
② 회화 온도는 약 300℃ 이하이다.
③ 회화 온도는 약 400℃ 이하이다.
④ 회화 온도는 약 500℃ 이하이다.

해설 저온회화법은 시료를 채취한 여과지를 회화실에 넣고 약 200℃ 이하에서 회화한다.

032 중금속 분석을 위한 전처리 방법 중 저온회화법에 관한 설명이다. ( ) 안에 알맞은 것은?

> 시료를 채취한 여과지를 회화실에 넣고 약 (㉠) 이하에서 회화한다. 셀룰로스 섬유제 여과지를 사용했을 때에는 그대로, 유리섬유제 또는 석영섬유제 여과지를 사용했을 때에는 적당한 크기로 자르고 250mL짜리 원뿔형 비커에 넣은 다음 (㉡)를 가한다. 이것을 물중탕 중에서 약 30분간 가열하여 녹인다.

① ㉠ 200℃ 이하, ㉡ 염산(1+1) 70mL 및 과산화수소수(30%) 5mL
② ㉠ 450℃ 이하, ㉡ 염산(2+1) 70mL 및 과산화수소수(30%) 5mL
③ ㉠ 200℃ 이하, ㉡ 황산(1+1) 70mL 및 과망가니즈산포타슘(0.025 mol/L) 5mL
④ ㉠ 450℃ 이하, ㉡ 황산(2+1) 70mL 및 과망가니즈산포타슘(0.025 mol/L) 5mL

해설 시료를 채취한 여과지를 회화실에 넣고 약 200℃ 이하에서 회화한다. 셀룰로스 섬유제 여과지를 사용했을 때에는 그대로, 유리섬유제 또는 석영섬유제 여과지를 사용했을 때에는 적당한 크기로 자르고 250mL짜리 원뿔형 비커에 넣은 다음 염산 (1+1) 70mL 및 과산화수소수 (30%) 5mL를 가한다. 이것을 물중탕 중에서 약 30분간 가열하여 녹인다.

033 굴뚝 배출가스 중 가스상물질의 시료채취방법으로 옳지 않은 것은?

① 여과재를 끼우는 부분은 교환이 쉬운 구조의 것으로 한다.
② 일반적으로 사용되는 플루오르수지 연결관은 100℃ 이상에서는 사용할 수 없다.
③ 채취관은 흡입가스의 유량, 채취관의 기계적 강도, 청소의 용이성 등을 고려해서 안지름 6~25mm 정도의 것을 쓴다.
④ 채취관의 길이는 선정한 채취점까지 끼워 넣을 수 있는 것이어야 하고, 배출가스의 온도가 높을 때에는 관이 구부러지는 것을 막기 위한 조치를 해두는 것이 필요하다.

해설 일반적으로 사용되는 플루오르수지 연결관(녹는점 260℃)은 250℃ 이상에서는 사용할 수 없다.

034 굴뚝 배출가스 중 가스상물질에 대한 시료채취방법에 관한 설명으로 옳지 않은 것은?

① 연결관의 안지름은 4~25mm로 한다.
② 채취관은 안지름 6~25mm 정도의 것을 쓴다.
③ 채취부의 펌프는 배기능력 5L/min 이상의 밀폐형인 것을 쓴다.
④ 채취부의 수은 마노미터는 대기와 압력차가 100mmHg 이상인 것을 쓴다.

해설 채취부의 펌프는 배기능력 0.5~5L/min인 밀폐형인 것을 쓴다.

035 굴뚝에서 배출되는 가스상물질에 시료채취장치 중 채취부에 사용되는 수은 마노미터의 규격 기준으로 옳은 것은?

① 대기와 압력차가 100mmHg 이하인 것을 쓴다.
② 대기와 압력차가 100mmHg 이상인 것을 쓴다.
③ 대기와 압력차가 200mmHg 이하인 것을 쓴다.
④ 대기와 압력차가 200mmHg 이상인 것을 쓴다.

해설 수은 마노미터는 대기와 압력차가 100mmHg 이상인 것을 쓴다.

036 굴뚝 배출가스 중 가스상물질 시료채취를 위한 채취부에 관한 설명으로 옳지 않은 것은?

① 펌프는 배기능력 5~50L/min인 개방형인 것을 쓴다.
② 수은 마노미터는 대기와 압력차가 100mmHg 이상인 것을 쓴다.
③ 일회전 1L의 습식 또는 건식 가스미터로 온도계와 압력계가 붙어 있는 것을 쓴다.
④ 유리로 만든 가스건조탑을 쓰며, 건조제로 입자상태의 실리카젤, 염화칼슘 등을 쓴다.

해설 펌프는 배기능력 0.5~5L/min인 밀폐형인 것을 쓴다.

037 굴뚝에서 배출되는 가스 중 벤젠을 분석하고자 할 때 채취관이나 연결관의 재질로 옳지 않은 것은?

① 경질유리   ② 석영
③ 플루오르수지 ④ 보통강철

해설 벤젠 분석 시 채취관 및 연결관의 재질은 경질유리, 석영, 플루오르수지 등이다.

038 굴뚝을 통해 대기 중으로 배출되는 가스상물질의 시료를 채취할 때 사용하는 연결관에 관한 설명으로 옳지 않은 것은?

① 하나의 연결관으로 여러 개의 측정기를 사용할 경우 각 측정기 앞에서 연결관을 병렬로 연결하여 사용한다.
② 연결관의 안지름은 연결관의 길이, 흡입가스의 유량, 응축수에 의한 막힘 또는 흡입펌프의 능력 등을 고려해서 4~25mm로 한다.
③ 연결관의 길이는 가능한 한 먼 곳의 시료채취구에서도 채취가 용이하도록 100m 정도로 가급적 길게 하되, 200m를 넘지 않도록 한다.
④ 연결관은 가능한 한 수직으로 연결해야 하고, 부득이 구부러진 관을 쓸 경우에는 응축수가 흘러나오기 쉽도록 경사지게(5° 이상) 하고 시료가스는 아래로 향하게 한다.

해설 연결관의 길이는 되도록 짧게 하고, 부득이 길게 해서 쓰는 경우에는 이음매가 없는 배관을 써서 접속 부분을 적게 하며 받침기구로 고정해서 사용해야 한다.

039 채취관, 연결관의 재질을 보통강철로 사용할 수 있는 분석대상가스로 옳은 것은?

① 일산화탄소, 암모니아
② 비소, 페놀
③ 질소산화물, 사이안화수소
④ 폼알데하이드, 브로민

해설

[채취관 및 연결관의 재질]	
① 경질유리	② 석영
③ 보통강철	④ 스테인리스강 재질
⑤ 세라믹	⑥ 플루오르수지
⑦ 염화바이닐수지	⑧ 실리콘수지
⑨ 네오프	

- 암모니아(①, ②, ③, ④, ⑤, ⑥)
- 일산화탄소(①, ②, ③, ④, ⑤, ⑥, ⑦)
- 질소산화물(①, ②, ④, ⑤, ⑥)
- 사이안화수소(①, ②, ④, ⑤, ⑥, ⑦)
- 폼알데하이드(①, ②, ⑥)
- 브로민(①, ②, ⑥)
- 페놀(①, ②, ④, ⑥)
- 비소(①, ②, ④, ⑤, ⑥, ⑦)

040 분석대상가스가 암모니아인 경우 사용 가능한 채취관의 재질로 옳지 않은 것은?

① 석영
② 실리콘수지
③ 스테인리스강 재질
④ 플루오르수지

해설 암모니아 채취관 재질: 경질유리, 석영, 보통강철, 스테인리스강 재질, 세라믹, 플루오르수지

041 분석대상가스가 폼알데하이드인 경우 채취관, 연결관의 재질로 옳지 않은 것은?

① 보통강철
② 경질유리
③ 석영
④ 플루오르수지

해설 폼알데하이드 채취관, 연결관의 재질: 경질유리, 석영, 플루오르수지

042 분석대상가스의 종류별, 채취관 및 연결관 재질의 연결로 옳지 않은 것은?

① 암모니아 – 스테인리스강 재질
② 일산화탄소 – 석영
③ 질소산화물 – 스테인리스강 재질
④ 이황화탄소 – 보통강철

해설 이황화탄소에 대한 채취관 및 연결관 재질: 경질유리, 석영, 플루오르수지

043 채취관, 연결관의 재질을 보통강철로 사용할 수 있는 분석대상가스로 옳은 것은?

① 질소산화물, 사이안화수소
② 비소, 페놀
③ 암모니아, 일산화탄소
④ 폼알데하이드, 브로민

해설 채취관, 연결관의 재질을 보통강철로 사용할 수 있는 분석대상가스: 암모니아, 일산화탄소

044 굴뚝에서 배출되는 가스상물질을 채취할 때 ㉠ 분석대상가스별, ㉡ 사용 채취관 및 연결관의 재질, ㉢ 여과재 재질의 연결로 옳은 것은?

① ㉠ 벤젠 – ㉡ 세라믹 – ㉢ 카보런덤
② ㉠ 암모니아 – ㉡ 염화바이닐수지 – ㉢ 소결유리
③ ㉠ 플루오린화합물 – ㉡ 스테인리스강 재질 – ㉢ 카보런덤
④ ㉠ 황산화물 – ㉡ 보통강철 – ㉢ 알칼리 성분이 없는 유리솜

정답 039 ① 040 ② 041 ① 042 ④ 043 ③ 044 ③

해설

① ㉠ 벤젠 – ㉡ 경질유리, 석영, 플루오르수지 – ㉢ 알칼리 성분이 없는 유리솜 또는 실리카솜, 소결유리
② ㉠ 암모니아 – ㉡ 경질유리, 석영, 보통강철, 스테인리스강 재질, 세라믹, 플루오르수지 – 알칼리 성분이 없는 유리솜 또는 실리카솜, 소결유리, 카보런덤
④ ㉠ 황산화물 – ㉡ 경질유리, 석영, 스테인리스강 재질, 세라믹, 플루오르수지, 염화바이닐수지 – ㉢ 알칼리 성분이 없는 유리솜 또는 실리카솜, 소결유리, 카보런덤

045 배출가스 중 가스상물질 시료채취방법에서 분석대상 가스별 분석방법으로 옳은 것은?

① 페놀: 페놀다이술폰산법
② 폼알데하이드: 오르토톨리딘법
③ 질소산화물: 크로모트로핀산법
④ 사이안화수소: 4-피리딘카복실산-피라졸론법

해설

① 폼알데하이드 – 크로모트로핀산법, 아세틸아세톤법
② 질소산화물 – 아연환원 나프틸에틸렌다이아민법
③ 사이안화수소 – 자외선/가시선분광법(4-피리딘카복실산-피라졸론법)
④ 페놀 – 자외선/가시선분광법(4-아미노안티피린법), 기체크로마토그래피

046 수산화소듐 용액을 흡수액으로 사용하는 분석대상가스로 옳지 않은 것은?

① 비소
② 질소산화물
③ 사이안화수소
④ 염화수소

해설 질소산화물의 흡수액은 황산 용액(0.005 mol/L)이다.
• 수산화소듐 용액을 흡수액으로 사용하는 분석대상가스: 염화수소, 플루오린화합물, 사이안화수소, 브로민화합물, 페놀, 비소

047 굴뚝 배출가스 중 폼알데하이드를 정량할 때 쓰이는 흡수액은?

① 아연아민착염 용액
② 아세틸아세톤 함유 흡수액
③ 과산화수소수 용액(1+9)
④ 수산화소듐 용액(0.5 mol/L)

해설

② 아연아민착염 용액: 황화수소(H_2S) 흡수액
③ 과산화수소수 용액 (1+9): 황산화물 흡수액
④ 수산화소듐 용액(0.5mol/L): 사이안화수소 흡수액
• 폼알데하이드를 정량할 때 쓰이는 흡수액은 크로모트로핀산 +황산과 아세틸아세톤 함유 흡수액이다.

048 배출가스 중 가스상물질의 시료 채취방법 중 분석물질별 흡수액과의 연결이 옳지 않은 것은?

구분	분석물질	흡수액
가	염소	오르토톨리딘 염산 용액(0.1 g/L)
나	황화수소	아연아민착염 용액
다	질소산화물	붕산 용액(5 g/L)
라	플루오린화합물	수산화소듐 용액 (0.1 mol/L)

① 가
② 나
③ 다
④ 라

해설 질소화합물의 흡수액은 황산 용액(0.005mol/L)이다.

049 분석대상가스 중 아세틸아세톤 함유 흡수액을 흡수액으로 사용하는 것은?

① 비소
② 폼알데하이드
③ 사이안화수소
④ 브로민화합물

해설

• 비소 흡수액: 수산화소듐 용액(0.1mol/L)
• 사이안화수소 흡수액: 수산화소듐 용액(0.5mol/L)
• 브로민화합물 흡수액: 수산화소듐 용액 (0.1mol/L)

[실기 Check ✓]

050 분석대상 가스와 흡수액을 연결한 것으로 옳지 않은 것은?

① 페놀 – 수산화소듐 용액
② 염소 – 과산화수소수 용액
③ 염화수소 – 수산화소듐 용액
④ 황화수소 – 아연아민착염 용액

[해설] 염소의 흡수액은 오르토톨리딘 염산 용액(0.1g/L)이다.

051 굴뚝 배출가스 중 브로민화합물 분석에 사용되는 흡수액으로 옳은 것은?

① 붕산 용액(5g/L)
② 다이에틸아민구리 용액
③ 과산화수소수 용액(1+9)
④ 수산화소듐 용액(0.1mol/L)

[해설]
• 붕산 용액 (5g/L): 암모니아 흡수액
• 다이에틸아민구리 용액: 이황화탄소 흡수액
• 과산화수소수 용액(1+9): 황산화물 흡수액

052 분석대상가스별 흡수액으로 옳지 않은 것은?

① 페놀 – 수산화소듐 용액(0.1mol/L)
② 비소 – 수산화소듐 용액(0.1mol/L)
③ 질소산화물 – 수산화소듐 용액(0.1mol/L)
④ 브로민화합물 – 수산화소듐 용액(0.1mol/L)

[해설] 질소산화물 – 황산 용액 (0.005mol/L)

053 배출가스의 흡수를 위한 분석대상가스와 그 흡수액을 연결한 것으로 옳지 않은 것은?

① 폼알데하이드 – 크로모트로핀산+황산
② 사이안화수소 – 아세틸아세톤 함유 흡수액
③ 염화수소 – 수산화소듐 용액(0.1mol/L)
④ 염소 – 오르토톨리딘 염산 용액(0.1g/L)

[해설] 사이안화수소 – 수산화소듐 용액(0.5mol/L)

054 배출가스 중 CS_2의 측정에 사용되는 흡수액은?

① 붕산 용액
② 오르토톨리딘 염산 용액(0.1g/L)
③ 아연아민착염 용액
④ 다이에틸아민구리 용액

[해설]
• 붕산 용액(5g/L): 암모니아 흡수액
• 오르토톨리딘 염산 용액(0.1g/L): 염소
• 아연아민착염 용액: 황화수소

055 배출가스 중 건조시료가스 채취량을 건식가스미터를 사용하여 측정할 때 필요한 항목에 해당하지 않는 것은?

① 가스미터의 온도
② 가스미터의 게이지압
③ 가스미터로 측정한 흡입가스양
④ 가스미터 온도에서의 포화 수증기압

[해설] 건식 가스미터를 사용할 시 건조시료가스 채취량(L)은 다음 식에 따라 계산한다.

$$V_s = V \times \frac{273}{273+t} \times \frac{P_a+P_m}{760}$$

여기서, V: 가스미터로 측정한 흡입가스양(L),
t: 가스미터의 온도(℃),
P_a: 대기압(mmHg),
P_m: 가스미터의 게이지압(mmHg)

[정답] 050 ② 051 ④ 052 ③ 053 ② 054 ④ 055 ④

056 굴뚝을 통하여 대기 중으로 배출되는 가스상 물질을 분석하기 위한 시료채취방법에 대한 주의사항으로 옳지 않은 것은?

① 가스미터는 200mmH₂O 이내에서 사용한다.
② 습식 가스미터를 이동 또는 운반할 때에는 반드시 물을 빼고, 오랫동안 쓰지 않을 때에도 그와 같이 배수한다.
③ 흡수병을 만일 공용으로 할 때에는 대상 성분이 달라질 때마다 묽은 산 또는 알칼리 용액과 정제수로 깨끗이 씻은 다음 다시 흡수액으로 3회 정도 씻은 후 사용한다.
④ 굴뚝 내의 압력이 매우 큰 부압(-300mmH₂O 정도 이하)인 경우에는, 시료 채취용 굴뚝을 부설하여 부피가 큰 펌프를 써서 시료가스를 흡입하고 그 부설한 굴뚝에 채취구를 만든다.

해설 가스미터는 100mmH₂O 이내에서 사용한다.

057 굴뚝이나 덕트 등을 통하여 대기 중으로 배출되는 가스상물질을 분석하기 위한 시료채취방법에 대한 주의사항으로 옳지 않은 것은?

① 채취에 종사하는 사람은 보통 2인 이상을 1조로 한다.
② 채취 위치 주변에 배전 및 급수설비는 배제하는 것이 좋다.
③ 옥외 작업 시 바람 방향을 확인하여 바람이 부는 쪽으로 작업하는 것이 좋다.
④ 굴뚝 내의 압력이 정압(+)인 경우에는 채취구를 열었을 때 유해가스가 분출될 염려가 있으므로 충분한 주의가 필요하다.

해설 채취 위치의 주변에는 배전 및 급수 설비를 갖추는 것이 좋다.

058 굴뚝 배출가스 중 가스상물질의 시료채취장치의 주의사항에 관한 설명으로 옳지 않은 것은?

① 가스미터는 100mmH₂O 이내에서 사용한다.
② 습식가스미터를 이동 또는 운반할 때에는 반드시 물을 뺀다.
③ 가스미터는 정밀도를 유지하기 위하여 필요에 따라 오차를 측정해 둔다.
④ 시료가스의 양을 재기 위하여 쓰는 채취병은 미리 20℃ 때의 참부피를 구해둔다.

해설 시료가스의 양을 재기 위하여 쓰는 채취병은 미리 0℃ 때의 참부피를 구해둔다.

059 굴뚝 배출가스 중의 입자상물질을 분석할 때 채취장치에 사용하는 원통여과지의 재질로 옳은 것은?

① 유리 섬유제
② 석영 섬유제
③ 고무 섬유제
④ 셀룰로스 섬유제

해설 원통여과지는 실리카 섬유제 여과지로서 99% 이상의 먼지채취율(0.3 μm 다이옥틸프탈레이트 매연 입자에 의한 먼지 통과시험)을 나타내는 것이어야 하며, 사용상태에서 화학변화를 일으키지 않아야 한다. 만약 화학변화로 인하여 측정치의 오차가 나타날 경우에는 적절한 처리를 하여 사용하도록 하고, 유효직경 25mm 이상의 것을 사용한다.

060 굴뚝 단면이 서서히 변하는 경우 원형 굴뚝의 환산 하부직경을 계산하는 방식으로 옳은 것은?

① $\dfrac{\text{하부직경} + \text{선정된 측정공 위치의 직경}}{2}$
② $\dfrac{\text{하부직경} + \text{선정된 측정공 위치의 직경}}{3}$
③ $\dfrac{\text{하부직경} + \text{선정된 측정공 위치의 직경}}{4}$
④ $\dfrac{\text{하부직경} + \text{선정된 측정공 위치의 직경}}{5}$

정답 056 ① 057 ② 058 ④ 059 ② 060 ①

[서술형 빈출문제]

해설 굴뚝 단면이 서서히 변하는 경우 원형 굴뚝의 환산 하부직경을 구하는 식은 $\dfrac{\text{하부직경}+\text{선정된 측정공 위치의 직경}}{2}$, 환산 상부직경을 구하는 식은 환산 상부직경을 구하는 식은 $\dfrac{\text{상부직경}+\text{선정된 측정공 위치의 직경}}{2}$이다.
선정된 측정공 위치가 환산 하부직경의 2배 이상과 환산 상부직경의 1/2배 이상이면 측정공 위치로 채택한다.

실기 Check ✓

061 굴뚝 단면이 원형일 경우 입자상물질 측정을 위한 측정점수에 대한 설명으로 옳지 않은 것은?

① 굴뚝 직경이 2.5m인 경우에 측정점수는 12이다.
② 굴뚝 직경이 1.5m인 경우에 반경 구분수는 2이다.
③ 측정점수는 굴뚝 직경이 4.5m를 초과할 때는 20점까지로 한다.
④ 굴뚝 단면적이 $1m^2$ 이하로 소규모일 경우에는 그 굴뚝 단면의 중심을 대표점으로 하여 1점만 측정한다.

해설 굴뚝 단면적이 $0.25m^2$ 이하로 소규모일 경우에는 그 굴뚝 단면의 중심을 대표점으로 하여 1점만 측정한다.

[원형 단면의 측정점]

굴뚝 직경(2R) (m)	반경 구분수	측정점수
1 이하	1	4
1 초과 2 이하	2	8
2 초과 4 이하	3	12
4 초과 4.5 이하	4	16
4.5 초과	5	20

062 원형 굴뚝의 반경이 0.85m일 때 측정점수는 몇 개인가?

① 4
② 8
③ 12
④ 20

해설 굴뚝 직경=반경(R)×2=0.85×2=1.7
따라서 측정점수는 8개이다.

063 원형 굴뚝의 반경이 2.3m인 경우 배출가스 중 입자상물질 측정을 위한 반경 구분수와 측정점수로 옳은 것은?

① 2, 8
② 3, 12
③ 4, 16
④ 5, 20

해설 굴뚝 직경=반경(R)×2=2.3×2=4.6
따라서 반경 구분수는 5, 측정점수는 20이다.

064 원형 굴뚝의 직경이 4.3m이었다. 굴뚝 배출가스 중의 입자상물질 측정을 위한 측정점수는 몇 개로 하여야 하는가?

① 12
② 16
③ 20
④ 24

해설 굴뚝 직경이 4 m 초과 4.5 m 이하일 경우 측정점수는 16이다.

065 굴뚝에서 배출되는 건조 배출가스의 유량을 계산하는 데 필요치 않은 것은?

① 배출가스 수분량
② 굴뚝의 단면적
③ 배출가스 온도
④ 흡인노즐 내경

해설 건조 배출가스 유량,

$$Q_N(Sm^3/h) = \overline{V} \times A \times \dfrac{273}{273+\overline{\theta_s}} \times \dfrac{P_a+\overline{P_s}}{760} \times \left(1-\dfrac{X_w}{100}\right) \times 3,600$$

여기서, $\overline{V}$: 배출가스 평균유속(m/s)
A : 굴뚝 단면적(m^2)
$\overline{\theta_s}$: 배출가스 평균온도(℃)
P_a : 측정공 위치에서의 대기압(mmHg)
$\overline{P_s}$: 배출가스 평균정압(mmHg)
X_w : 배출가스 중의 수분량(%)

066 환경대기 시료채취방법에서 시료채취 지점 수 및 채취 장소의 결정방법으로 옳지 않은 것은? (단, 기타의 방법은 제외한다.)

① 인구비례에 의한 방법
② TM좌표에 의한 방법
③ 중심점에 의한 동심원을 이용하는 방법
④ 대기오염 배출계수 분포를 이용하는 방법

해설 시료채취 지점 수의 결정방법은 인구비례에 의한 방법, 대상 지역의 오염정도에 따라 공식을 이용하는 방법이 있고, 시료채취 장소의 결정방법은 중심점에 의한 동심원을 이용하는 방법, TM좌표에 의한 방법 및 기타방법이 있다.

067 환경대기 중의 오염물질에 관한 시험 및 분석에 있어서 시료채취 지점수를 결정하기 위해 다음 공식을 이용하고자 한다. 이에 대해 잘못 해석한 것은?

$$채취지점수, \ N = N_x + N_y + N_z$$

① 이 공식은 대상지역의 오염도를 고려한 공식이다.
② $N_x = (0.065) \times \left(\dfrac{환경기준 - 최저농도}{환경기준}\right)$ ×(환경기준보다 농도가 높은 지역면적)
③ $N_y = (0.0096) \times \left(\dfrac{환경기준 - 최저농도}{환경기준}\right)$ ×(환경기준보다 농도가 낮으나 자연농도보다 높은 지역면적)
④ $N_z = (0.0004) \times$ (자연상태의 농도와 같은 지역면적)

해설 $N_x = (0.065) \times \left(\dfrac{최대농도 - 최저농도}{환경기준}\right) \times$ (환경기준보다 농도가 높은 지역면적)

068 환경기준 시험을 위한 채취 지점 수(측정점 수)의 결정 시 TM좌표에 의한 방법을 설명한 것이다. ( ) 안에 알맞은 것은?

전국 지도의 TM좌표에 따라 해당지역의 (㉠)의 지도 위에 (㉡) 간격으로 바둑판 모양의 구획을 만들고 그 구획마다 측정점을 선정한다.

① ㉠ 1:10,000 이상, ㉡ 200~300m
② ㉠ 1:10,000 이상, ㉡ 2~3km
③ ㉠ 1:25,000 이상, ㉡ 200~300m
④ ㉠ 1:25,000 이상, ㉡ 2~3km

해설 전국 지도의 TM좌표에 따라 해당 지역의 1:25,000 이상의 지도위에 2~3km 간격으로 바둑판 모양의 구획을 만들고 그 구획마다 측정점을 선정한다.

069 환경기준 시험을 위한 시료채취 위치 선정기준을 설명한 것으로 옳지 않은 것은?

① 주위에 건물 등이 밀집되어 있을 때는 건물 바깥벽으로부터 적어도 1.5m 이상 떨어진 곳을 선정한다.
② 시료의 채취 높이는 인체 흡입부의 평균오염도를 나타낼 수 있는 곳으로서 1.2~1.5m 범위로 한다.
③ 주위에 장애물이 있을 경우에는 채취 위치로부터 장애물까지의 거리가 그 장애물 높이의 2배 이상이 되도록 한다.
④ 주위에 장애물이 있을 경우에는 채취점과 장애물 상단을 연결하는 직선이 수평선과 이루는 각도가 30° 이하 되는 곳을 선정한다.

해설 시료채취의 높이는 그 부근의 평균오염도를 나타낼 수 있는 곳으로서 가능한 한 1.5~30m 범위로 한다.

070 「대기오염공정시험기준」상 환경대기 중 정가스상 물질의 시료 채취방법에 관한 설명으로 옳지 않은 것은?

① 용기채취법에서 용기는 일반적으로 수소 또는 헬륨 가스가 충진된 백(bag)을 사용한다.
② 용기채취법은 시료를 일단 일정한 용기에 채취한 다음 분석에 이용하는 방법으로 채취관 - 용기, 또는 채취관 - 유량조절기 - 흡입펌프 - 용기로 구성된다.
③ 직접채취법에서 채취관은 일반적으로 4불화에틸렌수지(teflon), 경질유리, 스테인리스강 제 등으로 된 것을 사용한다.
④ 직접채취법에서 채취관의 길이는 5m 이내로 되도록 짧은 것이 좋으며, 그 끝은 빗물이나 곤충 기타 이물질이 들어가지 않도록 되어 있는 구조이어야 한다.

해설 용기는 일반적으로 진공병 또는 공기주머니(air bag)를 사용한다.

071 대기 중의 가스상물질을 용매채취법에 따라 채취할 때 사용하는 순간유량계 중 면적식 유량계는?

① 노즐식 유량계   ② 오리피스 유량계
③ 게이트식 유량계   ④ 위상차 유량계

해설 면적식 유량계(area type)에는 부자식(floater), 피스톤식 또는 게이트식 유량계를 사용한다.

072 「대기오염공정시험기준」에 의해 대기 중의 가스상물질을 용매채취법으로 채취할 경우 채취장치의 배열 순서로 옳은 것은?

① 채취관 - 흡입펌프 - 유량계(가스미터) - 채취부 - 여과재
② 채취관 - 여과재 - 채취부 - 흡입펌프 - 유량계(가스미터)
③ 채취관 - 여과재 - 흡입펌프 - 유량계(가스미터) - 채취부
④ 채취관 - 채취부 - 여과재 - 유량계(가스미터) - 흡입펌프

해설 용매채취법은 측정대상 기체와 선택적으로 흡수 또는 반응하는 용매에 시료가스를 일정 유량으로 통과시켜 채취하는 방법으로 채취관 - 여과재 - 채취부 - 흡입펌프 - 유량계(가스미터)로 구성된다.

073 부유먼지 측정기의 설치가 가능한 위치를 표현한 그림에서 설치가 가능한 영역을 가장 잘 표현한 그림은? (단, X축은 도로변으로부터의 거리(m), Y축은 지상으로부터의 높이(m)를 나타내며, 빗금 친 부분은 설치가능 영역이다.)

①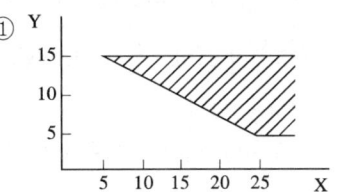

②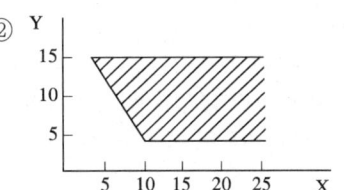

③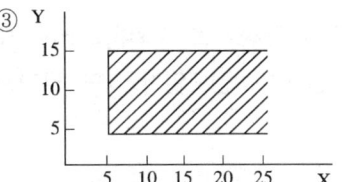

④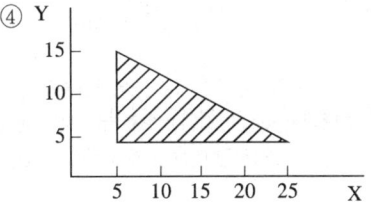

해설 부유먼지 측정기의 도로로부터의 거리와 시료 채취높이에 대한 그림은 다음과 같다.

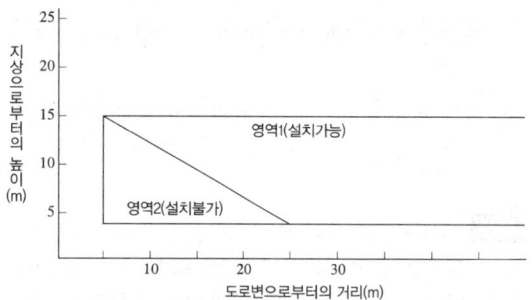

074 대기 중에 부유하고 있는 입자상물질 시료채취 방법인 고용량공기시료채취기(high volume air sampler)법에 대한 설명으로 옳지 않은 것은?

① 채취입자의 입경은 일반적으로 0.1~100μm 범위이다.
② 공기흡입부, 여과지홀더, 유량측정부 및 보호상자로 구성된다.
③ 공기흡입부는 무부하일 때의 흡입유량은 보통 0.5m³/h 범위 정도로 한다.
④ 채취용 여과지는 0.3μm 되는 입자를 99% 이상 채취할 수 있어야 한다.

해설 공기흡입부는 직권정류자 모터에 2단 원심 터빈형 송풍기가 직접 연결된 것으로 무부하일 때의 흡입유량이 약 2m³/min이고 24시간 이상 연속 측정할 수 있는 것이어야 한다.

075 고용량공기시료채취기의 공기흡입부에 대한 흡입유량은 보통 어느 정도인가? (단, 무부하 기준)

① 약 20L/min   ② 약 120L/min
③ 약 1m³/min   ④ 약 2.0m³/min

해설 고용량공기시료채취기의 공기흡입부는 직권정류자 모터에 2단 원심 터빈형 송풍기가 직접 연결된 것으로 무부하일 때의 흡입유량이 약 2m³/min이고, 24시간 이상 연속 측정할 수 있는 것이어야 한다.

076 저용량공기시료채취기(Low Volume Air Sampler)를 사용하여 환경대기 중의 입자상물질을 채취하려고 한다. 장치의 구성에 관한 설명으로 옳지 않은 것은?

① 여과지홀더 내의 패킹(Packing)은 불소수지제로 만들어진 것을 사용한다.
② 흡입펌프는 연속해서 10일 이상 사용할 수 있고, 진공도가 낮은 것을 사용한다.
③ 부자식 면적유량계에 새겨진 눈금은 20℃, 1기압에서 10~30L/min 범위를 0.5 L/min까지 측정할 수 있도록 되어 있는 것을 사용한다.
④ 입자상물질의 채취에 사용하는 채취용 여과지는 구멍 크기(pore size)가 1~3μm 되는 니트로셀룰로스 막 필터(nitrocellulose membrane filter) 또는 석영 섬유 여과지 등을 사용한다.

해설 흡입펌프는 연속해서 30일 이상 사용할 수 있고 되도록 다음의 조건을 갖춘 것을 사용한다.
• 진공도가 높을 것
• 유량이 클 것
• 맥동이 없이 고르게 작동될 것
• 운반이 용이할 것

077 저용량공기시료채취법을 이용하여 대기중 부유하고 있는 입자상물질을 채취 시 일반적인 채취입자의 입경기준은?

① 1μm 이하   ② 5μm 이하
③ 10μm 이하   ④ 50μm 이하

해설 저용량공기시료채취법은 대기 중에 부유하고 있는 10μm 이하의 입자상물질을 저용량공기시료채취기를 사용하여 여과지 위에 채취하고 질량농도를 구하거나 금속 등의 성분분석에 이용한다.

078 환경대기 중의 시료채취 시 주의사항으로 옳지 않은 것은?

① 시료채취유량은 규정하는 범위 내에서 되도록 많이 채취하는 것을 원칙으로 한다.
② 악취물질의 채취는 되도록 짧은 시간 내에 끝내고 입자상물질 중의 금속성분이나 발암성 물질 등은 되도록 장시간 채취한다.
③ 입자상물질을 채취할 경우에는 채취관 벽에 분진이 부착 또는 퇴적하는 것을 피하고 특히 채취관을 수평방향으로 연결할 경우에는 되도록 관의 길이를 길게 하고 곡률반경을 작게 한다.
④ 바람이나 눈, 비로부터 보호하기 위해 측정기기는 실내에 설치하고 채취구를 밖으로 연결할 경우 채취관 벽과의 반응, 흡착, 흡수 등에 의한 영향을 최소한도로 줄일 수 있는 재질과 방법을 선택한다.

해설 입자상물질을 채취할 경우에는 채취관 벽에 분진이 부착 또는 퇴적하는 것을 피하고 특히 채취관은 수평방향으로 연결할 경우에는 되도록 관의 길이를 짧게 하고 곡률반경은 크게 한다. 또한 입자상물질을 채취할 때에는 기체의 흡착, 유기성분의 증발, 기화 또는 변화하지 않도록 주의한다.

079 대기시료 채취 시 일반적 주의사항으로 옳지 않은 것은?

① 시료채취를 할 때는 되도록 측정하려는 기체 또는 입자의 손실이 없도록 한다.
② 환경기준이 설정되어 있는 물질의 채취시간은 원칙적으로 법에 정해져 있는 시간을 기준으로 한다.
③ 미리 측정하려고 하는 성분과 이외의 성분에 대한 물리적, 화학적 성질을 조사하여 방해성분의 영향이 적은 방법을 선택한다.
④ 악취물질의 채취는 가능한 한 장시간 채취하고 입자상물질 중의 금속성분이나 발암성 물질은 되도록 짧은 시간 내에 끝내야 한다.

해설 악취물질의 채취는 되도록 짧은 시간 내에 끝내고 입자상물질 중의 금속성분이나 발암성 물질 등은 되도록 장시간 채취한다.

080 기체크로마토그래피에 관한 설명으로 옳지 않은 것은?

① 일반적으로 대기의 무기물 또는 유기물의 대기오염 물질에 대한 정성, 정량분석에 이용된다.
② 일정 유량으로 유지되는 운반가스(carrier gas)는 시료도입부로부터 분리관 내를 흘러서 검출기를 통하여 외부로 방출된다.
③ 기체시료 또는 기화한 액체나 고체시료를 운반가스에 의하여 분리, 관내에 전개, 응축시켜 액체상태로 각 성분을 분리·분석한다.
④ 시료도입부로부터 기체, 액체 또는 고체시료를 도입하면 기체는 그대로, 액체나 고체는 가열 기화되어 운반가스에 의하여 분리관 내로 송입된다.

해설 기체크로마토그래피는 기체시료 또는 기화한 액체나 고체시료를 운반가스(carrier gas)에 의하여 분리 후, 관내에 전개시켜 기체상태에서 분리되는 각 성분을 크로마토그래프로 분석하는 방법이다.

081 기체크로마토그래프의 장치구성 중 가열장치가 필요한 부분과 그 이유로 옳게 연결된 것은?

```
운반가스 입구 → 유량 및 압력 조절부 →
              A            B
시료도입부 → 분리관 → 검출기
    C         D       E
```

① A, B, C – 운반가스 및 시료의 응축을 방지하기 위해
② A, C, D – 운반가스 응축을 방지하고 시료를 기화하기 위해
③ C, D, E – 시료를 기화시키고, 기화된 시료의 응축 및 응결을 방지하기 위해
④ B, C, D – 운반가스 유량의 적절한 조절과 분리관 내 충진제의 흡착 및 흡수능을 높이기 위해

해설 기체크로마토그래프의 기본 장치구성을 나타낸 그림이다. 이 그림에서 가열장치가 필요한 부분은 빗금친 박스 부분이다.

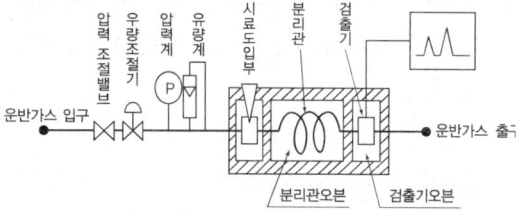

- 시료도입부: 주사기를 사용하는 시료도입부는 실리콘고무와 같은 내열성 탄성체격막이 있는 시료 기화실로서 분리관 온도와 동일하거나 또는 그 이상의 온도를 유지할 수 있는 가열기구가 갖추어져야 하고, 필요하면 온도조절기구, 온도측정기구 등이 있어야 한다.
- 분리관 오븐은 내부용이 분석에 필요한 길이의 분리관을 수용할 수 있는 크기이어야 하며 임의의 일정 온도를 유지할 수 있는 가열기구, 온도조절기구, 온도측정기구 등으로 구성된다.
- 검출기 오븐은 검출기를 한 개 또는 여러 개 수용할 수 있고 분리관 오븐과 동일하거나 그 이상의 온도를 유지할 수 있는 가열기구, 온도조절기구 및 온도측정기구를 갖추어야 한다.

082 기체크로마토그래프의 장치구성에 관한 설명으로 옳지 않은 것은?

① 분리관(column)은 충전물질을 채운 내경 2~7mm의 시료에 대하여 불활성금속, 유리 또는 합성수지관으로 각 분석방법에서 규정하는 것을 사용한다.
② 분리관 유로는 시료도입부, 분리관, 검출기기 배관으로 구성된다. 배관의 재료는 스테인리스강(stainless steel)이나 유리 등 부식에 대한 저항이 큰 것이어야 한다.
③ 운반가스는 일반적으로 열전도도형 검출기(TCD)에서는 순도 99.8% 이상의 아르곤이나 질소를, 수소염 이온화 검출기(FID)에서는 순도 99.8% 이상의 수소를 사용한다.
④ 주사기를 사용하는 시료도입부는 실리콘고무와 같은 내열성 탄성체격막이 있는 시료 기화실로서 분리관 온도와 동일하거나 또는 그 이상의 온도를 유지할 수 있는 가열기구가 갖추어져야 한다.

해설 운반가스(carrier gas)는 충전물이나 시료에 대하여 불활성이고 사용하는 검출기의 작동에 적합한 것을 사용한다. 일반적으로 열전도도형 검출기(TCD)에서도 순도 99.8% 이상의 수소나 헬륨을, 불꽃이온화 검출기(FID)에서는 순도 99.8% 이상의 질소 또는 헬륨을 사용하며 기타 검출기에서는 각각 규정하는 가스를 사용한다.

083 기체크로마토그래프의 장치구성에 관한 설명으로 옳지 않은 것은?

① 가스 시료도입부는 가스계량관(통상 0.5~5mL)과 유로변환기구로 구성된다.
② 방사성 동위원소를 사용하는 검출기를 수용하는 검출기오븐에 대하여는 온도조절기구와는 별도로 독립작용할 수 있는 과열방지기구를 설치해야 한다.

정답 081 ③ 082 ③ 083 ④

③ 분리관오븐의 온도조절 정밀도는 ±0.5℃의 범위 이내 전원 전압변동 10%에 대하여 온도변화 ±0.5℃ 범위 이내(오븐의 온도가 150℃ 부근일 때)이어야 한다.
④ 충전물질로 사용하는 흡착성 고체분말은 실리카겔, 활성탄, 알루미나, 합성제올라이트(zeolite) 등이며, 또한 이러한 분말에 표면처리 한 것을 각 분석방법에 규정하는 방법대로 처리하여 비활성화한 것을 사용한다.

해설 충전물질로 사용하는 흡착성 고체분말은 실리카겔, 활성탄, 알루미나, 합성제올라이트(zeolite) 등이며, 또한 이러한 분말에 표면처리 한 것을 각 분석방법에 규정하는 방법대로 처리하여 활성화한 것을 사용한다.

084 기체크로마토그래프의 장치구성에 관한 설명으로 옳지 않은 것은?

① 일반적으로 TCD에서 운반가스는 순도 99.8% 이상의 질소나 아르곤을 사용한다.
② 일반적으로 FID에서 운반가스는 순도 99.8% 이상의 질소 또는 헬륨을 사용한다.
③ 유량조절부는 분리관입구의 압력을 일정하게 유지하여 주는 압력조절밸브, 분리관 내를 흐르는 가스의 유량을 일정하게 유지하여 주는 유량조절기 등으로 구성된다.
④ 검출기 오븐은 검출기를 한 개 또는 여러 개 수용할 수 있고 분리관 오븐과 동일하거나 그 이상의 온도를 유지할 수 있는 가열기구, 온도조절기구 및 온도측정기구를 갖추어야 한다.

해설 일반적으로 열전도도형 검출기(TCD)에서도 순도 99.8% 이상의 수소나 헬륨을, 불꽃이온화 검출기(FID)에서는 순도 99.8% 이상의 질소 또는 헬륨을 사용하며 기타 검출기에서는 각각 규정하는 가스를 사용한다.

085 기체크로마토그래피의 정성분석에 관한 내용으로 옳지 않은 것은?

① 머무름시간을 측정할 때는 3회 측정하여 그 평균치를 구한다.
② 머무름 값의 표시는 무효부피(dead volume)의 보정 유무를 기록해야 한다.
③ 동일 조건에서 특정한 미지성분의 머무름 값과 예측되는 물질의 봉우리의 머무름 값을 비교해야 한다.
④ 일반적으로 5~30분 정도에서 측정하는 봉우리의 머무름시간은 반복시험을 할 때 ±10% 오차범위 이내이어야 한다.

해설 일반적으로 5~30분 정도에서 측정하는 봉우리의 머무름시간은 반복시험을 할 때 ±3% 오차범위 이내이어야 한다.

086 기체크로마토그래프의 장치구성에 관한 설명으로 옳지 않은 것은?

① 담체는 시료 및 고정상액체에 대하여 불활성인 것으로 규조토, 내화벽돌, 유리, 석영, 합성수지 등을 사용한다.
② 가스를 연소시키는 검출기를 수용하는 검출기 오븐은 그 가스가 오븐 내에 오래 체류하지 않도록 된 구조이어야 한다.
③ 불꽃이온화 검출기는 대부분의 화합물에 대하여 열전도도 검출기보다 약 100배 높은 감도를 나타내고 대부분의 유기화합물의 검출이 가능하므로 가장 흔히 사용된다.
④ 분리관 오븐은 내부용적이 분석에 필요한 길이의 분리관을 수용할 수 있는 크기이어야 하며 임의의 일정 온도를 유지할 수 있는 가열기구, 온도조절기구, 온도측정기구 등으로 구성된다.

해설 불꽃이온화 검출기는 대부분의 화합물에 대하여 열전도도 검출기보다 약 1,000배 높은 감도를 나타내고 대부분의 유기화합물을 검출할 수 있기 때문에 흔히 사용된다.

정답 084 ① 085 ④ 086 ③

실기 Check ✓

087 기체크로마토그래피(Gas Chromatography) 분석에 사용되는 검출기로 옳지 않은 것은?

① Electron Capture Detector
② Flame Photometric Detector
③ Thermal Conductivity Detector
④ Electronic Conductivity Detector

해설 전기전도도 검출기(Electronic Conductivity Detector)는 HPLC/IC에서 사용 중인 용매 또는 분석하고자 하는 시료의 전기전도도를 검출하는 장치이다.

- 기체 크로마토그래피(Gas Chromatography) 분석에 사용되는 검출기
  ㉠ 열전도도 검출기(TCD, thermal conductivity detector)
  ㉡ 불꽃이온화 검출기(FID, flame ionization detector)
  ㉢ 전자 포획 검출기(ECD, electron capture detector)
  ㉣ 질소인 검출기(NPD, nitrogen phosphorous detector)
  ㉤ 불꽃 열이온화 검출기(FTD, flame thermoionic detector)
  ㉥ 불꽃 광도 검출기(FPD, flame photometric detector)
  ㉦ 광이온화 검출기(PID, photo ionization detector)
  ㉧ 펄스 방전 검출기(PDD, pulsed discharge detector)
  ㉨ 원자 방출 검출기(AED, atomic emission detector)
  ㉩ 전해질 전도도 검출기(ELCD, electrolytic conductivity detector)
  ㉪ 질량 분석 검출기(MSD, mass spectrometric detector)

088 기체크로마토그래피 분석에 사용하는 검출기 중 황화합물 또는 인화합물을 분석하는 데 가장 적합한 검출기는?

① 열전도도 검출기(TCD)
② 불꽃이온화 검출기(FID)
③ 전자 포획 검출기(ECD)
④ 불꽃 광도 검출기(FPD)

해설 불꽃 광도 검출기에 의한 황 또는 인 화합물의 감도(sensitivity)는 일반 탄화수소 화합물에 비하여 100,000배 커서, H_2S나 SO_2와 같은 황 화합물은 약 200ppb까지, 인 화합물은 약 10ppb까지 검출이 가능하다.

089 기체크로마토그래피에 사용되는 검출기에 관한 설명이다. (   ) 안에 가장 적합한 것은?

> (   )는 본체와 안정된 직류전기를 공급하는 전원회로, 전류조절부, 신호검출 전기회로, 신호 감쇄부 등으로 구성된다. 네 개로 구성된 필라멘트에 전류를 흘려주면 필라멘트가 가열되는데, 이 중 2개의 필라멘트는 운반 기체인 헬륨에 노출되고 나머지 두 개의 필라멘트는 운반 기체에 의해 이동하는 시료에 노출된다. 이 둘 사이의 열전도도 차이를 측정함으로써 시료를 검출하여 분석한다. 이 검출기는 모든 화합물을 검출할 수 있어 분석 대상에 제한이 없고 값이 싸며 시료를 파괴하지 않는 장점에 비하여 다른 검출기에 비해 감도(sensitivity)가 낮다.

① Flame Ionization Detector
② Electron Capture Detector
③ Flame Photometric Detector
④ Thermal Conductivity Detector

해설 열전도도 검출기(TCD, thermal conductivity detector)는 금속 필라멘트 (filament), 전기 저항체(thermistor)를 검출소자로 하여 금속판 (block) 안에 들어있는 본체와 안정된 직류전기를 공급하는 전원회로, 전류조절부, 신호검출 전기회로, 신호 감쇄부 등으로 구성된다.

090 전자 포획 검출기(ECD)에 관한 설명으로 옳지 않은 것은?

① 탄화수소, 알코올, 케톤 등에 대해 감도가 우수하다.
② 고순도(99.9995%)의 운반 기체를 사용하여야 하고 반드시 수분 트랩(trap)과 산소 트랩을 연결하여 수분과 산소를 제거할 필요가 있다.
③ 유기 할로젠 화합물, 나이트로 화합물 및 유기 금속 화합물 등 전자 친화력이 큰 원소가 포함된 화합물을 수 ppt의 매우 낮은 농도까지 선택적으로 검출할 수 있다.

정답 087 ④ 088 ④ 089 ④ 090 ①

④ 방사성 물질인 Ni-63 혹은 삼중수소로부터 방출되는 β선이 운반 기체를 전리하여 이로 인해 전자 포획 검출기 셀(cell)에 전자구름이 생성되어 일정 전류가 흐르게 된다.

해설 전자 포획 검출기(ECD)는 탄화수소, 알코올, 케톤 등에는 감도가 낮다.

091 기체크로마토그래프에 사용되는 충전물질에 관한 설명이다. ( ) 안에 가장 적합한 것은?

( )은 다이바이닐벤젠(divinyl benzene)을 가교제(bridge intermediate)로 스타이렌계 단량체를 중합시킨 것과 같이 고분자 물질을 단독 또는 고정상 액체로 표면처리하여 사용한다.

① 흡착형 충전물질
② 분배형 충전물질
③ 이온교환막형 충전물질
④ 다공성 고분자형 충전물질

해설 다공성 고분자형 충전물은 다이바이닐벤젠(divinyl benzene)을 가교제(bridge intermediate)로 스타이렌계 단량체를 중합시킨 것과 같이 고분자 물질을 단독 또는 고정상 액체로 표면처리하여 사용한다.

092 기체크로마토그래프의 장치구성 및 설치조건에 관한 설명으로 옳지 않은 것은?

① 가스 시료도입부는 가스계량관(통상 0.5~5mL)과 유로변환기구로 구성된다.
② 공급전원은 지정된 전력 및 주파수이어야 하고, 전원변동은 지정전압의 20% 이내로서 주파수의 변동이 없는 것이어야 한다.
③ 분리관오븐의 온도조절 정밀도는 ±0.5℃의 범위 이내 전원 전압변동 10%에 대하여 온도변화 ±0.5℃ 범위 이내(오븐의 온도가 150℃ 부근일 때)이어야 한다.
④ 크로마토그래프의 설치장소는 진동이 없고 분석에 사용하는 유해물질을 안전하게 처리할 수 있으며 부식가스나 먼지가 적고 실험실 온도 5~35℃, 상대습도 85% 이하로서 직사광선이 쪼이지 않는 곳으로 한다.

해설 공급전원은 지정된 전력 및 주파수이어야 하고, 전원변동은 지정전압의 10% 이내로서 주파수의 변동이 없는 것이어야 한다.

093 기체크로마토그래피법의 정성분석에 관한 설명으로 옳지 않은 것은?

① 머무름시간을 측정할 때는 3회 측정하여 그 평균치를 구한다.
② 머무름시간은 반복시험을 할 때 ±5% 오차범위 이내이어야 한다.
③ 동일 조건에서 특정한 미지성분의 머무름 값과 예측되는 물질의 봉우리의 머무름 값을 비교하여야 한다.
④ 머무름 값의 종류로는 머무름시간(retention time), 머무름부피(retention volume), 머무름비(retention ratio), 머무름지표(retention indicator) 등이 있다.

해설 일반적으로 5~30분 정도에서 측정하는 봉우리의 머무름시간은 반복시험을 할 때 ±3% 오차범위 이내여야 한다.

정답 091 ④ 092 ② 093 ②

094 기체크로마토그래프의 분리관에 사용하는 분해형 충전물질 중 고정상 액체(Stationary Liquid)의 조건으로 옳지 않은 것은?

① 화학적으로 안정된 것이어야 한다.
② 화학적 성분이 일정한 것이어야 한다.
③ 사용온도에서 증기압이 높고, 점성이 적은 것이어야 한다.
④ 분석하는 성분물질은 완전히 분리할 수 있는 것이어야 한다.

해설 사용온도에서 증기압이 낮고, 점성이 적은 것이어야 한다.

095 기체크로마토그래프에서 일반적으로 사용하는 고정상 액체의 종류 중 실리콘계로 옳지 않은 것은?

① 플루오린화규소
② 페닐실리콘
③ 메틸실리콘
④ 부틸실리콘

해설 실리콘계 고정상 액체: 메틸실리콘, 페닐실리콘, 사이아노실리콘, 플루오린화규소

096 기체-액체크로마토그래피에서 일반적으로 사용되는 분배형 충전물질인 고정상 액체의 종류 중 탄화수소계에 해당되는 것은?

① 플루오린화규소
② 스쿠아란(Squalane)
③ 폴리페닐에테르
④ 다이메틸설포란

해설 탄화수소계 고정상 액체: 헥사데칸, 스쿠아란(Squalane), 고진공 그리이스

097 기체-고체크로마토그래피법에서 사용하는 흡착형 충전물로 옳지 않은 것은?

① 알루미나
② 활성탄
③ 담체
④ 실리카겔

해설 기체-고체 크로마토그래피에서 흡착형 충전물은 분리관의 내경에 따라 입도가 고른 흡착성 고체분말을 사용한다. 흡착성 고체분말은 실리카겔, 활성탄, 알루미나, 합성제올라이트(zeolite) 등이며, 또한 이러한 분말에 표면처리 한 것을 각 분석방법에 규정하는 방법대로 처리하여 활성화한 것을 사용한다.

098 기체크로마토그래프(Gas Chromatograph) 분석장치의 기본구성 중에서 운반가스 유로(가스유로계)인 '분리관유로'의 구성으로 옳지 않은 것은?

① 유량조절기
② 분리관
③ 검출기기배관
④ 시료도입부

해설 분리관유로는 시료도입부, 분리관, 검출기기배관으로 구성된다. 배관의 재료는 스테인리스강(stainless steel)이나 유리 등 부식에 대한 저항이 큰 것이어야 한다.

099 기체크로마토그래피에 의한 정량분석에서 이용되는 정량법으로 옳지 않은 것은?

① 표준넓이추가법
② 보정넓이 백분율법
③ 상대검정곡선법
④ 절대검정곡선법

해설 기체 크로마토그래피에 의한 정량분석에서 이용되는 정량법은 절대검정곡선법, 넓이 백분율법, 보정넓이 백분율법, 상대검정곡선법, 표준물첨가법이 있다.

100 기체크로마토그래프의 설치장소 및 전기관계에 관한 설명으로 옳지 않은 것은?

① 대형변압기, 고주파가열로와 같은 것으로부터 전자기의 유도를 받지 않는 것이어야 한다.
② 분석에 사용하는 유해물질을 안전하게 처리할 수 있으며 직사일광이 쪼이지 않는 곳이어야 한다.
③ 설치장소는 진동이 없고 상대습도 50% 이하로서 습기에 의한 부식을 방지할 수 있는 곳이어야 한다.
④ 공급전원은 지정된 전력 및 주파수이어야 하고, 전원변동은 지정전압의 10% 이내로서 주파수의 변동이 없는 것이어야 한다.

해설 설치장소는 진동이 없고 분석에 사용하는 유해물질을 안전하게 처리할 수 있으며 부식가스나 먼지가 적고 실험실 온도 5~35℃, 상대습도 85% 이하로서 직사광선이 쪼이지 않는 곳으로 한다.

101 기체-고체크로마토그래프에서 분리관 내경이 3mm일 경우 사용되는 흡착제 및 담체의 입경 범위(μm)로 옳은 것은? (단, 흡착성 고체분말, (100~80) mesh 기준)

① 120~149μm
② 149~177μm
③ 177~250μm
④ 250~590μm

해설 분리관의 내경에 따른 흡착제 및 담체의 입경 범위

분리관 내경(mm)	흡착제 및 담체의 입경 범위(μm)
3	149~177(100mesh~80mesh)
4	177~250(80mesh~60mesh)
5~6	250~590(60mesh~28mesh)

102 기체-액체크로마토그래프에서 사용되는 담체(support)의 재료로 옳지 않은 것은?

① 알루미나
② 합성수지
③ 내화벽돌
④ 석영

해설 담체는 시료 및 고정상액체에 대하여 불활성인 것으로 규조토, 내화벽돌, 유리, 석영, 합성수지 등을 사용하며 각 분석방법에서 전처리를 규정한 경우에는 그 방법에 따라 산처리, 알칼리처리, 실란처리 (silane finishing) 등을 한 것을 사용한다.

103 기체-액체크로마토그래프에서 담체(support)로 사용되는 내화벽돌에 대한 설명으로 옳은 것은?

① 일반적인 내화점토를 사용한 내화온도 1,100℃ 정도의 단열벽돌을 뜻한다.
② 일반적인 내화점토를 사용한 내화온도 800℃ 정도의 단열벽돌을 뜻한다.
③ 규조토를 주성분으로 한 내화온도 1,100℃ 정도의 단열벽돌을 뜻한다.
④ 규조토를 주성분으로 한 내화온도 800℃ 정도의 단열벽돌을 뜻한다.

해설 내화벽돌이라 함은 일반적인 내화점토를 사용한 것이 아니고, 규조토를 주성분으로 한 내화온도 1,100℃ 정도의 단열벽돌을 뜻한다.

정답 100 ③ 101 ② 102 ① 103 ③

104 아래 그림과 같은 검량선을 가지면서 동일 조건에 시료를 도입하여 크로마토그램을 기록하고 봉우리넓이(또는 봉우리높이)로부터 검정곡선에 따라 분석하려는 각 성분의 절대량을 구하여 그 조성을 결정하는 방법으로 전체 측정조작을 엄밀하게 일정 조건에서 할 필요가 있을 때 사용하는 정량법은?

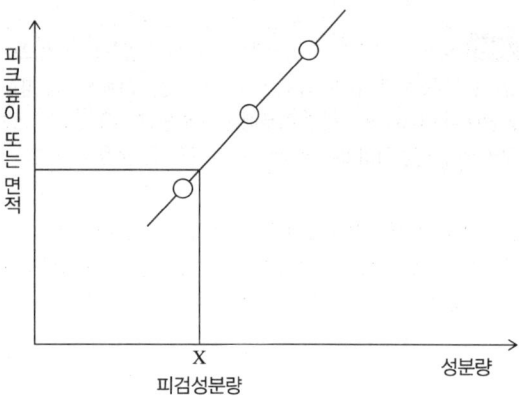

① 절대검정곡선법 ② 넓이 백분율법
③ 표준물첨가법   ④ 상대검정곡선법

해설 절대검정곡선법은 정량하려는 성분으로 된 순물질을 단계적으로 취하여 크로마토그램을 기록하고 봉우리넓이 또는 봉우리높이를 구한다. 이것으로부터 성분량을 횡축에 봉우리 넓이 또는 봉우리 높이를 종축에 취하여 그림과 같이 검정곡선을 작성하여야 한다.

105 아래 그림과 같은 검량선을 가지면서 횡축에 정량하려는 성분량(M_x)과 내부표준물질량(M_s)의 비 $\left(\dfrac{M_x}{M_s}\right)$를 취하고 분석시료의 크로마토그램에서 측정한 정량할 성분의 봉우리넓이(A_x)와 표준물질 봉우리넓이(A_s)의 비 $\left(\dfrac{A_x}{A_s}\right)$를 종축에 취하여 검정곡선을 작성하여 시료의 조성을 구하는 정량법은?

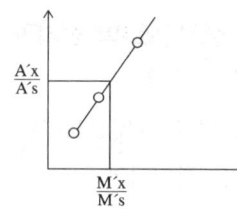

$A'x$: X성분 피이크 넓이
$A's$: 내부표준물질 피이크 넓이
$M'x$: X성분량
$M's$: 내부표준물질량

① 절대검정곡선법 ② 넓이 백분율법
③ 표준물첨가법   ④ 상대검정곡선법

해설 상대검정곡선법은 정량하려는 성분의 순물질 일정량에 내부표준물질의 일정량을 가한 혼합시료의 크로마토그램을 기록하여 봉우리 넓이를 측정하여 시료 중의 각 성분에 적용하면 시료의 조성을 구할 수가 있다.

106 기체크로마토그래프의 설치조건에 관한 설명으로 옳지 않은 것은?

① 고주파 가열로와 같은 것으로부터 전자기의 유도를 받지 않아야 한다.
② 가스통은 화기가 없는 실외의 그늘진 곳에 넘어지지 않도록 고정하여 설치한다.
③ 분리관을 장치에 부착한 후 운반가스의 압력을 사용압력 이하로 유지하면서 가스누출 시험을 한다.
④ 공급전원은 지정된 전력 및 주파수이어야 하고, 전원변동은 지정전압의 10% 이내로서 주파수의 변동이 없는 것이어야 한다.

해설 각 분석방법에 규정된 방법에 따라 제조된 분리관을 장치에 부착한 후 운반가스의 압력을 사용압력 이상으로 올리고, 분리관 등의 접속부에 비눗물 등을 칠하여 가수누출 시험을 하며 누출이 없음을 확인한다.

107 자외선/가시선분광법에 관한 설명으로 옳지 않은 것은?

① $\dfrac{\text{투과광의 강도}}{\text{입사광의 강도}}$ 를 투과도라 하며 투과도의 상용대수를 흡광도라 한다.
② 분석장치는 광원부-파장선택부-시료부-측광부로 구성되어 있다.
③ 시료물질의 용액에 적당한 시약을 넣어 발색시킨 용액의 흡광도를 측정한다.
④ 일반적으로 광원으로 나오는 빛을 단색화장치(monochrometer)에 의하여 좁은 파장 범위의 빛만을 선택하여 액층을 통과시킨 다음 광전측광으로 흡광도를 측정한다.

해설 $t = \dfrac{I_t}{I_o} = \dfrac{\text{투사광의 강도}}{\text{입사광의 강도}}$ 를 투과도라 하며 투과도의 역수의 상용대수 즉 $\log \dfrac{1}{t} = A$를 흡광도라 한다.

실기 Check ✓

108 자외선/가시선분광법에 관한 설명으로 옳지 않은 것은? (단, I_o: 입사광의 강도, I_t: 투사광의 강도)

① $\dfrac{I_t}{I_o}$ 를 투과도(t)라 한다.
② $\log \dfrac{I_t}{I_o}$ 을 흡광도(A)라 한다.
③ 투과도(t)를 백분율로 표시한 것을 투과 퍼센트라 한다.
④ 자외선/가시선분광법은 비어-램버트 법칙을 응용한 것이다.

해설 투과도의 역수의 상용대수, 즉 $\log \dfrac{I_o}{I_t} = \log \dfrac{1}{t} = A$를 흡광도라 한다.

109 자외선/가시선분광법에 관한 설명으로 옳지 않은 것은?

① 가시부의 광원으로는 주로 텅스텐 램프를 사용한다.
② 자외부의 광원으로는 주로 중수소 방전관을 사용한다
③ 흡광도의 눈금보정은 중크로뮴산포타슘 용액으로 한다.
④ 흡수셀의 유리제는 주로 자외부 파장범위를 측정할 때 사용한다.

해설 흡수셀의 재질로는 유리, 석영, 플라스틱 등을 사용한다. 유리제는 주로 가시 및 근적외부 파장범위, 석영제는 자외부 파장범위, 플라스틱제는 근적외부 파장범위를 측정할 때 사용한다.

110 자외선/가시선분광법에 사용되는 장치에 관한 내용으로 옳지 않은 것은?

① 자외부의 광원으로 주로 중수소 방전관을 사용한다.
② 가시부와 근적외부의 관원으로 주로 텅스텐램프를 사용한다.
③ 시료부는 시료액을 넣은 흡수셀 1개와 셀홀더, 시료실로 구성되어 있다.
④ 파장의 선택에는 일반적으로 단색화장치(monochrometer) 또는 필터(filter)를 사용한다.

해설 시료부에는 일반적으로 시료액을 넣은 흡수셀(cell, 시료셀)과 대조액을 넣는 흡수셀(대조셀)이 있고 이 셀을 보호하기 위한 셀홀더(cell holder)와 이것을 광로에 올려 놓을 시료실로 구성된다.

111 자외선/가시선분광법(Absorptiometric analysis)에 사용하는 광전분광광도계에 대한 설명으로 옳지 않은 것은?

① 자동기록식 광전분광광도계의 파장 교정은 홀뮴(Holmium) 유리의 흡수스펙트럼을 이용한다.
② 파장 선택부에 필터를 사용한 장치로 단광속형이 많고 비교적 구조가 간단하여 작업 분석용에 적당하다.
③ 흡수셀의 유리제는 주로 자외부 파장범위를, 플라스틱제는 근적외부 및 가시광선 파장범위를 측정할 때 사용한다.
④ 광전관, 광전자증배관은 주로 자외 내지 가시 파장 범위에서, 광전도셀은 근적외 파장범위에서의 광전측광에 사용한다.

해설 흡수셀의 재질로 유리제는 주로 가시 및 근적외부 파장범위, 석영제는 자외부 파장 범위, 플라스틱제는 근적외부 파장범위를 측정할 때 사용한다.

112 자외선/가시선분광법에서 자외부의 광원으로 주로 사용되는 것은?

① 텅스텐램프
② 중공음극램프
③ 열 음극 램프
④ 중수소방전관

해설 가시부와 근적외부의 광원으로는 주로 텅스텐램프를 사용하고, 자외부의 광원으로는 주로 중수소 방전관을 사용한다.

113 자외선/가시선분광법에 관한 설명으로 옳지 않은 것은?

① 측광부의 광전측광에 사용하는 광전지는 주로 근적외파장 범위 내에서의 광선측광에 사용된다.
② 광전분광 광도계에서는 안정한 휘선 스펙트럼(Line spectrum)을 갖는 적당한 광원을 사용한다.
③ 단색화장치(Monochrometer)로는 프리즘, 회절격자 또는 이 두 가지를 조합시킨 것을 사용하며 단색광을 내기 위하여 슬릿(slit)을 부속시킨다.
④ 시료물질의 용액 또는 여기에 적당한 시약을 넣어 발색시킨 용액의 흡광도를 측정하여 시료 중의 목적 성분을 정량하는 방법으로 파장 200~1,200nm에서의 액체의 흡광도를 측정한다.

해설 측광부의 광전측광에는 광전관, 광전자증배관, 광전도셀 또는 광전지 등을 사용하고 필요에 따라 증폭기 대수변환기가 있다. 또 광전관, 광전자증배관은 주로 자외 내지 가시파장 범위에서 광전도셀은 근적외 파장범위에서, 광전지는 주로 가시파장 범위 내에서의 광선측광에 사용된다.

114 자외선/가시선분광법에서 측광부에 관한 설명이다. ( ) 안에 가장 알맞은 것은?

> 측광부의 광전측광에는 광전관, 광전자증배관, 광전도셀 또는 광전지 등을 사용한다. 광전관, 광전자증배관은 주로 (㉠) 범위에서 광전도셀은 (㉡) 범위에서, 광전지는 주로 (㉢) 범위 내에서의 광선측광에 사용된다.

① ㉠ 근적외파장, ㉡ 자외파장, ㉢ 가시파장
② ㉠ 자외 내지 가시파장, ㉡ 근적외파장, ㉢ 가시파장
③ ㉠ 가시파장, ㉡ 근적외 내지 가시파장, ㉢ 적외파장
④ ㉠ 근적외파장, ㉡ 근자외파장, ㉢ 가시 내지 근적외파장

해설 측광부의 광전측광에는 광전관, 광전자증배관, 광전도셀 또는 광전지 등을 사용하고 필요에 따라 증폭기 대수변환기가 있으며 지시계, 기록계 등을 사용한다. 또 광전관, 광전자증배관은 주로 자외 내지 가시파장 범위에서 광전도셀은 근적외 파장범위에서, 광전지는 주로 가시파장 범위 내에서의 광선측광에 사용된다.

115 「대기오염공정시험기준」상 자외선/가시선분광법에서 흡광도의 눈금보정을 위한 시약의 조제법으로 옳은 것은?

① 110℃에서 3시간 이상 건조한 1급 이상의 과망간산포타슘($KMnO_4$) 0.303g을 0.5mol/L 수산화소듐 용액에 녹여 1L가 되게 한다.
② 110℃에서 3시간 이상 건조한 1급 이상의 과망간산포타슘($KMnO_4$) 0.0303g을 0.05mol/L 수산화포타슘 용액에 녹여 1L가 되게 한다.
③ 110℃에서 3시간 이상 건조한 1급 이상의 중크로뮴산포타슘($K_2Cr_2O_7$) 0.303g을 0.5mol/L 수산화소듐 용액에 녹여 1L가 되게 한다.
④ 110℃에서 3시간 이상 건조한 1급 이상의 중크로뮴산포타슘($K_2Cr_2O_7$) 0.0303g을 0.05mol/L 수산화포타슘 용액에 녹여 1L가 되게 한다.

해설 110℃에서 3시간 이상 건조한 중크로뮴산포타슘(1급 이상)을 0.05 mol/L 수산화포타슘(KOH) 용액에 녹여 다이크로뮴산포타슘($K_2Cr_2O_7$) 용액을 만든다. 그 농도는 시약의 순도를 고려하여 $K_2Cr_2O_7$으로서 0.0303g/L가 되도록 한다.

116 자외선/가시선분광법에서 미광(Stray Light)의 유무조사에 사용되는 것은?

① 홀뮴유리   ② 간섭램프
③ 단색화장치   ④ 컷트필터

해설 광원이나 광전측광 검출기에는 한정된 사용 파장역이 있어 특정 파장역에서는 미광(stray light)의 영향이 크기 때문에 투과특성을 갖는 컷트필터(cut filter)를 사용하며 미광의 유무를 조사하는 것이 좋다.

117 자외선/가시선분광법 분석장치에 관한 설명으로 옳지 않은 것은?

① 광전분광광도계에서는 미분측광, 2파장측광, 시차측광이 가능한 것도 있다.
② 일반적으로 사용하는 자외선/가시선분광법은 광원부, 파장선택부, 시료부 및 측광부로 구성된다.
③ 광전광도계는 파장 선택부에 필터를 사용한 장치로 단광속형이 많고 비교적 구조가 간단하여 작업 분석용에 적당하다.
④ 측광부로는 일반적으로 단색화장치(monochrometer) 또는 필터(filter)를 사용하며, 단색화 장치로는 프리즘, 회절격자 또는 이 두 가지를 조합시킨 것을 사용하며 단색광을 내기 위하여 슬릿(slit)을 탈착시킨다.

해설 파장의 선택에는 일반적으로 단색화장치(monochrometer) 또는 필터 (filter)를 사용한다. 단색화장치로는 프리즘, 회절격자 또는 이 두 가지를 조합시킨 것을 사용하며 단색광을 내기 위하여 슬릿(slit)을 부속시킨다.

118 광전분광광도계에 사용되는 흡수셀의 세척방법이다. ( ) 안에 가장 알맞은 것은?

( ) 용액(20g/L)에 소량의 음이온 계면활성제를 가한 용액에 흡수셀을 담가 놓고 필요하면 40~50℃로 약 10분간 가열한다. 흡수셀을 꺼내 정제수로 씻은 후 질산 (1+5)에 소량의 과산화수소를 가한 용액에 약 30분간 담가 놓았다가 꺼내어 정제수로 잘 씻는다.

① Na_2Cu_3ON ② KI
③ Na_2CO_3 ④ NaOH

정답 115 ④ 116 ④ 117 ④ 118 ③

해설 탄산소듐(Na_2CO_3) 용액(20g/L)에 소량의 음이온 계면활성제(보기: 액상 합성세제)를 가한 용액에 흡수셀을 담가 놓고 필요하면 40~50℃로 약 10분간 가열한다. 흡수셀을 꺼내 정제수로 씻은 후 질산(1+5)에 소량의 과산화수소를 가한 용액에 약 30분간 담가 놓았다가 꺼내어 정제수로 잘 씻는다.

119 자외선/가시선분광법의 측광부의 광전측광에 사용되는 '광전지'가 주로 사용되는 파장 범위는?

① 근적외파장
② 자외파장
③ 가시파장
④ 근적외파장

해설 측광부의 광전측광에 사용하는 광전지는 주로 가시파장 범위 내에서의 광선측광에 사용된다.

120 흡수곡선을 작성하는 데 편리한 자기분광광전광도계를 사용하여 과망가니즈산포타슘 용액 20~60mg/L의 흡수곡선을 작성할 경우 흡광도 값이 최대가 나오는 파장의 범위는?

① 350~400nm
② 400~450nm
③ 500~550nm
④ 600~650nm

해설 과망가니즈산포타슘 용액 20~60mg/L의 흡수곡선 그림은 다음과 같다.

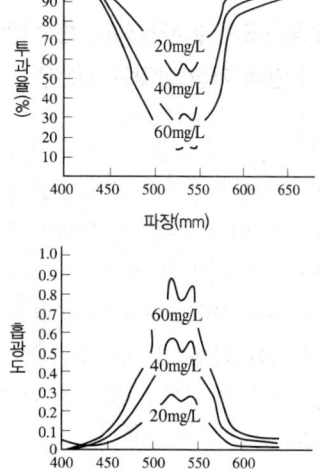

121 자외선/가시선 분광법 분석장치인 광전분광광도계에서 발생하는 희미하고 약한 불빛인 미광(Stray Light)의 파장역으로 옳지 않은 것은?

① 200~220nm
② 300~330nm
③ 500~530nm
④ 700~800nm

해설 미광조사용 컷트필터의 투과율(%)을 나타내는 그림은 다음과 같다.

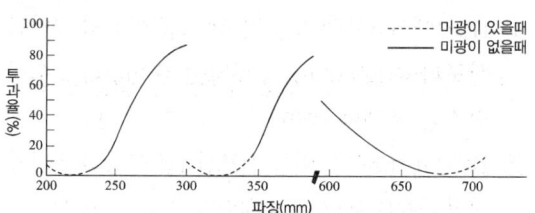

[광원 또는 광전측광검출기의 사용파장 한계]

파장역(nm)	한계파장이 생기는 이유
200~220	검출기 또는 수은방전관, 중수소방전관의 단파장 사용한계
300~330	텅스텐 램프의 단파장 사용한계
700~800	광전자 증배관의 장파장 사용한계

122 자외선/가시선 분광법에서 흡광도를 측정하기 위한 순서로 원칙적으로 제일 먼저 행하여야 할 행위는?

① 광원으로부터 광속을 통하여 눈금 100에 맞춘다.
② 눈금판의 지시가 안정되어 있는지 여부를 확인한다.
③ 시료셀을 광로에 넣고 눈금판의 지시치를 흡광도 또는 투과율로 읽는다.
④ 대조셀을 광로에 넣고 광원으로부터의 광속을 차단하고 영점을 맞춘다.

해설 흡광도의 측정은 원칙적으로 다음과 같은 순서로 한다.
㉠ 눈금판의 지시가 안정되어 있는지 여부를 확인한다.
㉡ 대조셀을 광로에 넣고 광원으로부터의 광속을 차단하고 영점을 맞춘다. 영점을 맞춘다는 것은 투과율 눈금으로 눈금판의 지시가 영이 되도록 맞추는 것이다.
㉢ 광원으로부터 광속을 통하여 눈금 100에 맞춘다.
㉣ 시료셀을 광로에 넣고 눈금판의 지시치를 흡광도 또는 투과율로 읽는다. 투과율로 읽을 때는 나중에 흡광도로 환산해 주어야 한다.
㉤ 필요하면 대조셀을 광로에 바꿔 넣고 영점과 100에 변화가 없는지 확인한다.

123 원자흡수분광광도법의 원리를 설명한 것으로 옳은 것은?

① 시료를 해리시켜 발생된 여기상태의 원자가 기저상태로 돌아올 때 내는 흡광도를 측정
② 시료를 해리시켜 발생된 기저상태의 원자가 여기상태로 되면서 내는 빛의 흡광도를 측정
③ 시료를 해리시켜 발생된 여기상태의 원자가 원자증기층을 통과하는 특유파장의 빛을 흡수하는 현상을 이용
④ 시료를 적당한 방법으로 해리시켜 중성원자로 증기화하여 생긴 기저상태의 원자가 이 원자 증기층을 투과하는 특유파장의 빛을 흡수하는 현상을 이용

해설 원자흡수분광광도법은 시료를 적당한 방법으로 해리시켜 중성원자로 증기화하여 생긴 기저상태(ground state or normal state)의 원자가 이 원자 증기층을 투과하는 특유파장의 빛을 흡수하는 현상을 이용하여 광전측광과 같은 개개의 특유파장에 대한 흡광도를 측정하여 시료 중의 원소농도를 정량하는 방법으로 대기 또는 배출가스 중의 유해 중금속, 기타 원소의 분석에 적용한다.

124 원자흡수분광광도법의 장치 구성이 순서대로 옳게 나열된 것은?

① 광원부 → 파장선택부 → 측광부 → 시료원자화부
② 광원부 → 시료원자화부 → 파장선택부 → 측광부
③ 시료원자화부 → 광원부 → 파장선택부 → 측광부
④ 시료원자화부 → 파장선택부 → 광원부 → 측광부

해설 원자흡광 분석 장치는 일반적으로 그림과 같이 광원부, 시료원자화부, 파장선택부(분광부) 및 측광부로 구성되어 있고 단광속형과 복광속형이 있다.

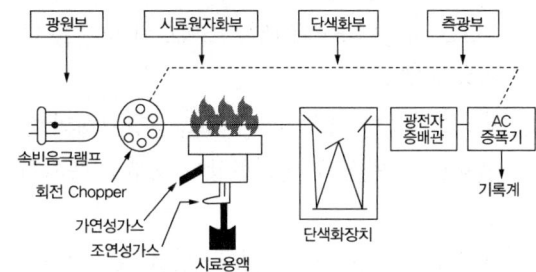

125 원자흡수분광광도법에 사용되는 용어의 정의로 옳지 않은 것은?

① 선프로파일(Line profile) : 파장에 대한 스펙트럼선의 강도를 나타내는 곡선
② 근접선(Neighbouring line) : 원자가 외부로부터 빛을 흡수했다가 다시 먼저 상태로 돌아갈 때 방사하는 스펙트럼선
③ 예복합 버너(Premix type burner) : 가연성 가스, 조연성 가스 및 시료를 분무실에서 혼합시켜 불꽃 중에 넣어주는 방식의 버너
④ 분무실(Nebulizrer-chamber) : 분무기와 함께 분무된 시료용액의 미립자를 더욱 미세하게 해주는 한편 큰 입자와 분리시키는 작용을 갖는 장치

> **해설**
> - 근접선(Neighbouring Line): 목적하는 스펙트럼선에 가까운 파장을 갖는 다른 스펙트럼
> - 공명선(Resonance Line): 원자가 외부로부터 빛을 흡수했다가 다시 먼저 상태로 돌아갈 때 방사하는 스펙트럼선

126 원자흡수분광광도법 적용 시 사용되는 용어의 정의로 옳지 않은 것은?

① 충전가스: 중공음극램프에 채우는 가스
② 선프로파일: 파장에 대한 스펙트럼의 폭을 나타내는 곡선
③ 역화: 불꽃의 연소속도가 크고 혼합기체의 분출속도가 적을 때 연소현상이 내부로 옮겨지는 것
④ 공명선: 원자가 외부로 부터 빛을 흡수했다가 다시 먼저 상태로 돌아갈 때 방사하는 스펙트럼선

> **해설** 선프로파일(Line Profile): 파장에 대한 스펙트럼선의 강도를 나타내는 곡선

127 원자흡수분광광도법에 사용되는 용어의 정의로 옳지 않은 것은?

① 슬롯버너: 가스의 분출구가 세극상으로 된 버너
② 선프로파일: 파장에 대한 스펙트럼의 폭을 나타내는 직선
③ 다연료불꽃: 가연성가스/조연성가스의 값을 크게 한 불꽃
④ 예복합버너: 가연성 가스, 조연성 가스 및 시료를 분무실에서 혼합시켜 불꽃 중에 넣어주는 방식의 버너

> **해설** 선프로파일(Line Profile): 파장에 대한 스펙트럼선의 강도를 나타내는 곡선

128 원자흡수분광광도법(Atomic Absorption Spectrophotometry)에서 사용하는 용어의 정의로 옳지 않은 것은?

① 소연료불꽃(Fuel-Lean Flame): 가연성 가스/조연성 가스의 값을 크게 한 불꽃
② 예복합 버너(Premix Type Burner): 가연성 가스, 조연성 가스 및 시료를 분무실에서 혼합시켜 불꽃 중에 넣어주는 방식의 버너
③ 전체분무버너(Atomizer Burner): 시료용액을 빨아올려 미립자로 되게 하여 직접 불꽃중으로 분무하여 원자증기화하는 방식의 버너
④ 분무실(Nebulizer - Chamber): 분무기와 병용하여 분무된 시료용액의 미립자를 더욱 미세하게 해 주는 한편 큰 입자와 분리시키는 작용을 갖는 장치

> **해설** 소연료불꽃(Fuel-Lean Flame): 가연성가스와 조연성 가스의 비를 적게 한 불꽃 즉, 가연성 가스/조연성 가스의 값을 적게 한 불꽃

129 원자흡수분광광도법에서 용어의 설명으로 옳은 것은?

① 역화(Flame Back): 불꽃의 연소속도가 작고 혼합기체의 분출속도가 클 때 연소현상이 내부로 옮겨지는 것
② 중공음극램프(Hollow Cathode Lamp): 원자흡광분석의 광원이 되는 것으로 목적원소를 함유하는 중공음극 한 개 또는 그 이상을 고압의 질소와 함께 채운 방전관
③ 멀티 패스(Multi-path): 불꽃 중에서의 광로를 짧게 하고 반사를 증대시키기 위하여 반사현상을 이용하여 불꽃 중에 빛을 여러 번 투과시키는 것

정답 126 ② 127 ② 128 ① 129 ④

④ 원자흡광스펙트럼(Atomic Absorption Spectrum): 물질의 원자증기층을 빛이 통과할 때 각각 특유한 파장의 빛을 흡수하는데, 이 빛을 분산하여 얻어지는 스펙트럼을 말함.

해설
① 역화(flame back): 불꽃의 연소속도가 크고 혼합기체의 분출속도가 적을 때 연소현상이 내부로 옮겨지는 것
② 중공음극램프(Hollow Cathode Lamp): 원자흡광분석의 광원이 되는 것으로 목적원소를 함유하는 중공음극 한 개 또는 그 이상을 저압의 네온과 함께 채운 방전관
③ 멀티 패스(Multi-Path): 불꽃 중에서의 광로를 길게 하고 흡수를 증대시키기 위하여 반사를 이용하여 불꽃 중에 빛을 여러 번 투과시키는 것

130 원자흡광분석장치 구성에 관한 내용으로 옳지 않은 것은?

① 시료를 원자화하는 일반적인 방법은 용액상태로 만든 시료를 불꽃 중에 분무하는 방법이다.
② 알칼리나 알칼리토류 원소와 같이 광원의 스펙트럼 분포가 복잡한 것은 간섭필터 대신에 분광기를 사용하여야 한다.
③ 광원은 원자흡광 스펙트럼선의 선폭보다 좁은 선폭을 갖고 휘도가 높은 스펙트럼을 방사하는 중공음극램프가 많이 사용된다.
④ 여러 개 원소의 동시 분석이나 내부표준물질법에 의한 분석을 목적으로 할 때는 복합 멀티채널(Mult-Channel)형의 장치를 이용한다.

해설 알칼리나 알칼리토류 원소와 같이 광원의 스펙트럼 분포가 단순한 것에서는 분광기 대신 간섭필터를 사용하는 수가 있다.

131 원자흡수분광광도법에 사용되는 분석장치로 옳은 것은?

① Detector Oven
② Stationary Liquid
③ Nebulizer-Chamber
④ Electron Capture Detector

해설
① Detector Oven: 기체 크로마토그래피의 검출기 오븐
② Stationary Liquid: 기체 크로마토그래피의 고정상 액체
③ Nebulizer-Chamber 또는 Atomizer Chamber: 분무기와 함께 분무된 시료용액의 미립자를 더욱 미세하게 해주는 한편 큰 입자와 분리시키는 작용을 갖는 원자흡수분광도계의 장치로 분무실이라고 한다.
④ Electron Capture Detector: 기체 크로마토그래피의 전자 포획 검출기

132 원자흡광분석장치에 관한 설명으로 옳지 않은 것은?

① 램프점등장치 중 직류점등 방식은 광원의 빛 자체가 변조되어 있기 때문에 빛의 단속기(chopper)는 필요하지 않다.
② 원자흡광분석용 광원은 원자흡광 스펙트럼선의 선폭보다 좁은 선폭을 갖고 휘도가 높은 스펙트럼을 방사하는 중공음극램프가 많이 사용된다.
③ 시료를 원자화하는 일반적인 방법은 용액상태로 만든 시료를 불꽃 중에 분무하는 방법이며 플라스마 제트불꽃 또는 방전을 이용하는 방법도 있다.
④ 전분무 버너는 가연가스와 조연가스가 버너 선단부에서 혼합되어 불꽃을 형성하고 이때 빨아올린 시료용액은 모든 이 불꽃 속으로 들어가게 된다.

해설 중공음극램프를 동작시키는 방식에는 직류점등 방식과 교류점등 방식이 있다. 교류점등 방식은 광원의 빛 자체가 변조되어 있기 때문에 빛의 단속기(chopper)는 필요하지 않다.

정답 130 ② 131 ③ 132 ①

133 「대기오염공정시험기준」상 원자흡수분광광도법 분석장치 중 시료원자화장치에 관한 설명으로 옳지 않은 것은?

① 시료원자화장치 중 버너의 종류로 전분무버너와 예혼합버너가 있다.
② 내화성산화물을 만들기 쉬운 원소의 분석에 적당한 불꽃은 프로페인 – 공기 불꽃이다.
③ 빛이 투과하는 불꽃의 길이를 10cm 이상으로 해 주려면 멀티패스(Multi Path) 방식을 사용한다.
④ 분석의 감도를 높여주고 안정한 측정치를 얻기 위하여 불꽃 중에 빛을 투과시킬 때 불꽃 중에서의 유효길이를 되도록 길게 한다.

해설 아세틸렌(C_2H_2) – 아산화질소(N_2O) 불꽃은 불꽃 온도가 높기 때문에 불꽃 중에서 해리하기 어려운 내화성 산화물(Refractory Oxide)을 만들기 쉬운 원소의 분석에 적당하다.

134 원자흡수분광광도법에 사용되는 불꽃 중 불꽃의 온도가 높아 불꽃 중에서 해리하기 어려운 내화성 산화물(refractory oxide)을 만들기 쉬운 원소의 분석에 가장 적합한 가연성 가스와 조연성 가스의 조합은?

① 아세틸렌 – 공기
② 아세틸렌 – 산소
③ 수소 – 공기 – 알곤
④ 아세틸렌 – 아산화질소

해설 내화성 산화물(Refractory Oxide)을 만들기 쉬운 원소의 분석에 적합한 가연성 가스와 조연성 가스의 조합은 아세틸렌(C_2H_2) – 아산화질소(N_2O)이다.

135 원자흡수분광광도법에서 시료원자화장치에 대한 설명으로 옳지 않은 것은?

① 프로페인–공기 불꽃은 불꽃 온도가 낮고 일부 원소에 대하여 높은 감도를 나타낸다.
② 불꽃 중에 빛을 투과시킬 때 빛이 투과하는 불꽃 중에서의 유효길이를 되도록 짧게 한다.
③ 수소 – 공기는 원자외 영역에서의 불꽃자체에 의한 흡수가 적기 때문에 이 파장영역에서 분석선을 갖는 원소의 분석에 적당하다.
④ 가스유량 조절기는 가연성 가스 및 조연성 가스의 압력과 유량을 조절하여 적당한 혼합비로 안정한 불꽃을 만들어 주기 위하여 사용된다.

해설 불꽃 중에 빛을 투과시킬 때 빛이 투과하는 불꽃 중에서의 유효길이를 되도록 길게 한다.

136 원자흡수분광광도법에서 화학적 간섭을 피하기 위한 방법으로 옳지 않은 것은?

① 과량의 간섭원소를 첨가
② 목적원소를 이온화 시킴
③ 이온교환이나 용매추출 등에 의한 방해물질의 제거
④ 간섭을 피하는 양이온, 음이온 또는 은폐제, 킬레이트제 등의 첨가

해설 원소나 시료에 특유한 화학적 간섭의 발생원인
(1) 불꽃 중에서 원자가 이온화하는 경우
 • 방지법: 이온화 전압이 더 낮은 원소 등을 첨가하여 목적원소의 이온화를 방지하여 간섭을 피할 수 있다.
(2) 공존물질과 작용하여 해리하기 어려운 화합물이 생성되어 흡광에 관계하는 기저상태의 원자수가 감소하는 경우
 • 방지법
  ㉠ 이온교환이나 용매 추출 등에 의한 방해물질의 제거
  ㉡ 과량의 간섭원소의 첨가
  ㉢ 간섭을 피하는 양이온(보기: 란타늄, 스트론튬, 알칼리원소 등), 음이온 또는 은폐제, 킬레이트제 등의 첨가
  ㉣ 목적 원소의 용매 추출
  ㉤ 표준물첨가법 이용

정답 133 ② 134 ④ 135 ② 136 ②

137 원자흡수분광광도법에서 화학적 간섭을 방지하는 방법으로 옳지 않은 것은?

① 이온교환에 의한 방해물질 제거
② 표준첨가법의 이용
③ 미량의 간섭원소의 첨가
④ 은폐제의 첨가

해설 ③ 과량의 간섭원소의 첨가

138 원자흡수분광광도법에서 원자흡광분석 시 스펙트럼의 불꽃 중에서 생성되는 목적원소의 원자증기 이외의 물질에 의하여 흡수되는 경우에 일어나는 간섭의 종류는?

① 이온학적 간섭   ② 분광학적 간섭
③ 물리적 간섭   ④ 화학적 간섭

해설 장치나 불꽃의 성질에 기인하는 분광학적 간섭의 발생원인
(1) 분석에 사용하는 스펙트럼선이 다른 인접선과 완전히 분리되지 않는 경우
 • 방지법: 파장선택부의 분해능이 충분하지 않기 때문에 일어나며 검정곡선의 직선 영역이 좁고 구부러져 있어 분석 감도 정밀도도 저하되므로 이때는 다른 분석선을 사용하여 재분석하는 것이 좋다.
(2) 분석에 사용하는 스펙트럼의 불꽃 중에서 생성되는 목적 원소의 원자 증기 이외의 물질에 의하여 흡수되는 경우
 • 방지법: 표준시료와 분석시료의 조성을 더욱 비슷하게 하며 간섭의 영향을 어느 정도까지 피할 수 있다.

139 원자흡수분광광도법에서 원자흡광 분석장치의 구성으로 옳지 않은 것은?

① 분리관   ② 광원부
③ 단색화부   ④ 시료원자화부

해설 분리관(column)은 기체 크로마토그래피에서 충전물질을 채운 불활성금속, 유리 또는 합성수지관이다.

140 원자흡광분석장치에 관한 설명으로 옳지 않은 것은?

① 램프점등장치 중 직류점등 방식은 광원의 빛 자체가 변조되어 있기 때문에 빛의 단속기(Chopper)는 필요하지 않다.
② 원자흡광분석용 광원인 중공음극램프의 음극은 분석하려고 하는 목적의 단일원소 목적원소를 함유하는 합금 또는 소결합금으로 만들어져 있다.
③ 예혼합 버너는 분무기, 분무실 및 버너 머리(Burner Head)로 구성되고 가연성 가스에 의하여 분무된 시료나 가연성 가스가 미리 분무실 안에서 혼합된다.
④ 시료를 원자화하는 일반적인 방법은 용액상태로 만든 시료를 불꽃 중에 분무하는 방법이며 플라스마 제트(Plasma Jet) 불꽃 또는 방전(Spark)을 이용하는 방법도 있다.

해설 중공음극램프를 동작시키는 방식
• 직류점등 방식
광원램프와 시료의 원자화부와의 사이에 빛의 단속기를 넣어 빛을 변조시키고 측광부에서는 변조된 교류 신호만을 검출 증폭하여 불꽃자신이나 시료의 발광 등에 의한 영향을 제거하도록 하는 것이 보통이다.
• 교류점등 방식
광원의 빛 자체가 변조되어 있기 때문에 빛의 단속기(Chopper)는 필요하지 않다.

141 원자흡수분광광도법에 따라 분석할 때, 분석오차를 유발하는 원인으로 옳지 않은 것은?

① 검정곡선 작성의 잘못
② 공존물질에 의한 간섭영향 제거
③ 광원부 및 파장선택부의 광학계 조정 불량
④ 가연성가스 및 조연성가스의 유량 또는 압력의 변동

해설 분석오차의 원인
- 표준시료의 선택의 부적당 및 제조의 잘못
- 분석시료의 처리방법과 희석의 부적당
- 표준시료와 분석시료의 조성이나 물리적 화학적 성질의 차이
- 공존물질에 의한 간섭
- 광원램프의 드리프트(Drift) 열화
- 광원부 및 파장선택부의 광학계의 조정 불량
- 측광부의 불안정 또는 조절 불량
- 분무기 또는 버너의 오염이나 폐색
- 가연성 가스 및 조연성 가스의 유량이나 압력의 변동
- 불꽃을 투과하는 광속의 위치의 조정 불량
- 검정곡선 작성의 잘못
- 계산의 잘못

142 원자흡수분광광도법의 검량선 작성법에 관한 설명으로 옳지 않은 것은?

① 검량선법의 경우에는 적어도 3종류 이상의 농도의 표준 시료용액에 대하여 흡광도를 측정하여 작성한다.
② 검량선은 일반적으로 저농도 영역에서 양호한 직선을 나타내므로 저농도 영역에서 작성하는 것이 좋다.
③ 표준물첨가법은 같은 양의 분석시료를 여러 개 취하고 여기에 표준물질이 각각 다른 농도로 함유되도록 표준용액을 첨가하여 용액 열을 만든다.
④ 상대검정곡선법에서 새로 분석시료 중에 가하는 내부 표준원소는 목적원소와 화학적, 물리적으로 다른 성질의 원소로서 목적원소와 흡광도비를 구하는 동시 측정을 행한다.

해설 상대검정곡선법은 새로 분석시료 중에 가한 내부 표준원소 (목적원소와 물리적, 화학적 성질이 아주 유사한 것이어야 한다)와 목적원소와의 흡광도 비를 구하는 동시 측정을 행한다.

143 「대기오염공정시험기준」상 원자흡수분광광도법에서 분석시료의 측정조건 결정에 관한 설명으로 옳지 않은 것은?

① 분석선 선택 시 감도가 가장 높은 스펙트럼선을 분석선으로 하는 것이 일반적이다.
② 불꽃 중에서의 시료의 원자 밀도 분포와 원소 불꽃의 상태 등에 따라 다르므로 불꽃의 최적 위치에서 빛이 투과하도록 버너의 위치를 조절한다.
③ 일반적으로 광원램프의 전류 값이 낮으면 램프의 감도가 떨어지는 등 수명이 감소하므로 광원램프는 장치의 성능이 허락하는 범위 내에서 되도록 높은 전류 값에서 동작시킨다.
④ 양호한 S/N비를 얻기 위하여 분광기의 슬릿 폭은 목적으로 하는 분석선을 분리할 수 있는 범위 내에서 되도록 넓게 한다(이웃의 스펙트럼선과 겹치지 않는 범위 내에서).

해설 일반적으로 광원램프의 전류 값이 높으면 램프의 감도가 떨어지고 수명이 감소하므로 광원램프는 장치의 성능이 허락하는 범위 내에서 되도록 낮은 전류 값에서 동작시킨다.

144 다음 그림은 원자흡수분광광도법에 의한 시료 중의 분석원소 농도를 구하는 방법이다. 어떤 정량법인가?

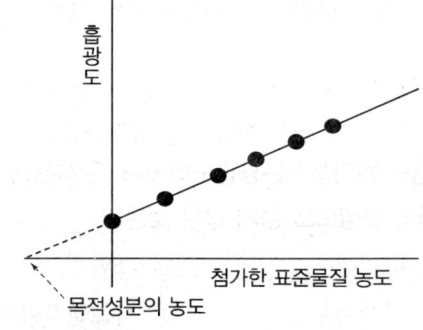

① 넓이 백분율법 ② 절대검정곡선법
③ 표준물첨가법 ④ 상대검정곡선법

서술형 빈출문제

해설 같은 양의 분석시료를 여러 개 취하고 여기에 표준물질이 각각 다른 농도로 함유되도록 표준용액을 첨가하여 용액 열을 만든다. 이어 각각의 용액에 대한 흡광도를 측정하여 가로대에 용액영역 중의 표준물질 농도를, 세로대에는 흡광도를 취하여 그래프용지에 그려 검정곡선을 작성한다.

해설 상대검정곡선법은 목적원소에 의한 흡광도 A_S와 표준원소에 의한 흡광도 A_R와의 비를 구하고 A_S/A_R값과 표준물질 농도와의 관계를 그래프에 작성하여 검정곡선을 만든다. 이 방법은 측정치가 흩어졌을 때 흩어진 측정치를 상쇄하므로 분석값의 재현성이 높아지고 정밀도가 향상된다.

145 원자흡수분광광도법에서 검정곡선을 이용한 정량법 중 새로 분석시료 중에 가한 내부표준원소(목적원소와 물리적 화학적 성질이 아주 유사한 것이어야 한다.)와 목적원소와의 흡광도 비를 구하는 동시 측정을 행하는 것으로 측정치가 흩어졌을 때 흩어진 측정치를 상쇄하므로 분석값의 재현성이 높아지고 정밀도가 향상되는 것은?

① 절대검정곡선법　② 넓이 백분율법
③ 표준물첨가법　　④ 상대검정곡선법

해설 상대검정곡선법은 새로 분석시료 중에 가한 내부표준원소(목적원소와 물리적 화학적 성질이 아주 유사한 것이어야 한다.)와 목적원소와의 흡광도 비를 구하는 동시 측정을 행한다. 목적원소에 의한 흡광도 A_S와 표준원소에 의한 흡광도 A_R와의 비를 구하고 A_S/A_R값과 표준물질 농도와의 관계를 그래프에 작성하여 검정곡선을 만든다. 이 방법은 측정치가 흩어졌을 때 흩어진 측정치를 상쇄하므로 분석값의 재현성이 높아지고 정밀도가 향상된다.

146 원자흡수분광광도법에서 적원소에 의한 흡광도 A_S와 표준원소에 의한 흡광도 A_R와의 비를 구하고 A_S/A_R값과 표준물질 농도와의 관계를 그래프에 작성하여 검정곡선을 만들어 시료 중의 목적원소 농도를 구하는 정량법은?

① 표준물첨가법　　② 상대검정곡선법
③ 절대검정곡선법　④ 넓이 백분율법

147 원자흡수분광광도법의 측정순서 중 일반적으로 가장 먼저 하여야 하는 것은?

① 분광기의 파장눈금을 분석선의 파장에 맞춘다.
② 광원램프를 점등하여 적당한 전류값을 설정한다.
③ 가스유량 조절기의 밸브를 열어 불꽃을 점화한다.
④ 시료용액을 불꽃 중에 분무시켜 지시한 값을 읽어둔다.

해설 원자흡수분광광도법의 측정순서
- 전원 스위치 및 관련 스위치를 넣어 측광부에 전류를 통한다.
- 광원램프를 점등하여 적당한 전류 값으로 설정한다. 다수의 광원램프를 동시에 사용할 경우에는 미리 예비점등 시켜두면 편리하다.
- 가연성 가스 및 조연성 가스 용기가 각각 가스유량조정기를 통하여 버너에 파이프로 연결되어 있는가를 확인한다.
- 가스유량 조절기의 밸브를 열어 불꽃을 점화하여 유량조절 밸브로 가연성 가스와 조연성 가스의 유량을 조절한다.
- 분광기의 파장눈금을 분석선의 파장에 맞춘다.
- 0을 맞춘다(이때 광원으로부터 광속을 차단하고 용매를 불꽃 중에 분무시킨다). 0을 맞춘다는 것은 투과백분율 눈금으로 지시계기의 가르침을 0%에 맞추는 것이다.
- 100을 맞춘다(이때 광원으로부터의 광속은 차단을 푼다). 100을 맞춘다는 것은 투과백분율 눈금으로 지시계기를 100%에 맞추는 것이다.
- 시료용액을 불꽃 중에 분무시켜 지시한 값을 읽어둔다. 지시한 값이 투과백분율만으로 표시되는 경우에는 보통 흡광도로 환산한다.

정답 145 ④　146 ②　147 ②

148 비분산적외선분광분석법에 대한 설명으로 옳지 않은 것은?

① 분석계의 최저 눈금 값을 고정하기 위하여 제로가스를 사용한다.
② 비분산형적외선분석기는 교호단속 분석기와 동시단속분석기로 분류한다.
③ 광원은 원칙적으로 흑체발광으로 니크로뮴선 또는 탄화규소의 저항체에 전류를 흘려 가열한 것을 사용한다.
④ 선택성 검출기를 이용하여 시료 중의 특정 성분에 의한 적외선의 흡수량 변화를 측정하여 시료 중에 들어있는 특정 성분의 농도를 구한다.

해설 비분산형적외선분석기는 고전적 측정 방법인 복광속 분석기와 일반적으로 고농도의 시료 분석에 사용되는 단광속 분석기 및 간섭 영향을 줄이고 저농도에서 검출 능이 좋은 가스필터 상관분석기 등으로 분류된다.

149 비분산형적외선분석기 중 복광속 비분산분석기의 장치 구성의 ( ) 안에 들어갈 명칭으로 옳은 것은?

```
광원 - ( ㉠ ) - ( ㉡ ) - 시료셀 - 검출기 -
증폭기 - 지시계
```

① ㉠ 광학섹터, ㉡ 회전필터
② ㉠ 회전섹터, ㉡ 광학섹터
③ ㉠ 광학필터, ㉡ 회전필터
④ ㉠ 회전섹터, ㉡ 광학필터

해설 복광속 비분산분석기 장치는 광원 - 회전섹터 - 광학필터 - 시료셀 - 검출기 - 증폭기 - 지시계 순으로 이루어져 있다.

150 비분산적외선분광분석법(Non Dispersive Infrared Photometer Analysis)에 적용되는 용어의 정의로 옳지 않은 것은?

① 정필터형: 측정성분이 흡수되는 적외선을 그 흡수파장에서 측정하는 방식
② 비분산: 빛을 프리즘(prism)이나 회절격자와 같은 분산소자에 의해 분산하지 않는 것
③ 비교가스: 시료 셀에서 적외선 흡수를 측정하는 경우 대조가스로 사용하는 것으로 적외선을 흡수하지 않는 가스
④ 반복성: 동일한 분석계를 이용하여 다른 측정대상을 동일한 방법과 조건으로 비교적 장시간에 반복적으로 측정하는 경우로서 각각의 측정치가 일치하는 정도

해설 반복성: 동일한 분석계를 이용하여 동일한 측정대상을 동일한 방법과 조건으로 비교적 단시간에 반복적으로 측정하는 경우로서 각각의 측정치가 일치하는 정도

151 비분산적외선분광분석법에서 사용하는 주요 용어의 정의로 옳지 않은 것은?

① 스팬가스: 분석계의 최고 눈금값을 교정하기 위하여 사용하는 가스
② 제로 드리프트: 측정기의 최저 눈금에 대한 지시치의 일정기간 내의 변동
③ 스팬 드리프트(Span Drift): 측정기의 교정범위 눈금에 대한 지싯값의 일정기간 내의 변동
④ 비교가스: 시료 셀에서 적외선 흡수를 측정하는 경우 대조가스로 사용하는 것으로 적외선을 최대로 흡수하는 가스

해설 비교가스: 시료 셀에서 적외선 흡수를 측정하는 경우 대조가스로 사용하는 것으로 적외선을 흡수하지 않는 가스

152 비분산적외선분광분석법에 대한 설명으로 옳지 않은 것은?

① 비교가스는 시료 셀에서 적외선 흡수를 측정하는 경우 대조가스로 사용하는 것으로 적외선을 흡수하지 않는 가스를 말한다.
② 비교 셀은 시료 셀과 동일한 모양을 가지며 일정 농도의 시료성분의 기체를 봉입하여 시료가스와 비교하는 데 사용한다.
③ 광원은 원칙적으로 흑체발광으로 니크로뮴선 또는 탄화규소의 저항체에 전류를 흘려 가열한 것을 사용한다.
④ 시료 셀은 시료가스가 흐르는 상태에서 양단의 창을 통해 시료광속이 통과하는 구조를 갖는다.

해설 비교 셀: 적외선을 흡수하지 않는 대조가스인 비교(reference)가스를 넣는 용기로 시료 셀과 동일한 모양을 가지지 않는다.

153 비분산형적외선분석기의 장치 구성에 관한 설명으로 옳지 않은 것은?

① 비교 셀은 시료 셀과 동일한 모양을 가지며 산소를 봉입하여 사용한다.
② 광원은 원칙적으로 흑체발광으로 니크롬선 또는 탄화규소의 저항체에 전류를 흘려 가열한 것을 사용한다.
③ 광학필터는 시료가스 중에 포함되어 있는 간섭 물질가스의 흡수파장역 적외선을 흡수제거하기 위해 사용한다.
④ 회전섹타는 시료광속과 비교광속을 일정주기로 단속시켜 광학적으로 변조시키는 것으로 측정 광신호의 증폭에 유효하고 잡신호의 영향을 줄일 수 있다.

해설 비교 셀: 적외선을 흡수하지 않는 대조가스인 비교(reference)가스를 넣는 용기

154 비분산적외선분광분석법에서 용어의 정의 중 '측정성분이 흡수되는 적외선을 그 흡수파장에서 측정하는 방식'을 의미하는 것은?

① 정필터형
② 복광필터형
③ 회절격자형
④ 적외선흡광형

해설 정필터형: 측정성분이 흡수되는 적외선을 그 흡수파장에서 측정하는 방식

155 비분산적외선분광분석기에서 적외선 및 가시광선의 발광량을 고려한 광원의 온도로 옳은 것은?

① 200~500K
② 600~900K
③ 1,000~1,300K
④ 1,400~1,700K

해설 광원의 온도가 지나치게 높아지면 불필요한 가시광선의 발광이 심해져서 적외선 광학기의 산란광으로 작용하여 광학기를 교란시킬 우려가 있다. 따라서 적외선 및 가시광선의 발광량을 고려하여 광원의 온도를 정해야 하는데 1,000~1,300K 정도가 적당하다.

156 비분산적외선분광분석법의 장치구성에 관한 설명으로 옳지 않은 것은?

① 광학필터는 시료가스 중에 포함되어 있는 간섭물질가스의 흡수파장역 적외선을 흡수제거 하기 위해 사용한다.
② 단광속 비분산분석기는 단일 시료 셀을 갖고 적외선 흡수도를 측정하는 분석기로 높은 농도 성분의 측정에 적합하며 간섭물질에 의한 영향을 피할 수 없다.
③ 검출기는 광속을 받아들여 시료가스 중 측정성분 농도에 대응하는 신호를 발생시키는 선택적 검출기 혹은 광학필터와 비선택적 검출기를 조합하여 사용한다.
④ 회전섹타는 시료광속과 비교광속을 일정주기로 단속시켜, 광학적으로 변조시키는 것으로 단속방식에는 1 Hz~100 Hz의 원추단속 방식과 혼합단속 방식이 있다.

해설 회전섹타는 시료광속과 비교광속을 일정 주기로 단속시켜 광학적으로 변조시키는 것으로 측정 광신호의 증폭에 유효하고 잡신호 영향을 줄일 수 있다.

157 비분산적외선분광분석법 중 응답시간의 성능기준을 나타낸 것이다. ( ) 안에 알맞은 것은?

> 제로 조정용 가스를 도입하여 안정된 후 유로를 (㉠)로 바꾸어 기준 유량으로 분석기에 도입하여 그 농도를 눈금 범위 내의 어느 일정한 값으로부터 다른 일정한 값으로 갑자기 변화시켰을 때 스텝(step) 응답에 대한 소비시간이 1초 이내이어야 한다. 또 이때 최종 지시값에 대한 (㉡)을 나타내는 시간은 40초 이내이어야 한다.

① ㉠ 비교가스, ㉡ 10%의 응답
② ㉠ 스팬가스, ㉡ 10%의 응답
③ ㉠ 비교가스, ㉡ 90%의 응답
④ ㉠ 스팬가스, ㉡ 90%의 응답

해설 응답시간: 제로 조정용 가스를 도입하여 안정된 후 유로를 스팬가스로 바꾸어 기준 유량으로 분석기에 도입하여 그 농도를 눈금 범위 내의 어느 일정한 값으로부터 다른 일정한 값으로 갑자기 변화시켰을 때 스텝(step) 응답에 대한 소비시간이 1초 이내이어야 한다. 또 이때 최종 지시값에 대한 90%의 응답을 나타내는 시간은 40초 이내이어야 한다.

158 비분산적외선분광분석법 중 응답시간의 성능기준을 나타낸 것이다. ( ) 안에 알맞은 것은?

> 제로 조정용 가스를 도입하여 안정된 후 유로를 스팬가스로 바꾸어 기준 유량으로 분석기에 도입하여 그 농도를 눈금 범위 내의 어느 일정한 값으로부터 다른 일정한 값으로 갑자기 변화시켰을 때 스텝(step) 응답에 대한 소비시간이 (㉠)이어야 한다. 또 이때 최종 지시값에 대한 90% 응답을 나타내는 시간은 (㉡)이어야 한다.

① ㉠ 1초 이내, ㉡ 30초 이내
② ㉠ 1초 이내, ㉡ 40초 이내
③ ㉠ 10초 이내, ㉡ 30초 이내
④ ㉠ 10초 이내, ㉡ 40초 이내

해설 응답시간: 제로 조정용 가스를 도입하여 안정된 후 유로를 스팬가스로 바꾸어 기준 유량으로 분석기에 도입하여 그 농도를 눈금 범위 내의 어느 일정한 값으로부터 다른 일정한 값으로 갑자기 변화시켰을 때 스텝(step) 응답에 대한 소비시간이 1초 이내이어야 한다. 또 이때 최종 지시값에 대한 90%의 응답을 나타내는 시간은 40초 이내이어야 한다.

159 비분산적외선분광분석법에 사용되는 가스분석계의 성능기준이다. ( ) 안에 가장 알맞은 것은?

> 스팬 드리프트는 동일 조건에서 제로가스를 흘려보내면서 때때로 스팬가스를 도입할 때 제로 드리프트(zero drift)를 뺀 드리프트가 고정형은 24 시간, 이동형은 (㉠)에 전체 눈금 값의 (㉡)이 되어서는 안 된다.

① ㉠ 6시간 동안, ㉡ ±2% 이상
② ㉠ 4시간 동안, ㉡ ±2% 이상
③ ㉠ 6시간 동안, ㉡ ±5% 이상
④ ㉠ 4시간 동안, ㉡ ±5% 이상

해설 스팬 드리프트는 동일 조건에서 제로가스를 흘려보내면서 때때로 스팬가스를 도입할 때 제로 드리프트(zero drift)를 뺀 드리프트가 고정형은 24시간, 이동형은 4시간 동안에 전체 눈금 값의 ±2% 이상이 되어서는 안 된다.

160 비분산적외선분광분석기의 측정가스의 유량변화에 대한 안정성 기준으로 옳은 것은?

① 측정가스의 유량이 표시한 기준유량에 대하여 ±2% 이내에서 변동하여도 성능에 지장이 있어서는 안 된다.
② 측정가스의 유량이 표시한 기준유량에 대하여 ±5% 이내에서 변동하여도 성능에 지장이 있어서는 안 된다.
③ 측정가스의 유량이 표시한 기준유량에 대하여 ±10% 이내에서 변동하여도 성능에 지장이 있어서는 안 된다.
④ 측정가스의 유량이 표시한 기준유량에 대하여 ±2% 이내에서 변동하여도 성능에 지장이 있어서는 안 된다.

해설 유량변화에 대한 안정성: 측정가스의 유량이 표시한 기준유량에 대하여 ±2% 이내에서 변동하여도 성능에 지장이 있어서는 안 된다.

161 이온크로마토그래피의 원리 및 적용범위에 관한 설명이다. ( ) 안에 가장 적합한 것은?

> 이온크로마토그래피는 이동상으로는 (㉠), 그리고 고정상으로는 (㉡)를 사용하여 이동상에 녹는 혼합물을 고분리능 고정상이 충전된 분리관내로 통과시켜 시료성분의 용출상태를 전도도 검출기 또는 광학 검출기로 검출하여 그 농도를 정량하는 방법이다.

① ㉠ 액체, ㉡ 전해질
② ㉠ 전해질, ㉡ 액체
③ ㉠ 액체, ㉡ 이온교환수지
④ ㉠ 이온교환수지, ㉡ 액체

해설 이온크로마토그래피는 이동상으로는 액체, 그리고 고정상으로는 이온교환수지를 사용하여 이동상에 녹는 혼합물을 고분리능 고정상이 충전된 분리관 내로 통과시켜 시료성분의 용출상태를 전도도 검출기 또는 광학 검출기로 검출하여 그 농도를 정량하는 방법으로 일반적으로 강수 (비, 눈, 우박 등), 대기먼지, 하천수 중의 이온성분을 정성, 정량 분석하는 데 이용한다.

162 이온크로마토그래프의 일반적인 장치 구성을 순서대로 나열한 것은?

① 펌프 – 시료주입장치 – 용리액조 – 분리관 – 검출기 – 써프렛서
② 용리액조 – 펌프 – 시료주입장치 – 분리관 – 써프렛서 – 검출기
③ 시료주입장치 – 펌프 – 용리액조 – 써프렛서 – 분리관 – 검출기
④ 분리관 – 시료주입장치 – 펌프 – 용리액조 – 검출기 – 써프렛서

해설 이온크로마토그래프는 용리액조, 송액펌프, 시료주입장치, 분리관, 써프렛서, 검출기 및 기록계로 구성된다.

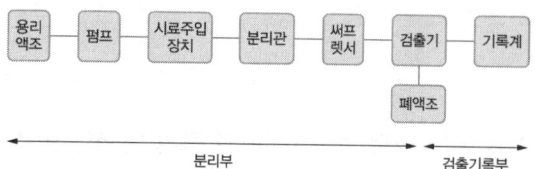

163 이온크로마토그래프에 관한 설명으로 옳지 않은 것은?

① 송액펌프는 일반적으로 맥동이 적은 것을 사용한다.
② 용리액조는 일반적으로 폴리에틸렌이나 경질 유리제를 사용한다.
③ 분리관의 재질은 용리액 및 시료액과 반응성이 큰 것을 선택하며 스테인리스관이 널리 사용된다.
④ 검출기는 일반적으로 전도도 검출기를 많이 사용하고, 그 외 자외선/가시선 흡수검출기(UV, VIS 검출기), 전기화학적 검출기 등이 사용된다.

해설 분리관의 재질은 내압성, 내부식성으로 용리액 및 시료액과 반응성이 적은 것을 선택하며 에폭시수지관 또는 유리관이 사용된다. 일부는 스테인리스관이 사용되지만 금속이온 분리용으로는 좋지 않다.

164 이온크로마토그래프에 관한 일반적인 설명으로 옳지 않은 것은?

① 검출기로 수소염이온화검출기(FID)가 많이 사용된다.
② 강수(비, 눈, 우박 등), 대기먼지, 하천수 중의 이온성분을 정성·정량 분석하는 데 사용된다.
③ 용리액조, 송액펌프, 시료주입장치, 분리관, 써프렛서, 검출기, 기록계 순으로 구성되어 있다.
④ 용리액조는 이온 성분이 용출되지 않는 재질로서 용리액을 직접 공기와 접촉시키지 않는 밀폐된 것을 선택한다.

해설 검출기는 분리관 용리액 중의 시료 성분의 유무와 양을 검출하는 부분으로 일반적으로 전도도 검출기를 많이 사용하고, 그 외 자외선/가시선 흡수검출기(UV, VIS 검출기), 전기화학적 검출기 등이 사용된다.

165 이온크로마토그래프(Ion Chromatograph)에 사용되는 장치에 관한 설명으로 옳지 않은 것은?

① 송액펌프는 용리액 교환이 가능해야 한다.
② 시료주입장치는 일정량의 시료를 밸브조작에 의해 분리관으로 주입하는 루프주입방식이 일반적이다.
③ 용리액조는 이온성분이 용출되지 않는 재질로써 용리액이 공기와 원활한 접촉이 가능한 개방형을 선택한다.
④ 검출기는 분리관 용리액 중의 시료성분의 유무와 양을 검출하는 부분으로 일반적으로 전도도 검출기를 많이 사용한다.

해설 용리액조는 이온 성분이 용출되지 않는 재질로서 용리액을 직접 공기와 접촉시키지 않는 밀폐된 것을 선택한다. 일반적으로 폴리에틸렌이나 경질 유리제를 사용한다.

166 일반적으로 사용하는 이온크로마토그래프의 구성장치 중 분리관에 관한 설명으로 옳지 않은 것은?

① 양이온 교환체는 표면에 슬폰산기를 보유한다.
② 금속이온 분리용으로는 스테인리스관이 효과적이다.
③ 분리관은 에폭시수지관 또는 유리관 등이 사용된다.
④ 이온교환체의 구조면에서는 표층피복형, 표층박막형, 전다공성 미립자형이 있다.

해설 분리관의 재질은 내압성, 내부식성으로 용리액 및 시료액과 반응성이 적은 것을 선택하며 에폭시수지관 또는 유리관이 사용된다. 일부는 스테인리스관이 사용되지만 금속이온 분리용으로는 좋지 않다.

167 이온크로마토그래프에서 사용되는 써프렛서에 관한 설명으로 옳지 않은 것은?

① 관형과 이온교환막형이 있다.
② 관형 써프렛서 중 음이온에는 스티롤계 강산형(H^+) 수지가 충진된 것을 사용한다.
③ 용리액에 사용되는 전해질 성분을 분리검출하기 위하여 분리관 앞에 병렬로 접속시킨다.
④ 전해질을 물 또는 저전도의 용매로 바꿔줌으로써 전기 전도도 셀에서 목적이온 성분과 전기전도도만을 고감도로 검출할 수 있게 해준다.

해설 써프렛서란 용리액에 사용되는 전해질 성분을 제거하기 위하여 분리관 뒤에 직렬로 접속시킨 것이다.

168 「대기오염공정시험기준」상 고성능 이온크로마토그래프의 장치 중 써프렛서에 관한 설명으로 옳지 않은 것은?

① 장치의 구성상 써프렛서 앞에 분리관이 위치한다.
② 용리액에 사용되는 전해질 성분을 제거하기 위한 것이다.
③ 관형 써프렛서에 사용하는 충전물은 스티롤계 강산형 및 강염기형 수지이다.
④ 목적 성분의 전기전도도를 낮추어 이온성분을 고감도로 검출할 수 있게 해준다.

해설 써프렛서는 전해질을 물 또는 저전도의 용매로 바꿔줌으로써 전기전도도 셀에서 목적 이온 성분과 전기 전도도만을 고감도로 검출할 수 있게 해주는 것이다.

169 이온크로마토그래피법에 관한 설명으로 옳지 않은 것은?

① 공급전원은 전압 변동 5% 이하, 주파수 변동 10% 이하로 변동이 적어야 한다.
② 일반적으로 용리액조, 송액펌프, 시료주입장치, 분리관, 써프렛서, 검출기 및 기록계로 구성되어 있다.
③ 검출기는 분리관 용리액 중의 시료 성분의 유무와 양을 검출하는 부분으로 일반적으로 전도도검출기를 많이 사용한다.
④ 이온 크로마토그래피의 설치조건은 실험실 온도 15~25℃, 상대습도 30~85% 범위로 급격한 온도변화가 없어야 한다.

해설 공급전원은 기기의 사양에 지정된 전압 전기용량 및 주파수로 전압변동은 10% 이하이고 주파수 변동이 없어야 한다.

170 이온크로마토그래프의 검출기에 관한 설명이다. ( ) 안에 들어갈 내용으로 가장 적합한 것은?

> (㉠)는 고성능 액체크로마토그래피 분야에서 가장 널리 사용되는 검출기이며, 최근에는 이온 크로마토그래피에서도 전기 전도도 검출기와 병행하여 사용되기도 한다. 또한 (㉡)는 전이금속 성분의 발색 반응을 이용하는 경우에 사용된다.

① ㉠ 광학검출기, ㉡ 암페로메트릭검출기
② ㉠ 전기화학적검출기, ㉡ 염광광도검출기
③ ㉠ 자외선흡수검출기, ㉡ 가시선흡수검출기
④ ㉠ 전기전도도검출기, ㉡ 전기화학적검출기

해설 자외선 흡수 검출기(UV 검출기)는 고성능 액체크로마토그래피 분야에서 가장 널리 사용되는 검출기이며, 최근에는 이온 크로마토그래피에서도 전기 전도도 검출기와 병행하여 사용되기도 한다. 또한 가시선 흡수 검출기(VIS 검출기)는 전이금속 성분의 발색 반응을 이용하는 경우에 사용된다.

정답 167 ③ 168 ④ 169 ① 170 ③

171 이온크로마토그래프에서 사용하는 검출기 중 정전위 전극반응을 이용하는 것으로 검출 감도가 높고 선택성이 있으며 전량검출기, 암페로 메트릭 검출기 등이 있는 것은?

① 전기 전도도 검출기
② 전기 화학적 검출기
③ 전기 자외선 흡수 검출기
④ 전기 가시선 흡수 검출기

해설 정전위 전극반응을 이용하는 전기화학 검출기는 검출 감도가 높고 선택성이 있는 검출기로써 분석화학 분야에 널리 이용되는 검출기이며 전량검출기, 암페로 메트릭 검출기 등이 있다.

172 이온크로마토그래피에 의한 정량분석에 사용되는 정량법으로 옳지 않은 것은?

① 절대검정곡선법
② 보정넓이 백분율법
③ 표준첨가율법
④ 데이터 처리장치를 이용하는 방법

해설 이온 크로마토그래피에 의한 정량분석에 사용되는 정량법
(1) 절대검정곡선법
(2) 넓이 백분율법
(3) 보정넓이 백분율법
(4) 상대검정곡선법
(5) 표준물첨가법
(6) 데이터 처리장치를 이용하는 방법

173 이온크로마토그래프에 관한 설명으로 옳지 않은 것은?

① 공급전원은 전압 변동 5% 이하, 주파수 변동 10% 이하로 변동이 적어야 한다.
② 일반적으로 강수물, 대기먼지, 하천수 중의 이온성분을 정량·정성분석하는 데 이용한다.
③ 가시선 흡수 검출기(VIS 검출기)는 전이금속 성분의 발색반응을 이용하는 경우에 사용된다.
④ 써프렛서는 관형과 이온교환막형이 있으며, 관형은 음이온에는 스티롤계 강산형(H^+) 수지가, 양이온에는 스티롤계 강염기형(OH^-)의 수지가 충진된 것을 사용한다.

해설 공급전원은 기기의 사양에 지정된 전압 전기용량 및 주파수로 전압변동은 10% 이하이고, 주파수 변동이 없어야 한다.

174 이온크로마토그래프의 설치조건(기준)으로 옳지 않은 것은?

① 대형변압기, 고주파가열 등으로부터 전자유도를 받지 않아야 한다.
② 부식성 가스 및 먼지발생이 적고, 진동이 없으며 직사광선을 피해야 한다.
③ 실험실 온도 15~25℃, 상대습도 30~85% 범위로 급격한 온도변화가 없어야 한다.
④ 공급전원은 기기의 사양에 지정된 전압 전기용량 및 주파수로 전압변동은 40% 이하이고, 급격한 주파수 변동이 없어야 한다.

해설 공급전원은 기기의 사양에 지정된 전압 전기용량 및 주파수로 전압변동은 10% 이하이고, 주파수 변동이 없어야 한다.

175 「대기오염공정시험기준」상 각 분석법의 장치 구성으로 옳은 것은?

① 자외선/가시선분광기: 시료부 → 광원부 → 파장선택부 → 측광부
② 기체크로마토그래프: 시료도입부 → 분리관 → 가스유로계 → 검출기 → 기록계
③ 이온크로마토그래프: 용리액조 → 써프렛서 → 펌프 → 시료이온화부 → 분리관 → 검출기 → 기록계

④ 비분산적외선분석기: 광원 → 회전섹터 → 광학필터 → 시료셀(비교셀) → 검출기 → 증폭기 → 지시계

해설
① 자외선/가시선분광기: 광원부 → 파장선택부 → 시료부 → 측광부
② 기체크로마토그래프: 가스유로계 → 시료도입부 → 분리관 → 검출기 → 기록계
③ 이온크로마토그래프: 용리액조 → 펌프 → 시료주입장치 → 분리관 → 써프렛서 → 검출기 → 기록계

176 흡광차분광법(DOAS)의 원리와 적용 범위에 관한 설명으로 옳지 않은 것은?

① 이산화황, 질소산화물, 오존 등의 대기오염물질 분석에 적용한다.
② 측정에 필요한 광원은 180~380nm 파장을 갖는 자외선램프를 사용한다.
③ 자외선/가시선분광법의 기본 원리인 Beer-Lambert 법칙을 응용하여 분석한다.
④ 빛을 조사하는 발광부와 50~1,000m 정도 떨어진 곳에 수광부 사이에 형성되는 빛의 이동 경로(path)를 통과하는 가스를 실시간으로 분석할 수 있다.

해설 흡광차분광법(DOAS)에서 측정에 필요한 광원은 180~2,850nm 파장을 갖는 제논(Xenon) 램프를 사용한다.

177 흡광차분광법(Differential Optical Absorption Spectroscopy)에 관한 설명으로 옳지 않은 것은?

① 주로 사용되는 검출기는 자외선 및 가시선 흡수 검출기이다.
② 이산화황, 질소산화물, 오존 등의 대기오염물질 분석에 적용된다.
③ 분광계는 Czerny-Turner방식이나 Holo-graphic 방식을 사용한다.
④ 일정 파장 간격 범위의 연속 흡수스펙트럼 곡선을 통해 농도를 구한다.

해설 주로 사용되는 검출기는 광전자증배관(photo multiplier tube) 검출기나 PDA(photo diode array) 검출기이다.

178 흡광차분광법에 관한 설명으로 옳지 않은 것은?

① 광원부는 발·수광부 및 광케이블로 구성된다.
② 광원으로 180~2,850nm 파장을 갖는 제논램프를 사용한다.
③ 일반 자외선/가시선분광법은 적분적이며 흡광차 분광법은 미분적이라는 차이가 있다.
④ 분석장치는 분석기와 광원부로 나누어지며 분석기 내부는 분광기, 샘플 채취부, 검지부, 분석부, 통신부 등으로 구성된다.

해설 일반 자외선/가시선분광법은 미분적(일시적)이며 흡광차분광법은 적분적(연속적)이라는 차이가 있다.

179 흡광차분광법(DOAS)으로 측정 시 필요한 광원으로 옳은 것은?

① 180~2,850nm 파장을 갖는 Xenon 램프
② 200~900nm 파장을 갖는 Zeus 램프
③ 200~900nm 파장을 갖는 Hollow cathode 램프
④ 1,800~2,850nm 파장을 갖는 Xenon 램프

해설 흡광차분광법(DOAS)에서 측정에 필요한 광원은 180~2,850nm 파장을 갖는 제논(Xenon) 램프를 사용한다.

정답 176 ③ 177 ① 178 ③ 179 ①

180 흡광차분광법의 분석기 내부의 구성으로 옳지 않은 것은?

① 분광기 ② 써프렛서
③ 검지부 ④ 샘플 채취부

해설 써프렛서란 이온크로마토그래프에서 용리액에 사용되는 전해질 성분을 제거하기 위하여 분리관 뒤에 직렬로 접속시킨 것으로써 전해질을 물 또는 저전도도의 용매로 바꿔줌으로써 전기 전도도 셀에서 목적 이온 성분과 전기 전도도만을 고감도로 검출할 수 있게 해주는 것이다.

181 다음은 흡광차분광법에 대한 설명이다. ( ) 안에 알맞은 것은?

> 흡광차분광법은 일반적으로 빛을 조사하는 발광부와 ( ) 정도 떨어진 곳에 수광부(또는 발·수광부와 반사경) 사이에 형성되는 빛의 이동경로(path)를 통과하는 가스를 실시간으로 분석한다.

① 1~10m ② 10~30m
③ 30~50m ④ 50~1,000m

해설 흡광차분광법은 일반적으로 빛을 조사하는 발광부와 50~1,000m 정도 떨어진 곳에 수광부(또는 발·수광부와 반사경) 사이에 형성되는 빛의 이동경로(path)를 통과하는 가스를 실시간으로 분석하며, 측정에 필요한 광원은 180~2,850nm 파장을 갖는 제논(Xenon) 램프를 사용하여 이산화황, 질소산화물, 오존 등의 대기오염물질 분석에 적용한다.

182 흡광차분광법(Differential Optical Absorption Spectroscopy)의 검출방식에 관한 설명으로 옳지 않은 것은?

① 측정된 스펙트럼 데이터는 A/D 변환기에서 디지털 신호로 변환 분석장치에 입력된다.
② 검출기 앞에는 검출창(detection window)이 있어 특정 범위의 스펙트럼만을 통과시킨다.
③ 분광방식은 루프주입방식이 일반적이며 셉텀(Septum) 방법, 셉텀레스(Septumless) 방식이 이용되기도 한다.
④ 분광된 빛은 반사경을 통해 광전자증배관(Photo Multiplier Tube)검출기나 PDA(Photo Diode Array)검출기로 들어간다.

해설 이온크로마토그래프의 시료주입장치는 일정량의 시료를 밸브조작에 의해 분리관으로 주입하는 루프주입방식이 일반적이며 셉텀(Septum) 방법, 셉텀레스(Septumless) 방식 등이 사용되기도 한다.

183 발광부에서 나온 빛을 수광부에서 받아들여 광케이블로 분석기 내부로 전달하여 대기오염물질의 분석을 행하는 흡광차분광법의 분석계 시스템 구성을 순서대로 옳게 나열한 것은?

① 분광기 → 샘플 채취부 → 분석부 → 통신부 → 검지부
② 분광기 → 샘플 채취부 → 검지부 → 분석부 → 통신부
③ 샘플 채취부 → 분광기 → 분석부 → 통신부 → 검지부
④ 샘플 채취부 → 통신부 → 검지부 → 분광기 → 분석부

해설 흡광차분광법의 분석장치는 분석기와 광원부로 나누어지며, 분석기 내부는 분광기, 샘플 채취부, 검지부, 분석부, 통신부 등으로 구성된다.

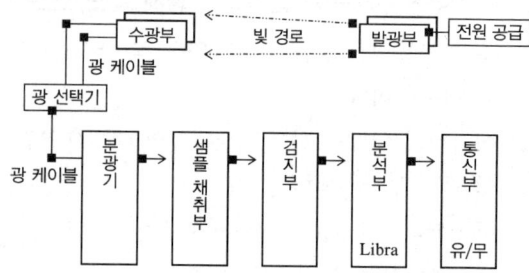

서술형 빈출문제

184 흡광차분광법에 따라 분석하는 대기오염 물질과 그 물질에 대한 간섭성분의 연결이 옳은 것은?

① 오존(O_3) - 벤젠(C_6H_6)의 영향
② 아황산가스(SO_2) - 오존(O_3)의 영향
③ 일산화탄소(CO) - 수분(H_2O)의 영향
④ 질소산화물(NO_X) - 톨루엔($C_6H_5CH_3$)의 영향

해설 간섭물질의 영향
(1) SO_2에 대한 O_3의 영향
(2) O_3에 대한 수분의 영향
(3) O_3에 대한 톨루엔의 영향

185 「대기오염공정시험기준」상 고성능 액체크로마토그래프 기기장치의 기본 구성을 순서대로 나열한 것으로 옳은 것은?

① 용매저장기 → 펌프 → 시료주입기 → 분리관 → 검출기 → 기록기
② 펌프 → 용매저장기 → 시료주입기 → 분리관 → 검출기 → 기록기
③ 용매저장기 → 펌프 → 시료주입기 → 검출기 → 분리관 → 기록기
④ 용매저장기 → 시료주입기 → 분리관 → 펌프 → 검출기 → 기록기

해설 고성능 액체크로마토그래피(HPLC, high performance liquid chromatography)에서 고성능 액체크로마토그래프의 기기장치의 기본 구성은 용매저장기, 펌프, 시료주입기, 분리관, 검출기, 기록기 순으로 나열된다.

186 액체크로마토그래피에서 화학종의 분리 방식으로 옳지 않은 것은?

① 분배   ② 흡수
③ 크기별 배제   ④ 이온교환

해설 액체크로마토그래피에서 화학종의 분리 방식은 크게 4가지, 즉 분배, 흡착, 크기별 배제, 이온교환 방식으로 구별된다.

187 액체크로마토그래프에서 사용하는 검출기로 옳지 않은 것은?

① 자외선흡수 검출기
② 형광 검출기
③ 굴절률 검출기
④ 원자방출 검출기

해설 원자방출 검출기(atomic emission detector, AED)는 시료를 구성하는 원소들의 원자방출(atomic emission)을 검출하기 때문에 이용 범위가 광범위한 기체크로마토그래피에서 사용하는 검출기이다.

188 「대기오염공정시험기준」상 X-선 형광분광법(XRF)에 대한 설명으로 옳지 않은 것은?

① 이 방법의 특별한 장점은 시료를 파괴하지 않는다는 데 있다.
② 기기 부품은 광원, 파장 선택기, 검출기 및 신호 처리장치로 이루어진다.
③ 산소의 원자번호보다 큰 원자번호를 가지는 원소를 정성적으로 확인하기 위해 가장 널리 사용되는 분석법이다.
④ 단색화장치(monochromator)는 프리즘, 회절격자 또는 이 두 가지를 조합시킨 것을 사용하며 단색광을 내기 위하여 슬릿(slit)을 부속시킨다.

해설 단색화장치(monochromator)는 광학 기기에서 슬릿(slit)과 같은 역할을 하는 한 쌍의 빛살 평행화장치(collimator), 그리고 하나의 분산요소(dispersing element)로 이루어져 있다.

정답 184 ② 185 ① 186 ② 187 ④ 188 ④

189 X-선 형광 기기의 단색화 장치에서 측각기의 어떤 주어진 각에서는 단지 몇 개의 파장만이 회절됨을 알 수 있음을 확인하는 법칙은?

① 스넬(Snell)의 법칙
② 브래그(Bragg)의 법칙
③ 비어(Beer)의 법칙
④ 레일리(Rayleigh)의 법칙

해설 Bragg의 법칙으로부터, 측각기의 어떤 주어진 각에서는 단지 몇 개의 파장만이 회절됨을 알 수 있다(λ, $\lambda/2$, $\lambda/3$, …, λ/n, 여기서 $n\lambda = 2d\sin\theta$).

190 배출가스 중 금속화합물을 동시분석-유도결합플라스마분광법으로 분석할 때 사용되는 용어의 설명으로 옳지 않은 것은?

① 감도는 각 원소 성분에 대해 입사광의 1%(0.0044 흡광도)를 흡수할 수 있는 시료의 농도를 말한다.
② 표준용액은 가능한 한 시료의 매질과 동일한 조성을 갖도록 조제해야 하며, 표준물질의 함량은 1% 이내의 함량 정밀도를 가져야 한다.
③ 표준원액은 정확한 농도를 알고 있는 비교적 고농도의 용액으로, 일반적으로 1,000mg/kg 농도에서 1% 이내의 불확도를 나타내야 한다.
④ 시료 용액의 점도, 표면장력, 휘발성 등과 같은 물리적 특성이나 화학적 조성의 차이에 의해 원자화율이 달라지면서 정량성이 저하되는 효과를 매질효과라 한다.

해설 표준원액은 정확한 농도를 알고 있는 비교적 고농도의 용액으로, 일반적으로 1,000mg/kg 농도에서 0.3% 이내의 불확도를 나타내야 한다.

191 배출가스 중의 금속을 동시분석-유도결합플라즈마분광법으로 분석할 때 각 원소별 측정파장(nm)과 정량범위(mg/L)로 옳지 않은 것은?

① Cu: 324.75(nm), 0.04~20(mg/L)
② Cd: 226.50(nm), 0.008~2(mg/L)
③ Pb: 220.35(nm), 0.1~2(mg/L)
④ Zn: 259.94(nm), 0.04~1(mg/L)

해설 Zn: 206.19(nm), 0.4~20(mg/L)

CHAPTER 2. 시료채취

서술형 빈출문제

[실기 Check ✓]

001 굴뚝 배출가스 중 먼지 측정위치 기준에 관한 설명으로 옳지 않은 것은?

① 원칙적으로 굴뚝의 굴곡 부분을 피하여 배출가스 흐름이 안정된 곳을 선정한다.
② 수평굴뚝에서도 측정할 수 있으나 측정공의 위치가 수직굴뚝의 측정위치 선정기준에 준하여 선정된 곳이어야 한다.
③ 기준에 적합한 측정공 설치가 곤란할 경우에는 굴뚝상부 내경의 1.5배 이상과 하부 내경의 1/4배 이상 되는 지점에 측정공 위치를 선정할 수 있다.
④ 수직굴뚝 하부 끝단으로부터 위를 향하여 그 곳의 굴뚝 내경의 8배 이상이 되고, 상부 끝단으로부터 아래를 향하여 그 곳의 굴뚝 내경의 2배 이상이 되는 지점에 측정공 위치를 선정하는 것을 원칙으로 한다.

[해설] 측정위치 기준에 적합한 측정공 설치가 곤란하거나 측정작업의 불편, 측정자의 안전성 등이 문제될 때에는 하부 내경의 2배 이상과 상부 내경의 1/2배 이상 되는 지점에 측정공 위치를 선정할 수 있다.

002 굴뚝 배출가스 중 반자동식 측정법으로 먼지 측정을 위한 시료채취절차에 관한 사항으로 옳지 않은 것은?

① 한 채취점에서의 채취시간을 최소 30초 이상으로 하고 모든 채취점에서 채취시간을 동일하게 한다.
② 동압은 원칙적으로 0.1mmH₂O의 단위까지 읽고, 이때 피토관의 배출가스 흐름방향에 대한 편차를 10° 이하가 되어야 한다.
③ 등속흡입식에 의해서 등속계수를 구하고 그 값이 90~110% 범위 내에 들지 않는 경우에는 다시 시료채취를 행한다.
④ 피토관을 측정공에서 굴뚝내의 측정점까지 삽입하여 전압공을 배출가스 흐름방향에 바로 직면시켜 압력계에 의하여 동압을 측정한다.

[해설] 한 채취점에서의 채취 시간을 최소 2분 이상으로 하고 모든 채취점에서 채취시간을 동일하게 한다.

003 배출가스 중 수동식 측정방법으로 먼지측정을 위한 장치구성에 관한 설명으로 옳지 않은 것은?

① 원칙적으로 적산유량계는 흡입 가스양의 측정을 위하여 또 순간유량계는 등속흡입 조작을 확인하기 위하여 사용한다.
② 여과지홀더는 유리제 또는 스테인리스강 재질 등으로 만들어진 것으로 내식성이 강하고 여과지 탈착이 쉬워야 한다.
③ 먼지채취부의 구성은 흡입노즐, 여과지홀더, 고정쇠, 드레인채취기, 연결관 등으로 구성된다. 단, 2형일 때는 흡입노즐 뒤에 흡입관을 접속한다.
④ 건조용기는 시료채취 여과지의 수분평형을 유지하기 위한 용기로서(20±5.6)℃ 대기압력에서 적어도 4시간을 건조시킬 수 있어야 한다. 또는, 여과지를 100℃에서 적어도 2시간 동안 건조시킬 수 있어야 한다.

정답 001 ③ 002 ① 003 ④

해설 시료채취 여과지의 수분평형을 유지하기 위한 용기로서 20±5.6℃ 대기 압력에서 적어도 24시간을 건조시킬 수 있어야 한다. 또는, 여과지를 105℃에서 적어도 2시간 동안 건조시킬 수 있어야 한다.

해설 측정공은 측정 위치로 선정된 굴뚝 벽면에 내경 100~150mm 정도로 설치하고 측정 시 이외에는 마개를 막아 밀폐하고 측정 시에도 흡입관 삽입 이외의 공간은 공기가 새지 않도록 밀폐되어야 한다.

004 굴뚝 배출가스 중 먼지농도를 반자동식 시료채취기에 의해 분석하는 경우 채취장치 구성에 관한 설명으로 옳은 것은?

> 흡입노즐의 안과 밖의 가스흐름이 흐트러지지 않도록 흡입노즐 안지름(d)은 (㉠)으로 한다. 흡입노즐의 안지름(d)은 정확히 측정하여 0.1mm 단위까지 구하여 둔다. 흡입노즐의 꼭지점은 (㉡)의 예각이 되도록 하고 매끈한 반구 모양으로 한다.

① ㉠ 2mm 이상, ㉡ 20° 이하
② ㉠ 3mm 이상, ㉡ 30° 이하
③ ㉠ 4mm 이상, ㉡ 40° 이하
④ ㉠ 5mm 이상, ㉡ 50° 이하

해설 흡입노즐의 안과 밖의 가스흐름이 흐트러지지 않도록 흡입노즐 안지름(d)은 3mm 이상으로 한다. 흡입노즐의 안지름(d)은 정확히 측정하여 0.1mm 단위까지 구하여 둔다. 흡입노즐의 꼭지점은 30° 이하의 예각이 되도록 하고 매끈한 반구 모양으로 한다.

005 배출가스 중 먼지측정을 위한 측정공에 관한 사항이다. ( ) 안에 가장 적합한 것은?

> 측정공은 측정 위치로 선정된 굴뚝 벽면에 내경 ( ) 정도로 설치하고 측정 시 이외에는 마개를 막아 밀폐하고 측정 시에도 흡입관 삽입 이외의 공간은 공기가 새지 않도록 밀폐되어야 한다.

① 25~30mm   ② 50~75mm
③ 100~150mm   ④ 200~250mm

006 굴뚝 배출가스의 먼지측정을 위한 측정공의 내경의 크기로 옳은 것은? (단, 측정위치로 선정된 굴뚝 벽면에 설치한다.)

① 50mm   ② 70mm
③ 120mm   ④ 180mm

해설 측정공은 측정 위치로 선정된 굴뚝 벽면에 내경 100~150mm 정도로 설치한다.

007 굴뚝 배출가스 중 먼지를 시료채취장치 1형을 사용한 반자동식 채취기에 의한 방법으로 측정할 경우 원통형 여과지의 전처리 조건으로 옳은 것은? (단, 배출가스 온도가 110±5℃ 이상으로 배출된다.)

① 80±5℃에서 충분히(1~3시간) 건조
② 100±5℃에서 충분히(1시간) 건조
③ 120±5℃에서 충분히(1시간) 건조
④ 배출가스와 동일한 온도조건에서 충분히(1~3시간) 건조

해설 원통형 여과지를 110±5℃에서 충분히 1~3시간 건조하고 데시케이터 내에서 실온까지 냉각하여 무게를 0.1mg까지 측정한 후 여과지홀더에 끼운다.

008 굴뚝 배출가스 중 먼지의 농도를 측정하고자 한다. 굴뚝 단면적(m²)이 1 초과 4 이하인 사각형 굴뚝단면인 경우 측정점수 산정을 위해 구분된 1변의 길이(L, m) 기준으로 옳은 것은?

① L ≤ 0.1   ② L ≤ 0.5
③ L ≤ 0.667   ④ L ≤ 1

정답 004 ② 005 ③ 006 ③ 007 ④ 008 ③

해설 사각형 굴뚝 단면적의 측정점 수

굴뚝 단면적(m²)	구분된 1 변의 길이(m)
1 이하	≤ 0.5
1 초과 4 이하	≤ 0.667
4 초과 20 이하	≤ 1

실기 Check✓

009 굴뚝에서 배출되는 먼지측정에 대한 반자동식 채취기의 시료채취절차에 대한 내용이다. ( ) 안에 알맞은 범위는?

> 등속흡입 정도를 보기 위해 다음 식 또는 계산기에 의해서 등속흡입계수를 구하고 그 값이 (   ) 범위 내에 들지 않는 경우에는 다시 시료채취를 행한다.

① 85~105% ② 90~110%
③ 105~125% ④ 110~130%

해설 등속흡입 정도를 보기 위해 다음 식 또는 계산기에 의해서 등속흡입계수를 구하고 그 값이 90~110% 범위 내에 들지 않는 경우에는 다시 시료채취를 행한다.

010 굴뚝에서 배출되는 먼지측정을 위해 반자동식 채취기를 사용할 때 채취장치 구성 중 흡입노즐에 관한 설명으로 옳지 않은 것은?

① 흡입노즐의 꼭짓점은 30° 이하의 예각이 되도록 한다.
② 흡입노즐은 스테인리스강, 경질유리 또는 석영 유리제로 만들어진 것을 사용한다.
③ 흡입노즐의 안과 밖의 가스흐름이 흐트러지지 않도록 흡입노즐의 안지름은 2mm 이상으로 한다.
④ 흡입노즐에서 먼지 채취부까지의 흡입관은 내부면이 매끄럽고 급격한 단면의 변화와 굴곡이 없어야 한다.

해설 흡입노즐의 안과 밖의 가스흐름이 흐트러지지 않도록 흡입노즐 안지름(d)은 3mm 이상으로 한다.

011 굴뚝 배출가스 중 먼지농도를 반자동식 시료 채취기에 의해 분석하는 경우 채취장치 구성에 관한 설명으로 옳지 않은 것은?

① 차압게이지는 2개의 경사마노미터 또는 이와 동등의 것을 사용한다. 하나는 배출가스 동압 측정을 다른 하나는 오리피스압차 측정을 위한 것이다.
② 임핀저 트레인 및 냉각상자는 일렬로 연결된 2개의 임핀저로 구성되며 접속부는 가스 누출이 없도록 고무패킹이 있는 스테인리스 강으로 연결한다.
③ 흡입관은 수분응축 방지를 위해 시료가스 온도를 120±14°C로 유지할 수 있는 가열기를 갖춘 보로실리케이트, 스테인리스강 또는 석영 유리관을 사용한다.
④ 피토관은 피토관 계수가 정해진 L형 피토관 (C: 1.0 전후) 또는 S형(웨스턴형 C: 0.84) 피토관으로서 배출가스 유속의 계속적인 측정을 위해 흡입관에 부착하여 사용한다.

해설 임핀저 트레인 및 냉각상자는 일렬로 연결된 4개의 임핀저로 구성되며 접속부는 가스 누출이 없도록 갈아 맞춤 또는 실리콘 관으로 연결한다.

012 굴뚝 배출가스 중 먼지를 반자동식 측정방법으로 채취하고자 할 경우, 먼지시료 채취 기록지 서식에 기재되어야 할 항목으로 옳지 않은 것은?

① 배출가스 온도(°C)
② 오리피스압차(mmH₂O)
③ 여과지 표면적(cm²)
④ 수분량(%)

해설 먼지시료채취 기록지 서식

공장명 _____		피토관계수 _____
측정대상명 _____		기온, °C _____
작성자명 _____		기압, mmHg _____
측정일 _____		수분량, % _____
측정번호 _____		흡입관 길이, m _____
오리피스미터 ΔH _____		흡입노즐 직경, cm _____
		배출가스정압, mmHg _____
산소량(%) _____	굴뚝 단면 및 측정점 배열	
등속흡입계수(%) _____		여과지 번호 _____

채취점번호	시료채취시간 (분)	진공게이지압 (mmHg)	배출가스온도 (°C)	배출가스동압 (mmH₂O)	오리피스압차 (mmH₂O)	시료채취량 (m³)	건식가스미터에서의 온도(°C) 입구	건식가스미터에서의 온도(°C) 출구	여과지홀더온도 (°C)	최종임핀저출구온도 (°C)

013 시멘트 공장, 전기아크로를 사용하는 철강공장, 연탄공장, 석탄야적장, 도정공장, 골재공장 등 특정 발생원에서 일정한 굴뚝을 거치지 않고 외부로 비산 배출되는 먼지의 측정방법으로 옳게 나열된 것은?

① 광학기법, 흡광차분광법
② 고용량공기시료채취법, 베타선법
③ 산화환원법, 저용량공기시료채취법
④ 자외선/가시선분광법, 저용량공기시료채취법

해설 비산먼지의 측정법은 고용량공기시료채취법, 저용량공기시료채취법, 베타선법, 광학기법이 있다.

014 일정한 굴뚝을 거치지 않고 외부로 비산 배출되는 먼지의 측정방법에 관한 사항으로 옳지 않은 것은?

① 시료채취는 1회 24시간 이상 연속 채취한다.
② 시료채취장소는 발생원의 비산먼지 농도가 가장 높을 것으로 예상되는 지점 3개소 이상을 선정한다.
③ 별도로 발생원의 위(upstream)인 바람의 방향을 따라 대상 발생원의 영향이 없을 것으로 추측되는 곳에 대조위치를 선정한다.
④ 풍향·풍속 측정 시 연속기록 장치가 없을 경우에는 적어도 10분 간격으로 같은 지점에서의 3회 이상 풍향·풍속을 측정하여 기록한다.

해설 시료채취는 1회 1시간 이상 연속 채취한다.

015 고용량공기시료채취기(High Volume Air Sampler)를 사용하여 비산먼지를 측정할 때의 설명으로 옳지 않은 것은?

① 시료채취는 1회 1시간 이상 연속 채취한다.
② 전 시료채취 기간 중 주 풍향이 90° 이상 변할 때 풍향에 대한 보정계수는 1.5로 한다.
③ 바람이 거의 없을 때(풍속이 0.5m/s 미만일 때)는 원칙적으로 시료채취를 하지 않는다.
④ 풍향풍속계에 연속기록장치가 없는 경우 적어도 20분 간격으로 3회 이상 풍향·풍속을 측정하여 기록한다.

해설 풍향·풍속 측정 시 연속기록 장치가 없을 경우에는 적어도 10분 간격으로 같은 지점에서의 3회 이상 풍향·풍속을 측정하여 기록한다.

016 일정한 굴뚝을 거치지 않고 외부로 비산 배출되는 먼지측정을 위한 고용량공기시료채취법으로 옳지 않은 것은?

① 비나 눈이 올 때, 풍속이 1m/s 미만으로 바람이 거의 없을 때는 시료채취를 하지 않는다.
② 별도로 발생원의 위(upstream)인 바람의 방향을 따라 대상 발생원의 영향이 없을 것으로 추측되는 곳에 대조위치를 선정한다.

③ 풍향·풍속 측정 시 연속기록 장치가 없을 경우에는 적어도 10분 간격으로 같은 지점에서의 3회 이상 풍향·풍속을 측정하여 기록한다.
④ 시료채취장소는 원칙적으로 측정하려고 하는 발생원의 부지경계선상에 선정하며 풍향을 고려하여 그 발생원의 비산먼지 농도가 가장 높을 것으로 예상되는 지점 3개소 이상을 선정한다.

해설 시료채취는 1회 1시간 이상 연속 채취하고, 다음과 같은 경우에는 원칙적으로 시료채취를 하지 않는다.
- 대상발생원의 조업이 중단되었을 때
- 비나 눈이 올 때
- 바람이 거의 없을 때(풍속이 0.5m/s 미만일 때)
- 바람이 너무 강하게 불 때(풍속이 10m/s 이상일 때)

017 고용량공기시료채취법(Fugitive Dust – High Volume air Sampler)을 사용하여 비산먼지를 측정하고자 한다. 풍속이 0.5m/s 미만 또는 10m/s 이상되는 시간이 전 채취시간의 50% 미만일 때 풍속에 대한 보정계수는?

① 0.8 ② 1.0
③ 1.2 ④ 1.5

해설 풍속에 대한 보정

풍속 범위	보정계수
풍속이 0.5m/s 미만 또는 10m/s 이상 되는 시간이 전 채취시간의 50% 미만일 때	1.0
풍속이 0.5m/s 미만 또는 10m/s 이상 되는 시간이 전 채취시간의 50% 이상일 때	1.2

018 고용량공기시료채취법(Fugitive Dust – High Volume air Sampler)을 사용하여 비산먼지를 측정하고자 한다. 풍속이 0.5m/s 미만 또는 10m/s 이상 되는 시간이 전 채취시간의 50% 이상일 때 풍속에 대한 보정계수는?

① 0.8 ② 1.0
③ 1.2 ④ 1.5

해설 풍속에 대한 보정

풍속 범위	보정계수
풍속이 0.5m/s 미만 또는 10m/s 이상 되는 시간이 전 채취시간의 50% 미만일 때	1.0
풍속이 0.5m/s 미만 또는 10m/s 이상 되는 시간이 전 채취시간의 50% 이상일 때	1.2

서술형 빈출문제 — 측정방법

001 굴뚝 배출가스 중 암모니아의 자외선/가시선분광법(인도페놀법)으로 옳지 않은 것은?

① 분석을 위한 광전광도계의 측정파장은 640nm 부근의 파장이다.
② 시료채취량이 20L이고 분석용 시료용액의 양이 250mL인 경우, 정량범위는 1.2ppm 이상이며 방법검출한계는 0.4ppm이다.
③ 분석용 시료용액의 정량은 25~30℃의 물중탕에서 약 1시간 방치한 후 이 용액의 일부를 10mm 흡수셀에 넣고 광전광도계로 흡광도를 측정한다.
④ 분석용 시료용액 10mL를 취하고 여기에 페놀-나이트로푸루시드 소듐 용액 10mL를 가한 후 하이포아염소산암모늄용액 10mL를 가한 다음 마개를 하고 조용히 흔들어 섞는다.

해설 유리마개가 있는 시험관에 분석용 시료용액 10mL를 넣고 여기에 페놀-나이트로프루시드소듐 용액 5mL를 넣고 흔들어 섞은 다음 하이포아염소산소듐 용액 5mL를 넣은 후 마개를 하여 조용히 흔들어 섞는다.

002 배출가스 중 암모니아를 자외선/가시선분광법(인도페놀법)으로 분석할 때 암모니아와 같은 양으로 공존하면 안 되는 물질은?

① 아민류
② 황화수소
③ 이산화황
④ 이산화질소

해설 암모니아를 인도페놀법으로 분석할 때 적용 범위는 배출가스 중 이산화질소가 100배 이상, 아민류가 몇십 배 이상, 이산화황이 10배 이상, 황화수소가 같은 양 이상 공존하면 영향을 받으므로 그 영향을 무시하거나 제거할 수 있는 경우에 적용한다.

003 자외선/가시선분광법(인도페놀법)에 의해 배출가스 중의 암모니아를 분석하기 가장 어려운 경우는?

① 암모니아 농도에 대하여 아민류가 같은 양으로 공존하는 경우
② 암모니아 농도에 대하여 황화수소가 같은 양으로 공존하는 경우
③ 암모니아 농도에 대하여 이산화황이 같은 양으로 공존하는 경우
④ 암모니아 농도에 대하여 이산화질소가 같은 양으로 공존하는 경우

해설 암모니아를 인도페놀법으로 분석할 때 황화수소가 같은 양 이상 공존하면 영향을 받으므로 그 영향을 무시하거나 제거할 수 있는 경우에 적용한다.

004 연료의 연소, 금속제련 또는 화학반응 공정 등에서 배출하는 굴뚝 배출가스 중의 일산화탄소를 분석하는 방법으로 옳지 않은 것은?

① 이온전극법
② 비분산적외선분광분석법
③ 전기화학식(정전위 전해법)
④ 기체 크로마토그래피법

해설 연료의 연소, 금속제련 또는 화학반응 공정 등에서 배출되는 굴뚝 배출가스 중의 일산화탄소를 분석하는 방법은 비분산적외선광분석법(NDIR, Non-Dispersive Infrared Photometer Analysis), 전기화학식(정전위전해법)(Electrochemistry), 기체 크로마토그래피(Gas Chromatography)가 있다.

정답 001 ④ 002 ② 003 ② 004 ①

서술형 빈출문제

005 화학반응 공정 등에서 배출되는 굴뚝 배출가스 중 일산화탄소 분석방법에 따른 측정범위로 옳지 않은 것은?

① 비분산형적외선분석법: 0~1,000ppm 이하
② 전기화학식(정전위전해법): 0~200ppm 이하
③ 기체 크로마토그래피: 열전도도검출기(TCD)의 경우 1,000ppm 이상
④ 기체 크로마토그래피: 불꽃이온화검출기(FID)의 경우 1~2,000ppm

해설 정전위전해법의 측정범위는 0~1,000ppm 이하로 한다.

006 굴뚝 배출가스 중의 일산화탄소 분석방법으로 옳지 않은 것은?

① 비분산적외선분석법의 측정범위는 0~150ppm 이하이다.
② 전기화학식(정전위전해법)의 측정범위는 0~1,000ppm 이하이다.
③ 비분산 적외선 분석법에서 정필터형은 측정성분이 흡수되는 적외선을 그 흡수파장에서 측정하는 방식을 말한다.
④ 정전위 전해법에서 스팬가스는 분석계를 교정하기 위하여 사용하는 가스로서 측정범위의 70~90%의 표준가스를 말한다.

해설 비분산적외선분석법의 측정범위는 0~1,000ppm 이하이다.

007 굴뚝 배출가스 중의 일산화탄소를 기체크로마토그래프로 분석할 때에 관한 설명으로 옳지 않은 것은?

① 충전제는 활성알루미나(Al_2O_3 93.1%, SiO_2 0.02%)를 사용한다.
② 검출기는 열전도도검출기 또는 메테인화 반응장치가 있는 불꽃이온화검출기를 사용한다.
③ 운반가스, 연료가스 및 조연가스는 부피분율이 99.9% 이상의 헬륨, 질소 또는 수소를 사용한다.
④ 분리관은 내면을 잘 세척한 안지름 (2~4)mm, 길이 (0.5~1.5)m의 스테인리스강 재질관(stainless steel pipes), 유리관 등을 사용한다.

해설 충전제는 합성제올라이트(molecular sieve 5 A, 13 X 등이 있음)를 사용한다.

008 연료 연소로부터 배출되는 굴뚝 배출가스 중의 일산화탄소를 전기화학식(정전위 전해법)으로 분석하고자 할 때 주요 성능기준으로 옳지 않은 것은?

① 응답 시간은 5분 이하이어야 한다.
② 측정범위는 0~1,000ppm 이하로 한다.
③ 정도관리에서 반복성은 측정범위의 ±2% 이하로 한다.
④ 정전위 전원은 작용전극에 일정한 교류 전원을 공급하기 위한 것이다.

해설 정전위 전원은 작용전극에 일정한 직류 전원을 공급하기 위한 것이다.

009 굴뚝 배출가스 중 일산화탄소의 기체크로마토그래피 분석법으로 옳지 않은 것은?

① 칼럼의 충전제는 합성제올라이트를 사용한다.
② 운반가스, 연료가스 및 조연가스는 부피분율이 99.9% 이상의 헬륨, 질소 또는 수소를 사용한다.
③ 불꽃광도검출기를 사용하며, 열전도도검출기를 사용할 때는 CO 농도가 0.01% 이상인 시료에 적용한다.

④ 분리관은 내면을 잘 세척한 안지름 (2~4)mm, 길이 (0.5~1.5)m의 스테인리스강 재질관, 유리관 등을 사용한다.

해설
- 열전도도검출기 사용 시: 일산화탄소 농도가 1,000ppm 이상인 시료에 적용한다. 방법검출한계는 314ppm이다.
- 불꽃이온화검출기 사용 시: 일산화탄소 농도가 (1~2,000)ppm인 시료에 적용한다. 방법검출한계는 0.3ppm이다.

010 굴뚝 배출가스 중의 염화수소를 분석하는 방법 중 자외선/가시선분광법에 해당하는 것은?

① 질산은법
② 4-아미노안티피린법
③ 싸이오사이안산제이수은법
④ 란탄-알리자린 콤플렉손법

해설 염화수소를 분석하는 자외선/가시선분광법은 싸이오사이안산제이수은법에 해당한다.

011 굴뚝 배출가스 중 염화수소 분석을 위한 시료채취조작으로 옳지 않은 것은?

① 흡입펌프를 정지시키고 3방향 콕을 흡수병 방향으로 한다. 가스미터의 지싯값을 0.01L까지 확인한다.
② 여과관 또는 여과구가 붙은 (100~250)mL 흡수병에 흡수액(수산화소듐: 4g/L) 50mL를 각각 넣는다.
③ 3방향 콕을 세척병 방향으로 하고 흡입펌프를 작동시켜 채취관에서 3방향 콕까지의 연결관을 배출가스 시료로 충분히 세척한다.
④ 흡입펌프를 작동시켜 배출가스 시료를 흡수병에 통과시킨다. 이때 흡입속도를 약 5L/min으로 하여 약 40L를 채취한 후 흡입펌프를 정지시키고 3방향 콕을 닫는다.

해설 흡입펌프를 작동시켜 배출가스 시료를 흡수병에 통과시킨다. 흡입속도를 약 1L/min으로 하여 약 40L를 채취한 후 흡입펌프를 정지시키고 3방향 콕을 닫는다.

012 굴뚝 배출가스 중의 염화수소를 자외선/가시선분광법(싸이오사이안산제이수은법)으로 측정하는 방법에 관한 설명으로 옳지 않은 것은?

① 흡수액은 수산화소듐 용액을 사용한다.
② 채취관은 부식성 가스에 영향을 받지 않는 재질, 즉 유리, 석영, PTFE(polytetrafluoroethylene) 수지 등을 사용한다.
③ 이산화황, 기타 할로젠화합물, 사이안화물, 황화합물 등이 공존하면 영향을 받으므로 그 영향을 무시하거나 제거할 수 있는 경우에 적용한다.
④ 흡광도의 측정은 약 20℃의 물중탕에서 약 10분간 방치한 후 이 용액의 일부를 10mm 흡수셀에 넣고 640nm 부근의 파장에서 흡광도를 측정한다.

해설 흡광도의 측정은 약 20℃의 물중탕에서 약 10분간 방치한 후 이 용액의 일부를 10mm 흡수셀에 넣고 460nm 부근의 파장에서 흡광도를 측정한다.

013 자외선/가시선분광법으로 염화수소를 분석할 때 필요한 시약으로 옳지 않은 것은?

① $AgNO_3$
② $Hg(SCN)_2$
③ CH_3OH
④ $NH_4Fe(SO_4)_2 \cdot 12H_2O$

해설 자외선/가시선분광법으로 염화수소를 분석할 때 필요한 시약
싸이오사이안산제이수은($Hg(SCN)_2$) 용액, 황산제이철암모늄($NH_4Fe(SO_4)_2 \cdot 12H_2O$) 용액, 메탄올($CH_3OH$), 과염소산($HClO_4$) (1+2) 용액

정답 010 ③ 011 ④ 012 ④ 013 ①

014 굴뚝에서 배출되는 염소가스 분석방법 중 자외선/가시선분광법(오르토톨리딘법)에 관한 설명으로 옳은 것은?

① 시료는 1L/min의 흡입속도로 채취한다.
② 염소(Cl_2) 표준원액의 유효염소(g/L) 측정 시 적정에 사용하는 용액은 아이오딘화포타슘 용액이다.
③ 조제한 분석용 시료용액 일부를 10분 이내에 흡수셀에 넣고 435nm 부근의 파장에서 흡광도를 측정한다.
④ 배출가스 시료를 채취하는 동안 흡수액이 적색으로 바뀌거나 적색 침전이 생기면 채취한 흡수액을 줄여 다시 채취한다.

해설
① 흡입펌프를 작동시켜 배출가스 시료를 흡수병에 통과시킬 때 흡입속도는 약 0.5L/min으로 하여 약 2.5L를 채취한다.
② 염소(Cl_2) 표준원액의 유효염소(g/L) 측정 시 적정에 사용하는 용액은 싸이오황산소듐 용액(0.05mol/L)이다.
④ 배출가스 시료를 채취하는 동안 흡수액이 적색으로 바뀌거나 적색 침전이 생기면 채취한 흡수액은 폐기하고 채취량을 줄여 다시 채취한다.

015 굴뚝 배출가스 중 염소가스 분석방법에 관한 설명으로 옳지 않은 것은? (단, 자외선/가시선분광법(오르토톨리딘법)을 기준으로 한다.)

① 시료 채취관은 유리관, 석영관 등을 사용한다.
② 가시부와 근적외부의 광원으로는 주로 중수소 방전관을 사용한다.
③ 오르토톨리딘법은 산화성 가스나 환원성 가스의 영향을 무시할 수 있는 경우에 적당하다.
④ 흡수액이 적색으로 나타나면 시료가스채취 조작을 중지하고 흡수액을 다시 넣고 시료를 채취한다.

해설 가시부와 근적외부의 광원으로는 주로 텅스텐램프를 사용하고 자외부의 광원으로는 주로 중수소 방전관을 사용한다.

016 굴뚝에서 배출되는 가스 중 염소가스 분석을 위한 시료채취에 관한 설명으로 옳지 않은 것은? (단, 자외선/가시선분광법(오르토톨리딘법)을 기준으로 한다.)

① 시료채취관은 스테인리스강, 유리, 석영, PTFE 수지 등을 사용한다.
② 배출가스 시료를 채취하는 동안 흡수액의 온도가 50℃를 초과할 경우에는 흡수병을 냉각조에 넣어 채취한다.
③ 시료채취위치는 배출가스의 유속이 현저하게 변화하지 않고 먼지 등이 쌓이지 않으며 수분이 적은 곳으로 선정한다.
④ 채취관의 적당한 곳에 배출가스 성분과 화학반응 등을 일으키지 않는 재질의 여과재를 넣어 먼지가 혼입되는 것을 방지한다.

해설 배출가스 시료를 채취하는 동안 흡수액의 온도가 5℃를 초과할 경우에는 흡수병을 냉각조에 넣어 채취한다.

017 굴뚝 배출가스 중의 염소가스를 자외선/가시선분광법(오르토톨리딘법)으로 분석 시 사용되는 시약으로 옳지 않은 것은?

① 과염소산(1+2)
② 싸이오황산소듐 용액
③ 하이포아염소산소듐 용액
④ 녹말 용액

해설 과염소산($HClO_4$) (1+2) 용액은 자외선/가시선분광법(싸이오사이안산제이수은법)으로 염화수소를 분석할 때 사용하는 시약이다.

018 배출가스 중의 염소가스를 자외선/가시선분광법(오르토톨리딘법)으로 분석할 때 분석에 영향을 미치지 않는 물질은?

① 오존
② 이산화질소
③ 황화수소
④ 암모니아

해설 배출가스 중 브로민, 아이오딘, 오존, 이산화질소, 이산화염소 등의 산화성가스나 황화수소, 이산화황 등의 환원성가스의 공존하면 영향을 받으므로 그 영향을 무시하거나 제거할 수 있는 경우에 적용한다.

019 황산화물의 침전적정법(아르세나조Ⅲ법)은 시료가스 중 전 황산화물의 농도 범위가 몇 ppm일 때 적용되는가? (단, 연소에 따라 굴뚝 등에서 배출되는 배출가스 중의 황산화물을 분석하는 방법에 대하여 규정한다.)

① 140~700
② 300~1,000
③ 500~2,000
④ 1,000~3,000

해설 침전적정법(아르세나조Ⅲ법)은 시료가스 20L를 흡수액에 통과시키고 이 액을 250mL로 묽게 하여 분석용 시료용액으로 할 때 전 황산화물의 농도가 140~700)ppm의 시료에 적용된다. 방법검출한계는 44.0ppm이다.

020 굴뚝에서 황산화물의 시료채취 장치에 대한 설명으로 옳지 않은 것은?

① 채취관과 어댑터, 삼방콕 등 가열하는 접속부분은 보통 고무관을 사용한다.
② 시료가스 중 황산화물과 수분이 응축되지 않도록 시료 채취관과 콕 사이를 가열할 수 있는 구조로 한다.
③ 시료채취관은 배출가스 중의 황산화물에 의해 부식되지 않는 재질, 예를 들면 유리관, 석영관, 스테인리스강 재질 등을 사용한다.
④ 시료가스 중 먼지가 섞여 들어가는 것을 방지하기 위하여 채취관의 앞 끝에 알칼리(alkali)가 없는 유리솜 등 적당한 여과재를 넣는다.

해설 채취관과 어댑터(adapter), 삼방콕 등 가열하는 접속부분은 갈아 맞춤 또는 실리콘 고무관을 사용하고 보통 고무관을 사용하면 안 된다.

021 굴뚝 배출가스 중의 황산화물을 분석하는 데 사용하는 시료흡수용 흡수액은?

① 질산 용액
② 붕산 용액
③ 과산화수소수
④ 수산화소듐 용액

해설 황산화물을 침전적정법(아르세나조 Ⅲ법)으로 분석할 경우 흡수액은 과산화수소수(H_2O_2, hydrogen peroxide, 분자량: 34.01, 30~35%) 100mL를 취하고 정제수 900mL를 섞어 제조한다.

022 굴뚝에서 배출되는 가스 중의 오염물질을 분석할 때 「대기오염공정시험기준」상 자외선/가시선분광법으로 분석하지 않는 물질은?

① 이황화탄소
② 황산화물
③ 황화수소
④ 플루오린화합물

해설
- 배출가스 중 이황화탄소: 자외선/가시선분광법
- 배출가스 중 황화수소: 자외선/가시선분광법(메틸렌블루법)
- 배출가스 중 플루오린화합물: 자외선/가시선분광법(란타넘-알리자린콤플렉손법)
- 배출가스 중 황산화물: 침전적정법(아르세나조 Ⅲ법), 자동측정법(전기화학식(정전위전해법), 용액 전도율법, 적외선 흡수법, 자외선 흡수법, 불꽃광도법)

정답 018 ④ 019 ① 020 ① 021 ③ 022 ②

023 굴뚝 배출가스 중의 황산화물 분석방법 중 반응이 아이소프로필알코올 용액 중에서 이루어지는 방법은?

① 오르토톨리딘법
② 아르세나조 Ⅲ법
③ 아연환원 나프틸에틸렌다이아민법
④ 싸이오사이안산제이수은법

해설 황산화물 분석방법인 침전적정법(아르세나조 Ⅲ법)은 시료를 과산화수소수에 흡수시켜 황산화물을 황산으로 만든 후 아이소프로필알코올과 아세트산을 가하고 아르세나조 Ⅲ을 지시약으로 하여 아세트산바륨 용액으로 적정한다.

024 굴뚝 배출가스 중 황산화물의 침전적정법(아르세나조 Ⅲ법)에 관한 설명으로 옳지 않은 것은?

① 시료를 과산화수소에 흡수시켜 황산화물을 황산으로 만든다.
② 아이소프로필알코올과 아세트산을 가하고 아르세나조 Ⅲ을 지시약으로 한다.
③ 0.05mol/L 황산 용액의 적정 시 종말점의 색깔 변화는 액의 색이 황색에서 청색으로 변하는 것을 말한다.
④ 시료가스 20L를 흡수액에 통과시키고 이 액을 250mL로 묽게 하여 분석용 시료용액으로 할 때 전 황산화물의 농도가 (140~700)ppm의 시료에 적용된다.

해설 0.05mol/L 황산 용액의 적정 시 종말점의 색깔 변화는 액의 색이 청색에서 황색으로 변하는 것을 말한다.

025 굴뚝 배출가스 중의 황산화물을 침전적정법에 따라 분석할 때에 관한 설명으로 옳지 않은 것은?

① 아세트산바륨 용액으로 적정한다.
② 과산화수소수를 흡수액으로 사용한다.
③ 아르세나조Ⅲ을 지시약으로 사용한다.
④ 이 시험법은 수산화소듐으로 적정하는 킬레이트 침전법이다.

해설 이 시험법은 침전적정법(아르세나조 Ⅲ법)이라 한다.

026 굴뚝 등에서 배출되는 배출가스 중의 황산화물 분석법 중 침전적정법(아르세나조 Ⅲ법)에서 0.002mol/L 황산을 0.005mol/L 아세트산바륨 용액으로 적정할 때 종말점으로 옳은 것은?

① 청색이 1분간 계속되는 점
② 적색이 1분간 계속되는 점
③ 황색이 2분간 계속되는 점
④ 자주색이 2분간 계속되는 점

해설 0.002mol/L 황산 0.005mol/L 아세트산바륨 용액으로 적정하여 액의 청색이 1분간 계속되는 점을 종말점으로 한다.

027 굴뚝 등에서 배출되는 오염물질별 분석방법으로 옳지 않은 것은?

① 자외선/가시선분광법에 의한 황화수소 분석 시 흡수액인 다이에틸아민구리 용액에 시료가스를 흡수시켜 다이에틸다이싸이오카밤산구리를 생성시킨다.
② 침전적정법에 의한 황산화물 분석 시 분석용 시료 용액에 뷰틸알코올과 아세트산을 가하고 아르세나조 Ⅲ을 지시약으로 하여 수산화소듐 용액으로 적정한다.
③ 자외선/가시선분광법에 의한 염화수소 분석 시 분석용 시료 용액에 싸이오사이안산제이수은 용액과 황산제이철암모늄 용액 첨가하고 염화 이온과 반응시킨다.
④ 자외선/가시선분광법에 의한 암모니아 분석 시 분석용 시료 용액에 페놀-나이트로프루시드소듐 용액과 하이포아염소산소듐 용액을 첨가하고 암모늄 이온과 반응시킨다.

해설 시료를 과산화수소수에 흡수시켜 황산화물을 황산으로 만든 분석용 시료 용액에 아이소프로필알코올과 아세트산을 가하고 아르세나조 Ⅲ을 지시약으로 하여 아세트산바륨 용액으로 적정한다.

028 굴뚝 배출가스 중 질소산화물 농도 측정방법으로 옳지 않은 것은?

① 화학 발광법
② 자외선 형광법
③ 적외선 흡수법
④ 아연환원 나프틸에틸렌다이아민법

해설 굴뚝 배출가스 중 질소산화물 농도 측정방법
(1) 자외선/가시선분광법(아연환원 나프틸에틸렌다이아민법)
(2) 자동측정법: 전기화학식(정전위 전해법), 화학 발광법, 적외선 흡수법, 자외선 흡수법

029 굴뚝 배출가스를 분석할 때 아연환원 나프틸에틸렌다이아민법이 주 시험방법인 오염물질로 옳은 것은?

① 페놀
② 브로민화합물
③ 이황화탄소
④ 질소산화물

해설 굴뚝 배출가스 중 질소산화물 농도 측정방법 중 주 시험방법은 자외선/가시선분광법(아연환원 나프틸에틸렌다이아민법)이다.

030 자외선/가시선분광법(아연환원 나프틸에틸렌다이아민법)에 의해 배출가스 중의 질소산화물을 분석할 경우 질산이온의 환원에 사용되는 시약은?

① 분말 질산아연
② 분말 금속아연
③ 분말 황산아연
④ 분말 산화아연

해설 시료 중의 질소산화물을 오존 존재 하에서 흡수액에 흡수시켜 질산이온으로 만들고 분말 금속아연을 사용하여 아질산 이온으로 환원한 후 설파닐아마이드(sulfanilamide) 및 나프틸에틸렌다이아민(naphthyl ethylene diamine)을 반응시켜 얻어진 착색의 흡광도로부터 질소산화물을 정량하는 방법으로서 배출가스 중의 질소산화물을 이산화질소로 하여 계산한다.

031 굴뚝 등에서 배출되는 배출가스 중의 질소화합물을 자외선/가시선분광법(아연환원 나프틸에틸렌다이아민법)에 의해 분석하는 방법에 관한 설명이다. ( ) 안에 들어갈 말로 옳은 것은?

시료 중의 질소산화물을 오존 존재 하에서 흡수액에 흡수시켜 (㉠)으로 만들고, (㉡)을 사용하여 (㉢)으로 환원한 후 설파닐아마이드(sulfanilamide) 및 나프틸에틸렌다이아민(naphthyl ethylene diamine)을 반응시켜 얻어진 착색의 흡광도로부터 질소산화물을 정량하는 방법이다.

	㉠	㉡	㉢
①	아질산이온	분말 금속아연	질산이온
②	아질산이온	분말 황산아연	질산이온
③	질산이온	분말 황산아연	아질산이온
④	질산이온	분말 금속아연	아질산이온

해설 시료 중의 질소산화물을 오존 존재 하에서 흡수액에 흡수시켜 질산이온으로 만들고 분말 금속아연을 사용하여 아질산 이온으로 환원한 후 설파닐아마이드(sulfanilamide) 및 나프틸에틸렌다이아민(naphthyl ethylene diamine)을 반응시켜 얻어진 착색의 흡광도로부터 질소산화물을 정량하는 방법이다.

032 굴뚝 배출가스 내의 질소산화물 분석방법 중 자외선/가시선분광법(아연환원 나프틸에틸렌다이아민법)에 관한 설명으로 옳지 않은 것은?

① 질산이온을 분말 금속아연을 사용하여 아질산 이온으로 환원시킨다.
② 시료 중 질소산화물을 오존 존재하에서 물에 흡수시켜 질산이온으로 만든다.

③ 2,000ppm 이하의 아황산가스, 염소이온, 암모늄이온의 공존에 방해를 받는다.
④ 시료채취량 150mL인 경우 시료 중의 질소산화물 농도가 (6.7~230)ppm인 것을 분석하는 데 적당하다.

해설 자외선/가시선분광법(아연환원 나프틸에틸렌다이아민법)은 2,000ppm 이하의 이산화황은 방해하지 않고 염화 이온 및 암모늄 이온(ammonium)의 공존도 방해하지 않는다.

033 자외선/가시선분광법(아연환원 나프틸에틸렌다이아민법)으로 굴뚝 배출가스 중 질소산화물을 분석하고자 할 때 아래와 같은 과정을 거친다. (a)와 (b) 안에 들어갈 알맞은 말은?

```
                        (a)           (b)
시료 중 질소산화물 ──→ 질산이온 ──→ 아질산이온
                    ↑
               황산 용액(0.005mol/L)에 흡수
```

① (a) O_3, (b) 분말금속아연
② (a) O_3, (b) 황산제이철염
③ (a) CO_2, (b) 황산제이철염
④ (a) CO_2, (b) 분말금속아연

해설 시료 중의 질소산화물을 오존 존재 하에서 흡수액(황산 용액(0.005 mol/L))에 흡수시켜 질산이온으로 만들고 분말 금속 아연을 사용하여 아질산 이온으로 환원한다.

034 이동형 측정기를 사용하여 굴뚝 배출가스 중 질소산화물(NO, NO_2)을 자동측정하는 방법으로 옳지 않은 것은?

① 용액전도율법   ② 자외선 흡수법
③ 적외선 흡수법   ④ 화학 발광법

해설 굴뚝 배출가스 중 질소산화물의 자동측정법: 전기화학식(정전위 전해법), 화학 발광법, 적외선 흡수법, 자외선 흡수법

035 굴뚝 배출가스 연속자동측정기기가 아닌 이동형 측정기를 사용하여 현장에서 질소산화물 농도를 측정하는 방법으로 옳은 것은? (단, 배출시설의 가동상황을 고려한다.)

① 5분 이상 측정한 5분 평균값을 계산하고, 이를 2회 이상 연속 측정하여 2개의 5분 평균값을 평균하여 최종 결괏값으로 한다.
② 5분 이상 측정한 5분 평균값을 계산하고, 이를 3회 이상 연속 측정하여 3개의 5분 평균값을 평균하여 최종 결괏값으로 한다.
③ 10분 이상 측정한 10분 평균값을 계산하고, 이를 2회 이상 연속 측정하여 2개의 10분 평균값을 평균하여 최종 결괏값으로 한다.
④ 10분 이상 측정한 10분 평균값을 계산하고, 이를 3회 이상 연속 측정하여 3개의 10분 평균값을 평균하여 최종 결괏값으로 한다.

해설 측정기를 사용하여 현장에서 질소산화물 농도를 측정하는 경우에는 배출시설의 가동상황을 고려하여 5분 이상 측정한 5분 평균값을 계산하고, 이를 3회 이상 연속 측정하여 3개의 5분 평균값을 평균하여 최종 결괏값으로 한다.

036 굴뚝 배출가스 중 이황화탄소 분석방법 기준에 관한 설명이다. ( ) 안에 알맞은 것은?

> 자외선/가시선분광법에서는 시료가스 채취량 10L인 경우 배출가스 중의 이황화탄소 농도가 (㉠)인 것의 분석에 적합하고, 불꽃광도 검출기(Flame Photometric Detector)를 구비한 기체 크로마토그래피를 사용하여 정량하는 방법은 이황화탄소 농도 (㉡)의 배출 분석에 적합하다.

① ㉠ (1~3)ppm, ㉡ 0.25ppm 이상
② ㉠ (1~3)ppm, ㉡ 0.5ppm 이하
③ ㉠ (4.0~60.0)ppm, ㉡ 0.5ppm 이상
④ ㉠ (4.0~60.0)ppm, ㉡ 5ppm 이하

정답 033 ① 034 ① 035 ② 036 ③

해설 자외선/가시선분광법에서는 시료가스 채취량 10L인 경우 배출가스 중의 이황화탄소 농도가 (4.0~60.0)ppm인 것의 분석에 적합하고, 불꽃광도검출기(Flame Photometric Detector)를 구비한 기체 크로마토그래피를 사용하여 정량하는 방법은 이황화탄소 농도 0.5ppm 이상의 배출 분석에 적합하다.

037 굴뚝 배출가스 중의 이황화탄소 분석방법에 관한 설명이다. ( ) 안에 알맞은 것은?

자외선/가시선분광법은 다이에틸아민구리 용액에서 시료가스를 흡수시켜 생성된 다이에틸 다이싸이오카밤산구리의 흡광도를 (㉠)의 파장에서 측정하여 이황화탄소를 정량하고, 적용범위는 시료가스 채취량 10 L인 경우 배출가스 중의 이황화탄소 농도가 (㉡)인 것의 분석에 적합하다.

① ㉠ 340nm, ㉡ (0.05~1)ppm
② ㉠ 340nm, ㉡ (4.0~60.0)ppm
③ ㉠ 435nm, ㉡ (0.05~1)ppm
④ ㉠ 435nm, ㉡ (4.0~60.0)ppm

해설 자외선/가시선분광법을 이용한 이황화탄소의 시험기준은 화학반응 등에 따라 굴뚝으로부터 배출되는 기체 중의 이황화탄소를 분석하는 방법에 관하여 규정한다. 다이에틸아민구리 용액에서 시료가스를 흡수시켜 생성된 다이에틸 다이싸이오카밤산구리의 흡광도를 435nm의 파장에서 측정하여 이황화탄소를 정량한다. 또한 적용범위는 시료가스 채취량 10L인 경우 배출가스 중의 이황화탄소 농도가 (4.0~60.0)ppm인 것의 분석에 적합하다.

038 다이에틸아민구리 용액에서 시료가스를 흡수시켜 생성된 다이에틸 다이싸이오카밤산구리의 흡광도를 435nm의 파장에서 측정하는 굴뚝 배출가스 항목은?

① CS_2
② H_2S
③ HCN
④ H_2NNH_2

해설 다이에틸아민구리 용액에서 시료가스를 흡수시켜 생성된 다이에틸 다이싸이오카밤산구리의 흡광도를 435nm의 파장에서 측정하여 이황화탄소를 정량한다.

039 굴뚝 배출가스 중 이황화탄소 분석방법에 대한 설명으로 옳지 않은 것은?

① 기체 크로마토그래피법은 이황화탄소 농도 0.5 ppm 이상의 배출가스 분석에 적합하다.
② 자외선/가시선분광법에서 다이에틸 다이싸이오카밤산구리의 흡광도를 635nm의 파장에서 측정하여 이황화탄소를 정량한다.
③ 자외선/가시선분광법은 시료가스 채취량 10L인 경우 배출가스 중의 이황화탄소 농도가 (4.0~60.0)ppm인 것의 분석에 적합하다.
④ 자외선/가시선분광법에서 사용하는 다이에틸 다이싸이오카밤산소듐 용액은 보통 제조 후 1개월 이상 경과한 것은 사용해서는 안 된다.

해설 다이에틸아민구리 용액에서 시료가스를 흡수시켜 생성된 다이에틸 다이싸이오카밤산구리의 흡광도를 435nm의 파장에서 측정하여 이황화탄소를 정량한다.

040 굴뚝 배출가스 중 이황화탄소 분석방법으로 옳지 않은 것은?

① 자외선/가시선분광법에서 황화수소의 간섭은 아세트산카드뮴 용액을 사용하여 제거할 수 있다.
② 자외선/가시선분광법에서 분석 시료에 황화수소가 포함되어 있으면 시료의 흡광도 측정 시 영향을 미쳐 정확한 농도를 알 수 없다.
③ 열전도도검출기(TCD)를 구비한 기체 크로마토그래피를 사용하여 정량하며, 이 방법은 이황화탄소농도 0.05ppm 이상의 분석에 적합하다.

④ 기체크로마토그래프에서 배출가스 중에 포함된 황화합물의 대부분이 이황화탄소이어서 전(total) 황화물로 측정해도 지장이 없는 경우에는 분리관을 생략한 불꽃광도 검출방식 연속분석계를 사용해도 좋다.

해설 기체크로마토그래프에서 이황화탄소의 분석은 불꽃광도 검출기(Flame Photometric Detector) 또는 이와 동등 이상의 성능을 갖는 황화물 선택성 검출기나 질량분석기를 구비한 기체 크로마토그래프를 사용하여 정량한다.

041 굴뚝 배출가스 중의 이황화탄소 분석방법에 관한 설명으로 옳지 않은 것은?

① 기체크로마토그래프에서 운반가스는 순도 99.99% 이상의 아르곤(Ar)을 사용한다.
② 자외선/가시선분광법에서 시료채취 연결관은 직경이 13mm를 넘지 않는 테플론 재질을 사용한다.
③ 기체크로마토그래프는 Flame Photometric Detector를 구비하여 정량한다.
④ 자외선/가시선분광법에서 표준용액 농도는 시험용액 중의 분석하려는 성분의 추정농도와 거의 같은 농도 범위로 한다.

해설 기체크로마토그래프는 불꽃광도검출기(FPD), 펄스 불꽃광도검출기(PFPD), 혹은 질량분석기(MS)가 장착된 것을 사용한다. 운반기체는 순도 99.999% 이상의 질소 또는 순도 99.999% 이상의 헬륨을 사용한다.

042 화학반응 등에 따라 굴뚝으로부터 배출되는 이황화탄소를 자외선/가시선분광법으로 정량할 때 흡수액으로 옳은 것은?

① 수산화제이철암모늄 용액
② 다이에틸아민구리 용액
③ 아연아민착염 용액
④ 제일염화주석 용액

해설 흡수액은 다이에틸아민구리 용액을 사용한다.

043 굴뚝 배출가스 중 CS_2를 기체크로마토그래프로 분석하고자 할 때 간섭물질로 옳지 않은 것은?

① 일산화탄소
② 이산화탄소
③ 황 원소
④ 산성미스트

해설 CS_2를 기체크로마토그래프로 분석하고자 할 때 간섭물질은 수분, 일산화탄소, 이산화탄소, 이산화황, 황 원소, 알칼리미스트 등이다.

044 「대기오염공정시험기준」상 분석대상 가스에 대한 흡수액을 수산화소듐으로 쓰지 않는 것은?

① 이황화탄소
② 플루오린화합물
③ 염화수소
④ 브로민화합물

해설 이황화탄소(CS_2)의 흡수액은 다이에틸아민구리 용액이다. 흡수액을 수산화소듐으로 사용하는 굴뚝 배출가스 오염물질은 염화수소, 플루오린화합물, 사이안화수소, 브로민화합물, 페놀, 비소 등이다.

정답 041 ① 042 ② 043 ④ 044 ①

045 굴뚝 배출가스 중의 황화수소 분석방법에 관한 설명으로 옳은 것은?

① 오르토 톨리딘을 함유하는 흡수액에 황화수소를 통과시켜 얻어지는 발색액의 흡광도를 측정한다.
② 다이에틸아민구리 용액에서 황화수소 가스를 흡수시켜 생성된 다이에틸 다이싸이오카밤산구리의 흡광도를 측정한다.
③ 황화수소 흡수액을 일정량으로 묽게 한 다음 완충액을 가하여 pH를 조절하고, 란타넘과 알리자린 콤플렉숀을 가하여 얻어지는 발색액의 흡광도를 측정한다.
④ 배출가스 중 황화수소를 아연아민착염 용액으로 흡수하여 p-아미노다이메틸아닐린 용액과 염화철(Ⅲ) 용액을 첨가하고 황화 이온과 반응하여 생성하는 메틸렌블루의 흡광도를 측정한다.

해설 배출가스 중 황화수소를 아연아민착염 용액으로 흡수하여 p-아미노다이메틸아닐린 용액과 염화철(Ⅲ) 용액을 첨가하고 황화 이온과 반응하여 생성하는 메틸렌블루의 흡광도를 측정하여 황화수소를 정량한다.

046 자외선/가시선분광법(메틸렌블루법)은 굴뚝 배출가스 중 어떤 물질을 측정하기 위한 방법인가?

① 황화수소
② 플루오린화수소
③ 염화수소
④ 사이안화수소

해설 배출가스 중 황화수소(H_2S)는 자외선/가시선분광법(메틸렌블루법)으로 측정한다.

047 굴뚝 배출가스의 분석 시 아연아민착염용액을 흡수액으로 사용하는 오염물질은?

① 황화수소
② 질소산화물
③ 브로민화합물
④ 폼알데하이드

해설 배출가스 중 황화수소를 아연아민착염 용액으로 흡수하여 p-아미노다이메틸아닐린 용액과 염화철(Ⅲ) 용액을 첨가하고 황화 이온과 반응하여 생성하는 메틸렌블루의 흡광도를 측정하여 황화수소를 정량한다.

048 굴뚝 배출가스 중 황화수소 시료채취관의 재질로 옳지 않은 것은?

① 보통강철관
② PTFE수지관
③ 경질유리관
④ 석영관

해설 굴뚝 배출가스 중 황화수소 시료채취관은 부식성 가스에 영향을 받지 않는 재질이어야 한다. 예를 들면 스테인리스강, 유리, 석영, PTFE (polytetrafluoroethylene) 수지 등을 사용한다.

049 배출가스 중의 황화수소를 분석 할 때 시료채취량이 20L이고 분석용 시료용액의 양이 200mL인 경우, 정량범위는 1.7ppm 이상이며 방법검출한계는 0.5ppm인 측정법으로 옳은 것은?

① 기체크로마토그래피
② 용량법(아이오딘 적정법)
③ 침전 적정법(아르세나조 Ⅲ법)
④ 자외선/가시선분광법(메틸렌블루법)

해설 배출가스 중 황화수소를 자외선/가시선분광법(메틸렌블루법)으로 분석할 경우 적용범위는 시료채취량이 20L이고 분석용 시료용액의 양이 200mL인 경우, 정량범위는 1.7ppm 이상이며 방법검출한계는 0.5ppm이다.

정답 045 ④ 046 ① 047 ① 048 ① 049 ④

050 굴뚝 배출가스 중 플루오린화합물의 자외선/가시선분광법에 관한 설명으로 옳지 않은 것은?

① 수산화소듐 용액(4g/L)을 흡수액으로 사용한다.
② 플루오린화 이온을 방해이온과 분리한 다음 묽은 황산으로 pH 5~6으로 조절한다.
③ 시료채취량이 80L이고 분석용 시료용액의 양이 250mL인 경우, 정량범위는 0.05ppm 이상이다.
④ 란타넘-알리자린콤플렉손 용액을 첨가하고 플루오린화 이온과 반응하여 생성하는 복합 착화합물의 흡광도를 측정한다.

해설 배출가스 중 무기 플루오린화합물을 수산화소듐 용액으로 흡수하고 완충 용액을 첨가하여 pH를 조절한 후 란타넘-알리자린콤플렉손 용액을 첨가하고 플루오린화 이온과 반응하여 생성하는 복합 착화합물의 흡광도를 측정하여 플루오린화합물을 정량한다.

051 굴뚝 배출가스 중 플루오린화합물의 자외선/가시선분광법에 관한 설명으로 옳지 않은 것은?

① 480nm 부근의 파장에서 흡광도를 측정한다.
② 수산화소듐 용액(4g/L)을 흡수액으로 사용한다.
③ 플루오린화 이온(F^-)의 표준용액의 제조에는 NaF를 사용한다.
④ 배출가스 중 알루미늄(III), 철(II), 구리(II), 아연(II) 등의 중금속 이온이나 인산이온 등이 공존하면 영향을 받는다.

해설 620nm 부근의 파장에서 흡광도를 측정한다.

052 굴뚝 등에서 배출되는 배출가스 중의 무기 플루오린화합물을 플루오린화 이온으로 분석하는 방법에 관한 설명으로 옳지 않은 것은?

① 시료채취관에서부터 흡수병까지의 각 연결 부위는 실리콘 고무, PTFE 수지 등을 사용한다.
② 시료채취관은 부식성 가스에 영향을 받지 않는 스테인리스강, PTFE(polytetrafluoroethylene) 수지 등의 재질이어야 한다.
③ 시료채취 시 채취관의 적당한 곳에 배출가스 성분과 화학반응 등을 일으키지 않는 PTFE섬유 재질의 여과재를 넣어 먼지가 혼입되는 것을 방지한다.
④ 시료 중의 무기 플루오린화합물과 수분이 응축하는 것을 막기 위하여 시료 채취관 및 시료 채취관에서부터 흡수병까지 사이를 100℃ 이상으로 가열해 준다.

해설 연결관의 길이는 가능한 짧게 하고 수분이 응축될 우려가 있는 경우에는 채취관에서 흡수병 사이를 약 120℃로 가열한다. 각 연결 부위는 실리콘 고무, PTFE 수지 등을 사용한다.

053 굴뚝 배출가스 중 플루오린화합물을 자외선/가시선분광법(란타넘-알리자린콤플렉손법)으로 분석할 때 사용되지 않는 시약은?

① 아세톤
② 술폰산소듐
③ 암모니아수
④ 아세트산암모늄 용액

해설 수산화소듐 용액, 란타넘 용액, 란타넘-알리자린콤플렉손 용액, 아세트산암모늄 용액, 아세톤, 염산 용액, 암모니아수, 페놀프탈레인 용액 등이 사용된다.

정답 050 ② 051 ① 052 ④ 053 ②

054 굴뚝 배출가스 분석대상 가스 중 여과재로 '카보런덤'을 사용하는 것은?

① 폼알데하이드
② 브로민
③ 이황화탄소
④ 플루오린화합물

해설 여과재로 카보런덤을 사용하지 않는 분석대상 가스는 이황화탄소, 폼알데하이드, 브로민, 벤젠, 페놀 등이다.

055 굴뚝 등에서 배출되는 배출가스 중의 무기 플루오린화합물 분석으로 옳지 않은 것은?

① 자동측정법
② 이온선택전극법
③ 이온 크로마토그래피
④ 자외선/가시선분광법(란타넘-알리자린콤플렉손법)

해설 굴뚝 등에서 배출되는 배출가스 중의 무기 플루오린화합물 분석법은 자외선/가시선분광법(란타넘-알리자린콤플렉손법), 이온 크로마토그래피, 이온선택전극법, 연속흐름법 등이 있다.

056 「대기오염공정시험기준」상 일반적으로 자외선/가시선분광법으로 분석하지 않는 물질은?

① 배출가스 중 이황화탄소
② 유류 중 황유량
③ 배출가스 중 황화수소
④ 배출가스 중 플루오린화합물

해설 유류 중 황유량 분석법은 연소관식 공기법과 방사선 여기법이 있다.

057 굴뚝 등에서 배출되는 오염물질별 분석방법으로 옳지 않은 것은?

① 황산화물을 침전적정법(아르세나조 Ⅲ법)으로 분석 시 적정 용액은 아세트산포타슘 용액이다.
② 염화수소를 싸이오사이안산제이수은법으로 분석 시 시료에 메탄올 10mL을 가하고 마개를 한 후 흔들어 잘 섞는다.
③ 이황화탄소를 자외선/가시선분광법으로 분석 시 황화수소를 제거하기 위해 흡수병 중 한 개는 전처리용으로 아세트산카드뮴 용액을 넣는다.
④ 메틸렌블루법에 의한 황화수소 분석 시 분석용 시료용액과 황화수소 표준액을 메스플라스크에 취하고 p-아미노다이메틸아닐린 용액을 가한 후 뚜껑을 하여 흔들고 조용히 뒤집어서 혼합한다.

해설 황산화물을 침전적정법(아르세나조 Ⅲ법)으로 분석 시 조제한 분석용 시료용액 10mL를 200mL 삼각플라스크에 분취하고 아이소프로필 알코올 40mL, 아세트산 1mL 및 아르세나조 Ⅲ 지시약(4~6) 방울을 가하고 0.005 mol/L 아세트산바륨 용액으로 적정한다.

058 굴뚝 배출가스 중 사이안화수소 분석방법에 대한 설명으로 옳지 않은 것은?

① 연속흐름법은 시료채취량이 20L이고 분석용 시료용액의 양이 250mL인 경우, 정량범위는 0.11ppm 이상이다.
② 자외선/가시선분광법(4-피리딘카복실산-피라졸론법)은 시료채취량이 10L이고 분석용 시료용액의 양이 250mL인 경우, 정량범위는 0.05ppm 이상이다.
③ 자외선/가시선분광법(4-피리딘카복실산-피라졸론법)은 염소 등의 산화성가스가 공존하면 영향을 받으므로 그 영향을 무시하거나 제거할 수 있는 경우에 적용한다.

정답 054 ④ 055 ① 056 ② 057 ① 058 ④

④ 자외선/가시선분광법(4-피리딘카복실산-피라졸론법)은 약 25℃로 30분간 방치하여 발색시키고 이 액을 각각 10mm셀에 옮겨 놓고 파장 470nm 부근에서 흡광도를 측정한다.

해설 자외선/가시선분광법(4-피리딘카복실산-피라졸론법)은 약 25℃의 물중탕에서 약 30분간 방치한 후 이 용액의 일부를 10mm 흡수셀에 넣고 638nm 부근의 파장에서 흡광도를 측정한다.

059 굴뚝 등에서 배출되는 배출가스 중 자외선/가시선분광법(4-피리딘카복실산-피라졸론법)에 의한 사이안화수소 정량 시 흡수액은?

① 과산화수소 용액
② 수산화소듐 용액
③ 붕산 용액
④ 질산암모늄 용액

해설 사이안화수소 정량 시 흡수액은 수산화소듐(NaOH) (20g/L)이다.

060 사이안화수소 표준용액을 만들기 위하여 사이안화포타슘(KCN)을 사용하여 사이안화 이온(CN^-) 표준원액(1 mg/mL)을 제조한 후 이 용액을 표정하는 데 사용되는 적정액은?

① 질산은($AgNO_3$) 용액(0.1 mol/L)
② 수산화소듐(NaOH) 용액(0.1 mol/L)
③ 설파민산(NH_2SO_3H) 용액(0.1 mol/L)
④ p-다이메틸아미노벤지리덴로다닌($C_{12}H_{12}N_2OS_2$)의 아세톤(C_3H_6O) 용액(0.2 g/L)

해설 표정: 사이안화 이온 표준원액 100 mL를 유리마개가 있는 삼각플라스크에 넣고 p-다이메틸아미노벤질리덴로다닌-아세톤 용액(0.2 g/L) 0.5 mL를 넣는다. 이 용액을 질산은 용액(0.1 mol/L)으로 적정한다. 황색이 사라지고 적색을 띨 때를 종말점으로 한다.

061 굴뚝 배출가스 중의 사이안화수소를 자외선/가시선분광법(4-피리딘카복실산-피라졸론법)에 의해 정량 시 흡광도 측정 파장으로 옳은 것은?

① 217nm
② 358nm
③ 638nm
④ 710nm

해설 사이안화수소를 자외선/가시선분광법으로 정량할 때 638nm 부근의 파장에서 흡광도를 측정한다.

062 다음은 굴뚝 배출가스 중의 사이안화수소 분석을 위해 KCN으로 사이안화 이온 표준원액을 제조하여 표정하는 방법을 나타내었다. ( ) 안에 알맞은 것은?

> 사이안화 이온 표준원액 100mL를 유리마개가 있는 삼각플라스크에 넣고 p-다이메틸아미노벤질리덴로다닌-아세톤 용액(0.2g/L) 0.5mL를 넣는다. 이 용액을 (㉠)으로 적정한다. (㉡)이 사라지고 (㉢)을 띨 때를 종말점으로 한다.

① ㉠ 질산은 용액(0.1 mol/L), ㉡ 황색, ㉢ 적색
② ㉠ 질산은 용액(0.1 mol/L), ㉡ 적색, ㉢ 황색
③ ㉠ 수산화소듐 용액(0.1 mol/L), ㉡ 황색, ㉢ 적색
④ ㉠ 수산화소듐 용액(0.1 mol/L), ㉡ 적색, ㉢ 황색

해설 사이안화 이온 표준원액 100mL를 유리마개가 있는 삼각플라스크에 넣고 p-다이메틸아미노벤질리덴로다닌-아세톤 용액(0.2g/L) 0.5mL를 넣는다. 이 용액을 질산은 용액(0.1 mol/L)으로 적정한다. 황색이 사라지고 적색을 띨 때를 종말점으로 한다.

063 굴뚝, 플레어스택 등에서 배출되는 매연을 광학기법으로 측정할 경우 측정 위치의 선정으로 옳지 않은 것은?

① 촬영자는 굴뚝에서 140° 이내 각도에서 태양을 등지고 서야한다.
② 카메라와 매연의 촬영지점의 관측 각도(매연 측정지점과 관측자의 눈높이와의 각)가 18° 이상일 경우 추가적인 보정이 필요하다.
③ 관찰자는 카메라를 매연 확산 방향에 가능한 한 수평이 되도록 놓은 후 매연과 배경지점이 잘 대조되는 지점이 나타나도록 촬영한다.
④ 매연 촬영 시 되도록 바람이 불지 않을 때 관측자는 깨끗한 시야를 확보할 수 있는 시점에서 굴뚝높이의 3배 이상 떨어진 거리에서 촬영한다.

해설 관찰자는 카메라를 매연 확산 방향에 가능한 한 수직이 되도록 놓은 후 매연과 배경지점이 잘 대조되는 지점이 나타나도록 촬영한다.

064 굴뚝 배출가스 내의 산소농도 측정방법 중 자동측정법에 사용하는 측정기기로 옳지 않은 것은?

① 질코니아 분석계 ② 전극방식 분석계
③ 오르자트 분석계 ④ 자기력 분석계

해설 굴뚝 배출가스 내의 산소농도 측정기기로 전기화학식의 질코니아 방식에서 사용하는 질코니아 분석계, 전극방식에서 사용하는 전극방식 분석계, 자기풍 방식에서 사용하는 자기풍 분석계, 자기력 방식에서 사용하는 자기력 분석계가 있다.

065 굴뚝 등에서 배출되는 배출가스 중 산소측정 방법 내용으로 옳지 않은 것은?

① 전극방식은 자기식 원리를 적용한 것이다.
② 자동측정기의 원리로는 자기식과 전기화학식이 있다.
③ 자기식은 체적자화율이 큰 가스(일산화질소)의 영향을 무시할 수 있는 경우에 적용할 수 있다.
④ 자기식은 상자성체인 산소분자가 자계 내에서 자기화될 때 생기는 흡입력을 이용하여 산소농도를 연속적으로 구한다.

해설 전극방식은 전기화학식 원리를 적용한 것이다.

066 굴뚝 배출가스 내 산소측정 분석계 중 측정셀, 자극보조 가스용 조리개, 검출소자, 증폭기 등으로 구성되는 것은?

① 자기풍 분석계
② 덤벨형 자기력 분석계
③ 압력검출형 자기력 분석계
④ 전기화학식 질코니아 분석계

해설 압력검출형 자기력 분석계는 측정셀, 자극보조가스용 조리개, 검출소자, 증폭기 등으로 구성된다.

067 굴뚝 배출가스 내의 산소측정방법 중 덤벨형(dumb-bell) 자기력 분석계에 관한 설명으로 옳지 않은 것은?

① 측정셀은 시료 유통실로서 자극 사이에 배치하여 덤벨 및 불균형 자계발생 자극편을 내장한 것을 말한다.
② 피드백코일은 편위량을 없애기 위하여 전류에 의하여 자기를 발생시키는 것으로 일반적으로 백금선이 이용된다.
③ 편위검출부는 덤벨의 편위를 검출하기 위한 것으로 광원부와 덤벨봉에 달린 거울에서 반사하는 빛을 받는 수광기로 된다.
④ 덤벨은 자기화율이 큰 유리 등으로 만들어진 중공의 구체를 막대 양 끝에 부착한 것으로 수소 또는 헬륨을 봉입한 것을 말한다.

해설 자기력 분석계에서 덤벨은 자기화율이 적은 석영 등으로 만들어진 중공의 구체를 막대 양 끝에 부착한 것으로 질소 또는 공기를 봉입한 것을 말한다.

해설 자기풍 방식은 항온조 온도조절 동작 점검과 브릿지(bridge) 전류의 점검이 필요하다.

068 다음 [보기]가 설명하는 굴뚝 배출가스 중의 산소측정방식으로 옳은 것은?

보기
이 방식은 주기적으로 단속하는 자계 내에서 산소분자에 작용하는 단속적인 흡입력을 자계 내에 일정유량으로 유입하는 보조가스의 배압 변화량으로써 검출한다.

① 전극 방식   ② 덤벨형 방식
③ 질코니아 방식   ④ 압력검출형 방식

해설 압력검출형은 이 방식은 주기적으로 단속하는 자계 내에서 산소분자에 작용하는 단속적인 흡입력을 자계 내에 일정유량으로 유입하는 보조가스의 배압변화량으로써 검출한다. 압력검출형 자기력 분석계는 측정셀, 자극보조가스용 조리개, 검출소자, 증폭기 등으로 구성된다.

069 굴뚝 등에서 배출되는 가스 중의 산소측정을 위한 자기풍 분석계의 구성인자로 옳지 않은 것은?

① 덤벨   ② 자극 증폭기
③ 측정셀   ④ 열선소자

해설 자기풍 분석계는 측정셀, 비교셀, 열선소자, 자극 증폭기 등으로 구성된다.

070 배출가스 중의 산소농도를 자동측정기 방식으로 측정할 때 '항온조 온도조절 동작 점검', '브리지 전류의 점검'을 주된 보수·점검사항으로 하여야 하는 측정방식은?

① 자기풍 방식   ② 자기식 방식
③ 질코니아 방식   ④ 전극 방식

071 철강공장의 아크로와 연결된 개방형 여과집진시설의 먼지를 측정할 경우 시료채취에 관한 설명으로 옳지 않은 것은?

① 시료채취 시 측정공을 헝겊 등으로 밀폐할 필요는 없다.
② 배출가스 중 먼지는 반자동식 측정법을 따르나 등속흡입할 필요가 없다.
③ 한 개의 원통형 여과지에 채취된 1회 먼지채취량은 2mg 이상 20mg 이하로 함을 원칙으로 한다.
④ 채취관을 통해 시료를 채취하여 구한 먼지농도를 출강에서 다음 출강 개시 전까지의 평균 먼지 농도로 간주한다.

해설 한 개의 원통형 여과지에 채취된 1회 먼지채취량은 20mg 이상 200mg 이하로 함을 원칙으로 한다.

072 연료용 유류 중의 황함유량 측정방법 중 방사선 여기법에 관한 설명으로 옳지 않은 것은?

① 황분 표준용액은 다이뷰틸다이설파이드($C_8H_{18}S_2$)를 이용하여 제조한다.
② 시험의 준비는 여기법 분석계의 전원 스위치를 넣고, 1시간 이상 안정화시킨다.
③ 시료에 방사선을 조사하고, 여기된 황의 원자에서 발생하는 γ선의 강도를 측정한다.
④ 표준시료의 채취는 준비한 시료셀이 표준시료를 시료층의 두께가 5~20mm가 되도록 넣는다.

해설 시료에 방사선을 조사하고, 여기된 황의 원자에서 발생하는 형광 X선의 강도를 측정한다.

정답 068 ④ 069 ① 070 ① 071 ③ 072 ③

073 연료용 유류 중의 황함유량 분석방법으로 옳지 않은 것은?

① 연소관식 공기법의 경우 불용성 황산염을 만드는 금속(Ba, Ca 등)이 들어 있는 시료에는 적용할 수 없다.
② 연소관식 공기법의 경우 연소되어 산을 발생시키는 원소(P, N, Cl 등)가 들어 있는 시료에는 적용할 수 없다.
③ 방사선식 여기법은 시료에 방사선을 조사하고, 여기된 황의 원자에서 발생하는 형광 X선의 강도를 측정한다.
④ 연소관식 공기법은 500~550℃로 가열한 석영재질 연소관 중에 공기를 불어넣어 시료를 연소시킨 후 생성된 황산화물을 붕산소듐(9%)에 흡수시켜 황산으로 만든 다음, 수산화소듐 표준액으로 중화적정한다.

해설 연소관식 공기법은 950~1,100℃로 가열한 석영 재질 연소관 중에 공기를 불어넣어 시료를 연소시킨 후 생성된 황산화물을 과산화수소(3%)에 흡수시켜 황산으로 만든 다음, 수산화소듐 표준액으로 중화적정하여 황함유량을 구한다.

074 연료용 유류 중의 황 함유량을 측정하기 위한 분석방법은?

① 방사선 여기법
② 자동 연속 열탈착 분석법
③ 테들라 백–열 탈착법
④ 몰린 형광 광도법

해설 연료용 유류 중의 황 함유량을 측정하기 위한 분석방법에는 연소관식 공기법과 방사선 여기법이 있다.

075 다음은 연료용 유류 중의 황함유량을 연소관식 공기법으로 분석하는 방법이다. ( ) 안에 알맞은 것은?

950~1,100℃로 가열한 석영 재질 연소관 중에 공기를 불어넣어 시료를 연소시킨 후 생성된 황산화물을 (㉠)에 흡수시켜 황산으로 만든 다음, (㉡)으로 중화적정하여 황함유량을 구한다.

① ㉠ 과산화수소(3%), ㉡ 수산화포타슘 표준액
② ㉠ 과산화수소(3%), ㉡ 수산화소듐 표준액
③ ㉠ 질산은(10%), ㉡ 수산화포타슘 표준액
④ ㉠ 질산은(10%), ㉡ 수산화소듐 표준액

해설 연소관식 공기법은 950~1,100℃로 가열한 석영 재질 연소관 중에 공기를 불어넣어 시료를 연소시킨 후 생성된 황산화물을 과산화수소(3%)에 흡수시켜 황산으로 만든 다음, 수산화소듐 표준액으로 중화적정하여 황 함유량을 구한다.

076 배출가스 중 금속화합물을 원자흡수분광광도법으로 분석할 때 간섭물질에 관한 설명으로 옳지 않은 것은?

① 화학적 간섭은 원자화 불꽃 중에서 이온화하거나, 공존물질과 작용하여 해리하기 어려운 화합물이 생성되는 경우에 발생할 수 있다.
② 광학적 간섭은 측정에 사용하는 스펙트럼이 다른 인접선과 완전히 분리되지 않아 파장선택부의 분해능이 충분하지 않기 때문에 발생한다.
③ 물리적 간섭은 표준용액과 분석용 시료용액 또는 분석용 시료용액 간의 물리적 성질(점도, 밀도, 표면장력 등)의 차이에 의해 발생할 수 있다.

④ 크로뮴 분석 시 아세틸렌-공기 불꽃에서는 철, 니켈 등에 의한 방해를 받는 경우에는 수소-산화이질소 불꽃을 사용하여 간섭효과를 줄일 수 있다.

[해설] 크로뮴 분석 시 아세틸렌-공기 불꽃에서는 철, 니켈 등에 의한 방해를 받는다. 이 경우에는 아세틸렌-산화이질소(acetylene-nitrous oxide) 불꽃을 사용하여 간섭효과를 줄일 수 있다.

077 굴뚝 배출가스 중 비소화합물의 자외선/가시선 분광법 측정에 관한 설명으로 옳지 않은 것은?

① 전처리하여 용액화한 시료 용액 중 비소를 다이에틸다이티오카바민산은 자외선/가시선분광법으로 측정한다.
② 메틸 비소화합물은 pH 10에서 메틸수소화비소(methylarsine)를 생성하여 흡수용액과 착화합물을 형성하나 총 비소 측정에는 영향을 미치지 않는다.
③ 입자상 비소화합물은 강제 흡인 장치를 사용하여 여과장치에 채취하고, 기체상 비소는 적당한 수용액 중에 흡수 채취하며, 채취된 물질을 산 분해 처리한다.
④ 일부 금속(크로뮴, 코발트, 구리, 수은, 은 등)이 수소화비소(AsH_3) 생성에 영향을 줄 수 있지만 시료 용액 중의 이들 농도는 간섭을 일으킬 정도로 높지는 않다.

[해설] 메틸 비소화합물은 pH 1에서 메틸수소화비소(methylarsine)를 생성하여 흡수용액과 착화합물을 형성하고 총 비소 측정에 영향을 줄 수 있다.

078 다이에틸다이싸이오카바민산은 클로로폼 용액에 흡수시켜 생성되는 적자색 용액의 흡광도를 측정하여 정량하는 화합물은?

① 페놀 화합물   ② 브로민 화합물
③ 염소 화합물   ④ 비소 화합물

[해설] 시료 용액 중의 비소를 수소화비소로 하여 발생시키고 이를 다이에틸다이싸이오카바민산은 클로로폼 용액에 흡수시킨 다음 생성되는 적자색 용액의 흡광도를 510nm에서 측정하여 비소를 정량한다.

079 굴뚝에서 배출되는 가스 중 분석대상이 입자상 비소인 경우 시료용액 중의 비소를 어떤 화학물질과 공침시켜 분리 농축하는가?

① 수산화철(Ⅲ)   ② 염화제일주석
③ 황산알루미늄   ④ 수산화칼슘

[해설] 입자상 비소는 수산화철(Ⅲ)에 의해 pH 9~10의 범위에서 공침시키는 것이 적당하다.

080 굴뚝 배출가스 중 비소화합물의 자외선/가시선 분광법으로 옳지 않은 것은?

① 황화수소의 영향은 아세트산납으로 제거할 수 있다.
② 청색 용액의 흡광도를 400nm에서 측정하여 비소를 정량한다.
③ 정량범위는 0.007~0.035ppm이며, 정밀도는 10% 이하이다.
④ 메틸 비소화합물은 pH 1에서 메틸수소화비소를 생성하여 흡수용액과 착화합물을 형성하고 총 비소 측정에 영향을 줄 수 있다.

[해설] 적자색 용액의 흡광도를 510nm에서 측정하여 비소를 정량한다.

081 배출가스 중 비소화합물(흑연로원자흡수분광광도법) 측정방법에 관한 설명으로 옳지 않은 것은?

① 비소 및 비소화합물 중 일부 화합물은 휘발성이 있으므로 채취 시료를 전처리하는 동안 비소의 손실 가능성이 있다.
② 비소는 낮은 분석 파장(193.7nm)에서 측정하므로 원자화 단계에서 매질 성분에 의한 심각한 비특이성 흡수 및 산란에 의한 영향을 받을 수 있다.
③ 정량범위는 0.003~0.013ppm(시료용액 250 mL, 건조시료가스양 1Sm³인 경우)이고, 정밀도는 10% 이하이다(장치, 측정조건에 따라 다름).
④ 강제 흡입 장치를 사용하여 입자상 비소화합물을 여과장치에 채취하고, 채취된 물질을 알칼리 분해 처리하여 용액화한 시료 용액 중의 비소를 측정한다.

해설 강제 흡입 장치를 사용하여 입자상 비소화합물을 여과장치에 채취하고, 채취된 물질을 산 분해 처리하여 용액화한 시료 용액 중의 비소를 흑연로원자흡수분광광도법으로 측정한다.

082 굴뚝에서 배출되는 가스 중의 크로뮴을 원자흡수분광광도법으로 측정하기 위한 분석용 시료용액을 제조하기 위한 회화 온도는 몇 ℃ 이상인가? (단, 전기로 기준)

① 200℃   ② 300℃
③ 500℃   ④ 600℃

해설 전기회화로는 500℃ 이상의 온도에서 일정 시간 이상 항온을 유지할 수 있는 것을 사용한다.

083 굴뚝에서 배출되는 중금속 중 분석시료 용액의 전처리 방법이 다른 하나는?

① Pb   ② Cd
③ Cu   ④ Cr

해설 배출가스 중 입자상 금속(카드뮴, 납, 크로뮴, 구리, 니켈, 아연, 베릴륨 등) 및 그 화합물을 여과지로 채취하여 산(acid) 분해하고 아세틸렌-공기 불꽃에 직접 주입하여 원자화시킨 후 측정파장에서 흡광세기를 측정하여 입자상 금속 및 그 화합물을 정량할 경우 전처리 방법은 산 분해법, 환류 냉각 산 분해법, 마이크로파산 분해법, 회화 분해법 등이다. 이 중 회화 분해법 중 회화 알칼리 용해법은 크로뮴 분석 시 삼산화이크로뮴 등의 산(acid)에 대한 저항력이 강한 크로뮴이 함유되어 있을 경우에 적용할 수 있으며, 기타 금속에는 적용하지 않는다.

084 굴뚝의 배출가스 중 구리화합물을 원자흡수분광광도법으로 분석할 때의 적정파장(nm)은?

① 217.0   ② 228.8
③ 324.7   ④ 357.9

해설 원자흡수분광광도법의 측정파장 및 정량범위

금속	측정파장(nm)	정량범위(mg/Sm³)
Cd	228.8	0.003
Pb	217.0/283.3	0.016
Cr	357.9	0.031
Cu	324.7	0.031
Ni	232.0	0.003
Zn	213.9	0.031
Be	234.9	0.013

085 배출가스 중 먼지를 여과지에 포집하고 이를 적당한 방법으로 처리하여 분석용 시험용액으로 한 후 원자흡수분광광도법을 이용하여 각종 금속 원소의 원자흡광도를 측정하여 정량분석하고자 할 때, 다음 중 금속원소별 측정파장으로 옳게 짝지어진 것은?

① Pb - 357.9nm   ② Cu - 228.8nm
③ Ni - 217.0nm   ④ Zn - 213.9nm

해설
① Pb의 측정파장 – (217.0 또는 283.3)nm
② Cu의 측정파장 – 324.7nm
③ Ni의 측정파장 – 232.0nm

086 소각로, 소각시설 및 그 밖의 배출원에서 배출되는 입자상 및 가스상 수은(Hg)의 측정 분석방법 중 냉증기 원자흡수분광광도법에 관한 설명으로 옳지 않은 것은?

① 정량범위는 $0.005\sim0.075mg/Sm^3$(건조시료 가스양 $1Sm^3$인 경우)이다.
② 시료채취 시 배출가스 중에 존재하는 산화 유기물질은 수은의 채취를 방해할 수 있다.
③ 배출원에서 등속으로 흡입된 입자상과 가스상 수은은 흡수액인 산성 과망간산포타슘 용액에 채취된다.
④ 시료 중의 수은을 염화제일주석용액에 의해 원자 상태로 환원시켜 발생되는 수은증기를 253.7nm에서 정량한다.

해설 냉증기 원자흡수분광광도법에서 수은의 정량범위는 $0.0005\sim0.0075mg/Sm^3$(건조시료가스양 $1Sm^3$인 경우)이다.

087 배출가스 중의 수은화합물을 냉증기 원자흡수분광광도법에 따라 분석할 때 사용하는 흡수액은?

① 질산암모늄+황산용액
② 과망간산포타슘+황산용액
③ 시안화포타슘+디티존용액
④ 수산화칼슘+피로갈롤용액

해설 냉증기 원자흡수분광광도법에서 수은의 흡수액은 질량분율로 4% 과망간산포타슘과 10% 황산을 혼합하여 분해를 막기 위해 유리병에 보관한다.

088 굴뚝으로 배출되는 베릴륨(Be)을 분석하고자 할 때 옳지 않은 것은?

① 유도결합플라스마/원자발광분광법에서 베릴륨의 정량범위는 $0.0025mg/Sm^3$이다.
② 배출가스 중 먼지 상태로 존재하는 베릴륨 및 그 화합물을 여과지에 채취하여 분석한다.
③ 분석방법에는 원자흡수분광광도법과 유도결합플라스마/원자발광분광법으로 규정되어 있다.
④ 농도표시는 표준상태(0℃, 760mmHg)의 건조 배출가스 $1Sm^3$ 중에 함유된 베릴륨 양(mg)으로 표시된다.

해설 유도결합플라스마/원자발광분광법에서 베릴륨의 정량범위는 $0.025mg/Sm^3$ 이상이다.

089 굴뚝 배출가스 중 휘발성유기화합물을 시료채취 주머니법을 이용하여 채취하고자 할 때 옳지 않은 것은?

① 진공 흡입상자는 (1~10)L 시료채취 주머니를 담을 수 있어야 하며, 용기가 완전 진공이 되도록 밀폐된 구조의 것을 사용하여야 한다.
② 채취관에서 응축기 및 기타 부분의 연결관은 유리재질의 관을 사용하여 연결하고, 밀봉 윤활유 등을 사용하여 누출이 없도록 하여야 한다.
③ 시료채취 주머니는 플루오르수지, 폴리에스터수지 등의 불활성 재질로 시료채취 동안이나 채취 후 보관 시 반드시 직사광선을 받지 않도록 한다.
④ 배출가스의 온도가 100℃ 미만으로 시료채취 주머니 내에 수분응축의 우려가 없는 경우에는 응축기 및 응축수 트랩을 사용하지 않아도 무방하다.

해설 시료채취 주머니법으로 VOCs를 채취할 경우 채취관에서 응축기 및 기타 부분의 연결관은 가능한 한 짧게 하고, 밀봉 윤활유 등을 사용하지 않고 누출이 없어야 하며, 플루오르수지 재질 등의 관을 사용한다.

정답 086 ① 087 ② 088 ① 089 ②

090 굴뚝 배출가스 내의 휘발성유기화합물(Volatile Organic Compounds, VOCs) 시료채취장치 중 흡착관법에 관한 설명으로 옳지 않은 것은?

① 유량 측정부는 기기의 온도 및 압력 측정이 가능해야 하며, 최소 100mL/min의 흡입속도로 시료채취가 가능해야 한다.
② 채취관은 부식성 가스에 영향을 받지 않는 재질(플루오르수지, 유리, 석영 등)로 120℃ 이상 가열 가능한 것이어야 한다.
③ 응축기는 유리 재질이어야 하며 앞쪽 흡착관을 통과한 후에 위치하여 가스를 50℃ 이하로 낮출 수 있는 용량이어야 한다.
④ 각 흡착제는 반드시 지정된 최고 온도 범위와 가스유량을 고려하여 사용하여야 하며, 흡착관은 사용하기 전에 반드시 안정화(컨디셔닝) 단계를 거쳐야 한다.

해설 VOCs를 흡착관법으로 채취할 경우 응축기 및 응축수 트랩은 유리 등의 재질로 응축기는 가스가 흡착관을 통과하기 전 가스를 20℃ 이하로 낮출 수 있는 부피가 되어야 하고 상단 연결부는 밀봉 윤활유를 사용하지 않고도 누출이 없도록 연결해야 한다.

091 배출가스 중의 휘발성유기화합물(VOCs) 시료채취방법에 관한 내용으로 옳지 않은 것은?

① 흡착관법은 흡입속도를 (100~200)mL/min으로 하여 (1~5)L를 채취한다.
② 흡착관법은 누출시험 실시 후 3 방향 콕을 세척병 방향으로 하고 흡입펌프를 작동시켜 가열한 채취관 및 연결관을 배출가스 시료로 충분히 세척한다.
③ 시료채취 주머니방법에 사용되는 시료채취 주머니는 빛이 들어가지 않도록 차단해야 하며, 시료채취 이후 24시간 이내에 분석이 이루어지도록 해야 한다.
④ 시료채취 주머니방법에 사용되는 시료채취 주머니는 새 것을 사용하는 것을 원칙으로 하되 재사용하는 경우 수소나 아르곤가스를 채운 후 6시간 동안 놓아둔 후 퍼지(purge) 시키는 조작을 반복해야 한다.

해설 시료채취 주머니는 새것을 사용하는 것을 원칙으로 하되 만일 재사용 시에는 제로가스와 동등 이상의 순도를 가진 질소나 헬륨을 채운 후 24 시간 이상 시료채취 주머니를 놓아둔 후 퍼지(purge)시키는 조작을 반복한다.

092 굴뚝 배출가스 중 폼알데하이드 분석방법으로 옳지 않은 것은?

① 자외선/가시선분광법(크로모트로핀산법) 및 아세틸아세톤 자외선/가시선분광법은 모든 알데하이드류를 분석할 경우 적용된다.
② 아세틸아세톤 자외선/가시선분광법은 배출가스를 아세틸아세톤을 함유하는 흡수발색액에 채취하고 가온하여 얻은 황색 발색액의 흡광도를 측정하여 농도를 구한다.
③ 자외선/가시선분광법(크로모트로핀산법)은 폼알데하이드를 포함하고 있는 배출가스를 크로모트로핀산을 함유하는 흡수발색액에 채취하고 가온하여 얻은 자색발색액의 흡광도를 측정하여 농도를 구한다.
④ 고성능액체크로마토그래피는 배출가스 중의 알데하이드류를 흡수액 2,4-다이나이트로페닐하이드라진(DNPH, dinitrophenylhydrazine)과 반응하여 하이드라존 유도체(hydrazone derivative)를 생성하게 되고 이를 액체크로마토그래프로 분석하여 정량한다.

해설 자외선/가시선분광법(크로모트로핀산법) 및 아세틸아세톤 자외선/가시선분광법은 폼알데하이드에만 적용되며, 다른 알데하이드에는 적용되지 않는다.

093 굴뚝 배출가스 중에 포함된 알데하이드의 분석방법으로 옳지 않은 것은?

① 고성능 액체크로마토그래피
② 자외선/가시선분광법(크로모트로핀산법)
③ 자외선/가시선분광법(4-아미노안티피린법)
④ 아세틸아세톤 자외선/가시선분광법

해설 자외선/가시선분광법(4-아미노안티피린법)은 배출가스 중 페놀화합물을 분석하는 방법이다.

094 2,4-다이나이트로페닐하이드라진(DNPH)과 반응하여 하이드라존유도체를 생성하게 하여 이를 액체크로마토그래피로 분석하여 정량하는 물질은?

① 아민류   ② 알데하이드류
③ 벤젠   ④ 다이옥신류

해설 배출가스 중의 알데하이드류를 흡수액 2,4-다이나이트로페닐하이드라진(DNPH, dinitrophenylhydrazine)과 반응하여 하이드라존 유도체(hydrazone derivative)를 생성하게 되고 이를 액체크로마토그래프로 분석하여 정량한다.

095 알데하이드류를 DNPH 유도체를 형성하여 아세토나이트릴(Acetonitrile) 용매로 추출하여 고성능액체크로마토그래피법(HPLC)에 의해 자외선(UV) 검출기로 분석할 때 측정 파장으로 옳은 것은?

① 360nm   ② 510nm
③ 650nm   ④ 730nm

해설 아세토나이트릴(acetonitrile) 용매로 추출한 하이드라존(hydrazone)은 UV 영역, 특히 350~380nm에서 최대 흡광도를 나타낸다.

096 자외선/가시선분광법(크로모트로핀산법)으로 폼알데하이드를 정량할 때 흡수 발색액 제조에 필요한 시약은?

① CH_3COOH ② H_2SO_4
③ $NaOH$ ④ NH_4OH

해설 HCHO 채취 시 흡수 발색액은 크로모트로핀산($C_{10}H_8O_8S_2$) 1g을 80% 황산(H_2SO_4)에 녹여 1,000mL로 한다.

097 굴뚝 배출가스 내의 폼알데하이드를 정량할 때 쓰이는 흡수액은?

① 황산 용액(0.005mol/L)
② 수산화소듐 용액(0.1mol/L)
③ 아세틸아세톤 함유 흡수액
④ 아연아민착염 함유 흡수액

해설
① 황산 용액(0.005mol/L)은 질소산화물을 아연환원 나프틸에틸렌다이아민법으로 분석할 경우 흡수액이다.
② 수산화소듐 용액(0.1mol/L)은 배출가스 중 브로민화합물, 페놀 분석 시 흡수액이다.
③ 배출가스 중 폼알데하이드(아세틸아세톤 자외선/가시선분광법)에서 흡수 발색액으로 아세틸아세톤 시약을 사용한다.
④ 아연아민착염 함유 흡수액은 배출가스 중 황화수소를 분석할 때 사용한다.

098 「대기오염공정시험기준」상 브로민을 자외선/가시선분광법으로 분석할 경우 옳지 않은 것은?

① 흡수액은 수산화소듐 0.4g을 물에 녹여 100mL로 한다.
② 브로민화 이온 표준원액 1mL에 브롬민화 이온 1mg이 포함되도록 제조한다.
③ 황산제이철암모늄 용액은 황산제이철암모늄 3g을 물 100mL에 녹여 갈색병에 보관한다.
④ 과망간산포타슘(3.2g/L) 용액은 과망간산포타슘 0.79g을 물에 녹여 250mL 부피플라스크에 넣고 물로 표선까지 채운다.

해설 황산제이철암모늄 용액은 황산제이철암모늄 12수화물((NH_4)Fe(SO_4)$_2$ · 12H_2O) 6g을 질산(1+1) 100mL에 녹여 갈색병에 넣어 보관한다.

정답 093 ③ 094 ② 095 ① 096 ② 097 ③ 098 ③

099 굴뚝 배출가스 중 브로민화합물 분석에 사용되는 흡수액으로 옳은 것은?

① 붕산 용액(5g/L)
② 다이에틸아민구리 용액
③ 과산화수소수 용액(1+9)
④ 수산화소듐 용액(0.1mol/L)

해설
① 붕산 용액(5g/L): 암모니아 흡수액
② 다이에틸아민구리 용액: 이황화탄소 흡수액
③ 과산화수소수 용액(1+9): 황산화물 흡수액

100 적정법을 적용하여 화학반응 등을 수반하여 굴뚝 등에서 배출되는 가스 중 브로민화합물을 측정하고자 한다. 시료가스 채취량이 40L인 경우 측정범위 기준으로 옳은 것은?

① 1.2~59.0ppm
② 5.2~79.0ppm
③ 10.2~100.0 ppm
④ 20.2~150.0ppm

해설 배출가스 중 브로민화합물(적정법)의 정량범위는 시료채취량이 40L인 경우 브로민화합물로서 1.2~59.0ppm이며 방법검출한계는 0.4ppm이다.

101 적정법에 의한 배출가스 중 브롬화합물의 정량 시 과잉의 하이포아염소산염을 환원시키는 데 사용하는 것은?

① 질산
② 폼산소듐
③ 수산화소듐
④ 암모니아수

해설 폼산소듐(HCOONa) 용액(500 g/L) 2mL와 염산(1+11) 5mL를 가하고 끓는 물중탕에서 5분간 가열하여 과잉의 하이포아염소산소듐액(NaOCl)을 분산시킨다.

102 4-아미노안티피린을 사용하여 발색시킨 후 흡광도를 측정하여 정량되는 화합물은?

① 벤젠   ② 폼알데하이드
③ 페놀화합물   ④ 브로민화합물

해설 배출가스 중 페놀화합물을 수산화소듐 용액으로 흡수하고 완충 용액을 첨가하여 pH를 조절한 후 4-아미노안티피린 용액과 헥사사이아노철(Ⅲ)산포타슘 용액을 첨가하고 페놀화합물과 반응하여 생성하는 안티피린계 색소의 흡광도를 측정하여 페놀화합물을 정량한다.

103 「대기오염공정시험기준」상 원자흡수분광광도법과 자외선/가시선분광법을 동시에 적용할 수 없는 것은?

① 카드뮴화합물   ② 니켈화합물
③ 페놀화합물   ④ 구리화합물

해설 페놀화합물 분석법은 기체 크로마토그래피와 자외선/가시선분광법(4-아미노안티피린법)이다. 원자흡수분광광도법과 자외선/가시선분광법을 동시에 적용할 수 있는 대기오염물질은 금속류화합물이다.

104 굴뚝 배출가스 채취시료 중 페놀류를 수산화소듐 용액(0.1mol/L)에 흡수시킨 흡수액을 발색제로 발색 시 알맞은 pH 범위는? (단, 자외선/가시선분광법(4-아미노안티피린법) 기준이다.)

① pH(9.0±0.2)
② pH(10.0±0.2)
③ pH(11.0±0.2)
④ pH(12.0±0.2)

해설 분석용 시료용액 조제는 채취를 마친 흡수액에 염화암모늄-암모니아 완충 용액 10mL를 넣은 후 염산(1+1)을 pH(10.0±0.2)가 될 때까지 첨가한 다음 200mL 부피플라스크에 옮겨 담고 염화암모늄-암모니아 완충 용액으로 표선까지 맞춘다. 이 용액을 분석용 시료용액으로 하고 4℃ 이하의 냉암소에 보관한다.

105 4-아미노안티피린 용액과 헥사사이아노철(Ⅲ)산포타슘 용액을 첨가하고 얻어진 적색액의 흡광도를 측정하여 농도를 계산하는 오염물질은?

① 배출가스 중 페놀화합물
② 배출가스 중 브로민화합물
③ 배출가스 중 에틸렌옥사이드
④ 배출가스 중 다이옥신 및 퓨란류

해설 배출가스 중 페놀화합물을 수산화소듐 용액으로 흡수하고 완충 용액을 첨가하여 pH를 조절한 후 4-아미노안티피린 용액과 헥사사이아노철(Ⅲ)산포타슘 용액을 첨가하고 페놀화합물과 반응하여 생성하는 안티피린계 색소(적색)의 흡광도를 측정하여 페놀화합물을 정량한다.

106 굴뚝에서 배출되는 배출가스 중의 페놀화합물 분석방법에 대한 설명으로 옳지 않은 것은?

① 4-아미노안티피린법은 시료중의 페놀류를 수산화소듐 용액(0.1 mol/L)에 흡수시켜 채취한다.
② 시료채취방법 중 채취병법은 시료 중의 페놀류의 농도가 높고 직접 기체 크로마토그래피로 분석되는 경우에 적용된다.
③ 4-아미노안티피린법은 시약을 가하여 얻어진 청색액의 시료를 610nm의 가시부에서 흡광도를 측정하여 페놀류의 농도를 산출한다.
④ 시료가스 채취량이 10L인 경우 시료 중의 페놀류의 농도가 0.20~300.0ppm 범위의 분석에 적합한 방법은 기체 크로마토그래피이다.

해설 4-아미노안티피린법은 시약을 가하여 얻어진 적색액의 시료를 510nm의 가시부에서 흡광도를 측정하여 페놀류의 농도를 산출한다.

107 굴뚝 배출가스 중 페놀류 분석방법(자외선/가시선분광법(4-아미노안티피린법))으로 옳지 않은 것은?

① 분석용 시료용액이 간섭물질 등의 영향으로 착색되었을 경우에는 클로로폼으로 추출하여 정량한다.
② 시료채취량이 20L이고 분석용 시료용액의 양이 200mL인 경우, 정량범위는 1.00ppm 이상이다.
③ 검정곡선 상한 값을 넘어서는 경우에는 분석용 시료용액을 인산이수소포타슘 완충 용액으로 희석하여 분석할 수 있다.
④ 배출가스 중 염소, 브로민 등의 산화성가스 또는 이산화황 등의 환원성가스가 공존하면 영향을 받아 부(負)의 오차를 나타낸다.

해설 페놀류를 4-아미노안티피린법으로 분석할 때 검정곡선 상한 값을 넘어서는 경우에는 분석용 시료용액을 염화암모늄-암모니아 완충 용액으로 희석하여 분석할 수 있다.

108 굴뚝 배출가스 중의 벤젠 분석방법(기체 크로마토그래피)에 관한 설명으로 옳지 않은 것은?

① 분석검출기는 불꽃광도검출기(FPD)나 전자포획검출기(ECD)를 사용한다.
② 배출가스 중에 존재하는 벤젠의 정량범위는 0.10~2,500ppm이다.
③ 파과부피는 시료채취 시 분석대상물질이 흡착관에 채취되지 않고 흡착관을 통과하는 부피를 말한다.
④ 운반기체는 비활성의 건조하고 순수한(99.999% 또는 그 이상의 고순도) 질소 혹은 헬륨을 사용한다.

해설 분석검출기는 불꽃이온화검출기(FID)나 질량분석기(MS)를 사용한다.

정답 105 ① 106 ③ 107 ③ 108 ①

109 굴뚝 배출가스 중 총탄화수소의 측정분석에 사용하는 용어 정의로 옳지 않은 것은?

① 교정가스 : 측정기의 교정을 위하여 농도를 알고 있는 공인된 가스를 사용한다.
② 반응시간 : 오염물질 농도의 단계변화에 따라 최종 값의 90%에 도달하는 시간으로 한다.
③ 제로편차 : 제로가스에 대해 기기가 반응하는 정도의 차이로 시료가스 측정기간 동안에는 점검, 수리, 교정 등은 수행하지 않아야 한다.
④ 교정편차 : 교정편차는 점검용 교정가스에 대해 기기가 반응하는 정도의 차이로 운전기간 동안에 점검, 수리 또는 교정이 가능한 상태이어야 한다.

해설 교정편차는 점검용 교정가스(측정기기 최대정량농도의 45~55% 범위의 표준가스)에 대해 기기가 반응하는 정도의 차이로서, 측정범위의 ±3% 이하인지 확인한다. 단, 시료가스 측정기간 동안에는 점검, 수리, 교정 등은 수행하지 않아야 한다.

110 굴뚝 배출가스 중 총탄화수소의 측정을 위한 장치 구성조건 등에 관한 설명으로 옳지 않은 것은?

① 기록계를 사용하는 경우에는 최소 4회/min이 되는 기록계를 사용한다.
② 제로가스로 총탄화수소 농도(프로페인 또는 탄소등가 농도)가 0.1ppm 이하 또는 스팬 값의 0.1% 이하인 고순도 공기를 사용한다.
③ 총탄화수소분석기는 흡광차분광 방식 또는 비불꽃(non flame)이온크로마토그램 방식의 분석기를 사용하며 폭발위험이 없어야 한다.
④ 시료채취관은 스테인리스강 또는 이와 동등한 재질의 것으로 휘발성유기화합물의 흡착과 변질이 없어야 하고 굴뚝 중심 부분의 10% 범위 내에 위치할 정도의 길이의 것을 사용한다.

해설 총탄화수소분석기는 배출가스 중 총탄화수소를 분석하기 위한 배출가스 측정기로써 불꽃이온화검출기(FID, flame ionization detector)를 사용한 형식승인을 받은 분석기기로 총탄화수소를 정량한다.

111 굴뚝 배출가스 중 불꽃이온화검출기에 의한 총탄화수소 측정에 관한 설명으로 옳지 않은 것은?

① 반응시간은 오염물질농도의 단계변화에 따라 최종 값의 50% 이상에 도달하는 시간을 말한다.
② 결과 농도값은 배출가스 중 총탄화수소 농도는 ppm(프로페인 또는 다른 교정가스)로 계산한다.
③ 배출가스 중의 입자상물질을 제거하기 위하여 여과장치 등을 설치하고, 여과장치가 굴뚝 밖에 있는 경우에는 수분이 응축되지 않도록 하여 불꽃이온화분석기로 유입되어 분석된다.
④ 채취관은 스테인리스강 또는 이와 동등한 재질의 것으로 휘발성유기화합물의 흡착과 변질이 없어야 하고 굴뚝 중심 부분의 10% 범위 내에 위치할 정도의 길이의 것을 사용한다.

해설 반응시간은 오염물질 농도의 단계변화에 따라 최종 값의 90%에 도달하는 시간으로 한다.

112 휘발성유기화합물질(VOCs) 누출확인방법에 관한 설명으로 옳지 않은 것은?

① 휴대용 측정기기를 사용하여 개별 누출원으로부터의 직접적인 누출량을 측정한다.
② 누출농도는 VOCs가 누출되는 누출원 표면에서의 VOCs 농도로서, 대조화합물을 기초로 한 기기의 측정값이다.

③ 응답시간은 VOCs가 시료채취장치로 들어가 농도 변화를 일으키기 시작하여 기기 계기판의 최종값이 90%를 나타내는 데 걸리는 시간이다.
④ 검출 불가능 누출농도는 누출원에서 VOCs가 대기 중으로 누출되지 않는다고 판단되는 농도로서 국지적 VOCs 배경농도의 최고 농도값으로 기기 측정값으로 500ppm이다.

해설 휴대용 측정기기를 이용하여 개별 누출원으로부터 VOCs 누출을 확인하지만 직접적인 누출량을 측정하지는 않는다.

114 휘발성유기화합물 누출확인에 사용되는 휴대용 VOCs 측정기기에 관한 설명으로 옳지 않은 것은?

① 휴대용 VOCs 측정기기의 응답시간은 60초보다 적거나 같아야 한다.
② 측정될 개별 화합물에 대한 기기의 반응인자(response factor)는 10보다 적어야 한다.
③ 휴대용 VOCs 측정기기의 계기눈금은 최소한 표시된 누출농도의 ±5%를 읽을 수 있어야 한다.
④ 휴대용 VOCs 측정기기는 펌프를 내장하고 있어 연속적으로 시료가 검출기로 제공되어야 하며, 일반적으로 시료유량은 0.5~3L/min이다.

해설 기기의 응답시간은 30초보다 적거나 같아야 한다.

113 휘발성유기화합물질(VOCs) 누출확인방법에서 사용되는 용어 정의로 옳지 않은 것은?

① 교정가스: 미지 농도로 기기 표시치를 교정하는 데 사용되는 VOCs 화합물로서 일반적으로 누출농도와 다른 농도의 대조화합물이다.
② 반응인자: 관련 규정에 명시된 대조화합물로 교정된 기기를 이용하여 측정할 때 관측된 측정값과 VOCs 화합물 기지농도와의 비율이다.
③ 응답시간: VOCs가 시료채취장치로 들어가 농도 변화를 일으키기 시작하여 기기계기판의 최종값이 90%를 나타내는 데 걸리는 시간이다.
④ 교정 정밀도: 기지의 농도값과 측정값 간의 평균 차이를 상대적인 퍼센트로 표현하는 것으로서, 동일한 기지 농도의 측정값들의 일치 정도이다.

해설 교정가스는 기지 농도로 기기 표시치를 교정하는 데 사용되는 VOCs 화합물로서 일반적으로 누출농도와 유사한 농도의 대조화합물이다.

115 「대기오염공정시험기준」에서 정하는 환경 대기 중의 아황산가스 측정법으로 옳지 않은 것은?

① 산정량 수동법
② 용액 전도율법
③ 적외선 분석법
④ 자외선 형광법

해설 환경대기 중의 아황산가스 측정법
• 자외선 형광법
• 파라로자닐린법
• 산정량 수동법
• 산정량 반자동법
• 용액전도율법
• 불꽃광도법
• 흡광차분광법

116 환경대기 중 아황산가스를 측정하기 위한 불꽃광도법(FPD)에 관한 설명으로 옳지 않은 것은?

① 모든 황화합물에 대하여 반응한다.
② 측정범위는 0.005~5.0μmol/mol이다.
③ 황화합물의 농도가 아황산가스 농도의 5% 이상일 때는 적당한 전처리를 하여 방해물질을 제거한다.
④ 환원성 수소 불꽃 안에 도입된 아황산가스가 불꽃 속에서 환원될 때 발생하는 빛 중 394nm 부근의 파장 영역에서 발광의 세기를 측정한다.

해설 측정범위는 아황산가스 (0~0.01)μmol/mol~(0~1.0)μmol/mol이며, 이 상한, 하한 사이의 적당한 범위를 선정한다.

117 환경대기 중 아황산가스 농도 측정을 위한 불꽃광도법(FPD)에 관한 설명으로 옳지 않은 것은?

① 수소기체는 순도 99.8% 이상의 수소 또는 수소발생기를 사용한다.
② 계측기의 반복성은 각 측정단계마다 최대눈금값의 ±5% 이내이어야 한다.
③ 측정범위는 아황산가스 (0~0.01)μmol/mol~(0~1.0)μmol/mol이다.
④ 시료 기체 중 공존하는 아황산가스와 발광 스펙트럼이 겹치는 기체(황화수소, 이황화탄소 등)와 소광작용이 있는 기체(탄화수소, 이산화탄소 등)의 간섭 영향을 받을 수 있다.

해설 계측기의 반복성은 최대 눈금의 ±2% 이하이어야 한다.

118 환경대기 중 아황산가스를 파라로자닐린법으로 분석할 때 방해물질에 대한 제거방법으로 옳은 것은?

① NO_X: 측정기간을 늦춘다.
② O_3: 설퍼민산을 사용한다.
③ 암모니아: pH를 4.5 이하로 조절한다.
④ Mn, Fe, Cr: EDTA 및 인산은을 사용한다.

해설
① NO_X의 방해는 설퍼민산(NH_3SO_3)을 사용함으로써 제거할 수 있다.
② O_3은 측정기간을 늦춤으로써 제거된다.
③ 암모니아는 방해되지 않는다.
④ 에틸렌 디아민테트라 아세트산(EDTA, ethylene diamine tetra acetic acid disodium salt) 및 인산은(silver phosphate)은 위의 금속성분들의 방해를 방지한다.

119 다음은 환경대기 중 아황산가스 농도 측정을 위한 파라로자닐린법(Pararosaniline Method)에 관한 설명이다. ( ) 안에 알맞은 것은?

이 시험방법은 (㉠)용액에 대기 중의 아황산가스를 흡수시켜 안전한 (㉡) 착화합물을 형성시키고 이 착화합물과 파라로자닐린 및 폼알데하이드를 반응시켜 진하게 발색되는 파라로자닐린 메틸설폰산을 형성시키는 것이다.

① ㉠ 이염화수은소듐, ㉡ 사염화 아황산수은염
② ㉠ 사염화수은소듐, ㉡ 이염화 아황산수은염
③ ㉠ 이염화수은포타슘, ㉡ 사염화 아황산수은염
④ ㉠ 사염화수은포타슘, ㉡ 이염화 아황산수은염

해설 이 시험방법은 사염화수은포타슘(potassium tetrachloro mercurate) 용액에 대기 중의 아황산가스를 흡수시켜 안전한 이염화 아황산수은염(dichlorosulfite mercurate) 착화합물을 형성시키고 이 착화합물과 파라로자닐린(pararosaniline) 및 폼알데하이드를 반응시켜 진하게 발색되는 파라로자닐린 메틸설폰산(pararosaniline methyl sulfonic acid)을 형성시키는 것이다.

120 다음은 환경대기 중 아황산가스를 파라로자닐린법으로 측정하고자 할 때 분광광도계에 관한 사항이다. ( ) 안에 가장 적합한 것은?

> 분광광도계는 (㉠)에서 흡광도를 측정할 수 있어야 하고, 측정에 사용되는 스펙트럼 폭은 (㉡)이어야 한다. 스펙트럼 밴드 폭이 이보다 넓으면 바탕시험에 지장이 온다. 또한 분광광도계의 파장은 교정되어 있어야 한다.

① ㉠ 460nm, ㉡ 10nm
② ㉠ 460nm, ㉡ 15nm
③ ㉠ 548nm, ㉡ 10nm
④ ㉠ 548nm, ㉡ 15nm

해설 파라로자닐린법에서 분광광도계는 548nm에서 흡광도를 측정할 수 있어야 하고, 측정에 사용되는 스펙트럼 폭은 15nm이어야 한다. 스펙트럼 밴드 폭이 이보다 넓으면 바탕시험에 지장이 온다. 또한 분광광도계의 파장은 교정되어 있어야 한다.

121 환경대기의 아황산가스 농도측정방법 중 파라로자닐린법에 관한 설명으로 옳지 않은 것은?

① 암모니아, 황화물(sulfides) 및 알데히드는 방해되지 않는다.
② 주요 방해물질로는 질소산화물(NO_X), 오존(O_3), 망가니즈(Mn), 철(Fe) 및 크로뮴(Cr)이다.
③ NO_X의 방해는 EDTA을 사용함으로써 제거할 수 있고 오존의 방해는 측정 기간을 단축 시킴으로써 제거된다.
④ 시료 포집 후의 흡수액은 비교적 안정하고 22℃에 있어서 아황산가스 손실은 1일당 1%로 5℃로 보관하면 30일간은 손실되지 않는다.

해설 NO_X의 방해는 설퍼민산(NH_3SO_3)을 사용함으로써 제거할 수 있고 오존의 방해는 측정기간을 늦춤으로써 제거된다.

122 환경대기 중 아황산가스 농도를 파라로자닐린법(Pararosaniline Method)을 이용하여 측정할 경우 주요 방해물질로 옳지 않은 것은?

① Fe
② Mn
③ Pt
④ Cr

해설 주요 방해물질은 질소산화물(NO_X), 오존(O_3), 망가니즈(Mn), 철(Fe) 및 크로뮴(Cr)이다.

123 환경대기 중의 일산화탄소를 불꽃이온화검출기법으로 측정할 때의 원리로서 옳은 것은?

① 시료를 산화시켜 탄산가스로 하고, 이를 적외선 분석법에 의해 측정
② 시료를 수소불꽃 중에서 연소시키면 탄화수소가 발생하며 이를 FID법으로 측정
③ 시료를 수소불꽃 중에서 연소시켜 일산화탄소를 이산화탄소로 산화시켜 이를 FID법으로 측정
④ 시료를 운반가스로 수소를 사용하며 분자 체(molecular sieve)가 채워진 분리관을 통과시키면 분리된 일산화탄소가 니켈 촉매에 의해 메테인으로 환원되고 이를 FID법으로 측정

해설 운반가스로는 수소를 사용하며 시료공기를 분자체(molecular sieve)가 채워진 분리관을 통과시키면 분리된 일산화탄소는 니켈 촉매에 의해서 메테인으로 환원되는데, 이를 불꽃이온화검출기(FID)로 정량한다.

$$CO + 3H_2 \xrightarrow{Ni} CH_4 + H_2O$$

124 환경대기 중 일산화탄소를 불꽃이온화검출기법을 이용하여 측정하고자 할 때 일산화탄소는 ( )촉매에 의하여 이온화 검출기로 정량한다. ( ) 안에 적당한 물질은?

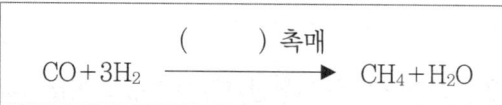
$$CO + 3H_2 \xrightarrow{(\ )\ 촉매} CH_4 + H_2O$$

① Ti ② Ni
③ Mn ④ Pt

해설 일산화탄소는 니켈 촉매에 의해서 메테인으로 환원되는데 불꽃이온화검출기로 정량된다.

125 환경대기 중 일산화탄소를 비분산적외선분석법(자동측정법)으로 분석할 경우 측정기기의 성능 기준으로 옳지 않은 것은?

① 스팬가스를 흘려보냈을 때 정상적인 지시 변동의 범위는 최대 눈금값의 ±2% 이내여야 한다.
② 측정범위는 원칙적으로 일산화탄소 (0~5)μmol/mol 또는 (0~100)μmol/mol 사이의 상한, 하한 사이의 적당한 범위를 선정한다.
③ 시료대기채취구를 통하여 설정유량의 교정용가스를 도입시켜 측정기의 지시치가 스팬가스의 90% 응답을 나타내는 시간은 5분 이하여야 한다.
④ 반복성 측정 시 동일조건에서 제로가스와 스팬가스를 번갈아 3회 도입해서 각각의 측정치의 평균치로부터의 편차를 구한다. 이 편차가 최대 눈금값의 ±2% 이내여야 한다.

해설 시료대기채취구를 통하여 설정유량의 교정용가스를 도입시켜 측정기의 지시치가 스팬가스의 90% 응답을 나타내는 시간은 2분 30초 이하여야 한다.

126 환경대기 중 질소산화물 농도를 측정하기 위한 시험방법 중 주시험방법은?

① 공동감쇠분광법(자동)
② 화학발광법(자동)
③ 자외선/가시선분광법(살츠만법)(자동)
④ 야곱스호흐하이저법

해설 환경대기 중 질소산화물 농도를 측정하기 위한 시험방법
• 화학발광법(자동) - 주시험방법
• 야곱스호흐하이저법
• 자외선/가시선분광법(살츠만법)(자동)
• 수동살츠만법
• 흡광차분광법(자동)
• 공동감쇠분광법(자동)

127 환경대기 중의 질소산화물 농도 측정방법으로 옳지 않은 것은?

① 화학발광법 ② 흡광차분광법
③ 자외선형광법 ④ 야곱스호흐하이저법

해설 자외선형광법은 환경대기 중의 아황산가스 농도 측정방법이다.

128 환경대기 중 질소산화물의 측정방법 중 화학발광법에 관한 설명으로 옳지 않은 것은?

① 시료가스 중의 이산화탄소는, 특히 수증기의 존재 하에서, 화학발광을 억제하기 때문에 영향을 줄 수 있다.
② 화학발광은 물질이 화학반응에 의해 바닥상태에서 들뜬 상태로 올라가는 과정에서 빛을 발생시키는 현상을 말한다.
③ 시료 대기 중의 이산화질소를 변환기를 통하여 일산화질소로 변환시킨 후 일산화질소의 측정과 같은 방법으로 측정하여 질소산화물에서 일산화질소를 뺀 값이 이산화질소가 된다.

④ 시료 대기 중의 일산화질소가 오존과의 반응에 의해 이산화질소로 생성될 때 생기는 화학발광 광도가 일산화질소 농도와 비례관계가 있는 것을 이용해서 시료 대기 중에 포함되는 일산화질소 농도를 측정한다.

해설 화학발광은 물질이 화학반응에 의해 들뜬상태로 된 다음 바닥상태로 떨어지는 과정에서 빛을 발생시키는 현상을 말한다.

129 환경대기 중의 먼지농도 시료채취방법인 고용량 공기시료채취기법에 관한 설명으로 옳지 않은 것은?

① 분석기기는 공기흡입부, 여과지홀더, 유량측정부 및 보호상자로 구성된다.
② 공기흡입부의 경우 무부하일 때의 흡입유량이 보통 0.5m³/h 범위 정도로 한다.
③ 입자상물질의 채취에 사용하는 여과지는 0.3μm 되는 입자를 99% 이상 채취할 수 있으며 압력손실과 흡수성이 적고 가스상물질의 흡착이 적은 것이어야 한다.
④ 총부유먼지(TSP, Total Suspended Particulate matter)는 측정대상이 되는 환경대기 중에 부유하고 있는 총 먼지를 말하며 0.01~100μm 이하인 먼지를 채취한다.

해설 공기흡입부는 직권정류자모터에 2단 원심터빈형 송풍기가 직접 연결된 것으로 무부하일 때의 흡입유량이 약 2m³/min이고 24시간 이상 연속 측정할 수 있는 것이어야 한다.

130 환경대기 중 먼지 측정방법 중 저용량 공기시료채취기법에서 흡입펌프의 조건으로 옳지 않은 것은?

① 유량이 큰 것
② 진공도가 낮을 것
③ 맥동이 없이 고르게 작동될 것
④ 연속해서 30일 이상 사용할 수 있을 것

해설 흡입펌프의 진공도는 높아야 한다.

131 공기역학직경(Aerodynamic diameter)을 설명한 것으로 옳지 않은 것은?

① 비중 1인 구의 지름이다.
② 일반적으로 구형을 가진 입자의 기하학적 입자 지름이다.
③ 입자의 면적과 동일한 면적을 가진 원의 직경으로 가장 정확한 직경이다.
④ 측정 대상물 입자는 상대적으로 밀도와 입자 모양에 대하여 구상 입자의 침강속도와 같다.

해설 공기역학직경은 입자의 침강속도에 따른 것으로 일반적으로 구형을 가진 입자의 기하학적 입자 지름으로 비중 1인 구의 지름으로 입경이 변경하여 환산 정리되고 측정 대상물 입자는 상대적으로 밀도와 입자 모양에 대하여 구상 입자의 침강 속도와 같은 역학적 운동을 하는 입자의 직경을 의미한다.

132 환경대기 중 먼지 자동측정법(베타선법)에서 베타선을 방출하는 광원으로부터 조사된 베타선이 여과지 위에 채취된 먼지를 통과할 때 흡수 소멸되는 베타선의 차를 측정하는 식이다. 이 식에서 μ를 나타낸 것으로 옳은 것은?

$$I = I_o \times \exp(\mu \times X)$$

① 먼지가 채취된 여과지의 면적
② 단위 면적당 채취된 먼지의 질량
③ 먼지에 의한 베타선 질량 흡수 소멸계수
④ 먼지가 채취되지 않은 여과지를 통과한 베타선 강도

해설 μ는 상수로써 먼지의 성분에 무관한 베타선 질량 흡수 소멸계수이다.

133 환경대기 중 오존 측정방법 중 화학발광법에 관한 설명으로 옳지 않은 것은?

① 환경대기 중 오존농도 1nmol/mol(1×10^{-9}mol/mol)~500nmol/mol의 범위에서 적용한다.
② 시료 대기 중에 오존과 아세틸렌(acetylene) 가스가 반응할 때 생기는 발광도가 오존농도와 비례관계가 있다는 것을 이용하여 오존농도를 측정한다.
③ 원칙적으로 제로가스(zero gas)는 질소를 바탕으로 한 산소 20.5~20.9%, 오존 함유량 1nmol/mol 이하의 고순도 공기를 사용한다.
④ 여과지는 시료 대기 중에 포함되어 있는 먼지 제거와 유로 막힘 방지를 위해 사용하며, 테플론을 사용하여 오존 흡착을 방지하여 측정오차의 발생을 줄여야 한다.

해설 측정원리는 시료 대기 중에 오존과 에틸렌(ethylene) 가스가 반응할 때 400nm의 가시광선 영역에서 빛을 발생시킨다. 이 빛의 세기가 오존 농도와 비례하기 때문에 발광도를 측정하여 오존 농도를 산정한다.

134 환경대기 중의 오존과 에틸렌 가스의 반응에 의해 생기는 발광도가 오존농도에 비례하는 원리를 이용, 오존농도를 측정하는 방법은?

① 화학발광법에 의한 자동연속측정법
② 중성 아이오딘화포타슘법에 의한 발광측정법
③ 알칼리성 아이오딘화포타슘법에 의한 발광측정법
④ 중성 아이오딘화포타슘법에 의한 자동연속측정법

해설 화학발광법에 의한 자동연속측정법의 측정원리는 시료 대기 중에 오존과 에틸렌(ethylene) 가스가 반응할 때 400nm의 가시광선 영역에서 빛을 발생시킨다. 이 빛의 세기가 오존 농도와 비례하기 때문에 발광도를 측정하여 오존농도를 산정한다.

135 환경대기 중의 환경대기 중 옥시던트 자동측정법(중성 아이오딘화포타슘법)에 사용되는 용어의 설명으로 옳지 않은 것은?

① 광화학 옥시던트는 전옥시던트에서 오존을 제외한 물질이다.
② 제로가스는 측정기의 영점을 교정하는 데 사용하는 교정용 가스이다.
③ 옥시던트는 전옥시던트, 광화학 옥시던트, 오존 등의 산화성 물질의 총칭을 말한다.
④ 전옥시던트는 중성 아이오딘화포타슘 용액에 의해 아이오딘을 유리시키는 물질을 총칭한다.

해설 광학옥시던트는 전옥시던트에서 이산화질소를 제외한 물질이다.

136 환경대기 중 옥시던트(오존(O_3)으로서) 측정방법으로 옳지 않은 것은?

① 자외선광도법
② 화학발광법
③ 알칼리성 아이오딘화포타슘법
④ 공동감쇠분광법

해설 공동감쇠분광법은 환경대기 중 질소산화물의 자동측정법이다.

137 「대기오염공정시험기준」상 환경기준 시험을 위한 항목별 분석방법으로 옳지 않은 것은?

① 오존 – 적외선광도법
② 질소산화물 – 수동살츠만법
③ 아황산가스 – 파라로자닐린법
④ 먼지 – 저용량공기시료채취기법

해설 오존 – 자외선광도법

138 환경대기 중의 각 항목별 분석방법의 연결로 옳지 않은 것은?

① 옥시던트: 베타선법
② 질소산화물: 살츠만법
③ 아황산가스: 산정량 수동법
④ 일산화탄소: 불꽃이온화검출기법(기체 크로마토그래피)

해설 옥시던트: 중성 아이오딘화포타슘법, 알칼리성 아이오딘화포타슘법

139 환경대기 중 석면을 측정, 분석하는 방법(위상차현미경법)을 설명한 것으로 옳지 않은 것은?

① 석면먼지의 농도표시는 20℃, 1기압 상태의 기체 1mL 중에 함유된 석면섬유의 개수(개/mL)로 표시한다.
② 위상차현미경을 사용하여 굴절률이 거의 0.15인 섬유상의 입자 즉 석면이라고 추정할 수 있는 입자를 계수할 수가 있게 된다.
③ 위상차 현미경법을 이용한 현미경 표본은 아세톤-트라이아세틴법, 다이메틸프탈레이트-다이에틸옥살레이트법으로 제작한다.
④ 멤브레인필터는 셀룰로스 에스테르를 원료로 한 얇은 다공성의 막으로 구멍의 지름은 평균(0.01~10μm)의 것이 있다.

해설 위상차현미경을 사용하여 섬유상으로 보이는 입자를 계수하고, 같은 입자를 보통의 생물현미경으로 바꾸어 계수하여 그 계수치들의 차를 구하면 굴절률이 거의 1.5인 섬유상의 입자, 즉 석면이라고 추정할 수 있는 입자를 계수할 수가 있게 된다.

140 환경대기 중의 석면의 위상차현미경법에 관한 설명으로 옳지 않은 것은?

① 대기 중 석면은 강제 흡인 장치를 통해 여과장치에 채취한 후 위상차현미경으로 계수하여 석면 농도를 산출한다.
② 위상차가 일정해서 간섭을 일으킬 수 있는 빛은 파장과 주기가 모두 짧아서 간섭성을 띠려면 하나의 광원에서 갈라진 두 갈래의 빛일 경우에만 가능하다.
③ 위상차현미경은 두께가 동일한 무색 투명한 물체의 각 부분의 입사광 사이에 생기는 명암차를 화상면에서 위상차로 바꾸어, 구조를 보기 쉽도록 한 현미경이다.
④ 위상차현미경을 사용하여 섬유상으로 보이는 입자를 계수하고 같은 입자를 보통의 생물 현미경으로 바꾸어 계수하여, 그 계수치들의 차를 구하면 굴절률이 거의 1.5인 섬유상의 입자를 계수할 수 있다.

해설 위상차현미경은 굴절률 또는 두께가 부분적으로 다른 무색투명한 물체의 각 부분의 투과광 사이에 생기는 위상차를 화상면에서 명암의 차로 바꾸어, 구조를 보기 쉽도록 한 현미경이다.

141 환경대기 중 석면농도의 위상차현미경법 중 시료채취 및 측정방법에 관한 설명으로 옳지 않은 것은?

① 흡입 펌프는 20L/min로 공기를 흡인할 수 있는 로터리펌프 또는 다이아프램 펌프를 사용한다.
② 시료채취 및 측정시간은 주간시간대에 (오전 8시~오후 7시) 10L/min으로 1시간 측정을 행한다.
③ 시료채취지점에서의 실내기류는 원칙적으로 2m/s 이내가 되도록 하며, 지하역사 승강장 등 불가피하게 기류가 발생하는 곳에서는 실제 조건에서 측정한다.
④ 시료채취 위치는 대상시설의 오염도를 대표할 수 있다고 판단되는 곳을 선정하는 것을 원칙으로 하되, 기본적으로 시설을 이용하는 사람의 많은 곳을 선정한다.

정답 138 ① 139 ② 140 ③ 141 ③

해설 시료채취지점에서의 실내기류는 원칙적으로 0.3 m/s 이내가 되도록 한다. 단, 지하역사 승강장 등 불가피하게 기류가 발생하는 곳에서는 실제 조건 하에서 측정한다.

142 위상차현미경법으로 환경대기 중의 석면을 분석할 때 계수대상물의 식별방법에 관한 내용이다. ( ) 안에 들어갈 내용을 옳은 것은?

> 채취한 먼지 중에 길이 (㉠) 이상이고, 길이와 폭의 비가 (㉡) 이상인 섬유를 석면섬유로서 계수한다.

① ㉠ 3μm, ㉡ 3:1
② ㉠ 4μm, ㉡ 5:1
③ ㉠ 5μm, ㉡ 3:1
④ ㉠ 6μm, ㉡ 5:1

해설 석면의 식별방법은 채취한 먼지 중에 길이 5μm 이상이고, 길이와 폭의 비가 3:1 이상인 섬유를 석면섬유로서 계수한다.

143 위상차현미경법으로 환경대기 중의 석면을 분석할 때 계수대상물의 식별방법에 관한 내용으로 옳지 않은 것은?

① 입자의 폭이 5μm를 넘는 것은 1개로 판정한다.
② 구부러져 있는 단섬유는 곡선에 따라 전체 길이를 재어 판정한다.
③ 섬유가 헝클어져 정확한 수를 헤아리기 힘들 때에는 0개로 판정한다.
④ 섬유가 그래티큘 시야의 경계선에 물린 경우 그래티큘 시야 안으로 한쪽 끝만 들어와 있는 섬유는 1/2개로 인정한다.

해설 석면의 계수 식별 시 입자의 폭이 3μm를 넘는 것은 0개로 판정한다.

144 환경대기 중 석면먼지의 농도표시 방법으로 옳은 것은?

① 0℃, 760mmHg 상태의 기체 1mL 중에 함유된 석면섬유의 개수(개/mL)
② 20℃, 760mmHg 상태의 기체 1mL 중에 함유된 석면섬유의 개수(개/mL)
③ 0℃, 760mmHg 상태의 기체 1mL 중에 함유된 석면섬유의 무게(mg/mL)
④ 20℃, 760mmHg 상태의 기체 1mL 중에 함유된 석면섬유의 무게(mg/mL)

해설 석면먼지의 농도표시는 20℃, 1기압 상태의 기체 1mL 중에 함유된 석면섬유의 개수(개/mL)로 표시한다.

145 환경대기 중 석면농도를 측정하기 위해 위상차현미경을 사용한 계수방법에 관한 설명으로 ( ) 안에 알맞은 것은?

> 시료채취 측정시간은 주간시간대에 (오전 8시~오후 7시) (㉠)으로 1시간 측정하고, 시료채취 조작 시 유량계의 부자를 (㉡) 되게 조정한다.

① ㉠ 1L/min, ㉡ 1L/min
② ㉠ 1L/min, ㉡ 10L/min
③ ㉠ 10L/min, ㉡ 1L/min
④ ㉠ 10L/min, ㉡ 10L/min

해설 시료채취 및 측정시간은 주간시간대에 (오전 8시~오후 7시) 10L/min 으로 1시간 측정하고, 시료채취 조작 시 유량계의 부자를 10L/min 되게 조정한다.

146 환경대기 중 석면 시험방법 중 시료채취장치 및 기구에 관한 설명으로 옳지 않은 것은?

① Open face형 필터홀더의 재질: 40mm의 집풍기가 홀더에 장착된 PVC

② 흡입펌프: 2L/min로 공기를 흡인할 수 있는 로터리펌프 또는 다이아프램 펌프
③ 위상차 현미경 또는 간접위상차 현미경 렌즈의 배율: 10배의 대안렌즈 및 10배와 40배 이상의 대물렌즈
④ 멤브레인 필터의 재질 및 규격: 셀룰로즈 에스테르제 (또는 셀룰로즈나이트레이트제) pore size (0.8~1.2)μm, Φ 25mm 또는 Φ 47mm

해설 흡입펌프는 20L/min로 공기를 흡인할 수 있는 로터리펌프 또는 다이아프램 펌프는 시료채취관, 시료채취장치, 흡인기체 유량측정장치, 기체흡입장치 등으로 구성한다.

147 「대기오염공정시험기준」에서 규정한 환경대기 중 금속분석을 위한 주 시험방법은?

① 형광분광광도법
② 원자흡수분광광도법
③ 자외선/가시선 분광법
④ 유도결합플라스마 원자발광분광법

해설 대기 중 금속분석을 위한 시료는 적절한 방법으로 전처리하여 기기분석을 실시하며 사용되는 기기분석 방법은 원자흡수분광법, 유도결합플라스마 원자발광분광법, 자외선/가시선분광법과 같으며, 원자흡수분광법을 주시험방법으로 한다.

148 환경대기 중 금속화합물을 원자흡수분광광도법으로 분석하고자 할 때 화학적 간섭에 관한 사항으로 옳지 않은 것은?

① 아연 분석 시 213.8nm 측정파장을 이용할 경우 불꽃에 의한 흡수 때문에 바탕선(Baseline)이 높아지는 경우가 있다.
② 크로뮴 분석 시 아세틸렌-공기 불꽃에서는 철, 니켈 등에 의한 방해를 받으므로 황산소듐, 황산포타슘 또는 이플루오린화수소암모늄을 1% 정도 가하여 분석한다.
③ 니켈 분석 시 다량의 탄소가 포함된 시료의 경우, 시료를 채취한 여과지를 적당한 크기로 잘라서 전기로 안에서 105~110℃에서 30분 이상 건조한 후 전처리 조작을 행한다.
④ 철 분석 시 규소(Si)를 다량 포함하고 있을 때는 0.2% 염화칼슘($CaCl_2$) 용액을 첨가하여 분석하고, 유기산(특히 사이트르산)이 다량 포함되어 있을 때는 0.5% 인산을 가하여 간섭을 줄일 수 있다.

해설 니켈 분석 시 다량의 탄소가 포함된 시료의 경우, 시료를 채취한 여과지를 적당한 크기로 잘라서 자기도가니에 넣어 전기로를 사용하여 800℃에서 30분 이상 가열한 후 전처리 조작을 행한다.

149 환경대기 중의 납(Pb) 및 납화합물을 고용량 공기시료채취기를 사용하여 채취할 경우 시료채취 시간은 몇 시간을 원칙으로 하는가?

① 4시간
② 8시간
③ 12시간
④ 24시간

해설 고용량 공기시료채취기를 사용할 경우의 시료채취 시간은 24시간을 원칙으로 하고, 저용량 공기시료채취기를 사용할 경우에는 3~7일간 연속 채취하는 것을 원칙으로 한다.

150 환경대기 중 벤조(a)파이렌 농도를 측정하기 위한 주시험방법으로 옳은 것은?

① 흡광차분광법
② 용매포집법
③ 고성능액체크로마토그래피
④ 기체크로마토그래피

해설 환경대기 중의 벤조(a)파이렌 농도를 측정하기 위한 기체크로마토그래피를 주시험방법으로 한다.

정답 147 ② 148 ③ 149 ④ 150 ④

151 「대기오염공정시험기준」상 지하공간 및 환경대기 중의 벤조(a)파이렌 농도를 측정하기 위한 시험방법으로 옳은 것은?

① 흡광차분광법
② 형광분광광도법
③ 이온크로마토그래피
④ 비분산적외선분석법

해설 환경대기 중의 벤조(a)파이렌 농도를 측정하기 위한 시험방법은 기체크로마토그래피와 형광분광광도법이 있다.

152 환경대기 중 다환방향족 탄화수소류(PAHs)에서 증기 상태로 존재하는 PAHs를 채취하는 물질로 옳지 않은 것은?

① 석영필터(quartz filter)
② XAD-2수지
③ PUF(polyurethane foam)
④ 다공성 고분자수지

해설 비휘발성(증기압 < 10-8 mmHg) PAHs는 필터 상에 포집하고 증시 상태로 존재하는 PAHs는 PUF(polyurethane form), 흡착수지(resin, XAD-2수지, 다공성 고분자수지)를 사용하여 채취한다. 석영필터(quartz filter)는 입자상 PAHs를 채취하는 데 사용된다.

153 대기 중의 다환방향족 탄화수소(PAH)를 기체크로마토그래피에 따라 분석할 경우 체류시간(retention time)이 가장 긴 화합물질은?

① 플루오렌(fluorene)
② 나프탈렌(naphthalene)
③ 안트라센(anthracene)
④ 벤조(a)파이렌(benzo(a)pyrene)

해설
① 플루오렌(fluorene): 체류시간 10.5min
② 나프탈렌(naphthalene): 체류시간 not available(사용할 수 없음)
③ 안트라센(anthracene): 15.3min
④ 벤조(a)파이렌(benzo(a)pyrene): 36.6min

154 환경대기 중 다환방향족 탄화수소류(PAHs) 기체크로마토그래피/질량분석법에서 사용되는 ( ) 안에 알맞은 용어는?

( )은 추출과 분석 전에 각 시료, 바탕시료, 매체시료(matrix-spiked)에 더해지는, 화학적으로 반응성이 없는 환경시료 중에 없는 물질을 말한다.

① 절대표준물질(Absolutely standard)
② 외부표준물질(External standard)
③ 매체표준물질(Matrix standard)
④ 대체표준물질(Surrogate standard)

해설 대체표준물질(Surrogate standard)은 추출과 분석 전에 각 시료, 바탕시료, 매체시료(matrix-spiked)에 더해지는, 화학적으로 반응성이 없는 환경시료 중에 없는 물질을 말한다.

155 환경대기 중 유해 휘발성유기화합물(VOCs)의 시험방법으로 옳지 않은 것은?

① 캐니스터법
② 고체흡착 열탈착법
③ 자동연속용매추출분석법
④ 고체흡착용매추출법

해설 환경대기 중 유해 휘발성유기화합물(VOCs)의 시험방법은 캐니스터법, 고체흡착법 중 고체흡착 열탈착법, 고체흡착용매추출법이 있다.

정답 151 ② 152 ① 153 ④ 154 ④ 155 ③

서술형 빈출문제

156 환경대기 중 유해 휘발성유기화합물의 고체흡착법에 사용되는 용어의 정의로 옳지 않은 것은?

① 머무름부피: 짧은 길이로 흡착제가 충전된 흡착관을 통과하면서 분석물질의 증기띠를 이동시키는 데 필요한 운반기체의 부피를 말한다.
② 시료채취 안전부피: 직접적인 방법으로 파과부피의 2/3배를 취하거나, 간접적인 방법으로 머무름부피의 1/2 정도를 취하므로 얻어진다.
③ 열탈착: 불활성의 운반기체를 이용하여 높은 온도에서 VOCs를 탈착한 후, 탈착물질을 기체 크로마토그래피와 같은 분석시스템으로 운송하는 과정을 말한다.
④ 2단 열탈착: 흡착제로부터 분석물질을 열탈착하여 고온농축트랩에 농축한 다음, 고온농축트랩을 가열하여 농축된 화합물을 기체 크로마토그래피로 전달하는 과정을 말한다.

해설 2단 열탈착은 흡착제로부터 분석물질을 열탈착하여 저온농축트랩에 농축한 다음, 저온농축트랩을 가열하여 농축된 화합물을 기체 크로마토그래피로 전달하는 과정을 말한다.

157 환경대기 중에 존재하는 유해 휘발성유기화합물(VOCs)을 고체흡착 열탈착법으로 농도를 측정하기 위한 시험방법에 관한 설명으로 옳지 않은 것은?

① 유량계는 시료를 흡입할 때의 유량을 측정하기 위한 것으로 질량 유량조절기를 사용한다.
② 흡입펌프는 반드시 진공펌프이어야 하며 사용목적에 맞는 용량의 펌프를 사용하며, 유량 안전성은 시료채취 시간 동안 5% 이내이어야 한다.
③ 흡착제는 반드시 지정된 최고온도 범위와 기체유량을 사용하여야 하며, 80~120메시 크기를 가진 흡착제를 흡착관의 충전에 사용한다.
④ 흡착관은 스테인리스강(5mm×89mm) 또는 Pyrex 유리(5mm×89mm)로 된 관에 측정대상 성분에 따라 흡착제를 선택하여 각 흡착제의 파과부피를 고려하여 200mg 이상으로 충전한 후 사용한다.

해설 흡착제는 반드시 지정된 최고온도 범위와 기체유량을 사용하여야 하며, 20~80mesh 크기를 가진 흡착제를 흡착관의 충전에 사용한다.

158 환경대기 중 유해 휘발성유기화합물의 시험방법(고체흡착법)에서 사용되는 용어의 정의이다. ( ) 안에 알맞은 것은?

> 일정 농도의 VOCs가 흡착관에 흡착되는 초기 시점부터 일정 시간이 흐르게 되면 흡착관 내부에 상당량의 VOCs가 포화되기 시작하고 전체 VOCs량의 5%가 흡착관을 통과하게 되는데, 이 시점에서 흡착관 내부로 흘러간 총 부피를 ( )라 한다.

① 탈착부피(Desorption Volume)
② 머무름부피(Retention Volume)
③ 안전부피(Safe Sample Volume)
④ 파과부피(Breakthrough Volume)

해설 파과부피(Breakthrough Volume)는 일정 농도의 VOCs가 흡착관에 흡착되는 초기 시점부터 일정 시간이 흐르게 되면 흡착관 내부에 상당량의 VOCs가 포화되기 시작하고 전체 VOCs량의 5%가 흡착관을 통과하게 되는데, 이 시점에서 흡착관 내부로 흘러간 총 부피를 말한다.

정답 156 ④ 157 ③ 158 ④

159 「대기오염공정시험기준」에 의거하여 환경대기 중 유해 휘발성유기화합물을 고체흡착 용매추출법으로 분석할 때, 휘발성유기화합물질의 추출용매로 옳은 것은?

① Ethyl alcohol
② PCB
③ CS_2
④ n-Hexane

해설 채취된 VOC_S 시료를 이황화탄소(CS_2) 추출용매를 가하여 분석물질을 추출하여 낸다.

160 '대기오염공정시험기준'상 환경대기 중의 탄화수소 농도를 측정하기 위한 주시험법은?

① 총탄화수소 측정법
② 활성 탄화수소 측정법
③ 비활성 탄화수소 측정법
④ 비메테인 탄화수소 측정법

해설 환경대기 중 탄화수소 측정방법에서 주시험법은 비메테인 탄화수소 측정법이다.

161 환경대기 중의 탄화수소 농도를 측정하기 위한 자동연속(수소염이온화 검출기법) 시험방법의 종류로 옳지 않은 것은?

① 총탄화수소 측정법
② 활성 탄화수소 측정법
③ 비메테인 탄화수소 측정법
④ 올레핀 탄화수소 측정법

해설 자동연속(수소염이온화 검출기법) 측정방법의 종류
• 총탄화수소 측정법
• 비메테인 탄화수소 측정법
• 활성 탄화수소 측정법

162 환경대기 중의 탄화수소 측정방법 중 비메테인 탄화수소 측정법의 성능기준으로 옳지 않은 것은?

① 측정주기는 한 시간에 4회 이상의 측정을 할 수 있어야 한다.
② 측정범위는 0~5단계로부터 50ppm 범위 내에서 임의로 설정할 수 있어야 한다.
③ 재현성은 동일조건에서 스팬가스를 3회 연속 측정해서 측정치의 평균오차가 최대 ±3%의 범위 이내에 있어야 한다.
④ 제로 드리프트(Zero Drift)는 동일조건에서 제로가스를 연속해서 흘려보냈을 경우 지시변동은 24시간에 대하여 최대 눈금값의 ±1%의 범위 내에 있어야 한다.

해설 비메테인 탄화수소 측정 시 재현성(반복성)은 동일 조건에서 제로가스와 스팬가스를 번갈아 3회 도입해서 각각 측정치의 평균치로부터 편차를 구한다. 이 편차는 각 측정단계(range)마다 최대 눈금값의 ±1%의 범위 내에 있어야 한다.

163 환경대기 중 탄화수소 측정방법에서 총탄화수소 측정법 성능기준으로 옳지 않은 것은?

① 측정범위는 (0~10)ppmC, (0~25)ppmC 또는 (0~50)ppmC로 하여 1~3단계(Range)의 변환이 가능한 것이어야 한다.
② 응답시간은 스팬가스를 도입시켜 측정치가 일정한 값으로 급격히 변화되어 스팬가스 농도의 90% 변화할 때까지의 시간은 2분 이하여야 한다.
③ 지시의 변동은 제로가스 및 스팬가스를 흘려보냈을 때 정상적인 측정치의 변동은 각 측정단계(Range)마다 최대 눈금값의 ±3%의 범위 내에 있어야 한다.

정답 159 ③ 160 ④ 161 ④ 162 ③ 163 ③

④ 지시오차(직선성)는 제로조정 및 스팬조정을 끝낸 후 그 중간 농도의 교정용 가스를 주입 시켰을 경우에 상당하는 메테인 농도에 대한 지시오차는 각 측정단계(Range)마다 최대 눈금값의 ±5%의 범위 내에 있어야 한다.

해설 지시의 변동은 제로 가스 및 스팬 가스를 흘려보냈을 때 정상적인 측정치의 변동은 각 측정 단계(Range)마다 최대 눈금치의 ±1%의 범위 내에 있어야 한다.

164 굴뚝연속자동측정기의 기능(아날로그 통신방식) 중 측정범위에 관한 기준이다. ( ) 안에 가장 알맞은 것은?

> 측정범위는 형식승인을 취득한 측정범위 중 최대범위 내에서 사용 환경에 따라 배출시설별 오염물질 배출허용기준의 ( ) 이내에서 설정하여야 하며, 유속의 경우 최대 유속의 1.2~1.5배 범위에서 설정하여야 한다.

① 0.5 내지 2배 이내
② 2 내지 10배 이내
③ 5 내지 15배 이내
④ 10 내지 20배 이내

해설 측정범위는 형식승인을 취득한 측정범위 중 최대범위 내에서 사용 환경에 따라 배출시설 별 오염물질 배출허용기준의 2 내지 10배(다만, 배출가스 농도가 배출허용기준의 2배를 초과하는 경우에는 5 내지 10배) 이내에서 설정하여야 하며, 유속의 경우 최대 유속의 1.2~1.5배 범위에서 설정하여야 한다.

165 굴뚝연속자동측정기 설치방법으로 옳지 않은 것은?

① 먼지와 가스상물질 모두 측정하는 경우 측정위치는 먼지를 따른다.
② 수평굴뚝에서 가스상물질의 측정위치는 굴뚝방향이 바뀌는 지점으로부터 굴뚝 내경의 2배 이상 떨어진 곳을 선정한다.
③ 수직굴뚝에서 가스상물질의 측정위치는 굴뚝 하부 끝에서 위를 향하여 굴뚝 내경의 1/2배 이상이 되는 지점으로 한다.
④ 수직굴뚝에서 가스상물질의 측정위치는 굴뚝 상부 끝단으로부터 아래를 향하여 굴뚝 상부 내경의 1/2배 이상이 되는 지점으로 한다.

해설 가스상물질 측정기기를 수직굴뚝에 설치할 경우 측정위치는 굴뚝 하부 끝에서 위를 향하여 굴뚝 내경의 2배 이상이 되고, 상부 끝단으로부터 아래를 향하여 굴뚝 상부 내경의 1/2배 이상이 되는 지점으로 한다.

166 굴뚝배출가스 중 오염물질 연속자동측정기기의 설치 위치 및 방법으로 옳지 않은 것은?

① 불가피하게 외부공기가 유입되는 경우에 측정기기는 외부공기 유입 후에 설치하여야 한다.
② 분산굴뚝에서 측정기기는 나뉘기 전 굴뚝에 설치하거나, 나뉜 각각의 굴뚝에 설치하여야 한다.
③ 병합굴뚝에서 배출허용기준이 다른 경우에는 측정기기 및 유량계를 합쳐지기 전 각각의 지점에 설치하여야 한다.
④ 병합굴뚝에서 배출허용기준이 같은 경우에는 측정기기 및 유량계를 오염물질이 합쳐진 후 또는 합쳐지기 전 지점에 설치하여야 한다.

해설 불가피하게 외부공기가 유입되는 경우에 연속자동측정기기는 외부공기 유입 전에 설치하여야 한다.

정답 164 ② 165 ③ 166 ①

167 굴뚝연속자동측정기기의 설치방법으로 옳지 않은 것은?

① 응축된 수증기가 존재하지 않는 곳에 설치한다.
② 먼지와 가스상물질을 모두 측정하는 경우 측정위치는 먼지를 따른다.
③ 수직굴뚝에서 가스상물질의 측정위치는 굴뚝 하부 끝에서 위를 향하여 굴뚝 내경의 1/2배 이상이 되는 지점으로 한다.
④ 수평굴뚝에서 가스상물질의 측정위치는 외부 공기가 새어들지 않고 요철이 없는 곳으로 굴뚝의 방향이 바뀌는 지점으로부터 굴뚝 내경의 2배 이상 떨어진 곳을 선정한다.

해설 굴뚝연속자동측정기기는 수직굴뚝에서 가스상물질의 측정위치는 굴뚝 하부 끝에서 위를 향하여 굴뚝 내경의 2배 이상이 되고, 상부 끝단으로부터 아래를 향하여 굴뚝 상부 내경의 1/2배 이상이 되는 지점으로 한다.

168 굴뚝연속자동측정기 측정방법 중 도관(연결관)의 조립방법으로 옳지 않은 것은?

① 도관은 가능한 짧은 것이 좋다.
② 냉각도관은 될 수 있는 대로 수직으로 한다.
③ 기체·액체 분리관은 도관의 부착위치 중 가장 높은 부분 또는 최고 온도의 부분에 부착한다.
④ 응축수의 배출에 쓰는 펌프는 충분히 내구성이 있는 것을 사용하며, 이때 응축수 트랩은 사용하지 않아도 좋다.

해설 굴뚝연속자동측정기기의 기체-액체 분리관은 도관의 부착위치 중 가장 낮은 부분 또는 최저 온도의 부분에 부착하여 응축수를 급속히 냉각시키고 배관계의 밖으로 빨리 방출시킨다.

169 굴뚝배출가스 중 먼지를 연속적으로 자동 측정하는 방법에 관한 설명으로 옳지 않은 것은?

① 먼지의 농도는 mg/Sm^3의 단위를 사용한다.
② 검출한계는 제로드리프트의 2배에 해당하는 지시치가 갖는 교정용 입자의 먼지농도를 말한다.
③ 교정용 입자는 실내에서 감도 및 교정오차를 구할 때 사용하는 균일계 단분산 입자로서 기하평균 입경이 (0.3~3)μm의 인공 입자로 한다.
④ 응답시간은 표준교정판을 끼우고 측정을 시작했을 때 그 보정치의 80% 이상의 지시치를 나타낼 때 걸린 시간을 말한다.

해설 응답시간은 표준교정판(필름)을 끼우고 측정을 시작했을 때 그 보정치의 95%에 해당하는 지시치를 나타낼 때 까지 걸린 시간을 말한다.

170 굴뚝 배출가스 중 먼지의 자동 연속 측정방법에서 사용하는 용어의 뜻으로 옳지 않은 것은?

① 균일계 단분산 입자는 입자의 크기가 모두 같은 것으로 간주할 수 있는 시험용 입자로서 채취 현장에서 만들어진다.
② 시험가동시간은 연속자동측정기를 정상적인 조건에서 운전할 때 예기치 않는 수리, 조정 및 부품 교환 없이 연속가동 할 수 있는 최소시간을 말한다.
③ 제로드리프트는 연속자동측정기가 정상적으로 가동되는 조건하에서 먼지를 포함하지 않는 공기를 일정시간 동안 측정한 후 발생한 출력신호가 변화하는 정도를 말한다.
④ 교정오차는 실내에서 교정용 입자를 용기 안으로 분사하면서 연속자동측정기로 측정한 먼지농도가 용기 안에서 시료채취법으로 구한 먼지농도와 얼마나 잘 일치하는가 하는 정도이다.

해설 균일계 단분산 입자는 입자의 크기가 모두 같은 것으로 간주할 수 있는 시험용 입자로서 실험실에서 만들어진다.

171 굴뚝 배출가스 중의 먼지를 연속적으로 자동측정하는 광산란적분법의 4가지 장치구성부로 옳지 않은 것은?

① 앰프부 ② 검출부
③ 농도지시부 ④ 수신부

해설 굴뚝 배출가스 중의 먼지를 연속적으로 자동측정하는 광산란적분법의 4가지 장치구성부는 시료채취부, 검출부, 앰프부, 수신부로 구성된다.

172 굴뚝연속자동측정기기에 의한 이산화황 연속측정법에 관한 설명이다. ( ) 안에 알맞은 것은?

> 이산화황 연속측정방법 중 자외선 흡수분석계에 분광기를 이용하는 분산방식은 (㉠)에서의 이산화황과 이산화질소의 흡광도를 그리고 380nm에서 이산화질소의 흡광도를 측정하고 몰흡광계수와 농도 및 흡광도로 표시된 2원 1차 연립방정식에 대입하여 이산화황의 극대흡수 파장인 (㉠)에서의 이산화질소의 간섭을 보정한다. 또한 불꽃광도 분석계를 이용한 측정법에서는 환원선 수소불꽃에 도입된 이산화황이 불꽃 중에서 환원될 때 발생하는 빛 가운데 (㉡) 부근의 빛에 대한 발광강도를 측정하여 굴뚝 배출가스 중 이산화황 농도를 구한다.

① ㉠ 287nm, ㉡ 394nm
② ㉠ 400nm, ㉡ 410nm
③ ㉠ 560nm, ㉡ 430nm
④ ㉠ 730nm, ㉡ 470nm

해설 자외선흡수분석계에는 분광기를 이용하는 분산방식과 이용하지 않는 비분산방식이 있으며 분산방식에서는 287nm에서의 이산화황과 이산화질소의 흡광도를 그리고 380nm에서 이산화질소의 흡광도를 측정하고 몰흡광계수와 농도 및 흡광도로 표시된 2원 1차 연립방정식에 대입하여 이산화황의 극대흡수파장인 287nm에서의 이산화질소의 간섭을 보정한다. 또한 불꽃광도 분석계에서는 환원선 수소불꽃에 도입된 이산화황이 불꽃 중에서 환원될 때 발생하는 빛 가운데 394nm 부근의 빛에 대한 발광강도를 측정하여 굴뚝 배출가스 중 이산화황 농도를 구한다.

173 굴뚝 배출가스 중 이산화황의 연속자동측정방법에 사용하는 분석계의 종류로 옳지 않은 것은?

① 불꽃광도 분석계 ② 광전도전위 분석계
③ 자외선 흡수분석계 ④ 용액전도율 분석계

해설 굴뚝 배출가스 중 이산화황의 연속자동측정방법에 사용하는 분석계의 종류
- 용액전도율 분석계
- 적외선 흡수분석계
- 자외선 흡수분석계
- 정전위전해 분석계
- 불꽃광도 분석계

174 굴뚝 배출가스 중 이산화황 자동연속측정방법에서 사용하는 용어의 의미로 옳은 것은?

① 편향(Bias): 측정결과에 치우침을 주는 원인에 의해서 생기는 우연오차
② 제로드리프트: 연속자동측정기가 정상가동 되는 조건 하에서 제로가스를 일정시간 흘려 준 후 발생한 출력신호가 변화된 정도
③ 점(Point) 측정 시스템: 굴뚝 단면 직경의 20% 이하의 경로 또는 여러 지점에서 오염물질 농도를 측정하는 연속 자동측정시스템
④ 시험가동시간: 연속 자동측정기를 정상적인 조건에 따라 운전할 때 예치지 않는 수리, 조정, 부품교환 없이 연속 가동할 수 있는 최대시간

정답 171 ③ 172 ① 173 ② 174 ②

해설

① 편향(Bias): 계통오차로 측정결과에 치우침을 주는 원인에 의해서 생기는 오차
③ 점(Point) 측정시스템: 굴뚝 또는 덕트 단면 직경의 10% 이하의 경로 또는 단일점에서 오염물질 농도를 측정하는 배출가스 연속자동측정시스템
④ 시험가동시간: 연속자동측정기를 정상적인 조건에 따라 운전할 때 예기치 않는 수리, 조정 및 부품교환 없이 연속 가동할 수 있는 최소시간

175 굴뚝 배출가스 중의 이산화황을 연속적으로 자동 측정할 때 사용하는 용어 정의로 옳지 않은 것은?

① 제로가스: 정제된 공기나 순수한 질소(순도 99.999% 이상)를 말한다.
② 검출한계: 제로드리프트의 2배에 해당하는 지시치가 갖는 이산화황의 농도를 말한다.
③ 제로드리프트: 연속자동측정기가 정상적으로 가동되는 조건 하에서 제로가스를 일정시간 흘려준 후 발생한 출력신호가 변화한 정도를 말한다.
④ 경로(path) 측정시스템: 굴뚝 또는 덕트 단면 직경의 5% 이하의 경로를 따라 오염물질 농도를 측정하는 배출가스 연속자동측정시스템을 말한다.

해설 경로(Path) 측정시스템: 굴뚝 또는 덕트 단면 직경의 10% 이상의 경로를 따라 오염물질 농도를 측정하는 배출가스 연속자동측정시스템

176 굴뚝배출가스 중 이산화황을 연속적으로 자동측정하는 방법 중 불꽃광도분석계의 측정원리에 관한 설명이다. ( ) 안에 알맞은 것은?

> 환원선 수소불꽃에 도입된 이산화황이 불꽃 중에서 환원될 때 발생하는 빛 가운데 394nm부근의 빛에 대한 발광강도를 측정하여 연도배출가스 중 이산화황 농도를 한다. 이 방법을 이용하기 위해서는 불꽃에 도입되는 이산화황 농도가 ( ) 이하가 되도록 시료가스를 깨끗한 공기로 희석해야 한다.

① 2~3μg/min ② 5~6μg/min
③ 2~3mg/min ④ 5~6mg/min

해설 불꽃광도 분석계를 이용하기 위해서는 불꽃에 도입되는 이산화황 농도가 5~6μg/min 이하가 되도록 시료가스를 깨끗한 공기로 희석해야 한다.

177 굴뚝 배출가스 중 이산화황을 연속적으로 자동측정하는 방법에 사용되는 용어에 관한 설명이다. ( ) 안에 알맞은 것은?

> • 교정가스: 공인기관의 보정치가 제시되어 있는 표준가스로 연속자동측정기 최대눈금치의 약 (㉠)에 해당하는 농도를 갖는다.
> • 제로가스: 정제된 공기나 순수한 질소(순도 (㉡) 이상)를 말한다.

① ㉠ 20%와 60%, ㉡ 99%
② ㉠ 30%와 70%, ㉡ 99.9%
③ ㉠ 40%와 80%, ㉡ 99.99%
④ ㉠ 50%와 90%, ㉡ 99.999%

정답 175 ④ 176 ② 177 ④

해설
- 교정가스: 공인기관의 보정치가 제시되어 있는 표준가스로 연속 자동측정기 최대눈금치의 약 50%와 90%에 해당하는 농도를 갖는다(90% 교정가스를 스팬가스라고 한다.).
- 제로가스: 정제된 공기나 순수한 질소(순도 99.999% 이상)를 말한다.

178 굴뚝 배출가스 중 이산화황의 자동연속 측정 방법 중 자외선 흡수분석계에 관한 설명으로 옳지 않은 것은?

① 광원: 저압수소방전관 또는 저압수은등이 사용된다.
② 검출기: 자외선 및 가시광선에 감도가 좋은 광전자증배관 또는 광전관이 이용된다.
③ 시료셀: 시료셀은 (200~500)mm의 길이로 시료가스가 연속적으로 통과할 수 있는 구조로 되어 있다.
④ 분광기: 프리즘 또는 회절격자분광기를 이용하여 자외선 영역 또는 가시광선 영역의 단색광을 얻는 데 사용된다.

해설 이산화황의 자외선 흡수분석계의 광원으로 중수소방전관 또는 중압수은등이 사용된다.

179 굴뚝 배출가스 중 질소산화물을 연속적으로 자동측정하는 방법 중 자외선흡수분석계의 구성에 관한 설명으로 옳지 않은 것은?

① 광원: 중수소방전관 또는 중압수은등을 사용한다.
② 검출기: 가시광선 및 자외부에서 강도가 좋은 비분산 자외선광배전관이 이용된다.
③ 합산증폭기: 신호를 증폭하는 기능과 일산화질소 측정 파장에서 아황산가스의 간섭을 보정하는 기능을 가지고 있다.
④ 시료셀: 시료가스가 연속적으로 흘러갈 수 있는 구조로 되어 있으며 그 길이는 (200~500)mm이고, 셀의 창은 석영판과 같이 자외선 및 가시광선이 투과할 수 있는 재질이어야 한다.

해설 검출기는 자외선 및 가스광선에 대하여 감도가 좋은 광전자증배관 또는 광전관이 이용된다.

180 굴뚝 등에서 배출되는 질소산화물의 자동연속측정방법(자외선흡수분석계 사용)에 관한 설명이다. ( ) 안에 가장 적합한 물질은?

합산증폭기는 신호를 증폭하는 기능과 일산화질소 측정파장에서 ( )의 간섭을 보정하는 기능을 가지고 있다.

① 수분
② 아황산가스
③ 이산화탄소
④ 일산화탄소

해설 합산증폭기는 신호를 증폭하는 기능과 일산화질소 측정파장에서 아황산가스의 간섭을 보정하는 기능을 가지고 있다.

181 굴뚝 배출가스 중 질소산화물의 연속 자동측정법으로 옳지 않은 것은?

① 화학발광법
② 용액전도율법
③ 자외선흡수법
④ 적외선흡수법

해설 굴뚝 배출가스 중 질소산화물의 연속 자동측정법은 화학발광법, 적외선흡수법, 자외선흡수법, 정전위전해 분석법이 있다.

정답 178 ① 179 ② 180 ② 181 ②

182 굴뚝 배출가스 중의 질소산화물을 연속자동 측정할 때 사용하는 화학발광 분석계의 구성에 관한 설명으로 옳지 않은 것은?

① 오존발생기는 산소가스를 오존으로 변환시키는 역할을 하며, 에너지원으로서 무성방전관 또는 자외선발생기를 사용한다.
② 반응조는 시료가스와 오존가스를 도입하여 반응시키기 위한 용기로서 내부압력조건에 따라 감압형과 상압형으로 구분된다.
③ 검출기에는 화학발광을 선택적으로 투과시킬 수 있는 발광필터가 부착되어 있어 전기신호를 발광도로 변환시키는 역할을 한다.
④ 유량제어부는 시료가스 유량제어부와 오존가스 유량제어부가 있으며 이들은 각각 저항관, 압력조절기, 니들밸브, 면적유량계, 압력계 등으로 구성되어 있다.

해설 검출기는 화학발광을 선택적으로 투과시킬 수 있는 광학필터가 부착되어 있으며 발광도를 전기신호로 변환시키는 역할을 한다.

183 굴뚝의 배출가스 중 플루오린화수소를 연속적으로 자동 측정하는 방법은?

① 자외선형광법   ② 이온전극법
③ 적외선흡수법   ④ 자외선흡수법

해설 굴뚝배출가스 중 플루오린화수소를 연속적으로 자동측정하는 방법은 이온전극법이다.

184 굴뚝 배출가스 중의 오염물질과 연속자동측정방법과의 연결로 옳지 않은 것은?

① 이산화황 – 불꽃광도법
② 염화수소 – 이온전극법
③ 질소산화물 – 적외선흡수법
④ 플루오린화수소 – 자외선흡수법

해설
① 이산화황: 용액전도율법, 적외선흡수법, 자외선흡수법, 정전위전해법, 불꽃광도법
② 염화수소: 이온전극법, 비분산적외선분광분석법
③ 질소산화물: 화학발광법, 적외선흡수법, 자외선흡수법, 정전위전해법
④ 플루오린화수소: 이온전극법

185 굴뚝 배출가스 중의 오염물질과 연속자동측정방법으로 옳지 않은 것은?

① 염화수소 – 용액전도율법
② 이산화황 – 적외선흡수법
③ 질소산화물 – 정전위전해법
④ 암모니아 – 적외선가스분석법

해설 염화수소: 이온전극법, 비분산적외선분광분석법

186 「대기오염공정시험기준」상 굴뚝 배출가스 중 연속자동 측정대상물질별 측정방법으로 옳게 연결된 것은?

① 먼지 – 광산란적분법
② 이산화황 – 화학발광법
③ 질소산화물 – 불꽃광도법
④ 염화수소 – 용액전도율법

해설
① 먼지: 광산란적분법, 베타(β)선 흡수법, 광투과법
② 이산화황: 용액전도율법, 적외선흡수법, 자외선흡수법, 정전위전해법, 불꽃광도법
③ 질소산화물: 화학발광법, 적외선흡수법, 자외선흡수법, 정전위전해법
④ 염화수소: 이온전극법, 비분산적외선분광분석법

187 굴뚝에서 배출되는 건조배출가스의 유량을 연속적으로 자동 측정하는 방법에 관한 설명으로 옳지 않은 것은?

① 와류유속계를 사용할 때에는 압력계 및 온도계는 유량계 상류측에 설치해야 한다.
② 건조배출가스 유량은 배출되는 표준상태의 건조배출가스양[Sm^3(5분 적산치)]으로 나타낸다.
③ 유량의 측정방법에는 피토관, 열선유속계, 와류유속계, 초음파유속계를 이용하는 방법이 있다.
④ 열선식 유속계를 이용하는 방법에서 시료채취부는 열선과 지주 등으로 구성되어 있으며, 열선은 직경 2~10μm, 길이 약 1mm의 텅스텐이나 백금선 등이 쓰인다.

해설 유량의 자동 연속측정 시 와류유속계를 사용할 때에는 압력계 및 온도계는 유량계 하류측에 설치해야 한다.

대기오염공정시험기준 총괄

001 배출허용기준 중 표준산소농도를 적용받는 항목의 오염물질 농도량 보정식으로 옳은 것은? (단, C: 오염물질 농도(mg/Sm³ 또는 ppm), C_a: 실측오염물질 농도(mg/Sm³ 또는 ppm), O_a: 실측산소농도(%), O_s: 표준산소농도(%)이다.)

① $C = C_a \times \dfrac{21-O_s}{21+O_a}$

② $C = C_a \times \dfrac{21-O_s}{21-O_a}$

③ $C = C_a \div \dfrac{21-O_s}{21+O_a}$

④ $C = C_a \div \dfrac{21-O_s}{21-O_a}$

해설 오염물질 농도 보정식은 $C = C_a \times \dfrac{21-O_s}{21-O_a}$ 이다.

002 오염물질 A의 실측농도가 250mg/Sm³이고, 그때의 실측산소농도가 3.5%이었다. 오염물질 A의 보정농도(mg/Sm³)는? (단, 오염물질 A는 표준산소농도를 적용받으며, 표준 산소농도는 4%이다.)

① 219 ② 243
③ 247 ④ 286

해설 오염물질 농도 보정식,
$C = C_a \times \dfrac{21-O_s}{21-O_a}$ 에서
$C = 250 \times \dfrac{21-4}{21-3.5} = 242.86 \text{mg/Sm}^3$

003 유황분 1.6% 이하 함유한 액체연료를 사용하는 연소시설에서 배출되는 황산화물(표준산소농도를 적용받는 항목)을 측정한 결과 700ppm이었다. 배출가스 중의 산소농도는 7%, 표준산소 농도는 4%이다. 시험성적서에 명시해야 할 황산화물의 농도(ppm)는?

① 750ppm ② 800ppm
③ 850ppm ④ 900ppm

해설 오염물질 농도 보정식,
$C = C_a \times \dfrac{21-O_s}{21-O_a}$ 에서 $700 = C_a \times \dfrac{21-4}{21-7}$
∴ $C_a = 850$ppm

004 배출허용기준 중 표준산소농도를 적용받는 항목에 대한 배출가스유량 보정식으로 옳은 것은? (단, Q: 배출가스유량(Sm³/일), Q_a: 실측배출가스유량(Sm³/일), O_a: 실측산소농도(%), O_s: 표준산소농도(%)이다.)

① $Q = Q_a \times \dfrac{21-O_s}{21-O_a}$

② $Q = Q_a \div \dfrac{21-O_s}{21-O_a}$

③ $Q = Q_a \times \dfrac{21+O_s}{21+O_a}$

④ $Q = Q_a \div \dfrac{21+O_s}{21+O_a}$

해설 배출가스유량 보정식은 $Q = Q_a \div \dfrac{21-O_s}{21-O_a}$ 이다.

005 배출허용기준 중 표준 산소농도를 적용받는 어떤 오염물질의 보정된 배출가스 유량이 50Sm³/day이었다. 이때 배출가스를 분석하니 실측산소농도는 5%, 표준산소농도는 3%일 때 측정되어진 실측 배출가스 유량(Sm³/day)은?

① 44.44 ② 51.44
③ 56.25 ④ 61.25

해설 배출가스유량 보정식,
$Q = Q_a \div \dfrac{21-O_s}{21-O_a}$ 에서 $50 = Q_a \div \dfrac{21-3}{21-5}$
∴ $Q_a = 56.25 \, Sm^3/day$

006 비중 1.84, 농도 96%(Wt)인 시판 황산의 규정농도는?

① 9N   ② 18N
③ 21N ④ 36N

해설 규정농도,
$N = \dfrac{비중 \times \dfrac{농도(\%)}{100}}{g당량} \times 1,000$
$= \dfrac{1.84 \times 0.96}{49} \times 1,000 = 36N$

007 비중이 1.88, 농도 97%(중량 %)인 농황산(H_2SO_4)의 규정농도(N)는?

① 18.6N ② 24.9N
③ 37.2N ④ 49.7N

해설 규정농도,
$N = \dfrac{비중 \times \dfrac{농도(\%)}{100}}{g당량} \times 1,000$
$= \dfrac{1.88 \times 0.97}{49} \times 1,000 = 37.2N$

008 시판되는 염산시약의 농도가 35%이고 비중이 1.18인 경우 0.1M의 염산 1L를 제조할 때 시판 염산시약 약 몇 mL를 취하여 증류수로 희석하여야 하는가?

① 3   ② 6
③ 9   ④ 15

해설 시판되는 염산시약의 M농도,
$M = \dfrac{비중 \times \dfrac{농도(\%)}{100}}{g분자량} \times 1,000$
$= \dfrac{1.18 \times 0.35}{36.5} \times 1,000 = 11.3(M)$
∴ 묽힘의 법칙, $M \times V = M' \times V'$ 에서
$11.3 \times V = 0.1 \times 1,000$
∴ $V = 8.85 \, mL$

009 0.25N의 수산화소듐 용액 200mL를 만들려고 한다. 필요한 수산화소듐의 양은?

① 2g   ② 4g
③ 6g   ④ 8g

해설 NaOH의 분자량은 40이므로
40g/1,000mL : 1eq/L = xg/200mL : 0.25eq/L에서
$x = \dfrac{200 \times 0.25 \times 40}{1,000} = 2g$

010 굴뚝 배출가스양이 125Sm³/h이고, HCl농도가 200ppm일 때, 5,000L 물에 2시간 흡수시켰다. 이때 이 수용액의 pOH는? (단, 흡수율은 60%이다.)

① 8.5   ② 9.3
③ 10.4 ④ 13.3

해설 물에 흡수시킨 HCl의 부피(L),
$125Sm^3/h \times 200mL/Sm^3 \times 2h \times 0.6 = 30,000mL = 30L$
표준상태에서, 기체 1mol의 부피=22.4 L이므로,
30L HCl의 mol수는 $30 \times \frac{1}{22.4} = 1.34(mol\ HCl)$,
몰농도 = $\frac{용질\ mol수}{용액\ L수} = \frac{1.34}{5,000} = 2.68 \times 10^{-4}(mol)$
∴ $pH = -\log[H^+] = -\log(2.68 \times 10^{-4}) = 3.57$
∴ $pOH = 14 - pH = 14 - 3.57 = 10.43$

011 40.8mmH$_2$O은 몇 mmHg인가?
① 15.1mmHg   ② 12.8mmHg
③ 7.5mmHg   ④ 3.0mmHg

해설
$mmHg = \frac{mmH_2O}{13.6\ mmH_2O/mmHg}$
$= \frac{40.8\ mmH_2O}{13.6\ mmH_2O/mmHg} = 3\ mmHg$

012 원형 굴뚝의 단면적이 (13~15)m^{2}인 경우 배출되는 입자상물질 측정을 위한 ㉠ 반경 구분수와 ㉡ 측정점수는?
① ㉠ 2, ㉡ 8   ② ㉠ 3, ㉡ 12
③ ㉠ 4, ㉡ 16   ④ ㉠ 5, ㉡ 20

해설 $A = \frac{\pi}{4}D^2$에서
$D = \sqrt{\frac{4 \times A}{\pi}} = \sqrt{\frac{4 \times 13}{3.14}} = 4.07m$
$D = \sqrt{\frac{4 \times 15}{3.14}} = 4.37m$

[원형 단면의 측정점]

굴뚝 직경(2R) (m)	반경 구분수	측정점수
1 이하	1	4
1 초과 2 이하	2	8
2 초과 4 이하	3	12
4 초과 4.5 이하	4	16
4.5 초과	5	20

따라서 반경 구분수는 4, 측정점수는 16이다.

실기 Check ✓

013 가로 3.0m, 세로 2.0m로 설치된 상하 동일한 단면적의 직사각형 굴뚝의 환산직경은?
① 2.2m   ② 2.4m
③ 2.6m   ④ 2.8m

해설 환산직경
$= 2 \times \left(\frac{가로 \times 세로}{가로 + 세로}\right) = \frac{2 \times 3 \times 2}{3 + 2} = 2.4m$

014 굴뚝 내부 단면의 가로 길이가 2m이고, 세로 길이가 1.5m일 때 이 굴뚝의 환산 직경은? (단, 굴뚝 단면은 사각형이며, 상하 동일 단면적을 가진 굴뚝이다.)
① 1.5m   ② 1.7m
③ 1.9m   ④ 2.0m

해설 환산 직경
$= 2 \times \left(\frac{가로 \times 세로}{가로 + 세로}\right) = \frac{2 \times 2 \times 1.5}{2 + 1.5} = 1.7m$

015 굴뚝 단면이 서서히 변하는 경우의 원형굴뚝의 환산하부 직경 계산식으로 옳은 것은?

① 환산하부 직경 = $\frac{하부\ 직경 + 선정된\ 측정공\ 위치의\ 직경}{2}$

② 환산하부 직경 = $\frac{하부\ 직경 + 선정된\ 측정공\ 위치의\ 직경}{4}$

③ 환산하부 직경 = $\frac{하부\ 직경 + 선정된\ 측정공\ 위치의\ 직경}{6}$

④ 환산하부 직경 = $\frac{하부\ 직경 + 선정된\ 측정공\ 위치의\ 직경}{8}$

해설 굴뚝단면이 서서히 변하는 경우(원형굴뚝)
환산하부 직경 = $\frac{하부\ 직경 + 선정된\ 측정공\ 위치의\ 직경}{2}$

정답 011 ④ 012 ③ 013 ② 014 ② 015 ①

016 중유 전용 보일러 배기가스 굴뚝에서 건식가스미터를 이용한 장치로 수분을 채취하였다. 이때 U자관 흡습수분량은 0.1256g이고, 흡입가스양은 2L, 가스미터에서의 흡입가스온도는 25℃, 압력차는 없고, 대기압은 760mmHg이었다. 이때의 배출가스 중 수증기 부피백분율(%)은?

① 약 2.4% ② 약 4.8%
③ 약 7.9% ④ 약 9.3%

해설 흡습관으로 배출가스 중의 수분량을 계산하는 방법은 건식가스미터를 사용할 때 습한 기체 중의 수증기의 부피백분율로 표시하고 다음 식에 의해 구한다.

$$X_w = \frac{\frac{22.4}{18} \times m_a}{V_m \times \left(\frac{273}{273+\theta_m}\right) \times \left(\frac{P_a+P_m}{760}\right) + \frac{22.4}{18} \times m_a}$$

×100%에서 표준상태 기준이므로

$$X_w = \frac{\frac{22.4}{18} \times 0.1256}{2 \times \left(\frac{273}{273+25}\right) + \frac{22.4}{18} \times 0.1256} \times 100$$

$= 7.86\%$

실기 Check ✓

017 굴뚝 배출가스 중 수분측정을 위하여 흡습제에 10L의 시료를 흡입하여 유입시킨 결과 흡습제의 중량 증가가 0.8500g이었다. 이 배출가스 중의 수증기 부피백분율은? (단, 건식 가스미터의 흡입가스온도: 27℃, 가스미터에서의 가스게이지압+대기압: 760mmHg)

① 10.4% ② 9.5%
③ 7.3%   ④ 5.5%

해설 배출가스 중의 수증기 부피백분율,

$$X_w = \frac{\frac{22.4}{18} \times 0.85}{10 \times \left(\frac{273}{273+27}\right) + \frac{22.4}{18} \times 0.85} \times 100$$

$= 10.4\%$

018 A 굴뚝 배출가스 중의 수분량을 흡습관법으로 측정한 결과 다음과 같은 결과를 얻었다. 습배출가스 중의 수증기 백분율은? (단, 0℃, 1atm 기준)

- 건조가스 흡입유량: 20L
- 측정 전 흡습관의 질량: 96.16g
- 측정 후 흡습관의 질량: 97.69g

① 약 6.4% ② 약 7.1%
③ 약 8.7% ④ 약 9.5%

해설 배출가스 중의 수증기 부피백분율,

$$X_w = \frac{\frac{22.4}{18} \times (97.69-96.16)}{20 + \frac{22.4}{18} \times (97.69-96.16)} \times 100 = 8.7\%$$

019 굴뚝 배출가스 중의 수분량 측정을 위해 흡습관에 배출가스를 10L 통과시킨 결과, 흡습관의 중량 증가는 0.7510g이었다. 이때 건식가스미터로 측정하여보니, 게이지압이 4mmH₂O이고, 흡입가스 온도가 27℃였다. 측정 당시 대기압이 757mmHg이면 배출가스 중의 수분량(%)은?

① 약 6.5%   ② 약 9.3%
③ 약 10.2% ④ 약 13.6%

해설

$$X_w = \frac{\frac{22.4}{18} \times 0.7510}{10 \times \left(\frac{273}{273+27}\right) \times \left(\frac{757+\frac{4}{13.6}}{760}\right) + \frac{22.4}{18} \times 0.7510} \times 100$$

$= 9.3\%$

020 굴뚝 배출가스 중 수분량이 체적백분율로 10%이고 배출가스의 온도는 80℃, 시료채취량은 10L, 대기압은 0.6기압, 가스미터의 게이지압은 25mmHg, 가스미터온도 80℃에서의 수증기포화압이 255mmHg라 할 때, 흡수된 수분량(g)은?

① 0.459 ② 0.328
③ 0.205 ④ 0.147

해설 흡습관으로 배출가스 중의 수분량을 계산하는 방법은 습식가스미터를 사용할 때 습한 기체 중의 수증기의 부피백분율로 표시하고 다음 식에 의해 구한다.

$$X_w = \frac{\frac{22.4}{18} \times m_a}{V_m \times \left(\frac{273}{273+\theta_m}\right) \times \left(\frac{P_a+P_m-P_v}{760}\right) + \frac{22.4}{18} \times m_a} \times 100\%$$

에서 표준상태 기준이므로

$$10 = \frac{\frac{22.4}{18} \times m_a}{10 \times \left(\frac{273}{273+80}\right) \times \left(\frac{0.6 \times 760+25-255}{760}\right) + \frac{22.4}{18} \times m_a}$$

×100에서 ∴ $m_a = 0.205$g

021 굴뚝 내의 온도(θ_s)는 133℃이고, 정압(P_s)은 15mmHg이며 대기압(P_a)은 745mmHg이다. 이때 굴뚝 내의 배출가스 밀도를 구하면? (단, 표준상태의 공기의 밀도(γ_o)는 1.3kg/Sm³이고, 굴뚝 내 기체 성분은 대기와 같다.)

① 0.744kg/m³ ② 0.874kg/m³
③ 0.934kg/m³ ④ 0.984kg/m³

해설 배출가스의 밀도 측정은 배출가스 조성으로부터 계산으로 구하거나 기체밀도계에 의한다.

$$\gamma = \gamma_o \times \frac{273}{273+\theta_s} \times \frac{P_a+P_s}{760}$$
$$= 1.3 \times \frac{273}{273+133} \times \frac{745+15}{760} = 0.874\text{kg/m}^3$$

022 배출구 시료(먼지측정)채취 시 등속흡입을 위하여 내경 10mm의 원형노즐(보통형 흡입노즐)을 사용할 때 배출가스 속도 16m/s, 배출가스 중 수증기의 백분율은 14%, 가스미터의 흡입가스 온도는 50℃, 배출가스 온도 100℃, 대기압은 760mmHg, 측정점에서의 정압은 750mmHg, 습식가스미터 내의 게이지 가스압은 900mmHg, 가스미터로 흡입되는 가스의 수증기 포화압은 90mmHg이다. 이때 가스미터에 있어서의 분당 등속흡입된 공기량은?

① 약 54L/min ② 약 66L/min
③ 약 75L/min ④ 약 82L/min

해설 보통형(Ⅰ형) 흡입노즐을 사용할 때 등속흡입을 위한 흡입량을 구하는 식은 다음과 같다.

$$q_m = \frac{\pi}{4} \times d^2 \times v \times \left(1 - \frac{X_w}{100}\right) \times \left(\frac{273+\theta_m}{273+\theta_s}\right)$$
$$\times \left(\frac{P_a+P_s}{P_a+P_m-P_v}\right) \times 60 \times 10^{-3}$$

여기서, q_m: 가스미터에 있어서의 등속흡입유량(L/min)
d: 흡입노즐의 내경(mm)
v: 배출가스 유속(m/s)
X_w: 배출가스 중 수증기의 부피백분율(%)
θ_m: 가스미터의 흡입가스 온도(℃)
θ_s: 배출가스 온도(℃)
P_a: 측정공 위치에서의 대기압(mmHg)
P_s: 측정점에서의 정압(mmHg)
P_m: 가스미터의 흡입가스 게이지압(mmHg)
P_v: θ_m의 포화수증기압(mmHg)

$$q_m = \frac{3.14}{4} \times 10^2 \times 16 \times \left(1 - \frac{14}{100}\right) \times \left(\frac{273+50}{273+100}\right)$$
$$\times \left(\frac{760+750}{760+900-90}\right) \times 60 \times 10^{-3}$$
$$= 53.98\text{L/min}$$

023 굴뚝 배출가스 중 먼지측정을 위해 보통형 흡입노즐을 사용할 경우 가스미터에서 등속흡입을 위한 흡입량(L/min)?

- 대기압: 760mmHg
- 가스미터의 흡입가스 온도: 25℃
- 가스미터의 흡입가스 게이지압: 1mmHg
- 배출가스 온도: 125℃
- 배출가스 유속: 8m/s
- 배출가스 중 수증기의 부피백분율: 10%
- 흡입노즐의 내경: 6mm
- 측정점에서의 정압: −1.5mmHg

① 7.1 ② 9.1
③ 11.1 ④ 13.1

해설

$$q_m = \frac{3.14}{4} \times 6^2 \times 8 \times \left(1 - \frac{10}{100}\right) \times \left(\frac{273+25}{273+125}\right) \times \left(\frac{760-1.5}{760+1}\right) \times 60 \times 10^{-3}$$
$$= 9.11 \text{L/min}$$

024 보통형(I형) 흡입노즐을 사용한 굴뚝 배출가스 흡입 시 10분간 채취한 흡입가스양(습식가스미터에서 읽은 값)이 60L이었다. 이때 등속흡입이 행하여지기 위한 가스미터에 있어서의 등속흡입유량의 범위는? (단, 등속흡입 정도를 알기 위한 등속흡입계수 $I(\%) = \dfrac{V_m'}{q_m \times t} \times 100$이다.)

① 3.3∼5.3L/분
② 5.5∼6.7L/분
③ 6.5∼7.3L/분
④ 7.5∼8.3L/분

해설 등속흡입 정도를 알기 위하여 다음 식에 의해 구한 값이 90∼110% 범위여야 한다.

등속흡입계수가 90%일 때,
$90 = \dfrac{60}{q_m \times 10} \times 100$에서 $q_m = 6.7$L/min

등속흡입계수가 110%일 때,
$110 = \dfrac{60}{q_m \times 10} \times 100$에서 $q_m = 5.5$L/min

∴ 등속흡입유량의 범위는 5.5∼6.7L/min이다.

025 피토관으로 굴뚝 배출가스의 유속을 측정한 결과 동압(動壓)이 10 mmH$_2$O였다. 이때 유속은? (단, $\gamma = 1.3$ g/m^3, 피토관 계수는 1.0이다.)

① 10.5m/s ② 12.3m/s
③ 16.2m/s ④ 18.9m/s

해설 배출가스 평균유속, $\overline{v} = C\sqrt{\dfrac{2gh}{\gamma}}$ (m/s)

여기서, C 피토관 계수
h: 배출가스 동압 측정치(mmH$_2$O)
g: 중력가속도(9.8 m/s^2)
γ: 굴뚝 내의 습한 배출가스 밀도(kg/Sm^3)

$$\therefore \overline{v} = C\sqrt{\dfrac{2gh}{\gamma}} = 1.0 \times \sqrt{\dfrac{2 \times 9.8 \times 10}{1.3}}$$
$$= 12.3 \text{m/s}$$

026 연결관 내를 흐르는 가스의 유압을 피토관으로 측정하니 동압이 10mmH$_2$O, 유속이 15m/s였다. 이때 연결관 밸브를 완전히 열어 동압을 측정하니 20mmH$_2$O로 되었다. 이때 이 연결관 내의 유속은?

① 약 11m/s ② 약 14m/s
③ 약 18m/s ④ 약 21m/s

해설 배출가스 평균유속,
$\overline{v} = C\sqrt{\dfrac{2gh}{\gamma}}$ (m/s)에서 $\overline{v} \propto \sqrt{h}$

$\therefore v_2 = v_1 \times \sqrt{\dfrac{h_2}{h_1}} = 15 \times \sqrt{\dfrac{20}{10}} = 21.2$m/s

027 A 보일러 굴뚝의 배출가스 온도 280℃, 압력 760mmHg, 피토관에 의한 동압 측정치는 0.552 mmHg이었다. 이때 굴뚝 배출가스 평균유속(m/s)은? (단, 굴뚝 내 습배출가스의 밀도는 1.3kg/Sm^3, 피토우관 계수는 1이다.)

① 약 9.6　　② 약 12.3
③ 약 14.6　　④ 약 15.2

해설 밀도의 보정.
$\gamma = 1.3 \times \dfrac{273}{273+280} = 0.64 \text{kg/m}^3$

$\bar{v} = C\sqrt{\dfrac{2gh}{\gamma}} = 1.0 \times \sqrt{\dfrac{2 \times 9.8 \times 0.552 \times 13.6}{0.64}}$
$= 15.2 \text{m/s}$

028 굴뚝 내 배출가스 유속을 피토관으로 측정한 결과 그 동압이 35mmH$_2$O였다면 굴뚝 내의 유속(m/s)은? (단, 배출가스 온도는 225℃, 공기의 비중량은 1.3kg/Sm^3, 피토관 계수는 0.98이다.)

① 28.5　　② 30.5
③ 32.6　　④ 35.8

해설 밀도의 보정.
$\gamma = 1.3 \times \dfrac{273}{273+225} = 0.71 (\text{kg/m}^3)$

$\bar{v} = C\sqrt{\dfrac{2gh}{\gamma}} = 0.98 \times \sqrt{\dfrac{2 \times 9.8 \times 35}{0.71}}$
$= 30.5 \text{m/s}$

실기 Check

029 피토관으로 측정한 결과 덕트(duct) 내부 가스의 동압이 13mmH$_2$O이고 유속이 20m/s이었다. 덕트의 밸브를 모두 열었을 때 동압이 26mmH$_2$O이었다. 이때의 가스유속(m/s)은?

① 23.2　　② 25.0
③ 27.1　　④ 28.3

해설 배출가스 평균유속.
$\bar{v} = C\sqrt{\dfrac{2gh}{\gamma}}$ (m/s)에서 $\bar{v} \propto \sqrt{h}$

$\therefore v_2 = v_1 \times \sqrt{\dfrac{h_2}{h_1}} = 20 \times \sqrt{\dfrac{26}{13}} = 28.3 \text{m/s}$

030 어느 보일러 굴뚝 내의 배출가스의 밀도가 1.2kg/m^{3}이고, 피토관에서의 동압이 0.2inH$_2$O일 때, 굴뚝 배출가스의 유속은? (단, 피토우관 계수: 0.84)

① 5.60m/s　　② 7.65m/s
③ 8.38m/s　　④ 9.10m/s

해설
$\bar{v} = C\sqrt{\dfrac{2gh}{\gamma}} = 0.84 \times \sqrt{\dfrac{2 \times 9.8 \times 0.2 \times 25.4}{1.2}}$
$= 7.65 \text{m/s}$

031 피토관으로 굴뚝 배출가스를 측정한 결과 동압이 0.74mmHg였다. 이때 배출가스의 평균유속은? (단, 굴뚝 내의 습한 배출가스의 밀도는 1.3kg/m^3, 피토관 계수는 1.2이다.)

① 11.5m/s　　② 12.3m/s
③ 13.2m/s　　④ 14.8m/s

해설
$\bar{v} = C\sqrt{\dfrac{2gh}{\gamma}} = 1.2 \times \sqrt{\dfrac{2 \times 9.8 \times 0.74 \times 13.6}{1.3}}$
$= 14.8 \text{m/s}$

정답 027 ④　028 ②　029 ④　030 ②　031 ④

032 굴뚝 A의 배출가스에 대한 측정결과이다. 피토관으로 측정한 배출가스의 유속(m/s)은?

- 배출가스 온도: 150℃
- 비중이 0.85인 톨루엔을 사용했을 때 경사마노미터 동압: 7.0mm톨루엔주(柱)
- 피토관계수: 0.8584
- 배출가스 밀도: 1.3kg/Sm³

① 8.3 ② 9.4
③ 10.1 ④ 11.8

해설

동압(mmH₂O) = 7mm톨루엔 × $\dfrac{0.85 \text{mmH}_2\text{O}}{1\text{mm톨루엔}}$

= 5.95mmH₂O

∴ $V = C\sqrt{\dfrac{2gh}{\gamma}} = 0.8584 \times \sqrt{\dfrac{2 \times 9.81 \times 5.95}{1.3 \times \dfrac{273}{273+150}}}$

= 10.1 m/s

033 어떤 굴뚝 배출가스의 유속을 피토관으로 측정하고자 한다. 동압 측정 시 확대율이 10배인 경사마노미터를 사용하여 액주 55mm를 얻었다. 동압은 약 몇 mmH₂O인가? (단, 경사마노미터에는 비중 0.85의 톨루엔을 사용한다.)

① 4.7 ② 5.5
③ 6.5 ④ 7.0

해설

동압(mmH₂O) = $\dfrac{55\text{mm톨루엔}}{10\text{배}} \times \dfrac{0.85\text{mmH}_2\text{O}}{1\text{mm톨루엔}}$

= 4.675mmH₂O

034 A 굴뚝에서 배출가스의 유속을 측정하기 위하여 피토관에 비중이 0.85인 붉게 착색된 톨루엔을 넣은 경사마노미터를 연결하여 다음과 같은 결과를 얻었다. 이 경우 배출가스의 유속은?

- 배출가스 온도: 180℃
- 피토관계수: 0.86
- 경사마노미터를 이용한 확대율: 10배
- 경사미노미터의 액주 수치: 60mm
- 굴뚝 내 배출가스 밀도: 0.8kg/m³

① 6.5m/s ② 7.8m/s
③ 8.2m/s ④ 9.6m/s

해설

동압(mmH₂O) = $\dfrac{60\text{mm톨루엔}}{10\text{배}} \times \dfrac{0.85\text{mmH}_2\text{O}}{1\text{mm톨루엔}}$

= 5.1mmH₂O

∴ $V = C\sqrt{\dfrac{2gh}{\gamma}} = 0.86 \times \sqrt{\dfrac{2 \times 9.81 \times 5.1}{0.8}}$

= 9.6 m/s

035 A 도시면적이 150km²이고 인구밀도가 4,000명/km²이며 전국 평균 인구밀도가 800명/km²일 때 A 도시에 환경기준 시험을 위한 시료채취 측정점수(채취지점 수)를 인구비례에 의한 방법으로 구하면 몇 개인가? (단, A 도시면적은 지역의 가주지(可住地) 면적(총면적에서 전답, 호수, 임야, 하천 등의 면적을 뺀 면적이다.))

① 30개 ② 25개
③ 20개 ④ 15개

해설 측정점 수

= $\dfrac{\text{그 지역 가주지 면적}}{25\text{km}^2} \times \dfrac{\text{그 지역 인구밀도}}{\text{전국 평균인구밀도}}$

= $\dfrac{150}{25} \times \dfrac{4,000}{800}$ = 30개소

036 주어진 그림의 기체크로마토그램에서 두 개의 접근한 피크(peak)의 분리정도를 나타내기 위하여 분리계수 또는 분리도를 가지고 분리능을 구할 경우 분리계수(d)와 분리도(R)를 구하는 식으로 옳은 것은?

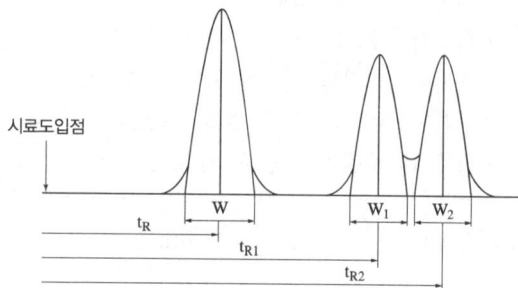

① $d = \dfrac{t_{R2}}{t_{R1}}, R = \dfrac{2 \times (t_{R2} - t_{R1})}{W_1 + W_2}$

② $d = t_{R2} - t_{R1}, R = \dfrac{t_{R1} + t_{R2}}{W_1 + W_2}$

③ $d = \dfrac{t_{R2} - t_{R1}}{W_1 + W_2}, R = t_{R2} - t_{R1}$

④ $d = \dfrac{t_{R2} - t_{R1}}{2}, R = d \times 100(\%)$

해설 분리계수, $d = \dfrac{t_{R2}}{t_{R1}}$, 분리도, $R = \dfrac{2 \times (t_{R2} - t_{R1})}{W_1 + W_2}$

여기서, t_{R1} : 시료도입점으로부터 봉우리 1의 최고점까지의 길이
t_{R2} : 시료도입점으로부터 봉우리 2의 최고점까지의 길이
W_1 : 봉우리 1의 좌우 변곡점에서의 접선이 자르는 바탕선의 길이
W_2 : 봉우리 2의 좌우 변곡점에서의 접선이 자르는 바탕선의 길이

037 기체크로마토그래피에서 분리관 효율을 나타내기 위한 이론단수를 구하는 식으로 옳은 것은? (단, t_R : 시료도입점으로부터 봉우리 최고점까지의 길이, W : 봉우리의 좌우 변곡점에서 접선이 자르는 바탕선의 길이)

① $16 \times \dfrac{t_R}{W}$ ② $16 \times \left(\dfrac{t_R}{W}\right)^2$

③ $16 \times \left(\dfrac{W}{t_R}\right)^2$ ④ $16 \times \dfrac{W}{t_R}$

해설 분리관효율은 보통 이론단수 또는 1이론단에 해당하는 분리관의 길이 HETP(height equivalent to a theoretical plate)로 표시한다.

이론단수, $n = 16 \times \left(\dfrac{t_R}{W}\right)^2$, $HETP = \dfrac{L}{n}$

여기서, L은 분리관의 길이(mm)이다.

038 이론단수가 1,600인 분리관이 있다. 보유시간이 20분인 피크의 좌우변곡점에서 접선이 자르는 바탕선의 길이가 10mm일 때, 기록지 이동속도는? (단, 이론단수는 모든 성분에 대하여 같다.)

① 2.5mm/min ② 5mm/min
③ 10mm/min ④ 15mm/min

해설 이론단수$(n) = 16 \times \left(\dfrac{t_R}{W}\right)^2$에서

$1,600 = 16 \times \left(\dfrac{\text{기록지 이동속도 (mm/분)} \times 20\text{분}}{10\,mm}\right)^2$

∴ 기록지 이동속도 = 5mm/min

039 기체크로마토그래프 사용 시, 이론단수가 1,600의 분리관이 있다. 보유시간이 20분이면 피크의 좌우 변곡점에서 접선이 자르는 바탕선의 길이는? (단, 기록지 이동속도는 5mm/min이고, 이론단수는 모든 성분에 대하여 같다.)

① 5mm ② 8mm
③ 10mm ④ 12mm

해설

$$1{,}600 = 16 \times \left(\dfrac{5\text{mm/분} \times 20\text{분}}{\text{피크 좌우 변곡점에서 접선이 자르는 바탕선의 길이}}\right)^2$$

∴ 피크의 좌우 변곡점에서 접선이 자르는 바탕선의 길이, $W = 10\text{mm}$

---

040 기체크로마토그래피에서 이론단수가 3,260인 분리관이 있다. 보유시간이 20분일 때, 피크의 좌우 변곡점에서 접선이 자르는 바탕선의 길이는? (단, 기록지 이동속도는 5mm/min이고, 이론단수는 모든 성분에 대하여 같다.)

① 7mm ② 9mm
③ 11mm ④ 13mm

해설
$$3{,}260 = 16 \times \left(\dfrac{5\text{mm/분} \times 20\text{분}}{W}\right)^2$$
∴ $W = 7\text{mm}$

---

041 어느 기체크로마토그램에 있어 성분 A의 보유시간은 5분, 피크 폭은 5mm였다. 이 경우 성분 A의 HETP(1이론단에 해당하는 분리관의 길이)는? (단, 분리관 길이는 2m, 기록지의 속도는 매분 10mm이다.)

① 0.16mm ② 0.25mm
③ 1.25mm ④ 2.56mm

해설 이론단수,
$$n = 16 \times \left(\dfrac{t_R}{W}\right)^2 = 16 \times \left(\dfrac{10 \times 5}{5}\right)^2 = 1{,}600$$
∴ $\text{HETP} = \dfrac{L}{n} = \dfrac{2{,}000}{1{,}600} = 1.25\text{mm}$

---

042 어떤 기체크로마토그램에 있어 성분 A의 보유시간은 10분, 피크 폭은 8mm였다. 이 경우 성분 A의 HETP(1이론단에 해당하는 분리관의 길이)는? (단, 분리관의 길이는 10m, 기록지의 속도는 매분 10mm이다.)

① 2mm ② 4mm
③ 6mm ④ 8mm

해설 이론단수,
$$n = 16 \times \left(\dfrac{t_R}{W}\right)^2 = 16 \times \left(\dfrac{10 \times 10}{8}\right)^2 = 2{,}500$$
∴ $\text{HETP} = \dfrac{L}{n} = \dfrac{10{,}000}{2{,}500} = 4\text{mm}$

---

043 어느 분리관의 보유시간(t_R)이 5분, 피크의 좌우 변곡점에서 접선이 자르는 바탕선의 길이(W) 10mm, 기록지 이동속도 5mm/min이었다면 이론단수는?

① 100 ② 400
③ 800 ④ 1,600

해설 이론단수,
$$n = 16 \times \left(\dfrac{t_R}{W}\right)^2 = 16 \times \left(\dfrac{5 \times 5}{10}\right)^2 = 100$$

---

044 다음의 조건을 이용하여 기체크로마토그래피에서 계산된 보유시간은?

- 이론단수: 1,600
- 기록지의 이동속도: 5mm/min
- 피크의 좌우 변곡점에서 접선이 자르는 바탕선의 길이: 10mm

① 5분 ② 10분
③ 15분 ④ 20분

해설 이론단수$(n) = 16 \times \left(\dfrac{t_R}{W}\right)^2$에서

$1,600 = 16 \times \left(\dfrac{5\,\text{mm/min} \times \text{보유시간(min)}}{10\,\text{mm}}\right)^2$

∴ 보유시간 = 20분

---

045 자외선/가시선분광법은 일반적으로 비어-램버트(Beer-Lambert)의 법칙을 이용한다. 이 법칙을 적용할 경우 관계식으로 옳은 것은? (단, I_o: 입사광의 강도, C: 농도, ϵ: 흡광계수, I_t: 투과광의 강도, L: 빛의 투과거리)

① $I_o = I_t \times 10^{-\epsilon C L}$
② $I_t = I_o \times 10^{-\epsilon C L}$
③ $C = \dfrac{I_t}{I_o} \times 10^{-\epsilon L}$
④ $C = \dfrac{I_o}{I_t} \times 10^{-\epsilon L}$

해설 강도 I_o되는 단색광속이 그림과 같이 농도 C, 길이 L이 되는 용액층을 통과하면 이 용액에 빛이 흡수되어 입사광의 강도가 감소한다. 통과한 직후의 빛의 강도 I_t와 I_o 사이에는 비어-램버트(Beer-Lambert)의 법칙에 의하여 다음의 관계가 성립한다.

$I_t = I_o \times 10^{-\epsilon C L}$

여기서, I_o: 입사광의 강도
I_t: 투사광의 강도
C: 농도
L: 빛의 투사거리
ϵ: 비례상수로서 흡광계수

$C = 1\,\text{mol}$, $L = 10\,\text{mm}$일 때 ϵ의 값을 몰흡광계수라 하며 K로 표시한다.

$t = \dfrac{I_t}{I_o}$를 투과도, $t \times 100 = T$를 투과퍼센트, 투과도 역수의 상용대수, $\log \dfrac{1}{t} = A$를 흡광도라고 한다.

---

046 자외선/가시선분광법에 의한 어떤 성분 정량 시 10mm의 셀을 사용했을 때 시료의 흡광도가 0.1이라고 하면, 동일 시료를 20mm 셀을 사용해서 측정한 경우의 흡광도는?

① 0.05
② 0.10
③ 0.12
④ 0.20

해설 흡광도,

$A = \log \dfrac{1}{t} = \log \dfrac{I_o}{I_t} = \log \dfrac{I_o}{I_o \times 10^{-\epsilon C L}} = \epsilon C L$

에서 $A \propto L$이므로

$A_2 = A_1 \times \dfrac{L_2}{L_1} = 0.1 \times \dfrac{20}{10} = 0.2$

---

047 자외선/가시선분광법 검량선 작성 시, 투과퍼센트(T)가 50%인 경우의 흡광도는?

① 0.3
② 0.4
③ 0.5
④ 0.7

해설 투과퍼센트(T)가 50%인 경우 투과도(t)는 0.5이므로

흡광도, $A = \log \left(\dfrac{1}{t}\right) = \log \left(\dfrac{1}{0.5}\right) = 0.3$

---

048 흡광도 측정에서 최초광의 75%가 흡수되었을 때의 흡광도는?

① 0.25
② 0.50
③ 0.60
④ 0.82

해설

$A = \log \left(\dfrac{1}{t}\right) = \log \left(\dfrac{I_o}{I_t}\right) = \log \left(\dfrac{100}{100-75}\right) = 0.6$

049 단색화장치를 사용하여 광원에서 나오는 빛 중 좁은 파장 범위의 빛만을 선택한 뒤 액층에 통과시켰다. 입사광의 강도가 1이고, 투사광의 강도가 0.5일 때, 흡광도는? (단, Beer-Lambert 법칙 적용)

① 0.3
② 0.5
③ 0.7
④ 1.0

해설 투과도, $t = \dfrac{I_t}{I_o} = \dfrac{0.5}{1} = 0.5$

$\therefore A = \log\left(\dfrac{1}{t}\right) = \log\left(\dfrac{1}{0.5}\right) = 0.3$

050 자외선/가시선분광법(Ultraviolet-Visible Spectrometry)을 사용하여 어떤 시료의 발색액을 측정한 결과 투과퍼센트(T)가 80%이었다. 이 경우의 흡광도는?

① 약 0.05
② 약 0.1
③ 약 0.2
④ 약 0.7

해설 투과퍼센트(T)가 80%인 경우 투과도(t)는 0.8이므로 흡광도, $A = \log\left(\dfrac{1}{t}\right) = \log\left(\dfrac{1}{0.8}\right) = 0.1$

051 원자흡광도(E_{AA}, Atomic Absorptivity)를 나타낸 식으로 옳은 것은? (단, 어떤 진동수 v의 빛이 목적원자가 들어 있지 않는 불꽃을 투과했을 때의 강도를 I_{ov}, 목적원자가 들어있는 불꽃을 투과했을 때의 강도를 I_v라 하고, 불꽃 중의 목적원자농도를 C, 불꽃 중 광도의 길이(path length)를 L이라 한다.)

① $E_{AA} = \dfrac{\log_{10}\left(\dfrac{I_{ov}}{I_v}\right)}{C \times L}$

② $E_{AA} = \dfrac{\log_{10}\left(\dfrac{I_v}{I_{ov}}\right)}{C \times L}$

③ $E_{AA} = \dfrac{C \times L}{\log_{10}\left(\dfrac{I_v}{I_{ov}}\right)}$

④ $E_{AA} = \dfrac{C \times L}{\log_{10}\left(\dfrac{I_{ov}}{I_v}\right)}$

해설 원자흡광도(Atomic Absorptivity or Atomic Extinction Coefficient)는 $E_{AA} = \dfrac{\log_{10}\left(\dfrac{I_{ov}}{I_v}\right)}{C \times L}$ 로 표시되는 양을 말한다.

052 단면이 정방형의 굴뚝에서 굴뚝을 등면적으로 4구분으로 나누어 먼지농도를 측정하여 보니 각 구분의 농도는 각각 (0.50, 0.48, 0.52, 0.55) g/Sm³이며 각 구분의 유속은 각각 (4.8, 5.01, 5.2, 4.5)m/s이었다. 이 굴뚝의 평균먼지농도는? (단, 각 구분의 단면적은 1m²이다.)

① 560mg/Sm³
② 540mg/Sm³
③ 512mg/Sm³
④ 500mg/Sm³

해설 전체 단면의 건조 배출가스 중의 평균 먼지농도는 구분한 각 단면의 먼지 농도로부터 다음 식에 의하여 구한다.
동일 면적일 경우
$\overline{C_n} = \dfrac{C_{n1} \times V_1 + C_{n2} \times V_2 + \cdots + C_{nn} \times V_n}{V_1 + V_2 + \cdots + V_n}$ 이므로

$\therefore \overline{C_n} = \dfrac{0.5 \times 4.8 + 0.48 \times 5.01 + 0.52 \times 5.2 + 0.55 \times 4.5}{4.8 + 5.01 + 5.2 + 4.5}$
$= 0.512(\text{g/Sm}^3) = 512\text{mg/Sm}^3$

정답 049 ① 050 ② 051 ① 052 ③

053 배출가스 중의 먼지를 반자동식 측정법으로 원통여과지를 이용하여 채취해서 얻은 측정결과이다. 표준상태에서의 먼지농도(mg/m³)는?

- 대기압: 765mmHg
- 가스미터의 가스게이지압: 4mmHg
- 가스미터의 흡입가스온도: 15℃
- 오리피스 압력차: 10mmH₂O
- 먼지채취 전의 원통여과지 무게: 6.2721g
- 먼지채취 후의 원통여과지 무게: 6.2963g
- 건식 가스미터에서 읽은 흡입가스양: 50L

① 386.3 ② 436.8
③ 526.1 ④ 558.2

해설 배출가스 중의 먼지농도는 표준상태(0℃, 760mmHg)로 환산한 건조 배출가스 1Sm³ 중에 포함되어 있는 먼지의 무게로 표시하며 다음 식에 의해 소수점 둘째 자리까지 계산하고 소수점 첫째 자리로 표기한다.

$$C_n = \frac{m_d}{V'_m \times \frac{273}{273+\theta_m} \times \frac{P_a + \left(\frac{\Delta H}{13.6}\right)}{760}} (\text{mg/Sm}^3)$$

$$\therefore C_n = \frac{(6.2963 - 6.2721) \times 10^3}{50 \times 10^{-3} \times \frac{273}{273+15} \times \frac{765 + \left(\frac{10}{13.6}\right)}{760}}$$

$$= 526.1 \text{mg/Sm}^3$$

054 특정 발생원에서 일정한 연도를 거치지 않고 외부로 비산되는 먼지를 고용량공기시료채취기로 측정하여 다음과 같은 결과를 얻었다. 이때 비산먼지의 농도는 몇 mg/m³인가? (단, 채취 먼지양이 가장 많은 위치의 먼지농도: 65mg/m³, 풍향보정계수: 1.5, 대조위치에서의 먼지농도: 0.23mg/m³, 풍속보정계수: 1.2이다.)

① 87   ② 94
③ 102 ④ 117

해설 비산먼지 농도:

$$C = (C_H - C_B) \times W_D \times W_S$$
$$= (65 - 0.23)\text{mg/m}^3 \times 1.5 \times 1.2$$
$$= 116.6 \text{mg/m}^3$$

055 고용량공기시료채취법에 의해 포집된 비산먼지의 농도를 계산하려고 한다. 풍속이 0.5m/s 미만 또는 10m/s 이상 되는 시간이 전 채취시간의 50% 이상일 때 풍속보정계수는?

① 1.0 ② 1.2
③ 1.4 ④ 1.5

해설 풍속에 대한 보정

풍속 범위	보정계수
풍속이 0.5m/s 미만 또는 10m/s 이상 되는 시간이 전 채취시간의 50% 미만일 때	1.0
풍속이 0.5m/s 미만 또는 10m/s 이상 되는 시간이 전 채취시간의 50% 이상일 때	1.2

056 고용량공기시료채취법으로 비산먼지를 채취할 때 채취개시 직후의 유량이 1.6m³/min, 채취 종료 직전의 유량이 1.4m³/min이었다면 총 흡입공기량은? (단, 채취시간은 25시간이었다.)

① 1,125m³   ② 2,250m³
③ 3,210m³   ④ 4,155m³

해설 • 채취유량의 계산:

$$\text{흡입공기량} = \frac{Q_s + Q_e}{2} \times t = \frac{1.4 + 1.6}{2} \times 25 \times 60$$
$$= 2,250 \text{m}^3$$

057 고용량공기시료채취기로 비산먼지를 채취하고자 한다. 다음과 같은 측정결과가 나왔을 때 부유먼지의 농도는?

- 채취시간: 24시간
- 채취개시 직후의 유량: 1.8m³/min
- 채취개시 직전의 유량: 1.2m³/min
- 채취 후 여과지의 무게: 3.828g
- 채취 전 여과지의 무게: 3.419g

① 0.15mg/m³ ② 0.19mg/m³
③ 0.22mg/m³ ④ 0.35mg/m³

해설 • 채취유량의 계산:

$$흡입공기량 = \frac{Q_s + Q_e}{2} \times t = \frac{1.2 + 1.8}{2} \times 24 \times 60$$
$$= 2,160 \text{m}^3$$

• 먼지 농도의 계산:

$$먼지\ 농도 = \frac{W_e - W_s}{V} = \frac{(3.828 - 3.419) \times 10^3}{2,160}$$
$$= 0.19 \text{mg/m}^3$$

058 비산먼지의 농도를 구하기 위해 측정한 조건 및 결과가 다음과 같을 때 비산먼지의 농도(mg/m³)는?

[측정조건 및 결과]
- 채취 먼지양이 가장 많은 위치에서의 먼지 농도(mg/m³): 5.8
- 대조위치에서의 먼지 농도(mg/m³): 0.17
- 전 시료채취 기간 중 주 풍량이 45~90° 변한다.
- 풍속이 0.5m/s 미만 또는 10m/s 이상 되는 시간이 전 채취시간의 50% 이상이다.

① 5.6   ② 6.8
③ 8.1   ④ 10.1

해설 • 풍향에 대한 보정

풍향변화 범위	보정계수
전 시료채취 기간 중 주 풍향이 90° 이상 변할 때	1.5
전 시료채취 기간 중 주 풍향이 45~90° 변할 때	1.2
전 시료채취 기간 중 주 풍향이 변동이 없을 때 (45° 미만)	1.0

• 풍속에 대한 보정

풍속 범위	보정계수
풍속이 0.5m/s 미만 또는 10m/s 이상 되는 시간이 전 채취시간의 50% 미만일 때	1.0
풍속이 0.5m/s 미만 또는 10m/s 이상 되는 시간이 전 채취시간의 50% 이상일 때	1.2

∴ 비산먼지 농도:
$$C = (C_H - C_B) \times W_D \times W_S$$
$$= (5.8 - 0.17)\text{mg/m}^3 \times 1.2 \times 1.2$$
$$= 8.1 \text{mg/m}^3$$

059 다음 자료를 바탕으로 구한 비산먼지의 농도(mg/m³)는?

- 채취 먼지양이 가장 많은 위치에서의 먼지 농도: 115mg/m³
- 대조위치에서의 먼지 농도: 0.15mg/m³
- 전 시료채취 기간 중 주 풍량이 90° 이상 변함
- 풍속이 0.5m/s 미만 또는 10m/s 이상 되는 시간이 전 채취시간의 50% 이상임

① 114.9   ② 137.8
③ 165.4   ④ 206.7

해설 비산먼지 농도:
$$C = (C_H - C_B) \times W_D \times W_S$$
$$= (115 - 0.15)\text{mg/m}^3 \times 1.5 \times 1.2$$
$$= 206.7 \text{mg/m}^3$$

060 특정 발생원에서 일정한 굴뚝을 거치지 않고 외부로 비산되는 먼지의 농도를 고용량공기시료채취법으로 분석하고자 한다. 측정조건과 결과가 다음과 같을 때 비산먼지의 농도($\mu g/m^3$)는?

- 채취시간: 24시간
- 채취개시 직후의 유량: $1.8m^3/min$
- 채취개시 직전의 유량: $1.2m^3/min$
- 채취 후 여과지의 무게: 3.828g
- 채취 전 여과지의 무게: 3.419g
- 대조위치에서의 먼지 농도: $0.15\mu g/m^3$
- 전 시료채취 기간 중 주 풍량이 90° 이상 변함
- 풍속이 0.5m/s 미만 또는 10m/s 이상 되는 시간이 전 채취시간의 50% 미만임

① 185.8 ② 283.9
③ 294.8 ④ 372.7

해설

- 채취유량의 계산:

$$흡입공기량 = \frac{Q_s + Q_e}{2} \times t = \frac{1.2 + 1.8}{2} \times 24 \times 60 = 2,160(m^3)$$

- 먼지 농도 $= \frac{W_e - W_s}{V} = \frac{(3.828 - 3.419) \times 10^3}{2,160}$
  $= 0.19[mg/m^3] = 189.4\mu g/m^3$

∴ 비산먼지 농도
$C = (C_H - C_B) \times W_D \times W_S$
$= (189.4 - 0.15)\mu g/m^3 \times 1.5 \times 1.0$
$= 283.9\mu g/m^3$

061 배출가스 중 황산화물을 측정하는 침전적정법(아르세나조 Ⅲ법)에서 적정액인 0.005mol/L 아세트산바륨 용액을 새로 조제하여 다음과 같이 표정하였을 때, 0.005mol/L 아세트산바륨 용액의 factor는? (단, 0.002mol/L 황산 사용량: 10mL, 0.002mol/L 황산 factor: 1.000, 적정에 사용한 0.005mol/L 아세트산바륨량 : 4.1mL)

① 0.9567 ② 0.9756
③ 1.0433 ④ 1.0250

해설 역가를 구하는 식:

$$f = \frac{10 \times f'}{V'} \times \frac{2}{5} = \frac{10 \times 1.000}{4.1} \times \frac{2}{5} = 0.9756$$

062 굴뚝에서 배출되는 입자상물질 중 Pb를 원자흡수분광광도계를 이용 분석한 결과 다음과 같은 결과를 얻었다. Pb의 양(mg/Sm^3)은 얼마인가? (단, 분석용 시료의 전체 부피: 100mL, 건조시료가스양(표준상태): 250L, 분석용 시료용액의 Pb 농도: 13μg/mL, 현장바탕 시료용액의 Pb 농도: 0.5μg/mL이다.)

① $1mg/Sm^3$ ② $5mg/Sm^3$
③ $10mg/Sm^3$ ④ $20mg/Sm^3$

해설

$$C = \frac{(a-b) \times V}{V_s} = \frac{(13-0.5) \times 100}{250} = 5mg/Sm^3$$

063 환경대기 중의 아황산가스를 산정량 수동법으로 측정하였다. 시료용액에 지시용액을 두 방울 가하고 0.01N 알칼리 용액으로 적정하여 회색이 될 때 들어간 알칼리의 양이 20mL, 채취한 시료량은 $10m^3$이었다. 이때 아황산가스의 농도($\mu g/m^3$)는?

① 640   ② 1,280
③ 1,460 ④ 1,640

해설 시료 중 아황산가스의 농도를 구하는 식

$$S = \frac{32,000 \times N \times v}{V} = \frac{32,000 \times 0.01 \times 20}{10}$$
$= 640\mu g/m^3$

064 흡광차분광법을 사용하여 아황산가스를 분석할 때 간섭성분으로 오존(O_3)이 존재할 경우 다음 조건에 따른 오존의 영향(%)을 산출한 값은?

- 오존을 첨가했을 경우의 지싯값: 0.7μmol/mol
- 오존을 첨가하지 않은 경우의 지싯값: 0.5 μmol/mol
- 분석기기의 최대 눈금값: 5μmol/mol
- 분석기기의 최소 눈금값: 0.01μmol/mol

① 1 ② 2
③ 3 ④ 4

해설 오존의 영향의 산출식
$$R_t = \frac{(A-B)}{C} \times 100 = \frac{(0.7-0.5)}{5} \times 100 = 4\%$$

065 불꽃이온화검출기법에 따라 분석하여 얻은 대기 시료에 대한 측정결과이다. 대기 중의 일산화탄소 농도(μmol/mol)는?

- 교정용 가스 중 일산화탄소 농도: 30μmol/mol
- 시료 공기 중 일산화탄소 피크 높이: 10mm
- 교정용 가스 중 일산화탄소 피크 높이: 20mm

① 15 ② 35
③ 40 ④ 60

해설 시료 대기 중의 일산화탄소 농도 산출식
$$C = C_s \times \frac{L}{L_s} = 30 \times \frac{10}{20} = 15 \mu mol/mol$$

066 환경대기 중 입자상물질을 저용량공기시료채취기로 분당 20L씩 채취할 경우, 유량계의 눈금값 Q_r(L/분)을 나타내는 식으로 옳은 것은? (단, 1기압에서 기준이며, ΔP(mmHg)는 마노미터로 측정한 유량계 내의 압력손실이다.)

① $20\sqrt{\dfrac{760-\Delta P}{760}}$

② $20\sqrt{\dfrac{760}{760-\Delta P}}$

③ $760\sqrt{\dfrac{\left(\dfrac{20}{\Delta P}\right)}{760}}$

④ $760\sqrt{\dfrac{760}{\left(\dfrac{20}{\Delta P}\right)}}$

해설 저용량공기시료채취기에 의하여 Q_o=20L/분으로 공기를 흡입할 때 $Q_r = 20\sqrt{\dfrac{760}{760-\Delta P}}$ (L/min)의 관계가 성립하고 Q_r을 구하여 유량계의 눈금값(부자의 위치)를 설정하면 된다.

067 저용량공기시료채취기에 의해 환경대기 중 먼지 채취 시 여과지 또는 샘플러 각 부분의 공기저항에 의하여 생기는 압력손실을 측정하여 유량계의 유량을 보정해야 한다. 유량계의 설정 조건에서 1기압에서의 유량을 20L/min, 사용조건에 따른 유량계 내의 압력손실을 150mmHg라 할 때, 유량계의 눈금값은 얼마로 설정하여야 하는가?

① 16.3L/min ② 20.3L/min
③ 22.3L/min ④ 25.3L/min

해설 저용량공기시료채취기에 의하여 Q_o=20L/min으로 공기를 흡입할 때 유량의 보정식은
$$Q_r = 20\sqrt{\frac{760}{760-\Delta P}} = 20 \times \sqrt{\frac{760}{760-150}}$$
$$= 22.3 L/min$$

대기환경기사

Engineer Air Pollution Environmental

부록 1

계산문제 공식 정리집

- **CHAPTER 1.** 대기환경관리
- **CHAPTER 2.** 연소공학
- **CHAPTER 3.** 대기오염방지기술
- **CHAPTER 4.** 대기오염공정시험기준

대기환경관리

1 대기오염

01 대기압

1기압=1atm=14.7psi=101,325Pa=760torr(mmHg)=1013.25hPa($\approx$ mbar)=1kg/cm^2

02 스토크스의 법칙(Stokes' law)

입자가 공기 중에서 지표로 자유낙하 할 때 침강속도를 구하는 식

$$V_g = \frac{g \times d^2 \times (\rho_p - \rho_g)}{18 \times \mu}$$

g: 중력가속도(9.8 m/s^2), d: 입자의 직경(입경), ρ_p: 입자의 밀도, ρ_g: 공기의 밀도
μ: 공기의 점도(점성계수)

03 레이놀즈 수(Reynolds number)

관성력과 점성력의 비로서, 일반적으로 N_{Re} 또는 R_e로 표시하며 무차원 수(단위가 없음)이다.

$$N_{Re} = \frac{\rho V d}{\mu} = \frac{V d}{\nu}$$

ρ: 유체의 밀도, V: 덕트 내 유체 유속 또는 유체 중 입자의 침강속도, μ: 유체의 점도
ν: 유체의 동점도(동점성계수)

04 농도 단위의 환산식(ppm ↔ mg/m^3)

$$\text{ppm} = \text{mg/m}^3 \times \frac{22.4}{M}$$

M: 해당 기체상물질의 분자량, 22.4: 0℃, 1atm에서 기체상물질 1몰이 차지하는 부피
(1%=10,000ppm, 1ppm=1,000ppb)

05 보일-샤를의 법칙과 이상기체 방정식

$$\frac{P_1 V_1}{T_1} = \frac{P_2 V_2}{T_2}, \quad P \times V = n \times R \times T \text{에서} \quad V = \frac{n \times R \times T}{P}$$

P: 기압(atm), V: 기체의 부피(L), T: 절대온도(K), n: 기체의 몰수, R: 기체상수로 주로 화학분야에서 압력(atm)과 부피(L)를 사용하는 경우에 그 값은 0.082L · atm/mol · K이다.

06 기체의 비중

기체의 비중은 공기의 분자량(28.8)에 대한 비율이므로

$$\text{해당 기체의 비중} = \frac{\text{해당 기체의 분자량}}{\text{공기의 분자량}} = \frac{\text{해당 기체의 분자량}}{28.8}$$

07 1차 대기반응식

$$C = C_o \times e^{-k \times t} \text{ 또는 } \ln\left(\frac{C_t}{C_o}\right) = -k \times t$$

C: 반응 후 농도, C_0: 초기 농도, k: 반응속도상수, t: 반감기

08 굴뚝의 통풍력(Z)을 구하는 공식

$$Z = 355 \times H \times \left(\frac{1}{273 + t_a} - \frac{1}{273 + t_g}\right) (\text{mmH}_2\text{O})$$

H: 굴뚝의 높이, t_a: 굴뚝 높이에서의 대기 온도(℃), t_g: 굴뚝에서 배출되는 가스의 평균온도(℃)

09 가시거리(시정거리)를 구하는 공식

1) 대기의 상대습도가 70%일 때

$$L_v (\text{km}) = \frac{A \times 10^3}{C}$$

A: 상수(대부분 1.2), C: 대기 중 입자상물질의 농도($\mu\text{g/m}^3$)

2) 분산면적비(K)와 파장이 5,240 Å(524nm)일 경우

$$L(m) = \frac{5.2 \times \rho \times r}{K \times C}$$

ρ: 먼지밀도(g/cm^3), C: 먼지농도(g/m^3), r: 먼지반경(μm)

3) 빛의 소멸계수(O_{ext})를 적용할 경우

$$\text{Beer-Lambert 법칙: } I = I_o \times e^{-O_{ext} \times x}$$

x: 시정거리(km)

10 불투명도 측정계수(m당 Coh, Coefficient of haze)를 구하는 공식

Coh는 빛 전달률을 측정하였을 때 광학적 밀도(OD, Optical Density)가 0.01이 되도록 하는 여과지 상의 빛을 분산시키는 고형물질의 양으로서, 깨끗한 여과지에 분진을 채취하여 빛 전달률의 감소율을 측정하여 결정한다.

$$\text{Coh} = \frac{\left(\dfrac{OD}{0.01}\right)}{\text{총 이동거리(m)}} = \frac{\left[\dfrac{\log\left(\dfrac{1}{t}\right)}{0.01}\right]}{\text{총 이동거리(m)}} \times 1,000$$

t: 빛 전달률

11 슈테판-볼츠만의 법칙

흑체(지구)의 단위 면적당 복사에너지가 절대온도의 4제곱에 비례한다는 법칙이다.

$$E_b = K \times T^4$$

E: 흑체의 단위 표면적에서 복사되는 에너지
T: 흑체의 표면온도(절대온도)
K: 슈테판-볼츠만 상수

12 태양상수를 이용하여 지구표면의 단위 면적이 1분 동안에 받는 평균 태양에너지를 구하는 식

지구가 받는 태양에너지양

㉠ 지구가 1분 동안에 받는 총 태양 복사에너지의 양: $E = \pi R^2 C$

㉡ 지구표면의 단위 면적(cm^2)이 1분 동안에 받는 평균 태양에너지의 양은 지구의 표면적이 $4\pi R^2$이므로

$$E_{ave} = \frac{E}{지구의\ 표면적} = C \times \left(\frac{\pi R^2}{4\pi R^2}\right)$$

C: 지구의 대기권 밖에서 햇빛에 수직인 면 $1cm^2$가 1분 동안 받는 태양에너지의 양 ($2cal/cm^2 \cdot min$), R: 지구반지름

2 대기의 확산과 오염예측

01 대기안정도의 판정

1) 환경기온감률(γ)

$$\gamma = \frac{\Delta T}{\Delta Z}$$

ΔT: 고도에 따른 온도차(℃), ΔZ: 고도 차이(m)

2) 건조단열감률(γ_d), 공기 덩이가 팽창하여 대기로 단열적으로 상승할 때 강하하는 온도의 비율 ($\gamma_d = -0.98℃/100m$)

3) 판정

① 중립: $\gamma_d \approx \gamma$
② 안정(역전)조건: $\gamma_d \gg \gamma$
③ 불안정(과단열)조건: $\gamma > \gamma_d$
④ 약한 안정(미단열)조건: $\gamma_d > \gamma$

02 충분히 발달된 지표경계층에서의 마찰속도(u^*)를 구하는 식

$$u = \frac{u^*}{k} ln\left(\frac{Z}{Z_o}\right)$$

u: 경계 위의 높이에서의 평균 흐름 속도(고도별 풍속의 차이), k(Karman constant): 0.40, Z_0: 낮은 쪽 고도(m), Z: 높은 쪽 고도(m)

03 풍하 측에서의 지상 대기오염물질 농도를 구하는 식

$$C(x,y,0) = \frac{2 \times Q}{\sqrt{2\pi} \times \sigma_z \times u} \times \exp\left[-\frac{1}{2} \times \left(\frac{H}{\sigma_z}\right)^2\right]$$

지표면일 경우($H = 0$), $C(x,y,0) = \dfrac{2 \times Q}{\sqrt{2\pi} \times \sigma_z \times u}$

$$C(x, 0, 0) = \frac{Q}{\pi \sigma_y \sigma_z u} \times \exp\left[-\frac{1}{2}\left(\frac{H_e}{\sigma_z}\right)^2\right]$$

지표면일 경우($H_e = 0$), $C(x, 0, 0) = \dfrac{Q}{\pi \sigma_y \sigma_z u}$

04 대기안정도에서 적용하는 리처드슨 수(Richardson number)

대류 난류를 기계적인 난류로 전환시키는 비율을 측정한 것

$$\text{Panofsky의 식(리처드슨 수)}: R_i = \frac{g}{T} \times \frac{\left(\dfrac{\Delta T}{\Delta Z}\right)}{\left(\dfrac{\Delta u}{\Delta Z}\right)^2}$$

T: 절대온도, $\left(\dfrac{\Delta T}{\Delta Z}\right)$: 자유대류의 크기(수직방향 온위경도)

$\left(\dfrac{\Delta u}{\Delta Z}\right)^2$: 강제대류(기계대류)의 크기(수직방향 풍속경도)

05 온위(Potential Temperature)를 구하는 식

건조한 공기 덩이의 압력이 표준기압 1,000hPa이 될 때까지 단열적으로 압축 또는 팽창하였을 때의 온도(hPa ≈ mbar)

$$\text{온위, } \theta = T \times \left(\frac{1{,}000}{P}\right)^{0.288}$$

T: 절대온도(K), P: 대기압(hPa)

06 Deacon의 power law(데콘의 방정식)

특정 두 곳의 높이와 한 곳의 풍속을 이용해 다른 한 곳의 풍속을 구하는 식

$$u_2 = u_1 \times \left(\frac{Z_2}{Z_1}\right)^p \text{(m/s)}$$

u_1: 고도 Z_1에서 풍속(m/s), u_2: 임의 고도에서 풍속(m/s), Z_1: 기준 고도(m), Z_2: 임의 고도(m), p: 대기안정도에 따른 풍속지수(안전한 상태=1/3, 불안정한 상태=1/9)

07 Sutton의 확산식

1) 굴뚝에서 배출된 대기오염물질의 최대착지농도($C_{\max}$), 유효굴뚝높이(H_e)를 구하는 경우 사용

$$C_{\max} = \frac{2 \times Q \times C}{\pi \times e \times u \times H_e^2} \times \left(\frac{\sigma_z}{\sigma_y}\right)$$

C: 대기오염물질 농도(ppm), Q: 대기오염물질 배출유량(m^3/s), H_e: 유효굴뚝높이(m)
σ_y: 수평확산계수(m), σ_z: 수직확산계수(m)

2) 풍하 방향 중심선상 지표면에서의 대기오염물질 농도

$$C(x, 0, 0) = \frac{Q}{\pi\, \sigma_y \sigma_z u} \times \exp\left[-\frac{1}{2}\left(\frac{H_e}{\sigma_z}\right)^2\right]$$

08 가우시안 연기모델(Gaussian plume model)

대기오염물질의 분산을 계산하는 데 가장 많이 사용되는 모델이다.

$$\text{최대착지농도, } C_{\max} = \frac{0.1171 \times Q}{u\,\sigma_y\,\sigma_z}$$

09 최대착지거리

$$X_{\max} = \left(\frac{H_e}{\sigma_z}\right)^{\frac{2}{2-n}}$$

n: 대기안정도지수

10 굴뚝에서 배출되는 연기의 유효상승높이(ΔH)를 계산하는 공식

1)
$$\Delta H = 1.5 \times \frac{V_s}{u} \times D(\text{m})$$

V_s: 배출가스 속도(m/s), u: 굴뚝 배출구에서의 풍속(m/s), D: 굴뚝의 직경(m)

2)
$$\Delta H = \frac{V_s \times D_s}{u}\left[1.5 + 2.68 \times 10^{-3} \times P_a\left(\frac{T_s - T_a}{T_s}\right) \times D_s\right](\text{m})$$

(Holland의 연기 상승높이 결정식)

P_a: 대기압(hPa), T_s: 배출가스 온도(K), T_a: 굴뚝 배출구에서 대기 온도(K)

3)
$$\Delta H = 150 \times \frac{F}{u^3}$$

F: 부력플럭스(부력계수)로 $F = g \times V_s \times \left(\frac{D}{2}\right)^2 \times \left[\frac{T_s - T_a}{T_a}\right]$

g: 중력가속도(9.8 m/s^2)

4)
$$\Delta H = 114 \times \frac{CF^{\frac{1}{3}}}{u}$$

C: 상수(1.58이 많이 사용된다.)

5) Moses와 Carson의 plume rise식(불안정한 대기상태에서 사용)

$$\Delta H = 3.47 \times \frac{V_s \times D_s}{u} + 5.15 \times \frac{Q_h^{0.5}}{u} \text{ 또는 } \Delta H = -0.029 \times \frac{V_s \times D_s}{u} + 2.63 \times \frac{Q_h^{\frac{1}{2}}}{u}$$

Q_h: 굴뚝 배출가스의 열 방출열(KJ/s)

6) TVA 모델

$$\Delta H = \frac{173 \times F^{\frac{1}{3}}}{u \times \exp\left(0.64 \times \frac{\Delta \theta}{\Delta Z}\right)}$$

F: 부력계수, $\frac{\Delta \theta}{\Delta Z}$: 온위 감률(K/m)

11 정규(Gaussian) 확산모델과 Turner의 확산계수(10분 기준)를 이용한 시간경과 후 대기오염물질의 평균농도를 구하는 식

$$C_2 = C_1 \times \left(\frac{t_1}{T_2}\right)^q$$

C_1: 기준 시간에 따른 대기오염물질의 지상농도(ppm), t_1: 기준 시간(분),
T_2: 경과된 일정 시간(분), q: 확산계수

12 주어진 고도에서의 실제 대기오염물질 오염농도

$$\text{실제 대기오염물질 농도(ppm)} = \text{예상 대기오염물질 농도} \times \left(\frac{\text{예상 최대혼합고}}{\text{실제 최대혼합고}}\right)^3$$

2. 연소공학

1 연소이론

01 MKS로의 단위환산
$1P = 1\text{g/cm} \cdot \text{s} = 1\text{dyn} \cdot \text{s/cm}^2$에서
$1cP = 0.01\text{g/cm} \cdot \text{s} \times \text{kg}/10^3\text{g} \times 10^2\text{cm/m} = 0.001\text{kg/m} \cdot \text{s}$

02 섭씨(℃)와 화씨(℉) 온도, 절대온도(켈빈온도) (K)의 상관관계
$t_℃ = \dfrac{100}{180}(t_℉ - 32) = \dfrac{5}{9}(t_℉ - 32)$, $t_℉ = \dfrac{180}{100} \times t_℃ + 32 = \dfrac{9}{5} \times t_℃ + 32$

절대온도, $T(\text{K}) = t_℃ + 273.15 ≒ t_℃ + 273$

03 비체적(specific volume)
단위 질량당 체적(부피)으로, $\nu = \dfrac{1}{\text{밀도}} = \dfrac{1}{\rho}$

수증기(H_2O)의 1kmol이 차지하는 부피는 22.4Sm³에서 $\nu = \dfrac{1}{\left(\dfrac{18\text{kg}}{22.4\text{Sm}^3}\right)} = 1.24\text{m}^3/\text{kg}$

04 표준 엔탈피 변화(ΔH)
반응 엔탈피 또는 엔탈피 변화(ΔH)=생성물의 엔탈피 합 − 반응물의 엔탈피 합
$= \sum H_{생성물} - \sum H_{반응물}(\text{kJ})$

05 아레니우스(Arrhenius) 식(화학반응속도식)

$$\dfrac{k_{T_2}}{k_{T_1}} = e^{\left[\dfrac{E(T_2 - T_1)}{R \times T_2 \times T_1}\right]} \text{ 또는 } \ln\dfrac{k_{T_2}}{k_{T_1}} = \dfrac{E(T_2 - T_1)}{R \times T_2 \times T_1}$$

k_{T_1}: 초기 반응속도상수, k_{T_2}: 변경된 반응속도상수, E: 활성화에너지(cal/mol)
R: 기체상수(8.314J/mol · K), T: 절대온도(K)

06 A + B ↔ C + D 반응에서 평형상수(k)

$$k = \frac{[C] \times [D]}{[A] \times [B]}$$

[A], [B], [C], [D]의 단위는 mol/L이다.

07 화학물질의 1차 반응식

$$\ln\left(\frac{[A_t]}{[A_o]}\right) = -k \times t$$

$[A_o]$: 초기 반응물질의 농도(M), $[A_t]$: t시간 후 반응물질의 농도(M), k: 반응속도상수

08 화학물질의 2차 반응식

$$\frac{1}{[A_t]} - \frac{1}{[A_o]} = k \times t$$

2 연소계산

01 폭발성 혼합가스의 연소범위(폭발범위)를 구하는 공식(르샤틀리에(Le Chatelier)의 법칙)

$\dfrac{100}{L} = \dfrac{V_1}{L_1} + \dfrac{V_2}{L_2} + \dfrac{V_3}{L_3} + \cdots$ 에서 연소범위,

$$L = \frac{100}{\left(\dfrac{V_1}{L_1} + \dfrac{V_2}{L_2} + \dfrac{V_3}{L_3} + \cdots\right)}(\%)$$

L_n: 각 성분 단일의 연소한계(상한 또는 하한)(%), V_n: 각 성분 가스의 체적(%)

02 최소산소농도(MOC, Minimum Oxygen Concentration)

화염을 전파하기 위해 필요한 최소한의 농도이다.

$$MOC = 폭발하한(\%) \times \frac{산소\ mol수}{연료\ mol수}$$

03 연료비

석탄의 분류에 사용되며, 석탄의 고정탄소의 백분율을 휘발분의 백분율로 나눈 수치이다.

$$연료비 = \frac{고정탄소}{휘발분}$$

04 물의 온도를 올리는 데 사용한 총 열에너지인 열량(kcal)

$$Q = C \times m \times \Delta t$$

C: 물의 비열(kcal/kg · ℃), m: 질량(kg), Δt: 온도의 변화(℃)

05 이론산소량

1) 고체연료

$$O_o = \frac{32}{12}C + \frac{16}{2} \times \left(H - \frac{O}{8}\right) + \frac{32}{32}S = 2.67C + 8 \times \left(H - \frac{O}{8}\right) + S\ (kg/kg)$$

2) 액체연료

$$O_o = \left[1.867C + 5.6\left(H - \frac{O}{8}\right) + 0.7S\right](Sm^3/kg)$$

3) 기체연료

$$O_o = \left[0.5 \times (CO + H_2) + \sum(x + \frac{y}{4})C_xH_y - O_2\right](Sm^3/Sm^3)$$

06 이론공기량

1) 고체연료

$$A_o = \frac{1}{0.232}(2.67C + 8H - O + S)(\mathrm{kg/kg})$$

2) 액체연료(중유)

$$A_o = \frac{1}{0.21}\left[1.867C + 5.6\left(H - \frac{O}{8}\right) + 0.7S\right](\mathrm{Sm^3/kg})$$

3) 기체연료

$$A_o = \frac{1}{0.21}\left[0.5 \times (CO + H_2) + \sum(x + \frac{y}{4})C_xH_y - O_2\right](\mathrm{Sm^3/Sm^3})$$

4) 분자식이 C_mH_n인 탄화수소 1Sm³를 연소시키는 데 필요한 이론공기량

$$C_mH_n + (m + \frac{n}{4})O_2 \rightarrow mCO_2 + \frac{n}{2}H_2O$$ 에서 이론산소량(Sm³), $O_o = \left(m + \frac{n}{4}\right)(\mathrm{Sm^3})$

$$A_o = \frac{\left(m + \frac{n}{4}\right)}{0.21} = 4.76m + 1.19n\,(\mathrm{Sm^3})$$

07 실제공기량

$$A = m \times A_o$$

08 공기비(공기과잉계수)

1) 연소가스 중 CO가 없을 경우

$$m = \frac{\left(\frac{N_2}{0.79}\right)}{\left(\frac{N_2}{0.79}\right) - \left(\frac{O_2}{0.21}\right)} = \frac{N_2}{N_2 - 3.76 O_2} \quad \text{또는} \quad m = \frac{21}{21 - O_2}$$

2) 연소가스 중 CO가 발생할 경우

$$m = \frac{N_2}{N_2 - 3.76 \times \left(O_2 - \frac{1}{2}CO\right)}$$

3) 과잉공기량 = $\dfrac{\text{과잉산소량}}{0.21} = (m-1) \times A_o$, 과잉산소량 $= 0.21(m-1)A_o$

Chapter 2. 연소공학 **611**

09 탄화수소의 연소반응식

$$C_nH_m + \left(n + \frac{m}{4}\right)O_2 = nCO_2 + \frac{m}{2}H_2O$$

1) 에테인의 연소반응식: $C_2H_6 + 3O_2 \rightarrow 2CO_2 + 2H_2O$
2) 프로페인의 연소반응식: $C_3H_8 + 5O_2 \rightarrow 3CO_2 + 4H_2O$
3) 뷰테인의 연소반응식: $C_4H_{10} + 6.5O_2 \rightarrow 4CO_2 + 5H_2O$

10 공기연료비(AFR)

$$AFR = \frac{\text{공기의 몰수}}{\text{연료의 몰수}}$$

11 등가비(당량비)

$$\phi = \frac{\text{연료 몰수}}{\text{공기 몰수}} = \frac{1}{m}$$

12 이론건조연소가스양 및 이론습연소가스양

이론건조연소가스양, $G_{od} = A_o - 5.6H \, (\text{Sm}^3/\text{kg})$, $G_{od} = A_o + \frac{1}{2}CO \, (\text{Sm}^3/\text{Sm}^3)$

이론습연소가스양, $G_{ow} = A_o + 5.6H + 0.7O + 0.8N + 1.244W \, (\text{Sm}^3/\text{kg})$

$$G_{ow} = A_o + \frac{1}{2}(CO + H_2) + \sum \frac{y}{4} + O_2 \, (\text{Sm}^3/\text{Sm}^3)$$

13 건조연소가스양 및 습연소가스양

$G_d = mA_o - 5.6H + 0.7O + 0.8N \, (\text{Sm}^3/\text{kg})$

$G_d = mA_o - \frac{y}{4}C_xH_y \, (\text{Sm}^3/\text{Sm}^3)$

$G_w = A_o + 5.6H + 0.7O + 0.8N + 1.244W \, (\text{Sm}^3/\text{kg})$

$G_w = mA_o + \frac{y}{4}C_xH_y \, (\text{Sm}^3/\text{Sm}^3)$

14 건조연소가스 중의 최대탄산가스양

1) 연소가스 중 CO가 없을 경우

$$(CO_2)_{max} = \frac{CO + CO_2 + \sum xC_xH_y}{G_{od}} \times 100(\%) \quad \text{또는} \quad (CO_2)_{max} = m \times (CO_2)(\%)$$

이론건연소가스양, $G_{od} = A_o - 5.6H(Sm^3/kg)$ 또는 $G_{od} = A_o + \frac{1}{2}CO(Sm^3/Sm^3)$

$$(CO_2)_{max} = \frac{21 \times (CO_2)}{21 - (O_2)}(\%)$$

2) 연소가스 중 CO가 발생할 경우

$$(CO_2)_{max} = \frac{0.21 \times (CO_2 + CO)}{0.21 - \left(O_2 - \frac{1}{2}CO\right)} \times 100(\%)$$

3) $CO_2\% = \dfrac{CO_2 량}{G_d} \times 100$

15 Rosin식

1) 액체연료(중유)의 저위발열량(H_L)과 이론습연소가스양(G_{ow})의 관계식

$$G_{ow} = \frac{1.11 \times H_L}{1,000}(Sm^3/kg)$$

2) 액체연료(중유)의 저위발열량(H_L)과 이론공기량(A_o)의 관계식

$$A_o = \frac{0.85 \times H_L}{1,000} + 2.0(Sm^3/kg)$$

16 건조가스에 대한 수증기의 용량비(%)

$$X_w = \frac{수증기의\ 체적}{건조가스양} \times 100(\%)$$

17 배출가스 중 SO₂의 농도(ppm)

$$SO_2(ppm) = \frac{0.7 \times S}{G} \times 10^6 (ppm)$$

18 고위발열량(H_h) 및 저위발열량(H_L)

1) $H_L = H_h - 600 \times (9H + W)$ (kcal/kg)

2) $H_L = 8,100C + 28,600 \times \left(H - \dfrac{O}{8}\right) + 2,500S - 600W$ (kcal/kg) (Dulong 식)

3) $H_L = G_w \times C_{pm}(T_{bt} - T_o)$, 이론 단열화염온도, $T_{bt} = \dfrac{H_L}{G_w \times C_{pm}} + T_o$ (℃)

   T_o: 연소 전의 온도, T_{bt}: 이론 단열화염온도, C_{pm}: 온도 T_o와 T_{bt} 간의 연소가스 정압비열 C_p의 평균치, G_w: 습연소가스양

4) $H_L = H_h - 480 \times \left(H_2 + \sum \dfrac{y}{2} C_x H_y \right)$ (kcal/Sm³)

   (H₂O 1Sm³의 증발잠열(H_s) = 596kcal/kg × $\dfrac{18kg}{22.4Sm^3}$ ≒ 480kcal/Sm³)

19 연소실 열발생률

$Q_c = \dfrac{H_L \times G_f}{V}$ (kcal/m³·h), V: 연소실 체적(m³)

하루에 사용하는 중유량(kg), $G_f = \dfrac{Q_c \times V}{H_L}$ (kg/d)

20 이론연소온도

$$t_c = \frac{H_L}{G_{ow} \times C_p} + t_1 (℃)$$

H_L: 저위발열량(kcal/Sm³), G_{ow}: 이론습연소가스양(Sm³/Sm³)
C_p: 연소가스의 평균정압 몰비열(kcal/Sm³·℃)
t_1: 연소실에 공급되는 공기의 온도(℃)

21 연소실 연소효율

$$\eta = \frac{Q_r}{H_L} \times 100 = \frac{H_L - L_i}{H_L} \times 100\,(\%) \text{ 또는 } \eta = \frac{\text{비엔탈피차 열량}}{\text{연료 발열량}} \times 100\,(\%)$$

L_i: 비정상적인 보일러의 운전으로 인해 불완전 연소에 의한 손실열량(kcal/kg)

22 굴뚝의 통풍력

$$Z = 355 H_s \left(\frac{1}{273 + t_a} - \frac{1}{273 + t_s} \right) (\text{mmH}_2\text{O})$$

23 굴뚝 내 연소가스의 평균가스온도

$$t_{\ln} = \frac{t_i - t_o}{\ln\left(\frac{t_i}{t_o}\right)} (\text{℃})$$

t_1: 굴뚝 입구의 온도(℃), t_o: 굴뚝 출구 온도(℃)

24 덕트(송풍관) 내 압력손실 변화에 따른 송풍량의 계산

$$Q_2 = Q_1 \times \sqrt{\frac{\Delta P_2}{\Delta P_1}} (\text{m}^3/\text{min})$$

25 국소배기장치의 소요동력 계산식

$$\text{kW} = \frac{Q \times \Delta P}{6,120 \times \eta} (\text{kW})$$

Q: 송풍량(Sm³/min), ΔP: 국소배기장치의 압력손실(mmH₂O), η: 송풍기의 효율

CHAPTER 3 대기오염방지기술

1 입자 및 집진의 기초

01 특정 입경에 대한 입자의 개수가 다를 경우 평균 개수를 갖는 입자의 직경(Count mean diameter)

$$\text{산술가중평균, } \overline{d_{pw}} = \frac{\sum(d_{p_n} \times n_i)}{\sum n_i} (\mu m)$$

02 입자의 기하평균직경(d_g, Geometric mean diameter)

50%의 분포값을 가진 값,

$$\log d_g = \frac{\sum n_i \log d_i}{\sum n_i} = x$$

n_i: 해당 입경의 개수, d_i: 해당 입경 ∴ $d_g = 10^x (\mu m)$

🔍 참고 기하표준편차(GSD) $= \frac{50\%\text{의 분포를 가진 값}}{84.13\%\text{의 분포를 가진 값}} (\mu m)$

03 입자의 비표면적

$$S_v = \frac{\text{구형입자의 표면적}}{\text{구형입자의 체적}} = \frac{4\pi r^2}{\left(\frac{4}{3}\pi r^3\right)} = \frac{\pi d_p^2}{\left(\frac{\pi d_p^3}{6}\right)} = \frac{6}{d_p}$$

04 집진장치의 집진율

$$\eta = \frac{S_c}{S_i} = \frac{Q_i \times C_i - Q_o \times C_o}{Q_i \times C_i} = 1 - \frac{Q_o \times C_o}{Q_i \times C_i}$$

여기서 유량이 같을 경우 $\eta = 1 - \dfrac{C_o}{C_i}$

S_i : 집진장치에 유입된 먼지양(g/h), S_i : 집진장치에 포집된 먼지양(g/h)
Q_i : 집진장치의 입구 쪽의 처리가스유량(Sm^3/h),
Q_o : 집진장치의 출구 쪽의 처리가스유량(Sm^3/h)
C_i : 집진장치의 입구 쪽의 먼지농도(g/Sm^3), C_o : 집진장치의 출구 쪽의 먼지농도(g/Sm^3)

05 입경 범위의 먼지에 대한 부분 집진율

$$\eta = 1 - \frac{C_o \times f_o}{C_i \times f_i}$$

f_i : 입구에서 측정한 먼지시료 중 해당 입경의 중량백분율
f_o : 출구에서 측정한 먼지시료 중 해당 입경의 중량백분율

06 직렬연결된 집진장치의 총 집진율

$$\eta_t = \eta_1 + (1-\eta_1) \times \eta_2 \text{ 또는 } \eta_t = 1 - [(1-\eta_1) \times (1-\eta_2) \times (1-\eta_3)]$$

07 병렬연결된 집진장치의 총 집진율

$$\eta_t = \eta_1 \times f_1 + \eta_2 \times f_2 + \eta_3 \times f_3$$

08 통과율

$$P = 1 - \eta \text{ 또는 } P = \frac{C_o \times Q_o}{C_i \times Q_i} \times 100(\%)$$

2 집진기술

01 중력침강실에서 100% 제거되는 입자의 최소직경

침강실에서 $\dfrac{V_g}{V} = \dfrac{H}{L}$, Stoke법칙에서 침강속도, $V_g = \dfrac{d_{\min}^2 \times \rho_s \times g}{18 \times \mu}$, 이 값을 침강실의 기본관계식에 대입하면 $\dfrac{d_{\min}^2 \times \rho_s \times g}{18 \times \mu} = \dfrac{V \times H}{L}$, $\therefore d_{\min} = \left(\dfrac{18 \times \mu \times H \times V}{g \times L \times \rho_s}\right)^{\frac{1}{2}}$

μ: 가스의 점도, g: 중력가속도, ρ_s: 입자밀도, L: 침강실의 길이, H: 침강실의 높이
V: 배출가스의 수평유속

02 종말침강속도

$$v_g = \dfrac{d_p^2 \times (\rho_p - \rho_g) \times g}{18 \times \mu} \text{ (m/s)}$$

d_p: 입경(m), ρ_p: 입자의 밀도(kg/m³), ρ_g: 기체의 밀도(kg/m³)
g: 중력가속도(9.8 m/s²), μ: 기체의 점도(kg/m · s)

03 배출가스의 흐름이 층류일 때 입자가 100% 침강하는 데 필요한 중력침강실의 효율식

$$\eta = \dfrac{L \times v_g}{H \times V}$$

04 먼지의 Stoke's 직경과 입자의 밀도에 따른 분진의 공기역학적 직경을 구하는 식

공기역학적 직경은 비중이 1인 경우이므로

$$d_a = d_p \times \sqrt{\dfrac{\rho_{sp}}{\rho_{sa}}}$$

d_p: Stoke's 직경, ρ_{sp}: 입자의 밀도, ρ_{sa}: 비중이 1인 공기역학적 직경(=1)

05 Stokes 법칙이 성립(Stokes 영역)할 때 저항계수(Drag coefficient)

$$C_D = \frac{24}{N_{Re}} = \frac{24 \times \mu}{\rho \times v \times d}$$

06 원심력집진장치의 분리한계입경(집진율이 50%인 입경)

Lapple의 식,

$$d_{p,cut}(d_{p,50}) = \sqrt{\frac{9 \times \mu_g \times W}{2 \times \pi \times N_e \times (\rho_p - \rho_g) \times v_i}}$$

μ_g: 함진가스의 점도, W: 침강실 유입구의 폭, N_e: 유효 선회류 수, v_i: 침강실 유입가스 속도

07 사이클론의 유효회전수

$$N_e = \frac{1}{\left(\frac{H}{D}\right)} \times \left[\left(\frac{L_b}{D}\right) + \frac{\left(\frac{L_c}{D}\right)}{2}\right]$$

H/D: 유입구 높이, L_b/D: 원통부의 길이, L_c/D: 원추부의 길이

08 입경 d_p에 대한 부분집진율(Lapple의 식)

$$\eta_f = \frac{\pi \times N_e \times d_p^{\,2} \times (\rho_p - \rho_g) \times v_i}{9 \times \mu_g \times W}$$

09 원심력집진장치에서 외부 선회류에 의해 입자에 작용하는 최대원심력의 관계식

$$F_c = \text{입자의 질량} \times \frac{\text{선회류의 접선속도}^2}{\text{원추 하부의 반경}} = \left(\frac{\pi}{6} \times d_p^{\,3} \times \rho_p\right) \times \left(\frac{V_o^{\,2}}{R_c}\right)$$

F_c: 최대원심력, d_p: 입경, ρ_p: 입자밀도,
V_o: 원심력이 최대가 되는 R_c 지점에서의 선회류의 접선속도, R_c: 원추 하부의 반경

10 분리계수

사이클론에서 입자에 작용하는 원심력을 중력으로 나눈 값

$$S = \frac{원심력}{중력} = \frac{m \times \dfrac{v_{\theta,R_2}^2}{R_2}}{m \times g} = \frac{v_{\theta,R_2}^2}{g \times R_2}$$

분리계수 값이 클수록 사이클론의 원심력이 커져서 집진율이 증가한다.

11 사이클론 내의 압력손실

$$\Delta P = F \times \frac{\gamma \times v_i^2}{2 \times g} (\text{mmH}_2\text{O})$$

F: 압력손실계수, γ: 배출가스의 비중량(kg/m^3),
v_i: 사이클론 유입속도(m/s)

12 원심력집진장치에서 처리가스양이 일정하고 점도가 변할 때 집진율의 평가식

$$\frac{1-\eta_a}{1-\eta_b} = \left(\frac{\mu_a}{\mu_b}\right)^{\frac{1}{2}}$$

13 여과집진장치(백필터)에서 여과백의 수

$$n = \frac{Q}{\pi \times D \times H \times v_f}$$

Q: 백필터로 유입되는 함진가스양, D: 여과백의 직경
H: 여과백의 길이, v_f: 여과속도

14 여과집진장치의 먼지부하

$$L_d = C_i \times v_f \times t \times \eta$$

C_i: 여과집진장치 입구의 먼지 농도, t: 탈진주기, η: 먼지의 제거효율

겉보기 여과속도, $v_f = \dfrac{Q}{A_b}$, A_b: 백필터의 면적

여과된 먼지층의 두께, $d = \dfrac{L_d}{\rho_d}$, ρ_d: 집진된 먼지층의 밀도

15 세정집진장치(Venturi scrubber)에서 사용하는 물의 양(L)을 구하는 식

$$n\left(\dfrac{D}{D_t}\right)^2 = \dfrac{V_t \times L}{100 \times \sqrt{P}}$$

n: 노즐의 개수, D: 노즐 직경, D_t: 벤투리 스크러버 목부(throat)의 지름, V_t: 목부 유속

$V_t = \dfrac{Q}{A}$, P: 수압, L: 액가스비 $\left(\dfrac{세정액량(\mathrm{L})}{처리가스양(\mathrm{m}^3)}\right)$

16 Venturi scrubber의 압력손실을 구하는 식

$$\Delta P = (0.5 + L) \times \dfrac{\gamma \times V_t^{\,2}}{2 \times g} \, (\mathrm{mmH_2O})$$

17 회전식 세정집진장치에서 회전원판에 의하여 분무액이 미립화될 경우 물방울 직경을 구하는 식

$$d_w = \dfrac{200}{N \times \sqrt{R}} \, (\mathrm{cm})$$

N: 회전원판의 회전수(rpm), R: 회전원판의 반지름(cm)

18 전기집진장치에서 입자가 받는 Coulomb힘

대전입자의 Coulomb력,

$$F_e = n \times \epsilon_o \times E (\text{kg} \cdot \text{m/s}^2)$$

ϵ_o: 전하(1.602×10^{-19} Coulomb), n: 전하수, E: 하전부의 전계강도(Volt/m)

19 평판형 전기집진장치의 층류 영역에서 입자를 완전 제거하기 위한 이론적인 집진극의 길이를 구하는 식

100%의 효율을 얻기 위한 집진극의 길이,

$$L = \frac{S \times V_o}{w} (\text{m})$$

S: 집진극과 방전극 사이의 거리, V_o: 장치 내 함진가스의 유속
w: 집진극으로 이동하는 입자 속도

20 전기집진장치의 효율을 구하는 식(Deutsch 효율식)

1) 평판형

$$\eta = 1 - e^{\left(-\frac{A \times w_e}{Q}\right)}$$

A: 집진극의 면적, w_e: 집진극으로 이동하는 입자 속도

2) 원통형

$$\eta = 1 - e^{\left(-\frac{2 \times w_e \times L}{R \times u}\right)}$$

L: 원통의 길이, R: 원통의 반경, u: 원통에서 함진가스의 유속

3 유체역학

01 동점도

$$\nu = \mu \times \rho$$

참고 1Stokes=1cm²/s, 1poise=1g/cm·s

02 질량유속

단위 시간당 특정 단면적을 통과하는 유체의 질량

질량 유속(kg/s)=유체의 유량×밀도, 질량 유량=질량 유속×시간

03 덕트 또는 굴뚝에서 배출가스 평균유속

$$\bar{v} = C\sqrt{\frac{2gh}{\gamma}} \text{ (m/s)}$$

C : 피토관 계수, h : 배출가스 속도압 측정치(mmH$_2$O), g : 중력가속도(9.8m/s²),
γ : 덕트(굴뚝) 내의 습한 배출가스 밀도(kg/Sm³)

04 0℃, 1atm에서 공기의 밀도

$$\rho = \frac{P \times M}{R \times T} = \frac{1\text{atm} \times 28.85\text{g/mol}}{0.082\text{atm} \cdot \text{L/(mol} \cdot \text{K)} \times 273\text{K}} = 1.289\text{g/L}$$

05 레이놀즈 수

$$N_{Re} = \frac{v \times d \times \rho}{\mu} = \frac{v \times d}{\nu}$$

덕트 내에서 N_{Re}가 2,100 이하: 층류, 2,100~4,000: 천이류, 4,000 이상: 난류

4 유해가스 및 처리

01 헨리의 법칙을 이용하여 유도된 총괄물질이동계수와 개별물질이동계수의 관계식

$$\frac{1}{K_G} = \frac{1}{k_g} + \frac{H}{k_L}, \quad \frac{1}{K_L} = \frac{1}{k_L} + \frac{1}{H \times k_g}$$

H: 헨리상수(용해도가 큰 기체는 H가 적기 때문에 식에서 $\frac{H}{k_L}$는 무시됨.)
즉, $K_G = k_g$가 되어 기체저항이 지배적(액분산형 흡수장치: 충전탑, 살수탑, 벤투리 스크러버 등)이 된다. 또한 용해도가 적은 기체는 H가 크므로 $\frac{1}{H \times k_g}$는 무시된다. 즉, $K_L = k_L$이 되어 액체 측 저항이 지배적(가스분산형 흡수장치: 단탑, 기포탑 등)이 된다.

02 헨리의 법칙

$$C = p \times H$$

C: 물속에 용해된 유해가스 농도(kmol/m^3), p: 유해가스의 분압(mmH$_2$O)
H: 헨리의 상수[kmol/m^3 · atm 또는 atm · m^3/kmol]

03 충전탑의 높이

$$h = H_{OG} \times N_{OG}$$

H_{OG}: 기상 총괄이동단위높이(m), N_{OG}: 이동단위수

$$N_{OG} = 2.3 \log\left(\frac{1}{1 - E/100}\right) \text{ 또는 } N_{OG} = \ln \frac{y_1}{y_2}$$

E: 유해가스 제거율(%)
y_1: 충전탑 입구에서의 유해가스의 몰분율, y_2: 충전탑 출구에서의 유해가스의 몰분율

04 SO₂의 처리 반응식

1) $SO_2 + 2NaOH \rightarrow Na_2SO_3 + H_2O$

2) $SO_2 + CaCO_3 + \frac{1}{2}O_2 \rightarrow CaSO_4 + CO_2$

3) SO₂를 CaCO₃로 완전 탈황시킬 때의 반응식

$CaCO_3 + CO_2 + H_2O \rightarrow Ca(HCO_3)_2$

$Ca(HCO_3)_2 + SO_2 + H_2O \rightarrow CaSO_3 \cdot 2H_2O + 2CO_2$

$CaSO_2 \cdot 2H_2O + \frac{1}{2}O_2 \rightarrow CaSO_4 \cdot 2H_2O$

05 선택적 촉매환원법의 환원반응식

1) $6NO + 4NH_3 \rightarrow 5N_2 + 6H_2O$

2) $6NO_2 + 8NH_3 \rightarrow 7N_2 + 12H_2O$

3) $4NO + 4NH_3 + O_2 \rightarrow 4N_2 + 6H_2O$ (산소 공존 시)

06 CO에 의한 비선택적 접촉환원법의 반응식

$$NO_2 + CO \rightarrow NO + CO_2$$

07 CO에 의한 선택적 촉매환원법(SCR, Selective Catalytic Reduction)의 반응식

$$2NO + 2CO \rightarrow N_2 + 2CO_2$$

08 플루오린화수소 제거 관련 반응식

$$2HF + Ca(OH)_2 \rightarrow CaF_2 + 2H_2O$$

$$2HF + SiF_4 \rightarrow H_2SiF_6$$

Chapter 3. 대기오염방지기술

09 염화수소 제거 관련 반응식

$$HCl + NaOH \rightarrow NaCl + H_2O$$
$$2HCl + Ca(OH)_2 \rightarrow CaCl_2 + 2H_2O$$

10 염소가스 제거 관련 반응식

$$Cl_2 + NaOH \rightarrow NaOCl + NaCl + H_2O$$
$$2Cl_2 + 2Ca(OH)_2 \rightarrow CaCl_2 + Ca(OCl)_2 + 2H_2O$$

11 중화반응의 공식

$$N_1 \times V_1 = N_2 \times V_2$$

12 이산화탄소를 기준으로 한 실내환기량

$$Q = \frac{CO_2 \text{ 발생량}}{(CO_2 \text{ 허용농도} - \text{외기 중 } CO_2 \text{ 농도})} \, (m^3/h)$$

13 실내 유해가스 제거 1차 반응식

$$\frac{C_o}{C_i} = e^{-k \times t} \text{에서 } \ln\left(\frac{C_o}{C_i}\right) = -k \times t, \ k = \frac{\text{송풍량}}{\text{실내 용적}}$$

14 반응속도의 온도 의존도를 나타낸 Arrhenius 식

$$\ln\left(\frac{k_2}{k_1}\right) = -\frac{E}{R} \times \left(\frac{1}{T_2} - \frac{1}{T_1}\right)$$

k: 속도상수, E: 활성화에너지

15 공기 중 일산화탄소 농도와 CO-Hb 포화도 사이의 관계식

$$CO-Hb(\%) = \frac{\%CO}{\%CO + \%O_2} \times 100 \, (\%)$$

5 환기 및 통풍

01 후드(Hood)의 압력손실

$$\Delta P = F \times VP$$

F: 압력손실계수, $F = \dfrac{1-C_e^2}{C_e^2}$, C_e: 후드의 유입계수, VP: 속도압

$$VP = \frac{\gamma \times V_T^2}{2 \times g} (\text{mmH}_2\text{O})$$

02 상당직경

덕트의 모양이 원형이 아닌 경우, 이와 동일한 유체역학적인 특성을 갖는 원형 덕트의 지름

$$D_e = \frac{2 \times 가로 \times 세로}{가로 + 세로} = \frac{2a \times b}{a+b}$$

03 덕트 내 압력손실

$$\Delta P = \lambda \times \frac{L}{D} \times \frac{\gamma \times V_T^2}{2 \times g} (\text{mmH}_2\text{O})$$

λ: 덕트의 마찰계수, L: 덕트의 길이, D: 덕트의 직경, γ: 유체의 비중량, V_T: 반송속도

04 곡관의 압력손실

$$\Delta P = F \times VP \times \frac{\theta}{90°}(\mathrm{mmH_2O})$$

05 덕트 내 유체의 밀도가 변할 경우 덕트의 정압

$$FSP_2 = FSP_1 \times \left(\frac{\rho_2}{\rho_1}\right)(\mathrm{N/m^2})$$

06 송풍기의 상사법칙(닮은꼴 법칙)

1) 풍량은 송풍기 회전수와 정비례한다. $\dfrac{Q_1}{Q_2} = \dfrac{N_1}{N_2}$

2) 풍압은 송풍기 회전수의 제곱에 비례한다. $\dfrac{FSP_1}{FSP_2} = \left(\dfrac{N_1}{N_2}\right)^2$

3) 동력은 송풍기 회전수의 세제곱에 비례한다. $\dfrac{L_1}{L_2} = \left(\dfrac{N_1}{N_2}\right)^3$

07 송풍기 풍량과 송풍기 회전날개 직경 관계식

$$\frac{Q_2}{Q_1} = \left(\frac{D_2}{D_1}\right)^3$$

08 송풍기 풍량과 회전수, 전압의 관계식

$$Q_2 = Q_1 \times \left(\frac{rpm_2}{rpm_1}\right) \times \left(\frac{FTP_2}{FTP_1}\right)^2 \ (m^3/\mathrm{min})$$

09 송풍기 소요동력을 구하는 식

$$kW = \frac{Q \times \Delta P}{6{,}120 \times \eta} \times \alpha$$

α : 여유율, η : 송풍기 효율

대기오염공정시험기준

1 대기오염공정시험기준 총괄

01 오염물질 농도 보정식

$$C = C_a \times \frac{21 - O_s}{21 - O_a}$$

C: 오염물질 농도(mg/Sm^3 또는 ppm), C_a: 실측오염물질 농도(mg/Sm^3 또는 ppm), O_a: 실측산소농도(%), O_s: 표준산소농도(%)

02 배출가스유량 보정식

$$Q = Q_a \div \frac{21 - O_s}{21 - O_a}$$

03 액체 화학물질의 규정농도를 구하는 식

$$N = \frac{비중 \times \dfrac{농도(\%)}{100}}{g당량} \times 1,000(\text{N})$$

04 액체 화학물질의 몰농도를 구하는 식

$$M = \frac{비중 \times \dfrac{농도(\%)}{100}}{g분자량} \times 1,000(\text{M})$$

05 묽힘의 법칙

$$M \times V = M' \times V'$$

06 사각형 굴뚝의 환산직경

$$환산직경 = 2 \times \left(\frac{가로 \times 세로}{가로 + 세로} \right) (m)$$

07 굴뚝단면이 서서히 변하는 경우(원형굴뚝)

$$환산하부직경 = \frac{하부직경 + 선정된\ 측정공\ 위치의\ 직경}{2}$$

08 수증기의 부피백분율을 구하는 식(건식 가스미터를 사용한 흡습관법)

$$X_w = \frac{\frac{22.4}{18} \times m_a}{V_m \times \left(\frac{273}{273+\theta_m}\right) \times \left(\frac{P_a + P_m}{760}\right) + \frac{22.4}{18} \times m_a} \times 100(\%)$$

09 배출가스의 밀도 측정

$$\gamma = \gamma_o \times \frac{273}{273+\theta_s} \times \frac{P_a + P_s}{760} (kg/m^3)$$

10 보통형(I형) 흡입노즐을 사용할 때 등속흡입을 위한 흡입량을 구하는 식

$$q_m = \frac{\pi}{4} \times d^2 \times v \times \left(1 - \frac{X_w}{100}\right) \times \left(\frac{273+\theta_m}{273+\theta_s}\right) \times \left(\frac{P_a + P_s}{P_a + P_m - P_v}\right) \times 60 \times 10^{-3}$$

q_m: 가스미터에 있어서의 등속흡입유량(L/min), d: 흡입노즐의 내경(mm)
v: 배출가스 유속(m/s), X_w: 배출가스 중 수증기의 부피백분율(%)
θ_m: 가스미터의 흡입가스 온도(℃), θ_s: 배출가스 온도(℃)
P_a: 측정공 위치에서의 대기압(mmHg), P_s: 측정점에서의 정압(mmHg)
P_m: 가스미터의 흡입가스 게이지압(mmHg), P_v: θ_m의 포화수증기압(mmHg)

11 굴뚝 배출가스 평균유속

$$\bar{v} = C\sqrt{\frac{2gh}{\gamma}}\,(\text{m/s})$$

12 인구밀도에 의한 측정점 수 계산식

$$측정점\ 수 = \frac{그\ 지역\ 가주지면적}{25\text{km}^2} \times \frac{그\ 지역\ 인구밀도}{전국\ 평균인구밀도}(개소)$$

13 기체크로마토그램에서 분리계수(d)와 분리도(R)를 구하는 식

$$분리계수,\ d = \frac{t_{R2}}{t_{R1}},\ 분리도,\ R = \frac{2 \times (t_{R2} - t_{R1})}{W_1 + W_2}$$

t_{R1} : 시료도입점으로부터 봉우리 1의 최고점까지의 길이
t_{R2} : 시료도입점으로부터 봉우리 2의 최고점까지의 길이
W_1 : 봉우리 1의 좌우 변곡점에서의 접선이 자르는 바탕선의 길이
W_2 : 봉우리 2의 좌우 변곡점에서의 접선이 자르는 바탕선의 길이

14 기체크로마토그래피에서 분리관 효율을 나타내기 위한 이론단수를 구하는 식

분리관효율은 보통 이론단수 또는 1이론단에 해당하는 분리관의 길이 HETP(Height Equivalent to a Theoretical Plate)로 표시함.

이론단수,

$$n = 16 \times \left(\frac{t_R}{W}\right)^2,\ HETP = \frac{L}{n}$$

L : 분리관의 길이(mm)

15 자외선/가시선분광법에서 적용되는 비어−램버트(Beer−Lambert)의 법칙

$$I_t = I_o \times 10^{-\epsilon CL}$$

I_o : 입사광의 강도, I_t : 투사광의 강도, C : 농도, L : 빛의 투사거리, ϵ : 비례상수로서 흡광계수, $C=1\text{mol}$, $L=10\text{mm}$일 때 ϵ의 값을 몰흡광계수라 하며 K로 표시

$t = \dfrac{I_t}{I_o}$를 투과도, $t \times 100 = T$를 투과퍼센트, 투과도 역수의 상용대수,

$\log \dfrac{1}{t} = A$를 흡광도라고 함.

16 원자흡수분광광도계의 원자흡광도

$$E_{AA} = \dfrac{\log_{10}\left(\dfrac{I_{ov}}{I_v}\right)}{C \times L}$$

17 단면이 정방형의 굴뚝에서의 먼지농도 측정

전체 단면의 건조 배출가스 중의 평균 먼지농도는 구분한 각 단면의 먼지농도 동일 면적일 경우

$$\overline{C_n} = \dfrac{C_{n1} \times V_1 + C_{n2} \times V_2 + \cdots + C_{nn} \times V_n}{V_1 + V_2 + \cdots + V_n}$$

18 배출가스 중의 먼지를 반자동식 측정법으로 원통여과지를 이용하여 채취한 먼지농도

$$C_n = \dfrac{m_d}{V'_m \times \dfrac{273}{273 + \theta_m} \times \dfrac{P_a + \left(\dfrac{\Delta H}{13.6}\right)}{760}} \text{(mg/Sm}^3\text{)}$$

19 비산먼지 농도 계산식

$$C = (C_H - C_B) \times W_D \times W_S \, (\text{mg/m}^3)$$

C_H: 채취 먼지양이 가장 많은 위치의 먼지농도, C_B: 대조위치에서의 먼지농도
W_D: 풍향보정계수, W_S: 풍속보정계수

20 고용량공기시료채취법으로 비산먼지를 채취할 때 채취유량의 계산

$$\text{흡입공기량} = \frac{Q_s + Q_e}{2} \times t \, (\text{m}^3)$$

21 배출가스 중 황산화물을 측정하는 침전적정법(아르세나조 III법)에서 적정액의 역가를 구하는 식

$$f = \frac{10 \times f'}{V'} \times \frac{2}{5}$$

f': 황산의 역가, V': 아세트바륨량(mL)

22 원자흡수분광광도계를 이용한 굴뚝에서 배출되는 입자상물질 중 Pb의 양 계산식

$$C = \frac{(a-b) \times V}{V_s} \, (\text{mg/Sm}^3)$$

V: 분석용 시료의 전체 부피(mL)
V_s: 건조시료가스양(표준상태)(L)
a: 분석용 시료용액의 Pb 농도(μg/mL)
b: 현장바탕 시료용액의 Pb 농도(μg/mL)

23 환경대기 중의 아황산가스를 산정량 수동법으로 측정 시 아황산가스의 농도 계산식

$$S = \frac{32,000 \times N \times v}{V} \, (\mu g/m^3)$$

N: 알칼리 용액의 규정농도(0.01)
v: 적정 시 회색이 될 때 들어간 알칼리의 양(mL)
V: 시료채취량(m^3)

24 흡광차분광법을 사용하여 아황산가스를 분석할 때 간섭성분으로 오존(O_3)이 존재할 경우 오존의 영향(%)을 나타내는 산출식

$$R_t = \frac{(A-B)}{C} \times 100 \, (\%)$$

A: 오존을 첨가했을 경우의 지싯값($\mu mol/mol$)
B: 오존을 첨가하지 않은 경우의 지싯값($\mu mol/mol$)
C: 분석기기의 최대 눈금값($\mu mol/mol$)

25 불꽃이온화검출기법에 따라 분석한 대기 중의 일산화탄소 농도 계산식

$$C = C_s \times \frac{L}{L_s} \, (\mu mol/mol)$$

C_s: 교정용 가스 중 일산화탄소 농도($\mu mol/mol$)
L: 시료 공기 중 일산화탄소 피크 높이(mm)
L_s: 교정용 가스 중 일산화탄소 피크 높이(mm)

26 환경대기 중 입자상물질을 저용량공기시료채취기로 분당 20L씩 채취할 경우, 유량계의 눈금값을 나타내는 식

$$Q_r = 20 \sqrt{\frac{760}{760 - \Delta P}} \, (L/min)$$

ΔP: 마노미터로 측정한 유량계 내의 압력손실(mmHg)

2 대기오염공정시험기준 핵심 내용

01 총칙

구분	핵심 내용
오염물질 농도 보정	$C = C_a \times \dfrac{21 - O_s}{21 - O_a}$ (mg/Sm³ 또는 ppm)
배출가스유량 보정	$Q = Q_a \div \dfrac{21 - O_s}{21 - O_a}$ (Sm³/일)
농도표시	1) g/L의 기호 사용: 액체 1,000mL 중의 성분질량(g) 또는 기체 1,000mL 중의 성분질량(g) 2) 부피분율(%)의 기호 사용: 액체 100mL 중의 성분용량(mL) 또는 기체 100mL 중의 성분용량(mL) 3) ppm: 백만분율(Parts Per Million) 4) pphm: 1억분율(Parts Per Hundred Million) 5) ppb: 10억분율(Parts Per Billion)
온도표시	1) 표준온도: 0℃, 상온: (15~25)℃, 실온: (1~35)℃, 찬 곳: (0~15)℃인 곳 2) 냉수: 15℃ 이하, 온수: (60~70)℃, 열수: 약 100℃ 3) 냉후(식힌 후): 실온까지 냉각된 상태.
액의 농도	1) 혼액(1+2) 또는 (1:2), (1+5) 또는 (1:5): 액체상의 성분을 각각 1용량 대 2용량, 1용량 대 5용량 혼합한 것(예, 황산(1+2) 또는 황산(1 : 2): 황산1용량에 정제수 2용량을 혼합한 것) 2) 액의 농도(1→2), (1→5): 용질의 성분이 고체일 때는 1g을, 액체일 때는 1mL를 용매에 녹여 전량을 각각 2mL 또는 5mL로 하는 비율을 뜻하는 것
시약, 시액, 표준물질	<table><tr><th>명칭</th><th>화학식</th><th>농도</th><th>비중(약)</th></tr><tr><td>아세트산</td><td>CH_3COOH</td><td>99.0 이상</td><td>1.05</td></tr><tr><td>인산</td><td>H_3PO_4</td><td>85.0 이상</td><td>1.69</td></tr><tr><td>암모니아수</td><td>NH_4OH</td><td>28.0~30.0(NH_3로서)</td><td>0.90</td></tr><tr><td>과산화수소</td><td>H_2O_2</td><td>30.0 ~ 35.0</td><td>1.11</td></tr><tr><td>플루오린화수소산</td><td>HF</td><td>46.0 ~ 48.0</td><td>1.14</td></tr><tr><td>아이오딘화수소산</td><td>HI</td><td>55.0 ~ 58.0</td><td>1.70</td></tr><tr><td>브로민화수소산</td><td>HBr</td><td>47.0 ~ 49.0</td><td>1.48</td></tr><tr><td>과염소산</td><td>$HClO_4$</td><td>60.0 ~ 62.0</td><td>1.54</td></tr></table>※ "약"이란 그 무게 또는 부피 등에 대하여 ±10% 이상의 차가 있어서는 안 된다.
방울수	20℃에서 정제수 20방울을 떨어뜨릴 때 그 부피가 약 1mL가 되는 것

구분	핵심 내용
용기	1) 밀폐용기: 물질을 취급 또는 보관하는 동안에 이물이 들어가거나 내용물이 손실되지 않도록 보호하는 용기 2) 기밀용기: 물질을 취급 또는 보관하는 동안에 외부로부터의 공기 또는 다른 가스가 침입하지 않도록 내용물을 보호하는 용기 3) 밀봉용기: 물질을 취급 또는 보관하는 동안에 기체 또는 미생물이 침입하지 않도록 내용물을 보호하는 용기 4) 차광용기: 광선을 투과하지 않은 용기 또는 투과하지 않게 포장을 한 용기로서 취급 또는 보관하는 동안에 내용물의 광화학적 변화를 방지할 수 있는 용기
분석용 저울 및 분동	분석용 저울은 적어도 0.1mg까지 달 수 있는 것
실험 관련 용어	1) 액체성분의 양을 "정확히 취한다": 홀피펫, 부피플라스크 또는 이와 동등 이상의 정도를 갖는 용량계를 사용하여 조작하는 것 2) "항량이 될 때까지 건조한다 또는 강열한다": 보통의 건조방법으로 1시간 더 건조 또는 강열할 때 전후 무게의 차가 매 g당 0.3mg 이하일 때 3) "감압 또는 진공": 15mmHg 이하 4) 용액의 액성 표시: 유리전극법에 의한 pH 측정기로 측정한 것
시험결과의 표시	방법검출한계 미만의 시험 결괏값은 검출되지 않은 것으로 간주하고 '불검출'로 표시

02 시료채취방법

1) 가스상물질

구분	핵심 내용
개요	표준상태(0℃, 760mmHg)로 환산한 건조시료 가스양
시료채취장치	1) 채취관의 재질 • 화학반응이나 흡착작용 등으로 배출가스의 분석결과에 영향을 주지 않는 것 • 배출가스 중의 부식성 성분에 의하여 잘 부식되지 않는 것 • 배출가스의 온도, 유속 등에 견딜 수 있는 충분한 기계적 강도를 갖는 것 2) 분석물질의 종류별 채취관 및 연결관 등의 재질 • 플루오린화합물(채취관: 스테인리스강 재질, 플루오로수지, 연결관: 카보런덤) • 이황화탄소, 폼알데하이드, 브로민, 벤젠(채취관: 경질유리, 석영, 플루오로수지) 3) 채취관의 규격: 안지름 6~25mm 정도의 것 4) 연결관의 규격: 안지름 4~25mm로 하고 길이는 되도록 짧게 함. 플루오로수지 연결관(녹는점 260℃)은 250℃ 이상에서는 사용할 수 없음. 5) 채취부 • 수은 마노미터: 대기와 압력차가 100mmHg 이상인 것 • 펌프: 배기능력 0.5~5L/min인 밀폐형인 것

구분	핵심 내용		
분석물질별 분석방법 및 흡수액	분석물질	분석방법	흡수액
	암모니아	자외선/가시선분광법(인도페놀법)	붕산 용액(5g/L)
	염화수소	싸이오사이안산제이수은법, IC	정제수, 수산화소듐 용액(0.1mol/L)
	염소	오르토톨리딘법	오르토톨리딘 염산 용액(0.1g/L)
	황산화물	침전적정법	과산화수소수용액(1+9)
	질소산화물	아연환원나프틸에틸렌 다이아민법	황산용액(0.005mol/L)
	이황화탄소	자외선/가시선분광법, GC	다이에틸아민구리 용액
	폼알데하이드	크로모트로핀산법, 아세틸아세톤법	크로모트로핀산+황산, 아세틸아세톤함유 흡수액
	황화수소	자외선/가시선분광법	아연아민착염 용액
	플루오린화합물	자외선/가시선분광법, 적정법 이온선택전극법	수산화소듐 용액(0.1mol/L)
	사이안화수소	자외선/가시선분광법	수산화소듐 용액(0.5mol/L)
	브로민화합물	자외선/가시선분광법, 적정법	수산화소듐 용액(0.1mol/L)
	페놀	자외선/가시선분광법, GC	수산화소듐 용액(0.1mol/L)
	비소	자외선/가시선분광법, AAS, ICP	수산화소듐 용액(0.1mol/L)
건조시료가스 채취량 (L)	1) 습식 가스미터: $V_s = V \times \dfrac{273}{273+t} \times \dfrac{P_a + P_m - P_v}{760}$ 2) 건식 가스미터: $V_s = V \times \dfrac{273}{273+t} \times \dfrac{P_a + P_m}{760}$		

2) 입자상물질 및 휘발성유기화합물(VOCs) 시료채취방법

구분	핵심 내용
개요	등속 흡입하여 측정한 먼지로서, 먼지농도 표시는 표준상태(0℃, 760mmHg)의 건조 배출가스 $1m^3$ 중에 함유된 먼지의 질량농도를 측정하는 데 사용
간섭물질	습도: 여과지를 데시케이터에서 일반 대기압 하에서 20±5.6℃로 적어도 24시간 이상 건조시키며 6시간의 간격을 두고 먼지 질량의 차이가 0.1mg일 때까지 측정
용어 정의	등속흡입(isokinetic sampling): 먼지시료를 채취하기 위해 흡입 노즐을 이용하여 배출가스를 흡입할 때, 흡입노즐을 배출가스의 흐름 방향으로 배출가스와 같은 유속으로 가스를 흡입하는 것 먼지농도: 표준상태(0℃, 760mmHg)의 건조 배출가스 $1Sm^3$ 중에 함유된 먼지의 무게 단위

구분	핵심 내용
분석기기 및 기구	1) 반자동식 시료채취기: 흡입노즐, 흡입관, 피토관, 여과지홀더, 여과지 가열장치, 임핀저 트레인, 가스흡입 및 유량측정부 등으로 구성한다. • 흡입노즐 내경(d): 3mm 이상, 흡입노즐의 꼭짓점: 30° 이하의 예각 • 원통여과지: 실리카 섬유제 여과지로서 99% 이상의 먼지채취율(0.3μm 다이옥틸 프탈레이트 매연 입자에 의한 먼지 통과시험), 유효직경이 25mm 이상의 것을 사용 2) 수동식 시료채취기: 먼지채취부, 가스흡입부, 흡입유량 측정부 등으로 구성한다. • 흡입유량 측정부: 흡입유량 측정부는 적산유량계(가스미터) 및 로터미터 또는 차압유량계 등의 순간유량계로 구성한다. 3) 자동식 시료 채취기: 흡입노즐, 흡입관, 피토관, 차압게이지, 여과지홀더, 임핀저 트레인, 자동등속흡입 제어부, 유량자동제어밸브, 산소농도계, 온도측정부, 측정데이터 기록부로 구성 • 차압게이지: 최소 단위 $0.1 \sim 0.5 mmH_2O$까지 측정하여 출력 신호를 발생할 수 있는 정밀 전자 마노미터를 사용한다.
시약 및 표준용액	• 실리카젤: 6~16mesh 크기의 변색 지시형 실리카젤을 사용하여 재사용 시에는 175℃에서 2시간 건조시킨 후 사용 • 흡습제: 입자상의 무수염화칼슘을 사용
측정 위치, 측정공 및 측정점의 선정	• 측정 위치: 수직굴뚝 하부 끝단으로부터 위를 향하여 그곳의 굴뚝 내경의 8배 이상이 되고, 상부 끝단으로부터 아래를 향하여 그곳의 굴뚝 내경의 2배 이상이 되는 지점에 측정공 위치를 선정하는 것을 원칙으로 함(문제 시 하부 내경의 2배 이상과 상부 내경의 1/2배 이상 되는 지점에 측정공 위치를 선정할 수 있음) • 굴뚝 단면이 사각형인 경우: 환상 직경 $= 2 \times \left(\dfrac{A \times B}{A+B}\right) = 2 \times \left(\dfrac{가로 \times 세로}{가로 + 세로}\right)$ • 측정점의 선정(굴뚝 단면이 원형일 경우) | 굴뚝 직경(m)	반경구분수	측정점수	굴뚝 중심에서 측정점까지의 거리(m)			
---	---	---	---	---	---	---
1 이하	1	4	0.707 R	—	—	—
1 초과 2 이하	2	8	0.500 R	0.866 R	—	—
2 초과 4 이하	3	12	0.408 R	0.707 R	0.913 R	—
4 초과 4.5 이하	4	16	0.354 R	0.612 R	0.791 R	0.935 R
4.5 초과	5	20	0.316 R	0.548 R	0.707 R	0.837 R

※ 굴뚝 단면적이 $0.25m^2$ 이하로 소규모일 경우에는 그 굴뚝 단면의 중심을 대표점으로 하여 1점만 측정 |
| 시료채취 절차 | • 등속흡입 정도를 보기 위해 등속흡입계수를 구하고 그 값이 90~110% 범위 내에 들지 않는 경우에는 다시 시료채취를 행함.
$I = \dfrac{V_m'}{q_m \times t} \times 100\,(\%)$
• 보통형 (1형) 흡입노즐을 사용할 때 등속흡입을 위한 흡입량
$q_m = \dfrac{\pi}{4} d^2 v \times \left(1 - \dfrac{X_w}{100}\right) \times \left(\dfrac{273 + \theta_m}{273 + \theta_s}\right) \times \left(\dfrac{P_a + P_s}{P_a + P_m - P_v}\right) \times 60 \times 10^{-3}\,(L/\min)$ |

구분	핵심 내용
배출가스 수분량 측정	1) 흡습관법 • 습식 가스미터를 사용할 때 $$X_m = \frac{\left(\frac{22.4}{18}\right) \times m_a}{V_m \times \left(\frac{273}{273+\theta_m}\right) \times \left(\frac{P_a + P_m - P_v}{760}\right) + \left(\frac{22.4}{18}\right) \times m_a} \times 100 (\%)$$ • 건식 가스미터를 사용할 때 $$X_m = \frac{\left(\frac{22.4}{18}\right) \times m_a}{V'_m \times \left(\frac{273}{273+\theta_m}\right) \times \left(\frac{P_a + P_m}{760}\right) + \left(\frac{22.4}{18}\right) \times m_a} \times 100 (\%)$$
배출가스의 유속 측정	피토관에 의한 배출가스 유속 측정: $V = C \times \sqrt{\dfrac{2gh}{\gamma}}$ (m/s)
먼지 농도의 계산	• 반자동 시료채취방법: $C_n = \dfrac{m_d}{V'_m \times \dfrac{273}{273+\theta_m} \times \dfrac{P_a + \left(\frac{\Delta H}{13.6}\right)}{760}}$ (mg/Sm^3) • 전체 단면의 건조 배출가스 중의 평균 먼지농도 $$\overline{C_n} = \frac{C_{n1} \times A_1 \times V_1 + C_{n2} \times A_2 \times V_2 + \cdots + C_{nn} \times A_n \times V_n}{A_1 \times V_1 + A_2 \times V_2 + \cdots + A_n \times V_n} \ (mg/Sm^3)$$
휘발성유기화합물 (VOCs) 시료채취방법	• 파과부피(breakthrough volume) 시료채취 시 분석대상물질이 흡착관에 채취되지 않고 흡착관을 통과하는 부피, 즉 흡착관에 충전된 흡착제의 최대흡착부피를 말한다. 또는 2개의 흡착관을 직렬로 연결할 경우 후단의 흡착관에 채취된 양이 전체의 5% 이상을 차지할 경우의 부피를 말함. • 유량측정부 기기의 온도 및 압력 측정이 가능해야 하며, 최소 100mL/min의 흡입속도로 시료채취가 가능해야 함. • 시료채취 주머니 플루오로 수지, 폴리에스터 수지 등의 불활성 재질로 시료채취 동안이나 채취 후 보관 시 반드시 직사광선을 받지 않도록 하여 시료성분이 시료채취 주머니 안에서 흡착, 투과 또는 서로 간의 반응에 의하여 손실 또는 변질되지 않아야 함.

3) 환경대기 시료채취방법

구분	핵심 내용
시료채취 지점 수의 결정	1) 인구비례에 의한 방법(인구밀도가 5,000명/km² 이하일 때) $$측정점수 = \frac{그\ 지역\ 가주지\ 면적}{25\ km^2} \times \frac{그\ 지역\ 인구밀도}{전국\ 평균인구밀도}$$ 2) 대상 지역의 오염 정도에 따라 공식을 이용하는 방법 $$N = \left(0.095 \times \frac{C_n - C_s}{C_s} \times x\right) + \left(0.0096 \times \frac{C_s - C_b}{C_s} \times y\right) + (0.0004 \times z)$$

시료채취 장소의 결정	1) 중심점에 의한 동심원을 이용하는 방법
	   중심점에서 8방향 이상으로 직선을 그어 각각 동심원(0.3~2km의 간격)과 만나는 점을 측정점으로 함.
	2) TM좌표에 의한 방법
	   해당 지역의 1:25,000 이상의 지도위에 2~3km 간격으로 바둑판 모양의 구획을 만들고 그 구획마다 측정점을 선정
	3) 과거의 경험이나 전례에 의한 선정 또는 이전부터 측정을 계속하고 있는 측정점

시료채취 위치 선정	• 그 지역의 오염도를 대표할 수 있다고 생각되는 곳을 선정 • 주위에 건물이나 수목 등의 장애물이 있을 경우(장애물 높이의 2배 이상, 채취점과 장애물 상단을 연결하는 직선이 수평선과 이루는 각도가 30° 이하 되는 곳) • 주위에 건물 등이 밀집되거나 접근되어 있을 경우(건물 바깥벽으로부터 적어도 1.5m 이상 떨어진 곳) • 시료채취의 높이(1.5~30m 범위)
정가스상 물질의 시료채취방법	1) 직접 채취법 2) 용기채취법 3) 용매채취법 4) 고체흡착법 5) 저온농축법 6) 채취용 여과지에 의한 방법

입자상물질의 시료채취방법	1) 고용량공기시료채취기(High volume air sampler)법: 0.1~100μm 범위
	  • 장치의 구성: 공기흡입부, 여과지홀더, 유량측정부 및 보호상자
	  • 공기흡입부: 흡입유량이 약 2m³/min이고 24시간 이상 연속 측정
	2) 저용량공기시료채취기(High volume air sampler)법: 10μm 이하의 입자상물질
	  • 장치의 구성: 흡입펌프, 분립장치, 여과지홀더 및 유량측정부
	  • 흡입펌프의 조건: 진공도가 높을 것, 유량이 큰 것, 맥동이 없이 고르게 작동될 것, 운반이 용이할 것
	  • 유량측정부: 부자식 면적 유량계(20℃, 1기압에서 10~30L/min 범위를 0.5L/min까지 측정)
	  • 채취용 여과지 조건: 0.3μm의 입자상물질에 대하여 99% 이상의 초기채취율을 갖는 것, 압력손실이 낮은 것, 가스상물질의 흡착이 적고 흡습성 및 대전성이 적을 것, 취급하기 쉽고 충분한 강도를 가질 것, 분석에 방해되는 물질을 함유하지 않을 것

저용량 공기시료채취기에 의한 입자상물질의 유량 교정	$$Q_r = 20 \times \sqrt{\frac{760}{760 - \Delta P}}\ (L/\min)$$

4) '대기오염공정시험기준'에 입각한 분석방법

분석방법	핵심 내용
기체크로마토그래피 (Gas Chromatography)	1) 원리 및 적용범위 　기체 시료 또는 기화한 액체나 고체 시료를 운반가스에 의하여 분리 후 관내에 전개시켜 기체 상태에서 분리되는 각 성분을 크로마토그래프로 분석하는 방법 2) 용어 　• 보유시간(Retention time): 시료를 분리관에 도입시킨 후 그중의 어떤 성분이 검출되어 기록지 상에 봉우리로 나타날 때까지의 시간 　• 보유용량(Retention volume): 보유시간에 운반가스의 유량을 곱한 것 3) 장치의 기본구성  　• 검출기 　① 열전도도 검출기(TCD): 전원회로, 전류조절부, 신호검출 전기회로, 신호 감쇄부 등으로 구성 　② 불꽃이온화 검출기(FID): 직류전압 변환회로, 감도조절부, 신호감쇄부 등으로 구성 　③ 전자 포획검출기(ECD): 유기 할로겐 화합물, 나이트로 화합물 및 유기 금속 화합물 등 전자 친화력이 큰 원소가 포함된 화합물을 수 ppt의 매우 낮은 농도까지 선택적으로 검출 　④ 질소인 검출기(NPD): 운반 기체와 수소 기체의 혼합부, 조연 기체 공급구, 연소노즐, 알칼리원, 알칼리원 가열기구, 전극 등으로 구성 　⑤ 불꽃 열이온화 검출기(FTD): 질소인 검출기와 같은 검출기 　⑥ 불꽃 광도 검출기(FPD): 운반기체와 조연기체의 혼합부, 수소 기체 공급구, 연소 노즐, 광학 필터, 광전증배관 및 전원 등으로 구성 　⑦ 광이온화 검출기(PID): 벤젠이나 톨루엔과 같은 대부분의 방향족 화합물, H_2S, 헥세인, 에탄올을 이온화시킴으로써 이들을 선택적으로 검출 　⑧ 펄스 방전 검출기(PDD): 프레온, 염소성 살충제 등의 할로겐 함유 화합물을 수 펨토그램까지 선택적으로 검출 　⑨ 원자 방출 검출기(AED): 유도 플라스마 챔버로의 도입부, 마이크로파 챔버, 챔버의 냉각부, 광학거울, 광다이오드 배열기로 구성 　⑩ 전해질 전도도 검출기(ELCD): 기준전극, 분석전극과 기체-액체 접촉기 및 기체-액체 분리기로 구성 　⑪ 질량 분석검출기(MSD): GC에 질량 분석기(MS)를 부착하여 사용

분석방법	핵심 내용
기체크로마토그래피 (Gas Chromatography)	• 운반가스 ① 열전도도형 검출기(TCD): 순도 99.8% 이상의 수소나 헬륨 ② 불꽃이온화 검출기(FID): 순도 99.8% 이상의 질소 또는 헬륨 • 분배형 충전물질: 담체(Support) 시료 및 고정상 액체에 대하여 불활성인 것으로 규조토, 내화벽돌, 유리, 석영, 합성수지 등을 사용 • 고정상액체(Stationary Liquid)의 조건 분석대상 성분을 완전히 분리할 수 있는 것, 사용온도에서 증기압이 낮고, 점성이 작은 것, 화학적으로 안정된 것, 화학적 성분이 일정한 것 4) 분리의 평가 • 분리관 효율: 보통 이론단수 또는 1이론단에 해당하는 분리관의 길이 HETP로 표시 $HETP = \dfrac{L}{n}$, 이론단수$(n) = 16 \times \left(\dfrac{t_R}{W}\right)^2$ • 분리능: 2개의 접근한 봉우리의 분리의 정도를 나타내기 위하여 분리계수 또는 분리도를 가지고 정량적으로 정의하여 사용 분리계수$(d) = \dfrac{t_{R2}}{t_{R1}}$, 분리도$(R) = \dfrac{2(t_{R2} - t_{R1})}{W_1 + W_2}$ • 정량분석(정량법) ① 절대검정곡선법: 정량하려는 성분으로 된 순물질을 단계적으로 취하여 크로마토그램을 기록하고 봉우리 넓이 또는 높이를 구함. ② 넓이 백분율법: 시료 각 성분의 봉우리 면적을 측정하고 그것들의 합을 100으로 하여 이에 대한 각각의 봉우리 넓이 비를 각 성분의 함유율로 함. ③ 보정넓이 백분율법: 도입한 시료의 전 성분이 용출되며 또한 용출 전 성분의 상대감도가 구해진 경우 정확한 함유율을 구함. ④ 상대검정곡선법: 정량하려는 성분의 순물질(X) 일정량에 내부표준물질(S)의 일정량을 가한 혼합 시료의 크로마토그램을 기록하여 봉우리 넓이를 측정 ⑤ 표준물첨가법
자외선/가시선분광법 (UV-Vis Spectrometry)	1) 원리 및 적용범위 시료물질이나 시료물질의 용액 또는 여기에 적당한 시약을 넣어 발색시킨 용액의 흡광도를 측정하여 시료 중의 목적성분을 정량하는 방법으로 파장 200~1,200nm에서의 액체의 흡광도를 측정 2) 개요 • 비어-램버트(Beer-Lambert)의 법칙: $I_t = I_o \times 10^{-\epsilon CL}$, 투과도$(t) = \dfrac{I_t}{I_o}$ 흡광도$(A) = \epsilon CL = \log \dfrac{1}{t}$

분석방법	핵심 내용

자외선/가시선분광법
(UV-Vis Spectrometry)
	3) 장치의 개요
	
	광원부 → 파장선택부 → 시료부 → 측광부
	
	• 광원부: 텅스텐램프(가시부와 근적외부), 중수소방전관(자외부)을 사용
	• 파장선택부: 단색화장치(프리즘, 회절격자) 또는 필터(색유리 필터, 젤라틴 필터, 간접필터)를 사용
	• 측광부: 광전관, 광전자증배관(자외 내지 가시파장 범위), 광전도셀(근적외 파장범위) 또는 광전지(가시파장 범위) 등을 사용
	• 장치의 보정
	  ① 자동기록식 광전분광 광도계의 파장교정: 홀뮴(Holmium)유리의 흡수스펙트럼을 이용
	  ② 흡광도 눈금의 보정: 다이크로뮴산포타슘($K_2Cr_2O_7$) 용액으로 보정
	• 장치의 설치(실내에 설치함) 구비조건
	  전원의 전압 및 주파수의 변동이 적을 것, 직사광선을 받지 않을 것, 습도가 높지 않고 온도변화가 적을 것, 부식성 가스나 먼지가 없을 것, 진동이 없을 것
	• 흡수곡선의 측정: 과망간산포타슘($KMnO_4$) 용액으로 흡수곡선 작성
	• 측정조건의 검토: 측정된 흡광도는 되도록 0.2~0.8의 범위에 들도록 시험용액의 농도 및 흡수셀의 길이를 선정

원자흡수분광광도법 (Atomic Absorption Spectrophotometry)	1) 원리 및 적용범위 시료를 적당한 방법으로 해리시켜 중성원자로 증기화하여 생긴 기저상태의 원자가 이 원자 증기층을 투과하는 특유파장의 빛을 흡수하는 현상을 이용하여 광전측광과 같은 개개의 특유파장에 대한 흡광도를 측정하여 시료 중의 원소 농도를 정량하는 방법 2) 용어의 정의 • 공명선: 원자가 외부로부터 빛을 흡수했다가 다시 먼저 상태로 돌아갈 때 방사하는 스펙트럼선 • 근접선: 목적하는 스펙트럼선에 가까운 파장을 갖는 다른 스펙트럼선 3) 장치의 개요 광원부 → 시료원자화부 → 단색화부 → 측광부 (속빈음극램프, 회전 Chopper, 가연성가스, 조연성가스, 시료용액, 단색화장치, 광전자증배관, AC 증폭기, 기록계) • 광원램프: 중공음극램프

분석방법	핵심 내용

원자흡수분광광도법
(Atomic Absorption Spectrophotometry)
	• 시료원자화부
	  ① 수소-공기와 아세틸렌-공기 불꽃: 대부분의 원소분석에 유효하게 사용
	  ② 아세틸렌-아산화질소 불꽃: 불꽃 온도가 높기 때문에 불꽃 중에서 해리하기 어려운 내화성 산화물을 만들기 쉬운 원소의 분석에 적당
	  ③ 프로페인-공기 불꽃: 불꽃 온도가 낮고 일부 원소에 대하여 높은 감도를 나타냄
	4) 검정곡선의 작성과 정량법
	  ① 절대검정곡선법
	  ② 표준물첨가법
	  ③ 상대검정곡선법: 새로 분석시료 중에 가한 내부 표준원소(목적원소와 물리적 화학적 성질이 아주 유사한 것이어야 한다.)와 목적원소와의 흡광도 비를 구하는 동시 측정
	• 간섭
	  ① 분광학적 간섭(장치나 불꽃의 성질에 기인하는 것)
	  ② 물리적 간섭(시료용액의 점성이나 표면장력 등 물리적 조건의 영향)
	  ③ 화학적 간섭(불꽃 중에서 원자가 이온화하는 경우, 공존물질과 작용하여 해리하기 어려운 화합물이 생성되어 흡광에 관계하는 기저상태의 원자수가 감소하는 경우)

비분산적외선 분광분석법 (NDIR)	1) 원리 및 개요 • 적외선 영역에서 고유 파장 대역의 흡수 특성을 갖는 성분가스의 농도 분석을 비분산적외선 분광분석법으로 측정하는 방법 • 검출한계는 분석 광학계의 적외선 복사선이 시료 중을 통과하는 거리에 따라 다르며 복사선 통과거리가 10~16m일 때 분석기의 검출한계를 0.5ppm까지 낮출 수 있음 • 간섭물질(입자상물질, 수분) 2) 용어의 정의 • 정필터형: 측정성분이 흡수되는 적외선을 그 흡수 파장에서 측정하는 방식 • 비교가스: 시료 셀에서 적외선 흡수를 측정하는 경우 대조가스로 사용하는 것으로 적외선을 흡수하지 않는 가스 • 제로가스: 분석계의 최저 눈금 값을 교정하기 위하여 사용하는 가스 • 스팬가스: 분석계의 최고 눈금 값을 교정하기 위하여 사용하는 가스 • 교정범위: 측정기 최대측정 범위의 80~90% 범위에 해당하는 교정값 3) 비분산형적외선분석기(복광속 비분산분석기) • 광원: 흑체발광으로 니크로뮴선 또는 탄화규소의 저항체에 전류를 흘려 가열한 것

분석방법	핵심 내용
비분산적외선 분광분석법 (NDIR)	• 적외선 검출기: 적외선 흡수 파장영역 1~5.2μm 대역에서 검출능이 좋은 PbSe 센서 사용 • 셀 투과 창: 1.5~5.8μm 적외선 파장영역에서 우수한 투과 특성을 갖는 NaCl, CaF_2, sapphire 등이 사용 • 분석기의 설치 장소 조건 ① 진동이 작은 곳 ② 부식 가스나 먼지가 없는 곳 ③ 습도가 높지 않고 온도변화가 작은 곳 ④ 전원의 전압 및 주파수의 변동이 작은 곳

이온
크로마토그래피
(Ion Chromatography)
	1) 원리 및 개요
	   이동상으로는 액체, 그리고 고정상으로는 이온교환수지를 사용하여 이동상에 녹는 혼합물을 고분리능 고정상이 충전된 분리관내로 통과시켜 시료성분의 용출상태를 전도도 검출기 또는 광학 검출기로 검출하여 그 농도를 정량하는 방법
	2) 장치의 개요
	   용리액조, 송액펌프, 시료주입장치, 분리관, 써프렛서, 검출기 및 기록계로 구성
	
	용리액조 → 펌프 → 시료주입장치 → 분리관 → 써프렛서 → 검출기 → 기록계
	(써프렛서에서 폐액조로)
	분리부 / 검출기록부
	
	• 송액펌프의 조건
	① 맥동이 적은 것
	② 필요한 압력을 얻을 수 있는 것
	③ 유량조절이 가능할 것
	④ 용리액 교환이 가능할 것
	• 써프렛서: 용리액에 사용되는 전해질 성분을 제거하기 위하여 분리관 뒤에 직렬로 접속시킨 것
	• 검출기: 전도도 검출기, 자외선, 가시선 흡수검출기 (UV, VIS 검출기), 전기화학적 검출기
	3) 정성 및 정량분석
	• 정성분석: 동일조건 하에서 측정한 미지성분의 머무름시간과 예측되는 물질의 봉우리의 머무름시간을 비교
	• 정량분석: 크로마토그램의 재현성, 시료 성분의 양, 봉우리의 면적 또는 높이와의 관계를 검토하여 분석

분석방법	핵심 내용
흡광차분광법 (DOAS)	1) 원리 및 개요 빛을 조사하는 발광부와 50~1,000m 정도 떨어진 곳에 수광부 사이에 형성되는 빛의 이동경로를 통과하는 가스를 실시간으로 분석 • 측정원리: 흡광광도법의 기본 원리인 Beer-Lambert 법칙을 응용 • 검출방식: 분광계는 Czerny-Turner 방식이나 Holographic 방식 등을 사용 2) 장치의 개요 • 발광부 광원: 180~2,850nm의 파장 대역을 갖는 제논 램프를 사용 • 분광기: Czerny-Turner 방식이나 Holographic 방식 등을 채택 3) 간섭물질의 영향 • SO_2에 대한 O_3의 영향 • O_3에 대한 수분의 영향 • O_3에 대한 톨루엔의 영향
고성능 액체 크로마토그래피 (HPLC)	1) 개요 비휘발성 화학종 또는 열적으로 불안정한 물질을 분리할 수 있으며 유기물과 무기물의 대기오염물질에 대한 정성분석, 정량분석에 사용 2) 기기장치 용매 저장기 → 펌프 → 시료 주입기 → 분리관 → 검출기 → 기록기 • 고성능 액체 크로마토그래피 펌프장치가 갖추어야 할 필요조건 ① 약 152,000mmHg까지의 압력 발생 ② 맥동 충격이 없는 출력 ③ 0.1~10mL/min의 흐름속도 ④ 흐름속도 조절 및 흐름속도 재현성의 상대오차가 0.5% 또는 그 이하일 것 ⑤ 잘 부식되지 않는 스테인리스강으로 된 장치와 봉합재로 테플론을 사용할 것 • 검출기: 자외선흡수검출기, 형광검출기, 굴절률 검출기, 증발 광산란 검출기, 전기화학 검출기, 질량분석 검출기 사용
X-선 형광분광법 (X-ray Fluorescence Spectrometry)	1) 개요 산소의 원자번호보다 큰 원자번호를 가지는 원소를 정성적으로 확인하기 위해 가장 널리 사용되는 분석법 2) 기기장치 광원, 파장 선택기, 검출기 및 신호 처리장치로 구성(파장분산형(WDX)과 에너지분산형(EDX) 및 비분산형(NDX)의 세 가지 종류 • 광원: X-선관, 방사성 동위원소, 이차 형광 광원을 사용 • 검출기: 기체-충전 검출기, 섬광계수기, 반도체 검출기 사용 • 신호 처리 장치: 맥동 높이 선택기, 맥동 높이 분석기, 축척기와 계수기 • 기기 종류: 파장 분산형 기기, 에너지 분산형 기기, 비분산형 기기

분석방법	핵심 내용

유도결합플라스마 분광법(ICP)	1) 개요
	대기환경 중의 입자상 중금속화합물 카드뮴, 납, 구리, 니켈, 아연, 철 (Cd, Pb, Cu, Ni, Zn, Fe) 성분을 유도결합 플라스마분광법에 의해 동시에 정량하는 방법으로, 시료 용액을 플라스마에 분무하고 각 성분의 특성파장에서 발광세기를 측정하여 각 성분의 농도를 구한다.
	• 유도결합플라스마분광법의 정량범위와 반복표준편차
	  ① Cd (226.50nm, (0.008~2)mg/L, 2~10%)
	  ② Pb (220.35nm, (0.1~2)mg/L, 2~10%)
	  ③ Cu (324.75nm, (0.04~20)mg/L, 3~10%)
	  ④ Ni (231.60nm / 221.647nm, (0.04~2)mg/L, 2~10%)
	  ⑤ Zn (206.19nm, (0.4~20)mg/L, 3~10%)
	  ⑥ Fe (259.94nm, (0.1~50)mg/L, 3~10%)
	• 간섭물질
	  ① 시료용액 중에 나트륨, 칼륨, 마그네슘, 칼슘 등의 농도가 높고, 중금속 성분의 농도가 낮은 경우에는 용매추출법을 이용하여 정량
	  ② 염의 농도가 높은 시료용액에서 검정곡선법이 적용되지 않을 때는 표준물첨가법을 사용
	2) 대기 중의 금속 성분 농도 계산방법
	대기환경 중의 중금속 성분(Cd, Pb, Cu, Ni, Zn, Fe) 농도는 0℃, 760mmHg로 환산한 공기 $1m^3$ 중 μg 수로 나타낸다.
	$C = \dfrac{m \times 10^3}{V_s} (\mu g/m^3)$
	• 농도 측정 결과는 유효숫자 세 자리까지 구하고, 결과는 두 자리로 표시한다.

03 배출가스 중 무기물질 및 금속화합물

배출가스 중 먼지	1) 반자동식 측정법(입자상물질의 시료채취방법과 동일함.) 2) 수동식 측정법 3) 자동식 측정법

비산먼지	1) 고용량공기시료채취법(High Volume air Sampler)
	• 용어 정의
	  ① 공기역학직경(AED): 입자의 침강속도에 따른 것으로 일반적으로 구형을 가진 입자의 기하학적 입자 지름으로 비중 1인 구의 지름으로 입경이 변경하여 환산 정리되고 측정 대상 물 입자는 상대적으로 밀도와 입자 모양에 대하여 구상 입자의 침강속도와 같은 역학적 운동을 하는 입자의 직경을 의미
	  ② 총 부유먼지: 입자 직경이 (0.01~100)μm 이하인 먼지
	• 시료채취: 1회 1시간 이상 연속 채취

- 시료채취를 하지 않는 경우
  ① 대상 발생원의 조업이 중단되었을 때
  ② 비나 눈이 올 때
  ③ 바람이 거의 없을 때(풍속이 0.5m/s 미만일 때)
  ④ 바람이 너무 강하게 불 때(풍속이 10m/s 이상일 때)
- 비산먼지 농도의 계산: $C = (C_H - C_B) \times W_D \times W_S (mg/m^3)$
- 풍향 보정계수(W_D): 1.5(주 풍향이 90° 이상 변할 때), 1.2(45~90°), 1.0(45° 미만)
- 풍속 보정계수(W_S): 1.2(0.5m/s 미만 또는 10m/s 이상 되는 시간이 전 채취시간의 50% 이상일 때)

분석물질	분석개요	적용범위	시약 및 표준용액	농도계산
암모니아	암모니아를 붕산 용액으로 흡수하여 페놀-나이트로프루시드소듐 용액과 하이포아염소산소듐 용액을 첨가하고 암모늄이온과 반응하여 생성하는 인도페놀류의 흡광도를 측정	배출가스 중 이산화질소가 100배 이상, 아민류가 몇십 배 이상, 이산화황이 10배 이상, 황화수소가 같은 양 이상 공존하면 영향을 받음.	페놀-나이트로 프루시드소듐 용액 하이포아염소산소듐 용액 싸이오황산소듐 용액	$C = \dfrac{(a-b) \times 25}{V_s}$
일산화탄소	선택성 검출기를 이용하여 시료 중의 특정 성분에 의한 적외선의 흡수량 변화를 측정하여 시료 중에 들어있는 특정 성분의 농도를 구하는 방법	측정범위는 0~1,000ppm 이하	비분산 정필터형 적외선 가스 분석기 전기화학식(정전위 전해법) 기체크로마토그래프	5분 이상 측정한 5분 평균값을 계산하고, 이를 3회 이상 연속 측정하여 3개의 5분 평균값을 평균하여 최종 결괏값으로 함.
염화수소	염화수소를 정제수로 흡수하여 충분한 분리능을 가질 수 있는 음이온교환분리관으로 분리하고 전도도검출기나 전기화학검출기를 구비한 이온크로마토그래프로 염화 이온을 측정	염화물 염의 입자상물질 또는 황화합물 등의 환원성가스가 공존하면 영향을 받음.	흡수액(전기전도도가 1 μS/cm 이하인 정제수)	$C = \dfrac{(a-b) \times 100}{V_s} \times \dfrac{22.4}{35.453}$
	염화수소를 수산화소듐용액으로 흡수하여 싸이오사이안산제이수은 용액과 황산제이철암모늄 용액을 첨가하고 염화이온과 반응하여 생성하는 싸이오사이안산제이철 착염의 흡광도를 측정	염화물 염의 입자상물질 또는 이산화황, 기타 할로젠화합물, 사이안화물, 황화합물 등이 공존하면 영향을 받음.	싸이오사이안산제이수은 용액 황산제이철암모늄 용액 과염소산 (1 + 2)	$C = \dfrac{(a-b) \times 50}{V_s} \times \dfrac{22.4}{35.453}$

분석물질	분석개요	적용범위	시약 및 표준용액	농도계산
염소	오르토톨리딘을 함유하는 흡수액에 시료를 통과시켜 얻어지는 발색액의 흡광도를 측정하여 염소를 정량하는 방법	배출가스 중 브로민, 아이오딘, 오존, 이산화질소, 이산화염소 등의 산화성가스나 황화수소, 이산화황 등의 환원성 가스의 공존하면 영향을 받음.	오르토톨리딘 염산 용액 아세트산(1 + 1) 싸이오황산소듐 용액 하이포아염소산소듐 용액	$C = \dfrac{(a-b) \times 50}{V_s} \times \dfrac{22.4}{70.906}$
	염소를 p-톨루엔설폰아마이드 용액으로 흡수하여 클로라민-T로 전환시키고 사이안화포타슘 용액을 첨가하여 염화사이안으로 전환시킨 후, 완충 용액 및 4-피리딘카복실산-피라졸론 용액을 첨가하여 발색시키고 흡광도를 측정	배출가스 중 브로민, 아이오딘, 오존, 이산화염소 등의 산화성가스 또는 황화수소, 이산화황 등의 환원성가스가 공존하면 영향을 받음.	사이안화포타슘 용액 인산이수소포타슘 용액 4-피리딘카복실산-피라졸론 용액 싸이오황산소듐 용액	$C = \dfrac{(a-b) \times 5}{V_s} \times \dfrac{22.4}{70.906}$
황산화물	[자동측정법] • 전기화학식(정전위전해법) • 용액 전도율법 • 적외선 흡수법 • 자외선 흡수법 • 불꽃 광도법	[간섭물질] H_2S, NO_2, HCl, HC, Cl_2 HCl, NH_3, NO_2, CO_2 H_2O, CO_2, HC NO_2 H_2S, CS_2, HC, CO_2	[원리] • 이산화황을 전해질에 흡수시킨 후 농도를 구함. • 황산산성과산화수소수 흡수액에 도입하여 황산 생성 • 비분산적외선분광분석법에 따름. • 분산방식과 비분산방식으로 측정 • 환원성 수소불꽃에 도입된 이산화황의 발광강도를 측정	
	시료를 과산화수소수에 흡수시켜 황산화물을 황산으로 만든 후 아이소프로필알코올과 아세트산을 가하고 아르세나조 Ⅲ을 지시약으로 하여 아세트산바륨 용액으로 적정	전 황산화물의 농도가 (140~700)ppm의 시료에 적용	아세트산바륨 용액 아르세나조 Ⅲ 지시약 아이소프로필알코올	$C = \dfrac{0.112 \times (a-b)f \times \dfrac{250}{10}}{V_s} \times 1{,}000$

분석물질	분석개요	적용범위	시약 및 표준용액	농도계산
질소산화물	[자동측정법] • 전기화학식(정전위전해법) • 화학 발광법 • 적외선 흡수법 • 자외선 흡수법	[간섭물질] HCl, H_2S, Cl_2 CO_2 H_2O, CO_2, SO_2, HC SO_2, HC	[원리] • 질산이온에 반응하는 전해 전류를 측정 • 일산화질소와 오존이 반응하여 생긴 화학 발광의 발광강도 측정 • 비분산적외선분광분석법에 따름 • NO와 NO_2의 자외선을 흡수하는 성질을 이용	
	질소산화물을 오존 존재 하에서 흡수액에 흡수시켜 질산이온으로 만들고 분말금속아연을 사용하여 아질산이온으로 환원한 후 설파닐 아마이드 및 나프틸 에틸렌 다이아민 을 반응시켜 얻어진 착색의 흡광도를 측정	질소산화물 농도가 (6.7~230)ppm인 것을 분석	설파닐아마이드 혼합용액 아연분말 나프틸에틸렌다이아민 용액	$C = \dfrac{n \times (a-b)}{V_s} \times 1{,}000$
이황화탄소	불꽃광도검출기(FPD) 혹은 황화물 선택성 검출기나 질량 분석기를 구비한 기체크로마토그래프를 사용하여 정량	이황화탄소 농도 0.5ppm 이상의 배출 분석에 적합 • 간섭물질 H_2O, CO, CO_2, SO_2, S, 알칼리미스트	정량용 기체 표준물질 시트르산버퍼	이황화탄소의 농도(x_i) $x_i = \dfrac{(y_i - b)}{a}$ a: 기울기, b: 절편
	다이에틸아민구리 용액에서 시료가스를 흡수시켜 생성된 다이에틸 다이싸이오카밤산구리의 흡광도를 435nm의 파장에서 측정	이황화탄소 농도가 (4.0~60.0)ppm인 것의 분석에 적합 • 간섭물질: H_2S	흡수액(다이에틸아민구리 용액) 다이에틸다이싸이오카밤산소듐 용액	$C = \dfrac{(a-b) \times 200}{V_s} \times 1{,}000$
황화수소	아연아민착염 용액으로 흡수하여 p-아미노다이메틸아닐린 용액과 염화철(Ⅲ) 용액을 첨가하고 황화 이온과 반응하여 생성하는 메틸렌블루의 흡광도를 측정	정량범위는 1.7ppm 이상	p-아미노다이메틸아닐린 용액 염화철(Ⅲ) 용액 싸이오황산소듐 용액 황화소듐9수화물	$C = \dfrac{(a-b) \times 10}{V_s} \times \dfrac{22.4}{32.06}$
	불꽃광도검출기(FPD) 또는 펄스형불꽃광도검출기, 황화학발광검출기, 원자방출검출기, 질량분석기를 구비한 기체 크로마토그래피로 황화수소를 정량	정량범위는 0.5ppm 이상 [간섭물질] 황화수소 머무름 시간과 이산화황 및 카보닐황화물 머무름 시간을 비교	시트르산 완충 용액 고순도 질소 (99.999% 이상)	$C = a - b$ a: 분석용 시료가스의 황화수소 농도(ppm) b: 현장바탕시료가스의 황화수소 농도 (ppm)

분석물질	분석개요	적용범위	시약 및 표준용액	농도계산
플루오린 화합물	무기 플루오린화합물을 수산화소듐 용액으로 흡수하고 완충 용액을 첨가하여 pH를 조절한 후 란타넘-알리자린콤플렉손 용액을 첨가하고 플루오린화 이온과 반응하여 생성하는 복합 착화합물의 흡광도를 측정	정량범위는 0.05ppm 이상 배출가스 중 알루미늄(III), 철(II), 구리(II), 아연(II) 등의 중금속 이온이나 인산이온 등이 공존하면 영향을 받음.	란타넘-알리자린콤 플렉손 용액 아세트산암모늄 용액 페놀프탈레인 용액 플루오린화소듐	$C = \dfrac{(a-b) \times 10}{V_s} \times \dfrac{22.4}{18.998}$
	플루오린화합물을 음이온 교환분리관으로 분리하고 전도도검출기 또는 전기화학 검출기를 구비한 IC로 플루오린화 이온을 측정	정량범위는 0.3ppm 이상	수소 이온형(H^+형) 강산성 양이온 교환 수지	$C = \dfrac{(a-b) \times V}{V_s} \times \dfrac{22.4}{18.998}$
	[이온선택전극법] 플루오린화 이온 전극을 이용하여 전기전도도를 측정 [연속흐름법도 있음]	플루오린화합물로서 (7.37~737)ppm	염화포타슘(KCl) 포화용액 이온세기조절용 완충용액(pH 5.2)	$C = \dfrac{(a-a_o) \times 250 \times \dfrac{250}{100} \times 1,000}{V_s} \times \dfrac{22.4}{19}$
사이안화 수소	수산화소듐 용액으로 흡수하고 완충 용액 및 클로라민-T 용액을 첨가하여 염화사이안으로 전환시킨 후 발색용액을 첨가하여 발색시키고 흡광도를 측정	정량범위는 0.05ppm 이상 [간섭물질] 염소 등 산화성가스 또는 알데하이드류, 황화수소, 이산화황 환원성가스가 공존	에틸렌다이아민 용액 삼산화비소, 덱스트린 용액 플루오레세인소듐 용액 클로라민-T 용액 4-피리딘카복실산-피라졸론 용액	$C = \dfrac{(a-b) \times 10}{V_s} \times \dfrac{22.4}{26.017}$ [연속흐름법] $C = \dfrac{(a-b) \times 250}{V_s} \times \dfrac{22.4}{26.017}$
매연	매연을 측정하는 방식으로 광학기법을 이용하여 불투명도를 산정하는 것	[용어 정의] 불투명도: 물체를 식별하고자 할 때 불명확하게 하는 정도(0~100)% 사이에서 5% 단위	[측정위치] • 굴뚝높이의 3배 이상 떨어진 거리에서 촬영 • 굴뚝에서 140° 이내 각도에서 태양을 등지고 서야 함.	카메라와 매연의 촬영 지점의 관측 각도가 18° 이상일 경우 $T_2 = T_1^{\cos(i)}$ $T_1 = 100\% - O_1$

분석물질	분석개요	적용범위	시약 및 표준용액	농도계산
산소	산소의 전기화학적 산화환원 반응을 이용하여 산소농도를 연속적으로 측정(전극방식과 질코니아 방식)	0~25.0% 이하	[측정기기 및 기구] • 전극방식(전극 방식 분석계 사용) • 질코니아 방식 (질코니아 분석계 사용)	
	산소분자가 자계 내에서 자기화 될 때 생기는 흡입력을 이용(자기풍 방식과 자기력 방식)	측정범위는 0~5.0% 이하	• 스팬가스: 분석계를 교정하기 위하여 사용하는 가스로서 측정범위의 70~90%의 표준가스 • 제로가스: 0.1ppm 이하 또는 스팬값의 0.1% 이하인 고순도 공기	
유류 중 황함유량	• 연소관식 공기법 • 방사선 여기법	• 황함유량이 질량분율 0.010% 이상의 경우 $S = \dfrac{1.603 \times N \times (V - V_o)}{W}(\%)$ • 황함유량이 질량분율 (0.030~5.000)%인 경우		
하이드라진	황산함침여지채취하여 채취하여 추출용액으로 추출하고 유도체화 용액으로 하이드라진을 벤즈알라진으로 유도체화시킨 후 자외선검출기를 구비한 고성능액체크로마토그래피로 측정	[간섭물질] • 시료채취상의 간섭물질: 황산과 반응하는 물질 • 분석상의 간섭물질: UV 검출기에 반응하는 물질	• 추출용액: 제1인산소듐 1수화물 및 EDTA+인산을 이용하여 pH 3.5로 조정 • 유도체화 용액	$C = \dfrac{m_s \times 0.699}{V_{m(std)} \times E}$ $m_s = (C_s - C_b) \times 5 \, (\mu g)$
	자외선-가시선분광법	흡수액: HCl 용액 간섭물질: 메틸하이드라진	완충용액(수산화소듐) 유도체화 용액	$C = \dfrac{(W - B) \times 0.699}{V_s}$
금속화합물	원자흡수분광도법 유도결합플라스마/원자발광분광법	아세틸렌-공기 불꽃 [측정파장 (nm) 및 정량한계(mg/Sm³)] • Be: 234.9, 0.040 이상 • Cd: 228.8, 0.010 이상 • Cr: 357.9, 0.100 이상 • Cu: 324.7, 0.100 이상 • Ni: 232.0, 0.010 이상 • Pb: 217.0/283.3, 0.050 이상 • Zu: 213.9, 0.100 이상		$C = \dfrac{(a - b) \times V}{V_s} (mg/Sm^3)$
비소화합물	수소화물생성원자흡수분광도법 흑연로원자흡수분광도법 유도결합플라스마/원자발광분광법	아르곤-수소 불꽃 파장 193.7nm에서 측정	[간섭물질] 고농도의 Cd, Co, Cu, Hg, Mo, Ag, Ni	$C = \dfrac{(m_1 + m_2)}{V_s} \times \dfrac{22.41}{74.92}$

04 배출가스 중 휘발성유기화합물

분석물질	분석개요	시약 및 표준용액 및 농도계산
폼알데하이드 및 알데하이드류	흡수액 2,4-다이나이트로페닐하이드라진(DNPH)과 반응하여 하이드라존 유도체(hydrazone derivative)를 생성하게 되고 이를 액체크로마토그래프로 분석함. 하이드라존(hydrazone)은 UV 영역, 특히 350~380nm에서 최대 흡광도	테트라하이드로퓨란 2,4-다이나트로페닐하이드라진 $C = \dfrac{(A_a - A_b) \times V}{V_m} \times \dfrac{22.4}{MW_a} \times B \, (ppm)$
	아황산수소소듐 용액으로 채취하고 크로모트로핀산 용액으로 발색시켜 얻은 흡광도를 측정	$C = \dfrac{a-b}{V_s} \times \dfrac{100}{4} \times \dfrac{22.4}{30.03} \, (ppm)$
	아세틸아세톤 용액으로 발색시켜 얻은 흡광도를 측정	$C = \dfrac{a-b}{V_s} \times \dfrac{25}{4} \times \dfrac{22.4}{30.03} \, (ppm)$
브로민화합물	수산화소듐 용액에 흡수시킨 후 일부를 분취해서 산성으로 하여 과망간산포타슘 용액을 사용하여 브로민으로 산화시켜 클로로폼으로 추출하여 클로로폼층에 정제수와 황산제이철암모늄 용액 및 싸이오사이안산제이수은 용액을 가하여 발색한 정제수 층의 흡광도(460nm)를 측정	싸이오사이안제이수은 메탄올 용액 황산제이철암모늄 용액 Br로 환산하여 $C = (a-b) \times \dfrac{250}{10} \times \dfrac{0.280}{V_s} \times 1{,}000 \, (ppm)$
	브로민산이온을 아이오딘적정법으로 정량하는 방법	싸이오황산소듐 용액, 아이오드화포타슘 용액, 폼산소듐 용액 $C = \dfrac{0.133 \times (a-b)}{V_s} \times 0.280 \times 1{,}000 \times \dfrac{250}{20} \, (ppm)$
	전도도검출기를 구비한 이온크로마토그래프로 브로민화 이온을 측정	$C = \dfrac{(a-b) \times 100}{V_s} \times \dfrac{22.4}{79.904} \, (ppm)$
페놀	배출가스를 수산화소듐 용액에 흡수시켜 이 용액을 산성으로 한 후 아세트산에틸로 추출한 다음 기체크로마토그래피로 정량	$C = \dfrac{k \times (a-b) \times V_1}{S_L \times V_s} \times 1{,}000 \, (ppm)$
	4-아미노안티피린 용액과 헥사사이아노철(Ⅲ)산포타슘 용액을 첨가하고 페놀화합물과 반응하여 생성하는 안티피린계 색소의 흡광도(460 nm)를 측정	$C = \dfrac{(a-b) \times 20}{V_s} \, (ppm)$
다환방향족 탄화수소류	폐기물소각시설, 연소시설, 기타 산업공정의 배출시설에서 배출되는 가스상 및 입자상의 다환방향족탄화수소류(PAHs)의 분석방법으로, 배출시설에서 채취된 시료를 여과지, 흡착제, 흡수액 등을 이용하여 채취한 후 기체 크로마토그래피/질량분석기를 이용하여 분석	시료채취 및 전처리용 내부표준물질 각 물질에 대한 회수율은 50~150%의 범위를 만족하여야 함. $C = \dfrac{A_s}{A_{is}} \times \dfrac{I_{is}}{RRF_{avg}} \times \dfrac{1}{V_{m(std)}} \, (ng/Sm^3)$

05 환경대기

분석물질	분석방법 및 기타 내용
아황산가스	• 주 시험방법: 자외선형광법 • 기타: 파라로자닐린법, 산정량수동법, 산정량반자동법, 용액전도율법, 불꽃광도법, 흡광차분광법
일산화탄소	• 주 시험방법: 비분산적외선분석법, 그 외 불꽃이온화검출기법(GC)
질소산화물	주 시험방법: 화학발광법, 그 외 수동살츠만법, 야콥스호흐하이저법, 살츠만법(UV-Vis), 흡광차분광법, 공동감쇠분광법
먼지	고용량공기시료채취기법, 저용량공기시료채취기법, 베타선법
미세먼지 (PM-10, 2.5)	베타선법, 중량농도법
옥시던트	• 주 시험방법: 자외선광도법 • 기타: 화학발광법, 중성요오드화칼륨법, 흡광차분광법, 알칼리성요오드화칼륨법
석면	위상차현미경법, 주사전자현미경법, 투과전자현미경법
벤조(a)파이렌	GC, 형광분광광도법
PAHs	GC-Mass
알데하이드류	고성능 액체크로마토그래피(HPLC)
VOCs	캐니스터법, 고체흡착법

부록 2

CBT 최종 모의고사

CBT 최종 모의고사 1~3회

※ 모의고사 문제는 수험생들께서 시험을 치르기 전에 마지막으로 종합점검을 위해 계산문제를 위주로 출제하였음을 밝힙니다.

제1회 CBT 최종 모의고사

제1과목 대기환경관리

01 제시된 기압 중 가장 낮은 압력을 나타내는 것은?
① 15psi
② 76kPa
③ 76torr
④ 1,000mbar

02 표준상태에서 아황산가스 5ppm은 몇 $\mu g/Sm^3$인가?
① 7,143
② 13,088
③ 14,286
④ 22,400

03 질소 70%, 산소 16%, 이산화탄소가 14%인 혼합가스의 밀도는? (단, 무게%, 기압은 1기압이고, 온도는 25℃이다.)
① 0.25g/L
② 0.78g/L
③ 1.07g/L
④ 1.26g/L

04 대기오염물질인 SO_2는 1차 대기반응에 의해서 다른 물질로 변환한다고 가정하고, SO_2가 대기 중에서 반감기가 5시간이라면 배출된 SO_2가 초기농도의 1%에 도달하는 데 소요되는 시간은?
① 13.3h
② 23.2h
③ 33.2h
④ 43.4h

05 상대습도가 70%일 때 분진의 농도가 71$\mu g/m^3$인 지역이 있다. 이 지역의 가시거리는? (단, 상수 A=1.2이다.)
① 15km
② 17km
③ 20km
④ 25km

06 슈테판–볼츠만의 법칙에 의하면 표면온도가 1,500K인 흑체에서 복사되는 에너지는 표면온도가 1,000K인 흑체에서 복사되는 에너지의 몇 배인가?

① 3배   ② 4배
③ 5배   ④ 6배

07 지표의 온도가 18℃이고, 1,000m 높이에서의 대기온도가 3℃일 때 안정도는?

① 불안정(unstable)   ② 중립(neutral)
③ 약한 안정(slightly stable)   ④ 안정(stable)

08 대기의 안정도를 나타내는 데 적용하는 리처드슨 수(R_i)를 나타낸 식으로 옳은 것은?(단, g: 그 지역의 중력가속도, T: 잠재온도, u: 풍속, z: 고도)

① $R_i = \dfrac{g}{T} \times \dfrac{\left(\dfrac{\Delta T}{\Delta Z}\right)}{\left(\dfrac{\Delta u}{\Delta Z}\right)^2}$

② $R_i = \dfrac{g}{T} \times \dfrac{\left(\dfrac{\Delta u}{\Delta Z}\right)^2}{\left(\dfrac{\Delta T}{\Delta Z}\right)}$

③ $R_i = \dfrac{T}{g} \times \dfrac{\left(\dfrac{\Delta T}{\Delta Z}\right)}{\left(\dfrac{\Delta u}{\Delta Z}\right)^2}$

④ $R_i = \dfrac{T}{g} \times \dfrac{\left(\dfrac{\Delta u}{\Delta Z}\right)^2}{\left(\dfrac{\Delta T}{\Delta Z}\right)}$

09 어떤 공장의 현재 유효굴뚝높이가 50m이다. 유효굴뚝높이를 높여 최대 지표농도를 1/3로 감소시키고자 한다. 다른 조건이 모두 같다고 가정할 때 유효굴뚝높이를 얼마로 높이면 되는가? (단, Sutton 식을 적용한다.)

① 약 55m   ② 약 65m
③ 약 71m   ④ 약 87m

10 유효굴뚝높이 100m인 굴뚝에서 배출되는 가스양은 20m³/s, SO_2 농도는 1,500ppm이다. K_y=0.07, K_z=0.09인 중립 대기조건에서의 SO_2의 최대 지표농도(ppb)는? (단, 풍속은 20m/s이다.)

① 34ppb   ② 45ppb
③ 65ppb   ④ 72ppb

11 굴뚝의 반경이 2m, 평균풍속이 300m/min인 경우 굴뚝의 유효굴뚝높이를 30m 증가시키기 위한 굴뚝 배출가스 속도는? (단, 연기의 유효상승 높이 $\Delta H = 1.5 \times \dfrac{V_s}{u} \times D$를 이용)

① 13m/s
② 18m/s
③ 25m/s
④ 32m/s

12 불안정한 조건에서 굴뚝배출 가스속도가 15m/s, 굴뚝의 안지름이 4m, 배출가스 온도가 170℃, 기온이 20℃, 풍속이 7m/s일 때 연기의 상승높이(유효상승고)는? (단, 불안정 조건 시 연기의 상승 높이 $\Delta H = 150 \times \dfrac{F}{u^3}$이며, F는 부력(플럭스)을 나타낸다.)

① 약 154m
② 약 132m
③ 약 105m
④ 약 86m

13 가우시안 확산모델은 여러 가지 경계조건을 달리 설정함으로써 오염원의 위치와 형태에 따라 오염물질의 농도를 예측할 수 있다. 다음 조건에서의 오염물질 농도를 예측하고자 할 경우 지표농도의 결과식으로 옳은 것은?

1. 지표 중심선에 따른 대기오염물질의 농도변화를 예측한다.
2. 지표면에서 대기오염물질의 반사를 고려한다.
3. 굴뚝높이(H)는 지표로부터 유효굴뚝높이를 의미한다.

① $C = \dfrac{Q}{\pi u \sigma_y \sigma_z} \times \exp\left(-\dfrac{1}{2}\dfrac{H^2}{\sigma_z^2}\right)$

② $C = \dfrac{Q}{2\pi u \sigma_z} \times \exp\left[-\dfrac{1}{2}\left(\dfrac{H}{\sigma_y}\right)^2\right]$

③ $C = \dfrac{2Q}{\pi u \sigma_y \sigma_z} \times \exp\left[-\dfrac{1}{2}\left(\dfrac{y}{\sigma_y^2} + \dfrac{z^2}{\sigma_z^2}\right)\right]$

④ $C = \dfrac{Q}{2\pi u \sigma_y \sigma_z} \times \exp\left[-\dfrac{y^2}{2\sigma_y^2} + \dfrac{(z+1)^2}{\sigma_z^2}\right]$

14 정규(Gaussian) 확산모델과 Turner의 확산계수(10분 기준)를 이용해서 대기가 약간 불안정할 때 하나의 굴뚝에서 배출되는 SO_2의 풍하 1km 지점에서의 지상농도가 0.05ppm인 것으로 평가(계산)하였다면 SO_2의 1시간 평균농도는? (단, $C_2 = C_1 \times \left(\dfrac{t_1}{T_2}\right)^q$ 식을 이용하고, 여기서 $q = 0.17$ 이다.)

① 약 0.01ppm
② 약 0.04ppm
③ 약 0.06ppm
④ 약 0.08ppm

15 기후 · 생태계 변화유발물질로 옳지 않은 것은?

① 육불화황
② 아산화질소
③ 프로페인
④ 수소불화탄소

16 조업정지가 공익에 현저한 지장을 초래할 우려가 있다고 인정되는 경우에 조업정지처분에 갈음하여 최대 얼마의 과징금을 부과할 수 있는가?

① 5천만 원
② 1억 원
③ 2억 원
④ 3억 원

17 방지시설을 설치하지 아니하고 배출시설을 설치 · 운영한 자에 대한 벌칙 기준으로 옳은 것은?

① 1년 이하의 징역 또는 1천만 원 이하의 벌금에 처한다.
② 3년 이하의 징역 또는 3천만 원 이하의 벌금에 처한다.
③ 5년 이하의 징역 또는 5천만 원 이하의 벌금에 처한다.
④ 7년 이하의 징역 또는 1억 원 이하의 벌금에 처한다.

18 '대기환경보전법령'상 대기오염경보의 대상 오염물질로 옳지 않은 것은?

① 황사
② 오존(O_3)
③ 미세먼지(PM-10)
④ 초미세먼지(PM-2.5)

19 대기오염물질배출시설에서 배출되는 초과 배출부과금의 부과대상이 되는 오염물질로 옳지 않은 것은?

① 암모니아
② 염화수소
③ 일산화탄소
④ 시안화수소

20 수도권대기환경청장, 국립환경과학원장 또는 「한국환경공단법」에 따른 한국환경공단이 설치하는 대기오염 측정망의 종류로 옳지 않은 것은?

① 유해대기물질측정망
② 산성강하물측정망
③ 미세먼지성분측정망
④ 대기중금속측정망

제2과목 연소공학

21 화씨온도 212°F를 절대온도(K)로 환산한 값은?

① 311
② 334
③ 373
④ 394

22 A + B ↔ C + D 반응에서 A와 B의 반응물질이 각각 1mol/L이고, C와 D의 생성물질이 각각 0.8mol/L일 때, 평형상수 값을 구하면?

① 0.64
② 0.74
③ 0.85
④ 0.94

23 어떤 2차반응에서 반응물질의 10%가 반응하는 데 300s가 걸렸을 때, 반응물질의 90%가 반응하는 데 걸리는 시간(s)은? (단, 기타 조건은 동일하다.)

① 15,500
② 18,500
③ 24,324
④ 28,300

24 연료비의 정의로 옳은 것은?

① 연료비 = $\dfrac{고정탄소}{휘발분}$
② 연료비 = $\dfrac{휘발분}{고정탄소}$
③ 연료비 = $\dfrac{가연분}{고정탄소}$
④ 연료비 = $\dfrac{고정탄소}{회분}$

25 1Sm³당의 무게가 1.964kg인 탄화수소는?

① CH_4
② C_2H_6
③ C_3H_6
④ C_3H_8

26 3%의 황이 함유된 중유를 매일 100kL 사용하는 보일러에 황 함량 1.5%인 중유를 50% 섞어 사용할 때 배출되는 SO_2 감소율(%)은? (단, 중유의 황성분은 모두 SO_2로 전환, 중유비중 1.0으로 가정한다.)

① 30%
② 25%
③ 15%
④ 10%

27 벙커C유에 2.5%의 S 성분이 함유되어 있을 때 건연소가스양 중의 SO_2양(ppm)은? (단, 공기비 1.5, 이론공기량 15Sm³/kg-oil, 이론건연소가스양 16.5Sm³/kg-oil이고, 연료 중의 황성분은 95%가 연소되어 SO_2로 된다.)

① 약 590
② 약 692
③ 약 783
④ 약 907

28 propane과 ethane의 혼합가스 1Sm³을 완전 연소시킨 결과 배출가스 중 CO_2 생성량은 2.6Sm³이었다. 이 혼합가스 중 ethane : propane의 몰비(mole ratio)는?

① 3 : 2
② 1 : 3
③ 2 : 3
④ 3 : 1

29 탄소 87%, 수소 15%, 황 3%인 중유 1kg의 연소에 필요한 이론공기량(Sm³/kg)은?

① 5.6
② 7.1
③ 8.8
④ 11.8

30 프로페인 3kg을 공기비 1.1로 완전 연소시키기 위해 필요한 실제공기량은 얼마인가? (단, 표준상태 기준)

① $10.5 Sm^3$
② $13.3 Sm^3$
③ $20.0 Sm^3$
④ $40.0 Sm^3$

31 과잉산소량(잔존 O_2량)을 옳게 표시한 것은? (단, A: 실제공기량, A_o: 이론공기량, m: 공기과잉계수($m > 1$) 표준상태이며, 부피 기준임.)

① $0.21\,mA$
② $0.21\,mA_o$
③ $0.21(m-1)A$
④ $0.21(m-1)A_o$

32 프로페인(C_3H_8)과 에테인(C_2H_6)의 혼합가스 $1Sm^3$를 완전 연소시킨 결과 배출가스 중 이산화탄소(CO_2) 생성량이 $2.8Sm^3$이었다. 혼합가스 중의 프로페인과 에테인의 mole비(C_3H_8/C_2H_6)는?

① 3.0
② 3.5
③ 4.0
④ 4.5

33 공기를 사용하여 propane을 완전 연소시킬 때 이론건조연소가스 중의 $(CO_2)_{max}$(%)는?

① 13.76
② 17.76
③ 18.25
④ 22.85

34 프로페인과 뷰테인의 부피를 1 : 1로 혼합한 연료를 완전 연소한 결과 건조연소가스 내의 CO_2 농도가 10%라면 이 연료 $2m^3$를 완전 연소할 때 생성되는 건조연소가스양(Sm^3)은?

① 60
② 70
③ 80
④ 90

35 저위발열량 10,000kcal/kg인 중유를 완전 연소시키는 데 필요한 이론 습연소가스양(Sm^3/kg)은? (단, 표준상태 기준, Rosin의 식 적용)

① 약 8.1
② 약 10.2
③ 약 11.1
④ 약 14.2

36 C, H, S의 중량비가 각각 85%, 13%, 2%인 중유를 공기비 1.3으로 완전 연소시킬 때 발생되는 건조연소가스 중 SO_2의 농도(ppm)는? (단, 중유 중 S성분은 모두 SO_2로 된다.)

① 680ppm
② 856ppm
③ 966ppm
④ 1,023ppm

37 질소분 2%(질량)의 C_nH_{2n}형의 연료를 당량비 1에서 공기와 연소시킨 경우에 발생하는 NO의 체적비율(몰분율)은? (단, 연료 내 질소분은 모두 NO에 전환된다고 하고 공기 중 질소에 의해 생성되는 열생성 NO는 고려하지 않는다.)

① 1,345ppm
② 2,618ppm
③ 3,0420ppm
④ 3,600ppm

38 가로, 세로, 높이가 각각 1.5m, 2.0m, 1.5m의 연소실에서 연소실 열발생률을 20×10^4 kcal/m³·h로 하도록 하기 위해서는 하루에 중유를 대략 몇 kg을 연소하여야 하는가? (단, 중유의 저발열량은 10,000kcal/kg이며, 연소실은 하루 8시간 가동한다.)

① 320
② 420
③ 650
④ 720

39 굴뚝 내의 배출가스의 평균온도는 127℃, 외부 대기의 온도는 27℃이다. 이때 통풍력을 50mmH_2O로 하려면 굴뚝의 높이는 얼마로 해야 하는가? (단, 연소가스와 공기의 표준상태에서의 비중량은 1.3kg/Sm³이고, 굴뚝 내의 압력손실은 무시한다.)

① 약 67m
② 약 98m
③ 약 125m
④ 약 169m

40 등가비(ϕ)에 관한 설명으로 옳지 않은 것은?

① 공기비(m) = $\frac{1}{\phi}$로 나타낼 수 있다.

② $\phi = 1$은 완전 연소 상태라 할 수 있다.

③ $\phi > 1$은 과잉공기 상태로 질소산화물이 증가한다.

④ $\phi = \dfrac{\left(\dfrac{\text{실제적인 연료량}}{\text{산화제}}\right)}{\left(\dfrac{\text{완전 연소를 위한 이상적인 연료량}}{\text{산화제}}\right)}$로 나타낸다.

제3과목 대기오염방지기술

41 아래의 구형 입자 크기 분포에 대하여 평균개수를 갖는 입자의 직경(Count mean diameter)은?

입자크기[μm]	개수
1	50
3	30
5	20
8	5

① 2.67μm
② 3.05μm
③ 4.12μm
④ 5.25μm

42 동일한 밀도를 가진 먼지입자 A, B가 있다. 먼지입자 B의 지름이 먼지입자 A 지름의 10배일 때, 먼지입자 B의 질량은 먼지입자 A 질량의 몇 배인가?

① 100
② 1,000
③ 1,000,000
④ 100,000,000

43 집진율이 75%인 원심력집진장치 후단에 집진효율이 95%인 전기집진장치를 직렬로 연결하여 운전한다. 이때 총괄 집진효율은?

① 95.0%
② 95.5%
③ 97.0%
④ 99.0%

44 직경 5μm인 구형 입자가 20℃ 층류 영역의 대기 중에서 낙하하고 있다. 입자의 종말침강속도와 레이놀즈 수는 각각 얼마인가? (단, 20℃에서의 입자의 밀도 2,000kg/m³, 공기의 밀도 1.2kg/m³, 점도 $1.8×10^{-5}$kg/m·s이다.)

① $3.63 × 10^{-6}$m/s, $5 × 10^{-2}$
② $3.63 × 10^{-6}$m/s, $5 × 10^{-3}$
③ $1.51 × 10^{-3}$m/s, $5 × 10^{-4}$
④ $5.44 × 10^{-3}$m/s, $5 × 10^{-5}$

45 배출가스의 흐름이 층류일 때 입경 100μm 입자가 100% 침강하는 데 필요한 중력침강실의 길이는? (단, 중력침강실의 높이는 1m, 배출가스의 유속은 1.5m/s, 입자의 종말침강속도는 0.5m/s이다.)

① 1m
② 3m
③ 5m
④ 7m

46 유량이 200m³/min인 공기 흐름을 몸통 직경이 1.0m인 사이클론을 이용하여 처리하고자 한다. 다음 표를 이용하여 새로 제작하려고 하는 사이클론의 외부 선회류의 유효회전수(N_e)를 구하면?

몸통 직경(D/D)	1.0
유입구 높이(H/D)	0.5
유입구 폭(W/D)	0.25
가스출구 직경(D_e/D)	0.5
선회류 출구길이(S/D)	0.625
원통부의 길이(L_b/D)	2.0
원추부의 길이(L_c/D)	2.0

① 2
② 4
③ 6
④ 8

47 A 공장에 여과집진장치를 설치하고자 한다. 이 공장에서 배출되는 가스의 양은 300m³/min이며, 먼지의 부하는 5.25g/m³이라면, 필요한 여과백의 수는? (단, 여과백의 규격은 직경 30cm, 길이 5m, 여과속도는 0.5m/min이다.)

① 128
② 156
③ 254
④ 304

48 10개의 백(bag)을 사용한 여과 집진장치에서 입구 먼지농도가 10g/m³, 집진율이 98%였다. 가동 중 1개의 bag에 구멍이 열려 전체 처리가스양의 1/7이 그대로 통과하였다면 출구의 먼지농도는? (단, 나머지 백의 집진율 변화는 없음.)

① $1.6g/m^3$
② $2.9g/m^3$
③ $3.5g/m^3$
④ $3.2g/m^3$

49 전기집진장치에서 입자가 받는 Coulomb힘(kg·m/s²)을 옳게 나타낸 것은? (단, ϵ_o: 전하(1.602 × 10⁻¹⁹Coulomb), n: 전하수, E: 하전부의 전계강도(Volt/m), μ: 가스점도(kg/m·s), D: 입자 직경(m), V_e: 입자 분리속도(m/s)이다.)

① $n \times \epsilon_o \times E$
② $\dfrac{2n \times \epsilon_o}{E}$
③ $3\pi \times \mu \times D \times V_e$
④ $6\pi \times \mu \times D \times V_e$

50 전기집진장치에서 집진율은 Deutsch-Anderson 식 $\eta = 1 - e^{-\frac{A \times w_e}{Q}}$로 정의할 수 있다. 만일 300m³/min인 처리가스양에 대하여 이동속도를 5cm/s로 유지하면서 유입농도 10g/m³를 유출농도 0.2g/m³로 제거하려면 이때 필요한 집진극의 단면적(m²)은?

① 339
② 346
③ 373
④ 391

51 전기집진장치에서 전류밀도가 먼지층 표면 부근의 이온전류 밀도와 같고 양호한 집진작용이 이루어지는 값이 2×10⁻⁹A/cm²이며, 또한 먼지층 중의 절연파괴 전계강도를 5×10³V/cm로 한다면, 이때 ㉠ 먼지층의 겉보기 전기저항과 ㉡ 장치의 문제점으로 옳은 것은?

① ㉠ 1.2×10^{-4}(Ω·cm), ㉡ 먼지의 재비산
② ㉠ 1.5×10^4(Ω·cm), ㉡ 먼지의 재비산
③ ㉠ 2.5×10^{12}(Ω·cm), ㉡ 역전리 현상
④ ㉠ 4.1×10^{12}(Ω·cm), ㉡ 역전리 현상

52 굴뚝(연돌)에서 피토관을 사용하여 배출가스의 유속을 구하고자 측정한 결과가 아래 [보기]와 같을 때, 이 굴뚝에서의 배출가스 유속은?

- C: 피토관 계수이며 값은 0.85
- g: 중력가속도이며 값은 $9.8m/s^2$
- h: 속도압(동압)으로 측정값은 $10mmH_2O$
- γ: 배출가스 밀도이며 측정값은 $1.2kg/m^3$

① 약 6m/s
② 약 9m/s
③ 약 11m/s
④ 약 13m/s

53 SO_2와 물이 20℃에서 평형상태에 있다. 기상에서의 SO_2 분압이 890mmH$_2$O일 때, 액상에서의 SO_2 농도는? (단, 20℃에서 SO_2 헨리상수는 $15atm \cdot m^3/kmol$이다.)

① $3.6 \times 10^{-3} kmol/m^3$
② $4.6 \times 10^{-3} kmol/m^3$
③ $5.7 \times 10^{-3} kmol/m^3$
④ $6.6 \times 10^{-3} kmol/m^3$

54 충전탑에서 SO_2를 함유한 유해 배출가스를 처리하고 있다. 높이 3m인 충전탑에서 흡수 처리한 후 SO_2 농도가 0.5ppm이었다면 유해가스 중의 SO_2 초기농도는 몇 ppm인가? (단, 기상 총괄이동단위높이 H_{OG}는 0.8m이다.)

① 약 22ppm
② 약 35ppm
③ 약 63ppm
④ 약 74ppm

55 매시간 1.5ton의 중유를 연소하는 보일러의 배연탈황에 수산화소듐을 흡수제로 하여 부산물로서 아황산소듐을 회수한다. 중유의 황분은 3.5%, 탈황율 98%로 하면 필요한 수산화소듐의 이론적인 양은? (단, Na 원자량: 23, 중유 황성분은 연소 시 전량 SO_2 전환, 표준상태 기준)

① 약 129kg/h
② 약 230kg/h
③ 약 380kg/h
④ 약 420kg/h

56 HF 2,000ppm, SiF₄ 1,000ppm 들어 있는 가스를 시간당 22,400Sm³씩 물에 흡수시켜 플루오르규산(H_2SiF_6)을 회수하려고 한다. 이론적으로 회수할 수 있는 플루오르규산의 양은? (단, 흡수율은 95%이다.)

① 0.5kg·mol/h　　② 1kg·mol/h
③ 3kg·mol/h　　④ 5kg·mol/h

57 지금 실내에는 이산화탄소를 기준으로 시간당 0.25m³이 발생되고 있다. 이를 환기시키기 위한 청정공기의 양(m³/h)은? (단, 이산화탄소의 허용농도와 외기 중 이산화탄소의 농도는 각각 0.1%와 0.03%이다.)

① 357　　② 714
③ 1,123　　④ 1,549

58 가로 400mm, 세로 600mm의 각관 내를 유량 500m³/min의 표준공기가 흐르고 있을 때, 길이 10m당의 압력손실은? (단, 마찰계수 λ =0.02로 하고, 공기의 밀도는 1.3kg/m³로 한다.)

① 10.79mmH₂O　　② 18.35mmH₂O
③ 25.79mmH₂O　　④ 33.31mmH₂O

59 송풍기에 관한 법칙 표현으로 옳지 않은 것은? (단, 송풍기의 크기와 유체의 밀도는 일정하며, 식에서 Q: 송풍량, N: 회전수, W: 동력, V: 배출속도, ΔP: 정압)

① $\dfrac{W_1}{N_1^{\ 3}} = \dfrac{W_2}{N_2^{\ 3}}$　　② $\dfrac{Q_1}{N_1} = \dfrac{Q_2}{N_2}$

③ $\dfrac{V_1}{N_1^{\ 3}} = \dfrac{V_2}{N_2^{\ 3}}$　　④ $\dfrac{\Delta P_1}{N_1^{\ 2}} = \dfrac{\Delta P_2}{N_2^{\ 2}}$

60 집진장치의 압력손실 450mmH₂O, 처리가스양 3,500m³/min, 송풍기 효율 75%, 송풍기 축동력에 여유율 30%를 고려한다면 이 장치의 소요동력은?

① 200kW　　② 295kW
③ 386kW　　④ 446kW

제4과목 대기오염공정시험기준

61 기체 중의 농도를 mg/Sm³로 표시했을 때 Sm³가 의미하는 것으로 옳은 것은?

① 절대온도, 절대압력 하에서의 1m³ 기체용적
② 실측상태의 온도, 압력 하에서의 1m³ 기체용적
③ 상온상태의 온도, 압력 하에서의 1m³ 기체용적
④ 표준상태의 온도, 압력 하에서의 1m³ 기체용적

62 염산(1+5) 용액을 조제하는 방법은?

① 염산 1용량에 정제수 2용량을 혼합한다.
② 염산 1용량에 정제수 3용량을 혼합한다.
③ 염산 1용량에 정제수 4용량을 혼합한다.
④ 염산 1용량에 정제수 5용량을 혼합한다.

63 중금속 분석을 위한 전처리 방법 중 회화법에 관한 설명이다. ( ) 안에 알맞은 것은?

> 회화법은 시료를 채취한 원통여과지를 적당한 크기로 자르고, 자기도가니에 넣은 다음, 전기로를 써서 (㉠)에서 회화한 다음 백금도가니에 옮겨 넣는다. 여기에 황산(1+3) 몇 방울과 (㉡) 20mL를 가하고 통풍실 안에서 열판 위에 올려놓고 극히 서서히 가열한다.

① ㉠ 500℃, ㉡ 4% 수산화소듐
② ㉠ 1,500℃, ㉡ 4% 수산화소듐
③ ㉠ 500℃, ㉡ 플루오린화수소산
④ ㉠ 1,500℃, ㉡ 플루오린화수소산

64 채취관, 연결관의 재질을 보통강철로 사용할 수 있는 분석대상가스로 옳은 것은?

① 비소, 페놀
② 일산화탄소, 암모니아
③ 폼알데하이드, 브로민
④ 질소산화물, 사이안화수소

65 배출가스 중 건조시료가스 채취량을 건식 가스미터를 사용하여 측정할 때 필요한 항목에 해당하지 않는 것은?

① 가스미터의 온도
② 가스미터의 게이지압
③ 가스미터로 측정한 흡입가스양
④ 가스미터 온도에서의 포화수증기압

66 환경대기 중의 오염물질에 관한 시험 및 분석에 있어서 시료채취 지점수를 결정하기 위해 다음 공식을 이용하고자 한다. 이에 대해 잘못 해석한 것은?

$$채취\ 지점수,\ N = N_x + N_y + N_z$$

① 이 공식은 대상지역의 오염도를 고려한 공식이다.
② $N_x = (0.065) \times \left(\dfrac{환경기준 - 최저농도}{환경기준}\right)$
  $\times (환경기준보다 농도가 높은 지역면적)$
③ $N_y = (0.0096) \times \left(\dfrac{환경기준 - 최저농도}{환경기준}\right)$
  $\times (환경기준보다 농도가 낮으나 자연농도보다 높은 지역면적)$
④ $N_z = (0.0004) \times (자연상태의 농도와 같은 지역면적)$

67 고용량공기시료채취기의 공기흡입부에 대한 흡입유량은 보통 어느 정도인가? (단, 무부하 기준)

① 약 $0.5m^3/min$
② 약 $1.0m^3/min$
③ 약 $1.5m^3/min$
④ 약 $2.0m^3/min$

68 기체크로마토그래프(Gas Chromatograph)에 사용되는 검출기로 옳지 않은 것은?

① Electron Capture Detector
② Flame Photometric Detector
③ Thermal Conductivity Detector
④ Electronic Conductivity Detector

69 자외선/가시선분광법에서 자외부의 광원으로 주로 사용되는 것은?

① 텅스텐램프
② 중공음극램프
③ 열음극램프
④ 중수소방전관

70 원자흡수분광광도법에 사용되는 분석장치로 옳은 것은?

① Detector Oven
② Stationary Liquid
③ Nebulizer-Chamber
④ Electron Capture Detector

71 오염물질 A의 실측농도가 150mg/Sm³이고, 그때의 실측산소농도가 6.5%이었다. 오염물질 A의 보정농도(mg/Sm³)는? (단, 오염물질 A는 표준산소농도를 적용받으며, 표준 산소농도는 5%이다.)

① 146
② 166
③ 246
④ 286

72 굴뚝 배출가스양이 150Sm³/h이고, HCl농도가 150ppm일 때, 3,000L 물에 2시간 흡수시켰다. 이때 이 수용액의 pOH는? (단, 흡수율은 80%이다.)

① 8.5
② 9.3
③ 10.7
④ 11.3

73 굴뚝 단면이 서서히 변하는 경우의 원형굴뚝의 환산 하부직경 계산식으로 옳은 것은?

① 환산하부직경 = $\dfrac{\text{하부직경} + \text{선정된 측정공 위치의 직경}}{2}$

② 환산하부직경 = $\dfrac{\text{하부직경} + \text{선정된 측정공 위치의 직경}}{4}$

③ 환산하부직경 = $\dfrac{\text{하부직경} + \text{선정된 측정공 위치의 직경}}{6}$

④ 환산하부직경 = $\dfrac{\text{하부직경} + \text{선정된 측정공 위치의 직경}}{8}$

74 굴뚝 내의 배출가스 온도(θ_s)는 150℃이고, 정압(P_s)은 20mmHg이며, 대기압(P_a)은 750mmHg이다. 이때 굴뚝 내의 배출가스 밀도를 구하면? (단, 표준상태의 공기의 밀도(γ_o)는 1.3 kg/Sm³이고, 굴뚝 내 기체 성분은 대기와 같다.)

① 0.74kg/m³
② 0.85kg/m³
③ 0.93kg/m³
④ 0.98kg/m³

75 연결관 내를 흐르는 가스의 유압을 피토관으로 측정하니 속도압이 10mmH₂O, 유속이 20m/s였다. 이때 연결관 밸브를 완전히 열어 속도압을 측정하니 15mmH₂O로 되었다. 이때 이 연결관 내의 유속은?

① 약 11m/s
② 약 14m/s
③ 약 18m/s
④ 약 25m/s

76 A 도시면적이 200km²이고, 인구밀도가 5,000명/km²이며, 전국 평균 인구밀도가 800명/km²일 때 A 도시에 환경기준 시험을 위한 시료채취 측정점수(채취지점 수)를 인구비례에 의한 방법으로 구하면 몇 개인가? (단, A 도시면적은 지역의 가주지(可住地) 면적(총면적에서 전답, 호수, 임야, 하천 등의 면적을 뺀 면적)이다.)

① 50개
② 40개
③ 30개
④ 20개

77 자외선/가시선분광법은 일반적으로 비어-램버트(Beer-Lambert)의 법칙을 이용한다. 이 법칙을 적용할 경우 관계식으로 옳은 것은? (단, I_o: 입사광의 강도, C: 농도, ϵ: 흡광계수, I_t: 투과광의 강도, L: 빛의 투과거리)

① $I_o = I_t \times 10^{-\epsilon CL}$
② $I_t = I_o \times 10^{-\epsilon CL}$
③ $C = \dfrac{I_t}{I_o} \times 10^{-\epsilon L}$
④ $C = \dfrac{I_o}{I_t} \times 10^{-\epsilon L}$

78 단면이 정방형의 굴뚝에서 굴뚝을 등면적으로 4구분으로 나누어 먼지농도를 측정하여 보니 각 구분의 농도는 각각 (0.30, 0.35, 0.32, 0.32)g/Sm³이며 각 구분의 유속은 각각 (5.2, 5.1, 5.2, 4.8)m/s이었다. 이 굴뚝의 평균먼지농도는? (단, 각 구분의 단면적은 1m²이다.)

① 322mg/Sm³
② 440mg/Sm³
③ 512mg/Sm³
④ 615mg/Sm³

79 배출가스 중 황산화물을 측정하는 침전적정법(아르세나조 Ⅲ법)에서 적정액인 0.005mol/L 아세트산바륨 용액을 새로 조제하여 다음과 같이 표정하였을 때, 0.005mol/L 아세트산바륨 용액의 factor는? (단, 0.002mol/L 황산 사용량: 10mL, 0.002mol/L 황산 factor: 1.000, 적정에 사용한 0.005mol/L 아세트산바륨량: 3.8mL)

① 0.9567
② 0.9756
③ 1.0433
④ 1.0526

80 불꽃이온화검출기법에 따라 분석하여 얻은 대기 시료에 대한 측정결과이다. 대기 중의 일산화탄소 농도(μmol/mol)는?

- 교정용 가스 중 일산화탄소 농도: 20μmol/mol
- 시료 공기 중 일산화탄소 피크 높이: 8mm
- 교정용 가스 중 일산화탄소 피크 높이: 16mm

① 10
② 15
③ 20
④ 25

제2회 CBT 최종 모의고사

제1과목 대기환경관리

01 비중이 가장 큰 기체상물질은?

① NH_3
② NO
③ H_2S
④ SO_2

02 180℃, 0.8atm에서 CS_2 농도가 0.15g/m³이라면 표준상태에서는 몇 ppm인가?

① 63.5
② 76.8
③ 91.7
④ 108.5

03 상온에서 무색 투명하고, 에테르와 비슷한 냄새를 지닌 액체 상태를 유지하는 화합물로 만성적으로 노출될 경우 중추 신경계가 손상을 입어 시력 장애 및 감각의 변화를 일으킬 수 있으며, 그 증기는 공기보다 약 2.64배 정도 무거운 것은?

① HCl
② Cl_2
③ SO_2
④ CS_2

04 대기 중에 배출된 "A"라는 물질은 광분해반응(1차 반응)에 의해 반감기 4h의 속도로 분해된다. "A" 물질이 대기 중으로 배출되어 초기농도의 50%가 분해되는 데 소요되는 시간은?

① 약 2h
② 약 3h
③ 약 4h
④ 약 5h

05 파장 5,200 Å 인 빛 속에서 밀도가 1.2g/cm³이고, 직경 0.5μm인 분진의 분산면적비가 3일 때 분진농도가 300μg/m³이라면 가시거리(V)는? (단, $V = \left[\dfrac{(5.2 \times \rho \times r)}{(K \times C)}\right]$ 식을 적용한다.)

① 983m
② 1,380m
③ 1,544m
④ 1,733m

06 빛의 소멸계수(O_{ext}) 0.45km⁻¹인 대기에서, 시정거리의 한계를 빛의 강도가 초기 강도의 80%가 감소했을 때의 거리라고 정의할 때, 이 때 시정거리 한계는? (단, 광도는 Beer-Lambert 법칙을 따르며, 자연대수로 적용한다.)

① 약 3.6km
② 약 6.7km
③ 약 8.7km
④ 약 10.6km

07 충분히 발달된 지표경계층에서 측정된 평균풍속 자료가 아래 표와 같은 경우 마찰속도(u*)는? (단, $u = \dfrac{u^*}{k} ln\left(\dfrac{Z}{Z_o}\right)$, 여기서 k(Karman constant) 0.40이다.)

고도(m)	풍속(m/s)
20	4.5
10	2.9

① 0.46m/s
② 0.92m/s
③ 1.36m/s
④ 2.12m/s

08 대기 압력이 950hPa인 높이에서의 온도가 -15℃이었다. 온위(Potential temperature)는? (단, $\theta = T \times \left(\dfrac{1,000}{P}\right)^{0.288}$ 이다.)

① 약 155K
② 약 242K
③ 약 262K
④ 약 276K

09 배출구로부터 배출된 오염물질이 확산·희석되는 과정으로부터 유효굴뚝높이(H_e)와 지표상의 최대도달농도($C_{\max}$)의 관계에 있어서, 일반적으로 H_e가 처음의 2배로 되면 $C_{\max}$ 값은 어떻게 되겠는가?

① 처음의 1/4
② 처음의 1/2
③ 처음의 2배
④ 처음의 4배

10 Sutton의 확산식에서 지표고도에서 최대오염이 나타나는 풍하 측 거리(X_m)는? (단, $K_y = K_z = 0.07$, 유효굴뚝높이 $H_e = 80\text{m}$, 대기안정도지수 $n = 0.25$이다.)

① 2,480m
② 2,950m
③ 3,125m
④ 3,950m

11 화력발전소에서 굴뚝 높이가 60m이고, 배출가스 온도가 200℃, 배출가스 속도가 30m/s, 굴뚝 내경이 2m이다. 이때에 주변 대기 온도가 20℃이고, 굴뚝 배출구에서 대기 풍속이 5m/s이며, 대기압은 1,000hPa이다. 위의 조건에서 다음 Holland 식을 이용한 연기의 유효굴뚝높이는?

$$\Delta H = \frac{V_s \times D_s}{u}\left[1.5 + 2.68 \times 10^{-3} \times P_a\left(\frac{T_s - T_a}{T_s}\right) \times D_s\right]$$

① 75m
② 87m
③ 103m
④ 115m

12 내경이 4m인 굴뚝에서 온도 440K의 연기가 6m/s의 속도로 분출되며 분출지점에서의 주변 풍속은 3m/s이다. 대기의 온도가 300K, 중립조건일 때 연기의 상승높이(ΔH)는? (단, $\Delta H = 114 \times \dfrac{C F^{\frac{1}{3}}}{u}$ 식을 이용하고, 여기서 $C = 1.24$, F는 부력매개변수이다.)

① 약 182m
② 약 205m
③ 약 210m
④ 약 226m

13 대기오염가스를 배출하는 굴뚝의 유효높이가 68m에서 120m로 높아졌다면 굴뚝의 풍하 측 지상 최대오염농도는 68m일 때의 것과 비교하면 몇 %가 되겠는가? (단, 기타 조건은 일정)

① 32% ② 47%
③ 68% ④ 76%

14 어떤 대기오염물질이 최대혼합고도가 500m일 때 오염농도가 4ppm이었다. 오염농도가 50ppm일 때 최대혼합고도는 얼마인가?

① 105m ② 165m
③ 200m ④ 215m

15 「대기환경보전법」에서 사용하는 용어의 정의로 옳지 않은 것은?

① 휘발성유기화합물: 석유화학제품, 유기용제 등의 탄화수소류의 물질로 기후에너지환경부령으로 정하는 것
② 온실가스 배출량: 자동차에서 단위 주행거리당 배출되는 이산화탄소(CO_2) 배출량(g/km)을 말한다.
③ 대기오염물질: 대기 중에 존재하는 물질 중 대기오염의 원인으로 인정된 가스·입자상물질로서 기후에너지환경부령으로 정하는 것
④ 기후·생태계 변화유발물질: 지구온난화 등으로 생태계의 변화를 가져올 수 있는 기체상물질로 온실가스와 기후에너지환경부령이 정하는 것

16 「대기환경보전법」상 공익에 현저한 지장을 줄 우려가 인정되는 경우 등으로 인해 조업정지 처분에 갈음하여 부과할 수 있는 과징금 처분에 관한 설명으로 옳지 않은 것은?

① 최대 2억 원까지 과징금을 부과할 수 있다.
② 의료법에 따른 의료기관의 배출시설도 부과할 수 있다.
③ 사회복지시설 및 공공주택의 냉난방시설을 설치, 운영하는 사업자에 대하여 부과할 수 있다.
④ 과징금을 납부기한까지 납부하지 아니한 경우는 최대 3월 이내 기간의 조업정지 처분을 명할 수 있다.

17 「대기환경보전법」상 벌칙기준 중 7년 이하의 징역이나 1억 원 이하의 벌금에 처하는 것은?

① 황 연료사용 제한조치 등의 명령을 위반한 자
② 오염물질을 측정하지 아니한 자 또는 측정결과를 거짓으로 기록하거나 기록·보존하지 아니한 자
③ 검사를 받지 아니하거나 검사받은 내용과 다르게 제조된 자동차연료·첨가제 또는 촉매제를 공급하거나 판매한 자
④ 배출시설을 가동할 때에 방지시설을 가동하지 아니하거나 오염도를 낮추기 위하여 배출시설에서 나오는 오염물질에 공기를 섞어 배출하는 행위를 한 자

18 「대기환경보전법 시행령」상 주민의 실외활동 제한 요청, 자동차 사용의 제한 및 사업장의 연료사용량 감축 권고에 해당하는 대기오염 경보단계는?

① 경고
② 주의보
③ 경보
④ 중대경보

19 「대기환경보전법 시행령」상 개선계획서를 제출하지 아니한 사업자의 오염물질 초과부과금 위반횟수별 부과계수 비율기준으로 옳은 것은?

① 처음 위반한 경우에는 100/100
② 처음 위반한 경우에는 105/100
③ 처음 위반한 경우에는 110/100
④ 처음 위반한 경우에는 120/100

20 「대기환경보전법 시행규칙」상 현장에서 배출허용기준 초과여부를 판정할 수 있는 오염물질로 옳지 않은 것은?

① 매연
② 탄화수소
③ 입자상물질
④ 질소산화물

제2과목 연소공학

21 수증기를 완전한 가스로 본다면 표준상태에서의 비체적(m^3/kg)은?

① 0.5
② 1.24
③ 1.75
④ 2.0

22 오산화이질소(N_2O_5)의 분해는 아래와 같이 45℃에서 속도상수 $5.1 \times 10^{-4} s^{-1}$인 1차 반응이다. N_2O_5의 농도가 0.5M에서 0.25M으로 감소되는 데는 약 얼마의 시간이 걸리는가?

$$2N_2O_{5(g)} \rightarrow 4NO_{(g)} + 3O_{2(g)}$$

① 9min
② 15min
③ 18min
④ 23min

23 아래의 조성을 가진 혼합기체의 하한 연소범위(%)는?

성분	조성(%)	하한 연소범위(%)
메테인	70	5.0
에테인	15	3.0
프로페인	10	2.1
뷰테인	5	1.5

① 2.96
② 3.69
③ 4.55
④ 5.05

24 석탄을 분석한 결과 수분 5%, 휘발분 10%, 회분 5%라면 석탄의 연료비는?

① 5
② 6
③ 7
④ 8

25 공기 중 CO₂가스 부피가 5%를 넘으면 인체에 해롭다고 한다. 지금 500m³ 되는 방에서 문을 닫고 90%의 탄소를 가진 숯 약 몇 kg을 태우면 인체에 해로운 상태로 접어들겠는가? (단, 기존 공기 중 CO₂ 가스의 부피는 고려하지 않으며, 표준상태를 기준으로 하고, 탄소성분은 완전 연소해서 모두 CO₂로 된다.)

① 9.8
② 12.3
③ 14.9
④ 20.6

26 S 함량 2%인 벙커C유 100kL를 사용하는 보일러에 S 함량 3%인 벙커C유를 50% 섞어서(S함량 2%인 벙커C유 50kL + S 함량 3% 벙커C유 50kL) 사용한다면 S의 배출량은 약 몇 % 증가하겠는가? (단, B-C유 비중 0.95이며, 황은 전량이 배출된다. %는 무게기준)

① 25%
② 35%
③ 45%
④ 55%

27 중유 중의 황분이 중량비로 S(%), 중유를 매시간 W(L) 사용하는 연소로에서 배출되는 황산화물의 배출량(Sm³/h)은? (단, 표준상태를 기준, 중유의 비중은 0.95, 황산화물은 전량 SO₂로 계산한다.)

① 21.4SW
② 1.24SW
③ 0.789SW
④ 0.0067SW

28 탄소와 수소만으로 되어 있는 탄화수소를 이론산소량으로 연소시킬 때의 연소반응식으로 옳은 것은? (단, λ=과잉공기율)

① $C_nH_m + \left(n + \dfrac{m}{2}\right)O_2 = mCO_2 + \dfrac{n}{4}H_2O$

② $C_nH_m + \left(n + \dfrac{m}{4}\right)O_2 = nCO_2 + \dfrac{m}{2}H_2O$

③ $C_nH_m + \lambda O_2 = \lambda CO_2 + nCO + \lambda mH_2O$

④ $C_nH_m + \lambda\left(n + \dfrac{m}{4}\right)O_2 = \lambda nCO_2 + \lambda\dfrac{m}{4}H_2O$

29 어떤 연료를 분석하였더니 그 중량 기준 성분이 C 85%, H 12%, H$_2$O 3%이었다면 건조 연료 2kg의 연소에 필요한 이론공기량(Sm^3)은? (단, 연료에서 수분을 제거한 것이 건조 연료이다.)

① 약 17.2
② 약 19.2
③ 약 22.2
④ 약 25.2

30 연료를 1.50의 공기비로 완전 연소시킬 때, 배출가스 중의 산소농도(%)는? (단, 배출가스에는 일산화탄소가 포함되어 있지 않다.)

① 7
② 9
③ 12
④ 14

31 Methane 2mole을 공기비 1.2로 연소하고 있을 때 부피기준의 공연비(Air Fuel Ratio)는?

① 5.7
② 11.4
③ 17.1
④ 22.8

32 탄소 87%, 수소 11%, 황 2%의 경유 1kg을 공기비 1.3으로 완전 연소시켰을 때, 실제 건조연소가스 중 CO$_2$ 농도(%)는?

① 10.1%
② 11.7%
③ 12.2%
④ 13.8%

33 CH$_4$의 최대탄산가스율(%)은? (단, CH$_4$는 완전 연소함.)

① 11.7
② 21.8
③ 34.5
④ 40.5

34 중유 조성이 탄소 86%, 수소 12%, 황 2%이었다면 이 중유 연소에 필요한 이론습연소가스양(Sm^3/kg)은?

① 9.63
② 11.52
③ 12.96
④ 13.62

35 저위발열량 10,500kcal/kg인 중유를 연소시키는 데 필요한 이론공기량은? (단, Rosin 식 이용)

① $9.8Sm^3/kg$
② $10.9Sm^3/kg$
③ $14.2Sm^3/kg$
④ $17.8Sm^3/kg$

36 C=85%, H=11%, S=3%, N=1%로 조성된 중유를 12(Sm^3공기/kg중유)로 완전 연소했을 때 습윤 배출가스 중 SO_2는 약 몇 ppm인가? (단, 중유 중 황분은 모두 SO_2로 된다.)

① 1,400
② 1,664
③ 1,910
④ 2,260

37 수소 15%, 수분 15%인 액체연료의 고위발열량이 10,000(kcal/kg)일 때, 저위발열량(kcal/kg)은?

① 8,800
② 9,100
③ 9,300
④ 9,520

38 저위발열량이 11,000kcal/Sm^3인 기체연료를 15℃의 공기로 연소할 때 이론연소가스양 20Sm^3/Sm^3이고, 이론연소온도는 2,500℃이다. 이때 연료가스의 평균정압비열(kcal/Sm^3 · ℃)은? (단, 기타조건은 고려하지 않음.)

① 0.145
② 0.222
③ 0.384
④ 0.432

39 어떤 송풍관에 송풍량 40m^3/min을 통과시켰을 때 18mmH_2O의 압력손실이 생겼다면 이 송풍관의 압력손실이 26mmH_2O로 해야 할 경우 필요한 송풍량(m^3/min)은?

① 45
② 48
③ 52
④ 55

40 등가비(Equivalence Ratio, ϕ)와 공기비(m)의 관계로 옳은 것은?

① $\phi = 2m$
② $\phi = (1-m)$
③ $\phi \times m = 1$
④ $\phi = \left(\frac{1}{2m}\right)$

제3과목 대기오염방지기술

41 아래의 구형 입자 크기 분포에 대하여 기하평균직경(Geometric mean diameter)은?

입자크기[μm]	개수
1	20
3	30
5	10
8	5

① 1.5μm ② 2.5μm
③ 3.5μm ④ 4.5μm

42 일반적으로 더스트의 체적당 표면적을 비표면적이라 한다. 구형 입자의 비표면적을 옳게 나타낸 것은?(단, d_p는 구형 입자의 직경)

① $2/d_p$ ② $4/d_p$
③ $6/d_p$ ④ $8/d_p$

43 설치 초기 전기집진장치의 효율이 98%였으나, 2개월 후 성능이 94%로 떨어졌다. 이때 먼지 배출농도는 설치 초기의 몇 배인가?

① 2배 ② 3배
③ 4배 ④ 6배

44 Stokes 법칙이 성립(Stokes 영역)할 때 저항계수(Drag coefficient)는?

① 0.44 ② $16/N_{Re}^{0.6}$
③ $18.5/N_{Re}$ ④ $24/N_{Re}$

45 사이클론(cyclone)의 가스 유입속도를 2배로 증가시키고 유입구의 폭을 3배로 늘렸을 때, 처음 Lapple의 절단입경 d_p에 대한 나중 Lapple의 절단입경 $d_p^{'}$의 비는?

① 0.87 ② 0.93
③ 1.18 ④ 1.22

46 사이클론 유입구의 높이(길이)가 50cm, 원통부의 길이가 300cm, 원추부의 길이가 200cm일 때 유효회전수(N_e)는 얼마인가?

① 2
② 4
③ 6
④ 8

47 유효높이가 5m이고 직경이 20cm인 백필터(bag filter) 30개로 배출가스를 처리하고 있는 집진장치에서 가스유량을 150m³/min로 유지하면 여과속도(cm/s)는?

① 1.18
② 2.65
③ 3.18
④ 4.25

48 Venturi scrubber에서 액·가스비가 0.8L/m³, 목부의 압력손실이 350mmH₂O일 때, 목부의 가스속도(m/s)는? (단, 가스 비중은 1.2kg/m³이며, Venturi Scrubber의 압력손실식 $\Delta P = (0.5 + L) \times \dfrac{\gamma \times V_t^2}{2 \times g}$을 이용할 것)

① 60
② 66
③ 76
④ 82

49 평판형 전기집진장치의 집진판 사이의 간격이 15cm, 가스의 유속은 3m/s, 입자의 집진극으로 이동속도가 5cm/s일 때, 층류 영역에서 입자를 완전 제거하기 위한 이론적인 집진극의 길이(m)는?

① 2.5m
② 3.5m
③ 4.5m
④ 5.5m

50 전기집진장치의 처리가스 유량 150m³/min, 집진극 면적 400m², 입구 먼지농도 25g/Sm³, 출구 먼지농도 0.20g/Sm³이고 누출이 없을 때 충전입자의 이동속도는? (단, Deutsch 효율식을 적용한다.)

① 1cm/s
② 2cm/s
③ 3cm/s
④ 4cm/s

51 밀도 0.8g/cm³인 유체의 동점도가 5Stoke이라면 절대점도는?

① 2poise
② 4poise
③ 8poise
④ 12poise

52 공기의 평균분자량이 28.85일 때, 공기 10Sm³의 무게(kg)는?

① 약 8
② 약 13
③ 약 15
④ 약 17

53 어떤 유해가스와 물이 일정 온도에서 평형상태에 있다면 헨리상수(atm·m³/kmol)는? (단, 기상의 유해가스 분압이 790mmH$_2$O일 때, 수중 유해가스의 농도가 3.5kmol/m³이며, 전압은 1atm이다.)

① 약 0.01
② 약 0.02
③ 약 0.03
④ 약 0.04

54 황 성분이 2%(중량기준)인 중유를 10ton/h로 연소하는 시설에서 배출가스 중 SO$_2$를 CaCO$_3$로써 완전 탈황할 경우 필요한 이론 CaCO$_3$ 양은? (단, 중유 중 S는 모두 SO$_2$로 전환되며 Ca의 원자량은 40이다.)

① 550kg/h
② 625kg/h
③ 760kg/h
④ 810kg/h

55 NO 130ppm, NO$_2$ 30ppm을 함유한 배출가스 100,000Nm³/h를 NH$_3$에 의해 선택적 촉매환원법에서 처리할 경우 NOx를 제거하기 위한 NH$_3$의 이론량은? (단, 반응에 산소는 고려하지 않음.)

① 약 10kg/h
② 약 14kg/h
③ 약 25kg/h
④ 약 33kg/h

56 부피비로 염화수소 0.5%인 배출가스 2,000Sm³/h를 수산화칼슘으로 처리하여 염화수소를 완전히 제거하기 위한 수산화칼슘의 시간당 필요량은? (단, Ca 원자량: 40)

① 약 10.3kg
② 약 12.5kg
③ 약 16.5kg
④ 약 20.7kg

57 암모니아 농도가 용적비로 185ppm인 실내공기를 송풍기로 환기시킬 때, 실내 용적이 3,020m³이고, 송풍량이 120m³/min이면, 농도를 5ppm으로 감소시키기 위한 시간은?

① 약 82min
② 약 90min
③ 약 96min
④ 약 104min

58 45° 곡관의 반경비가 2.0일 때 압력손실계수는 0.25이다. 속도압이 20mmH₂O일 때, 곡관의 압력손실은?

① 1.5mmH$_2$O
② 2.5mmH$_2$O
③ 3.5mmH$_2$O
④ 4.5mmH$_2$O

59 송풍기의 크기와 유체의 밀도가 일정할 때 송풍기의 회전수를 1.5배로 하면 풍압은 몇 배가 되는가?

① 1.5배
② 2.3배
③ 4.6배
④ 8.8배

60 집진장치의 압력손실이 450mmH₂O, 처리가스양이 30,000m³/h이고, 송풍기의 전압효율은 70%, 여유율이 1.4일 때 송풍기의 축동력(kW)은? (단, 1kW=102kg$_f$·m/s이다.)

① 36.6
② 56.8
③ 73.5
④ 82.4

제4과목 대기오염공정시험기준

61 「대기오염공정시험기준」상 화학분석 일반사항에 관한 규정으로 옳은 것은?

① "약"이란 그 무게 또는 부피에 대하여 ±1% 이상의 차가 있어서는 안 된다.
② "방울수"란 20℃에서 정제수 10방울을 떨어뜨릴 때 그 부피가 약 1mL 되는 것을 뜻한다.
③ 상온은 (15~25)℃, 실온은 (1~35)℃, 찬 곳은 따로 규정이 없는 한 (0~15)℃인 곳을 뜻한다.
④ 1억분율은 ppb, 10억분율은 pphm으로 표시하고 따로 표시가 없는 한 기체일 때는 용량 대 용량(부피분율), 액체일 때는 중량 대 중량(질량분율)을 표시한 것을 뜻한다.

62 「대기오염공정시험기준」상 시험조작에 대한 설명이다. ( ) 안에 알맞은 것은?

> 시험조작 중 "즉시"란 ( ) 이내에 표시된 조작을 하는 것을 뜻하며, "감압 또는 진공"이라 함은 따로 규정이 없는 한 ( ) 이하를 뜻한다.

① 20초, 15mmHg
② 20초, 25mmHg
③ 30초, 15mmHg
④ 30초, 25mmHg

63 굴뚝에서 배출되는 가스 중 벤젠을 분석하고자 할 때 채취관이나 연결관의 재질로 옳지 않은 것은?

① 경질유리
② 석영
③ 플루오로수지
④ 보통강철

64 배출가스 중 가스상물질 시료채취방법에서 분석대상 가스별 분석방법으로 옳은 것은?

① 페놀: 페놀다이술폰산법
② 질소산화물: 크로모트로핀산법
③ 폼알데하이드: 오르토톨리딘법
④ 사이안화수소: 4-피리딘카복실산-피라졸론법

65 굴뚝 배출가스 중의 입자상물질을 분석할 때 채취장치에 사용하는 원통여과지의 재질로 옳은 것은?

① 유리 섬유제
② 석영 섬유제
③ 고무 섬유제
④ 셀룰로스 섬유제

66 환경기준 시험을 위한 시료채취 위치 선정기준을 설명한 것으로 옳지 않은 것은?

① 주위에 건물 등이 밀집되어 있을 때는 건물 바깥벽으로부터 적어도 1.5m 이상 떨어진 곳을 선정한다.
② 시료의 채취높이는 인체 흡입부의 평균오염도를 나타낼 수 있는 곳으로서 1.2~1.5m 범위로 한다.
③ 주위에 장애물이 있을 경우에는 채취 위치로부터 장애물까지의 거리가 그 장애물 높이의 2배 이상이 되도록 한다.
④ 주위에 장애물이 있을 경우에는 채취점과 장애물 상단을 연결하는 직선이 수평선과 이루는 각도가 30° 이하 되는 곳을 선정한다.

67 저용량공기시료채취법을 이용하여 대기중 부유하고 있는 입자상물질을 채취 시 일반적인 채취입자의 입경기준은?

① 1μm 이하
② 5μm 이하
③ 10μm 이하
④ 50μm 이하

68 기체크로마토그래피에 의한 정량분석에서 이용되는 정량법으로 옳지 않은 것은?

① 상대검정곡선법
② 절대검정곡선법
③ 표준넓이추가법
④ 보정넓이 백분율법

69 자외선/가시선분광법에서 미광(Stray Light)의 유무 조사에 사용되는 것은?

① 홀뮴유리
② 컷트필터
③ 단색화장치
④ 간섭램프

70 다음 그림은 원자흡수분광광도법에 의한 시료 중의 분석원소 농도를 구하는 방법이다. 어떤 정량법인가?

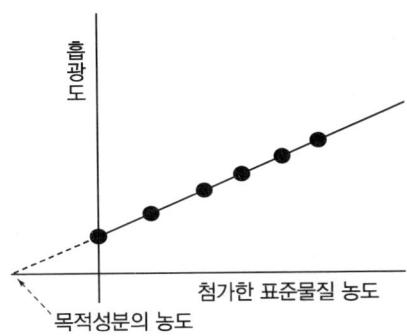

① 표준물첨가법
② 절대검정곡선법
③ 넓이백분율법
④ 상대검정곡선법

71 배출허용기준 중 표준 산소농도를 적용받는 어떤 오염물질의 보정된 배출가스 유량이 10,000Sm³/day이었다. 이 때 배출가스를 분석하니 실측산소농도는 5%, 표준산소농도는 3%일 때 측정되어진 실측 배출가스 유량(Sm³/day)은?

① 5,644.4
② 6,851.6
③ 7,356.3
④ 8,888.9

72 원형 굴뚝의 단면적이 (17~20)m²인 경우 배출되는 입자상물질 측정을 위한 ㉠ 반경 구분수와 ㉡ 측정점수는?

① ㉠ 2, ㉡ 8
② ㉠ 3, ㉡ 12
③ ㉠ 4, ㉡ 16
④ ㉠ 5, ㉡ 20

73 중유 전용 보일러 배출가스 굴뚝에서 건식 가스미터를 이용한 장치로 수분을 채취하였다. 이때 U자관 흡습수분량은 0.1376g이고, 흡입가스양은 2L, 가스미터에서의 흡입가스온도는 25℃, 압력차는 없고, 대기압은 760mmHg이었다. 이때의 배출가스 중 수증기 부피백분율(%)은?

① 약 4.8%
② 약 6.8%
③ 약 8.6%
④ 약 9.6%

74 굴뚝 배출가스 중 먼지측정을 위해 보통형 흡입노즐을 사용할 경우 가스미터에서 등속흡입을 위한 흡입량(L/min)은?

- 대기압: 760mmHg
- 가스미터의 흡입가스 온도: 25℃
- 가스미터의 흡입가스 게이지압: 3mmHg
- 배출가스 온도: 150℃
- 배출가스 유속: 8m/s
- 배출가스 중 수증기의 부피백분율: 10%
- 흡입노즐의 내경: 8mm
- 측정점에서의 정압: −2.0mmHg

① 7.2 ② 11.2
③ 15.2 ④ 18.3

75 굴뚝 내 배출가스 유속을 피토관으로 측정한 결과 그 속도압이 35mmH₂O였다면 굴뚝 내의 유속(m/s)은? (단, 배출가스 온도는 200℃, 공기의 비중량은 1.3kg/Sm³, 피토관 계수는 0.85이다.)

① 25.7 ② 28.5
③ 32.6 ④ 35.8

76 기체크로마토그래프에서 분리관 효율을 나타내기 위한 이론단수를 구하는 식으로 옳은 것은? (단, t_R: 시료도입점으로부터 봉우리 최고점까지의 길이, W: 봉우리의 좌우 변곡점에서 접선이 자르는 바탕선의 길이)

① $16 \times \dfrac{t_R}{W}$ ② $16 \times \left(\dfrac{t_R}{W}\right)^2$

③ $16 \times \left(\dfrac{W}{t_R}\right)^2$ ④ $16 \times \dfrac{W}{t_R}$

77 자외선/가시선분광법에 의한 어떤 성분 정량 시 10mm의 셀을 사용했을 때 시료의 흡광도가 0.2이라고 하면, 동일 시료를 20mm 셀을 사용해서 측정한 경우의 흡광도는?

① 0.05 ② 0.10
③ 0.20 ④ 0.40

78 특정 발생원에서 일정한 연도를 거치지 않고 외부로 비산되는 먼지를 고용량 공기시료채취기로 측정하여 다음과 같은 결과를 얻었다. 이때 비산먼지의 농도는 몇 mg/m³인가? (단, 채취 먼지양이 가장 많은 위치의 먼지농도: 48mg/m³, 풍향보정계수: 1.5, 대조위치에서의 먼지농도: 0.13mg/m³, 풍속보정계수: 1.2이다.)

① 86
② 94
③ 102
④ 117

79 굴뚝에서 배출되는 입자상 물질 중 Pb를 원자흡수분광광도계를 이용 분석한 결과 다음과 같은 결과를 얻었다. Pb의 양(mg/Sm³)은 얼마인가? (단, 분석용 시료의 전체 부피: 100mL, 건조시료가스양(표준상태): 250L, 분석용 시료용액의 Pb 농도: 15μg/mL, 현장바탕 시료용액의 Pb 농도: 0.2μg/mL이다.)

① 약 3mg/Sm³
② 약 6mg/Sm³
③ 약 9mg/Sm³
④ 약 12mg/Sm³

80 환경대기 중 입자상물질을 저용량공기시료채취기로 분당 20L씩 채취할 경우, 유량계의 눈금값 Q_r(L/분)을 나타내는 식으로 옳은 것은? (단, 1기압에서 기준이며, ΔP(mmHg)는 마노미터로 측정한 유량계 내의 압력손실이다.)

① $20\sqrt{\dfrac{760-\Delta P}{760}}$
② $20\sqrt{\dfrac{760}{760-\Delta P}}$
③ $760\sqrt{\dfrac{\left(\dfrac{20}{\Delta P}\right)}{760}}$
④ $760\sqrt{\dfrac{760}{\left(\dfrac{20}{\Delta P}\right)}}$

제3회 CBT 최종 모의고사

제1과목 대기환경관리

01 지름이 5.0μm이고 밀도가 10^6 g/m³인 물방울이 공기 중에서 지표로 자유낙하 할 때 Reynolds 수는? (단, 공기의 점도는 0.0172g/m·s, 밀도는 1.29kg/m³이다.)

① 2.96×10^{-4}
② 4.45×10^{-4}
③ 1.96×10^{-3}
④ 2.47×10^{-3}

02 20℃, 750mmHg에서 이산화황의 농도를 측정한 결과 0.05ppm이었다. 이를 mg/m³로 환산한 값은?

① 0.013
② 0.13
③ 1.35
④ 13.5

03 0.1V/V%의 SO_2를 포함하고 발생량이 500Sm³/min인 배출가스의 30%(무게기준)가 연간 같은 방향으로 흘러가 그 지역의 식물에 피해를 주었다. 10년 후에 그 지역에 살아남은 수목이 전체의 1/10이었을 때 10년간 이 지역에 피해를 준 SO_2 양은?

① 약 2,250톤
② 약 4,510톤
③ 약 5,430톤
④ 약 5,540톤

04 굴뚝 높이가 70m, 배출가스의 평균온도가 150℃일 때, 자연통풍력을 1.5배 증가시키기 위해서는 배출가스의 온도는 얼마가 되어야 하는가? (단, 대기온도 27℃, 표준상태의 공기밀도는 1.3kg/m³)

① 약 230℃
② 약 260℃
③ 약 280℃
④ 약 300℃

05 상업지역에 분진의 농도를 측정하기 위하여 여과지를 통하여 0.2m/s의 속도로 3시간 동안 여과시킨 결과 깨끗한 여과지에 비해 사용한 여과지의 빛전달률이 70%이었다면 1,000m당 Coh(헤이즈 계수)는?

① 7.2　　② 6.2
③ 3.6　　④ 3.1

06 지상 100m에서의 온도가 23℃, 지상 10m에서의 온도가 23.5℃일 때, 대기안정도는?

① 미단열　　② 과단열
③ 안정　　④ 중립

07 1시간에 15,000대의 차량이 고속도로 위에서 평균시속 90km로 주행하며, 차량 1대당 평균 탄화수소 배출률은 0.02g/s이다. 바람이 고속도로와 측면 수직 방향으로 5m/s로 불고 있다면 도로지반과 같은 높이의 평탄한 지형의 풍하 500m 지점에서의 지상오염농도는? (단, 이때의 대기는 중립상태이며, 거리 500m에서의 σ_z=15m이고, 농도, $C(x,y,0) = \dfrac{2 \times Q}{\sqrt{2\pi} \times \sigma_z \times u} \times \exp\left[-\dfrac{1}{2} \times \left(\dfrac{H}{\sigma_z}\right)^2\right]$을 이용하시오.)

① $3.55 \times 10^{-5} \text{g/m}^3$　　② $7.56 \times 10^{-5} \text{g/m}^3$
③ $6.24 \times 10^{-2} \text{g/m}^3$　　④ $8.68 \times 10^{-2} \text{g/m}^3$

08 지상 10m에서의 풍속이 2.5m/s라면 100m에서의 풍속은? (단, Deacon의 power law(멱법칙)를 인용, 대기안정도에 따른 P=0.25이다.)

① 3.6m/s　　② 4.5m/s
③ 6.2m/s　　④ 7.8m/s

09 유효굴뚝높이가 50m인 굴뚝에서 배출되는 오염물질의 최대착지농도를 현재의 1/2로 낮추고자 할 때, 유효굴뚝높이를 몇 m 증가시켜야 하는가? (단, Sutton의 확산방정식 사용, 기타 조건은 동일)

① 14.2　　② 18.6
③ 20.7　　④ 25.8

10 유효굴뚝높이가 100m이고, SO₂의 배출량이 20g/s인 화력발전소가 있다. 굴뚝 배출구에서 대기 풍속이 5m/s일 때에 굴뚝으로부터 풍하지역으로 3km 떨어진 곳에서 SO₂의 농도는? (단, $C(x, 0, 0) = \dfrac{Q}{\pi \sigma_y \sigma_z u} \times \exp\left[-\dfrac{1}{2}\left(\dfrac{H_e}{\sigma_z}\right)^2\right]$ 이고, σ_y =250m, σ_z =200m이다.)

① 17.5μg/m³
② 20.5μg/m³
③ 22.5μg/m³
④ 30.5μg/m³

11 A 굴뚝으로부터 배출되는 SO₂가 풍하 측 3,000m 지점에서 지표 최고농도를 나타냈을 때, 유효굴뚝높이(m)는? (단, Sutton의 확산식을 사용하고, 수직 확산계수를 0.07, 대기안정도 지수(n)는 0.25이다.)

① 약 77
② 약 88
③ 약 99
④ 약 110

12 내경 3,000mm인 굴뚝으로부터 5,000KJ/s의 열을 가진 연기가 20m/s의 속도로 방출되고 있다. 주위의 풍속이 300m/min일 때 연기의 상승고(m)는? (단, 연기의 상승고는 Carson과 Moses의 식 $\Delta H = -0.029 \times \dfrac{V_s \times D_s}{u} + 2.63 \times \dfrac{Q_h^{\frac{1}{2}}}{u}$을 이용할 것)

① 약 28m
② 약 33m
③ 약 37m
④ 약 41m

13 유효굴뚝높이가 90m이고, SO₂의 배출량이 125g/s인 화력발전소가 있다. 굴뚝 배출구에서 대기 풍속이 5m/s일 때, 최대착지농도는? (단, 계산 시 아래의 가우시안 연기모델을 이용한다. $C_{\max} = \dfrac{0.1171 \times Q}{u \sigma_y \sigma_z}$, 여기서 σ_y =230m, σ_z =100m이다.)

① 91μg/m³
② 106μg/m³
③ 115μg/m³
④ 127μg/m³

14 최대혼합고도를 400m로 예상하여 오염농도를 5ppm으로 추정하였는데, 실제 관측된 최대혼합고도는 250m였다. 실제 나타날 오염농도는? (단, 기타 조건은 같음.)

① 20.5ppm ② 24.8ppm
③ 27.7ppm ④ 29.3ppm

15 「대기환경보전법」상 대기오염경보 발령 시 포함되어야 할 사항으로 옳지 않은 것은? (단, 기타사항은 제외)

① 대기오염 경보단계 ② 대기오염경보의 대상 지역
③ 대기오염경보의 경보대상기간 ④ 대기오염경보 단계별 조치사항

16 「대기환경보전법」상 부과금 징수유예 사유로 옳지 않은 것은?

① 천재지변이나 그 밖의 재해로 사업자의 재산에 중대한 손실이 발생한 경우
② 배출부과금이 납부의무자의 자본금을 1.5배 이상 초과하는 경우
③ 사업에 손실을 입어 경영상으로 심각한 위기에 처하게 된 경우
④ 징수유예나 분할납부가 불가피하다고 인정되는 경우

17 「대기환경보전법」상 제작차배출허용기준에 맞지 아니하게 자동차를 제작한 자에 대한 벌칙기준은?

① 7년 이하의 징역이나 1억 원 이하의 벌금에 처한다.
② 5년 이하의 징역이나 5천만 원 이하의 벌금에 처한다.
③ 1년 이하의 징역이나 1천만 원 이하의 벌금에 처한다.
④ 500만 원 이하의 벌금에 처한다.

18 「대기환경보전법 시행령」상 대기오염경보단계 중 '중대경보 발령'의 경우 조치하여야 하는 사항으로 옳지 않은 것은?

① 자동차의 통행금지 명령
② 주민의 실외활동 금지 요청
③ 사업장의 조업시간 단축 명령
④ 사업장의 연료사용량 감축 권고

19 「대기환경보전법 시행령」상 기본부과금의 부과기준으로 옳은 것은?

① 매 월별로 부과
② 매 분기 별로 부과
③ 매 반기별로 부과
④ 매 년 부과

20 「대기환경보전법 시행규칙」상 환경기술인의 신규교육 시기와 횟수기준은? (단, 규정된 교육 기관이며, 정보통신매체를 이용하여 원격교육을 하는 경우는 제외한다.)

① 환경기술인으로 임명된 날부터 6개월 이내에 1회
② 환경기술인으로 임명된 날부터 1년 이내에 1회
③ 환경기술인으로 임명된 날부터 2년 이내에 1회
④ 환경기술인으로 임명된 날부터 3년 이내에 1회

제2과목 연소공학

21 프로페인(C_3H_8)을 공기비 1.1로 연소할 때 저위발열량은 2,020MJ/kmol이다. 이때의 단열온도는? (단, 공기와 메테인의 엔탈피는 무시하고 단열 연소 온도와 관계식은 $t = \dfrac{H_L}{\psi}$, $\psi = 0.027$MJ/kg·K이다.)

① 578K
② 1,023K
③ 1,700K
④ 2,126K

22 어떤 1차 반응에서 반감기가 10분이었다. 반응물이 1/5 농도로 감소할 때까지는 얼마의 시간이 걸리겠는가?

① 12.6min
② 23.2min
③ 69.3min
④ 84.2min

23 Butane의 최소산소농도(MOC)는? (단, Butane의 폭발하한계는 1.5vol%이다.)

① 9.8vol%
② 10.5vol%
③ 19.6vol%
④ 24.6vol%

24 0°C일 때의 물의 융해열과 100°C일 때 물의 기화열을 합한 열량(kcal/kg)은?

① 80
② 539
③ 619
④ 1,025

25 순수한 프로페인으로 된 액화석유가스 500kg을 기화시켜 얻은 프로페인 연료의 부피(Sm^3)는?

① 약 178
② 약 192
③ 약 255
④ 약 305

26 황(S)함량 1.4%인 중유를 600kg/h로 연소할 때 30분 동안 생성되는 황산화물의 양(Sm^3)은? (단, 중유 중 황은 모두 SO_2로 되며, 표준상태 기준)

① 1.28
② 2.94
③ 5.68
④ 8.45

27 액화 프로페인 700kg을 기화시켜 4Sm^3/h로 태운다면 몇 시간 사용할 수 있는가?

① 약 48시간
② 약 56시간
③ 약 64시간
④ 약 89시간

28 기체연료 1Sm^3를 이론적으로 완전 연소시키는 데 가장 많은 이론산소량(Sm^3)을 필요로 하는 것은? (단, 연소 시 모든 조건은 동일하다.)

① Ethane
② Hydrogen
③ Methane
④ Acetylene

29 메테인올(CH_3OH) 50kg을 완전 연소할 때 필요한 이론공기량(Sm^3)은?

① 150Sm^3
② 200Sm^3
③ 250Sm^3
④ 300Sm^3

30 중유를 사용하는 가열로의 배출가스를 분석한 결과 N_2: 80%, CO: 10%, O_2: 10%의 부피비를 얻었다. 공기비는?

① 1.1 ② 1.3
③ 1.5 ④ 1.7

31 2mole의 프로페인이 완전 연소할 때의 AFR은? (단, 부피기준)

① 11.9 ② 19.5
③ 23.8 ④ 33.8

32 프로페인과 뷰테인이 용적비 3 : 2로 혼합된 가스 $1Sm^3$가 완전 연소할 때 발생하는 CO_2의 양(Sm^3)은?

① 2.7 ② 3.4
③ 3.7 ④ 3.9

33 프로페인 $3m^3$를 연소시킬 때 이론건조연소가스양(Sm^3)은?

① 32.7 ② 47.6
③ 58.8 ④ 65.4

34 어떤 기체연료 $3m^3$를 분석한 결과 C_3H_8 $2.8m^3$, CO $0.05m^3$, H_2 $0.14m^3$, O_2 $0.01m^3$였다면 이 연료를 연소시켰을 때 생성되는 이론습연소가스양(Sm^3/Sm^3)은?

① 21.2 ② 44.7
③ 72.8 ④ 86.4

35 연소가스 중의 수분을 측정하였더니 건조가스 $1Sm^3$당 110g이었다. 건조가스에 대한 수증기의 용량비는? (단, $Sm^3_{수증기}/Sm^3_{건조가스}$)

① 12.4% ② 13.7%
③ 16.9% ④ 22.4%

36 연료 중 황 함량이 3%인 중유를 연소시킨 후 이 연소 배출가스 중의 황산화물을 제거하기 위하여 배연탈황장치를 사용하고 있다. 배연탈황장치의 성능은 배출가스 중 SO_3 100%와 SO_2 90%를 제거할 수 있다. 탈황 후의 연소 배출가스 중의 SO_2 농도(ppm)는? (단, 연소 배출가스양은 15Sm³/kg, 연료 중 황의 5%는 SO_3로 되고, 나머지는 SO_2로 산화된다.)

① 133
② 266
③ 399
④ 532

37 프로페인의 고발열량이 18,000kcal/Sm³이라면 저발열량(kcal/Sm³)은?

① 16,080
② 17,820
③ 18,080
④ 18,430

38 8,000kcal/kg의 열량을 내는 석탄을 시간당 100kg 연소하는 보일러가 있다. 실제로 이 보일러에서 시간당 흡수된 열량이 600,000kcal라면 이 보일러의 열효율(%)은?

① 66.7
② 75.0
③ 83.3
④ 90.0

39 국소배기 장치의 송풍기에서 1,200Sm³/min의 배출가스를 배출하고 있다. 이 장치의 압력손실은 230mmH₂O이고, 송풍기의 효율이 70%라면 이 장치를 움직이는 데 소요되는 동력(kW)은? (단, 송풍기의 여유율은 1.2이다.)

① 53.61
② 65.36
③ 77.31
④ 78.57

40 기체연료 중 일반적으로 발열량이 가장 큰 것은? (단, 발열량 단위: kcal/Sm³)

① 발생로 가스
② 고로 가스
③ 수성 가스
④ 아세틸렌

제3과목 대기오염방지기술

41 배출가스 내 먼지의 입도분포를 대수확률지에 작도한 결과 직선이 되었다. 50% 입경과 84.13% 입경이 각각 6.5μm와 3.2μm이었을 때 기하평균입경(μm)은?

① 2.3 ② 4.6
③ 6.5 ④ 7.8

42 유입구 농도가 5g/Nm³, 처리가스양이 1,000Nm³/min인 집진장치의 처리효율이 98%라면 하루에 포집된 먼지의 양은?

① 8,640 kg/day ② 7,056 kg/day
③ 6,840 kg/day ④ 6,056 kg/day

43 90%의 효율로 제진하는 전기집진장치의 집진면적만을 2배로 증가시키면 집진효율(%)은 얼마로 향상되는가?

① 96 ② 97
③ 98 ④ 99

44 높이 5m, 폭 10m, 길이 10m의 중력집진장치를 이용하여 처리가스를 10m³/s의 유량으로 비중이 2인 먼지를 처리하고 있다. 이 집진장치가 포집할 수 있는 최소입자의 크기(d_{min})는? (단, 온도는 25℃, 점성계수는 1.85×10^{-5} kg/m·s이며 공기의 밀도는 무시한다.)

① 약 32μm ② 약 41μm
③ 약 52μm ④ 약 61μm

45 유입구 폭 15cm, 유효 선회류수 5인 원심력집진기에 함진가스(함진가스의 유입가스 속도 15m/s, 먼지입자의 밀도 2.0g/cm³, 함진가스의 점도 2×10^{-5}kg/m·s)를 처리할 때 함진가스에 포함된 입자의 절단입경(μm)은? (단, 함진가스 밀도는 1.2kg/m³)

① 5.36 ② 6.23
③ 7.89 ④ 8.17

46 원심력집진장치에서 함진가스의 온도가 450K(함진가스 점도: 0.085 kg/m·h)일 때 절단입경에서 집진율이 50%를 나타내고 있다. 함진가스의 온도가 350K(함진가스 점도: 0.075kg/m·h)로 변화되었다면 그때 집진율(%)은? (단, 기타 조건은 같다.)

① 35　　　　　　　　② 48
③ 53　　　　　　　　④ 62

47 면적 2m²인 여과집진장치로 먼지농도가 1.5g/m³인 배출가스가 150m³/min으로 통과하고 있다. 먼지가 모두 여과포에서 제거되었으며, 집진된 먼지층의 밀도가 1g/cm³라면 1시간 후 여과된 먼지층의 두께는?

① 3mm　　　　　　② 5mm
③ 7mm　　　　　　④ 9mm

48 송풍기 회전판 회전에 의하여 집진장치에 공급되는 세정액이 미립자로 만들어져 집진하는 원리를 가진 회전식 세정집진장치에서 직경이 15cm인 회전판이 10,000rpm으로 회전할 때 형성되는 물방울의 직경은 몇 μm인가?

① 73　　　　　　　　② 104
③ 208　　　　　　　④ 316

49 전기집진장치의 집진율과 집진기 변수와의 관계식으로 옳은 것은? (단, η: 집진율, V_e: 입자의 유속(m/s), A: 집진극의 면적(m²), Q: 가스유량(m³/s))

① $\eta = 1 - \exp\left(Q \times \dfrac{V_e}{A}\right)$　　② $\eta = 1 - \exp\left(-Q \times \dfrac{A}{V_e}\right)$

③ $\eta = 1 - \exp\left(-Q \times \dfrac{V_e}{A}\right)$　　④ $\eta = 1 - \exp\left(-V_e \times \dfrac{A}{Q}\right)$

50 98% 효율을 가진 전기집진기로 유량이 4,500m³/min인 공기 흐름을 처리하고자 한다. 표류속도(w_e)가 5.0cm/s일 때, Deutsch 식에 의한 필요 집진면적은 얼마나 되겠는가?

① 약 3,938m²　　　　② 약 4,431m²
③ 약 4,937m²　　　　④ 약 5,868m²

51 상온에서 유체가 내경이 50cm인 강관 속을 5m/s의 속도로 흐르고 있을 때, 유체의 질량유속(kg/s)은? (단, 유체의 밀도는 1g/cm³)

① 352.9
② 415.3
③ 692.5
④ 981.3

52 헨리의 법칙을 이용하여 유도된 총괄물질이동계수와 개별물질이동계수와의 관계를 옳게 나타낸 식은? (단, K_G: 기상총괄물질이동계수, k_L: 액상물질이동계수, k_g: 기상물질이동계수, H: 헨리상수)

① $\frac{1}{K_G} = \frac{1}{k_g} + \frac{H}{k_L}$
② $\frac{1}{K_G} = \frac{1}{k_L} + \frac{k_g}{H}$
③ $\frac{1}{K_G} = \frac{1}{k_L} + \frac{H}{k_g}$
④ $\frac{1}{K_G} = \frac{H}{k_g} + \frac{k_g}{k_L}$

53 배출가스 중의 염소를 충전탑에서 물을 흡수액으로 사용하여 흡수시킬 때 효율이 80%이었다. 동일한 조건에서 95%의 효율을 얻기 위해서는 이론적으로 충전층의 높이를 몇 배로 하면 되는가?

① 2.36
② 2.14
③ 1.86
④ 1.58

54 A 배출시설에서 시간당 배출가스양이 100,000Sm³이고, 배출가스 중 질소산화물의 농도는 250ppm이다. 이 질소산화물을 산소의 공존하에 암모니아에 의한 무촉매 환원법으로 처리할 경우 암모니아의 소요량은 몇 kg/h인가? (단, 탈질률은 85%이고, 배출가스 중 질소 산화물은 전부 NO로 가정한다.)

① 약 16kg/h
② 약 18kg/h
③ 약 22kg/h
④ 약 26kg/h

55 굴뚝 배출가스 중 플루오린화수소 농도는 150ppm이었다. 이때 배출가스양 1,000Sm³/h인 가스를 10m³의 물로 10시간 세정할 경우 순환수의 pH는? (단, F 원자량: 19, 플루오린화수소는 60% 전리한다고 가정한다.)

① 2.2
② 2.4
③ 2.6
④ 2.8

56 A굴뚝 배출가스 중의 염화수소 농도가 50ppm이었다. 염화수소의 배출 허용기준을 60mg/Sm³로 하면 염화수소의 농도를 현재 값의 몇 % 이하로 하여야 하는가? (단, 표준상태 기준)

① 약 42% 이하
② 약 58% 이하
③ 약 63% 이하
④ 약 74% 이하

57 유해가스 종류별 처리제 및 그 생성물과의 연결로 옳지 않은 것은? (단, 유해가스, 처리제, 생성물 순서이다.)

① SiF_4, H_2O, SiO_2
② F_2, NaOH, NaF
③ HF, $Ca(OH)_2$, CaF_2
④ Cl_2, $Ca(OH)_2$, $Ca(ClO_3)_2$

58 후드의 유입계수가 0.85, 속도압이 20mmH₂O일 때 후드의 압력손실은?

① 4.5mmH₂O
② 5.6mmH₂O
③ 6.4mmH₂O
④ 7.7mmH₂O

59 어떤 송풍기가 표준공기(밀도 1.2kg/m³)를 10m³/s로 이동시키고 800rpm으로 회전할 때 정압이 1,000N/m²이었다면 공기밀도가 1.0kg/m³로 변할 때 송풍기의 정압은?

① 520N/m²
② 625N/m²
③ 667N/m²
④ 833N/m²

60 연소 배출가스가 3,600Sm³/h인 굴뚝에서 정압을 측정하였더니 20mmH₂O였다. 여유율 30%인 송풍기를 사용할 경우 필요한 소요동력은? (단, 송풍기의 정압효율은 70%, 전동기의 효율은 80%로 한다.)

① 0.11kW
② 0.29kW
③ 0.46kW
④ 0.68kW

제4과목　대기오염공정시험기준

61 액의 농도에 관한 설명으로 옳지 않은 것은?

① 단순히 용액이라 기재하고 그 용액의 이름을 밝히지 않은 것은 수용액을 뜻한다.
② "방울수"라 함은 4℃에서 정제수 20방울을 떨어뜨릴 때 부피가 약 1mL가 되는 것을 뜻한다.
③ 혼액(1 + 2)로 표시한 것은 액체상의 성분을 각각 1 용량 대 2 용량의 비율로 혼합한 것을 뜻한다.
④ 액의 농도를 (1 → 2)로 표시한 것은 그 용질의 성분이 고체일 때는 1g을 용매에 녹여 전량을 각각 2mL로 하는 비율을 뜻한다.

62 "물질을 취급 또는 보관하는 동안에 이물(異物)이 들어가거나 내용물이 손실되지 않도록 보호하는 용기"로 정의되는 것은?

① 차광용기　　　② 기밀용기
③ 밀봉용기　　　④ 밀폐용기

63 「대기오염공정시험기준」상 따로 규정이 없는 한 "시약 명칭 – 화학식 – 농도(%) – 비중(약)" 기준으로 옳은 것은?

① 과염소산 – H_2ClO_3 – 60.0~62.0 – 1.34
② 브로민화수소산 – HBr – 47.0~50.0 – 1.70
③ 아이오딘화수소산 – HI – 46.0~48.0 – 1.25
④ 암모니아수 – NH_4OH – 28.0~30.0(NH_3로서) – 0.90

64 분석대상가스 중 아세틸아세톤 함유 흡수액을 흡수액으로 사용하는 것은?

① 비소　　　　　② 폼알데하이드
③ 사이안화수소　② 브로민화합물

65 원형 굴뚝의 직경이 4.2m이었다. 굴뚝 배출가스 중의 입자상물질 측정을 위한 측정점수는 몇 개로 하여야 하는가?

① 12
② 16
③ 20
④ 24

66 「대기오염공정시험기준」에 의해 대기 중의 가스상물질을 용매채취법으로 채취할 경우 채취장치의 배열 순서로 옳은 것은?

① 채취관 - 흡입펌프 - 유량계(가스미터) - 채취부 - 여과재
② 채취관 - 여과재 - 흡입펌프 - 유량계(가스미터) - 채취부
③ 채취관 - 여과재 - 채취부 - 흡입펌프 - 유량계(가스미터)
④ 채취관 - 채취부 - 여과재 - 유량계(가스미터) - 흡입펌프

67 기체크로마토그래프에 관한 설명으로 옳지 않은 것은?

① 일반적으로 대기의 무기물 또는 유기물의 대기오염 물질에 대한 정성·정량분석에 이용된다.
② 일정 유량으로 유지되는 운반가스(carrier gas)는 시료도입부로부터 분리관 내를 흘러서 검출기를 통하여 외부로 방출된다.
③ 기체시료 또는 기화한 액체나 고체시료를 운반가스에 의하여 분리, 관내에 전개, 응축시켜 액체상태로 각 성분을 분리·분석한다.
④ 시료도입부로부터 기체, 액체 또는 고체시료를 도입하면 기체는 그대로, 액체나 고체는 가열 기화되어 운반가스에 의하여 분리관 내로 송입된다.

68 자외선/가시선분광법에 관한 설명으로 옳지 않은 것은?

① $\dfrac{\text{투과광의 강도}}{\text{입사광의 강도}}$를 투과도라 하며 투과도의 상용대수를 흡광도라 한다.
② 분석장치는 광원부 - 파장선택부 - 시료부 - 측광부로 구성되어 있다.
③ 시료물질의 용액에 적당한 시약을 넣어 발색시킨 용액의 흡광도를 측정한다.
④ 일반적으로 광원으로 나오는 빛을 단색화장치(monochrometer)에 의하여 좁은 파장 범위의 빛만을 선택하여 액층을 통과시킨 다음 광전측광으로 흡광도를 측정한다.

69 자외선/가시선분광법에서 흡광도를 측정하기 위한 순서 중 원칙적으로 제일 먼저 행하여야 할 행위는?

① 광원으로부터 광속을 통하여 눈금 100에 맞춘다.
② 눈금판의 지시가 안정되어 있는지 여부를 확인한다.
③ 시료셀을 광로에 넣고 눈금판의 지시치를 흡광도 또는 투과율로 읽는다.
④ 대조셀을 광로에 넣고 광원으로 부터의 광속을 차단하고 영점을 맞춘다.

70 비분산형적외선분석기 중 복광속 비분산분석기의 장치 구성의 ( ) 안에 들어갈 명칭으로 옳은 것은?

광원 − (㉠) − (㉡) − 시료셀 − 검출기 − 증폭기 − 지시계

① ㉠ 광학섹터, ㉡ 회전필터
② ㉠ 회전섹터, ㉡ 광학섹터
③ ㉠ 광학필터, ㉡ 회전필터
④ ㉠ 회전섹터, ㉡ 광학필터

71 비중 1.84, 농도 95%(Wt)인 시판 황산의 규정농도는?

① 약 9N
② 약 18N
③ 약 21N
④ 약 36N

72 굴뚝 내부 단면의 가로 길이가 3m이고, 세로 길이가 2m일 때 이 굴뚝의 환산직경은? (단, 굴뚝 단면은 사각형이며, 상하 동일 단면적을 가진 굴뚝이다.)

① 1.5m
② 1.7m
③ 1.9m
④ 2.4m

73 굴뚝 배출가스 중 수분측정을 위하여 흡습제에 10L의 시료를 흡입하여 유입시킨 결과 흡습제의 중량 증가가 0.8730g이었다. 이 배출가스 중의 수증기 부피백분율은? (단, 건식 가스미터의 흡입가스온도: 30℃, 가스미터에서의 가스게이지압 + 대기압: 760mmHg)

① 10.8%
② 9.5%
③ 7.3%
④ 5.5%

74 보통형(I형) 흡입노즐을 사용한 굴뚝 배출가스 흡입 시 10분간 채취한 흡입가스양(습식가스미터에서 읽은 값)이 80L이었다. 이 때 등속흡입이 행하여지기 위한 가스미터에 있어서의 등속흡입유량의 범위는? (단, 등속흡입 정도를 알기 위한 등속흡입계수 $I(\%) = \dfrac{V'_m}{q_m \times t} \times 100$ 이다.)

① 3.3~5.3L/분   ② 5.5~6.7L/분
③ 6.5~7.3L/분   ④ 7.3~8.9L/분

75 굴뚝 A의 배출가스에 대한 측정결과이다. 피토관으로 측정한 배출가스의 유속(m/s)은?

- 배출가스 온도: 170℃
- 비중이 0.85인 톨루엔을 사용했을 때 경사마노미터 속도압: 8.0mm톨루엔주(柱)
- 피토관 계수: 0.8584
- 배출가스 밀도: $1.3kg/Sm^3$

① 8.3   ② 9.4
③ 11.1   ④ 13.8

76 이론단수가 2,000인 분리관이 있다. 보유시간이 30분인 피크의 좌우변 곡점에서 접선이 자르는 바탕선의 길이가 10mm일 때, 기록지 이동속도는? (단, 이론단수는 모든 성분에 대하여 같다.)

① 2.5mm/min   ② 5mm/min
③ 10mm/min   ④ 15mm/min

77 흡광도 측정에서 최초광의 80%가 흡수되었을 때의 흡광도는?

① 0.3   ② 0.5
③ 0.6   ④ 0.7

78 고용량공기시료채취법으로 비산먼지를 채취할 때 채취개시 직후의 유량이 1.2m³/min, 채취종료 직전의 유량이 1.4m³/min이었다면 총 흡입공기량은? (단, 채취시간은 24시간이었다.)

① 1,125m³
② 1,872m³
③ 2,210m³
④ 3,155m³

79 환경대기 중의 아황산가스를 산정량 수동법으로 측정하였다. 시료용액에 지시용액을 두 방울 가하고 0.01N 알칼리 용액으로 적정하여 회색이 될 때 들어간 알칼리의 양이 18mL, 채취한 시료량은 10m³이었다. 이때 아황산가스의 농도($\mu g/m^3$)는?

① 576
② 1,280
③ 1,460
④ 1,640

80 저용량공기시료채취기에 의해 환경대기 중 먼지 채취 시 여과지 또는 샘플러 각 부분의 공기저항에 의하여 생기는 압력손실을 측정하여 유량계의 유량을 보정해야 한다. 유량계의 설정 조건에서 1기압에서의 유량을 20L/min, 사용 조건에 따른 유량계 내의 압력손실을 100mmHg라 할 때, 유량계의 눈금값은 얼마로 설정하여야 하는가?

① 16.3L/min
② 20.3L/min
③ 21.5L/min
④ 23.3L/min

부록 3

CBT
최종 모의고사
해설&정답

CBT 최종 모의고사 1~3회

제1회 CBT 최종 모의고사 해설&정답

제1과목 | 대기환경관리

01 1기압=1atm=14.7psi=101,325Pa=760torr(mmHg)=1013.25hPa(mbar)=1kg/cm^{2}에서
15psi ≒ 1atm, 76kPa=0.75atm, 76torr=0.1atm, 1,000mbar ≒ 1atm
∴ 가장 낮은 압력을 나타내는 것은 76torr이다.

정답 ③

02 $SO_2[\mu g/m^3] = 5 \times \dfrac{64}{22.4} \times 10^3 = 14,286[\mu g/m^3]$

정답 ③

03 $P \times V = n \times R \times T$ 에서 $V = \dfrac{n \times R \times T}{P}$ 이므로

$V_{N_2} = \dfrac{0.7 \times 0.082 \times (273+25)}{1} = 17.1[L]$,

$V_{O_2} = \dfrac{0.16 \times 0.082 \times (273+25)}{1} = 3.91[L]$,

$V_{CO_2} = \dfrac{0.14 \times 0.082 \times (273+25)}{1} = 3.42[L]$

혼합가스의 밀도, $\rho = \dfrac{28 \times 0.7 + 32 \times 0.16 + 44 \times 0.14}{17.1 + 3.91 + 3.42} = 1.26[g/L]$

정답 ④

04 1차 반응식, $C = C_o \times e^{-k \times t}$ 에서 반감기가 5시간일 때, 속도상수(k)를 구한다.
$0.5 = 1 \times e^{-k \times 5}$ 에서 양변에 ln을 취하면 $k = 0.1386$ 이므로 배출된 SO_2가 초기농도의 1%에 도달하는 데 소요되는 시간은 $0.01 = 1 \times e^{-0.1386 \times t}$ 에서 $t = 33.2[h]$

정답 ③

05 $L_v = \dfrac{1.2 \times 1,000}{71} = 17[\text{km}]$

정답 ②

06 $E_b = \sigma \times T^4$에서 $E_b \propto T^4$, $\therefore \left(\dfrac{1,500}{1,000}\right)^4 = 5$, 복사에너지는 5배 증가한다.

정답 ④

07 환경기온감률, $\gamma = \dfrac{\Delta T}{\Delta Z} = \dfrac{(3-18)℃}{(1,000-0)\text{m}} = -0.015(℃/\text{m}) = \dfrac{-1.5℃}{100\text{m}}$

이 조건은 $\gamma > \gamma_d(-0.98℃/100\text{m})$이므로 대기 불안정(unstable)에 해당한다.

정답 ①

08 Panofsky의 식(리처드슨 수): $R_i = \dfrac{g}{T} \times \dfrac{\left(\dfrac{\Delta T}{\Delta Z}\right)}{\left(\dfrac{\Delta u}{\Delta Z}\right)^2}$

여기서 T: 절대온도, $\left(\dfrac{\Delta T}{\Delta Z}\right)$: 자유대류의 크기(수직방향 온위경도), $\left(\dfrac{\Delta u}{\Delta Z}\right)^2$: 강제대류(기계대류)의 크기(수직방향 풍속경도)

정답 ①

09 최대지표농도(Sutton 식), $C_{\max} = \dfrac{2 \times Q \times C}{\pi \times e \times u \times H_e^2} \times \left(\dfrac{\sigma_z}{\sigma_y}\right)$에서 $C_{\max} \propto \dfrac{1}{H_e^2}$이므로

$C_{\max} : \dfrac{1}{50^2} = \dfrac{1}{3} C_{\max} : \dfrac{1}{H_e^2}$, $\therefore H_e = 86.6[\text{m}]$

정답 ④

10 최대지표농도(Sutton 식)

$C_{\max} = \dfrac{2 \times Q \times C}{\pi \times e \times u \times H_e^2} \times \left(\dfrac{\sigma_z}{\sigma_y}\right) = \dfrac{2 \times 20 \times 1,500 \times 10^3}{3.14 \times 2.72 \times 20 \times 100^2} \times \left(\dfrac{0.09}{0.07}\right) = 45.16[\text{ppb}]$

정답 ②

11 $\Delta H = 1.5 \times \dfrac{V_s}{u} \times D$ 에서 $30 = 1.5 \times \dfrac{V_s}{300 \times \left(\dfrac{1}{60}\right)} \times 4$, $\therefore V_s = 25\text{m/s}$

정답 ③

12 부력플럭스(부력계수)는

$$F = g \times V_s \times \left(\dfrac{D}{2}\right)^2 \times \left[\dfrac{T_s - T_a}{T_a}\right] = 9.8 \times 15 \times \left(\dfrac{4}{2}\right)^2 \times \left[\dfrac{(273+170)-(273+20)}{(273+20)}\right]$$

$= 301$

$\therefore \Delta H = 150 \times \dfrac{301}{7^3} = 131.63[\text{m}]$

정답 ②

13 지표면 중심선을 따른 오염물질 농도를 나타내는 방정식은

$C_{(x, 0, 0, H)} = \dfrac{Q}{\pi \times u \times \sigma_y \times \sigma_z} \times \exp\left(\dfrac{-H^2}{2 \times \sigma_z^2}\right)$ 이다.

정답 ①

14 $C_2 = C_1 \times \left(\dfrac{t_1}{T_2}\right)^q = 0.05 \times \left(\dfrac{10}{60}\right)^{0.17} = 0.04[\text{ppm}]$

정답 ②

15 **대기환경보전법 제2조(정의)**

2. "기후·생태계 변화유발물질"이란 지구 온난화 등으로 생태계의 변화를 가져올 수 있는 기체상 물질(氣體狀物質)로서 온실가스와 기후에너지환경부령으로 정하는 것을 말한다.
    1) 온실가스: 적외선 복사열을 흡수하거나 다시 방출하여 온실효과를 유발하는 대기 중의 가스상 태 물질로서 이산화탄소, 메탄, 아산화질소, 수소불화탄소, 과불화탄소, 육불화황을 말한다.
    2) 기후에너지환경부령으로 정하는 것: 염화불화탄소와 수소염화불화탄소를 말한다.

정답 ③

16 대기환경보전법 제37조(과징금 처분) ① 기후에너지환경부장관 또는 시·도지사는 배출시설을 설치·운영하는 사업자에 대하여 조업정지를 명하여야 하는 경우로서 그 조업정지가 주민의 생활, 대외적인 신용·고용·물가 등 국민경제, 그 밖에 공익에 현저한 지장을 줄 우려가 있다고 인정되는 경우 등 그 밖에 대통령령으로 정하는 경우에는 조업정지처분을 갈음하여 매출액에 100분의 5를 곱한 금액을 초과하지 아니하는 범위에서 과징금을 부과할 수 있다. 다만, 매출액이 없거나 매출액의 산정이 곤란한 경우로서 대통령령으로 정하는 경우에는 2억 원을 초과하지 아니하는 범위에서 과징금을 부과할 수 있다.

☑ **정답** ③

17 대기환경보전법 제89조(벌칙) 다음 각 호의 어느 하나에 해당하는 자는 7년 이하의 징역이나 1억 원 이하의 벌금에 처한다.
2. 방지시설을 설치하지 아니하고 배출시설을 설치·운영한 자

☑ **정답** ④

18 대기환경보전법 시행령 제2조(대기오염경보의 대상 지역 등) ② 대기오염경보의 대상 오염물질은 「환경정책기본법」에 따라 환경기준이 설정된 오염물질 중 다음 각 호의 오염물질로 한다.
1. 미세먼지(PM-10)
2. 초미세먼지(PM-2.5)
3. 오존(O_3)

☑ **정답** ①

19 대기환경보전법 시행령 제23조(배출부과금 부과대상 오염물질)
② 초과부과금의 부과대상이 되는 오염물질: 황산화물, 암모니아, 황화수소, 이황화탄소, 먼지, 불소화물, 염화수소, 질소산화물, 시안화수소

☑ **정답** ③

20 대기환경보전법 시행규칙 제11조(측정망의 종류 및 측정결과보고 등)
수도권대기환경청장, 국립환경과학원장 또는 「한국환경공단법」에 따른 한국환경공단이 설치하는 대기오염 측정망의 종류는 유해대기물질측정망, 산성강하물측정망, 미세먼지성분측정망 등이다.

☑ **정답** ④

제2과목 연소공학

21 절대온도, $T = t_℃ + 273.15 ≒ t_℃ + 273$에서 먼저

$t_℃ = \dfrac{5}{9}(t_°F - 32) = \dfrac{5}{9}(212 - 32) = 100[℃]$

∴ $T = 100 + 273 = 373[K]$

정답 ③

22 $A + B ↔ C + D$ 반응에서 평형상수 $k = \dfrac{[C] \times [D]}{[A] \times [B]} = \dfrac{0.8 \times 0.8}{1 \times 1} = 0.64$

정답 ①

23 2차반응식, $\dfrac{1}{[A_t]} - \dfrac{1}{[A_o]} = k \times t$에서 처음에 주어진 조건을 대입하여 k를 구한다.

$\dfrac{1}{0.9} - 1 = k \times 300s$에서 $k = 3.70 \times 10^{-4}/s$, 이 k값을 가지고 두 번째 조건을 풀이하면

$\dfrac{1}{0.1} - 1 = 3.70 \times 10^{-4} \times t$에서 $t = 24,324s$

정답 ③

24 연료비는 석탄의 분류에 사용되며 석탄의 고정탄소의 백분율을 휘발분의 백분율로 나눈 수치를 말한다.

정답 ①

25 $1.964 kg/Sm^3 \times 22.4 Sm^3/kmol = 44 kg/kmol$

∴ 분자량이 44인 탄화수소는 프로페인(C_3H_8)이다.

정답 ④

26 S 함량 3%인 벙커C유 100kL 중 S의 질량은 100kL×1.0
S 함량 1.5%인 벙커C유로 50% 섞어 사용할 경우 S의 질량은
(1) 50kL×0.03=1.5[ton]
(2) 50kL×0.015=0.75[ton]
∴ (1) + (2)=1.5+0.75=2.25(ton)
반응식: $S+O_2 \to SO_2$에서 반응물 S와 생성물 SO_2의 질량은 비례하므로
S의 질량으로 감소율을 계산하면, 감소율(%)=$\frac{(3-2.25)}{3} \times 100 = 25\%$

정답 ②

27 먼저 연소되어 발생되는 SO_2 부피(Sm^3)를 계산한다.
반응식: $S+O_2 \to SO_2$
          32   22.4
$1 \times 0.025 \times 0.95$ x,   ∴ $x = \frac{22.4 \times 1 \times 0.025 \times 0.95}{32} = 0.0166[Sm^3]$

건조연소가스양, $G_d = G_{od} + (m-1) \times A_o = 16.5 + (1.5-1) \times 15 = 24[Sm^3/kg]$

∴ 건조연소가스양 중의 SO_2 양(%)=$\frac{0.0166}{24} \times 100 = 0.0692[\%] = 692$ppm

정답 ②

28 에테인의 연소반응식: $C_2H_6 + 3.5O_2 \to 2CO_2 + 3H_2O$
프로페인의 연소반응식: $C_3H_8 + 5O_2 \to 3CO_2 + 4H_2O$
여기서, 에테인의 몰수를 x, 프로페인의 몰수를 y라 하면 $x+y=1$, $2x+3y=2.6$
이 두 식으로부터 x, y를 구하면 $x=0.4$, $y=0.6$
∴ ethane : propane의 몰비=0.4 : 0.6=2 : 3

정답 ③

29 액체연료(중유)의 이론공기량, $A_o = \frac{1}{0.21}\left[1.867C + 5.6\left(H - \frac{O}{8}\right) + 0.7S\right][Sm^3/kg]$에서

$A_o = \frac{1}{0.21}(1.867 \times 0.87 + 5.6 \times 0.15 + 0.7 \times 0.03) = 11.83[Sm^3/kg]$

정답 ④

30 프로페인의 연소반응식: $C_3H_8 + 5O_2 \rightarrow 3CO_2 + 4H_2O$

$$\begin{array}{cc} 44 & 5 \times 22.4 \\ 3 & x \end{array} \quad x = \frac{5 \times 22.4 \times 3}{44} = 7.64 [Sm^3]$$

$\therefore A = m \times A_o = 1.1 \times \dfrac{7.64}{0.21} = 40.0 [Sm^3]$

정답 ④

31 과잉공기량 $= \dfrac{과잉산소량}{0.21} = (m-1) \times A_o$, 과잉산소량$= 0.21(m-1)A_o$

정답 ④

32 프로페인의 연소반응식: $C_3H_8 + 5O_2 \rightarrow 3CO_2 + 4H_2O$
에테인의 연소반응식: $C_2H_6 + 3.5O_2 \rightarrow 2CO_2 + 3H_2O$ 에서
$x + y = 1 \cdots$ 식(1), $3x + 2y = 2.8 \cdots$ 식(2), 식(1)과 식(2)를 풀이하면 $x = 0.8$, $y = 0.2$

$\therefore \dfrac{C_3H_8}{C_2H_6} = \dfrac{0.8}{0.2} = 4.0$

정답 ③

33 $(CO_2)_{max} = \dfrac{CO + CO_2 + \sum xC_xH_y}{G_{od}} \times 100 [\%]$ 에서

$A_o = \dfrac{5}{0.21} = 23.81 [Sm^3/Sm^3]$

$G_{od} = A_o - \dfrac{y}{4} C_xH_y = 23.81 - \dfrac{8}{4} = 21.81 [Sm^3/Sm^3]$

$\therefore (CO_2)_{max} = \dfrac{3}{21.81} \times 100 = 13.76\%$

정답 ①

34 연소반응식: $C_3H_8 + 5O_2 \rightarrow 3CO_2 + 4H_2O$, $C_4H_{10} + 6.5O_2 \rightarrow 4CO_2 + 5H_2O$
   $\quad\quad\quad\quad\quad$ 0.5Sm³ $\quad\quad\quad\quad$ 1.5Sm³ $\quad\quad\quad$ 0.5Sm³ $\quad\quad\quad\quad$ 2Sm³

$CO_2 \% = \dfrac{CO_2 \text{의 양}}{G_d} \times 100$ 에서 $10\% = \dfrac{1.5 + 2}{G_d} \times 100$

$\therefore G_d = 35\text{Sm}^3/\text{Sm}^3 \times 2\text{m}^3 = 70\text{Sm}^3$

☑ **정답** ②

35 액체연료(중유)의 저위발열량(H_L)과 이론습연소가스양(G_{ow})의 관계식(Rosin 식)

$G_{ow} = \dfrac{1.11 \times H_L}{1,000} = \dfrac{1.11 \times 10,000}{1,000} = 11.1 [\text{Sm}^3/\text{kg}]$

☑ **정답** ③

36 $A_o = \dfrac{1}{0.21} \times (1.867 \times 0.85 + 5.6 \times 0.13 + 0.7 \times 0.02) = 11.09 [\text{Sm}^3/\text{kg}]$

$G_d = mA_o - 5.6H = 1.3 \times 11.09 - 5.6 \times 0.13 = 133.69 [\text{Sm}^3/\text{kg}]$

SO_2의 농도(ppm) $= \dfrac{0.7 \times S}{G_d} \times 10^6 = \dfrac{0.7 \times 0.02}{13.69} \times 10^6 = 1,022.6 [\text{ppm}]$

☑ **정답** ④

37 $C_nH_{2n} + \left(n + \dfrac{n}{2}\right)O_2 + 3.76 \times \left(n + \dfrac{n}{2}\right)N_2 \rightarrow nCO_2 + nH_2O + 3.76 \times \left(n + \dfrac{n}{2}\right)N_2$

$\therefore$ NO의 체적비율(몰분율) $= \dfrac{0.02n \times 10^6}{(n + n + 5.64n)} = 2,617.8 [\text{ppm}]$

☑ **정답** ②

38 연소실 열발생률, $Q_c = \dfrac{H_L \times G_f}{V} (\text{kcal/m}^3 \cdot \text{h})$ 에서 $G_f = \dfrac{Q_c \times V}{H_L}$

$\therefore G_f = \dfrac{20 \times 10^4 \text{kcal/m}^3 \cdot \text{h} \times (1.5 \times 2.0 \times 1.5)\text{m}^3 \times 8\text{h/d}}{10,000 \text{kcal/kg}} = 720 \text{kg/d}$

☑ **정답** ④

39 통풍력, $Z = 355 H_s \left(\dfrac{1}{273+t_a} - \dfrac{1}{273+t_s} \right)$ (mmH_2O) 에서

$50 = 355 \times H_s \times \left(\dfrac{1}{273+27} - \dfrac{1}{273+127} \right)$ 에서 $H_s = 169 \text{ m}$

정답 ④

40 $\phi > 1$은 연료가 과잉인 경우로 불완전 연소가 발생한다.
- 등가비(ϕ, equivalent ratio)는 일정량의 이론적인 연료와 공기의 혼합비에 대하여 실제 연소되는 연료와 공기의 혼합비를 말한다. 등가비를 당량비라고도 하는데 이는
$\phi = \dfrac{실제연공비}{이론연공비} = \dfrac{이론공기량}{실제공기량}$ 으로도 나타낼 수 있으므로 공기비$(m) = \dfrac{1}{\phi}$로 나타낼 수 있다.
  ㉠ $\phi = 1$: 완전 연소로서 연료와 산화제의 혼합이 이상적이다.
  ㉡ $\phi < 1$: 연료가 이상적인 경우보다 적고, 공기가 과잉인 경우로 완전 연소가 되지만 열손실이 많아진다.
  ㉢ $\phi > 1$: 연료가 과잉인 경우로 불완전 연소가 발생한다.
- 최대탄산가스양($(CO_2)_{max}$ %)는 이론공기량으로 완전 연소시킬 때, 배출가스 중 CO_2 농도가 최대가 되며 이때의 CO_2의 양을 말한다.

정답 ③

제3과목 대기오염방지기술

41 특정입경에 대한 입자의 개수가 다를 경우 평균개수를 갖는 입자의 직경(Count mean diameter)은 산술가중평균($\overline{d_{pw}}$)으로 나타낸다.

$\overline{d_{pw}} = \dfrac{(1 \times 50) + (3 \times 30) + (5 \times 20) + (8 \times 5)}{50 + 30 + 20 + 5} = 2.67 [\mu\text{m}]$

정답 ①

42 밀도 $\rho = \dfrac{M}{V}$에서 $M \propto V \left(\dfrac{\pi d_p^3}{6} \right)$이므로 $M \propto d_p^3$

∴ 지름이 10배이면 질량은 $10^3 = 1,000$배

정답 ②

43 직렬연결된 집진장치의 총 집진율
$$\eta_t = \eta_1 + (1-\eta_1) \times \eta_2 = 0.75 + (1-0.75) \times 0.95 = 0.99 = 99\%$$

정답 ④

44 종말침강속도,
$$v_g = \frac{d_p^2 \times (\rho_p - \rho_g) \times g}{18 \times \mu} = \frac{(5 \times 10^{-6})^2 \times (2,000-1.2) \times 9.8}{18 \times 1.8 \times 10^{-5}} = 1.51 \times 10^{-3} \,[\text{m/s}]$$

레이놀즈 수, $N_{Re} = \dfrac{Vd}{\nu} = \dfrac{\rho_g Vd}{\mu} = \dfrac{1.2 \times 1.51 \times 10^{-3} \times 5 \times 10^{-6}}{1.8 \times 10^{-5}} = 5 \times 10^{-4}$

정답 ③

45 층류에서 침강효율식, $\eta = \dfrac{L \times v_g}{H \times V}$, ∴ $1 = \dfrac{L \times 0.5}{1 \times 1.5}$ 에서 $L = 3\,[\text{m}]$

정답 ②

46 유효회전수, $N_e = \dfrac{1}{\left(\dfrac{H}{D}\right)} \times \left[\left(\dfrac{L_b}{D}\right) + \dfrac{\left(\dfrac{L_c}{D}\right)}{2}\right] = \dfrac{1}{0.5} \times \left(2.0 + \dfrac{2.0}{2}\right) = 6$

정답 ③

47 여과백의 수, $n = \dfrac{Q}{\pi \times D \times H \times v_f} = \dfrac{300}{3.14 \times 0.3 \times 5 \times 0.5} = 127.4 ≒ 128$

여기서, 여과백의 수는 소수점으로 나타내지 않고 정수로 나타내어야 한다.

정답 ①

48 구멍이 난 1개의 bag으로부터 처리되지 않고 통과한 먼지농도, $10 \times \dfrac{1}{7} = 1.43\,[\text{g/m}^3]$

총 먼지 유입농도 $10\,\text{g/m}^3$ 중 $1.43\,\text{g/m}^3$은 처리되지 않고 통과된다. 즉, 10−1.43=8.57[g/m³]은 98%가 처리되므로 처리되지 않고 통과되는 총 먼지의 농도는
1.43+8.57×(1−0.98)=1.6[g/m³]이다.

정답 ①

49 대전입자의 Coulomb력, $F_e = n \times \epsilon_o \times E$이다.

☑ **정답** ①

50 전기집진장치의 효율, $\eta = \left(1 - \dfrac{C_o}{C_i}\right) = \left(1 - \dfrac{0.2}{10}\right) = 0.98 = 98\%$

전기집진장치에서 Deutsch 효율식, $\eta = 1 - e^{\left(-\dfrac{A \times w_e}{Q}\right)}$에서 $0.98 = 1 - e^{\left(-\dfrac{A \times 60 \times 0.05}{300}\right)}$

∴ 이항 후 양변에 ln을 취하여 정리하면, $A = 391.2 [\mathrm{m}^2]$

☑ **정답** ④

51 $R = \dfrac{V}{I} = \dfrac{5 \times 10^3}{2 \times 10^{-9}} = 2.5 \times 10^{12} [\Omega \cdot \mathrm{cm}]$, 먼지의 겉보기 전기저항이 $10^{11} \Omega \cdot \mathrm{cm}$ 이상이면 역전리와 역코로나 현상이 일어난다.

☑ **정답** ③

52 배출가스 평균유속, $\bar{v} = C \sqrt{\dfrac{2gh}{\gamma}}$ (m/s), 여기서 C : 피토관 계수, h : 배출가스 속도압 측정치(mmH$_2$O), g : 중력가속도(9.8m/s^2), γ : 굴뚝 내의 습한 배출가스 밀도(kg/Sm^3)

∴ $\bar{v} = C \sqrt{\dfrac{2gh}{\gamma}} = 0.85 \times \sqrt{\dfrac{2 \times 9.8 \times 10}{1.2}} = 10.86 [\mathrm{m/s}]$

☑ **정답** ③

53 평형관계가 헨리의 법칙에 따를 경우 $P_e = H \times C$이므로
1atm = 10,332mmH$_2$O이므로 액상에서의 SO$_2$ 농도
$C = \dfrac{890}{15 \times 10,332} = 5.74 \times 10^{-3} [\mathrm{kmol/m^3}]$

☑ **정답** ③

54 충전탑의 높이, $h = H_{OG} \times N_{OG}$ 에서 $3 = 0.8 \times N_{OG}$

∴ 기상총괄이동단위수, $N_{OG} = \dfrac{3}{0.8} = 3.75$

$N_{OG} = 2.3 \log\left(\dfrac{1}{1 - E/100}\right)$ 에서 $3.75 = 2.3 \log\left(\dfrac{1}{1 - E/100}\right)$, $E = 97.7\%$

∴ $0.977 = 1 - \dfrac{0.5}{C_i}$, $C_i = 21.74\,[\text{ppm}]$

☑ **정답** ①

55 연소반응식: $S + O_2 \rightarrow SO_2$, $SO_2 + 2\,NaOH \rightarrow Na_2SO_3 + H_2O$

$\qquad\qquad\quad$ 32kg $\qquad\qquad$: $\quad 2 \times 40$kg

$\quad 0.035 \times 1,500 \times 0.98$ kg/h : $\quad x$ kg/h

∴ $x = \dfrac{2 \times 40 \times 0.98 \times 0.035 \times 1,500}{32} = 128.6\,[\text{kg/h}]$

☑ **정답** ①

56 HF 부피 $= 2,000 \times 10^{-6} \times 22,400\,\text{Sm}^3/\text{h} = 44.8\,\text{Sm}^3/\text{h}$

SiF_4 부피 $= 1,000 \times 10^{-6} \times 22,400\,\text{Sm}^3/\text{h} = 22.4\,\text{Sm}^3/\text{h}$

반응식: $2\,HF + SiF_4 \rightarrow H_2SiF_6$

∴ $2\,HF : H_2SiF_6$ 이므로 $2 \times 22.4 : 22.4 = 44.8 : x$

∴ $x = \dfrac{22.4 \times 44.8}{2 \times 22.4} \times \dfrac{1\,\text{kmol}}{22.4\,\text{Sm}^3} = 1\,\text{kmol/h}$

☑ **정답** ②

57 $Q = \dfrac{CO_2\ 발생량}{(CO_2\ 허용농도 - 외기\ 중\ CO_2\ 농도)} = \dfrac{0.25\,\text{m}^3/\text{h}}{\left(\dfrac{0.1}{100} - \dfrac{0.03}{100}\right)} = 357.1\,[\text{m}^3/\text{h}]$

☑ **정답** ①

58 상당직경, $D_e = \dfrac{2 \times 가로 \times 세로}{가로 + 세로} = \dfrac{2a \times b}{a+b} = \dfrac{2 \times 0.4 \times 0.6}{0.4 + 0.6} = 0.48[\text{m}]$

덕트 내의 유속(반송속도), $V_T = \dfrac{Q}{A} = \dfrac{500}{0.4 \times 0.6 \times 60} = 34.72[\text{m/s}]$

$\therefore \Delta P = \lambda \times \dfrac{L}{D} \times \dfrac{\gamma \times V_T^2}{2 \times g} = 0.02 \times \dfrac{10}{0.48} \times \dfrac{1.3 \times 34.72^2}{2 \times 9.8} = 33.31[\text{mmH}_2\text{O}]$

☑ **정답** ④

59 ③ $\dfrac{V_1}{N_1} = \dfrac{V_2}{N_2}$

송풍기의 상사법칙(닮은꼴 법칙)

㉠ 풍량은 송풍기 회전수와 정비례한다. $\dfrac{Q_1}{Q_2} = \dfrac{N_1}{N_2}$

㉡ 풍압은 송풍기 회전수의 제곱에 비례한다. $\dfrac{FSP_1}{FSP_2} = \left(\dfrac{N_1}{N_2}\right)^2$

㉢ 동력은 송풍기 회전수의 세제곱에 비례한다. $\dfrac{L_1}{L_2} = \left(\dfrac{N_1}{N_2}\right)^3$

☑ **정답** ③

60 소요동력, $\text{kW} = \dfrac{Q \times \Delta P}{6,120 \times \eta} \times \alpha = \dfrac{3,500 \times 450}{6,120 \times 0.75} \times 1.3 = 446.08[\text{kW}]$

☑ **정답** ④

제4과목 | 대기오염공정시험기준

61 기체 중의 농도를 mg/Sm³로 표시했을 때는 Sm³은 표준상태(0℃, 760 mmHg)의 기체용적을 뜻한다. 그리고 am³로 표시한 것은 실측상태(온도, 압력)의 기체용적을 뜻한다.

☑ **정답** ④

62 염산(1 + 5) 또는 염산 (1 : 5)라 표시한 것은 염산 1용량에 정제수 5용량을 혼합한 것이다.

정답 ④

63 시료를 채취한 원통여과지를 적당한 크기로 자르고, 자기도가니에 넣은 다음, 전기로를 써서 500℃에서 회화한 다음 백금도가니에 옮겨 넣는다. 여기에 황산(1 + 3) 몇 방울과 플루오린화수소산 20mL를 가하고 통풍실 안에서 열판 위에 올려놓고 극히 서서히 가열한다.

정답 ③

64
[채취관 및 연결관의 재질]
① 경질유리 ② 석영 ③ 보통강철 ④ 스테인리스강 재질 ⑤ 세라믹 ⑥ 플루오로수지
⑦ 염화바이닐수지 ⑧ 실리콘수지 ⑨ 네오프

암모니아(① ② ③ ④ ⑤ ⑥), 일산화탄소(① ② ③ ④ ⑤ ⑥ ⑦), 질소산화물(① ② ④ ⑤ ⑥),
사이안화수소(① ② ④ ⑤ ⑥ ⑦), 폼알데하이드(① ② ⑥), 브로민(① ② ⑥), 페놀(① ② ④ ⑥),
비소(① ② ④ ⑤ ⑥ ⑦)

정답 ②

65 건식 가스미터를 사용할 시 건조시료가스 채취량(L)은 다음 식에 따라 계산한다.

$$V_s = V \times \frac{273}{273+t} \times \frac{P_a + P_m}{760}$$

여기서, V: 가스미터로 측정한 흡입가스양(L), t: 가스미터의 온도(℃), P_a: 대기압(mmHg)
P_m: 가스미터의 게이지압(mmHg)

정답 ④

66 $N_x = (0.095) \times \left(\dfrac{\text{최대농도} - \text{최저농도}}{\text{환경기준}}\right) \times (\text{환경기준보다 농도가 높은 지역면적})$

정답 ②

67 고용량공기시료채취기의 공기흡입부는 직권정류자 모터에 2단 원심 터빈형 송풍기가 직접 연결된 것으로 무부하일 때의 흡입유량이 약 $2m^3$/min이고, 24시간 이상 연속 측정할 수 있는 것이어야 한다.

정답 ④

68 전기전도도 검출기(Electronic Conductivity Detector)는 HPLC/IC에서 사용 중인 용매 또는 분석하고자 하는 시료의 전기전도도를 검출하는 장치이다.

기체크로마토그래피(Gas Chromatography) 분석에 사용되는 검출기
(1) 열전도도 검출기(TCD, thermal conductivity detector)
(2) 불꽃이온화 검출기(FID, flame ionization detector)
(3) 전자 포획 검출기 (ECD, electron capture detector)
(4) 질소인 검출기(NPD, nitrogen phosphorous detector)
(5) 불꽃 열이온화 검출기(FTD, flame thermoionic detector)
(6) 불꽃 광도 검출기(FPD, flame photometric detector)
(7) 광이온화 검출기(PID, photo ionization detector)
(8) 펄스 방전 검출기(PDD, pulsed discharge detector)
(9) 원자 방출 검출기(AED, atomic emission detector)
(10) 전해질 전도도 검출기(ELCD, electrolytic conductivity detector)
(11) 질량 분석 검출기(MSD, mass spectrometric detector)

☑ 정답 ④

69 가시부와 근적외부의 광원으로는 주로 텅스텐램프를 사용하고, 자외부의 광원으로는 주로 중수소 방전관을 사용한다.

☑ 정답 ④

70 ① Detector Oven: 기체크로마토그래프의 검출기 오븐
② Stationary Liquid: 기체크로마토그래프의 고정상 액체
③ Nebulizer-Chamber 또는 Atomizer Chamber: 분무기와 함께 분무된 시료용액의 미립자를 더욱 미세하게 해주는 한편 큰 입자와 분리시키는 작용을 갖는 원자흡수분광광도계의 장치로 분무실이라고 한다.
④ Electron Capture Detector: 기체크로마토그래프의 전자 포획 검출기

☑ 정답 ③

71 오염물질 농도 보정식, $C = C_a \times \dfrac{21 - O_s}{21 - O_a}$ 에서 $C = 150 \times \dfrac{21 - 5}{21 - 6.5} = 165.5 [\text{mg/Sm}^3]$

☑ 정답 ②

72 물에 흡수시킨 HCl의 부피(L), $150\,Sm^3/h \times 150\,mL/Sm^3 \times 2h \times 0.8 = 36{,}000\,mL = 36\,L$
표준상태에서, 기체 1mol의 부피=22.4L이므로, 36L HCl의 mol수는
$36 \times \dfrac{1}{22.4} = 1.61[mol\ HCl]$, 몰농도$=\dfrac{용질\ mol수}{용액\ L수} = \dfrac{1.61}{3{,}000} = 5.37 \times 10^{-4}[mol]$
∴ $pH = -\log[H^+] = -\log(5.37 \times 10^{-4}) = 3.27$
∴ $pOH = 14 - pH = 14 - 3.27 = 10.73$

정답 ③

73 굴뚝 단면이 서서히 변하는 경우(원형 굴뚝)
환산하부직경 $= \dfrac{하부직경 + 선정된\ 측정공\ 위치의\ 직경}{2}$

정답 ①

74 배출가스의 밀도 측정은 배출가스 조성으로부터 계산으로 구하거나 기체밀도계에 의한다.
$\gamma = \gamma_o \times \dfrac{273}{273+\theta_s} \times \dfrac{P_a+P_s}{760} = 1.3 \times \dfrac{273}{273+150} \times \dfrac{750+20}{760} = 0.85[kg/m^3]$

정답 ②

75 배출가스 평균유속, $\overline{v} = C\sqrt{\dfrac{2gh}{\gamma}}$ (m/s)에서 $\overline{v} \propto \sqrt{h}$
∴ $v_2 = v_1 \times \sqrt{\dfrac{h_2}{h_1}} = 20 \times \sqrt{\dfrac{15}{10}} = 24.5[m/s]$

정답 ④

76 측정점 수 $= \dfrac{그\ 지역\ 가주지\ 면적}{25\,km^2} \times \dfrac{그\ 지역\ 인구밀도}{전국\ 평균\ 인구밀도} = \dfrac{200}{25} \times \dfrac{5{,}000}{800} = 50$개소

정답 ①

77 강도 I_o되는 단색광속이 그림과 같이 농도 C, 길이 L이 되는 용액층을 통과하면 이 용액에 빛이 흡수되어 입사광의 강도가 감소한다. 통과한 직후의 빛의 강도 I_t와 I_o 사이에는 비어-램버트(Beer-Lambert)의 법칙에 의하여 다음의 관계가 성립한다.

$$I_t = I_o \times 10^{-\epsilon CL}$$

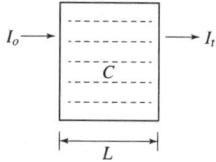

여기서, I_o: 입사광의 강도, I_t: 투사광의 강도, C: 농도, L: 빛의 투사거리, ϵ : 비례상수로서 흡광계수, $C = 1\,mol$, $L = 10\,mm$일 때 ϵ의 값을 몰흡광계수라 하며 K로 표시한다.

$t = \dfrac{I_t}{I_o}$를 투과도, $t \times 100 = T$를 투과퍼센트, 투과도 역수의 상용대수, $\log\dfrac{1}{t} = A$를 흡광도라고 한다.

정답 ②

78 전체 단면의 건조 배출가스 중의 평균 먼지농도는 구분한 각 단면의 먼지 농도로부터 다음 식에 의하여 구한다. 동일 면적일 경우 $\overline{C_n} = \dfrac{C_{n1} \times V_1 + C_{n2} \times V_2 + \cdots + C_{nn} \times V_n}{V_1 + V_2 + \cdots + V_n}$ 이므로

$$\therefore \overline{C_n} = \dfrac{0.3 \times 5.2 + 0.35 \times 5.1 + 0.32 \times 5.2 + 0.32 \times 4.8}{5.2 + 5.1 + 5.2 + 4.8} = 0.322[\mathrm{g/Sm^3}]$$

$$= 322\,\mathrm{mg/Sm^3}$$

정답 ①

79 역가를 구하는 식: $f = \dfrac{10 \times f'}{V'} \times \dfrac{2}{5} = \dfrac{10 \times 1.000}{3.8} \times \dfrac{2}{5} = 1.0526$

정답 ④

80 시료 대기 중의 일산화탄소 농도 산출식: $C = C_s \times \dfrac{L}{L_s} = 20 \times \dfrac{8}{16} = 10[\mu\mathrm{mol/mol}]$

정답 ①

제2회 CBT 최종 모의고사 해설&정답

제1과목 대기환경관리

01 기체의 비중은 공기의 분자량을 1로 하였을 때이므로 비중이 가장 큰 기체는 분자량이 가장 큰 기체이다. $NH_3(M.W=17)$, $NO(M.W=30)$, $H_2S(M.W=34)$, $SO_2(M.W=64)$

정답 ④

02 CS_2 농도 $= 0.15 \times 10^3 \times \dfrac{22.4}{76} \times \dfrac{273+180}{273} \times \dfrac{1}{0.8} = 91.7[\text{ppm}]$

정답 ③

03 공기의 분자량이 28.8이므로 HCl의 비중은 $\dfrac{36.5}{28.8} = 1.27$, Cl_2의 비중은 $\dfrac{71}{28.8} = 2.46$

SO_2의 비중은 $\dfrac{64}{28.8} = 2.22$, CS_2의 비중은 $\dfrac{76}{28.8} = 2.64$

정답 ④

04 1차 반응식, $C = C_o \times e^{-k \times t}$에서 반감기가 4시간일 때, 속도상수($k$)를 구한다.

$0.5 = 1 \times e^{-k \times 4}$에서 양변에 ln을 취하면 $k = 0.1733$이므로 배출된 SO_2가 초기농도의 50%에 도달하는 데 소요되는 시간은 $0.5 = 1 \times e^{-0.1733 \times t}$에서 $t = 4[h]$

정답 ③

05 $L(\text{m}) = \dfrac{5.2 \times \rho \times r}{K \times C} = \dfrac{5.2 \times 1.2 \times 0.25}{3 \times 300 \times 10^{-6}} = 1{,}733.3[\text{m}]$

정답 ④

06 Beer-Lambert 법칙: $I = I_o \times e^{-O_{ext} \times x}$, 여기서 x: 시정거리(km)

∴ $\dfrac{I}{I_o} = \dfrac{0.2}{1} = e^{-0.45 \times x}$ 에서 양변에 ln을 취하여 풀이하면 $x = 3.58$[km]

정답 ①

07 경계면에서 마찰속도(거칠기 속도)를 구하는 식에서 u는 경계 위의 높이에서의 평균 흐름속도이므로 이 식에서는 고도별 풍속의 차이를 대입한다.

$(4.5 - 2.9) = \dfrac{u^*}{0.4} \times \ln\left(\dfrac{20}{10}\right)$ 에서 $u^* = 0.92$ m/s

정답 ②

08 온위, $\theta = T \times \left(\dfrac{1,000}{P}\right)^{0.288}$ 에서 $\theta = (273 - 15) \times \left(\dfrac{1,000}{950}\right)^{0.288} = 261.8$[K]

정답 ③

09 최대지표농도(Sutton 식), $C_{\max} = \dfrac{2 \times Q \times C}{\pi \times e \times u \times H_e^2} \times \left(\dfrac{\sigma_z}{\sigma_y}\right)$ 에서 $C_{\max} \propto \dfrac{1}{H_e^2}$ 이므로

$C_{\max} = \dfrac{1}{2^2} = \dfrac{1}{4}$, ∴ 최대지표농도는 처음의 $\dfrac{1}{4}$배로 줄어든다.

정답 ①

10 최대착지거리, $X_{\max} = \left(\dfrac{H_e}{\sigma_z}\right)^{\frac{2}{2-n}} = \left(\dfrac{80}{0.07}\right)^{\frac{2}{2-0.25}} = 3,125$[m]

정답 ③

11 $\Delta H = \dfrac{30 \times 2}{5}\left[1.5 + 2.68 \times 10^{-3} \times 1,000\left(\dfrac{(273+200) - (273+20)}{273+200}\right) \times 2\right] = 42.5$[m]

∴ $H_e = H + \Delta H = 60 + 42.5 = 102.5$[m]

정답 ③

12 부력계수, $F = g \times V_s \times \left(\dfrac{D}{2}\right)^2 \times \left[\dfrac{T_s - T_a}{T_a}\right] = 9.8 \times 6 \times 2^2 \times \left[\dfrac{(440-300)}{300}\right] = 109.76$

$\Delta H = 114 \times \dfrac{1.24 \times 109.76^{\frac{1}{3}}}{3} = 225.6 \,[\text{m}]$

☑ **정답** ④

13 최대지표농도(Sutton 식), $C_{\max} = \dfrac{2 \times Q \times C}{\pi \times e \times u \times H_e^{\,2}} \times \left(\dfrac{\sigma_z}{\sigma_y}\right)$에서 $C_{\max} \propto \dfrac{1}{H_e^{\,2}}$ 이므로

㉠ 굴뚝의 유효높이가 68m인 경우, $C_{\max} = \dfrac{1}{68^2} = 2.16 \times 10^{-4}$

㉡ "㉠" 굴뚝의 유효높이가 120m인 경우, $C_{\max} = \dfrac{1}{120^2} = 6.94 \times 10^{-5}$

∴ 굴뚝의 풍하 측 지상 최대오염농도의 비율은 $\dfrac{6.94 \times 10^{-5}}{2.16 \times 10^{-4}} \times 100 = 32\%$

☑ **정답** ①

14 실제 오염농도(ppm) = 예상 오염농도 $\times \left(\dfrac{\text{예상 최대혼합고}}{\text{실제 최대혼합고}}\right)^3$ 에서

$4 = 50 \times \left(\dfrac{x}{500}\right)^3$, ∴ $x = 215.4\text{m}$

☑ **정답** ④

15 **대기환경보전법 제2조(정의)**
10. "휘발성유기화합물"이란 탄화수소류 중 석유화학제품, 유기용제, 그 밖의 물질로서 기후에너지환경부장관이 관계 중앙행정기관의 장과 협의하여 고시하는 것을 말한다.

☑ **정답** ①

16 **대기환경보전법 제37조(과징금 처분)** ④ 기후에너지환경부장관 또는 시·도지사는 과징금을 내야 할 자가 납부기한까지 내지 아니하면 국세 체납처분의 예 또는 「지방행정제재·부과금의 징수 등에 관한 법률」에 따라 징수한다.

☑ **정답** ④

17 대기환경보전법 제89조(벌칙) 다음 각 호의 어느 하나에 해당하는 자는 7년 이하의 징역이나 1억 원 이하의 벌금에 처한다.
3. 배출시설을 가동할 때에 방지시설을 가동하지 아니하거나 오염도를 낮추기 위하여 배출시설에서 나오는 오염물질에 공기를 섞어 배출하는 행위를 한 자 또는 배출시설이나 방지시설을 정당한 사유 없이 정상적으로 가동하지 아니하여 배출허용기준을 초과한 오염물질을 배출하는 행위를 한 자
①, ②, ③의 경우 → 5년 이하의 징역이나 5천만 원 이하의 벌금

☑ **정답** ④

18 대기환경보전법 시행령 제2조(대기오염경보의 대상 지역 등) ④ 경보단계별 조치에는 다음 각 호의 구분에 따른 사항이 포함되도록 하여야 한다. 다만, 지역의 대기오염 발생 특성 등을 고려하여 특별시 · 광역시 · 특별자치시 · 도 · 특별자치도의 조례로 경보단계별 조치사항을 일부 조정할 수 있다.
1. 주의보 발령: 주민의 실외활동 및 자동차 사용의 자제 요청 등
2. 경보 발령: 주민의 실외활동 제한 요청, 자동차 사용의 제한 및 사업장의 연료사용량 감축 권고 등
3. 중대경보 발령: 주민의 실외활동 금지 요청, 자동차의 통행금지 및 사업장의 조업시간 단축 명령 등

☑ **정답** ③

19 대기환경보전법 시행령 제26조(연도별 부과금산정지수 및 위반횟수별 부과계수) ② 위반횟수별 부과계수는 다음 각 호의 구분에 따른 비율을 곱한 것으로 한다.
1. 위반이 없는 경우: 100분의 100
2. 처음 위반한 경우: 100분의 105
3. 2차 이상 위반한 경우: 위반 직전의 부과계수에 100분의 105를 곱한 것

☑ **정답** ②

20 대기환경보전법 시행규칙 제133조(현장에서 배출허용기준 초과 여부를 판정할 수 있는 대기오염물질)
1. 매연, 2. 일산화탄소, 3. 굴뚝 자동측정기기로 측정하고 있는 대기오염물질, 4. 황산화물, 5. 질소산화물, 6. 탄화수소

☑ **정답** ③

제2과목 연소공학

21 수증기(H_2O)의 1kmol이 차지하는 부피는 $22.4Sm^3$에서 비체적(specific volume)은 단위 질량당 체적(부피), 즉 비체적, $\nu = \dfrac{1}{\text{밀도}} = \dfrac{1}{\rho} = \dfrac{1}{\left(\dfrac{18kg}{22.4Sm^3}\right)} = 1.24[m^3/kg]$

정답 ②

22 1차 반응식, $\ln\left(\dfrac{[A_t]}{[A_o]}\right) = -k \times t$에서 $\ln\left(\dfrac{0.25}{0.5}\right) = (-5.1 \times 10^{-4}) \times t$

∴ $t = 1,359s ≒ 22.65\min$

정답 ④

23 혼합기체의 하한 연소범위(%)

$L = \dfrac{100}{\left(\dfrac{V_1}{L_1} + \dfrac{V_2}{L_2} + \dfrac{V_3}{L_3} + \dfrac{V_4}{L_4}\right)} = \dfrac{100}{\left(\dfrac{70}{5.0} + \dfrac{15}{3.0} + \dfrac{10}{2.1} + \dfrac{5}{1.5}\right)} = 3.69[\%]$

정답 ②

24 연료비 $= \dfrac{\text{고정탄소}}{\text{휘발분}} = \dfrac{[100-(5+10+5)]}{10} = 8$

정답 ④

25 인체에 해로운 CO_2 가스의 부피 $= 500 \times 0.05 = 25m^3$ 이상일 경우이다.

반응식: $C + O_2 \rightarrow CO_2$

          12   22.4

    $0.9 \times x$ 25   ∴ $x = \dfrac{12 \times 25}{22.4 \times 0.9} = 14.88kg$

정답 ③

26 S 함량 2%인 벙커C유 100kL 중 S의 질량은 100kL×0.95×0.02=1.9[ton]
S 함량 3%인 벙커C유로 50% 섞어 사용할 경우 S의 질량은
(1) 50kL×0.95×0.02=0.95[ton]
(2) 50kL×0.95×0.03=1.425[ton]
∴ (1) + (2)=0.95+1.425=2.375[ton]
반응식: $S+O_2 \rightarrow SO_2$에서 반응물 S와 생성물 SO_2의 질량은 비례하므로
S의 질량으로 증가율을 계산하면, 증가율(%)= $\dfrac{(2.375-1.9)}{1.9} \times 100 = 25\%$

☑ **정답** ①

27 반응식: $S \; + \; O_2 \; \rightarrow \; SO_2$
$\qquad\qquad\quad\;\, 32 \qquad\quad\; 22.4$
$\qquad W \times 0.95 \times \dfrac{S}{100} \qquad x, \quad \therefore \; x = \dfrac{22.4 \times W \times 0.95 \times S}{32 \times 100} = 0.0067SW \, [Sm^3/h]$

☑ **정답** ④

28 일반적인 탄화수소의 연소반응식을 작성할 경우
- 탄화수소(HC)는 연소 후 이산화탄소(CO_2)와 수증기(H_2O)만을 생성하므로 반응식을 세운다. $C_nH_m + (\quad)O_2 \rightarrow (\quad)CO_2 + (\quad)H_2O$: 반응식에 들어갈 계수는 아직 모르므로 빈칸으로 둔다.
- 반응물의 C와 생성물의 C를 맞춘다. $C_nH_m + (\quad)O_2 \rightarrow n\,CO_2 + (\quad)H_2O$
- 반응물의 H와 생성물의 H를 맞춘다. $C_nH_m + (\quad)O_2 \rightarrow n\,CO_2 + \dfrac{m}{2} H_2O$
- 생성물의 CO_2와 H_2O로부터 O의 개수($2n+\dfrac{m}{2}$)를 확인하여 생성물(O_2이므로 2로 나눈다.)에 반영한다. $C_nH_m + (n+\dfrac{m}{4})O_2 \rightarrow n\,CO_2 + \dfrac{m}{2} H_2O$
- 탄화수소의 연소 일반식이 완성되므로 n과 m의 개수만 알면 모든 탄화수소의 연소반응식을 세울 수 있다.

☑ **정답** ②

29 연료가 수분을 함유하고 있으므로 건조상태로 환산하면

$C = \dfrac{85}{100-3} \times 100 = 87.63\%$, $H = \dfrac{12}{100-3} \times 100 = 12.37\%$

$A_o = \dfrac{1}{0.21}(1.867 \times 0.8763 + 5.6 \times 0.1237) = 11.09 [\text{Sm}^3/\text{kg}]$

$\therefore 11.09 \text{Sm}^3/\text{kg} \times 2\text{kg} = 22.18 [\text{Sm}^3]$

정답 ③

30 $m = \dfrac{21}{(21-O_2)}$ 에서 $1.5 = \dfrac{21}{(21-O_2)}$, $\therefore O_2 = 7[\%]$

정답 ①

31 메테인: $CH_4 + 2O_2 \rightarrow CO_2 + 2H_2O$ 에서 $AFR = \dfrac{\left(\dfrac{2}{0.21}\right) \times 1.2}{2} = 5.71$

정답 ①

32 $A_o = \dfrac{1}{0.21} \times (1.867 \times 0.87 + 5.6 \times 0.11 + 0.7 \times 0.02) = 10.74 [\text{Sm}^3/\text{kg}]$

$G_d = mA_o - 5.6H = 1.3 \times 10.74 - 5.6 \times 0.11 = 13.35 [\text{Sm}^3/\text{kg}]$

$\therefore$ 실제 건조연소가스 중 CO_2 농도(%) $= \dfrac{1.867C}{G_d} = \dfrac{1.867 \times 0.87}{13.35} \times 100 = 12.17\%$

정답 ③

33 $(CO_2)_{max} = \dfrac{CO + CO_2 + \sum xC_xH_y}{G_{od}} \times 100 [\%]$ 에서

$A_o = \dfrac{2}{0.21} = 9.52 [\text{Sm}^3/\text{Sm}^3]$, $G_{od} = A_o - \dfrac{y}{4}C_xH_y = 9.52 - \dfrac{4}{4} = 8.52 [\text{Sm}^3/\text{Sm}^3]$

$\therefore (CO_2)_{max} = \dfrac{1}{8.52} \times 100 = 11.74\%$

정답 ①

34 $G_{ow} = A_o + 5.6H + 0.7O + 0.8N + 1.244W$ 에서

$A_o = \dfrac{1}{0.21} \times (1.867 \times 0.86 + 5.6 \times 0.12 + 0.7 \times 0.02) = 10.85 [\text{Sm}^3/\text{kg}]$

$G_{ow} = 10.85 + 5.6 \times 0.12 = 11.52 [\text{Sm}^3/\text{kg}]$

☑ 정답 ②

35 액체연료(중유)의 저위발열량(H_L)과 이론공기량(A_o)의 관계식(Rosin 식)

$A_o = \dfrac{0.85 \times H_L}{1,000} + 2.0 = \dfrac{0.85 \times 10,500}{1,000} + 2.0 = 10.93 [\text{Sm}^3/\text{kg}]$

☑ 정답 ②

36 $G_w = mA_o + 5.6H + 0.8N = 12 + 5.6 \times 0.11 + 0.8 \times 0.01 = 12.62 [\text{Sm}^3/\text{kg}]$

SO_2의 농도(ppm) $= \dfrac{0.7 \times S}{G_w} \times 10^6 = \dfrac{0.7 \times 0.03}{12.62} \times 10^6 = 1,664 [\text{ppm}]$

☑ 정답 ②

37 저위발열량, $H_L = H_h - 600 \times (9H + W) = 10,000 - 600 \times (9 \times 0.15 + 0.15)$
$= 9,100 [\text{kcal/kg}]$

☑ 정답 ②

38 이론연소온도, $t_c = \dfrac{H_L}{G_{ow} \times C_p} + t_1 (\text{℃})$에서 $2,500 = \dfrac{11,000}{20 \times C_p} + 20$

∴ $C_p = 0.222 [\text{kcal/Sm}^3 \cdot \text{℃}]$

☑ 정답 ②

39 $Q_2 = Q_1 \times \sqrt{\dfrac{\Delta P_2}{\Delta P_1}} = 40 \times \sqrt{\dfrac{26}{18}} = 48 [\text{m}^3/\text{min}]$

☑ 정답 ②

40 공기비$(m) = \dfrac{1}{\phi}$ 로 나타낼 수 있다.

☑ **정답** ③

제3과목 　대기오염방지기술

41 $\log d_g = \dfrac{\sum n_i \log d_i}{\sum n_i} = \dfrac{(20 \times \log 1) + (30 \times \log 3) + (10 \times \log 5) + (5 \times \log 8)}{20 + 30 + 10 + 5} = 0.3972$

∴ 기하평균 직경(Geometric mean diameter), $d_g = 10^{0.3972} = 2.5 [\mu m]$

☑ **정답** ②

42 입자의 비표면적, $S_v = \dfrac{\text{구형입자의 표면적}}{\text{구형입자의 체적}} = \dfrac{4\pi r^2}{\left(\dfrac{4}{3}\pi r^3\right)} = \dfrac{\pi d_p^2}{\left(\dfrac{\pi d_p^3}{6}\right)} = \dfrac{6}{d_p}$

☑ **정답** ③

43 설치 초기와 나중의 먼지 배출농도는 $\dfrac{(1-0.94)}{(1-0.98)} = 3$

∴ 2개월 후 성능이 떨어진 집진장치의 먼지 배출농도는 설치 초기의 3배이다.

☑ **정답** ②

44 Stokes 영역에서 저항계수 또는 항력계수, $C_D = \dfrac{24}{N_{Re}} = \dfrac{24 \times \mu}{\rho \times v \times d}$ 이다.

☑ **정답** ④

45 Lapple의 식, $d_{p,cut}\,(d_{p,50}) = \sqrt{\dfrac{9 \times \mu_g \times W}{2 \times \pi \times N_e \times (\rho_p - \rho_g) \times v_i}}$ 에서

$d_p{'} = d_p \times \left(\dfrac{3}{2}\right)^{\frac{1}{2}} = 1.22 \times d_p$

$\therefore \dfrac{d_p{'}}{d_p} = 1.22$

정답 ④

46 $N_e = \dfrac{1}{\text{유입구 높이}} \times \left(\text{원통부 길이(높이)} + \dfrac{\text{원추부 길이(높이)}}{2}\right)$

$= \dfrac{1}{0.5} \times \left(3 + \dfrac{2}{2}\right) = 8$

정답 ④

47 여과속도, $v_f = \dfrac{Q}{\pi \times n \times D \times H} = \dfrac{150}{3.14 \times 30 \times 0.2 \times 5 \times 60} = 0.027\,[\text{m/s}] = 2.65\,\text{cm/s}$

정답 ②

48 $\Delta P = (0.5 + L) \times \dfrac{\gamma \times V_t^2}{2 \times g}$ 에서 $350 = (0.5 + 0.8) \times \dfrac{1.2 \times V_t^2}{2 \times 9.8}$, $\therefore V_t = 66.3\,[\text{m/s}]$

정답 ②

49 100%의 효율을 얻기 위한 집진극의 길이, $L = \dfrac{S \times V_o}{w} = \dfrac{7.5\,\text{cm} \times 3\,\text{m/s}}{5\,\text{cm/s}} = 4.5\,(\text{m})$

S: 집진극과 방전극 사이의 거리이므로 방전극은 집진극 간의 중앙에 위치하므로 15/2=7.5cm

정답 ③

50 전기집진장치의 효율, $\eta = \left(1 - \dfrac{C_o}{C_i}\right) = \left(1 - \dfrac{0.2}{25}\right) = 0.992 = 99.2\%$

전기집진장치에서 Deutsch 효율식, $\eta = 1 - e^{\left(-\dfrac{A \times w_e}{Q}\right)}$ 에서 $0.992 = 1 - e^{\left(-\dfrac{400 \times 60 \times w_e}{150}\right)}$

∴ 이항 후 양변에 ln을 취하여 정리하면, $w_e = 0.03\text{m/s} = 3\text{cm/s}$

정답 ③

51 동점도, $\nu = \mu \times \rho = 0.8 \times 5 = 4(\text{poise})$, $1\text{Stokes} = 1\text{cm}^2/\text{s}$, $1\text{poise} = 1\text{g/cm} \cdot \text{s}$

정답 ②

52 0℃, 1atm에서 공기의 밀도,
$\rho = \dfrac{P \times M}{R \times T} = \dfrac{1\text{atm} \times 28.85\text{g/mol}}{0.082\text{atm} \cdot \text{L/(mol} \cdot \text{K)} \times 273\text{K}} = 1.289\text{g/L}$

∴ $1.289\text{g/L} \times 10\text{Sm}^3 \times 10^3 \text{L/Sm}^3 \times 10^{-3}\text{kg/g} = 12.89\text{kg}$

정답 ②

53 평형관계가 헨리의 법칙에 따를 경우 $P_e = H \times C$ 이므로

$1\text{atm} = 10{,}332\text{mmH}_2\text{O}$ 이므로, $H = \dfrac{\left(\dfrac{790}{10{,}332}\right)}{3.5} = 0.02\text{atm} \cdot \text{m}^3/\text{kmol}$

정답 ②

54 매시 연소되는 중유 중 황의 양, $S = 10{,}000\text{kg/h} \times 0.02 = 200\text{kg/h}$

황의 연소반응식에서 발생되는 SO_2의 양, $SO_2 = 200 \times \dfrac{64}{32} = 400[\text{kg/h}]$, 여기서 발생된 SO_2를 $CaCO_3$로 완전탈황시킬 때의 반응식: $SO_2 + CaCO_3 + \dfrac{1}{2}O_2 \rightarrow CaSO_4 + CO_2$ 에서 $CaCO_3$의 분자량이 100이므로 $CaCO_3$의 양 $= 400 \times \dfrac{100}{64} = 625[\text{kg/h}]$

정답 ②

55 선택적 촉매환원법의 환원반응식은 다음과 같다.
- $6\,NO + 4\,NH_3 \rightarrow 5\,N_2 + 6\,H_2O$
- $6\,NO_2 + 8\,NH_3 \rightarrow 7\,N_2 + 12\,H_2O$

1) NO 130ppm 환원에 필요한 NH_3의 양(kg/h)

$$\left\{\frac{100,000 \times (130 \times 10^{-6})}{22.4}\right\} \times \left(\frac{4 \times 17}{6}\right) = 6.58(kg/h)$$

2) NO_2 23ppm 환원에 필요한 NH_3의 양(kg/h)

$$\left\{\frac{100,000 \times (30 \times 10^{-6})}{22.4}\right\} \times \left(\frac{8 \times 17}{6}\right) = 3.04(kg/h)$$

∴ NO와 NO_2의 합인 NO_X를 제거하기 위한 이론적인 NH_3의 양(kg/h) = 6.58 + 3.04 = 9.62[kg/h]

정답 ①

56 반응식: $2\,HCl + Ca(OH)_2 \rightarrow CaCl_2 + 2\,H_2O$
$2 \times 22.4 Sm^3$ 74kg

$2,000 \times \dfrac{0.5}{100} Sm^3/h$ $x\,kg/h$,   ∴ $x = 16.5(kg/h)$

정답 ③

57 $\ln\left(\dfrac{C_o}{C_i}\right) = -k \times t$ 에서 $k = \dfrac{송풍량}{실내 \ 용적} = \dfrac{120}{3,020} = 0.04$, $\ln\left(\dfrac{5}{185}\right) = -0.04 \times t$ 에서 $t = 90.3\,min$

정답 ②

58 곡관의 압력손실, $\Delta P = F \times VP \times \dfrac{\theta}{90°} = 0.25 \times 20 \times \dfrac{45°}{90°} = 2.5[mmH_2O]$

정답 ②

59 $FTP \propto N^2$ 이므로 ∴ 풍압은 $1.5^2 = 2.25$배 증가한다.

정답 ②

60 소요동력, $kW = \dfrac{Q \times \Delta P}{102 \times \eta} \times \alpha = \dfrac{\left(\dfrac{30,000}{3,600}\right) \times 450}{102 \times 0.7} \times 1.4 = 73.53(kW)$

정답 ③

제4과목 대기오염공정시험기준

61 ① "약"이란 그 무게 또는 부피 등에 대하여 ±10% 이상의 차가 있어서는 안 된다.
② "방울수"라 함은 20℃에서 정제수 20 방울을 떨어뜨릴 때 그 부피가 약 1mL 되는 것을 뜻한다.
④ 10억분율(Parts Per Billion)은 ppb로 표시하고 따로 표시가 없는 한 기체일 때는 용량 대 용량(부피분율), 액체일 때는 중량 대 중량(질량분율)을 표시한 것을 뜻한다.

정답 ③

62 • 시험조작 중 "즉시"란 30초 이내에 표시된 조작을 하는 것을 뜻한다.
• "감압 또는 진공"이란 따로 규정이 없는 한 15mmHg 이하를 뜻한다

정답 ③

63 벤젠 분석 시 채취관 및 연결관의 재질은 경질유리, 석영, 플루오로수지 등이다.

정답 ④

64 ① 페놀 – 자외선/가시선분광법(4-아미노안티피린법), 기체 크로마토그래피
② 질소산화물 – 아연환원 나프틸에틸렌다이아민법
③ 폼알데하이드 – 크로모트로핀산법, 아세틸아세톤법
④ 사이안화수소– 자외선/가시선분광법(4-피리딘카복실산-피라졸론법)

정답 ④

65 원통여과지는 실리카 섬유제 여과지로서 99% 이상의 먼지채취율(0.3μm 다이옥틸프탈레이트 매연 입자에 의한 먼지 통과시험)을 나타내는 것이어야 하며 사용상태에서 화학변화를 일으키지 않아야 하며, 화학변화로 인하여 측정치의 오차가 나타날 경우에는 적절한 처리를 하여 사용하도록 하고, 유효직경이 25mm 이상의 것을 사용한다.

정답 ②

66 시료채취의 높이는 그 부근의 평균오염도를 나타낼 수 있는 곳으로서 가능한 한 1.5~30m 범위로 한다.

정답 ②

67 저용량공기시료채취법은 대기 중에 부유하고 있는 10μm 이하의 입자상물질을 저용량공기시료채취기를 사용하여 여과지 위에 채취하고 질량농도를 구하거나 금속 등의 성분분석에 이용한다.

정답 ③

68 기체크로마토그래피에 의한 정량분석에서 이용되는 정량법은 절대검정곡선법, 넓이백분율법, 보정넓이백분율법, 상대검정곡선법, 표준물첨가법이 있다.

정답 ③

69 광원이나 광전측광 검출기에는 한정된 사용 파장역이 있어 특정 파장역에서는 미광(stray light)의 영향이 크기 때문에 투과특성을 갖는 커트필터(cut filter)를 사용하며 미광의 유무를 조사하는 것이 좋다.

정답 ②

70 표준물첨가법은 같은 양의 분석시료를 여러 개 취하고 여기에 표준물질이 각각 다른 농도로 함유되도록 표준용액을 첨가하여 용액 열을 만든다. 이어 각각의 용액에 대한 흡광도를 측정하여 가로대에 용액 영역 중의 표준물질 농도를, 세로대에는 흡광도를 취하여 그래프용지에 그려 검정곡선을 작성한다.

정답 ①

71 배출가스유량 보정식, $Q = Q_a \div \dfrac{21 - O_s}{21 - O_a}$ 에서 $10,000 = Q_a \div \dfrac{21 - 3}{21 - 5}$

∴ $Q_a = 8,888.9(\text{Sm}^3/\text{day})$

정답 ④

72 $A = \dfrac{\pi}{4}D^2$ 에서 $D = \sqrt{\dfrac{4 \times A}{\pi}} = \sqrt{\dfrac{4 \times 17}{3.14}} = 4.65(\text{m})$, $D = \sqrt{\dfrac{4 \times 20}{3.14}} = 5.05(\text{m})$

[원형 단면의 측정점]

굴뚝 직경(2R) (m)	반경 구분수	측정점수
1 이하	1	4
1 초과 2 이하	2	8
2 초과 4 이하	3	12
4 초과 4.5 이하	4	16
4.5 초과	5	20

따라서 반경 구분수는 5, 측정점수는 20이다.

정답 ④

73 흡습관으로 배출가스 중의 수분량을 계산하는 방법은 건식 가스미터를 사용할 때 습한 기체 중의 수증기의 부피백분율로 표시하고 다음 식에 의해 구한다.

$X_w = \dfrac{\dfrac{22.4}{18} \times m_a}{V_m \times \left(\dfrac{273}{273 + \theta_m}\right) \times \left(\dfrac{P_a + P_m}{760}\right) + \dfrac{22.4}{18} \times m_a} \times 100[\%]$ 에서 표준상태 기준이므로

$X_w = \dfrac{\dfrac{22.4}{18} \times 0.1376}{2 \times \left(\dfrac{273}{273 + 25}\right) + \dfrac{22.4}{18} \times 0.1376} \times 100 = 8.55[\%]$

정답 ③

74 보통형(I형) 흡입노즐을 사용할 때 등속흡입을 위한 흡입량을 구하는 식은 다음과 같다.

$q_m = \dfrac{\pi}{4} \times d^2 \times v \times \left(1 - \dfrac{X_w}{100}\right) \times \left(\dfrac{273 + \theta_m}{273 + \theta_s}\right) \times \left(\dfrac{P_a + P_s}{P_a + P_m - P_v}\right) \times 60 \times 10^{-3}$

∴ $q_m = \dfrac{3.14}{4} \times 8^2 \times 8 \times \left(1 - \dfrac{10}{100}\right) \times \left(\dfrac{273 + 25}{273 + 150}\right) \times \left(\dfrac{760 - 2.0}{760 + 3}\right) \times 60 \times 10^{-3}$

$= 15.19[\text{L/min}]$

정답 ③

75 밀도의 보정, $\gamma = 1.3 \times \dfrac{273}{273+200} = 0.75\,(\text{kg/m}^3)$

$\overline{v} = C\sqrt{\dfrac{2gh}{\gamma}} = 0.85 \times \sqrt{\dfrac{2\times 9.8 \times 35}{0.75}} = 25.7\,(\text{m/s})$

☑**정답**》 ①

76 분리관효율은 보통 이론단수 또는 1이론단에 해당하는 분리관의 길이 HETP(Height Equivalent to a Theoretical Plate)로 표시한다.

이론단수, $n = 16 \times \left(\dfrac{t_R}{W}\right)^2$, $HETP = \dfrac{L}{n}$, 여기서, L은 분리관의 길이(mm)이다.

☑**정답**》 ②

77 흡광도, $A = \log \dfrac{1}{t} = \log \dfrac{I_o}{I_t} = \log \dfrac{I_o}{I_o \times 10^{-\epsilon CL}} = \epsilon CL$에서 $A \propto L$이므로

$A_2 = A_1 \times \dfrac{L_2}{L_1} = 0.2 \times \dfrac{20}{10} = 0.4$

☑**정답**》 ④

78 비산먼지 농도:
$C = (C_H - C_B) \times W_D \times W_S = (48 - 0.13)\,\text{mg/m}^3 \times 1.5 \times 1.2 = 86.2\,\text{mg/m}^3$

☑**정답**》 ①

79 $C = \dfrac{(a-b)\times V}{V_s} = \dfrac{(15-0.2)\times 100}{250} = 5.92\,[\text{mg/Sm}^3]$

☑**정답**》 ②

80 저용량공기시료채취기에 의하여 $Q_o = 20$ L/분으로 공기를 흡입할 때 $Q_r = 20\sqrt{\dfrac{760}{760-\Delta P}}$ (L/min)의 관계가 성립하고 Q_r을 구하여 유량계의 눈금값(부자의 위치)을 설정하면 된다.

☑**정답**》 ②

제1과목 대기환경관리

01 물방울이 공기 중에서 지표로 자유낙하 할 때 침강속도는

$$V_g = \frac{g \times d^2 \times (\rho_p - \rho_g)}{18 \times \mu} = \frac{9.8 \times (5 \times 10^{-6})^2 \times (10^3 - 1.29)}{18 \times 0.0172 \times 10^{-3}} = 7.9 \times 10^{-4} [\text{m/s}]$$

레이놀즈 수(Reynolds number)는 관성력과 점성력의 비로서, 일반적으로 N_{Re} 또는 R_e로 표시하며 무차원 수이므로

$$N_{Re} = \frac{\rho \, V d}{\mu} = \frac{1.29 \times 7.9 \times 10^{-4} \times 5 \times 10^{-6}}{0.0172 \times 10^{-3}} = 2.96 \times 10^{-4}$$

정답 ①

02 SO_2 농도 $= 0.05 \times \dfrac{64}{22.4} \times \dfrac{273}{273+20} \times \dfrac{750}{760} = 0.13 [\text{mg/m}^3]$

정답 ②

03 10년 후에 A지역에 피해를 준 SO_2의 양(ton)은

$500\text{m}^3/\text{min} \times 60\text{min/h} \times 24\text{h/day} \times 365\text{day/year} \times 10\text{year} \times \dfrac{0.1}{100} \times \dfrac{30}{100} = 788,400\text{m}^3$

$788,400\text{m}^3 \times \dfrac{1\text{kmol}}{22.4\text{m}^3} \times \dfrac{64\text{kg}}{1\text{kmol}} \times 10^{-3} = 2,250[\text{ton}]$

정답 ①

04 굴뚝의 통풍력을 구하는 공식: $Z = 355 \times H \times \left(\dfrac{1}{273+t_a} - \dfrac{1}{273+t_g}\right)(\mathrm{mmH_2O})$에서

$Z = 355 \times 70 \times \left(\dfrac{1}{273+27} - \dfrac{1}{273+150}\right) = 24.1[\mathrm{mmH_2O}]$

$\therefore 24.1 \times 1.5 = 355 \times 70 \times \left(\dfrac{1}{273+27} - \dfrac{1}{273+t_g}\right)$에서 $t_g = 260.3℃$

정답 ②

05 $\mathrm{Coh} = \dfrac{\left[\dfrac{\log\left(\dfrac{1}{t}\right)}{0.01}\right]}{\text{총 이동거리}(m)} \times 1{,}000 = \dfrac{\left(\log\dfrac{1}{0.7}\right)}{0.01 \times 0.2 \times 3 \times 3{,}600} \times 1{,}000 = 7.2$

정답 ①

06 일반적으로 건조단열감률과 환경감률의 상관관계를 이용하여 대기안정도를 판정한다.

환경기온감률, $\gamma = \dfrac{\Delta T}{\Delta Z} = \dfrac{(23-23.5)℃}{(100-10)\mathrm{m}} = -0.0056(℃/\mathrm{m}) = \dfrac{-0.56℃}{100\mathrm{m}}$

건조단열감률: 공기 덩이가 팽창하여 대기로 단열적으로 상승할 때 강하하는 온도의 비율 ($\gamma_d = -0.98℃/100\mathrm{m}$)을 말한다. 이 조건은 $\gamma_d > \gamma$이므로 미단열에 해당된다.

정답 ①

07 지상오염농도이므로 $H=0$이므로 농도식에서 $\exp\left[-\dfrac{1}{2} \times \left(\dfrac{H}{\sigma_z}\right)^2\right] = e^0 = 1$

$\therefore C(x,y,0) = \dfrac{2 \times 15{,}000 \times 0.02}{\sqrt{2\pi} \times 15 \times (5 \times 90 \times 10^3)} = 3.55 \times 10^{-5}[\mathrm{g/m^3}]$

정답 ①

08 $u_2 = u_1 \times \left(\dfrac{Z_2}{Z_1}\right)^p = 2.5 \times \left(\dfrac{100}{10}\right)^{0.25} = 4.45[\mathrm{m/s}]$

정답 ②

09 최대지표농도(Sutton 식), $C_{\max} = \dfrac{2 \times Q \times C}{\pi \times e \times u \times H_e^2} \times \left(\dfrac{\sigma_z}{\sigma_y}\right)$에서 $C_{\max} \propto \dfrac{1}{H_e^2}$이므로

$C_{\max} : \dfrac{1}{50^2} = \dfrac{1}{2}C_{\max} : \dfrac{1}{H_e^2}$, $\therefore H_e = 70.7[\text{m}]$

$\therefore$ 유효굴뚝높이를 $70.7-50=20.7[\text{m}]$ 높여야 한다.

정답 ③

10 $C(x, 0, 0) = \dfrac{Q}{\pi \sigma_y \sigma_z u} \times \exp\left[-\dfrac{1}{2}\left(\dfrac{H_e}{\sigma_z}\right)^2\right] = \dfrac{20 \times 10^6}{3.14 \times 250 \times 200 \times 5} \times \exp\left[-\dfrac{1}{2} \times \left(\dfrac{100}{200}\right)^2\right]$

$= 22.5[\mu\text{g/m}^3]$

정답 ③

11 최대착지거리, $X_{\max} = \left(\dfrac{H_e}{\sigma_z}\right)^{\frac{2}{2-n}}$에서 $3{,}000 = \left(\dfrac{H_e}{0.07}\right)^{\frac{2}{2-0.25}}$, $\therefore H_e = 77.2[\text{m}]$

정답 ①

12 $\Delta H = -0.029 \times \dfrac{V_s \times D_s}{u} + 2.63 \times \dfrac{Q_h^{\frac{1}{2}}}{u} = -0.029 \times \dfrac{20 \times 3}{5} + 2.63 \times \dfrac{5{,}000^{0.5}}{5}$

$= 36.9[\text{m}]$

정답 ③

13 $C_{\max} = \dfrac{0.1171 \times Q}{u \sigma_y \sigma_z} = \dfrac{0.1171 \times 125 \times 10^6}{5 \times 230 \times 100} = 127.28[\mu\text{g/m}^3]$

정답 ④

14 실제 오염농도(ppm) = 예상 오염농도 $\times \left(\dfrac{\text{예상 최대혼합고}}{\text{실제 최대혼합고}}\right)^3$ 에서 $5 \times \left(\dfrac{400}{250}\right)^3 = 20.48[\text{ppm}]$

정답 ①

15 대기환경보전법 제8조(대기오염에 대한 경보) ④ 대기오염경보의 대상 지역, 대상 오염물질, 발령 기준, 경보 단계 및 경보 단계별 조치 등에 필요한 사항은 대통령령으로 정한다.

정답 ③

16 대기환경보전법 제35조의4(배출부과금의 징수유예·분할납부 및 징수절차) ① 기후에너지환경부 장관 또는 시·도지사는 배출부과금의 납부의무자가 다음 각 호의 어느 하나에 해당하는 사유로 납부기한 전에 배출부과금을 납부할 수 없다고 인정하면 징수를 유예하거나 그 금액을 분할하여 납부하게 할 수 있다.
1. 천재지변이나 그 밖의 재해로 사업자의 재산에 중대한 손실이 발생한 경우
2. 사업에 손실을 입어 경영상으로 심각한 위기에 처하게 된 경우
3. 징수유예나 분할납부가 불가피하다고 인정되는 경우

정답 ②

17 대기환경보전법 제89조(벌칙) 다음 각 호의 어느 하나에 해당하는 자는 7년 이하의 징역이나 1억원 이하의 벌금에 처한다.
6. 제작차배출허용기준에 맞지 아니하게 자동차를 제작한 자

정답 ①

18 대기환경보전법 시행령 제2조(대기오염경보의 대상 지역 등)
3. 중대경보 발령: 주민의 실외활동 금지 요청, 자동차의 통행금지 및 사업장의 조업시간 단축명령 등

정답 ④

19 대기환경보전법 시행령 제27조(기본부과금 및 자동측정사업장에 대한 초과부과금의 부과기준일 및 부과기간) 기본부과금과 자동측정사업장에 대한 초과부과금은 매 반기별로 부과하되 부과기준일과 부과기간은 별표와 같다.

정답 ③

20 대기환경보전법 시행규칙 제125조(환경기술인의 교육) ① 환경기술인은 다음 각 호의 구분에 따라 한국환경보전원, 기후에너지환경부장관, 시·도지사 또는 대도시 시장이 교육을 실시할 능력이 있다고 인정하여 위탁하는 기관에서 실시하는 교육을 받아야 한다.
1. 신규교육: 환경기술인으로 임명된 날부터 1년 이내에 1회

정답 ②

제2과목 연소공학

21 $t = \dfrac{H_L}{\psi} = \dfrac{2,020\text{MJ/kmol} \times \left(\dfrac{1\text{kmol}}{44\text{kg}}\right)}{0.027\text{MJ/kg}\cdot\text{K}} = 1,700.3\text{K}$

정답 ③

22 1차 반응식, $\ln\left(\dfrac{[A_t]}{[A_o]}\right) = -k \times t$ 에서 $\ln\left(\dfrac{1}{2}\right) = -k \times 10$, ∴ $k = 0.0693/\text{min}$

$\ln\left(\dfrac{1}{5}\right) = -0.0693 \times t$, ∴ $t = 23.2\text{min}$

정답 ②

23 최소산소농도(MOC, Minimum Oxygen Concentration): 화염을 전파하기 위해 필요한 최소한의 농도를 의미한다. MOC=폭발하한 $\times \dfrac{\text{산소 mol수}}{\text{연료 mol수}}$

뷰테인(C_4H_{10})의 완전연소반응식: $C_4H_{10} + 6.5O_2 \rightarrow 4CO_2 + 5H_2O$ 에서

MOC $= 1.5 \times \dfrac{6.5}{1} = 9.75[\%]$

정답 ①

24 0℃ 물의 융해열: 약 80kcal/kg, 100℃일 때 물의 기화열: 539kcal/kg이므로
80+539=619(kcal/kg)

정답 ③

25 프로페인(propane, C_3H_8) 분자량(M.W.=44)이므로

프로페인 연료의 부피(Sm^3) $= \dfrac{500 \times 22.4}{44} = 254.5[Sm^3]$

정답 ③

26 반응식: S + O₂ → SO₂
    32   22.4
    600×0.5×0.014 x ∴ $x = \dfrac{22.4 \times 600 \times 0.5 \times 0.014}{32} = 2.94[Sm^3]$

정답 ②

27 프로페인(C_3H_8) 1kmol=44kg, 22.4Sm³이므로 700kg을 기화시키면 $\dfrac{22.4 \times 700}{44} = 356.4[Sm^3]$의 증기가 발생한다. 이 증기를 4Sm³/h로 태운다면 $\dfrac{356.4Sm^3}{4Sm^3/h} = 89.1h$를 사용할 수 있다.

정답 ④

28 각 기체연료의 연소반응식에서 이론산소량을 구할 수 있다.
Ethane(C_2H_6)의 연소반응식: $C_2H_6 + 3.5O_2 \rightarrow 2CO_2 + 3H_2O$
Hydrogen(H_2)의 연소반응식: $H_2 + 0.5O_2 \rightarrow H_2O$
Methane(CH_4)의 연소반응식: $CH_4 + 2O_2 \rightarrow CO_2 + 2H_2O$
Acetylene(C_2H_2)의 연소반응식: $C_2H_2 + 2.5O_2 \rightarrow 2CO_2 + H_2O$

정답 ③

29 CH_3OH의 분자량(M. W.=32)이므로
$C = \dfrac{12}{32} = 37.5\%$, $H = \dfrac{4}{32} = 12.5\%$, $O = \dfrac{16}{32} = 50\%$
∴ $A_o = \dfrac{1}{0.21}\left[1.867 \times 0.375 + 5.6 \times \left(0.125 - \dfrac{0.5}{8}\right)\right] \times 50 = 250[Sm^3]$

정답 ③

30 $m = \dfrac{N_2}{N_2 - 3.76 \times \left(O_2 - \dfrac{1}{2}CO\right)} = \dfrac{0.8}{0.8 - 3.76 \times (0.1 - 0.5 \times 0.1)} = 1.3$

정답 ②

31 프로페인의 연소반응식: $C_3H_8 + 5O_2 \rightarrow 3CO_2 + 4H_2O$

∴ 공기연료비(AFR) $= \dfrac{공기의\ 몰수}{연료의\ 몰수} = \dfrac{\left(\dfrac{5}{0.21}\right)}{2} = 11.9$

☑ **정답** ①

32 프로페인의 연소반응식: $C_3H_8 + 5O_2 \rightarrow 3CO_2 + 4H_2O$ 에서 $C_3H_8 : CO_2 = 1 : 3$

∴ 완전 연소할 때 발생하는 CO_2의 양(Sm^3) $= 1Sm^3 \times \dfrac{3}{5} \times 3 = 1.8(Sm^3)$

뷰테인의 연소반응식: $C_4H_{10} + 6.5O_2 \rightarrow 4CO_2 + 5H_2O$ 에서 $C_4H_{10} : CO_2 = 1 : 4$

∴ 완전 연소할 때 발생하는 CO_2의 양(Sm^3) $= 1Sm^3 \times \dfrac{2}{5} \times 4 = 1.6[Sm^3]$

∴ $1.8 + 1.6 = 3.4[Sm^3]$

☑ **정답** ②

33 프로페인(C_3H_8)의 연소반응식:
$C_3H_8 + 5O_2 + (3.76 \times 5)N_2 \rightarrow 3CO_2 + 4H_2O + 18.8N_2$ 에서
$G_{od} = (3 + 18.8) \times 3 = 65.4[Sm^3/Sm^3]$

☑ **정답** ④

34 $A_o = \dfrac{1}{0.21}(0.5 \times 0.05 + 0.5 \times 0.14 + 5 \times 2.8 - 0.01) = 67.1[Sm^3/Sm^3]$

$G_{ow} = 67.1 + \dfrac{1}{2}(0.05 + 0.14) + \dfrac{8}{4} \times 2.8 + 0.01 = 72.8[Sm^3/Sm^3]$

☑ **정답** ③

35 건조가스에 대한 수증기의 용량비(%)

$X_w = \dfrac{수증기의\ 체적}{건조가스양} \times 100 = \dfrac{\dfrac{22.4}{18} \times 110}{1,000} \times 100 = 13.7[\%]$

☑ **정답** ②

36 연료 중 SO_2가 되는 S의 양 $= 0.03 - 0.03 \times 0.05 = 0.0285[kg]$

$\therefore SO_2$ 농도(ppm) $= \dfrac{0.7S}{15} \times 10^6 = \dfrac{0.7 \times (0.0285 - 0.0285 \times 0.9)}{15} \times 10^6 = 133[ppm]$

정답 ①

37 프로페인의 분자식이 C_3H_8이므로

$H_L = H_h - 480 \times \left(H_2 + \sum \dfrac{y}{2} C_x H_y \right) = 18{,}000 - 480 \times \dfrac{8}{2} = 16{,}080[kcal/Sm^3]$

정답 ①

38 보일러의 열효율 $\eta = \dfrac{600{,}000 kcal}{8{,}000 kcal/kg \times 100 kg} \times 100 = 75\%$

정답 ②

39 $kW = \dfrac{Q \times \Delta P}{6{,}120 \times \eta} = \dfrac{1{,}200 \times 230}{6{,}120 \times 0.7} \times 1.2 = 77.31[kW]$

정답 ③

40 아세틸렌(14,080) > 코크스로 가스(5,000) > 수성 가스(2,650) > 발생로 가스(1,480) > 고로 가스(900)

정답 ④

제3과목 | 대기오염방지기술

41 기하평균입경(μm)은 50%의 분포값을 가진 값이므로 6.5μm이다.

참고 기하표준편차(GSD) $= \dfrac{50\%\text{의 분포를 가진 값}}{84.13\%\text{의 분포를 가진 값}} = \dfrac{6.5}{3.2} = 2.03[\mu m]$

정답 ③

42 포집된 먼지양은
$S = Q \times C \times \eta = 1,000 \, \text{Nm}^3/\text{min} \times 5\text{g}/\text{Nm}^3 \times 10^{-3} \text{kg/g} \times 1,440 \text{min/day} \times 0.98$
$= 7,056 \text{kg/day}$

정답 ②

43 전기집진장치의 Deutsch-Anderson 효율식, $\eta = 1 - e^{\left(-\frac{A \times w}{Q}\right)}$ 에서 입자의 분리속도, w와 유입가스양, Q가 변하지 않으므로 $\ln(1-\eta) = -A$, ∴ $\ln(1-0.9) = -A$, $A = 2.3$
$\ln(1-\eta) = -2 \times 2.3 = -4.6$, ∴ $\eta = 1 - e^{-4.6} = 0.99 = 99\%$

정답 ④

44 배출가스의 수평유속, $V = \dfrac{Q}{A} = \dfrac{10}{5 \times 10} = 0.2 (\text{m/s})$

$d_{\min} = \left(\dfrac{18 \times \mu \times H \times V}{g \times L \times \rho_s}\right)^{\frac{1}{2}} = \left(\dfrac{18 \times 1.85 \times 10^{-5} \times 5 \times 0.2}{9.8 \times 10 \times 2,000}\right)^{\frac{1}{2}} = 4.12 \times 10^{-5} (\text{m})$
$= 41.22 \mu\text{m}$

정답 ②

45 입자의 절단입경은 집진율이 50%인 입경으로 분리한계입경이라고도 한다.

Lapple의 식, $d_{p,cut}(d_{p,50}) = \sqrt{\dfrac{9 \times \mu_g \times W}{2 \times \pi \times N_e \times (\rho_p - \rho_g) \times v_i}}$ 에서

$d_{p,50} = \left(\dfrac{9 \times 2 \times 10^{-5} \times 0.15}{2 \times 3.14 \times 5 \times (2,000 - 1.2) \times 15}\right)^{\frac{1}{2}} = 5.36 \times 10^{-6} (\text{m}) = 5.36 \mu\text{m}$

정답 ①

46 처리가스양이 일정하고 점도가 변할 때 집진율의 평가식은 $\dfrac{1-\eta_a}{1-\eta_b} = \left(\dfrac{\mu_a}{\mu_b}\right)^{\frac{1}{2}}$ 이다.

∴ $\dfrac{1-0.5}{1-\eta_b} = \left(\dfrac{0.085}{0.075}\right)^{\frac{1}{2}}$, $\eta_b = 0.53 = 53\%$

정답 ③

47 겉보기 여과속도, $v_f = \dfrac{Q}{A_b} = \dfrac{150 \times 60}{2} = 4,500\,(\text{m/h})$

먼지부하, $L_d = C_i \times v_f \times t \times \eta = 1.5 \times 4,500 \times 1 \times 1 = 6,750\,(\text{g/m}^2)$

여과된 먼지층의 두께, $d = \dfrac{L_d}{\rho_d} = \dfrac{6,750\text{g/m}^2}{1\text{g/cm}^3 \times 10^6\text{cm}^3/\text{m}^3} = 6.75 \times 10^{-3}\text{m} = 7\text{mm}$

✅ **정답** ③

48 회전원판에 의하여 분무액이 미립화될 경우 물방울 직경을 구하는 식

$d_w = \dfrac{200}{N \times \sqrt{R}} = \dfrac{200}{10,000 \times \sqrt{7.5}} = 7.3 \times 10^{-3}(\text{cm}) = 73\mu\text{m}$

✅ **정답** ①

49 전기집진장치의 Deutsch-Anderson 식은 $\eta = 1 - \exp\left(-V_e \times \dfrac{A}{Q}\right)$ 이다.

✅ **정답** ④

50 전기집진장치에서 Deutsch 효율식, $\eta = 1 - e^{\left(-\dfrac{A \times w_e}{Q}\right)}$ 에서 $0.98 = 1 - e^{\left(-\dfrac{A \times 60 \times 0.05}{4,500}\right)}$

∴ 이항 후 양변에 ln을 취하여 정리하면, $A = 5,868(\text{m}^2)$

✅ **정답** ④

51 질량유속(kg/s) = 유체의 유량 × 밀도 = $5\text{m/s} \times \left(\dfrac{\pi}{4} \times 0.5^2\right)\text{m}^2 \times 1,000\text{kg/m}^3 = 981.25\text{kg/s}$

✅ **정답** ③

52 헨리의 법칙을 이용하여 유도된 총괄물질이동계수와 개별물질이동계수의 관계식
$\dfrac{1}{K_G} = \dfrac{1}{k_g} + \dfrac{H}{k_L}$, $\dfrac{1}{K_L} = \dfrac{1}{k_L} + \dfrac{1}{H \times k_g}$ 이다. 여기서, H는 헨리상수로 용해도가 큰 기체는 H가 적기 때문에 $\dfrac{H}{k_L}$은 무시된다. 즉, $K_G = k_g$가 되어 기체저항이 지배적(액분산형 흡수장치 : 충전탑, 살수탑, 벤투리 스크러버 등)이 된다. 또한 용해도가 적은 기체는 H가 크므로 $\dfrac{1}{H \times k_g}$는 무시된다. 즉, $K_L = k_L$이 되어 액체측 저항이 지배적(가스분산형 흡수장치 : 단탑, 기포탑 등)이 된다.

☑ **정답** ①

53 충전탑의 높이, $h = H_{OG} \times N_{OG}$에서 효율이 80%일 때
$N_{OG} = 2.3 \log\left(\dfrac{1}{1 - E/100}\right) = 2.3 \log\left(\dfrac{1}{1 - \dfrac{80}{100}}\right) = 1.61$

효율이 95%일 때 $N_{OG} = 2.3 \log\left(\dfrac{1}{1 - \dfrac{95}{100}}\right) = 3$, ∴ $\dfrac{3}{1.61} = 1.86$

이론적으로 충전탑의 높이를 1.86배로 하면 된다.

☑ **정답** ③

54 배출가스 중 NO 부피 $= 100,000 \times 250 \times 10^{-6} = 25 (\text{Sm}^3/\text{h})$
반응식: $4\,NO + 4\,NH_3 + O_2 \rightarrow 4\,N_2 + 6\,H_2O$
∴ $4 \times 22.4\,\text{Sm}^3 : 4 \times 17\,\text{kg} = 25 \times 0.85\,\text{Sm}^3/\text{h} : x\,\text{kg/h}$, ∴ $x = 16.1\,\text{kg/h}$

☑ **정답** ①

55 1ppm $= 1\,\text{mL}/\text{Sm}^3$이므로 HF의 부피 $= 150\,\text{mL}/\text{Sm}^3 \times 1,000\,\text{Sm}^3/\text{h} \times 10\,\text{h} = 1,500\,\text{L}$

순환수 1L당 HF 몰수: $\dfrac{1,500\,\text{L}}{22.4\,\text{L/mol} \times 10 \times 10^3\,\text{L}} = 6.7 \times 10^{-3}\,\text{mol/L}$

$HF \rightleftarrows H^+ + F^-$에서 전리도가 60%이므로

$pH = -\log[H^+] = -\log(6.7 \times 10^{-3} \times 0.6) = 2.4$

☑ **정답** ②

56 염화수소 농도의 단위를 같게 한다. ppm = mL/Sm³이므로

$$60\,\text{mg/Sm}^3 \times \frac{22.4\,\text{Sm}^3}{36.5\,\text{kg} \times 10^6\,\text{mg/kg}} = 3.68 \times 10^{-5} = 36.8\,\text{ppm}$$

∴ 현재값의 $\frac{36.8}{50} \times 100 = 73.6\,(\%)$ 이하로 하여야 한다.

정답 ④

57 처리가스: Cl_2, 반응물: $Ca(OH)_2$ 또는 NaOH, 생성물: $Ca(OCl)_2$ 또는 $CaCl_2$, NaOCl

정답 ④

58 후드의 압력손실계수, $F = \frac{1-C_e^2}{C_e^2} = \frac{1-0.85^2}{0.85^2} = 0.384$

후드의 압력손실(mmH₂O), $H_e = F \times VP = 0.384 \times 20 = 7.68\,[\text{mmH}_2\text{O}]$

정답 ④

59 송풍기의 정압, $FSP_2 = FSP_1 \times \left(\frac{\rho_2}{\rho_1}\right) = 1{,}000 \times \frac{1.0}{1.2} = 833.3\,[\text{N/m}^2]$

정답 ④

60 소요동력, $\text{kW} = \frac{Q \times \Delta P}{6{,}120 \times \eta} \times \alpha = \frac{\left(\frac{3{,}600}{3{,}600}\right) \times 20}{102 \times 0.7 \times 0.8} \times 1.3 = 0.46\,[\text{kW}]$

정답 ③

제4과목　대기오염공정시험기준

61 "방울수"란 20℃에서 정제수 20방울을 떨어뜨릴 때 그 부피가 약 1mL 되는 것을 뜻한다.

정답 ②

62 "밀폐용기"란 물질을 취급 또는 보관하는 동안에 이물이 들어가거나 내용물이 손실되지 않도록 보호하는 용기를 뜻한다.

☑ **정답** ④

63 ① 과염소산 - $HClO_4$ - 60.0~62.0 - 1.54
② 브로민화수소산 - HBr - 47.0~49.0 - 1.48
③ 아이오딘화수소산 - HI - 55.0~58.0 - 1.70

☑ **정답** ④

64 비소 흡수액: 수산화소듐 용액(0.1 mol/L), 사이안화수소 흡수액: 수산화소듐 용액(0.5mol/L), 브로민화합물 흡수액: 수산화소듐 용액(0.1 mol/L)

☑ **정답** ②

65 굴뚝 직경이 4m 초과 4.5m 이하일 경우 측정점수는 16이다.

☑ **정답** ②

66 용매채취법은 측정대상 기체와 선택적으로 흡수 또는 반응하는 용매에 시료가스를 일정 유량으로 통과시켜 채취하는 방법으로 채취관 – 여과재 – 채취부 – 흡입펌프 – 유량계(가스미터)로 구성된다.

☑ **정답** ③

67 기체크로마토그래프는 기체시료 또는 기화한 액체나 고체시료를 운반가스(carrier gas)에 의하여 분리 후, 관내에 전개시켜 기체상태에서 분리되는 각 성분을 크로마토그래프로 분석하는 방법이다.

☑ **정답** ③

68 $t = \dfrac{I_t}{I_o} = \dfrac{\text{투사광의 강도}}{\text{입사광의 강도}}$ 를 투과도라 하며 투과도의 역수의 상용대수, 즉 $\log \dfrac{1}{t} = A$ 를 흡광도라 한다.

☑ **정답** ①

69 흡광도의 측정은 원칙적으로 다음과 같은 순서로 한다.
　(1) 눈금판의 지시가 안정되어 있는지 여부를 확인한다.
　(2) 대조셀을 광로에 넣고 광원으로 부터의 광속을 차단하고 영점을 맞춘다. 영점을 맞춘다는 것은 투과율 눈금으로 눈금판의 지시가 영이 되도록 맞추는 것이다.
　(3) 광원으로부터 광속을 통하여 눈금 100에 맞춘다.
　(4) 시료셀을 광로에 넣고 눈금판의 지시치를 흡광도 또는 투과율로 읽는다. 투과율로 읽을 때는 나중에 흡광도로 환산해 주어야 한다.
　(5) 필요하면 대조셀을 광로에 바꿔 넣고 영점과 100에 변화가 없는지 확인한다.

　정답 ②

70 복광속 비분산분석기 장치는 광원 – 회전섹터 – 광학필터 – 시료셀 – 검출기 – 증폭기 – 지시계 순으로 이루어져 있다.

　정답 ④

71 규정농도, $N = \dfrac{\text{비중} \times \dfrac{\text{농도}(\%)}{100}}{g\text{당량}} \times 1{,}000 = \dfrac{1.84 \times 0.95}{49} \times 1{,}000 = 35.7\,[\text{N}]$

　정답 ④

72 환산직경 $= 2 \times \left(\dfrac{\text{가로} \times \text{세로}}{\text{가로} + \text{세로}}\right) = \dfrac{2 \times 3 \times 2}{3 + 2} = 2.4\,[\text{m}]$

　정답 ④

73 배출가스 중의 수증기 부피백분율,

$X_w = \dfrac{\dfrac{22.4}{18} \times 0.8730}{10 \times \left(\dfrac{273}{273 + 30}\right) + \dfrac{22.4}{18} \times 0.8730} \times 100 = 10.76\,[\%]$

　정답 ①

74 등속흡입 정도를 알기 위하여 다음 식에 의해 구한 값이 90~110% 범위여야 한다.

등속흡입계수가 90%일 때, $90 = \dfrac{80}{q_m \times 10} \times 100$에서 $q_m = 8.9[\text{L/min}]$

등속흡입계수가 110%일 때, $110 = \dfrac{80}{q_m \times 10} \times 100$에서 $q_m = 7.3[\text{L/min}]$

∴ 등속흡입유량의 범위는 7.3~8.9L/min이다.

☑ **정답** ④

75 동압(mmH$_2$O) = 8mm톨루엔 × $\dfrac{0.85\text{mmH}_2\text{O}}{1\text{ mm 톨루엔}}$ = 6.8mmH$_2$O

∴ $V = C\sqrt{\dfrac{2gh}{\gamma}} = 0.8584 \times \sqrt{\dfrac{2 \times 9.81 \times 6.8}{1.3 \times \dfrac{273}{273+170}}} = 11.1[\text{m/s}]$

☑ **정답** ③

76 이론단수$(n) = 16 \times \left(\dfrac{t_R}{W}\right)^2$에서 $2{,}000 = 16 \times \left(\dfrac{\text{기록지 이동속도}(\text{mm/분}) \times 30\text{분}}{10\text{mm}}\right)^2$

∴ 기록지 이동속도 = 15mm/min

☑ **정답** ④

77 $A = \log\left(\dfrac{1}{t}\right) = \log\left(\dfrac{I_o}{I_t}\right) = \log\left(\dfrac{100}{100-75}\right) = 0.7$

☑ **정답** ④

78 채취유량의 계산: 흡입공기량 = $\dfrac{Q_s + Q_e}{2} \times t = \dfrac{1.2 + 1.4}{2} \times 24 \times 60 = 1{,}872[\text{m}^3]$

☑ **정답** ②

79 시료 중 아황산가스의 농도를 구하는 식

$$S = \frac{32,000 \times N \times v}{V} = \frac{32,000 \times 0.01 \times 18}{10} = 576 [\mu g/m^3]$$

정답 ①

80 저용량공기시료채취기에 의하여 $Q_o = 20 L/min$으로 공기를 흡입할 때 유량의 보정식은

$$Q_r = 20 \sqrt{\frac{760}{760 - \Delta P}} = 20 \times \sqrt{\frac{760}{760 - 100}} = 21.46 [L/min]$$

정답 ③

■ 저자 약력

신은상 공학박사
- (현) 대한산업보건평가원(주) 전문위원
- (전) 동남보건대학교 바이오환경보건과 정교수
- 한국대기환경학회 부회장(미래교육) 역임
- NCS 환경에너지·안전분야 대표집필자
- 33년간 대기환경 관련 분야 전 과목 강의 및 기술자격 문제출제 경력

홍천상 공학박사
- 광주과학기술원 환경공학과 박사수료
- 사이타마대학 이공학전공 환경공학 박사
- 카나자와대학 연구원
- 한국대기환경학회 기획, 총무 감사 역임
- 한국외국어대학교 연구교수
- 고려대학교 연구교수
- (현) 강릉원주대학교 복사위성연구소 특별연구원

[문제집 관련 문의사항]
E-mail : sesang58@daum.net

합격Easy
대기환경기사 필기

정가 33,000원

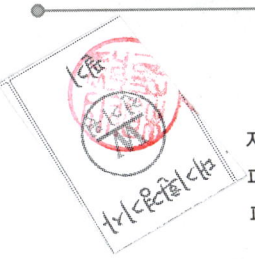

지은이 | 신은상, 홍천상
펴낸이 | 차 승 녀
펴낸곳 | 도서출판 건기원

2025년 11월 24일 제1판 제1쇄 인쇄
2025년 11월 25일 제1판 제1쇄 발행

주소 | 경기도 파주시 연다산길 244(연다산동 186-16)
전화 | (02)2662-1874~5
팩스 | (02)2665-8281
등록 | 제11-162호, 1998. 11. 24

- 건기원은 여러분을 책의 주인공으로 만들어 드리며 출판 윤리 강령을 준수합니다.
- 본 수험서를 복제·변형하여 판매·배포·전송하는 일체의 행위를 금하며, 이를 위반할 경우 저작권법 등에 따라 처벌받을 수 있습니다.

ISBN 979-11-5767-897-6 13530